国家科学技术学术著作出版基金资助出版

中国科学院中国动物志编辑委员会主编

中国动物志

昆虫纲　第七十卷

半 翅 目

杯瓢蜡蝉科　瓢蜡蝉科

张雅林　车艳丽　孟　瑞　王应伦　著

科技部科技基础性工作专项重点项目
中国科学院知识创新工程重大项目
国家自然科学基金重大项目
（科技部　中国科学院　国家自然科学基金委员会　资助）

科 学 出 版 社
北 京

内 容 简 介

本卷动物志是中国瓢蜡蝉全面系统的分类学研究专著。全文包括总论和各论两大部分。总论部分较为详细地介绍了瓢蜡蝉的研究简史、分类系统、形态特征、研究材料和方法、生物学及经济意义和地理分布。各论部分系统地记述了中国瓢蜡蝉2科6亚科74属253种，其中杯瓢蜡蝉科2亚科5族14属34种、瓢蜡蝉科4亚科60属219种，包括1新亚科13新属、45新种，并报道4个中国新记录属、2个中国新记录种，建立1个种级新组合，提出6个种级新异名。制作了分亚科、族、属、种的检索表，绘制了224幅反映雌性或雄性外生殖器和成虫等的形态特征鉴别黑白插图，文末附有彩色图版43面。未检视标本的种类选用其他学者的原始描记和特征图。

本卷动物志为昆虫学、生物多样性保护、生物地理学研究提供了丰富的研究资料，可供昆虫学科研与教学工作者、生物多样性保护与农林生产部门及高等院校有关专业师生参考。

图书在版编目(CIP)数据

中国动物志. 昆虫纲. 第七十卷，半翅目. 杯瓢蜡蝉科、瓢蜡蝉科/张雅林等著. —北京：科学出版社，2020. 11

ISBN 978-7-03-066217-0

Ⅰ. ①中… Ⅱ. ①张… Ⅲ. ①动物志-中国 ②昆虫纲-动物志-中国 ③半翅目-动物志-中国 ④瓢蜡蝉科-动物志-中国 Ⅳ. ①Q958. 52

中国版本图书馆CIP数据核字(2020)第177715号

责任编辑：韩学哲 赵小林 /责任校对：郑金红

责任印制：肖 兴 /封面设计：刘新新

科学出版社出版

北京东黄城根北街16号

邮政编码：100717

http://www.sciencep.com

中国科学院印刷厂印刷

科学出版社发行 各地新华书店经销

*

2020年11月第 一 版 开本：787×1092 1/16

2020年11月第一次印刷 印张：42 1/2 插页：22

字数：1 007 000

定价：428.00元

(如有印装质量问题，我社负责调换)

Supported by the National Fund for Academic Publication in Science and Technology

Editorial Committee of Fauna Sinica, Chinese Academy of Sciences

FAUNA SINICA

INSECTA Vol. 70

Hemiptera

Caliscelidae Issidae

By

Zhang Yalin, Che Yanli, Meng Rui and Wang Yinglun

A Key Project of the Ministry of Science and Technology of China
A Major Project of the Knowledge Innovation Program
of the Chinese Academy of Sciences
A Major Project of the National Natural Science Foundation of China
(Supported by the Ministry of Science and Technology of China,
the Chinese Academy of Sciences, and the National Natural Science Foundation of China)

Science Press
Beijing, China

前　言

瓢蜡蝉隶属于半翅目 Hemiptera 蜡蝉总科 Fulgoroidea，是蜡蝉总科较大的类群之一，包括杯瓢蜡蝉科 Caliscelidae 和瓢蜡蝉科 Issidae，全世界已知 1500 多种，广泛分布于世界各地。

瓢蜡蝉是蜡蝉类昆虫中极特殊的一个类群，在长期的自然演化进程中，其体型、结构特征发生了独特的分化：杯瓢蜡蝉亚科前翅退化，明显短于腹部，有的种类前足的腿节和胫节扩大成叶片状；球瓢蜡蝉亚科形态酷似瓢虫，前翅翅脉退化，加厚成革质，翅脉模糊，有的种类后翅极度退化；瓢蜡蝉亚科后翅形式多样，后翅或宽大或窄小，外缘的缺刻也深浅不一，后翅分二瓣、三瓣或不分瓣；有的种类头部发生特化，头顶、额及唇基的形状奇异、千姿百态，如帕瓢蜡蝉极似象鼻虫或蜘蛛，非常引人注目。另外，该类昆虫分布地域性强，生物多样性丰富，非常适合生物地理学研究，如球瓢蜡蝉亚科和帕瓢蜡蝉亚科的种类主要分布于东洋界。由此可见，瓢蜡蝉是研究生物进化，以及追溯与蜡蝉总科乃至半翅目系统发育的理想材料。因此，开展瓢蜡蝉昆虫的分类和系统发育关系研究，对建立中国瓢蜡蝉生物多样性数据库、推断中国瓢蜡蝉科起源及演化规律、保护蜡蝉总科昆虫多样性具有重要意义。

瓢蜡蝉全为植食性、多为多食性，通过刺吸植物汁液和产卵对植物造成危害。Lodos 和 Kalkandelen（1981）记载 *Agalmatium flavescens* (Oliver) 通过将虫卵覆盖在枝叶上，若虫和成虫的取食对幼枝、幼根造成伤害。据周尧等（1985）记载，恶性巨齿瓢蜡蝉 *Dentatissus damnosus* (Chou *et* Lu) 在原西北农学院植物园暴发，密度很大，为害苹果等苗木。近年来，该类害虫为害不断加重，据调查，寄主植物除苹果、梨、杜梨、贴梗海棠外，还主要有国槐、刺槐、桑树、柘树、白榆、杨树、枣树、美国榆、杏、西梅、李子等，发生量大时，国槐、刺槐、桑树的虫株率可达 100%，成虫常十头至数十头围绕国槐枝（闫家河等，2005）。我们于 2003 年、2007 年在海南尖峰岭采集时，在不足 1m^2 的绿化带中共捕获丽球瓢蜡蝉 *Hemisphaerius lysanias* Fennah 成虫和若虫 20 余头，寄主植物枝叶覆被蜜露、叶片枯黄、枝干干枯，严重影响了植物的生长。

Spinola（1839）最早将瓢蜡蝉 Issites 作为蜡蝉科的一个亚科，Schaum（1850）将其提升为科。Stål（1866）在 *Hemiptera Africana* 第 4 卷中记述瓢蜡蝉科 39 属，Melichar 于 1906 年出版了 *Monographie der Issiden*，这些资料为进一步研究该类群奠定了坚实的基础。此后，经许多著名的分类学家如 Matsumura（1910-1916）、Distant（1906-1916）、Metcalf（1913-1958）、Baker（1915-1927）、Muir（1913-1930）、Doering（1936-1941）、Fennah（1945-1987）、Dlabola（1957-1995）、Synave（1953-1979）、Hori（1969-1977）、Emeljanov（1972-2000）、杨仲图（1989-2000）、周尧（1980-2000）等的不断努力，在描述新分类单元的同时对属种进行了厘定，澄清了一些颇具争议的问题，不断完善该类群的分类系统，从而推动了瓢蜡蝉分类研究的进程，使瓢蜡蝉的系统分类研究取得了长足

的发展。进入 21 世纪以来，瓢蜡蝉科的分类研究工作不断深入，地区性的分类研究论著相继问世，如 Gnezdilov 和 O'Brien（2008）、Gnezdilov 和 Fletcher（2010）对南美瓢蜡蝉区系、澳大利亚瓢蜡蝉区系进行了较为全面且深入的研究与总结，其中尤以俄罗斯的 Gnezdilov 最为突出。Gnezdilov 先后对非洲、欧洲、中东等地区的瓢蜡蝉进行了广泛研究，从 2000 年至今发表了瓢蜡蝉分类相关研究论文、专著 150 多篇（册），为世界瓢蜡蝉区系研究做出了重要的贡献。

西北农林科技大学从 20 世纪 80 年代初开始进行瓢蜡蝉的分类研究，30 多年来，历经 3 代学者孜孜不倦的调查和系统工作，完成了基于我校昆虫博物馆、全国相关单位馆藏标本的鉴定、描述和分类系统研究，并通过系统查阅和整理文献资料，完成了中国瓢蜡蝉科昆虫名录，在明确和修订该科及其亚科、族、属的鉴别特征的基础上，积极开展瓢蜡蝉科、属、种的修订及系统发育研究，先后发表了相关研究论文或著作。作者之一车艳丽于 2003 年在周尧教授指导下完成"中国球瓢蜡蝉亚科分类研究（同翅目：瓢蜡蝉科）"硕士学位论文，2006 年在张雅林教授指导下完成"中国瓢蜡蝉科分类与系统发育研究（半翅目：蜡蝉总科）"博士学位论文。近年来，又有多名博士、硕士研究生分别开展了基于 *Cytb* 及 *COI* 基因，16S rDNA、18S rDNA 及 *wg* 基因的中国瓢蜡蝉科分子系统学研究、中国瓢蜡蝉科雌性生殖器形态及比较研究、东洋界球瓢蜡蝉亚科及分子系统学研究、中国及周边地区瓢蜡蝉科分类及系统发育研究，为整合形态特征与分子数据进行系统发育和分类系统研究奠定了基础。鉴于本志需按计划交稿出版，而相关的瓢蜡蝉形态或分子数据的系统发育研究尚在进行中，所以暂未将系统发育和分类系统研究结果收入本志。本志旨在通过相关研究，丰富我国甚至世界瓢蜡蝉区系，弥补我国在该类群研究中的不足，为进一步完善瓢蜡蝉分类系统提供资料。

本志获科技部科技基础性工作专项重点项目（2006FY120100）资助，有关瓢蜡蝉科的分类研究先后获得国家自然科学基金面上项目（31372234、30970338）及科技部国家科技基础条件平台工作重点项目（2005DKA21402、2006FY110500）等资助，从而保证了本项研究和相关国际合作的顺利进行。

本志所用的标本材料主要是西北农林科技大学昆虫博物馆的教师及研究生历年来在全国各地采集的。在标本采集期间，海南省林业厅及吊罗山、鹦哥岭国家级自然保护区的领导和同志，福建武夷山国家级自然保护区管理局副局长汪家社研究员，浙江大学陈学新教授、马云高级实验师，浙江林业厅副厅长吴鸿教授，浙江农林大学徐华潮先生，甘肃省白水江国家级自然保护区王洪建总工程师等提供了诸多便利和支持。同时，我们从国内很多科学研究单位或高等院校借到一部分标本，还得到有关专家惠赠标本。我们特别感谢中国科学院动物研究所黄大卫、杨星科、乔格侠、梁爱萍、李枢强和陈军研究员，中国科学院上海昆虫博物馆章伟年、殷海生、刘宪伟研究员，中国农业大学昆虫系杨集昆、李法圣、杨定、彩万志、王心丽教授，北京自然历史博物馆刘思孔研究员，南开大学生命科学学院郑乐怡、刘国卿、卜文俊、李后魂教授，天津自然博物馆孙桂华研究员，中山大学庞虹教授，河北大学生命科学学院任国栋、石福明教授，河北省农林科学院冉红凡博士，西南大学植物保护学院陈力、王宗庆教授，贵州大学昆虫研究所陈祥盛教授，中国医学科学院药用植物研究所徐常青副研究员，井冈山大学张争光博士，山东省商河县林业局闫家河高级工程师，台湾中兴大学杨仲图教授，台湾自然科学博物馆詹美玲女士。他们给予了我们无私的帮助，使本研究工作得以顺利进行。

在撰写过程中，英国自然历史博物馆 Webb 先生帮助检视模式标本，澳大利亚新南威尔士州奥兰治农业研究所 Fletcher 教授、法国自然历史博物馆 Bourgoin 教授、美国佛罗里达农工大学 O'Brien 教授、巴西 Gervasio 博士、俄罗斯科学院动物研究所 Emeljanov 教授和 Gnezdilov 博士等慷慨赠予许多难以获得的资料，特别是 Bourgoin 和 Gnezdilov 博士帮助审定初稿并提出许多珍贵的修改意见，美国恩波利亚州立大学的 Schrock 教授帮助修改英文，在此一并表示最诚挚的感谢！

本志是在业师周尧教授以往研究基础上完成的，周尧等（1985）完成的《中国经济昆虫志 第三十六册 同翅目 蜡蝉总科》记述瓢蜡蝉 3 属 7 种，为我们奠定了良好基础。在作者以往研究过程中，得到了周尧教授的长期指导。尽管先生已然离去，但恩师严谨的治学态度、无私奉献的精神、对事业的执着和热爱、睿智的学术思维、豁达的处世风格，成为我们人生航向的坐标，他的谆谆教诲永铭在心，鞭策和激励着我们在研究领域不断探索与前进，在生活中从容面对得与失，与同事和谐相处，共同发展。

我们感谢西北农林科技大学昆虫研究所、昆虫博物馆、植物保护学院、植保资源与病虫害综合治理教育部重点实验室、作物害虫综合治理与系统学农业部重点实验室的领导与同志，他们多年来积极配合并支持我们的科学研究和动物志的编写工作，特别是昆虫博物馆分类研究平台及标本馆为我们提供了诸多便利和支持，袁锋教授在本志编研过程中给予了有益指导，其他许多同仁也给予了诸多的关心和热情的帮助。研究生彭凌飞、张磊、王满强、门秋雷、孙艳春、王培、王梦琳等在紧张的学习之际加班加点，帮助拍摄照片和绘制黑白插图、校对文稿，在此一并向他们表示衷心的感谢。

在分类系统方面，该类群直到现在在蜡蝉总科的系统发育中或该科所包含的类群范围中的界定尚不明确。不同学者对瓢蜡蝉科高级分类单元之间关系的认识差异很大，仍存在诸多分歧，并没有完全定论，甚至同一作者在不同阶段的观点也不同，同一分类单元被作为族、亚族甚至属；该科内仍有很多问题没有解决，亚科级阶元的界定需要重新考虑。鉴于此，本志采用将瓢蜡蝉分为瓢蜡蝉科 Issidae 和杯瓢蜡蝉科 Caliscelidae 2 科的系统，瓢蜡蝉科基本按照 Metcalf（1958）分类体系分为 4 亚科（包括本志新建立的眉瓢蜡蝉亚科）。

我们在编写过程中共整理和鉴定了 2000 多号瓢蜡蝉标本，根据实物标本记述了大部分种，还有一些种未收集到标本，根据文献资料记载，按本志记述规格进行了记述，以保证志的完整性。

本志所涉及的内容范围广泛，由于作者水平有限，书中难免存在一些不足，敬请读者给予指正。

张雅林
2015 年 12 月 30 日
2017 年 6 月 15 日 修改
西北农林科技大学 陕西 杨凌

目　　录

前言

总论……1

一、研究简史……1

（一）世界瓢蜡蝉研究概况……1

（二）中国瓢蜡蝉研究简史……8

二、瓢蜡蝉分类系统……11

三、形态特征……20

（一）瓢蜡蝉科主要形态特征概述……20

（二）分类特征……21

四、研究材料和方法……31

（一）研究材料……31

（二）研究方法……32

五、生物学及经济意义……33

（一）生物学……33

（二）栖境……39

（三）为害方式与经济重要性……40

（四）天敌……41

六、地理分布……42

（一）世界瓢蜡蝉分布概况……50

（二）世界瓢蜡蝉属级单元的分布格局……55

（三）中国瓢蜡蝉的地理分布……58

各论……101

一、杯瓢蜡蝉科 Caliscelidae Amyot *et* Serville, 1843……101

（一）杯瓢蜡蝉亚科 Caliscelinae Amyot *et* Serville, 1843……102

Ⅰ. 杯瓢蜡蝉族 Caliscelini Amyot *et* Serville, 1843……102

1. 杯瓢蜡蝉属 *Caliscelis* de Laporte, 1833……103

(1) 中华杯瓢蜡蝉 *Caliscelis chinensis* Melichar, 1906……104

(2) 东方杯瓢蜡蝉 *Caliscelis orientalis* Ôuchi, 1940……105

(3) 类杯瓢蜡蝉 *Caliscelis affinis* Fieber, 1872……107

(4) 三杯瓢蜡蝉 *Caliscelis triplicata* Che, Wang *et* Zhang, 2011……109

(5) 棒突杯瓢蜡蝉 *Caliscelis rhabdocladis* Che, Wang *et* Zhang, 2011……110

(6) 山东杯瓢蜡蝉 *Caliscelis shandongensis* Chen, Zhang *et* Chang, 2014……112

2. 锥杯瓢蜡蝉属 *Gelastissus* Kirkaldy, 1906……113

(7) 芜锥杯瓢蜡蝉 *Gelastissus hokutonis* (Matsumura, 1916) …… 113
3. 妮杯瓢蜡蝉属 *Nenasa* Chan *et* Yang, 1994 …… 116
(8) 斜妮杯瓢蜡蝉 *Nenasa obliqua* Chan *et* Yang, 1994 …… 116
4. 竹杯瓢蜡蝉属 *Bambusicaliscelis* Chen *et* Zhang, 2011 …… 118
(9) 梵净竹杯瓢蜡蝉 *Bambusicaliscelis fanjingensis* Chen *et* Zhang, 2011 …… 119
(10) 齿竹杯瓢蜡蝉 *Bambusicaliscelis dentis* Chen *et* Zhang, 2011 …… 120
5. 空杯瓢蜡蝉属，新属 *Cylindratus* Meng, Qin *et* Wang, gen. nov. …… 122
(11) 长头空杯瓢蜡蝉，新种 *Cylindratus longicephalus* Meng, Qin *et* Wang, sp. nov. …… 123
II. 敏杯瓢蜡蝉族 Peltonotellini Fieber, 1872 …… 125
6. 敏杯瓢蜡蝉属 *Peltonotellus* Puton, 1886 …… 125
(12) 簇敏杯瓢蜡蝉 *Peltonotellus fasciatus* (Chan *et* Yang, 1994) …… 126
(13) 短敏杯瓢蜡蝉 *Peltonotellus brevis* Meng, Gnezdilov *et* Wang, 2015 …… 128
(14) 兰敏杯瓢蜡蝉 *Peltonotellus labrosus* Emeljanov, 2008 …… 130
(15) 黑色敏杯瓢蜡蝉 *Peltonotellus niger* Meng, Gnezdilov *et* Wang, 2015 …… 130
（二）透翅杯瓢蜡蝉亚科 Ommatidiotinae Fieber, 1875 …… 132
III. 亚丁杯瓢蜡蝉族 Adenissini Dlabola, 1980 …… 132
7. 博杯瓢蜡蝉属 *Bocra* Emeljanov, 1999 …… 133
(16) 弯月博杯瓢蜡蝉，新种 *Bocra siculiformis* Che, Zhang *et* Wang, sp. nov. …… 133
8. 德里杯瓢蜡蝉属 *Delhina* Distant, 1912 …… 134
(17) 阔颜德里杯瓢蜡蝉 *Delhina eurybrachydoides* Distant, 1912 …… 135
9. 裙杯瓢蜡蝉属 *Phusta* Gnezdilov, 2008 …… 136
(18) 丹裙杯瓢蜡蝉 *Phusta dantela* Gnezdilov, 2008 …… 137
IV. 透翅杯瓢蜡蝉族 Ommatidiotini Fieber, 1875 …… 138
10. 透翅杯瓢蜡蝉属 *Ommatidiotus* Spinola, 1839 …… 139
(19) 纵带透翅杯瓢蜡蝉 *Ommatidiotus dashdorzhi* Dlabola, 1967 …… 139
(20) 拟长透翅杯瓢蜡蝉，新种 *Ommatidiotus pseudolongiceps* Meng, Qin *et* Wang, sp. nov. …… 141
(21) 尖刺透翅杯瓢蜡蝉 *Ommatidiotus acutus* Horváth, 1905 …… 142
V. 鹰杯瓢蜡蝉族 Augilini Baker, 1915 …… 143
11. 犀杯瓢蜡蝉属 *Augilodes* Fennah, 1963 …… 143
(22) 犀杯瓢蜡蝉 *Augilodes binghami* (Distant, 1906) …… 144
(23) 端斑犀杯瓢蜡蝉 *Augilodes apicomacula* Wang, Chou *et* Yuan, 2002 …… 146
12. 斯杯瓢蜡蝉属 *Symplana* Kirby, 1891 …… 147
(24) 长头斯杯瓢蜡蝉 *Symplana longicephala* Chou, Yuan *et* Wang, 1994 …… 149
(25) 李氏斯杯瓢蜡蝉 *Symplana lii* Chen, Zhang *et* Chang, 2014 …… 150
(26) 二叶斯杯瓢蜡蝉，新种 *Symplana biloba* Meng, Qin *et* Wang, sp. nov. …… 152
(27) 长尾斯杯瓢蜡蝉，新种 *Symplana elongata* Meng, Qin *et* Wang, sp. nov. …… 154
(28) 短线斯杯瓢蜡蝉 *Symplana brevistrata* Chou, Yuan *et* Wang, 1994 …… 155

13. 长杯瓢蜡蝉属 *Pseudosymplanella* Che, Zhang *et* Webb, 2009 …… 157
(29) 长杯瓢蜡蝉 *Pseudosymplanella nigrifasciata* Che, Zhang *et* Webb, 2009 …… 157
14. 露额杯瓢蜡蝉属 *Symplanella* Fennah, 1987 …… 159
(30) 海南露额杯瓢蜡蝉 *Symplanella hainanensis* Yang *et* Chen, 2014 …… 160
(31) 中突露额杯瓢蜡蝉 *Symplanella zhongtua* Yang *et* Chen, 2014 …… 160
(32) 短头露额杯瓢蜡蝉 *Symplanella brevicephala* (Chou, Yuan *et* Wang, 1994) …… 161
(33) 圆斑露额杯瓢蜡蝉 *Symplanella unipuncta* Zhang *et* Wang, 2009 …… 163
(34) 弯突露额杯瓢蜡蝉 *Symplanella recurvata* Yang *et* Chen, 2014 …… 164
二、瓢蜡蝉科 Issidae Spinola, 1839 …… 165
（三）球瓢蜡蝉亚科 Hemisphaeriinae Melichar, 1906 …… 166
15. 圆瓢蜡蝉属 *Gergithus* Stål, 1870 …… 167
(35) 长额圆瓢蜡蝉 *Gergithus frontilongus* Meng, Webb *et* Wang, 2017 …… 167
16. 新瓢蜡蝉属 *Neogergithoides* Sun, Meng *et* Wang, 2012 …… 169
(36) 瘤新瓢蜡蝉 *Neogergithoides tubercularis* Sun, Meng *et* Wang, 2012 …… 170
17. 广瓢蜡蝉属 *Macrodaruma* Fennah, 1978 …… 172
(37) 广瓢蜡蝉 *Macrodaruma pertinax* Fennah, 1978 …… 172
18. 周瓢蜡蝉属 *Choutagus* Zhang, Wang *et* Che, 2006 …… 174
(38) 长顶周瓢蜡蝉 *Choutagus longicephalus* Zhang, Wang *et* Che, 2006 …… 175
19. 蒙瓢蜡蝉属 *Mongoliana* Distant, 1909 …… 176
(39) 曲纹蒙瓢蜡蝉 *Mongoliana sinuata* Che, Wang *et* Chou, 2003 …… 178
(40) 三角蒙瓢蜡蝉 *Mongoliana triangularis* Che, Wang *et* Chou, 2003 …… 179
(41) 片马蒙瓢蜡蝉 *Mongoliana pianmaensis* Chen, Zhang *et* Chang, 2014 …… 181
(42) 蒙瓢蜡蝉 *Mongoliana chilocorides* (Walker, 1851) …… 181
(43) 逆蒙瓢蜡蝉 *Mongoliana recurrens* (Butler, 1875) …… 183
(44) 白星蒙瓢蜡蝉 *Mongoliana albimaculata* Meng, Wang *et* Qin, 2016 …… 185
(45) 锐蒙瓢蜡蝉 *Mongoliana arcuata* Meng, Wang *et* Qin, 2016 …… 186
(46) 黔蒙瓢蜡蝉 *Mongoliana qiana* Chen, Zhang *et* Chang, 2014 …… 187
(47) 矛尖蒙瓢蜡蝉 *Mongoliana lanceolata* Che, Wang *et* Chou, 2003 …… 187
(48) 褐斑蒙瓢蜡蝉 *Mongoliana naevia* Che, Wang *et* Chou, 2003 …… 189
(49) 黑星蒙瓢蜡蝉 *Mongoliana signifer* (Walker, 1851) comb. nov. …… 190
(50) 锯缘蒙瓢蜡蝉 *Mongoliana serrata* Che, Wang *et* Chou, 2003 …… 190
(51) 双带蒙瓢蜡蝉 *Mongoliana bistriata* Meng, Wang *et* Qin, 2016 …… 192
(52) 宽带蒙瓢蜡蝉 *Mongoliana latistriata* Meng, Wang *et* Qin, 2016 …… 193
20. 脊额瓢蜡蝉属 *Gergithoides* Schumacher, 1915 …… 195
(53) 弯月脊额瓢蜡蝉 *Gergithoides gibbosus* Chou *et* Wang, 2003 …… 196
(54) 脊额瓢蜡蝉 *Gergithoides carinatifrons* Schumacher, 1915 …… 197
(55) 尾刺脊额瓢蜡蝉 *Gergithoides caudospinosus* Chen, Zhang *et* Chang, 2014 …… 199
(56) 波缘脊额瓢蜡蝉 *Gergithoides undulatus* Wang *et* Che, 2003 …… 199

(57) 皱脊额瓢蜡蝉 *Gergithoides rugulosus* (Melichar, 1906) ············201
21. 格氏瓢蜡蝉属 *Gnezdilovius* Meng, Webb *et* Wang, 2017 ············203
(58) 线格氏瓢蜡蝉 *Gnezdilovius lineatus* (Kato, 1933) ············206
(59) 横纹格氏瓢蜡蝉，新种 *Gnezdilovius transversus* Meng, Qin *et* Wang, sp. nov. ····207
(60) 龟纹格氏瓢蜡蝉 *Gnezdilovius tesselatus* (Matsumura, 1916) ············209
(61) 拟龟纹格氏瓢蜡蝉 *Gnezdilovius pseudotesselatus* (Che, Zhang *et* Wang, 2007) ····210
(62) 黄斑格氏瓢蜡蝉 *Gnezdilovius flavimaculus* (Walker, 1851) ············212
(63) 五斑格氏瓢蜡蝉 *Gnezdilovius quinquemaculatus* (Che, Zhang *et* Wang, 2007) ·····213
(64) 星斑格氏瓢蜡蝉 *Gnezdilovius multipunctatus* (Che, Zhang *et* Wang, 2007) ·········214
(65) 九星格氏瓢蜡蝉 *Gnezdilovius nonomaculatus* (Meng *et* Wang, 2012) ············216
(66) 黄格氏瓢蜡蝉 *Gnezdilovius flaviguttatus* (Hori, 1969) ············218
(67) 台湾格氏瓢蜡蝉 *Gnezdilovius taiwanensis* (Hori, 1969) ············218
(68) 半月格氏瓢蜡蝉 *Gnezdilovius gravidus* (Melichar, 1906) ············219
(69) 栅纹格氏瓢蜡蝉 *Gnezdilovius parallelus* (Che, Zhang *et* Wang, 2007) ············220
(70) 云南格氏瓢蜡蝉 *Gnezdilovius yunnanensis* (Che, Zhang *et* Wang, 2007) ············221
(71) 双斑格氏瓢蜡蝉 *Gnezdilovius bimaculatus* (Zhang *et* Che, 2009) ············223
(72) 三带格氏瓢蜡蝉 *Gnezdilovius tristriatus* (Meng *et* Wang, 2012) ············224
(73) 皱额格氏瓢蜡蝉 *Gnezdilovius rosticus* (Chan *et* Yang, 1994) ············226
(74) 圆翅格氏瓢蜡蝉 *Gnezdilovius rotundus* (Chan *et* Yang, 1994) ············227
(75) 双带格氏瓢蜡蝉 *Gnezdilovius bistriatus* (Schumacher, 1915) ············229
(76) 螯突格氏瓢蜡蝉 *Gnezdilovius chelatus* (Che, Zhang *et* Wang, 2007) ············230
(77) 壮格氏瓢蜡蝉 *Gnezdilovius robustus* (Schumacher, 1915) ············232
(78) 网纹格氏瓢蜡蝉 *Gnezdilovius formosanus* (Metcalf, 1955) ············234
(79) 笼格氏瓢蜡蝉 *Gnezdilovius longulus* (Schumacher, 1915) ············235
(80) 十星格氏瓢蜡蝉 *Gnezdilovius iguchii* (Matsumura, 1916) ············237
(81) 池格氏瓢蜡蝉 *Gnezdilovius chihpensis* (Chan *et* Yang, 1994) ············239
(82) 吊格氏瓢蜡蝉 *Gnezdilovius pendulus* (Chan *et* Yang, 1994) ············240
(83) 稻黄格氏瓢蜡蝉 *Gnezdilovius stramineus* (Hori, 1969) ············242
(84) 棘格氏瓢蜡蝉 *Gnezdilovius horishanus* (Matsumura, 1916) ············243
(85) 边格氏瓢蜡蝉 *Gnezdilovius nigrolimbatus* (Schumacher, 1915) ············243
(86) 大棘格氏瓢蜡蝉 *Gnezdilovius spinosus* (Che, Zhang *et* Wang, 2007) ············245
(87) 皱脊格氏瓢蜡蝉 *Gnezdilovius rugiformis* (Zhang *et* Che, 2009) ············247
(88) 齿格氏瓢蜡蝉 *Gnezdilovius nummarius* (Chan *et* Yang, 1994) ············248
(89) 素格氏瓢蜡蝉 *Gnezdilovius unicolor* (Melichar, 1906) ············250
(90) 深色格氏瓢蜡蝉 *Gnezdilovius carbonarius* (Melichar, 1906) ············251
(91) 雅格氏瓢蜡蝉 *Gnezdilovius yayeyamensis* (Hori, 1969) ············253
(92) 方格氏瓢蜡蝉 *Gnezdilovius affinis* (Schumacher, 1915) ············254
(93) 锐格氏瓢蜡蝉 *Gnezdilovius hosticus* (Chan *et* Yang, 1994) ············256

(94) 异色格氏瓢蜡蝉 *Gnezdilovius variabilis* (Butler, 1875)……257
22. 阔瓢蜡蝉属 *Rotundiforma* Meng, Wang *et* Qin, 2013……257
(95) 黑斑阔瓢蜡蝉 *Rotundiforma nigrimaculata* Meng, Wang *et* Qin, 2013……258
23. 球瓢蜡蝉属 *Hemisphaerius* Schaum, 1850……259
(96) 驳斑球瓢蜡蝉 *Hemisphaerius sauteri* Schmidt, 1910……261
(97) 锈球瓢蜡蝉 *Hemisphaerius hoozanensis* Schumacher, 1915……261
(98) 胭脂球瓢蜡蝉 *Hemisphaerius coccinelloides* (Burmeister, 1834)……262
(99) 丽球瓢蜡蝉 *Hemisphaerius lysanias* Fennah, 1978……263
(100) 犬牙球瓢蜡蝉，新种 *Hemisphaerius caninus* Che, Zhang *et* Wang, sp. nov.……265
(101) 红球瓢蜡蝉 *Hemisphaerius rufovarius* Walker, 1858……266
(102) 双斑球瓢蜡蝉 *Hemisphaerius bimaculatus* Che, Zhang *et* Wang, 2006……268
(103) 长臂球瓢蜡蝉 *Hemisphaerius palaemon* Fennah, 1978……270
(104) 双环球瓢蜡蝉 *Hemisphaerius kotoshonis* Matsumura, 1938……271
(105) 条纹球瓢蜡蝉，新种 *Hemisphaerius parallelus* Zhang *et* Wang, sp. nov.……273
(106) 三瓣球瓢蜡蝉 *Hemisphaerius trilobulus* Che, Zhang *et* Wang, 2006……274
(107) 浅斑球瓢蜡蝉 *Hemisphaerius delectabilis* Schumacher, 1914……276
24. 似球瓢蜡蝉属 *Epyhemisphaerius* Chan *et* Yang, 1994……276
(108) 似球瓢蜡蝉 *Epyhemisphaerius tappanus* (Matsumura, 1916)……277
25. 真球瓢蜡蝉属 *Euhemisphaerius* Chan *et* Yang, 1994……278
(109) 波真球瓢蜡蝉 *Euhemisphaerius inclitus* Chan *et* Yang, 1994……279
(110) 曲真球瓢蜡蝉 *Euhemisphaerius infidus* Chan *et* Yang, 1994……281
(111) 大真球瓢蜡蝉 *Euhemisphaerius obesus* Chan *et* Yang, 1994……282
(112) 真球瓢蜡蝉 *Euhemisphaerius primulus* Chan *et* Yang, 1994……284
26. 新球瓢蜡蝉属 *Neohemisphaerius* Chen, Zhang *et* Chang, 2014……285
(113) 黄新球瓢蜡蝉，新种 *Neohemisphaerius flavus* Meng, Qin *et* Wang, sp. nov.……286
(114) 武冈新球瓢蜡蝉 *Neohemisphaerius wugangensis* Chen, Zhang *et* Chang, 2014…287
(115) 杨氏新球瓢蜡蝉 *Neohemisphaerius yangi* Chen, Zhang *et* Chang, 2014……288
(116) 广西新球瓢蜡蝉 *Neohemisphaerius guangxiensis* Zhang, Chang *et* Chen, 2016…288
27. 角唇瓢蜡蝉属 *Eusudasina* Yang, 1994……289
(117) 五斑角唇瓢蜡蝉，新种 *Eusudasina quinquemaculata* Meng, Qin *et* Wang, sp. nov.……290
(118) 小刺角唇瓢蜡蝉，新种 *Eusudasina spinosa* Meng, Qin *et* Wang, sp. nov.……291
(119) 南角唇瓢蜡蝉 *Eusudasina nantouensis* Yang, 1994……293
28. 类蒙瓢蜡蝉属 *Paramongoliana* Chen, Zhang *et* Chang, 2014……295
(120) 齿类蒙瓢蜡蝉 *Paramongoliana dentata* Chen, Zhang *et* Chang, 2014……295
（四）眉瓢蜡蝉亚科，新亚科 Superciliarinae Meng, Qin *et* Wang, subfam. nov.……296
29. 眉瓢蜡蝉属，新属 *Superciliaris* Meng, Qin *et* Wang, gen. nov.……296
(121) 眉瓢蜡蝉，新种 *Superciliaris reticulatus* Meng, Qin *et* Wang, sp. nov.……297

(122) 吊罗山眉瓢蜡蝉，新种 *Superciliaris diaoluoshanis* Meng, Qin *et* Wang, sp. nov.······298

（五）帕瓢蜡蝉亚科 Parahiraciinae Cheng *et* Yang, 1991 ······300

30. 福瓢蜡蝉属 *Fortunia* Distant, 1909······301

(123) 福瓢蜡蝉 *Fortunia byrrhoides* (Walker, 1858)······302

(124) 勐仑福瓢蜡蝉，新种 *Fortunia menglunensis* Meng, Qin *et* Wang, sp. nov. ······304

31. 短额瓢蜡蝉属 *Brevicopius* Meng, Qin *et* Wang, 2015 ······306

(125) 尖峰岭短额瓢蜡蝉 *Brevicopius jianfenglingensis* (Chen, Zhang *et* Chang, 2014)······307

32. 球鼻瓢蜡蝉属 *Bardunia* Stål, 1863 ······308

(126) 弯球鼻瓢蜡蝉 *Bardunia curvinaso* Gnezdilov, 2011······309

33. 鼻瓢蜡蝉属 *Narinosus* Gnezdilov *et* Wilson, 2005 ······309

(127) 鼻瓢蜡蝉 *Narinosus nativus* Gnezdilov *et* Wilson, 2005 ······310

34. 瘤额瓢蜡蝉属 *Tetricodes* Fennah, 1956······311

(128) 瘤额瓢蜡蝉 *Tetricodes polyphemus* Fennah, 1956 ······312

(129) 芬纳瘤额瓢蜡蝉 *Tetricodes fennahi* Gnezdilov, 2015 ······313

(130) 宋氏瘤额瓢蜡蝉 *Tetricodes songae* Zhang *et* Chen, 2009 ······313

(131) 安龙瘤额瓢蜡蝉 *Tetricodes anlongensis* Chen, Zhang *et* Chang, 2014 ······314

35. 瘤突瓢蜡蝉属 *Paratetricodes* Zhang *et* Chen, 2010 ······315

(132) 中华瘤突瓢蜡蝉 *Paratetricodes sinensis* Zhang *et* Chen, 2010······315

36. 瘤瓢蜡蝉属，新属 *Tumorofrontus* Che, Zhang *et* Wang, gen. nov.······317

(133) 平脉瘤瓢蜡蝉，新种 *Tumorofrontus parallelicus* Che, Zhang *et* Wang, sp. nov. ······318

37. 扁足瓢蜡蝉属 *Neodurium* Fennah, 1956······319

(134) 扇扁足瓢蜡蝉 *Neodurium postfasciatum* Fennah, 1956······320

(135) 钩扁足瓢蜡蝉 *Neodurium hamatum* Wang *et* Wang, 2011 ······322

(136) 平扁足瓢蜡蝉 *Neodurium flatidum* Ran *et* Liang, 2005······324

(137) 威宁扁足瓢蜡蝉 *Neodurium weiningense* Zhang *et* Chen, 2008······326

(138) 指扁足瓢蜡蝉 *Neodurium digitiformum* Ran *et* Liang, 2005 ······327

(139) 双突扁足瓢蜡蝉 *Neodurium duplicadigitum* Zhang *et* Chen, 2008 ······328

(140) 芬纳扁足瓢蜡蝉 *Neodurium fennahi* Chang *et* Chen, 2015 ······330

38. 叶瓢蜡蝉属 *Folifemurum* Che, Wang *et* Zhang, 2013······331

(141) 双叶瓢蜡蝉 *Folifemurum duplicatum* Che, Wang *et* Zhang, 2013 ······331

39. 拟周瓢蜡蝉属 *Pseudochoutagus* Che, Zhang *et* Wang, 2011 ······333

(142) 拟周瓢蜡蝉 *Pseudochoutagus curvativus* Che, Zhang *et* Wang, 2011······334

40. 喙瓢蜡蝉属，新属 *Rostrolatum* Che, Zhang *et* Wang, gen. nov.······335

(143) 二叉喙瓢蜡蝉，新种 *Rostrolatum separatum* Che, Zhang *et* Wang, sp. nov.······336

41. 弘瓢蜡蝉属 *Macrodarumoides* Che, Zhang *et* Wang, 2012 ······338

(144) 瓣弘瓢蜡蝉 *Macrodarumoides petalinus* Che, Zhang *et* Wang, 2012 ······338

42. 黄瓢蜡蝉属 *Flavina* Stål, 1861 ······ 340
(145) 海南黄瓢蜡蝉 *Flavina hainana* (Wang *et* Wang, 1999) ······ 341
(146) 云南黄瓢蜡蝉 *Flavina yunnanensis* Chen, Zhang *et* Chang, 2014 ······ 343
(147) 黑额黄瓢蜡蝉 *Flavina nigrifrons* Zhang *et* Che, 2010 ······ 343
(148) 带黄瓢蜡蝉 *Flavina nigrifascia* Che *et* Wang, 2010 ······ 345
43. 拟瘤额瓢蜡蝉属 *Neotetricodes* Zhang *et* Chen, 2012 ······ 346
(149) 棒突拟瘤额瓢蜡蝉 *Neotetricodes clavatus* Chen, Zhang *et* Chang, 2014 ······ 347
(150) 四瓣拟瘤额瓢蜡蝉 *Neotetricodes quadrilaminus* Zhang *et* Chen, 2012 ······ 348
(151) 宽阔水拟瘤额瓢蜡蝉 *Neotetricodes kuankuoshuiensis* Zhang *et* Chen, 2012 ······ 349
(152) 长突拟瘤额瓢蜡蝉 *Neotetricodes longispinus* Chang *et* Chen, 2015 ······ 350
(153) 剑突拟瘤额瓢蜡蝉 *Neotetricodes xiphoideus* Chang *et* Chen, 2015 ······ 351
44. 苏额瓢蜡蝉属 *Tetricodissus* Wang, Bourgoin *et* Zhang, 2015 ······ 352
(154) 环线苏额瓢蜡蝉 *Tetricodissus pandlineus* Wang, Bourgoin *et* Zhang, 2015 ······ 352
45. 扁瓢蜡蝉属，新属 *Flatiforma* Meng, Qin *et* Wang, gen. nov. ······ 353
(155) 贵州扁瓢蜡蝉，新种 *Flatiforma guizhouensis* Meng, Qin *et* Wang, sp. nov. ······ 354
(156) 勐腊扁瓢蜡蝉，新种 *Flatiforma menglaensis* Che, Zhang *et* Wang, sp. nov. ······ 355
(157) 瑞丽扁瓢蜡蝉，新种 *Flatiforma ruiliensis* Che, Zhang *et* Wang, sp. nov. ······ 357
46. 菱瓢蜡蝉属 *Rhombissus* Gnezdilov *et* Hayashi, 2016 ······ 358
(158) 短突菱瓢蜡蝉，新种 *Rhombissus brevispinus* Che, Zhang *et* Wang, sp. nov. ······ 359
(159) 长突菱瓢蜡蝉，新种 *Rhombissus longus* Che, Zhang *et* Wang, sp. nov. ······ 360
(160) 耳突菱瓢蜡蝉，新种 *Rhombissus auriculiformis* Che, Zhang *et* Wang, sp. nov. ·· 361
47. 齿跗瓢蜡蝉属 *Gelastyrella* Yang, 1994 ······ 363
(161) 丽涛齿跗瓢蜡蝉 *Gelastyrella litaoensis* Yang, 1994 ······ 363
48. 众瓢蜡蝉属 *Thabena* Stål, 1866 ······ 365
(162) 褐额众瓢蜡蝉 *Thabena brunnifrons* (Bonfils, Attié *et* Reynaud, 2001) ······ 366
(163) 双瓣众瓢蜡蝉 *Thabena biplaga* (Walker, 1851) ······ 367
(164) 云南众瓢蜡蝉 *Thabena yunnanensis* (Ran *et* Liang, 2006) ······ 367
(165) 兰坪众瓢蜡蝉 *Thabena lanpingensis* Zhang *et* Chen, 2012 ······ 368
(166) 凸众瓢蜡蝉，新种 *Thabena convexa* Che, Zhang *et* Wang, sp. nov. ······ 370
(167) 尖众瓢蜡蝉，新种 *Thabena acutula* Meng, Qin *et* Wang, sp. nov. ······ 371
49. 梭瓢蜡蝉属 *Fusiissus* Zhang *et* Chen, 2010 ······ 373
(168) 额斑梭瓢蜡蝉 *Fusiissus frontomaculatus* Zhang *et* Chen, 2010 ······ 373
(169) 望谟梭瓢蜡蝉 *Fusiissus wangmoensis* Chen, Zhang *et* Chang, 2014 ······ 375
50. 莲瓢蜡蝉属 *Duriopsilla* Fennah, 1956 ······ 376
(170) 莲瓢蜡蝉 *Duriopsilla retarius* Fennah, 1956 ······ 376
（六）瓢蜡蝉亚科 Issinae Spinola, 1839 ······ 377
51. 新泰瓢蜡蝉属 *Neotapirissus* Meng *et* Wang, 2017 ······ 379
(171) 网新泰瓢蜡蝉 *Neotapirissus reticularis* Meng *et* Wang, 2017 ······ 380

52. 波氏瓢蜡蝉属 *Potaninum* Gnezdilov, 2017 ······ 382

(172) 北方波氏瓢蜡蝉 *Potaninum boreale* (Melichar, 1902) ······ 382

53. 鞍瓢蜡蝉属 *Celyphoma* Emeljanov, 1971 ······ 383

(173) 四突鞍瓢蜡蝉 *Celyphoma quadrupla* Meng *et* Wang, 2012 ······ 384

(174) 贺兰鞍瓢蜡蝉，新种 *Celyphoma helanense* Che, Zhang *et* Wang, sp. nov. ······ 386

(175) 黄氏鞍瓢蜡蝉 *Celyphoma huangi* Mitjaev, 1995 ······ 388

(176) 杨氏鞍瓢蜡蝉 *Celyphoma yangi* Chen, Zhang *et* Chang, 2014 ······ 388

(177) 叉突鞍瓢蜡蝉 *Celyphoma bifurca* Meng *et* Wang, 2012 ······ 390

(178) 甘肃鞍瓢蜡蝉 *Celyphoma gansua* Chen, Zhang *et* Chang, 2014 ······ 391

54. 桑瓢蜡蝉属，新属 *Sangina* Meng, Qin *et* Wang, gen. nov. ······ 391

(179) 桑瓢蜡蝉，新种 *Sangina singularis* Meng, Qin *et* Wang, sp. nov. ······ 392

(180) 卡布桑瓢蜡蝉，新种 *Sangina kabuica* Meng, Qin *et* Wang, sp. nov. ······ 393

55. 梯额瓢蜡蝉属 *Neokodaiana* Yang, 1994 ······ 395

(181) 台湾梯额瓢蜡蝉 *Neokodaiana chihpenensis* Yang, 1994 ······ 395

(182) 福建梯额瓢蜡蝉 *Neokodaiana minensis* Meng *et* Qin, 2016 ······ 396

56. 巨齿瓢蜡蝉属 *Dentatissus* Chen, Zhang *et* Chang, 2014 ······ 398

(183) 四突巨齿瓢蜡蝉，新种 *Dentatissus quadruplus* Meng, Qin *et* Wang, sp. nov. ······ 399

(184) 短突巨齿瓢蜡蝉 *Dentatissus brachys* Chen, Zhang *et* Chang, 2014 ······ 400

(185) 恶性巨齿瓢蜡蝉 *Dentatissus damnosus* (Chou *et* Lu, 1985) ······ 401

57. 柯瓢蜡蝉属 *Kodaianella* Fennah, 1956 ······ 403

(186) 短刺柯瓢蜡蝉 *Kodaianella bicinctifrons* Fennah, 1956 ······ 404

(187) 长刺柯瓢蜡蝉 *Kodaianella longispina* Zhang *et* Chen, 2010 ······ 405

58. 犷瓢蜡蝉属 *Tetrica* Stål, 1866 ······ 407

(188) 云犷瓢蜡蝉 *Tetrica zephyrus* Fennah, 1956 ······ 407

(189) 等犷瓢蜡蝉 *Tetrica aequa* Jacobi, 1944 ······ 408

59. 萨瓢蜡蝉属 *Sarima* Melichar, 1903 ······ 409

(190) 黑萨瓢蜡蝉 *Sarima nigrifacies* Jacobi, 1944 ······ 409

(191) 条萨瓢蜡蝉 *Sarima tappana* Matsumura, 1916 ······ 410

(192) 双叉萨瓢蜡蝉 *Sarima bifurca* Meng *et* Wang, 2016 ······ 410

60. 萨瑞瓢蜡蝉属 *Sarimodes* Matsumura, 1916 ······ 412

(193) 萨瑞瓢蜡蝉 *Sarimodes taimokko* Matsumura, 1916 ······ 413

(194) 棒突萨瑞瓢蜡蝉 *Sarimodes clavatus* Meng *et* Wang, 2016 ······ 414

(195) 平突萨瑞瓢蜡蝉 *Sarimodes parallelus* Meng *et* Wang, 2016 ······ 416

61. 魔眼瓢蜡蝉属 *Orbita* Meng *et* Wang, 2016 ······ 417

(196) 魔眼瓢蜡蝉 *Orbita parallelodroma* Meng *et* Wang, 2016 ······ 418

62. 类萨瓢蜡蝉属，新属 *Sarimites* Meng, Qin *et* Wang, gen. nov. ······ 419

(197) 线类萨瓢蜡蝉，新种 *Sarimites linearis* Che, Zhang *et* Wang, sp. nov. ······ 420

(198) 匙类萨瓢蜡蝉，新种 *Sarimites spatulatus* Che, Zhang *et* Wang, sp. nov. ······ 421

63. 杨氏瓢蜡蝉属 *Yangissus* Chen, Zhang *et* Chang, 2014 ······ 422
(199) 茂兰杨氏瓢蜡蝉 *Yangissus maolanensis* Chen, Zhang *et* Chang, 2014 ······ 423
64. 华萨瓢蜡蝉属 *Sinesarima* Yang, 1994 ······ 424
(200) 笃华萨瓢蜡蝉 *Sinesarima dubiosa* Yang, 1994 ······ 424
(201) 平华萨瓢蜡蝉 *Sinesarima pannosa* Yang, 1994 ······ 425
(202) 喀华萨瓢蜡蝉 *Sinesarima caduca* Yang, 1994 ······ 427
65. 新萨瓢蜡蝉属 *Neosarima* Yang, 1994 ······ 428
(203) 黑新萨瓢蜡蝉 *Neosarima nigra* Yang, 1994 ······ 428
(204) 枯新萨瓢蜡蝉 *Neosarima curiosa* Yang, 1994 ······ 430
66. 似钻瓢蜡蝉属，新属 *Coruncanoides* Che, Zhang *et* Wang, gen. nov. ······ 431
(205) 玉似钻瓢蜡蝉，新种 *Coruncanoides jaspida* Che, Zhang *et* Wang, sp. nov. ······ 432
67. 拟钻瓢蜡蝉属，新属 *Pseudocoruncanius* Meng, Qin *et* Wang, gen. nov. ······ 433
(206) 黄纹拟钻瓢蜡蝉，新种 *Pseudocoruncanius flavostriatus* Meng, Qin *et* Wang, sp. nov. ······ 434
68. 平突瓢蜡蝉属，新属 *Parallelissus* Meng, Qin *et* Wang, gen. nov. ······ 435
(207) 暗黑平突瓢蜡蝉，新种 *Parallelissus furvus* Meng, Qin *et* Wang, sp. nov. ······ 436
(208) 褐黄平突瓢蜡蝉，新种 *Parallelissus fuscus* Meng, Qin *et* Wang, sp. nov. ······ 437
69. 弥萨瓢蜡蝉属，新属 *Sarimissus* Meng, Qin *et* Wang, gen. nov. ······ 439
(209) 双突弥萨瓢蜡蝉，新种 *Sarimissus bispinus* Meng, Qin *et* Wang, sp. nov. ······ 439
70. 帕萨瓢蜡蝉属 *Parasarima* Yang, 1994 ······ 440
(210) 帕萨瓢蜡蝉 *Parasarima pallizona* (Matsumura, 1938) ······ 441
71. 美萨瓢蜡蝉属 *Eusarima* Yang, 1994 ······ 442
(211) 旋美萨瓢蜡蝉 *Eusarima contorta* Yang, 1994 ······ 445
(212) 窟美萨瓢蜡蝉 *Eusarima kuyanianum* (Matsumura, 1916) ······ 447
(213) 铃美萨瓢蜡蝉 *Eusarima rinkihonis* (Matsumura, 1916) ······ 448
(214) 升美萨瓢蜡蝉 *Eusarima ascetica* Yang, 1994 ······ 449
(215) 移美萨瓢蜡蝉 *Eusarima motiva* Yang, 1994 ······ 451
(216) 灵美萨瓢蜡蝉 *Eusarima astuta* Yang, 1994 ······ 452
(217) 多根美萨瓢蜡蝉 *Eusarima radicosa* Yang, 1994 ······ 453
(218) 牡美萨瓢蜡蝉 *Eusarima mucida* Yang, 1994 ······ 455
(219) 芳美萨瓢蜡蝉 *Eusarima incensa* Yang, 1994 ······ 456
(220) 博美萨瓢蜡蝉 *Eusarima docta* Yang, 1994 ······ 456
(221) 青美萨瓢蜡蝉 *Eusarima junia* Yang, 1994 ······ 458
(222) 茵美萨瓢蜡蝉 *Eusarima indeserta* Yang, 1994 ······ 460
(223) 杨氏美萨瓢蜡蝉 *Eusarima yangi* Chen, Zhang *et* Chang, 2014 ······ 461
(224) 浓美萨瓢蜡蝉 *Eusarima condensa* Yang, 1994 ······ 462
(225) 川美萨瓢蜡蝉 *Eusarima perlaeta* Yang, 1994 ······ 463
(226) 台湾美萨瓢蜡蝉 *Eusarima formosana* (Schumacher, 1915) ······ 463

(227) 田美萨瓢蜡蝉 *Eusarima arva* Yang, 1994 ······ 465
(228) 污美萨瓢蜡蝉 *Eusarima foetida* Yang, 1994 ······ 466
(229) 钩美萨瓢蜡蝉 *Eusarima hamata* Yang, 1994 ······ 466
(230) 卓美萨瓢蜡蝉 *Eusarima eximia* Yang, 1994 ······ 468
(231) 泊美萨瓢蜡蝉 *Eusarima penaria* Yang, 1994 ······ 470
(232) 蜜美萨瓢蜡蝉 *Eusarima mythica* Yang, 1994 ······ 471
(233) 松村美萨瓢蜡蝉 *Eusarima matsumurai* (Esaki, 1931) ······ 471
(234) 柳美萨瓢蜡蝉 *Eusarima cernula* Yang, 1994 ······ 474
(235) 皓美萨瓢蜡蝉 *Eusarima horaea* Yang, 1994 ······ 475
(236) 丰美萨瓢蜡蝉 *Eusarima copiosa* Yang, 1994 ······ 476
(237) 帆美萨瓢蜡蝉 *Eusarima fanda* Yang, 1994 ······ 476
(238) 红美萨瓢蜡蝉 *Eusarima rubricans* (Matsumura, 1916) ······ 478
(239) 筏美萨瓢蜡蝉 *Eusarima factiosa* Yang, 1994 ······ 480
(240) 罗美萨瓢蜡蝉 *Eusarima logica* Yang, 1994 ······ 481
(241) 三叶美萨瓢蜡蝉 *Eusarima triphylla* (Che, Zhang *et* Wang, 2012) ······ 481
(242) 刺美萨瓢蜡蝉，新种 *Eusarima spina* Meng, Qin *et* Wang, sp. nov. ······ 484
(243) 针美萨瓢蜡蝉，新种 *Eusarima spiculiformis* Che, Zhang *et* Wang, sp. nov. ······ 485
(244) 穗美萨瓢蜡蝉，新种 *Eusarima spiculata* Che, Zhang *et* Wang, sp. nov. ······ 486
(245) 尖叶美萨瓢蜡蝉，新种 *Eusarima acutifolica* Che, Zhang *et* Wang, sp. nov. ······ 488
(246) 双尖美萨瓢蜡蝉，新种 *Eusarima bicuspidata* Che, Zhang *et* Wang, sp. nov. ······ 490
(247) 洁美萨瓢蜡蝉 *Eusarima koshunensis* (Matsumura, 1916) ······ 491
(248) 炫美萨瓢蜡蝉 *Eusarima versicolor* (Kato, 1933) ······ 492
72. 克瓢蜡蝉属 *Jagannata* Distant, 1906 ······ 492
(249) 钩克瓢蜡蝉，新种 *Jagannata uncinulata* Che, Zhang *et* Wang, sp. nov. ······ 493
(250) 开克瓢蜡蝉，新种 *Jagannata ringentiformis* Che, Zhang *et* Wang, sp. nov. ······ 494
73. 卢瓢蜡蝉属，新属 *Lunatissus* Meng, Qin *et* Wang, gen. nov. ······ 496
(251) 短卢瓢蜡蝉，新种 *Lunatissus brevis* Che, Zhang *et* Wang, sp. nov. ······ 497
(252) 长卢瓢蜡蝉，新种 *Lunatissus longus* Che, Zhang *et* Wang, sp. nov. ······ 498
74. 似美萨瓢蜡蝉属，新属 *Eusarimodes* Meng, Qin *et* Wang, gen. nov. ······ 499
(253) 似美萨瓢蜡蝉，新种 *Eusarimodes maculosus* Che, Zhang *et* Wang, sp. nov. ······ 500
参考文献 ······ 502
英文摘要 ······ 526
中名索引 ······ 625
学名索引 ······ 632
《中国动物志》已出版书目 ······ 638
图版

总 论

一、研 究 简 史

瓢蜡蝉隶属于半翅目蜡蝉总科，包括杯瓢蜡蝉科 Caliscelidae 和瓢蜡蝉科 Issidae。在 20 世纪 90 年代以前同属于广义的瓢蜡蝉科，通称为“瓢蜡蝉 Issides”，分为杯瓢蜡蝉亚科 Caliscelinae、球瓢蜡蝉亚科 Hemisphaerinae、瓢蜡蝉亚科 Issinae、盲瓢蜡蝉亚科 Trienopinae 和汤瓢蜡蝉亚科 Tonginae 5 亚科（Metcalf，1958）。Emeljanov（1999）根据瓢蜡蝉的相关形态学和分类研究，将杯瓢蜡蝉亚科 Caliscelinae 从瓢蜡蝉科分出并提升为科，即杯瓢蜡蝉科 Caliscelidae。因此，本志将此 2 科放在一起记述。

（一）世界瓢蜡蝉研究概况

全世界最早记述瓢蜡蝉类昆虫的是丹麦著名动物分类学家 Fabricius，他于 1781 年将 1 种瓢蜡蝉 *Cercopis coleotratus* 归入沫蝉属 *Cercopis*，von Schrank（1781）也记述了 1 种瓢蜡蝉 *Cicada muscaeformis*，归入了蝉属 *Cicada*。Fabricius 于 1822 年建立瓢蜡蝉属 *Issus*，随后 Burmeister（1835）又建立了蜿瓢蜡蝉属 *Colpoptera*。Spinola（1839）提出了瓢蜡蝉的科级名称 Issites，又将其作为蜡蝉科 Fulgorelles 的 1 亚科。此后，不同学者对瓢蜡蝉采用了不同的分类秩级，也就相应产生了不同名称，如 Issides（Amyot & Serville，1843；Agassiz，1848），Issites（Blanchard，1845；Agassiz，1848），Subplanigeni（Amyot，1847，1848），Issitae（Blanchard，1849），Issiten（Weitenweber，1856），Issidarum（Stål，1861），Issida（Stål，1866a），Issinae（White，1878）等。Schaum（1850）根据国际动物命名法规，首次采用科级分类单元的固定词尾-idae，此后瓢蜡蝉科 Issidae 这一名称一直沿用至今。依循国际动物命名法规中科级分类单元的同等原则，基于同一模式属——瓢蜡蝉属 *Issus*，加上分类单元不同的词尾-idae、-inae 和-ini，构成瓢蜡蝉科 Issidae、瓢蜡蝉亚科 Issinae 和瓢蜡蝉族 Issini，尽管由不同学者提出和使用，但均采用相同的作者和日期，即其定名人均为 Spinola、时间为 1839。

1. 奠基与雏形期

继 Fabricius（1781）和 von Schrank（1781）记述瓢蜡蝉 2 种之后，19 世纪瓢蜡蝉研究者不断地描述新的分类单元，记述了大量的瓢蜡蝉种类，从而推动了瓢蜡蝉分类研究的进程，其中 Spinola 开创了瓢蜡蝉分类的良好开端。Walker 在 1850-1873 年描记了很多种瓢蜡蝉，尽管受当时研究条件和材料的限制，种类的记述较为简单，甚至存在很多错误，但主要的错误在 Metcalf（1958）《瓢蜡蝉科名录》之前都已得到纠正。Stål 被誉为半翅目研究之父，在 1853-1878 年发表了大量的论著，为蜡蝉总科包括瓢蜡蝉科在内的分类研究做出了卓越的贡献，特别是其于 1866 年发表的《非洲半翅目》第四卷中记述瓢蜡蝉科 39 属，列出了分属检索表，为瓢蜡蝉的分类研究奠定了基础。此外，还有 Olivier（1791）、Germa（1821）、Amyot 和 Serville（1843）、Amyot（1847，1848）、Schaum（1850）、Edwards（1884-1890）对英国、法国、意大利、希腊等欧洲国家，von Schrank（1781）对澳大利亚等地区，Burmeister（1835）、Scudder（1882）、Uhler（1876-1889）等对美洲，de Motschulsky（1863）、Kirby（1891）对亚洲的瓢蜡蝉区系进行了不同程度的研究。

2. 发展与繁荣期

从 20 世纪初到 50 年代，该类群独特的形态特征引起众多学者的广泛关注，世界各地的瓢蜡蝉分类研究蓬勃发展，涌现出一大批专门从事瓢蜡蝉分类研究的学者，他们不仅开展了地方区系调查及分类研究工作，同时也对瓢蜡蝉的形态学、生物学等进行了大量的研究，出版和发表了一批有影响力的关于瓢蜡蝉科分类的总结性专著和比较系统的区系研究论文，尽管这些研究对属、种的描述占主导地位，但其使分类系统日趋成熟稳定。

Distant 于 1906-1932 年主要对东南亚、中美洲甚至非洲等地区的瓢蜡蝉区系进行了较为广泛的研究，其研究成果主要记载于 *Fauna of British India*、*Rhychora*: *Homoptera Bilogia Centrali-Americana*。据统计，*Fauna of British India* 第三、第六卷中记述东南亚瓢蜡蝉科 45 属 79 种，其中包括 22 新属、55 新种，尽管其中许多属级分类单元是单种属，但在近百年的研究历程中，有关分类单元一直被采用。这些研究为东洋界瓢蜡蝉的分类做出了不可磨灭的贡献。

Melichar（1906）撰写了世界第一部瓢蜡蝉分类专著 *Monographie der Issiden*，根据瓢蜡蝉的体型、前翅的相对长度、爪缝的有无，以及雄虫前足是否叶状扩大等形态特征将瓢蜡蝉分为 3 科：杯瓢蜡蝉科 Caliscelidae、球瓢蜡蝉科 Hemisphaeriidae 及瓢蜡蝉科 Issidae，又根据后翅的发育程度将瓢蜡蝉亚科 Issinae 分为爱瓢蜡蝉族 Hysteropterini、瓢蜡蝉族 Issini 和希瓢蜡蝉族 Thioniini 3 族。全书共记述瓢蜡蝉 3 科 98 属 355 种。这部重要的专著为后来瓢蜡蝉科的系统分类奠定了坚实的基础。

Baker 于 1915-1927 年对菲律宾及东南亚其余地区的瓢蜡蝉进行了调查和整理，在研究鹰瓢蜡蝉属 *Augila* 和昂瓢蜡蝉属 *Augilina* 的基础上，建立了鹰瓢蜡蝉亚科 Augilinae。虽然 Muir（1930）、Metcalf（1955b）把鹰瓢蜡蝉属 *Augila* 和昂瓢蜡蝉属 *Augilina* 归入璐蜡蝉科 Lophopidae，但经 Fennah（1987）进一步研究，仍将这 2 属归入瓢蜡蝉科。Kirkaldy（1907）以汤瓢蜡蝉属 *Tonga* 作为模式属建立汤瓢蜡蝉亚科 Tonginae，但 Kirkaldy（1907）认为该类群的形态特征独特，将其归入蛾蜡蝉科。Baker（1927）将汤瓢蜡蝉亚科从蛾蜡蝉科移入瓢蜡蝉科但未作说明，在他之后的研究中再未涉及该类群。

Matsumura（1916）在调查研究日本及周边地区瓢蜡蝉的同时，全面收集和整理世界各地瓢蜡蝉相关资料，完成了《日本及周边地区瓢蜡蝉科分类》，共记述分布于日本及中国台湾的瓢蜡蝉科 4 亚科 11 属 33 种及 1 亚种，其中包括 24 新种，编制了亚科、属及种的检索表，这为进一步开展该地区瓢蜡蝉分类研究提供了科学资料。

Muir（1923，1930）在蜡蝉总科分类研究中描记了大量的瓢蜡蝉种类，并将雄性外生殖器特征引入瓢蜡蝉科分类中，首次对瓢蜡蝉科在蜡蝉总科的分类地位及瓢蜡蝉科分类系统进行了讨论，对 *Ivinga* Distant 的分类地位进行了探讨。他遵循 Melichar（1906）的分类体系，编制了分亚科、族的检索表，为现代瓢蜡蝉科系统发育关系研究奠定了基础。

Doering 于 1936-1941 年对北美地区的瓢蜡蝉亚科进行了深入研究，完成的 *A Contribution to the Taxonomy of the Subfamily Issinae in the America North of Mexico* (*Fulgoridae*, *Homoptera*) (*I-IV*) 4 部系列研究论文共涉及 31 属 126 种，其中有 38 新种。文中不仅描述了新的分类单元，还补充描记了 Melichar（1906）专著中的已知分类单元，更重要的是在研究雄性外生殖器特征的基础上，就雄性外生殖器基本特征、前翅的形状和大小、后翅的大小和脉序及网状翅脉的多寡在分类中的意义与价值进行了探讨，他的论著成为北美瓢蜡蝉研究的权威性著作。此外，Dozier（1926）对密西西比河、Caldwell 和 Martorell（1951）对印第安地区的瓢蜡蝉进行了调查和整理，并描记了一些新的分类单元。这些研究不仅丰富了美洲地区的瓢蜡蝉区系，而且也为世界瓢蜡蝉分类做出了突出的贡献。

Fennah（1954）对世界瓢蜡蝉进行了广泛深入的研究，除描记了大量分类单元、澄清了部分属种的分类地位外，还在综合 Melichar 等研究成果的基础上，根据触角的形状、喙的长度、后足胫节和跗节刺的排列形式、后足跗节的结构、雌性产卵器的形状及雄性外生殖器特征，完成了“瓢蜡蝉高级阶元分类研究”的重要论文。在该文中，他首先将峻翅蜡蝉科 Acanaloniidae 移入瓢蜡蝉科，将其作为该科的 1 个亚科——峻翅蜡蝉亚科 Acanaloniinae；其次以盲瓢蜡蝉属 *Trienopa* Signoret 作为模式属建立新亚科——盲瓢蜡蝉亚科 Trienopinae；还将 *Ivinga* 作为盲瓢蜡蝉亚科盲瓢蜡蝉属的亚属归入瓢蜡蝉科。他提出瓢蜡蝉科应分为 5 亚科：盲瓢蜡蝉亚科 Trienopinae、汤瓢蜡蝉亚科 Tonginae、瓢蜡蝉亚科 Issinae、峻翅蜡蝉亚科 Acanaloniinae 和杯瓢蜡蝉亚科 Caliscelinae。他这个观点始终未被大多数瓢蜡蝉研究者认同，直到 1987 年 Wheeler 和 Wilsont 对成虫及若虫后足胫节的侧刺和腹部背面蜡腺特征进行研究[结果表明 Fennah（1954）提出的瓢蜡蝉分类系统是合理的]后，这一观点才开始得到支持。Fennah 的这一重要观点为日后完善瓢蜡蝉分类系统奠定了坚实的基础。

Metcalf 于 1913-1958 年先后对美洲地区瓢蜡蝉科进行了大量的研究，收集整理了 1955 年以前瓢蜡蝉科的所有文献，在此基础上，于 1958 年撰写了《世界瓢蜡蝉名录》（*General Catalogue of the Homoptera. Fulgoroidea. Part 15*, *Issidae*）。该名录修订了 Melichar（1906）、Fennah（1954）的瓢蜡蝉科分类体系，结合瓢蜡蝉的头部、触角、前翅翅脉及爪缝的有无、后翅的大小等形态特征从系统进化的角度进一步界定了瓢蜡蝉各分类单元的分类标准，并对以前的一些不符合动物命名法规的分类单元，甚至学名的错误拼写等进行了订正，澄清了分类系统中的一些混淆的问题，将瓢蜡蝉科分为 5 亚科，包括 6 族 206 属 5 亚属 981 种。该名录是世界瓢蜡蝉科最完整的名录，为开展瓢蜡蝉科研究提供了极大的便利。

至此，现今广为接受的瓢蜡蝉科分类系统业已形成。

3. 昌盛与争鸣期

20 世纪 60 年代后，随着科学研究逐渐深入，分类理论日益完善，设备仪器与实验手段不断更新，分类证据更加充分，特别是支序分类学等新的分类学理论和方法被广大学者所接受，瓢蜡蝉的分类研究进入一个崭新的阶段。广大研究者对该类群的分类研究不再是过去纯粹地对新分类单元的记述和一般的形态分类研究，而是将经典生物分类与现代分类学理论和方法相结合，转向以多元化方式去探讨瓢蜡蝉科的分类。例如，根据成虫与若虫形态、超微结构、细胞学、分子生物学、生物物理学等特征，以及生物地理学等进行的综合分类研究，深入研究瓢蜡蝉的系统发育关系，明确瓢蜡蝉科各级分类单元的鉴别特征、修订分类系统，主要表现在以下几方面。

1）区系分类研究日趋成熟

近几十年来，各国学者对本国及相邻地区的瓢蜡蝉进行了广泛深入的研究，研究成果不断涌现。主要的学者有 Fennah（1945-1987）、Dlabola（1957-1995）、Fletcher（1979-2016）、O'Brien（1967-2006）、Synave（1953-1979）、Emeljanov（1972-2000）、Gnezdilov（2001-2016）等。Fennah（1945-1987）在对世界蜡蝉总科区系研究的基础上，先后对非洲、大洋洲、欧洲、东洋界及亚太地区，如密克罗尼西亚、比利时、南非、刚果、萨摩亚群岛、澳大利亚、中国、越南、菲律宾、马来西亚、缅甸的瓢蜡蝉区系进行了大量的调查和整理，共记述瓢蜡蝉科 46 属 133 种，其中 13 新属 85 新种，建立 5 新组合，为世界瓢蜡蝉区系研究做出了突出贡献。

Synave（1953-1979）结合非洲地区同翅目考察，研究了非洲地区（刚果）的瓢蜡蝉，记述瓢蜡蝉 6 属 6 种，包括 1 新种。Linnavuori（1952-1972）研究了地中海及非洲瓢蜡蝉区系，记述瓢蜡蝉 14 属 42 种，其中 4 新属 23 新种、4 新亚种、1 新组合。Williams（1982）对马斯克林群岛的瓢蜡蝉进行了研究，对已知种类进行了重新描记，补充了雄性外生殖器特征图，记述了 2 新种，订正了前人研究中的一些错误，提出了 3 异名。这些研究进一步丰富了非洲瓢蜡蝉区系。

Dlabola（1957-1995）对中东及欧洲部分国家的瓢蜡蝉进行了深入研究，发表相关研究论文 30 多篇，其中，记述瓢蜡蝉 60 属 290 种、建立 21 新属、发现 148 新种、提出 2 新异名、建立 67 新组合，重新界定了属级以上分类单元的区分标准，并于 1980 年建立了亚丁瓢蜡蝉族 Adenissini。Nast（1972-1982）研究了古北界瓢蜡蝉区系，编写了《古北界瓢蜡蝉名录》[*Palacarctic Auchenorrhyncha* (*Homoptera*) *and Annotated Check List*]，共计 3 亚科 33 属 230 种。Gnezdilov（2000-2017）对古北界瓢蜡蝉区系做了进一步研究，撰写了《欧洲瓢蜡蝉区系研究及蜡蝉生殖器的比较》[Review of the family Issidae (Homoptera, Cicaidina) of the European fauna with notes on the structure of ovipositor in planthoppers]，查明该地区瓢蜡蝉共有 59 属 422 种。Lindberg（1948-1965）也对欧洲瓢蜡蝉区系进行了研究。

Hori（1969-1977）在 Matsumura 对日本和中国台湾瓢蜡蝉区系研究的基础上，查明该地区瓢蜡蝉科 11 属 43 种，并对有关分类单元进行了订正，建立 1 新属、发现 8 新种、提出 1 新异名、建立 1 新组合。

继 Doering（1936-1941）对北美地区瓢蜡蝉亚科进行研究之后，O'Brien（1967-2006）

对北美瓢蜡蝉进行了深入研究，从属级和种级水平上对北美瓢蜡蝉的分类系统进行了修订，提出 7 新异名、建立 2 新组合，重新界定了瓢蜡蝉亚科属级以上分类单元的鉴别特征，修订了 Doering 的瓢蜡蝉亚科分属检索表，并对瓢蜡蝉的分类系统进行了探讨。Gnezdilov 和 O'Brien（2006）对美国的瓢蜡蝉区系进行了研究，建立了 *Balduza*、*Stilbometopius* 和 *Abolllptera* 3 属，建立 2 新组合，并将 *Ulixes* 的亚属 *Paralixes* 提升为属。

Gnezdilov 和 O'Brien（2008）研究了南美瓢蜡蝉区系，建立 6 新属、提出 4 个属级和 1 个种级分类单元新异名、发现 3 新种、建立 23 新组合，并对有关已知种进行了重新描述，澄清了部分属、种的分类地位，制作了相关属的分种检索表。

Gnezdilov 和 Fletcher（2010）对澳大利亚瓢蜡蝉区系进行了较为全面的研究，记述 5 属 12 种、提出 1 个属级异名（*Phaeopteryx* 为 *Chlamydopteryx* 的异名）、建立 3 新组合、记述 1 新种，制作了澳大利亚瓢蜡蝉科分属检索表；发现澳大利亚的瓢蜡蝉绝大部分种类主要分布于澳大利亚东海岸线，其中 10 种主要分布于昆士兰州（Queensland），*Chlamydopteryx sidnicus* 则从昆士兰州向新南威尔士州（New South Wales）蔓延扩展。

周尧（1964-2000）对中国瓢蜡蝉进行了较为深入的分类研究，周尧等（1985）在《中国经济昆虫志 第三十六册 同翅目 蜡蝉总科》记述瓢蜡蝉 3 属 7 种。杨仲图（1986-2000）对中国台湾地区瓢蜡蝉进行了深入调查和详细研究，1994 年与詹美玲撰写了《台湾瓢蜡蝉》，共记述瓢蜡蝉 4 亚科 24 属 90 种，其中包括 12 新属 47 新种。

在以上有关区系的研究中，分类学家对瓢蜡蝉的种类、分布、寄主植物及多型现象进行了认真的考察和研究，在记述了大量新属和新种的同时，对以前的一些属和种进行了订正，澄清了一些混淆的问题，为世界瓢蜡蝉区系研究做出了贡献，这些弥足珍贵的资料为以后进一步研究该类群奠定了良好的基础。

2）若虫特征在分类中的应用受到重视

Wheeler 和 Wilson（1987）根据 *Thionia elliptica* 若虫后足胫节的侧刺及腹部背面蜡腺特征的研究结果，对 Fennah（1954）提出的将峻翅蜡蝉科 Acanaloniidae 降为瓢蜡蝉科 Issidae 的亚科的论点进行了论证。Cheng 和 Yang（1991b）基于福瓢蜡蝉 *Fortunia byrrhoides* 5 龄若虫的形态特征、前胸背板及中胸背板的感觉陷等特征建立了帕瓢蜡蝉亚科 Parahiraciinae。Yang 和 Yeh（1994）在研究蜡蝉总科若虫的基础上，记述了瓢蜡蝉科 4 种若虫的形态特征，为开展瓢蜡蝉科若虫分类研究提供了资料。Emeljanov（1999）基于杯瓢蜡蝉亚科 Caliscelinae 的 *Bocra ephedrine* 5 龄若虫的有关形态特征，即前胸背板及中胸背板的感觉陷、蜡腺及后足胫节与跗节刺的变化等特征，对杯瓢蜡蝉亚科与瓢蜡蝉科其他分类单元之间的区分标准进行了重新界定，提出将杯瓢蜡蝉亚科 Caliscelinae 从瓢蜡蝉科分出，建立杯瓢蜡蝉科 Caliscelidae，并界定了杯瓢蜡蝉亚科与透翅杯瓢蜡蝉亚科的区分标准。

3）高级分类单元的分类与修订研究全面开展

自 Metcalf（1958）的瓢蜡蝉科名录出版以来，在长达半个世纪的时间里，其分类体系未曾受到其他分类学家的质疑，一直被广大的瓢蜡蝉分类研究者所采纳。此后，Dlabola（1980c）在瓢蜡蝉亚科 Issinae 建立 1 新族——亚丁杯瓢蜡蝉族 Adenissini。Fennah（1982）将扁蜡蝉科 Tropidichidae 的帕瓢蜡蝉属 *Parahiracia* 移入瓢蜡蝉科；Cheng 和 Yang（1991b）

在对该属若虫胸部感觉陷特征进行研究的基础上，以该属作为模式属建立了帕瓢蜡蝉亚科 Parahiraciinae。Fennah（1984）根据雌、雄性外生殖器等特征将瓢蜡蝉科 11 属（*Acrisius*、*Nubithia*、*Dyctidea*、*Dictyobia*、*Dictyonia*、*Osbornia*、*Neaethus*、*Dictyonyssus*、*Misodema*、*Dictyssa* 和 *Danepteryx*）移入娜蜡蝉科 Nogodinidae 的 Gaetuliina 亚族中，O'Brien（1988）则认为这使得原本已很混乱的分类系统更加混乱，仍然沿用以前的分类体系（Metcalf, 1958），并从属级和种级水平上对北美瓢蜡蝉的分类系统进行了修订。Fennah（1987）重新界定了杯瓢蜡蝉亚科 Caliscelinae，认为该亚科只包含 2 族：杯瓢蜡蝉族 Caliscelini 和透翅杯瓢蜡蝉族 Ommatidiotini。

Emeljanov（1990）在对苏联及欧洲瓢蜡蝉研究的基础上，选取 50 个特征、16 个分类单元，采用支序分析方法进行蜡蝉总科科级以上分类阶元的系统发育研究，其结果支持 Fennah（1954）将峻翅蜡蝉科 Acanaloniidae 降为瓢蜡蝉科亚科的论点，不同意 Fennah（1978）将 Bladinini 从广翅蜡蝉科 Ricaniidae 移到娜蜡蝉科 Nogodinidae 的论点。他认为依据 Bladinini 的形态特征不能将其归入娜蜡蝉科 Nogodinidae，而应归入瓢蜡蝉科，作为瓢蜡蝉的 1 亚科。他提出瓢蜡蝉科 Issidae 应包含瓢蜡蝉亚科 Issinae、汤瓢蜡蝉亚科 Tonginae、盲瓢蜡蝉亚科 Trienopinae、杯瓢蜡蝉亚科 Caliscelinae、峻翅蜡蝉亚科 Acanaloniinae 和刃瓢蜡蝉亚科 Bladininae 6 亚科。Emeljanov（1999）根据瓢蜡蝉外部形态特征，特别是雌、雄性外生殖器的研究结果，认为应该把杯瓢蜡蝉亚科 Caliscelinae 和峻翅瓢蜡蝉亚科 Acanaloniinae 作为独立的科级分类单元，即杯瓢蜡蝉科 Caliscelidae 和峻翅蜡蝉科 Acanaloniidae（峻翅蜡蝉科含 Acanaloniinae、Tonginae、Trienopinae 3 亚科），二者不再包含在瓢蜡蝉科中。

进入 21 世纪后，Gnezdilov（2002d）根据瓢蜡蝉的雌性产卵器结构提出把爱瓢蜡蝉族 Hysteropterini 降为瓢蜡蝉族 Issini 的 1 亚族，并建立瓢蜡蝉族 1 新亚族 Agalmatiina；Gnezdilov（2003c）又根据产卵器的结构特征，将 Fennah（1954）系统中的峻翅瓢蜡蝉亚科 Acanaloniinae、盲瓢蜡蝉亚科 Trienopinae、汤瓢蜡蝉亚科 Tonginae 3 亚科从瓢蜡蝉科中移出，分别归入峻翅蜡蝉科 Acanaloniidae、扁蜡蝉科 Tropiduchidae 及娜蜡婵科 Nogodinidae；而把帕瓢蜡蝉亚科 Parahiraciinae 降为瓢蜡蝉亚科 Issinae 的 1 族，即帕瓢蜡蝉族 Parahiraciini，并以蜿瓢蜡蝉属 *Colpoptera* 作为模式属建立 1 新族——蜿瓢蜡蝉族 Colpopterini；瓢蜡蝉科 Issidae 仅包括 1 亚科即瓢蜡蝉亚科 Issinae，瓢蜡蝉亚科包含球瓢蜡蝉族 Hemisphaeriini、帕瓢蜡蝉族 Parahiraciini、瓢蜡蝉族 Issini、蜿瓢蜡蝉族 Colpopterini 和希瓢蜡蝉族 Thioniini 5 族；Gnezdilov（2009a）后来又提出：后翅分三瓣不足以作为一个独立的族级分类单元存在的充分证据，于是将瓢蜡蝉亚科 Issinae 减少为球瓢蜡蝉族 Hemisphaeriini、瓢蜡蝉族 Issini、帕瓢蜡蝉族 Parahiraciini 及蜿瓢蜡蝉族 Colpopterini 4 族。Gnezdilov 和 Wilson（2008）在修订 *Falcidius* 的文中提出，*Falcidius* 应归于瓢蜡蝉族 Issini（爱瓢蜡蝉亚族 Hysteropterina），但指出该族的属间关系还需进一步研究，甚至需通过分子生物学研究进一步证实。近年来，Gnezdilov 又将亚丁杯瓢蜡蝉族 Adenissini 移入杯瓢蜡蝉科 Caliscelidae（Gnezdilov & Wilson，2006b；Gnezdilov，2008a）；他还将 *Pharsalus* 移入广翅蜡蝉科 Ricaniidae，并以此属作为模式属建立新亚科——Pharsalinae（Gnezdilov，2009b）。

综上可见，现在对整个瓢蜡蝉科高级分类单元的认识仍存在诸多分歧，处于百家争鸣之中，瓢蜡蝉科的分类系统尚有待进一步深入研究。

4）外生殖器及生殖系统特征在分类中的应用受到重视

Freund 和 Wilson（1995）依据雌、雄性外生殖器特征对 *Acanalonia* 进行了订正，对分布在美国的 *Acanalonia* 18 种的雌、雄性外生殖器特征进行了详细描述，提出了区分种的鉴别特征，如阳茎端部及侧突的形状，雌虫腹部第 8 节形状及第一产卵瓣的齿数等，并根据雌性和雄性外生殖器特征编制了分种检索表。Yang 和 Chang（2000）记述瓢蜡蝉 69 种的雄性外生殖器特征，对雄性外生殖器特征在瓢蜡蝉科分类中的作用做了详细的陈述，并据此探讨了瓢蜡蝉科在蜡蝉总科中的分类地位，通过系统发育关系分析，认为瓢蜡蝉科与蛾蜡蝉科、娜蜡蝉科、峻翅蜡蝉科是姊妹群，与扁蜡蝉科关系最近。近年来，随着瓢蜡蝉科分类研究进一步深入，雌性生殖系统特征在瓢蜡蝉科分类及系统发育研究中的价值愈来愈受到重视，并相继在比较形态学、功能形态学及相关类群的系统发育研究中取得一定成果。Gnezdilov 于 2002-2010 年对瓢蜡蝉的雌性产卵器形态与结构进行了较为深入的研究，并与蜡蝉总科其他类群的产卵器结构进行了比较，依据雌性产卵器结构结合其他外部形态特征建立 1 新族——蜿瓢蜡蝉族 Colpopterini。孟瑞等（2011）对恶性巨齿瓢蜡蝉 *Dentatissus damnosus* 的生殖系统进行了研究，发现恶性巨齿瓢蜡蝉雌性生殖孔为双孔式，交配管近端部两侧有较大的骨化片，推测其在交配过程中对雄虫的阳茎具有支撑和固定作用，有助于交配顺利进行，从而提高交配成功率；另外，还发现恶性巨齿瓢蜡蝉侧输卵管基部有 1 圈较密集细小管状的侧输卵管附腺（glandula oviducti lateralis），经与瓢蜡蝉有关种类比较，因种类不同，侧输卵管附腺的形状、长短与多寡明显不同。

5）开展了种下分类、细胞学、行为学、分子生物学及化石等分类研究

在细胞学研究方面，近些年来开展了较多的研究并取得了一定的进展。田润刚等（2004）发现恶性巨齿瓢蜡蝉 *Dentatissus damnosus* 染色体数目为 14，性别决定机制为 XO，由于精巢有被膜，减数分裂前期 I 具有弥散期。Maryańska-Nadachowska 等（2006）就瓢蜡蝉族及蜿瓢蜡蝉族 Colpopterini 的 11 属 23 种雄性瓢蜡蝉的染色体组进行了比较研究，认为大部分瓢蜡蝉的染色体数目为 $2n$=26+X，而 *Latilica maculipes* (Melichar) 的染色体数目为 $2n$=24+X；杯瓢蜡蝉亚科的染色体数目为 $2n$=24+X 和 26+XY。Kuznetsova 等（2010）对瓢蜡蝉亚科的 *Latissus*、*Bubastia*、*Falcidius*、*Kervillea*、*Mulsantereum*、*Mycterodus*、*Scorlupaster*、*Scorlupella* 和 *Zopherisca* 9 属 14 种的染色体 C-带核型进行了研究，发现 9 属中有 8 属 13 种的染色体组成为 $2n$=26+X，仅 *Falcidius limbatus* 的染色体数目为 $2n$=24+neo-XY，其性别决定机制是 neo-XY 型；大部分种类最大的 1 对常染色体上具相同的次缢痕（核仁组织区），但染色体 C-带带纹在各种间存在明显的差异，其可以作为区分种的依据；并依据精巢小管数目将亚种 *Zopherisca tendinosa skaloula* 提升为种 *Zopherisca skaloula*。

Tishechkin（1998）对瓢蜡蝉亚科与杯瓢蜡蝉亚科的 9 种瓢蜡蝉的听觉信号进行了研究。瓢蜡蝉亚科的呼叫信号在时程分配类型上非常单一，组成一致的离散脉冲串。这些特性与蜡蝉总科除飞虱外其他类群的研究结果相同。相反，杯瓢蜡蝉亚科的呼叫信号极为复

杂，通常由不同的瞬时结构的多组分组成，透翅杯瓢蜡蝉属 *Ommatidiotus* 的种类无论雌虫还是雄虫，其领域行为都非常强，可发出领域行为和攻击行为的信号。研究结果显示瓢蜡蝉亚科与杯瓢蜡蝉亚科的亲缘关系并不密切，提出后者应当作为独立的科级分类阶元。

Yeh 等（1998）利用 16S rDNA 及 *Cytb* 基因对蜡蝉总科扁蜡蝉科群（Tropiduchidae-group）的系统发育关系进行了研究，认为与蜡蝉总科其他类群相比，瓢蜡蝉科除进化过程特殊外还是一个复系群体，其科内关系尚需进一步研究；Yeh 等（2005）又基于线粒体 16S rDNA 基因序列对蜡蝉总科进行了分子系统发育研究，认为瓢蜡蝉科是非单系群，尽管瓢蜡蝉与颜蜡蝉、广蜡蝉、蛾蜡蝉、娜蜡蝉、蚁蜡蝉处于同一支系，但与这些科之间的关系尚未明确，特别是在瓢蜡蝉科中的球瓢蜡蝉亚科、瓢蜡蝉亚科、汤瓢蜡蝉亚科、杯瓢蜡蝉亚科 4 亚科不能聚为同一支，各亚科之间的系统发育关系并不明确，应从形态学及其他方面作进一步的探讨。

Urban 和 Cryan（2007）基于 18S rDNA、28S rDNA、wingless 等分析得出瓢蜡蝉科的杯瓢蜡蝉亚科 Caliscelinae（+扁蜡蝉科 Tropiduchidae）是广蜡蝉科 Ricanidae 的姊妹群，但此观点似乎在形态学上很难发现相关佐证。

近年来，以 Szwedo 为代表的研究人员在瓢蜡蝉科的化石研究方面也取得了突破进展。Stroinski 和 Szwedo（2008）根据产自北美（多米尼加地区）的琥珀化石首次发表了瓢蜡蝉科现生希瓢蜡蝉属 *Thionia* 中世纪的灭绝种——*Thionia douglundbergi*，并就 *Thionia douglundbergi* 与希瓢蜡蝉属 *Thionia* 的 8 个现生种的头部、前胸背板、前翅等特征进行比较，认为其头顶前缘的形状、后缘的凹入程度及中脊的有无是区分种的重要特征；此外，前胸背板中脊的有无及是否具颗粒等特征因种类不同其形状不同，特别是前翅脉序，如纵脉直或弯曲，在端部结线处是否分叉等均是非常重要的分类特征，进而完善了希瓢蜡蝉属的属征；并根据该种类的化石研究提出蜡蝉总科原始类群与进化类群的标准。Szwedo 和 Stroinski（2010）根据产自波罗的海第三纪下层的琥珀化石报道了扁蜡蝉科 1 族——澳扁蜡蝉族 Austrini，该族头顶中线明显长大于宽，前翅未超过腹部末端，无前缘域、结线及端线，前缘室具有横脉等特征显然是该族的新征，尽管将该族归入扁蜡蝉科，但在讨论其分类地位时指出该族也应归于瓢蜡蝉科或娜蜡蝉科，因为目前娜蜡蝉科、扁蜡蝉科、瓢蜡蝉科三者很难界定，娜蜡蝉科、瓢蜡蝉科、扁蜡蝉科三者之间的分界尚不明确。至于如何合理界定瓢蜡蝉科与娜蜡蝉科，似乎应从广义的角度将二者结合在一起探讨它们之间的关系（Shcherbakov，2006）。

以上这些重要的研究成果开拓和丰富了瓢蜡蝉科的研究内容，为进一步开展该类群更深层次的研究奠定了良好的基础。

（二）中国瓢蜡蝉研究简史

中国地域辽阔，地跨古北和东洋两大动物地理区系，生态环境错综复杂，生物多样性十分丰富，物种分化强烈，在世界瓢蜡蝉区系中占有重要的地位。中国的瓢蜡蝉分类早年主要是由外国学者进行研究。Walker（1851）首次记载了中国瓢蜡蝉 2 属 6 种，即 *Hemisphaerius contusus*、*Hemisphaerius plavimacula*、*Hemisphaerius signifier*、*Hemisphaerius chilocorides*、*Issus biplaga*、*Issus sinensis*；Walker（1857）记述了 *Issus byrrhoides*。此后，Atkinson（1886）、Butler（1875）、Distant（1906，1907，1909）、Melichar（1902，1906）、Dohrn（1859）、Esaki（1932）、Horváth（1905）、Jacobi（1944）、Kato（1933a）、Matsumura（1906a，1913，1916，1930，1931，1938）、Maki（1916）、Melichar（1901，1902，1906，1913）、Oshanin（1907，1910，1912）、Ôuchi（1940）、Schmidt（1910）、Schumacher（1914，1915a，1915b）、Signoret（1862）、Fennah（1956a）等先后报道了中国广东、香港、海南、湖北、四川、贵州、福建、浙江、台湾及西北地区等地的瓢蜡蝉。

其中，Matsumura（1906-1938）、Schumacher（1914，1915a，1915b）、Kato（1933b）主要研究和记述了台湾地区的瓢蜡蝉，共 4 亚科 9 属 37 种及 1 亚种，其中包括 5 新属 33 新种。Melichar（1902-1916）报道了中国西部地区的瓢蜡蝉 5 属 6 种，其中 1 新属 5 新种。Wu（1935）的《中国昆虫名录》中收录中国瓢蜡蝉 5 属 5 种。Fennah（1956a）主要对中国南部地区的瓢蜡蝉进行了研究，共计 10 属 14 种，其中包括 4 新属 5 新种 1 新组合，他认为 Distant（1906，1916）在 *Fauna of British India* 中建立的大量单模属所存在的问题不是 Distant 的属级概念错误，而可能是缺少标本所致，因此，收集大量标本有助于澄清问题，同时也提出帕瓢蜡蝉属 *Parahiracia* 和夹瓢蜡蝉属 *Clipeopsilus* 可能是同一属，最终将被归入福瓢蜡蝉属 *Fortunia*。他这一论点在 Gnezdilov 和 Wilson（2005）的研究中得到佐证，后者认为夹瓢蜡蝉属 *Clipeopsilus* 是福瓢蜡蝉属 *Fortunia* 的异名。Metcalf（1958）的《世界瓢蜡蝉科名录》中记载中国瓢蜡蝉 17 属 54 种，其中包括 6 变种。上述这些中国瓢蜡蝉均是由外国学者记述和命名的，这一阶段的研究基本限于属、种的描述研究，且为零星记载，缺乏对整个科全面系统的分类研究。

20 世纪 80 年代以后，中国瓢蜡蝉的分类研究有了长足的发展。西北农林科技大学昆虫博物馆在经过几十年半翅目研究的基础上，周尧等（1985）编著了《中国经济昆虫志 第三十六册 同翅目 蜡蝉总科》，描述中国瓢蜡蝉科 3 属 7 种，其中包括 2 新种。据周尧、路进生等统计，中国瓢蜡蝉已知 68 种，均分布于华南及台湾地区，北方仅 2 种。在此基础上，先后 6 位硕士研究生、3 位博士研究生从瓢蜡蝉的形态学及雌性生殖器、经典分类与系统发育、分子系统学等不同方向进行研究，研究内容主要包括“中国球瓢蜡蝉亚科分类研究（同翅目：瓢蜡蝉科）”“中国瓢蜡蝉科分类与系统发育研究（半翅目 蜡蝉总科）”“中国瓢蜡蝉科雌性生殖器及分类研究（半翅目 蜡蝉总科）”“中国瓢蜡蝉科分子系统发育研究（半翅目 蜡蝉总科）”“基于无翅基因及 18S rDNA 的中国瓢蜡蝉科分子系统学研究（半翅目 蜡蝉总科）”“中国球瓢蜡蝉亚科和瓢蜡蝉亚科系统分类研究（半翅目：蜡蝉亚目：瓢蜡蝉）”及“东洋界和古北界瓢蜡科分类系统发育及主要类群生态特征研究（半翅目：蜡蝉总科）”等，对中国瓢蜡蝉区系展开了全面系统的研究。他们在对种类的分布、寄主植物及多型现象进行认真考察和研究的基础上，记述了大量的新属和新种，并对以前的一些属、种进行了订正，澄清了一些混淆的问题，其中许多研究填补了世界范围该类群的空白，促进了中国和世界瓢蜡蝉的区系研究进展。另外，中国科学院动物研究所、贵州大学等单位也开展了瓢蜡蝉科的分类研究，陈祥盛等（2014）撰写了《中国瓢蜡蝉和短翅蜡蝉 半翅目：蜡蝉总科》一书，记述瓢蜡蝉科和短翅蜡蝉科昆虫 5 族 31 属 74 种（其中瓢蜡蝉科 3 族 26 属 61 种，短翅蜡蝉科 2 族 5 属 13 种），包括 4

新属、19 新种、1 中国新记录属、2 中国新记录种和 2 新组合种。

据统计，近 30 年来在国内外期刊发表相关论文 70 多篇，其中涉及杯瓢蜡蝉科研究论文 9 篇，记述 8 属 20 种，包括 2 新属 14 新种，5 新记录属和 5 新记录种，提出 1 新组合（王思政，1985；王应伦等，2002；车艳丽等，2006b；张磊和王应伦，2009；周尧等，1994；Che *et al.*，2009，2011；Chen & Zhang，2011；Yang & Chen，2014）。关于瓢蜡蝉科的分类研究论文 36 篇，其中球瓢蜡蝉亚科论文 10 篇，记述 8 属 28 种，包括 3 新属、19 新种、1 新记录属和 2 新记录种、1 属级新异名（车艳丽等，2003a，2003b；车艳丽和王应伦，2005；Che *et al.*，2006a，2006b，2007；Meng & Wang，2012b；Sun *et al.*，2012；Zhang & Che，2009；Meng *et al.*，2013）。有关帕瓢蜡蝉亚科研究论文 15 篇，记述 10 属 24 种，其中 9 新属、21 新种（王方晓和王思政，1999；冉红凡等，2005；Che *et al.*，2013；Meng *et al.*，2015；Ran & Liang，2006a，2006b；Wang M Q & Wang Y L，2011；Wang *et al.*，2015；Zhang & Chen，2008，2009，2010，2012a，2013；Zhang *et al.*，2010；Gnezdilov，2015；Gnezdilov & Wilson，2005）。瓢蜡蝉亚科论文 11 篇，记述 8 属 15 种，其中 2 新属、10 新种、2 新组合（Che *et al.*，2011，2012a，2012b；Gnezdilov，2015；Meng & Wang，2012b；Ran & Liang，2006b；Zhang & Chen，2010b，2012a）。

台湾地跨北回归线，处于热带和亚热带两个气候带，大部分土地都覆盖着森林，为瓢蜡蝉栖息与繁衍提供了良好的场所。杨仲图教授为我国台湾瓢蜡蝉区系研究做出了重要贡献，他与合作者根据若虫特征，建立了 1 新亚科，即帕瓢蜡蝉亚科 Parahiraciinae。Yang 和 Yeh（1994）在《蜡蝉总科若虫》一书描述了瓢蜡蝉科 4 种若虫的形态特征，为开展瓢蜡蝉的若虫分类打下了基础。Chan 和 Yang（1994）合作撰写了瓢蜡蝉地方志《台湾瓢蜡蝉（同翅目：蜡蝉总科）》，记述了瓢蜡蝉科 4 亚科 24 属 90 种，其中包括 12 新属 47 新种，基本明确了台湾瓢蜡蝉区系的组成与分布。Yang 和 Chang（2000）在《半翅目雄性外生殖器》中对蜡蝉总科的雄性外生殖器结构进行了详细的描述并附有精美的插图，其中包括瓢蜡蝉 30 属 69 种，规范了雄性外生殖器的形态术语在蜡蝉分类研究中的应用。Gnezdilov（2013d）基于萨瓢蜡蝉属 *Sarima* 模式标本前翅翅脉特征的研究，将原分布于台湾地区的萨瓢蜡蝉属 *Sarima* 5 种，即铃萨瓢蜡蝉 *S. rinkihonis*、炫萨瓢蜡蝉 *S. versicolor*、台湾萨瓢蜡蝉 *S. formosana*、洁萨瓢蜡蝉 *S. koshunense*、窟美萨瓢蜡蝉 *S. kuyanianum* 等从该属移出作为新组合归入美萨瓢蜡蝉属 *Eusarima*。Gnezdilov 和 Hayashi（2013）检视了 Matsumura（1916）、Kato（1933b）记述的台湾瓢蜡蝉的模式标本后，提出琵瓢蜡蝉属 *Paravindilis* 为萨瑞瓢蜡蝉属 *Sarimodes* 的异名，台湾琵瓢蜡蝉 *Paravindilis taiwana* 和台湾蕨瓢蜡蝉 *Pterilia formosana* 是台湾萨瑞瓢蜡蝉 *Sarimodes taimokko* 的异名，台湾蕨瓢蜡蝉 *Pterilia taiwanensis* 为裸名。

随着瓢蜡蝉科分类研究进一步深入，为瓢蜡蝉科分类及系统发育提供新的依据愈来愈受到人们的重视。孟瑞等（2011）对恶性巨齿瓢蜡蝉 *Dentatissus damnosus* 的雌、雄性外生殖器及生殖系统进行了全面研究，记述恶性巨齿瓢蜡蝉雄性精巢 2 个，其外被黄色薄膜，每个精巢具 18 个精巢小管；雌性生殖孔属于双孔类型；卵巢 2 个，每侧卵巢具 9 个卵巢小管，卵巢小管为端滋式，首次发现侧输卵管基部具生殖附腺。此后，Sun 等（2012）、Meng 和 Wang（2012a，2012b，2016）相继对瓢蜡蝉科球瓢蜡蝉亚科、瓢蜡蝉亚科有关种类的雌、雄内部生殖系统进行了研究，为瓢蜡蝉的比较形态学及功能形态学研究提供了翔实的科学资料。

在开展经典分类研究的基础上，我国也先后开展了瓢蜡蝉科分子系统学研究。Yeh 等（1998，2005）基于核苷酸序列 16S rDNA 和 *Cytb* 基因对包括瓢蜡蝉在内的蜡蝉总科系统发育关系进行研究，认为瓢蜡蝉科具有特殊的进化过程，是一个非单系群。Song 等（2010）完成了恶性巨齿瓢蜡蝉的线粒体基因组测定。Song 和 Liang（2013）基于核基因线粒体基因序列对包括瓢蜡蝉科在内的中国蜡蝉总科进行了分子系统学研究。Sun 等（2015）对中国瓢蜡蝉 19 属 33 种和 1 外群的 18S rDNA 和无翅基因部分序列进行了测定，并在此基础上对中国瓢蜡蝉科系统发育关系进行了分析。Wang 等（2016）对瓢蜡蝉科 50 属 79 种和外群菱蜡蝉科 Cixiidae、飞虱科 Delphacidae、象蜡蝉科 Dictyopharidae、扁蜡蝉科 Tropiduchidae、广翅蜡蝉科 Ricaniidae 和蛾蜡蝉科 Flatidae 6 科 7 种的 18S rDNA、28S rDNA、*COXI* 及 *Cytb* 等 4 个基因进行了测定，在此基础上对瓢蜡蝉科系统发育进行了分析，认为东洋界瓢蜡蝉形成了一个明显的单系群，并与其对应的地理分布区域具有很高的一致性等。以上这些研究结果为今后整合形态特征与分子数据的系统学的进一步研究奠定了基础。

近年来，在开展中国瓢蜡蝉分类研究的同时，我国的研究者也积极开展瓢蜡蝉的生物学研究。闫家河等（2005，2010）就恶性巨齿瓢蜡蝉 *Dentatissus damnosus* 的生物学及其寄生天敌宽额螯蜂 *Dryinus latus* 的幼期形态及生物学特性进行了研究，明确了该种在山东商河县为害的寄主植物；并在此基础上探索不同的防治途径，为控制该类害虫的危害提供了依据。Chan 等（2013）发现褐额众瓢蜡蝉 *Thabena brunnifrons* 为台湾地区的重要外来入侵物种，对该昆虫若虫的形态特征及其生物学进行了记述，同时列出了该种的寄主植物名录，并提供了分布于台湾地区的众瓢蜡蝉属种类检索表，为控制该种在台湾地区的蔓延和防治提供了重要的基础。

综上所述，这些工作为进一步开展中国瓢蜡蝉科分类与系统发育研究奠定了坚实的基础，同时也为编写《中国动物志》瓢蜡蝉类群奠定了坚实的基础。

二、瓢蜡蝉分类系统

自 Spinola 于 1839 年建立瓢蜡蝉科以来至今已近 200 年的时间，不同时期与不同学者对该类群的定义、包括的分类单元，以及分类单元之间的区分与界定等方面的学术观点明显不同，因此，他们所建立的瓢蜡蝉科分类系统也不尽相同（Melichar，1906；Haupt，1929；Muir，1923，1930；Fennah，1954，1987；Metcalf，1958；Emeljanov，1990，1999；Chan & Yang，1994；Gnezdilov，2003a，2007，2009a）。随着分类理论与研究方法的不断深入及改进，世界瓢蜡蝉的分类系统随之不断地发生调整和变化。从瓢蜡蝉科的分类研究历史看，主要存在两种不同的观点：一为广义的瓢蜡蝉科，包括所有瓢蜡蝉；另一为狭义的瓢蜡蝉科，将所有瓢蜡蝉分为 2 科或 3 科，即杯瓢蜡蝉科 Caliscelidae、球瓢蜡蝉科 Hemisphaeridae 和瓢蜡蝉科 Issidae，瓢蜡蝉科 Issidae 只包括部分瓢蜡蝉。Melichar（1906）首次建立了瓢蜡蝉科的分类系统，他根据瓢蜡蝉的体型、前翅的相对长度、爪缝的有无及雄虫前足是否叶状扩大等特征将瓢蜡蝉分为3科，又基于后翅的发育程度将瓢蜡蝉群分为3亚科（相当于现在的族）。他提出的分类系统如下。

1. 杯瓢蜡蝉科 Caliscelidae

2. 球瓢蜡蝉科 Hemisphaeridae

3. 瓢蜡蝉科 Issidae

（1）爱瓢蜡蝉亚科 Hysteropterinae

（2）瓢蜡蝉亚科 Issinae

（3）希瓢蜡蝉亚科 Thioniinae

这一系统界定了瓢蜡蝉与蜡蝉总科其他类群的区别特征，明确了瓢蜡蝉在蜡蝉总科中的分类地位，同时，采用了明确的分类特征区分属级分类单元，除编制了瓢蜡蝉高级分类单元检索表外，甚至包括各属分种的检索表，构建了瓢蜡蝉的分类系统。

此后，Haupt（1929）、Muir（1922，1930）在其相关的著作中基本沿用了 Melichar 建立的瓢蜡蝉分类系统或在 Melichar 的分类系统上进行调整。例如，Haupt（1929）在其撰写的《同翅目蝉类分类及系统发育》一书中，将瓢蜡蝉科分为3亚科：杯瓢蜡蝉亚科 Caliscelinae、球瓢蜡蝉亚科 Hemisphaeriinae 和瓢蜡蝉亚科 Issinae。Muir（1923，1930）在其蜡蝉总科分类 *On the Classification of Fulgoroidea* (*Homoptera*) 的研究论文中将瓢蜡蝉科分为杯瓢蜡蝉亚科 Caliscelinae、球瓢蜡蝉亚科 Hemisphaeriinae 和瓢蜡蝉亚科 Issinae 3 亚科，并将瓢蜡蝉亚科再分为爱瓢蜡蝉族 Hysteropterini、希瓢蜡蝉族 Thioniini、瓢蜡蝉族 Issini 3 族。Muir 的分类系统除将 Melichar 原科级阶元和亚科级阶元分别降为亚科级和族级分类阶元外，其分类系统基本与 Melichar 的相同，虽然在瓢蜡蝉科所包含的150多个属级分类单元中，对艾瓢蜡蝉属 *Ivinga* 的分类地位没有明确，但其根据雌性外生殖器的特征认为该属应归入瓢蜡蝉科。

Metcalf（1938，1952）在瓢蜡蝉的分类研究中也基本遵循了 Melichar 的分类系统，除将瓢蜡蝉科分为杯瓢蜡蝉亚科 Caliscelinae、球瓢蜡蝉亚科 Hemisphaeriinae 和瓢蜡蝉亚科 Issinae 3 亚科及爱瓢蜡蝉族 Hysteropterini、希瓢蜡蝉族 Thioniini、瓢蜡蝉族 Issini 3 族外，还将杯瓢蜡蝉亚科 Caliscelinae 又分为杯瓢蜡蝉族 Caliscelini 和透翅杯瓢蜡蝉族 Ommatidiotini 2 族。

综上可看出，Melichar 建立的瓢蜡蝉分类系统直至20世纪50年代初，在长达半个世纪的时间里，其他瓢蜡蝉分类学家未曾质疑此分类系统的合理性，在瓢蜡蝉分类研究中均采用此分类系统。

Fennah（1954）认为 Melichar（1906）建立的瓢蜡蝉亚科 Issinae 分类系统中所包括的属级分类单元带有明显的异质性，所采用的分类特征不能完全解决瓢蜡蝉亚科、属级分类单元的归属问题。因此，他依据触角的形状，喙的长度，后足胫节、后足跗节刺的排列形式和后足跗节的结构，雌性产卵器的形状及雄性外生殖器特征，对 Melichar（1906）的分类系统进行了修订，将瓢蜡蝉科分为以下5亚科。

1. 盲瓢蜡蝉亚科 Trienopinae

2. 汤瓢蜡蝉亚科 Tonginae

3. 瓢蜡蝉亚科 Issinae

4. 峻翅蜡蝉亚科 Acanaloniinae

5. 杯瓢蜡蝉亚科 Caliscelinae

此分类系统相比之前学者所提出的系统，在以下几方面又有长足的进步。首先，明确了瓢蜡蝉各亚科阶元的界定，在建立盲瓢蜡蝉亚科 Trienopinae 的基础上，明确了 Muir（1930）所提到的艾瓢蜡蝉属 *Ivinga* 的分类地位，将其作为盲瓢蜡蝉属 *Trienopa* 的 1 亚属，归入盲瓢蜡蝉亚科；其次，确定了汤瓢蜡蝉亚科 Tonginae 的分类地位，明确了该类群与瓢蜡蝉科其他类群的鉴别特征；最后，将峻翅蜡蝉科 Acanaloniidae 移入瓢蜡蝉科 Issidae，并将其作为瓢蜡蝉科的亚科——峻翅蜡蝉亚科 Acanaloniinae，但这个观点始终未被认同，直到 1987 年 Wheeler 和 Wilson 根据若虫后足胫节的侧刺及腹部背面蜡腺特征才开始支持这一观点，即认为峻翅蜡蝉科作为瓢蜡蝉科的一个亚科级分类阶元是合理的；尽管如此，此分类系统仍有不完善之处，虽然其认为 Melichar（1906）的分类系统中所包含的杯瓢蜡蝉亚科 Caliscelinae 和球瓢蜡蝉亚科 Hemisphaeriinae 均属于单系群，但在其建立的分类系统中未能确定球瓢蜡蝉亚科 Hemisphaeriinae 的分类地位，这在一定程度上影响了 Fennah（1954）分类系统的科学性和包容性。

Metcalf（1958）在其《世界瓢蜡蝉科名录》中，将瓢蜡蝉科分为 5 亚科 6 族。

1. 杯瓢蜡蝉亚科 Caliscelinae
    （1）阿瓢蜡蝉族 Ahomocnemiellini
    （2）杯瓢蜡蝉族 Caliscelini
    （3）透翅杯瓢蜡蝉族 Ommatidiotini
2. 球瓢蜡蝉亚科 Hemisphaeriinae
3. 瓢蜡蝉亚科 Issinae
    （1）爱瓢蜡蝉族 Hysteropterini
    （2）瓢蜡蝉族 Issini
    （3）希瓢蜡蝉族 Thioniini
4. 盲瓢蜡蝉亚科 Trienopinae
5. 汤瓢蜡蝉亚科 Tonginae

与 Fennah（1954）分类系统相比，Metcalf（1958）的分类系统首先肯定了球瓢蜡蝉亚科 Hemisphaeriinae 的分类地位，明确将其作为瓢蜡蝉科的 1 个亚科。其次，在杯瓢蜡蝉亚科 Caliscelinae 及瓢蜡蝉亚科 Issinae 下设立族级分类阶元，一方面，依据阿瓢蜡蝉属 *Ahomocnemiella* 的属征，将 Kusnezov（1929b）建立的阿瓢蜡蝉亚科 Ahomocnemiellinae 降为族级分类单元——阿瓢蜡蝉族 Ahomocnemiellini，并归入杯瓢蜡蝉亚科 Caliscelinae 中（Fennah 曾于 1954 年在英国自然历史博物馆就阿瓢蜡蝉亚科 Ahomocnemiellinae 与杯瓢蜡蝉亚科 Caliscelinae 的种类进行了比较，认为二者的形态特征没有明显的差别，提出建立的阿瓢蜡蝉亚科 Ahomocnemiellinae 依据不充分，应不予承认），同时，在杯瓢蜡蝉亚科下仍分别保留杯瓢蜡蝉族 Caliscelini 和透翅杯瓢蜡蝉族 Ommatidiotini，至此将杯瓢蜡蝉亚科分为以上 3 族；另一方面，将瓢蜡蝉亚科也分为 3 族——爱瓢蜡蝉族 Hysteropterini、瓢蜡蝉族 Issini、希瓢蜡蝉族 Thioniini，与 Melichar（1906）及 Muir（1922，1930）的观点基本相同。再次，在球瓢蜡蝉亚科、盲瓢蜡蝉亚科、汤瓢蜡蝉亚科中也未设立族级阶元，在这一点上，其与 Fennah（1954）的观点相同。最后，将 Fennah（1954）系统中的峻翅蜡蝉亚科 Acanaloniinae 从瓢蜡蝉科移出。

Metcalf（1958）提出的瓢蜡蝉科 Issidae 包括 5 亚科 6 族的分类系统使原有的瓢蜡蝉科分类系统（Melichar，1906；Fennah，1954）更加合理和完善，对于瓢蜡蝉科在蜡蝉总科中的分类地位有了新的认识。该分类系统在 20 世纪 50-90 年代被大多数学者所采用，部分学者只是根据个人研究进行了补充和修改。主要的学者和观点总结如下。

Dlabola（1980c）在瓢蜡蝉亚科 Issinae 建立 1 新族——亚丁瓢蜡蝉族 Adenissini，其包括 2 属：亚丁瓢蜡蝉属 *Adenissus* 和阿尼瓢蜡蝉属 *Anissus*。

Fennah（1987）依据后足跗节第二节端部齿的数目及前翅的特征重新界定了杯瓢蜡蝉亚科 Caliscelinae，并认为该亚科只包含 2 族：杯瓢蜡蝉族 Caliscelini 和透翅杯瓢蜡蝉族 Ommatidiotini，将阿瓢蜡蝉族 Ahomocnemiellini（该族仅含阿瓢蜡蝉属 *Ahomocnemiella* 1 属）（Kusnezov，1929b；Metcalf，1958）归入杯瓢蜡蝉族 Caliscelini；Ommatidiotini 包括 2 亚族，即 Ommatidiotina 和 Augilina，其中 Ommatidiotina 包括 *Ommatidiotus* 和截头瓢蜡蝉属 *Tubilustrium* 2 属，鹰瓢蜡蝉亚族 Augilina 包括 *Augila*、犀瓢蜡蝉属 *Augilodes*、斯杯瓢蜡蝉属 *Symplana*、双脊瓢蜡蝉属 *Symplanodes*、露额瓢蜡蝉属 *Symplanella* 5 属。

Cheng 和 Yang（1991d）基于帕瓢蜡蝉属 *Parahiracia* 若虫的特征建立了帕瓢蜡蝉亚科 Parahiraciinae，并将其归入瓢蜡蝉科。帕瓢蜡蝉属最初在建立时原归在扁蜡蝉科 Tropiduchidae（Ôuchi，1940；Metcalf，1958）中，后 Fennah（1982）根据前翅、雄性外生殖器等特征将其从扁蜡蝉科移入瓢蜡蝉科。

Emeljanov（1990）在对蜡蝉总科科级以上分类阶元进行的系统发育研究中，选取 50 个特征，16 个分类单元，通过分析，同意 Fennah（1954）的观点，支持将峻翅蜡蝉科 Acanaloniidae 降为亚科级分类单元并归入瓢蜡蝉科 Issidae，认为从严格定义的角度，刃瓢蜡蝉亚科 Bladininae 不能归入娜蜡蝉科 Nogodinidae，而应归入瓢蜡蝉科。他提出的分类系统如下。

1. 盲瓢蜡蝉亚科 Trienopinae
2. 汤瓢蜡蝉亚科 Tonginae
3. 瓢蜡蝉亚科 Issinae
   （1）瓢蜡蝉族 Issini
   （2）希瓢蜡蝉族 Thioniini
4. 杯瓢蜡蝉亚科 Caliscelinae
5. 峻翅瓢蜡蝉亚科 Acanaloniinae
6. 刃瓢蜡蝉亚科 Bladininae

i. 杯瓢蜡蝉科 Caliscelidae (*s. str.*)

Emeljanov（1999）在对蜡蝉雌性外生殖器形态进行比较研究后，认为过去原包含在瓢蜡蝉科 Issidae 的杯瓢蜡蝉亚科 Caliscelinae（Fennah，1954；Metcalf，1958；Emeljanov，1990）的雌性外生殖器结构是介于瓢蜡蝉科、蛾蜡蝉科和娜蜡蝉科类群之间的一种产卵器类型。鉴于此，将杯瓢蜡蝉亚科 Caliscelinae 从瓢蜡蝉科移出，提升为独立的科级分类单元，即杯瓢蜡蝉科 Caliscelidae。在此基础上，他首先根据若虫前胸背板前内侧的感觉陷边缘是否具侧刚毛、成虫前翅、雌性外生殖器结构等特征，将包含在杯瓢蜡蝉亚科的杯瓢蜡蝉族 Caliscelini 和透翅杯瓢蜡蝉族 Ommatidiotini（Metcalf，1958；Fennah，1987）均提升为亚科级分类阶元，即杯瓢蜡蝉亚科 Caliscelinae 和透翅杯瓢蜡蝉亚科 Ommatidiotinae。其次，依据后足跗节端部是否有刺的特征，在透翅杯瓢蜡蝉亚科下设立族级分类阶元，将原包含在透翅杯瓢蜡蝉族的鹰杯瓢蜡蝉亚族 Augilina 提升为族级分类阶元，即鹰杯瓢蜡蝉族 Augilini，并以新建的博杯瓢蜡蝉属 *Bocra* 作为模式属，建立博杯瓢蜡蝉族 Bocrini，与透翅杯瓢蜡蝉族 Ommatidiotini、鹰杯瓢蜡蝉族 Augilini 一并归入透翅杯瓢蜡蝉亚科 Ommatidiotinae。最后，他提出杯瓢蜡蝉科应分为杯瓢蜡蝉亚科 Caliscelinae 和透翅杯瓢蜡蝉亚科 Ommatidiotinae 2 亚科，其中后者又包括透翅杯瓢蜡蝉族 Ommatidiotini、鹰杯瓢蜡蝉族 Augilini 和博杯瓢蜡蝉族 Bocrini，该分类系统如下。

杯瓢蜡蝉科 Caliscelidae

1. 杯瓢蜡蝉亚科 Caliscelinae
2. 透翅杯瓢蜡蝉亚科 Ommatidiotinae
   （1）透翅杯瓢蜡蝉族 Ommatidiotini
   （2）鹰杯瓢蜡蝉族 Augilini
   （3）博杯瓢蜡蝉族 Bocrini

Emeljanov（1999）根据外部形态特征，特别是雄性外生殖器研究结果，认为应该把其原建立的瓢蜡蝉科分类系统（Emeljanov，1990）中的杯瓢蜡蝉亚科 Caliscelinae 和峻翅瓢蜡蝉亚科 Acanaloniinae 从瓢蜡蝉科移出并提升为独立的科级分类单元，即杯瓢蜡蝉科 Caliscelidae 和峻翅蜡蝉科 Acanaloniidae（其中，峻翅蜡蝉科包括原峻翅瓢蜡蝉亚科 Acanaloniinae、汤瓢蜡蝉亚科 Tonginae 和盲瓢蜡蝉亚科 Trienopinae 3 亚科），二者不再包含在瓢蜡蝉科中（Emeljanov，1999）。

自 Emeljanov（1999）提出将杯瓢蜡蝉科从瓢蜡蝉科移出作为独立科级分类单元后，近 20 年来多数学者已承认和接受这一观点（Yang & Chang，2000；Gnezdilov，2003a，2003b；Gnezdilov & Wilson，2005；Chen *et al.*，2014）。Gnezdilov（2003a）又根据雌性外生殖器特征（第三产卵瓣的形状），将原包含在瓢蜡蝉科的亚丁杯瓢蜡蝉族 Adenissini 从瓢蜡蝉科移出归入杯瓢蜡蝉科杯瓢蜡蝉亚科。

Gnezdilov 和 Wilson（2006a）在 Emeljanov（1999）建立的杯瓢蜡蝉科分类系统的基础上，综合以往瓢蜡蝉科有关研究结果，第一次对该科的高级分类单元进行了修订。在对杯瓢蜡蝉科的分类特征做了全面界定的基础上，首先将原隶属于瓢蜡蝉科的币瓢蜡蝉属 *Coinquenda* 从瓢蜡蝉科瓢蜡蝉族 Issini 移出，并以其作为模式属建立币杯瓢蜡蝉族 Coinquendini 归入杯瓢蜡蝉科；其次，将博杯瓢蜡蝉族 Bocrini 从族级分类阶元降为亚族，即博杯瓢蜡蝉亚族 Bocrina，并归入亚丁杯瓢蜡蝉族 Adenissini；与此同时，根据雄性外生殖器特征，将鳍瓢蜡蝉属 *Pterygoma*、窈瓢蜡蝉属 *Perissana* 和裙杯瓢蜡蝉属 *Pterilia* 3 属从瓢蜡蝉科移出，连同新建的荻氏杯瓢蜡蝉属 *Distantina*，以裙杯瓢蜡蝉属 *Pterilia* 作为模式属建立的裙杯瓢蜡蝉亚族 Pteriliina 也一并归入亚丁杯瓢蜡蝉族。另外，在杯瓢蜡蝉亚科设立族级分类阶元，Gnezdilov（2013a）认为杯瓢蜡蝉亚科仅包括 1 个族级分类单元，即杯瓢蜡蝉族 Caliscelini。其提出的分类系统如下。

杯瓢蜡蝉科 Caliscelidae

1. 杯瓢蜡蝉亚科 Caliscelinae

 杯瓢蜡蝉族 Caliscelini

2. 透翅杯瓢蜡蝉亚科 Ommatidiotinae

 （1）透翅杯瓢蜡蝉族 Ommatidiotini

 （2）币杯瓢蜡蝉族 Coinquendini

 （3）鹰杯瓢蜡蝉族 Augilini

 （4）亚丁杯瓢蜡蝉族 Adenissini

  1）亚丁杯瓢蜡蝉亚族 Adenissina

  2）博杯瓢蜡蝉亚族 Bocrina

  3）裙杯瓢蜡蝉亚族 Pteriliina

最近，Emeljanov（2008）对杯瓢蜡蝉亚科有关类群进行研究时，经对敏杯瓢蜡蝉属 *Peltonellus* 的分类历史及相关特征进行考证，认为应恢复敏杯瓢蜡蝉属有效名，并以敏杯瓢蜡蝉属 *Peltonellus* 作为模式属建立敏杯瓢蜡蝉族 Peltonotellini，认为该族与杯瓢蜡蝉族 Caliscelini 的区别在于其额、前胸背板、中胸背板及腹部的侧域常具感觉陷。这一论点也得到有关学者的支持（Gnezdilov & Wilson，2011a；Meng *et al.*，2015）。另外，Gnezdilov（2008a）对原归在瓢蜡蝉科的德里杯瓢蜡蝉属 *Delhina*（模式种：阔颜德里杯瓢蜡蝉 *Delhina eurybrachydoides*）雌、雄性外生殖器的研究中发现，该属的雌性外生殖器结构与杯瓢蜡蝉科类群的结构相同，特别是第一产卵瓣和第二产卵瓣的结构是介于窈瓢蜡蝉属 *Perissana* 与币杯瓢蜡蝉属 *Coinquenda* 两者之间的一种过渡类型，从其他的外部形态特征看，如具发达的前后翅，认为该属是介于亚丁杯瓢蜡蝉亚族 Adenissina 与裙杯瓢蜡蝉亚族 Pteriliina 之间的中间过渡类型，根据雄性外生殖器结构，认为该属与币杯瓢蜡蝉族币杯瓢蜡蝉属极为相似。鉴于以上理由，将德里杯瓢蜡蝉属归入币杯瓢蜡蝉族中，同时将币杯瓢蜡蝉族 Coinquendini 降为亚族级分类阶元，即币杯瓢蜡蝉亚族 Coinquendina，并归入亚丁杯瓢蜡蝉族 Adenissini。至此，亚丁杯瓢蜡蝉族共包括 4 亚族：亚丁杯瓢蜡蝉亚族 Adenissina、博杯瓢蜡蝉亚族 Bocrina、币杯瓢蜡蝉亚族 Coinquendina 和裙杯瓢蜡蝉亚族 Pteriliina。

综上所述，杯瓢蜡蝉科共分为 2 亚科 5 族 4 亚族，其中杯瓢蜡蝉亚科包括 2 族：杯瓢蜡蝉族和敏杯瓢蜡蝉族，透翅杯瓢蜡蝉亚科分为 3 族 4 亚族，即透翅杯瓢蜡蝉族、亚丁杯瓢蜡蝉族和鹰杯瓢蜡蝉族，其中亚丁杯瓢蜡蝉族包括 4 亚族——亚丁杯瓢蜡蝉亚族、博杯瓢蜡蝉亚族、币杯瓢蜡蝉亚族和裙杯瓢蜡蝉亚族。根据当前的文献资料总结（Gnezdilov，2013a），杯瓢蜡蝉科最新的分类系统如下。

1. 杯瓢蜡蝉亚科 Caliscelinae

 （1）杯瓢蜡蝉族 Caliscelini

 （2）敏杯瓢蜡蝉族 Peltonotellini

2. 透翅杯瓢蜡蝉亚科 Ommatidiotinae

 （1）透翅杯瓢蜡蝉族 Ommatidiotini

 （2）亚丁杯瓢蜡蝉族 Adenissini

1）亚丁杯瓢蜡蝉亚族 Adenissina

2）博杯瓢蜡蝉亚族 Bocrina

3）币杯瓢蜡蝉亚族 Coinquendina

4）裙杯瓢蜡蝉亚族 Pteriliina

（3）鹰杯瓢蜡蝉族 Augilini

ii. 瓢蜡蝉科 Issidae (*s. str.*)

Gnezdilov（2003a，2003c）根据分布于古北界西部瓢蜡蝉的后翅、产卵器结构特征，分别对 Metcalf（1958）和 Emeljanov（1990）提出的分类系统进行了修订。第一，将 Metcalf（1958）瓢蜡蝉科分类系统中亚科分类阶元降为族级分类阶元，有关族级阶元降为亚族，认为瓢蜡蝉科仅包括 1 个指名模式亚科，即瓢蜡蝉亚科 Issinae。第二，将爱瓢蜡蝉族 Hysteropterini 由族级阶元降为亚族——爱瓢蜡蝉亚族 Hysteropterina，归入瓢蜡蝉族中；同时，以 Emeljanov（1971）建立的悦瓢蜡蝉属 *Agalmatium* 作为模式属建立悦瓢蜡蝉亚族 Agalmatiina，也归入瓢蜡蝉族中，认为瓢蜡蝉族包括瓢蜡蝉亚族 Issina、悦瓢蜡蝉亚族 Agalmatiina、爱瓢蜡蝉亚族 Hysteropterina 等 3 亚族。第三，承认 Cheng 和 Yang（1991d）建立的帕瓢蜡蝉亚科 Parahiraciinae 的合理性，并将帕瓢蜡蝉亚科 Parahiraciinae 由亚科级分类阶元降为族级阶元——帕瓢蜡蝉族 Parahiraciini。第四，依据雌、雄性外生殖器及后翅的翅形与翅脉特征，建立 1 新族——蜿瓢蜡蝉族 Colpopterini，并归入瓢蜡蝉亚科。第五，将盲瓢蜡蝉亚科 Trienopinae、汤瓢蜡蝉亚科 Tonginae、峻翅瓢蜡蝉亚科 Acanaloniinae、杯瓢蜡蝉亚科 Caliscelinae 和刃瓢蜡蝉亚科 Bladininae 从瓢蜡蝉科中移出归入娜蜡蝉科、峻翅蜡蝉科，或扁蜡蝉科等其他蜡蝉总科的类群中，甚至独立作为科级分类单元。在此基础上，其提出狭义的瓢蜡蝉科 Issidae (*s. str.*) 分类系统，认为瓢蜡蝉科仅包括 1 指名亚科及 5 族，其中瓢蜡蝉族分为 3 亚族，其他族级分类单元未再设立亚族阶元。

该分类系统如下。

瓢蜡蝉科 Issidae

瓢蜡蝉亚科 Issinae

1. 球瓢蜡蝉族 Hemisphaeriini
2. 帕瓢蜡蝉族 Parahiraciini
3. 瓢蜡蝉族 Issini

（1）瓢蜡蝉亚族 Issina

（2）爱瓢蜡蝉亚族 Hysteropterina

（3）悦瓢蜡蝉亚族 Agalmatiina

4. 蜿瓢蜡蝉族 Colpopterini
5. 希瓢蜡蝉族 Thioniini

Gnezdilov（2009a）在检视瓢蜡蝉科相关种类的模式标本后，认为后翅退化与否这一特征不足以作为区分族级分类单元之间的有效特征，认为希瓢蜡蝉族 Thioniini 是瓢蜡蝉族的异名，认为狭义的瓢蜡蝉科 Issidae (*s. str.*) 仅包括 1 亚科，即瓢蜡蝉亚科 Issinae，4 族，即瓢蜡蝉族 Issini、球瓢蜡蝉族 Hemisphaeriini、帕瓢蜡蝉族 Parahiraciini 和蜿瓢蜡蝉族 Colpopterini（Gnezdilov，2009a）。重新提出的瓢蜡蝉科分类系统如下。

瓢蜡蝉科 Issidae

瓢蜡蝉亚科 Issinae

1. 球瓢蜡蝉族 Hemisphaeriini
2. 帕瓢蜡蝉族 Parahiraciini
3. 瓢蜡蝉族 Issini

（1）瓢蜡蝉亚族 Issina

（2）爱瓢蜡蝉亚族 Hysteropterina

（3）悦瓢蜡蝉亚族 Agalmatiina

4. 蜿瓢蜡蝉族 Colpopterini

最近，Gnezdilov（2012）又根据体型、前后翅的翅脉，以及雌、雄性外生殖器的特征对其建立的蜿瓢蜡蝉族 Colpopterini 进行了订正，特别是就第一产卵瓣的结构与该族过去所包括的属的种类，以及与瓢蜡蝉族的第一产卵瓣结构进行了比较，认为蜿瓢蜡蝉族形态结构明显存在多样性，并不是一个单系群，将该族过去所包括的 *Cheiloceps*、*Tempsa*、*Eupilis* 和 *Gabaloeca* 等 4 属保留在瓢蜡蝉科，并归并在瓢蜡蝉族，而将 *Caudibeccus*、*Colpoptera*、*Jamaha*、*Neocolpoptera*、*Ugoa* 及 *Bumerangum* 等 6 属从瓢蜡蝉科移出归入娜蜡蝉科，并以蜿瓢蜡蝉属 *Colpoptera* 作为模式属在娜蜡蝉科建立蜿娜蜡蝉亚科 Colpopterinae。

鉴于此，现狭义的瓢蜡蝉科仅包括 1 指名亚科和 3 族，其提出最新的瓢蜡蝉科分类系统如下。

瓢蜡蝉科 Issidae

瓢蜡蝉亚科 Issinae

1. 球瓢蜡蝉族 Hemisphaeriini
2. 帕瓢蜡蝉族 Parahiraciini
3. 瓢蜡蝉族 Issini

（1）瓢蜡蝉亚族 Issina

（2）爱瓢蜡蝉亚族 Hysteropterina

（3）悦瓢蜡蝉亚族 Agalmatiina

综上所述，不同学者对瓢蜡蝉科高级分类单元的认识差异很大，仍存在诸多分歧，不同学者甚至同一学者在不同时期所建立的系统差别也很大，同一分类单元被作为族、亚族甚至属级分类单元。至此，瓢蜡蝉科的分类系统并没有完全定论，还处在激烈的争论和变动之中，若现在对整个瓢蜡蝉科的亚科和族级分类体系下结论还为时过早，只有对大多数被描记的属进行重新修订之后才有可能开展这方面的工作。

车艳丽（2006）在其“中国瓢蜡蝉科分类与系统发育研究（半翅目：蜡蝉总科）”的博士学位论文中，在分类研究的基础上，基于形态数据对中国瓢蜡蝉科的系统发育进行了初步探索。其选取包括雄性外生殖器在内的 33 个特征，以斑衣蜡蝉属 *Lycorma* 作为外群，基于广义的瓢蜡蝉科分类观点，对分布于中国的瓢蜡蝉科 4 亚科 38 属进行了系统学支序分析。支序分析的结果表明中国瓢蜡蝉科除少数属的分类地位略有变动外，该科在亚科和族级阶元上的分类与传统分类学的结论基本上一致，即瓢蜡蝉科可分为 4 亚科：

（1）杯瓢蜡蝉亚科 Caliscelinae

（2）球瓢蜡蝉亚科 Hemisphaeriinae

（3）瓢蜡蝉亚科 Issinae

（4）汤瓢蜡蝉亚科 Tonginae

其研究结果不支持杯瓢蜡蝉亚科 Caliscelinae 提升为科，仍将其作为瓢蜡蝉科的一亚科。

孙艳春等（2015）基于中国瓢蜡蝉 19 属 33 种和 1 种外群 *Paravarcia decapterix* 的 18S rDNA 及无翅基因（*wg*）对瓢蜡蝉科系统发育关系进行了研究。研究结果表明：①杯瓢蜡蝉亚科 Caliscelinae 作为瓢蜡蝉科 Issidae 的一个亚科级分类单元，确认其亚科级分类地位；②汤瓢蜡蝉亚科 Tonginae 应作为瓢蜡蝉科的一个亚科，继续保留在瓢蜡蝉科 Issidae 中，而不应该从瓢蜡蝉科移到娜蜡蝉科 Nogodinidae；③承认帕瓢蜡蝉亚科 Parahiraciinae 原来的亚科级分类地位，不支持将帕瓢蜡蝉亚科降为族级分类阶元（Gnezdilov，2003c，2009a，2013e；Gzdilov & Wilson，2007b），支持瓢蜡蝉科分为以下 5 个亚科。

（1）杯瓢蜡蝉亚科 Caliscelinae

（2）球瓢蜡蝉亚科 Hemisphaeriinae

（3）瓢蜡蝉亚科 Issinae

（4）帕瓢蜡蝉亚科 Parahiraciinae

（5）汤瓢蜡蝉亚科 Tonginae

这一研究结果与广义的瓢蜡蝉科分类意见基本相同（Metcalf，1958；Chan & Yang，1994；车艳丽，2006）。

Wang 等（2016）基于广义的瓢蜡蝉科 50 属 79 种及外群菱蜡蝉科 Cixiidae、飞虱科 Delphacidae、象蜡蝉科 Dictyopharidae、扁蜡蝉科 Tropiduchidae、广翅蜡蝉科 Ricaniidae 和蛾蜡蝉科 Flatidae 6 科 7 种的 18S rDNA、28S rDNA、*COXI* 及 *Cytb* 等 4 个基因，对瓢蜡蝉科进行了系统发育分析。研究结果表明：东洋界瓢蜡蝉形成了一个明显的单系群，单系群与其对应的地理分布具有很高的一致性，并据此提出了一个 3 亚科 7 族的瓢蜡蝉分类系统，如下所述。

（1）支持分布于新热带界的希瓢蜡蝉亚科 Thioniinae 和希瓢蜡蝉族 Thioniini 的分类地位，将该亚科作为瓢蜡蝉科的一个独立分支，与其他亚科形成姊妹群。

（2）古北界瓢蜡蝉形成一个较弱的单系群，瓢蜡蝉亚科 Issinae 仅包括以下 2 族。

1）瓢蜡蝉族 Issini（仅包括瓢蜡蝉属 *Issus* 及拉瓢蜡蝉属 *Latissus*）

2）爱瓢蜡蝉族 Hysteropterini（包括现已知所有分布于古北界的属）

（3）支持东洋界球瓢蜡蝉亚科 Hemisphaeriinae 的亚科级分类地位，共包括以下 4 族。

1）柯瓢蜡蝉族 Kodaianellini

2）萨瓢蜡蝉族 Sarimini

3）帕瓢蜡蝉族 Parahiraciini

4）球瓢蜡蝉族 Hemisphaeriini

Wang 等(2016)同时还提出，球瓢蜡蝉族包括 2 新亚族，即蒙瓢蜡蝉亚族 Mongolianina 和球瓢蜡蝉亚族 Hemisphaeriina。

此外，Wang 等（2016）认为分布于新热带界包括啄瓢蜡蝉属 *Picumna* 在内的分类单元的分类地位未定，将其暂时归在球瓢蜡蝉亚科（Wang *et al.*，2016）。

鉴于目前世界上不同学者对瓢蜡蝉科的分类系统的认识存在诸多分歧，并没有完全定论，本志依照 Gnezdilov（2013a，2013e）的分类系统，将瓢蜡蝉分为 2 科，即杯瓢蜡蝉科 Caliscelidae 和瓢蜡蝉科 Issidae。另外，本志新建立 1 新亚科，其主要形态特征介于球瓢蜡蝉亚科与瓢蜡蝉亚科之间，我们将其归入瓢蜡蝉科。

三、形 态 特 征

（一）瓢蜡蝉科主要形态特征概述

中型或小型，体近半球形，外形似瓢虫（图 1）或尖胸沫蝉。头（包括复眼）略窄于或约等于前胸背板，头顶平截或锥状突出。触角小，不明显，鞭节不分节；复眼位于额的侧脊线外；喙末节长。前翅革质或角质，通常隆起，有的具蜡质光泽或斑纹，前缘基部极度弯曲，常具前缘下板，翅脉明显或模糊，有或无爪缝，爪片上无颗粒，爪缝正常、到达爪片末端；后翅膜质，小于前翅，但有的种类明显宽于前翅，翅脉明显或模糊。足正常，少数种类的腿节和胫节叶状扩大。后足胫节具 1-5 个侧刺。

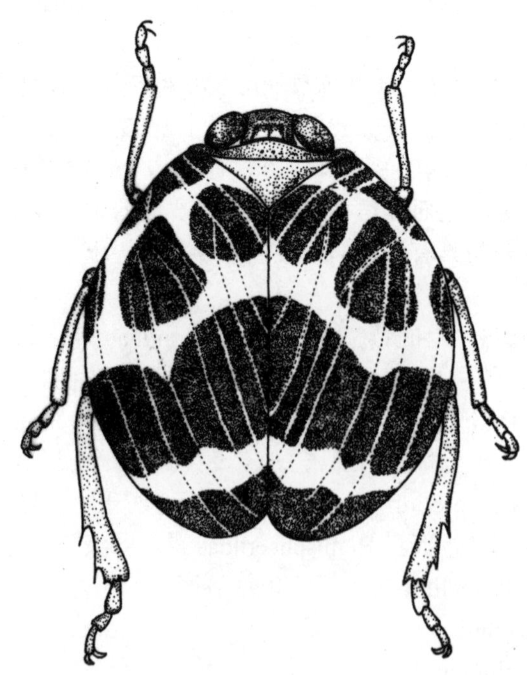

图 1 十星格氏瓢蜡蝉成虫［Adult of *Gnezdilovius iguchii* (Matsumura)］（仿周尧等，1985）

瓢蜡蝉的腹部宽扁，由 11 节组成，第 8-9 节为生殖节，雌虫和雄虫的生殖节构造不同，第 10 节为肛节，第 11 节小，称为肛刺突。雄虫肛节结构较简单，杯状、蘑菇状或近三角状；尾节近端部常明显突出，少数种类延伸成 1 个大棘状突起；阳茎结构较复杂，通常可以分为背、侧、腹瓣，突起的数目、结构常发生变化；抱器近三角形，基部窄，端部扩大，背缘近端部具 1 突起。

雌性外生殖器发达，肛节结构较简单，杯状或蘑菇状，第一产卵瓣侧缘和端部常具多个刺状凸起。第一产卵瓣、第三产卵瓣、生殖前节及肛节的形状多样，常作为分种的依据。

（二）分 类 特 征

目前，瓢蜡蝉科分类主要依据成虫的外部形态及雄性外生殖器特征，Gnezdilov（2003a）应用雌性外生殖器作为主要的分类特征，对若虫和卵等方面的研究较少。关于蜡蝉总科的形态特征，Fennah（1954）、周尧等（1985）、Chan 和 Yang（1994）等进行了比较详细的研究和讨论，本志不再赘述。仅就瓢蜡蝉科分类中常用的形态特征及本志所采用的术语加以说明。

1. 体躯量度（length）

直观的外部大小量度，如长度、宽度，各部分长宽之比是分类的重要参考特征，单位为毫米（mm）。体长即体连翅长（body length）：指从头顶的前缘量至处于休息状态的翅的末端，对短翅型种类量至身体末端。

前翅长（length of tegmen）：指从前翅基部至端部。

2. 体形及体色（body shape and coloration）

瓢蜡蝉体小至中型，体长 3-12mm，呈半球形或椭圆形，体色多为棕色、褐色、红色或绿色等，一般具有黄色、褐色及翠绿色斑点。

体形及体色特征在分属和分种上有一定的参考价值。

3. 头部（head）

头呈各种形状，前缘平截或锥状突出，或延伸很长，超出复眼前缘。

（1）头顶（vertex）

背面观能见到的部分称头顶（图 2），通常呈六边形、五边形或四边形，中域凹陷，有的种类头顶锥状突出，向前延伸很长（图 3）；有明显的冠缝将头顶分为 2 片，顶的边缘具脊线，在基部的称为基缘脊，侧缘的称为侧缘脊，大多数种类顶的前缘与额无明显的分界。由于头顶形状与长度在不同种类间存在变化，因此成为区别属和种的重要特征，为表达这一特征，除作具体形状描述外，常用长度和宽度之比，长度一般是指头顶前缘至后缘的中线长度，宽度是指基缘两后侧角之间的宽度。头顶的其他特征是各脊的变化，如长顶周瓢蜡蝉 *Choutagus longicephalus* Zhang, Wang *et* Che（图 3）具中脊及侧脊，广瓢蜡蝉 *Macrodaruma pertinax* Fennah 和新泰瓢蜡蝉 *Neotapirissus reticularis* Meng *et* Wang

的侧缘明显脊起成叶片状。

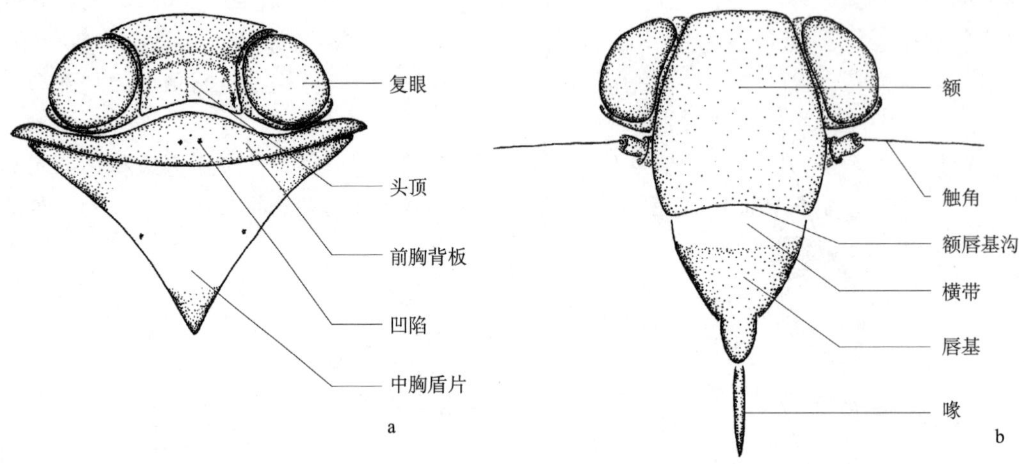

图 2 五斑格氏瓢蜡蝉的头部[Head of *Gnezdilovius quinquemaculatus* (Che, Zhang *et* Wang)]
a. 背面观（dorsal view）；b. 前面观（anterior view）

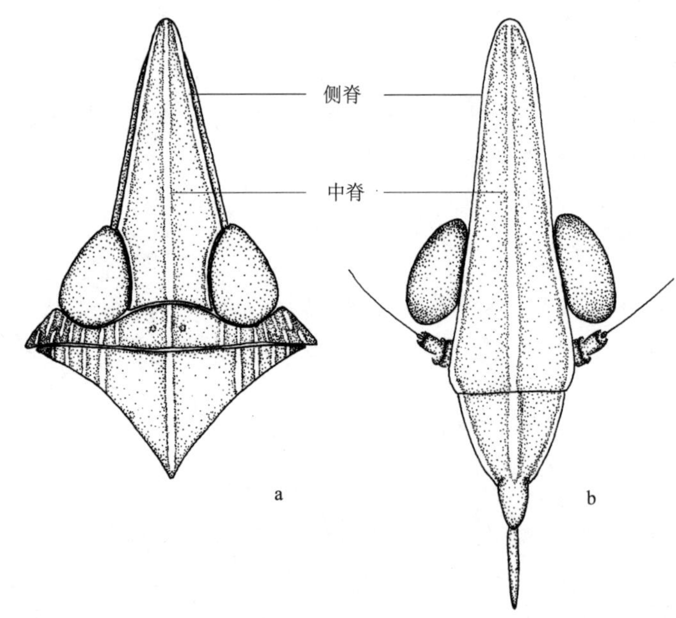

图 3 长顶周瓢蜡蝉的头部（Head of *Choutagus longicephalus* Zhang, Wang *et* Che）
a. 背面观（dorsal view）；b. 前面观（anterior view）

（2）额（frons）

额呈近长方形（图 2）或近三角形（图 3），一般宽略小于长，密布刻点或光滑，中域隆起或平，有或无横带、中脊及侧脊、瘤突。有的种类背面观也可见额，且额向前方突出很长，如福瓢蜡蝉 *Fortunia byrrhoides* (Walker)（图 4），有的种类具横脊，将额的中域分为两部分，如台湾梯额瓢蜡蝉 *Neokodaiana chihpenensis* Yang（图 5）。额最宽处与基部宽的比例，长与宽的比例，横带、瘤突、中脊及侧脊的有无等对分属和分种均有重要的参考价值。

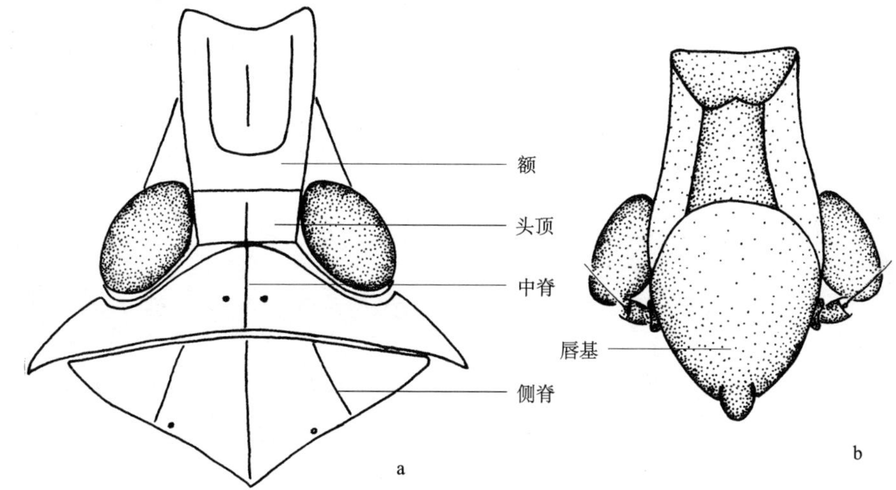

图 4 福瓢蜡蝉的头部[Head of *Fortunia byrrhoides* (Walker)]

a. 背面观（dorsal view）；b. 前面观（anterior view）

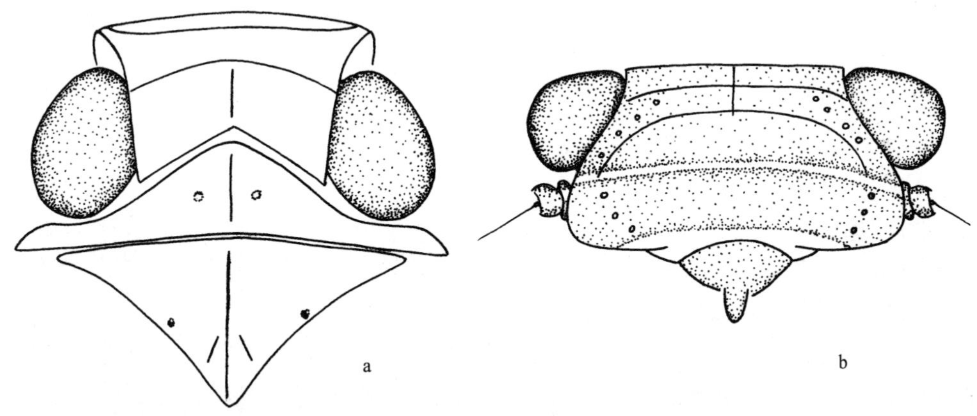

图 5 台湾梯额瓢蜡蝉的头部（Head of *Neokodaiana chihpenensis* Yang）

a. 背面观（dorsal view）；b. 前面观（anterior view）

（3）唇基（clypeus）

唇基连接于额区的下方，以额唇基沟与额分界。唇基分为后唇基（postclypeus）和前唇基（anteclypeus），一般二者处于同一平面上，但角唇瓢蜡蝉属 *Eusudasina* Yang（图 6）不处于同一平面。唇基一般具有侧脊和中脊，中域常明显隆起，额唇基沟处有或无横带。中脊、横带的有无对分属和分种有一定的参考价值。

（4）单眼（ocellus，复数 ocelli）

单眼一般 2 个，着生于复眼下方颊的凹陷处，单眼的有无对分种有一定的参考价值。

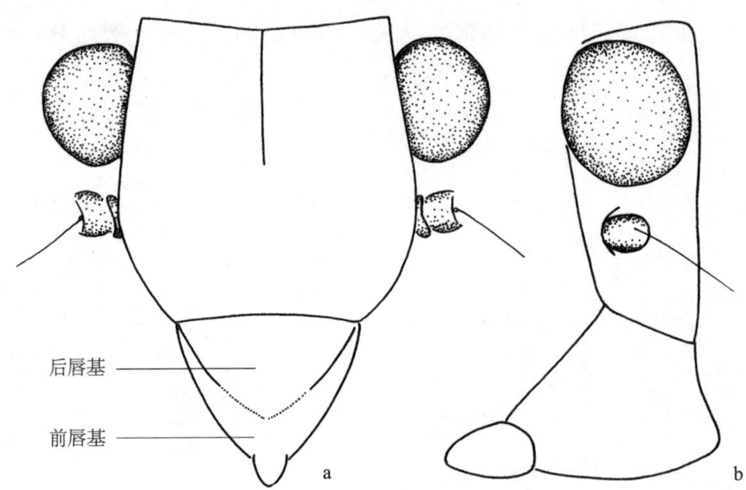

图 6 南角唇瓢蜡蝉的头部（Head of *Eusudasina nantouensis* Yang）

a. 前面观（anterior view）；b. 侧面观（lateral view）

4. 胸部（thorax）

常用的特征主要有前胸背板、中胸背板、肩板、翅及足等。

（1）前胸背板（pronotum）

前胸背板一般较短，呈一横形骨片，不分片，前缘弧形突出，后缘较平或略凹入，中域处具有 2 个小凹陷。

前胸背板前缘是否明显脊起成叶片状，是否具有瘤突，以及中脊、侧脊的有无，斑纹的颜色及形状均是分属和分种的重要依据。

（2）中胸背板（mesonotum）

中胸背板分为前盾片（prescutum）、盾片（scutum）、小盾片（scutulis）、后盾片（postscutum）4 部分，以盾片最大，当处于休憩状态时，露出的部分只有中胸盾片，本志所用到的是盾片（scutum）。

中胸盾片近侧缘中部各有 1 个小凹陷；中胸盾片两前侧角之间的宽与中线长的比例，中脊及侧脊的有无、是否具瘤突及斑纹的色彩、形状均为分属和分种的重要依据。

（3）肩板（tegula）

前翅基部盖有鳞状的骨片，称为肩板，很少被前胸背板的后缘覆盖，肩板的存在是蜡蝉总科的特征。

（4）翅（wing）

前翅（tegmen，forewing）和后翅（hind wing）各 1 对。球瓢蜡蝉亚科的种类（图 7）前翅质地均一，革质，翅脉不明显，已特化成革质的翅面，翅脉在分类上的参考价值不大；帕瓢蜡蝉亚科（图 8）和瓢蜡蝉亚科（图 9）种类前翅质地均一，革质，翅脉明显，在分种和分属中具有较大的价值；杯瓢蜡蝉亚科（图 10）的前翅明显短于体长，革质，翅脉不明显，分类意义不大，但透翅杯瓢蜡蝉亚科部分种类的前翅近膜质，半透明，翅脉明显，常用作分属或种的依据。爪缝的存在与否（图 7，图 8），爪缝是否伸达前翅的端缘（图 9，图 11）是区分亚科的重要依据。

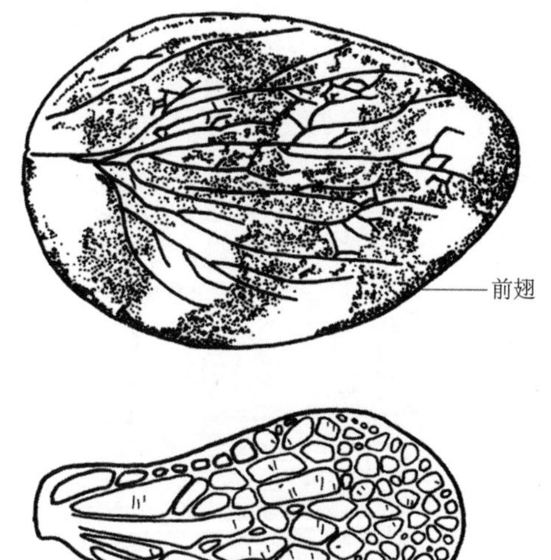

图 7　球瓢蜡蝉亚科的前翅和后翅特征（Tegmen and hind wing of Hemisphaeriinae）（仿 Chan & Yang, 1994）

龟纹格氏瓢蜡蝉 *Gnezdilovius tessellates* (Matsumura)

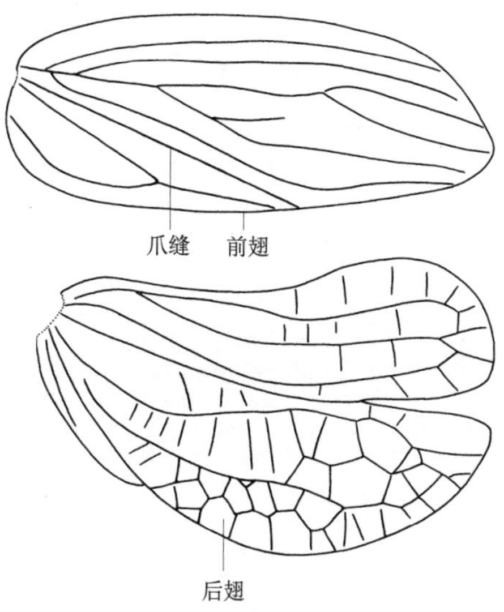

图 8　帕瓢蜡蝉亚科的前翅和后翅特征（Tegmen and hind wing of Parahiraciinae）

瘤额瓢蜡蝉 *Tetricodes polyphemus* Fennah

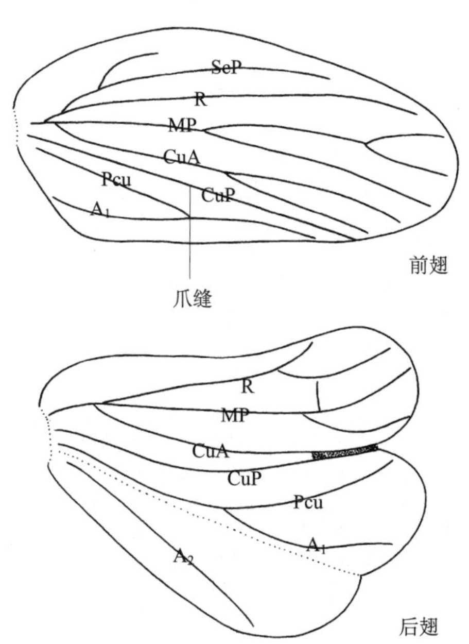

图 9　瓢蜡蝉亚科前翅和后翅特征（Tegmen and hind wing of Issinae）

尖叶美萨瓢蜡蝉，新种 *Eusarima acutifolica* Che, Zhang *et* Wang, sp. nov.

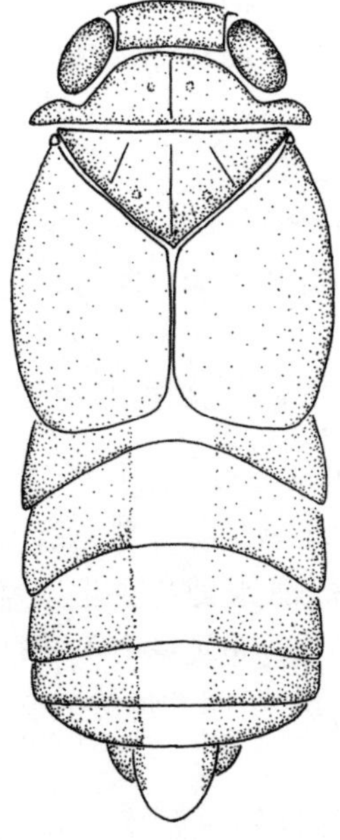

图 10　杯瓢蜡蝉亚科成虫图（示前翅）（Adult of Caliscelinae）（tegmen）

中华杯瓢蜡蝉 *Caliscelis chinensis* (Melichar)

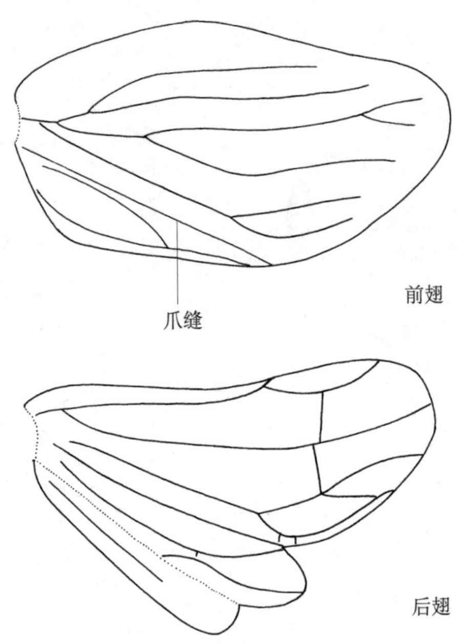

图 11 瓢蜡蝉亚科前翅和后翅特征（Tegmen and hind wing of Issinae）
福建梯额瓢蜡蝉 *Neokodaiana minensis* (Meng *et* Qin)

前翅一般呈椭圆形，有的种类近方形（图 11），前缘下板，斑纹的颜色、形状、数目，爪缝，前翅的脉序在分属和分种中具有重要的参考价值。

后翅膜质，翅脉明显或不明显，后翅发达（图 8-9，图 11）或极度退化至几乎消失（图 10），脉序、后翅长与前翅长的比例是分属的重要特征。

（5）足（leg）

常用分类特征：①足的颜色，所具斑纹及条带的颜色、形状（图 12）；②腿节和胫节是否发生叶状扩大（图 13）；③后足胫节具侧刺的数目；④后足胫节的端刺数目与基跗节和第 2 跗节的端刺数目之比，即后足刺式；⑤后足第 2 跗节的端刺数目（图 14）。这些特征在分属及分种中具有较大的作用。

5. 腹部（abdomen）

腹部在生殖节前各节一般比较简单，分类时常用腹部末端的生殖节及其所包含的外生殖器，特别是将雄性外生殖器特征作为属和种的重要分类依据。本志也应用了雌性外生殖器特征作为重要的分类特征。肛节（anal segment）由第 10 腹节形成，着生肛上片、肛下片（由第 11 腹节形成的肛刺突）。肛节的形状、大小，肛孔的着生部位均是分类的重要特征。

（1）雄性外生殖器（male genitalia）

雄性外生殖器（图 15）包括外部的尾节和包藏于尾节内的交尾器官。交尾器官主要包括阳茎和抱器等部分。

尾节（pygofer）：又称生殖荚，瓢蜡蝉雄性第 9 腹节形成生殖节，除生殖腔内直接用于交尾的构造外，把整个生殖节（包括第 9 节背板、侧板和腹板）称为尾节，是一个向后开口的荚状构造。通常将侧面观尾节端部是否突出及突出的形状作为分类的重要性状。

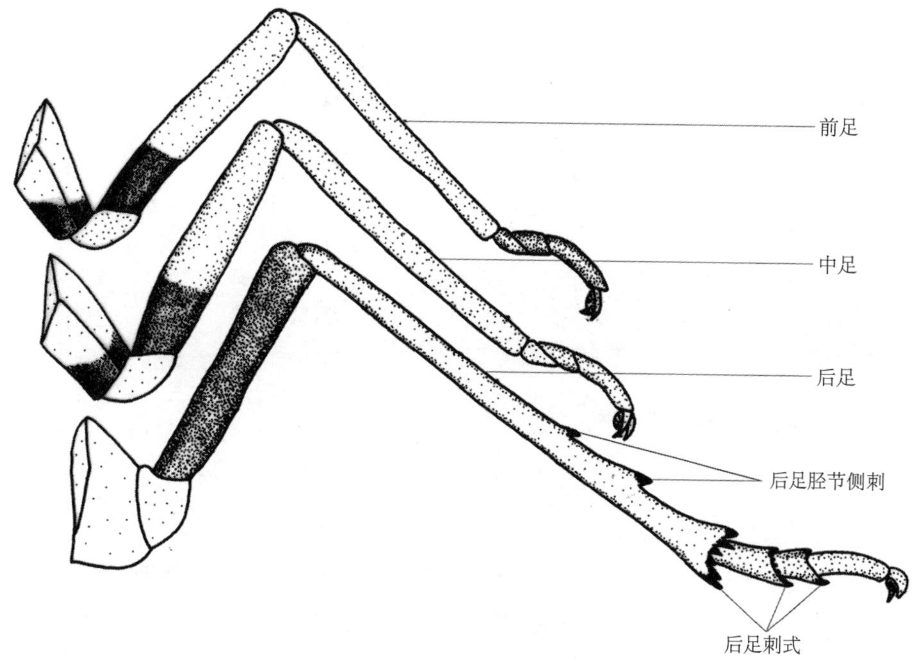

图 12 瓢蜡蝉科昆虫的足（Legs of Issidae）

十星格氏瓢蜡蝉 *Gnezdilovius iguchii* (Matsumura)

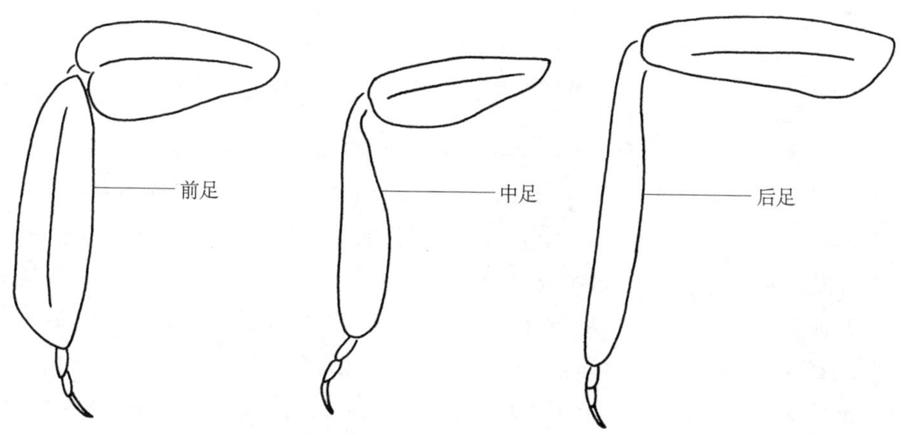

图 13 足的腿节和胫节叶状扩大（legs with femora and tibiae foliated）

三杯瓢蜡蝉 *Caliscelis triplicata* Che, Wang *et* Zhang

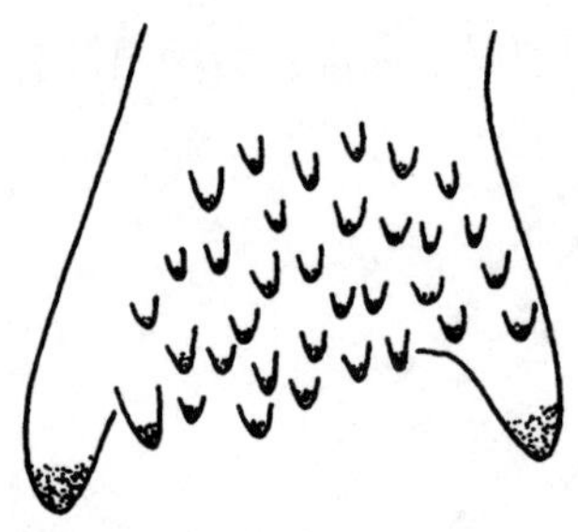

图 14 后足第 2 跗节端刺（Spines of hind second tarsal segment）

丽涛齿跗瓢蜡蝉 *Gelastyrella litaoensis* Yang

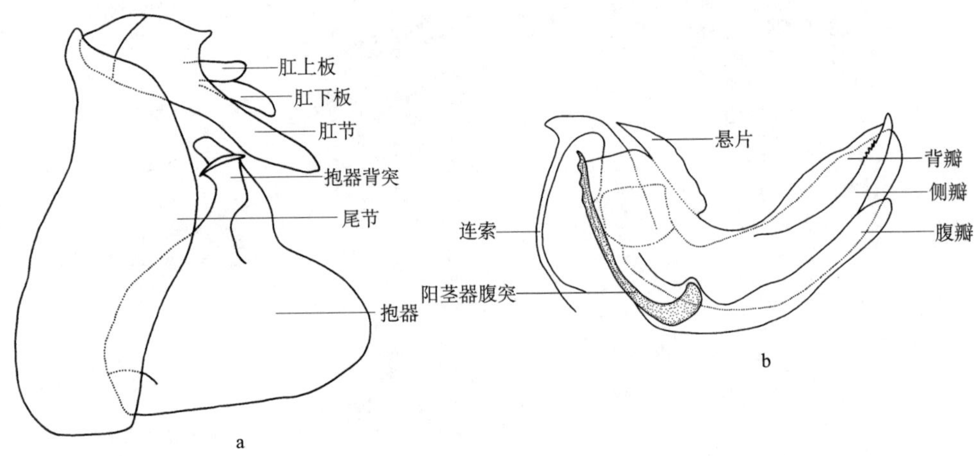

图 15 瓢蜡蝉科雄性外生殖器（Male genitalia of Issidae）

白星蒙瓢蜡蝉 *Mongoliana albimaculata* Meng, Wang *et* Qin

a. 雄性外生殖器侧面观（male genitalia, lateral view）；b. 阳茎侧面观（phallus, lateral view）

阳茎（phallus）：阳茎（图 15b）是一个骨化的管状复杂构造，开口于端部或近端部，平时除端部外大半隐藏在生殖腔内。阳茎通常呈浅“U”形，由外部的阳茎基（phallobase）和内部管状的阳茎器（aedeagus）构成。阳茎基背面基部具 1 骨化或微骨化构造，连接阳茎与第 9 节，称为悬骨（suspensorium），其形态多样，可用作分类依据。阳茎基半部通常分为背侧瓣和腹瓣，背侧瓣有的在端半部分瓣，分为背瓣和侧瓣，有的不分瓣。阳茎基分瓣位置及形状，其上突起的有无、形状、个数及着生位置均是非常重要的分类特征。阳茎基部连有 1 大的骨化结构，连接阳茎与抱器，称为连索（connective），有的属间或种间其形态差异明显，可用作分类依据。阳茎器一般包被在阳茎基瓣内，通常具 1 对腹突，突出于阳茎基瓣，腹突的有无、形状、个数及着生位置也是重要的分类特征。

抱器（genital style）：抱器是指第 9 腹节的腹板后面伸出的 1 对骨化构造，又称生殖板（genital plate），位于阳茎的下方，与尾节脱离，可动，对称，呈近三角形或近长方形，背缘端部一般具 1 个突出。抱器背部有 1 柱形的背突（capitulum），背突基部一般有 1 个侧齿。抱器的形状、脊起的有无、背突的形状、侧齿的大小及形状均为分属、分种的重要分类特征。

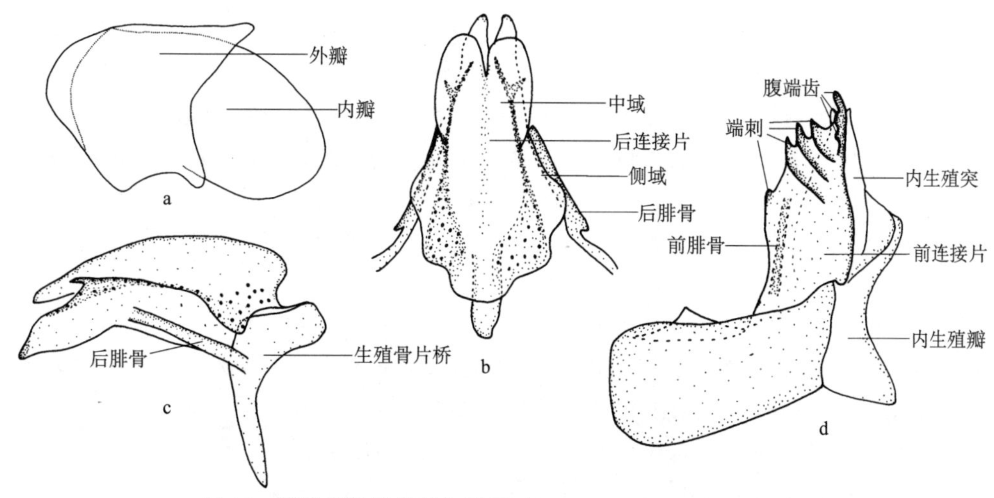

图 16　瓢蜡蝉科雌性外生殖器（Female genitalia of Issidae）

网新泰瓢蜡蝉 *Neotapirissus reticularis* Meng *et* Wang

a. 第 3 产卵瓣侧面观（gonoplac, lateral view）；b. 第 2 产卵瓣背面观（gonapophyses Ⅸ, dorsal view）；c. 第 2 产卵瓣侧面观（gonapophysis Ⅸ, lateral view）；d. 第 1 产卵瓣侧面观（gonapophysis Ⅷ, dorsal view）

（2）雌性外生殖器（female genitalia）

雌性外生殖器（图 16）发达，由第 8-9 节构成。主要构造为：第 8 腹板上有 1 对突起，称为第 1 产卵瓣（gonapophysis Ⅷ，Gy Ⅷ）；第 9 腹板上有 2 对突起，分别称为第 2 产卵瓣（gonapophyses Ⅸ，Gy Ⅸ）和第 3 产卵瓣（gonoplac，Gp）。3 对产卵瓣均外露，第 3 产卵瓣发达，包被第 1 和第 2 产卵瓣。第 1 产卵瓣形式各异，端部及侧缘常具有多个刺状凸起。第 9 节侧背板（latero-tergite Ⅸ，Ltg Ⅸ）、第 1 产卵瓣、第 3 产卵瓣及生殖前节第 7 腹板（sternite Ⅶ，St Ⅶ）、生殖节后的肛节（anal segment，As），以及肛上板（epiproct，Epr）和肛下板（paraproct，Ppr）的形状变化大，常用作分种的依据。

（3）内生殖系统（internal reproductive system）

雄性内生殖系统（male internal reproductive system）（图版Ⅰ：a、b，图版 XLI：c、f、i、j）：精巢（testes，Te）很发达，近球形，其外被有橘黄色围膜，1 对，每侧精巢有精巢小管（testicular follicle，Tef）6-30 根，输精管（vas deferens，Vd）2 根，较细，仅在与精巢连接处较粗。贮精囊（seminal vesicle，Sv）粗壮，外被薄膜，一端与输精管相连，另一端与射精管基部相连接。射精管（ejaculatory duct，Ej）基部较细，中部细长，弓形弯曲，端部极度膨大，如恶性巨齿瓢蜡蝉的射精管端部膨大成“茄形”，末端与阳茎相接。生殖附腺（accessory gland，Ag）2 根，极长，在体腔内盘绕成团状；其基部较粗，与贮精囊、射精管相互连接，中部至端部粗细不均，末端附着于射精管近端部近膨大处（图版Ⅰ：a、b）。

瓢蜡蝉昆虫雄性内生殖器是重要的分类特征，主要是精巢内的精巢小管数量与生殖附腺的形状因种类而不同，甚至精巢外薄膜颜色也因种类而不同。例如，恶性巨齿瓢蜡蝉 *Dentatissus damnosus* (Chou *et* Lu)每侧精巢有精巢小管 18 根，四突鞍瓢蜡蝉 *Celyphoma quadrupla* Meng *et* Wang 为 8 根，栅纹格氏瓢蜡蝉 *Gnezdilovius parallelus* (Che, Zhang *et*

Wang)为 12 根，而棒突杯瓢蜡蝉 *Caliscelis rhabdocladis* Che, Wang *et* Zhang 仅有 4 根。另外，贮精囊的位置和形状及输精管的位置和形状因种类不同而有差异，如恶性巨齿瓢蜡蝉的贮精囊在膜内呈“S”形折叠，但四突鞍瓢蜡蝉、栅纹格氏瓢蜡蝉的贮精囊呈“螺旋状”。另外，生殖附腺因种类不同，其发达程度存在明显的差异，如棒突杯瓢蜡蝉的生殖附腺短，但栅纹格氏瓢蜡蝉、恶性巨齿瓢蜡蝉及四突鞍瓢蜡蝉的生殖附腺极发达，在成虫体内盘绕成“团状”，其基部较粗，与贮精囊、射精管相互连接，中部至端部粗细不均，末端细，附着于射精管近端部。

雌性内生殖系统（female internal reproductive system）（图版 I：c-e，图版 XLI：d、e、g、h；图 17）：瓢蜡蝉雌性的生殖孔包括产卵孔（oviporus，O）和交配孔（copulaporus，C），属双孔型。产卵孔位于第 1 和第 2 产卵瓣中间，交配孔开口于腹部第 7 节与第 8 节之间。交配管（copulatory-duct，CT）膜质，呈圆筒形，端部与阴道相接；近中部有 2 个半圆形骨化片，通常其腹面相接，背面分离，侧面观骨化片端部具近“U”形缺刻。交配囊（bursa copulatrix，BC）膜质，直接开口于后阴道上方，基部与端部极度膨大成近球形，中间极缢缩成细管状，囊的端部（bursa copulatrix 2，BC_2）相对较大，常有环

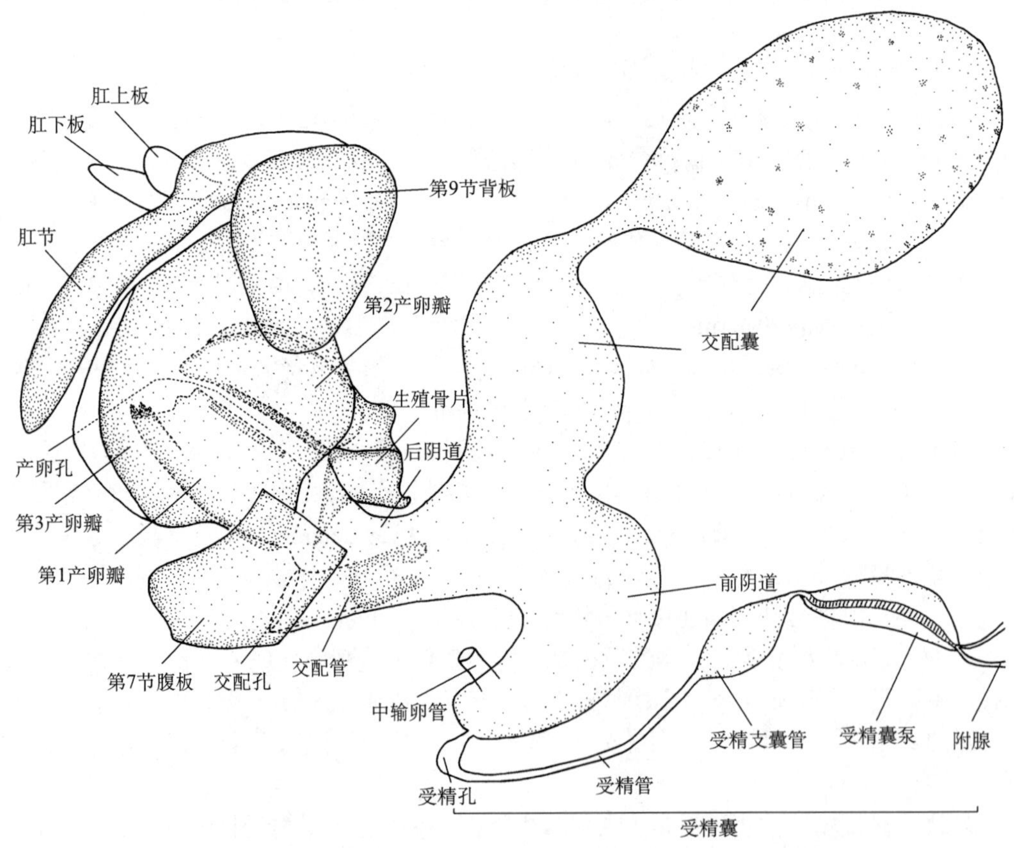

图 17 瓢蜡蝉科雌性生殖系统（Female reproductive system of Issidae）

恶性巨齿瓢蜡蝉 *Dentatissus damnosus* (Chou *et* Lu)

状小骨片，基部（bursa copulatrix 1，BC_1）相对较小，无任何“装饰物”（图版Ⅰ：c、e）。阴道常弯曲，分前阴道（anterior vagina，Va）和后阴道（posterior vagina，Vp）两部分，后阴道前端与生殖骨片桥（gonospiculum bridge，Gbd）相连；前阴道弯曲，端部分别着生有输卵管及受精囊（图版Ⅰ：e）。输卵管分为中输卵管（oviductus communis，OC）和侧输卵管（oviductus lateralis，OL）两部分，中输卵管开口于前阴道近端部的腹面，粗短（图版Ⅰ：e）；侧输卵管 2 个，较长，透明，其基部有 1 圈密集的乳白色细小管，小管末端封闭，其长度不一，是侧输卵管附腺（glandula oviducti lateralis，gol）（图版Ⅰ：c）。卵巢发达，如恶性巨齿瓢蜡蝉的卵巢每侧有 9 根卵巢管（ovariole，Ovl），卵巢管为端滋式（图版Ⅰ：d）。受精囊（spermatheca，Sp）位于前阴道端部，主要包括受精囊孔（orificium receptaculi，or）、受精囊管（ductus receptaculi，dr）、受精囊支囊管（diverticulum ductus，dvd）、受精囊泵（spermathecal pump，spp）、受精囊腺（glandula apicalis，ga）等 5 部分；其中受精囊孔粗短，受精囊管细长，端部有 2 个囊，位于基部一侧的囊为受精囊支囊管，其后的囊为受精囊泵；在受精囊泵端部生有 2 根附腺，为受精囊腺，细长，在体内弯曲缠绕并附着于交配囊表面（图版Ⅰ：e）。

瓢蜡蝉雌性内生殖器官的差异主要表现在：第一，卵巢内的卵巢小管数量差异较大，卵巢每侧有 4-9 根；第二，侧输卵管附腺输精管数量、长短、粗细不等，如恶性巨齿瓢蜡蝉侧输卵管基部有 1 圈较密集的侧输卵管附腺，但四突鞍瓢蜡蝉相对稀疏；第三，受精囊在属、种间具明显差异，主要表现为受精囊孔的形状、受精囊管的长短、受精囊支囊管形状及其外包被的颜色、受精囊泵的大小及形状不同；第四，交配囊表面“修饰物”及阴道骨片因种类不同差异较大，如丹裙杯瓢蜡蝉 *Phusta dantela* Gnezdilov 的交配囊，其位于基部的囊大，蘑菇形，顶端表面具有圆形骨化片的“修饰物”，中部具有“细胞状”的修饰物，而端部的囊相对小，表面无任何“装饰物”；瘤新瓢蜡蝉 *Neogergithoides tubercularius* Sun, Meng *et* Wang 的阴道骨片窄，恶性巨齿瓢蜡蝉阴道骨片较宽。另外，根据解剖观察，瓢蜡蝉雌虫交配囊除在交配期间其内有精苞外，产卵前期雌虫的交配囊也有大量的卵，如四突鞍瓢蜡蝉（图版 XLI：h）。由此推测，雌虫的交配囊具有 2 种功能，即在交配期间作为接受雄虫精苞的场所，随后将精苞内的精子转移至受精囊贮存以备受精，另外，因其拥有较大的空间且为双膜结构，所以在产卵时又作为成熟卵暂时存储的场所。

四、研究材料和方法

（一）研 究 材 料

1. 标本来源

本研究所用的标本均为成虫针插标本，来源如下。

西北农林科技大学昆虫博物馆（NWAFU）

西南大学昆虫标本馆（SWU）

中国科学院上海昆虫博物馆（SHEM）
中国科学院动物研究所（IZCAS）
中国农业大学昆虫系（CAU）
北京自然历史博物馆（BJNHM）
天津自然历史博物馆（TJNHM）
南开大学（NKU）
中山大学（ZSU）
中国林业科学院（CAF）
贵州大学（GZU）
英国自然历史博物馆（BMNH）

2. 标本存放地点

本研究所用标本，包括新种的模式标本，凡属西北农林科技大学昆虫博物馆馆藏或他人赠送者均存放于西北农林科技大学昆虫博物馆，其余借用标本分别保藏于原单位（各论部分均已注明）。

（二）研 究 方 法

1. 研究材料的处理

1）标本的固定：个体较大者直接做成针插标本，较小者则用胶液固定于针插三角纸上，自然干燥后备用，需要时可展翅。

2）后翅制片：将标本回软，取下后翅置于热水中，待后翅完全伸展后，将后翅先后置于50%、75%、90%的乙醇溶液中脱水，最后把后翅放于滴有100%乙醇的盖玻片上，待乙醇完全蒸发后在上面加盖另一盖玻片并用胶粘好；然后将玻片粘在硬纸卡片上，与原整体标本插在同一针上。

3）雄（雌）性外生殖器的处理：将雄虫或雌虫腹末从虫体分离后，置入装有5%-10% NaOH溶液的5ml离心管中，然后将离心管放入热水浴中10-20min（浸泡时间依标本骨化程度而定，待其中肌肉、脂肪等物质溶解即可）。然后，将其取出并用清水漂洗干净，用吸水纸吸去水分，随即置于滴有适量甘油的凹面玻片或细胞培养板中，以待进一步观察、解剖。

4）内生殖系统的解剖：新鲜标本经70%乙醇浸泡10min；干标本取下腹部，在10% NaOH溶液中热水浴约30min，待内容物消解后用清水冲洗，移入甘油中，在解剖镜下解剖观察，绘图或照相。

2. 形态特征的观察和描绘

在培养皿或表面皿中加入50%的甘油溶液，将外生殖器置入，用棉纤维帮助固定位置，借助Leica ZOOM2000解剖镜、Leica MZ125绘图仪和Imaging Retica 400R CCD照相机，完成外部形态及外生殖器的观察、描绘和照相。

本志的图和照片除注明出处者外，均为作者所绘原图（原照）。

3. 分类、鉴定

采用常规分类方法，通过外部形态、雄性外生殖器和雌性外生殖器特征进行分类鉴定。

五、生物学及经济意义

（一）生　物　学

瓢蜡蝉为不完全变态中典型的渐变态类昆虫，其发育经历卵、若虫和成虫 3 个阶段。有关瓢蜡蝉生物学的研究报道非常少，仅有一些零星记载，总结如下。

1. 生活周期

瓢蜡蝉发生主要受气候条件限制，如褐额众瓢蜡蝉 *Thabena brunnifrons* (Bonfils, Attié *et* Reynaud) 在台湾地区常年可发生。关于瓢蜡蝉的生活史研究，目前比较清楚的仅有恶性巨齿瓢蜡蝉 *Dentatissus damnosus* (Chou *et* Lu)。

卵越冬类（egg hibernation）：据在山东商河县、贵州贵阳市观察，恶性巨齿瓢蜡蝉以卵在寄主的枝条、主干皮层内越冬（闫家河等，2005；陈祥盛等，2014）。

恶性巨齿瓢蜡蝉在山东商河县 1 年发生 2 代。翌年 4 月中旬越冬卵开始孵化，孵化的盛期在 4 月下旬至 5 月上旬；第 1 代成虫 5 月下旬始现，6 月中下旬为成虫羽化盛期。第 2 代产卵始见于 6 月下旬，若虫于 7 月中下旬开始孵化；8 月上中旬为若虫的为害盛期；成虫于 8 月下旬始现，9 月上中旬为羽化盛期，9 月下旬开始产卵以卵越冬。成虫期可延至 11 月上中旬，期间一直为害并产越冬卵于寄主枝条或树皮中（表 1）。

表 1　恶性巨齿瓢蜡蝉生活史（闫家河等，2005）

Table 1　Annual life cycle of *Dentatissus damnosus* (Chou *et* Lu)

虫态/世代	4月			5月			6月			7月			8月			9月			10月			11月			12月-翌3月		
	上	中	下	上	中	下	上	中	下	上	中	下	上	中	下	上	中	下	上	中	下	上	中	下	上	中	下
第1代	⊙	⊙	⊙	⊙	⊙	⊙																					
		–	–	–	–	–	–	–	–																		
						+	+	+	+	+	+	+	+	+													
第2代									⊙	⊙	⊙	⊙	⊙	⊙													
											–	–	–	–	–	–	–	–									
															+	+	+	+	+	+	+	+					
越冬代																		⊙	⊙	⊙	⊙	⊙	⊙	⊙	⊙	⊙	⊙

注：⊙卵，–若虫，+ 成虫

2. 生长发育、繁殖及活动规律

瓢蜡蝉进行两性生殖，卵生。

（1）卵的基本构造及发育历期（图版Ⅰ：f、g）

恶性巨齿瓢蜡蝉发育成熟的卵近长椭圆形，长 0.91-1.11mm，宽 0.40-0.45mm，长约为最宽处的 2.3 倍；橘黄色，表面有隆起的白色纵条纹；顶部卵孔处凹陷，呼吸角白色，位于卵孔中央，基部较细，至端部渐宽（图版Ⅰ：f）。未成熟卵白色，半透明，表面无任何条纹，近中部呈淡黄色，基部比顶部略膨大（图版Ⅰ：g）（孟瑞等，2011）。

卵期和孵化率与环境温度密切先关。根据田间调查和观察结果，恶性巨齿瓢蜡蝉第 1 代卵的历期为 22-27d，平均 24d 左右（闫家河等，2005）。

（2）若虫生长发育与生活习性

由于幼期的体形、各部分形态构造、栖境及生活习性等方面均和成虫期相似，故称为若虫（nymph）。

i. 孵化时间

恶性巨齿瓢蜡蝉若虫全天均可孵化，但以上午 6 时至 9 时最多。

ii. 取食与为害

恶性巨齿瓢蜡蝉的若虫从卵中孵化出来后，爬到枝条的幼嫩部位取食。据观察，若虫有群聚性，主要选择枝条或叶片的背面栖息取食，初龄若虫尤其嗜好植物幼嫩的枝梢丛。4-5 龄若虫为害最烈，发生量大时常群集于枝条上刺吸为害。

iii. 生长发育历期及各龄期形态区别

生长历期及虫体增长。恶性巨齿瓢蜡蝉从卵中孵化出后，若虫开始生长。刚孵化出的若虫体白色，腹末光滑，经 1-3h 后体色加深，且腹末分泌出 1 束与体长相近的纯白色或银白色的蜡丝。

虽然蜡丝在若虫的活动中可能会被碰撞掉，但此后若虫仍可再分泌出蜡丝。褐额众瓢蜡蝉 *Thabena brunnifrons* (Bonfils, Attié *et* Reynaud) 的初孵若虫在腹部末端也常有蜡丝（Chan *et al.*，2013）。

初孵若虫经过一定时间的生长发育后会蜕皮。整个若虫期蜕皮 4 次，共 5 个龄期。恶性巨齿瓢蜡蝉若虫各龄体长、头宽及各代各龄历期分别见表 2 和表 3（闫家河等，2005）。

表 2　恶性巨齿瓢蜡蝉各龄若虫体长、头宽

Table 2　Body length and head width of different-instar nymphs *of Dentatissus damnosus*

若虫虫龄	体长/mm	头宽/mm	观察数/头
1	1.42（1.20-1.62）	0.53（0.46-0.60）	45
2	1.78（1.52-2.24）	0.72（0.66-0.78）	47
3	2.19（1.88-2.76）	0.95（0.82-1.04）	41
4	2.85（2.48-3.72）	1.34（1.20-1.48）	39
5	3.69（2.98-4.60）	1.71（1.54-1.80）	51

表 3　恶性巨齿瓢蜡蝉若虫各代各龄历期

Table 3　Duration of different instars of different generation nymphs of *Dentatissus damnosus*

世代	各龄历期/d						期间平均温度/℃	期间最高/最低温度/℃
	1 龄	2 龄	3 龄	4 龄	5 龄	合计		
1	7.0（5-8）	7.9（7-8）	7.3（6-9）	8.8（7-11）	10.8（10-12）	41.8	17.7	31.7/4.2
2	6.1（5-8）	5.6（4-7）	7.2（5-9）	7.9（7-9）	10.9（8-13）	37.7	25.7	35.2/17.7

恶性巨齿瓢蜡蝉若虫不同龄期形态不同。据观察，各龄期的主要区别特征如下。

1 龄：体长椭圆形，全体灰褐色。头部三角形，唇基前缘具 1 白色宽带，口器深褐色，复眼淡黄褐色，触角棕褐色。前、中胸三角形，灰白色，具褐色斑，后胸灰白色，具深褐色横带。腹部背面灰白色与黄褐斑相间，腹末具多束纯白色的蜡丝，与体等长或略长；腹部末端椭圆形，各节白、红、褐斑相间。

2 龄：与 1 龄相似，仅后胸的深褐色横带显著宽而色浓。

3-5 龄：全体棕褐色，头部前缘具灰白色宽带，头部散布灰白色斑，前胸背板白色，均匀散布黑色斑点。中后胸及翅芽褐色，腹部背面 1-4 节中间部分白色，两侧褐色，5-7 节全部褐色；腹面白色至淡绿色。腹末有 1 束由几根至几十根白色或杂有褐色毛的蜡丝，其长度与体长相近或略长。

（3）成虫活动规律及习性

i. 羽化

据报道，恶性巨齿瓢蜡蝉羽化前 1 d，老熟若虫爬到叶片背面或枝条上，其腹部伸长，翅芽也略斜向两侧开张。成虫羽化一般自晚上至翌日上午 8 时前进行，以晚上 8 时以后至翌日上午 6 时前最多。初羽化的成虫全体淡白色或淡绿色，翅白色透明。约半小时后，体色渐深，最后呈深褐色（闫家河等，2005）。另据观察，羽化出的瓢蜡蝉成虫前翅常覆被不同颜色的蜡粉，如褐额众瓢蜡蝉 *Thabena brunnifrons* (Bonfils, Attié *et* Reynaud)，其前翅覆被黑色蜡粉，关于蜡粉的成分与功能目前还尚不清楚（Chan *et al.*，2013）。

ii. 活动习性与寿命

据报道，褐额众瓢蜡蝉成虫栖息环境和若虫基本相同，均喜好栖息于植物的细枝或茎秆，遇到惊扰，很快移到另一枝干（Chan *et al.*，2013）。据观察，恶性巨齿瓢蜡蝉羽化后的成虫通常在虫蜕旁或枝叶稍暂栖 10-50min，然后转移到枝条上补充营养。成虫善跳跃，白天多在幼嫩的枝条或枝干上刺吸取食或栖息；受惊扰后即飞离原栖息处围绕寄主枝条转圈飞行寻觅新的栖息场所。成虫在夜晚多于枝叶上栖息，白天常利用其保护色拟态呈小枯叶、枝条上的小突起或榆枝上褐色的球状腋芽，一般不易被发现，从而躲避天敌的伤害。成虫同若虫一样，具有群聚习性（Chan *et al.*，2013），田间观察发现，恶性巨齿瓢蜡蝉有时在一株直径 15cm 的杨树主干上群聚，在 10cm×10cm 的面积上可有 10 多头成虫（闫家河等，2005）。

在野外进行罩纱网观察发现，恶性巨齿瓢蜡蝉雌成虫寿命为 18-74d，雄成虫为 17-70d。从野外采集的褐额众瓢蜡蝉活虫，虽然采集带回的寄主植物已枯萎甚至发霉，但它们仍可在其上存活数天，显示出强大的生命力（Chan *et al.*，2013）。

iii. 产卵

一般情况下，成虫交尾后 1d 内即可产卵。成虫产卵全天均可进行，以傍晚时分最盛。

恶性巨齿瓢蜡蝉雌成虫产卵量在不同个体间存在一定的差异，一般为 11-36 枚。经对死后的雌成虫解剖，发现体内仍有 3-14 枚未产出的遗腹卵。

瓢蜡蝉不同种类的成虫，其产卵部位不尽相同，如恶性巨齿瓢蜡蝉雌虫产卵前通常选择直径大于 2mm 的枝条，先用产卵器接触枝条进行试探性的产卵动作以选择产卵部位，当选准产卵部位后，用产卵器划破枝条表皮，形成半圆形的刻槽，慢慢将卵斜产于其中。田间调查表明，1 个卵槽内有卵 1-5 枚，一般为 2-3 枚。但有时雌虫不划破枝条表皮形成卵槽，而是直接产卵于枝条表皮下（闫家河等，2005）；褐额众瓢蜡蝉主要产在树皮的裂缝中（Chan *et al.*，2013）。

另外，不同发生世代的成虫产卵部位不同，恶性巨齿瓢蜡蝉第 1 代雌虫产卵在直径大于 2mm 的枝条上；第 2 代雌虫一般喜产于寄主植物的主干或枝条上，而在枣树、杨树上则产于树干的树皮裂缝内（闫家河等，2005）。据报道，雌虫对产卵部位的选择可能与卵的保护、保水及提高卵的孵化率有关。

3. 交配行为与交配机制

瓢蜡蝉的生殖孔属于双孔型。根据对保持交配状态的 3 对瓢蜡蝉标本（脊额瓢蜡蝉 *Gergithoides carinatifrons* Schumacher；红球瓢蜡蝉 *Hemisphaerius rufovarius* Walker；棒突杯瓢蜡蝉 *Caliscelis rhabdocladis* Che, Wang *et* Zhang）的解剖观察，瓢蜡蝉的生殖孔属于双孔型，即产卵孔与交配孔相互独立，交配孔开口于雌虫腹部 7-8 节之间。

据报道，恶性巨齿瓢蜡蝉成虫羽化后 10d 左右开始在枝条上交尾，全天均可进行，常以下午 4-6 时最盛。交尾时间一般为 20-40min。交尾过程中受到干扰时雌、雄虫仍不分开，显得较为紧张，常匿藏到枝条的另一端继续进行，甚至有时从枝条掉到地下，仍不能分开（闫家河等，2005）。

通过野外对棒突杯瓢蜡蝉 *Caliscelis rhabdocladis* Che, Wang *et* Zhang 交配姿势进行实地观察，发现棒突杯瓢蜡蝉交配时，雌、雄虫头部朝向同一方向，雄虫爬于雌虫背面，腹部向下弯曲，腹末与雌虫腹末对接，略微扭曲。与下面所述的脊额瓢蜡蝉 *Gergithoides carinatifrons* Schumacher 和红球瓢蜡蝉 *Hemisphaerius rufovarius* Walker 交配状态的针插干标本相比，其姿势明显不同。根据蜡蝉总科其他类群有关交配的文献报道，飞虱雌、雄虫交配时，两者保持“肩并肩”姿势（Heady & Wilson，1990）。我们曾在柿广蜡蝉研究中发现，雌、雄虫交配时，雌、雄虫腹部末端逐渐靠近，虫体在枝条上形成 20°-30°的夹角，雌、雄虫体腹部略微扭曲，尾部相接，雄虫阳茎插入雌虫生殖孔进行交配。雌、雄虫通常将前翅展开成三角形，右前翅前缘紧挨着枝条，而左前翅的腹面与对方左前翅腹面紧贴，雌虫左前翅翅面平整、舒展，而雄虫左前翅被雌虫左前翅压于下方（未发表资料）。因此，其他瓢蜡蝉的交配姿势还有待于进一步观察。

根据对交配状态的瓢蜡蝉针插标本的观察，虫体正在交配的姿势为雌、雄虫尾部相接，腹末扭曲，头朝相反的方向（图版 XL），雌虫的腹部腹面与雄虫腹部背面在同一方向；雄虫肛节向背面翘起，向后移动钩住雌虫腹部第 6 节腹板（红球瓢蜡蝉 *Hemisphaerius rufovarius* Walker 肛节端部伸至腹部第 6 节与第 5 节之间的节间膜处），两抱器像夹子一样从左右两侧紧紧夹住雌虫第 3 产卵瓣，抱器背面的突起嵌入雌虫第 3 产卵瓣的基部，或第 8-9 腹部节间膜中，向后至第 8 腹片。在交配期间，抱器与肛节 3 个着力点构成稳固的三角形区域，将雌虫托起，且雄性外生殖器官扭曲旋转进行“链锁”，使雄虫与雌虫的腹末在整个交配过程中紧连在一起，从而降低外界因素影响交配活动的进行。

根据对交配状态的成对瓢蜡蝉标本的观察与解剖，瓢蜡蝉交配时，雄虫阳茎（包括阳茎端及阳茎基）明显向外伸出，通过雌虫的交配孔插入雌虫阴道，阳茎端伸至交配囊与阴道的开口处，并未进入交配囊内部（图版 XL：c、f）。在瓢蜡蝉交配期间，除抱器在保持交配姿势方面发挥重要的作用外，肛节的形状也有着同样的功能，如棒突杯瓢蜡蝉 *Caliscelis rhabdocladis* Che, Wang *et* Zhang，尽管雄虫的抱器与脊额瓢蜡蝉 *Gergithoides carinatifrons* Schumacher 和红球瓢蜡蝉 *Hemisphaerius rufovarius* Walker 的相比较小，抱器背面的突起仅伸至雌虫第 3 产卵瓣的基部，但其肛节形状与雌虫第 6 节几乎相同，在交配时紧密地嵌合在一起，从而保证了保持交配姿势的稳定性；同样，红球瓢蜡蝉雄虫肛节端部与脊额瓢蜡蝉相比较为发达，交配时其端部伸至雌虫腹部第 6 节与第 5 节之间的节间膜处，且深深地嵌入其中，雌虫腹部第 6 节腹瓣完全被雄虫肛节钩住，但抱器背面突起也仅伸至雌虫第 3 产卵瓣的基部；而脊额瓢蜡蝉肛节端部的钩状突起较之红球瓢蜡蝉小，仅将雌虫腹部第 6 节腹瓣的 3/4 钩住，但其抱器背面的突起伸达到雌虫腹部第 8 节的侧板处。另外，除抱器及肛节发挥重要的作用外，同时内阳茎膨大，阳茎端部腹面的突起伸张也可帮助保持交配姿势的稳定性。我们在对瓢蜡蝉内生殖器器官的研究中还发现，瓢蜡蝉科有的种类交配管或阴道与交配管连接处有骨片，如恶性巨齿瓢蜡蝉雌虫交配管靠近中部有 2 个半圆形骨片，通常在腹面相接、背面分开，侧面观骨片端部具“U”形缺刻。在对此特征进行分析后，作者认为雌虫交配管或后阴道的骨片在交配过程中可能具有两方面的重要作用：一方面，它与雄虫阳茎腹面的刺突相连锁，使阳茎进入雌虫交配管后避免因为虫体的摆动而使阳茎从雌虫交配管内脱出，从而保证交配的正常进行；另一方面，由于雄虫阳茎腹面生有刺突，雌虫交配管为膜质结构，当阳茎进入交配管时可能会受到机械损伤，交配管骨片的存在就确保了交配过程不会因为阳茎的插入而使雌虫内生殖器官损伤（孟瑞等，2011）。

据有关文献报道，蜡蝉总科昆虫的精子蓄积与贮存有 3 种方式：第一种方式也是最简单的方式，即雄虫的阳茎不进入交配囊而进入受精囊中，将精子直接注入受精囊［Tettigometridae：*Tettigometra*（Bourgoin & Huang，1991）］中进行保存和授精，大部分精子主要蓄积在受精囊端部的膨大处。第二种方式是精子可能先与雄虫其他分泌物一起自由地蓄积于交配囊的基部或进入交配囊中［Cixiidae：*Hyalesthes*（Hoch & Remane，1985；Sforza & Bourgoin，1998）；Delphacidae：*Stenocranus*（Ache，1985）及 Tropiduchidae：*Trypetimorpha*（Bourgoin & Huang，1991）］，然后精子移至受精囊中贮存。第三种方式，精子在进入雌虫交配囊之前先贮存于雄虫产生的精苞中［Dyctyopharidae：*Dyctyophara*（Strübing，1955）；Derbidae：*Diostrombus* sp.（Sforza & Bourgoin，1998）］，当精苞完全进入交配囊后，在其他方式或因素（如雄虫抱器不断运动对雌虫进行刺激及雌虫的交配囊皮腺分泌）的作用下，精苞破裂从而释放精子，然后精子经过移动迁入受精囊中贮存。我们在研究中发现，杯瓢蜡蝉科棒突杯瓢蜡蝉 *Caliscelis rhabdocladis* Che, Wang *et* Zhang 交配时，雄虫的精子并不直接以精液的形式注入雌虫的交配囊，而是蓄积在精苞中进入雌虫的交配囊。在解剖过的棒突杯瓢蜡蝉雌虫中，发现每个雌虫的交配囊中仅有 1 枚精苞，从未发现有 2 枚以上的精苞存在（图版 XLI：e）。由此推测棒突杯瓢蜡蝉一生仅交配 1 次。瓢蜡蝉科其他种类的交配机制有待于进一步观察。

关于瓢蜡蝉的精苞在雌虫交配囊破裂后释放出精子，在从交配囊游向受精囊的过程中，精子的活力、精子通过何种通道、阴道在精子传递过程中的反应，甚至其他因素促使精子移动的作用和方式尚不清楚，需要进一步探索。

4. 性二型现象

瓢蜡蝉成虫常表现出性二型现象。

研究结果表明，瓢蜡蝉昆虫的雌雄两性除直接产生性细胞的性腺（生殖器官）和实行交配、产卵等活动的外生殖器的构造截然不同外，雌、雄虫的区别也常表现在个体的大小、体形的差异、颜色的变化等方面。

1）个体大小不同：一般雌虫比雄虫大，如瘤新瓢蜡蝉 *Neogergithoides tubercularis* Sun, Meng *et* Wang 雌虫体长 8.5-9.1mm、翅展 6.3-7.0mm；雄虫体长 7.6-8.0mm、翅展 5.7-6.2mm。

2）体色不同：雌、雄虫体色或斑纹不同在瓢蜡蝉中较为普遍，如瓢蜡蝉科球瓢蜡蝉亚科的三角蒙瓢蜡蝉 *Mongoliana triangularis* Che, Wang *et* Chou，雄虫前翅上无斑纹，雌虫具不规则的深褐色斑纹和斑点；双斑格氏瓢蜡蝉 *Gnezdilovius bimaculatus* (Zhang *et* Che) 雄虫头顶绿色，额淡绿色，在额唇基缝上边具有黑色横带，前胸背板及中胸背板绿色，前翅基部绿色，端部沿端缘和亚端缘具 2 条黑色带纹，而雌虫头顶褐色，额深褐色，仅靠近额唇基缝的黑带处淡绿色，前胸背板前缘处褐色，靠近后缘处褐色，中胸背板黑色，前翅半透明，具 4 个暗褐斑，其中位于基部 1/2 处的斑纹环形，在环形斑前边的斑纹近环形，端部的斑纹呈条带状；龟纹格氏瓢蜡蝉 *Gnezdilovius tesselatus* (Matsumura) 体色及前翅斑纹差异也非常大，尤以雌虫最为明显（Meng & Wang，2012a）；帕瓢蜡蝉亚科钩扁足瓢蜡蝉 *Neodurium hamatum* Wang *et* Wang 雌虫的前翅通常具大且明显的半圆形黑斑，而雄虫前翅的斑点不明显。同样，在杯瓢蜡蝉科中也可发现此种情形，如腹带锥杯瓢蜡蝉 *Gelastissus albolineatus* Kirkaldy 雌虫腹部背面和前翅均有明显的白色纵带，而雄虫则无此特征。也许正因如此，Kirkaldy 误将该种作为 2 个不同的种：腹带锥杯瓢蜡蝉和怪异锥瓢蜡蝉 *G. histrionicus* Kirkaldy，后经研究证实上述所谓的 2 个种类应是同一物种（Gnezdilov，2008）。同样，芜锥杯瓢蜡蝉 *Gelastissus hokutonis* (Matsumura) 的雌雄不同个体也被同一作者在同一时间分别记述为 2 个不同的种，即芜锥杯瓢蜡蝉 *Conocaliscelis hokutonis* Matsumura 和高雄锥杯瓢蜡蝉 *C. koshunensis* Matsumura，后经研究证实 2 个物种为同一物种（Gnezdilov，2008）。我们在研究中也发现，瘤新瓢蜡蝉雌、雄虫在颜色上存在明显的差异，雄虫前翅通常淡黄绿色，但有的雌虫前翅出现黑色（Sun *et al.*，2012）。

3）形态不同：印度奇杯瓢蜡蝉 *Formiscurra indicus* Gnezdilov *et* Viraktamath 最典型的特征是雌、雄虫的外部形态特征截然不同，雄虫额明显膨大成球状，如同蚂蚁的腹部，前翅马鞍形，而雌虫的额在端部和后唇基的基部形成较长的圆柱形头突，前翅直。根据标本采集信息，该种栖息于干旱地区杂草长势差的生境中，很明显雄虫模仿当地发生的蚂蚁的形态（Gnezdilov & Viraktamath，2011）。

目前，瓢蜡蝉雌、雄虫在形态或颜色上展现出不同的特征，导致很多已知种仅知 1 个性别——仅基于雌性或雄性标本记述的，这或许会导致很多同物异名，有待今后进一步研究确认。由于对绝大部分瓢蜡蝉的生物学缺乏全面的调查和系统的研究，给正确鉴定种类带来很大的困难，甚至出现同一种类的不同性别或不同个体被作为不同种类的情况。因此，今后在瓢蜡蝉研究中需通过生物学研究或采用分子生物学方法准确鉴定种类，从而订正以前的错误。

（二）栖　　境

有关瓢蜡蝉的生态学资料较为贫乏。有关资料表明，瓢蜡蝉多生活在原始森林次生林的灌木丛中、草原的草丛中、干旱半干旱地区的灌木上或道路两旁的绿化植物上，生活的栖境在科间及科内不同的属或种间不尽相同。据报道，杯瓢蜡蝉科敏杯瓢蜡蝉属 *Peltonotellus* Puton 的种类体型小（体长一般 2-4mm），前翅短翅型，缺乏飞行能力，通常栖息于草原生境之中，主要取食草本植物（Holzinger，2007）。瓢蜡蝉科瓢蜡蝉族鞍瓢蜡蝉属 *Celyphoma* Emeljanov 的一些种类生活在疏林草原及旱生灌木丛中，如叉突鞍瓢蜡蝉 *C. bifurca* Meng *et* Wang、四突鞍瓢蜡蝉 *C. quadrupla* Meng *et* Wang 主要分布于新疆和宁夏干旱或半干旱地带，寄主植物包括爬地柏 *Sabina procumbens* (Endl.) Iwata *et* Kusaka、猪毛草 *Salsola collina* Pall.、冷蒿 *Artemisia frigida* Willd 等（Meng & Wang，2012b）。瓢蜡蝉科球瓢蜡蝉亚科的种类主要生活在东洋界及澳洲界热带雨林阳光充足的空旷地带，如 *Hemisphaerius interclusus* 常栖息于森林空地或沿着路边的禾本科 Poaceae 植物割手密 *Saccharum spontaneum* (L.) 上，而 *H. hippocrepis* Constant *et* Pham 主要生活在森林树冠下的灌木丛中，包括森林路边的灌木丛；分布于菲律宾的胭脂球瓢蜡蝉 *H. coccinelloides* (Burmeister) 和分布于我国台湾的台湾球瓢蜡蝉 *H. formosus* Melichar 栖息于长满杂草的群落之中（Gnezdilov，2013f）。褐额众瓢蜡蝉全年可发生，在台湾中南部是优势种，主要发生于公园或家庭花园地等活动场所，与人类活动密切相关（Chan *et al.*，2013）。

近年来，随着瓢蜡蝉研究的深入，调查方法和采集手段的改进，过去一些很难采集到的种类再次发现，如奥瓢蜡蝉属 *Oronoqua* Fennah, 1947，其生物学和寄主植物过去不清楚，通过在森林中设置飞行诱捕器（flight-interceptiontraps），发现 *Oronoqua deina* Fennah、*Oronoqua ibisca* Gnezdilov *et al.*栖息于伞树科（蚁树科）Cecropiaceae 蚁树属植物 *Cecropia insignis* Liebm 上（该植物是南美洲和中美洲热带地区热带雨林的组成树种之一，树冠通常距地面 7-14m），成虫在巴拿马地区的旱季和雨季均有发生，主要发生季节为春季 2 月及秋季 8-9 月。另外，通过树冠喷雾方法，发现瓢蜡蝉有些种类在热带雨林中往往栖息于植物的较高生长部位，如黑斑阔瓢蜡蝉 *Rotundiforma nigrimaculata* Meng, Wang *et* Qin（球瓢蜡蝉族）（Meng *et al.*，2013）、尖峰岭短额瓢蜡蝉 *Brevicopius jianfenglingensis* (Chen, Zhang *et* Chang)（Meng *et al.*，2015）。

（三）为害方式与经济重要性

1. 为害方式

瓢蜡蝉全为植食性昆虫，多为多食性，通过刺吸植物汁液和产卵等对植物造成危害。

（1）刺吸植物汁液

据记载，恶性巨齿瓢蜡蝉 *Dentatissus damnosus* (Chou *et* Lu) 于 1966 年在原西北农学院植物园大量发生，密度很大，为害苹果等苗木（周尧等，1985）。闫家河等（2005）在对国槐进行主要害虫的调查中发现，该类害虫为害不断加重，以成虫、若虫刺吸寄主枝、叶的汁液。当发生量大时，国槐、刺槐、桑树的虫株率可达 100%，成虫常十头至数十头围绕国槐枝（闫家河等，2005）。

另据报道，*Agalmatium flavescens* (Oliver) 通过将虫卵覆盖在枝叶上，以及若虫、成虫的取食对幼枝和幼根造成伤害（Lodos & Kalkandelen，1981）。

（2）产卵刺伤植物组织

雌成虫在产卵时划破寄主枝条、主干，疤痕累累，严重的可导致枝梢枯萎，如恶性巨齿瓢蜡蝉。另外，陈祥盛等（2014）发现该种在贵州地区可加害小叶女贞 *Ligustrum quihoui* Carri.，初春时期具卵痕的越冬虫枝率几乎达 80%，被产卵的枝条由于植物营养传输中断，枝条从产卵痕处到末端逐渐枯死。

（3）分泌蜜露污染植物叶面

若虫取食时分泌蜜露，可引发煤污病，影响植物呼吸作用和光合作用，污染植物叶面，极大地降低了绿化景观品质。作者于 2003 年、2007 年在海南尖峰岭采集时，在不足 $1m^2$ 的绿化带中共捕到丽球瓢蜡蝉 *Hemisphaerius lysanias* Fennah（成虫和若虫）20 余头，寄主植物枝叶覆被蜜露，叶片枯黄，枝干干枯，严重影响了植物的生长。

2. 经济重要性

从国外或我国对瓢蜡蝉调查研究的情况看，虽然瓢蜡蝉取食、产卵、分泌蜜露、传播植物病害对植物造成一定危害，但主要是危害树木，而对大田栽培的农作物很少危害，没有引起人们的重视。近几十年来，随着我国种植业结构的调整，绿化事业的发展，瓢蜡蝉作为经济植物的害虫，其危害的经济重要性日益受到人们的重视。

（1）食性广，可为害多种植物

据周尧等（1985）记载，恶性巨齿瓢蜡蝉 *Dentatissus damnosus* (Chou *et* Lu) 在陕西武功主要危害苹果、梨、杜梨、贴梗海棠。据闫家河等（2005）报道，该种在山东商河县商河镇的寄主植物有国槐、刺槐、桑、柘树、白榆、杨树、枣、美国榆、杏、西梅、李等 10 余种植物。另外，陈祥盛等（2014）发现该种在贵州地区可加害绿化植物小叶女贞 *Ligustrum quihoui* Carri.，通常多年未修剪的枝丛受害最重。

（2）有的种类已成为重要的外来入侵物种

褐额众瓢蜡蝉 *Thabena brunnifrons* (Bonfils, Attié *et* Reynaud) 的原产地是留尼汪岛（Réunion）（Bonfils *et al.*，2001），后在新加坡也有记载（Gnezdilov，2009a）。据报道，该种现已成为我国台湾地区重要的外来入侵物种，至少有 22 科 34 种植物遭受褐额众瓢蜡蝉的危害，在 *Morinda citrifolia* L.、*Guettarda speciosa* L.、*Parsonsia laevigata* (Moon) Alston、*Schefflera odorata*、*Planchonella obovata* (R. Br.) Pierre、*Diospyros egbert-walkeri* Kosterm、*Premna serratifolia* L.等植物上发生；其中在 *Mallotus japonicas* (Thunb.) Muell. Arg.，*Zelkova serrate* (Thunb.) Makino，以及台湾地区外来植物如 *Nerium oleander* L.、*Asclepias curassavica* L.、杧果 *Mangifera indica* L.、*Pachira macrocarpa* (Cham. *et* Schlecht.) Walp.等植物上发生最严重（Chan *et al.*，2013）。

（3）有的种类有可能成为害虫

杯瓢蜡蝉的为害过去几乎没有报道，但近年来的调查研究表明，杯瓢蜡蝉科一些种类可能成为农林业潜在的害虫。王思政（1985）报道杯瓢蜡蝉科透翅杯瓢蜡蝉 *Ommatidiotus japonicus* Hori 可为害苹果、梨、杜梨、贴梗海棠等树木。竹杯瓢蜡蝉属 *Bambusicaliscelis* Cheng *et* Zhang 的种类可取食竹类植物，如梵净山竹杯瓢蜡蝉 *B. fanjingshanensis* Chen *et* Zhang 的寄主为龙头竹 *Sinarundinaria complanata* (Yi) K. M. Lan，齿突竹杯瓢蜡蝉 *B. dentis* Chen *et* Zhang 的寄主为平竹 *Chimonobambusa communis* (Hsueh *et* Yi) K. M. Lan（Chen & Zhang，2011）。

根据黑斑阔瓢蜡蝉 *Rotundiforma nigrimaculata* Meng, Wang *et* Qin 的标本采集信息，其寄主为长舌巨竹 *Gigantochloa ligulata* Gamble 和牡竹 *Dendrocalamus* sp.（Meng *et al.*，2013）。

（四）天　　敌

关于瓢蜡蝉的天敌很少有报道，目前仅知对恶性巨齿瓢蜡蝉的天敌种类做了初步调查（闫家河等，2005，2010）。恶性巨齿瓢蜡蝉的天敌主要有捕食性天敌和寄生性天敌 2 类6 种，其中捕食性天敌有大草蛉 *Chrysopa septempunctata* Wesmael、蠋蝽 *Arma chinensis* (Fallou)、蜘蛛（3 种）、食虫虻等 6 种，主要捕食成虫和若虫；寄生性天敌有宽额螯蜂 *Dryinus latus* Olmi，仅寄生若虫，属专性寄生昆虫（图版 XLIII: g-i）。

在上述天敌种类中，宽额螯蜂为作用最强的天敌，在自然状态下，在恶性巨齿瓢蜡蝉的自然控制方面扮演着重要的角色。根据饲养观察，1 头雌成虫每天可捕食或产卵寄生 4 或 5 头若虫，一生可捕食或产卵近 60 头，其中直接死亡的约占 50%，产卵存活寄生出螯蜂幼虫的占 50%。宽额螯蜂产卵率约 70%，平均每雌产卵 40 枚左右，一般在瓢蜡蝉若虫体上产 1 粒卵，少数产 2 粒或 3 粒卵。宽额螯蜂一般产卵于恶性巨齿瓢蜡蝉 3-5 龄若虫体侧的翅芽基部；其寄生率在 3 龄若虫占 33.3%、4 龄占 54.2%、5 龄占 12.5%。据 2003 年和 2004 年连续 2 年田间调查，发现若虫被寄生率分别为 18.7%和 42.6%（闫家河等，2005）；后经多年连续观察，宽额螯蜂在自然条件下，其寄生率为 27.8%-45.7%，平均寄生率为

41.7%，对于恶性巨齿瓢蜡蝉种群数量的控制具有重要作用（闫家河等，2010）。

六、地 理 分 布

瓢蜡蝉包括 2 科 262 属，在世界各大动物地理区中的分布情况见表 4 和表 5。关于瓢蜡蝉的地理分布，国内外缺乏专门的研究报道。Gnezdilov（2013a，2013e）分别简要地对杯瓢蜡蝉与瓢蜡蝉科在世界范围内的分布进行了总结和分析，强调了瓢蜡蝉不同类群间鲜明的间断分布格局。我们自 2003 年起对瓢蜡蝉属、种地理分布进行了初步研究，本志根据现有资料，对世界瓢蜡蝉的地理分布及我国的瓢蜡蝉区系进行简要分析与讨论。

表 4　杯瓢蜡蝉科各属在世界动物地理区的分布

Table 4　Distribution of Caliscelidae in zoogeographical realm of the World

序号	属名	世界种数	中国种数	中国特有属	世界动物地理区					
					古北界	新北界	东洋界	非洲界	澳洲界	新热带界
杯瓢蜡蝉亚科 Caliscelinae										
杯瓢蜡蝉族 Caliscelini										
1	*Afronaso* Jacobi, 1910	4	0					+		
2	*Ahomocnemiella* Kusnezov, 1929	1	0		+					
3	*Annatissus* Gnezdilov *et* Bourgoin, 2014	1	0				+			
4	*Asarcopus* Horváth, 1921	3	0		+		+	+		+
5	*Bambusicaliscelis* Chen *et* Zhang, 2011	2	2	◆			+			
6	*Bruchoscelis* Melichar, 1906	1	0		+					
7	*Bolbonaso* Emeljanov, 2007	2	0				+			
8	*Calampocus* Gnezdilov *et* Bourgoin, 2009	1	0					+		
9	*Caliscelis* de Laporte, 1833	24	6		+		+	+		+
10	*Campures* Gnezdilov, 2015	1	0				+			
11	*Chirodisca* Emeljanov, 1996	3	0		+		+	+		
12	*Cylindratus* Meng, Qin *et* Wang, gen. nov.	1	1	◆			+			
13	*Formiscurra* Gnezdilov *et* Viraktamath, 2011	1	0				+			
14	*Gelastissus* Kirkaldy, 1906	3	1				+		+	
15	*Griphissus* Fennah, 1967	1	0					+		
16	*Gwurra* Linnavuori, 1973	3	0					+		
17	*Homocnemia* Costa, 1857	1	0		+					
18	*Issopulex* China *et* Fennah, 1960	1	0					+		
19	*Madaceratops* Gnezdilov, 2011	1	0					+		
20	*Myrmissus* Linnavuori, 1973	1	0					+		

续表

序号	属名	世界种数	中国种数	中国特有属	世界动物地理区					
					古北界	新北界	东洋界	非洲界	澳洲界	新热带界
21	*Nenasa* Chan *et* Yang, 1994	1	1	◆			+			
22	*Nubianus* Gnezdilov *et* Bourgoin, 2009	1	0					+		
23	*Ordalonema* Dlabola, 1980	1	0		+					
24	*Patamadaga* Gnezdilov *et* Bourgoin, 2009	1	0					+		
25	*Populonia* Jacobi, 1910	2	0					+		
26	*Reinhardema* Gnezdilov, 2010	1	0		+					
27	*Rhinogaster* Fennah, 1949	3	0				+	+		
28	*Rhinoploeus* Gnezdilov *et* Bourgoin, 2009	1	0					+		
29	*Savanopulex* Dlabola, 1987	2	0					+		
30	*Sphenax* Gnezdilov *et* Bourgoin, 2009	1	0					+		
31	*Thaiscelis* Gnezdilov, 2015	1	0				+			
32	*Ugandana* Metcalf, 1952	1	0					+		
敏杯瓢蜡蝉族 Peltonotellini										
33	*Acromega* Emeljanov, 1996	1	0		+					
34	*Aphelonema* Uhler, 1876	4	0			+				+
35	*Bergrothora* Metcalf, 1952	1	0					+		
36	*Bruchomorpha* Newman, 1838	25	0			+				+
37	*Ceragra* Emeljanov, 1996	3	0		+					
38	*Concepcionella* Schmidt, 1927	1	0							+
39	*Fitchiella* Van Duzee, 1917	8	0			+				+
40	*Homaloplasis* Melichar, 1906	1	0		+					
41	*Itatiayana* Metcalf, 1952	1	0							+
42	*Nenema* Emeljanov, 1996	7	0			+				
43	*Ohausiella* Schmidt, 1910	1	0							+
44	*Papagona* Ball, 1935	2	0			+				
45	*Paranaso* Schmidt, 1932	1	0							+
46	*Peltonotellus* Puton, 1886	16	4		+		+			
47	*Peripola* Melichar, 1907	1	0							+
48	*Plagiopsis* Berg, 1883	4	0							+
49	*Plagiopsola* Schmidt, 1927	1	0							+
50	*Protrocha* Emeljanov, 1996	10	0			+				+
51	*Semiperipola* Schmidt, 1910	1	0							+

续表

序号	属名	世界种数	中国种数	中国特有属	世界动物地理区					
					古北界	新北界	东洋界	非洲界	澳洲界	新热带界
透翅杯瓢蜡蝉亚科 Ommatidiotinae										
透翅杯瓢蜡蝉族 Ommatidiotini										
52	*Ommatidiotus* Spinola, 1839	14	3		+		+			
亚丁杯瓢蜡蝉族 Adenissini										
53	*Adenissus* Linnavuori, 1973	6	0		+					
54	*Bocra* Emeljanov, 1999	2	1		+					
55	*Coinquenda* Distant, 1916	1	0				+			
56	*Delhina* Distant, 1912	1	1				+			
57	*Distantina* Gnezdilov *et* Wilson, 2006	2	0				+			
58	*Lasonia* Melichar, 1903	1	0				+			
59	*Perissana* Metcalf, 1952	5	0		+					
60	*Phusta* Gnezdilov, 2008	1	1				+			
61	*Pterilia* Stål, 1859	3	0				+			
62	*Pterygoma* Melichar, 1903	1	0				+			
鹰杯瓢蜡蝉族 Augilini										
63	*Anthracidium* Emeljanov, 2013	1	0				+			
64	*Augila* Stål, 1870	4	0				+			
65	*Augilina* Melichar, 1914	2	0				+			
66	*Augilodes* Fennah, 1963	2	2				+			
67	*Cano* Gnezdilov, 2011	1	0					+		
68	*Cicimora* Emeljanov, 1998	1	0				+			
69	*Discote* Emeljanov, 2013	1	0				+			
70	*Pseudosymplanella* Che *et al.*, 2009	1	1				+			
71	*Quizqueplana* Bourgoin *et* Wang, 2015（古生代）	1	0							+
72	*Signoreta* Gnezdilov *et* Bourgoin, 2009	1	0					+		
73	*Symplana* Kirby, 1891	5	5				+			
74	*Symplanella* Fennah, 1987	6	5				+			
75	*Symplanodes* Fennah, 1987	1	0				+			
76	*Tubilustrium* Distant, 1916	1	0				+			
	合计	226	34	3	16	6	33	21	1	15

表 5　瓢蜡蝉科各属在世界动物地理区的分布

Table 5　Distribution of Issidae in zoogeographical realm of the World

序号	属名	世界种数	中国种数	中国特有属	世界动物地理区					
					古北界	新北界	东洋界	非洲界	澳洲界	新热带界
球瓢蜡蝉亚科 Hemisphaeriinae										
1	*Bolbosphaerius* Gnezdilov, 2013	1	0				+			
2	*Bruneastrum* Gnezdilov, 2015	1	0				+			
3	*Choutagus* Zhang, Wang *et* Che, 2006	1	1	◆			+			
4	*Epyhemisphaerius* Chan *et* Yang, 1994	1	1	◆			+			
5	*Euhemisphaerius* Chan *et* Yang, 1994	4	4	◆			+			
6	*Eusudasina* Yang, 1994	3	3	◆			+			
7	*Euxaldar* Fennah, 1978	1	0				+			
8	*Gergithoides* Schumacher, 1915	6	5		+		+			
9	*Gergithus* Stål, 1870	22	1				+			
10	*Gnezdilovius* Meng, Webb *et* Wang, 2017	40	37		+		+			
11	*Hemiphile* Metcalf, 1952	1	0						+	
12	*Hemisphaerius* Schaum, 1850	77	12		+		+		+	
13	*Hemisphaeroides* Melichar, 1903	4	0				+			
14	*Hysteropterissus* Melichar, 1906	1	0						+	
15	*Hysterosphaerius* Melichar, 1906	1	0				+			
16	*Macrodaruma* Fennah, 1978	2	1				+			
17	*Mongoliana* Distant, 1909	14	14	◆			+			
18	*Neogergithoides* Sun, Meng *et* Wang, 2012	3	1	◆			+			
19	*Neohemisphaerius* Chen, Zhang *et* Chang, 2014	4	4	◆			+			
20	*Paramongoliana* Chen, Zhang *et* Chang, 2014	1	1	◆			+			
21	*Rotundiforma* Meng, Wang *et* Qin, 2013	1	1	◆			+			
眉瓢蜡蝉亚科，新亚科 Superciliarinae subfam. nov.										
22	*Superciliaris* Meng, Qin *et* Wang, gen. nov.	2	2	◆			+			
帕瓢蜡蝉亚科 Parahiraciinae										
23	*Bardunia* Stål, 1863	8	1				+		+	
24	*Brevicopius* Meng, Qin *et* Wang, 2015	1	1	◆			+			
25	*Duriopsilla* Fennah, 1956	1	1	◆			+			
26	*Flavina* Stål, 1861	11	4				+			
27	*Flatiforma* Meng, Qin *et* Wang, gen. nov.	3	3	◆			+			
28	*Folifemurum* Che, Wang *et* Zhang, 2013	1	1	◆			+			
29	*Fortunia* Distant, 1909	4	2	◆	+		+			
30	*Fusiissus* Zhang *et* Chen, 2010	2	2	◆			+			

续表

序号	属名	世界种数	中国种数	中国特有属	世界动物地理区 古北界	新北界	东洋界	非洲界	澳洲界	新热带界
31	*Gelastyrella* Yang, 1994	1	1				+			
32	*Macrodarumoides* Che, Zhang *et* Wang, 2012	1	1	◆			+			
33	*Mincopius* Distant, 1909	1	0				+			
34	*Narinosus* Gnezdilov *et* Wilson, 2005	1	1	◆	+		+			
35	*Neodurium* Fennah, 1956	7	7	◆			+			
36	*Neotetricodes* Zhang *et* Chen, 2012	5	5	◆			+			
37	*Paratetricodes* Zhang *et* Chen, 2010	1	1	◆			+			
38	*Pinocchias* Gnezdilov *et* Wilson, 2005	1	0				+			
39	*Pseudochoutagus* Che, Zhang *et* Wang, 2011	2	1	◆			+			
40	*Rhombissus* Gnezdilov *et* Hayashi, 2016	4	3		+		+			
41	*Rostrolatum* Che, Zhang *et* Wang, gen. nov.	1	1	◆			+			
42	*Scantinius* Stål, 1866	2	0				+			
43	*Tetricodes* Fennah, 1956	4	4	◆			+			
44	*Tetricodissus* Wang, Bourgoin *et* Zhang, 2015	1	1	◆			+			
45	*Thabena* Stål, 1866	14	6				+	+		
46	*Tumorofrontus* Che, Zhang *et* Wang, gen. nov.	1	1	◆			+			
瓢蜡蝉亚科 Issinae										
瓢蜡蝉族 Issini										
47	*Agalmatium* Emeljanov, 1971	6	0		+					
48	*Balisticha* Jacobi, 1941	1	0				+			
49	*Bootheca* Emeljanov, 1964	1	0		+					
50	*Issus* Fabricius, 1803	39	0		+	+	+			
51	*Latilica* Emeljanov, 1971	12	0		+					
52	*Latissus* Dlabola, 1974	1	0		+					
53	*Lusanda* Stål, 1859	1	0				+			
54	*Pentissus* Dlabola, 1980	1	0		+					
55	*Phasmena* Melichar, 1902	13	0		+					
56	*Quadriva* Ghauri, 1965	13	0		+					
57	*Sfaxia* Bergevin, 1917	4	0		+					
58	*Webbisanus* Dlabola, 1983	1	0		+					
爱瓢蜡蝉族 Hysteropterini										
59	*Amphiscepa* Germar, 1830	8	0							+
60	*Abolloptera* Gnezdilov *et* O'Brien, 2006	1	0			+				
61	*Alloscelis* Kusnezov, 1930	1	0		+					

续表

序号	属名	世界种数	中国种数	中国特有属	世界动物地理区					
					古北界	新北界	东洋界	非洲界	澳洲界	新热带界
62	*Anatolodus* Dlabola, 1982	5	0		+					
63	*Anatonga* Emeljanov, 2001	1	0		+					
64	*Argepara* Gnezdilov *et* O'Brien, 2008	2	0							+
65	*Aztecus* Gnezdilov *et* O'Brien, 2008	6	0							+
66	*Balduza* Gnezdilov *et* O'Brien, 2006	2	0			+				
67	*Bergevinium* Gnezdilov, 2003	8	0		+					
68	*Brachyprosopa* Kusnezov, 1929	3	0		+					
69	*Bubastia* Emeljanov, 1975	22	0		+					
70	*Bumaya* Gnezdilov *et* O'Brien, 2008	1	0							+
71	*Caepovultus* Gnezdilov *et* Wilson, 2007	2	0		+					
72	*Cavatorium* Dlabola, 1980	4	0		+					
73	*Celyphoma* Emeljanov, 1971	28	6		+					
74	*Clybeccus* Gnezdilov, 2003	1	0		+					
75	*Conosimus* Mulsant *et* Rey, 1855	6	0		+					
76	*Corymbius* Gnezdilov, 2002	1	0		+					
77	*Dactylissus* Gnezdilov *et* Bourgoin, 2014	1	0				+			
78	*Darwallia* Gnezdilov, 2010	2	0				+			
79	*Delongana* Caldwell, 1945	1	0							+
80	*Devagama* Distant, 1906	1	0				+			
81	*Diceroptera* Gnezdilov, 2011	1	0							+
82	*Euroxenus* Gnezdilov, 2009	1	0				+			
83	*Exortus* Gnezdilov, 2004	2	0			+				+
84	*Falcidius* Stål, 1866	10	0		+					
85	*Fieberium* Dlabola, 1980	13	0		+					
86	*Granum* Gnezdilov, 2003	1	0		+					
87	*Hemisobium* Schmidt, 1911	3	0					+		
88	*Hysteropterum* Amyot *et* Serville, 1843	40	0		+		+	+		
89	*Potaninum* Gnezdilov, 2017	1	1	◆			+			
90	*Iberanum* Gnezdilov, 2003	2	0		+					
91	*Ikonza* Hesse, 1925	2	0					+		
92	*Inflatodus* Dlabola, 1982	6	0		+					
93	*Incasa* Gnezdilov *et* O'Brien, 2008	2	0							+
94	*Iranodus* Dlabola, 1980	6	0		+					
95	*Kathleenum* Gnezdilov, 2004	2	0			+				

续表

序号	属名	世界种数	中国种数	中国特有属	世界动物地理区					
					古北界	新北界	东洋界	非洲界	澳洲界	新热带界
96	*Katonella* Schmidt, 1911	4	0					+		
97	*Kervillea* de Bergevin, 1918	20	0		+					
98	*Kivupterum* Dlabola, 1985	5	0					+		
99	*Kovacsiana* Synave, 1956	5	0		+			+		
100	*Latematium* Dlabola, 1979	4	0		+					
101	*Lethierium* Dlabola, 1980	3	0		+					
102	*Libanissum* Dlabola, 1980	5	0		+					
103	*Lindbergatium* Dlabola, 1984	9	0		+					
104	*Mulsantereum* Gnezdilov, 2002	4	0		+					
105	*Mycterodus* Spinola, 1839	79	0		+					
106	*Narayana* Distant, 1906	10	0				+			
107	*Neotapirissus* Meng *et* Wang, 2017	1	1	◆			+			
108	*Nikomiklukha* Gnezdilov, 2010	3	0				+			
109	*Numidius* Gnezdilov *et al*., 2003	1	0		+					
110	*Orinda* Kirkaldy, 1907	2	0						+	
111	*Palaeolithium* Gnezdilov, 2003	1	0		+					
112	*Palmallorcus* Gnezdilov, 2003	5	0		+					
113	*Pamphylium* Gnezdilov *et* Wilson, 2007	2	0		+					
114	*Papunega* Gnezdilov *et* Bourgoin, 2015	3	0						+	
115	*Paralixes* Caldwell, 1945	5	0			+				+
116	*Pseudohemisphaerius* Melichar, 1906	1	0		+					
117	*Radha* Melichar, 1903	1	0				+			
118	*Rhissolepus* Emeljanov, 1971	4	0		+					
119	*Samantiga* Distant, 1906	2	0				+			
120	*Sangina* Meng, Qin *et* Wang, gen. nov.	2	2	◆			+			
121	*Sarnus* Stål, 1866	4	0							+
122	*Scorlupaster* Emeljanov, 1971	5	0		+					
123	*Scorlupella* Emeljanov, 1971	10	0		+					
124	*Semissus* Melichar, 1906	5	0		+					
125	*Stilbometopius* Gnezdilov *et* O'Brien, 2006	1	0			+				
126	*Sundorrhinus* Gnezdilov, 2010	1	0				+			
127	*Tapirissus* Gnezdilov, 2014	1	0				+			
128	*Tautoprosopa* Emeljanov, 1978	1	0		+					
129	*Thabenula* Gnezdilov *et al*., 2011	1	0				+			

续表

序号	属名	世界种数	中国种数	中国特有属	世界动物地理区					
					古北界	新北界	东洋界	非洲界	澳洲界	新热带界
130	*Tingissus* Gnezdilov, 2003	2	0		+					
131	*Traxanellus* Caldwell, 1945	1	0							+
132	*Traxus* Metcalf, 1923	2	0			+				
133	*Tshurtshurnella* Kusnezov, 1927	40	0		+					
134	*Ulixes* Stål, 1861	5	0							+
135	*Ulixoides* Haupt, 1918	1	0							+
136	*Zopherisca* Emeljanov, 2001	3	0		+					
希瓢蜡蝉族 Thioniini										
137	*Amnisa* Stål, 1862	3	0							+
138	*Apsadaropteryx* Kirkaldy, 1907	1	0						+	
139	*Brahmaloka* Distant, 1906	1	0				+			
140	*Cheiloceps* Uhler, 1895	5	0							+
141	*Chimetopon* Schmidt, 1910	1	0					+		
142	*Chlamydopteryx* Kirkaldy, 1907	6	0				+		+	
143	*Coruncanius* Distant, 1916	1	0				+			
144	*Coruncanoides* Che, Zhang *et* Wang, gen. nov.	1	1	◆			+			
145	*Dentatissus* Chen, Zhang *et* Chang, 2014	3	3	◆	+		+			
146	*Dracela* Signoret, 1861	3	0							+
147	*Duroides* Melichar, 1906	2	0							+
148	*Eupilis* Walker, 1857	5	0				+			
149	*Eusarima* Yang, 1994	43	38	◆	+		+			
150	*Eusarimodes* Meng, Qin *et* Wang, gen. nov.	1	1	◆			+			
151	*Gabaloeca* Walker, 1870	1	0						+	
152	*Givaka* Distant, 1906	1	0				+			
153	*Heremon* Kirkaldy, 1903	5	0							+
154	*Jagannata* Distant, 1906	4	2				+			
155	*Kodaiana* Distant, 1916	1	0				+			
156	*Kodaianella* Fennah, 1956	3	2	◆			+			
157	*Lunatissus* Meng, Qin *et* Wang, gen. nov.	2	2	◆			+			
158	*Neokodaiana* Yang, 1994	2	2	◆			+			
159	*Neosarima* Yang, 1994	2	2	◆			+			
160	*Oronoqua* Fennah, 1947	2	0							+
161	*Orbita* Meng *et* Wang, 2016	1	1	◆			+			
162	*Parallelissus* Meng, Qin *et* Wang, gen. nov.	2	2	◆			+			

续表

序号	属名	世界种数	中国种数	中国特有属	世界动物地理区					
					古北界	新北界	东洋界	非洲界	澳洲界	新热带界
163	*Paranipeus* Melichar, 1906	1	0							+
164	*Parasarima* Yang, 1994	1	1	◆			+			
165	*Picumna* Stål, 1864	10	0			+				+
166	*Proteinissus* Fowler, 1904	8	0							+
167	*Pseudocoruncanius* Meng, Qin *et* Wang, gen. nov.	1	1	◆			+			
168	*Redarato*r Distant, 1916	2	0				+			
169	*Sarima* Melichar, 1903	23	3				+		+	
170	*Sarimissus* Meng, Qin *et* Wang, gen. nov.	1	1	◆			+			
171	*Sarimites* Meng, Qin *et* Wang, gen. nov.	2	2	◆			+			
172	*Sarimodes* Matsumura, 1916	3	3				+			
173	*Sinesarima* Yang, 1994	4	3	◆			+			
174	*Sivaloka* Distant, 1906	1	0				+			
175	*Syrgis* Stål, 1870	6	0				+			
176	*Tatva* Distant, 1906	1	0				+			
177	*Tempsa* Stål, 1866	5	0				+			
178	*Tetrica* Stål, 1866	17	2				+		+	
179	*Thabenoides* Distant, 1916	4	0				+			
180	*Thionia* Stål, 1859	72	0			+				+
181	*Thioniamorpha* Metcalf, 1938	1	0							+
182	*Thioniella* Metcalf, 1938	1	0							+
183	*Tylanira* Ball, 1936	2	0			+				
184	*Vindilis* Stål, 1870	1	0				+			
185	*Vishnuloka* Distant, 1906	2	0				+			
186	*Yangissus* Chen, Zhang *et* Chang, 2014	1	1	◆			+			
	合计	1097	219	48	58	11	96	8	11	25

（一）世界瓢蜡蝉分布概况

1. 杯瓢蜡蝉科 Caliscelidae 的分布概况

杯瓢蜡蝉科是蜡蝉总科中较小的科，全世界广泛分布。

杯瓢蜡蝉科现已知 76 属 226 种，其中单模属 46 个，最大的 2 属为杯瓢蜡蝉族的杯瓢蜡蝉属 *Caliscelis*（24 种）、敏杯瓢蜡蝉族的布鲁杯瓢蜡蝉属 *Bruchomorpha*（25 种）（表 4）。该科昆虫在世界各大动物地理区中的分布情况如下。

（1）杯瓢蜡蝉亚科 Caliscelinae

i. 杯瓢蜡蝉族 Caliscelini

杯瓢蜡蝉族主要分布于东半球（old world），现已知 32 属 72 种。该族只有模式属杯瓢蜡蝉属 *Caliscelis* de Laporte 和阿萨杯瓢蜡蝉属 *Asarcopus* Horváth 分布区域相对较宽，在古北界、东洋界、非洲界及新热带界等 4 个地理大区均有分布；其余各属的分布地域相对较窄，多数仅限于 1 个或 2 个动物地理区，仅奇尔杯瓢蜡蝉属 *Chirodisca* Emeljanov 在古北界、东洋界及非洲区等 3 个大区有分布。从各大区的分布情况看，非洲界居首，分布有 18 属，占该族已知属的 56.25%；东洋界次之，分布有 13 属，占 40.63%；第三为古北界，分布有 8 属，占 25.00%；新热带界和澳洲界最少，前者有 2 属，后者仅知 1 属。新北界迄今未见报道。

ii. 敏杯瓢蜡蝉族 Peltonotellini

敏杯瓢蜡蝉族主要分布于古北界和西半球（new world），已知 19 属 89 种。从各属的分布区域看，粗足敏杯瓢蜡蝉属 *Acromega* Emeljanov、柏敏杯瓢蜡蝉属 *Bergrothora* Metcalf、策敏杯瓢蜡蝉属 *Ceragra* Emeljanov、康敏杯瓢蜡蝉属 *Concepcionella* Schmidt、盘敏杯瓢蜡蝉属 *Homaloplasis* Melichar、伊敏杯瓢蜡蝉属 *Itatiayana* Metcalf、讷杯瓢蜡蝉属 *Nenema* Emeljanov、奥敏杯瓢蜡属 *Ohausiella* Schmidt、巴敏杯瓢蜡蝉属 *Papagona* Ball、突敏杯瓢蜡蝉属 *Paranaso* Schmidt、仙敏杯瓢蜡蝉属 *Peripola* Melichar、斜敏杯瓢蜡蝉属 *Plagiopsis* Berg、斑敏杯瓢蜡蝉属 *Plagiopsola* Schmidt、瑟敏杯瓢蜡蝉属 *Semiperipola* Schmidt 等 14 个属为单界分布型，仅弦杯瓢蜡蝉属 *Aphelonema* Uhler、象敏杯瓢蜡蝉属 *Bruchomorpha* Newman、菲敏杯瓢蜡蝉属 *Fitchiella* Van Duzee、敏杯瓢蜡蝉属 *Peltonotellus* Puton 及伸敏杯瓢蜡蝉属 *Protrocha* Emeljanov 为跨界分布型。在以上 5 个跨界分布的属中，仅敏杯瓢蜡蝉属为古北界+东洋界分布型，其余 4 属均为新北界+新热带界分布型。从分布区域看，新热带界分布的属最多，计 12 属，占已知属的 63.16%；全北界有 10 属，其中新北界 6 属、古北界 4 属，分别占已知属的 31.58%和 21.05%；在澳洲界未见报道。

（2）透翅杯瓢蜡蝉亚科 Ommatidiotinae

i. 透翅杯瓢蜡蝉族 Ommatidiotini

透翅杯瓢蜡蝉族仅包括 1 属，即透翅杯瓢蜡蝉属 *Ommatidiotus* Spinola，全世界已知 14 种，主要分布于古北界，仅有个别种类向南扩至东洋界，如拟长透翅杯瓢蜡蝉 *Ommatidiotus pseudolongiceps* Meng, Qin & Wang, sp. nov.分布于古北界与东洋界交汇地带秦岭以南的陕西省留坝县。

ii. 亚丁杯瓢蜡蝉族 Adenissini

亚丁杯瓢蜡蝉族是透翅杯瓢蜡蝉亚科第二大类群，已知 10 属 22 种，主要分布于古北界的西部、非洲东北部及东洋界。已知的 10 属均为单界分布型。从各大动物地理区的分布情况看，东洋界分布有 7 属，占已知属的 70%，主要分布于中国、印度、斯里兰卡、越南等东亚南部或南亚地区；古北界有 3 属，占 30%，主要分布于亚洲西部、中东地区和地中海沿岸；其他大区尚无分布记录。

iii. 鹰杯瓢蜡蝉族 Augilini

鹰杯瓢蜡蝉族是透翅杯瓢蜡蝉亚科最大的类群，包括 13 现生属和 1 古生属 28 种，主要分布于东洋界和非洲界马达斯加地区。各属均为单界（区）分布型，东洋界分布有 11 属，占现生属的 84.62%，2 属分布于非洲界，占现生属的 15.38%。最近在北美洲多米尼加发现的古生代迷杯瓢蜡蝉属 *Quizqueplana* Bourgoin *et* Wang 仅分布于新热带界，根据该属琥珀发现的区域，结合现生鹰杯瓢蜡蝉的寄主等研究，认为鹰杯瓢蜡蝉族起源于劳亚古陆区系，或为印度-马来区系的后裔，而非起源于冈瓦纳区系（Bourgoin *et al.*，2015）。

2. 瓢蜡蝉科 Issidae 的分布概况

瓢蜡蝉科包括 4 亚科 186 属 1097 种，在世界各大动物地理区均有分布。

（1）球瓢蜡蝉亚科 Hemisphaeriinae

球瓢蜡蝉亚科现已知 21 属 189 种，主要分布于东洋界，或东洋界与澳洲界相邻的过渡地区，如隆瓢蜡蝉属 *Hemiphile* Metcalf、拱瓢蜡蝉属 *Hysteropterissus* Melichar 分别分布于马鲁古群岛（Maluku Islands）的塞兰岛（Ceram Island）和新几内亚岛（New Guinea），仅有个别属如脊额瓢蜡蝉属 *Gergithoides* Schumacher、格氏瓢蜡蝉属 *Gnezdilovius* Meng, Webb *et* Wang 和球瓢蜡蝉属 *Hemisphaerius* Schaum 等 3 属的部分种类，如脊额瓢蜡蝉 *Gergithoides carinatifrons* Schumacher、深色格氏瓢蜡蝉 *Gnezdilovius carbonarius* (Melichar)、龟纹格氏瓢蜡蝉 *G. iguchii* (Matsumura)、冲绳格氏瓢蜡蝉 *G. okinawanus* (Matsumura)、萨摩格氏瓢蜡蝉 *G. satsumensis* (Matsumura)、素格氏瓢蜡蝉 *G. unicolor* (Melichar)、异色格氏瓢蜡蝉 *G. variabilis*（Butler）、雅格氏瓢蜡蝉 *G. yayeyamensis* (Hori) 和兰屿球瓢蜡蝉 *Hemisphaerius kotoshonis* Matsumura 等 9 种分布于古北界东部，主要为日本的本州（Honshu）、九州（Kyushu）、冲绳（Okinawa）、四国（Shikoku）、八丈岛（Hachijo Island）等地区。

该亚科仅最大的属球瓢蜡蝉属 *Hemisphaerius* Schaum 在古北界、东洋界和澳洲界 3 个大区均有分布，脊额瓢蜡蝉属 *Gergithoides* Schumacher 和格氏瓢蜡蝉属 *Gnezdilovius* Meng, Webb *et* Wang 2 属在古北界和东洋界 2 个大区均有分布，为跨界分布型，其余各属均为单界分布型。慧瓢蜡蝉属 *Bolbosphaerius* Gnezdilov、珠瓢蜡蝉属 *Bruneastrum* Gnezdilov、周瓢蜡蝉属 *Choutagus* Zhang, Wang *et* Che、似球瓢蜡蝉属 *Epyhemisphaerius* Chan *et* Yang、真球瓢蜡蝉属 *Euhemisphaerius* Chan *et* Yang、角唇瓢蜡蝉属 *Eusudasina* Yang、拟角唇瓢蜡蝉属 *Euxaldar* Fennah、圆瓢蜡蝉属 *Gergithus* Stål、鼓瓢蜡蝉属 *Hemisphaeroides* Melichar、海瓢蜡蝉属 *Hysterosphaerius* Melichar、广瓢蜡蝉属 *Macrodaruma* Fennah、蒙瓢蜡蝉属 *Mongoliana* Distant、新瓢蜡蝉属 *Neogergithoides* Sun, Meng *et* Wang、新球瓢蜡蝉属 *Neohemisphaerius* Chen, Zhang *et* Chang、类蒙瓢蜡蝉属 *Paramongoliana* Chen, Zhang *et* Chang、阔瓢蜡蝉属 *Rotundiforma* Meng, Wang *et* Qin 等 16 属仅分布于东洋界，而隆瓢蜡蝉属 *Hemiphile* Metcalf 和海瓢蜡蝉属 *Hysteropterissus* Melichar 2 属仅分布于澳洲界。其他动物地理区尚无分布记录。

总体来看，该亚科的种类分布呈现出以下特点：一是绝大部分种类的已知分布记录均为热带和亚热带，在古北界的分布非常少，如脊额瓢蜡蝉 *Gergithoides carinatifrons* Schumacher、冲绳格氏瓢蜡蝉 *Gnezdilovius okinawanus* (Matsumura)、雅格氏瓢蜡蝉 *G. yayeyamensis* (Hori)和双环球瓢蜡蝉 *Hemisphaerius kotoshonis* Matsumura 等，尽管扩散至古北界的东部，但其分布区仍偏南，全为亚热带或暖温带地区。因此，球瓢蜡蝉亚科为喜温暖湿润生境的类群。

（2）眉瓢蜡蝉亚科，新亚科 Superciliarinae Meng, Qin *et* Wang, subfam. nov.

眉瓢蜡蝉亚科，新亚科 Superciliarinae subfam. nov.是瓢蜡蝉科中最小的亚科，仅包括模式属眉瓢蜡蝉属 *Superciliaris* Meng, Qin *et* Wang, gen. nov.，该属仅知 2 种，即眉瓢蜡蝉 *Superciliaris reticulatus* Meng, Qin *et* Wang, sp. nov.和吊罗山眉瓢蜡蝉 *Superciliaris diaoluoshanis* Meng, Qin *et* Wang, sp. nov.。这 2 种仅分布于我国海南省尖峰岭（凤鸣谷）和吊罗山国家级自然保护区，属东洋界。其分布地域与球瓢蜡蝉亚科、帕瓢蜡蝉亚科及汤瓢蜡蝉亚科相似，具有明显的暖温带和热带特点。

（3）帕瓢蜡蝉亚科 Parahiraciinae

帕瓢蜡蝉亚科已知 24 属 78 种，其中 19 属，即短额瓢蜡蝉属 *Brevicopius* Meng, Qin *et* Wang、莲瓢蜡蝉属 *Duriopsilla* Fennah、黄瓢蜡蝉属 *Flavina* Stål、扁瓢蜡蝉属 *Flatiforma* Meng, Qin *et* Wang, gen. nov.、叶瓢蜡蝉属 *Folifemurum* Che, Wang *et* Zhang、梭瓢蜡蝉属 *Fusiissus* Zhang *et* Chen、齿跗瓢蜡蝉属 *Gelastyrella* Yang、弘瓢蜡蝉属 *Macrodarumoides* Che, Zhang *et* Wang、泯瓢蜡蝉属 *Mincopius* Distant、扁足瓢蜡蝉属 *Neodurium* Fennah、平额瓢蜡蝉属 *Neotetricodes* Zhang *et* Chen、瘤突瓢蜡蝉属 *Paratetricodes* Zhang *et* Chen、皮诺瓢蜡蝉属 *Pinochias* Gnezdilov *et* Wilson、拟周瓢蜡蝉属 *Pseudochoutagus* Che, Zhang *et* Wang、喙瓢蜡蝉属 *Rostrolatum* Che, Zhang *et* Wang, gen. nov.、桑蒂瓢蜡蝉属 *Scantinius* Stål、瘤额瓢蜡蝉属 *Tetricodes* Fennah、苏额瓢蜡蝉属 *Tetricodissus* Wang, Bourgoin *et* Zhang、瘤瓢蜡蝉属 *Tumorofrontus* Che, Zhang *et* Wang, gen. nov.为单界分布型（东洋界）。福瓢蜡蝉属 *Fortunia* Distant、鼻瓢蜡蝉属 *Narinosus* Gnezdilov *et* Wilson、菱瓢蜡蝉属 *Rhombissus* Gnezdilov *et* Hayashi、球鼻瓢蜡蝉属 *Bardunia* Stål 和众瓢蜡蝉属 *Thabena* Stål 等 5 属为跨界分布型，其中前 3 者分布于古北界+东洋界，球鼻瓢蜡蝉属分布于东洋界+澳洲界，而后者分布于东洋界+非洲界。

从帕瓢蜡蝉亚科的分布格局可看出，其分布区域与球瓢蜡蝉亚科基本相同，东洋界成分最高，古北界+东洋界、东洋界+澳洲界或东洋界+非洲界分布型次之。根据分布记录，现已知种类主要分布于东洋界，仅有少数种类扩展到古北界的东部或澳新界，甚至非洲界，如球鼻瓢蜡蝉属 *Bardunia* Stål，已知 8 种中有 6 种主要分布于东洋界，另 2 种分布于澳洲界，即新球鼻瓢蜡蝉 *B. papua* Gnezdilov 和球鼻瓢蜡蝉 *B. nasuta* Stål；又如，鼻瓢蜡蝉属 *Narinosus* Gnezdilov *et* Wilson 的鼻瓢蜡蝉 *Narinosus nativus* Gnezdilov *et* Wilson 自东洋界向北扩展到古北界的东部（我国山东省）。众瓢蜡蝉属 *Thabenula* 已知 14 种，主要分布于印度-马来地区，而黄额众瓢蜡蝉 *Thabena brunnifrons* (Bonfils, Attie *et* Reynaud) 是众瓢蜡蝉属唯一记载于非洲界（留尼汪岛）的种类，现传入留尼汪岛，主要因为在 17 世纪初，毛里求斯岛曾被荷兰东印度公司用作从东亚到欧洲货物运输的中转港口（Allen，1999；Gnezdilov，2013e）。帕瓢蜡蝉亚科总体分布上仍明显反映出其喜暖热的特点，其分布区域具有非常明显的热带、亚热带特点。

（4）瓢蜡蝉亚科 Issinae

瓢蜡蝉亚科是瓢蜡蝉科最大的亚科，已知 140 属 828 种，分为瓢蜡蝉族、爱瓢蜡蝉族和希瓢蜡蝉族 3 族，在各大动物地理区均有分布。

瓢蜡蝉亚科虽然在各大区中均有分布，但其分布极为不平衡。据统计，全北界属级单元最多，已知有 62 属，约占该亚科已知属的 44.29%，其中古北界 52 属，占全北界已知属的 83.87%，新北界仅知 11 属，占全北界的 17.74%；第二为东洋界，分布有 52 属，约占 37.14%；第三是新热带界，有 25 属，约占 17.86%；澳洲界和非洲界较少，各有 7 属，占 5.00%。各族的成员在世界各大动物地理区的分布情况如下。

i. 爱瓢蜡蝉族 Hysteropterini

爱瓢蜡蝉族是瓢蜡蝉亚科最大的族，包括 78 属，在各大区的分布依次为古北界 40 属、东洋界 16 属、新热带界 13 属、新北界 7 属、非洲界 6 属、澳洲界仅 2 属。从各属在各大区的分布情况看，除该族模式属爱瓢蜡蝉属 *Hysteropterum* Amyot *et* Serville 分布相对较为广泛，在古北界、非洲界、东洋界等 3 个大区有分布外，仅科瓢蜡蝉属 *Kovacsiana* Synave 在古北界及非洲界、升瓢蜡蝉属 *Exortus* Gnezdilov 和琶瓢蜡蝉属 *Paralixes* Caldwell 在新北界及新热带界有分布（表 5）。其余各属几乎全为单界分布，且主要分布于古北界。

ii. 希瓢蜡蝉族 Thioniini

希瓢蜡蝉族为瓢蜡蝉亚科第二大族，已知 50 属，除蓬瓢蜡蝉属 *Chlamydopteryx* Kirkaldy、巨齿瓢蜡蝉属 *Dentatissus* Chen, Zhang *et* Chang、美萨瓢蜡蝉属 *Eusarima* Yang、皮瓢蜡蝉属 *Picumna* Stål、萨瓢蜡蝉属 *Sarima* Melichar、犷瓢蜡蝉属 *Tetrica* Stål 及希瓢蜡蝉属 *Thionia* Stål 等 7 属为跨界分布外，其余各属均为单界分布。据统计，蓬瓢蜡蝉属、萨瓢蜡蝉属和犷瓢蜡蝉属分布于东洋界与澳洲界，巨齿瓢蜡蝉属和美萨瓢蜡蝉属分布于古北界与东洋界，皮瓢蜡蝉属和希瓢蜡蝉属分布于新北界与新热带界；其他单界分布的属绝大多数分布于东洋界。在各大区分布的属数依次为东洋界 34 属、新热带界 12 属、澳洲界 5 属、新北界 3 属、古北界 2 属，非洲界仅知 1 属。

iii. 瓢蜡蝉族 Issini

瓢蜡蝉族是瓢蜡蝉亚科最小的族，包括 12 属，其中古北界分布有 10 属：阿瓢蜡蝉属 *Agalmatium* Emeljanov、布瓢蜡蝉属 *Bootheca* Emeljanov、瓢蜡蝉属 *Issus* Fabricius、拉瓢蜡蝉属 *Latilica* Emeljanov、拉瓢蜡蝉属 *Latissus* Dlabola、蓝瓢蜡蝉属 *Pentissus* Dlabola、诡瓢蜡蝉属 *Phasmena* Melichar、夸氏瓢蜡蝉属 *Quadriva* Ghauri、斯发瓢蜡蝉属 *Sfaxia* Bergevin 和韦伯瓢蜡蝉属 *Webbisanus* Dlabola。东洋界 3 属：瓢蜡蝉属 *Issus* Fabricius、庐瓢蜡蝉属 *Lusanda* Stål 和巴瓢蜡蝉属 *Balisticha* Jacobi，新北界仅有 1 属，非洲界和澳洲界尚未见记录。这 12 个属除模式属瓢蜡蝉属分布于古北界、东洋界及新北界 3 个大区外，其余各属仅分布于 1 个大区（表 5）。

综上所述，瓢蜡蝉亚科适应性强，主要发生在干旱或半干旱地域，爱瓢蜡蝉族、瓢蜡蝉族的种类主要分布于古北界西部和新北界，而希瓢蜡蝉族主要分布于东洋界、新热带界和澳洲界。瓢蜡蝉科其他亚科如球瓢蜡蝉亚科、帕瓢蜡蝉亚科和眉瓢蜡蝉亚科相对喜湿润的生境，绝大多数种类分布于东洋界、澳洲界或非洲界，尽管其中仅有极少数种类扩散至古北界的东部，但栖息的生境仍然偏南，几乎全为亚热带或暖温带气候地区。

由于非洲南端的马达加斯加和南美洲地理环境较为特殊，其区系成分可能更为原始或独立，杯瓢蜡蝉科的杯瓢蜡蝉亚科和瓢蜡蝉科的瓢蜡蝉亚科在该地区均有分布，而杯瓢蜡蝉科的透翅杯瓢蜡蝉亚科（除鹰杯瓢蜡蝉族外）、瓢蜡蝉科的球瓢蜡蝉亚科和帕瓢蜡蝉亚科则无分布记录。

（二）世界瓢蜡蝉属级单元的分布格局

据统计，在世界六大动物地理区中，东洋界分布有杯瓢蜡蝉科 33 属 60 种、瓢蜡蝉科 96 属 398 种，古北界杯瓢蜡蝉科 16 属 71 种、瓢蜡蝉科 58 属 451 种，新热带界杯瓢蜡蝉科 15 属 41 种（含 1 古生种）、瓢蜡蝉科 25 属 137 种，澳洲界杯瓢蜡蝉科仅有 1 属 2 种、瓢蜡蝉科 11 属 50 种，新北界杯瓢蜡蝉科 6 属 45 种、瓢蜡蝉科 11 属 23 种，非洲界杯瓢蜡蝉科 21 属 30 种、瓢蜡蝉科 8 属 26 种。分布统计结果表明，各大区中无论是属数还是种数，东洋界和古北界均占绝对优势，明显高于其他区（表 4，表 5）。从表 4 和表 5 也可看出，瓢蜡蝉科虽为世界性分布，但其分布格局呈明显的间断性，属的分布区域一般较窄，仅限于 1 或 2 个大的动物地理区，很少有超过 3 个以上的区，无世界性分布的属。

1. 古北界

古北界包括欧亚大陆的温带陆地、非洲北部、地中海沿岸和红海沿岸。

杯瓢蜡蝉科在古北界的主要成分是杯瓢蜡蝉亚科的杯瓢蜡蝉族和敏杯瓢蜡蝉族，前者在该区有 8 属 26 种、后者有 4 属 20 种；而透翅杯瓢蜡蝉亚科主要是透翅杯瓢蜡蝉族和亚丁杯瓢蜡蝉族，其中前者在古北界有 1 属 13 种、后者有 3 属 13 种，鹰杯瓢蜡蝉族尚无分布记录。

瓢蜡蝉科在古北界的优势类群为瓢蜡蝉亚科。据统计，瓢蜡蝉亚科在该界已记录 52 属 439 种，其中特有属高达 47 个。瓢蜡蝉亚科主要分布于古北界西部，已知 51 属 431 种，仅少数种类可分布至日本、蒙古国和我国北方。在古北界东部仅 4 属 10 种。在古北界还有帕瓢蜡蝉亚科 3 属 3 种：福瓢蜡蝉 *Fortunia byrrhoides* (Walker)、短突菱瓢蜡蝉 *Rhombissus brevispinus* Che, Zhang *et* Wang, sp. nov.和鼻瓢蜡蝉 *Narinosus nativus* Gnezdilov *et* Wilson；球瓢蜡蝉亚科 3 属 9 种：脊额瓢蜡蝉 *Gergithoides carinatifrons* Schumacher、深色格氏瓢蜡蝉 *Gnezdilovius carbonarius* (Melichar)、龟纹格氏瓢蜡蝉 *G. iguchii* (Matsumura)、冲绳格氏瓢蜡蝉 *G. okinawanus* (Matsumura)、萨摩格氏瓢蜡蝉 *G. satsumensis* (Matsumura)、素格氏瓢蜡蝉 *G. unicolor* (Melichar)、异色格氏瓢蜡蝉 *G. variabilis* (Butler)、雅格氏瓢蜡蝉 *G. yayeyamensis* Hori 及双环球瓢蜡蝉 *Hemisphaerius kotoshonis* Matsumura 等。古北界球瓢蜡蝉亚科和帕瓢蜡蝉亚科分布的种类较少，应属于东洋界向古北界的渗透成分。

2. 东洋界

东洋界是唯一一个几乎全部位于热带和亚热带的动物地理区，包括亚洲南部和位于巽他大陆架上的一些大的岛屿（加里曼丹、苏门答腊、爪哇等），以及菲律宾，东达帝汶岛的西里伯斯和小巽他群岛，形成一条过渡到澳洲界的地带，区系成分以球瓢蜡蝉亚科及帕瓢蜡蝉亚科为主。

该区瓢蜡蝉区系十分丰富，杯瓢蜡蝉科和瓢蜡蝉科 2 科共有 147 属，约占世界瓢蜡蝉区系的 51.58%。杯瓢蜡蝉科 33 属 60 种、特有属 26 个，其中杯瓢蜡蝉亚科 13 属 24

种、特有属 8 个，透翅杯瓢蜡蝉亚科 19 属 36 种、特有属 18 个。瓢蜡蝉科 96 属 463 种、特有属 94 个，其中瓢蜡蝉亚科 52 属 158 种、特有属 50 个，球瓢蜡蝉亚科 19 属 162 种、特有属 16 个，眉瓢蜡蝉亚科 1 属 2 种，帕瓢蜡蝉亚科 24 属 76 种、特有属 19 个。全世界绝大多部分已知属分布于该区（表 4，表 5）。

表 4 和表 5 表明，在东洋界鹰杯瓢蜡蝉族（杯瓢蜡蝉科）、帕瓢蜡蝉亚科及球瓢蜡蝉亚科（瓢蜡蝉科）分布的属级分类单元及特有属最多。例如，鹰杯瓢蜡蝉族全世界已知 14 属，但在东洋界分布有 11 属，占该族全世界已知属级分类单元的 78.57%，且全都为该界的特有属；帕瓢蜡蝉亚科和球瓢蜡蝉亚科在东洋界的分布状况也是如此。目前，帕瓢蜡蝉亚科全世界已知的 24 属在东洋界均有分布，其中特有属 19 个，占已知属的 79.17%；球瓢蜡蝉亚科全世界已知 21 属，但该界分布的属数就有 19 个，占全世界已知属的 90.48%，特有属 16 个，占已知属的 76.19%。其次，本志新建立的眉瓢蜡蝉亚科的种类分布于我国海南岛，属典型的东洋界种类，目前该亚科仅知 1 个模式属——眉瓢蜡蝉属及 2 种，但随着今后更全面的调查，东洋界眉瓢蜡蝉亚科种类可能会有所增加。

3. 新北界

新北界包括北美大陆及其东北方的一些岛屿，以温带和寒带气候为主，该区瓢蜡蝉区系与古北界相似，区系成分以杯瓢蜡蝉亚科和瓢蜡蝉亚科为主。

从该界的区系成分看，分布在该界的杯瓢蜡蝉科种类中，仅知敏杯瓢蜡蝉族（杯瓢蜡蝉亚科）的种类有分布，除此之外尚未见有其他类群的分布记载，共计 6 属 45 种，其中讷杯瓢蜡蝉属 *Nenema* Emeljanov 及巴敏杯瓢蜡蝉属 *Papagona* Ball 均为新北界的特有属，2 属共计 9 种，即分别是 *Nenema bivittata* (Ball)、*N. concinna* (Doering)、*N.convergens* (Bunn)、*N. confragosa* (Doering)、*N. histrionic* (Stål)、*N. rugosa* (Ball)、*N. virgate* (Doering)、*Papagona papoose* Ball、*P. succinea* Ball，其均为新北界特有种。

与杯瓢蜡蝉科相比，在新北界，瓢蜡蝉科现已知 11 属 27 种，其分别是瓢蜡蝉族 1 属：瓢蜡蝉属 *Issus* Fabricius；爱瓢蜡蝉族 7 属：*Abolloptera* Gnezdilov *et* O'Brien、*Balduza* Gnezdilov *et* O'Brien、*Exortus* Gnezdilov、*Kathleenum* Gnezdilov、*Paralixes* Caldwell、*Stilbometopius* Gnezdilov *et* O'Brien、*Traxus* Metcalf；希瓢蜡蝉族 3 属：*Picumna* Stål、*Thionia* Stål、*Tylanira* Ball。以上有关属除瓢蜡蝉属 *Issus* Fabricius、升瓢蜡蝉属 *Exortus* Gnezdilov、葩瓢蜡蝉属 *Paralixes* Caldwell、皮瓢蜡蝉属 *Picumna* Stål 及希瓢蜡蝉属 *Thionia* Stål 等 5 属外，其余 6 属为该区系特有属。

根据相关研究，瓢蜡蝉仅分布于美国南部与墨西哥相邻地区或加拿大中南部地区，此处为新热带界瓢蜡蝉有关属或种向北部地域扩散的边界线（Gnezdilov，2013e；Bartlett *et al.*，2014）。

4. 新热带界

新热带界包括中南美大陆和西印度群岛，北部为典型的热带气候，而南部则以温带气候为主。与新北界相比，新热带界瓢蜡蝉昆虫区系十分丰富，且高度特化。例如，杯瓢蜡蝉科在该界分布有 15 属 40 种，其中特有属 9 个，尤以敏杯瓢蜡蝉族（杯瓢蜡蝉亚科）在该区种类最丰富。当前，全世界敏杯瓢蜡蝉族已知 19 属 89 种，其中 12 属 38 种分布于该界，占该族已知属的 63.16%，因此，该界是敏杯瓢蜡蝉族在各大动物地理区系中分布最多的区系。另外，瓢蜡蝉科在该界分布有 25 属 137 种，其中特有属 21 个；其次，希瓢蜡蝉属 *Thionia* Stål（希瓢蜡蝉族）是瓢蜡蝉科最大的属，全世界已知 72 种，据统计，其中 64 种分布于该界，占该属已知种的 88.89%。

5. 澳洲界

澳洲界包括澳大利亚大陆及塔斯马尼亚岛、新几内亚岛和新西兰。该区瓢蜡蝉昆虫区系比较独特，多数种类主要分布于该界的塞兰岛、马鲁古群岛、新几内亚岛、澳大利亚昆士兰和新南威尔士、所罗门群岛、汤加、斐济、萨摩亚、密克罗尼西亚群岛、库克群岛等区域。根据现有文献资料，瓢蜡蝉科在澳洲界分布有 11 属 50 种，特有属 6 个，其中瓢蜡蝉亚科 7 属 21 种，*Apsadaropteryx* Kirkalady、*Gabaloeca* Walker、*Orinda* Kirkaldy、*Papunega* Gnezdilov *et* Bourgoin 等 4 属为特有属；球瓢蜡蝉亚科计 3 属 27 种，其中隆瓢蜡蝉属 *Hemiphile* Metcalf 和海瓢蜡蝉属 *Hysteropterissus* Melichar 2 属为该界特有属；帕瓢蜡蝉亚科 1 属 2 种，即球鼻瓢蜡蝉 *Bardunia nasuta* Stål 和巴布球鼻瓢蜡蝉 *B. papua* Gnezdilov，分别分布于马鲁古群岛及巴布亚新几内亚。在该界分布的球瓢蜡蝉亚科中的隆瓢蜡蝉属和海瓢蜡蝉属 2 个特有属，其各仅知 1 种，即 *Hemiphile latipes* Stål 和 *Hysteropterissus conspergulus* Melichar，它们分别分布于塞兰岛和新几内亚岛，其种类稀少，可能为古老的孑遗类群。据文献记载，红胞萨瓢蜡蝉 *Sarima erythrocyclos* Fennah 分布于斐济的维提岛、奥瓦劳岛、塔韦乌尼岛等 3 个群岛（Fennah，1950；Wilson，2009），短带球瓢蜡蝉 *Hemisphaerius penumbrosus* Fennah 则分布于圣伊莎贝尔岛（Fennah，1955）。由于塔韦乌尼岛穿越子午线，因此，该岛屿被认为可能是瓢蜡蝉亚科和球瓢蜡蝉亚科最东部的分布地（Gnezdilov，2013e）。

与瓢蜡蝉科相比，澳洲界杯瓢蜡蝉科的区系相对贫乏或现几乎尚不清楚，现仅知锥杯瓢蜡蝉属 *Gelastissus* Kirkaldy 1 属，其模式种丑锥杯瓢蜡蝉 *Gelastissus histrionicus* Kirkaldy, 1906 主要分布于澳大利亚的昆士兰州和新南威尔士州，以及巴布亚新几内亚等。

6. 非洲（热带）界

非洲界包括撒哈拉沙漠以南非洲大陆及马达加斯加岛等一些非洲东南部的岛屿。

据统计，在非洲界，杯瓢蜡蝉的区系组成主要包括杯瓢蜡蝉族、敏杯瓢蜡蝉族及鹰杯瓢蜡蝉族等 3 族，前两者隶属杯瓢蜡蝉亚科，后者为透翅杯瓢蜡蝉亚科，总计 21 属 30 种，特有属 17 个。从该界的杯瓢蜡蝉科区系成分来看，该界的中南部及马达加斯加的杯瓢蜡蝉族区系多样性最为丰富，且高度特化。例如，非洲界分布有杯瓢蜡蝉亚科计 19 属 28 种，但杯瓢蜡蝉族的分布就有 18 属 27 种，且特有属高达 14 个，而敏杯瓢蜡蝉族仅知 1 属 1 种，即球柏敏杯瓢蜡蝉 *Bergrothora globosa* (Melichar，1906) 分布于该界西部利比里亚的咖啡山（Mt. Coffee，Liberia）地区。另外，在该界发现的鹰杯瓢蜡蝉族 2 属 2 种，即梅林卡诺鹰杯瓢蜡蝉 *Cano merinus* Gnezdilov、维多西涅鹰杯瓢蜡蝉 *Signoreta victorina* Gnezdilov *et* Bourgoin，二者均分布于马达加斯加岛，为该界特有属和种。

非洲界瓢蜡蝉科分布有 8 属 26 种，其中瓢蜡蝉亚科 7 属 26 种，5 属为该界特有属，即 *Chimetopon* Schmidt、*Hemisobium* Schmidt、*Ikonza* Hesse、*Katonella* Schmidt、*Kivupterum*

Dlabola，如劳伦圣瓢蜡蝉 *Ikonza lawrencei* Hesse, 1925 仅分布于南非纳米比亚北部地区；帕瓢蜡蝉科在该界仅分布有 1 属 1 种，即褐额众瓢蜡蝉 *Thabena brunnifrons* (Bonifils, Attié *et* Reynaud)，其主要分布于留尼汪岛（Chan *et al.*，2013）。相反，在该界尚无球瓢蜡蝉亚科分布的报道。

目前，世界瓢蜡蝉在各大动物地理区系的研究还很不充分，或者极为参差不齐，甚至一些区域尚未进行科学考察，特别是在热带地区，尚有很多的种类有待发现和描述。例如，在世界已知的瓢蜡蝉区系中，最大的岛屿之一——新几内亚岛，100 多年以前仅记述了 14 个物种（Walker，1870；Melichar，1906；Gnezdilov，2013e），而我国台湾地区的瓢蜡蝉区系研究相对充分，共记述 80 多个物种（Chan & Yang，1994；Chan *et al.*，2013），若不考虑景观差异，仅就这两个岛屿之间相比，新几内亚区系已知物种仅有 7%。因此，随着人们对有关区系研究的不断深入，瓢蜡蝉种类的丰富度将会有很大的提高。

（三）中国瓢蜡蝉的地理分布

1. 中国瓢蜡蝉亚科与族的地理分布

（1）杯瓢蜡蝉科

中国已知杯瓢蜡蝉科 2 亚科 5 族 14 属 34 种，亚科与族在中国动物地理区和世界动物地理区中的分布情况见表 6。

表 6　中国瓢蜡蝉各科、亚科与族的地理分布

Table 6　Distribution of families, subfamilies and tribes of Chinese issids

分类单元			属数	中国							世界					
科	亚科	族		Ⅰ 东北区	Ⅱ 华北区	Ⅲ 蒙新区	Ⅳ 青藏区	Ⅴ 西南区	Ⅵ 华中区	Ⅶ 华南区	古北界	新北界	东洋界	非洲界	澳洲界	新热带界
杯瓢蜡蝉科	杯瓢蜡蝉亚科	杯瓢蜡蝉族	5		●	●	●		●	●	▲		▲	▲	▲	▲
	透翅杯瓢蜡蝉亚科	敏杯瓢蜡蝉族	1			●	●			●	▲	▲	▲			
		透翅杯瓢蜡蝉族	1					●			▲		▲			
		亚丁杯瓢蜡蝉族	3				●	●		●	▲		▲			
		鹰杯瓢蜡蝉族	4						●	●			▲	▲		▲
瓢蜡蝉科	球瓢蜡蝉亚科		14					●	●	●	▲		▲			
	眉瓢蜡蝉亚科		1							●			▲			
	帕瓢蜡蝉亚科		21		●			●	●	●	▲		▲	▲		
	瓢蜡蝉亚科	爱瓢蜡蝉族	4			●	●	●	●	●	▲		▲			
		希瓢蜡蝉族	20	●	●			●	●	●			▲		▲	

从表 6 可看出如下内容。

1）杯瓢蜡蝉亚科的杯瓢蜡蝉族在我国华北区、蒙新区、青藏区、华中区、华南区有分布，该族在世界地理区的古北界、东洋界、非洲界、澳洲界、新热带界有分布。敏杯瓢蜡蝉族在我国蒙新区、青藏区、华南区有分布，在世界地理区的古北界、新北界、东洋界有分布。

2）透翅杯瓢蜡蝉亚科的透翅杯瓢蜡蝉族全世界仅已知模式属透翅杯瓢蜡蝉属 *Ommatidiotus* Spinola，仅在我国西南区有分布，本志中记述的透翅杯瓢蜡蝉属 1 新种——拟长透翅杯瓢蜡蝉 *Ommatidiotus pseudolongiceps* Meng, Qin *et* Wang, sp. nov.分布于中国秦岭以南的陕西省留坝县，为该族在东洋界的首次记录。该族在世界地理区的古北界、东洋界有分布。亚丁杯瓢蜡蝉族在我国青藏区、西南区、华南区有分布，在世界地理区的古北界、东洋界有分布。鹰杯瓢蜡蝉族在我国华中区、华南区有分布，在世界地理区的东洋界、非洲界、新热带界有分布。

（2）瓢蜡蝉科

中国已知瓢蜡蝉科 4 亚科 2 族 60 属 219 种，亚科与族在中国动物地理区和世界动物地理区中的分布情况见表 6。

1）球瓢蜡蝉亚科在我国西南区、华中区、华南区有分布，在世界地理区的古北界、东洋界有分布。

2）眉瓢蜡蝉亚科仅在我国华南区有分布，在世界地理区的东洋界有分布。

3）帕瓢蜡蝉亚科在我国华北区、西南区、华中区、华南区有分布，在世界地理区的古北界、东洋界和非洲界有分布。

4）瓢蜡蝉亚科的爱瓢蜡蝉族在我国蒙新区、青藏区、西南区、华中区、华南区有分布，在世界地理区的古北界、东洋界有分布。希瓢蜡蝉族在我国东北区、华北区、西南区、华中区、华南区有分布，在世界地理区的东洋界、澳洲界有分布。

2. 中国瓢蜡蝉属级分类单元的地理分布

中国瓢蜡蝉已知 2 科 74 属 253 种，其中杯瓢蜡蝉科 14 属 34 种，特有属 3 个；瓢蜡蝉科 60 属 219 种，特有属 45 个。各科有关属在中国动物地理区中的分布及该属在世界动物地理区中的分布见表 7。

表 7 中国瓢蜡蝉各属在中国和世界的分布

Table 7 Distribution of issids genera in China and Word

序号	属名	种数	中国							世界						中国特有属
			I 东北区	II 华北区	III 蒙新区	IV 青藏区	V 西南区	VI 华中区	VII 华南区	古北界	新北界	东洋界	非洲界	澳洲界	新热带界	
杯瓢蜡蝉科		34	0	1	3	2	1	5	9	4	1	13	1	1	1	3
杯瓢蜡蝉亚科																
1	杯瓢蜡蝉属 *Caliscelis*	6		•	•			•	•	▲		▲	▲		▲	

续表

序号	属名	种数	中国							世界						中国特有属
			I 东北区	II 华北区	III 蒙新区	IV 青藏区	V 西南区	VI 华中区	VII 华南区	古北界	新北界	东洋界	非洲界	澳洲界	新热带界	
2	锥杯瓢蜡蝉属 *Gelastissus*	1							•			▲		▲		
3	妮杯瓢蜡蝉属 *Nenasa*	1							•			▲				★
4	竹杯瓢蜡蝉属 *Bambusicaliscelis*	2						•				▲				★
5	空杯瓢蜡蝉属 *Cylindratus*	1						•				▲				★
6	敏杯瓢蜡蝉属 *Peltonotellus*	4			•	•			•	▲	▲	▲				
透翅杯瓢蜡蝉亚科																
7	博杯瓢蜡蝉属 *Bocra*	1				•				▲						
8	德里杯瓢蜡蝉属 *Delhina*	1					•					▲				
9	裙杯瓢蜡蝉属 *Phusta*	1							•			▲				
10	透翅杯瓢蜡蝉属 *Ommatidiotus*	3			•			•		▲		▲				
11	犀杯瓢蜡蝉属 *Augilodes*	2							•			▲				
12	斯杯瓢蜡蝉属 *Symplana*	5						•	•			▲				
13	长杯瓢蜡蝉属 *Pseudosymplanella*	1							•			▲				
14	露额杯瓢蜡蝉属 *Symplanella*	5							•			▲				
瓢蜡蝉科		219	1	4	1	2	15	32	45	9	0	59	1	3	0	45
球瓢蜡蝉亚科																
15	圆瓢蜡蝉属 *Gergithus*	1							•			▲				
16	新瓢蜡蝉属 *Neogergithoides*	1							•			▲				★
17	广瓢蜡蝉属 *Macrodaruma*	1						•	•			▲				
18	周瓢蜡蝉属 *Choutagus*	1							•			▲				★
19	蒙瓢蜡蝉属 *Mongoliana*	14					•	•	•			▲				★
20	脊额瓢蜡蝉属 *Gergithoides*	5						•	•	▲		▲				
21	格氏瓢蜡蝉属 *Gnezdilovius*	37						•	•	▲		▲				
22	阔瓢蜡蝉属 *Rotundiforma*	1							•			▲				★
23	球瓢蜡蝉属 *Hemisphaerius*	12						•	•	▲		▲				
24	似球瓢蜡蝉属 *Epyhemisphaerius*	1							•			▲				★
25	真球瓢蜡蝉属 *Euhemisphaerius*	4							•			▲				★
26	新球瓢蜡蝉属 *Neohemisphaerius*	4						•	•			▲				★
27	角唇瓢蜡蝉属 *Eusudasina*	3						•	•			▲				★
28	类蒙瓢蜡蝉属 *Paramongoliana*	1							•			▲				★
眉瓢蜡蝉亚科																
29	眉瓢蜡蝉属 *Superciliaris*	2							•			▲				★
帕瓢蜡蝉亚科																

续表

序号	属名	种数	中国							世界						中国特有属
			I 东北区	II 华北区	III 蒙新区	IV 青藏区	V 西南区	VI 华中区	VII 华南区	古北界	新北界	东洋界	非洲界	澳洲界	新热带界	
30	福瓢蜡蝉属 *Fortunia*	2		●				●	●	▲		▲				★
31	短额瓢蜡蝉属 *Brevicopius*	1							●			▲				★
32	球鼻瓢蜡蝉属 *Bardunia*	1						●				▲		▲		
33	鼻瓢蜡蝉属 *Narinosus*	1		●				●		▲		▲				★
34	瘤额瓢蜡蝉属 *Tetricodes*	4					●	●	●			▲				★
35	瘤突瓢蜡蝉属 *Paratetricodes*	1						●	●			▲				★
36	瘤瓢蜡蝉属 *Tumorofrontus*	1					●					▲				★
37	扁足瓢蜡蝉属 *Neodurium*	7					●	●	●			▲				★
38	叶瓢蜡蝉属 *Folifemurum*	1					●					▲				★
39	拟周瓢蜡蝉属 *Pseudochoutagus*	1							●			▲				★
40	喙瓢蜡蝉属 *Rostrolatum*	1							●			▲				★
41	弘瓢蜡蝉属 *Macrodarumoides*	1					●	●				▲				★
42	黄瓢蜡蝉属 *Flavina*	4						●	●			▲				
43	拟瘤额瓢蜡蝉属 *Neotetricodes*	5						●				▲				★
44	苏额瓢蜡蝉属 *Tetricodissus*	1							●			▲				★
45	扁瓢蜡蝉属 *Flatiforma*	3						●	●			▲				★
46	菱瓢蜡蝉属 *Rhombissus*	3		●		●	●		●	▲		▲				
47	齿跗瓢蜡蝉属 *Gelastyrella*	1						●	●			▲				
48	众瓢蜡蝉属 *Thabena*	6					●	●	●			▲	▲			
49	梭瓢蜡蝉属 *Fusiissus*	2						●				▲				★
50	莲瓢蜡蝉属 *Duriopsilla*	1					●	●				▲				★
瓢蜡蝉亚科																
51	新泰瓢蜡蝉属 *Neotapirissus*	1							●			▲				★
52	波氏瓢蜡蝉属 *Potaninum* Gnezdilov	1					●					▲				★
53	鞍瓢蜡蝉属 *Celyphoma*	6			●	●				▲						
54	桑瓢蜡蝉属 *Sangina*	2					●	●				▲				★
55	梯额瓢蜡蝉属 *Neokodaiana*	2						●	●			▲				★
56	巨齿瓢蜡蝉属 *Dentatissus*	3	●	●			●	●	●	▲		▲				★
57	柯瓢蜡蝉属 *Kodaianella*	2					●	●	●			▲				★
58	犷瓢蜡蝉属 *Tetrica*	2						●	●			▲		▲		

续表

序号	属名	种数	中国							世界						中国特有属
			Ⅰ东北区	Ⅱ华北区	Ⅲ蒙新区	Ⅳ青藏区	Ⅴ西南区	Ⅵ华中区	Ⅶ华南区	古北界	新北界	东洋界	非洲界	澳洲界	新热带界	
59	萨瓢蜡蝉属 *Sarima*	3						•	•			▲		▲		
60	萨瑞瓢蜡蝉属 *Sarimodes*	3							•			▲				
61	魔眼瓢蜡蝉属 *Orbita*	1						•				▲				★
62	类萨瓢蜡蝉属 *Sarimites*	2						•				▲				★
63	杨氏瓢蜡蝉属 *Yangissus*	1							•			▲				★
64	华萨瓢蜡蝉属 *Sinesarima*	3							•			▲				★
65	新萨瓢蜡蝉属 *Neosarima*	2							•			▲				★
66	似钻瓢蜡蝉属 *Coruncanoides*	1							•			▲				★
67	拟钻瓢蜡蝉属 *Pseudocoruncanius*	1					•					▲				★
68	平突瓢蜡蝉属 *Parallelissus*	2					•		•			▲				★
69	弥萨瓢蜡蝉属 *Sarimissus*	1							•			▲				★
70	帕萨瓢蜡蝉属 *Parasarima*	1							•			▲				★
71	美萨瓢蜡蝉属 *Eusarima*	38						•	•	▲		▲				★
72	克瓢蜡蝉属 *Jagannata*	2						•	•			▲				
73	卢瓢蜡蝉属 *Lunatissus*	2						•				▲				★
74	似美萨瓢蜡蝉属 *Eusarimodes*	1							•			▲				★

（1）中国杯瓢蜡蝉科属级分类单元的地理分布

由表 7 可看出如下内容。

1）在中国各区中，杯瓢蜡蝉科属级分类单元的分布由多到少依次为华南区（9 属）、华中区（5 属）、蒙新区（3 属）、青藏区（2 属）、西南区（1 属）和华北区（1 属）。

2）杯瓢蜡蝉属 *Caliscelis* 分布范围最广，除东北区、青藏区和西南区等 3 个区无分布外，在其他 4 个区中均有分布；其次为敏杯瓢蜡蝉属 *Peltonotellus* Puton，分布于蒙新区（西部荒漠亚区ⅢB2）、青藏区（青海藏南亚区ⅣB2）和华南区（台湾亚区ⅦD1）等 3 个区。除以上 2 属外，仅透翅杯瓢蜡蝉属 *Ommatidiotus* Spinola 和斯杯瓢蜡蝉属 *Symplana* Kirby 跨 2 区分布，前者分布于蒙新区（西部荒漠亚区ⅢB2）和华中区（西部山地高原亚区ⅥB1），后者主要分布于华中区（东部丘陵平原区ⅥA2）和华南区（滇南山地亚区ⅦB2、海南亚区ⅦC1），其他 10 个属均为单区分布。

3）中国杯瓢蜡蝉科 14 属中有 9 属仅分布于东洋界，博杯瓢蜡蝉属 *Bocra* Emeljanov 仅分布于古北界；跨界分布的有以下各属：杯瓢蜡蝉属 *Caliscelis* de Laporte 分布于古北界、东洋界、非洲界、澳洲界和新热带界，敏杯瓢蜡蝉属 *Peltonotellus* Puton 分布于古北界、新北界、东洋界、澳洲界，锥杯瓢蜡蝉属 *Gelastissus* Kirkaldy 分布于东洋界和澳新界，透翅杯瓢蜡蝉属 *Ommatidiotus* Spinola 分布于古北界和东洋界。

中国特有属包括妮杯瓢蜡蝉属 *Nenasa* Chan *et* Yang、竹杯瓢蜡蝉属 *Bambusicaliscelis* Chen *et* Zhang 及本志记述的空杯瓢蜡蝉属 *Cylindratus* Meng, Qin *et* Wang, gen. nov.等 3 个属。

（2）中国瓢蜡蝉科属级分类单元的地理分布

1）在中国各区中，属级分类单元由多到少依次为华南区（45 属）、华中区（32 属）、西南区（15 属）、华北区（4 属）、青藏区（2 属）、蒙新区和东北区各有 1 属。

2）巨齿瓢蜡蝉属 *Dentatissus* Chen, Zhang *et* Chang 分布范围最广，除在蒙新区和青藏区无分布外，在其他区中均有分布。菱瓢蜡蝉属 *Rhombissus* Gnezdilov *et* Hayashi，除在东北区、蒙新区及华中区等 3 个区无分布外，在其他 4 个区均有分布。跨 3 个区分布的有蒙瓢蜡蝉属 *Mongoliana* Distant、福瓢蜡蝉属 *Fortunia* Distant、瘤额瓢蜡蝉属 *Tetricodes* Fennah、扁足瓢蜡蝉属 *Neodurium* Fennah、众瓢蜡蝉属 *Thabena* Stål、珂瓢蜡蝉属 *Kodaiana* Distant 等 6 个属，占中国已知属的 10%；跨 2 个区分布的有广瓢蜡蝉属 *Macrodaruma* Fennah、脊额瓢蜡蝉属 *Gergithoides* Schumacher、格氏瓢蜡蝉属 *Gnezdilovius* Meng, Webb *et* Wang、球瓢蜡蝉属 *Hemisphaerius* Schaum、新球瓢蜡蝉属 *Neohemisphaerius* Chen, Zhang *et* Chang、角唇瓢蜡蝉属 *Eusudasina* Yang、鼻瓢蜡蝉属 *Narinosus* Gnezdilov *et* Wilson、瘤突瓢蜡蝉属 *Paratetricodes* Zhang *et* Chen、黄瓢蜡蝉属 *Flavina* Stål、莲瓢蜡蝉属 *Duriopsilla* Fennah、弘瓢蜡蝉属 *Macrodarumoides* Che, Zhang *et* Wang、犷瓢蜡蝉属 *Tetrica* Stål、扁瓢蜡蝉属 *Flatiforma* Meng, Qin *et* Wang, gen. nov.、齿跗瓢蜡蝉属 *Gelastyrella* Yang、鞍瓢蜡蝉属 *Celyphoma* Emeljanov、桑瓢蜡蝉属 *Sangina* Meng, Qin *et* Wang, gen. nov.、梯额瓢蜡蝉属 *Neokodaiana* Yang、克瓢蜡蝉属 *Jagannata* Distant、萨瓢蜡蝉属 *Sarima* Melichar、平突瓢蜡蝉属 *Parallelissus* Meng, Qin *et* Wang, gen. nov.、美萨瓢蜡蝉属 *Eusarima* Yang 等 21 个属，占已知属的 35%；其余 31 个属均为单区分布，占已知属的 51.67%。

3）中国瓢蜡蝉科 60 属中仅分布于东洋界的有 48 属；仅分布于古北界和东洋界的有 8 属：格氏瓢蜡蝉属 *Gnezdilovius* Meng, Webb *et* Wang、脊额瓢蜡蝉属 *Gergithoides* Schumacher、球瓢蜡蝉属 *Hemisphaerius* Schaum、福瓢蜡蝉属 *Fortunia* Distant、鼻瓢蜡蝉属 *Narinosus* Gnezdilov *et* Wilson、菱瓢蜡蝉属 *Rhombissus* Gnezdilov *et* Hayashi、巨齿瓢蜡蝉属 *Dentatissus* (Chou *et* Lu) 和美萨瓢蜡蝉属 *Eusarima* Yang；仅分布于古北界的有 1 属：鞍瓢蜡蝉属 *Celyphoma* Emeljanov。分布于东洋界和澳洲界有 3 属：球鼻瓢蜡蝉属 *Bardunia* Stål、犷瓢蜡蝉属 *Tetrica* Stål、萨瓢蜡蝉属 *Sarima* Melichar；分布于东洋界和非洲界的有 1 属：众瓢蜡蝉属 *Thabena* Stål。

4）中国瓢蜡蝉科特有属有 45 属。

总体而言，我国东洋界 3 个地区瓢蜡蝉类属级单元的丰富度占绝对优势，且拥有 48 个特有属（杯瓢蜡蝉科 3 个，瓢蜡蝉科 45 个），而古北界属级单元数量明显较少，仅有 13 个属，且无特有属。

3. 中国瓢蜡蝉种的分布格局

根据张荣祖（2004）修订的中国动物地理区划，中国动物地理区分为 2 界 3 亚界、7 区 19 亚区。中国 253 种瓢蜡蝉在我国各省（区）的分布见表 8，在各地理区的分布见表 9。

表 8 瓢蜡蝉在中国各省份的分布

Table 8 Distribution of issids in different provinces of China

序号	种名	黑龙江	吉林	辽宁	河北	北京	天津	河南	山东	山西	内蒙古	宁夏	甘肃	陕西	新疆	青海	西藏	四川	重庆	云南	贵州	广西	湖北	湖南	江西	安徽	江苏	上海	浙江	福建	台湾	广东	香港	澳门	海南
一	杯瓢蜡蝉科																																		
（一）	杯瓢蜡蝉亚科																																		
1	中华杯瓢蜡蝉																					+				+			+						
2	东方杯瓢蜡蝉														+									+					+						
3	类杯瓢蜡蝉														+																				
4	棒突杯瓢蜡蝉				+	+																													
5	三杯瓢蜡蝉														+																				
6	山东杯瓢蜡蝉								+																										
7	芜锥杯瓢蜡蝉																														+				
8	斜妮杯瓢蜡蝉																														+				
9	梵净竹杯瓢蜡蝉																				+														
10	齿竹杯瓢蜡蝉																				+														
11	长头空杯瓢蜡蝉																				+														
12	簇敏杯瓢蜡蝉																														+				
13	兰敏杯瓢蜡蝉															+																			
14	短敏杯瓢蜡蝉											+																							
15	黑色敏杯瓢蜡蝉												+																						
（二）	透翅杯瓢蜡蝉亚科																																		
16	弯月博杯瓢蜡蝉																+																		

续表

序号	种名	黑龙江	吉林	辽宁	河北	北京	天津	河南	山东	山西	内蒙古	宁夏	甘肃	陕西	新疆	青海	西藏	四川	重庆	云南	贵州	广西	湖北	湖南	江西	安徽	江苏	上海	浙江	福建	台湾	广东	香港	澳门	海南
17	阔颜德里杯瓢蜡蝉																+																		
18	丹裙杯瓢蜡蝉																																		+
19	纵带透翅杯瓢蜡蝉										+																								
20	拟长透翅杯瓢蜡蝉													+																					
21	尖刺透翅杯瓢蜡蝉										+																								
22	犀杯瓢蜡蝉																			+															
23	端斑犀杯瓢蜡蝉																			+															
24	长头斯杯瓢蜡蝉																			+															
25	李氏斯杯瓢蜡蝉																			+															
26	二叶斯杯瓢蜡蝉																			+															
27	长尾斯杯瓢蜡蝉																													+					
28	短线斯杯瓢蜡蝉																				+	+										+			
29	长杯瓢蜡蝉																			+															
30	海南露额杯瓢蜡蝉																																		+
31	中突露额杯瓢蜡蝉																			+															
32	短头露额杯瓢蜡蝉																			+															
33	圆斑露额杯瓢蜡蝉																																		+
34	弯突露额杯瓢蜡蝉																															+			
二	瓢蜡蝉科																																		
（三）球瓢蜡蝉亚科																																			
35	长额圆瓢蜡蝉																			+															

续表

序号	种名	黑龙江	吉林	辽宁	河北	北京	天津	河南	山东	山西	内蒙古	宁夏	甘肃	陕西	新疆	青海	西藏	四川	重庆	云南	贵州	广西	湖北	湖南	江西	安徽	江苏	上海	浙江	福建	台湾	广东	香港	澳门	海南
36	瘤新瓢蜡蝉																					+													+
37	广瓢蜡蝉																					+													
38	长顶周瓢蜡蝉																					+													+
39	曲纹蒙瓢蜡蝉																			+															
40	三角蒙瓢蜡蝉																			+															
41	片马蒙瓢蜡蝉																			+															
42	蒙瓢蜡蝉																				+				+				+	+			+		
43	逆蒙瓢蜡蝉																	+			+	+	+							+		+			
44	白星蒙瓢蜡蝉																				+														
45	锐蒙瓢蜡蝉																			+															
46	黔蒙瓢蜡蝉																				+														
47	矛尖蒙瓢蜡蝉																					+							+	+					
48	褐斑蒙瓢蜡蝉																			+															
49	黑星蒙瓢蜡蝉																																+		
50	锯缘蒙瓢蜡蝉																					+								+		+			
51	双带蒙瓢蜡蝉																				+														
52	宽带蒙瓢蜡蝉																							+											
53	弯月脊额瓢蜡蝉																																		+
54	脊额瓢蜡蝉																													+	+				+
55	尾刺脊额瓢蜡蝉																				+														
56	波缘脊额瓢蜡蝉																					+													+

续表

序号	种名	黑龙江	吉林	辽宁	河北	北京	天津	河南	山东	山西	内蒙古	宁夏	甘肃	陕西	新疆	青海	西藏	四川	重庆	云南	贵州	广西	湖北	湖南	江西	安徽	江苏	上海	浙江	福建	台湾	广东	香港	澳门	海南
57	皱脊额瓢蜡蝉																	+		+		+								+					
58	线格氏瓢蜡蝉																														+				
59	横纹格氏瓢蜡蝉																																		+
60	龟纹格氏瓢蜡蝉																												+	+					
61	拟龟纹格氏瓢蜡蝉																																		+
62	黄斑格氏瓢蜡蝉																																+		
63	五斑格氏瓢蜡蝉																					+													
64	星斑格氏瓢蜡蝉																																		+
65	九星格氏瓢蜡蝉																																		+
66	黄格氏瓢蜡蝉																														+				
67	台湾格氏瓢蜡蝉																														+				
68	半月格氏瓢蜡蝉																					+													
69	栅纹格氏瓢蜡蝉																																		+
70	云南格氏瓢蜡蝉																			+															
71	双斑格氏瓢蜡蝉																			+															
72	三带格氏瓢蜡蝉																			+															
73	皱额格氏瓢蜡蝉																														+				
74	圆翅格氏瓢蜡蝉																														+				
75	双带格氏瓢蜡蝉																														+				
76	螯突格氏瓢蜡蝉																																		+
77	壮格氏瓢蜡蝉																														+				

续表

序号	种名	黑龙江	吉林	辽宁	河北	北京	天津	河南	山东	山西	内蒙古	宁夏	甘肃	陕西	新疆	青海	西藏	四川	重庆	云南	贵州	广西	湖北	湖南	江西	安徽	江苏	上海	浙江	福建	台湾	广东	香港	澳门	海南
78	网纹格氏瓢蜡蝉																														+				
79	笼格氏瓢蜡蝉																														+				
80	十星格氏瓢蜡蝉																							+					+	+		+			
81	池格氏瓢蜡蝉																														+				
82	吊格氏瓢蜡蝉																														+				
83	稻黄格氏瓢蜡蝉																														+				
84	棘格氏瓢蜡蝉																														+				
85	边格氏瓢蜡蝉																														+				
86	大棘格氏瓢蜡蝉																																		+
87	皱脊格氏瓢蜡蝉																		+			+													
88	齿格氏瓢蜡蝉																														+				
89	素格氏瓢蜡蝉																														+				+
90	深色格氏瓢蜡蝉																			+											+				+
91	雅格氏瓢蜡蝉																														+				
92	方格氏瓢蜡蝉																														+				
93	锐格氏瓢蜡蝉																														+				
94	异色格氏瓢蜡蝉																			+											+		+		
95	黑斑阔瓢蜡蝉																			+															
96	驳斑球瓢蜡蝉																														+				
97	锈球瓢蜡蝉																														+				
98	胭脂球瓢蜡蝉																														+				

续表

序号	种名	黑龙江	吉林	辽宁	河北	北京	天津	河南	山东	山西	内蒙古	宁夏	甘肃	陕西	新疆	青海	西藏	四川	重庆	云南	贵州	广西	湖北	湖南	江西	安徽	江苏	上海	浙江	福建	台湾	广东	香港	澳门	海南
99	丽球瓢蜡蝉																																		+
100	犬牙球瓢蜡蝉																																		+
101	红球瓢蜡蝉																			+															+
102	双斑球瓢蜡蝉																													+					
103	长臂球瓢蜡蝉																			+															
104	双环球瓢蜡蝉																																		+
105	条纹球瓢蜡蝉																			+															
106	三瓣球瓢蜡蝉																			+															
107	浅斑球瓢蜡蝉																														+				
108	似球瓢蜡蝉																														+				
109	波真球瓢蜡蝉																														+				
110	曲真球瓢蜡蝉																														+				
111	大真球瓢蜡蝉																														+				
112	真球瓢蜡蝉																														+				
113	黄新球瓢蜡蝉																						+												
114	武冈新球瓢蜡蝉																							+											
115	杨氏新球瓢蜡蝉																															+			
116	广西新球瓢蜡蝉																					+													
117	五斑角唇瓢蜡蝉																			+															
118	小刺角唇瓢蜡蝉																							+											
119	南角唇瓢蜡蝉																					+									+				

续表

序号	种名	黑龙江	吉林	辽宁	河北	北京	天津	河南	山东	山西	内蒙古	宁夏	甘肃	陕西	新疆	青海	西藏	四川	重庆	云南	贵州	广西	湖北	湖南	江西	安徽	江苏	上海	浙江	福建	台湾	广东	香港	澳门	海南
120	齿类蒙瓢蜡蝉																				+														
（四）眉瓢蜡蝉亚科																																			
121	眉瓢蜡蝉																																		+
122	吊罗山眉瓢蜡蝉																																		
（五）帕瓢蜡蝉亚科																																			
123	福瓢蜡蝉																			+		+			+				+	+	+				+
124	勐仑福瓢蜡蝉																			+															
125	尖峰岭短额瓢蜡蝉																																		+
126	弯球鼻瓢蜡蝉																				+														
127	鼻瓢蜡蝉								+					+									+												
128	瘤额瓢蜡蝉																	+			+	+	+												
129	芬纳瘤额瓢蜡蝉																				+														
130	宋氏瘤额瓢蜡蝉																			+	+														
131	安龙瘤额瓢蜡蝉																				+														
132	中华瘤突瓢蜡蝉																				+														
133	平脉瘤瓢蜡蝉																	+																	
134	扁足瓢蜡蝉																	+					+												
135	钩扁足瓢蜡蝉																				+														
136	平扁足瓢蜡蝉																				+														
137	威宁扁足瓢蜡蝉																				+														
138	指扁足瓢蜡蝉																						+												

续表

序号	种名	黑龙江	吉林	辽宁	河北	北京	天津	河南	山东	山西	内蒙古	宁夏	甘肃	陕西	新疆	青海	西藏	四川	重庆	云南	贵州	广西	湖北	湖南	江西	安徽	江苏	上海	浙江	福建	台湾	广东	香港	澳门	海南
139	双突扁足瓢蜡蝉																			+															
140	芬纳扁足瓢蜡蝉																			+															
141	双叶瓢蜡蝉																	+		+															
142	拟周瓢蜡蝉																																		+
143	二叉喙瓢蜡蝉																																		+
144	瓣弘瓢蜡蝉																			+		+													
145	海南黄瓢蜡蝉																																		+
146	云南黄瓢蜡蝉																			+															
147	黑额黄瓢蜡蝉																					+													
148	带黄瓢蜡蝉																			+															
149	棒突拟瘤额瓢蜡蝉																				+														
150	四瓣拟瘤额瓢蜡蝉																				+														
151	宽阔水拟瘤额瓢蜡蝉																				+														
152	长突拟瘤额瓢蜡蝉																			+															
153	剑突拟瘤额瓢蜡蝉																			+															
154	环线苏额瓢蜡蝉																			+															
155	贵州扁瓢蜡蝉																				+	+			+										
156	勐腊扁瓢蜡蝉																			+															
157	瑞丽扁瓢蜡蝉																			+															
158	短突菱瓢蜡蝉												+	+																					
159	长突菱瓢蜡蝉																			+															

续表

序号	种名	黑龙江	吉林	辽宁	河北	北京	天津	河南	山东	山西	内蒙古	宁夏	甘肃	陕西	新疆	青海	西藏	四川	重庆	云南	贵州	广西	湖北	湖南	江西	安徽	江苏	上海	浙江	福建	台湾	广东	香港	澳门	海南
160	耳突菱瓢蜡蝉																			+															
161	丽涛齿跗瓢蜡蝉																					+							+		+				+
162	褐额众瓢蜡蝉																														+				
163	双瓣众瓢蜡蝉																																+		
164	云南众瓢蜡蝉																			+															
165	兰坪众瓢蜡蝉																			+															
166	凸众瓢蜡蝉																+																		
167	尖众瓢蜡蝉																+																		
168	望谟梭瓢蜡蝉																				+														
169	额斑梭瓢蜡蝉																				+														
170	莲瓢蜡蝉												+					+					+												
（六）瓢蜡蝉亚科																																			
171	网新泰瓢蜡蝉																																		+
172	北方波氏瓢蜡蝉												+					+																	
173	四突鞍瓢蜡蝉										+	+																							
174	贺兰鞍瓢蜡蝉											+																							
175	黄氏鞍瓢蜡蝉														+																				
176	杨氏鞍瓢蜡蝉															+																			
177	叉突鞍瓢蜡蝉														+																				
178	甘肃鞍瓢蜡蝉												+																						
179	桑瓢蜡蝉																							+											

续表

序号	种名	黑龙江	吉林	辽宁	河北	北京	天津	河南	山东	山西	内蒙古	宁夏	甘肃	陕西	新疆	青海	西藏	四川	重庆	云南	贵州	广西	湖北	湖南	江西	安徽	江苏	上海	浙江	福建	台湾	广东	香港	澳门	海南
180	卡布桑瓢蜡蝉																	+																	
181	台湾梯额瓢蜡蝉																												+		+				
182	福建梯额瓢蜡蝉																													+					
183	四突巨齿瓢蜡蝉																							+											
184	短突巨齿瓢蜡蝉							+																											
185	恶性巨齿瓢蜡蝉			+		+			+	+								+		+	+		+			+	+		+						
186	短刺柯瓢蜡蝉																	+		+		+													
187	长刺柯瓢蜡蝉																			+															
188	云犷瓢蜡蝉																												+						
189	等犷瓢蜡蝉																													+					
190	黑萨瓢蜡蝉																													+					
191	条萨瓢蜡蝉																														+				
192	双叉萨瓢蜡蝉																			+															
193	萨瑞瓢蜡蝉																														+				
194	棒突萨瑞瓢蜡蝉																																		
195	平突萨瑞瓢蜡蝉																																		
196	魔眼瓢蜡蝉																													+					
197	线类萨瓢蜡蝉																									+									
198	匙类萨瓢蜡蝉																								+					+					
199	茂兰杨氏瓢蜡蝉																				+														
200	笃华萨瓢蜡蝉																														+				

续表

序号	种名	黑龙江	吉林	辽宁	河北	北京	天津	河南	山东	山西	内蒙古	宁夏	甘肃	陕西	新疆	青海	西藏	四川	重庆	云南	贵州	广西	湖北	湖南	江西	安徽	江苏	上海	浙江	福建	台湾	广东	香港	澳门	海南
201	平华萨瓢蜡蝉																														+				
202	喀华萨瓢蜡蝉																														+				
203	黑新萨瓢蜡蝉																														+				
204	枯新萨瓢蜡蝉																														+				
205	玉似钻瓢蜡蝉																+																		
206	黄纹拟钻瓢蜡蝉																																		+
207	暗黑平突瓢蜡蝉																+																		
208	褐黄平突瓢蜡蝉																					+													
209	双突弥萨瓢蜡蝉																																		+
210	帕萨瓢蜡蝉																														+				
211	旋美萨瓢蜡蝉																														+				
212	窟美萨瓢蜡蝉																														+				
213	铃美萨瓢蜡蝉																														+				
214	升美萨瓢蜡蝉																														+				
215	移美萨瓢蜡蝉																														+				
216	灵美萨瓢蜡蝉																														+				
217	多根美萨瓢蜡蝉																														+				
218	牡美萨瓢蜡蝉																														+				
219	芳美萨瓢蜡蝉																														+				
220	博美萨瓢蜡蝉																														+				
221	青美萨瓢蜡蝉																														+				

续表

序号	种名	黑龙江	吉林	辽宁	河北	北京	天津	河南	山东	山西	内蒙古	宁夏	甘肃	陕西	新疆	青海	西藏	四川	重庆	云南	贵州	广西	湖北	湖南	江西	安徽	江苏	上海	浙江	福建	台湾	广东	香港	澳门	海南
222	茵美萨瓢蜡蝉																														+				
223	杨氏美萨瓢蜡蝉																														+				
224	浓美萨瓢蜡蝉																														+				
225	川美萨瓢蜡蝉																														+				
226	台湾美萨瓢蜡蝉																														+				
227	田美萨瓢蜡蝉																														+				
228	污美萨瓢蜡蝉																														+				
229	钩美萨瓢蜡蝉																														+				
230	卓美萨瓢蜡蝉																														+				
231	泊美萨瓢蜡蝉																														+				
232	蜜美萨瓢蜡蝉																														+				
233	松村美萨瓢蜡蝉																														+				
234	柳美萨瓢蜡蝉																														+				
235	皓美萨瓢蜡蝉																														+				
236	丰美萨瓢蜡蝉																														+				
237	帆美萨瓢蜡蝉																														+				
238	红美萨瓢蜡蝉																														+				
239	筏美萨瓢蜡蝉																														+				
240	罗美萨瓢蜡蝉																														+				
241	三叶美萨瓢蜡蝉																					+	+												
242	刺美萨瓢蜡蝉																		+																

续表

序号	种名	黑龙江	吉林	辽宁	河北	北京	天津	河南	山东	山西	内蒙古	宁夏	甘肃	陕西	新疆	青海	西藏	四川	重庆	云南	贵州	广西	湖北	湖南	江西	安徽	江苏	上海	浙江	福建	台湾	广东	香港	澳门	海南
243	针美萨瓢蜡蝉																					+													
244	穗美萨瓢蜡蝉																					+								+					
245	尖叶美萨瓢蜡蝉																							+					+	+					
246	双尖美萨瓢蜡蝉																			+												+			+
247	洁美萨瓢蜡蝉																														+				
248	炫美萨瓢蜡蝉																														+				
249	钩克瓢蜡蝉																							+								+			+
250	开克瓢蜡蝉																			+															
251	短卢瓢蜡蝉																																		+
252	长卢瓢蜡蝉																																		+
253	似美萨瓢蜡蝉																																		+
	总计			1	1	2		1	3	1	5	3	5	4	5	2	6	11	1	59	29	30	9	9	4	3	1		12	19	78	10	6		41

表 9 瓢蜡蝉在中国和世界动物地理区中的分布

Table 9 Distribution of issids in China and the World

序号	种名	中国																			世界						中国特有种
		东北区			华北区		蒙新区			青藏区		西南区		华中区		华南区					古北界	新北界	东洋界	非洲界	澳洲界	新热界	
		Ⅰ	Ⅰ	Ⅰ	Ⅱ	Ⅱ	Ⅲ	Ⅲ	Ⅲ	Ⅳ	Ⅳ	Ⅴ	Ⅴ	Ⅵ	Ⅵ	Ⅶ	Ⅶ	Ⅶ	Ⅶ	Ⅶ							
		A	B	C	A	B	A	B	C	A	B	A	B	A	B	A	B	C	D	E							
一	杯瓢蜡蝉科				1	1		3	4	1	1	1	1	3	6	2	8	3	3		11		25				26
（一）	杯瓢蜡蝉亚科																										
1	中华杯瓢蜡蝉								●					●	●						▲		▲				
2	东方杯瓢蜡蝉								●					●							▲		▲				☆
3	类杯瓢蜡蝉								●												▲						
4	棒突杯瓢蜡蝉					●															▲						☆
5	三杯瓢蜡蝉								●												▲						☆
6	山东杯瓢蜡蝉				●																▲						☆
7	芜锥杯瓢蜡蝉																		●				▲				
8	斜妮杯瓢蜡蝉																		●				▲				☆
9	梵净竹杯瓢蜡蝉														●								▲				☆
10	齿竹杯瓢蜡蝉														●								▲				☆
11	长头空杯瓢蜡蝉														●								▲				☆
12	簇敏杯瓢蜡蝉																		●				▲				☆
13	兰敏杯瓢蜡蝉										●										▲						☆
14	短敏杯瓢蜡蝉							●													▲						☆
15	黑色敏杯瓢蜡蝉											●											▲				☆
（二）	透翅杯瓢蜡蝉亚科																										

续表

序号	种名	中国																			世界						中国特有种
		东北区			华北区		蒙新区			青藏区		西南区		华中区		华南区					古北界	新北界	东洋界	非洲界	澳洲界	新热界	
		I A	I B	I C	II A	II B	III A	III B	III C	IV A	IV B	V A	V B	VI A	VI B	VII A	VII B	VII C	VII D	VII E							
16	弯月博杯瓢蜡蝉									●											▲						☆
17	阔颜德里杯瓢蜡蝉												●										▲				
18	丹裙杯瓢蜡蝉																	●					▲				
19	纵带透翅杯瓢蜡蝉							●													▲						
20	拟长透翅杯瓢蜡蝉														●								▲				☆
21	尖刺透翅杯瓢蜡蝉							●													▲						☆
22	犀杯瓢蜡蝉																●						▲				
23	端斑犀杯瓢蜡蝉																●						▲				☆
24	长头斯杯瓢蜡蝉																●						▲				☆
25	李氏斯杯瓢蜡蝉																●						▲				☆
26	二叶斯杯瓢蜡蝉																●						▲				☆
27	长尾斯杯瓢蜡蝉													●									▲				☆
28	短线斯杯瓢蜡蝉														●	●							▲				☆
29	长杯瓢蜡蝉																●						▲				
30	海南露额杯瓢蜡蝉																	●					▲				☆
31	中突露额杯瓢蜡蝉																●						▲				☆
32	短头露额杯瓢蜡蝉																●						▲				☆
33	圆斑露额杯瓢蜡蝉																	●					▲				☆
34	弯突露额杯瓢蜡蝉															●							▲				☆
二	瓢蜡蝉科		1		3	4		2	2		3	15	8	42	34	17	37	34	78		18		212	1			204

续表

序号	种名	中国																			世界						中国特有种
		东北区			华北区		蒙新区			青藏区		西南区		华中区		华南区					古北界	新北界	东洋界	非洲界	澳洲界	新热界	
		Ⅰ	Ⅰ	Ⅰ	Ⅱ	Ⅱ	Ⅲ	Ⅲ	Ⅲ	Ⅳ	Ⅳ	Ⅴ	Ⅴ	Ⅵ	Ⅵ	Ⅶ	Ⅶ	Ⅶ	Ⅶ	Ⅶ							
		A	B	C	A	B	A	B	C	A	B	A	B	A	B	A	B	C	D	E							
（三）球瓢蜡蝉亚科																											
35	长额圆瓢蜡蝉																●						▲				☆
36	瘤新瓢蜡蝉																	●					▲				☆
37	广瓢蜡蝉													●		●							▲				
38	长顶周瓢蜡蝉															●		●					▲				☆
39	曲纹蒙瓢蜡蝉																●						▲				☆
40	三角蒙瓢蜡蝉																●						▲				☆
41	片马蒙瓢蜡蝉												●										▲				☆
42	蒙瓢蜡蝉													●	●								▲				☆
43	逆蒙瓢蜡蝉											●		●	●	●							▲				☆
44	白星蒙瓢蜡蝉														●								▲				☆
45	锐蒙瓢蜡蝉												●										▲				☆
46	黔蒙瓢蜡蝉														●								▲				☆
47	矛尖蒙瓢蜡蝉													●	●								▲				☆
48	褐斑蒙瓢蜡蝉																●						▲				☆
49	黑星蒙瓢蜡蝉															●							▲				☆
50	锯缘蒙瓢蜡蝉													●									▲				☆
51	双带蒙瓢蜡蝉														●								▲				☆
52	宽带蒙瓢蜡蝉														●								▲				☆
53	弯月脊额瓢蜡蝉																	●					▲				☆

续表

序号	种名	中国																			世界						中国特有种
		东北区			华北区		蒙新区			青藏区		西南区		华中区		华南区					古北界	新北界	东洋界	非洲界	澳洲界	新热界	
		Ⅰ	Ⅰ	Ⅰ	Ⅱ	Ⅱ	Ⅲ	Ⅲ	Ⅲ	Ⅳ	Ⅳ	Ⅴ	Ⅴ	Ⅵ	Ⅵ	Ⅶ	Ⅶ	Ⅶ	Ⅶ	Ⅶ							
		A	B	C	A	B	A	B	C	A	B	A	B	A	B	A	B	C	D	E							
54	脊额瓢蜡蝉													●				●	●		▲		▲				
55	尾刺脊额瓢蜡蝉														●								▲				☆
56	波缘脊额瓢蜡蝉															●		●					▲				☆
57	皱脊额瓢蜡蝉													●	●	●							▲				
58	线格氏瓢蜡蝉																		●				▲				☆
59	横纹格氏瓢蜡蝉														●								▲				☆
60	龟纹格氏瓢蜡蝉													●					●				▲				☆
61	拟龟纹格氏瓢蜡蝉																	●					▲				☆
62	黄斑格氏瓢蜡蝉															●							▲				☆
63	五斑格氏瓢蜡蝉															●							▲				☆
64	星斑格氏瓢蜡蝉																●						▲				☆
65	九星格氏瓢蜡蝉																	●					▲				☆
66	黄格氏瓢蜡蝉																		●				▲				☆
67	台湾格氏瓢蜡蝉																		●				▲				☆
68	半月格氏瓢蜡蝉																●						▲				
69	栅纹格氏瓢蜡蝉																	●					▲				☆
70	云南格氏瓢蜡蝉																●						▲				☆
71	双斑格氏瓢蜡蝉																●						▲				☆
72	三带格氏瓢蜡蝉																●						▲				☆
73	皱额格氏瓢蜡蝉																		●				▲				☆

续表

序号	种名	中国																			世界						中国特有种
		东北区			华北区		蒙新区			青藏区		西南区		华中区		华南区					古北界	新北界	东洋界	非洲界	澳洲界	新热界	
		Ⅰ A	Ⅰ B	Ⅰ C	Ⅱ A	Ⅱ B	Ⅲ A	Ⅲ B	Ⅲ C	Ⅳ A	Ⅳ B	Ⅴ A	Ⅴ B	Ⅵ A	Ⅵ B	Ⅶ A	Ⅶ B	Ⅶ C	Ⅶ D	Ⅶ E							
74	圆翅格氏瓢蜡蝉																		●				▲				☆
75	双带格氏瓢蜡蝉																		●				▲				☆
76	鳌突格氏瓢蜡蝉																	●					▲				☆
77	壮格氏瓢蜡蝉																		●				▲				☆
78	网纹格氏瓢蜡蝉																		●				▲				☆
79	笼格氏瓢蜡蝉																		●				▲				☆
80	十星格氏瓢蜡蝉													●							▲		▲				
81	池格氏瓢蜡蝉																		●				▲				☆
82	吊格氏瓢蜡蝉																		●				▲				☆
83	稻黄格氏瓢蜡蝉																		●				▲				☆
84	棘格氏瓢蜡蝉																		●				▲				☆
85	边格氏瓢蜡蝉																		●				▲				☆
86	大棘格氏瓢蜡蝉																	●					▲				☆
87	皱脊格氏瓢蜡蝉														●	●							▲				☆
88	齿格氏瓢蜡蝉																		●				▲				☆
89	素格氏瓢蜡蝉																	●	●		▲		▲				
90	深色格氏瓢蜡蝉																●	●	●		▲		▲				
91	雅格氏瓢蜡蝉																		●		▲		▲				
92	方格氏瓢蜡蝉																		●				▲				☆
93	锐格氏瓢蜡蝉																		●				▲				☆

续表

序号	种名	中国																			世界						中国特有种
		东北区			华北区		蒙新区			青藏区		西南区		华中区		华南区					古北界	新北界	东洋界	非洲界	澳洲界	新热界	
		I	I	I	II	II	III	III	III	IV	IV	V	V	VI	VI	VII	VII	VII	VII	VII							
		A	B	C	A	B	A	B	C	A	B	A	B	A	B	A	B	C	D	E							
94	异色格氏瓢蜡蝉																●	●	●		▲		▲				
95	黑斑阔瓢蜡蝉																●						▲				☆
96	驳斑球瓢蜡蝉																		●				▲				☆
97	锈球瓢蜡蝉																		●				▲				☆
98	胭脂球瓢蜡蝉																		●				▲				☆
99	丽球瓢蜡蝉																	●					▲				
100	犬牙球瓢蜡蝉																	●					▲				☆
101	红球瓢蜡蝉															●	●	●					▲				
102	双斑球瓢蜡蝉													●									▲				☆
103	长臂球瓢蜡蝉																●						▲				
104	双环球瓢蜡蝉																		●		▲		▲				
105	条纹球瓢蜡蝉																●						▲				☆
106	三瓣球瓢蜡蝉																●						▲				☆
107	浅斑球瓢蜡蝉																		●				▲				☆
108	似球瓢蜡蝉																		●				▲				☆
109	波真球瓢蜡蝉																		●				▲				☆
110	曲真球瓢蜡蝉																		●				▲				☆
111	大真球瓢蜡蝉																		●				▲				☆
112	真球瓢蜡蝉																		●				▲				☆
113	黄新球瓢蜡蝉													●									▲				☆

续表

序号	种名	中国																			世界						中国特有种
		东北区			华北区		蒙新区			青藏区		西南区		华中区		华南区					古北界	新北界	东洋界	非洲界	澳洲界	新热界	
		Ⅰ A	Ⅰ B	Ⅰ C	Ⅱ A	Ⅱ B	Ⅲ A	Ⅲ B	Ⅲ C	Ⅳ A	Ⅳ B	Ⅴ A	Ⅴ B	Ⅵ A	Ⅵ B	Ⅶ A	Ⅶ B	Ⅶ C	Ⅶ D	Ⅶ E							
114	武冈新球瓢蜡蝉													●									▲				☆
115	杨氏新球瓢蜡蝉													●									▲				☆
116	广西新球瓢蜡蝉														●								▲				☆
117	五斑角唇瓢蜡蝉																●						▲				☆
118	小刺角唇瓢蜡蝉													●									▲				☆
119	南角唇瓢蜡蝉																●		●				▲				☆
120	齿类蒙瓢蜡蝉														●								▲				☆
（四）眉瓢蜡蝉亚科																											
121	眉瓢蜡蝉																	●					▲				☆
122	吊罗山眉瓢蜡蝉																	●					▲				☆
（五）帕瓢蜡蝉亚科																											
123	福瓢蜡蝉					●								●			●	●	●		▲		▲				☆
124	勐仑福瓢蜡蝉																●						▲				☆
125	尖峰岭短额瓢蜡蝉																	●					▲				☆
126	弯球鼻瓢蜡蝉														●								▲				
127	鼻瓢蜡蝉				●	●								●	●						▲		▲				☆
128	瘤额瓢蜡蝉											●		●	●								▲				☆
129	芬纳瘤额瓢蜡蝉														●		●						▲				☆
130	宋氏瘤额瓢蜡蝉														●								▲				☆
131	安龙瘤额瓢蜡蝉														●								▲				☆

续表

序号	种名	中国																			世界						中国特有种
		东北区			华北区		蒙新区			青藏区		西南区		华中区		华南区					古北界	新北界	东洋界	非洲界	澳洲界	新热界	
		Ⅰ A	Ⅰ B	Ⅰ C	Ⅱ A	Ⅱ B	Ⅲ A	Ⅲ B	Ⅲ C	Ⅳ A	Ⅳ B	Ⅴ A	Ⅴ B	Ⅵ A	Ⅵ B	Ⅶ A	Ⅶ B	Ⅶ C	Ⅶ D	Ⅶ E							
132	中华瘤突瓢蜡蝉													●	●								▲				☆
133	平脉瘤瓢蜡蝉											●											▲				☆
134	扇扁足瓢蜡蝉											●		●									▲				☆
135	钩扁足瓢蜡蝉												●				●						▲				☆
136	平扁足瓢蜡蝉											●											▲				☆
137	威宁扁足瓢蜡蝉														●								▲				☆
138	指扁足瓢蜡蝉													●									▲				☆
139	双突扁足瓢蜡蝉											●											▲				☆
140	芬纳扁足瓢蜡蝉																●						▲				☆
141	双叶瓢蜡蝉											●											▲				☆
142	拟周瓢蜡蝉																	●					▲				☆
143	二叉喙瓢蜡蝉																	●					▲				☆
144	瓣弘瓢蜡蝉											●			●								▲				☆
145	海南黄瓢蜡蝉																●	●					▲				☆
146	云南黄瓢蜡蝉																●						▲				☆
147	黑额黄瓢蜡蝉													●									▲				☆
148	带黄瓢蜡蝉																●						▲				☆
149	棒突拟瘤额瓢蜡蝉														●								▲				☆
150	四瓣拟瘤额瓢蜡蝉														●								▲				☆
151	宽阔水拟瘤额瓢蜡蝉														●								▲				☆

续表

序号	种名	中国																			世界						中国特有种
		东北区			华北区		蒙新区			青藏区		西南区		华中区		华南区					古北界	新北界	东洋界	非洲界	澳洲界	新热界	
		I	I	I	II	II	III	III	III	IV	IV	V	V	VI	VI	VII	VII	VII	VII	VII							
		A	B	C	A	B	A	B	C	A	B	A	B	A	B	A	B	C	D	E							
152	长突拟瘤额瓢蜡蝉																●						▲				☆
153	剑突拟瘤额瓢蜡蝉																●						▲				☆
154	环线苏额瓢蜡蝉																	●					▲				☆
155	贵州扁瓢蜡蝉													●	●	●							▲				☆
156	勐腊扁瓢蜡蝉																●						▲				☆
157	瑞丽扁瓢蜡蝉																●						▲				☆
158	短突菱瓢蜡蝉					●					●	●									▲		▲				☆
159	长突菱瓢蜡蝉											●					●						▲				☆
160	耳突菱瓢蜡蝉											●											▲				☆
161	丽涛齿跗瓢蜡蝉													●		●			●				▲				☆
162	褐额众瓢蜡蝉																		●				▲	▲			
163	双瓣众瓢蜡蝉															●							▲				☆
164	云南众瓢蜡蝉																●						▲				☆
165	兰坪众瓢蜡蝉														●								▲				☆
166	凸众瓢蜡蝉												●										▲				☆
167	尖众瓢蜡蝉												●										▲				☆
168	额斑梭瓢蜡蝉														●								▲				☆
169	望谟梭瓢蜡蝉														●								▲				☆
170	莲瓢蜡蝉											●		●									▲				☆
（六）瓢蜡蝉亚科																											

续表

序号	种名	中国																			世界						中国特有种
		东北区			华北区		蒙新区			青藏区		西南区		华中区		华南区					古北界	新北界	东洋界	非洲界	澳洲界	新热界	
		I A	I B	I C	II A	II B	III A	III B	III C	IV A	IV B	V A	V B	VI A	VI B	VII A	VII B	VII C	VII D	VII E							
171	网新泰瓢蜡蝉																	●					▲				☆
172	北方波氏瓢蜡蝉											●											▲				☆
173	四突鞍瓢蜡蝉							●													▲						☆
174	贺兰鞍瓢蜡蝉							●													▲						☆
175	黄氏鞍瓢蜡蝉								●												▲						☆
176	杨氏鞍瓢蜡蝉										●										▲						☆
177	叉突鞍瓢蜡蝉								●												▲						☆
178	甘肃鞍瓢蜡蝉										●										▲						☆
179	桑瓢蜡蝉													●	●								▲				☆
180	卡布桑瓢蜡蝉													●									▲				☆
181	台湾梯额瓢蜡蝉																		●				▲				☆
182	福建梯额瓢蜡蝉													●									▲				☆
183	四突巨齿瓢蜡蝉													●									▲				☆
184	短突巨齿瓢蜡蝉				●																▲						☆
185	恶性巨齿瓢蜡蝉		●		●	●						●		●	●		●				▲		▲				☆
186	短刺柯瓢蜡蝉											●		●	●								▲				☆
187	长刺柯瓢蜡蝉												●										▲				☆
188	云犷瓢蜡蝉													●									▲				☆
189	等犷瓢蜡蝉													●									▲				☆
190	黑萨瓢蜡蝉													●									▲				☆

续表

序号	种名	中国																			世界						中国特有种
		东北区			华北区		蒙新区			青藏区		西南区		华中区		华南区					古北界	新北界	东洋界	非洲界	澳洲界	新热界	
		Ⅰ A	Ⅰ B	Ⅰ C	Ⅱ A	Ⅱ B	Ⅲ A	Ⅲ B	Ⅲ C	Ⅳ A	Ⅳ B	Ⅴ A	Ⅴ B	Ⅵ A	Ⅵ B	Ⅶ A	Ⅶ B	Ⅶ C	Ⅶ D	Ⅶ E							
191	条萨瓢蜡蝉																		•				▲				☆
192	双叉萨瓢蜡蝉																•						▲				☆
193	萨瑞瓢蜡蝉																		•				▲				☆
194	棒突萨瑞瓢蜡蝉																	•					▲				☆
195	平突萨瑞瓢蜡蝉																	•					▲				☆
196	魔眼瓢蜡蝉													•									▲				☆
197	线类萨瓢蜡蝉													•									▲				☆
198	匙类萨瓢蜡蝉													•									▲				☆
199	茂兰杨氏瓢蜡蝉														•								▲				☆
200	笃华萨瓢蜡蝉																		•				▲				☆
201	平华萨瓢蜡蝉																		•				▲				☆
202	喀华萨瓢蜡蝉																		•				▲				☆
203	黑新萨瓢蜡蝉																		•				▲				☆
204	枯新萨瓢蜡蝉																		•				▲				☆
205	玉似钻瓢蜡蝉												•										▲				☆
206	黄纹拟钻瓢蜡蝉																	•					▲				☆
207	暗黑平突瓢蜡蝉												•										▲				☆
208	褐黄平突瓢蜡蝉															•							▲				☆
209	双突弥萨瓢蜡蝉																	•					▲				☆
210	帕萨瓢蜡蝉																		•				▲				☆

续表

序号	种名	中国																			世界						中国特有种
		东北区			华北区		蒙新区			青藏区		西南区		华中区		华南区					古北界	新北界	东洋界	非洲界	澳洲界	新热界	
		Ⅰ A	Ⅰ B	Ⅰ C	Ⅱ A	Ⅱ B	Ⅲ A	Ⅲ B	Ⅲ C	Ⅳ A	Ⅳ B	Ⅴ A	Ⅴ B	Ⅵ A	Ⅵ B	Ⅶ A	Ⅶ B	Ⅶ C	Ⅶ D	Ⅶ E							
211	旋美萨瓢蜡蝉																		●				▲				☆
212	窟美萨瓢蜡蝉																		●				▲				☆
213	铃美萨瓢蜡蝉																		●				▲				☆
214	升美萨瓢蜡蝉																		●				▲				☆
215	移美萨瓢蜡蝉																		●				▲				☆
216	灵美萨瓢蜡蝉																		●				▲				☆
217	多根美萨瓢蜡蝉																		●				▲				☆
218	牡美萨瓢蜡蝉																		●				▲				☆
219	芳美萨瓢蜡蝉																		●				▲				☆
220	博美萨瓢蜡蝉																		●				▲				☆
221	青美萨瓢蜡蝉																		●				▲				☆
222	茵美萨瓢蜡蝉																		●				▲				☆
223	杨氏美萨瓢蜡蝉																		●				▲				☆
224	浓美萨瓢蜡蝉																		●				▲				☆
225	川美萨瓢蜡蝉																		●				▲				☆
226	台湾美萨瓢蜡蝉																		●				▲				☆
227	田美萨瓢蜡蝉																		●				▲				☆
228	污美萨瓢蜡蝉																		●				▲				☆
229	钩美萨瓢蜡蝉																		●				▲				☆
230	卓美萨瓢蜡蝉																		●				▲				☆

续表

序号	种名	中国																			世界						中国特有种
		东北区			华北区		蒙新区			青藏区		西南区		华中区		华南区					古北界	新北界	东洋界	非洲界	澳洲界	新热界	
		I A	I B	I C	II A	II B	III A	III B	III C	IV A	IV B	V A	V B	VI A	VI B	VII A	VII B	VII C	VII D	VII E							
231	泊美萨瓢蜡蝉																		●				▲				☆
232	蜜美萨瓢蜡蝉																		●				▲				☆
233	松村美萨瓢蜡蝉																		●				▲				☆
234	柳美萨瓢蜡蝉																		●				▲				☆
235	皓美萨瓢蜡蝉																		●				▲				☆
236	丰美萨瓢蜡蝉																		●				▲				☆
237	帆美萨瓢蜡蝉																		●				▲				☆
238	红美萨瓢蜡蝉																		●				▲				☆
239	筏美萨瓢蜡蝉																		●				▲				☆
240	罗美萨瓢蜡蝉																		●				▲				☆
241	三叶美萨瓢蜡蝉													●		●							▲				☆
242	刺美萨瓢蜡蝉														●								▲				☆
243	针美萨瓢蜡蝉													●									▲				☆
244	穗美萨瓢蜡蝉													●									▲				☆
245	尖叶美萨瓢蜡蝉													●									▲				☆
246	双尖美萨瓢蜡蝉													●		●	●	●					▲				☆
247	洁美萨瓢蜡蝉																		●				▲				☆
248	炫美萨瓢蜡蝉																		●				▲				☆
249	钩克瓢蜡蝉													●		●		●					▲				☆
250	开克瓢蜡蝉																●						▲				☆

续表

序号	种名	中国																			世界						中国特有种
		东北区			华北区		蒙新区			青藏区		西南区		华中区		华南区					古北界	新北界	东洋界	非洲界	澳洲界	新热界	
		I A	I B	I C	II A	II B	III A	III B	III C	IV A	IV B	V A	V B	VI A	VI B	VII A	VII B	VII C	VII D	VII E							
251	短卢瓢蜡蝉																	●					▲				☆
252	长卢瓢蜡蝉																	●					▲				☆
253	似美萨瓢蜡蝉																●	●					▲				☆
	总计		1		4	5		5	6	1	4	16	9	45	40	19	45	37	81		29		237	1			230

表 8 表明，中国已知杯瓢蜡蝉科 34 种，占该科世界已知种的 15.04%；瓢蜡蝉科 219 种，占该科世界已知种数的 19.96%。可见我国是全世界瓢蜡蝉昆虫区系最丰富的国家之一。

从表 9 可以看出：中国 34 种杯瓢蜡蝉分布在古北界的 11 种，占 32.35%；分布在东洋界的 25 种，占 73.53%；古北界和东洋界均有分布的仅 2 种，占 5.88%；分布于古北界而在东洋界无分布的 9 种，占 26.47%，分布于东洋界而在古北界无分布的 23 种，占 67.65%。

中国 219 种瓢蜡蝉分布在古北界的 18 种，占 8.22%，分布在东洋界的 212 种，占 96.80%；分布在非洲界的 1 种，占 0.46%；古北界和东洋界均有分布的有 11 种，占 5.02%，其中球瓢蜡蝉亚科 7 种，帕瓢蜡蝉亚科 3 种，瓢蜡蝉亚科 1 种。瓢蜡蝉仅在古北界分布的 7 种，占 3.20%；分布在东洋界的 200 种，占中国瓢蜡蝉科已知种的 91.32%；在东洋界和非洲界分布的有 1 种，占 0.46%。

（1）种在中国各亚区的分布

杯瓢蜡蝉和瓢蜡蝉各种在中国各亚区的分布如表 9 和表 10 所示。

表 10　中国瓢蜡蝉区系

Table 10　Fauna of issids in China

科名	世界动物地理区（界）	种数	占中国总种数比例/%	亚界	种数	占中国总种数比例/%	中国生物地理分区	种数	占中国总种数的比例/%	亚区	种数	占中国总种数的比例/%
杯瓢蜡蝉科	古北界	11	32.35	东北亚界	2	5.88	Ⅰ东北区	0	0	ⅠA 大兴安岭亚区	0	0
										ⅠB 长白山地亚区	0	0
										ⅠC 松辽平原亚区	0	0
							Ⅱ华北区	2	5.88	ⅡA 黄淮平原亚区	1	2.94
										ⅡB 黄土高原亚区	1	2.94
				中亚亚界	9	26.47	Ⅲ蒙新区	7	20.59	ⅢA 东部草原亚区	0	0
										ⅢB 西部荒漠亚区	3	8.82
										ⅢC 天山山地亚区	4	11.76
							Ⅳ青藏区	2	5.88	ⅣA 羌塘高原亚区	1	2.94
										ⅣB 青海藏南亚区	1	2.94
	东洋界	25	73.53	中印亚界	25	73.53	Ⅴ西南区	2	5.88	ⅤA 西南山地亚区	1	2.94
										ⅤB 喜马拉雅亚区	1	2.94
							Ⅵ华中区	8	23.53	ⅥA 东部丘陵平原亚区	3	8.82
										ⅥB 西部山地高原亚区	6	17.65
							Ⅶ华南区	16	47.06	ⅦA 闽广沿海亚区	2	5.88
										ⅦB 滇南山地亚区	8	23.53
										ⅦC 海南亚区	3	8.82
										ⅦD 台湾亚区	3	8.82
										ⅦE 南海诸岛亚区	0	0

续表

科名	世界动物地理区（界）	种数	占中国总种数比例/%	亚界	种数	占中国总种数比例/%	中国生物地理分区	种数	占中国总种数的比例/%	亚区	种数	占中国总种数的比例/%
瓢蜡蝉科	古北界	18	8.22	东北亚界	5	2.28	Ⅰ东北区	1	0.46	ⅠA 大兴安岭亚区	0	0
										ⅠB 长白山地亚区	1	0.46
										ⅠC 松辽平原亚区	0	0
							Ⅱ华北区	5	2.28	ⅡA 黄淮平原亚区	3	1.37
										ⅡB 黄土高原亚区	4	1.83
				中亚亚界	7	3.20	Ⅲ蒙新区	4	1.83	ⅢA 东部草原亚区	0	0
										ⅢB 西部荒漠亚区	2	0.91
										ⅢC 天山山地亚区	2	0.91
							Ⅳ青藏区	3	1.37	ⅣA 羌塘高原亚区	0	0
										ⅣB 青海藏南亚区	3	1.37
	东洋界	212	96.80	中印亚界	212	96.80	Ⅴ西南区	23	10.50	ⅤA 西南山地亚区	15	6.85
										ⅤB 喜马拉雅亚区	8	3.65
							Ⅵ华中区	65	29.68	ⅥA 东部丘陵平原亚区	42	19.18
										ⅥB 西部山地高原亚区	34	15.53
							Ⅶ华南区	147	67.12	ⅦA 闽广沿海亚区	17	7.76
										ⅦB 滇南山地亚区	37	16.89
										ⅦC 海南亚区	34	15.53
										ⅦD 台湾亚区	78	35.62
										ⅦE 南海诸岛亚区	0	0

i. 古北界东北亚界东北区

东北区包括大、小兴安岭，东部的张广才岭、老爷岭及长白山山地，西部的松辽平原，东部的三江平原。气候寒冷或温暖且湿润。本区为我国最大的林区，也是最大的农业区之一。本区虽地处古北界，但属于温带湿润森林气候类型。暖季受海洋季风影响，温暖多雨，冷季受蒙古高压影响，寒冷干旱。从表 9 和表 10 可看出如下内容。

1）大兴安岭亚区[ⅠA]：包括大兴安岭和小兴安岭的大部分，是西伯利亚针叶林带的南延部分。该亚区气候寒冷，冬季酷寒而漫长，生活条件较严酷，是西伯利亚寒温带针叶林带（泰加林）向南延伸地段。无瓢蜡蝉分布记录。

2）长白山地亚区[ⅠB]：包括自小兴安岭主峰以南至长白山的山地地区。气候属中温带，较大兴安岭亚区暖而湿，冬季较短，高温与多雨期一致。植被为针阔叶混交林，植被繁茂。这一亚区瓢蜡蝉科种类很少，仅瓢蜡蝉亚科 1 种：恶性巨齿瓢蜡蝉 *Dentatissus damnosus* (Chou *et* Lu)，该种类为典型的古北界种类，为我国北方的常见种，向南可分布至西南区、华中区和华南区。

3）松辽平原亚区［ⅠC］：本亚区包括东北平原及外围的山麓地带，景观开阔。无瓢蜡蝉分布记录。

ii. 古北界东北亚界华北区

本区北邻蒙新区与东北区，南至秦岭—淮河，西起西倾山，东临黄海和渤海，包括晋、冀山地，黄淮平原的西部和黄土高原，属暖温带气候。

1）黄淮平原亚区［ⅡA］：包括淮河以北、伏牛山、太行山以东、燕山以南的广大地区，几乎全为开垦的农耕景观。该亚区瓢蜡蝉昆虫区系较为贫乏，区系优势成分主要是杯瓢蜡蝉科的杯瓢蜡蝉亚科，以及瓢蜡蝉科的瓢蜡蝉亚科和帕瓢蜡蝉亚科的种类。这些种类多分布于黄淮平原、伏牛山及山东半岛的丘陵地带，适应于农耕环境包括田间稀疏林地等地域，如棒突杯瓢蜡蝉 *Caliscelis rhabdocladis* Che, Wang *et* Zhang、恶性巨齿瓢蜡蝉 *Dentatissus damnosus* (Chou *et* Lu) 和短突巨齿瓢蜡蝉 *Dentatissus brachys* Chen, Zhang *et* Chang；此外，该区也包括东洋界向古北界的渗透成分，如鼻瓢蜡蝉 *Narinosus nativus* Gnezdilov *et* Wilson 除在秦岭南部及湖北分布外，在山东青岛也有分布。

2）黄土高原亚区［ⅡB］：包括山西、陕西和甘肃南部的黄土高原及冀热山地。秦岭山地位于本亚区南缘，是华北区与华中区的分界，也是我国古北界与东洋界在东部的分界，但其在动物地理上的阻隔作用不如喜马拉雅显著。故在该区南部出现了一些东洋界的种类，如本志记述的菱瓢蜡蝉属的短突菱瓢蜡蝉 *Rhombissus brevispinus* Che, Zhang *et* Wang, sp. nov.，其不仅分布于秦岭南坡（甘肃宕昌县），且在秦岭北麓厚畛子（陕西周至）也有分布。另外，一般认为古北界与东洋界在我国东部分野的秦岭，也是本亚区与华中区的分界。如前述的鼻瓢蜡蝉 *Narinosus nativus* Gnezdilov *et* Wilson 的模式标本虽然记述于秦岭南部魏子坪（Wei tse ping，属陕西汉中市镇巴县黎坝镇），也分布于华中区（湖北神农架）等，属华中区西部山地高原亚区（ⅥB1），但我们检视的标本采集信息表明其在秦岭北麓（ⅡB2）东部的华山（陕西华州区）和西部的甘峪（陕西鄠邑区）也有分布。

iii. 古北界中亚亚界蒙新区

本区包括鄂尔多斯高原、阿拉善高原、河西走廊、塔里木盆地、柴达木盆地、准噶尔盆地和天山山地，多为典型的大陆性气候，属于荒漠、半荒漠草原地带。该区瓢蜡蝉贫乏。

1）东部草原区［ⅢA］：自大兴安岭南端至内蒙古高原东部边缘，本亚区无瓢蜡蝉分布记录。

2）西部荒漠亚区［ⅢB］：包括阴山北部的戈壁、鄂尔多斯西部、阿拉善、塔里木、柴达木及准噶尔盆地。该亚区境内为大片沙丘、砾漠和盐碱滩，生长荒漠植被，仅在沿河流及山麓有高山冰雪融水长期灌溉的地段，植被生长较好。根据表 10，在该亚区分布的杯瓢蜡蝉昆虫主要有短敏杯瓢蜡蝉 *Peltonotellus brevis* Meng, Gnezdilov *et* Wang、尖刺透翅杯瓢蜡蝉 *Ommatidiotus acutus* Horváth 及纵带透翅杯瓢蜡蝉 *Ommatidiotus dashdorzhi* Dlabola；瓢蜡蝉科的种类为四突鞍瓢蜡蝉 *Celyphoma quadrupla* Meng *et* Wang 和贺兰鞍瓢蜡蝉 *Celyphoma helanense* Che, Zhang *et* Wang, sp. nov.。根据检视标本信息，其主要分布区域为河套-河西省（ⅢB1）。

3）天山山地亚区[IIIC]：主要为新疆的天山山系，向北至塔尔巴哈台山地，以及阿尔泰山在内的北疆山地。该亚区瓢蜡蝉区系与西部荒漠亚区相似，分布的杯瓢蜡蝉科的种类主要是中华杯瓢蜡蝉 *Caliscelis chinensis* Melichar、类杯瓢蜡蝉 *Caliscelis affinis* Fieber、东方杯瓢蜡蝉 *Caliscelis orientalis* Ôuchi 及三杯瓢蜡蝉 *Caliscelis triplicata* Che, Wang *et* Zhang；瓢蜡蝉科的种类为叉突鞍瓢蜡蝉 *Celyphoma bifurca* Meng *et* Wang 及黄氏鞍瓢蜡蝉 *Celyphoma huangi* Mitjaev。依据标本采集信息，这些种类分布的地域主要为天山山地省（IIIC1）。

iv. 古北界中亚亚界青藏区

本区包括青海、西藏、四川南部，属高原气候，植被以高山草原、高山草甸、高寒荒漠为主。该区瓢蜡蝉昆虫种类也非常贫乏，区系的组成同蒙新区颇为相似，该区已知瓢蜡蝉 5 种。

1）羌塘高原亚区[IVA]：本亚区指西藏高原冈底斯、念青唐古拉、昆仑和可可西里各山脉的“羌塘高原”，并包括喜马拉雅山及其北麓高原，自东南向西北，由低至高，植被由高山荒漠草原至高山寒漠，植被生长矮小稀疏。在该亚区仅知 1 种，即本志记述的新种弯月博杯瓢蜡蝉 *Bocra siculiformis* Che, Zhang *et* Wang, sp. nov.，该种还分布于西藏阿里札达县曲松，属羌塘高原省（IVA1）。该亚区是博杯瓢蜡蝉属在我国唯一的分布地。

2）青海藏南亚区[IVB]：本亚区包括青海东部的祁连山向南至昌都地区，喜马拉雅山中、东段高山带及北麓谷地（雅鲁藏布江），处于青藏高原的东南部边缘，地形复杂，自然条件的垂直变化比较明显，气候随海拔降低而渐温暖。在该亚区分布的种类除杯瓢蜡蝉科的兰敏杯瓢蜡蝉 *Peltonotellus labrosus* Emeljanov 外，还有瓢蜡蝉科的短突菱瓢蜡蝉 *Rhombissus brevispinus* Che, Zhang *et* Wang, sp. nov.、甘肃鞍瓢蜡蝉 *Celyphoma gansua* Chen, Zhang *et* Chang 和杨氏鞍瓢蜡蝉 *Celyphoma yangi* Chen, Zhang *et* Chang 等 3 种，根据检视标本信息，这 4 个种还分布于该亚区的东部[青藏东部省（IVB2）]。

v. 东洋界中印亚界西南区

本区包括四川西部、昌都地区东部、北起青海与甘肃南缘，南抵云南北部，即横断山脉部分，再向西包括喜马拉雅南坡针叶林带以下的山地。该区地形复杂，多是高山峡谷，动物垂直分布明显，并且物种分化活跃。该区共分布有 25 种瓢蜡蝉，其中杯瓢蜡蝉 2 种：黑色敏杯瓢蜡蝉 *Peltonotellus niger* Meng, Gnezdilov *et* Wang 和阔颜德里杯瓢蜡蝉 *Delhina eurybrachydoides* Distant，前者为中国特有种；瓢蜡蝉科 23 种，其均为中国特有种，占中国已知种的 10.50%。

1）西南山地亚区[VA]：包括四川南部、西藏昌都地区东南部、云南大部，即横断山脉地区。由于山脉和峡谷为南北走向，在季风气候影响下，夏季暖湿气流可向北深入，有利于南方物种向北方扩散渗透。该亚区瓢蜡蝉共 16 种，其中黑色敏杯瓢蜡蝉 *Peltonotellus niger* Meng, Gnezdilov *et* Wang、平脉瘤瓢蜡蝉 *Tumorofrontus parallelicus* Che, Zhang *et* Wang, sp. nov.、平扁足瓢蜡蝉 *Neodurium flatidum* Ran *et* Liang、双突扁足瓢蜡蝉 *Neodurium duplicadigitum* Zhang *et* Chen、双叶瓢蜡蝉 *Folifemurum duplicatum* Che, Wang *et* Zhang、耳突菱瓢蜡蝉 *Rhombissus auriculiformis* Che, Zhang *et* Wang, sp. nov.、北方波氏瓢蜡蝉 *Potaninum boreale* (Melichar) 等 7 种为本亚区特有种。

2）喜马拉雅亚区[ⅤB]：包括喜马拉雅南坡及波密-察隅针叶林带以下的山区。本亚区受孟加拉湾气候影响，属温暖半湿润至湿润地区。该亚区种类明显少于前一亚区，仅有 7 属 9 种：阔颜德里杯瓢蜡蝉 *Delhina eurybrachydoides* Distant、片马蒙瓢蜡蝉 *Mongoliana pianmaensis* Chen, Zhang *et Chang*、锐蒙瓢蜡蝉 *Mongoliana arcuata* Meng, Wang *et* Qin、凸众瓢蜡蝉 *Thabena convexa* Che, Zhang *et* Wang, sp. nov.、尖众瓢蜡蝉 *Thabena acutula* Meng, Qin *et* Wang, sp. nov.、长刺柯瓢蜡蝉 *Kodaianella longispina* Zhang *et* Chen、玉似钻瓢蜡蝉 *Coruncanoides jaspida* Che, Zhang *et* Wang, sp. nov.、暗黑平突瓢蜡蝉 *Parallelissus furvus* Meng, Qin *et* Wang, sp. nov.、钩扁足瓢蜡蝉 *Neodurium hamatum* Wang *et* Wang，主要分布于墨脱、高黎贡山、易贡等地区。除钩扁足瓢蜡蝉外，其余 8 种为本亚区特有种。由于该亚区地处边陲，交通不便，对境内的动物调查较少，而与之毗邻的印度东北部和缅甸北部报道的瓢蜡蝉种类较多，有可能是我国对这一地区的研究不够充分。

vi. 东洋界中印亚界华中区

本区包括四川盆地与贵州高原及其以东的长江流域。该区南北跨度较宽，包括整个中、北亚热带，西半部自秦岭至西江上游，除四川盆地外，主要是山地和高原；东半部包括长江中、下游流域、东南沿海丘陵的北部，属亚热带温暖气候。

1）东部丘陵平原亚区[ⅥA]：指三峡以东的长江中下游流域，包括沿江冲积平原和下游的长江三角洲，以及散布于境内的大别山、黄山、武夷山、罗霄山和福建、广东、广西北部的丘陵等。该亚区瓢蜡蝉种类丰富，共 45 种。其中很多种与华南区共有，如皱脊额瓢蜡蝉 *Gergithoides rugulosus* (Melichar)、锯缘蒙瓢蜡蝉 *Mongoliana serrata* Che, Wang *et* Chou、福瓢蜡蝉 *Fortunia byrrhoides* (Walker)、丽涛齿跗瓢蜡蝉 *Gelastyrella litaoensis* Yang、钩克瓢蜡蝉 *Jagannata uncinulata* Che, Zhang *et* Wang, sp. nov.、三叶美萨瓢蜡蝉 *Eusarima triphylla* (Che, Zhang *et* Wang) 等。亚区特有种如东方杯瓢蜡蝉 *Caliscelis orientalis* Ôuchi、长尾斯杯瓢蜡蝉 *Symplana elongata* Meng, Qin *et* Wang, sp. nov.、双斑球瓢蜡蝉 *Hemisphaerius bimaculatus* Che, Zhang *et* Wang、小刺角唇瓢蜡蝉 *Eusudasina spinosa* Meng, Qin *et* Wang, sp. nov.、指扁足瓢蜡蝉 *Neodurium digitiformum* Ran *et* Liang、云犷瓢蜡蝉 *Tetrica zephyrus* Fennah、等犷瓢蜡蝉 *Tetrica aequa* Jacobi、四突巨齿瓢蜡蝉 *Dentatissus quadruplus* Meng, Qin *et* Wang, sp. nov.、卡布桑瓢蜡蝉 *Sangina kabuica* Meng, Qin *et* Wang, sp. nov.、福建梯额瓢蜡蝉 *Neokodaiana minensis* Meng *et* Qin、黑萨瓢蜡蝉 *Sarima nigrifacies* Jacobi、魔眼瓢蜡蝉 *Orbita parallelodroma* Meng *et* Wang、线类萨瓢蜡蝉 *Sarimites linearis* Che, Zhang *et* Wang, sp. nov.、匙类萨瓢蜡蝉 *Sarimites spatulatus* Che, Zhang *et* Wang, sp. nov.等共 22 种。在该亚区分布的瓢蜡蝉种类多以江南丘陵省（ⅥA3）为其主要分布区域。

2）西部山地高原亚区[ⅥB]：包括秦岭、淮阳山地西部、四川盆地、云贵高原的东部和西江上游的南岭山地。与东部丘陵平原亚区相比，该亚区地形较崎岖，气候温凉，动物区系也比上一亚区复杂。本亚区瓢蜡蝉分布有 40 种，但特有种就有 19 种（表 9）。在该亚区，一些种类与华南区共有，如贵州扁瓢蜡蝉 *Flatiforma guizhouensis* Meng *et* Wang, sp. nov.，还有一些种类与西南区共有，如瘤额瓢蜡蝉 *Tetricodes polyphemus* Fennah、

瓣弘瓢蜡蝉 *Macrodarumoides petalinus* Che Zhang *et* Wang 及短刺柯瓢蜡蝉 *Kodaianella bicinctifrons* Fennah 等。由此可见，本亚区与西南区的西南山地亚区之间的瓢蜡蝉区系成分关系密切。其次，该区秦岭地区有与华北区共有的种类，如前述的鼻瓢蜡蝉；杯瓢蜡蝉科透翅杯瓢蜡蝉亚科的透翅杯瓢蜡蝉属已知的 13 个种全都分布于古北界，但本志记述的拟长透翅杯瓢蜡蝉 *Ommatidiotus pseudolongiceps* Meng, Qin *et* Wang, sp. nov.分布于秦岭南麓的庙台子（陕西留坝，为西部山地高原亚区ⅥB1 秦巴-武当省），拓宽了该属仅在古北界的分布记录。这也表明，秦岭虽作为古北界与东洋界的分界线，但本身仍具有过渡地带的特点。另外，统计结果表明，贵州高原及广西北部也是一些典型华南区种类的分布北界，如短线斯杯瓢蜡蝉 *Symplana brevistrata* Chou, Yuan *et* Wang 主要分布于广东地区，但向北可延伸至贵州荔波、茂兰，以及广西百色、大新等地区（陈祥盛等，2014）。

vii. 东洋界中印亚界华南区

本区包括云南与广东和广西的大部分、福建省东南沿海一带，以及台湾、海南岛和南海各群岛。大陆部分北部属于南亚热带，南部属热带。

1）闽广沿海亚区[ⅦA]：包括福建省东南沿海和广东、广西的南部，多丘陵，气温高，年降水量在 1500mm 左右。张荣祖（2004）认为该亚区的动物区系实际上是滇南山地亚区的贫乏化。该亚区已知瓢蜡蝉 19 种，与华南区其他亚区相比较为贫乏，杯瓢蜡蝉科仅有 2 种，瓢蜡蝉科有 17 种，仅为滇南山地亚区ⅦB 的种类数量的 42.22%。该亚区与华中区特别是西部山地高原亚区[ⅥB]成分相似，有 6 个特有种：弯突露额杯瓢蜡蝉 *Symplanella recurvata* Yang *et* Chen、黑星蒙瓢蜡蝉 *Mongoliana signifier* (Walker)、黄斑格氏瓢蜡蝉 *Gnezdilovius flavimaculus* (Walker)、五斑格氏瓢蜡蝉 *G. quinquemaculatus* (Che, Zhang *et* Wang)、双瓣众瓢蜡蝉 *Thabena biplaga* (Walker)、褐黄平突瓢蜡蝉 *Parallelissus fuscus* Meng, Qin *et* Wang, sp. nov.，约占该亚区种类的 31.58%，主要分布于广西南部防城、武鸣、龙州、十万大山及香港等地区。另外，球瓢蜡蝉亚科的广瓢蜡蝉 *Macrodaruma pertinax* Fennah 主要分布于越南北部三岛地区，在我国仅限于该亚区的广西南部山区（广西武鸣）及其相邻地区。可见，该亚区，特别是广西南部山区是东洋界瓢蜡蝉的分布中心之一。

2）滇南山地亚区[ⅦB]：包括云南西部和南部边境，即怒江、澜沧江、元江等中游地区。低山河谷地区属热带气候，高山地区属亚热带气候，植被为常绿阔叶林，南部西双版纳一带具典型的热带季雨林。该亚区瓢蜡蝉科共 37 种，种类数不及华中区的东部丘陵平原亚区，但略高于该区的西部山地高原亚区，亚区特有种共 23 个，约占该亚区瓢蜡蝉科总种数的 62.16%。球瓢蜡蝉亚科的特有种较多，计 6 属 12 种：星斑格氏瓢蜡蝉 *Gnezdilovius multipunctatus* (Che, Zhang *et* Wang)、云南格氏瓢蜡蝉 *G. yunnanensis* (Che, Zhang *et* Wang)、双斑格氏瓢蜡蝉 *G. bimaculatus* (Zhang *et* Che)、三带格氏秀瓢蜡蝉 *G. tristriatus* (Meng *et* Wang)、三角蒙瓢蜡蝉 *Mongoliana triangularis* (Che, Wang *et* Chou)、褐斑蒙瓢蜡蝉 *M. naevia* (Che, Wang *et* Chou)、曲纹蒙瓢蜡蝉 *M. sinuata* (Che, Wang *et* Chou)、三瓣球瓢蜡蝉 *Hemisphaerius trilobulus* Che, Zhang *et* Wang、条纹球瓢蜡蝉 *H. parallelus* Zhang *et* Wang, sp. nov.、黑斑阔瓢蜡蝉 *Rotundiforma nigrimaculata* Meng, Wang *et* Qin、长额圆瓢蜡蝉 *Gergithus frontilongus* Meng, Webb *et* Wang、五斑角唇瓢蜡蝉

Eusudasina quinquemaculatus Meng, Qin *et* Wang, sp. nov.。帕瓢蜡蝉亚科在该亚区有特有种 6 属 9 种：勐仑福瓢蜡蝉 *Fortunia menglunensis* Meng, Qin *et* Wang, sp. nov.、芬纳扁足瓢蜡蝉 *Neodurium fennahi* Zhang *et* Chen、云南黄瓢蜡蝉 *Flavina yunnanensis* Chen, Zhang *et* Chang、带黄瓢蜡蝉 *F. nigrifascia* Che *et* Wang、长突拟瘤额瓢蜡蝉 *Neotetricodes longispinus* Chang *et* Chen、剑突拟瘤额瓢蜡蝉 *N. xiphoideus* Chang *et* Chen、勐腊扁瓢蜡蝉 *Flatiforma menglaensis* Che, Zhang *et* Wang, sp. nov.、瑞丽扁瓢蜡蝉 *F. ruiliensis* Che, Zhang *et* Wang, sp. nov.、云南众瓢蜡蝉 *Thabena yunnanensis* (Ran *et* Liang)；瓢蜡蝉亚科在该亚区有特有种 2 属 2 种：开克瓢蜡蝉 *Jagannata ringentiformis* Che, Zhang *et* Wang, sp. nov.、双叉萨瓢蜡蝉 *Sarima bifurca* Meng, Qin *et* Wang, sp. nov.。此外，透翅杯瓢蜡蝉亚科鹰杯瓢蜡蝉族在该亚区也有较多的特有种，共 3 属 6 种，约占该亚区杯瓢蜡蝉科种数的 75%，包括长头斯杯瓢蜡蝉 *Symplana longicephala* Chou, Yuan *et* Wang、李氏斯杯瓢蜡蝉 *S. lii* Chen, Zhang *et* Chang、二叶斯杯瓢蜡蝉 *S. biloba* Meng, Qin *et* Wang, sp. nov.、短头露额杯瓢蜡蝉 *Symplanella brevicephala* (Chou, Yuan *et* Wang)、中突露额杯瓢蜡蝉 *S. zhongtua* Yang *et* Chen、端斑犀杯瓢蜡蝉 *Augilodes apicomacula* Wang, Chou *et* Yuan。长杯瓢蜡蝉 *P. nigrifasciata* Che，Zhang *et* Webb 及长臂球瓢蜡蝉 *Hemisphaerius palaemon* Fennah 为本亚区和“东南亚大陆”（泰国、越南）所共有。

3）海南亚区[ⅦC]：该亚区位于北纬 20°以南，属于热带型气候，为典型的热带区域，东部山地为热带季雨林，西部一部分为稀疏草原，中央山地森林面积大，而沿海农耕面积较大。该亚区瓢蜡蝉种类丰富，共已知 37 种，明显高于闽广沿海亚区[ⅦA]，但比滇南山地亚区[ⅦB]瓢蜡蝉的丰富度低。虽然岛屿的孤立不利于许多动物的生存，但岛屿的特殊环境却有利于种的分化、土著种的形成与保存。本亚区瓢蜡蝉科的特有种共 21 种，占该区已知种的 56.76%，其中以球瓢蜡蝉亚科和瓢蜡蝉亚科的特有种最多，前者计 4 属 8 种：拟龟纹格氏瓢蜡蝉 *Gnezdilovius pseudotesselatus* (Che, Zhang *et* Wang)、栅纹格氏瓢蜡蝉 *G. parallelus* (Che, Zhang *et* Wang)、螯突格氏瓢蜡蝉 *G. chelatus* (Che, Zhang *et* Wang)、大棘格氏瓢蜡蝉 *G. spinosus* (Che, Zhang *et* Wang)、九星格氏瓢蜡蝉 *G. nonomaculatus* (Meng *et* Wang)、弯月脊额瓢蜡蝉 *Gergithoides gibbosus* Chou *et* Wang、瘤新瓢蜡蝉 *Neogergithoides tubercularis* Sun, Meng *et* Wang、犬牙球瓢蜡蝉 *Hemisphaerius caninus* Che, Zhang *et* Wang, sp. nov.；后者共 5 属 7 种：网新泰瓢蜡蝉 *Neotapirissus reticularis* Meng *et* Wang、黄纹拟钻瓢蜡蝉 *Pseudocoruncanius flavostriatus* Meng, Qin *et* Wang, sp. nov.、棒突萨瑞瓢蜡蝉 *Sarimodes clavatus* Meng, Qin *et* Wang、平突萨瑞瓢蜡蝉 *S. parallelus* Meng, Qin *et* Wang、短卢瓢蜡蝉 *Lunatissus brevis* Che, Zhang *et* Wang, sp. nov.、长卢瓢蜡蝉 *L. longus* Che, Zhang *et* Wang, sp. nov.、双突弥萨瓢蜡蝉 *Sarimissus bispinus* Meng, Qin *et* Wang, sp. nov.。帕瓢蜡蝉亚科的特有种共 4 属 4 种：尖峰岭短额瓢蜡蝉 *Brevicopius jianfenglingensis* (Chen, Zhang *et* Chang)、拟周瓢蜡蝉 *Pseudochoutagus curvativus* Che, Zhang *et* Wang、二叉喙瓢蜡蝉 *Rostrolatum separatum* Che, Zhang *et* Wang, sp. nov.、环线苏额瓢蜡蝉 *Tetricodissus pandlineus* Wang, Bourgoin *et* Zhang。海南黄瓢蜡蝉 *Flavina hainana* (Wang *et* Wang) 是帕瓢蜡蝉亚科黄瓢蜡蝉属 *Flavina* Stål 在海南的唯一代表。

本志以模式属眉瓢蜡蝉属建立新亚科——眉瓢蜡蝉亚科，迄今发现的 2 个种——眉瓢蜡蝉 *Superciliaris reticulatus* Meng, Qin *et* Wang, sp. nov.和吊罗山眉瓢蜡蝉 *S. diaoluoshanis* Meng, Qin *et* Wang, sp. nov.是该亚科仅知的 2 个种，也是本亚区特有种。

杯瓢蜡蝉科的露额杯瓢蜡蝉属 *Symplanella* Fennah 全世界仅知 3 种，其中就有 2 种分布于海南，即圆斑露额杯瓢蜡蝉 *Symplanella unipuncta* Zhang *et* Wang 和海南露额杯瓢蜡蝉 *S. hainanensis* Yang *et* Chen，也是本亚区特有种。裙杯瓢蜡蝉 *Phusta dantela* Gnezdilov 在中国也仅见于该亚区。瓢蜡蝉科的新瓢蜡蝉属 *Neogergithoides* Sun, Meng *et* Wang 的模式种瘤新瓢蜡蝉 *N. tubercularis* Sun, Meng *et* Wang 及拟周瓢蜡蝉属 *Pseudochoutagus* Che, Zhang *et* Wang 的模式种拟周瓢蜡蝉 *Pseudochoutagus curvativus* Che, Zhang *et* Wang 为本亚区与中南半岛所共有。根据检视标本信息，瘤新瓢蜡蝉在该亚区是优势种，在海南各自然保护区均有分布，且发生数量非常大，随处可见。

从该亚区瓢蜡蝉区系成分可知，东洋界成分占到 86.49%，东洋界和古北界共有成分仅占 15.63%。表明海南亚区处于东洋界核心地带，在瓢蜡蝉进化过程中，逐渐形成了稳定的区系结构（表 9）。

4）台湾亚区[ⅦD]：包括台湾及附近各小岛。该亚区是我国瓢蜡蝉区系最丰富的地区，已知 81 种，种数明显高于所有亚区，该亚区与海南亚区的区系成分相似，特有种高达 70 个，约占该亚区种数的 86.42%。芜锥杯瓢蜡蝉 *Gelastissus hokutonis* (Matsumura) 仅分布于我国台湾及越南等地，是锥杯瓢蜡蝉属 *Gelastissus* Kirkaldy 在我国的唯一代表；褐额众瓢蜡蝉 *Thabena brunnifrons* (Bonfils, Attié *et* Reynaud) 分布于新加坡和留尼汪岛（Bonfils *et al.*，2001；Gnezdilov，2009a），在我国台湾地区也有分布（Chan *et al.*，2013）。本亚区的龟纹格氏瓢蜡蝉 *Gnezdilovius tesselatus* (Matsumura)、异色格氏瓢蜡蝉 *G. variabilis* (Butler)、脊额瓢蜡蝉 *Gergithoides carinatifrons* Schumacher、南角唇瓢蜡蝉 *Eusudasina nantouensis* Yang、福瓢蜡蝉 *Fortunia byrrhoides* (Walker)、丽涛齿跗瓢蜡蝉 *Gelastyrella litaoensis* Yang 等与大陆共有，表明台湾与大陆区系关系密切。另外，本亚区的素格氏瓢蜡蝉 *Gnezdilovius unicolor* (Melichar)、深色格氏瓢蜡蝉 *G. carbonarius* (Melichar)、异色格氏瓢蜡蝉 *G. variabilis*（Butler）、脊额瓢蜡蝉 *Gergithoides carinatifrons* Schumacher 及福瓢蜡蝉 *Fortunia byrrhoides* (Walker) 等 5 个种在南部的海南亚区（ⅦC）也有分布，并向北伸入琉球群岛、日本及韩国。

5）南海诸岛亚区[ⅦE]：该亚区无瓢蜡蝉分布记录。

综上所述，在中国动物地理区划的各亚区中，杯瓢蜡蝉除东北区的 3 个亚区（ⅠA 大兴安岭亚区、ⅠB 长白山亚区及ⅠC 松辽平原亚区）、蒙新区的东部草原亚区（ⅢA）及华南区的南海诸岛亚区（ⅢE）无分布记录外，在 7 个分区中的其他 14 个亚区均有分布（表 10）。

已知杯瓢蜡蝉分布最多的亚区为华南亚区的滇南山地亚区，共 8 种，占中国杯瓢蜡蝉科已知种的 23.53%；其次为华中区西部山地高原亚区，已知 6 种，占 17.65%；蒙新区的天山山地亚区分布的种数为 4 种，占 11.76%，位列第三；东部丘陵平原亚区、海南亚区和台湾亚区各有 3 种，各占 8.82%，蒙新区的西部荒漠亚区分布的种数和华南区的海南亚区和台湾亚区相同，也为 3 种，占 8.82%；华南区的闽广沿海亚区，仅 2 种，占

5.88%。

由表 10 也可看出，在中国动物地理区划各亚区中，除东北区所属的大兴安岭亚区和松辽平原亚区、蒙新区的东北草原亚区、青藏区的羌塘高原亚区及华南区的南海诸岛亚区无分布记录外，瓢蜡蝉科在 7 个分区中的其他 14 个亚区均有分布。

表 10 表明：瓢蜡蝉科分布最多的亚区为华南区的台湾亚区，共 78 种，占中国已知种的 35.62%；其次为华中区东部丘陵平原亚区，共 42 种，占 19.18%；第三为华南区滇南亚区，计 37 种，占 16.89%；第四为华中区西部山地高原亚区和华南区海南亚区，分别已知 34 种，占 15.52%；第五为华南区的闽广沿海亚区，计 17 种，占 7.76%；第六为西南区的西南山地亚区，为 15 种，占 6.85%；西南区的喜马拉雅亚区明显低于前述各亚区，已知 8 种，占 3.65%，位列第七；华北区的黄淮平原亚区及黄土高原亚区和青藏区的青海藏南亚区为瓢蜡蝉种类较少的亚区，其中黄土高原亚区已知 4 种，占 1.83%，位列第八；而黄淮平原亚区和青海藏南亚区分别有 3 种，各占 1.37%，位列第九。最少的当属蒙新区的西部荒漠亚区和天山山地亚区，各有 2 种，各占 0.91%；东北区的长白山地亚区仅有 1 种，占 0.46%。

（2）种在中国各区和世界各区（界和亚界）的分布

根据表 9 统计，瓢蜡蝉在中国动物地理区划中各区和世界各区（界和亚界）的分布见表 10。从表 10 可看出如下内容。

杯瓢蜡蝉科分布最多的区是华南区，已知 16 种，占 47.06%，第二为华中区，计 8 种，占 23.53%，第三为蒙新区，计 7 种，占 20.59%，第四为华北区、青藏区和西南区，各有 2 种，各占 5.88%。

杯瓢蜡蝉在中国东北亚界仅分布 2 种，占中国已知种的 5.88%；中亚亚界 9 种，占 26.47%；中印亚界计 25 种，占 73.53%。中国杯瓢蜡蝉区系组成以中印亚界的种类为主。

中国杯瓢蜡蝉科东洋界分布 25 种，占 73.53%；古北界 11 种，占 32.35%。中国杯瓢蜡蝉科区系组成以东洋界的种类为主。

瓢蜡蝉科分布最多的区域是华南区，计 147 种，占 67.12%；第二为华中区，计 65 种，占 29.68%；第三为西南区，计 23 种，占 10.50%；第四为华北区，分布有 5 种，占 2.28%；其次，蒙新区 4 种，青藏区 3 种，分别占 1.83%和 1.37%，位列第五和第六；东北区最少，仅有 1 种，占 0.46%。

瓢蜡蝉科在中印亚界有 212 种，占中国已知种的 96.80%；东北亚界仅分布 5 种，占 2.28%；中亚亚界 7 种，占 3.20%，表明中国瓢蜡蝉科区系组成以中印亚界的种类为主。

中国瓢蜡蝉科在东洋界分布 212 种，占 96.80%，古北界 18 种，占 8.22%。中国瓢蜡蝉科区系组成以东洋界的种类为主。

以上统计结果表明，中国瓢蜡蝉无论是所有已知种类还是特有种均以东洋界最为丰富，分别占我国已知种数的 93.68%及特有种数的 91.74%；古北界次之，仅分别占 11.46%和 6.09%；虽然东洋界和古北界跨界分布的仅有 13 种，但有 5 种中国特有种（表 7，表 9）。在东洋界的 3 个区中，华南区的瓢蜡蝉种类最为丰富，占我国已知种类的 64.43%，其次为华中区和西南区，分别占我国已知种数的 28.85%和 9.88%。在这 3 个地理区中，秦岭、武夷山、南岭、广西南部、云贵高原及西藏东南部地区的种类异常丰富，蕴含了大量的特有成分，并且很可能是周边地区区系的发源地或关键的物种扩散通道。

从现有瓢蜡蝉科昆虫的分布资料看，中国无疑是亚洲瓢蜡蝉科的分布中心，且大部分属的绝大多数种类分布在我国南方，即华中、华南、西南 3 区。而杯瓢蜡蝉科在全北界、非洲界拥有丰富的物种多样性，我国北方广大地区位于东古北界，不乏杯瓢蜡蝉科昆虫的适宜生境，然而这一区域杯瓢蜡蝉亚科种类却十分贫乏，这可能是采集调查不够充分所致。

各　论

瓢蜡蝉隶属于半翅目 Hemiptera 蜡蝉总科 Fulgoroidea，是蜡蝉总科中较大的类群之一，包括杯瓢蜡蝉科 Caliscelidae 和瓢蜡蝉科 Issidae，全世界已知 1500 多种，广泛分布于世界各地。

瓢蜡蝉科 Issidae 是蜡蝉总科中较大的一个科，目前全世界已知 186 属 1097 种，中国已知 219 种。

杯瓢蜡蝉科 Caliscelidae 是蜡蝉总科中较小的一个科，目前全世界已知 76 属 226 余种，中国已知 34 种。

科检索表

前翅短，仅达体中部，或者前翅盖住腹部，但相对狭长，两侧平行；后翅缺如或未发育…………………………………………………………………………………………… **杯瓢蜡蝉科 Caliscelidae**

前翅长，达腹部末端，近椭圆形；具后翅……………………………………………………**瓢蜡蝉科 Issidae**

一、杯瓢蜡蝉科 Caliscelidae Amyot *et* Serville, 1843

Caloscelides Amyot *et* Serville, 1843: 509.

Calliscelides (sic) Agassiz, 1848: 172.

Caloscelidae Fieber, 1872: 4.

Caloscelinae Kirby, 1885: 212. **Type genus:** *Caliscelis* de Laporte, 1833; Osborn, 1904: 93.

Caliscelidae Melichar, 1906: 3; Fennah, 1954: 455; Emeljanov, 1999: 61; Yang *et* Chang, 2000: 150; Gnezdilov *et* Wilson, 2006b: 4; Che, Wang *et* Zhang, 2011: 35; Gnezdilov, 2013a: 1309; Chen, Zhang *et* Chang, 2014: 156.

Caliscelinae Matsumura, 1916: 116; Fennah, 1954: 456; Metcalf, 1958: 18.

体小到大型。头顶通常宽短，少数种类头顶向前突出，有时具头突。翅具二型现象，短翅型种类翅革质，翅脉不明显，长翅型翅多近膜质，半透明，翅脉明显。雄虫阳茎发达，抱器端部背突起尖，无侧刺。雌虫第 3 产卵瓣扁平，无齿，圆或几乎三角形；第 2 产卵瓣侧面观背缘常具 1 排锯齿，第 1 产卵瓣窄，具 1-9 个齿；第 7 腹节宽大。

本志记述本科 2 亚科 5 族 14 属 34 种，其中包括 1 新属，2 中国新记录属，1 中国新记录种及 5 新种。

地理分布：全世界。

亚科检索表

成虫前翅短，后缘平截，明显不达腹部末端，翅脉不明显，后翅退化；若虫前胸背板侧感觉窝边缘无毛形感器；成虫具发达的阳茎基和退化的阳茎器……………………… **杯瓢蜡蝉亚科 Caliscelinae**

成虫前翅长，后缘斜或圆，明显或几乎达腹部末端，翅脉清晰，后翅发达；若虫前胸背板侧感觉窝边缘具毛形感器；成虫具退化的阳茎基和发达的阳茎器…… **透翅杯瓢蜡蝉亚科 Ommatidiotinae**

（一）杯瓢蜡蝉亚科 Caliscelinae Amyot *et* Serville, 1843

Caloscelides Amyot *et* Serville, 1843: 509.

Calliscelides (sic) Agassiz, 1848: 172.

Caloscelidae Fieber, 1872: 4.

Caloscelinae Kirby, 1885: 212. **Type genus**: *Caliscelis* de Laporte, 1833.

Caliscelini Kirkaldy, 1907: 9.

Caliscelaria Oshanin, 1912: 121.

Caliscelinae Baker, 1915: 141; Matsumura, 1916: 116; Metcalf, 1938: 404; Caldwell, 1945: 89; Metcalf, 1958: 18; Fennah, 1987: 243; Emeljanov, 1999: 66; Yang *et* Chang, 2000: 150; Gnezdilov *et* Wilson, 2006b: 4; Gnezdilov, 2013a: 1309.

鉴别特征：体小到中型，体长 1.8-6.0mm。头包括复眼略窄于或略宽于前胸背板。头顶近四边形或五边形，宽大于长，中域凹陷。具单眼。前翅短，近四边形，后缘平截，明显不达腹部末端；后翅退化。足叶状扩大或正常；后足胫节具 1-3 个侧刺，后足第 1 跗节端部具 1-2 个侧刺或无侧刺，无中刺。阳茎退化，阳茎基发达。若虫前胸背板侧感觉窝边缘无毛形感器。

地理分布：全世界。

全世界已知 2 族 51 属，我国已知 2 族 6 属 15 种，包括 1 新属，1 新种。

族检索表

头、前胸、中胸及腹部无感觉陷……………………………………………………… **杯瓢蜡蝉族 Caliscelini**

头、前胸、中胸及腹部具感觉陷…………………………………………………**敏杯瓢蜡蝉族 Peltonotellini**

Ⅰ. 杯瓢蜡蝉族 Caliscelini Amyot *et* Serville, 1843

Caloscelides Amyot *et* Serville, 1843: 509.

Calliscelides (sic) Agassiz, 1848: 172.

Caloscelinae Kirby, 1885: 212. **Type genus**: *Caliscelis* de Laporte, 1833.

Caliscelini Jacobi, 1910: 109; Metcalf, 1952: 227; 1958: 21; Fennah, 1987: 243; Gnezdilov *et* Bourgoin, 2009: 4; Chen, Zhang *et* Chang, 2014: 156.

体小型。具单眼。前胸背板前缘明显凸出，与头顶等宽，后缘近平直，中胸盾片中域隆起，具中脊，亚侧脊或无。前翅短，仅达体中部，翅脉不明显；无后翅。前足的腿节和胫节叶片状扩大，中足或后足的腿节和胫节叶片状扩大或无。后足胫节具 1 或 2 个侧刺。额、胸部及腹部背面无感觉陷。

地理分布：古北界、东洋界、非洲界、澳洲界、新热带界。

全世界已记载 30 属 72 种，中国已知 5 属 11 种，其中包括 1 新属，1 新种。

属检索表

1. 头、前胸、中胸及腹部无瘤突……………………………………………………………2
   头、前胸、中胸及腹部具瘤突……………………………………………………………4
2. 前足腿节和胫节明显叶状扩大；头顶和额汇合角度为 105°-110°，背面观仅能观察到头顶的上半部分……………………………………………………**杯瓢蜡蝉属 *Caliscelis***
   不如上述……………………………………………………………………………………3
3. 头顶近五边形，唇基扁平，触角第 2 节端部突出……………………**锥杯瓢蜡蝉属 *Gelastissus***
   头顶近六边形，唇基不扁平，触角第 2 节端部不突出…………………**妮杯瓢蜡蝉属 *Nenasa***
4. 头顶微突出于复眼，前缘直……………………………………………**竹杯瓢蜡蝉属 *Bambusicaliscelis***
   头顶明显突出于复眼，前缘圆弧形凸出…………………**空杯瓢蜡蝉属，新属 *Cylindratus* gen. nov.**

1. 杯瓢蜡蝉属 *Caliscelis* de Laporte, 1833

Caliscelis de Laporte, 1833: 251. **Type species**: *Caliscelis heterodoxa* de Laporte, 1833; Melichar, 1906: 7; Ôuchi, 1940: 303; Fennah, 1956: 516; Gnezdilov *et* Bourgoin, 2009: 7; Che, Wang *et* Zhang, 2011: 36; Chen, Zhang *et* Chang, 2014: 160.

Mejonosoma Costa, 1834: 86. **Type species**: *Mejonosoma grisea* Costa, 1834.

Phyllocnemis Schaum, 1850: 67. **Type species**: *Caloscelis stemmalis* Burmeister, 1835.

属征：头包括复眼窄于前胸背板。头顶和额汇合处钝角状，为 105°-110°，背面观仅能观察到头顶的上半部分。头顶近四边形，宽大于长，中域凹陷。具单眼。额长略大于最宽处，中域不隆起，前缘微凹入，具脊或无。唇基隆起，无脊，不与额位于同一平面上；喙达中足基节。前胸背板前缘明显凸出，突出部分约与头顶等宽，后缘近平直，中域具 2 个小凹陷，具中脊或无。中胸盾片中域隆起，近侧顶角处明显向下倾斜，具中脊、亚侧脊或无，近侧缘中部各具 1 个小凹陷。前翅近四边形，短，仅达体中部，无爪缝，翅脉不明显；无后翅。前足腿节和胫节叶片状扩大，中足或后足腿节和胫节叶片状扩大或无。后足胫节具 1 个侧刺，后足刺式 (6-7)-2-2。

雄性外生殖器：肛节背面观近椭圆形或方形，尾节侧面观后缘近端部或近基部微突出。阳茎基背面近端部分瓣，侧瓣在端部扩大；阳茎常具 1 对不对称的突起。抱器侧面观近方形，基部窄至端部略扩大，抱器背突细长。

雌性外生殖器：肛节背面观近椭圆形，长大于最宽处。第 3 产卵瓣侧面观近方形，中域平坦。侧面观第 2 产卵瓣后连接片背缘具 1 列小齿。第 1 负瓣片宽短，近方形。第 1 产卵瓣端缘具 3 个大齿。内生殖瓣近卵圆形。第 7 腹节宽。

地理分布：北京、河北、新疆、安徽、浙江、湖南、广西；俄罗斯，韩国，日本，斯里兰卡，乌克兰，保加利亚，土耳其，罗马尼亚，意大利，西班牙，葡萄牙，法国，澳大利亚，巴西。

全世界已知 24 种，中国已知 6 种。

种检索表

1. 前翅棕色，无纵带……2
   前翅褐色或深棕色，具浅色纵带……3
2. 腹部中部无浅色纵带，前足腿节和胫节叶状扩大……**中华杯瓢蜡蝉 *C. chinensis***
   腹部中部具浅色纵带，前足腿节和胫节略扩大……**东方杯瓢蜡蝉 *C. orientalis***
3. 雄虫前翅中部具短白色斜纹，为前翅长度的一半……**类杯瓢蜡蝉 *C. affinis***
   雄虫前翅具长白色斜纹，自基部几乎延伸至前翅臀角……4
4. 雄虫肩板无白色斜纹……**三杯瓢蜡蝉 *C. triplicata***
   雄虫肩板具白色斜纹，与前翅白色斜纹连成一线……5
5. 阳茎在近基部和近端部各具 1 剑状突起……**棒突杯瓢蜡蝉 *C. rhabdocladis***
   阳茎端半部具 1 对突起，并在阳茎基基部左侧具 1 小突起……**山东杯瓢蜡蝉 *C. shandongensis***

(1) 中华杯瓢蜡蝉 *Caliscelis chinensis* Melichar, 1906（图 18；图版Ⅱ：a-c）

Caliscelis chinensis Melichar, 1906: 16 (Type locality: China); Matsumura, 1916: 89.

体连翅长：♀ 7.8mm。前翅长：♀ 2.6mm。

体深褐色，具棕色斑纹。头顶浅棕色。复眼深褐色。额和唇基深褐色，喙浅棕色。前胸背板和中胸盾片深褐色，中域处棕色。前翅棕色。足棕色，具深褐色圆斑。腹部褐色，具深褐色圆斑。

头顶近四边形，前缘微弧形突出，后缘近平直，两后侧角处宽为中线长的 3.4 倍。额不隆起，布满细小的刻点，前缘弧形凹入，中线长为最宽处的 1.3 倍，最宽处为基部宽的 1.2 倍。额唇基沟近平直。唇基光滑无脊，中域明显隆起。前胸背板宽，具中脊。中胸盾片宽且短，具中脊和亚侧脊，中域隆起，最宽处为中线长的 2.2 倍。前翅短，近四边形，中域具刻点，长为最宽处的 1.3 倍。前足腿节和胫节明显叶状扩大。后足刺式 7-2-2。

雌性外生殖器：肛节背面观近四边形，端缘明显凸起，顶角钝圆，中线长明显宽于最宽处，肛孔位于近中部。侧面观肛节较宽，侧顶角钝圆，腹缘近平直。第 3 产卵瓣平坦，近方形，背部具窄的凹刻。第 2 产卵瓣端半部分为两瓣，基半部愈合，背缘具 1 列齿，产卵瓣的端部具 1 对短且粗大的突起。第 1 产卵瓣宽，背向弯曲，具 3 个指状突起，第 1 负瓣片近卵圆形。第 7 腹节端缘近平直。

观察标本：1♀，广西金秀六巷上左陈，1981.X.30，采集人不详；1♀，安徽霍山佛子岭，200m，1964.IX.22，金根桃（SHEM）。

地理分布：安徽、浙江、广西；俄罗斯。

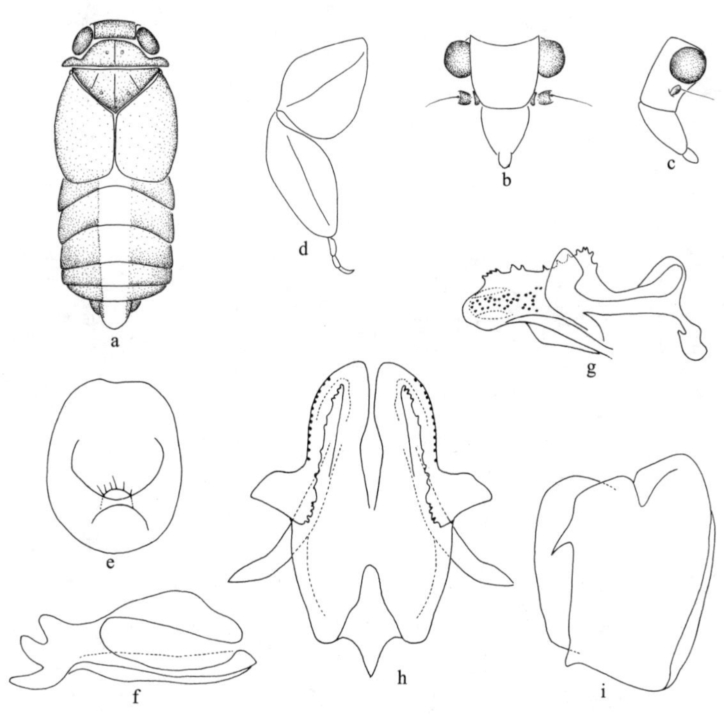

图 18　中华杯瓢蜡蝉 *Caliscelis chinensis* Melichar

a. 成虫背面观（adult, dorsal view）；b. 额与唇基（frons and clypeus）；c. 头部侧面观（head, lateral view）；d. 前足（fore leg）；e. 雌肛节背面观（female anal segment, dorsal view）；f. 第 1 产卵瓣侧面观（gonapophysis Ⅷ, lateral view）；g. 第 2 产卵瓣侧面观（gonapophysis Ⅸ, lateral view）；h. 第 2 产卵瓣背面观（gonapophyses Ⅸ, dorsal view）；i. 第 3 产卵瓣侧面观（gonoplac, lateral view）

(2) 东方杯瓢蜡蝉 *Caliscelis orientalis* Ôuchi, 1940（图 19；图版 II：d-f）

Caliscelis orientalis Ôuchi, 1940: 303 (Type locality: Zhejiang, China).

体连翅长：♀ 8.5mm。前翅长：♀ 2.7mm。

体深褐色，具浅棕色斑纹。头顶浅棕色，近凹陷处布满红色斑纹。复眼深褐色。额深褐色，近侧缘处具浅棕色条带；唇基深褐色，近中部处具浅棕色条带。喙浅棕色。前胸背板褐色，中域处浅棕色。中胸盾片深褐色，中域处浅棕色。前翅棕色。足棕色，前足腿节和胫节深褐色，中足和后足布满深褐色圆斑。腹部深褐色，中域具浅棕色条带和深褐色圆斑。

头顶近四边形，前缘微弧形突出，后缘近平直，两后侧角处宽为中线长的 3.1 倍。额不隆起，具中脊；中域具细小刻点，前缘明显弧形凹入，最宽处为基部宽的 1.3 倍，中线长为最宽处的 1.5 倍。额唇基沟微弧形弯曲。唇基光滑无脊，中域明显隆起。前胸背板宽，不具中脊。中胸盾片宽且短，具中脊和亚侧脊，中域明显隆起；最宽处为中线处长的 2.3 倍。前翅短，近四边形，中域具刻点，长为最宽处的 1.3 倍。前足腿节和胫节略叶状扩大。后足刺式 7-2-2。

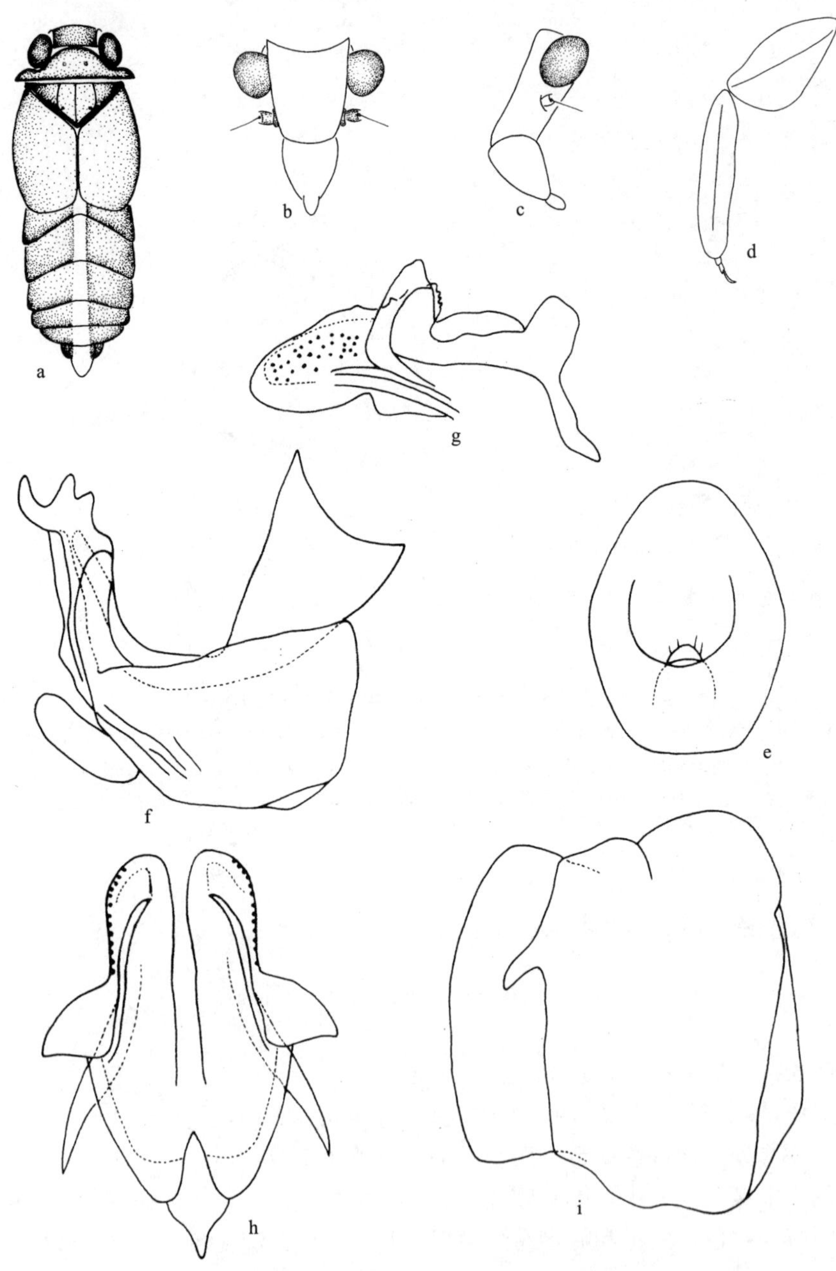

图 19　东方杯瓢蜡蝉 *Caliscelis orientalis* Ôuchi

a. 成虫背面观（adult, dorsal view）；b. 额与唇基（frons and clypeus）；c. 头部侧面观（head, lateral view）；d. 前足（fore leg）；e. 雌肛节背面观（female anal segment, dorsal view）；f. 第 1 产卵瓣侧面观（gonapophysis Ⅷ, lateral view）；g. 第 2 产卵瓣侧面观（gonapophysis Ⅸ, lateral view）；h. 第 2 产卵瓣背面观（gonapophyses Ⅸ, dorsal view）；i. 第 3 产卵瓣侧面观（gonoplac, lateral view）

雌性外生殖器：肛节背面观近椭圆形，端缘明显凸起，顶角钝圆，中线长明显宽于最宽处，肛孔位于基半部。侧面观肛节较宽，侧顶角尖锐并向下弯曲，腹缘明显弯曲。第 3 产卵瓣平坦，粗大，近方形，背部具 1 窄的凹刻。第 2 产卵瓣端半部分为两瓣，基半部愈合，瓣背面具 1 短的突起。产卵器第 1 产卵瓣窄，背向弯曲，具 3 个指状突起。第 1 负瓣片近方形。第 7 腹节端缘近平直。

观察标本：1♀，湖南南岳祝福岭，1963.VI.21，杨集昆（CAU）。

地理分布：浙江、湖南。

(3) 类杯瓢蜡蝉 *Caliscelis affinis* Fieber, 1872（图 20；图版 II：g-l）

Caliscelis affinis Fieber, 1872: 4 [nomen nudum]; Fieber, 1876: 223 (Type locality: Dobruja, Rumania); Horváth, 1904: 380; Melichar, 1906: 8; Chen, Zhang *et* Chang, 2014: 162.

体连翅长：♂ 3.6-3.9mm，♀ 4.0-4.5mm。前翅长：♂ 2.2mm，♀ 2.4-2.7mm。

雄成虫：体深褐色，具浅棕色斑纹。头顶浅棕色。复眼黑褐色。额棕色，布满深褐色圆斑；唇基深褐色。喙浅棕色。前胸背板和中胸盾片褐色，中域处浅棕色。前翅深褐色，具白色条带，约为前翅长度的一半。足棕色，布满深褐色圆斑。腹部深褐色，具浅棕色条带和深褐色圆斑，腹面黄白色。

雌成虫：体浅棕色，具褐色斑纹，背板中部具浅色纵带。

头顶近四边形，前缘微弧形突出，后缘近平直，侧缘明显脊起，两后侧角处宽为中线长的 2.2 倍，中域凹陷。额不隆起，中脊不伸达前缘，亚侧脊仅位于前缘处；中域具细小刻点，前缘明显凹入，最宽处为基部宽的 1.2 倍，中线长为最宽处的 1.3 倍。额唇基沟近平直。唇基光滑无脊，中域明显隆起。前胸背板宽，不具中脊。中胸盾片宽且短，中域明显隆起，具中脊和亚侧脊；最宽处为中线长的 2.4 倍。前翅短，近四边形，中域具刻点，长为最宽处的 1.4 倍，自翅基部至内侧角具 1 棒形的纵带。前足腿节和胫节明显叶状扩大。后足刺式 6-2-2。腹部中部具 1 浅色纵带，其上布满深色圆斑。

雄性外生殖器：肛节背面观椭圆形，端缘明显突出，侧顶角钝圆，长稍大于中部宽；侧面观肛节较小，侧顶角向上弯曲，端部稍细且指向尾端，腹缘近平直；肛孔位于近中部。尾节侧面观背侧角稍突出，侧缘呈明显波浪状，背尾角稍突出，近中部缢缩。阳茎侧面观呈“V”形，阳茎基的基半部呈管状，端半部腹面裂开，侧面呈片状，不对称，左侧较大，侧缘向背面弯曲，具 1 列（约 7 个）大齿；阳茎器在基半部具 1 对较粗的长突起。抱器较长，近方形，基部宽约等于端部宽，腹缘稍突出，腹端角稍尖锐；抱器背突极细长。

雌性外生殖器：肛节背面观近三角形，端缘明显突出，顶角钝圆，侧缘平滑但明显弯曲，中线长约等于最宽处，肛孔位于基半部。侧面观肛节较窄，侧顶角尖锐，向下弯曲，腹缘明显弯曲。第 3 产卵瓣粗大，中域平坦，近方形，背部具 1 短的凹刻。第 2 产卵瓣端半部分为两瓣，基半部愈合，背缘具 1 列齿，近侧具 1 对短的突起。产卵器第 1 产卵瓣窄，背向弯曲，具 3 个指状突起，第 1 负瓣片近方形；第 7 腹节端缘近平直。

观察标本：9♂，新疆于田，1427m，1979.IX.1，陈彤；3♂7♀，新疆喀什，1979.VI.28-29，陈彤；1♂5♀，新疆疏勒草湖，1100m，1979.IX.1，李法圣（CAU）。

地理分布：新疆；俄罗斯，保加利亚，土耳其，意大利，罗马尼亚，乌克兰，亚美尼亚。

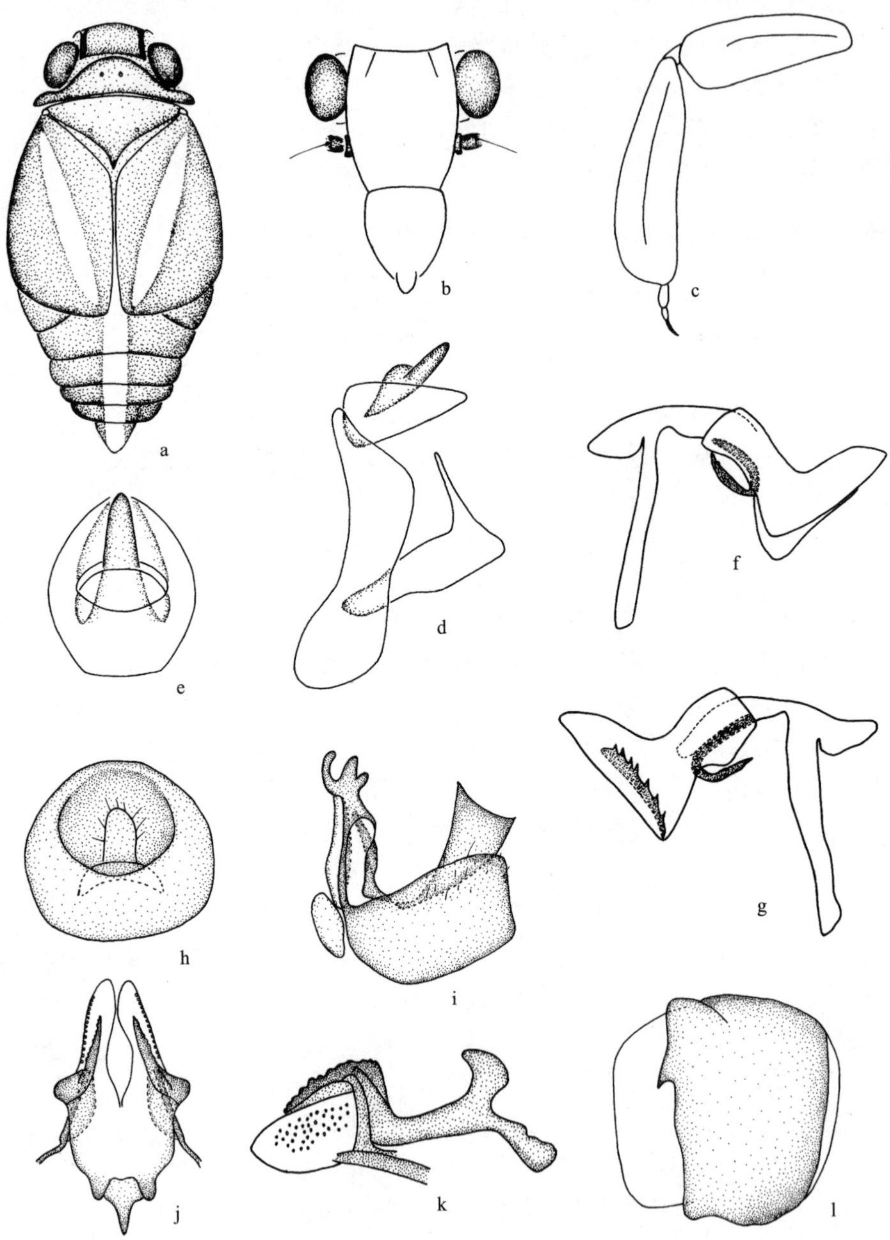

图 20 类杯瓢蜡蝉 *Caliscelis affinis* Fieber

a. 成虫背面观（adult, dorsal view）；b. 额与唇基（frons and clypeus）；c. 前足（fore leg）；d. 雄虫外生殖器左面观（male genitalia, left view）；e. 雄肛节背面观（male anal segment, dorsal view）；f. 阳茎左面观（phallus, left view）；g. 阳茎右面观（phallus, right view）；h. 雌肛节背面观（female anal segment, dorsal view）；i. 第 1 产卵瓣侧面观（gonapophysis Ⅷ, lateral view）；j. 第 2 产卵瓣背面观（gonapophyses Ⅸ, dorsal view）；k. 第 2 产卵瓣侧面观（gonapophysis Ⅸ, lateral view）；l. 第 3 产卵瓣侧面观（gonoplac, lateral view）

(4) 三杯瓢蜡蝉 *Caliscelis triplicata* Che, Wang *et* Zhang, 2011（图 21；图版III：a-f）

Caliscelis triplicata Che, Wang *et* Zhang, 2011: 42 (Type locality: Xinjiang, China).

体连翅长：♂ 4.2-4.3mm，♀ 5.5-5.7mm。前翅长：♂ 2.2mm，♀ 2.3mm。

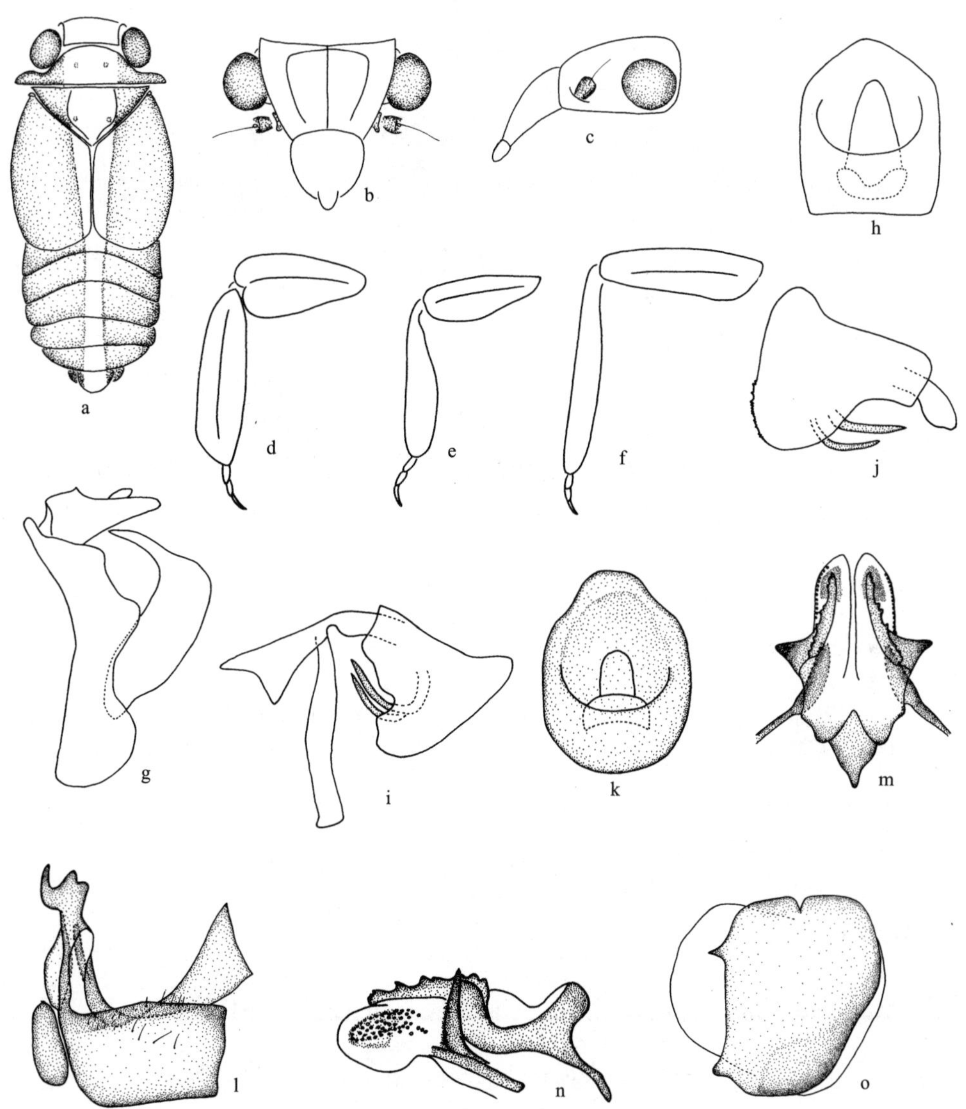

图 21　三杯瓢蜡蝉 *Caliscelis triplicata* Che, Wang *et* Zhang

a. 成虫背面观（adult, dorsal view）；b. 额与唇基（frons and clypeus）；c. 头部侧面观（head, lateral view）；d. 前足（fore leg）；e. 中足（midleg）；f. 后足（hind leg）；g. 雄虫外生殖器左面观（male genitalia, left view）；h. 雄肛节背面观（male anal segment, dorsal view）；i. 阳茎左面观（phallus, left view）；j. 阳茎右面观（phallus, right view）；k. 雌肛节背面观（female anal segment, dorsal view）；l. 第 1 产卵瓣侧面观（gonapophysis Ⅷ, lateral view）；m. 第 2 产卵瓣背面观（gonapophyses Ⅸ, dorsal view）；n. 第 2 产卵瓣侧面观（gonapophysis Ⅸ, lateral view）；o. 第 3 产卵瓣侧面观（gonoplac, lateral view）

雄成虫：体棕色，具浅棕色斑纹和深褐色圆斑。头顶和额棕色，布满黑褐色圆斑。复眼黑褐色。额棕色，布满褐色圆斑。唇基棕色，具深褐色圆斑。喙浅棕色。前胸背板和中胸盾片棕色，具深褐色圆斑和浅棕色条纹。前翅棕色，具深褐色圆斑和白色条纹。足红棕色，前足腿节和胫节黑褐色，后足腿节具黑色条带。腹部背面棕色，具浅棕色的条带和深褐色圆斑，腹面黑褐色，具黄色条带。

雌成虫：体浅棕色，具褐色斑纹，背面中部具浅棕色条纹。

头顶近四边形，中域明显凹陷，前缘微弧形突出，后缘近平直，两后侧角处宽为中线长的 3.2 倍。额不隆起，中域具细小刻点；具中脊和 1 倒“U”形亚侧脊，最宽处为基部宽的 0.9 倍，中线长为最宽处的 1.4 倍。额唇基沟近平直。唇基光滑无脊，中域明显隆起。前胸背板宽，不具中脊。中胸盾片宽且短；中域隆起，具向内弯曲的亚侧脊，最宽处为中线长的 2.2 倍。前翅短，近四边形，中域具刻点，长为最宽处的 1.3 倍；自翅基部至内顶角具 1 棒形的条带。前足、中足和后足的腿节和胫节微叶状扩大，后足胫节近端部具 1 个侧刺。后足刺式 6-2-2。

雄性外生殖器：肛节背面观近方形，端缘明显突出，顶角钝圆，长明显大于中部宽；肛孔位于近中部。肛节侧面观较小，端部稍细且指向尾端，腹缘近平直。尾节侧面观背侧角稍突出，侧缘明显呈波状，背尾角稍突出且近中部处明显膨大，向端部处缢缩。阳茎管状，对称，具 1 对短的剑状突起。阳茎端部裂开并指向尾端，腹缘锯齿状。抱器细长，基部宽约等于端部宽；基缘明显凸出，腹缘近平直；端缘稍钝圆，背缘近中部具 1 大且长的指状突出。

雌性外生殖器：肛节背面观近椭圆形，端缘明显凸起，顶角圆形，侧缘平滑但明显弯曲，中部明显宽于最宽处，肛孔位于基半部。肛节侧面观相对窄，侧顶角尖锐，向下弯曲，腹缘明显弯曲。产卵器第 1 产卵瓣窄，弯向背侧，具 3 个指状突起，第 1 负瓣片近方形；第 2 产卵瓣端半部分为两瓣，基半部愈合，背缘具 1 列齿，近侧具 1 对背向的短突起；第 3 产卵瓣平坦，粗大，近方形，背部具 1 短的凹刻。第 7 腹节端缘近平直。

观察标本：1♂（正模），新疆昌吉，1987.VI.26，王敏；1♂（副模），新疆昌吉，1984.VI.19，采集人不详；1♀（副模），新疆昌吉，1987.VI.26，王敏；1♀（副模），新疆石河子，1979.VII.14，陈彤；1♀（副模），新疆玛纳斯，1984，杨江忠。

地理分布：新疆。

(5) 棒突杯瓢蜡蝉 *Caliscelis rhabdocladis* Che, Wang *et* Zhang, 2011（图 22；图版III：g-l）

Caliscelis rhabdocladis Che, Wang *et* Zhang, 2011: 41 (Type locality: Hebei, China).

体连翅长：♂ 4.0-4.4mm，♀ 5.8-6.0mm。前翅长：♂ 2.3-2.4mm，♀ 2.4-2.6mm。

雄成虫：体深褐色，具浅棕色斑纹。头顶棕色，布满黑褐色斑纹。复眼黑褐色。额棕色，布满黑褐色圆斑；唇基黑褐色。喙浅棕色。前胸背板白色，中胸盾片棕色，具深褐色圆斑。前翅深褐色，具白色条带。足红棕色，前足腿节和胫节黑褐色，后足腿节具黑色条带。腹部背面褐色，具浅棕色条带和深褐色圆斑，腹面黑褐色，具黄色条带。

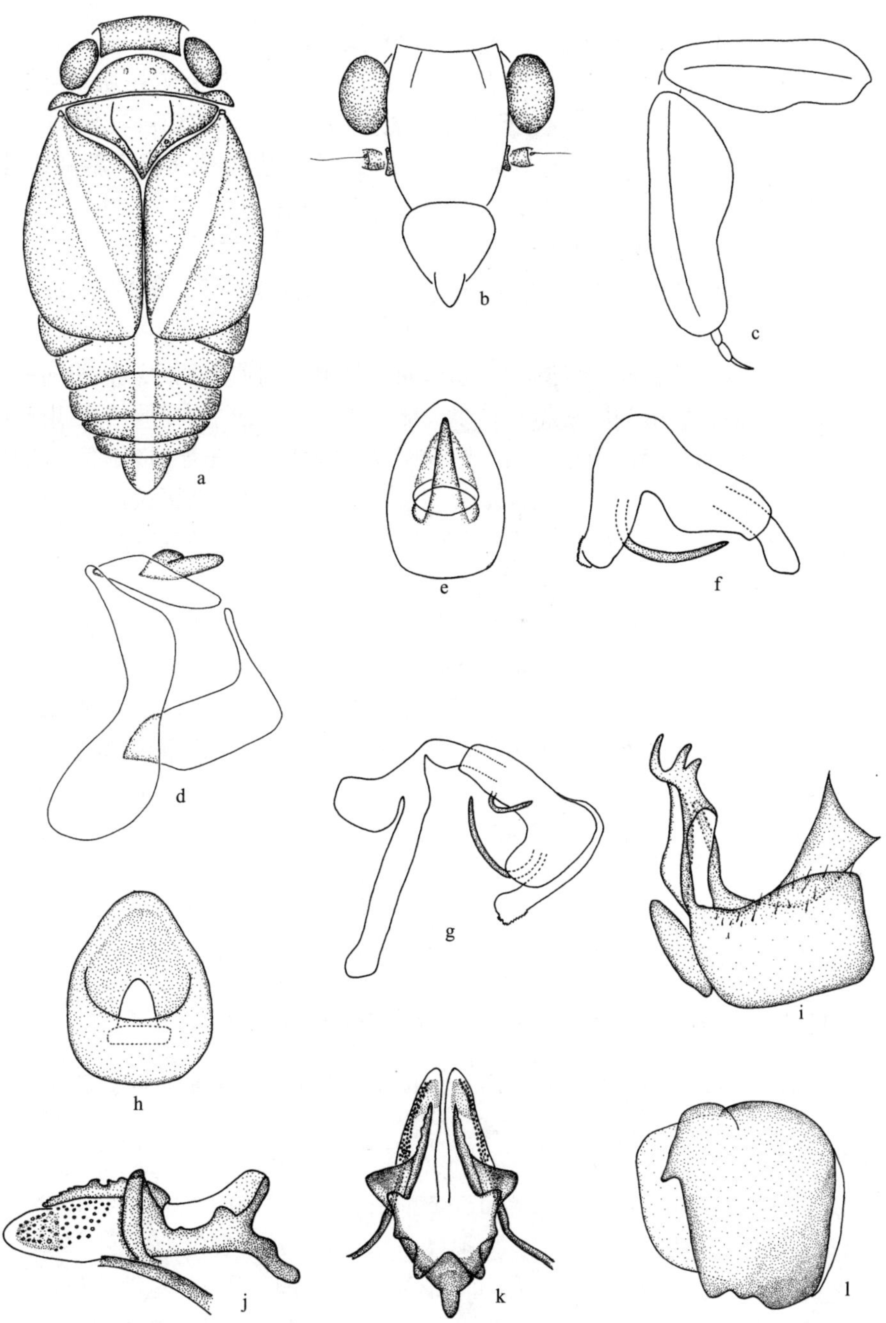

图 22　棒突杯瓢蜡蝉 *Caliscelis rhabdocladis* Che, Wang *et* Zhang

a. 成虫背面观（adult, dorsal view）；b. 额与唇基（frons and clypeus）；c. 前足（fore leg）；d. 雄虫外生殖器左面观（male genitalia, left view）；e. 雄肛节背面观（male anal segment, dorsal view）；f. 阳茎左面观（phallus, left view）；g. 阳茎右面观（phallus, right view）；h. 雌肛节背面观（female anal segment, dorsal view）；i. 第 1 产卵瓣侧面观（gonapophysis Ⅷ, lateral view）；j. 第 2 产卵瓣侧面观（gonapophysis Ⅸ, lateral view）；k. 第 2 产卵瓣背面观（gonapophyses Ⅸ, dorsal view）；l. 第 3 产卵瓣侧面观（gonoplac, lateral view）

雌成虫：体浅棕色，具褐色斑纹，背面中部具浅棕色条带。

头顶近四边形，中域明显凹陷，前缘微弧形突出，后缘近平直，两后侧角处宽为中线长的 3.3 倍。额不隆起，亚侧脊仅位于近端部处；中域具细小的刻点，前缘明显凹入，最宽处为基部宽的 1.1 倍，中线长为最宽处的 1.3 倍。额唇基沟近平直。唇基光滑无脊，中域明显隆起。前胸背板宽，不具中脊。中胸盾片宽且短；中域明显隆起，具向内弯曲的亚侧脊；最宽处为中线长的 2.1 倍。前翅近四边形，短，中域具刻点，长为最宽处的 1.3 倍；自翅基部至内顶角具 1 棒形的纵带。前足腿节和胫节明显叶状扩大，后足胫节近端部具 1 个侧刺。后足刺式 6-2-2。

雄性外生殖器：肛节背面观椭圆形，端缘明显突出，侧顶角钝圆，长明显大于中部宽；肛孔位于近中部。肛节侧面观相对较小，侧顶角向下弯曲，端部稍细且指向尾端，腹缘近平直。尾节侧面观背侧角稍突出，侧缘明显呈波状，背尾角稍突出，近中部略缢缩。阳茎管状，不对称，连索呈棒状，基部和端部均具 1 短的剑状突起。阳茎端部裂开并指向尾端，背缘呈锯齿状。抱器较长，近方形，基部宽约等于端部宽；基缘明显突出，腹缘近平直，端缘稍钝圆；背缘近中部具 1 大且长的指状突起。

雌性外生殖器：肛节背面观近三角形，端缘明显凸起，顶角钝圆，侧缘平滑，中线长于最宽处，肛孔位于基半部。产卵器第 1 产卵瓣窄，端部具 3 个指状突起，第 1 负瓣片近方形；第 2 产卵瓣端半部分为两瓣，基半部愈合，背缘具 1 列齿，近侧具 1 对短突起；第 3 产卵瓣粗大，中域平坦，近方形，背部具 1 短凹刻。第 7 腹节端缘近平直。

观察标本：1♂（正模），河北廊坊，2010.IX.10，王培；1♂1♀（副模），河北廊坊，2010.IX.10，王培；4♂3♀（副模），河北廊坊，2011.VI.13，王培；1♂（副模），北京平谷，1981.VII.15，王心丽（CAU）。

地理分布：北京、河北。

寄主：芦苇。通常在芦苇上缓慢爬行，跳跃迅速，极少飞翔。

(6) 山东杯瓢蜡蝉 *Caliscelis shandongensis* Chen, Zhang *et* Chang, 2014

Caliscelis shandongensis Chen, Zhang *et* Chang, 2014: 164 (Type locality: Shandong, China).

以下描述源自 Chen 等（2014）。

体连翅长：♂ 3.30-3.60mm，♀ 4.50-5.15mm。前翅长：♂ 1.50-1.62mm，♀ 1.60-1.85mm。

雄虫体暗褐色，具淡褐色斑纹。头顶褐色，中域色稍淡，各脊黑褐色。复眼黑褐色。额褐色，两侧域黄褐色，脊暗褐色；唇基基部褐色，端部暗褐色；喙淡褐色。前胸背板黄褐色至褐色，中域黄白色；中胸小盾片褐色，具暗褐色斑点。前翅黄褐色，前缘域基半暗褐色，沿爪缝内侧具乳白色纵带纹，其两侧镶有暗褐色条纹。足暗褐色，前足腿节和胫节黑褐色，后足腿节具黑色带纹。腹部背面褐色，具淡褐色带纹和暗褐色斑点，第 4 腹节中后部乳白色；腹面黑褐色，具黄色带纹。雌虫体淡褐色，具褐色斑纹，体背中部具淡褐色带纹。

头顶中长为基宽的 0.38 倍。额中长为最宽处宽的 0.94 倍，以复眼下缘水平处最宽，额中域近呈“H”形隆起。前胸背板中长为头顶中长的 1.39 倍；中胸盾片中长为前胸背板的 1.93 倍，两亚侧脊略内弯，伸达后缘。前翅伸达第 4 腹节后缘。后足刺式 6-2-2。

雄性外生殖器：肛节背面观近五边形，基缘近平截，两侧缘近平行，端缘尖圆突出，中长为最宽处宽的 1.25 倍，肛孔位于近中部；侧面观肛节基部宽，端向渐狭，腹缘中部微凹，端缘钝圆。尾节侧面观，后缘波状，中部微角状向后突出。抱器侧面观基部狭，中部宽，近长方形，背缘直，腹缘基 1/3 略凹，后缘平直，端背突指状，细长，端向渐尖细，稍头向弯折。阳茎基半部管状，左侧近基部具 1 个粗齿状突起；端半部腹向直角弯折，延伸为不对称的两个片状突起，右侧突起稍长于左侧突起，端缘外侧域密生小齿；从两片状突的中部伸出 2 个稍扭曲的刺状突起，指向头方。

观察标本：未见。

地理分布：山东。

2. 锥杯瓢蜡蝉属 *Gelastissus* Kirkaldy, 1906

Gelastissus Kirkaldy, 1906: 441. **Type species**: *Gelastissus albolineatus* Kirkaldy, 1906; Melichar, 1906: 53; Bierman, 1907: 162; Gnezdilov, 2008b: 23.

Conocaliscelis Matsumura, 1916: 90. **Type species**: *Conocaliscelis hokutonis* Matsumura, 1916; Chan *et* Yang, 1994: 10; Liang *et* Suma, 1998: 158. Synonymised by Gnezdilov, 2008b: 26.

属征：体圆柱状，两侧近平行。头顶扁平，呈五边形，前缘钝圆，中脊不明显，两后侧角处宽比中线处长。额垂直，与头顶成直角，中域明显隆起成中脊，中线长为最宽处的 2 倍，侧缘脊起，具完整中脊，无亚中脊。唇基扁平。喙延伸至后足转节，第 3 节很短。触角第 2 节端部指向一侧。前胸背板新月形，中脊不明显。中胸盾片具 3 条脊。前翅短，方形，无翅脉；后翅无。前足不叶状扩大，后足胫节中部后具 1 个侧刺。后足刺式 5-1-1。

雄性外生殖器：肛节侧面观短，三角形，背面观呈圆形。阳茎基发达，端部裂为两瓣。抱器长方形，背尾角具细长突起。

地理分布：台湾；越南，爪哇，澳大利亚，巴布亚新几内亚。

本属全世界已知 3 种，我国分布 1 种。

(7) 芜锥杯瓢蜡蝉 *Gelastissus hokutonis* (Matsumura, 1916)（图 23，图 24）

Conocaliscelis hokutonis Matsumura, 1916: 91 (Type locality: Taiwan, China); Chan *et* Yang, 1994: 11; Liang, 1998: 158.

Gelastissus hokutonis: Gnezdilov, 2008b: 26.

Conocaliscelis koshunensis Matsumura, 1916: 91 (Type locality: Taiwan, China); Chan *et* Yang, 1994: 11; Liang, 1998: 159. Synonymised by Gnezdilov, 2008b: 26.

以下描述源自 Chan 和 Yang（1994）。

体连翅长：♂ 2.5mm，♀ 4.1mm。前翅长：♂ 1.2mm，♀ 2.4mm。

雄成虫：头顶褐色，具黑色斑纹。额深褐色，具黑色斑纹。唇基褐色，具黑色斑纹。

前胸背板和中胸盾片褐色，具黑色斑纹。前翅黑色，具褐色斑纹。足浅褐色，具斑纹。腹板褐色，具红黄色和黄色斑纹。

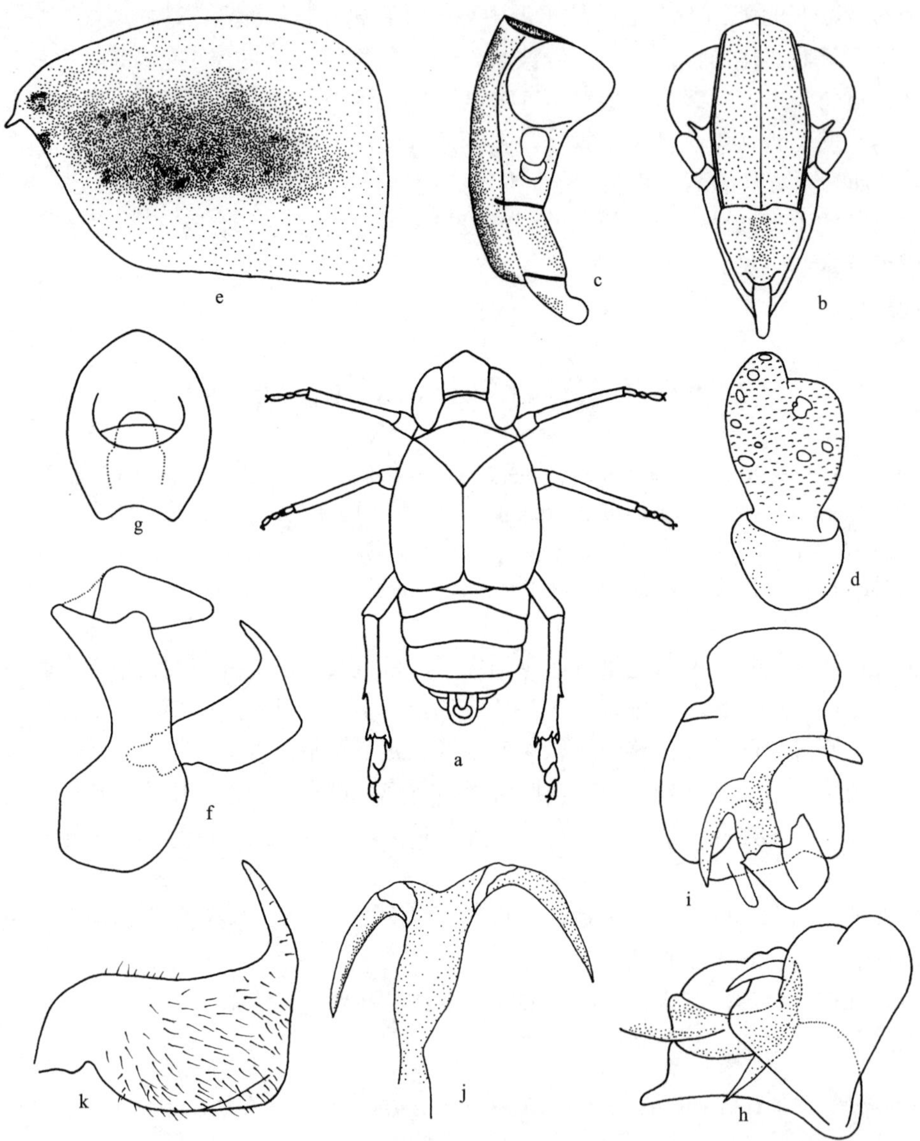

图 23　芜锥杯瓢蜡蝉 *Gelastissus hokutonis* (Matsumura)（♂）（仿 Chan & Yang，1994）

a. 成虫背面观（adult, dorsal view）；b. 额与唇基（frons and clypeus）；c. 头部侧面观（head, lateral view）；d. 触角（antenna）；e. 前翅（tegmen）；f. 雄虫外生殖器侧面观（male genitalia, lateral view）；g. 雄肛节背面观（male segment, dorsal view）；h. 阳茎左面观（phallus, left view）；i. 阳茎背面观（phallus, dorsal view）；j. 阳茎端部背面观（apex of phallus, dorsal view）；k. 抱器侧面观（genital style, lateral view）

头顶五边形，前缘具斑纹，两后侧角处宽为中线长的 1.2 倍。额略凸起，中脊明显，被毛，中脊和亚侧脊具斑纹。唇基中域具斑纹，中线处隆起，侧面观明显突出。前胸背板近侧缘处具斑纹，中脊明显，前缘和后缘近平行，复眼伸达前胸背板基部。中胸盾片侧基部具斑纹，具中脊和亚侧脊，宽为长的 1.8 倍。前翅拱起，中域具斑纹，长为宽的 1.5 倍。前足与中足腿节在端部 1/3 具短的横纹。腹板端部 4 节和近前翅处具斑纹。

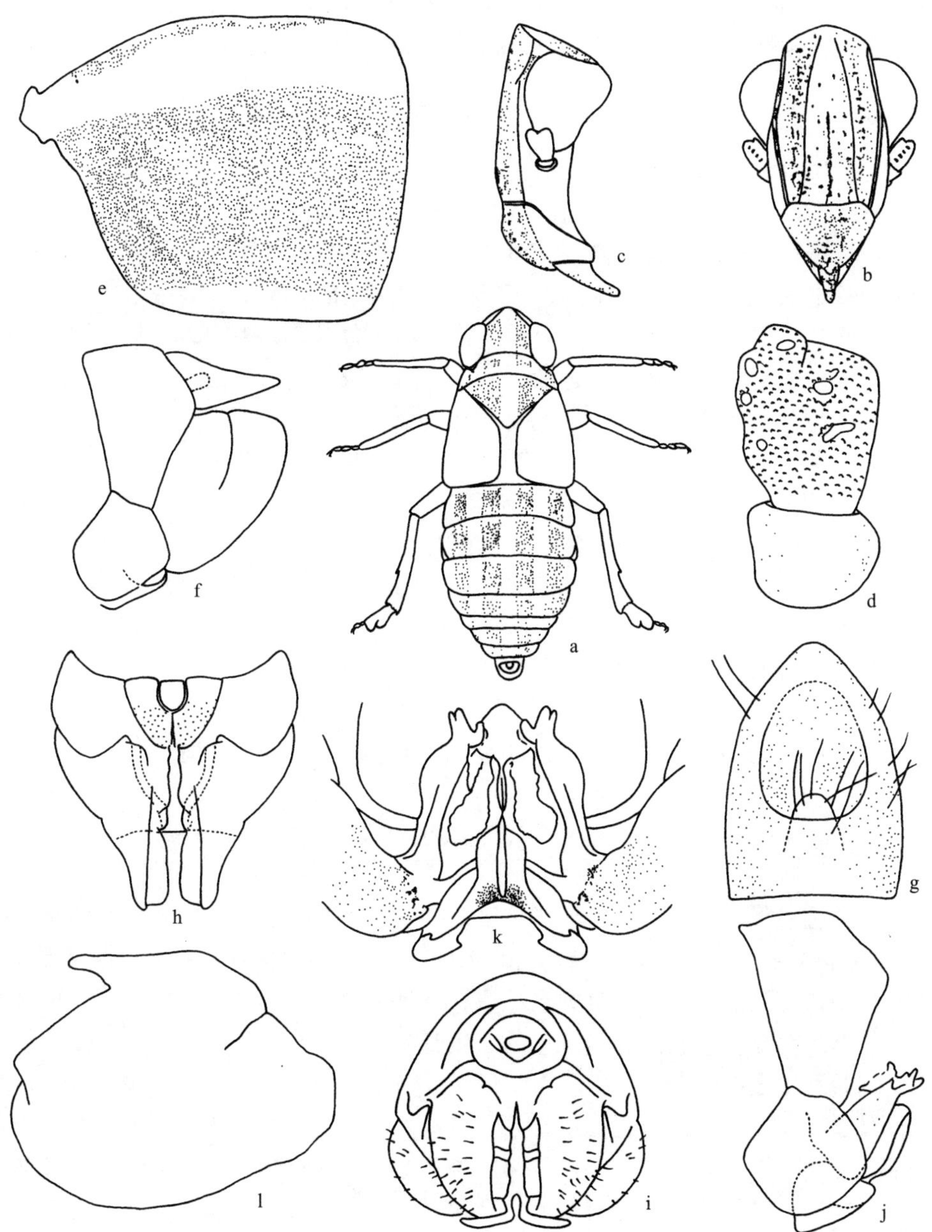

图 24　芜锥杯瓢蜡蝉 *Gelastissus hokutonis* (Matsumura)（♀）（仿 Chan & Yang，1994）

a. 成虫背面观(adult, dorsal view)；b. 额与唇基（frons and clypeus）；c. 头部侧面观（head, lateral view）；d. 触角（antenna）；e. 前翅（tegmen）；f. 雌虫外生殖器侧面观（female genitalia, lateral view）；g. 肛节背面观（female anal segment, dorsal view）；h. 雌肛节腹面观（female anal segment, ventral view）；i. 雌肛节尾向观（female anal segment, caudal view）；j. 雌虫外生殖器（第 3 产卵瓣移去）侧面观（female genitalia except gonoplac, lateral view）；k. 雌虫外生殖器（第 3 产卵瓣移去）尾向观（female genitalia except gonoplac, caudal view）；l. 第 3 产卵瓣侧面观（gonoplac, lateral view）

雄性外生殖器：尾节在基缘中部明显凹入，并在近腹面 1/4 处凸出。肛节椭圆形。阳茎结构简单，阳茎基背面观瓣状并指向腹面，左顶角宽阔突出。阳茎器端部 2 分裂，指向侧面，左裂片高于右裂片。抱器近方形，端缘近平截，背尾角具突起，突起指向基部。

雌成虫：体棕红色，具黑色或褐色斑纹。头顶棕红色，具浅黄色和黑色斑纹。额深褐色，具浅褐色、黑色斑纹及浅黄色斑点。唇基深褐色，具黑色和浅褐色斑纹。前胸背板和中胸盾片棕红色。足褐色，腿节具深褐色斑点。前翅深棕红色。腹部深棕红色，具浅黄色和黑色斑纹，中域具纵带，肛节深褐色。

头顶五边形，中线长为两后侧角处宽的 1.2 倍，头顶沿侧缘和前缘具斑纹，从头顶至肛节具 1 纵带。额明显隆起，侧缘、亚侧脊和中脊端半部具斑纹，亚侧脊每侧具 6 个斑点，中脊基半部不明显，具亚中脊，中线长为最宽处的 1.5 倍。唇基中域明显隆起，侧面观明显凸起，中域和侧缘具斑纹。前胸背板侧缘微隆起。中胸盾片具亚侧脊，最宽处为中线长的 1.7 倍。前翅梯形，翅脉不明显，沿前缘和缝缘处具纵带，端部最宽，长为最宽处的 1.3 倍。后足刺式 5-1-1。腹部中域和侧域具 3 条纵带。

雌性外生殖器：肛节熨斗状，具长毛，端缘中部明显弧状突出，中线长为最宽处的 1.3 倍。尾节尾缘中部之前角状突出。腹部第 7 节侧面观近方形。第 1 产卵瓣侧面观具 7 个刺，第 2 产卵瓣具 2 个长的棒状突起，侧面观端部具 4 个齿状突，第 3 产卵瓣扩大，椭圆形，侧面观覆盖住第 1 和第 2 产卵瓣，在基部的中部之前背缘突出。

观察标本：未见。

地理分布：台湾。

3. 妮杯瓢蜡蝉属 *Nenasa* Chan *et* Yang, 1994

Nenasa Chan *et* Yang, 1994: 14. **Type species**: *Nenasa obliqua* Chan *et* Yang, 1994.

属征：体圆柱形，两侧近平行。头顶略凹，六边形，前缘平截，两后侧角宽为中线长的 1.9 倍。额基部宽，中线长为最宽处的 1.1 倍，侧缘明显隆起，亚中脊源于端缘，在端部略开叉，未达到额唇基沟，具中脊。后唇基具中脊。喙第 3 节长大于宽。前胸背板半月形，中脊不明显。中胸盾片具 3 条脊。前翅短，长为最宽处的 1.3 倍，翅脉模糊；无后翅。前足和中足的腿节、胫节正常，后足胫节中部后具 1 个刺。后足刺式 7-3-2。

雄性外生殖器：肛节短，背面观长大于最宽处。尾节侧面观腹缘明显倾斜。阳茎基背瓣端部呈三角状，腹瓣端部分裂，端部向侧背部弯曲成三角状。阳茎器中部分叉成 2 个突起，突起向外翻折。抱器长卵圆形，突起短。

本属全世界已知 1 种，分布于我国台湾。

(8) 斜妮杯瓢蜡蝉 *Nenasa obliqua* Chan *et* Yang, 1994（图 25）

Nenasa obliqua Chan *et* Yang, 1994: 15 (Type locality: Taiwan, China).

以下描述源自 Chan 和 Yang（1994）。

体连翅长：♂ 3.5mm，♀ 4.8mm。前翅长：♂ 1.5mm，♀ 1.7mm。

头顶褐色，具浅褐色斑纹。额褐色，具黄色斑点。唇基褐色。前胸背板与中胸盾片褐色，具黄色斑纹。前翅褐色，具浅黄色和深褐色斑纹。足褐色，腿节黑色。腹部深褐色，具黄色斑纹。

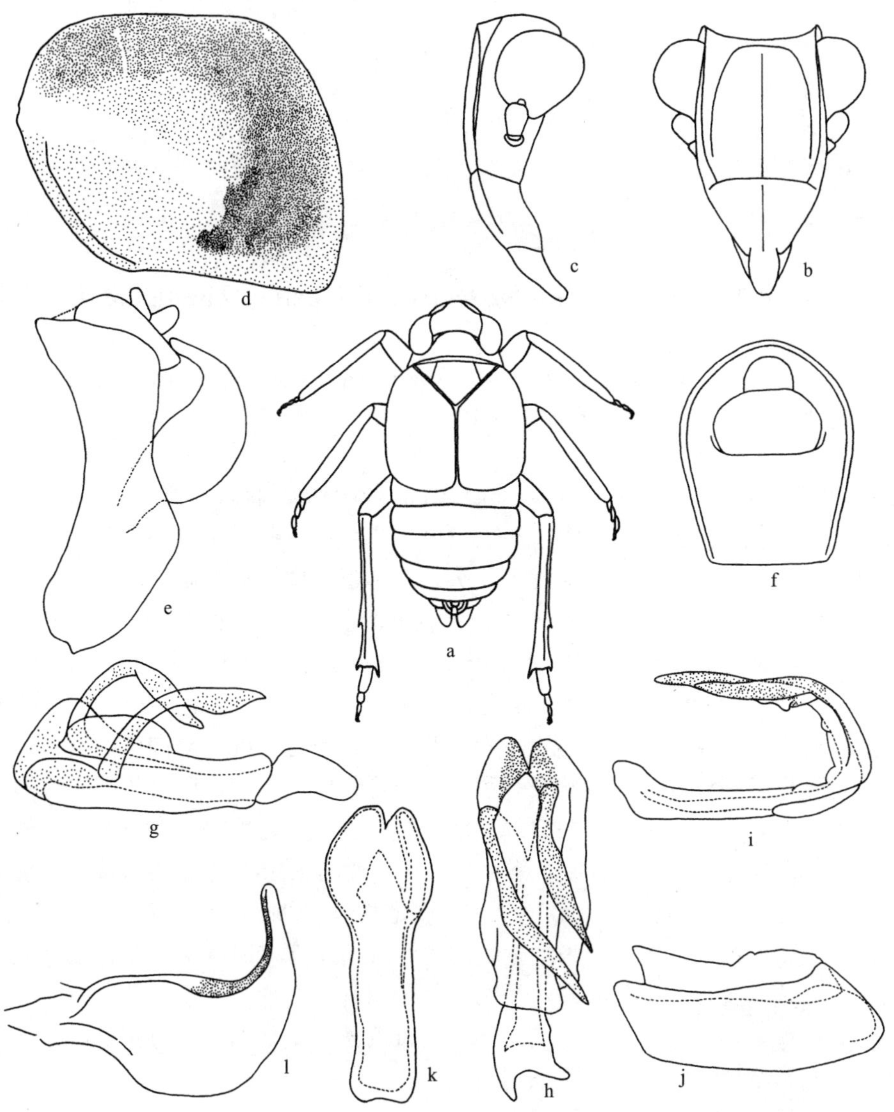

图 25　斜妮杯瓢蜡蝉 *Nenasa obliqua* Chan *et* Yang（仿 Chan & Yang，1994）

a. 成虫背面观（adult, dorsal view）；b. 额与唇基（frons and clypeus）；c. 头部侧面观（head, lateral view）；d. 前翅（tegmen）；e. 雄虫外生殖器侧面观（male genitalia, lateral view）；f. 雄肛节背面观（male anal segment, dorsal view）；g. 阳茎右面观（phallus, right view）；h. 阳茎背面观（phallus, dorsal view）；i. 阳茎左面观（phallus, left view）；j. 阳茎基左面观（phallobase, left view）；k. 阳茎基腹面观（phallobase, ventral view）；l. 抱器侧面观（genital style, lateral view）

头顶沿侧缘具斑纹，梯形，侧缘明显隆起，两后侧角宽为中线长的 1.9 倍。额侧缘略凹陷，具中脊和亚中脊。后唇基具中脊。中胸盾片宽为中线长的 2 倍。前胸背板与中胸盾片中域具斑纹。前翅基部到腹端缘具斜的条纹，沿前缘脉和端部 1/3 具斑纹；翅脉不清晰，长为最宽处的 1.3 倍。腹部中域具斑纹，背面观中域脊起。

雄性外生殖器：肛节侧缘稍不平行，端缘钝圆。阳茎基腹面观棒状，端部 1/3 膨大，侧面观端部凹入，左瓣长于右瓣，背面观中部上侧具三角状的瓣，侧面观隆起。阳茎器明显弯曲，具 2 个向基部弯曲的突起，背面观中部略膨大。抱器腹缘和端缘钝圆，背缘略凸，背顶角突起尖端渐细。

寄主：不详。

观察标本：未见。

地理分布：台湾。

4. 竹杯瓢蜡蝉属 *Bambusicaliscelis* Chen *et* Zhang, 2011

Bambusicaliscelis Chen *et* Zhang, 2011: 96. **Type species:** *Bambusicaliscelis fanjingensis* Chen *et* Zhang 2011; Chen, Zhang *et* Chang, 2014: 157.

属征：以下特征来源于 Chen 和 Zhang（2011）。体小型，粗短，近圆柱形，3.05-4.60mm，通常淡黄褐色到淡黑褐色，雄虫腹部淡黑褐色，雄虫和一些雌虫从头顶到腹末具有 1 宽白色长纵带。头包括复眼宽于前胸背板，头顶六边形，中域略凹陷，前缘直，两侧缘平行，宽为中线长的 1.9-2.0 倍。额宽略大于长，侧面观额与体的纵轴呈锐角，两侧缘脊起，中域两侧隆起，亚侧脊在基部分开，然后向内弯曲，亚侧脊与侧缘之间有 2 行 12 个小颗粒。唇基具中脊，两侧缘不脊起。喙伸达后足转节。前胸背板横宽，在中线比头顶略短，具 3 条脊，中脊弱，亚侧脊源于端缘，端部略分开，不达后缘，略向侧面弯曲，沿亚侧脊内侧和前侧板分别有 4 个颗粒状突起和 1 个小颗粒状突起。中胸盾片在中线短于头顶与前胸背板之和，具 3 条纵脊，中脊弱，亚侧脊弯曲，伸达侧缘，在亚侧脊外侧分别具 2 个小颗粒。前翅明显宽短，达腹部第 4 节，长是宽的 1.30-1.36 倍，外缘斜，略弯曲，后缘直。无后翅。前、中足腿节、胫节正常。后足胫节中部之后具 1 刺。后足刺式 6-3-2。

雄性外生殖器：肛节短，长为最宽处的 1.5-1.6 倍，基部 1/3 处最宽，端缘圆。尾节后缘凹入。阳茎基管状，中部略向腹面凹，基部粗壮，中部细，至端部渐宽，末端分成 2 瓣。阳茎器为 1 对细长的管状，在阳茎基端部突然向基部弯曲，近端部 1/2 长刺状。抱器宽大，圆。抱器背突略弯曲，末端指状。

本属全世界已知 2 种，分布于我国贵州。

种 检 索 表

尾节背缘凹入，腹缘具瓣状腹中突；阳茎光滑，近端部交叉；抱器端缘中间略凹入；5 龄若虫后翅芽有 2 个感觉陷……………………………………………………………**梵净竹杯瓢蜡蝉 *B. fanjingensis***

尾节背缘有 1 大的齿状突起，腹缘无腹中突；阳茎中部腹面具 2 或 3 个小齿，近端部不交叉；抱器端缘中间几乎直；5 龄若虫后翅芽仅有 1 个感觉陷…………………………**齿竹杯瓢蜡蝉 *B. dentis***

(9) 梵净竹杯瓢蜡蝉 *Bambusicaliscelis fanjingensis* Chen *et* Zhang, 2011（图 26）

Bambusicaliscelis fanjingensis Chen *et* Zhang, 2011: 99 (Type locality: Guizhou, China); Chen, Zhang *et* Chang, 2014: 157.

以下描述源自 Chen 和 Zhang（2011）。

体连翅长：♂ 3.05-4.60mm，♀ 4.20-4.50mm。前翅长：♂ 1.55-1.70mm，♀ 1.50-1.75mm。

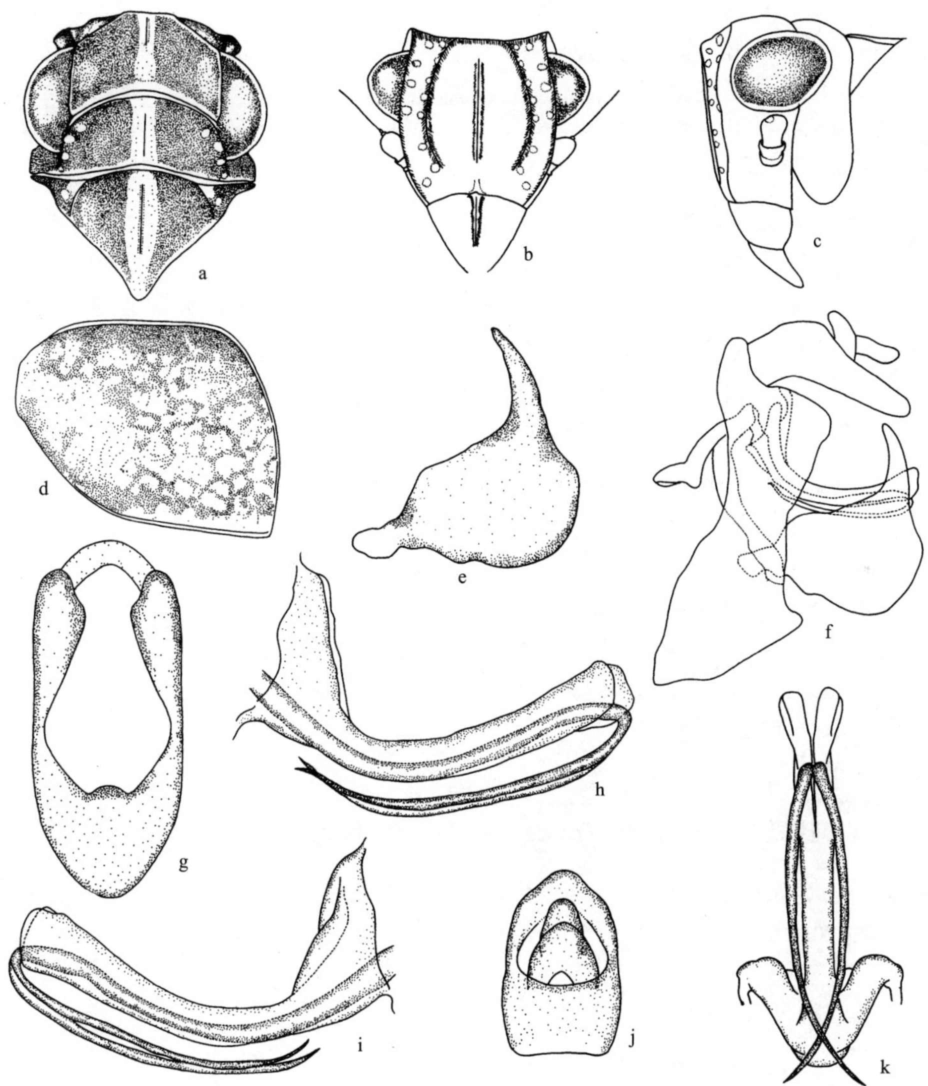

图 26　梵净竹杯瓢蜡蝉 *Bambusicaliscelis fanjingensis* Chen *et* Zhang（仿 Chen & Zhang，2011）

a. 头胸部背面观（head and thorax, dorsal view）；b. 额与唇基（frons and clypeus）；c. 头部侧面观（head, lateral view）；d. 前翅（tegmen）；e. 抱器侧面观（genital style, lateral view）；f. 雄虫外生殖器侧面观（male genitalia, lateral view）；g. 尾节尾向观（pygofer, caudal view）；h. 阳茎左面观（phallus, left view）；i. 阳茎右面观（phallus, right view）；j. 雄肛节背面观（male anal segment, dorsal view）；k. 阳茎腹面观（phallus, ventral view）

体通常淡黄褐色到黑褐色，头、胸及腹部背面中央有1条苍白色纵带。头顶褐色略带红色。额褐色，具淡黄褐色瘤状小突起。唇基褐色，颊及复眼暗褐色。前胸背板及中胸盾片两亚侧脊之间略带淡红色，中胸盾片的瘤突淡黄白色。前翅除基部和后缘淡黄白色外暗褐色。足腿节暗褐色，其余各节淡黄褐色。腹部各节背面淡黑褐色除了中央苍白色，侧面淡黄白色，腹面暗褐色或淡黑褐色。

头包括复眼大约是前胸背板的1.07倍，头顶基部最宽，中线长大约是最宽处的2.0倍，额宽略大于长，亚中脊略隆起，在两亚中脊之间略凹陷。前胸背板比头顶短，中胸盾片比头顶和前胸背板之和还短。前翅长大于宽。

雄性外生殖器：肛节短，端缘圆，两侧缘平行。尾节后缘波状，腹缘中央具1瓣状突起。阳茎基的基部长三角形，端部2/3管状，末端截；阳茎长管状，较细，近端部交叉，端部尖削刺状。抱器圆，中部宽大，端缘略凹入，背缘具1较大的刺状突起，末端指状，指向背面。

若虫：5龄若虫体长3.70-3.80mm。

体暗淡黄褐色，略带红色。头顶六角形，中线长大约是基部宽的1.80倍。额靠近端部1/3处最宽，中线长大约是最宽处的1.05倍，亚中脊明显，不达额唇基沟，中脊弱，仅在中端部明显。亚中脊内侧扁平，外侧区隆起，具有12个瘤状突起。唇基具中脊，但无亚侧脊。喙伸达中足基节，亚端节比端节长，端节长宽相等。

前胸背板比头顶短，亚侧脊明显，后端几乎伸达后缘。前胸背板每侧具6个感觉陷，其中4个位于亚侧脊的内侧。中胸及后胸背板具3条纵脊。前翅芽靠近前胸背板中域处具2个感觉陷，侧域无。后翅芽具2个感觉陷，其中1个位于中胸盾片的亚侧脊处，另1个位于侧域。后足胫节具1刺，刺式6-3-2。

腹部第4-8节分别有2-2-2-3-2个感觉陷，第9节具4个，背面2个几乎相连，腹面2个分开。

寄主：龙头竹 *Sinarundinaria complanata* (Yi) K. M. Lan。

观察标本：未见。

地理分布：贵州。

(10) 齿竹杯瓢蜡蝉 *Bambusicaliscelis dentis* Chen *et* Zhang, 2011（图27）

Bambusicaliscelis dentis Chen *et* Zhang, 2011: 101 (Type locality: Guizhou, China); Chen, Zhang *et* Chang, 2014: 160.

以下描述源自Chen和Zhang（2011）。

体连翅长：♂ 3.25mm，♀ 4.20-4.50mm。前翅长：♂ 1.60mm，♀ 1.50-1.75mm。

体淡黄褐色到淡黑褐色。头顶褐色或暗褐色，中央具1淡黄白色纵带。额褐色，亚中脊外侧暗褐色，具淡黄白色瘤状小突起。唇基暗褐色。复眼淡黑褐色。触角第1节淡黄白色，其余褐色。前胸背板及中胸盾片暗褐色，中域纵带淡黄白色。前胸侧板前半部1/2淡黑褐色，后半部淡黄白色，中胸侧板除在中足和后足基节之间淡黑褐色外淡黄褐色。前翅淡黄褐色，但前缘域及中域近基部褐色。足淡黄褐色，具有褐色或暗褐色斑点。腹部淡黑褐色，腹面淡黄褐色散有淡橘红色边缘，背面中域的纵带和每节侧缘淡黄白色。尾节淡黄褐色，但上半部 1/2 淡黑褐色。肛节淡黑褐色。雌虫体色较雄虫暗，有些个体背面中央具淡黄褐色纵条纹。

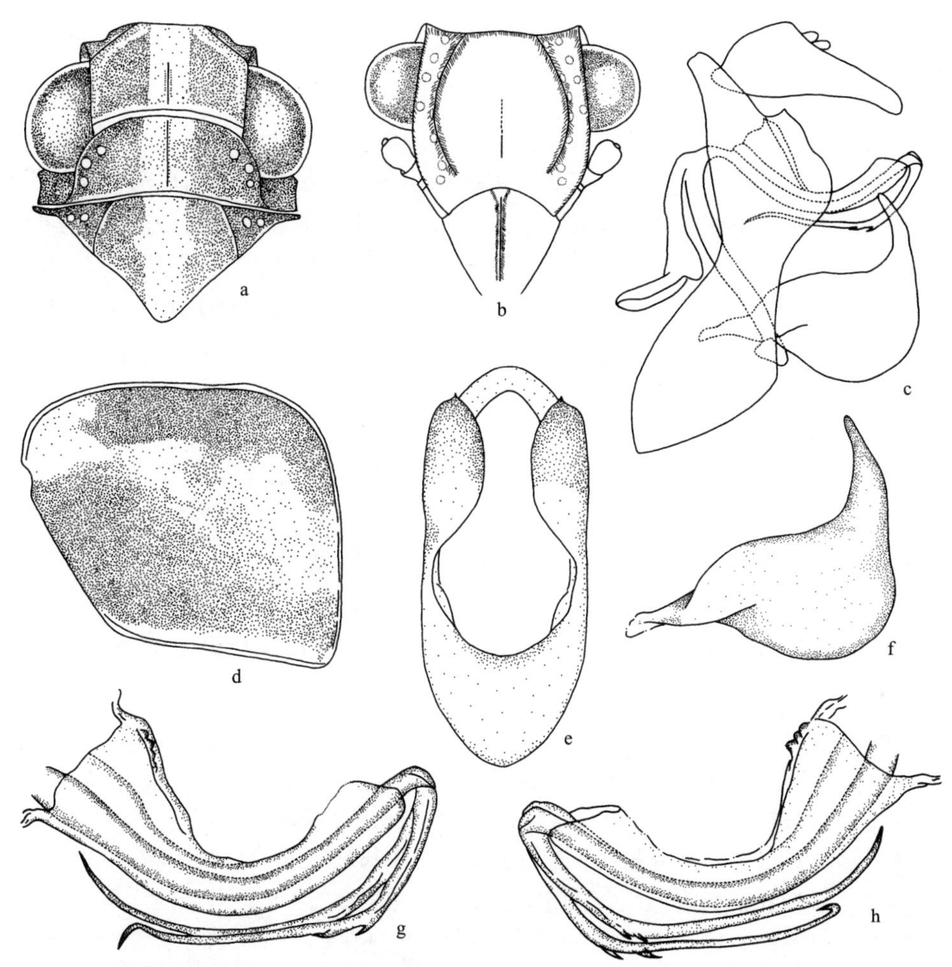

图 27　齿竹杯瓢蜡蝉 *Bambusicaliscelis dentis* Chen *et* Zhang（仿 Chen & Zhang，2011）

a. 头胸部背面观（head and thorax, dorsal view）；b. 额与唇基（frons and clypeus）；c. 雄虫外生殖器侧面观（male genitalia, lateral view）；d. 前翅（tegmen）；e. 尾节尾向观（pygofer, caudal view）；f. 抱器侧面观（genital style, lateral view）；g. 阳茎左面观（phallus, left view）；h. 阳茎右面观（phallus, right view）

头包括复眼比前胸背板宽（1.15∶1）。头顶端部 1/3 最宽，中线长大约是最宽处的 1.91 倍。额宽大于长，最宽处大约是中线长的 1.15 倍。前胸背板在中线比头顶略短（0.87∶1）。中胸盾片小，中线长短于头顶与前胸背板长度之和。

雄性外生殖器：肛节短，侧面观后缘几乎直，腹缘略凹入，端部管状；背面观长卵圆形，中线长大约是宽的 1.63 倍，两侧缘向外凸出，基部 1/3 略宽，端缘圆。尾节侧面观后缘阔圆弧形凹入，在背缘中部具 1 大刺；后面观，腹缘圆浅弧形凹入。阳茎基侧面观阔三角形，端部 2/3 管状，端缘斜直。阳茎侧面观管状，细长，包被在阳茎基中，在阳茎基端部向基部弯曲，端部 1/2 呈长刺状，腹面中部具 2 或 3 个齿。抱器较大，中部宽，腹缘圆角突出，端缘几乎直，背缘端部具刺状大突起，指向背面，略弯曲，末端指状。

若虫：5 龄若虫，体长 3.20-3.40mm。

体淡黄褐色，背面具有褐色或暗褐色斑点。头顶及前胸背板侧域、中胸盾片、前翅芽除前缘外、后胸背板及后翅芽除后缘外褐色。腹部第 3 节背面，第 4-8 节背侧面暗褐色。头顶六角形，中线长大约是基部宽的 1.8 倍。额近端部 1/3 处最宽，中线长大约是最宽处的 1.06 倍，亚中脊明显，不达额唇基沟，中脊弱，仅在中部和端部明显，亚中脊内侧略扁平，外侧部隆起，额侧域窄，具有 12 个感觉陷。唇基具中脊，但无亚侧脊。喙伸达中足基节，亚端节比端节长，端节长宽相等。前胸背板比头顶短，仅为头顶的 1/2，亚侧脊明显，向后几乎达后缘，具 6 个感觉陷，4 个位于亚侧脊的内侧。中胸及后胸背板具 3 条脊。前翅芽靠近背板具有 2 个感觉陷，侧面无。后翅芽靠近后缘侧角处具 1 个感觉陷。后足胫节具 1 刺，刺式 6-3-2。腹部背面第 4-8 节两侧分别有 2-2-2-3-2 个感觉陷，第 9 节具 4 个感觉陷，背面 2 个几乎相连，腹面 2 个相互分开。

寄主：平竹 *Chimonobambusa communis* (Hsueh *et* Yi) K. M. Lan。

观察标本：未见。

地理分布：贵州。

5. 空杯瓢蜡蝉属，新属 *Cylindratus* Meng, Qin *et* Wang, gen. nov.

Type species: *Cylindratus longicephalus* Meng, Qin *et* Wang, sp. nov.

体大型，近圆柱形。头包括复眼较前胸背板略宽。头顶近五边形，头顶明显向前伸长，端部渐细，中线长为前胸背板长的 2.3 倍，为基部最宽处的 1.2 倍，中域略凹陷，具中脊，侧缘明显脊起，前缘圆弧形凸出，后缘直。额长，中线长为宽的 1.6 倍；侧面观额斜，与头顶呈锐角，中域明显隆起成中脊；额具 3 条脊，两亚侧脊未达额唇基沟，两侧缘脊起，近平行，亚侧脊与侧缘间约具 10 个瘤突。唇基扁平，具中脊。复眼卵圆形，单眼缺。喙达后足基节。前胸背板近梯形，前缘、后缘均平直，具 3 条脊，亚侧脊内侧约具 5 个瘤突；侧瓣大，腹面观，复眼下方具明显的脊起，近脊处具 1 个大的瘤突。中胸盾片大，中线长为前胸背板长的 1.5 倍，具 3 条脊，中脊弱，侧脊明显且略向外弧形弯曲。前翅短，达腹部第 3 节，具许多网状不规则的翅脉。后足胫节中部之后具 1 侧刺。后足第 1 跗节具 3 个侧端刺。后足刺式 6-3-2。

雄性外生殖器：肛节短，背面观近圆形，端缘微凸。尾节侧面观背缘斜，后缘近背缘处圆弧形凸出，近腹缘 1/3 处深凹入，前缘中部圆弧形凹入。阳茎短，管状，无突起。抱器在端部最宽，尾腹角圆，后缘中部明显凸出，抱器背突下方具 1 短的角状突起。抱器背突细且短。

雌性外生殖器：肛节背面观长卵圆形，侧缘平滑，端缘圆弧形凸出；肛孔位于基半部。第 2 产卵瓣端半部背缘具齿，基半部背缘具 1 列长的毛状齿，侧面具数排短的毛刺。第 1 产卵瓣窄，端部具 3 齿，外侧缘具数列长毛。

鉴别特征：本属与锥杯瓢蜡蝉属 *Bambusicaliscelis* 相似，但可从下列特征进行区分：①头顶明显向前延伸，前缘明显突出，后者头顶不延长，端缘直；②额中脊完整，后者额中脊微弱；③阳茎管状，无突起；后者阳茎长且细，具细长突起。本属也与泰杯瓢蜡蝉 *Thaiscelis* 相似，但可从下列特征进行区分：①头顶端缘圆弧形凸出，中脊明显，后者头顶端缘角状凸出，中脊非常微弱；②额细长，长为宽的 1.6 倍，端缘明显圆弧形凸出，具 2 排瘤突，后者额相对宽，近方形，端缘微凸出，具 2 排凹陷；③后足第 1 跗节具 3 个侧端刺，后者后足第 1 跗节具 2 个侧端刺。

属名词源：本属名取自拉丁词"*Cylindratus*"，意为"圆筒形的"，此处是指本属种类的阳茎近圆筒形，为中空的管状结构。本属名属性是阳性。

地理分布：贵州。

本志记述 1 新种。

(11) 长头空杯瓢蜡蝉，新种 *Cylindratus longicephalus* Meng, Qin *et* Wang, sp. nov.

（图 28；图版Ⅳ：a-f）

体连翅长：♂ 5.1mm，♀ 5.9mm。前翅长：♂ 1.8mm，♀ 1.9mm。

雄成虫：头顶至中胸盾片具 1 宽的浅黄色纵带，浅黄色纵带两侧为 2 条红色纵带。头顶中脊浅黄色，近侧缘暗黄色。额中域暗褐色，中脊红色，亚侧脊上半部黑色，下半部暗褐色，亚侧脊与侧缘间黑褐色，瘤突浅黄褐色。唇基暗褐色，两侧暗黄色，中脊红色。复眼红褐色。颊浅黄色略带红色，复眼下方具 1 黑色斑。喙浅黄色。前胸背板和中胸盾片中脊浅黄色，瘤突和亚侧脊暗黄色。前翅暗褐色，翅脉黑褐色。足黄色，前足胫节端部黑色。腹部背面中线为 1 窄红色条带，其侧为黄色宽纵带，背板外侧为黑色宽纵带，在 4-7 节每侧共具 8 个浅黄色感觉陷。

雌成虫：体浅黄褐色至黑褐色，部分位置散布红色。头顶黑褐色，中脊黄褐色，近侧缘暗黄色。复眼灰褐色至黑褐色。额黑褐色，瘤突暗黄色。唇基黑褐色，近侧缘暗黄色，中脊暗褐色，基部红色。前胸背板漆黑色，脊黄褐色，侧域近亚侧脊暗黄色。中胸盾片中域黑褐色，中脊黄褐色，近亚侧脊暗黄色。前翅暗黄色，翅脉黑褐色。足黄褐色与黑色相间。腹部背板第 4-7 节具暗黄色条纹及黄色瘤突，腹面近侧缘红色。

雄性外生殖器：肛节短，背面观近圆形，中间最宽处为中线长的 1.1 倍，端缘微凸，侧面观腹缘略弯曲。阳茎强骨化，阳茎基在端部与阳茎器管愈合，侧面观背缘弯曲，在端部下弯，端缘斜并略凹；腹缘短于背缘，在基部凸出；阳茎基在近基部两侧明显向外隆起，背面端缘直。

雌性外生殖器：第 3 产卵瓣短，基部宽，至端部窄，背缘近端部具 1 浅凹刻，端缘斜。第 2 产卵瓣端半部背缘具 3 个大小不等的齿，基半部背缘具 1 列长的毛状齿，侧面具数排短的毛刺。第 1 产卵瓣窄，端部具 3 齿，内侧 2 齿大，外侧 1 齿小，且分裂成 2 个小齿，内侧缘近端部具半圆形深凹入，外侧缘具数列长毛。第 1 负瓣片近长方形，后缘近乎直。第 7 腹节后缘中部明显凹入。

正模：♂，贵州大塘湾，2012.VII.2，郑利芳。副模：1♂1♀，同正模。

图 28 长头空杯瓢蜡蝉，新种 *Cylindratus longicephalus* Meng, Qin *et* Wang, sp. nov.

a. 头胸部背面观（head and thorax, dorsal view）；b. 额与唇基（frons and clypeus）；c. 前翅（tegmen）；d. 雄虫外生殖器侧面观（male genitalia, lateral view）；e. 雄肛节背面观（male anal segment, dorsal view）；f. 阳茎左面观（phallus, left view）；g. 阳茎基腹面观（phallobase, ventral view）；h. 雌肛节背面观（female anal segment, dorsal view）；i. 第 3 产卵瓣侧面观（gonoplac, lateral view）；j. 第 2 产卵瓣侧面观（gonapophysis IX, lateral view）；k. 第 1 产卵瓣侧面观（gonapophysis VIII, lateral view）；l. 雌第 7 腹节腹面观（female sternite VII, ventral view）

种名词源：本种名取自拉丁词“*longi-*”，意为“长的”，“*cephal-*”，意为“头”，此处指本种头顶明显向前延伸。

Ⅱ. 敏杯瓢蜡蝉族 Peltonotellini Fieber, 1872

Peltonotidae Fieber, 1872: 4. **Type genus**: *Peltonotellus* Puton, 1886.

Peltonotida Fieber, 1875: 360.

Peltonotellini Emeljanov, 2008: 5; Gnezdilov *et* Wilson, 2011a: 114; Gnezdilov, 2013a: 212.

体小型，较宽扁，头顶宽大于长，五角形或六角形。额、前胸背板、中胸盾片及腹部的侧域长，具感觉陷。前翅短，不盖住腹部末端。

敏杯瓢蜡蝉族 Peltonotellini 过去曾认为是杯瓢蜡蝉族 Caliscelini Amyot *et* Serville, 1843 的异名（无效名）。Emeljanov（1996，2008）在对杯瓢蜡蝉科的有关类群研究时，对该族的分类历史及相关特征进行了考证，认为应恢复敏杯瓢蜡蝉属 *Peltonellus* Puton, 1886 有效名，并根据敏杯瓢蜡蝉属 *Peltonellus* 作为模式属建立敏杯瓢蜡蝉族 Peltonotellini，认为该族与杯瓢蜡蝉族 Caliscelini 的区别在于其额、前胸背板、中胸盾片及腹部的侧域长，具感觉陷，并将 *Peltonotellus* Puton, 1886；*Acromega* Emeljanov, 1996；*Ceragra* Emeljanov, 1996 及 *Mushya* Kato, 1933（该属实为弦杯瓢蜡蝉属 *Aphelonema* Uhler, 1876 的异名）等 4 个属归入该族，指出其所包括的属级范围应进行深入的研究。Gnezdilov 和 Wilson（2011a）经对阿拉伯半岛地区的杯瓢蜡蝉科研究后，认为原归入杯瓢蜡蝉族的 *Homaloplasis* Melichar, 1906 属也应移入敏杯瓢蜡蝉族。

地理分布：古北界，东洋界，非洲界，新北界及新热带界。

全世界已知 19 属 89 种，中国分布有 1 属 4 种。

6. 敏杯瓢蜡蝉属 *Peltonotellus* Puton, 1886

Peltonotus Mulsant *et* Rey, 1855: 206, preoccupied by *Peltonotus* Burmeister, 1847, Coleoptera: Scarabaeidae.

Peltonotellus Puton, 1886: 70, replacement name for *Peltonotus* Mulsant *et* Rey, 1855. **Type species**: *Peltonotus raniformis* Mulsant *et* Rey, 1855, by original designation.

Mushya Kato, 1933: 464. **Type species**: *Mushya quadrivittata* Kato, 1933. Synonymised by Chan *et* Yang (1994).

Peltonotellus: Emeljanov, 1996: 994; Bartlett, O'Brien *et* Wilson, 2014: 83; Bartlett, 2015 (as subgenus of *Aphelonema*. Available from: http://canr.udel.edu/planthoppers/north-america/north-american-caliscelidae, accessed 27 March 2014).

Peltonotellus: Holzinger, Kammerlander *et* Nickel, 2003: 435; Holzinger, 2007: 278; Emeljanov, 2008: 5; Gnezdilov, 2013a: 1310; Bourgoin, 2015: FLOW; Meng, Gnezdilov *et* Wang, 2015: 466.

属征：头顶宽大于长，五角形或六角形，向前突出。额宽，略隆起，近垂直或略斜，两侧圆，具 3 条纵脊，亚侧脊近圆形弯曲，外侧具瘤状突起。唇基三角形，隆起，中脊在中部明显。触角短，中部略细。复眼卵圆形，较扁平。前胸背板短，宽大于长，前缘圆弧形突出，后缘凹入，两侧有类似感觉孔的凹陷。中胸盾片具 3 条纵脊，亚侧脊通常粗，侧域具有很多的类似感觉孔的凹陷。前翅短，不盖住腹部，臀角圆，爪片不明显，翅脉不清晰，仅可看到 2 或 3 条不明显的长纵脉。后翅缺失。未见长翅型种类。腹部粗短，两侧宽斜，不呈圆柱形，背面具黑白相间的纵条带纹。后足胫节具 1 刺，基跗节短，略肿大。

敏杯瓢蜡蝉属 *Peltonotellus* Puton, 1886 最早由 Mulsant 和 Ray（1855）建立，属名为：*Peltonotus* Mulsant *et* Ray，模式种为 *Peltonotus raniformis*，分布于法国普罗旺斯地区，但由于属名 *Peltonotus* 为先占名，后被 Puton（1886）更名为 *Peltonotellus*。该属曾被认为是炫杯瓢蜡蝉属 *Aphelonema* Uhler, 1876 的异名（Metcalf，1958）。1996 年，Emeljanov 在对杯瓢蜡蝉科相关分类单元及其形态特征研究后，将该属作为炫杯瓢蜡蝉属 *Aphelonema* 的亚属，之后，又恢复该属的属级分类地位（Holzinger *et al.*，2003）。

地理分布：宁夏、甘肃、青海、台湾；俄罗斯南部地区，哈萨克斯坦，吉尔吉斯斯坦，塔吉克斯坦，乌兹别克斯坦，法国，意大利，克罗地亚，波斯尼亚，斯洛文尼亚，塞尔维亚，马其顿共和国，保加利亚，土耳其，希腊，乌克兰南部地区，阿尔巴尼亚，伊朗。

本属全世界已知 16 种，中国已知 4 种。

种检索表

1. 成虫背面头顶至肛节中部具浅黄色纵带；额中部具 2 个黑色圆斑 ……… **簇敏杯瓢蜡蝉 *P. fasciatus***
   成虫背面头顶至中胸盾片中部具白色或黄白色纵带；额无黑色圆斑 ……… 2
2. 雌虫浅褐色，腹部具黑色与黄白色相间纵条纹（雄虫黄褐色，前翅具白色斜纹） ……… **短敏杯瓢蜡蝉 *P. brevis***
   雌虫暗黄褐色，腹部具不清晰的黑色条带（雄虫黑色，前翅无斑纹） ……… 3
3. 雌虫额中域无斑点和斑纹，上端缘直，前翅未覆盖腹部第 4 节 ……… **兰敏杯瓢蜡蝉 *P. labrosus***
   雌虫额上具黑色斑块，上端缘略凹入，前翅完全覆盖腹部第 4 节 ……… **黑色敏杯瓢蜡蝉 *P. niger***

(12) 簇敏杯瓢蜡蝉 *Peltonotellus fasciatus* (Chan *et* Yang, 1994)（图 29）

Aphelonema fasciata Chan *et* Yang, 1994: 8. New name for *Mushya quadrivittata* Kato, 1933.

Mushya quadrivittata Kato, 1933: 464 (Type locality: Taiwan, China). Synonymised by Chan *et* Yang (1994).

以下描述源自 Chan 和 Yang（2014）。

体连翅长：♂ 3.4-3.9mm，♀ 4.3-5.1mm。前翅长：♂ 1.3-1.4mm，♀ 1.3-1.6mm。

体深褐色，具浅黄色斑纹。头顶黑色，具淡黑色和浅黄色斑纹。额浅黄色，具黑色、黑褐色和深褐色至黑色斑纹，靠近上部在中脊与亚侧脊之间具 1 黑色大圆斑。唇基黑色，具浅黄色斑纹。颊浅褐色，具黑色环斑。前胸背板深褐色，具浅黄色和褐色斑纹。中胸盾片深褐色，具浅黄色和黑色斑纹。前翅深褐色，具浅黄色和浅褐色斑纹。足深褐色，边缘较浅。腹部黑色，具浅黄色纵纹。

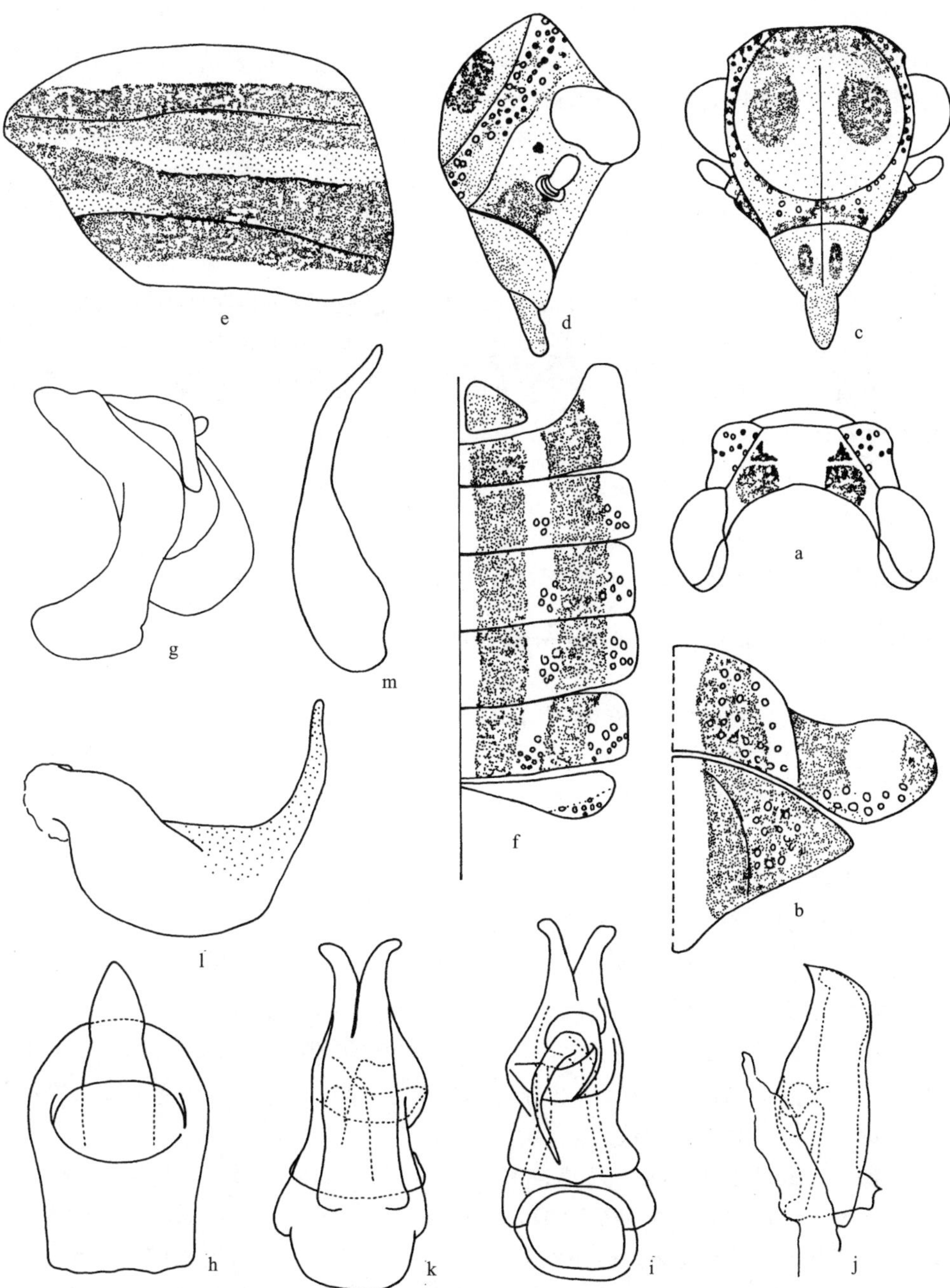

图 29　簇敏杯瓢蜡蝉 *Peltonotellus fasciatus* (Chan *et* Yang)（仿 Chan & Yang，1994）

a. 头顶（vertex）；b. 前胸背板和中胸盾片（pro-and mesonotum）；c. 额与唇基（frons and clypeus）；d. 头部侧面观（head, lateral view）；e. 前翅（tegmen）；f. 腹部背面观（abdomen, dorsal view）；g. 雄虫外生殖器侧面观（male genitalia, lateral view）；h. 雄肛节背面观（male anal segment, dorsal view）；i. 阳茎腹面观（phallus, ventral view）；j. 阳茎基左面观（phallobase, left view）；k. 阳茎基背面观（phallobase, ventral view）；l. 抱器侧面观（genital style, lateral view）；m. 抱器尾向观（genital style, caudal view）

体自头顶至肛节具 1 条宽的纵纹。头顶梯形，顶半部和侧缘基部 1/3 处具斑纹，最宽处宽为中线长的 2.3 倍。额侧缘隆起，基部 1/7 处、近中脊与中脊间及近中脊外侧具斑纹，近中脊环形，同头顶顶部脊在基部汇合；侧缘与近中脊间具 39 个小凹陷，中脊除基部外清晰。后唇基具中脊，唇基顶部 1/3 处具斑纹。颊在触角下方具环斑。前胸背板中域和近侧缘具斑纹，中脊不显著，亚侧脊清晰，每侧约具 30 个小凹陷。中胸盾片中域和侧基部具斑纹，中脊不显著，亚侧脊明显隆起，每侧约具 13 个小凹陷。前翅短，近四边形，近背缘、腹缘中线和端部及基部具斑纹，长为最宽处的 1.3 倍；无后翅。腹部具 3 条纵纹，将腹部平均分为 4 部分。

雄性外生殖器：肛节背面观侧缘近平行，顶缘钝圆；侧面观端部向下弯曲。阳茎基背面观端部 1/4 分 2 瓣，左侧较右侧更向侧边弯曲，侧面观端部背向弯曲成管状，背瓣可见。阳茎端部 1/3 处具 2 个指向基部的突起。抱器侧面观窄，端部渐细，尾向观细长。

观察标本：未见。

地理分布：台湾。

寄主：不详。

(13) 短敏杯瓢蜡蝉 *Peltonotellus brevis* Meng, Gnezdilov *et* Wang, 2015（图 30；图版Ⅳ：g-l）

Peltonotellus brevis Meng, Gnezdilov *et* Wang, 2015: 467 (Type locality: Ningxia, China).

体连翅长：♂ 1.8mm，♀ 2.8mm。前翅长：♂ 0.74mm，♀ 1.0mm。

雄成虫：头顶至中胸盾片具 1 宽的白色纵带。头顶黄褐色，两侧具 1 对黄色环斑。复眼灰色。额两亚侧脊间浅黄色，其外黄褐色，具浅黄色感觉陷，散布黑色斑点。唇基浅黄色，具黑色斑纹。颊浅黄色，在侧缘至触角间具 1 黑色斑。前胸背板和中胸盾片黄褐色，中线白带两侧具黄色带。前翅黑褐色，肩角至臀角具 1 白色条带，近内缘黄褐色。足黄褐色，具少量黑色斑。腹部黑色，具白色斑，背板两侧具黄褐色感觉陷。

雌成虫：头顶至中胸盾片浅褐色，具 1 宽的白色纵带，白带两侧具黄色纵带。头顶两侧黄色。复眼灰色。额亚侧脊间浅黄色，具暗褐色斑，中脊黄白色，两侧黑褐色，具浅黄色感觉陷。唇基黄色，具黑褐色斑。前胸背板两侧黄褐色。中胸盾片两侧暗褐色。前翅灰黄色。足深黄色，具黑色斑。腹部背面中线黑色，中线两侧具深褐色大斑，背面外侧具黄白色和黑色相间条纹。

头顶梯形，宽为中线长的 2.67 倍，中域凹，两侧具圆形凹陷；前缘直，后缘角状凹入。额端缘较直，侧缘隆起；具 3 条脊，亚侧脊半圆弧形，侧缘与亚侧脊间雄虫约具 3 排 24-28 个大小不一的感觉陷，雌虫约具 20 个，雄虫中线长为最宽处的 1.1 倍，雌虫为 0.9 倍。后唇基具中脊。前胸背板近半圆形，前缘中部微凸出，后缘凹入，具中脊；每侧约具 25 个感觉陷，侧板每侧具 6 个感觉陷；中线长为头顶长的 1.6 倍，中域和近侧缘具斑纹，中脊不显著，亚侧脊清晰，每侧约具 30 个小凹陷。中胸盾片中线长为前胸背板的 1.6 倍，具 3 条脊，每侧约具 12 个感觉陷。前翅短，近四边形，长为最宽处的 1.4 倍；无后翅。后足胫节近端部 1/3 具 1 个侧刺。后足刺式 6-2-2。

雄性外生殖器：肛节背面观短，侧缘近平行，顶缘钝圆；侧面观端部略向下弯曲。

尾节后缘波状弯曲，近中部略凸出，之后凹入，前缘近中部凹入。阳茎基背面观不对称，近端部二瓣状，左侧较右侧宽，更向侧边弯曲，侧面观背缘近中部凹入，腹缘近中部凸出。阳茎器退化，仅达阳茎基中部，靠右侧面具 1 个指向基部的短的细突。抱器侧面观基部窄，近基部 1/4 处最宽，至端部渐细。抱器背突细长。

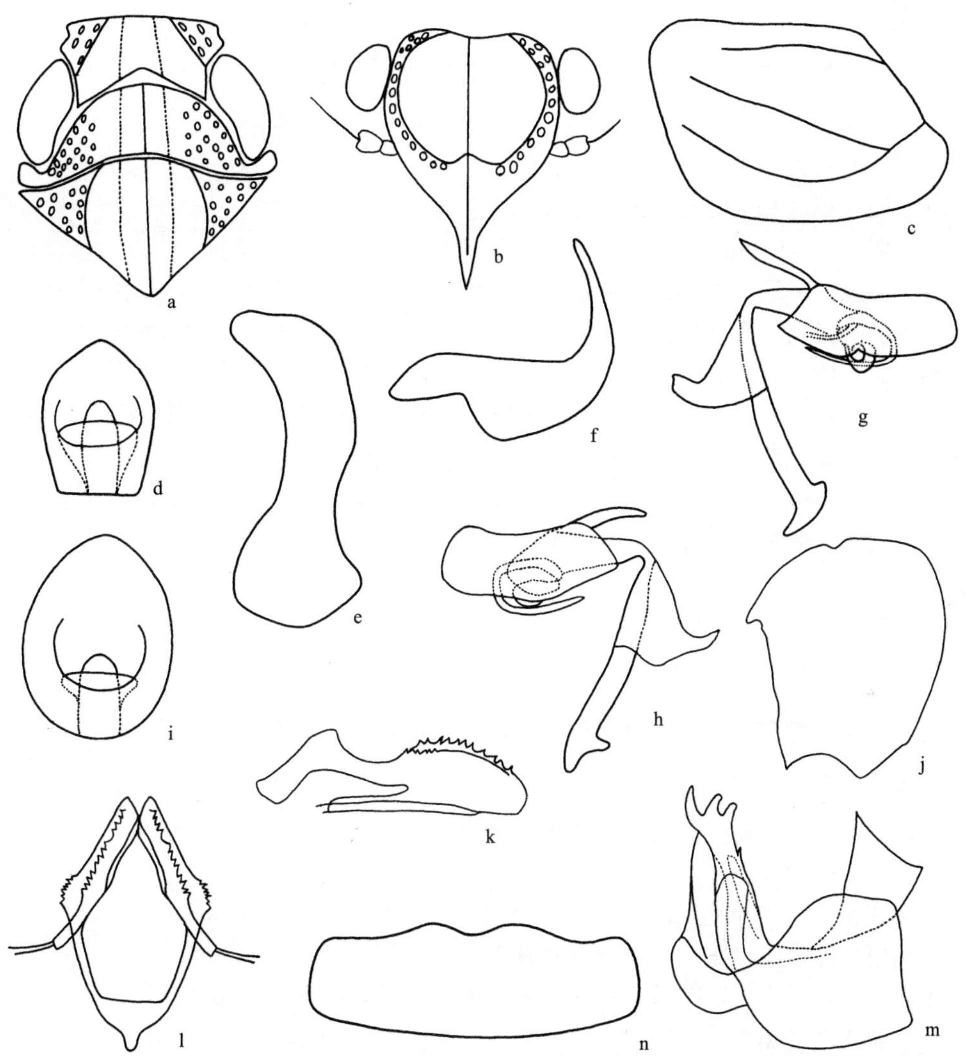

图 30　短敏杯瓢蜡蝉 *Peltonotellus brevis* Meng, Gnezdilov *et* Wang

a. 头胸部背面观（head and thorax, dorsal view）；b. 额与唇基（frons and clypeus）；c. 前翅（tegmen）；d. 雄肛节背面观（male anal segment, dorsal view）；e. 尾节侧面观（pygofer, lateral view）；f. 抱器侧面观（genital style, lateral view）；g. 阳茎左面观（phallus, left view）；h. 阳茎右面观（phallus, right view）；i. 雌肛节背面观（female anal segment, dorsal view）；j. 第 3 产卵瓣侧面观(gonoplac, lateral view)；k. 第 2 产卵瓣侧面观(gonapophysis Ⅸ, lateral view)；l. 第 2 产卵瓣背面观(gonapophyses Ⅸ, dorsal view)；m. 第 1 产卵瓣侧面观(gonapophysis Ⅷ, lateral view)；n. 雌第 7 腹节腹面观(female sternite Ⅶ, ventral view)

雌性外生殖器：肛节背面观较雄性长，侧缘平滑，端缘弓形突出，肛孔位于基半部。第 3 产卵瓣近方形，中域平坦，端缘圆弧形，背部具 1 浅凹刻。第 2 产卵瓣端半部分为两瓣，基半部愈合，端半部背缘具 1 列齿，约 10 个。第 1 产卵瓣窄，端部具 3 个指状突起。第 1 负瓣片近方形。第 7 腹节后缘近平直。

观察标本：1♂（正模），宁夏同心罗山自然保护区，2011.VIII.22，徐思龙；6♂14♀（副模），同正模。

地理分布：宁夏。

(14) 兰敏杯瓢蜡蝉 *Peltonotellus labrosus* Emeljanov, 2008

Peltonotellus labrosus Emeljanov, 2008: 10 (Type locality: Qinghai, China).

以下描述源自 Emeljanov (2008)。

体连翅长：♀ 2.4mm。前翅长：♀ 1mm。

体黄褐色，头顶至前胸背板具 1 宽的黄白色纵带，其两侧黑色。额暗黄褐色，亚侧脊与侧缘之间黑色，具黄褐色瘤突。唇基黑色。腹部沿感觉陷具不清晰的黑色条带。

头顶最宽处宽为中线长的 2.5 倍，具中脊，前缘直，后缘角状凹入。额侧缘圆弧形凸出，顶缘较直，具 3 条脊，亚侧脊近半圆形；侧缘与亚侧脊间具 2 排感觉陷。额唇基沟向上角状弯曲。唇基具短的中脊，达唇基的一半。前胸背板近半圆形，前缘弓形凸出，后缘微凹入；具中脊，中线长为头顶长的 1.2 倍；每侧具 3 或 4 排感觉陷。中胸盾片为前胸背板长的 2.3 倍，具 3 条脊，亚侧脊与前缘连接成弓形。前翅短，近四边形，未盖住腹部；无后翅。

观察标本：未见。

地理分布：青海。

(15) 黑色敏杯瓢蜡蝉 *Peltonotellus niger* Meng, Gnezdilov *et* Wang, 2015（图 31，图版 V：a-f）

Peltonotellus niger Meng, Gnezdilov *et* Wang, 2015: 473 (Type locality: Gansu, China).

体连翅长：♂ 2.3mm，♀ 2.6mm。前翅长：♂ 1.1mm，♀ 1.1mm。

雄成虫：体黑色，头顶至中胸盾片具 1 宽的白色纵带。

雌成虫：体黄褐色，头顶至前胸背板具 1 宽的白色纵带，其两侧黑色。额暗褐色，亚侧脊与侧缘之间黑色。唇基黑色。

头顶梯形，前缘直，后缘弧形凹入，最宽处宽为中线长的 2.6 倍。额侧缘圆弧形凸出，顶缘微凹入，具 3 条脊，亚侧脊近半圆形；侧缘与亚侧脊间具 2 排约 16 个感觉陷；中线长为最宽处的 0.79 倍。额唇基沟向上角状弯曲。后唇基具中脊。前胸背板近半圆形，前缘弓形凸出，后缘微凹入；具中脊，中线长为头顶长的 1.2 倍；每侧约具 13 个感觉陷，侧板每侧具 5 个感觉陷。中胸盾片为前胸背板长的 2.3 倍，具 3 条脊，亚侧脊与前缘连接成弓形，每侧具 6 个感觉陷。前翅短，近四边形，长为最宽处的 1.4 倍；无后翅。后足胫节近端部 1/3 具 1 个侧刺。后足刺式 6-2-2。

雄性外生殖器：肛节背面观短，侧缘圆滑，端缘尖；肛孔位于近中部。尾节后缘近中部略凸出，之后深凹入，前缘近中部凹入。阳茎基近端部二瓣状，侧面观端部背向弯曲成管状，背缘近基部 1/3 处微凹入，腹缘略凸出。阳茎器端部仅达阳茎基一半，靠近右侧具 1 个指向基部的长的细突，腹面观其前具 1 横向的短突。抱器侧面观基部窄，近基部 1/4 处最宽，至端部渐细。抱器背突细长。

雌性外生殖器：肛节背面观较雄性长，侧缘平滑，端缘凸出，肛孔位于基半部。第 3 产卵瓣近方形，中域平坦，端缘圆弧形，背部具 1 浅凹刻。第 2 产卵瓣端半部分为两瓣，基部愈合，端半部背缘具 1 列齿，约 11 个，侧缘中部约具 6 个小齿。第 1 产卵瓣窄，端部具 3 个大小不等的指状突起。第 1 负瓣片近方形，后缘突出。第 7 腹节后缘中部明显凹入。

图 31 黑色敏杯瓢蜡蝉 *Peltonotellus niger* Meng, Gnezdilov *et* Wang

a. 头胸部背面观（head and thorax, dorsal view）；b. 额与唇基（frons and clypeus）；c. 前翅（tegmen）；d. 雄虫外生殖器侧面观（male genitalia, lateral view）；e. 雄肛节背面观（male anal segment, dorsal view）；f. 阳茎右面观（phallus, right view）；g. 阳茎左面观（phallus, left view）；h. 阳茎背面观（phallus, dorsal view）；i. 雌肛节背面观（female anal segment, dorsal view）；j. 第 3 产卵瓣侧面观（gonoplac, lateral view）；k. 第 2 产卵瓣侧面观（gonapophysis Ⅸ, lateral view）；l. 第 2 产卵瓣背面观（gonapophyses Ⅸ, dorsal view）；m. 第 1 产卵瓣侧面观（gonapophysis Ⅷ, lateral view）；n. 雌第 7 腹节腹面观（female sternite Ⅶ, ventral view）

观察标本：1♂（正模），甘肃碌曲县，34°35′30.74″N，102°30′28.3″E，2347m，2012.VIII.4，陆思含；1♂16♀（副模），同正模；3♂6♀（副模），甘肃碌曲县，3147m，2012.VIII.4，吕林。

地理分布：甘肃。

（二）透翅杯瓢蜡蝉亚科 Ommatidiotinae Fieber, 1875

Ommatidioti Fieber, 1875: 362. **Type genus**: *Ommatidiotus* Spinola, 1839.

Ommatidiotina Berg, 1883: 189.

Ommatidiotini Metcalf, 1952: 227; 1958: 90; Fennah, 1987: 243.

Ommatidiotinae Emeljanov, 1999: 66; Gnezdilov *et* Wilson, 2006: 1; Gnezdilov, 2008a: 12; Che, Zhang *et* Webb, 2009: 49; Gnezdilov *et* Bourgoin, 2009: 1; Gnezdilov, 2013a: 212.

鉴别特征：小到大型，体长3.5-16.5mm，头包括复眼宽于前胸背板。前翅发达，后缘斜或圆，明显或几乎达腹部末端，翅脉清晰，后翅正常；偶有短翅，若为短翅，后足第1跗节具2侧刺和多个中刺；长翅型通常后足第1跗节端部仅具2侧刺或无刺。足不呈叶状扩大或正常，后足胫节近端部具1个侧刺。阳茎发达，阳茎基退化。若虫前胸背板侧感觉窝边缘具毛形感器。

地理分布：古北界，东洋界，新热带界，非洲界。

全世界已知3族26属65种，中国分布有8属19种。本志记述2中国新记录属，1中国新记录种和4新种。

族 检 索 表

1. 腹部第3-6节腹板后缘直，前足跗节的中垫窄且短，不达爪的端部 …… **亚丁杯瓢蜡蝉族 Adenissini**
   腹部第3-6节腹板后缘角状深凹，前足跗节的中垫长且宽，达爪的端部 ……………………………… 2
2. 前胸背板中域宽阔，侧域短；后足第1跗节与第2跗节长度几乎相等；阳茎具钩状或齿状突起…
   ……………………………………………………………………… **透翅杯瓢蜡蝉族 Ommatidiotini**
   前胸背板中域窄长，侧域长；后足第1跗节比第2跗节长；阳茎无突起，管状……………………
   ……………………………………………………………………… **鹰杯瓢蜡蝉族 Augilini**

III. 亚丁杯瓢蜡蝉族 Adenissini Dlabola, 1980

Adenissini Dlabola, 1980: 176. **Type genus**: *Adenissus* Linnavuori, 1973.

Adenissini Gnezdilov *et* Wilson, 2006: 4; Gnezdilov, 2008a: 12; 2013a: 1310.

头顶宽，额具清晰的中脊和亚侧脊。前翅隆起或略扁平。后足第1跗节具2个侧刺和4-8个中刺，端节的中垫窄短，不达爪的端部。腹部第3-6节腹板后缘直。阳茎基发达或略退化，阳茎器完全被其包被或几乎被包被。阳茎器腹面无钩突起。

全世界已知 10 属 22 种，中国仅发现 3 属 3 种，其中 2 中国新记录属，1 中国新记录种和 1 新种。

地理分布：古北界，东洋界。

属检索表

1. 头顶长宽几乎相等；额两侧缘具瘤突；前翅短，未盖住腹部末端……………**博杯瓢蜡蝉属 *Bocra***
   头顶宽大于长；额无瘤突；前翅明显长……………………………………………2
2. 前翅无膜质的前缘域……………………………………………**德里杯瓢蜡蝉属 *Delhina***
   前翅具膜质的前缘域，并具很多的伪横脉……………………………**裙杯瓢蜡蝉属 *Phusta***

7. 博杯瓢蜡蝉属 *Bocra* Emeljanov, 1999

Bocra Emeljanov, 1999: 66. **Type species**: *Bocra ephedrina* Emeljanov, 1999.

体半球形。头包括复眼明显窄于前胸背板。头顶近六边形，具“Y”形脊，中域凹陷，侧缘脊起，中线长几乎等于两后侧角处宽。头顶与额伸至复眼前方，端缘扁平如贝壳形。具单眼。额近长方形，粗糙中域隆起，具中脊和亚侧脊，近侧缘处具瘤突。唇基光滑，具中脊，与额位于同一平面上；喙延伸达中足转节。前胸背板中域近半圆形，前缘弧形凸出，中域具 2 个小凹陷；中胸盾片粗糙，具 3 条脊。前翅革质，半透明状，近椭圆形，达腹部第 7 和第 8 节之间；无爪缝，纵脉明显，纵脉之间具许多不规则的横脉。后翅小。足正常不扩大，后足胫节具 1 个侧刺，后足刺式 7-9-2。

雄性外生殖器：肛节背面观杯状，肛孔位于近中部。尾节侧面观后缘突出。阳茎近平直，无剑状突起物。抱器侧面观近方形，后缘微凹入，抱器背突向侧面弯曲。

地理分布：西藏；塔吉克斯坦。本属为中国首次记录。

本属首次在中国记述，本志另记述 1 新种，现全世界共 2 种。

(16) 弯月博杯瓢蜡蝉，新种 *Bocra siculiformis* Che, Zhang *et* Wang, sp. nov.（图 32；图版Ⅴ：g-i）

体连翅长：♂ 4.8mm。前翅长：♂ 3.6mm。

体棕色。头顶、前胸背板和中胸盾片褐色，脊和边缘棕色。复眼暗褐色。额淡褐色，脊和瘤突棕色。唇基褐色。喙棕色。前翅和后翅棕色。足棕色，前足和中足腿节具褐色纵带。腹部腹面和背面褐色，各节末端略带棕色。

头顶与额伸至复眼前方，端缘扁平如贝壳形。头顶两后侧角宽约为中线长的 1.1 倍。额粗糙中域隆起，近侧缘处具瘤突（7 个），侧缘近平行，最宽处为基部宽的 1.1 倍，中线长为最宽处的 1.8 倍。额唇基沟近平直。唇基光滑，具中脊。前胸背板前缘弧形凸出，后缘近平直，中域具 2 个小凹陷；中胸盾片粗糙，具中脊和亚侧脊，最宽处大约是中线之长的 1.8 倍。前翅近椭圆形，无爪缝，纵脉明显，纵脉之间具许多不规则的横脉，翅长为最宽处的 1.8 倍；后翅小，翅脉不明显。后足胫节具 1 个侧刺；后足刺式 7-9-2。

雄性外生殖器：肛节背面观杯状，端缘微突出，肛孔位于近中部，中部处最宽，侧顶角钝圆，基缘近平直。尾节侧面观后缘基部和端部突出，中部角状略凹入。阳茎近平直，阳茎基背瓣背面观端缘钝圆，不裂叶；侧瓣侧面观细长二裂叶，端部渐细；腹瓣腹面观端缘中部突出，不裂叶；阳茎器无突起物。抱器侧面观呈近方形，后缘中部微弧形凹入；尾向观背突渐细弯曲成弯月形。

正模：♂，西藏扎达曲松，4200m，1976.VI.14，黄复生（IZCAS）。副模：1♂，同正模。

地理分布：西藏。

鉴别特征：本种与麻黄博杯瓢蜡蝉 *B. ephedrine* Emeljanov, 1999 相似，主要区别：①尾节后缘中部角状凹入，后者尾节后缘中部直；②抱器后缘中部弧形凹入，背突弯曲成弯月形，后者抱器后缘中部斜直，背突不弯曲，端部尖刺状。

种名词源：拉丁词“*siculiformis*”意为“短剑形的、弯刀形的”，此处是指本种抱器的突起呈弯月形。

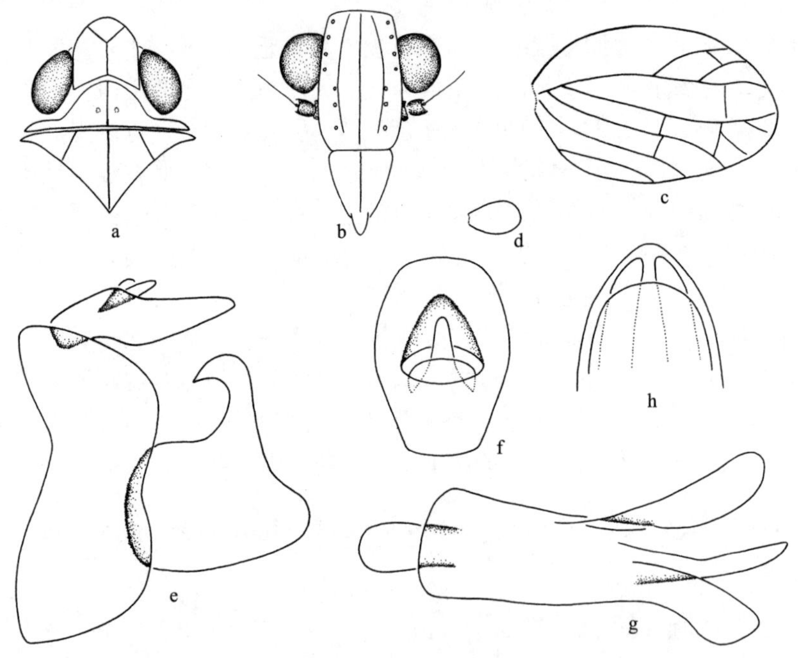

图 32 弯月博杯瓢蜡蝉，新种 *Bocra siculiformis* Che, Zhang *et* Wang, sp. nov.

a. 头胸部背面观（head and thorax, dorsal view）；b. 额与唇基（frons and clypeus）；c. 前翅（tegmen）；d. 后翅（hind wing）；e. 雄虫外生殖器左面观（male genitalia, left view）；f. 雄肛节背面观（male anal segment, dorsal view）；g. 阳茎侧面观（phallus, lateral view）；h. 阳茎端部腹面观（apex of phallus, ventral view）

8. 德里杯瓢蜡蝉属 *Delhina* Distant, 1912

Delhina Distant, 1912: 650. **Type species**: *Delhina eurybrachydoides* Distant, 1912; Distant, 1916: 95; Che, Zhang *et* Wang, 2006b: 149; Gnezdilov, 2008a: 13.

属征：头包括复眼窄于前胸背板。头顶宽，明显大于长，侧缘脊起，前缘凸出，后缘微凹入，中域凹陷，具单眼。额长约等于最宽处，前缘明显凹入，中域微隆起，具 3 条脊。唇基隆起，具中脊；喙达后足转节。前胸背板前缘明显凸出，后缘近平直，中域具中脊和 2 个小凹陷。中胸盾片最宽处为中线长的 2.2 倍，具中脊和亚侧脊，近侧缘中部各具 1 个小凹陷。前翅长大于宽，至端部渐窄，具长的爪缝，窄的亚前缘，纵脉明显，有许多不规则的横脉。后翅略短于前翅，具发达的 2 瓣，翅脉呈网状。后足胫节具 2 个侧刺，后足刺式 7-9-2。

雄性外生殖器：肛节背面观近卵圆形，尾节侧面观后缘近端部微突出。阳茎近平直，阳茎基在基部分为背侧瓣和腹瓣；阳茎器具 1 对源于端部的剑状短突。抱器侧面观近三角形，基部窄、端部扩大。

地理分布：西藏；印度。

目前本属全世界仅知 1 种。

(17) 阔颜德里杯瓢蜡蝉 *Delhina eurybrachydoides* Distant, 1912（图 33；图版 V：j-l）

Delhina eurybrachydoides Distant, 1912: 650 (Type locality: India); Distant, 1916: 96; Che Zhang *et* Wang, 2006b: 150; Gnezdilov, 2008a: 13.

体连翅长：♂ 8.5mm。前翅长：♂ 7.1mm。

体黄褐色，具黑褐色斑纹。头顶中域黄褐色，近侧缘处黑褐色。复眼黑褐色。额黑褐色，脊呈黄褐色，基部具黄褐色横带。唇黄褐色，具黑褐色纵带。喙黄褐色。前胸背板和中胸盾片黄褐色，散布黑褐色斑点。前翅黄褐色，具黑褐色斑纹；后翅褐色。足黄褐色，布满黑褐色斑点。腹部腹面红褐色，腹部各节的近端部略带黑色。

头顶近长方形，侧缘明显脊起，中线长为两后侧角处宽的 0.4 倍。额粗糙，前缘明显凹入，中脊和亚侧脊明显，额基部明显向下弯，额长为最宽处的 0.7 倍，最宽处为基部宽的 1.6 倍。唇基具中脊，中脊两侧各具 1 条黑褐色纵带。前胸背板前缘明显脊起，中域具 2 个小凹陷，中脊不明显；中胸盾片具中脊和亚侧脊，中脊微弱，近侧缘中部各具 1 个小凹陷，最宽处为中线长的 2.5 倍。前翅具爪缝，纵脉明显，具许多不规则的横脉，翅面布有不规则的黑褐色斑点，前翅长为最宽处的 2.1 倍。后足刺式 7-9-2。

雄性外生殖器：肛节背面观近椭圆形，端缘中部略凹入，侧顶角圆，肛孔位于近基部。尾节侧面观后缘端部突出小，基部突出稍明显。阳茎近平直，端部呈瓣状，具源于端部的 1 对短的剑状突起物，背瓣背面观二裂叶，端部弯曲，具短的剑状突出物；腹瓣顶缘深三裂叶，中叶端缘凹入，两侧叶向中叶弯曲，明显短于背瓣，侧瓣向上包住背瓣，侧面观端缘 2 裂深凹入。抱器侧面观近三角形，基部窄，端部扩大，端缘弧形弯曲，背缘近端部突出。

观察标本：1♂，西藏吉隆小吉隆，2030m，1975.VII.23，黄复生（IZCAS）。

地理分布：西藏；印度。

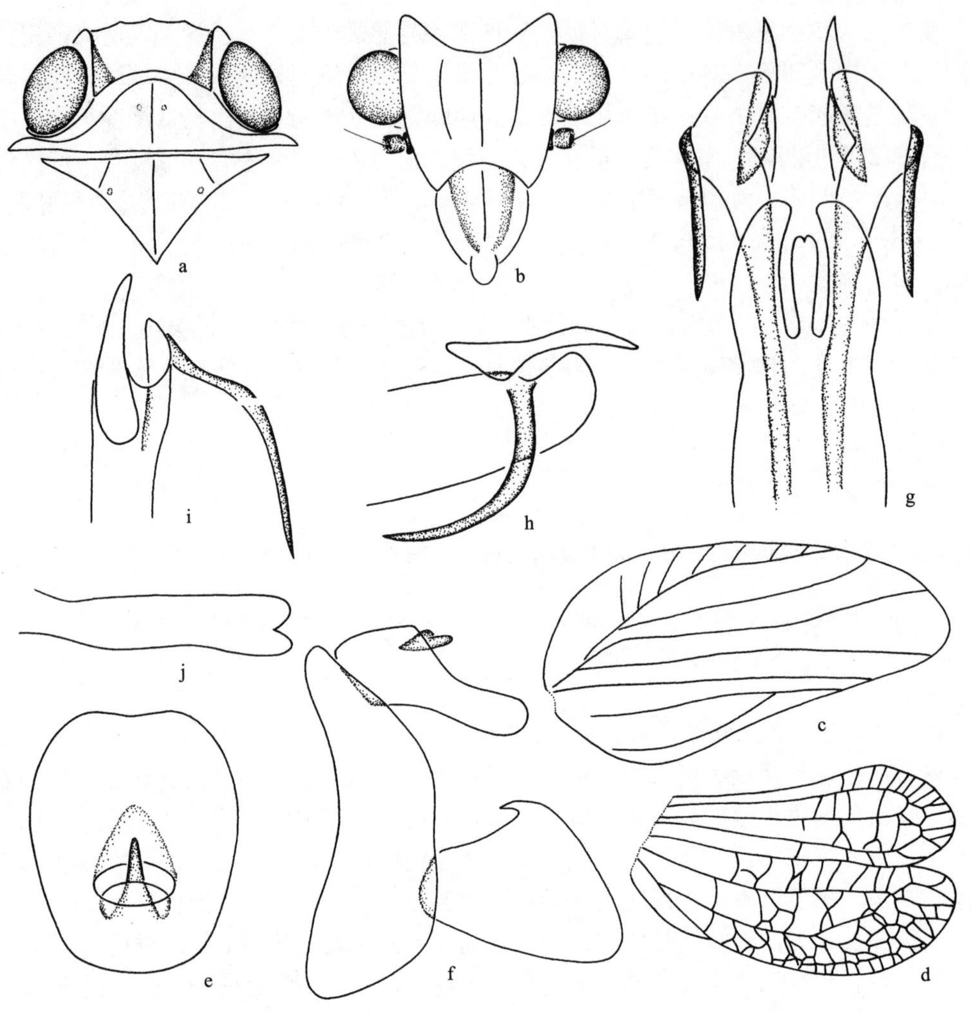

图 33 阔颜德里杯瓢蜡蝉 *Delhina eurybrachydoides* Distant

a. 头胸部背面观（head and thorax, dorsal view）；b. 额与唇基（frons and clypeus）；c. 前翅（tegmen）；d. 后翅（hind wing）；e. 雄肛节背面观（male anal segment, dorsal view）；f. 雄虫外生殖器左面观（male genitalia, left view）；g. 阳茎腹面观（phallus, ventral view）；h. 阳茎基背瓣端部侧面观（apex of dorsal phallobasal lobe, lateral view）；i. 阳茎基背瓣端部背面观（apex of dorsal phallobasal lobe, dorsal view）；j. 阳茎基侧瓣侧面观（lateral phallobasal lobe, lateral view）

9. 裙杯瓢蜡蝉属 *Phusta* Gnezdilov, 2008

Phusta Gnezdilov, 2008a: 15. **Type species**: *Phusta dantela* Gnezdilov, 2008.

属征：额宽，端缘凹入，中脊长，与唇基中脊相连。唇基大，具中脊。单眼 2 个。头顶宽大于长，中域凹陷，前缘突出，后缘凹入。前胸背板前缘突出，后缘直，平整无脊起。中胸盾片大，具 2 条亚侧脊。前翅长，端部窄，爪片长（大约占前翅长度的 4/5），无前缘下板，前缘具细毛，前缘域不凹入。径脉分支多（6 或 7 支），中脉 2 分支（分支脉端部又 2 分叉）；肘脉不分支。后足胫节近端部具 2 侧刺。基跗节长，大约与第 2 节与第 3 节长度之和相等，端部具 7 或 8 小刺，排成弓形。第 3 产卵瓣长，三角形。

地理分布：海南；越南。本属为中国首次记录。

本属全世界仅知 1 种。

(18) 丹裙杯瓢蜡蝉 *Phusta dantela* Gnezdilov, 2008（图 34；图版Ⅵ：a-c）

Phusta dantela Gnezdilov, 2008a: 15 (Type locality: Vietnam).

体连翅长：♀ 14.6mm。前翅长：♀ 12.8mm，翅展 29.5mm。

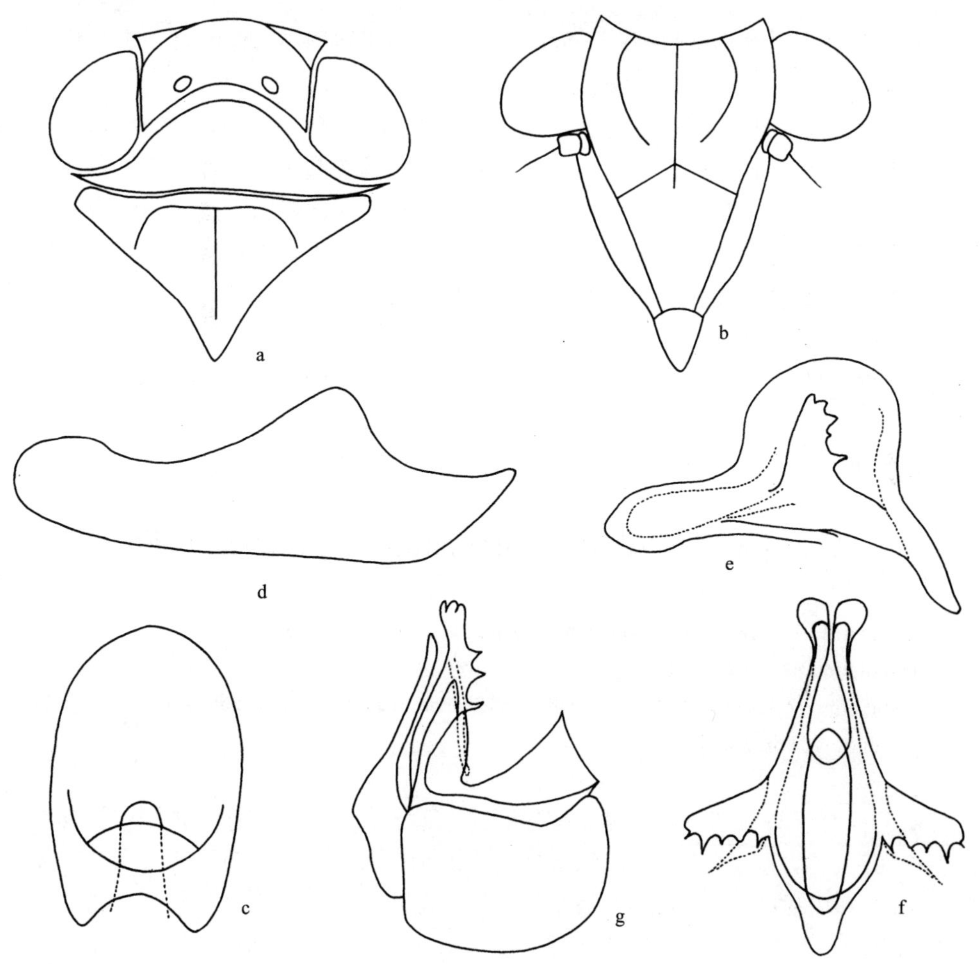

图 34　丹裙杯瓢蜡蝉 *Phusta dantela* Gnezdilov

a. 头胸部背面观（head and thorax, dorsal view）；b. 额与唇基（frons and clypeus）；c. 雌肛节背面观（female anal segment, dorsal view）；d. 第 3 产卵瓣侧面观（gonoplac, lateral view）；e. 第 2 产卵瓣侧面观（gonapophysis Ⅸ, lateral view）；f. 第 2 产卵瓣背面观（gonapophyses Ⅸ, dorsal view）；g. 第 1 产卵瓣侧面观（gonapophysis Ⅷ, lateral view）

体淡褐色，具暗褐色斑点。前翅淡红褐色，具不规则的暗褐色或黑色斑点，其中前缘基部、中室及近端部的斑点大，后缘沿爪片内侧的斑点排列相对较整齐；翅脉明显隆起，淡黄褐色，多横脉，呈网状，但爪片的横脉多，排列密集。后翅暗褐色。后足刺的端部黑色。腹部第 7 节后缘直，肛节近卵圆形，端部略窄。

头顶宽大约是中线长的 2.7 倍。额的最宽处位于触角下方，宽大约是长的 1.5 倍。喙亚端节大约是端节长的 1.5 倍。后足刺式 7-10-2。

雌性外生殖器：肛节背面观近卵圆形，至端缘略微逐渐变窄，肛孔位于近基部，肛下板短，近圆柱形。第 3 产卵瓣侧面观长三角形，基部宽、端部窄，背面观端部互相愈合。第 2 产卵瓣的后连接片端部较直，中域极度隆起。生殖骨片桥退化，极小，与第 2 产卵瓣基部愈合。第 1 负瓣片近方形。内生殖突简单，部分略骨化。内生殖瓣较大，片状。第 1 产卵瓣基部宽、端部较窄，端部具 3 个大小相似的齿，侧缘具 3 个刺状齿。第 7 腹节后缘平直。

雌性内生殖器：生殖孔为双孔型。交配囊发达，具 2 囊，位于基部的囊大，蘑菇形，顶端表面具大的圆形的类似蜡腺的骨化片，中部表面具细胞状装饰；端部的囊开口于基囊中部，相对较小，表面无“装饰物”。前阴道细长，端部略膨大；后阴道极短。中输卵管细长。受精囊发达，主要包括 5 部分：受精囊孔不膨大，受精囊管细长，在近基部稍膨大，受精囊支囊管长椭圆形，受精囊泵细长，受精囊附腺 2 个。

本种为中国首次报道。

观察标本：1♀，海南尖峰岭，18°44.026′N，108°52.460′E，975m，2010.VIII.15，郑国。

地理分布：海南；越南。

Ⅳ. 透翅杯瓢蜡蝉族 Ommatidiotini Fieber, 1875

Ommatidioti Fieber, 1875: 362. **Type genus**: *Ommatidiotus* Spinola, 1839.

Ommatidiotina Berg, 1884: 134.

Ommatidiotini Metcalf, 1952: 227; 1958: 90; Fennah, 1987: 243; Gnezdilov *et* Wilson, 2006: 4; Gnezdilov, 2011b: 751; 2013a: 212.

前胸背板几乎与头部等宽，侧域被复眼完全遮盖，具短翅型和长翅型，短翅型通常前胸背板短小。前翅爪缝终止于爪片末端，后翅 MP 脉 2 分支，CuA 脉 1 分支，无径中横脉（r-m）和中肘横脉（m-cu）。后足第 1 跗节与第 2 跗节长度几乎相等，具 2 侧刺，附端节的中垫长且宽，几乎达爪的端部。腹部第 3-6 节腹板后缘明显凹入。阳茎具钩状或齿状突起。

地理分布：古北界，新热带界和非洲界。

全世界共记载 1 属 14 种，在中国已知 1 属 2 种，本志记述 1 新种。

10. 透翅杯瓢蜡蝉属 *Ommatidiotus* Spinola, 1839

Ommatidiotus Spinola, 1839: 205. **Type species**: *Issus dissimilis* Fallén, 1806; Melichar, 1906: 41; Dlabola, 1967b: 11; 1987c: 74; Liang, 1998: 159; Holzinger, 2007: 277.

属征：头顶至中胸盾片具红色纵带。头顶呈五角状，略向前突出，端部角形或圆形，顶部扁平或略凹，具 1 不明显纵沟。额呈长方形，侧缘向外突出，中线长略大于复眼间距，具 3 条纵脊，两亚侧脊与额外缘近平行，在额上端缘几乎与中脊相连，沿侧缘具瘤突。唇基具中脊。喙短。复眼大，触角短。前胸背板呈梯形，较短，前缘弧状突出，后缘浅凹入。中胸盾片大，具 3 条纵脊，中脊不明显。前翅覆盖腹末，达腹末端或超出，末端变窄，革质或膜质，具 3 条明显纵脉，端部具数个近四边形端室。后翅短小，具 5 条纵脉，前 3 纵脉间具 1 横脉。足简单，后足胫节中部后具 1 侧刺，后足跗节长度约为后足胫节的 1/2，跗节基部较粗。

雄性外生殖器：阳茎直，左右不完全对称。阳茎基侧瓣窄，骨化，端部分叉。阳茎器管状，骨化，背面观近端部具 3 个突起，分别指向两侧和头部方向。抱器侧面观基部窄，近端部最宽，尾腹角钝圆，后缘圆弧形突出，抱器背突较粗短。

本属全世界已知 14 种，主要分布于古北界，我国分布 2 种，本志另记述 1 新种。

种 检 索 表

1. 头顶中线长与两后侧角处宽基本相等……………………………… **纵带透翅杯瓢蜡蝉 *O. dashdorzhi***
   头顶明显向前突出，中线长为宽的 1.8 倍以上…………………………………………………………2
2. 雌虫前翅浅灰黄色，内缘古铜色；体长 6.5mm………………………………………………………
   ……………………………………………………… **拟长透翅杯瓢蜡蝉，新种 *O. pseudolongiceps* sp. nov.**
   雌虫前翅翅脉浅黄色，端部翅脉颜色较深，呈浅褐色，爪缝浅橘黄色；体长 7mm…………………
   ………………………………………………………………………………**尖刺透翅杯瓢蜡蝉 *O. acutus***

(19) 纵带透翅杯瓢蜡蝉 *Ommatidiotus dashdorzhi* Dlabola, 1967（图 35；图版Ⅵ：d-i）

Ommatidiotus dashdorzhi Dlabola, 1967: 11 (Type locality: Mongolia).

体连翅长：♂ 3.0mm，♀ 4.1mm。前翅长：♂ 2.0mm，♀ 3.1mm。

雄成虫：头顶至中胸盾片具 1 窄的红色纵带。头顶淡绿色，近侧缘浅黄褐色。复眼黑褐色。额、唇基、喙黑色。颊黑色，近唇基处淡绿色。前胸背板淡绿色，略带淡黄色。中胸盾片淡绿色。前翅近外缘 1/3 为黑色纵带，内侧淡绿色并与 2 条浅黄色纵带相间，内缘浅黄色。足黑色，跗节黄褐色。

雌成虫：头顶至中胸盾片具 1 窄的红色纵带。头顶灰褐色。复眼浅红褐色，具红褐色纹。额黑褐色，脊和瘤突黄褐色。唇基、颊黑褐色。前胸背板、中胸盾片浅黄褐色。前翅浅黄褐色，具 3 条红色纵纹，内缘浅棕色。足黑褐色，胫节末端、跗节浅黄褐色。

头包括复眼略宽于前胸背板。头顶明显突出于复眼，前缘近半圆形凸出，顶端略尖，后缘中间微凹入，长宽基本相等。额长略大于复眼下最宽处，顶缘波状，中间微凸，侧缘平滑；具 3 条脊，亚侧脊圆弧形，未达额唇基沟；沿亚侧脊每侧约 7 个瘤突。额唇基沟向上弯曲。唇基长三角形，具中脊。喙达后足基节。前胸背板近半圆形，前缘微凸出，后缘角状微凹入；中脊不明显。中胸盾片为前胸背板长的 2.5 倍，具 2 条亚侧脊。前翅长，翅脉在近端部网状；无后翅。后足胫节近端部 1/3 具 1 个侧刺。后足刺式 6-2-2。

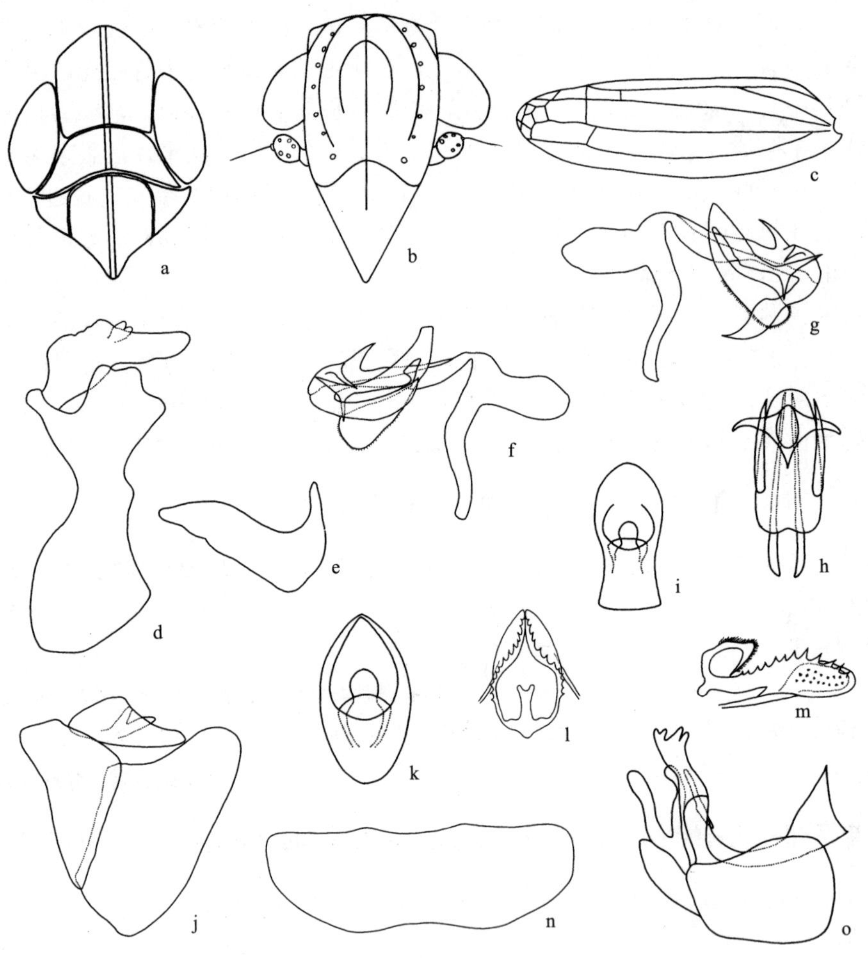

图 35　纵带透翅杯瓢蜡蝉 *Ommatidiotus dashdorzhi* Dlabola

a. 头胸部背面观（head and thorax, dorsal view）；b. 额与唇基（frons and clypeus）；c. 前翅（tegmen）；d. 雄肛节与尾节侧面观（male anal segment and pygofer, lateral view）；e. 抱器侧面观（genital style, lateral view）；f. 阳茎右面观（phallus, right view）；g. 阳茎左面观（phallus, left view）；h. 阳茎背面观（phallus, dorsal view）；i. 雄肛节背面观（male anal segment, dorsal view）；j. 雌虫外生殖器侧面观（female genitalia, lateral view）；k. 雌肛节背面观（female anal segment, dorsal view）；l. 第 2 产卵瓣背面观（gonapophyses Ⅸ, dorsal view）；m. 第 2 产卵瓣侧面观（gonapophysis Ⅸ, lateral view）；n. 雌第 7 腹节腹面观（female sternite Ⅶ, ventral view）；o. 第 1 产卵瓣侧面观（gonapophysis Ⅷ, lateral view）

雄性外生殖器：肛节背面观长明显大于宽，侧缘波状弯曲，近基部 1/3 明显凹入，近端部 1/3 凸出，顶缘钝圆；肛孔位于中部。尾节背缘近中部凹入，后缘近背缘明显凸出，凸出的后缘呈钝的三叉状，之后波状弯曲，在近中部略凸，前缘中部圆弧形深凹入。阳茎直，左右不完全对称。阳茎基在基部分叉，上端分支骨化，在顶端又二分叉，上支较下支长；下端分支基半部骨化，较窄，端半部膜质囊状，囊表面具微毛。阳茎器骨化，端部二分瓣，端部形成向下弯折的大突起，左侧突起向下弯曲，在基部窄，中部膨大，至尖端渐细，顶端指向头部；右侧突起镰刀形，向头部弯曲，顶端指向背面；背面观近端部具 3 个短突起，分别指向两侧和头部方向。抱器侧面观基部窄，近端部最宽，尾腹角钝圆，后缘圆弧形突出。抱器背突粗短，端部钝圆。

雌性外生殖器：肛节长卵圆形，侧缘平滑，端缘明显凸出，肛孔位于近中部。第 3 产卵瓣中部最宽，至端部渐窄，背缘近中部凹入，端缘斜。第 2 产卵瓣背缘具 1 列齿，约 12 个。第 1 产卵瓣窄，端部具 3 个大小不等的指状突起，外部齿分裂成 2 个。第 1 负瓣片近方形，后缘略突出。第 7 腹节后缘波状，中部微凹入。

观察标本：1♂2♀，内蒙古贺兰山哈拉乌，2011.VIII.8，徐思龙；2♂，内蒙古贺兰山哈拉乌，2011.VIII.9，徐思龙；1♂2♀，内蒙古贺兰山，2010.VIII.1，钟海英。

地理分布：内蒙古；蒙古国。

(20) 拟长透翅杯瓢蜡蝉, 新种 *Ommatidiotus pseudolongiceps* Meng, Qin *et* Wang, sp. nov.

（图 36；图版Ⅵ：j-l）

体连翅长：♀ 6.5mm。前翅长：♀ 4.3mm。

雌成虫：头顶至中胸盾片铜黄色，具 1 宽的红色纵带，侧缘黄色。复眼暗褐色。额黑褐色，具淡黄色中带，脊和瘤突浅黄色。唇基中带浅黄色，两侧深黄褐色。颊黑褐色。前翅浅灰黄色，内缘古铜色。足黄褐色，胫节末端、跗节浅黄褐色。

头顶近圆柱形，前缘弓形凸出，后缘中间微凹入，中线长为基部宽的 2 倍。额长为复眼间最宽处的 1.8 倍，顶缘微凸，侧缘平滑；具 3 条脊，亚侧脊弧形，未达额唇基沟；沿亚侧脊每侧约具 8 个小瘤突，亚侧脊末端具 1 大瘤突，侧面观侧缘在复眼上端消失，至头顶仅具 3 个瘤突。额唇基沟向上极度弓形弯曲。唇基小。喙达后足基节。前胸背板近半圆形，前缘弓形微凸出，后缘凹入。中胸盾片为前胸背板长的 2.7 倍，具中脊和 2 条亚侧脊。前翅长，翅脉在近端部网状。后翅缺失。后足胫节近端部 1/3 具 1 个侧刺。后足刺式 6-2-2。

雌性外生殖器：肛节长卵圆形，侧缘圆滑，端缘圆弧形微凸出，肛孔位于中部。第 3 产卵瓣基半部近长方形，从中部至端部渐窄，背缘近中部凹入，腹缘斜。第 2 产卵瓣背缘具 1 列齿，约 9 个。第 1 产卵瓣窄，端部具 3 个突起，外侧齿分裂成 2 个。第 1 负瓣片近方形，后缘微突出。第 7 腹节后缘波状，中部微凹入。

正模：♀，陕西留坝庙台子，1300m，1973.X.15，路进生、田畴。

鉴别特征：本种与长透翅杯瓢蜡蝉 *O. longiceps* Puton, 1896 相似，主要区别：①头顶中线长为基部宽的 2 倍，侧缘黄色，后者头顶中线长为基部宽的 1.6 倍，突出部分的侧缘黑色；②额沿亚侧脊每侧约具 8 个小瘤突，后者额沿亚侧脊具 6 个较大的瘤突；③前翅末端横脉多，R 脉在端部分 3 支，后者前翅端部横脉较少，R 脉在端部分 2 支。

种名词源：本种名取自拉丁词“*pseudo-*”，意为“假的”，此处指本种与长透翅杯瓢蜡蝉 *O. longiceps* 非常近似。

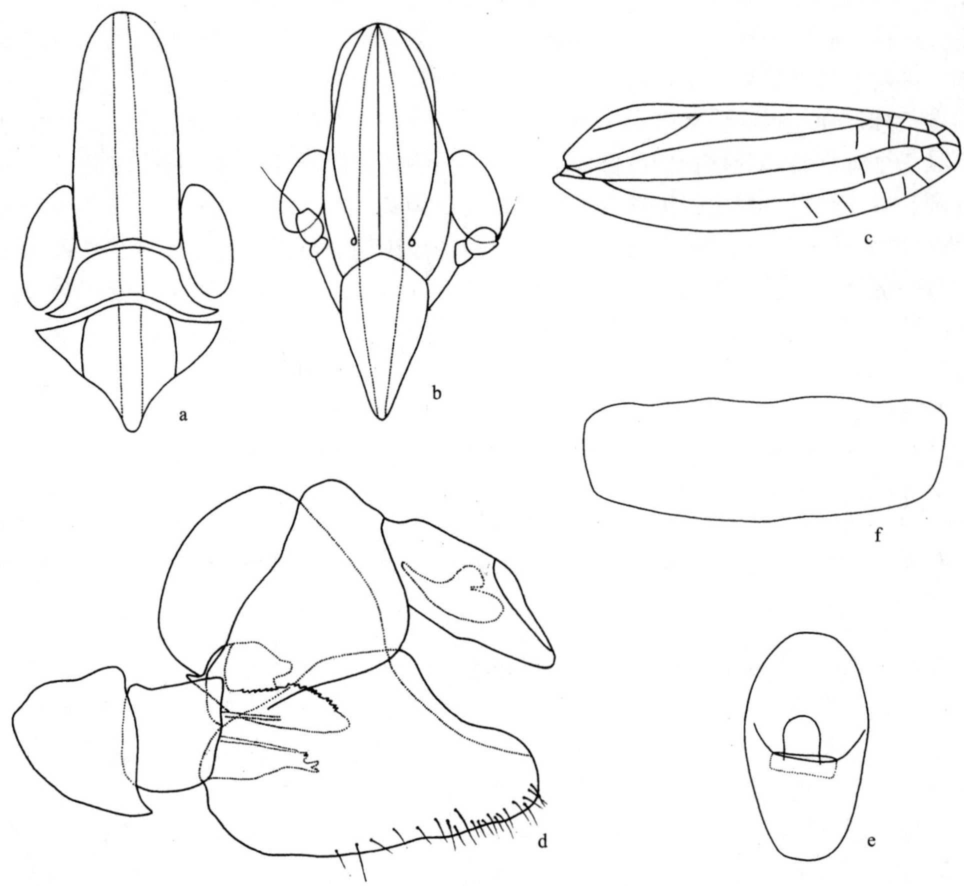

图 36 拟长透翅杯瓢蜡蝉，新种 *Ommatidiotus pseudolongiceps* Meng, Qin *et* Wang, sp. nov.

a. 头胸部背面观（head and thorax, dorsal view）；b. 额与唇基（frons and clypeus）；c. 前翅（tegmen）；d. 雌虫外生殖器侧面观（female genitalia, lateral view）；e. 雌肛节背面观（female anal segment, dorsal view）；f. 雌第 7 腹节腹面观（female sternite Ⅶ, ventral view）

(21) 尖刺透翅杯瓢蜡蝉 *Ommatidiotus acutus* Horváth, 1905

Ommatidiotus acutus Horváth, 1905: 380 (Type locality: Mongolia); Melichar, 1906: 42.

以下描述源自 Melichar（1906）。

雄成虫：体长 4.75-5.0mm。体背面浅黄色，腹面黑色。头顶明显向前突出，呈长三角状，中线长为两复眼间距的 1.80 倍，长于前胸背板，约为前胸背板的 3.75 倍，侧缘直，端缘钝圆；头顶中域具 1 条达前胸背板和中胸盾片的红色纵纹。额黑色，3 条纵脊颜色淡，近长三角形，中线长约为最宽处的 2 倍，侧面观近垂直，至顶端略凸出，与头形成锐角。颊外侧端部浅白色。前胸背板宽约为中线长的 3 倍。中胸盾片长约为前胸背板的 2.5 倍。前翅革质，达腹部末端，缝缘处及纵脉间具红色纵线；前缘翅脉呈黑色。腿节黑色，足胫节及跗节黄褐色，前足胫节基部及后足胫节几乎深褐色。

雌成虫：体长 7mm。体黄褐色，头、前胸背板及中胸盾片具 1 条红色纵线。头顶同雄虫，头明显向前突出。额中线长约为宽的 1.6 倍，形态同雄虫，侧缘黑褐色，中域及亚侧脊浅黄色。唇基浅褐色，中域浅黄色。前胸背板宽为中线长的 3.5 倍。前翅超出腹部末端，半透明，翅脉浅黄色，端部翅脉颜色较深，呈浅褐色；爪缝浅橘黄色。胸部与腿节浅褐色，胫节与跗节色浅，跗节端部浅黑色。腹部黑色。

观察标本：未见。

地理分布：内蒙古；蒙古国。

V. 鹰杯瓢蜡蝉族 Augilini Baker, 1915

Augilinae Baker, 1915: 141. **Type genus**: *Augila* Stål, 1860.

Augilini Metcalf, 1955: 69; Emeljanov, 1999: 66; Gnezdilov *et* Wilson, 2006: 4; Gnezdilov, 2013a: 213.

Augilina Fennah, 1987: 244.

前翅爪缝超过爪片末端，中脉（M）常在结线后分叉，后翅发达，通常具径中横脉（r-m）和中肘横脉（m-cu）。足细长，后足第 1 跗节比第 2 跗节长，端部无刺。腹部第 3-6 节腹板后缘明显凹入。阳茎无突起，管状。

地理分布：主要分布于东洋界，仅西涅杯瓢蜡蝉属 *Signoreta* Gnezdilov *et* Bourgoin, 2009 和木舟杯瓢蜡蝉属 *Cano* Gnezdilov, 2011 分布于非洲马达加斯加地区。

现全世界共记载 14 属 28 种，中国分布有 4 属 13 种，其中包括本志记述的 2 新种。

属检索表

1. 额无脊，喙端节明显宽大于长；头顶侧面观向下斜，端部具 1 细长突起……**犀杯瓢蜡蝉属 *Augilodes***
   额具脊，喙端节明显长大于宽；头顶侧面观向上翘或与体齐平，无突起……2
2. 头顶明显向前突出……**斯杯瓢蜡蝉属 *Symplana***
   头顶不向前突出或略突出……3
3. 头顶宽大于长……**长杯瓢蜡蝉属 *Pseudosymplanella***
   头顶长宽相等或长略大于宽……**露额杯瓢蜡蝉属 *Symplanella***

11. 犀杯瓢蜡蝉属 *Augilodes* Fennah, 1963

Augilodes Fennah, 1963: 728. **Type species**: *Augila binghami* Distant, 1906; Wang, Chou *et* Yuan, 2002: 93; Chen, Zhang *et* Chang, 2014: 166.

属征：体长。头包括复眼与前胸背板几乎相等。头顶近长方形，长为宽的 3-4 倍，后缘凹入，前端圆，中央有 1 个细长突起。具单眼。额光滑无脊。唇基中域隆起，无中脊。喙与唇基等长，亚端节长约为端节的 4 倍，端节宽明显大于长。前胸背板长仅为头顶长的 1/2，中域窄，前缘钝角状，后缘较平直。中胸盾片宽略大于长，中脊弱或不明显。前翅相对狭长，端部网状，爪脉在近基部愈合。后翅大，分 3 瓣。前足腿节膨大成叶状，有的种胫节也膨大；后足胫节具 1 侧刺，端部有 6 个或 7 个小刺，基跗节无小齿，在腹面有 1 颗粒状垫。

雄性外生殖器：肛节小，背面观近四边形，端缘略凹入。尾节管状，相对较短，背面较腹面窄，背侧角圆，不向尾部突出。抱器简单，基部宽，背面近端部弯曲，末端尖。

雌性外生殖器：肛节短，背面观近方形，端缘凹入。第 1 产卵瓣相对较短，端部具 4 个弯曲的小刺；第 2 产卵瓣窄，背缘隆起，锯齿状；第 3 产卵瓣大，基部宽，端部窄。第 7 腹节大，前缘向后凸出，后缘中央略凹入，其后具 1 骨化小片。

地理分布：云南；缅甸，柬埔寨。

Fennah（1963）建立犀杯瓢蜡蝉属 *Augilodes*，遵循 Muir（1930）的分类系统，把该属归在璐蜡蝉科 Lophopidae。Fennah（1987）根据生殖器构造及后足跗节第 2 节齿的数目等特征，对该属的分类地位进行了修订，将其归入瓢蜡蝉科 Issidae。王应伦等（2002）报道了分布于中国云南西双版纳的 1 个种。至此全世界该属 3 个种，我国分布 2 种。

种检索表

触角第 2 节近圆柱形；单眼红色；前胸背板黑褐色；前翅颜色基本一致，淡黑褐色……………………………………………………………… **犀杯瓢蜡蝉 *A. binghami***

触角第 2 节膨大成球形；单眼乳白色，基部红色；前胸背板淡黄褐色，侧域在后缘处有绿色横条纹；前翅基部到近端部色淡，仅端部至外缘黄褐色……………… **端斑犀杯瓢蜡蝉 *A. apicomacula***

(22) 犀杯瓢蜡蝉 *Augilodes binghami* (Distant, 1906)（图 37；图版Ⅶ：a-c）

Augila binghaimi Distant, 1906: 336 (Type locality: Tenasseri).

Augilodes binghami: Fennah, 1963: 729; Wang, Chou *et* Yuan, 2002: 94; Chen, Zhang *et* Chang, 2014: 166.

体连翅长：♀ 9.2mm。前翅长：♀ 7.8mm。

体深黑褐色。头顶黑褐色，侧缘黄褐色。触角深黄褐色。复眼黄褐色，单眼红色。唇基深褐色，端部黄褐色。喙淡黄褐色。前翅翅脉暗褐色，爪片及翅端色深。前足腿节和胫节黑褐色。中足和后足暗黄褐色。腹部背面褐色，中央色淡，腹面中央黄褐色，两侧黑褐色。

头顶近长形，侧缘略脊起，波状弯曲，后缘略凹入，中域略凹陷，头顶上方具 1 细长突起，中线从基部至头顶细长突起基部的长度大约是基部宽的 4.5 倍。额光滑无脊，端部宽，基部窄，端部宽约是基部宽的 2 倍，基部圆弧形。唇基中域隆起，无中脊，其长度几乎与额等长。喙粗短，亚端节的长度大约是端节的 3 倍，端节的宽度大约是长度的 2 倍。复眼长卵圆形，下缘有小缺刻。触角基节短，第 2 节长，端部略膨大，近圆柱形。前胸背板中域三角形，突出于两复眼之间，在其前半部有 1 个近三角形凹陷。中胸盾片宽大，中线长约是前胸背板长的 2.3 倍。前翅狭长，半透明，端部翅脉网纹状。前足腿节和胫节膨大成叶片状，腿节端部弧圆突出，胫节背缘与腹缘平行，后足胫节的近端部具 1 个侧刺，端部有 6 个刺。

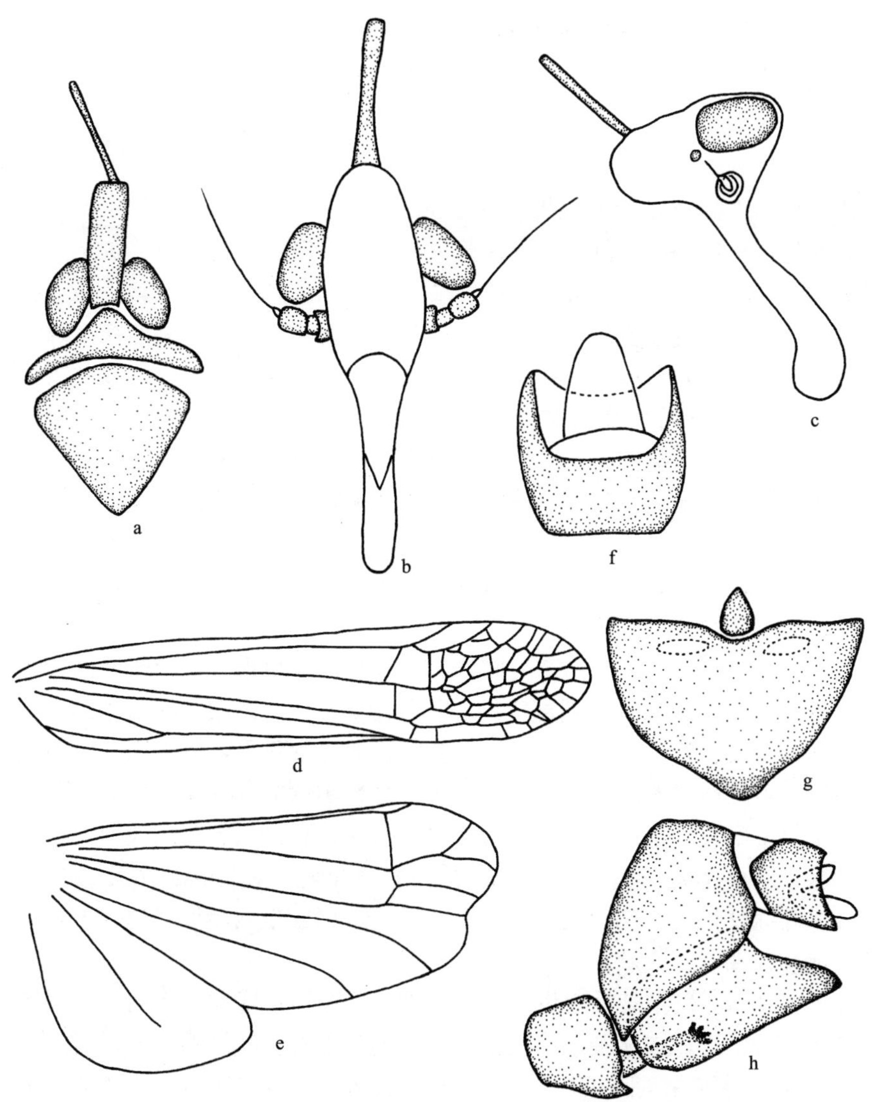

图 37　犀杯瓢蜡蝉 *Augilodes binghami* (Distant)

a. 头胸部背面观（head and thorax, dorsal view）；b. 额与唇基（frons and clypeus）；c. 头部侧面观（head, lateral view）；d. 前翅（tegmen）；e. 后翅（hind wing）；f. 雌肛节背面观（female anal segment, dorsal view）；g. 雌第 7 腹节腹面观（female sternite Ⅶ, ventral view）；h. 雌虫外生殖器侧面观（female genitalia, lateral view）

雌性外生殖器：肛节背面观近方形，长与最宽处几乎相对，肛孔位于端半部。第 1 产卵瓣较小，端缘具 4 个大小相等的刺，侧缘向上翻折；侧面观第 9 背板近三角形，第

3 产卵瓣近四边形。第 7 腹节前缘中部微凹入并连有 1 小的锥形骨片，后缘明显凸出。

观察标本：1♂1♀，云南金平，1956.IV.20-25，黄克仁；1♀，云南勐腊，1959.V.4，莆富基。

地理分布：云南；缅甸。

(23) 端斑犀杯瓢蜡蝉 *Augilodes apicomacula* Wang, Chou *et* Yuan, 2002（图 38；图版Ⅶ：d-f）

Augilodes apicomacula Wang, Chou *et* Yuan, 2002: 95 (Type locality: Yunnan, China).

体翅连长：♂ 8.8mm。前翅长：♂ 7.2mm。

体黄褐色。头顶深黄褐色，侧缘淡黄褐色，2 条斜纵脊黄绿色。触角基部绿褐色，端部黑褐色。复眼米黄色。单眼乳白色，基部红色。额深黑褐色。唇基基部黄褐色，端部淡绿色。喙亚端节淡绿色，端节淡褐色。前胸背板淡黄褐色，侧域在后缘有绿色横条纹，前半部在复眼后方有条形深褐色纹。中胸盾片中域深黄褐色，侧域黄褐色，后缘靠近肩板处及中胸小盾片的后缘角处为黄绿色，肩板淡黄绿褐色。前翅半透明，基部到近端部色淡，端部至外缘黄褐色，后翅比前翅更透明，前后翅翅脉除前翅端部翅脉黄褐色外其余均暗褐色。前足腿节和胫节除腿节基部和端部与胫节连接处黄绿色外，其余均深褐色。中足和后足腿节黄绿褐色，胫节黄褐色，后足胫节端部及基跗节淡黄绿色。腹部背面两侧棕褐色，中间有一条较宽的黄绿色纵带；腹面两侧缘黑褐色，中央为人字形黄绿色纵带，尾节和臀节黑褐色。

头顶近三角形，后缘圆弧形，略凹入，中线从基部至鞭状突起基部的长约是基部宽的 4 倍。额基部窄，端部宽，端部宽约是基部的 2.5 倍，侧面观端部略突出。唇基中域极度隆起，其中线长约是额的 1.4 倍。前胸背板前缘圆弧形，较平截，向前突出在两复眼基部之间，后缘略凹入，中线长仅为头顶长度的 0.4 倍。中胸盾片大，明显宽大于长；中域略凹陷，中线长约是前胸背板长的 2 倍。前翅狭长，翅脉在结线前简单，无横脉，端部横脉多，呈网纹状。后翅大，较薄。前足胫节和腿节膨大成薄片状，腿节在基部窄，至端部 1/3 处向外扩张，然后至端部向内倾斜，端部近平截，形状似钝矛。后足胫节近端部有 1 侧刺，端部有 6 刺。

雄性外生殖器：肛节背面观近梯形；背面比腹面短，隆起；腹面长，端缘近弧形凹入，端侧角近圆锥形，末端圆，略突出，其内侧分别有 1 较细的斜短纵脊，因而肛节腹面端缘好像向背面包卷。肛上片基部窄，端部扩大，端缘中央有 1 小“V ”形缺口，两端侧角圆，呈扇形，其长度同肛节背面等长，隐藏于肛节背面的下方，不易察觉；肛下片基部叉状，粗短，端部圆，末端背面有 7-8 根长刚毛。尾节背面明显比腹面短，端缘呈“U”形深凹，两背侧角斜直，内侧分别有 1 细圆锥形的突起，末端尖锐，均指向内侧，两者在腹中央相愈合，形成 1 明显的横脊，阳茎端部背面固定此处；腹面长，端缘中央略突出，有 1 窄长的腹中突，其末端分叉。阳茎粗短，简单，背面观，近中部向两侧扩大，端部缢缩，呈花瓶状，端缘平截，略斜；侧面观，阳茎端部向下弯曲，端缘腹面中央有 1 较尖的刺突，但很短，末端指向后腹面。抱器骨化，基部宽，端部窄，外侧面观腹缘较直，略向内侧包卷，背缘基部有 1 较大的圆锥形突起，其末端钝圆，沿端部内侧有瘤状刚毛，近端部有 1 较宽的“U”形深凹，背端角长，牛角状，明显向上突出。

观察标本：1♂（正模），云南西双版纳大勐龙，650m，1958.IV.6，洪淳培。

讨论：本种与 *A. scutifer* Fennah 较为近似，但其前翅端部黄褐色，前足腿节和胫节均扩大，腿节呈矛形，不呈圆形。

地理分布：云南。

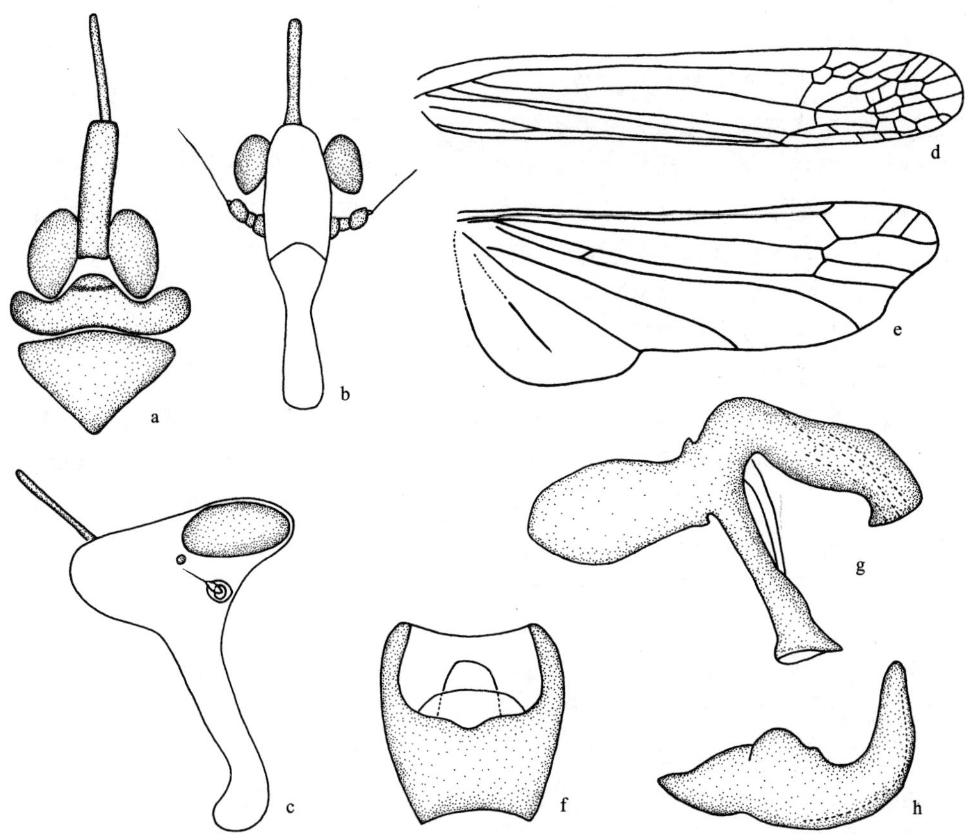

图 38　端斑犀杯瓢蜡蝉 *Augilodes apicomacula* Wang, Chou *et* Yuan

a. 头胸部背面观（head and thorax, dorsal view）；b. 额与唇基（frons and clypeus）；c. 头部侧面观（head, lateral view）；d. 前翅（tegmen）；e. 后翅（hind wing）；f. 雄肛节背面观（male anal segment, dorsal view）；g. 阳茎侧面观（phallus, lateral view）；h. 抱器侧面观（genital style, lateral view）

12. 斯杯瓢蜡蝉属 *Symplana* Kirby, 1891

Symplana Kirby, 1891: 136. **Type species**: *Symplana viridinervis* Kirby, 1891; Melichar, 1903: 19; Distant, 1906: 254; Metcalf, 1946: 114; Fennah, 1962: 244; 1987: 725; Gnezdilov, 2011b: 750; Chen, Zhang *et* Chang, 2014: 167.

属征：头包括复眼略窄于前胸背板。头顶长，头突略向上弯曲，明显地突出在复眼的前方；额长，具有中脊和亚侧脊；喙长，伸达后足基节，亚端节长度大约是端节长度的 2 倍或 3 倍，端节的长度大约是宽度的 2 倍多。前胸背板较短，中域前缘突出，后缘略凹入，具有纵脊或纵脊不明显。中胸盾片相对较大，长度几乎相等，脊弱或不明显。前翅狭长，近端部有 1 列横脉组成的亚端横线，此横线直，ScP+R 脉在其之前分叉，此外，在此横线之前 R 与 MP 脉之间，MP 与 CuA 脉之间各有 1 条横脉，R 脉 1 分支，伸达翅边缘，MP 脉 5 或 6 分支，CuA 脉 1 或 2 分支，从亚端横线至翅端部的长度大约是亚端横线长度的 1.8 倍。后翅二分瓣，近端部有 2 条横脉。足适度地长，后足胫节近端部外侧有 1 刺，端部有 6 刺；基跗节长，无刺，具中垫或短粗刚毛，第 2 节小、窄。腹部背面前缘和后缘截形，腹面人字形。

雄性外生殖器：尾节背面短，背侧角不突出。阳茎适度长，中部弯曲，末端尖。抱器近长方形，基部窄，端部宽，外侧基部和近端部分别有 1 个较大的圆锥形突起。

雌性外生殖器：腹部第 7 节后缘中央略凹入，第 1 负瓣片的基部中间有 1 垂直的盘状短突起。肛节短，管状，端部略膨大。第 1 产卵瓣短，近端部窄，在端部之前扩大，端缘有数个小刺；第 2 产卵瓣比第 1 产卵瓣大，背面隆起，边缘具毛；第 3 产卵瓣大，三角形，背面近平整。

斯杯瓢蜡蝉属 *Symplana* 是 Kirby 于 1891 年根据采自斯里兰卡的标本建立，模式种是绿斯杯瓢蜡蝉 *Symplana viridinervis* Kirby，当时该属被归入象蜡蝉科 Dictyopharidae。随后 Distant（1906）、Melichar（1903，1912，1914b）、Metcalf（1946）等均把该属归入象蜡蝉科。Fennah（1963）在璐蜡蝉科 Lophopidae 的研究中，认为该属与该科内的 *Augila* 和 *Augilina* 等非常接近，把该属归入璐蜡蝉科 Lophopidae，并对该属的雌性外生殖器特征首次进行了描述，同时还记述了该属分布于印度的 1 种，即 *S. major*，之后，他又依据雄性外生殖器、后足跗节端部的齿数及前翅等特征将该属归于瓢蜡蝉科 Issidae 杯瓢蜡蝉亚科 Caliscelinae 透翅杯瓢蜡蝉族 Ommatidiotini。近年来，自 Emeljanov（1999）提出建立杯瓢蜡蝉科 Caliscelidae 后，该属归入透翅杯瓢蜡蝉亚科 Ommatidiotinae 鹰杯瓢蜡蝉族 Augilini（Emeljanov，1999；Che *et al.*，2009；Gnezdilov，2011b）。其中，由于未能观察雄性外生殖器，模式种绿斯杯瓢蜡蝉 *S. viridinervis* 在中国的分布有待进一步研究，Chou 等（1994）鉴定为 *S. viridinervis* 的观察标本，经进一步鉴定，是李氏斯杯瓢蜡蝉 *S. lii* Chen, Zhang *et* Wang, 2014。

地理分布：福建、海南、云南；印度，斯里兰卡，菲律宾。

该属全世界共记载5种，中国已知3种，本志另记述2新种。

寄主：竹子等。

种 检 索 表

1\. 头突中线长明显长于头顶……………………………………………………………2
- 头突中线长明显短于或基本等于头顶………………………………………………3

2\. 雄虫抱器侧面观宽阔，后面观内缘近端部具圆锥形突起；阳茎侧面观细长，近端部腹侧缘具锯齿状突起…………………………………… **长头斯杯瓢蜡蝉 *S. longicephala***

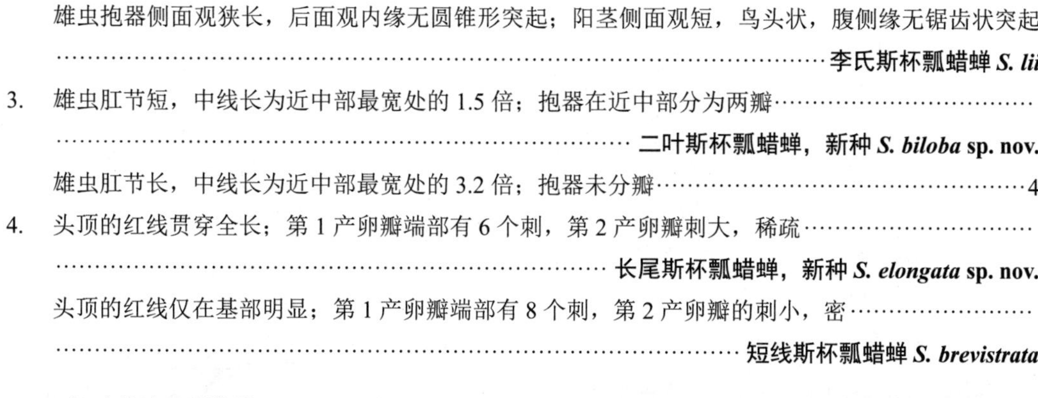

雄虫抱器侧面观狭长，后面观内缘无圆锥形突起；阳茎侧面观短，鸟头状，腹侧缘无锯齿状突起…………………………………………………………**李氏斯杯瓢蜡蝉 *S. lii***

3. 雄虫肛节短，中线长为近中部最宽处的 1.5 倍；抱器在近中部分为两瓣…………………………………………………………**二叶斯杯瓢蜡蝉，新种 *S. biloba* sp. nov.**

雄虫肛节长，中线长为近中部最宽处的 3.2 倍；抱器未分瓣…………………………4

4. 头顶的红线贯穿全长；第 1 产卵瓣端部有 6 个刺，第 2 产卵瓣刺大，稀疏…………………………………………………………**长尾斯杯瓢蜡蝉，新种 *S. elongata* sp. nov.**

头顶的红线仅在基部明显；第 1 产卵瓣端部有 8 个刺，第 2 产卵瓣的刺小，密…………………………………………………………**短线斯杯瓢蜡蝉 *S. brevistrata***

(24) 长头斯杯瓢蜡蝉 *Symplana longicephala* Chou, Yuan *et* Wang, 1994（图 39；图版Ⅶ：g-i）

Symplana longicephala Chou, Yuan *et* Wang, 1994: 47 (Type locality: Yunnan); Chen, Zhang *et* Chang, 2014: 173.

体连翅长：♂ 10.9mm，♀ 11.9mm。前翅长：♂ 7.3mm，♀ 8.3mm。

头、胸绿褐色。复眼浅红褐色；单眼浅黄白色。前胸背板侧域浓绿色。中胸盾片中脊黄褐色，亚侧脊浓绿色。前翅翅脉浓绿色。腹部草绿色。

头顶沿中线至头突基部的长度大约是基部两复眼间宽度的 2 倍，后缘锐角状凹入，侧缘隆起，两侧平行，在基部略向内弯曲，中域略凹陷；头突中线长大约是头顶中线长的 2.9 倍，侧缘在近端部逐渐向内倾斜，端缘弧形，略向前突出，侧面观头突直，略向上弯曲，从背面观头突两侧边基部宽，端部窄。额基部宽，端部窄，包括头突在内沿中线的长度大约是基部宽的 5 倍，中域略隆起，具 3 条纵脊，中脊显著，贯穿全长，亚侧脊在基部 1/4 不明显，侧缘略呈波状，至额唇基沟向内弯曲。唇基中域隆起，中脊明显。喙粗壮，较短，亚端节明显长于端节，端部圆，伸达后足转节处。前胸背板短，中域前缘圆角状突出，伸达两复眼近中部，后缘弧形凹入，中脊宽，较扁平，在其中部两侧各有 1 小圆形胼胝，中线长大约是后缘两亚侧脊之间宽度的 1.2 倍。中胸盾片大，中线长约是前胸背板长的 3 倍，中域沿中线略凹陷，略隆起，中段明显，近两端不甚清晰。前翅 MP 脉 5 分支，CuA 脉 2 分支，从亚端横线至翅端部的长度大约是亚端横线长度的 1.8 倍。足长，基跗节较长，在基部宽，至端部渐窄，楔形，其长度是其余 2 节的 2.2 倍。

雄性外生殖器：肛节短，端缘中部微凹入，侧顶角钝圆。尾节背面很窄，腹面宽，背缘后侧角近圆锥形突出，后缘波状弯曲，前缘在中部弧形凹入，无腹中突起。阳茎适度长，基部粗壮，在中部弯曲，近端部扩大，末端尖，侧面观近端部背面略隆起，腹面凹入，腹侧缘在近端部向上反卷，边缘锯齿状。抱器从侧面观近似长方形，端部外侧角钝圆，内侧角突出，内缘在中部下方有圆锥形的突起；背面观基部宽端部窄，外侧缘在基部有一个较大的圆锥形突起。

观察标本：1♂（正模），1♀（副模），云南省打洛，1991.V.31，彩万志、王应伦。

地理分布：云南。

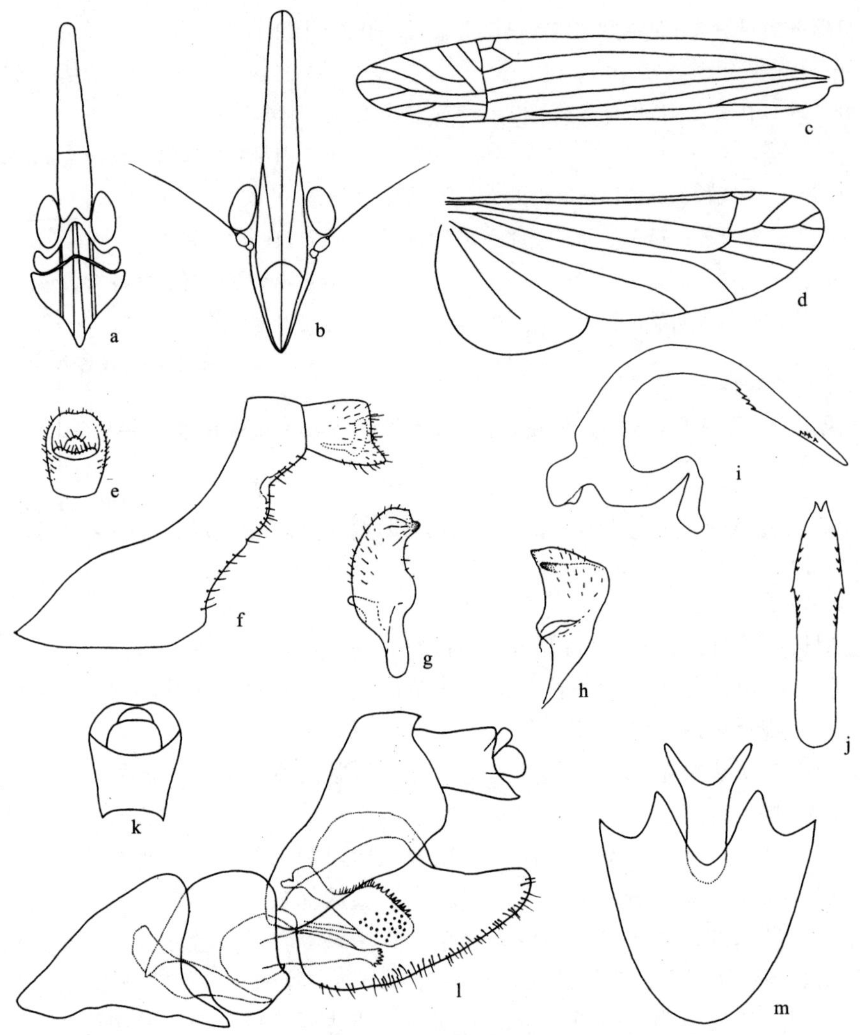

图 39 长头斯杯瓢蜡蝉 *Symplana longicephala* Chou, Yuan *et* Wang

a. 头胸部背面观（head and thorax, dorsal view）；b. 额与唇基（frons and clypeus）；c. 前翅（tegmen）；d. 后翅（hind wing）；e. 雄肛节背面观（male anal segment, dorsal view）；f. 雄肛节与尾节侧面观（male anal segment and pygofer, lateral view）；g. 抱器内侧面观(genital style, interior view)；h. 抱器外侧面观(genital style, exterior view)；i. 阳茎左面观(phallus, left view)；j. 阳茎腹面观（phallus, ventral view）；k. 雌肛节背面观（female anal segment, dorsal view）；l. 雌虫外生殖器侧面观（female genitalia, lateral view）；m. 雌第 7 腹节腹面观（female sternite Ⅶ, ventral view）

(25) 李氏斯杯瓢蜡蝉 *Symplana lii* Chen, Zhang *et* Chang, 2014（图 40；图版Ⅶ：j-l）

Symplana lii Chen, Zhang *et* Chang, 2014: 170 (Type locality: Yunnan).

体连翅长：♂ 10.5mm，♀ 12mm。前翅长：♂ 7.5mm，♀ 9mm。

体草绿色，陈旧标本淡黄褐色。头顶包括头突及胸部沿中线有 1 条较宽的红褐色纵带。头顶侧绿色。复眼暗褐色。单眼浅褐色略带红色。额中域浅黄色，中脊和侧缘浅绿色。触角绿色，鞭节褐色。唇基黄棕色。前胸背板亚侧脊和侧缘浅绿色。中胸盾片浅红褐色。前翅透明，翅脉浅绿色，内缘红褐色。足黄褐色，跗节绿色。

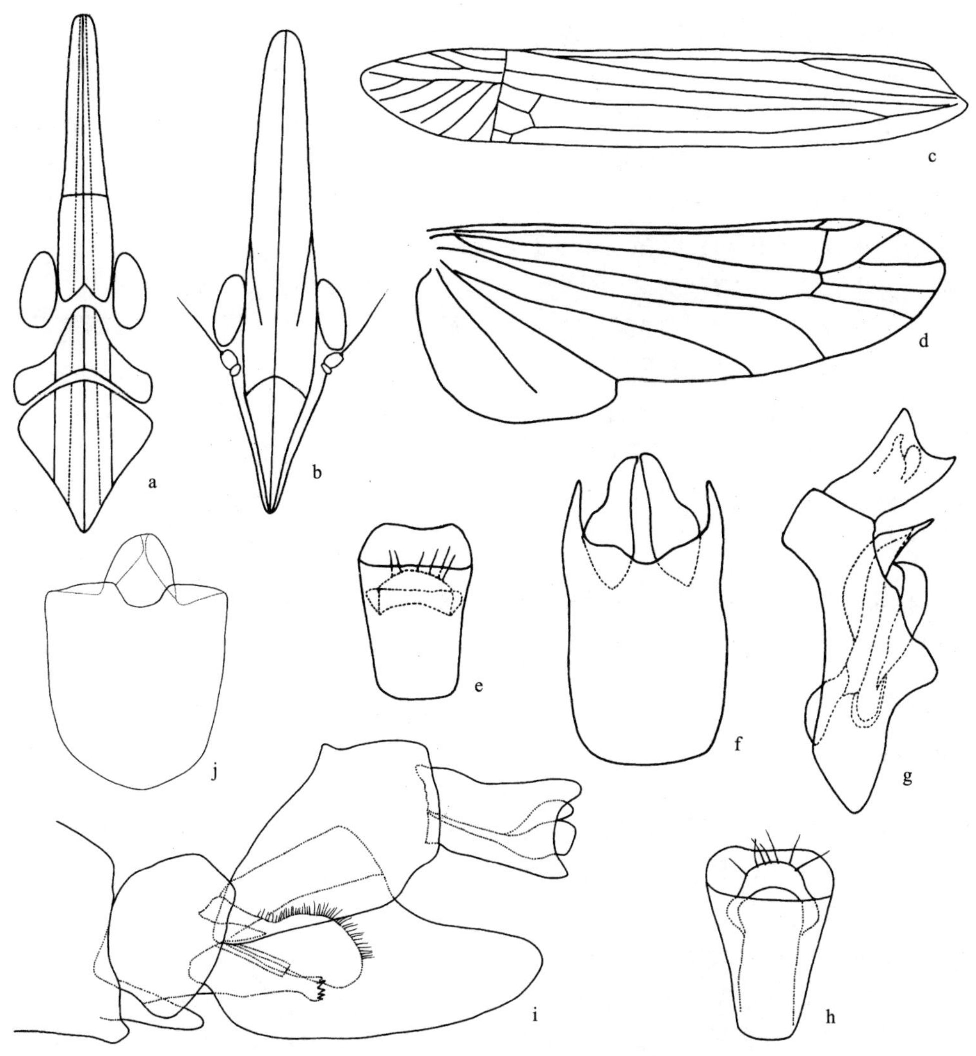

图 40　李氏斯杯瓢蜡蝉 *Symplana lii* Chen, Zhang *et* Chang

a. 头胸部背面观（head and thorax, dorsal view）；b. 额与唇基（frons and clypeus）；c. 前翅（tegmen）；d. 后翅（hind wing）；e. 雄肛节背面观（male anal segment, dorsal view）；f. 尾节与抱器腹面观（pygofer and genital style, ventral view）；g. 雄虫外生殖器侧面观（male genitalia, lateral view）；h. 雌肛节背面观（female anal segment, dorsal view）；i. 雌虫外生殖器侧面观（female genitalia, lateral view）；j. 雌第 7 腹节腹面观（female sternite Ⅶ, ventral view）

头包括复眼略窄于前胸背板。头部明显向前伸长，中线长为两后侧角处宽的 5.3 倍，头突中线长为头顶长的 2.3 倍；头顶近长方形，后缘锐角状深凹入；头突至端部渐窄，端缘微弧形突出。额包括头突在内沿中线的长度大约是最宽处的 4 倍，中域略隆起，具 3 条纵脊，中脊显著，贯穿全长，亚侧脊在近额唇基沟不明显。唇基中域隆起，具中脊。

喙达后足转节，亚端节明显长于端节。前胸背板中域前缘明显圆角状突出，伸达两复眼近基部 1/3，后缘弧形微凹入。中胸盾片中线长大约是前胸背板长的 2.7 倍，中线长与最宽处基本相等。前翅 MP 脉 6-8 分支，CuA 脉 1 分支，从亚端横线至翅端部的长度大约是亚端横线长度的 1.6 倍。足长，基跗节较长，在基部宽。

雄性外生殖器：肛节背面观基部窄，至近端部渐宽，中线长为近端部最宽处的 1.5 倍，端缘中部微凹；肛孔位于近端部。尾节侧面观后缘波状，近背部、中部、腹部均具角状小突起，前缘中部凹入，腹面观尾节腹板端缘明显钝圆形凹入。阳茎呈鸟头状，在近中部至近端部膨大成月牙形，末端尖。抱器短小，侧面观近长方形，近端部向背面弯曲，呈短的钩状，腹面观外缘在近中部凹，之后至端部窄。

雌性外生殖器：肛节基部窄，至近端部渐宽，中线长为近端部最宽处的 1.5 倍，端缘微凸；肛孔位于近短部。第 3 产卵瓣鞋形，背缘近中部凹入，端半部窄，端缘斜。第 2 产卵瓣背缘具 1 列长的长毛刺。第 1 产卵瓣窄，端部具 7 齿。第 1 负瓣片近方形，后缘略突出。第 7 腹节后缘中部近方形深凹入，其前的骨片大，呈半圆形。

观察标本：2♂1♀，云南西双版纳原始森林公园，2014.VI.29，任兰兰；1♀，云南西双版纳大勐龙，650m，1958.V.4，张毅然。

地理分布：云南。

(26) 二叶斯杯瓢蜡蝉，新种 *Symplana biloba* Meng, Qin *et* Wang, sp. nov.（图 41；图版 Ⅷ：a-c）

体连翅长：♂ 6.2mm。前翅长：4.7mm。

体浅草绿色，头部至中胸盾片橘黄色，中线具 1 红色宽带。头突端缘和侧缘绿色，中脊红色。复眼黑褐色。单眼黄色。额黄褐色，侧缘在复眼之下黄色，复眼之上侧缘及上端缘浅绿色。触角梗节绿色，端部黑色。唇基黄色至黄褐色。前翅透明，翅脉草绿色，内缘红色。足黄褐色，胫节端部、跗节绿色。

头部明显向前伸长，中线长为两后侧角处宽的 3.3 倍，头突短，中线长为头顶长的一半；头顶近长方形，后缘锐角状深凹入。额包括头突在内沿中线的长度大约是最宽处的 2.7 倍，在复眼下方扩大，上端缘钝圆；中域略隆起，具 3 条纵脊，中脊显著，贯穿全长，亚侧脊在近额唇基沟不明显。唇基中域隆起，具中脊。喙达后足转节，亚端节明显长于端节。前胸背板中域前缘明显圆角状突出，伸达两复眼近基部 1/3，后缘弧形微凹入。中胸盾片中线长大约是前胸背板长的 2.6 倍，中线长与最宽处基本相等。前翅狭长，MP 脉 5 分支，CuA 脉不分支，从亚端横线至翅端部的长度大约是亚端横线长度的 1.2 倍。足长，基跗节较长，在基部宽。后足胫节近端部 1/3 具 1 个侧刺；后足胫节刺式 6-2-2。

雄性外生殖器：肛节背面观短小，中线长为近中部最宽处的 1.5 倍，端缘微弧形凸出；肛孔位于近中部。尾节侧面观后缘波状，近背缘具 1 大的棒状突起，近中部微凹入，腹缘端部具 1 大的钝状突起，前缘在背面 1/3 处凹入，靠近腹缘 1/3 明显向前凸出；腹面观尾节腹板端缘中部具小的三角形刻入，在其前方近端缘处 1 大的突起呈棒状。阳茎细管状，在近基部向腹面弯折，末端钝。抱器在中部分开为两部分，侧面观腹面部分小，端缘钝，背面部分细长，端部分 2 叉，背面分支长于腹面分支；腹面观腹面部分略向内弯，端部波状具 3 个小钝齿。

正模：♂，云南西双版纳原始森林公园，2014.VI.29，孟银凤。

鉴别特征：与长尾斯杯瓢蜡蝉 *S. elongata* sp. nov. 相似，主要区别：①头突在中线的长度仅为头顶长的 0.5 倍，后者头突在中线的长度大约与头顶的中线长度基本等长；②雄虫肛节短，中线长为近中部最宽处的 1.5 倍；后者肛节背面观长，中线长为近中部最宽处的 3.2 倍；③尾节后缘近背缘具 1 大的棒状突起；后者具 1 小的近三角形的突起。

种名词源：本种名特指该种抱器在中间之后分为两部分。

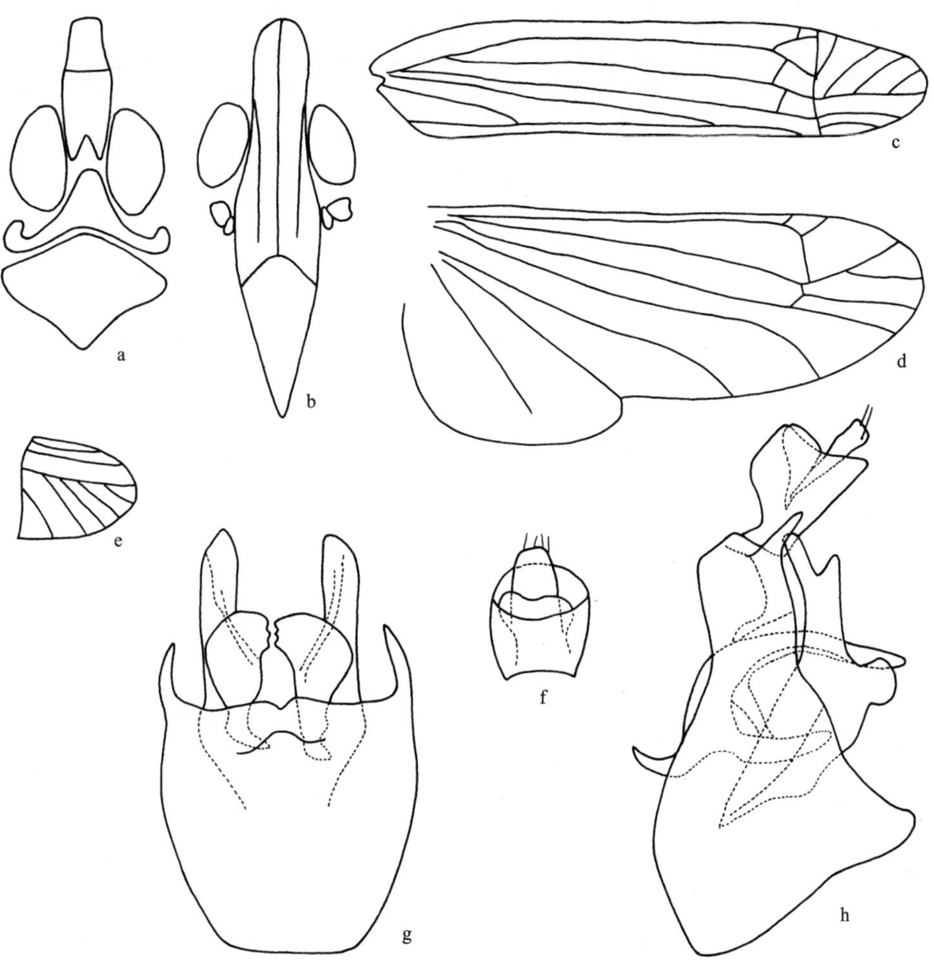

图 41　二叶斯杯瓢蜡蝉，新种 *Symplana biloba* Meng, Qin *et* Wang, sp. nov.

a. 头胸部背面观（head and thorax, dorsal view）；b. 额与唇基（frons and clypeus）；c. 前翅（tegmen）；d. 后翅（hind wing）；e. 前翅端部（apical part of tegmen）；f. 雄肛节背面观（male anal segment, dorsal view）；g. 尾节与抱器腹面观（pygofer and genital style, ventral view）；h. 雄虫外生殖器侧面观（male genitalia, lateral view）

(27) 长尾斯杯瓢蜡蝉，新种 *Symplana elongata* Meng, Qin *et* Wang, sp. nov.（图 42；图版Ⅷ：d-f）

体连翅长：♂ 8.6mm，♀ 10mm。前翅长：♂ 6.4mm，♀ 7.8mm。

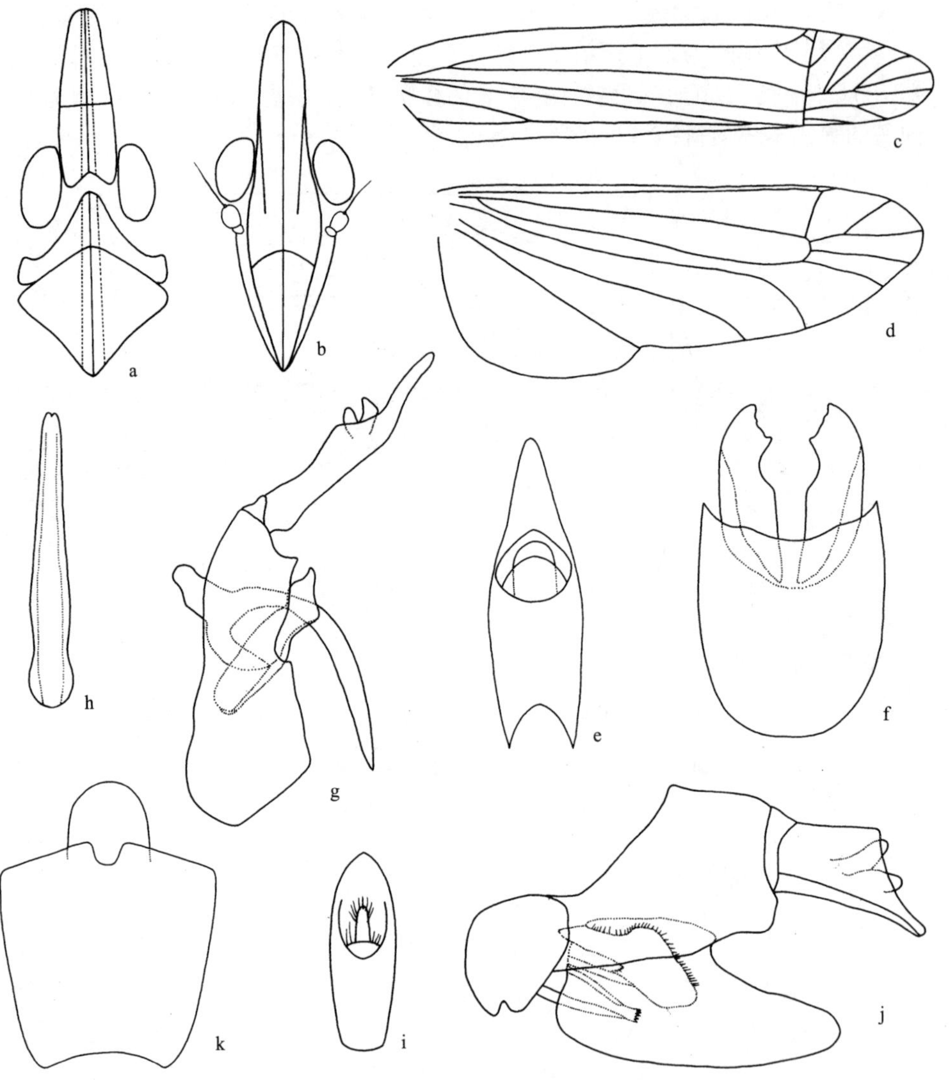

图 42 长尾斯杯瓢蜡蝉，新种 *Symplana elongata* Meng, Qin *et* Wang, sp. nov.

a. 头胸部背面观（head and thorax, dorsal view）；b. 额与唇基（frons and clypeus）；c. 前翅（tegmen）；d. 后翅（hind wing）；e. 雄肛节背面观（male anal segment, dorsal view）；f. 尾节与抱器腹面观（pygofer and genital style, ventral view）；g. 雄虫外生殖器侧面观（male genitalia, lateral view）；h. 阳茎腹面观（phallus, ventral view）；i. 雌肛节背面观（female anal segment, dorsal view）；j. 雌虫外生殖器侧面观（female genitalia, lateral view）；k. 雌第 7 腹节腹面观（female sternite Ⅶ, ventral view）

体黄绿色，头顶至中胸盾片中线具 1 红色宽带。头顶侧缘蓝绿色。复眼暗褐色。单眼红色。额绿褐色，边缘和脊浅绿色。触角柄节淡绿色，梗节及鞭节草黄色。唇基黄棕色，中脊绿色。前胸背板侧域橘黄色，前缘凸出部分蓝绿色。中胸盾片浅红色中线两侧浅黄色带蓝绿色，侧域浅红色。前翅透明，浅绿色，翅脉淡蓝绿色，内缘红色。足黄褐色。腹部亮黄褐色。

头部中线长为两后侧角处宽的 3.1 倍，头突在中线的长度与头顶基本等长；头顶长方形，后缘锐角状深凹入；头突至端部渐窄，端缘微弧形突出。额上端窄，至额唇基沟渐宽，包括头突在内沿中线的长度大约是最宽处的 3 倍，中域略隆起，具 3 条纵脊，中脊显著，贯穿全长，亚侧脊在近额唇基沟不明显。唇基中域隆起，具中脊。喙达后足转节，亚端节明显长于端节。前胸背板中域前缘明显圆角状突出，伸达两复眼近基部 1/3，后缘弧形微凹入。中胸盾片中线长大约是前胸背板长的 2.4 倍。前翅狭长，亚端横线后 MP 脉 5 分支，CuA 脉 2 分支，从亚端横线至翅端部的长度大约是亚端横线长度的 1.5 倍。后足胫节近端部具 1 侧刺，后足刺式 6 -2 -2。

雄性外生殖器：肛节背面观长，中线长为近中部最宽处的 3.2 倍，侧缘中部至端部急剧变窄，顶缘钝圆，最宽处为端缘宽的 10.1 倍；侧面观腹缘在近端部 1/4 处内弯；肛孔位于近中部。尾节后缘波状，近背缘三角形凸出，中部明显凹入，前缘几乎直，近腹缘处略凸出。阳茎简单，长管状，侧面观向腹面弯曲，末端略尖，指向腹面；腹面观近端部边缘具微毛，端缘中部深凹入。抱器短小，侧面观近长方形，背端部角状突出，腹缘近端部内凹，腹端角圆，端缘中部微凹入；腹面观两抱器微向内弯，端缘微波状。

雌性外生殖器：肛节长卵圆形，中线长为中部最宽处的 3.1 倍，侧缘平滑，端部略尖；肛孔位于中部。第 3 产卵瓣端半部窄长，背缘近基部凹入，腹缘斜。第 2 产卵瓣背缘具 1 列长刺。第 1 产卵瓣窄，端部具 6 个齿。第 1 负瓣片近方形，后缘略突出。第 7 腹节后缘中部方形深凹入，其前骨片近方形，后缘圆弧形突出。

正模：♂，福建龙岩登高公园，400m，2008.VIII.24，张磊。副模：2♀，同正模；2♀，福建龙岩登高公园，400m，2008.VIII.24，肖斌。

鉴别特征：本种与短线斯杯瓢蜡蝉 *S. brevistrata* Chou, Yuan *et* Wang, 1994 相似，主要区别：①头顶的红线贯穿全长，后者头顶红线仅在基部明显；②第 1 产卵瓣端部有 6 个齿，后者第 1 产卵瓣端部有 8 个齿；③第 2 产卵瓣刺大，稀疏，后者第 2 产卵瓣的刺小，密。

种名词源：本种名特指该种肛节极长。

(28) 短线斯杯瓢蜡蝉 *Symplana brevistrata* Chou, Yuan *et* Wang, 1994（图 43；图版Ⅷ：g-i）

Symplana brevistrata Chou, Yuan *et* Wang, 1994: 46 (Type locality: Guangdong, China); Chen, Zhang *et* Chang, 2014: 170.

体连翅长：♀ 8.9mm。翅长：♀ 7.5mm。

体黄褐色，活体可能草绿色。头顶基部 1/2 及胸部有 1 条较宽的红色纵带。复眼黄褐色，单眼乳黄色。前翅绿色，后缘橘黄色。

头顶沿中线至头突基部的长度大约是两复眼间宽度的 1.4 倍，后缘呈钝角状凹入，侧缘在基部 1/2 强度脊起，端部 1/2 脊起相对较弱，中域略凹陷，在其基部 1/2 有 1 较窄深的沟槽；头突在中线的长度大约是头顶长度的 1.2 倍，基侧缘显著脊起。前缘脊状，向上翻折，中域凹陷，侧面观，头突较直，近端部向上弯曲；背面观，头突的两侧面基部宽，端部窄。额包括头突在内中线长大约是基部宽的 3.2 倍，3 条纵脊明显，亚侧脊从端部起伸达近基部。唇基略呈菱形，中域显著隆起，中脊明显，其长度仅为颊的 2/3。喙粗短，超过中足基节，但不达后足基节。前胸背板短，中域前缘近平截，向前凸出在两复眼近中部，后缘略凹入，亚侧脊隆起，斜伸至前缘中央相遇，中域略凹陷，中脊仅在基部 1/2 明显，侧域在复眼后方处最窄，前缘斜坡状凹陷，中线长大约是后缘两亚侧脊之间的 1.2 倍，中胸盾片大，纵脊不清晰，中线长大约是前胸背板长的 2.6 倍。前翅 MP 脉 5 分支，CuA 脉 2 分支，从亚端线至翅端的长度大约是亚端线长的 1.6 倍。足长，基跗节大约是其余 2 节的 1.5 倍。

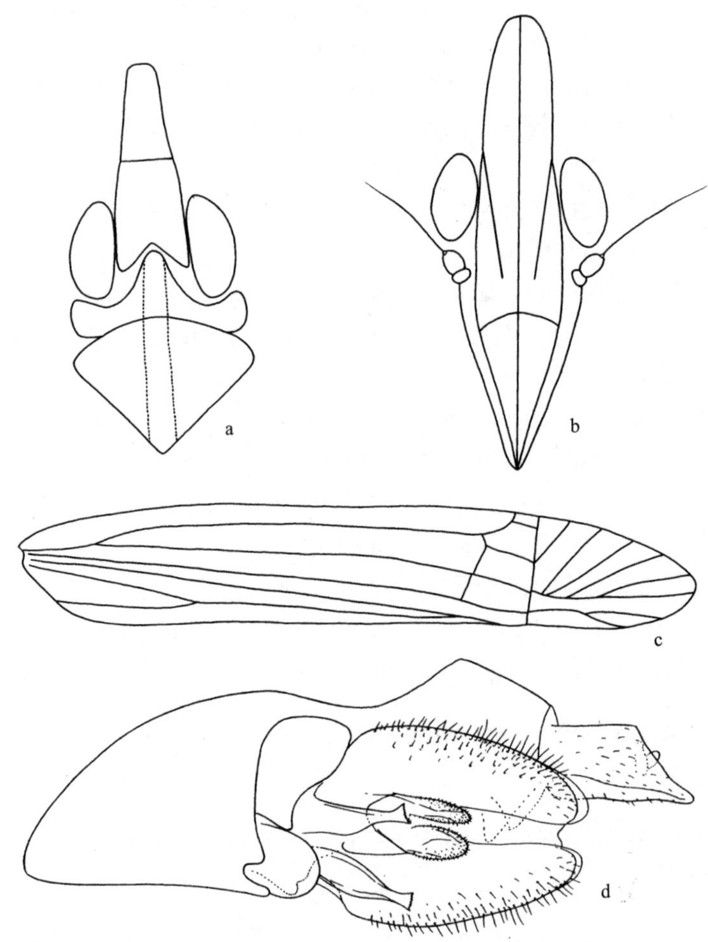

图 43 短线斯杯瓢蜡蝉 *Symplana brevistrata* Chou, Yuan *et* Wang

a. 头胸部背面观（head and thorax, dorsal view）；b. 额与唇基（frons and clypeus）；c. 前翅（tegmen）；d. 雌虫外生殖器侧面观（female genitalia, lateral view）

雄性外生殖器：肛节背面隆起，腹凹入，侧面观背面短，腹面长，下缘侧角明显突出。第 7 节腹板后缘中央略向后突出，有 1 对乳状小突起，第 8 节腹板后缘内侧角尖；第 1 产卵瓣较短，基部宽，端部窄，形如花瓶，端缘有 8 个刺。第 2 产卵瓣背缘明显隆起，具许多小刺，腹缘具毛，比第 1 产卵瓣大，第 3 产卵瓣宽三角形，背缘平行，腹缘在基部略突出。

观察标本： 1♀（正模），广东鼎湖山，1983.VI.19，张雅林。

地理分布： 广东。

13. 长杯瓢蜡蝉属 *Pseudosymplanella* Che, Zhang *et* Webb, 2009

Pseudosymplanella Che, Zhang *et* Webb, 2009: 50. **Type species**: *Pseudosymplanella nigrifasciata* Che, Zhang *et* Webb, 2009.

属征： 头包括复眼约等于前胸背板。头顶宽大于长，中域凹陷，侧缘脊起，前缘呈弧状突出，具单眼。额长大于最宽处，前缘明显凹入，中域隆起，具 3 条脊。唇基隆起，具中脊；喙达后足腿节。前胸背板前缘明显凸出，后缘弧形凹入，中域具 2 个小凹陷。中胸盾片中域隆起，具中脊和亚侧脊，近侧缘中部各具 1 个小凹陷，亚侧脊的外侧近前侧角部分斜向下凹陷。前翅透明，长大于宽，具爪缝，纵脉明显。后翅折叠，略短于前翅，具 3 瓣，明显宽于前翅，翅脉明显，翅端部形成端室。后足胫节具 1 个侧刺，后足刺式 7-9-2。

雄性外生殖器：肛节背面观近方形，长大于最宽处。阳茎短小，浅“U”形，抱器较长，近方形。

雌性外生殖器：肛节背面观近卵圆形，长大于最宽处。第 1 产卵瓣较小，端缘具刺，侧缘向上翻折，侧面观第 9 背板梯形，第 3 产卵瓣近三角形。第 7 腹节近平直。

地理分布： 云南；泰国。

本属全世界已知 1 种，我国分布 1 种。

(29) 长杯瓢蜡蝉 *Pseudosymplanella nigrifasciata* Che, Zhang *et* Webb, 2009（图 44；图版Ⅷ：j-l）

Pseudosymplanella nigrifasciata Che, Zhang *et* Webb, 2009: 50 (Type locality: Chiangmai, Thailand; Yunnan, China).

体连翅长：♂ 5.0mm，♀ 5.1mm。前翅长：♂ 4.1mm，♀ 4.3mm。

体棕色，具浅棕色脊和深褐色斑纹。头顶中域深棕色，前后缘及侧缘棕色。复眼黑褐色。额黑褐色，中脊、亚侧脊浅黄色，基部具浅黄色横带。唇基黑褐色，中脊浅黄色，基部具浅黄色横带。喙棕色。前胸背板深棕色。中胸盾片深棕色，中脊、亚侧脊棕色。前翅棕色，近端部 1/3 处具 1 斜带；后翅棕色。足黑褐色，胫节、跗节深棕色。腹部腹面浅黄色，腹部各节的近端部略带黑色。腹部背面浅黄色。

头顶近六边形，前缘弧形突出，后缘凹入，后侧角明显，两后侧角处宽为中线长的1.6倍。额光滑，中域隆起，中脊和亚侧脊明显，额长为最宽处的1.2倍，最宽处为基部宽的1.5倍。唇基具中脊，额唇基沟微弯曲。前胸背板小，前缘明显突出，后缘凹入；中胸盾片具中脊和亚侧脊，前缘明显突出，最宽处为中线长的1.3倍。前翅半透明，具爪脉，纵脉明显，近端部具许多不规则的横脉，翅近端部1/3处具1横带，前翅长为最宽处的3.0倍；后翅翅脉明显，为前翅长的0.9倍。后足胫节具1个侧刺。后足刺式7-9-2。

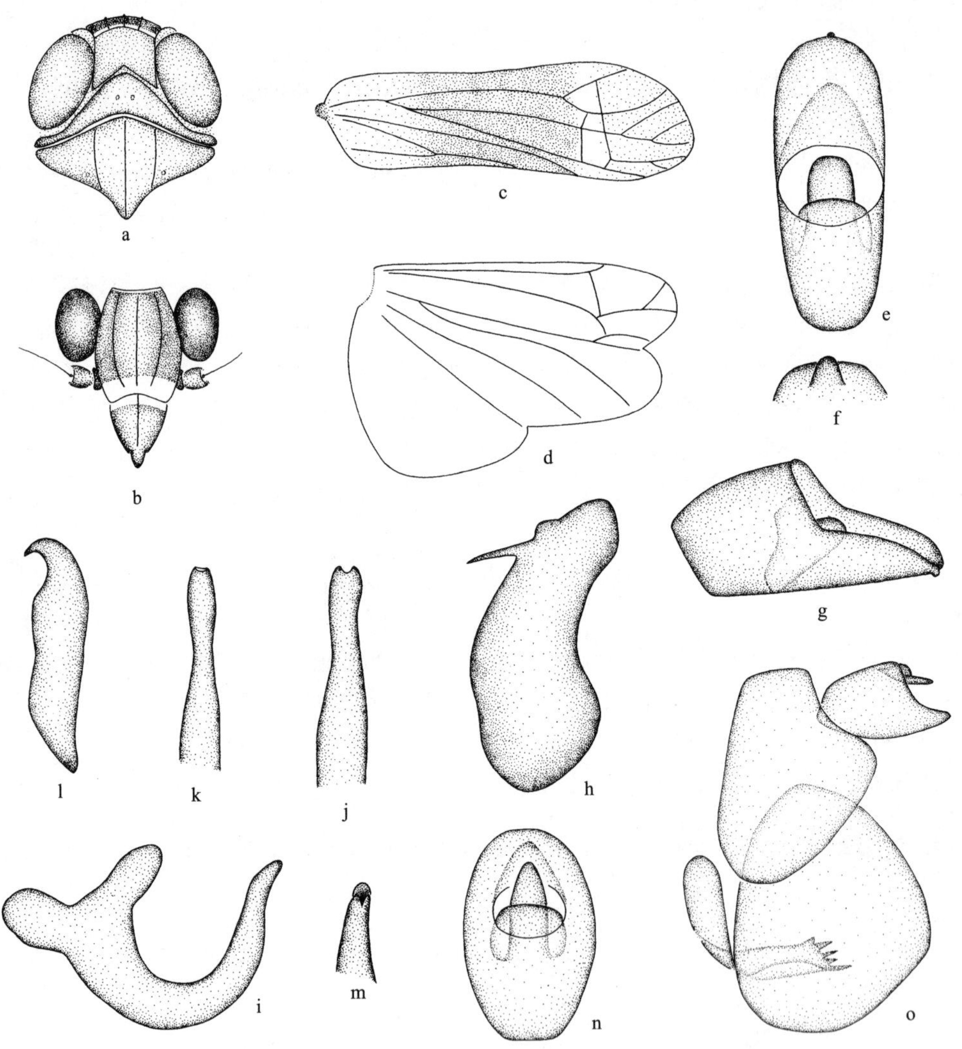

图44 长杯瓢蜡蝉 *Pseudosymplanella nigrifasciata* Che, Zhang *et* Webb

a. 头胸部背面观（head and thorax, dorsal view）；b. 额与唇基（frons and clypeus）；c. 前翅（tegmen）；d. 后翅（hind wing）；e. 雄肛节背面观（male anal segment, dorsal view）；f. 雄肛节端部腹面观（apex of male anal segment, ventral view）；g. 雄肛节侧面观（male anal segment, lateral view）；h. 尾节侧面观（pygofer, lateral view）；i. 阳茎侧面观（phallus, lateral view）；j. 阳茎端部腹面观（apex of phallus, ventral view）；k. 阳茎端部背面观（apex of phallus, dorsal view）；l. 抱器侧面观（genital style, lateral view）；m. 抱器端部腹面观（apex of genital style, ventral view）；n. 雌肛节背面观（female anal segment, dorsal view）；o. 雌虫外生殖器左面观（female genitalia, left view）

雄性外生殖器：肛节背面观长约为宽的 3.0 倍，端缘弧状突出，端缘腹面中部具 1 小的指状突起；侧面观基部宽，端部渐细，腹缘近平直。尾节侧面观背侧缘突出呈 1 小的刺状物和 1 瘤状物。阳茎侧面观浅“U”形，端部不裂开，无剑状突起物；阳茎近端部侧缘弯曲，腹面观端缘具小的缺刻。抱器侧面观呈近长形，端部渐细，呈钩状。

雌性外生殖器：肛节背面观近卵圆形，长大于最宽处，肛孔位于端半部。第 3 产卵瓣近三角形，第 1 产卵瓣较小，端缘具 5 个大小不等的刺，侧缘向上翻折；侧面观第 9 背板较大，近梯形。第 7 腹节近平直。

观察标本：1♂（正模）1♂1♀（副模），Thailand: Chiangmai，12 May 1992，coll. W. Hongsaprug，on bamboo（BMNH）；1♂1♀（副模），Thailand: Chiangmai: Phuping，13 May 1992，W. Hongsaprug（all BMNH）；1♀（副模），云南勐养，1991.VI.10，王应伦、彩万志；2♂1♀，云南勐腊龙门，2014.VII.24，任兰兰。

地理分布：云南；泰国。

14. 露额杯瓢蜡蝉属 *Symplanella* Fennah, 1987

Symplanella Fennah, 1987: 244. **Type species**: *Symplanella breviceps* Fennah, 1987; Zhang *et* Wang, 2009: 176; Yang *et* Chen, 2014: 20; Chen, Zhang *et* Chang, 2014: 173.

属征：体长。头包括复眼几乎与前胸背板等宽。头长大于宽，或长宽几乎相等，前缘角状微突出，后缘角状凹入，中域凹陷，无中脊。具单眼。额具中脊和亚侧脊，长大于宽。唇基大，中域隆起，具中脊。前胸背板前缘中部圆锥形突出，伸达两复眼之间，后缘凹入。中胸盾片宽几乎是长的 2 倍，前翅长约为宽的 4.5 倍，前翅 ScP+R 脉和 MP 脉在基部共柄，约在基部 1/5 处分叉，ScP+R 脉的分叉点接近亚端线，具 3 或 4 个亚端室，8 或 9 个端室；MP 脉 3 或 4 分支。后翅较大，分 3 瓣。后足胫节具 1 个侧刺，6 个端刺，基跗节和第 2 跗节无刺。

雄性外生殖器：肛节背面观长椭圆形，端缘略突出。尾节侧面观后缘背侧角刺状突出，阳茎短而阔或管状细长；抱器小，变化较大，常具分叉。

地理分布：海南、云南；缅甸。

Fennah（1987）建立露额杯瓢蜡蝉属 *Symplanella* 时依据雄性外生殖器、后足跗节端部的齿数及前翅等特征将该属归在杯瓢蜡蝉亚科 Caliscelinae 透翅杯瓢蜡蝉族 Ommatidiotini。周尧等（1994）记述短头斯璐蜡蝉 *Symplana brevicephala*，张磊和王应伦（2009）根据形态特征将该种归入本属并描记 1 种圆斑露额杯瓢蜡蝉 *Symplanella unipuncta* Zhang *et* Wang。目前，全世界该属共记述 6 种，我国分布 5 种。

种 检 索 表

1. 额和唇基黑色或暗黄褐色……………………………………………………………………2
   额和唇基黄绿色或黄褐色……………………………………………………………………4
2. 头部侧面观端部尖……………………………………………… **海南露额杯瓢蜡蝉 *S. hainanensis***

头部侧面观端部钝圆……………………………………………………………………………………3
3. 额和唇基黑褐色，尾节中部具 1 粗壮的突起…………………………**中突露额杯瓢蜡蝉 *S. zhongtua***
额和唇基深褐色，尾节背后角具 1 瓣状突起……………………**短头露额杯瓢蜡蝉 *S. brevicephala***
4. 尾节后缘具 1 刺状的突起…………………………………………………**圆斑露额杯瓢蜡蝉 *S. unipuncta***
尾节后缘无突起……………………………………………………………………**弯突露额杯瓢蜡蝉 *S. recurvata***

(30) 海南露额杯瓢蜡蝉 *Symplanella hainanensis* Yang *et* Chen, 2014

Symplanella hainanensis Yang *et* Chen, 2014: 23 (Type locality: Hainan, China); Chen, Zhang *et* Chang, 2014: 176.

以下描述源自 Chen 等（2014）。

体连翅长：♂ 5.45-5.62mm，♀ 6.0-6.30mm。前翅长：♂ 4.40mm，♀ 4.65-4.95mm。

体淡污黄褐色。复眼黑褐色，单眼红褐色。触角第 2 节端部背前方具黑色圆斑。额端大部分和唇基大部分暗褐色。头顶中域、前胸背板中纵带、中胸小盾片基部中域略带淡橘红色。前足基节、中足基节、腹褶、腹板侧缘、雌虫第 7 腹节腹板等暗褐色。

头顶与前胸背板近等宽。头顶中长为基部宽的 1.24 倍。额中长为最宽处宽的 1.67 倍。前胸背板中长短于头顶中长（0.74∶1）。中胸盾片中长为头顶和前胸背板的 0.87 倍。前翅中长为最宽处宽的 4 倍。

雄性外生殖器：雄虫臀背面观中部略扩宽；侧面观端半骤然变细，端部渐尖，腹缘具密生微齿。

尾节侧面观背缘明显短于腹缘，后缘波曲，近背方 1/3 处具 1 个指状突起，端尖。抱器侧面观宽圆，背缘凹入，后背角丘状隆起，密生微齿，后缘略凹；后面观短而圆，近椭圆形，背缘分叉，分支粗短。阳茎背面观基半部宽，端半骤然变细成棒状，两侧各具 1 个刺状突起；侧面观基部粗，端部渐细，生殖孔位于端部腹面。连索侧面观腹向弯曲，与阳茎基部高度愈合，两者形成“Y”形。

寄主：竹子。

观察标本：未见。

地理分布：海南。

(31) 中突露额杯瓢蜡蝉 *Symplanella zhongtua* Yang *et* Chen, 2014

Symplanella zhongtua Yang *et* Chen, 2014: 25 (Type locality: Yunnan, China); Chen, Zhang *et* Chang, 2014: 182.

以下描述源自 Chen 等（2014）。

体连翅长：♂ 6.10-6.35mm，♀ 6.30-6.50mm。前翅长：♂ 5.15-5.30mm，♀ 5.20-5.40mm。

体淡污黄褐色。复眼黑褐色，单眼红褐色。触角第 2 节端部背前方具黑色圆斑。额端大部分和唇基大部分黑褐色。头顶中域、前胸背板中纵带、中胸小盾片基部中域略带淡橘红色。前足基节、中足基节、腹褶、腹板侧缘、雌虫第 7 腹节腹板等暗褐色。

头顶狭于前胸背板（0.98∶1）。头顶中长为基部宽的 0.65 倍。额中长为最宽处宽的 1.41 倍。前胸背板与头顶近等长。中胸盾片中长为头顶和前胸背板的 1.45 倍。前翅中长为最宽处宽的 4.45 倍。

雄性外生殖器：臀节背面观长椭圆形，以端 1/3 处最宽，端缘圆尖；侧面观基半宽，端半骤然变细，端部略膨大，腹缘密生微齿。尾节侧面观背缘明显短于腹缘，后略波曲，中部具 1 个粗大刺状突，其端部指向后、腹方。抱器侧面观后背角和后腹角钝圆，后缘略波曲；后面观短而宽，背缘凹入形成叉状，内端角、外端角均钝圆。阳茎腹面观基部大部分宽，端 1/3 骤然变细成棒状，端缘圆尖，两侧各具 1 个刺状突起，其端部尖，斜指向外侧方；阳茎基片状，位于两侧；阳茎侧面观基部稍宽，端大部分直而细长，端部微腹向弯曲，刺状突起着生于端 1/3 处侧面；阳茎基长条形，端部具 1 个刺状突起。连索侧面观长条形，端半部向基方弯折。

寄主：竹子。

观察标本：未见。

地理分布：云南。

(32) 短头露额杯瓢蜡蝉 *Symplanella brevicephala* (Chou, Yuan *et* Wang, 1994)（图 45；图版Ⅸ：a-c）

Symplana brevicephala Chou, Yuan *et* Wang, 1994: 48 (Type locality: Yunnan, China).
Symplanella brevicephala: Zhang *et* Wang, 2009: 177; Chen, Zhang *et* Chang, 2014: 176.

体连翅长：♂ 7.6mm，♀ 8.2mm。前翅长：♂ 6.3mm，♀ 6.9mm。

体暗黄褐色。头顶暗黄褐色。复眼黑色。单眼红褐色。额和唇基深褐色。喙黑褐色。前胸背板黄褐色。中胸盾片黑褐色，具黄褐色中脊和亚侧脊。前翅色淡，半透明，翅脉黑褐色。后翅透明，翅脉浅黑褐色。足黄褐色，前、中足腿节有黑褐色纵条纹，后足腿节在近基部内外两侧有较宽的黑褐色条斑，近端部有半环状斑纹。腹部背面暗褐色，腹面黑褐色，散布有污黄褐色小斑，两侧缘污黄褐色。尾节腹面淡绿色，背面黑褐色。

头顶无中脊，中域明显凹陷，前缘角状凸出，后缘角状凹入，中线长几乎与两后侧角处宽相等。额中域平整，具 3 条脊，中线长为最宽处的 1.5 倍。额唇基沟近平直。唇基具中脊。喙粗短，仅伸达中足基节。前胸背板前缘角状突出，后缘中部弧形凹入，具中脊，中脊两侧分别有 1 小圆形凹陷。中胸盾片大，具中脊及亚侧脊，中线长约为前胸背板长度的 3 倍。前翅狭长，翅脉明显，翅近端部有 1 列横脉组成亚端线。后翅膜质，较前翅宽大，分 3 瓣，臀区无脉。后足胫节近端部具 1 侧刺，端部有 6 刺，基跗节和第 2 跗节无刺。

雄性外生殖器：肛节背面观近火炬形，端缘中部明显突出，基部中间凹入，肛孔位于近中部。尾节侧面观背面短，腹面长，背侧角圆锥形，明显向后突出，前侧缘和后侧缘在中部分别向内凹入，前者凹入深，后者凹入浅。阳茎管状，两度弯曲，中部向上弯曲，近端部向下弯曲，呈“S”形，靠近阳茎中部两侧分别有 1 刺状突起，其下方有 1 背面隆起，腹面凹入，侧面观阳茎基基部窄，端部膨大，外缘弧形突出，内缘弧形浅凹，端部外侧角圆，内侧角尖，外侧角处有 1 小齿。抱器背面观近椭圆形，端部钝圆，基部外侧角呈三角形突出；外缘弧形，内缘端部较直，端部有 1 向下的圆锥形突起。

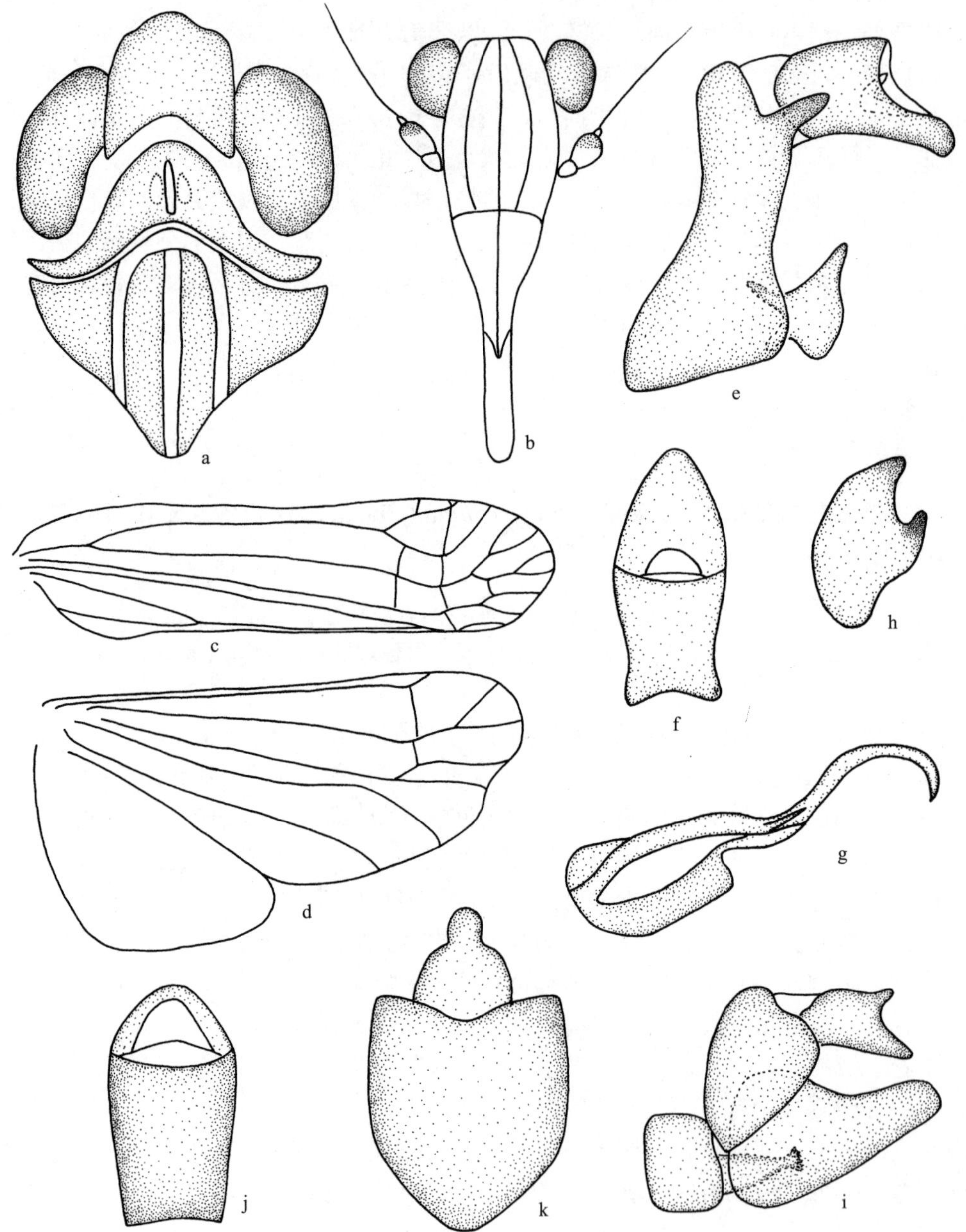

图 45 短头露额杯瓢蜡蝉 *Symplanella brevicephala* (Chou, Yuan *et* Wang)

a. 头胸部背面观（head and thorax, dorsal view）；b. 额与唇基（frons and clypeus）；c. 前翅（tegmen）；d. 后翅（hind wing）；e. 雄虫外生殖器侧面观（male genitalia, lateral view）；f. 雄肛节背面观（male anal segment, dorsal view）；g. 阳茎侧面观（phallus, lateral view）；h. 抱器尾向观（genital style, caudal view）；i. 雌虫外生殖器左面观（female genitalia, left view）；j. 雌肛节背面观（female anal segment, dorsal view）；k. 雌第 7 腹节腹面观（female sternite Ⅶ, ventral view）

雌性外生殖器：肛节背面观近卵圆形，长大于最宽处，肛孔位于端半部。第 3 产卵瓣近长的三角形，第 1 产卵瓣较小，端缘具 7 个大小相等的刺，侧缘向上翻折；侧面观第 9 背板近三角形。第 7 腹节前缘中部明显凹入并连有 1 乳突状骨片，后缘明显凸出。

观察标本：1♂（正模），2♂ 1♀（副模），云南勐腊，1991.V.16，彩万志、王应伦。

地理分布：云南。

(33) 圆斑露额杯瓢蜡蝉 *Symplanella unipuncta* Zhang *et* Wang, 2009（图 46；图版Ⅸ：d-f）

Symplanella unipuncta Zhang *et* Wang, 2009: 177 (Type locality: Hainan, China); Chen, Zhang *et* Chang, 2014: 179.

体连翅长：♂7.2mm，♀ 8.1mm。前翅长：♂6.4mm，♀ 7.0mm。

体暗黄褐色。头顶黄色。复眼黑色。单眼红色。额中脊、亚侧脊及侧缘脊深褐色，在亚侧脊与侧缘之间的复眼前方处深褐色。唇基黄褐色，中脊浅黄色。喙黄褐色。前胸背板中域暗黄褐色，亚侧脊外侧有深褐色纵带。中胸盾片黄褐色。前翅浅黄褐色，半透明。后翅灰白色。足黄褐色。腹部背面暗褐色，腹面淡黄褐色。

头顶长宽几乎相等，具中脊及亚侧脊，前缘波状在中部略凹入，后缘角状凹入。中域近基部深凹陷，至端部两侧缘渐浅，斜坡状，布满瘤状小突起。额长大于宽，在中线的长度大约是基部最宽处的 1.4 倍，中域平整，具 3 条脊。唇基具中脊，中域极度隆起，中线长为额长的 3/4。喙粗壮，较长，伸达后足基节。前胸背板较短，前缘钝角状突出，后缘弧形凹入，具中脊，亚侧脊不明显，中脊两侧具 2 个圆形小凹陷。中胸盾片中脊较细平，不清晰，仅在基部明显；亚侧脊较细，略隆起。前翅狭长，长约为宽的 4.6 倍；近端部有 1 列横脉组成亚端线，此线从前缘至后缘向外斜。后翅膜质，较前翅宽大，分为 3 瓣，臀区具 1 条脉，不伸达翅端缘。后足胫节近端部 1/3 处具 1 侧刺，端部有 6 刺，基跗节基部宽，至端部渐细，近似楔形，其长度大约是其余 2 节的 1.8 倍。

雄性外生殖器：肛节背面观长略大于宽，端缘弧形凸出，肛孔位于近中部。尾节背面短，腹面长，背侧缘波状，背侧角细圆锥刺状，骨化，明显向后突出，其周围着生多个较粗的刺状毛，前侧缘和后侧缘在中部分别向内凹入，前者凹入深，后者凹入略浅。阳茎短，粗壮，在基部背面有 3 个较大的刺状突起，突起窄扁，指向腹末，中突起剑状，侧突起在基部 1/3 处与中突起有 1 略骨化的膜相连，在近端部 1/3 处明显向内弯曲，形似镰刀状。抱器较大，侧面观腹面向内包卷，近似三角形，外缘直，内缘弧形，背缘有 1 指向内侧的圆锥状骨化突起。

雌性外生殖器：肛节背面观近方形，长大于最宽处，肛孔位于端半部。侧面观第 9 背板和第 3 产卵瓣近三角形；第 1 产卵瓣较小，端缘具 10 个大小相等的刺，侧缘向上翻折。第 7 腹节前缘中部明显凹入并连有 1 半圆状骨片，后缘明显弧形凸出。

观察标本：1♂（正模）1♂（副模），海南霸王岭，2007.VI.10，王应伦、翟卿；20♂20♀，海南鹦哥岭鹦哥嘴，19°02.933′N，109°33.654′E，728m，2010.VIII.20，郑国。

地理分布：海南。

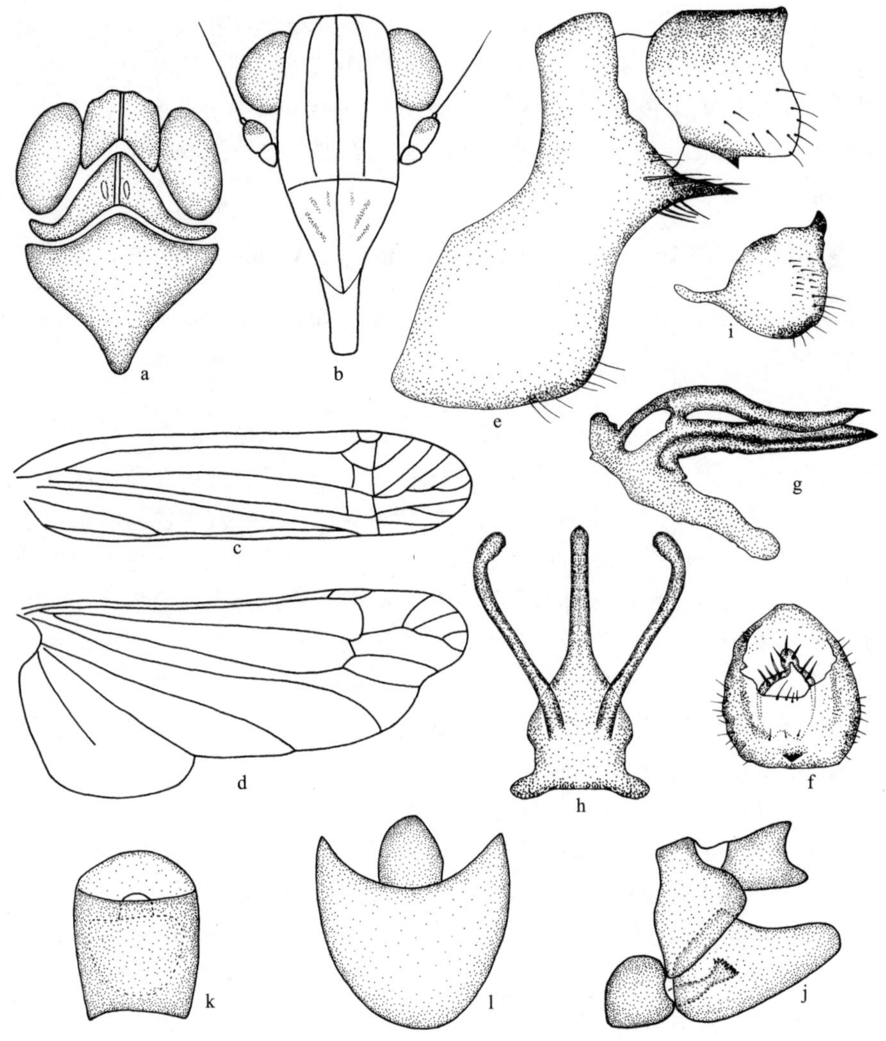

图 46 圆斑露额杯瓢蜡蝉 *Symplanella unipuncta* Zhang *et* Wang

a. 头胸部背面观（head and thorax, dorsal view）；b. 额与唇基（frons and clypeus）；c. 前翅（tegmen）；d. 后翅（hind wing）；e. 雄虫外生殖器侧面观（male genitalia, lateral view）；f. 雄肛节背面观（male anal segment, dorsal view）；g. 阳茎侧面观（phallus, lateral view）；h. 阳茎背面观（phallus, dorsal view）；i. 抱器侧面观（genital style, lateral view）；j. 雌虫外生殖器左面观（female genitalia, left view）；k. 雌肛节背面观（female anal segment, dorsal view）；l. 雌第 7 腹节腹面观（female sternite Ⅶ, ventral view）

(34) 弯突露额杯瓢蜡蝉 *Symplanella recurvata* Yang *et* Chen, 2014

Symplanella recurvata Yang *et* Chen, 2014: 21 (Type locality: Guangdong, Guangxi, China); Chen, Zhang *et* Chang, 2014: 179.

以下描述源自 Chen 等（2014）。

体连翅长：♂ 5.78-5.98mm，♀ 6.15-6.25mm。前翅长：♂ 4.9-5.15mm，♀ 5.3-5.4mm。

体淡黄褐色略带绿色。复眼黑褐色，单眼红褐色。触角第 2 节端部背前方具黑色圆斑。头顶中域、前胸背板、中胸小盾片基部中域略带淡橘红色。前足基节、中足基节、腹褶、腹板侧缘、雌虫第 7 腹节腹板等暗褐色。

头顶狭于前胸背板（0.86∶1）。头顶中长为基部宽的 0.6 倍。额中长为最宽处宽的 1.28 倍。前胸背板中长略长于头顶中长（1.21∶1）。中胸盾片中长为头顶和前胸背板的 1.24 倍。前翅中长为最宽处宽的 4.71 倍。后翅中长为最宽处宽的 2.01 倍。

雄性外生殖器：雄虫臀节后面观椭圆形，侧面观基半背腹缘近平行，端腹缘具粗大突起，端部尖圆，头向弯曲。尾节侧面观背缘远短于腹缘，后缘大部分平直，近背方有 1 个圆形凹陷。抱器侧面观长条形，背缘和腹缘圆尖，后缘微凸；后面观背、腹缘圆尖，内外侧缘波曲。阳茎背面观阳茎干直，侧面观阳茎基 1/3 处微腹向弯曲，端 2/3 直，阳茎基退化，仅为 1 个圆形突起。连索侧面观直，与阳茎基部高度愈合，两者呈“V”形，连索背面观两侧缘弧形凸出。

寄主：慈竹属 *Neosinocalamus* sp.。

观察标本：未见。

地理分布：广东、广西。

二、瓢蜡蝉科 Issidae Spinola, 1839

Issites Spinola, 1839. 158. **Type genus**: *Issus* Fabricius, 1803.

Issides Amyot *et* Serville, 1843: 516.

Issidae Schaum, 1850: 70; Melichar, 1903: 72; 1906: 1; Kirkaldy, 1907: 93; Müir, 1923: 233; Fennah, 1954: 455; Metcalf, 1958: 1; Chou, Lu, Huang *et* Wang, 1985:119; Emeljanov, 1990: 353; Chan *et* Yang, 1994: 7; Gnezdilov, 2003d: 305; 2013e: 725.

鉴别特征：中型或小型，体近半球形，前翅隆起，外形似瓢虫或尖胸沫蝉。头包括复眼略窄于或约等于前胸背板，头顶平截或锥状突出。额宽或长，侧缘具脊线，具中脊线和亚中脊线或无。唇基隆起，侧缘无脊线。侧单眼位于额的亚侧脊线外。触角小，不明显，鞭节不分节。喙的末节很长。

前胸背板短，前缘弧形突出，后缘近平直，或微凸出或凹入，具中脊或无。中胸盾片短，近三角形。前翅长达腹部的端部，革质或角质，通常隆起，有的具蜡质光泽；前缘基部强度弯曲；无前缘区，或前缘区很狭而无横脉；有些种类爪缝不明显；爪片上无颗粒，爪脉正常到达爪片末端。后翅臀区常比臀前区大，第 3 臀脉常多分支。足正常，少数种类叶状扩大。后足胫节具 1-5 个侧刺。

地理分布：各大动物地理区均有分布。

瓢蜡蝉科目前全世界已知 186 属 1097 余种，中国分布 219 种。

亚科检索表

1. 体半球形，前翅纵脉模糊，常无爪缝；后翅单瓣，翅脉网状，或退化……………………………2

体长卵圆形，前翅纵脉清晰，常具爪缝；后翅 2 分瓣或 3 分瓣，或退化……………………………3

2. 头包括复眼略窄于前胸背板，前胸背板中线略长于或略短于头顶，后缘微突出……………………………………………………………………………………………**球瓢蜡蝉亚科 Hemisphaeriinae**

头包括复眼略宽于前胸背板，前胸背板极短，后缘较直……………………………………………………………………**眉瓢蜡蝉亚科，新亚科 Superciliarinae subfam. nov.**

3. 前翅爪缝达翅的中部，后翅 2 分瓣或 3 分瓣，扇域和臀前域端部中间深凹入，翅脉网状，臀瓣退化；前胸背板后缘较直或微突出…………………………………………**帕瓢蜡蝉亚科 Parahiraciinae**

前翅爪缝几乎达翅的近端缘，后翅 3 分瓣或退化，扇域和臀前域端部中间略凹入，翅脉清晰，不呈网状，臀瓣不退化；前胸背板后缘较直或略凹入…………………………………**瓢蜡蝉亚科 Issinae**

（三）球瓢蜡蝉亚科 Hemisphaeriinae Melichar, 1906

Hemisphaeridae Melichar, 1906: 3.

Hemisphaeriinae: Baker, 1915: 141. **Type genus**: *Hemisphaerius* Schaum, 1850.

Hemisphaeria Oshanin, 1907: 259.

Hemisphaerini Schimidt, 1910: 152; Gnezdilov, 2003d: 308; 2013e: 729.

体呈半球形，头顶略突出或明显突出，外形似瓢虫。头包括复眼略窄于前胸背板。头顶近三角形或四边形。额具中脊或无。额唇基沟直。前胸背板在复眼下方极窄，后缘突出；侧瓣光滑无瘤突。中胸盾片前缘凹入，最宽处为中线长的 2 倍。前翅较厚成革质，有的具蜡质光泽，卵圆形，翅脉不明显，或略隆起成细密的网状，无爪缝或具爪缝而爪脉模糊。后翅膜质，单瓣，翅脉网状，略小于前翅长，或退化。后足胫节具 2 个侧刺。雄虫抱器尾腹角圆。

地理分布：东洋界，古北界。

该亚科全世界已知 21 属 189 种。我国已知 14 属 86 种，包括本志记述 6 新种，1 个新组合和 3 个种级新异名。

属检索表

1. 前翅无爪缝……………………………………………………………………………………2

前翅具爪缝……………………………………………………………………………………12

2. 前翅基部表面微凹入，前缘在基部 1/3 处凸出 ……………………………………………3

特征不如上述…………………………………………………………………………………5

3. 头顶长宽基本相等，前唇基明显圆角状突出……………………………**圆瓢蜡蝉属 *Gergithus***

头顶明显长大于宽，前唇基平………………………………………………………………4

4. 前胸背板具中脊，前缘不脊起；后足刺式 6-9-2…………………………**新瓢蜡蝉属 *Neogergithoides***

前胸背板无中脊，前缘脊起明显呈叶状；后足刺式 6-10-2………………**广瓢蜡蝉属 *Macrodaruma***

5. 头顶细长，近三角形………………………………………………………**周瓢蜡蝉属 *Choutagus***

头顶宽，近四边形………………………………………………………………………………6

6. 前翅前缘基部明显扩大……………………………………………………蒙瓢蜡蝉属 ***Mongoliana***
　前翅无此扩大……………………………………………………………………………………7
7. 额具中脊，侧缘具 1 排瘤突……………………………………………脊额瓢蜡蝉属 ***Gergithoides***
　额光滑，无中脊和瘤突…………………………………………………………………………8
8. 后翅发达，超过前翅长度的一半………………………………………格氏瓢蜡蝉属 ***Gnezdilovius***
　后翅略退化，小于前翅长度的一半……………………………………………………………9
9. 后翅极小，额侧缘在最宽处略呈角状……………………………………阔瓢蜡蝉属 ***Rotundiforma***
　后翅长为前翅的 0.3 倍以上，额侧缘圆滑………………………………………………………10
10. 后翅长为前翅的 0.3 倍；阳茎无腹突，悬骨明显…………………………球瓢蜡蝉属 ***Hemisphaerius***
　后翅长为前翅的 0.45 倍；阳茎具 2 对突起，悬骨不明显……………………………………11
11. 尾节后缘不呈角状；阳茎基对称………………………………………似球瓢蜡蝉属 ***Epyhemisphaerius***
　尾节后缘中部以上明显呈角状；阳茎基不对称…………………………真球瓢蜡蝉属 ***Euhemisphaerius***
12. 额无中脊…………………………………………………………………类蒙瓢蜡蝉属 ***Paramongoliana***
　额具中脊………………………………………………………………………………………13
13. 额中线长明显大于宽的 1.3-1.5 倍，中脊完整；后唇基平…………新球瓢蜡蝉属 ***Neohemisphaerius***
　额中线长小于宽或与宽几乎相等，中脊达中线一半；后唇基近直角状…角唇瓢蜡蝉属 ***Eusudasina***

15. 圆瓢蜡蝉属 *Gergithus* Stål, 1870

Gergithus Stål, 1870: 756. **Type species**: *Hemisphaerius schaumi* Stål, 1855; Distant, 1916: 101; Meng, Webb *et* Wang, 2017: 5.

属征：体近半球形。头包括复眼略宽于前胸背板。头顶近方形，中域凹，前缘直，后缘微凹入。额光滑，明显长，上端缘直且窄，至近触角处渐宽。额唇基沟直。后唇基中域平，近等边三角形，侧面观与额构成斜的平面，前唇基侧面观圆角状突出。单眼无。复眼近椭圆形。前胸背板略短于头顶。中胸盾片大，前缘凹，近侧缘中部具 2 个圆形凹陷。前翅近卵圆形，基部表面为凹，前缘在基部近 1/3 处略凸出，翅脉细密网状。后翅发达，单瓣，网状。后足胫节具 2 个侧刺。

雄性外生殖器：肛节背面观近椭圆形，肛孔位于肛节的中部。尾节窄，前后缘近平行。阳茎“U”形，左右不完全对称，阳茎器无腹突。抱器中域隆起，后缘中部凹入，尾腹角圆。

雌性外生殖器：肛节背面观椭圆形。第 3 产卵瓣中域较平，侧面观近长方形。第 1 产卵瓣前连接片宽，端缘和内侧缘圆弧形，腹端角具 3 齿。

地理分布：云南；印度，缅甸，泰国，斯里兰卡，马来西亚，印度尼西亚。

本属全世界已知 22 种，中国分布 1 种。

(35) 长额圆瓢蜡蝉 *Gergithus frontilongus* Meng, Webb *et* Wang, 2017（图 47；图版Ⅸ：g-i）

Gergithus frontilongus Meng, Webb *et* Wang, 2017: 6 (Type locality: Yunnan, China).

体连翅长：♂ 4.0mm，♀ 5.1mm。前翅长：♂ 3.1mm，♀ 4.2mm。

体暗黄色与黑色相间，具大的黑色不规则斑纹。头顶黄色，中域具 2 个黑色斑。额两侧为浅黄色纵带，其内为黑色纵带，中部为暗红色纵纹。唇基同额，但中带为黄色。复眼浅棕红色。前胸背板浅黄色，中部 1 暗褐色斑。中胸盾片浅黄色，中线暗黄褐色，近侧缘中部具 1 对暗褐色圆斑。前翅具黑色和黄色不规则斑纹。后翅翅脉黑褐色。足黄褐色，具黑色纵带。腹部黄褐色。

图 47 长额圆瓢蜡蝉 *Gergithus frontilongus* Meng, Webb *et* Wang

a. 头胸部背面观（head and thorax, dorsal view）；b. 额与唇基（frons and clypeus）；c. 头部侧面观（head, lateral view）；d. 前翅（tegmen）；e. 后翅（hind wing）；f. 雄肛节背面观（male anal segment, dorsal view）；g. 雄肛节与尾节侧面观（male anal segment and pygofer, lateral view）；h. 抱器侧面观（genital style, lateral view）；i. 抱器背突尾向观（capitulum of genital style, caudal view）；j. 阳茎左面观（phallus, left view）；k. 阳茎右面观（phallus, right view）；l. 雌肛节背面观（female anal segment, dorsal view）；m. 第 3 产卵瓣侧面观（gonoplac, lateral view）；n. 第 2 产卵瓣侧面观（gonapophysis Ⅸ, lateral view）；o. 第 2 产卵瓣背面观（gonapophyses Ⅸ, dorsal view）；p. 第 1 产卵瓣侧面观（gonapophysis Ⅷ, lateral view）

头顶前缘中部略凹入，后缘直，两后侧角处宽为中线长的 1.2 倍。额长，中线长约为上缘宽的 3.5 倍，顶端较窄，至唇基渐宽；顶缘直，侧缘微弧形。后唇基与额在同一平面上，前唇基略呈角状突出。前胸背板前缘弓形突出，后缘略向后突出。中胸盾片宽约为中线长的 2.5 倍。前翅前缘近基部 1/4 处略凸出，翅脉明显，呈细网状。后翅略小于前翅，翅脉网状。后足刺式 6-10-2。

雄性外生殖器：肛节较小，基部至中部渐宽，中线长略大于宽，端部半圆形，端缘中部圆弧形突出；肛孔位于肛节的中部，肛下板指状。尾节后缘近背缘处圆弧形微突出。阳茎“U”形，阳茎基背侧瓣端部左右不对称，腹瓣大，长于背侧瓣，端部分 2 瓣；阳茎器无腹突。

雌性外生殖器：肛节近桃形，侧缘圆滑，端缘突出，顶端尖；肛孔位于肛节的近基部。第 3 产卵瓣较短，端部膜质区域较宽，中域较平；背面基部愈合，分叉明显骨化，骨化处较宽。第 2 产卵瓣基部微突出，中部和端部隆起，高于基部；背面观中域分 2 瓣。第 1 负瓣片近长方形，基部较宽。内生殖突叶状，顶端尖锐，腹缘和顶尖处骨化。内生殖瓣较长，内凹。第 1 产卵瓣腹端角具 3 齿，端缘具 3 刺，刺带短脊。第 7 腹节后缘中部略突出，突出部分端缘较直。

观察标本：1♂（正模），云南西双版纳勐仑植物园绿石林，21°54.710′N，101°16.941′E，652m，2009.XI.16，唐果、姚志远；1♂2♀（副模），云南西双版纳勐仑，21°54.459′N，109°16.750′E，640m，2009.XI.20，唐果、姚志远；1♂（副模），云南西双版纳勐仑植物园绿石林，21°54.705′N，101°16.898′E，656m，2009.XI.13，唐果、姚志远。

地理分布：云南。

16. 新瓢蜡蝉属 *Neogergithoides* Sun, Meng *et* Wang, 2012

Neogergithoides Sun, Meng *et* Wang, 2012: 43. **Type species**: *Neogergithoides tubercularis* Sun, Meng *et* Wang, 2012; Chen, Zhang *et* Chang, 2014: 46; Constant *et* Pham, 2015: 5.

属征：体半球形。头包括复眼明显窄于前胸背板。头顶长为宽的 1.7 倍，前缘中部略凸出，后缘微凹，中域凹陷。额具细小的颗粒，长为宽的 1.8 倍，中域微隆起，具 3 条脊。唇基明显隆起，具 3 条脊；喙达后足基节。复眼椭圆形，具单眼。前胸背板短，中线长为头顶的一半，中域处具 2 个小凹陷，具中脊，后缘脊起；中胸盾片近三角形，具中脊和亚侧脊，近侧缘中部各具 1 个小凹陷。前翅近长方形，不透明，翅脉明显呈网状，中线长约为最宽处的 2.0 倍。后翅半透明，翅脉网状，后翅长为前翅的 0.9 倍。后足胫节具 2 个侧刺。后足刺式 6-9-2。

雄性外生殖器：肛节背面观蘑菇状。尾节侧面观后缘近端部明显突出。阳茎浅“U”形，阳茎基裂开成瓣状，基半部具 1 对短的剑状突起物。抱器侧面观近三角形，基部窄，端部扩大，尾腹角圆。抱器背突窄，端部具 2 个大的钝的突起，侧突大，末端尖，向下弯折。

雌性外生殖器：肛节近圆形，端缘微突出，侧缘圆滑；肛孔位于肛节的基半部。第

3 产卵瓣较大，侧面观近方形，中部明显隆起；背面观基部愈合，分叉略骨化。第 2 产卵瓣近长方形。生殖骨片桥基半部近长方形，端半部较细长。第 1 产卵瓣近长方形，端缘具刺突。第 7 腹节后缘中部明显突出。

地理分布：海南、广西；越南。

全世界已知 3 种，本志记述 1 种。

(36) 瘤新瓢蜡蝉 *Neogergithoides tubercularis* Sun, Meng *et* Wang, 2012（图 48；图版Ⅸ：j-l）

Neogergithoides tubercularis Sun, Meng *et* Wang, 2012: 44; Chen, Zhang *et* Chang, 2014: 47.

体连翅长：♂ 7.6-8.0mm，♀ 8.5-9.1mm。前翅长：♂ 5.7-6.2mm，♀ 6.3-7mm。

体呈浅黄绿色（标本久时呈污黄色），具褐色斑纹。头顶淡褐色，近顶端中部具 1 个大的白色斑，近后缘具 1 对小的暗褐色斑点，亚侧脊浅绿色。颊和头部外缘淡黄色。复眼褐色。额浅褐色，端部黑色，中脊及亚侧脊浅黄绿色。唇基浅褐色，中脊及亚侧脊浅黄绿色；喙暗褐色。前胸背板浅黄绿色，前侧角端部及中域呈浅褐色。中胸盾片浅黄绿色。前翅浅黄绿色，外缘及端缘黑色，其外侧具褐色带；后翅浅棕色。足浅黄绿色，后足腿节黑色，前中足腿节、胫节及后足胫节具黑色纵带。腹部腹面浅褐色，两侧浅黄褐色，每一腹节末端浅黄绿色。腹部背面浅黄绿色。

头顶近六边形，两后侧角处宽约为中线长的 0.6 倍，中域凹陷，凹陷处具小的横皱。额中域略隆起，具中脊及亚侧脊，额最宽处为基部宽的 1.2 倍，中线长为最宽处的 1.8 倍。唇基明显隆起，具中脊；喙伸达后足转节。前胸背板具中脊，中域处具 2 个小凹陷，凹陷两侧具褐色斑纹；中胸盾片近侧缘中部各具 1 小凹陷，最宽处为中线长的 2.5 倍，中脊仅在前半部明显。前翅近长方形，前缘基部 1/3 处凸出，翅脉隆起，沿翅脉具褐色条纹或无褐色条纹，翅长为最宽处的 2.2 倍。

雄性外生殖器：肛节背面观蘑菇状，近端缘处最宽，肛孔位于端半部，端缘中部略凹入，侧顶角钝圆。尾节侧面观后缘近端部明显突出。阳茎浅“U”形，阳茎基背面观背瓣呈膨大的片状；侧面观侧瓣窄，末端尖细；腹面观腹瓣端缘较平直，无裂叶。阳茎器近基部具 1 对短的剑状突起物。抱器侧面观近三角形，基部窄，端部扩大，后缘弧形凹入，背突的下方具 1 瘤状突起，前缘与后缘之间具 1 纵行的脊线。

雌性外生殖器：肛节近圆形，端缘微突出，侧缘圆滑；肛孔位于肛节的基半部，肛上板短，背缘弧形，肛下板剑状突出。第 2 产卵瓣近长方形，基部略突出，背部稍弯曲，背面中域瓣简单，端缘平。生殖骨片桥基半部近长方形，端半部较细长。第 1 负瓣片近长方形，后缘近平直，基部略宽。内生殖瓣骨化，大，中部内凹。第 1 产卵瓣腹端角具 3 齿，端缘具 3 刺，有短脊。第 7 腹节后缘中部明显突出。

寄主：采自灌木丛，具体物种不详。

观察标本：1♂（正模），海南吊罗山，2007.VI.1，王应伦、翟卿；1♂，海南五指山，1963.V.15，周尧；1♀，广西花坪，1963.VI.7，采集人不详；1♂，海南吊罗山，1964.III.28，刘思孔（BJNHM）；2♂，海南吊罗山，1965.V.1，刘思孔（BJNHM）；1♀，海南吊罗山，1984.V.9，林尤洞（CAF）；1♂2♀，海南吊罗山，2007.V.29，王应伦、翟卿；2♂3♀，海

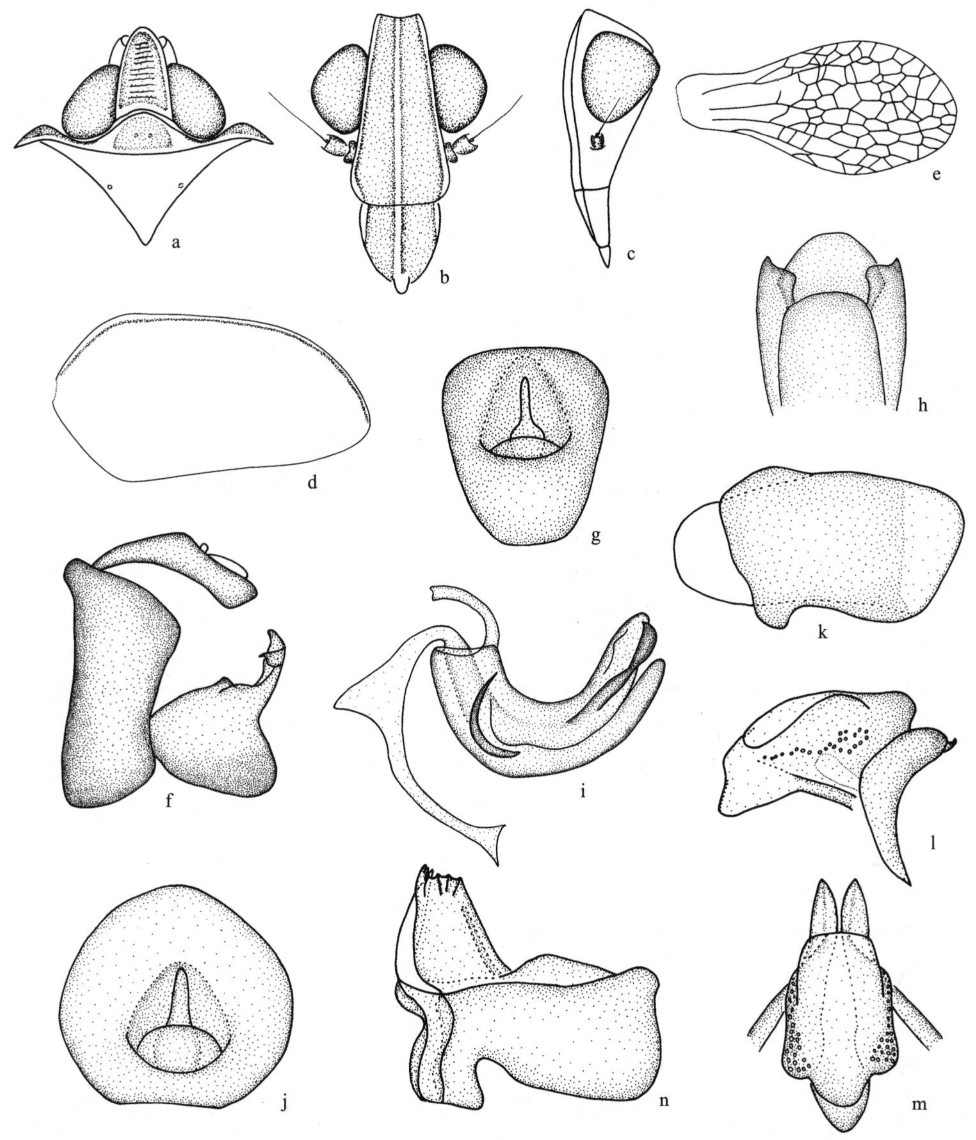

图 48 瘤新瓢蜡蝉 *Neogergithoides tubercularis* Sun, Meng *et* Wang

a. 头胸部背面观（head and thorax, dorsal view）；b. 额与唇基（frons and clypeus）；c. 头部侧面观（head, lateral view）；d. 前翅（tegmen）；e. 后翅（hind wing）；f. 雄虫外生殖器左面观（male genitalia, left view）；g. 雄肛节背面观（male anal segment, dorsal view）；h. 阳茎端部腹面观（apex of phallus, ventral view）；i. 阳茎侧面观（phallus, lateral view）；j. 雌肛节背面观（female anal segment, dorsal view）；k. 第 3 产卵瓣侧面观（gonoplac, lateral view）；l. 第 2 产卵瓣侧面观（gonapophysis Ⅸ, lateral view）；m. 第 2 产卵瓣背面观（gonapophyses Ⅸ, dorsal view）；n. 第 1 产卵瓣侧面观（gonapophysis Ⅷ, lateral view）

南吊罗山，2007.VI.1，王应伦、翟卿；1♂，海南吊罗山，2008.V.26，门秋雷；3♂1♀，海南吊罗山，18°43.664′N，109°52.704′E，948m，2010.VIII.6，郑国；1♂1♀，海南尖峰岭，1980.IV.10-12，熊江；1♀，1981.V.23，1♀，1982.III.24，1♂，1982.IV.20，1♀1♂，1984.V.17，海南尖峰岭，陈芝卿（CAF）；1♀，海南尖峰岭，1981.XII.2，顾茂彬（CAF）；

2♂，海南尖峰岭，1983.IV.21-22，顾茂彬（CAF）；1♂1♀，海南尖峰岭，1981.VII.15，刘元福（CAF）；1♀，海南尖峰岭，1982.VII.6，华立中（ZSU）；1♂，海南尖峰岭，1983.VI.28，华立中（ZSU）；1♂，海南尖峰岭，1984.V.15，林尤洞（CAF）；1♂3♀，海南尖峰岭，2007.VI.6，王应伦、翟卿；41♂41♀，海南尖峰岭，18°44.026′N，108°52.460′E，975m，2010.VIII.15，郑国；19♂14♀，海南尖峰岭，18°44.727′N，108°59.632′E，235m，2010.VIII.17，郑国；32♂42♀，海南尖峰岭，18°44.658′N，108°50.435′E，1017m，2010.VIII.18，郑国；1♂，海南霸王岭，2007.V.28，王应伦、翟卿；4♀，海南霸王岭，2007.V.10，王应伦、翟卿；1♀，海南黎母山，2008.IV.19，门秋雷；48♂32♀，海南鹦哥岭，19°02.884′N，109°33.529′E，797m，2010.VIII.20，郑国。

地理分布：海南、广西。

17. 广瓢蜡蝉属 *Macrodaruma* Fennah, 1978

Macrodaruma Fennah, 1978: 266. **Type species**: *Macrodaruma pertinax* Fennah, 1978; Che *et* Wang, 2005: 17; Chen, Zhang *et* Chang, 2014: 34; Constant *et* Pham, 2014: 4.

属征：头包括复眼窄于前胸背板。头顶窄，长大于宽，顶明显向前伸长，端部渐细，中域凹陷，具单眼。额具中脊，长明显大于宽，端部宽大于基部宽，中域微隆起。唇基具 3 条脊；喙达后足转节。前胸背板前后缘叶状隆起，中域具 2 个小凹陷。中胸盾片最宽处为中线长的 2 倍，无中脊，亚侧脊微隆起。前翅长大于宽，无爪缝，纵脉明显，有许多不规则的横脉；后翅与前翅几乎等长。足较长，后足刺式 6-10-2。

雄性外生殖器：肛节背面观近卵圆形，尾节侧面观后缘近端部突出。阳茎浅“U”形，阳茎基端部呈瓣状，阳茎器具 1 对源于基部的剑状短突。抱器侧面观近三角形，基部窄，端部扩大。

雌性外生殖器：肛节背面观蘑菇形，长大于最宽处。第 1 产卵瓣具刺，侧面观第 9 背板和第 3 产卵瓣近三角形或近四边形。第 7 腹节中部突出。

本属全世界已知 2 种，中国已知 1 种，与脊额瓢蜡蝉属 *Gergithoides* Schumacher 近似，主要区别是：①额仅有中脊；②前胸背板无中脊，侧缘叶状突出。

地理分布：广西；越南。

(37) 广瓢蜡蝉 *Macrodaruma pertinax* Fennah, 1978（图 49；图版Ⅹ：a-c）

Macrodaruma pertinax Fennah, 1978: 266 (Type locality: Vietnam); Che *et* Wang, 2005: 17; Chen, Zhang *et* Chang, 2014: 35; Constant *et* Pham, 2014: 6.

体连翅长：♂ 7.0mm，♀ 7.8mm。前翅长：♂ 5.2mm，♀ 5.7mm。

体黄褐色，略带绿色或黄色。头顶黄褐色，中线处黄色，基部略带绿色或黄色。复眼黄褐色。额中脊红色，中脊基部处深褐色，中脊两侧绿色。唇中脊红色，两侧绿色。喙黄褐色。前胸背板浅黄褐色，前缘浅绿色；中胸盾片浅黄褐色，略带绿色。前翅翅脉浅绿色，翅室黄褐色，具褐色斑点；后翅黄褐色，翅脉褐色。足浅黄褐色，前、中足的腿节及胫节具黄色小圆斑，后足腿节基部褐色。腹部腹面浅黄褐色，腹部各节的近端部略带褐色。

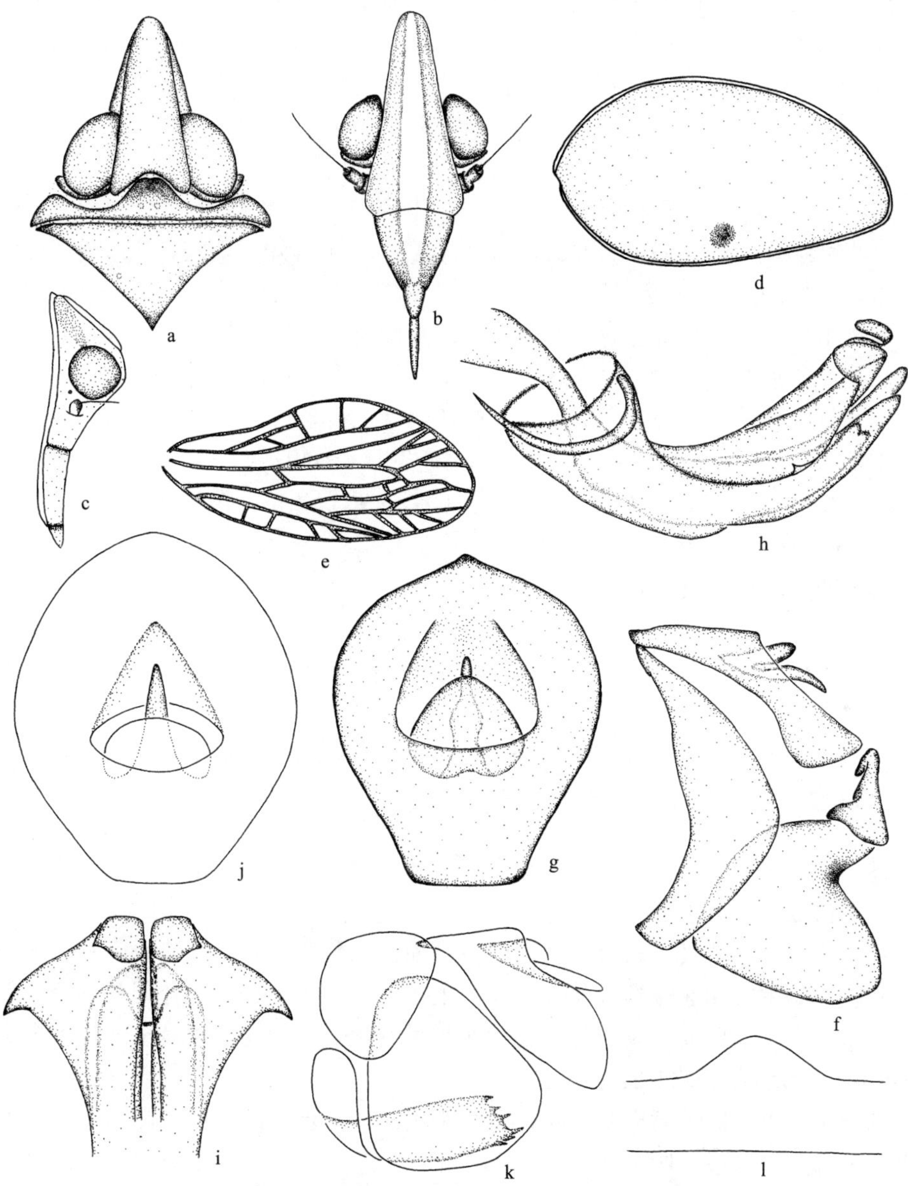

图 49 广瓢蜡蝉 *Macrodaruma pertinax* Fennah

a. 头胸部背面观（head and thorax, dorsal view）；b. 额与唇基（frons and clypeus）；c. 头部侧面观（head, lateral view）；d. 前翅（tegmen）；e. 后翅（hind wing）；f. 雄虫外生殖器左面观（male genitalia, left view）；g. 雄肛节背面观（male anal segment, dorsal view）；h. 阳茎侧面观（phallus, lateral view）；i. 阳茎端部背面观（apex of phallus, dorsal view）；j. 雌肛节背面观（female anal segment, dorsal view）；k. 雌虫外生殖器左面观（female genitalia, left view）；l. 雌第 7 腹节腹面观（female sternite Ⅶ, ventral view）

头顶近梯形，侧缘明显脊起，中线长为两后侧角处宽的 2.4 倍。额光滑，中脊明显，额基部明显向下弯，额长为最宽处的 2.5 倍，最宽处为基部宽的 1.2 倍。唇基具 3 条脊，中脊基部明显向下弯。前胸背板前缘明显脊起，呈叶状，中域具 2 个小凹陷，后缘脊起；中胸盾片近侧缘中部各具 1 个小凹陷，最宽处为中线长的 2.7 倍。前翅翅脉明显，近缝缘中部具 1 圆斑，前翅长为最宽处的 2.1 倍；后翅翅脉明显网状，为前翅长的 0.9 倍。后足刺式 6-10-2。雌虫体型略大于雄虫，前翅斑点形状不规则，面积较大。

雄性外生殖器：肛节背面观近蘑菇形，端缘凸出明显，侧顶角圆，肛孔位于近中部。尾节侧面观后缘端部突出明显，基部突出较小。阳茎端部呈瓣状，具源于基部的 1 对短的剑状突起物，背瓣背面观 2 裂叶，端缘钝圆；侧瓣 2 裂成叶状突出，伸出阳茎背瓣、腹瓣之外，端缘钝圆；腹瓣较小，顶端钝圆，中部凹入，明显短于侧瓣。抱器侧面观近三角形，基部窄、端部扩大，端缘弧形弯曲，背缘近端部突出，突出尾向观基部、端部钝圆。

雌性外生殖器：肛节背面观近卵圆形，顶缘微突出，侧缘圆滑，肛孔位于肛节的基半部。第 1 产卵瓣向上弯曲，端缘具 4 个近平行的、大小相似的刺，侧缘处具 2 个大小相似的刺。侧面观第 9 背板近方形，第 3 产卵瓣近三角形。第 7 腹节中部突出。

观察标本：1♂，广西武鸣，1963.V.25，刘思孔（BJNHM）；1♂，广西三门天平山，1963.VI.4，杨集昆（CAU）；2♀，广西花坪红滩，1963.VI.12，杨集昆（CAU）；2♀，广西花坪，1963.VI.7，采集人不详。

地理分布：广西；越南。

18. 周瓢蜡蝉属 *Choutagus* Zhang, Wang *et* Che, 2006

Choutagus Zhang, Wang *et* Che, 2006: 165. **Type species**: *Choutagus longicephalus* Zhang, Wang *et* Che, 2006; Chen, Zhang *et* Chang, 2014: 31.

属征：体半球形。头包括复眼明显窄于前胸背板。头顶近三角形，中线长为两后侧角处宽的 3 倍以上，具中脊和亚侧脊。具单眼。额中域粗糙，具细小的颗粒，略隆起，具中脊和亚侧脊。唇基具 3 条脊，明显向下弯曲；喙延伸达后足转节。前胸背板中域具 2 个小凹陷，具中脊和亚侧脊，前缘布满浅色瘤突。中胸盾片具中脊和亚侧脊，近侧缘中部各具 1 个小凹陷。前翅长方形，翅脉明显呈网状；后翅翅脉明显呈网状，大于前翅长的 0.5 倍。后足刺式 6-11-2。

雄性外生殖器：肛节背面观杯状，端缘略突出，侧顶角圆。尾节侧面观后缘端部突出较大，基部突出较小。阳茎浅“U”形，端部瓣状，具 1 对源于中部的短的剑状突起物。抱器侧面观近三角形，基部小，端部扩大，端缘弧形弯曲，背缘近端部突出。

雌性外生殖器：肛节背面观蘑菇形，长大于最宽处。第 1 产卵瓣具刺，侧面观第 9 背板和第 3 产卵瓣近三角形或近四边形。第 7 腹节近平直。

地理分布：海南、广西。

本属全世界仅知 1 种。

(38) 长顶周瓢蜡蝉 *Choutagus longicephalus* Zhang, Wang *et* Che, 2006（图 50；图版Ⅹ：d-f）

Choutagus longicephalus Zhang, Wang *et* Che, 2006: 166 (Type locality: Hainan, China); Chen, Zhang *et* Chang, 2014: 32.

体连翅长：♂ 7.3-8.3mm，♀ 7.8-8.3mm。前翅长：♂ 4.2-4.7mm，♀ 4.5-5.1mm。

体黄褐色，略带绿色（标本久时呈黄色）。头顶黄褐色，脊浅黄绿色，具浅黄色小圆斑。复眼黑色。额黄褐色，脊浅黄色，具黑色纵带。唇基黄褐色，脊浅黄色，端部黑褐色。喙黄褐色。前胸背板黄褐色，具浅黄绿色的脊及瘤突。中胸盾片黄褐色，具浅黄绿色脊。前翅黄褐色，略带绿色，具浅黄绿色带及黑色纵带。足黄褐色，后足腿节黑色。腹部腹面黄褐色，腹部各节末端略带黑色。

头顶近三角形，具中脊及亚侧脊，中域布满小圆斑，中线长为两后侧角处宽的 2.7 倍。额略粗糙，布满细小的颗粒，中域略隆起，具 3 条脊，基部沿脊的边缘具黑褐色纵带，额长为最宽处的 2.6 倍，最宽处为基部宽的 1.5 倍。唇基具 3 条脊，端部明显向下弯。前胸背板具中脊及亚侧脊（18 个），前缘具 6 个瘤突，中域具 2 个小的凹陷。中胸盾片具中脊及亚侧脊（4 个），亚侧脊位于前侧角处，近侧缘中部各具 1 个小凹陷，最宽处为中线长的 2.0 倍。前翅翅脉明显，呈网状，肩板下方沿翅前缘直至翅端缘，具 1 条渐细的浅黄绿色纵带，此纵带区域无翅脉，紧邻此纵带的翅室黑色，形成 1 条黑色纵带，两纵带近平行，前翅长为最宽处的 2.1 倍。后翅翅脉网状，后翅长为前翅的 0.8 倍。后足刺式 6-11-2。

雄性外生殖器：肛节背面观杯状，端缘略突出，侧顶角圆，肛孔位于中部，近端部处最宽。尾节侧面观后缘端部突出较大，基部突出较小。阳茎基背瓣背面观端部 2 裂叶，顶端向外翻折，端部钝圆，侧瓣侧面观，叶状突出伸出至腹侧瓣，端缘平直，腹瓣腹面观，端缘钝圆，明显短于侧瓣；阳茎浅“U”形，端部瓣状，具 1 对源于中部的短的剑状突起物。抱器侧面观近三角形，基部小，端部扩大，端缘弧形弯曲，背缘近端部突出，突出下方有 1 与背缘近平行的脊起，尾向观突出的基部尖细，端部平直。

雌性外生殖器：肛节背面观近蘑菇形，顶缘微突出，侧缘圆滑，肛孔位于肛节的端半部。第 1 产卵瓣向上弯曲，端缘具 3 个近平行的、大小相似的刺，近侧缘处具 1 三齿状的突起。侧面观第 9 背板近方形，第 3 产卵瓣近三角形。第 7 腹节近平直。

寄主：采自灌木丛，具体物种不详。

观察标本：1♂（正模），海南尖峰岭，2002.VII.20，张雅林；1♂（副模），广西平南玉林，1981.VI.25，何彦东；2♂（副模），海南尖峰岭，1985.V.20，顾茂彬（CAF）；2♂（副模），海南定安，2002.VII.25，王宗庆、车艳丽；2♂（副模），海南毛阳，2002.VIII.7，王宗庆、车艳丽；2♀（副模），广西十万大山，2001.XI.30，王宗庆；6♀（副模），海南尖峰岭，2002.VIII.24，王宗庆、车艳丽；1♂，海南白沙，1959.III.18，金根桃（SHEM）；1♀，海南琼中，1959.III.9，金根桃（SHEM）；10♂10♀，海南吊罗山，18°43.664′N，109°52.704′E，948m，2010.VIII.6，郑国。

地理分布：海南、广西。

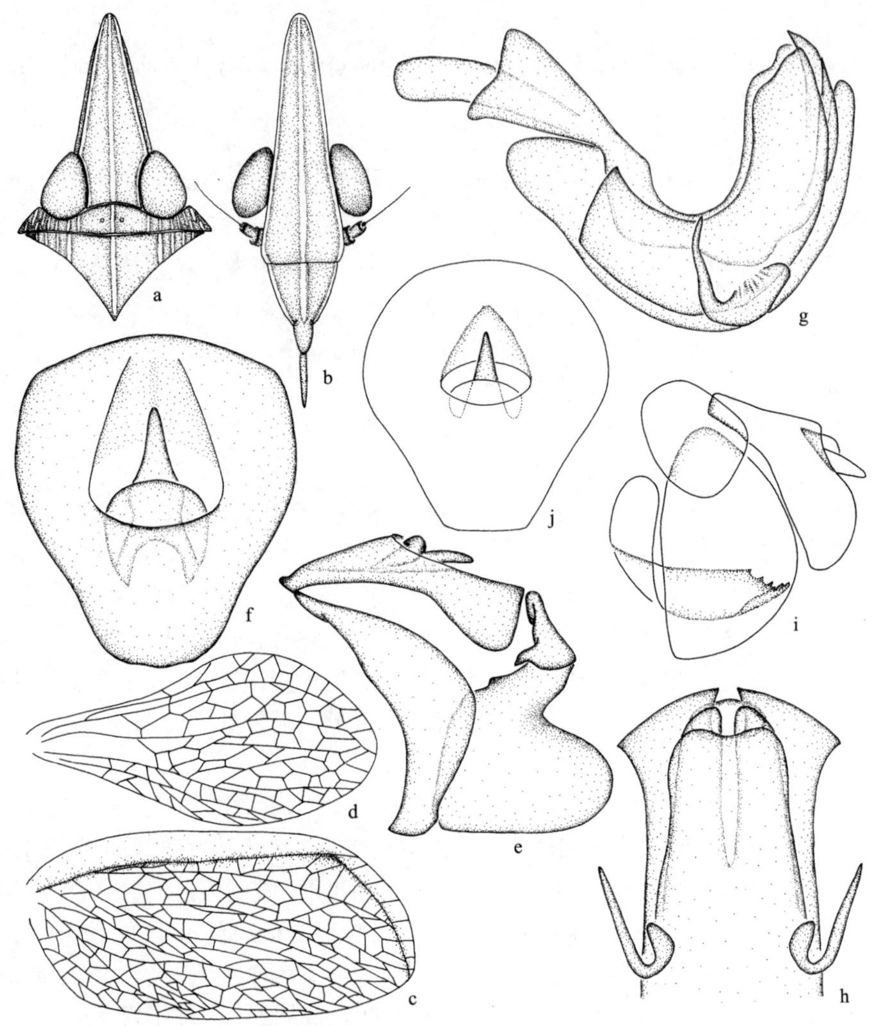

图 50　长顶周瓢蜡蝉 *Choutagus longicephalus* Zhang, Wang *et* Che

a. 头胸部背面观（head and thorax, dorsal view）；b. 额与唇基（frons and clypeus）；c. 前翅（tegmen）；d. 后翅（hind wing）；e. 雄虫外生殖器左面观（male genitalia, left view）；f. 雄肛节背面观（male anal segment, dorsal view）；g. 阳茎侧面观（phallus, lateral view）；h. 阳茎端部腹面观（apex of phallus, ventral view）；i. 雌虫外生殖器左面观（female genitalia, left view）；j. 雌肛节背面观（female anal segment, dorsal view）

19. 蒙瓢蜡蝉属 *Mongoliana* Distant, 1909

Mongoliana Distant, 1909: 87. **Type species**: *Hemisphaerius chilocorides* Walker, 1851; Neave, 1940: 204; Fennah, 1956: 504; Hori, 1969: 62; Che, Wang *et* Chou, 2003a: 35; Chen, Zhang *et* Chang, 2014: 67; Meng, Wang *et* Qin, 2016: 102.

属征：体半球形。头包括复眼宽于前胸背板。头顶宽大于长，侧缘隆起。额平滑或具微弱的中脊，长微大于宽，侧缘微隆起，中部微扩大，边缘具 1 排瘤突。无单眼。唇基具中脊。前胸背板前缘呈圆弧形，近前缘具 1 排瘤突，中域具 2 个小凹陷，凹陷外侧各具 1 个瘤突，后缘近平直。中胸盾片近三角形，具中脊或中脊不明显，中域具 2 个凹陷，前缘和后侧角具瘤突。前翅革质，隆起，基部凸出，翅脉不明显，无爪缝；后翅发达，翅脉明显，短于前翅，但大于前翅的 1/2。后足胫节具 2 个侧刺。后足刺式 (6-7)-(7-9)-2。

雄性外生殖器：尾节后缘中部突出。阳茎呈浅“U”形，阳茎器具 1 对突起。抱器侧面观近三角形或近方形，基部窄，端部扩大，后缘弧形或角状微凹入，尾腹角钝圆。

雌性外生殖器：肛节背面观杯状或蘑菇形，长大于或约等于最宽处。第 1 产卵瓣具刺，侧面观第 9 背板和第 3 产卵瓣近三角形或近四边形。第 7 腹节近平直，微突出或明显突出。

地理分布：中国；日本。

本属全世界已知 13 种，中国均有分布，本志另记述 1 新组合，共 14 种。

种检索表

1. 额粗糙，具浅色斑点和瘤突……2
   额光滑，无任何斑点和瘤突……10
2. 唇基黄褐色，额唇基沟下方无横带……3
   唇基黑色，额唇基沟下方具黄色横带……5
3. 阳茎具 1 对不对称的剑状突起物，左侧突起源于中部，右侧源于基部 1/3，突起表面波浪状……曲纹蒙瓢蜡蝉 *M. sinuata*
   阳茎具 1 对对称的剑状突起物，源于中部，突起表面光滑……4
4. 肛节端缘波状，中部略突出；阳茎基背侧瓣右侧近基部 1/3 处向腹面半圆形扩大……三角蒙瓢蜡蝉 *M. triangularis*
   肛节端缘中部凹陷；阳茎基背侧瓣基部未扩大……片马蒙瓢蜡蝉 *M. pianmaensis*
5. 前翅内缘近中部具 1 短的浅色线状纹……蒙瓢蜡蝉 *M. chilocorides*
   前翅无此斑纹……6
6. 前翅深褐色或沥青色……逆蒙瓢蜡蝉 *M. recurrens*
   前翅浅褐色或黄绿色……7
7. 前翅不透明，黄绿色，约具 5 个白色小斑点……白星蒙瓢蜡蝉 *M. albimaculata*
   前翅无此白色斑点……8
8. 阳茎基侧瓣背缘近端部锯齿状，腹瓣端缘波状……锐蒙瓢蜡蝉 *M. arcuata*
   阳茎基侧瓣背缘近端部光滑，腹瓣端缘凹入……9
9. 肛节端缘中部略突，阳茎基侧瓣具 1 长的剑状突起，阳茎腹突短于阳茎的 1/3……黔蒙瓢蜡蝉 *M. qiana*
   肛节端缘中部微凹，阳茎基侧瓣近端部具 1 短的剑状突起，阳茎腹突长于阳茎的 1/3……矛尖蒙瓢蜡蝉 *M. lanceolata*
10. 前翅无斑纹或条带……褐斑蒙瓢蜡蝉 *M. naevia*

前翅近基部具 1 短斜纹，近中部具 1 长的斜纹，条纹后有几个不规则斑点…………………………11

11. 头顶前缘较直……………………………………………………… **黑星蒙瓢蜡蝉 *M. signifer* comb. nov.**

头顶前缘弧形或微弧形突出…………………………………………………………………………………12

12. 肛节端缘中部凸出，阳茎基侧瓣端缘至其腹缘锯齿状……………………**锯缘蒙瓢蜡蝉 *M. serrata***

肛节端缘中部凹入，阳茎基侧瓣背缘锯齿状………………………………………………………………13

13. 阳茎基侧瓣背缘中部较直，锯齿状，其长度短于阳茎基长度一半；阳茎 1 对腹突均源于其右侧…
…………………………………………………………………………………… **双带蒙瓢蜡蝉 *M. bistriata***

阳茎基侧瓣背缘中部略凹入，锯齿状，其长度等于阳茎基长度一半；阳茎 1 对腹突分别源于右侧和中部……………………………………………………………………………… **宽带蒙瓢蜡蝉 *M. latistriata***

(39) 曲纹蒙瓢蜡蝉 *Mongoliana sinuata* Che, Wang *et* Chou, 2003（图 51；图版 X：g-i）

Mongoliana sinuata Che, Wang *et* Chou, 2003a: 40 (Type locality: Yunnan, China).

体连翅长：♂ 4.9mm，♀ 5.0mm。前翅长：♂ 4.2mm，♀ 4.3mm。

体黄褐色。头顶、额、唇基及喙黄褐色。额侧缘具浅黄色瘤突。唇基中脊浅黄色。前胸背板及中胸盾片黄褐色，具浅黄色瘤突。前翅黄褐色，翅基沿前缘黄绿色，雄虫具褐色曲条纹和斑点，雌虫具大的不规则褐色斑纹；后翅浅褐色，翅脉深褐色。足黄褐色，后足胫节及跗节刺的端点为黑色。腹部腹面和背面棕色。

头顶六边形，两后侧角处宽约为中线长的 2 倍。额中线长为最宽处的 1.2 倍，最宽处为基部宽的 1.6 倍，中域粗糙，具细小的颗粒，平，沿侧缘各具 9 个瘤突。前胸背板沿前缘具 8 个瘤突，中域具 2 个小凹陷，凹陷外侧各具 1 个瘤突。中胸盾片的中脊细且弱，两前侧角各具 2 个瘤突，侧缘近中部各具 1 小的凹陷，最宽处为中线长的 1.6 倍。前翅呈半透明状，自前缘中部具 1 曲肱状条纹斜经过翅面达翅近端部，近端部具 1 斑点，雌虫斑纹大，不规则，长为最宽处的 1.9 倍；后翅不透明，端半部翅脉网状，长为前翅长的 0.8 倍。后足刺式 7-9-2。

雄性外生殖器：肛节背面观端缘中部深凹入，侧顶角突出，肛孔位于肛节的基半部，肛上板长。尾节侧面观后缘近端部突出。阳茎呈浅“U”形，阳茎基背面观背侧瓣背面观渐狭，近端部 2 裂叶，裂叶顶端略尖，其上侧面具小突起，背侧瓣侧面近基部半圆形扩大；腹瓣腹面观端缘中部缺刻深。阳茎器基半部具 1 对长的弯曲的剑状突起，侧面观突起表面呈波浪状，左面突起更靠近中部。抱器侧面观近三角形，基部窄，端部扩大，后缘略凸出，近背突具 1 与背缘近平行的脊；尾向观抱器背突基部呈细长钩状，端部较钝圆。

雌性外生殖器：肛节背面观近卵圆形，顶缘突出，侧缘圆滑，肛孔位于肛节的基半部。第 3 产卵瓣近三角形，第 1 产卵瓣向上弯曲，端缘具 2 个近平行的、大小相似的刺，腹端角具 3 齿。侧面观第 9 背板近方形。第 7 腹节中部明显突出。

观察标本：1♂（正模），云南西双版纳南糯山，1974.V.30，周尧、袁锋；2♀（副模），云南勐仑，1991.V.24-26，王应伦、彩万志。

地理分布：云南。

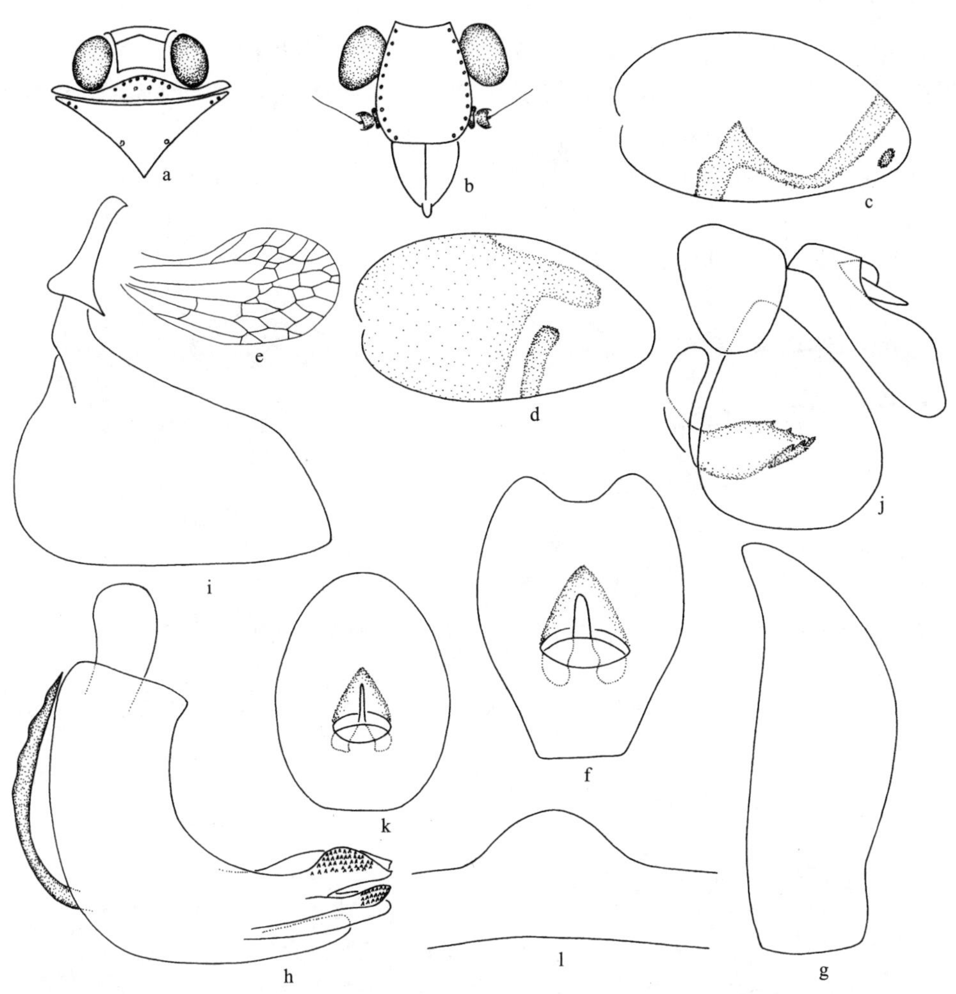

图 51　曲纹蒙瓢蜡蝉 *Mongoliana sinuata* Che, Wang *et* Chou

a. 头胸部背面观（head and thorax, dorsal view）；b. 额与唇基（frons and clypeus）；c. 雄虫前翅（male tegmen）；d. 雌虫前翅（female tegmen）；e. 后翅（hind wing）；f. 雄肛节背面观（male anal segment, dorsal view）；g. 尾节侧面观（pygofer, lateral view）；h. 阳茎侧面观（phallus, lateral view）；i. 抱器侧面观（genital style, lateral view）；j. 雌虫外生殖器左面观（female genitalia, left view）；k. 雌肛节背面观（female anal segment, dorsal view）；l. 雌第 7 腹节腹面观（female sternite Ⅶ, ventral view）

(40) 三角蒙瓢蜡蝉 *Mongoliana triangularis* Che, Wang *et* Chou, 2003（图 52；图版Ⅹ：j-l）

Mongoliana triangularis Che, Wang *et* Chou, 2003a: 38 (Type locality: Yunnan, China).

体连翅长：♂ 4.3mm，♀ 4.8mm。前翅长：♂ 3.8mm，♀ 4.3mm。

体浅褐色。头顶、额浅褐色。额侧缘具浅黄色瘤突。唇基黄褐色，近额处浅黄色，喙黄褐色。前胸背板和中胸盾片深褐色，具浅黄色瘤突。前翅浅褐色，前缘近肩角处沿翅脉呈浅黄或浅绿色，有或无象牙黄色或褐色线状斑；后翅浅褐色，翅脉深褐色。足黄褐色，后足胫节、跗节刺的端点黑色。腹部腹面和背面浅褐色。

头顶六边形，两后侧角处宽约为中线长的 2 倍。额中域粗糙，具细小的颗粒，平，沿侧缘各具 10 个瘤突，中线长为最宽处的 1.2 倍，最宽处为基部宽的 1.5 倍。前胸背板沿前缘具 8 个瘤突，中域具 2 个小凹陷，凹陷外侧各具 1 个瘤突。中胸盾片具不明显的中脊，前侧角和后角各具 1 个瘤突，侧缘近中部各具 1 小凹陷，最宽处为中线长的 1.6 倍。前翅呈半透明状，肩角处明显加厚，自缝缘中部有或无线状斑，长为最宽处的 1.9 倍；后翅半透明，端半部翅脉网状，长为前翅长的 0.6 倍。后足刺式 6-9-2。

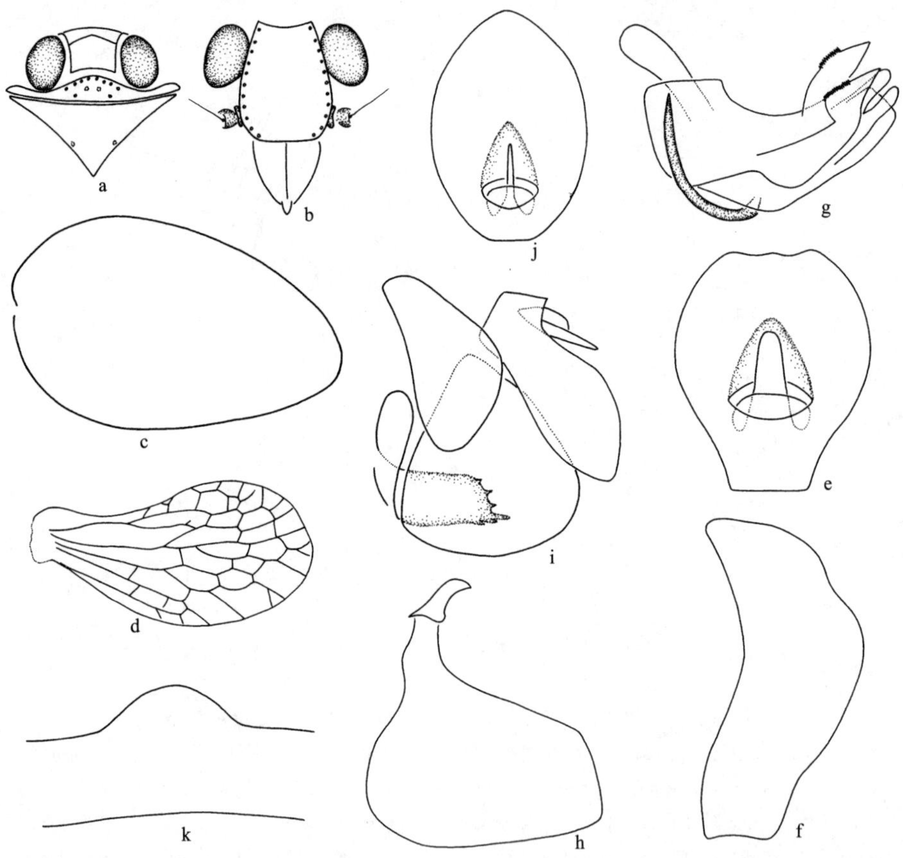

图 52 三角蒙瓢蜡蝉 *Mongoliana triangularis* Che, Wang *et* Chou

a. 头胸部背面观（head and thorax, dorsal view）；b. 额与唇基（frons and clypeus）；c. 前翅（tegmen）；d. 后翅（hind wing）；e. 雄肛节背面观（male anal segment, dorsal view）；f. 尾节侧面观（pygofer, lateral view）；g. 阳茎侧面观（phallus, lateral view）；h. 抱器侧面观（genital style, lateral view）；i. 雌虫外生殖器左面观（female genitalia, left view）；j. 雌肛节背面观（female anal segment, dorsal view）；k. 雌第 7 腹节腹面观（female sternite Ⅶ, ventral view）

雄性外生殖器：肛节背面观近中部最宽，端缘波状，中部微凸出，侧顶角突起，肛孔位于基半部。尾节侧面观后缘近端部明显突出，端部尖细。阳茎呈浅“U”形，阳茎基背面观背侧瓣端部向背面翻折，侧面观三角状，其边缘锯齿状，背侧瓣侧面观基半部明显扩大，右侧面半圆形扩大；腹瓣腹面观顶端钝圆。阳茎器基半部具 1 对弯曲的长的剑状突起，侧面观突起表面光滑。抱器侧面观基部窄，端部扩大，近三角形，后缘略凸出，尾向观抱器背突的基部具钩状侧齿，端部略尖。

雌性外生殖器：肛节背面观近卵圆形，顶缘凹入，中部微突出，侧缘圆滑，肛孔位于肛节的基半部。侧面观第 9 背板和第 3 产卵瓣近三角形。第 1 产卵瓣向上弯曲，端缘具 3 个近平行的、大小相似的刺，近侧缘处具 1 个大刺，外侧缘具 2 个小刺。第 7 腹节明显突出。

观察标本： 1♂（正模），云南勐仑，1991.V.22，王应伦、彩万志；2♀（副模），云南勐仑，1991.V.10-19，王应伦、彩万志；10♂10♀，云南西双版纳勐仑竹林，21°54.386′N，101°16.803′E，627m，2009.XI.22，唐果、姚志远。

地理分布： 云南。

(41) 片马蒙瓢蜡蝉 *Mongoliana pianmaensis* Chen, Zhang *et* Chang, 2014

Mongoliana pianmaensis Chen, Zhang *et* Chang, 2014: 71 (Type locality: Yunnan, China).

以下描述源自 Chen 等（2014）。

体连翅长：♂ 4.2mm，♀ 4.4mm。前翅长：♂ 3.7mm，♀ 3.9mm。

体黄褐色至褐色。头顶褐色。复眼深褐色。额黄褐色，瘤突黄白色。唇基黄褐色。喙浅褐色。触角暗褐色。前胸背板暗褐色，中域黄褐色，瘤突黄白色。中胸盾片暗褐色，瘤突黄白色。前翅褐色，沿亚前缘域具淡黄白色带纹，另自爪片端部处向翅中央伸出 1 条不甚明显的淡乳白色带纹。后翅浅褐色。足褐色，前、中足腿节、胫节具黑褐色斑。腹部腹面褐色。

头顶中长为基部宽的 0.52 倍。额中长为最宽处宽的 1.09 倍，两侧域各有 9 或 10 个瘤突。前胸背板与头顶近等长，前缘域约具 10 个瘤突，后缘域具 2 个瘤突；中胸盾片中长为前胸前板的 2.17 倍，后侧缘前半部各具 3 个不明显的瘤突。前翅长为最宽处宽的 1.82 倍，翅脉不明显。后翅长为前翅的 0.8 倍，翅脉网状。后足刺式 6-9-2。

雄性外生殖器：肛节背面观，中长为最宽处宽的 1.18 倍，基部狭，呈柄状，中部最宽，然后端向渐狭，端缘中部凹陷；肛孔位于中偏基部。尾节侧面观，后缘宽圆，向后突出。阳茎侧面观浅“U”形，阳茎基侧瓣端部钝圆，背缘具微锯齿，腹面观腹瓣端缘中部凹陷。阳茎器中部两侧各具 1 个粗长的钩状突起，末端渐尖细，指向头方，后略弯向背方。抱器侧面观背缘略波曲，腹缘近平直，端腹角圆尖，后缘略凹，背突粗大，亚端部稍缢缩，侧齿向外侧斜伸，其下方具 1 个半圆形。

观察标本： 未见。

地理分布： 云南。

(42) 蒙瓢蜡蝉 *Mongoliana chilocorides* (Walker, 1851)（图 53；图版 XI：a-c）

Hemisphaerius chilocorides Walker, 1851: 379 (Type locality: Hong Kong, China).

Mongoliana chilocorides: Distant, 1909: 87; Che, Wang *et* Chou, 2003a: 36.

体连翅长：♂ 5.3-5.5mm，♀ 5.5-5.7mm。前翅长：♂ 4.5-4.7mm，♀ 4.7-4.9mm。

体浅褐色，具褐色斑纹。头顶、额浅褐色；额侧缘具浅黄色瘤突，沿侧缘具褐色纵带；唇基浅褐色，具浅黄色横带；喙黄褐色，端部深褐色。前胸背板和中胸盾片浅褐色，具浅黄色瘤突。前翅浅褐色，缝缘中部具褐色线状斑；后翅深褐色，翅脉深褐色。足浅褐色，前足及中足腿节黑褐色，前足及中足胫节具黑褐色环带，后足腿节和胫节略带褐色。腹部腹面和背面浅褐色，每节端部略带黑色。

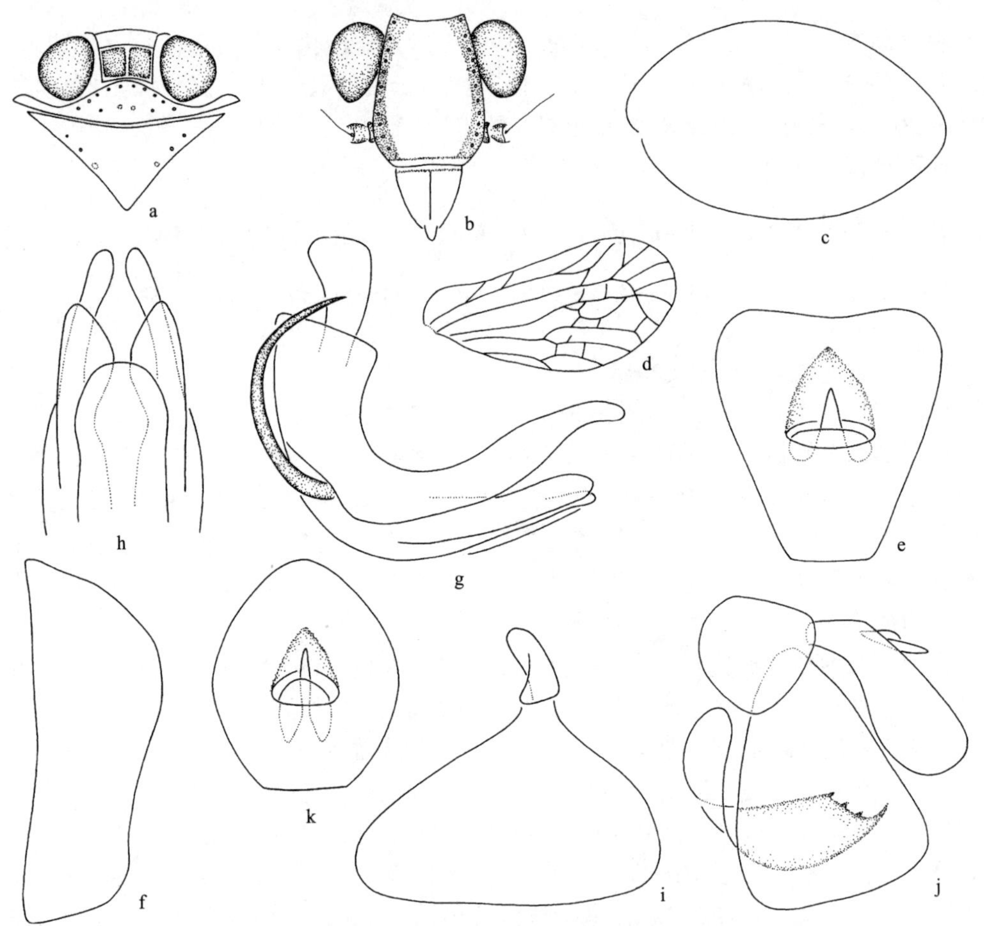

图 53 蒙瓢蜡蝉 *Mongoliana chilocorides* (Walker)

a. 头胸部背面观（head and thorax, dorsal view）；b. 额与唇基（frons and clypeus）；c. 前翅（tegmen）；d. 后翅（hind wing）；e. 雄肛节背面观（male anal segment, dorsal view）；f. 尾节侧面观（pygofer, lateral view）；g. 阳茎侧面观（phallus, lateral view）；h. 阳茎端部腹面观（apex of phallus, ventral view）；i. 抱器侧面观（genital style, lateral view）；j. 雌虫外生殖器左面观（female genitalia, left view）；k. 雌肛节背面观（female anal segment, dorsal view）

头顶六边形，中域凹陷，两后侧角处宽约为中线长的 1.9 倍。额中域粗糙，具细小颗粒，微突出，沿侧缘各具 11 个瘤突，沿侧缘具深色纵带，中线长为最宽处的 1.2 倍，最宽处为基部宽的 1.5 倍。前胸背板沿前缘具 10 个瘤突，中域具 2 个小凹陷，凹陷侧面各具 1 个瘤突。中胸盾片前侧角各具 2 个瘤突，侧缘近中部各具 1 小的凹陷，最宽处为中线长的 1.6 倍。前翅半透明状，肩角处明显加厚，前翅长为最宽处的 1.9 倍；后翅半透明，端半部翅脉网状，长为前翅长的 0.7 倍。后足刺式 7-8-2。

雄性外生殖器：肛节背面观中部略凹入，侧顶角圆，肛孔位于中部，近端缘处最宽。尾节侧面观后缘近端部明显突出，基部突出小。阳茎呈浅“U”形，阳茎基背侧瓣背面观渐狭，顶端细长且钝圆；腹瓣腹面观端部钝圆，端缘微突出。阳茎器基半部具 1 对头向弯曲的剑状突起物，侧面观突起表面光滑。抱器侧面观近三角形，基部窄，端部扩大，后缘中部微凸出；尾向观背突具钝的侧齿，端部钝圆。

雌性外生殖器：肛节背面观近卵圆形，顶缘突出，侧缘圆滑，肛孔位于肛节的近中部。第 1 产卵瓣向上弯曲，端缘具 3 个近平行的、大小相等的刺，侧缘具 1 个大刺。侧面观第 9 背板近方形，第 3 产卵瓣近三角形。第 7 腹节近平直。

观察标本：2♂2♀，浙江西天目山，500-1000m，1980.V.4-6，李法圣（CAU）；3♂，浙江西天目山，500-1000m，1980.V.6，李法圣（CAU）；1♂，浙江西天目山，500-1000m，1980.V.3，李法圣（CAU）；3♂，福建光泽司前，450-600m，1960.V.2，金根桃、林扬明（SHEM）；1♂，浙江天目山，350m，1963.V.5，金根桃（SHEM）。

地理分布：浙江、福建、香港。

(43) 逆蒙瓢蜡蝉 *Mongoliana recurrens* (Butler, 1875)（图 54；图版 XI：d-f）

Hemisphaerius recurrens Butler, 1875: 98 (Type locality: China).

Mongoliana recurrens: Distant, 1909: 87; Fennah, 1956: 504; Che *et al*., 2003a: 36; Chen, Zhang *et* Chang, 2014: 73; Meng, Wang *et* Qin, 2016: 114.

体连翅长：♂ 5.4-5.6mm，♀ 5.7-5.9mm。前翅长：♂ 4.7-4.9mm，♀ 4.9-5.1mm。

体深褐色，雌成虫深红砖色。头顶、额深褐色；额侧缘具浅黄色瘤突；额唇基沟处具黑色横带；唇基深褐色，近额处浅黄色；喙黄褐色，端部深褐色。前胸背板和中胸盾片深褐色，具浅黄色瘤突。前翅深褐色或沥青色，雌虫常具黄白色斑纹；后翅浅褐色，翅脉深褐色。足深褐色，前足及中足腿节、基节、胫节具黑色纵带。腹部腹面深褐色，基部略带黑色，端部略带橘红色。腹部背面深褐色。

头顶六边形，两后侧角处宽约为中线长的 2.1 倍。额中域粗糙，具细小颗粒，微突出，沿侧缘各具 13 个瘤突，中线长为最宽处的 1.2 倍，最宽处为基部宽的 1.5 倍。前胸背板沿前缘具 12 个瘤突，中域具 2 个小凹陷。中胸盾片前侧角各具 1 个瘤突，侧缘近中部各具 1 小凹陷，最宽处为中线长的 1.6 倍。前翅半透明，肩角处明显加厚，自缝缘中部具 1 横线状斑，向内延伸，前翅长为最宽处的 1.9 倍；后翅半透明，端半部翅脉网状，长为前翅长的 0.7 倍。后足刺式 6-9-2。

雄性外生殖器：肛节背面观近端缘最宽，端缘中部略凹入，侧顶角圆，肛孔位于中部。尾节侧面观后缘近端部明显突出，基部突出小。阳茎呈浅“U”形，阳茎基背面观背侧瓣背面观端缘钝圆，腹瓣腹面观端部端缘中部角状凹入。阳茎器基半部具 1 对弯曲的剑状突起物，侧面观突起表面光滑，右侧突起较左侧突起更靠近中部。抱器侧面观近三角形，基部窄，端部扩大，端缘波形弯曲具脊，背缘近端部突出；尾向观突出的基部尖细钩状，端部钝圆。

雌性外生殖器：肛节背面观近卵圆形，顶缘突出，侧缘圆滑，肛孔位于肛节的基半部。第 1 产卵瓣向上弯曲，自内侧缘、端缘至外侧缘具 7 个近平行的、大小不等的刺。侧面观第 9 背板和第 3 产卵瓣近三角形。第 7 腹节近平直。

观察标本：1♀，福建黄竹楼，1981.VI.13，齐石成；1♀，福建武夷山挂墩，1988.VIII.22，杨忠歧；1♂1♀，福建长汀四都，1959.V.5，金根桃、林扬明（SHEM）；1♂7♀，福建长汀东埔，1959.IV.22，金根桃、林扬明（SHEM）；2♂2♀，江西九连山，1986.IV.28, 400-500m，罗、刘（SHEM）；3♂5♀，广东韶关车八岭细坎，2016.V.2，罗、刘、荀、赵（CAU）。

地理分布：湖北、江西、福建、广东。

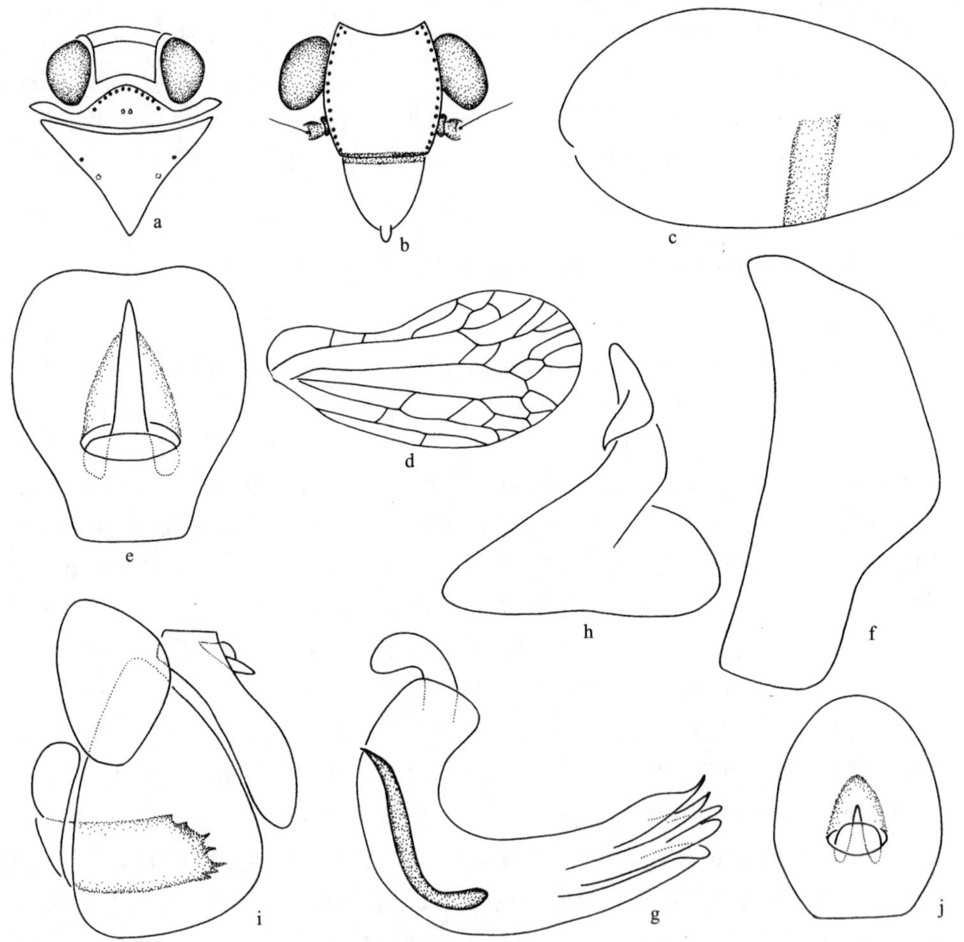

图 54　逆蒙瓢蜡蝉 *Mongoliana recurrens* (Butler)

a. 头胸部背面观（head and thorax, dorsal view）；b. 额与唇基（frons and clypeus）；c. 前翅（tegmen）；d. 后翅（hind wing）；e. 雄肛节背面观（male anal segment, dorsal view）；f. 尾节侧面观（pygofer, lateral view）；g. 阳茎侧面观（phallus, lateral view）；h. 抱器侧面观（genital style, lateral view）；i. 雌虫外生殖器左面观（female genitalia, left view）；j. 雌肛节背面观（female anal segment, dorsal view）

(44) 白星蒙瓢蜡蝉 *Mongoliana albimaculata* Meng, Wang *et* Qin, 2016(图 55；图版 XI：g-i)

Mongoliana albimaculata Meng, Wang *et* Qin, 2016: 107 (Type locality: Guizhou, China).

体连翅长：♂ 4.1mm，♀ 4.6mm。前翅长：♂ 3.5mm，♀ 4.1mm。

体黄绿色。头顶黑褐色，具暗黄褐色斑点。额黑褐色，表面布满浅黄色瘤突，近额唇基沟具 1 浅黄色横带。额唇基沟黑色。唇基黑色，近额唇基处具 1 黄色横纹。喙暗黄褐色。前胸背板黑褐色，具黄白色瘤突。中胸盾片黑褐色。前翅黄绿色，约散布 5 个白色斑点；后翅浅褐色，翅脉暗褐色。前足黑色，腿节、胫节基部和末端暗黄色；中足暗黄色，具黑色条带和斑点；后足暗黄色，腿节黄褐色。腹部黄褐色。

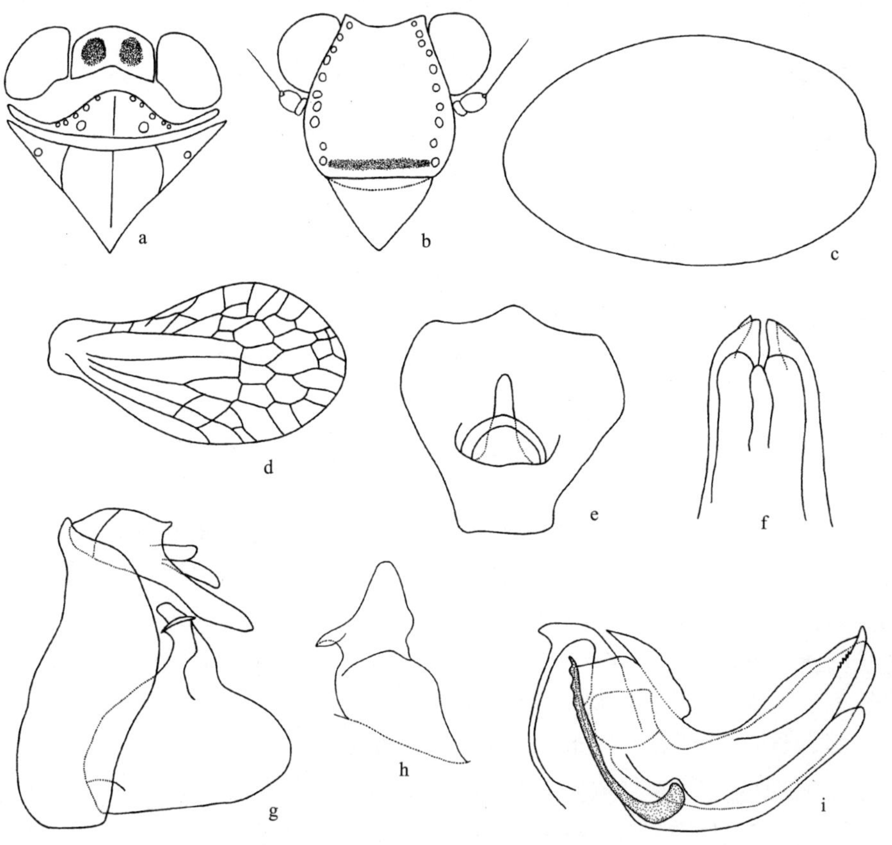

图 55 白星蒙瓢蜡蝉 *Mongoliana albimaculata* Meng, Wang *et* Qin

a. 头胸部背面观(head and thorax, dorsal view)；b. 额与唇基(frons and clypeus)；c. 前翅(male tegmen)；d. 后翅(hind wing)；e. 雄肛节背面观 (male anal segment, dorsal view)；f. 阳茎端部腹面观 (apex of phallus, ventral view)；g. 雄虫外生殖器左面观(male genitalia, left view)；h. 抱器背突尾向观(capitulum of genital style, caudal view)；i. 阳茎侧面观(phallus, lateral view)

头顶近四边形，边缘明显脊起，前缘较直，后缘微凹入，两后侧角处宽约为中线长的 2.1 倍。额多皱，中线长与最宽处基本等宽，最宽处为基部宽的 1.9 倍。额唇基沟直。唇基小，三角形。前胸背板前缘圆弧形突出，后缘微弓形向下突出，侧域约具 6 个瘤突，中域具 2 个小凹陷。中胸盾片具中脊，侧缘近中部各具 1 凹陷，最宽处为中线长的 2.1 倍。前翅中域靠内侧具 5 个小白斑，其中，靠内缘中部具 1 明显的白斑；后翅半透明，端半部翅脉网状，长为前翅长的 0.8 倍。后足刺式 6-7-2。

雄性外生殖器：肛节背面观近三角形，端缘波状弯曲，侧顶角微突起，端缘中部角状突出；肛孔位于近中部。尾节侧面观后缘近背端部 1/3 处圆弧形微突出，之后微突出。阳茎浅“U”形，阳茎基侧瓣骨化，呈刀状，背缘近端部约具 5 个小齿；腹瓣腹面观窄，端缘中部微突出；阳茎器近中部具 1 对长的钩状突起，突起腹缘端部圆齿状。抱器后缘近中部明显凹入，尾腹角圆；抱器背突短，端部尖，具 1 较大侧齿。

观察标本：1♂（正模），贵州茂兰五眼桥，2012.VII.28，郑利芳；1♀（副模），同正模。

地理分布：贵州。

(45) 锐蒙瓢蜡蝉 *Mongoliana arcuata* Meng, Wang *et* Qin, 2016

Gergithus triangularis [sic!] = *Mongoliana triangularis* Chen, Zhang *et* Chang, 2014: 76, non *Mongoliana triangularis* Che, Wang *et* Chou, 2003a: 38.

Mongoliana arcuata Meng, Wang *et* Qin, 2016: 109 (Type locality: Yunnan, China).

体连翅长：♂ 5.1-5.2mm。前翅长：♂ 4.5-4.6mm。

体黄褐色。头顶褐色。额褐色，额黄褐色至褐色，中域密生大小不一的乳白色圆形斑纹，瘤突乳白色。额唇基沟黑褐色。唇基黑褐色，喙黄褐色。复眼黑褐色，触角黑褐色。前胸背板褐色，瘤突乳黄色。中胸盾片褐色，末端及瘤突乳黄色。前翅浅黄色。后翅浅黄色。前足和中足腿节黑褐色，前足和中足胫节具黑褐色斑纹，后足胫节浅黄色；腹部腹面黄色。

头顶中长为基部宽的 0.5 倍。额中长为最宽处宽的 1.07 倍。前胸背板与头顶约等长，前缘域具 14 个瘤突；中胸盾片中长为前胸前板的 2.28 倍，后侧缘前半部各具 1 个瘤突，中脊和亚侧脊不甚明显。前翅长为最宽处宽的 1.72 倍，翅脉不明显。后翅长为前翅的 0.7 倍，翅脉网状。后足刺式 6-7-2。

雄性外生殖器：肛节背面观，中长是最宽处的 1.35 倍，基部狭，近端部处最宽，端半两侧缘圆，端缘中部三角形突出；肛孔位于基中部。尾节侧面观，后缘中部上方弧圆突出。抱器侧面观，在端缘处形成 1 突起，突起基部向抱器基部方向又形成 1 个小突起，在背缘 1/3 处形成角形的突起。阳茎侧面观，呈浅“U”形，端部裂开，背瓣端部突起具有刻痕，腹瓣短于背瓣和侧瓣；腹面观，侧瓣在端部裂成两叶，两裂叶端部指向中间，腹瓣端部中间具深缺口，形成 3 个波缘，从阳茎基部腹面伸出 1 个长的剑状突，其末端弯向背缘，在阳茎基部腹右侧面伸出 1 个长的剑状突，其末端弯向背缘。

观察标本：未见。

地理分布：云南。

(46) 黔蒙瓢蜡蝉 *Mongoliana qiana* Chen, Zhang *et* Chang, 2014

Mongoliana qiana Chen, Zhang *et* Chang, 2014: 73 (Type locality: Guizhou, China).

以下描述源自 Chen 等（2014）。

体连翅长：♂ 4.9mm，♀5.5mm。前翅长：♂ 4.2mm，♀ 4.5mm。

体黄褐色至褐色。头顶黄褐色，复眼灰褐色。额黄褐色至褐色，中域密生大小不一的乳白色圆形斑纹，瘤突乳白色。额唇基沟黑褐色。唇基黑褐色，喙褐色。触角褐色。前胸背板黄褐色，瘤突乳黄色。中胸盾片暗褐色，末端及瘤突乳黄色。前翅黄褐色。后翅褐色。足褐色，前足腿节、胫节，以及中足腿节、后足腿节具黑褐色斑纹；腹部腹面黄褐色，抱器端部黑褐色。

头顶中长为基部宽的 0.67 倍。额中长约与最宽处宽相等，两侧域各有 10 个瘤突。前胸背板中长为头顶的 0.7 倍，前缘域具 10 个左右瘤突，后缘域具 2 个瘤突；中胸盾片中长为前胸前板的 2.71 倍，后侧缘前半部各具 2 个不明显的瘤突。前翅长为最宽处宽的 2 倍，翅脉不明显。后翅长为前翅的 0.8 倍，翅脉网状。后足刺式 6-7-2。

雄性外生殖器：雄虫肛节背面观，中长与最宽处宽近相等，基部狭，中端部处最宽，端半两侧缘圆，端缘中部微尖形突出；肛孔位于中偏基部。尾节侧面观，后缘呈弧形向后突出。抱器侧面观，基部狭，端部宽，背缘、腹缘略呈弧形，近平直，端腹角圆尖，后缘近略凹，背突粗短，端尖，侧齿位于亚端部处，背突颈部粗。阳茎侧面观，呈浅“U”形，端半部深裂，阳茎基侧瓣长条形，端部渐尖，呈剑状；阳茎中偏基部两侧各具 1 个短小的刺状突起，指向头方。

观察标本：未见。

地理分布：贵州。

(47) 矛尖蒙瓢蜡蝉 *Mongoliana lanceolata* Che, Wang *et* Chou, 2003（图 56；图版 XI：j-l）

Mongoliana lanceolata Che, Wang *et* Chou, 2003a: 36 (Type locality: Guangxi, China).

体连翅长：♂ 5.4mm，♀ 5.7mm。前翅长：♂ 4.8mm，♀ 5.0mm。

体黄褐色。头顶、额黄褐色；额侧缘具浅黄色瘤突；唇基深褐色，近额处浅黄色；喙黄褐色，端部深褐色。前胸背板和中胸盾片黄褐色，具浅黄色瘤突。前翅黄褐色，具象牙黄色线状斑；后翅浅褐色，翅脉深褐色。足黄褐色，前足及中足的腿节、基节、胫节自基部 2/3 深褐色。腹部腹面黄褐色，基部略带黑色，端部略带橘红色。腹部背面黄褐色。

头顶六边形，两后侧角处宽约为中线长的 2 倍。额中域粗糙，具细小的颗粒，微突出，沿侧缘各具 9 个瘤突，中线长为最宽处的 1.2 倍，最宽处为基部宽的 1.5 倍。前胸背板沿前缘具 10 个瘤突，中域具 2 个小凹陷，凹陷外侧各具 1 个瘤突。中胸盾片具不明显的中脊，前侧角和后角具瘤突，侧缘近中部各具 1 小凹陷，最宽处为中线长的 1.6 倍。前翅半透明状，肩角处明显加厚，自缝缘中部具 1 横线状斑，向内延伸，前翅长为最宽处的 1.9 倍；后翅半透明，端半部翅脉网状，长为前翅长的 0.8 倍。后足刺式 7-9-2。

雄性外生殖器：肛节背面观近端缘最宽，端缘中部略凹入，侧顶角圆，肛孔位于中部。尾节侧面观后缘近端部明显突出。阳茎呈浅“U”形，背面观背瓣渐狭，侧瓣端部尖细，呈矛头状；腹瓣腹面观端部钝圆。阳茎基半部具 1 对弯曲的剑状突起，侧面观突起表面光滑。抱器侧面观近三角形，基部窄，端部扩大，后缘较凸出；尾向观背突端部钝圆，具钩状侧齿。

雌性外生殖器：肛节背面观近卵圆形，顶缘微突出，侧缘圆滑，肛孔位于肛节的基半部。第 1 产卵瓣向上弯曲，端缘具 3 个近平行的、大小相似的刺，腹端角具 3 齿。侧面观第 9 背板和第 3 产卵瓣近三角形。第 7 腹节明显突出。

观察标本：1♂（正模），广西灵田公社，1984.VI.3，吴正亮、陆晓林；1♀（副模），广西灵川灵田，1984.VI.3，罗桂标；1♂1♀，广西大青山，1983.V.6，采集人不详；2♀，广西那坡念井，900m，1988.IV.11，李文柱（IZCAS）。

地理分布：广西。

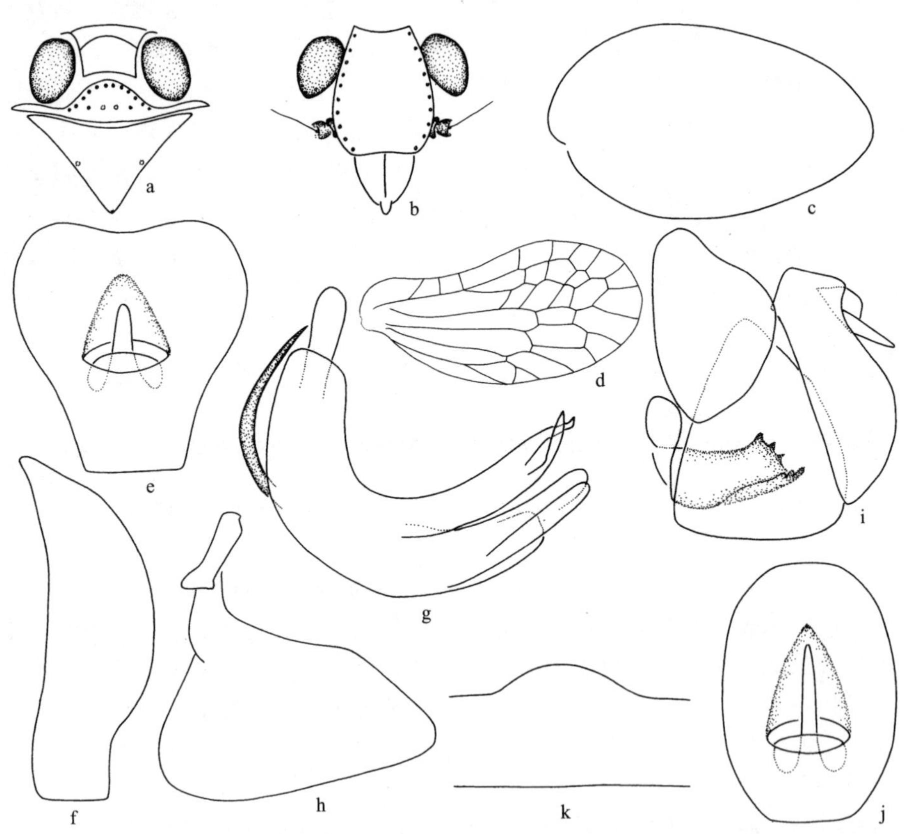

图 56 矛尖蒙瓢蜡蝉 *Mongoliana lanceolata* Che, Wang *et* Chou

a. 头胸部背面观（head and thorax, dorsal view）；b. 额与唇基（frons and clypeus）；c. 前翅（tegmen）；d. 后翅（hind wing）；e. 雄肛节背面观（male anal segment, dorsal view）；f. 尾节侧面观（pygofer, lateral view）；g. 阳茎侧面观（phallus, lateral view）；h. 抱器侧面观（genital style, lateral view）；i. 雌虫外生殖器左面观（female genitalia, left view）；j. 雌肛节背面观（female anal segment, dorsal view）；k. 雌第 7 腹节腹面观（female sternite Ⅶ, ventral view）

(48) 褐斑蒙瓢蜡蝉 *Mongoliana naevia* Che, Wang *et* Chou, 2003（图 57；图版 XII：a-c）

Mongoliana naevia Che, Wang *et* Chou, 2003a: 38 (Type locality: Yunnan, China).

体连翅长：♂ 5.1mm。前翅长：♂ 4.6mm。

体浅黄色。头顶、额、唇基及喙浅黄色。额侧缘具浅黄色瘤突。前胸背板、中胸盾片黄褐色，具浅黄色瘤突。前翅浅黄色，近端部具小的褐色斑点；后翅浅褐色，翅脉深褐色。足黄褐色，后足胫节、跗节刺的端点为黑色。腹部腹面黄褐色，基部略带褐色。腹部背面黄褐色。

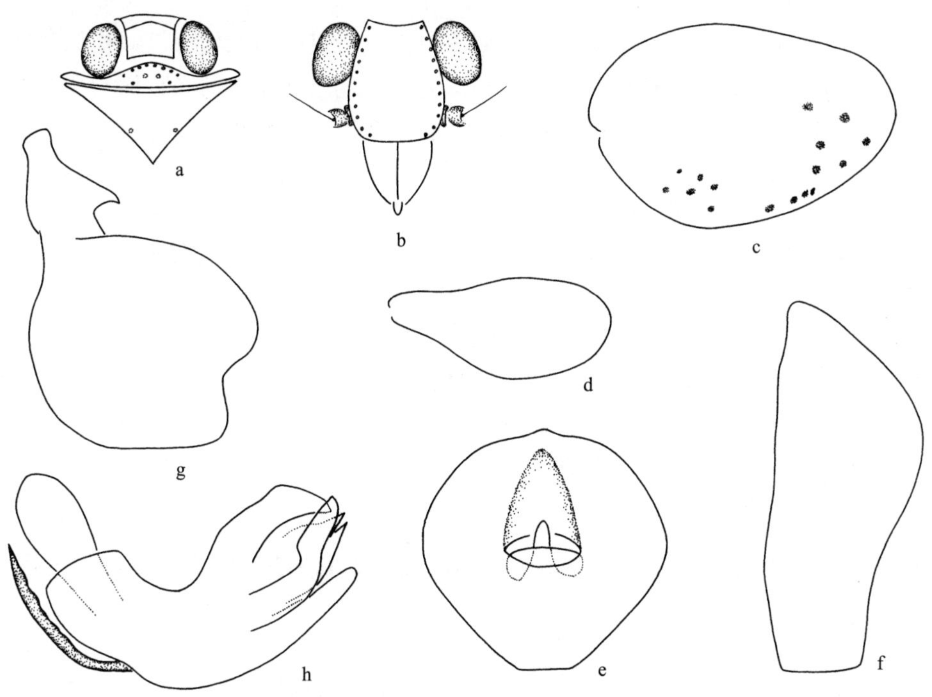

图 57 褐斑蒙瓢蜡蝉 *Mongoliana naevia* Che, Wang *et* Chou

a. 头胸部背面观（head and thorax, dorsal view）；b. 额与唇基（frons and clypeus）；c. 前翅（tegmen）；d. 后翅（hind wing）；e. 雄肛节背面观（male anal segment, dorsal view）；f. 尾节侧面观（pygofer, lateral view）；g. 抱器侧面观（genital style, lateral view）；h. 阳茎侧面观（phallus, lateral view）

头顶六边形，两后侧角处宽约为中线长的 2 倍。额中域略粗糙，具弱的中脊，微突出，沿侧缘各具 9 个浅黄色瘤突，中线长为最宽处的 1.2 倍，最宽处为基部宽的 1.6 倍。前胸背板沿前缘具 8 个瘤突，中域具 2 个小凹陷，凹陷外侧各具 1 个瘤突。中胸盾片具不明显的中脊，前侧角具瘤突，最宽处为中线长的 1.9 倍。前翅呈半透明状，近端部布满不规则的小斑点，长为最宽处的 1.9 倍；后翅半透明，端半部翅脉网状，长为前翅长的 0.8 倍。后足刺式 6-9-2。

雄性外生殖器：肛节背面观短，宽，端缘平，侧顶角圆，肛孔位于基半部，肛孔处最宽。尾节侧面观后缘近端部突出，端部逐渐尖细。阳茎短，粗，呈浅“U”形，阳茎基背面观背瓣顶端钝圆；侧瓣侧面观渐狭，末端尖；腹瓣腹面观中央缺刻深。阳茎器基半部具1对长且弯曲的剑状突起，侧面观突起表面呈波浪状。抱器侧面观近椭圆形，基部窄，端部扩大，后缘中部微凸出；尾向观背突端部呈钩状，侧齿钩状。

观察标本：1♂（正模），云南西双版纳勐仑，1974.IV.21，周尧、袁锋、胡隐月。

地理分布：云南。

(49) 黑星蒙瓢蜡蝉 *Mongoliana signifer* (Walker, 1851) comb. nov.（图版XII：d-f）

Hemisphaerius signifer Walker, 1851: 380 (Type locality: Hong Kong, China); Melichar, 1906: 95.

体半球形，浅褐色。头顶近圆锥形，略布有深色云斑，前缘较直，后缘呈角状，被一条纵线划为两部分。额两侧略凹入，从头顶到唇基逐渐变宽。前胸背板与头顶等长，近三角形，后缘近平直，前缘弧状突出，宽为长的2倍；中胸小盾片近三角形，略长于前胸背板。腹部倒圆锥形，不长于胸部，端部浅绿色。足浅褐色，具纵沟，后足胫节具2个黑色侧刺。前翅皮革质，浅黄色，新鲜时可能为白色，近基部具1斜的褐色条带，近中部具1褐色横带，近端部具2个褐色斑点。后翅无色，翅脉浅黄色。

观察标本：未见（仅观察照片）。

地理分布：香港。

讨论：根据对模式标本的观察，该种类体浅褐色，具发达的后翅，与双带蒙瓢蜡蝉 *M. bistriata* 非常相似，符合蒙瓢蜡蝉属 *Mongoliana* 特征，本志作为新组合归入该本属。Fennah（1956a）基于湖北的1头雄虫标本记述了该种，其前翅具爪缝和“Y”脉等特征，和模式标本的原始描述相差很大，其应是错误地鉴定为了本种。

(50) 锯缘蒙瓢蜡蝉 *Mongoliana serrata* Che, Wang *et* Chou, 2003（图58；图版XII：g-i）

Mongoliana serrata Che, Wang *et* Chou, 2003a: 41 (Type locality: Guangdong, China).

体连翅长：♂ 4.2mm，♀ 4.6mm。前翅长：♂ 3.6mm，♀ 4.1mm。

体黄褐色。头顶、额、唇基及喙黄褐色。额具浅黄色瘤突。唇基具褐色纵带。前胸背板黄褐色，中胸盾片浅褐色，均具浅黄色瘤突。前翅黄褐色，具深褐色条纹和斑点；后翅浅褐色，翅脉深褐色。足黄褐色，后足胫节自基部2/3黑色。腹部腹面黄褐色，基部略带黑色。腹部背面黄褐色。

头顶近六边形，头顶侧缘明显脊起，两后侧角处宽约为中线长的2倍。额中域粗糙，微突出，中线长为最宽处的1.3倍，最宽处为基部宽的1.5倍，沿侧缘各具8个瘤突。唇基具中脊，两侧各具1条纵带。前胸背板沿前缘具6个瘤突，中域具2个小凹陷，凹陷外侧各具1个瘤突。中胸盾片具中脊及亚侧脊，近前侧角具2个瘤突，侧缘近中部各具1小凹陷，最宽处为中线长的2.3倍。前翅自缝缘中部具1条纹并向上斜经过翅面达翅的前缘，条纹后具几个不规则斑点，前翅长为最宽处的1.9倍；后翅半透明，端半部翅脉网状，长为前翅长的0.8倍。后足刺式6-7-2。

雄性外生殖器：肛节背面观端部最宽，端缘深凹入，中部微凸出，侧顶角突出，肛孔位于基半部。尾节侧面观后缘近端部突出，近顶端明显突出，顶角较小。阳茎呈浅“U”形，阳茎基背侧瓣在近端部分瓣，背面观背瓣顶端钝圆，顶端锯齿状；侧瓣侧面观顶端钝圆，端缘锯齿状；腹瓣腹面观钝圆。阳茎器具1对源于基半部的长的弯曲的剑状突起，左边突起弯曲环绕阳茎基背面，右侧突起在基部弯曲折向头部，之后突起直。抱器侧面观近长方形，基部窄，端部扩大，后缘中部微凹入，前缘在背突下具1近方形的突起；尾向观背突端部呈钩状，基部具片状短侧齿。

雌性外生殖器：肛节背面观近卵圆形，顶缘突出，侧缘圆滑，肛孔位于肛节的基半部。第1产卵瓣向上弯曲，端缘具2个近平行的、大小相似的刺，近侧缘处具1三齿状的突起。侧面观第9背板近长方形，第3产卵瓣近三角形。第7腹节后缘中部微突出。

观察标本：1♂（正模），广东连县延安乡，1962.X.23，郑乐怡、程汉华（NKU）；2♂3♀（副模），广西灵田公社，1984.VI.3，吴正亮、陆晓林。

地理分布：广东、广西。

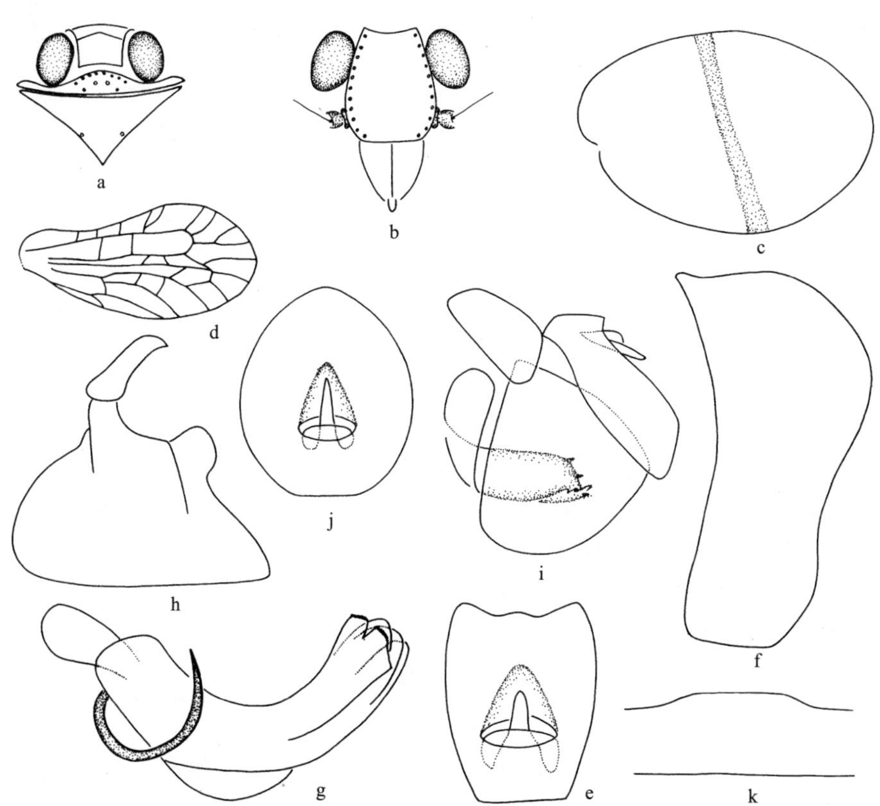

图58　锯缘蒙瓢蜡蝉 *Mongoliana serrata* Che, Wang *et* Chou

a. 头胸部背面观（head and thorax, dorsal view）；b. 额与唇基（frons and clypeus）；c. 前翅（tegmen）；d. 后翅（hind wing）；e. 雄肛节背面观（male anal segment, dorsal view）；f. 尾节侧面观（pygofer, lateral view）；g. 阳茎侧面观（phallus, lateral view）；h. 抱器侧面观（genital style, lateral view）；i. 雌虫外生殖器左面观（female genitalia, left view）；j. 雌肛节背面观（female anal segment, dorsal view）；k. 雌第7腹节腹面观（female sternite Ⅶ, ventral view）

(51) 双带蒙瓢蜡蝉 *Mongoliana bistriata* Meng, Wang *et* Qin, 2016（图 59；图版 XII：j-l）

Mongoliana bistriata Meng, Wang *et* Qin, 2016: 103 (Type locality: Guizhou, China).

体连翅长：♂ 4.2mm，♀ 4.5mm。前翅长：♂ 3.7mm，♀ 4.0mm。

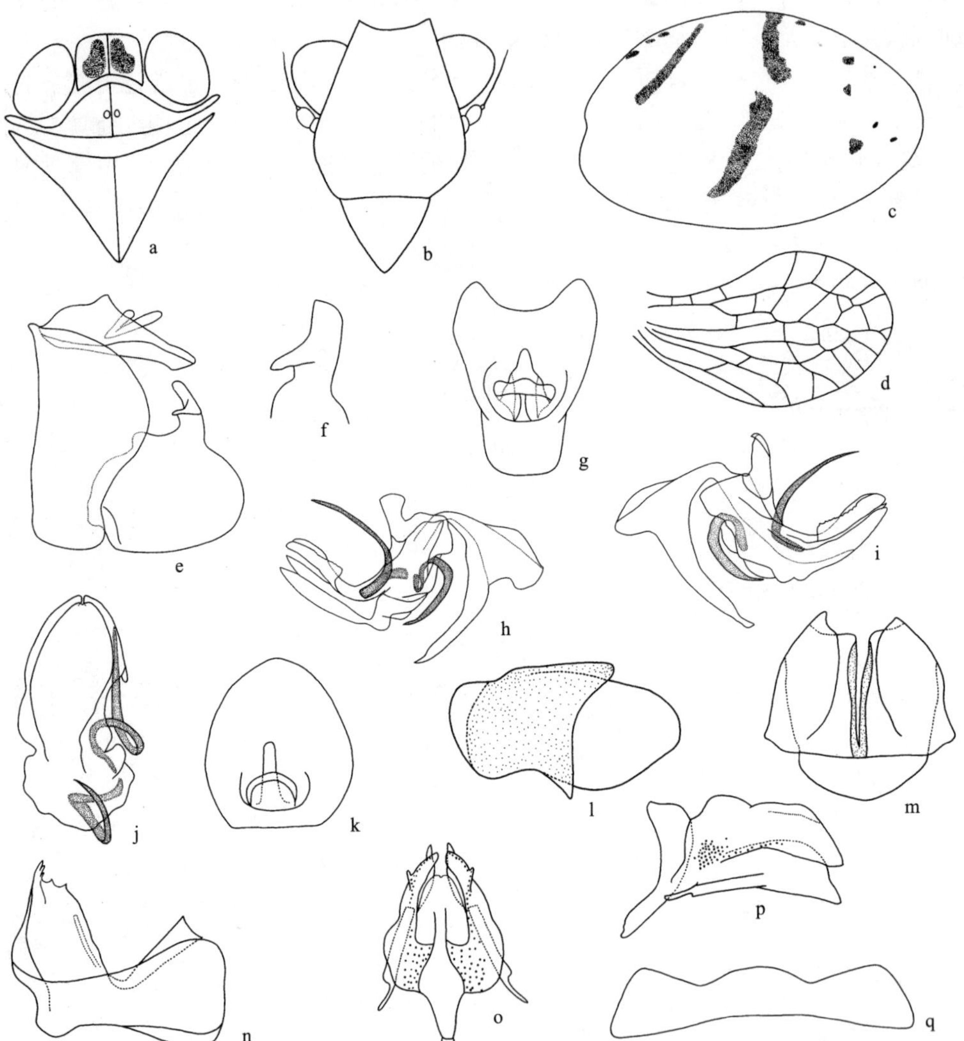

图 59　双带蒙瓢蜡蝉 *Mongoliana bistriata* Meng, Wang *et* Qin

a. 头胸部背面观（head and thorax, dorsal view）；b. 额与唇基（frons and clypeus）；c. 前翅（tegmen）；d. 后翅（hind wing）；e. 雄虫外生殖器左面观（male genitalia, left view）；f. 抱器背突尾向观（capitulum of genital style, caudal view）；g. 雄肛节背面观（male anal segment, dorsal view）；h. 阳茎右面观（phallus, right view）；i. 阳茎左面观（phallus, left view）；j. 阳茎腹面观（phallus, ventral view）；k. 雌肛节背面观（female anal segment, dorsal view）；l. 第 3 产卵瓣侧面观（gonoplac, lateral view）；m. 第 3 产卵瓣背面观（gonoplas, dorsal view）；n. 第 1 产卵瓣侧面观（gonapophysis Ⅷ, lateral view）；o. 第 2 产卵瓣背面观（gonapophyses Ⅸ, dorsal view）；p. 第 2 产卵瓣侧面观（gonapophysis Ⅸ, lateral view）；q. 雌第 7 腹节腹面观（female sternite Ⅶ, ventral view）

体灰褐色。头顶黄褐色。额浅粉色至黄白色，边缘暗褐色。唇基黄白色，具暗黄色短斜纹。喙暗黄褐色。前胸背板灰褐色，具浅色瘤突。中胸盾片浅黄色。前翅灰褐色，具浅褐色斜纹、黑色横纹和斑点；后翅浅褐色，翅脉深黄褐色。足黄褐色，后足腿节黑色。腹部腹面黄褐色，基部略带黑色。腹部背面黄褐色。

头顶近四边形，具中脊，前缘近弧形，后缘角状凹入，侧缘明显脊起，两后侧角处宽约为中线长的 2 倍。额较光滑，中线长为最宽处的 1.1 倍，最宽处为基部宽的 2.2 倍。额唇基沟直。唇基小，三角形。前胸背板前缘圆弧形突出，后缘微弓形向下突出，侧域约具 6 个瘤突，中域具 2 个小凹陷。中胸盾片具中脊，近前侧角具 2 个大的瘤突，侧缘近中部各具 1 凹陷，最宽处为中线长的 2.2 倍。前翅近基部 1/5 处具 1 短斜纹，中部具 1 长的略弯曲的条纹，条纹后具几个不规则斑点，前翅长为最宽处的 2.0 倍；后翅半透明，端半部翅脉网状，长为前翅长的 0.8 倍。后足刺式 6-7-2。

雄性外生殖器：肛节背面观端缘深凹入，侧顶角强突起，肛孔位于近中部。尾节侧面观后缘近背端部明显圆弧形突出。阳茎不完全对称，侧面观呈浅“U”形，阳茎基端半部背侧瓣侧面近长方形，较短，其长度不足阳茎基长度的一半，背缘中部较平直，锯齿状；腹瓣腹面观从中部至端部渐窄，端缘中部微凹入。阳茎器右侧具 1 对源于基半部的突起，上部突起长，在基部 1/3 处环绕，末端指向尾部；下部突起较短，基部指向头部，在近中部弯折，末端指向尾部。抱器后缘近中部明显凹入，尾腹角圆，背缘近中部具 1 钝圆的突起；抱器背突短且窄，具 1 较大侧齿。

雌性外生殖器：肛节背面观卵圆形，顶缘微突出，肛孔位于肛节的基半部。第 3 产卵瓣近长方形，中域微隆起；背面基部愈合，分叉处略骨化。第 2 产卵瓣基部明显突出；背面中域单瓣，端缘中部微凹入，侧域近端部具 1 对小刺。生殖骨片桥侧面观窄长。第 1 负瓣片近长方形。第 1 产卵瓣腹缘角具 3 齿，端缘具 2 刺。第 7 腹节后缘中部明显突出。

观察标本：1♂（正模），贵州茂兰五眼桥，2012.VII.29，郑利芳；1♀（副模），贵州茂兰五眼桥，2012.VII.19，郑利芳。

地理分布：贵州。

(52) 宽带蒙瓢蜡蝉 *Mongoliana latistriata* Meng, Wang *et* Qin, 2016（图 60；图版 XIII：a-c）

Mongoliana latistriata Meng, Wang *et* Qin, 2016: 103 (Type locality: Hunan, China).

体连翅长：♂ 4.2-4.6mm。前翅长：♂ 3.7-4.1mm。

体暗黄褐色。头顶暗黄褐色。额浅红褐色，中域上半部黑褐色，边缘暗黄褐色。唇基浅黄白色，具暗黄色短斜纹。喙黄褐色。前胸背板黄褐色，具灰浅瘤突。中胸盾片暗黄褐色。前翅暗黄褐色，具黑色横纹和斑点；后翅浅褐色，翅脉深黄褐色。足淡黄褐色。

头顶近四边形，具中脊，前缘弧形微突出，后缘角状凹入，边缘明显脊起，两后侧角处宽约为中线长的 2 倍。额较光滑，中线长为最宽处的 1.1 倍，最宽处为基部宽的 2.1 倍。额唇基沟直。唇基小，三角形。前胸背板前缘圆弧形突出，后缘微弓形向下突出，中线每侧约具 9 个瘤突，中域具 2 个小凹陷。中胸盾片近三角形，最宽处为中线长的 2.0 倍。前翅具网状翅脉，散布不规则黑色斑点，近基部 1/4 处具 1 短斜纹，近端部 1/3 具 1

长的略粗的直条纹，前翅长为最宽处的 2.0 倍；后翅半透明，端半部翅脉网状，长为前翅长的 0.8 倍。后足刺式 6-7-2。

雄性外生殖器：肛节背面观端缘圆弧形凹入，侧顶角强突起，肛孔位于近中部。尾节侧面观后缘近中部明显圆弧形突出，之后明显凹入。阳茎不完全对称，侧面观呈浅“U”形，阳茎基侧瓣端半部窄长，其长度几乎为阳茎基长度的一半，背缘中部略凹入，锯齿状；腹瓣腹面观从中部至端部渐宽，端缘中部微凹入。阳茎器具 1 对源于中部的弯曲的突起，末端均指向头部。抱器后缘近中部微凹入，尾腹角钝圆，背缘近中部具 1 近方形的突起；抱器背突近长方形，具 1 较大侧齿。

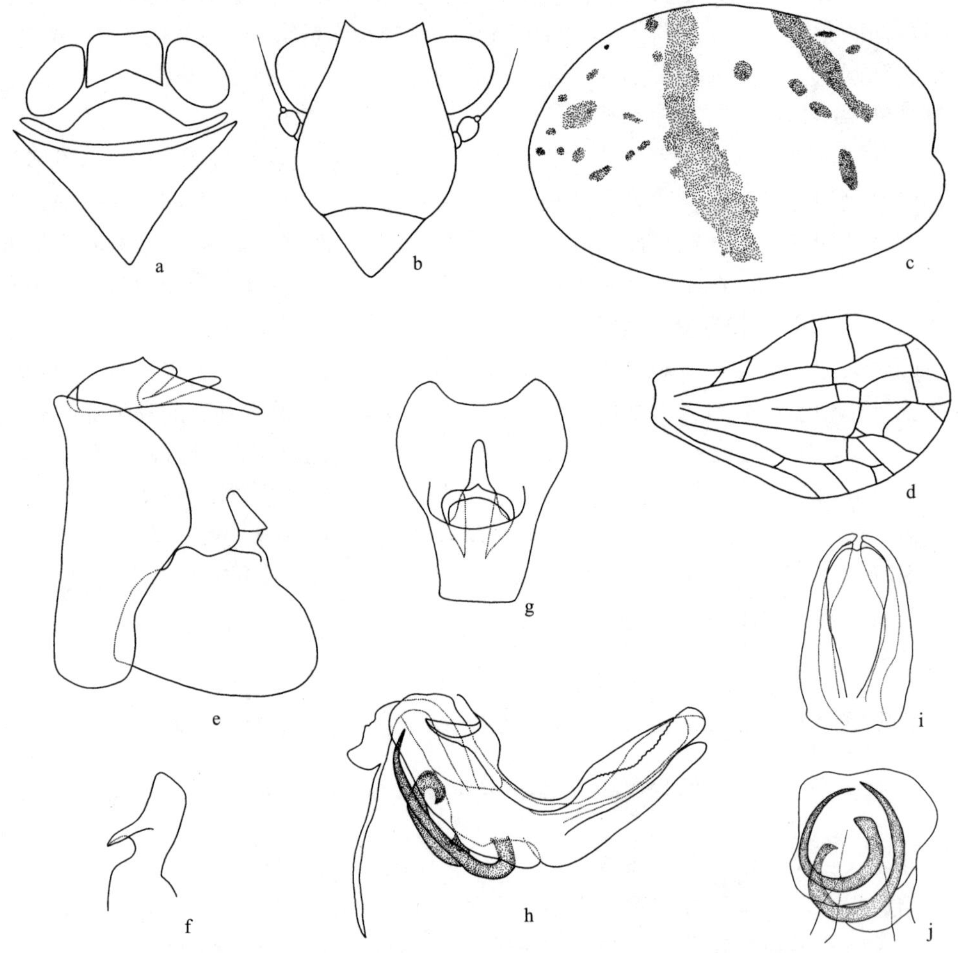

图 60 宽带蒙瓢蜡蝉 *Mongoliana latistriata* Meng, Wang *et* Qin

a. 头胸部背面观（head and thorax, dorsal view）；b. 额与唇基（frons and clypeus）；c. 前翅（tegmen）；d. 后翅（hind wing）；e. 雄虫外生殖器左面观（male genitalia, left view）；f. 抱器背突尾向观（capitulum of genital style, caudal view）；g. 雄肛节背面观（male anal segment, dorsal view）；h. 阳茎右面观（phallus, right view）；i. 阳茎端部腹面观（apex of phallus, left view）；j. 阳茎基部腹面观（base of phallus, ventral view）

观察标本：1♂（正模），湖南桑植八大公山，700m，2013.VII.31，郑利芳；2♂（副模），同正模；1♂（副模），湖南桃源乌云界，240m，2013.VIII.12，郑利芳；1♀（副模），湖南常德石门县壶瓶山，350m，2007.VIII.17，彭凌飞；1♂1♀（副模），湖南常德石门县壶瓶山，350m，2004.VIII.17，王继良（HUB）；2♂（副模），湖南张家界森林公园，2004.VIII.13，王继良（HUB）。

地理分布：湖南。

20. 脊额瓢蜡蝉属 *Gergithoides* Schumacher, 1915

Gergithoides Schumacher, 1915b: 126. **Type species**: *Gergithoides carinatifrons* Schumacher, 1915; Ishihara, 1965: 208; Hori, 1969: 62; Chou, Lu, Huang *et* Wang, 1985: 120; Chan *et* Yang, 1994: 17; Che, Wang *et* Chou, 2003b: 102; Gnezdilov, 2009a: 85; Rahman, Kwon *et* Suh, 2013: 294; Chen, Zhang *et* Chang, 2014: 37.

Daruma Matsumura, 1916: 103; Ishihara, 1965: 208. **Type species**: *Daruma nitobei* Matsumura, 1916 [nec *Daruma* Jordan *et* Starks, 1904].

Darumara Metcalf, 1952: 227 (new name for *Daruma* Matsumura, 1916). **Type species**: *Darumara nitobei* Metcalf, 1952. Synonymised by Gnezdilov, 2009a: 85.

属征：体半球形。头包括复眼窄于前胸背板。头顶近三角形，两后侧角处宽大于中线长，中域略凹陷。额平，具中脊，侧缘近额端部具 1 排瘤突。无单眼。前胸背板具中脊，沿前缘具 1 排瘤突，中域具 2 个小凹陷和瘤突。中胸盾片近三角形，具 2 个小凹陷和瘤突，具中脊。前翅近长方形，前缘与缝缘近平行，不透明，翅脉隆起成网状；后翅透明，翅脉网状，为前翅长的 0.8 倍。后足胫节具 2 个侧刺。后足刺式 6-(8-11)-2。

雄性外生殖器：肛节侧面观端部明显向腹部弯曲，背面观端缘中部略凸出，侧顶角突出，中线长略大于最宽处。尾节侧面观近背端缘明显突出。阳茎呈浅“U”形，阳茎器近中部每侧各具 1 对短的突起。抱器侧面观近三角形，背缘近端部突出。

雌性外生殖器：肛节背面观杯状或蘑菇形，长大于或约等于最宽处。第 1 产卵瓣具刺，侧面观第 9 背板和第 3 产卵瓣近三角形或近四边形。第 7 腹节近平直，微突出或明显突出。

地理分布：中国，韩国，日本，马来西亚。

全世界已知 6 种，中国分布 5 种。

种 检 索 表

1. 前翅深褐色，具黑色或浅黄色斑纹······2
   前翅黄褐色，具浅黄色斑纹或无······4
2. 前翅具浅黄色斑纹；阳茎近中部具 1 对近“W”形突起物······**弯月脊额瓢蜡蝉 *G. gibbosus***
   前翅具黑色斑纹；阳茎近端部 1/3 具 1 对近剑状突起物······3
3. 阳茎具 1 对剑状突起物，末端不弯曲；在剑状突起的基部还有 1 小短突起······**脊额瓢蜡蝉 *G. carinatifrons***
   阳茎具 1 对近尖刺状突起物，末端钩状弯曲······**尾刺脊额瓢蜡蝉 *G. caudospinosus***
4. 肛节侧顶角角状突出，抱器前缘近背部呈波浪状······**波缘脊额瓢蜡蝉 *G. undulatus***

肛节侧顶角圆，抱器前缘近背部近平直……………………………………皱脊额瓢蜡蝉 *G. rugulosus*

(53) 弯月脊额瓢蜡蝉 *Gergithoides gibbosus* Chou *et* Wang, 2003（图 61；图版 XIII：d-f）

Gergithoides gibbosus Chou *et* Wang *in* Che, Wang *et* Chou, 2003b: 105 (Type locality: Hainan, China); Chen, Zhang *et* Chang, 2014: 40.

体连翅长：♂ 5.5mm，♀ 6.0mm。前翅长：♂ 4.4mm，♀ 5.1mm。

体深褐色，略带浅绿色。头顶复眼、额深褐色，额的瘤突、脊起浅黄色；唇黑色，喙深褐色。前胸背板、中胸盾片浅褐色，瘤突、中脊、后缘浅黄色或浅绿色。前翅深褐色，翅脉处呈浅黄色或浅绿色，具浅黄色斑纹，沿翅前缘黑色；后翅黄褐色，翅脉呈浅褐色。足深褐色，具浅黄色斑点和纵带。腹部腹面深褐色，腹部两侧均有浅黄色斑点。

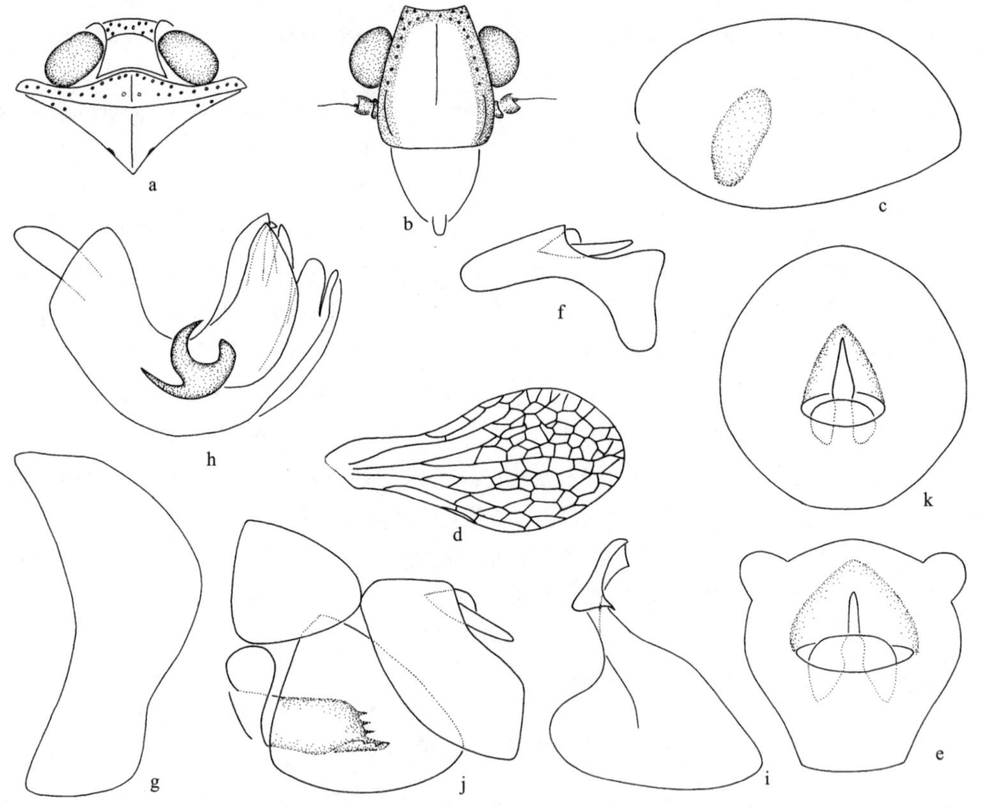

图 61 弯月脊额瓢蜡蝉 *Gergithoides gibbosus* Chou *et* Wang

a. 头胸部背面观（head and thorax, dorsal view）；b. 额与唇基（frons and clypeus）；c. 前翅（tegmen）；d. 后翅（hind wing）；e. 雄肛节背面观（male anal segment, dorsal view）；f. 雄肛节侧面观（male anal segment, lateral view）；g. 尾节侧面观（pygofer, lateral view）；h. 阳茎侧面观（phallus, lateral view）；i. 抱器侧面观（genital style, lateral view）；j. 雌虫外生殖器左面观（female genitalia, left view）；k. 雌肛节背面观（female anal segment, dorsal view）

头包括复眼窄于前胸前板。头顶近六边形，两后侧角处宽约为中线长的 1.6 倍。额中域微隆起，略粗糙，具细小的颗粒，沿侧缘列有 1 排（9 个）瘤突，达额近端部，额共具 24 个瘤突，亚侧脊在近端部 1/3 处明显，中线长为最宽处的 1.4 倍，最宽处为基部宽的 1.6 倍。前胸背板具中脊，中脊两侧各有 1 个小凹陷，沿前缘有 1 排（22 个）瘤突。中胸盾片具中脊，近后角处在中脊两侧各有 1 个小凹陷，前侧角有 2 个瘤突，最宽处为中线处长的 2 倍。前翅不透明，翅脉网状，近中部有 1 弯月状的斑纹，长为最宽处的 1.9 倍；后翅透明，翅脉网状，为前翅长的 0.8 倍。后足刺式 6-10-2。

雄性外生殖器：肛节背面观整个轮廓似狗熊头，侧顶角呈圆弧状突出，端缘中部略隆起，肛孔位于中部，顶端最宽。尾节侧面观后缘近端部处明显突出，中部凹入，近基部略突出。阳茎浅“U”形，阳茎基背面观背瓣顶端尖锐；侧瓣侧面观渐狭，裂叶顶端钝圆；腹瓣腹面观顶端钝圆，深 2 裂。阳茎器近中部具 1 对突起，近“W”形，突起表面光滑。抱器侧面观近三角形，基部窄，端部扩大，端缘弧形弯曲，背缘圆滑，背缘与腹缘间有 1 与背缘近平行的脊起，抱器背突端部近方形，侧刺基部宽，末端尖。

雌性外生殖器：肛节背面观近卵圆形，顶缘微突出，侧缘圆滑，肛孔位于肛节的基半部。第 1 产卵瓣向上弯曲，端缘具 3 个近平行的、大小相似的刺，腹端角具 3 齿。侧面观第 9 背板和第 3 产卵瓣近三角形。第 7 腹节近平直。

寄主：采自灌木丛，具体物种不详。

观察标本：1♂（正模），海南尖峰岭顶，1982.VIII.28，刘元福（CAF）；2♂（副模），海南尖峰岭顶，1982.IV.27，1983.V.27，顾茂彬（CAF）；1♂（副模），海南尖峰岭主峰，1983.VII.27，华立中（ZSU）；1♂（副模），海南尖峰岭主峰，1412m，1982.II.27，陈振耀（ZSU）；2♀（副模），海南尖峰岭顶，1982.IV.27，1982.VIII.28，刘元福（CAF）；1♀（副模），海南尖峰岭五分区，1981.VIII.7，刘元福（CAF）。

地理分布：海南。

(54) 脊额瓢蜡蝉 *Gergithoides carinatifrons* Schumacher, 1915（图 62；图版 XIII：g-i）

Gergithoides carinatifrons Schumacher, 1915b: 126 (Type locality: Taiwan, China); Kato, 1933b: pl. 13; Ishihara, 1965: 208; Hori, 1969: 62; Chou, Lu, Huang *et* Wang, 1985: 120; Chan *et* Yang, 1994: 17; Che, Wang *et* Chou, 2003b: 103; Gnezdilov, 2009a: 85.

Daruma nitobei Matsumura, 1916: 103 (Type locality: Taiwan, China); Ishihara, 1965: 208.

Darumara nitobei: Metcalf, 1952: 227 (new name for *Daruma nitobei* Matsumura, 1916); Chan *et* Yang, 1994: 18. Synonymised by Gnezdilov, 2009a: 85.

体连翅长：♂ 5.9-6.1mm，♀ 6.2-6.3mm。前翅长：♂ 4.8mm，♀ 5.0mm。

体黄褐色。头顶黄褐色；复眼深褐色；额深褐色，具浅黄色中脊、瘤突和亚侧脊；唇基黑褐色；喙褐色。前胸背板红褐色，具浅黄色瘤突及中脊；中胸盾片红褐色，具浅黄色中脊。前翅黄褐色，略带绿色，中域具浅黄色斑纹，雌虫略带橘红色，翅前缘黑色；后翅黄褐色。足深褐色，布有浅黄色圆斑，后足胫节略带绿色。腹部腹面和背面黄褐色，每节端部黑色。

头顶近六边形，中域凹陷，呈 2 个近方形，两后侧角处宽约为中线长的 1.5 倍。额中域粗糙，布满细小颗粒，具中脊，沿侧缘列有 1 排（9 个）瘤突，达额近端部，额共具 24 个瘤突，亚侧脊在近基部 1/3 处明显，中线长为最宽处的 1.3 倍，最宽处为基部的 1.7 倍。前胸背板具中脊，中脊两侧各有 1 小凹陷，沿前缘有 26 个瘤突；中胸盾片具中脊，近后角处中脊两侧各有 1 个小凹陷，最宽处是中线长的 2.5 倍。前翅半透明，翅脉网状，长为最宽处的 1.7 倍；后翅透明，翅脉网状，为前翅的 0.8 倍。后足刺式 6-10-2。

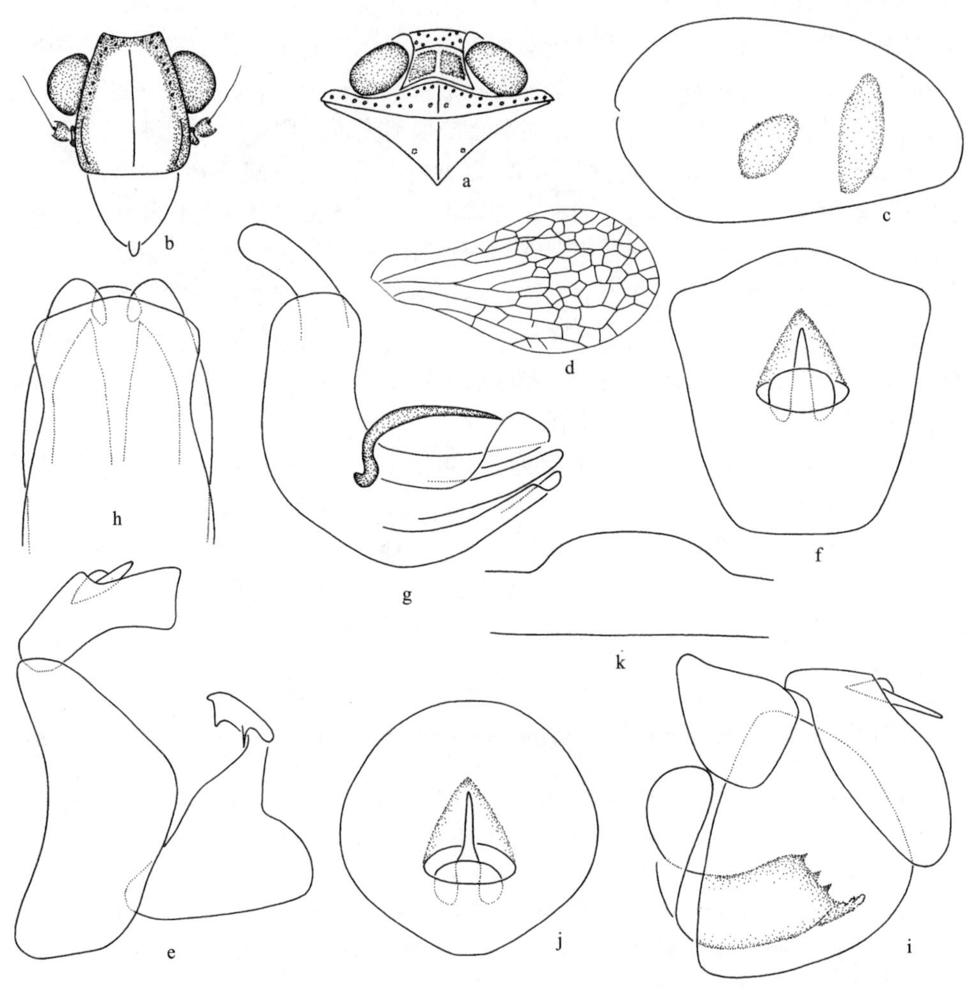

图 62 脊额瓢蜡蝉 *Gergithoides carinatifrons* Schumacher

a. 头胸部背面观（head and thorax, dorsal view）；b. 额与唇基（frons and clypeus）；c. 前翅（tegmen）；d. 后翅（hind wing）；e. 雄虫外生殖器左面观（male genitalia, left view）；f. 雄肛节背面观（male anal segment, dorsal view）；g. 阳茎侧面观（phallus, lateral view）；h. 阳茎端部腹面观（apex of phallus, ventral view）；i. 雌虫外生殖器左面观（female genitalia, left view）；j. 雌肛节背面观（female anal segment, dorsal view）；k. 雌第 7 腹节腹面观（female sternite Ⅶ, ventral view）

雄性外生殖器：肛节背面观近方形，两侧顶角微角状突出，端缘中部弧形突出，近端部最宽，肛孔位于近中部。尾节侧面观后缘近中部明显突出，基部和端部不突出。阳茎浅“U”形，阳茎基背面观背瓣中部膨起，顶端钝圆，边缘光滑；侧瓣侧面观渐狭，顶端尖锐，明显短于背瓣；腹瓣腹面观顶端钝圆，明显短于侧瓣。阳茎器近中部具 1 对剑状突起物，突起物表面光滑。抱器侧面观近三角形，基部窄，端部扩大，端缘弧形弯曲，背缘近基部弯曲成波浪状；抱器背突端部近方形，侧齿基部宽。

雌性外生殖器：肛节背面观近卵圆形，顶缘微突出，侧缘圆滑，肛孔位于肛节的基半部。第 1 产卵瓣向上弯曲，端缘具 3 个近平行的、大小相似的刺，腹端角具 3 齿。侧面观第 9 背板和第 3 产卵瓣近三角形。第 7 腹节明显突出。

观察标本：1♂2♀，海南尖峰岭，1974.XII.14，杨集昆（CAU）；1♂，海南尖峰岭，1981.XI.30，刘元福（CAF）；1♀，海南尖峰岭，1982.VII.22，刘元福（CAF）。

地理分布：福建、台湾、海南；日本。

(55) 尾刺脊额瓢蜡蝉 *Gergithoides caudospinosus* Chen, Zhang *et* Chang, 2014

Gergithoides caudospinosus Chen, Zhang *et* Chang, 2014: 40 (Type locality: Guizhou, China).

以下描述源自 Chen 等（2014）。

体连翅长：♂ 6.00-6.15mm，♀ 6.80-7.00mm。前翅长：♂ 5.00-5.20mm，♀ 5.80-6.05mm。

头顶褐色，复眼暗褐色，额褐色，侧缘黑色，中脊、瘤突浅褐色。唇基褐色，触角黑褐色，前胸背板褐色，略带浅褐色，瘤突浅褐色，中胸盾片、前翅褐色，具黑色斑纹，后翅暗褐色。

头顶中长为基部宽的 0.63 倍。额中长为最宽处宽的 1.32 倍，喙伸过中足转节。前胸背板与头顶约等长。中胸盾片中长为前胸背板的 2.41 倍。前翅长为最宽处宽的 2.6 倍。后足刺式 6-9-2。

雄性外生殖器：肛节背面观近三角形，基部狭，端部扩宽，端缘中部弧形，两侧角近耳状，肛孔位于近中部；侧面观，肛节明显向腹面弯曲，腹缘弧形凹入，端腹角圆形。尾节侧面观后缘弧圆形向后突出。阳茎侧面观呈浅“U”形，阳茎基侧瓣端部延伸为尖刺状突起，背瓣端缘宽圆，腹瓣端缘弧形。阳茎器成对的长刺状突起自阳茎端部 1/3 处两侧伸出，指向后背方，该突起端部向腹后方弯曲。抱器侧面观近三角形，背缘具角状突起，腹缘宽圆弧形，后腹角圆尖，后缘略凹，背突细长，于近中部处向头方弯折，端部圆尖，弯折处膨大，并向前侧方延伸成 1 个齿状突。

观察标本：未见。

地理分布：贵州。

(56) 波缘脊额瓢蜡蝉 *Gergithoides undulatus* Wang *et* Che, 2003（图 63；图版 XIII：j-l）

Gergithoides undulatus Wang *et* Che *in* Che, Wang *et* Chou, 2003b: 103 (Type locality: Guangxi, Hainan, China); Chen, Zhang *et* Chang, 2014: 43.

体连翅长：♂ 6.0mm，♀ 6.2mm。前翅长：♂ 4.6mm，♀ 4.9mm。

体黄褐色。头顶黄褐色，前后缘及侧缘呈浅黄色；复眼深褐色；额深褐色，具浅黄色中脊、瘤突和亚侧脊；唇基基部浅褐色，端部深褐色；喙深褐色。前胸背板黄褐色，具浅黄色瘤突及中脊；中胸盾片黄褐色。前翅黄褐色，略带绿色，雌虫略带橘红色，翅前缘黑色；后翅黄褐色。足黄褐色，前足及中足的基节、腿节基部及后足腿节黑色。腹部腹面黄褐色，每节端部黑色。

头包括复眼窄于前胸前板。头顶近六边形，两后侧角处宽约为中线长的 1.6 倍。额中域粗糙，布满细小的颗粒，具中脊，沿侧缘列有 1 排（9 个）瘤突，达额近端部，额共具 24 个瘤突，亚侧脊在近端部 1/3 处明显，中线长为最宽处的 1.3 倍，最宽处为基部的 1.7 倍。前胸背板具中脊，中脊两侧各有 1 小的凹陷，沿前缘有 22 个瘤突；中胸盾片具中脊，近后角处中脊两侧各有 1 个小凹陷，最宽处是中线长的 2.4 倍。前翅半透明，翅脉网状，长为最宽处的 1.7 倍；后翅透明，翅脉网状，为前翅长的 0.8 倍。后足刺式 6-11-2。

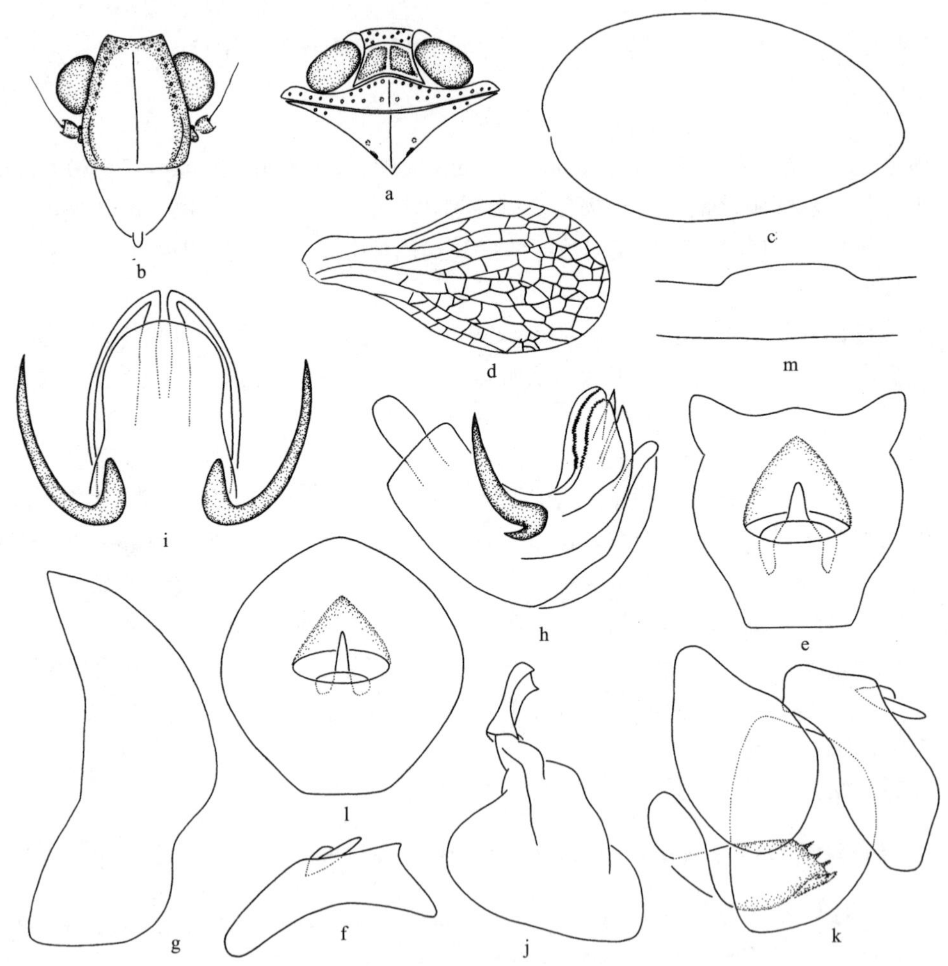

图 63 波缘脊额瓢蜡蝉 *Gergithoides undulatus* Wang *et* Che

a. 头胸部背面观（head and thorax, dorsal view）；b. 额与唇基（frons and clypeus）；c. 前翅（tegmen）；d. 后翅（hind wing）；e. 雄肛节背面观（male anal segment, dorsal view）；f. 雄肛节侧面观（male anal segment, lateral view）；g. 尾节侧面观（pygofer, lateral view）；h. 阳茎侧面观（phallus, lateral view）；i. 阳茎端半部腹面观（apical half of phallus, ventral view）；j. 抱器侧面观（genital style, lateral view）；k. 雌虫外生殖器左面观（female genitalia, left view）；l. 雌肛节背面观（female anal segment, dorsal view）；m. 雌第 7 腹节腹面观（female sternite Ⅶ, ventral view）

雄性外生殖器：肛节背面观整个轮廓似狼头，两侧顶角呈角状突出，端缘中部微隆起，中部最宽，肛孔位于近中部。尾节侧面观近背端缘明显突出，中间凹入，近基部略突出。阳茎浅“U”形，阳茎基背面观背瓣渐狭，顶端钝圆，边缘锯齿状；侧瓣侧面观渐狭，顶端尖锐，明显短于背瓣，腹瓣腹面观顶端钝圆，明显短于侧瓣；阳茎器近中部每侧各具 1 对突起，突起表面光滑，近“S”形。抱器侧面观近三角形，基部窄，端部扩大，端缘弧形弯曲，背缘近基部弯曲成波浪状，背缘与腹缘间有 1 与背缘近平行的脊起；抱器背突端部细，侧刺末端尖。

雌性外生殖器：肛节背面观近卵圆形，顶缘微突出，侧缘圆滑，肛孔位于肛节的近中部。第 1 产卵瓣向上弯曲，端缘具 3 个近平行的、大小相似的刺，腹端角具 3 齿。侧面观第 9 背板近长的椭圆形，第 3 产卵瓣近方形。第 7 腹节微突出。

观察标本：1♂（正模），广西容县县底公社，1981.VII.8，罗桂标；2♀（副模），广西容县县底公社，1981.VII.8，罗桂标；1♀（副模），广西玉林蒲扩大礼，1980.VII.31，何彦东；2♀（副模），海南尖峰岭（五），1981.VI.20，1981.X.23，顾茂彬（CAF）；1♀（副模），海南尖峰岭四分区，1981.XII.24，刘元福（CAF）；1♀（副模），海南尖峰岭三分区，1981.XI.24，何重斌（CAF）；2♀（副模），海南尖峰岭五分区，1982.II.26，陈振耀（ZSU）；1♀（副模），海南尖峰岭主峰，1983.VIII.27，1412m，何建立（CAF）；1♀（副模），海南尖峰岭二峰，1983.VIII.1，华立中（ZSU）。

地理分布：海南、广西。

(57) 皱脊额瓢蜡蝉 *Gergithoides rugulosus* (Melichar, 1906)（图 64；图版XIV：a-c）

Gergithus rugulosus Melichar, 1906: 64 (Type locality: Malaysia); Fennah, 1956: 506.

Gergithoides rugulosus: Jacobi, 1944: 19; Che, Wang *et* Chou, 2003b: 103; Chen, Zhang *et* Chang, 2014: 43.

体连翅长：♂ 5.7mm，♀ 6.2-6.3mm。前翅长：♂ 4.5mm，♀ 5.0mm。

体黄褐色。头顶黄褐色，脊浅棕色；复眼深褐色；额黄褐色，具浅黄色中脊、瘤突和亚侧脊；唇基黄褐色；喙棕色。前胸背板黄褐色，具浅黄色瘤突及中脊；中胸盾片黄褐色，具浅黄色中脊。前翅黄褐色，略带绿色，翅前缘黑色；后翅褐色。足棕色，布有浅黄色圆斑和深褐色纵带，后足胫节略带绿色。腹部腹面和背面黄褐色，每节端部黑色。

头顶近六边形，中域凹陷，具中脊，两后侧角处宽约为中线长的 1.7 倍。额中域粗糙，布满细小颗粒，具中脊，沿侧缘具 1 排（8 个）瘤突，达额近端部，额共具 22 个瘤突，亚侧脊在近基部 1/3 处明显，中线长为最宽处的 1.4 倍，最宽处宽为基部的 1.7 倍。前胸背板具中脊，中域具 2 个小凹陷，沿前缘和中域布有 26 个瘤突；中胸盾片具中脊，近后角处中脊两侧各有 1 个小凹陷，最宽处是中线长的 2.8 倍。前翅半透明，翅脉网状，长为最宽处的 1.8 倍；后翅透明，翅脉网状，为前翅长的 0.7 倍。后足刺式 7-10-2。

雄性外生殖器：肛节背面观蘑菇形，端缘中部弧形突出，侧顶角圆，近端部最宽，肛孔位于近中部。尾节侧面观后缘近端部突出，基部略突出，中部微缢缩。阳茎浅“U”形，阳茎基背侧瓣在近端部分瓣，背面观背瓣中部膨起，侧瓣顶端钝圆，边缘光滑；腹瓣腹面观顶端钝圆，明显短于侧瓣。阳茎器近中部具 1 对近“S”形突起物，突起物表面光滑。抱器侧面观近三角形，基部窄，端部扩大，端缘弧形弯曲，背缘近基部具较短的脊；抱器背突突起的端部近方形，端缘具 1 小齿，基部尖细突出成刺状。

雌性外生殖器：肛节背面观近卵圆形，顶缘微突出，侧缘圆滑，肛孔位于肛节的基半部。第 1 产卵瓣向上弯曲，内侧缘端部具 1 个刺，端缘具 3 个近平行的、大小相似的刺，腹端角具 3 齿。侧面观第 9 背板和第 3 产卵瓣近三角形。第 7 腹节微突出。

观察标本：1♀，四川青城山，1957.VIII.12，郑乐怡（NKU）；1♀，广西武鸣大明山，1963.V.24，杨集昆（CAU）；1♀，云南邱北关台，1979.VI.27，廖奇玉；1♂，福建三港，1981.X.2，江凡；1♂，福建武夷山，1984.VII.30，崔志新。

地理分布：福建、广西、四川、云南；马来西亚。

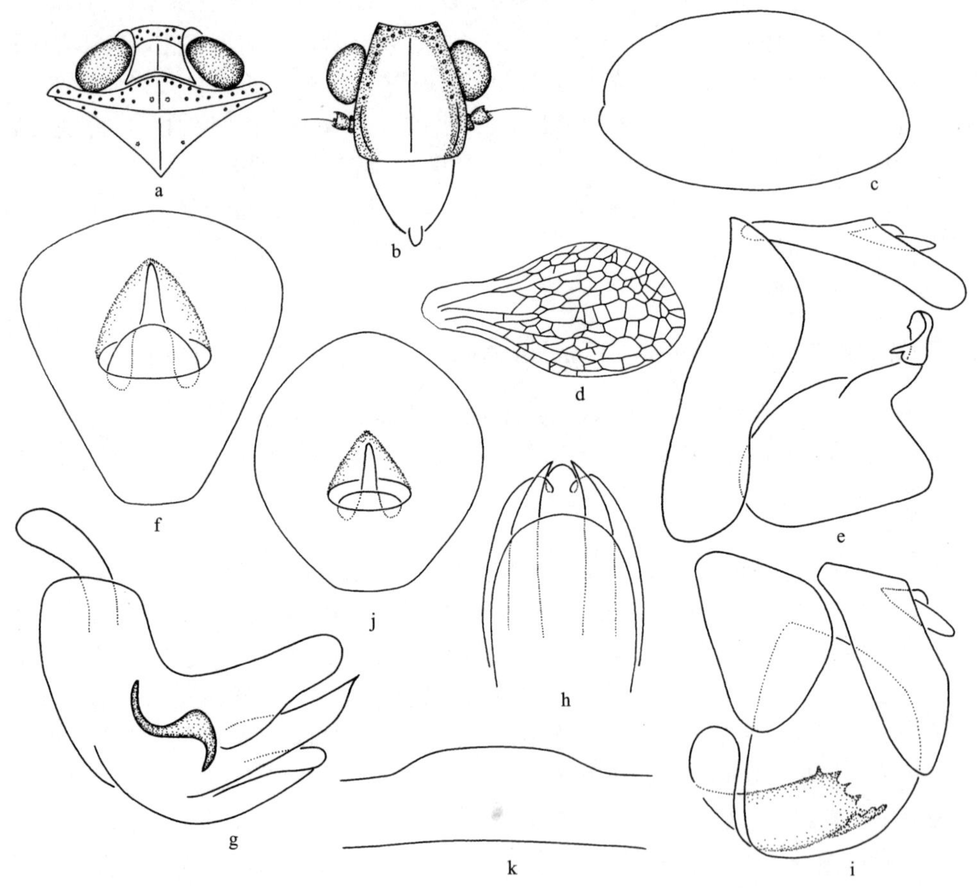

图 64　皱脊额瓢蜡蝉 *Gergithoides rugulosus* (Melichar)

a. 头胸部背面观（head and thorax, dorsal view）；b. 额与唇基（frons and clypeus）；c. 前翅（tegmen）；d. 后翅（hind wing）；e. 雄虫外生殖器左面观（male genitalia, left view）；f. 雄肛节背面观（male anal segment, dorsal view）；g. 阳茎侧面观（phallus, lateral view）；h. 阳茎端部腹面观（apex of phallus, ventral view）；i. 雌虫外生殖器左面观（female genitalia, left view）；j. 雌肛节背面观（female anal segment, dorsal view）；k. 雌第 7 腹节腹面观（female sternite Ⅶ, ventral view）

21. 格氏瓢蜡蝉属 *Gnezdilovius* Meng, Webb *et* Wang, 2017

Gnezdilovius Meng, Webb *et* Wang, 2017: 15. **Type species**: *Gergithus lineatus* Kato, 1933.

属征：体半球形。头包括复眼宽于或窄于前胸背板，具单眼或无单眼。头顶两顶角处宽为中线长的 2.4 倍，前缘脊起，中域凹陷。额无中脊或瘤突，中线长与额最宽处几乎相等。唇不隆起，与额处于同一平面。前胸背板中域具 2 个小凹陷，具斑纹或无。前翅半球形，明显呈拱形，无爪缝，端缘常圆滑。后翅发达，网状，大于前翅长的 1/2。足较长，后足胫节具 2 个侧刺。后足刺式 (6-9)-(8-16)-2。

雄性外生殖器：肛节背面观近三角形，蘑菇形或杯状。尾节侧面观后缘近端部突出。阳茎浅"U"形，阳茎基端部裂开成瓣状，阳茎器基部或端部具突起物。抱器侧面观基部窄端部扩大，端缘弧形弯曲，背缘近端部突出。

雌性外生殖器：肛节背面观杯状或蘑菇形，长大于或约等于最宽处。第 1 产卵瓣具刺，侧面观第 9 背板和第 3 产卵瓣近三角形或近四边形。第 7 腹节近平直，微突出或明显突出。

地理分布：中国，日本，越南。

本属全世界已知 40 种，我国已知 37 种，包括本志记述的 1 新种。

种 检 索 表

1. 前翅具线纹、斑点或不规则斑纹……2
   前翅无斑纹……27
2. 前翅黑色或深褐色……3
   前翅颜色不如上述，褐色或污黄色或淡绿色……12
3. 前翅黑色，具绿色或黄色斑点或条纹；额唇基沟前具淡绿（黄）色横带……4
   前翅黑褐色或深褐色，具黑色或浅褐色斑纹；额唇基沟前无横带……11
4. 前翅具 3 条条纹和 2 个黄色至绿色斑点；肛节蘑菇形；阳茎小，突起长……
   ……**线格氏瓢蜡蝉 *G. lineatus***
   不如上述……5
5. 前翅近基部 1/3 具 1 条亮黄色短横带……**横纹格氏瓢蜡蝉，新种 *G. transversus* sp. nov.**
   前翅不如上述……6
6. 前翅具圆斑和其他形状的斑纹……7
   前翅仅具轮廓清晰的圆斑……9
7. 额具 1 条绿色横带……**龟纹格氏瓢蜡蝉 *G. tesselatus***
   额具 2 条黄色横带……8
8. 前翅基半部具 3 个黄色椭圆形斑，端半部沿前缘具 2 个黄色长斑，近缝缘处具 3 个或 4 个小斑…
   ……**拟龟纹格氏瓢蜡蝉 *G. pseudotesselatus***
   前翅具 7 个黄色斑点（1、2、3、1）……**黄斑格氏瓢蜡蝉 *G. flavimaculus***

9. 前翅具 5 个轮廓清晰的椭圆形斑……………………………五斑格氏瓢蜡蝉 ***G. quinquemaculatus***
前翅具 9 个或 10 个轮廓清晰的圆斑……………………………………………………………………10

10. 前翅具 10 个轮廓清晰的圆斑；额上具 1 个黄色的大圆斑………星斑格氏瓢蜡蝉 ***G. multipunctatus***
前翅具 9 个轮廓清晰的圆斑；额无黄色圆斑……………………九星格氏瓢蜡蝉 ***G. nonomaculatus***

11. 前翅黑褐色，具 4 个浅褐色斑点并排列成线状，翅脉呈明显网状；头部宽为长的 3.5 倍；体长 6.5mm
……………………………………………………………………………黄格氏瓢蜡蝉 ***G. flaviguttatus***
前翅深褐色，沿前缘和端半部中部具 2 黑色条纹；头部宽为长的 2.5 倍；体长 4.5mm……………
……………………………………………………………………………台湾格氏瓢蜡蝉 ***G. taiwanensis***

12. 前翅红褐色或棕色，沿翅脉具褐色加厚条带……………………………………………………………13
前翅不如上述，沿翅脉无加厚条带……………………………………………………………………14

13. 前翅红褐色，翅前缘沿翅脉具 3 条褐色加厚条带，翅中域具 1 橘红的半月状斑纹…………………
……………………………………………………………………………半月格氏瓢蜡蝉 ***G. gravidus***
前翅浅黄绿色，翅脉褐色加厚，呈条带状……………………………栅纹格氏瓢蜡蝉 ***G. parallelus***

14. 前翅褐色或浅黄褐色，或浅黄褐色并于端半部具 2 褐色或深褐色斜带，有时呈间断状，长为宽的 1.4-1.6 倍；阳茎不对称……………………………………………………………………………15
前翅不如上述，长为宽的 1.7-1.9 倍；阳茎对称…………………………………………………………20

15. 阳茎具 2 对突出物或无突出物…………………………………………………………………………16
阳茎具 1 对突出物………………………………………………………………………………………17

16. 前翅棕黄色，端半部沿前缘具 1 条黑色纵带，近端部具 1 黑色圆斑…………………………………
……………………………………………………………………………云南格氏瓢蜡蝉 ***G. yunnanensis***
前翅棕色，中部具 3 个浅黄色圆斑……………………………………双斑格氏瓢蜡蝉 ***G. bimaculatus***

17. 前翅具 4 个黑褐色标记，近外缘基部 1/3 和端部 1/3 具 2 条宽的斜纹，近内缘中部具 1 细纹，近端部 1/3 处具 1 斑点；肛节近三角形，端缘中部角状突出………………三带格氏瓢蜡蝉 ***G. tristriatus***
前翅具 2 或 3 个深色标记；肛节卵圆形，端缘中部凹入或圆弧形凸出……………………………18

18. 前翅近中部具 2 深褐色斜带，端部具 1 斑点；额具皱褶，唇基宽；肛节端缘中部凸出……………
……………………………………………………………………………皱额格氏瓢蜡蝉 ***G. rosticus***
前翅半透明，具 2 常呈间断状的带纹；肛节端部凹入……………………………………………………19

19. 前翅阔椭圆形，端部无斑点；后翅长为最宽处的 2 倍；肛节侧缘在端半部近平行…………………
……………………………………………………………………………圆翅格氏瓢蜡蝉 ***G. rotundus***
前翅卵圆形，端部具 1 圆形斑点；后翅长为最宽处的 2.5 倍；肛节菱形，中部稍后处最宽………
……………………………………………………………………………双带格氏瓢蜡蝉 ***G. bistriatus***

20. 额于额唇基沟前具横带…………………………………………………………………………………21
额不具上述横带…………………………………………………………………………………………25

21. 阳茎浅“U”形，具 4 对突出物，螯状或斧状………………………螯突格氏瓢蜡蝉 ***G. chelatus***
阳茎浅“U”形，具 1 对突出物，剑状……………………………………………………………………22

22. 前翅绿色，具黄绿色斑纹和 1 个或 2 个黑色斑点；肛节背面观蘑菇形，阳茎基背瓣端部不翻折
……………………………………………………………………………壮格氏瓢蜡蝉 ***G. robustus***
前翅黄色、淡黄色或红褐色，具黑色或黄色斑纹；肛节背面观近三角形，阳茎基背瓣端部翻折，

背面观侧顶角呈棒状…………………………………………………………………………………… 23

23. 前翅具分散的黑褐色斑点；额与唇基土褐色；中胸盾片近中域处具 1 大黑色斑……………………………………………………………………………………………… **网纹格氏瓢蜡蝉** ***G. formosanus***

特征不如上述…………………………………………………………………………………… 24

24. 前翅卵圆形，具 2 不明显的黑色斑点和 1 绿色小斑点；额淡黄色；阳茎具 2 个不对称的突出物………………………………………………………………………………………… **笼格氏瓢蜡蝉** ***G. longulus***

前翅橙黄色，具 10 个圆斑；阳茎在基部具 1 对突起 …………………… **十星格氏瓢蜡蝉** ***G. iguchii***

25. 前翅淡黄色或浅绿色，具褐色斑纹，长为最宽处的 1.7 倍；抱器尾向观内顶角呈齿状……………………………………………………………………………………… **池格氏瓢蜡蝉** ***G. chihpensis***

前翅污黄色，具浅黄色斑纹，长为最宽处的 1.8-1.9 倍；抱器尾向观内顶角不呈齿状…………… 26

26. 肛节近三角形，侧面观端半部向下弯曲；阳茎突起不对称；后翅长为最宽处的 2.8 倍………………………………………………………………………………………… **吊格氏瓢蜡蝉** ***G. pendulus***

肛节杯状，端缘微凹入；阳茎突起对称；后翅长为最宽处的 2.5 倍……………………………………………………………………………………………… **稻黄格氏瓢蜡蝉** ***G. stramineus***

27. 额具与侧缘平行的纵向条带………………………………………………… **棘格氏瓢蜡蝉** ***G. horishanus***

额不具上述条纹…………………………………………………………………………………… 28

28. 肛节背面观近三角形，尾向观呈宽的倒“U”形；足浅黄色，后足腿节黑色……………………………………………………………………………………………… **边格氏瓢蜡蝉** ***G. nigrolimbatus***

肛节背面观不如上述…………………………………………………………………………………… 29

29. 额和唇基淡黄色或黑色；阳茎基背面观呈二裂片状…………………………………………………… 30

额和唇基绿色或褐色，或黑褐色；阳茎基背面观不呈二裂片状………………………………………… 33

30. 前翅浅绿色；额在复眼下方具 1 条黄绿色横带……………………… **大棘格氏瓢蜡蝉** ***G. spinosus***

前翅绿色、棕色或污褐色；额无横带………………………………………………………………… 31

31. 阳茎基部具 1 对弯曲的耳状突起…………………………………………… **皱脊格氏瓢蜡蝉** ***G. rugiformis***

阳茎无上述突起…………………………………………………………………………………… 32

32. 前翅黄绿色，外缘褐色；足浅黄色，前足腿节和胫节黑褐色；阳茎基侧瓣腹面观侧顶角钝圆，右瓣比左瓣大…………………………………………………………………… **齿格氏瓢蜡蝉** ***G. nummarius***

前翅红褐色；足红褐色，后足腿节、前足和中足侧缘黑色；阳茎基侧瓣对称，不如上述的宽……………………………………………………………………………………………… **素格氏瓢蜡蝉** ***G. unicolor***

33. 前翅棕色，后翅为前翅的 0.6 倍；肛节端部钝圆，自端半部向端部逐渐聚拢…………………………………………………………………………………………… **深色格氏瓢蜡蝉** ***G. carbonarius***

前翅黄绿色或浅褐色，后翅为前翅的 0.7 倍；肛节三角形…………………………………………… 34

34. 肛节蘑菇状；阳茎基侧瓣小，腹面观内端角指向外侧面；足浅绿褐色，后足腿节深褐色……………………………………………………………………………………………… **雅格氏瓢蜡蝉** ***G. yayeyamensis***

肛节近三角形；阳茎基不如上述；抱器尾向观内侧近端部处呈钩状；足不具斑纹………………… 35

35. 前翅半球形，翅脉呈密集网状，长为最宽处的 1.6 倍；阳茎基侧瓣相当发达，侧面观端部呈方形……………………………………………………………………………………………… **方格氏瓢蜡蝉** ***G. affinis***

前翅近椭圆形，具皱褶，翅脉明显，长为最宽处的 1.9 倍；阳茎基侧瓣不如上述，顶缘较直……

………………………………………………………………………………………………锐格氏瓢蜡蝉 ***G. hosticus***

注：异色格氏瓢蜡蝉 *Gnezdilovius variabilis* (Butler, 1875) 的分类地位仍需研究，因此未列入检索表。

(58) 线格氏瓢蜡蝉 *Gnezdilovius lineatus* (Kato, 1933)（图 65；图版 XIV：d-f）

Gergithus lineatus Kato, 1933a: 461 (Type locality: Taiwan, China); Kato, 1933b: pl. 13; Chan *et* Yang, 1994: 43.

Gnezdilovius lineatus: Meng, Webb *et* Wang, 2017: 18.

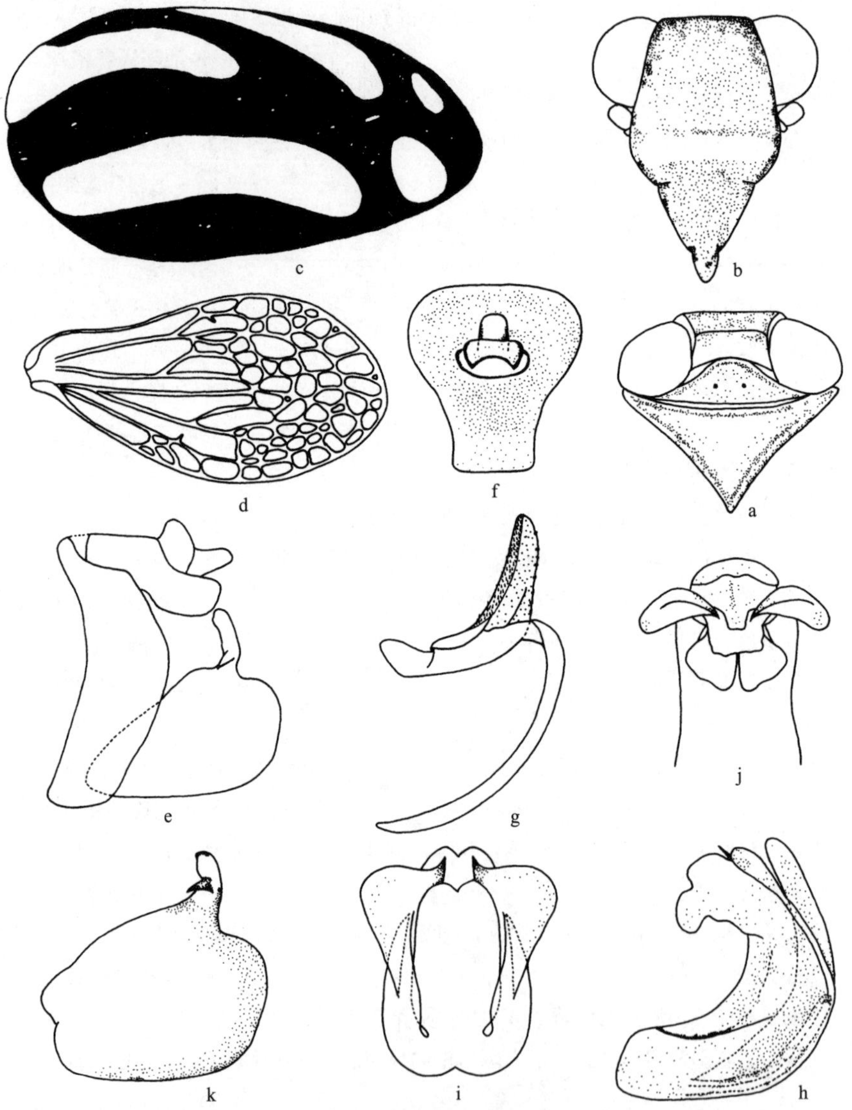

图 65 线格氏瓢蜡蝉 *Gnezdilovius lineatus* (Kato)（仿 Chan & Yang, 1994）

a. 头胸部背面观（head and thorax, dorsal view）；b. 额与唇基（frons and clypeus）；c. 前翅（tegmen）；d. 后翅（hind wing）；e. 雄虫外生殖器侧面观（male genitalia, lateral view）；f. 雄肛节背面观（male anal segment, dorsal view）；g. 阳茎器左面观（aedeagus, left view）；h. 阳茎基左面观（phallobase, left view）；i. 阳茎基腹面观（phallobase, ventral view）；j. 阳茎基背面观（phallobase, dorsal view）；k. 抱器侧面观（genital style, lateral view）

体连翅长：♂ 4.8-5.5mm，♀ 5.8-6.4mm。前翅长：♂ 4.2-5.1mm，♀ 5.3-5.7mm。

头顶黄绿色或绿色，端半部褐色。额基半部黑色，端半部褐色，具绿色横带。唇基褐色。前胸背板黑色。中胸盾片绿色，具黑色斑纹。前翅黑色，具黄色或绿色条带条纹和斑点；后翅褐色。足浅褐色，前足胫节具黑色条纹。腹板褐色或深褐色。

头顶中域凹陷，两后侧角宽为中线长的 2 倍。额光滑，额唇基沟处具 1 横带，横带具光泽，最宽处长为基部宽的 1.7 倍。前胸背板近中域处具 2 个小凹陷。中胸盾片中域隆起，复眼后处具斑纹，最宽处为中线长的 2 倍。前翅光滑，呈卵圆形，具 3 条纹和 2 个斑点，缝缘近中部处有时具 1 斑点或条纹，长约为最宽处的 2 倍。后翅翅脉呈网状，长约为最宽处的 0.5 倍，为前翅长的 0.8 倍。后足刺式 6-9-2。

雄性外生殖器：肛节背面观呈蘑菇状，端缘近平直，侧面观背腹缘近平直。阳茎基具背瓣，背瓣端部翻折背面观呈二瓣状，侧瓣腹面观外侧角钝圆，腹瓣腹面观端缘中部凹入。阳茎小，突起较长，明显长于阳茎。抱器三角形，突起细长，突起基部具指向端部的深缺刻，近基部呈钩状。

观察标本：2♂1♀，台湾屏东牡丹石门村寿卡林道，500m，2012.VII.24，董辉（CAU）。

地理分布：台湾；日本。

(59) 横纹格氏瓢蜡蝉，新种 *Gnezdilovius transversus* Meng, Qin *et* Wang, sp. nov.（图 66；图版 XIV：g-i）

体连翅长：♂ 4.4mm。前翅长：♂ 3.8mm。

体暗黄褐色至黑褐色。头顶、前胸背板、中胸盾片暗黄色至黄褐色。复眼黑褐色。额暗黄色，近额唇基处具黄白色横带。唇基暗黄色。喙黄褐色。触角暗黄褐色。前翅暗黄褐色至黑褐色，近基部 1/3 处具 1 亮黄色短横带。足浅黄褐色，前、中足腿节和胫节沿侧缘具黑色带。

头顶近长方形，宽为中线长的 3 倍，中域凹陷。额光滑，中域略突出，长宽基本相等，最宽处宽约为上缘的 1.7 倍。额唇基沟较直，中部略向上弯曲。唇基中域略隆起。喙达后足转节。前胸背板前缘弧形，略突出于复眼之间，中心具 1 对小凹陷。中胸盾片三角形，最宽处为中线长的 2.3 倍。前翅卵圆形，具细密的网状翅脉，长为宽的 1.9 倍。后翅长为前翅的 0.9 倍。后足刺式 7-11-2。

雄性外生殖器：肛节基部窄，至端部渐宽，端部两侧顶角突出，与中部突起一起使端部呈三叉状；肛孔位于中部，肛下板短。尾节后缘近背部 2/3 圆弧形突出，之后深凹入。阳茎浅“U”形，阳茎基腹瓣腹面观近端部右侧具 1 突起指向背面。阳茎器具多个突起，左右明显不对称，左侧源于基部 1/3 处具 1 对分别指向两端的分叉的突起，指向尾部的突起达阳茎近端部 1/4，在近端部分叉，指向头部的突起在其基部分叉，下端的突起较上端突起长；腹面观近基部具近“S”形的突起，横跨阳茎左右两侧，在右侧端部为 1 短的指向头部的突起，左侧端部尖，指向端部，并在近中部弯折处具 1 小的刺突，腹面观近基部左侧另具 1 近“7”字形的突起。抱器后缘强凹入，尾腹角明显圆弧形突出；抱器背突短平，顶缘形成 2 个钝的小突起，侧面具 1 大齿，其分叉为 2 个小刺突，其下方具 1 大的瘤状突。

正模：♂，广西乐业黄猄洞，2004.VII.24，于洋、高超。

鉴别特征：本种与皱脊格氏瓢蜡蝉 *G. rugiformis* (Zhang *et* Che, 2009) 相似，主要区别：①前翅暗黄褐色至黑褐色，具 1 亮黄色短横带；后者前翅浅棕色；②肛节端部呈三叉状，后者肛节端缘钝圆；③阳茎基半部具多个突起，后者阳茎基部有 1 对耳状突起物。

种名词源：拉丁词“*transvers-*”意为“横的”，指本种前翅近中部具1明显的黄色横纹。

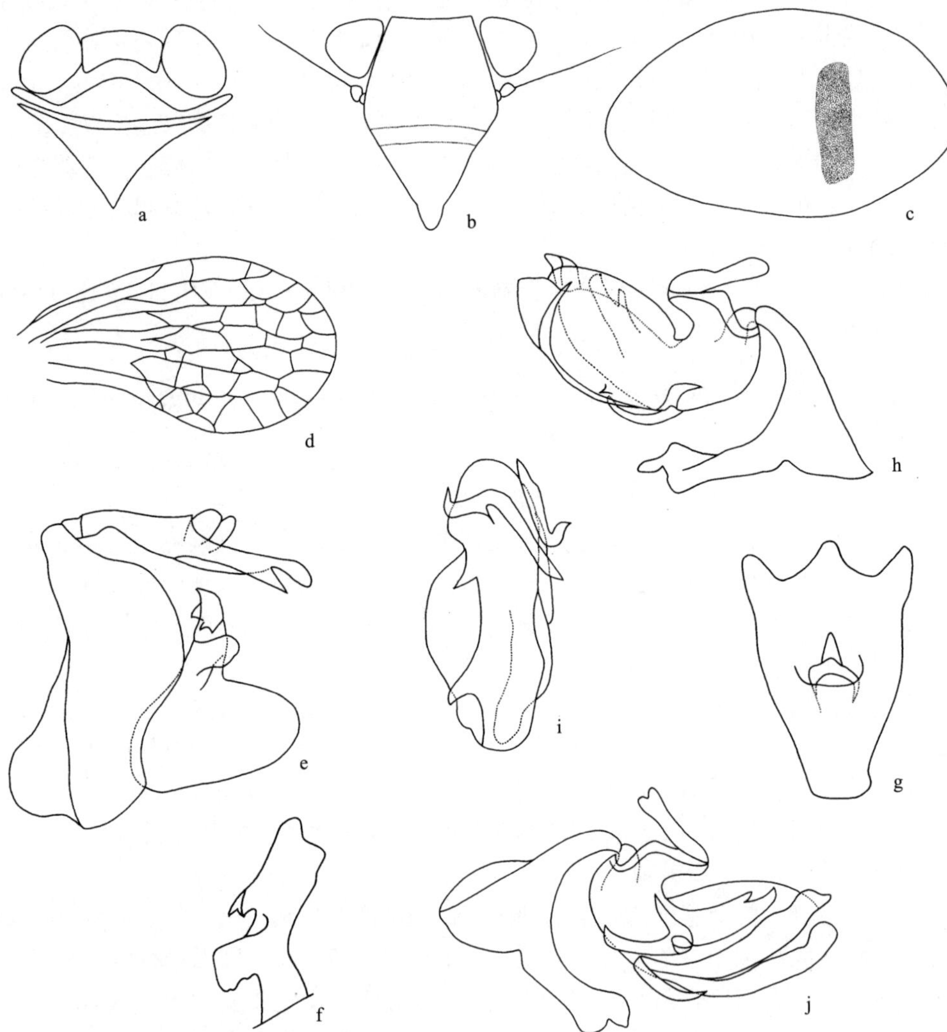

图 66 横纹格氏瓢蜡蝉，新种 *Gnezdilovius transversus* Meng, Qin *et* Wang, sp. nov.

a. 头胸部背面观（head and thorax, dorsal view）；b. 额与唇基（frons and clypeus）；c. 前翅（tegmen）；d. 后翅（hind wing）；e. 雄虫外生殖器左面观（male genitalia, left view）；f. 抱器背突尾向观（capitulum of genital style, caudal view）；g. 雄肛节背面观（male anal segment, dorsal view）；h. 阳茎右面观（phallus, right view）；i. 阳茎腹面观（phallus, ventral view）；j. 阳茎左面观（phallus, left view）

(60) 龟纹格氏瓢蜡蝉 *Gnezdilovius tesselatus* (Matsumura, 1916)（图 67；图版 XIV：j-l）

Gergithus tesselatus Matsumura, 1916: 100 (Type locality: Taiwan, China); Kato, 1933b: pl. 13; Chan *et* Yang, 1994: 41; Chen, Zhang *et* Chang, 2014: 60.

Gnezdilovius tesselatus: Meng, Webb *et* Wang, 2017: 19.

体连翅长：♂ 4.8mm，♀ 5.0mm。前翅长：♂ 4.3mm，♀ 4.5mm。

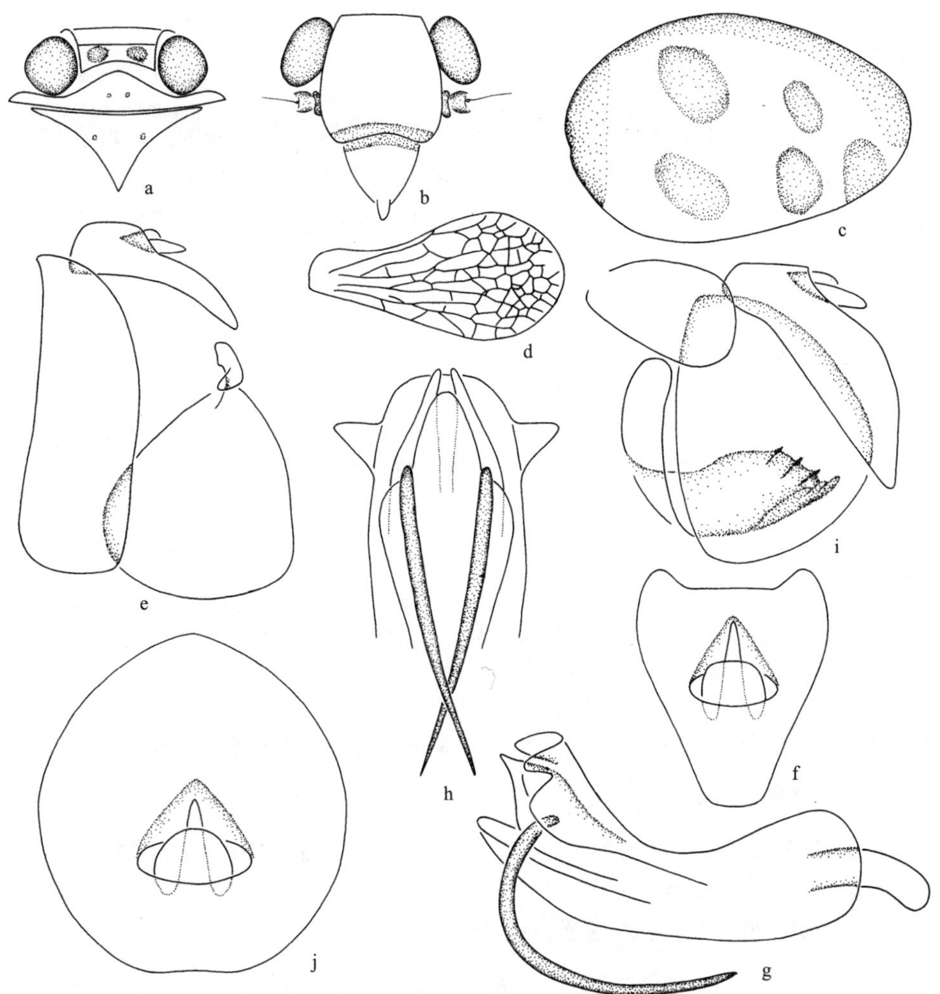

图 67 龟纹格氏瓢蜡蝉 *Gnezdilovius tesselatus* (Matsumura)

a. 头胸部背面观（head and thorax, dorsal view）；b. 额与唇基（frons and clypeus）；c. 前翅（tegmen）；d. 后翅（hind wing）；e. 雄虫外生殖器左面观（male genitalia, left view）；f. 雄肛节背面观（male anal segment, dorsal view）；g. 阳茎侧面观（phallus, lateral view）；h. 阳茎端半部腹面观（apical half of phallus, ventral view）；i. 雌虫外生殖器左面观（female genitalia, left view）；j. 雌肛节背面观（female anal segment, dorsal view）

体深褐色，具浅黄色斑点。头顶、前胸背板红棕色，后缘浅黄色；额红棕色，基部具浅色横带。唇基褐色，基部具浅黄色横带；喙棕色。中胸盾片红棕色，侧缘浅黄色。前翅深褐色，具浅黄色斑点，翅基部和前缘浅黄色，中域具 5 个浅黄色圆斑；后翅浅褐色，翅脉深褐色。足棕色，前足和中足腿节端部具黑色横带，前足和中足胫节具黑色纵带，后足腿节略带黑色。腹部腹面红棕色，各节末端略带浅黄色。

头顶近四边形，两后侧角处宽约为中线长的 2.5 倍。额光滑，中域隆起，最宽处为基部宽的 1.1 倍，中线长为最宽处的 1.2 倍，基部近额唇基沟处具浅色横带。唇基近额唇基沟处具浅色横带。前胸背板中域处具 2 个小凹陷；中胸盾片近侧缘中部各具 1 个小凹陷，最宽处为中线长的 2.7 倍。前翅具光泽，翅脉明显，基部至端部圆斑按 2、2、1 排列，翅基部和前缘色浅，翅长为最宽处的 1.7 倍；后翅半透明，网状，后翅长为前翅的 0.6 倍。后足刺式 6-9-2。

雄性外生殖器：肛节背面观短小，近杯形，顶缘凹入，侧顶角明显，肛孔位于近中部，近端部处最宽。尾节侧面观后缘几乎不突出，中部略凹入。阳茎呈浅“U”形，阳茎基端部裂开，对称，背侧瓣背面观端缘弧形突出，侧缘向上翻折，腹面观近三角形；腹面观腹瓣端缘中部明显突出，突起物着生于突出的凹陷处。阳茎器具 1 对长的突起物。抱器侧面观近三角形，基部窄，端部扩大，端缘弧形弯曲，背缘近端部形成 1 突起，突起基部稍尖细、端部边缘较圆滑。

雌性外生殖器：肛节背面观近椭圆形，顶缘中部突出，侧缘圆滑，肛孔位于肛节的基半部。第 1 产卵瓣向上弯曲，端缘具 3 个近平行的、大小相等的刺，腹端角具 3 齿。侧面观第 9 背板和第 3 产卵瓣近三角形。第 7 腹节近平直。

观察标本：1♂，福建武夷宫，1982.VI.26，齐石成；1♀，福建大安源，1981.VI.20，齐石成；1♀，浙江庆元白山祖，1050m，1963.VII.24，金根桃（SHEM）；3♀，福建崇安星村，230-250m，1959.VI.2，金根桃、林扬明（SHEM）；1♀，福建大安，1959.VII.7，金根桃、林扬明（SHEM）；1♂，台湾台中知内林道，2015.VI.15，罗心宇。

地理分布：浙江、福建、台湾；日本。

(61) 拟龟纹格氏瓢蜡蝉 *Gnezdilovius pseudotesselatus* (Che, Zhang *et* Wang, 2007)（图 68；图版 XV：a-c）

Gergithus pseudotesselatus Che, Zhang *et* Wang, 2007: 623 (Type locality: Hainan, China); Chen, Zhang *et* Chang, 2014: 55.

Gnezdilovius pseudotesselatus: Meng, Webb *et* Wang, 2017: 18.

体连翅长：♂ 6.2mm，♀ 6.4mm。前翅长：♂ 5.2mm，♀ 5.3mm。

体黄褐色，具黄色斑纹。头顶黄褐色，基缘黄色。复眼黄褐色。额深褐色，具黄色横带。唇基深褐色，喙浅黄褐色。前胸背板黄褐色，中胸盾片黄色，前侧角及后角深褐色。前翅黄褐色，具不规则的黄色斑点；后翅浅褐色，翅脉褐色。足黄褐色，前、中足腿节具黑色横带，前、中足胫节具黑色纵带，后足腿节黑色。腹部腹面深褐色，腹部各节的末端略带黄色。

头顶近四边形，中域凹陷，两后侧角处宽约为中线长的 1.3 倍。额光滑，中域微隆起，具 2 条横带，1 条位于额唇基沟上，另 1 条位于两复眼间，额最宽处约为基部宽的 1.8 倍，中线长为最宽处的 1.1 倍。唇基无中脊，与额处于同一平面。前胸背板中域具 2 个小凹陷；中胸盾片中域微隆起，近侧缘中部各具 1 个小凹陷，最宽处为中线长的 2.1 倍。前翅具光泽，翅面布满刻点，翅基半部具 3 个近椭圆形的斑点，端半部沿前缘具 2 个不规则的长形斑，近缝缘处的小斑形状不规则，3 个或 4 个，翅长为最宽处的 1.6 倍；后翅半透明，翅脉网状，后翅长为前翅的 0.8 倍。后足刺式 6-10-2。

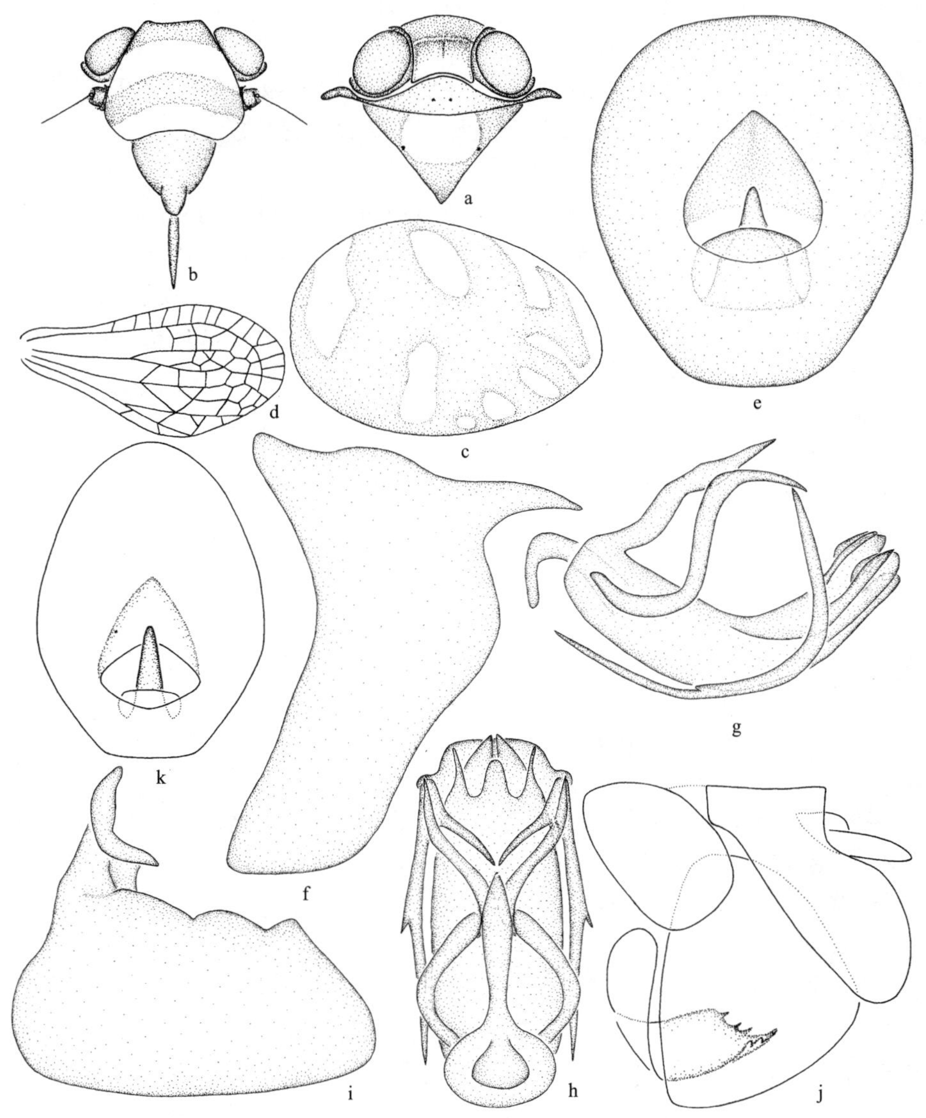

图 68　拟龟纹格氏瓢蜡蝉 *Gnezdilovius pseudotesselatus* (Che, Zhang *et* Wang)

a. 头胸部背面观（head and thorax, dorsal view）；b. 额与唇基（frons and clypeus）；c. 前翅（tegmen）；d. 后翅（hind wing）；e. 雄肛节背面观（male anal segment, dorsal view）；f. 尾节侧面观（pygofer, lateral view）；g. 阳茎侧面观（phallus, lateral view）；h. 阳茎背面观（phallus, dorsal view）；i. 抱器侧面观（genital style, lateral view）；j. 雌虫外生殖器左面观（female genitalia, left view）；k. 雌肛节背面观（female anal segment, dorsal view）

雄性外生殖器：肛节背面观近蘑菇形，端缘平直，侧顶角圆，中部最宽，肛孔位于近中部。尾节侧面观后缘近端部突出明显，突出的中部成 1 个刺状物，中部凹入，基部突出较小。阳茎呈浅“U”形，阳茎基基部具 1 对弯曲的剑状突起物且突起表面呈波浪状，基部背面中央具 1 个弯曲的剑状突起物且表面呈波浪状，端部裂开成瓣状，背面观背瓣裂叶端缘钝圆，侧面观侧瓣渐细，裂叶端缘尖细，腹面观腹瓣端缘钝圆。阳茎器近端部具 1 对剑状突起物，表面光滑。抱器侧面观近三角形，基部窄，端部扩大，前缘波浪形，后缘中部微凹入；抱器背突短，侧刺端部尖细。

雌性外生殖器：肛节背面观近椭圆形，顶缘中部突出，侧缘圆滑，肛孔位于肛节的基半部。第 1 产卵瓣向上弯曲，端缘具 3 个近平行的、大小相等的刺，腹端角具 3 齿。侧面观第 9 背板近方形，第 3 产卵瓣近三角形。第 7 腹节近平直。

寄主：采自灌木丛，具体物种不详。

观察标本：1♂（正模），海南岛吊罗山，1965.V.4，刘思孔（BJNHM）；1♂（副模），黎母岭，1963.V.21，采集人不详；5♀（副模），海南岛吊罗山，1964.III.18-27，1964.IV.4，1964.V.8-14，刘思孔（BJNHM）；1♀（副模），海南黎母山，2002.VIII.1，车艳丽、王宗庆；10♂10♀，海南鹦哥岭鹦哥嘴，19°03.047′N，109°33.782′E，674m，2010.VIII.21，郑国。

地理分布：海南。

(62) 黄斑格氏瓢蜡蝉 *Gnezdilovius flavimaculus* (Walker, 1851)

Hemisphaerius flavimacula Walker, 1851: 378 (Type locality: Hong Kong); Butler, 1875: 98; Melichar, 1906: 84.

Gergithus flavimacula: Metcalf, 1958: 126.

Gnezdilovius flavimaculus: Meng, Webb *et* Wang, 2017: 18.

以下描述源自 Melichar（1906）。

体长：4.2mm。前翅长：10.6mm。

体红褐色，隆起，外形似瓢虫；头宽明显大于两前翅基部之间宽度的一半；头顶黄色，前缘和后缘较直，红褐色，前端较窄；宽略大于长；额漆黑色，长，钻石形，其上具 2 个黄色横带，上端条带略弯曲，其下端条带直。唇基非常小，黄褐色；喙黄色；复眼不突出；前胸非常短；中胸黄色，三角形，具红褐色边界；腹部近半圆形，略短于胸部；各体节后缘黄色；足黄色；腿节具红褐色条带；胫节上端黑色；跗节红褐色；后足胫节具 2 个黑色侧刺；前翅红褐色，极度隆起，近鞘翅，每侧具 7 个黄色斑点，自基部向端部按 1、2、3、1 排列，第 6 个斑点和第 7 个斑点愈合，在近端部形成 1 个断裂的窄的条带。

观察标本：未见。

地理分布：香港。

(63) 五斑格氏瓢蜡蝉 *Gnezdilovius quinquemaculatus* (Che, Zhang *et* Wang, 2007)（图 69；图版 XV：d-f）

Gergithus quinquemaculatus Che, Zhang *et* Wang, 2007: 615 (Type locality: Guangxi, China); Chen, Zhang *et* Chang, 2014: 58.

Gnezdilovius quinquemaculatus: Meng, Webb *et* Wang, 2017: 18.

体连翅长：♂ 5.1mm，♀ 5.3mm。前翅长：♂ 4.7mm，♀ 4.9mm。

图 69　五斑格氏瓢蜡蝉 *Gnezdilovius quinquemaculatus* (Che, Zhang *et* Wang)

a. 头胸部背面观（head and thorax, dorsal view）；b. 额与唇基（frons and clypeus）；c. 前翅（tegmen）；d. 后翅（hind wing）；e. 雄肛节背面观（male anal segment, dorsal view）；f. 尾节侧面观（pygofer, lateral view）；g. 阳茎左面观（phallus, left view）；h. 阳茎右面观（phallus, right view）；i. 抱器侧面观（genital style, lateral view）；j. 雌虫外生殖器左面观（female genitalia, left view）；k. 雌肛节背面观（female anal segment, dorsal view）

体深黑色，具黄色斑点。头顶、复眼、额及唇深褐色；喙深褐色，端部具黄色横带。前胸背板深褐色；中胸盾片黄色，前侧角及后角深褐色；前翅深褐色，具黄色斑点；后翅浅褐色，翅脉深褐色。足浅褐色，腿节基部呈黑色，前、中足胫节具黑色纵带。腹部腹面褐色，腹部两侧略带黑色。

头顶近四边形，两后侧角处宽约为中线长的 2.1 倍。额光滑，中域隆起，最宽处为基部宽的 1.1 倍，中线长为最宽处的 1.25 倍。前胸背板中域处有 2 个小凹陷；中胸盾片中脊弱，近侧缘中部各具 1 个小凹陷，最宽处为中线长的 2.5 倍。前翅具光泽，翅脉明显，具 5 个斑点，斑点近椭圆形，自基部至端部按 1、2、2 排列，翅长为最宽处的 1.8 倍，后翅半透明，网状，后翅长为前翅的 0.8 倍。后足刺式 6-10-2。

雄性外生殖器：肛节背面观狭长，中部隆起，前缘深凹入，侧顶角尖细，肛孔位于近中部，两侧顶角处最宽。尾节侧面观后缘近端部处明显突出，中部凹入，基部突出较小。阳茎呈浅“U”形，阳茎基端部裂开，背面观背瓣细长，左右背瓣不对称，左背瓣明显长于右背瓣；侧面观侧瓣粗大，顶端细，左右侧瓣不对称，右侧瓣较粗短；腹面观背瓣扭曲较长，顶端尖细，呈刺状。抱器侧面观近三角形，基部窄，端部扩大，端缘弧形深凹入，背突下方有 1 与背缘近平行的脊起；抱器背突端部边缘较圆滑。

雌性外生殖器：肛节背面观近椭圆形，顶缘中部突出，侧缘圆滑，肛孔位于肛节的基半部。第 1 产卵瓣向上弯曲，端缘具 4 个近平行的、大小依次增大的刺，侧缘圆滑。侧面观第 9 背板近方形，第 3 产卵瓣近三角形。第 7 腹节近平直。

观察标本：1♂（正模），广西龙州三联，350m，2000.VI.13，陈军（IZCAS）；1♂（副模），广西龙州三联，350m，2000.VI.13，朱朝东（IZCAS）；1♀（副模），广西龙州响水，1980.VI.8，梁宪法。

地理分布：广西、贵州。

(64) 星斑格氏瓢蜡蝉 *Gnezdilovius multipunctatus* (Che, Zhang *et* Wang, 2007)（图 70；图版 XV：g-i）

Gergithus multipunctatus Che, Zhang *et* Wang, 2007: 621 (Type locality: Hainan, China); Chen, Zhang *et* Chang, 2014: 55.

Gnezdilovius multipunctatus: Meng, Webb *et* Wang, 2017: 18.

体连翅长：♂ 6.2mm，♀ 7.1mm。前翅长：♂ 5.2mm，♀ 6.2mm。

体深褐色，具黄色斑点。头顶浅棕色，复眼黑色。额深褐色，具黄色横带及圆斑。唇基深褐色；喙浅棕色。前胸背板深褐色；中胸盾片浅褐色，具黄色圆斑。前翅深褐色，具黄色圆斑；后翅浅褐色，翅脉褐色。足浅褐色，前、中足的腿节端部及前、中足胫节黑色。腹部腹面浅褐色，腹部各节的末端略带黑色。

头顶近四边形，两后侧角处宽约为中线长的 3 倍。额光滑，中域微隆起，具 1 条横带，位于额唇基沟上，1 个圆斑位于额端部近头顶处，额最宽处约为基部宽的 1.6 倍，中线长为最宽处的 1.1 倍。前胸背板中域具 2 个小凹陷；中胸盾片中域微隆起，近前侧角处各具 1 个大的圆斑，近侧缘中部各具 1 个小凹陷，最宽处为中线处的 2.0 倍。前翅具光泽，具 10 个圆斑，自基部按 1、2、1、2、1、2、1 排列，翅长为最宽处的 1.6 倍；后翅半透明，翅脉网状，后翅长为前翅的 0.9 倍。后足刺式 6-7-2。

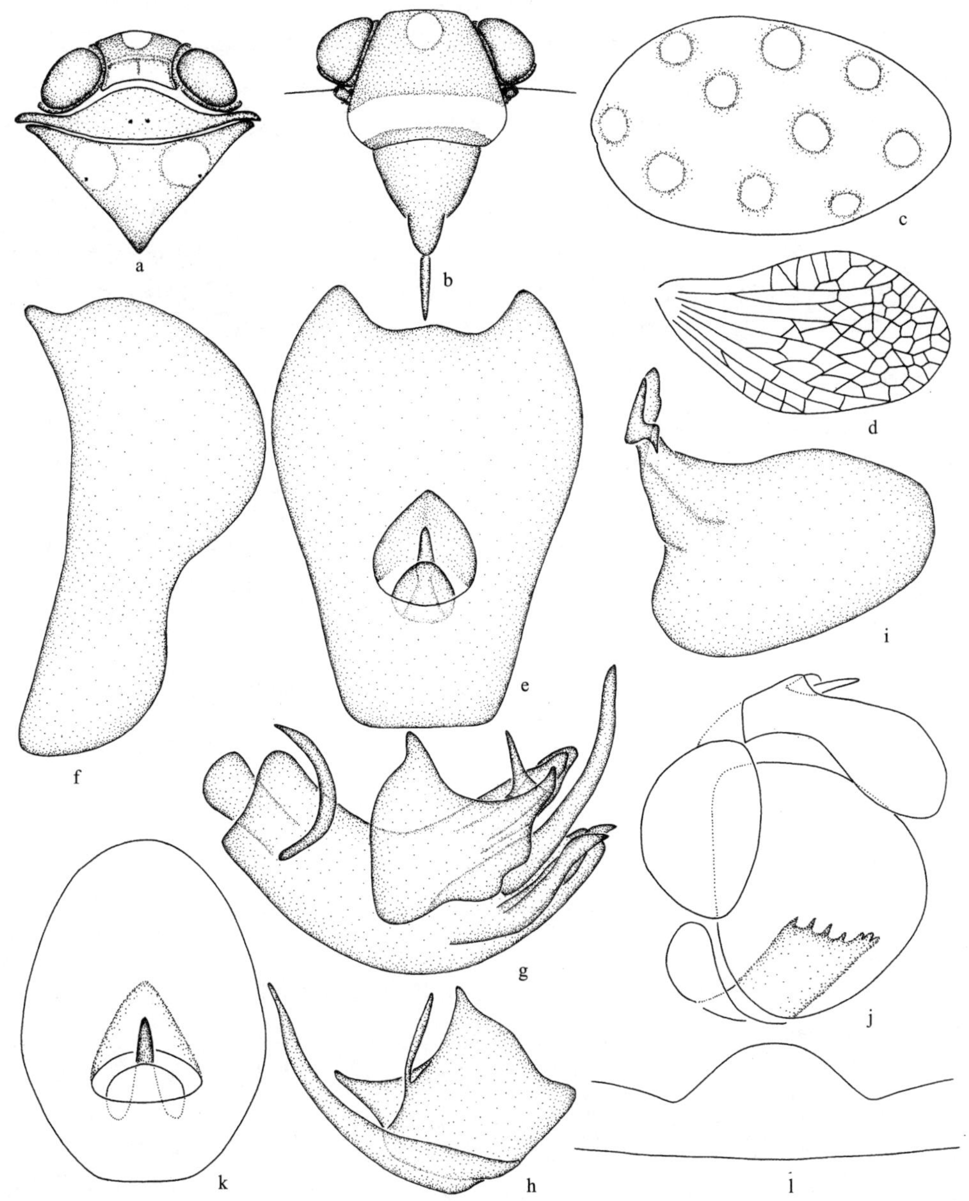

图 70　星斑格氏瓢蜡蝉 *Gnezdilovius multipunctatus* (Che, Zhang *et* Wang)

a. 头胸部背面观（head and thorax, dorsal view）；b. 额与唇基（frons and clypeus）；c. 前翅（tegmen）；d. 后翅（hind wing）；e. 雄肛节背面观（male anal segment, dorsal view）；f. 尾节侧面观（pygofer, lateral view）；g. 阳茎侧面观（phallus, lateral view）；h. 阳茎突起右面观（processes of phallus, right view）；i. 抱器侧面观（genital style, lateral view）；j. 雌虫外生殖器左面观（female genitalia, left view）；k. 雌肛节背面观（female anal segment, dorsal view）；l. 雌第 7 腹节腹面观（female sternite Ⅶ, ventral view）

雄性外生殖器：肛节背面观杯状，侧顶角突出钝圆，中间凹入，肛孔位于基半部，近顶端处最宽。尾节侧面观后缘近端部突出大而明显，中部凹入，基部突出较小。阳茎浅“U”形，阳茎基端部裂开成瓣状，背面观背瓣裂叶端缘钝圆，侧面观侧瓣裂叶端缘尖细，腹面观腹瓣端缘钝圆。阳茎器具 1 对短的剑状突起物，近端部具 1 近方形突起物和 1 长的剑状突起物。抱器侧面观近三角形，基部窄，端部扩大，端缘弧形弯曲，背缘近端部具 1 突起，突起下方有 1 与背缘近平行的小的脊起；抱器背突基部较尖细，端部边缘钝圆。

雌性外生殖器：肛节背面观近椭圆形，顶缘中部突出，侧缘圆滑，肛孔位于肛节的基半部。第 1 产卵瓣向上弯曲，端缘具 4 个近平行的、大小相等的刺，腹端角具 3 齿。侧面观第 9 背板近椭圆形，第 3 产卵瓣近三角形。第 7 腹节中部明显突出。

寄主：采自灌木丛，具体物种不详。

观察标本：1♂（正模），海南尖峰岭，1983.IV.19，顾茂彬（CAF）；1♂（副模），海南尖峰岭，1981.VIII.27，顾茂彬（CAF）；1♀（副模），海南尖峰岭，1981.VI.25，顾茂彬（CAF）；1♀（副模），海南尖峰岭，1983.VIII.4，刘元福（CAF）；1♀（副模），海南尖峰岭，1982.VIII.2，梁承丰（CAF）；1♀，海南吊罗山，2007.V.29，王应伦、翟卿；1♂1♀，海南吊罗山，2007.VI.7，王应伦、翟卿；1♀，海南霸王岭，213m，2010.VII.29，蒋朝忠；10♂10♀，海南尖峰岭鸣凤谷，18°44.658′N，108°50.435′E，1017m，2010.VIII.18，郑国。

地理分布：海南。

(65) 九星格氏瓢蜡蝉 *Gnezdilovius nonomaculatus* (Meng *et* Wang, 2012)（图 71；图版 XV：j-l）

Gergithus nonomaculatus Meng *et* Wang, 2012: 5 (Type locality: Hainan, China).
Gnezdilovius nonomaculatus: Meng, Webb *et* Wang, 2017: 18.

体连翅长：♂ 5.9-6.3mm，♀ 6.0-6.9mm。前翅长：♂ 5.4-5.8mm，♀ 5.6-6.5mm。

体黑色。头顶黄色。复眼灰色。额暗褐色，具黄色横纹，沿额唇基沟具黑色横带。唇基暗褐色，每侧具 2 黄色小斑。喙黑褐色。触角黑色。前胸背板黑色，中域暗褐色。中胸盾片黑色，两侧具 2 个大的黄斑。前翅黑褐色，具 9 个黄色斑点并且自基部到端部按 1、2、1、2、1、2 顺序排列。后翅灰色，翅脉暗褐色。足和腹部浅黄褐色，前、中足腿节顶部深褐色，胫节黑色，后足胫节侧刺顶端黑色。

头顶宽，近长方形，宽为中线长的 3 倍，中域明显凹陷。额中域略突出，长宽基本相等，最宽处宽约为基部的 1.8 倍。额唇基沟较直。唇基宽且平。喙达后足转节。前胸背板前缘略突出于复眼，中心具 1 对小凹陷。中胸盾片三角形，最宽处为中线长的 1.7 倍。前翅卵圆形，具许多小刻点，长为宽的 1.6 倍。后翅长为前翅 0.9 倍。后足刺式 7-8(9)-2。

雄性外生殖器：肛节大，基部窄于端部，端部两侧具 2 个钝圆的角状突起，肛板短。尾节后缘强突出。阳茎“U”形，阳茎基背侧瓣端部具 1 对分叉的突起，上端分支长，下端分支较短；腹瓣端缘弧形，短于背侧瓣。阳茎器基部两侧具 1 对钩形突。抱器后缘强凹入，腹端角圆弧形。抱器背突平，顶端突出，具 1 大的侧齿。

雌性外生殖器：肛节基部宽，至端部渐细，长大于宽，顶缘微突出；肛孔位于肛节的近基部，肛下板细短。第 3 产卵瓣近长方形，中域较平；背面基部愈合，分叉处不骨化。第 2 产卵瓣基部微突出，端部平；背面中域分 2 瓣，侧域端部具 1 对刺。生殖骨片桥较大，基部宽，端部稍短。第 1 负瓣片近长方形，基部略宽。内生殖瓣骨化，弯曲。第 1 产卵瓣腹缘角具 3 齿，端缘具 3 刺，带短脊。第 7 腹节后缘中部明显突出。

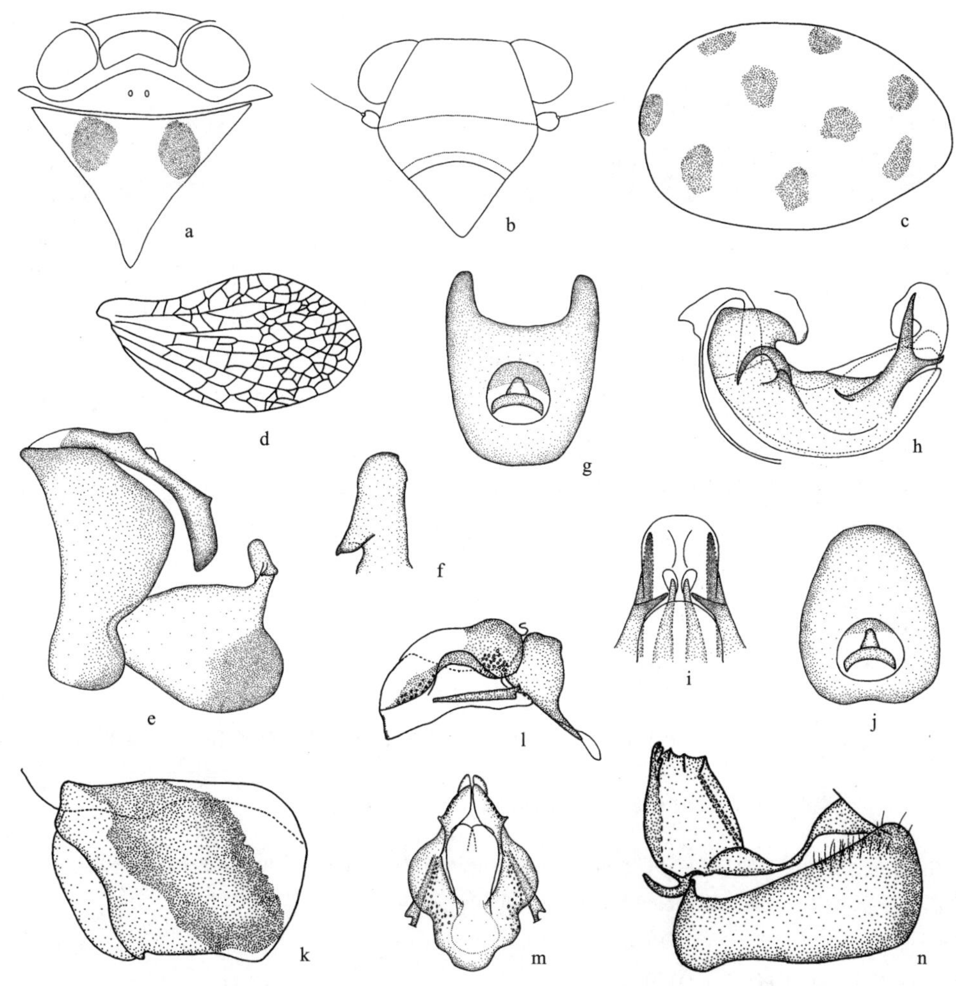

图 71　九星格氏瓢蜡蝉 *Gnezdilovius nonomaculatus* (Meng *et* Wang)

a. 头胸部背面观（head and thorax, dorsal view）；b. 额与唇基（frons and clypeus）；c. 前翅（tegmen）；d. 后翅（hind wing）；e. 雄虫外生殖器左面观（male genitalia, left view）；f. 抱器背突尾向观（capitulum of genital style, caudal view）；g. 雄肛节背面观（male anal segment, dorsal view）；h. 阳茎左面观（phallus, left view）；i. 阳茎腹面观（phallus, ventral view）；j. 雌肛节背面观（female anal segment, dorsal view）；k. 第 3 产卵瓣侧面观（gonoplac, lateral view）；l. 第 2 产卵瓣侧面观（gonapophysis IX, lateral view）；m. 第 2 产卵瓣背面观（gonapophyses IX, dorsal view）；n. 第 1 产卵瓣侧面观（gonapophysis VIII, lateral view）

观察标本：1♂（正模），海南昌江霸王岭，750m，2008.VI.5-7，巴义彬、郎俊通（HUM）；2♀（副模），海南昌江霸王岭，750m，2008.VI.5-7，巴义彬、郎俊通（HUM）；1♂2♀（副模），海南昌江霸王岭，2006.VIII.8-11，王继良、高超（HUM）；2♀（副模），海南霸王岭，433m，2010.VII.30，蒋朝忠。

地理分布：海南。

(66) 黄格氏瓢蜡蝉 *Gnezdilovius flaviguttatus* (Hori, 1969)

Gergithus flaviguttatus Hori, 1969: 56 (Type locality: Taiwan, China).
Gnezdilovius flaviguttatus: Meng, Webb *et* Wang, 2017: 18.

以下描述源自 Hori（1969）。

体长约 6.5mm；体宽约 5.5mm。

体黑褐色，头顶、前胸背板和中胸盾片略带红色或浅红色。头宽为长的 3.5 倍，前后缘之间明显凹陷。侧缘弧形，后缘脊浅黄色。前胸背板长为宽的 3 倍，后缘浅黄色。中胸盾片较头顶和前胸背板二者长度之和长，表面粗糙。额红褐色，顶部略浅；侧缘黑色，窄，长与宽接近相等，近端部最宽。唇基中部钝圆，红褐色。前翅黑褐色，具 4 个小但清晰的斑点，斑点沿两条线分布，但此特征在其中一个标本中不明显，缝缘处具小斑点，沿前缘端半部处具浅褐色条带，具稀疏短毛。前翅翅脉明显呈网状。后翅稍短于前翅，颜色稍深，翅脉更密，体表之下为褐色。足通常褐色，前足腿节具 2 个明显条带，中足腿节端半部和中足胫节基半部污褐色。后足胫节近端部具 2 个侧刺，端部具 6 个刺。后足基跗节端部具 9 个刺，第 2 跗节每侧具 2 个刺。肛节具细小刻点，被有长毛。

观察标本：未见。

地理分布：台湾；日本。

讨论：Ishihara（1965）鉴定为龟纹格氏瓢蜡蝉 *Gnezdilovius tesselatus* (Matsumura) 的标本，经 Hori（1969）研究认为与龟纹格氏瓢蜡蝉存在明显差异，遂定名为黄格氏瓢蜡蝉 *Gnezdilovius flaviguttatus* (Hori)。因此 Chan 和 Yang（1994）的引证存在错误。

(67) 台湾格氏瓢蜡蝉 *Gnezdilovius taiwanensis* (Hori, 1969)

Gergithus taiwanensis Hori, 1969: 54 (Type locality: Taiwan, China); Chan *et* Yang, 1994: 54.
Gnezdilovius taiwanensis: Meng, Webb *et* Wang, 2017: 19.

以下描述源自 Hori（1969）。

体长 4.5mm；体宽 3.5mm。

头顶褐色，具少但明显的刻点，头宽为长的 2.5 倍，后缘稍隆起，中域稍凹陷。前胸背板与头顶同色，其上具 2 个小窝，小窝之间有一明显的浅凹槽将其连接。中胸盾片端部颜色较浅，除此外其余部分与头顶同色，中域隆起，亚侧脊不明显。额深褐色，宽与长约等，不呈圆形，近侧缘具明显的脊。唇基圆形，颜色比额浅。前翅深褐色，具光泽，端半部沿前缘处具 1 淡黑色条带，另一条带与之平行，在前缘中部相接，翅脉不明显；后翅长，但明显比前翅短。足褐色，前足腿节近基部处具 1 宽的黑色条带，前足胫节具 1 宽的深褐色条带。中足胫节具 2 个侧刺，后足刺式 6-9-2。雄虫肛节中部最宽，雄性外生殖器结构与萨摩格氏瓢蜡蝉 *Gnezdilovius satsumensis* (Matsumura) 相似。

观察标本：未见。

地理分布：台湾。

(68) 半月格氏瓢蜡蝉 *Gnezdilovius gravidus* (Melichar, 1906)（图 72；图版XVI：a-c）

Gergithus gravidus Melichar, 1906: 61 (Type locality: Vietnam); Che, Zhang *et* Wang, 2007: 612; Chen, Zhang *et* Chang, 2014: 52.

Gnezdilovius gravidus: Meng, Webb *et* Wang, 2017: 18.

体连翅长：♀ 6.5mm。前翅长：♀ 5.2mm。

体黑色或深褐色，头顶、额黑色，均具黄色横带；复眼深褐色，唇基黑色，端部黄色；喙黄色，具黑色横带。前胸黑色；中胸盾片黑色，具黄色条带。前翅红褐色，具黄色条带和斑纹。后翅黄褐色，翅脉深褐色；足黄色，腿节具黑色横带，胫节及跗节的棱黑色。腹部腹面黑色，具黄色条带。

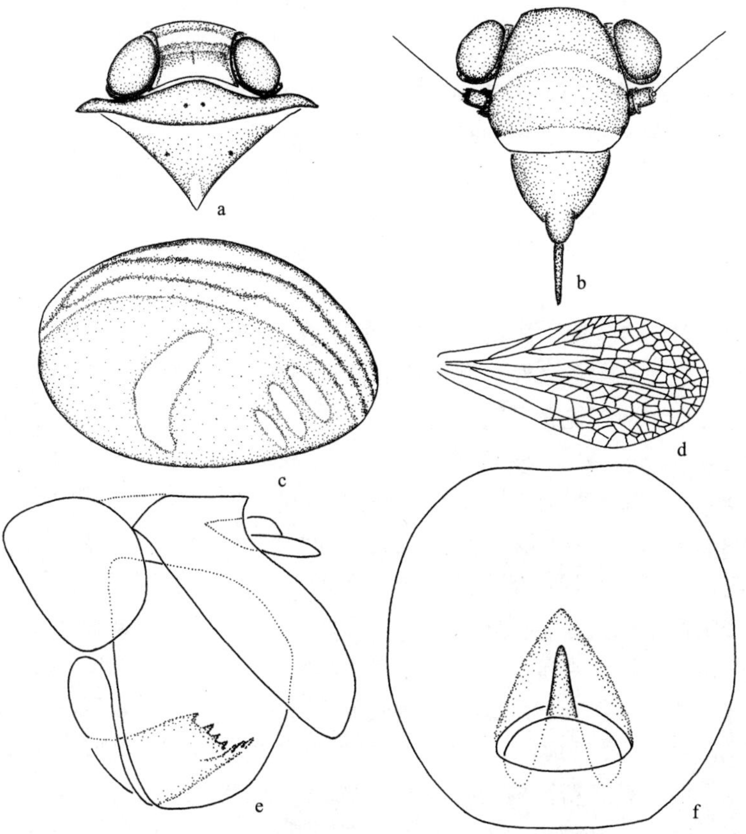

图 72　半月格氏瓢蜡蝉 *Gnezdilovius gravidus* (Melichar)

a. 头胸部背面观（head and thorax, dorsal view）；b. 额与唇基（frons and clypeus）；c. 前翅（tegmen）；d. 后翅（hind wing）；e. 雌虫外生殖器左面观（female genitalia, left view）；f. 雌肛节背面观（female anal segment, dorsal view）

头顶近四边形，前缘、后缘各具 1 条横带，两后侧角处宽约为中线长的 2.1 倍。额光滑，中域微隆起，具 2 条横带，1 条位于两复眼间，另 1 条位于额唇基沟上，最宽处约为基部宽的 1.7 倍，中线长为最宽处的 1.3 倍。前胸背板中域具 2 个小凹陷；中胸盾片近侧缘中部各具 1 个小凹陷，前缘具 1 横带，后角具 1 短的纵带，最宽处为中线长的 2.1 倍。前翅无光泽，纵脉明显凸出，沿前缘有 3 条近平行的条带直至缝缘，条带向上依次有 3 个斑点，前翅中部具半月形斑纹，翅长为最宽处的 1.5 倍；后翅半透明，明显网状，后翅长为前翅的 0.8 倍。后足刺式 6-9-2。

雌性外生殖器：肛节背面观近方形，顶缘中部微凹入，侧缘圆滑，肛孔位于肛节的基半部。第 1 产卵瓣向上弯曲，端缘具 4 个近平行的、大小相等的刺，腹端角具 3 齿。侧面观第 9 背板近方形，第 3 产卵瓣近三角形。第 7 腹节近平直。

观察标本： 1♀，广西灵田公社，1984.VI.3，吴正亮、陆晓林；1♀，广西龙州弄呼，1980.VI.13，毛绢侦。

地理分布： 广西；越南。

(69) 栅纹格氏瓢蜡蝉 *Gnezdilovius parallelus* (Che, Zhang *et* Wang, 2007)（图 73；图版 XVI：d-f）

Gergithus parallelus Che, Zhang *et* Wang, 2007: 619 (Type locality: Hainan, China).
Gnezdilovius parallelus: Meng, Webb *et* Wang, 2017: 18.

体连翅长：♂ 3.9mm，♀ 4.3mm。前翅长：♂ 3.4mm，♀ 3.8mm。

体黄绿色，具褐色斑纹。顶深褐色，基半部黄绿色。复眼深褐色。额褐色，具黄绿色横带。唇基褐色，基部浅棕色；喙浅棕色。前胸背板褐色，中域处浅棕色；中胸盾片黄绿色，后角深褐色。前翅浅黄绿色，具褐色条纹；后翅浅褐色，翅脉褐色。足浅棕色，前、中足腿节、胫节具黑色条纹。腹部腹面浅黄绿色，腹部两侧略带褐色。

头顶近四边形，两后侧角处宽约为中线长的 2 倍。额光滑，中域微隆起，具 2 条横带，1 条位于两复眼间，另 1 条位于额唇基沟上，额最宽处约为基部宽的 1.5 倍，中线长为最宽处的 0.8 倍。前胸背板中域具 2 个小凹陷，后缘向后盖住中胸盾片的前缘；中胸盾片近侧缘中部各具 1 个小凹陷，最宽处为中线长的 2.9 倍。前翅光滑，翅面具细小的刻点，翅脉明显加厚，呈褐色条纹状，与前缘近平行，似同心弧，翅长为最宽处的 1.5 倍；后翅半透明，翅脉明显呈网状，后翅长为前翅的 0.7 倍。后足刺式 6-9-2。

雄性外生殖器：肛节背面观粗短，端缘中央明显突出，侧顶角圆，肛孔位于近中部，近中部处最宽。尾节侧面观较细长，后缘近端部突出较大，中部凹入，近基部突出小。阳茎浅“U”形，端部裂开成瓣状；阳茎基背面观背瓣裂叶顶端钝圆，侧面观侧瓣渐细，裂叶顶端钝圆，腹面观腹瓣钝圆，明显短于侧瓣；阳茎器近端部具 1 近“V”形突起物。抱器侧面观近三角形，基部窄，端部扩大，端缘弧形弯曲，背缘近端部具 1 突起，突起的下方有 1 较小的脊起；抱器背突的基部较细小，端部边缘钝圆。

雌性外生殖器：肛节背面观近椭圆形，顶缘中部突出，侧缘圆滑，肛孔位于肛节的基半部。第 1 产卵瓣向上弯曲，端缘具 2 个近平行的、大小相等的刺，腹端角具 2 齿。

侧面观第 9 背板近方形，第 3 产卵瓣近方形。第 7 腹节近平直。

观察标本：1♂（正模），海南那大，1983.VI.1，张雅林；1♂1♀（副模），海南尖峰岭，1983.VI.3，顾茂彬（CAF）；1♀（副模），同正模。

地理分布：海南。

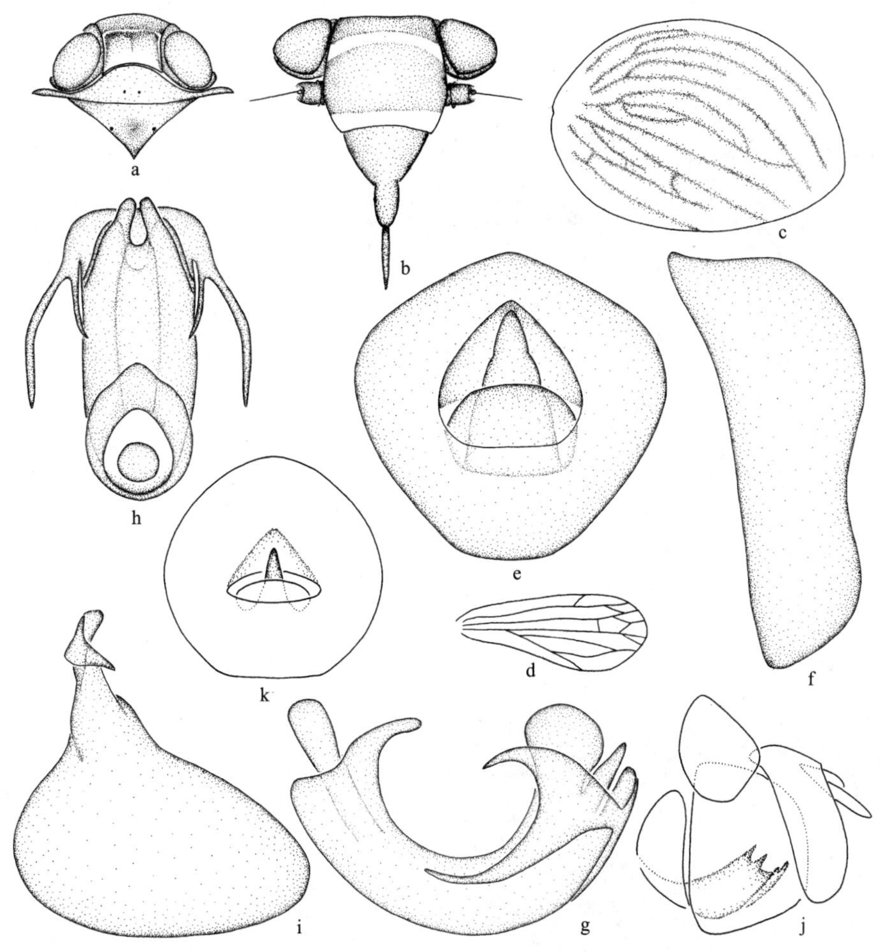

图 73　栅纹格氏瓢蜡蝉 *Gnezdilovius parallelus* (Che, Zhang *et* Wang)

a. 头胸部背面观（head and thorax, dorsal view）；b. 额与唇基（frons and clypeus）；c. 前翅（tegmen）；d. 后翅（hind wing）；e. 雄肛节背面观（male anal segment, dorsal view）；f. 尾节侧面观（pygofer, lateral view）；g. 阳茎侧面观（phallus, lateral view）；h. 阳茎背面观（phallus, dorsal view）；i. 抱器侧面观（genital style, lateral view）；j. 雌虫外生殖器左面观（female genitalia, left view）；k. 雌肛节背面观（female anal segment, dorsal view）

(70) 云南格氏瓢蜡蝉 *Gnezdilovius yunnanensis* (Che, Zhang *et* Wang, 2007)（图 74；图版 XVI：g-i）

Gergithus yunnanensis Che, Zhang *et* Wang, 2007: 625 (Type locality: Yunnan, China).

Gnezdilovius yunnanensis: Meng, Webb *et* Wang, 2017: 19.

体连翅长：♂ 4.6mm。前翅长：♂ 3.7mm。

体棕色，具褐色斑纹。头顶棕色，复眼褐色。额棕黄色，具黄色横带。唇棕色，中脊浅棕黄色，具褐色横带；喙棕色。前胸背板、中胸盾片棕黄色。前翅棕黄色，具褐色斑点和条纹。足棕黄色，前、中足腿节具褐色横带，前、中足胫节具褐色纵带；后足腿节褐色；后足胫节具褐色纵带。腹部腹面棕黄色，腹部各节的末端褐色。

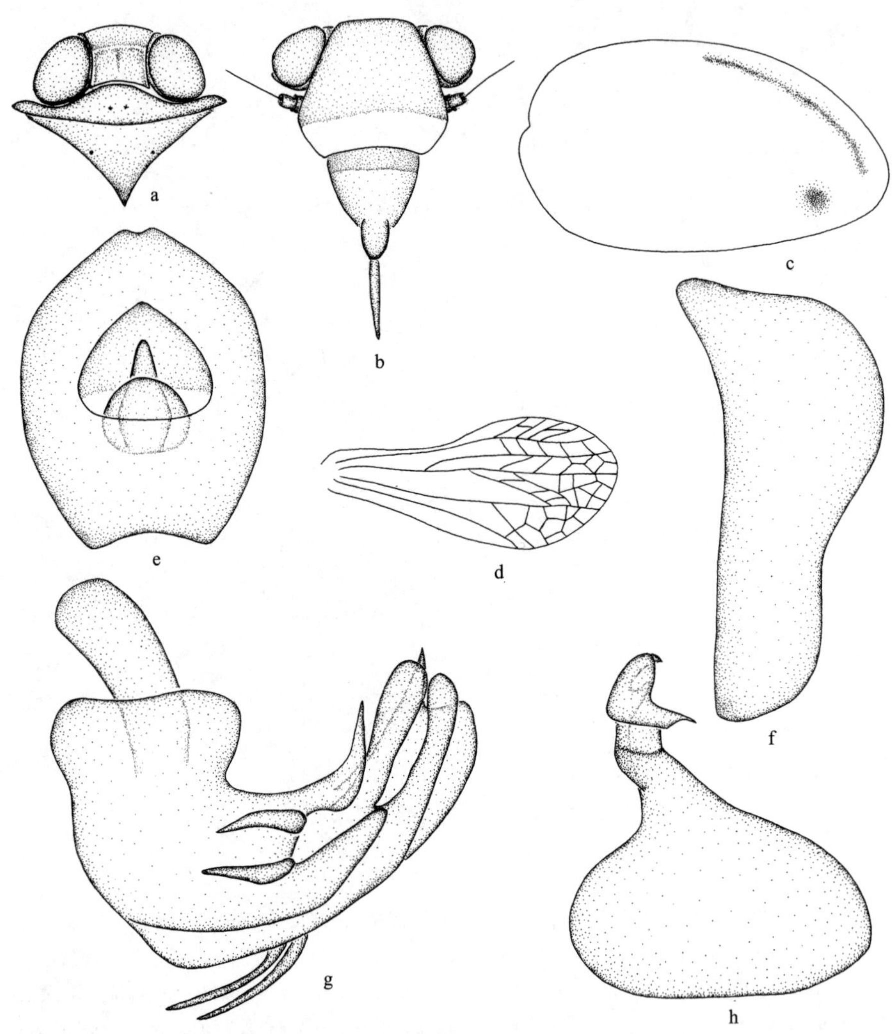

图 74 云南格氏瓢蜡蝉 *Gnezdilovius yunnanensis* (Che, Zhang *et* Wang)

a. 头胸部背面观（head and thorax, dorsal view）；b. 额与唇基（frons and clypeus）；c. 前翅（tegmen）；d. 后翅（hind wing）；e. 雄肛节背面观（male anal segment, dorsal view）；f. 尾节侧面观（pygofer, lateral view）；g. 阳茎侧面观（phallus, lateral view）；h. 抱器侧面观（genital style, lateral view）

头顶近四边形，中域凹陷，两后侧角处宽约为中线长的 2.1 倍。额光滑，中域隆起，基部具 1 条横带，额最宽处约为基部宽的 1.2 倍，中线长为最宽处的 0.9 倍。前胸背板中域具 2 个小凹陷；中胸盾片中域微隆起，近侧缘中部各具 1 个小凹陷，最宽处为中线长的 2.2 倍。前翅翅脉明显，自前缘中部至翅端部具 1 纵条纹，翅端部近缝缘处具 1 斑点，翅长为最宽处的 1.6 倍；后翅翅脉网状，后翅长为前翅的 0.8 倍。后足刺式 6-7-2。

雄性外生殖器：肛节背面观近蘑菇形，中部最宽，自中部至端部缢缩，端缘窄且凹入，侧顶角钝圆，肛孔位于中部。尾节侧面观后缘近端部突出明显，近基部突出较小。阳茎呈浅“U”形，阳茎基端部裂开成瓣状，侧面观背瓣偏向左侧，腹瓣偏向右侧，包住侧瓣和背瓣；侧面观背瓣深 2 裂，末端略尖细，2 裂叶聚合处各有 1 个匕首状突起物；背面观侧瓣深 2 裂，末端钝圆；腹面观腹瓣左右不对称，端缘略凹入，右瓣末端尖细，左瓣末端钝圆且右瓣长于左瓣。阳茎器近中部处着生 1 对短的剑状突起物。抱器侧面观近三角形，基部窄，端部扩大，端缘弧形弯曲；背缘近端部突出下方有 1 个脊起，尾向观抱器背突的基部长且尖细，端部呈螯状。

观察标本：1♂（正模），云南西双版纳孔明山，1957.IX.21，臧令超（IZCAS）；10♂11♀，云南西双版纳勐仑，21°54′309″N，101°17′090″E，643m，2009.XI.17，唐果、姚志远。

地理分布：云南。

(71) 双斑格氏瓢蜡蝉 *Gnezdilovius bimaculatus* (Zhang *et* Che, 2009)（图 75；图版 XVI：j-l，图版 XVII：a-c）

Gergithus bimaculatus Zhang *et* Che, 2009: 185 (Type locality: Yunnan, China); Meng *et* Wang, 2012: 11.
Gnezdilovius bimaculatus: Meng, Webb *et* Wang, 2017: 18.

体连翅长：♂ 4.5mm。前翅长：♂ 3.9mm。

体棕色。头顶、复眼、额和唇浅棕色；额唇基沟处有黑色横带，侧面观颊处有黑色斑点。前翅棕色，具浅黄色斑点；前、中足腿节和胫节具黑色纵带。腹部腹面深褐色，端部黄色。

头顶近四边形，中域凹陷，两后侧角处宽约为中线长的 3.0 倍。额光滑，中域隆起，最宽处为基部宽的 1.6 倍，中线长为最宽处的 1.1 倍。前胸背板中域处有 2 个小凹陷；中胸盾片近侧缘中部各具 1 个小凹陷，最宽处为中线长的 1.7 倍。前翅具光泽，翅脉不明显，具 3 个椭圆形斑点，翅长为最宽处的 1.6 倍，后翅长为前翅的 0.6 倍。后足刺式 7-9-2。

雄性外生殖器：肛节背面观近椭圆形，顶缘中部突出，侧缘光滑，肛孔位于近中部，两侧顶角处最宽。尾节侧面观后缘近端部处明显突出，中部凹入，基部突出较小。阳茎呈浅“U”形，阳茎基端部裂开，背面观背瓣细长，左右背瓣不对称，左背瓣明显长于右背瓣；侧面观侧瓣粗大，顶端细，左右侧瓣不对称，右侧瓣较粗短；腹面观腹瓣扭曲，较长，顶端尖细，呈刺状。阳茎器粗壮，中部明显弯曲，有 1 不规则四角形状的突起，该突起的端部位于腹瓣与侧瓣之间。抱器侧面观近三角形，基部窄，端部扩大，端缘弧形弯曲，抱器背突下方有 1 与背缘近平行的脊起；尾突起基部尖细，端部边缘较圆滑。

观察标本：1♂（正模），云南个旧乍甸镇，2007.VII.20，李寅（SWU）；1♂，云南元江县望乡台保护区，2006.VII.22，张旭；1♀，云南元江县望乡台保护区，2006.VII.23，张旭。

地理分布：云南。

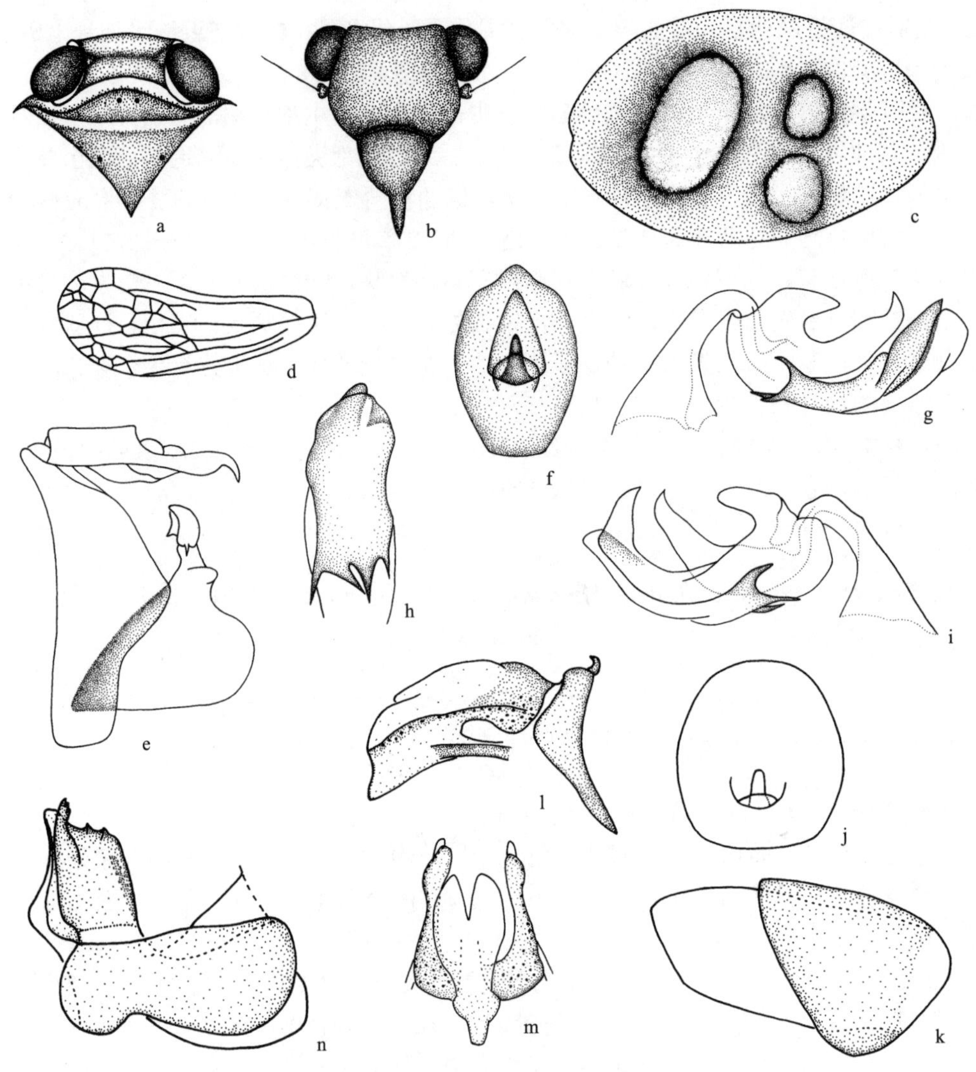

图 75　双斑格氏瓢蜡蝉 *Gnezdilovius bimaculatus* (Zhang *et* Che)

a. 头胸部背面观（head and thorax, dorsal view）；b. 额与唇基（frons and clypeus）；c. 前翅（tegmen）；d. 后翅（hind wing）；e. 雄虫外生殖器左面观（male genitalia, left view）；f. 雄肛节背面观（male anal segment, dorsal view）；g. 阳茎左面观（phallus, left view）；h. 阳茎腹面观（phallus, ventral view）；i. 阳茎右面观（phallus, right view）；j. 雌肛节背面观（female anal segment, dorsal view）；k. 第 3 产卵瓣侧面观（gonoplac, lateral view）；l. 第 2 产卵瓣侧面观（gonapophysis Ⅸ, lateral view）；m. 第 2 产卵瓣背面观（gonapophyses Ⅸ, dorsal view）；n. 第 1 产卵瓣侧面观（gonapophysis Ⅷ, lateral view）

(72) 三带格氏瓢蜡蝉 *Gnezdilovius tristriatus* (Meng *et* Wang, 2012)（图 76；图版 XⅦ：d-f）

Gergithus tristriatus Meng *et* Wang, 2012: 8 (Type locality: Yunnan, China).
Gnezdilovius tristriatus: Meng, Webb *et* Wang, 2017: 19.

体连翅长：♂ 5.0-5.1mm，♀ 5.6-5.8mm。前翅长：♂ 4.5-4.6mm，♀ 5.0-5.2mm。

体浅黄色。顶浅黄色。复眼暗褐色。额暗褐色，近唇基具黄绿色横带。额唇基沟黑色。唇基黑褐色。喙黄褐色。触角褐色。前胸背板浅黄色，近后缘中部略呈黑色。中胸盾片淡黄绿色，中间有或无黑色的条纹。前翅透明，基部浅黄色，分别在基部 1/3 和端部 1/3 处具 1 宽的黑色斜纹，后半部中间具 1 短窄的黑色斜纹，近端部 1/3 具 1 黑斑。后翅浅棕色，翅脉淡褐色，具黑色微刺。足黄褐色，后足胫节侧刺顶端黑色。

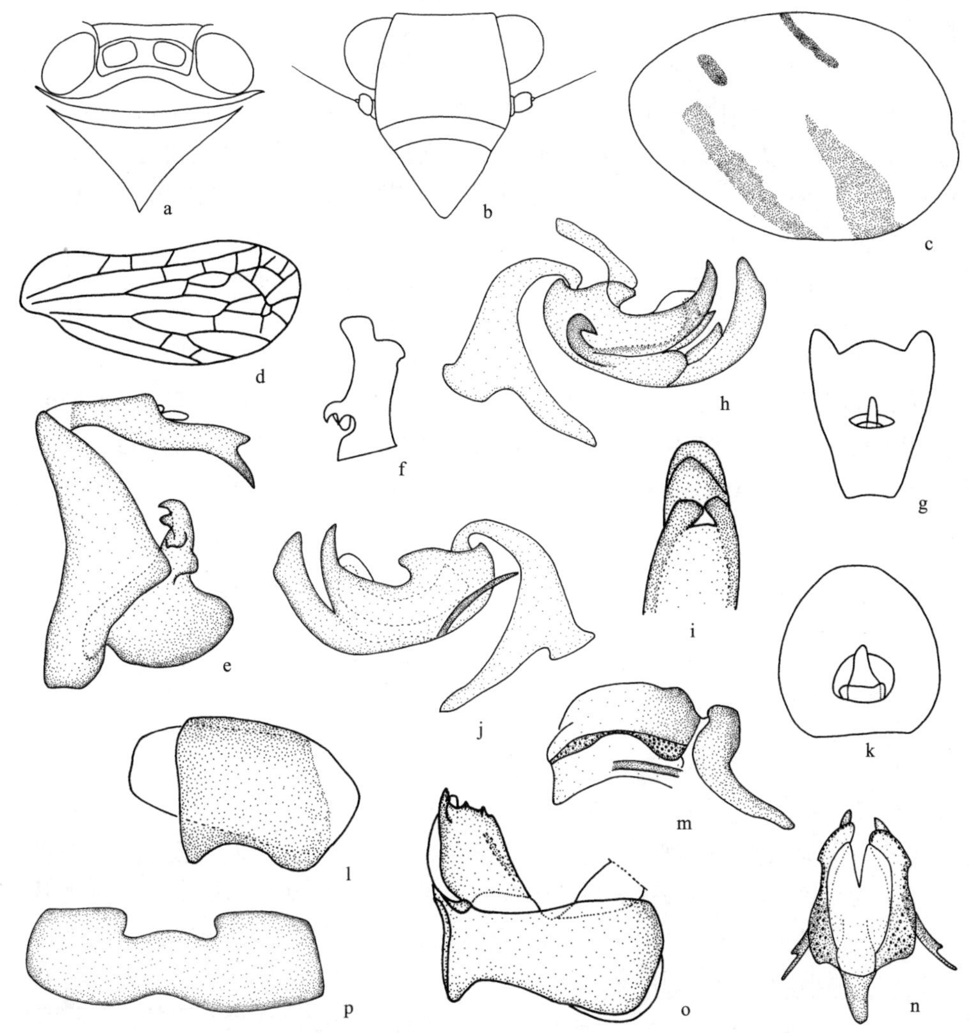

图 76　三带格氏瓢蜡蝉 *Gnezdilovius tristriatus* (Meng *et* Wang)

a. 头胸部背面观（head and thorax, dorsal view）；b. 额与唇基（frons and clypeus）；c. 前翅（tegmen）；d. 后翅（hind wing）；e. 雄虫外生殖器左面观（male genitalia, left view）；f. 抱器背突尾向观（capitulum of genital style, caudal view）；g. 雄肛节背面观（male anal segment, dorsal view）；h. 阳茎左面观（phallus, left view）；i. 阳茎腹面观（phallus, ventral view）；j. 阳茎右面观（phallus, right view）；k. 雌肛节背面观（female anal segment, dorsal view）；l. 第 3 产卵瓣侧面观（gonoplac, lateral view）；m. 第 2 产卵瓣侧面观（gonapophysis Ⅸ, lateral view）；n. 第 2 产卵瓣背面观（gonapophyses Ⅸ, dorsal view）；o. 第 1 产卵瓣侧面观（gonapophysis Ⅷ, lateral view）；p. 雌第 7 腹节腹面观（female sternite Ⅶ, ventral view）

头顶宽，前缘直，后缘略凹入，宽为中线长的 3.3 倍，中域略凹。额宽，具许多小刻点，最宽处为基部宽的 1.4 倍，侧缘明显脊起。额唇基沟较直。唇基相对小，基部 1/3 略凹陷，中域突出。喙达后足转节。前胸背板前缘凸出于复眼之间，后缘直，中域略凹，具许多小刻点。中胸盾片三角形具皱，最宽处宽为长的 2.1 倍。前翅长为最宽处的 1.6 倍。后翅翅脉网状，为前翅长的 0.7 倍，长为最宽处的 2.3 倍。后足刺式：♂ 7-14-2，♀ 9-16-2。

雄性外生殖器：肛节近三角形，基部窄，端部宽，端缘凸出，侧顶角明显角状突出。尾节后缘中部圆弧形突出，前缘略凹入。阳茎浅"U"形，阳茎基背侧瓣端部突状，腹瓣端缘尖，长于背侧瓣，强骨化。阳茎器基部具 1 对不对称的突起，左侧突短，呈钩状，顶端尖，右侧突细长相对直，顶端指向头部。抱器小，后缘凹，腹端角圆。抱器背突具 2 个钝圆顶突和 1 个大的侧齿，侧刺端部分成 2 个小刺，其下具 1 大的瘤状突。

雌性外生殖器：肛节长大于宽，顶缘微突出，侧缘圆滑；肛孔位于肛节的基部，肛下板短。第 3 产卵瓣近长方形，中域隆起；背面基部愈合，分叉处骨化。第 2 产卵瓣基部微突出，背面中域分 2 瓣。生殖骨片桥基部短，近方形，端部细长。第 1 负瓣片近长方形，基部宽。内生殖瓣骨化，较长。第 1 产卵瓣腹缘角具 3 较小的齿，端缘具 2 刺。第 7 腹节后缘中部明显凹入。

观察标本： 1♂（正模），云南元江县望乡台保护区，2006.VII.18，石雪琴（NKU）；1♀（副模），云南元江县望乡台保护区，2006.VII.18，石雪琴（NKU）；1♂2♀（副模），云南元江县咪哩乡大兴村，2006.VII.22，范中华（NKU）。

地理分布： 云南。

(73) 皱额格氏瓢蜡蝉 *Gnezdilovius rosticus* (Chan *et* Yang, 1994)（图 77）

Gergithus rosticus Chan *et* Yang, 1994: 34 (Type locality: Taiwan, China).

Gnezdilovius rosticus: Meng, Webb *et* Wang, 2017: 19.

以下描述源自 Chan 和 Yang（1994）。

体连翅长：♂ 4.3-4.4mm，♀ 4.9-5.4mm。前翅长：♂ 3.7-4.0mm，♀ 4.3-4.8mm。

体褐色。头顶褐色，基部浅绿色。额污褐色，中域褐色。唇基深褐色，近基部 1/3 处褐色。前胸背板褐色，基缘浅绿色。中胸盾片褐色，近中部具黑色小点。前翅褐色至浅黄色，具褐色斜纹和斑点。后翅褐色，基部浅黄色。足浅褐色，腹部浅黄褐色。

头顶中域略凹陷。头顶、前胸背板和中胸盾片具皱褶，头顶两后侧角处宽约为中线长的 2.9 倍。额粗糙，最宽处为基部宽的 2.7 倍。唇基近基部 1/3 处具斑纹。前胸背板近中部具 2 个凹陷。中胸盾片最宽处为中线长的 2 倍。前翅近椭圆形，翅脉网状，长为最宽处的 1.5 倍，近中部具 2 条斜纹，端部具 1 个斑点；后翅翅脉网状（后翅损坏）。后足刺式 6-9-2。

雄性外生殖器：肛节背面观钝圆，基半部向基部聚拢，侧面观端部尖锐。阳茎基具背瓣，背瓣背面观钝圆，侧瓣腹面观右侧瓣长于左侧瓣，腹瓣腹面观前缘中部微凹入；阳茎对称。抱器近三角形，突起短，近基部呈钩状，尾向观近平行。

观察标本： 未见。

地理分布：台湾。

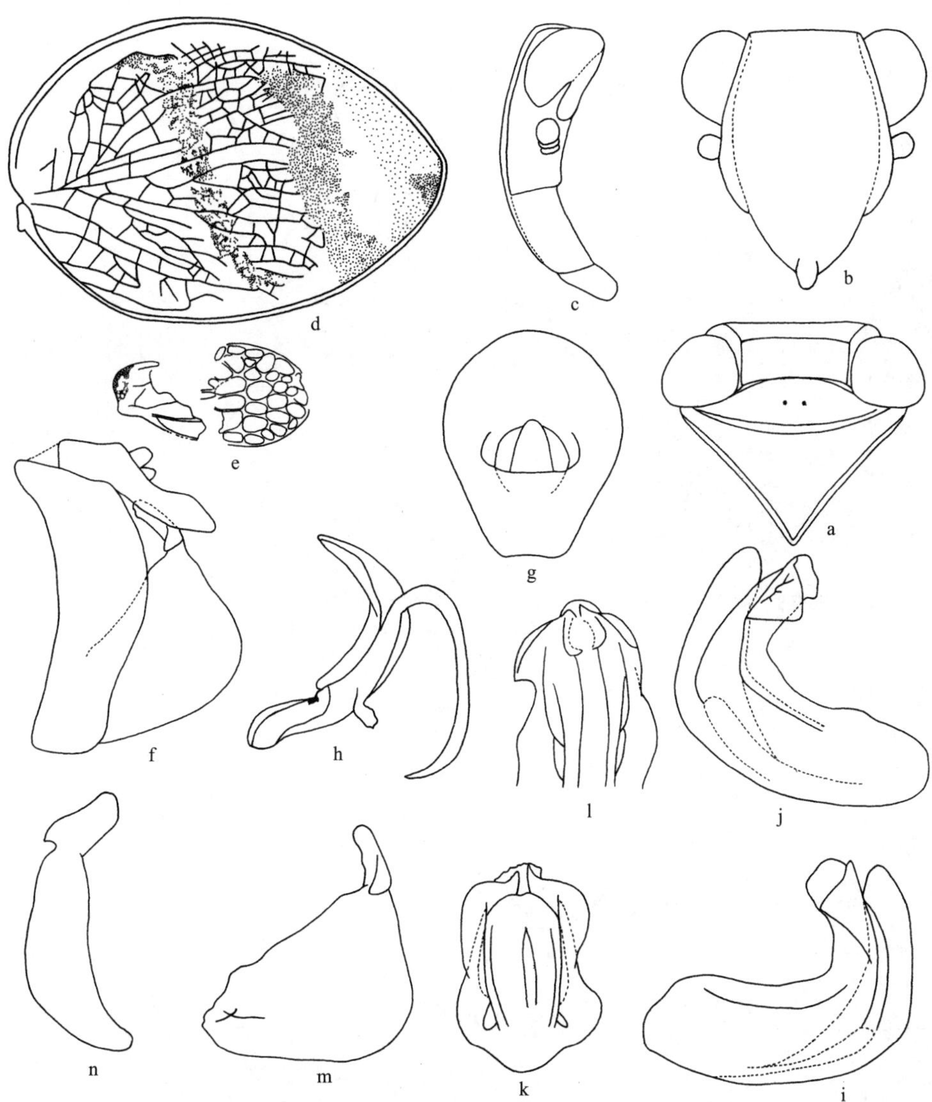

图 77　皱额格氏瓢蜡蝉 *Gnezdilovius rosticus* (Chan *et* Yang)（仿 Chan & Yang，1994）

a. 头胸部背面观（head and thorax, dorsal view）；b. 额与唇基（frons and clypeus）；c. 头部侧面观（head, lateral view）；d. 前翅（tegmen）；e. 后翅（hind wing）；f. 雄虫外生殖器侧面观（male genitalia, lateral view）；g. 雄肛节背面观（male anal segment, dorsal view）；h. 阳茎器左面观（aedeagus, left view）；i. 阳茎基左面观（phallobase, left view）；j. 阳茎基右面观（phallobase, right view）；k. 阳茎基腹面观（phallobase, ventral view）；l. 阳茎基背面观（phallobase, dorsal view）；m. 抱器侧面观（genital style, lateral view）；n. 抱器尾向观（genital style, caudal view）

(74) 圆翅格氏瓢蜡蝉 *Gnezdilovius rotundus* (Chan *et* Yang, 1994)（图 78）

Gergithus rotundus Chan *et* Yang, 1994: 36 (Type locality: Taiwan, China).

Gnezdilovius rotundus: Meng, Webb *et* Wang, 2017: 19.

以下描述源自 Chan 和 Yang（1994）。

体连翅长：♂ 4.6-5.3mm，♀ 5.4mm。前翅长：♂ 4.2-4.8mm，♀ 4.9mm。

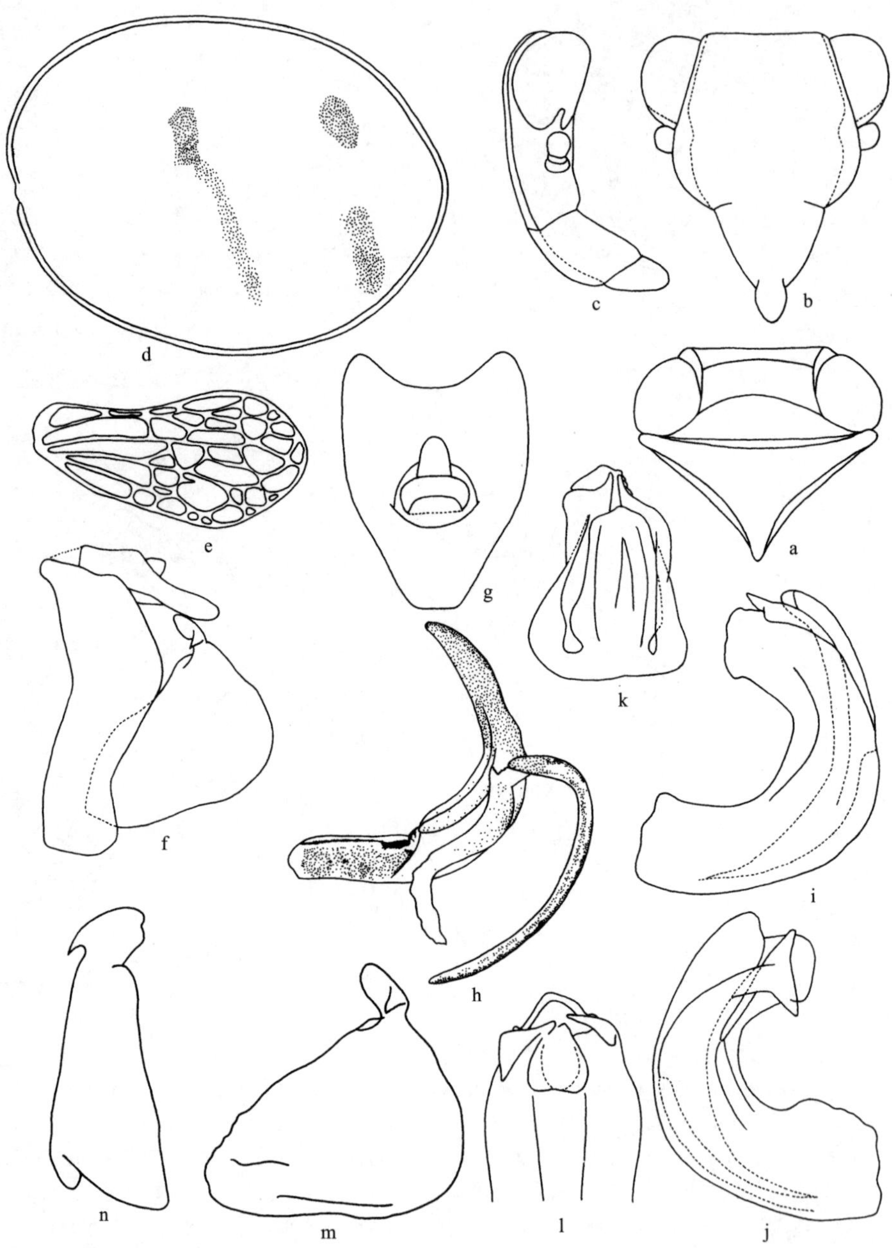

图 78 圆翅格氏瓢蜡蝉 *Gnezdilovius rotundus* (Chan *et* Yang)（仿 Chan & Yang，1994）

a. 头胸部背面观（head and thorax, dorsal view）；b. 额与唇基（frons and clypeus）；c. 头部侧面观（head, lateral view）；d. 前翅（tegmen）；e. 后翅（hind wing）；f. 雄虫外生殖器侧面观（male genitalia, lateral view）；g. 雄肛节背面观（male anal segment, dorsal view）；h. 阳茎器左面观（aedeagus, left view）；i. 阳茎基左面观（phallobase, left view）；j. 阳茎基右面观（phallobase, right view）；k. 阳茎基腹面观（phallobase, ventral view）；l. 阳茎基背面观（phallobase, dorsal view）；m. 抱器侧面观（genital style, lateral view）；n. 抱器尾向观（genital style, caudal view）

体褐色。头顶基部浅绿色。额浅黄色，近基部黄色。唇基黄色，具褐色纵带。前胸背板褐色，具黑色斑纹。前翅透明，具褐色斜带，后翅深褐色。足深褐色。腹部褐色或黄色。

额、前胸背板和中胸盾片具皱褶。头顶两后侧角处宽约为中线长的 3.1 倍。额平坦，具细小的皱褶，最宽处为基部宽的 1.6 倍。唇基具 2 条纵带。前胸背板基部 1/3 处具斑纹，端部和基部边缘略隆起，近中部具 2 个小凹陷；中胸盾片最宽处为中线长的 2.6 倍。前翅具光泽，阔椭圆形，中部及端部 1/5 处具 2 条断开的斑纹，翅长为最宽处的 1.4 倍；后翅长为最宽处的 2 倍，为前翅长的 0.6 倍。后足刺式 6-9-2。

雄性外生殖器：肛节背面观端半部侧缘近平行，基半部侧缘向基部聚拢，端缘明显凹入。阳茎基具背瓣，背瓣端部翻折，背面观近三角形，右侧瓣比左侧瓣尖锐，腹瓣腹面观端缘中部略突出。阳茎器具 2 个等长的突起，突起在基部 1/5 处弯曲。抱器近三角形，腹尾缘钝圆；突起短且粗壮，近基部呈钩状，尾向观内顶角缺刻。

观察标本：未见。

地理分布：台湾。

(75) 双带格氏瓢蜡蝉 *Gnezdilovius bistriatus* (Schumacher, 1915)（图 79）

Hemisphaerius bistriatus Schumacher, 1915b: 136 (Type locality: Taiwan, China).

Gergithus bistriatus: Hori, 1969: 57; Chan *et* Yang, 1994: 31.

Hemisphaerius bizonatus Matsumura, 1916: 96 (Type locality: Taiwan, China). Synonymised by Hori, 1969: 57.

Gnezdilovius bistriatus: Meng, Webb *et* Wang, 2017: 18.

以下描述源自 Chan 和 Yang（1994）。

体连翅长：♂ 4.0-4.4mm，♀ 4.6-5.1mm。前翅长：♂ 3.6-4.1mm，♀ 4.0-4.8mm。

体浅褐色。额和唇基污黄色或褐色。额浅褐色，具褐色斑纹。前胸背板浅褐色，具浅黄色斑纹。中胸盾片浅黄褐色。前翅半透明，浅黄褐色，具褐色横带和斑点；后翅褐色，基半部深褐色。足浅褐色，前足边缘黑色。腹部浅黄色。

头顶中域略凹陷，两后侧角处宽为中线长的 2.7 倍。额扁平，最宽处为基部长的 1.5 倍。前胸背板和中胸盾片具皱褶。前胸背板基缘处具斑纹，近中域处具 2 个小凹陷。中胸盾片最宽处为长的 2.3 倍。前翅卵圆形，具光泽，中域具 2 条横带，近端部 1/3 处的横带通常断开，翅端部具 1 圆斑，长为最宽处的 1.5 倍。后翅前缘弧状弯曲，长为最宽处的 2.5 倍，为前翅长的 0.5 倍。后足刺式 6-(8-9)-2。

雄性外生殖器：肛节背面观菱形，中部后最宽，端缘中部凹入。阳茎基具背瓣，背瓣近端部处翻折，背面观端部钝圆；左侧瓣小，右侧瓣大，呈大的三角形；腹瓣端缘钝圆；阳茎突起对称。抱器短，近三角形，突起小，近基部处呈钩状，尾向观端部稍尖。

观察标本：未见。

地理分布：台湾。

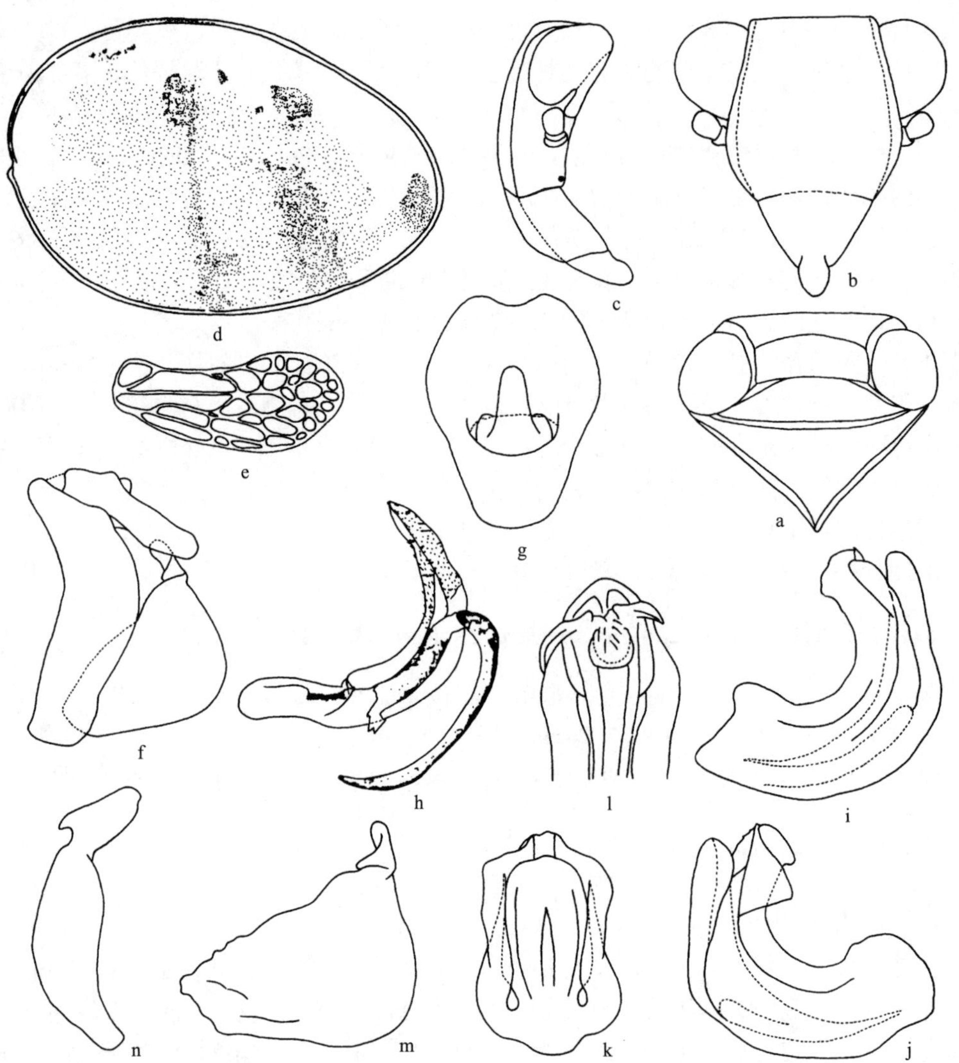

图 79 双带格氏瓢蜡蝉 *Gnezdilovius bistriatus* (Schumacher)（仿 Chan & Yang，1994）

a. 头胸部背面观（head and thorax, dorsal view）；b. 额与唇基（frons and clypeus）；c. 头部侧面观（head, lateral view）；d. 前翅（tegmen）；e. 后翅（hind wing）；f. 雄虫外生殖器侧面观（male genitalia, lateral view）；g. 雄肛节背面观（male anal segment, dorsal view）；h. 阳茎器左面观（aedeagus, left view）；i. 阳茎基左面观（phallobase, left view）；j. 阳茎基右面观（phallobase, right view）；k. 阳茎基腹面观（phallobase, ventral view）；l. 阳茎基背面观（phallobase, dorsal view）；m. 抱器侧面观（genital style, lateral view）；n. 抱器尾向观（genital style, caudal view）

(76) 螯突格氏瓢蜡蝉 *Gnezdilovius chelatus* (Che, Zhang *et* Wang, 2007)（图 80；图版 XVII：g-i）

Gergithus chelatus Che, Zhang *et* Wang, 2007: 617 (Type locality: Hainan, China); Chen, Zhang *et* Chang, 2014: 50.

Gnezdilovius chelatus: Meng, Webb *et* Wang, 2017: 18.

体连翅长：♂ 4.8-5.0mm，♀ 5.1mm。前翅长：♂ 3.9-4.1mm，♀ 4.2mm。

体深褐色，具浅黄绿色条纹。头顶深褐色，基部浅黄绿色；复眼浅褐色。额深褐色，具浅黄绿色横带；唇基深褐色，喙黄褐色。前胸前板深褐色；中胸盾片浅黄绿色，侧顶角略带褐色，后角褐色。前翅褐色，具浅黄绿色条带和斑点；后翅浅黄褐色，翅脉深褐色。足浅棕色，前足及中足的腿节、胫节具黑色纵带，后足腿节黑色。腹部腹面深褐色，各节末端及腹部两侧浅黄绿色。

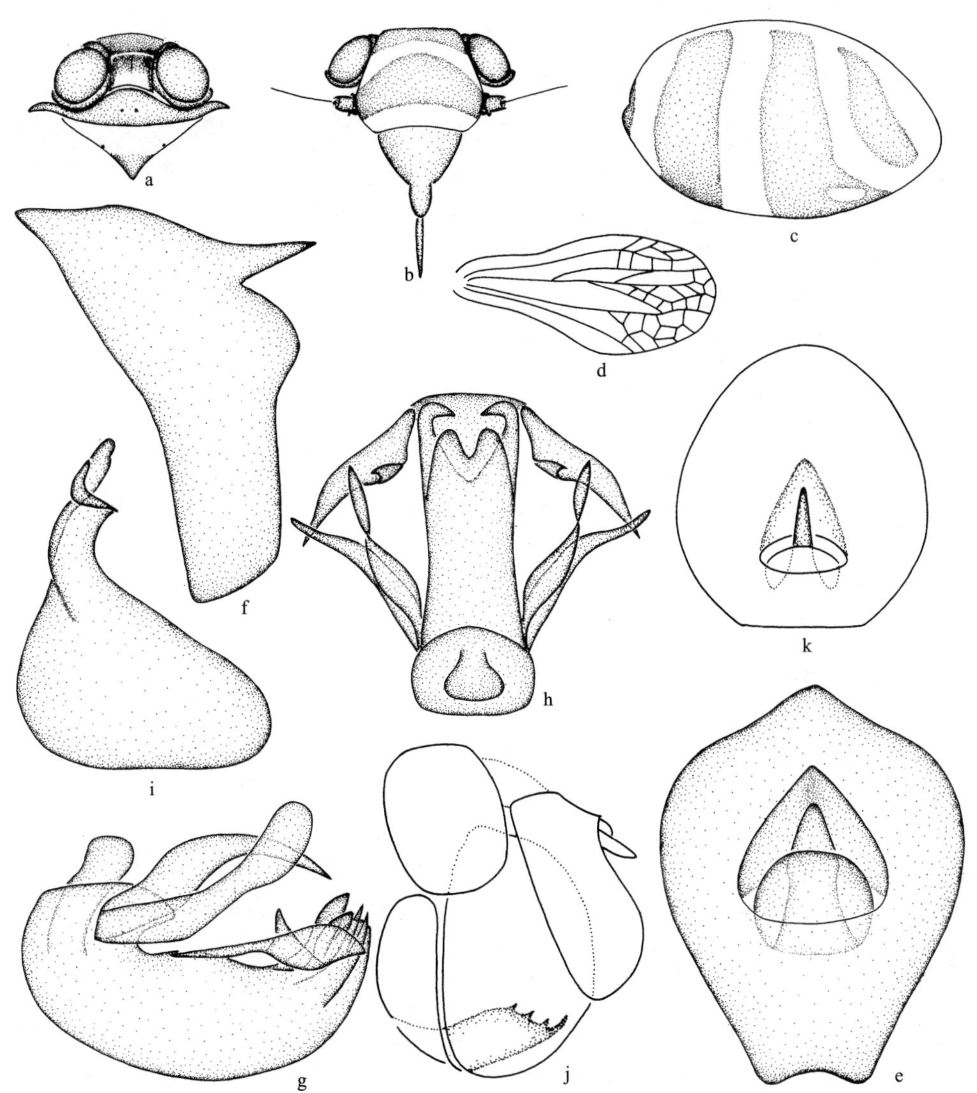

图 80　螯突格氏瓢蜡蝉 *Gnezdilovius chelatus* (Che, Zhang *et* Wang)

a. 头胸部背面观（head and thorax, dorsal view）；b. 额与唇基（frons and clypeus）；c. 前翅（tegmen）；d. 后翅（hind wing）；e. 雄肛节背面观（male anal segment, dorsal view）；f. 尾节侧面观（pygofer, lateral view）；g. 阳茎侧面观（phallus, lateral view）；h. 阳茎背面观（phallus, dorsal view）；i. 抱器侧面观（genital style, lateral view）；j. 雌虫外生殖器左面观（female genitalia, left view）；k. 雌肛节背面观（female anal segment, dorsal view）

头顶近四边形，两后侧角处宽约为中线长的 1.2 倍。额光滑，中域微隆起，具 2 条横带，1 条位于两复眼间，另 1 条位于额唇基沟上，额最宽处约为基部宽的 1.6 倍，中线长为最宽处的 0.7 倍。前胸背板中域具 2 个小凹陷，后缘向后盖住中胸盾片的前缘：中胸盾片近侧缘中部各具 1 个小凹陷，最宽处为中线长的 2.1 倍。前翅光滑，翅面具刻点，基部至近端部具 4 条横带和 1 个椭圆斑，翅长为最宽处的 1.6 倍；后翅半透明，翅脉明显呈网状，后翅长为前翅的 0.8 倍。后足刺式 6-9-2。

雄性外生殖器：肛节背面观近椭圆形，端缘中央突出明显，侧顶角圆，肛孔位于近中部，近顶部最宽。尾节侧面观后缘近端部突出明显，突出中部成 1 刺状物，中部凹入，基部突出较小。阳茎呈浅“U”形，阳茎基端部裂开成瓣状，背面观背瓣渐细，裂叶顶端钝圆，侧面观侧瓣裂叶顶端尖细，腹面观腹瓣钝圆，明显短于侧瓣。阳茎器侧面观基部各具 1 螯状的突出物，端部各具 1 源于侧瓣的顶端尖细的斧状突出物。抱器侧面观近三角形，基部窄，端部扩大，端缘弧形弯曲，背缘近端部具 1 突起，突起的基部尖细，端部边缘较钝圆。

雌性外生殖器：肛节背面观近椭圆形，顶缘中部突出，侧缘圆滑，肛孔位于肛节的基半部。第 1 产卵瓣向上弯曲，端缘具 4 个近平行的、依次增大的刺，侧缘光滑。侧面观第 9 背板近方形，第 3 产卵瓣近方形。第 7 腹节近平直。

观察标本：1♂（正模），海南尖峰岭，1983.VII.25，华立中（ZSU）；1♂（副模），海南尖峰岭，1982.VII.8，刘元福（CAF）；2♀（副模），海南尖峰岭，1981.VII.15，刘元福（CAF）；1♀，海南尖峰岭，1982.VIII.5，梁承丰（CAF）。

地理分布：海南。

(77) 壮格氏瓢蜡蝉 *Gnezdilovius robustus* (Schumacher, 1915)（图 81）

Gergithus robustus Schumacher, 1915b: 127 (Type locality: Taiwan, China); Chan *et* Yang, 1994: 50.
Gnezdilovius robustus: Meng, Webb *et* Wang, 2017: 19.

以下描述源自 Schumacher（1915）。

体连翅长：♂ 5.1-5.2mm。前翅长：♂ 4.1-4.5mm。

头顶褐色，边缘黄色。额浅黄色或浅绿色，近头顶处具浅色斑点。唇基浅黄色，具黑色纵带。前胸背板黄绿色。中胸盾片浅黄色。前翅绿色，具黄绿色斑纹和黑色斑点。足黄绿色，具黑色条带。腹部褐色或深褐色。

头顶中域凹陷，两后侧角处宽为中线长的 2.5 倍。额具皱褶，略凸出，具不明显的凹槽，额唇基沟前具 1 横带，近头部处有 2 个斑点，最宽处为基部长的 2 倍。唇基具 2 条纵带和不明显的中脊。前胸背板和中胸盾片粗糙。前胸背板近中域处具 2 个小凹陷。中胸盾片最宽处为中线长的 2.3 倍。前翅卵圆形，翅脉网状，近端部的前缘处具 1 个或 2 个斑点，长为最宽处的 1.8 倍。后翅翅脉网状，长为最宽处的 2 倍，为前翅长的 0.8 倍。后足刺式 6-9-2。

雄性外生殖器：肛节背面观蘑菇状，侧面观背缘和腹缘近平行，所处位置低于肛刺突，端缘平截。阳茎基具背瓣，背瓣的端部处不翻折，侧瓣腹面观端缘向侧面角状突出，腹瓣腹面观端缘中部凹入。腹面观阳茎的突起稍弯曲。抱器背缘和腹缘近平行，端部稍宽，突起侧面观长且细，呈直立状，近基部呈钩状。

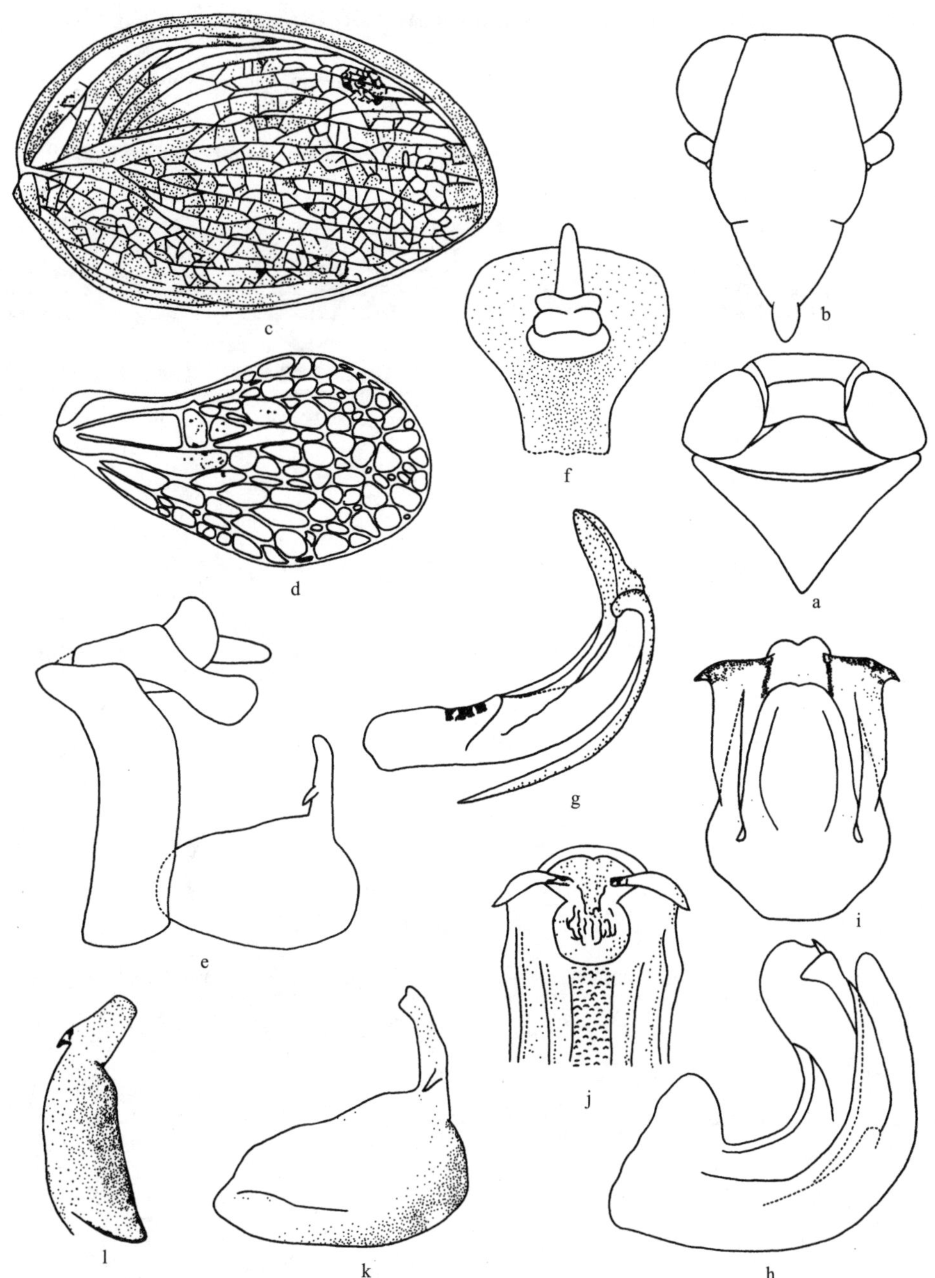

图 81　壮格氏瓢蜡蝉 *Gnezdilovius robustus* (Schumacher)（仿 Chan & Yang，1994）

a. 头胸部背面观（head and thorax, dorsal view）；b. 额与唇基（frons and clypeus）；c. 前翅（tegmen）；d. 后翅（hind wing）；e. 雄虫外生殖器侧面观（male genitalia, lateral view）；f. 雄肛节背面观（male anal segment, dorsal view）；g. 阳茎左面观（phallus, left view）；h. 阳茎基左面观（phallobase, left view）；i. 阳茎基腹面观（phallobase, ventral view）；j. 阳茎基背面观（phallobase, dorsal view）；k. 抱器侧面观（genital style, lateral view）；l. 抱器尾向观（genital style, caudal view）

观察标本：未见。

地理分布：台湾。

(78) 网纹格氏瓢蜡蝉 *Gnezdilovius formosanus* (Metcalf, 1955)（图 82；图版 XVII：j-l）

Gergithus reticulatus Matsumura, 1916: 101 (Type locality: Taiwan, China); Kato, 1933: pl. 13; Chou, Lu, Huang *et* Wang, 1985: 123.

Gergithus formosanus Metcalf, 1955: 263. New name for *Gergithus reticulatus* Matsumura, 1916.

Gnezdilovius formosanus: Meng, Webb *et* Wang, 2017: 18.

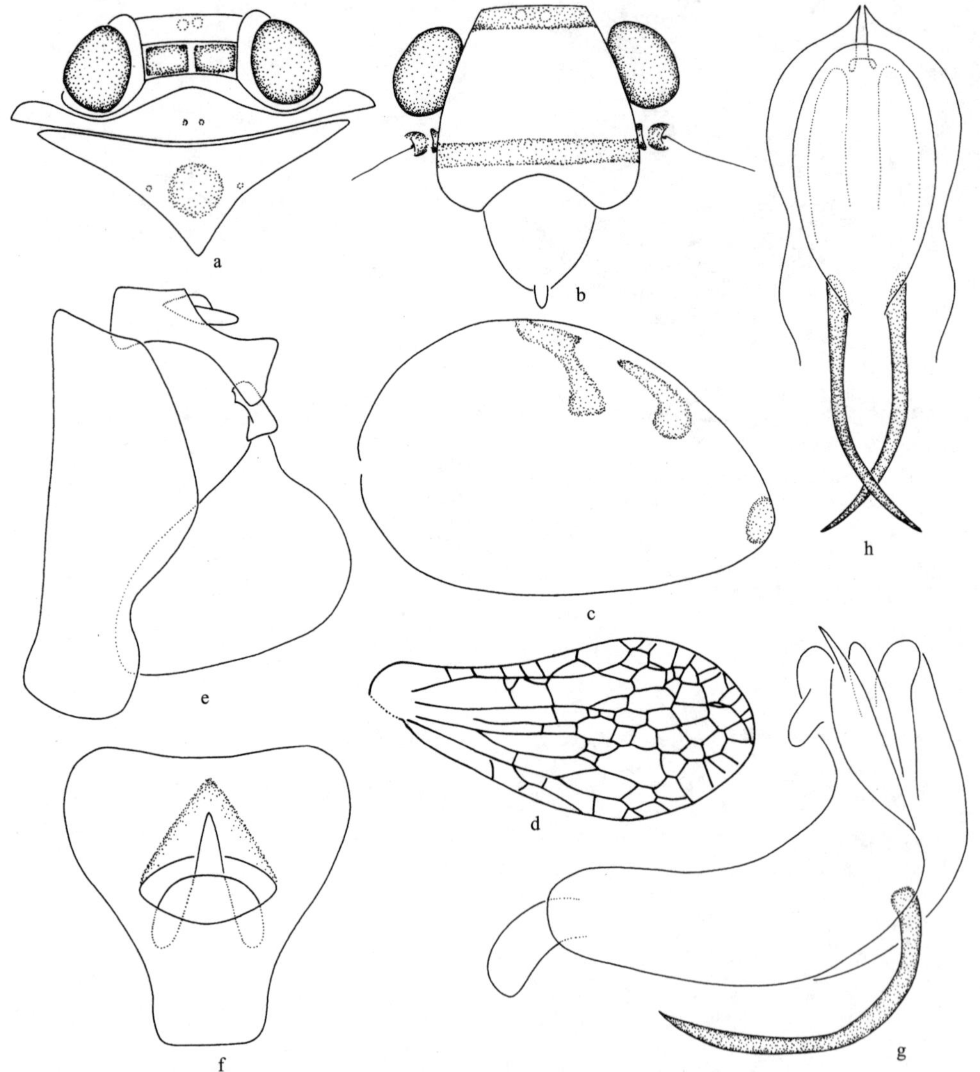

图 82　网纹格氏瓢蜡蝉 *Gnezdilovius formosanus* (Metcalf)

a. 头胸部背面观（head and thorax, dorsal view）；b. 额与唇基（frons and clypeus）；c. 前翅（tegmen）；d. 后翅（hind wing）；e. 雄虫外生殖器左面观（male genitalia, left view）；f. 雄肛节背面观（male anal segment, dorsal view）；g. 阳茎侧面观（phallus, lateral view）；h. 阳茎端部腹面观（apex of phallus, ventral view）

体连翅长：♂ 7.0-7.1mm。前翅长：♂ 6.5mm。

体土褐色，具黑褐色斑点。头顶土褐色，凹陷处黑褐色，后缘浅棕色。额土褐色，基部和端部具浅棕色横带，端部近头顶处具 2 个浅色小圆斑。唇基土褐色，喙棕色。前胸背板土褐色；中胸盾片土褐色，近中域具 1 个大的黑褐色斑。前翅土褐色，具黑褐色斑点；后翅浅褐色，翅脉深褐色。足棕色，略带红色。腹部腹面红棕色，各节末端略带浅黄色。

头顶近四边形，两后侧角处宽约为中线长的 2.7 倍。额光滑，中域隆起，最宽处为基部宽的 1.4 倍，中线长为最宽处的 1.1 倍，基部和端部具浅色横带，端部近头顶处具 2 个浅色小圆斑。前胸背板中域处有 2 个小凹陷；中胸盾片近侧缘中部各具 1 个小凹陷，最宽处为中线长的 2.9 倍。前翅翅脉明显，翅前缘和端缘具 3 个黑褐色斑，翅呈现龟裂的形状；后翅半透明，网状，后翅长为前翅的 0.65 倍。后足刺式 6-10-2。

雄性外生殖器：肛节背面观蘑菇形，顶缘微凹入，侧顶角圆，肛孔位于近中部，近端部处最宽。尾节侧面观后缘端部突出明显，中部略凹入，基部突出较小。阳茎呈浅“U”形，阳茎基背面观背瓣近端部 2 裂叶，裂叶尖细，侧面观背瓣未裂叶部分鼓起并各具 1 指状突起；侧面观侧瓣 2 裂叶，端部钝圆；腹面观腹瓣端缘中部明显突出。阳茎器近中部具 1 对长的突起物。抱器侧面观近三角形，基部窄，端部扩大，端缘弧形弯曲，抱器背突基部钝圆，端部边缘较圆滑。

观察标本：2♂，Botanwan，1935.V.25，R. Takanashi。

地理分布：台湾；日本。

(79) 笼格氏瓢蜡蝉 *Gnezdilovius longulus* (Schumacher, 1915)（图 83）

Gergithus longulus Schumacher, 1915a: 135 (Type locality: Taiwan, China); Schumacher, 1915b: 128; Hori, 1969: 56; Chan *et* Yang, 1994: 47.

Gergithus kuyanianus Matsumura, 1916: 103 (Type locality: Taiwan, China). Synonymised by Hori, 1969: 56.

Gnezdilovius longulus: Meng, Webb *et* Wang, 2017: 18.

以下描述源自 Schumacher（1915）。

体连翅长：♂ 6.0-6.5mm，♀ 6.8mm。前翅长：♂ 5.3-5.8mm，♀ 6.1mm。

体黄褐色。头顶黄褐色，基部具绿色斑纹。额浅黄色，具光泽的绿色横带。前胸背板黄褐色，具绿色斑纹。中胸盾片黄褐色，具绿色斑纹。前翅浅黄绿色，具黑色斑纹、黑色和绿色斑点；后翅褐色。足浅绿褐色。腹部褐色。

头顶中域凹陷，两后侧角处宽为中线长的 3 倍。额微具皱褶，额唇基沟前具 1 横带，中间断开并延伸至触角基部，最宽处为基部长的 1.8 倍。前胸背板和中胸盾片粗糙。前胸背板基部边缘具斑纹。中胸盾片侧缘具斑纹，最宽处为中线长的 2.2 倍。前翅卵圆形，前缘处具不明显的黑色斑纹，端半部近前缘处具 2 个不明显斑点，中部近缝缘处具 1 小斑点，长为最宽处的 1.7 倍；后翅翅脉网状，长为最宽处的 2.1 倍，为前翅长的 0.8 倍。后足刺式 6-(10-12)-2。

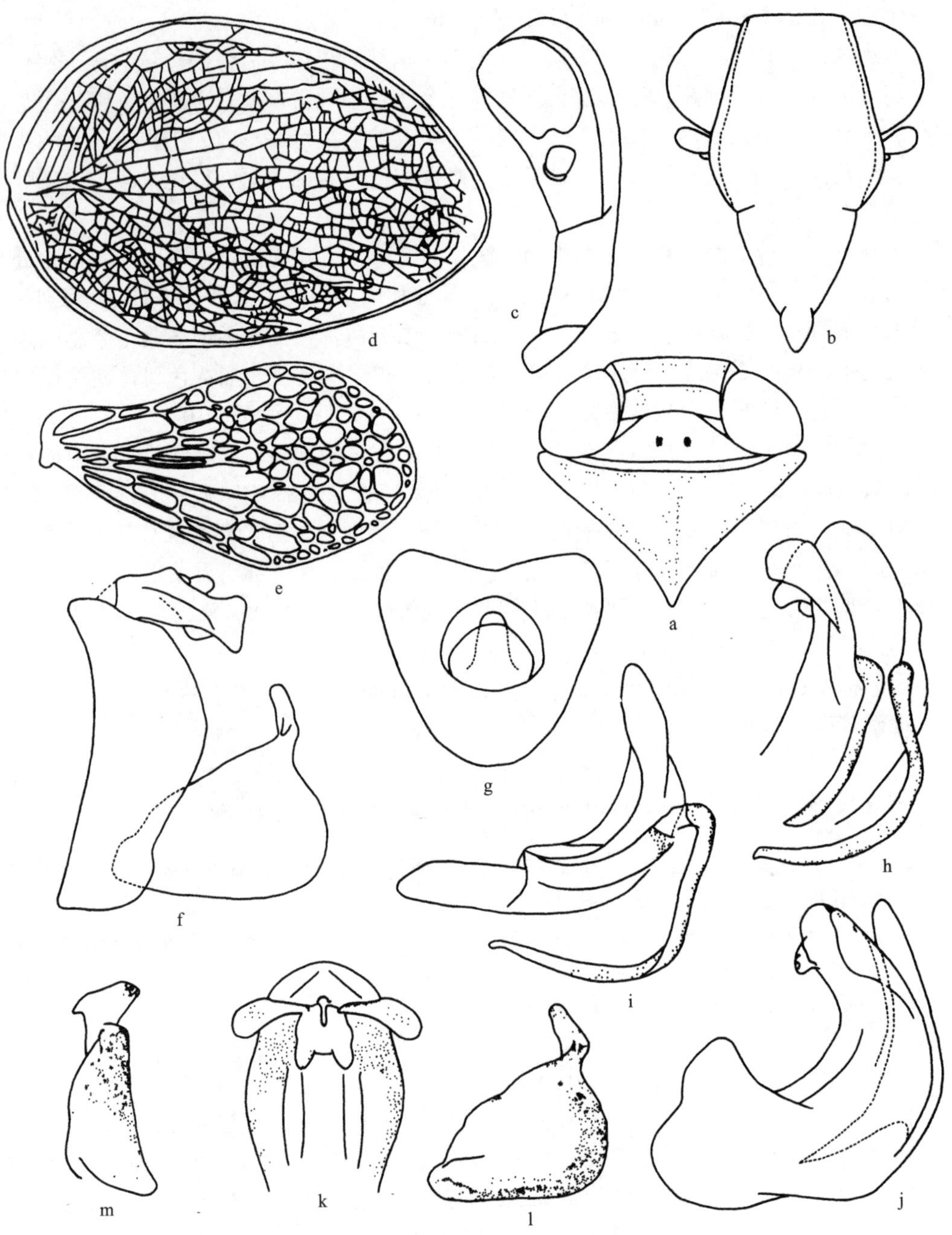

图 83 笼格氏瓢蜡蝉 *Gnezdilovius longulus* (Schumacher)（仿 Chan & Yang，1994）

a. 头胸部背面观（head and thorax, dorsal view）；b. 额与唇基（frons and clypeus）；c. 头部侧面观（head, lateral view）；d. 前翅（tegmen）；e. 后翅（hind wing）；f. 雄虫外生殖器侧面观（male genitalia, lateral view）；g. 雄肛节背面观（male anal segment, dorsal view）；h. 阳茎侧尾向观（左面）[phallus, laterocaudad view（left view）]；i. 阳茎器左面观（aedeagus, left view）；j. 阳茎基左面观（phallobase, left view）；k. 阳茎基背面观（phallobase, dorsal view）；l. 抱器侧面观（genital style, lateral view）；m. 抱器尾向观（genital style, caudal view）

雄性外生殖器：肛节背面观近三角形，顶缘中部略凹陷，侧面观短，端部平截。阳茎基具背瓣，背瓣近端部翻折，背面观端缘呈棒状突出，侧瓣较发达，腹瓣腹面观端缘中部凹入。阳茎突起不对称，右突起明显长于左突起，两突起着生在同一位置。抱器近三角形，顶缘弧状，突起近中部呈钩形，尾向观端部尖锐。

观察标本：未见。

地理分布：台湾；日本。

(80) 十星格氏瓢蜡蝉 *Gnezdilovius iguchii* (Matsumura, 1916)（图 84；图版 XVIII：a-c）

Gergithus iguchii Matsumura, 1916: 98 (Type locality: Japan); Chou, Lu, Huang *et* Wang, 1985: 124; Che, Zhang *et* Wang, 2007: 611; Chen, Zhang *et* Chang, 2014: 52.

Ishiharanus iguchii: Hori, 1969: 60.

Gnezdilovius iguchii: Meng, Webb *et* Wang, 2017: 18.

体连翅长：♂ 4.9mm，♀ 5.1mm。前翅长：♂ 4.4mm，♀ 4.6mm。

体橙黄色，具黑褐色斑点。头顶、复眼、前胸背板深褐色；唇基黑褐色，基部具浅色横带，喙深褐色。中胸盾片橙黄色。前翅橙黄色，具黑褐色斑点；后翅浅褐色，翅脉深褐色。足褐色，腿节基部具黑色横带，胫节具黑色纵带。腹部腹面褐色，腹部两侧略带黑色。

头顶近四边形，两后侧角处宽约为中线长的 2.1 倍。额光滑，中域隆起，最宽处为基部宽的 1.1 倍，中线长为最宽处的 1.4 倍。唇基近额唇基沟处具浅色横带。前胸背板中域处有 2 个小凹陷；中胸盾片近侧缘中部各具 1 个小凹陷，最宽处为中线长的 2.7 倍。前翅具光泽，翅脉明显，自基部至端部圆斑按 3、2 排列，翅端部黑色，翅长为最宽处的 1.7 倍；后翅半透明，网状，后翅长为前翅的 0.8 倍。后足刺式 6-9-2。

雄性外生殖器：肛节背面观短小，顶缘近平直，中部微凸出，侧顶角圆，肛孔位于近中部，近端部处最宽。尾节侧面观后缘近端部处明显突出，中部凹入，基部突出较小。阳茎呈浅“U”形，阳茎基端部裂开，对称，背面观背瓣较短，端缘突出，侧顶角圆；侧面观侧瓣细长 2 裂叶；腹面观腹瓣端缘突出，背瓣和腹瓣明显短于侧瓣。阳茎基在近基部具 1 对短突起。抱器侧面观近三角形，基部窄，端部扩大，端缘波形弯曲，抱器背突下方有 1 与背缘近平行的短的脊起；突起基部、端部边缘较圆滑。

雌性外生殖器：肛节背面观近椭圆形，顶缘中部突出，侧缘圆滑，肛孔位于肛节的基半部。第 1 产卵瓣向上弯曲，端缘具 3 个近平行的、大小相等的刺，近侧缘处具 1 三齿状的突起。侧面观第 9 背板和第 3 产卵瓣近三角形。第 7 腹节近平直。

寄主：山地阔叶树、灌木。

观察标本：2♂，福建武夷挂墩，1980.IX.24，陈彤；2♂，广东连县瑶安乡，1962.X.24，郑乐怡、程汉华（NKU）；1♂，福建德化水口，1974.XI.12，杨集昆（CAU）；1♀，福建二里坪，1980.IX.29，江凡；1♂，浙江省凤阳山，2007.VII.31，郭宏伟、袁向群。

地理分布：浙江、福建、广东、贵州；日本。

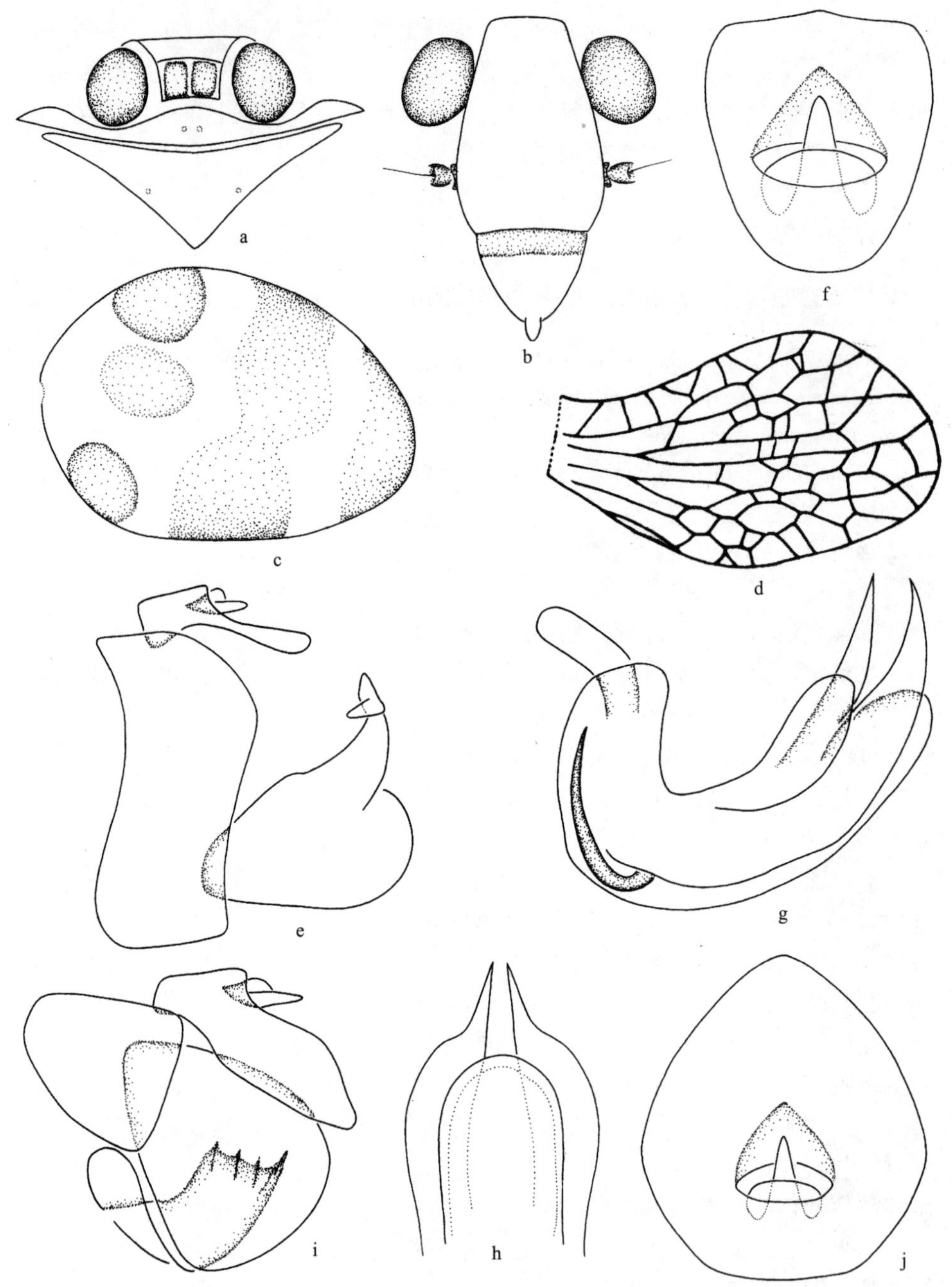

图 84 十星格氏瓢蜡蝉 *Gnezdilovius iguchii* (Matsumura)

a. 头胸部背面观（head and thorax, dorsal view）；b. 额与唇基（frons and clypeus）；c. 前翅（tegmen）；d. 后翅（hind wing）；e. 雄虫外生殖器左面观（male genitalia, left view）；f. 雄肛节背面观（male anal segment, dorsal view）；g. 阳茎侧面观（phallus, lateral view）；h. 阳茎端部腹面观（apex of phallus, ventral view）；i. 雌虫外生殖器左面观（female genitalia, left view）；j. 雌肛节背面观（female anal segment, dorsal view）

(81) 池格氏瓢蜡蝉 *Gnezdilovius chihpensis* (Chan *et* Yang, 1994)（图 85）

Gergithus chihpensis Chan *et* Yang, 1994: 38 (Type locality: Taiwan, China).

Gnezdilovius chihpensis: Meng, Webb *et* Wang, 2017: 18.

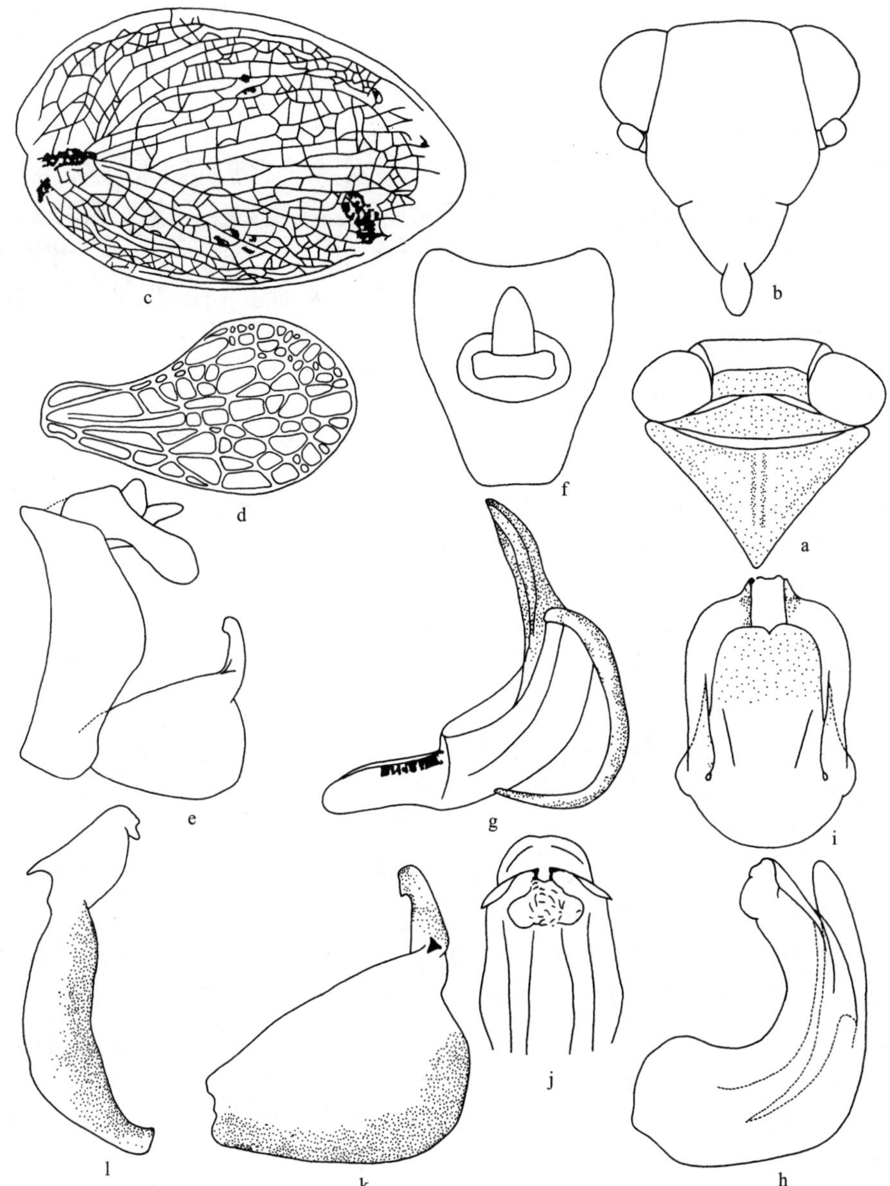

图 85 池格氏瓢蜡蝉 *Gnezdilovius chihpensis* (Chan *et* Yang)（仿 Chan & Yang, 1994）

a. 头胸部背面观（head and thorax, dorsal view）；b. 额与唇基（frons and clypeus）；c. 前翅（tegmen）；d. 后翅（hind wing）；e. 雄虫外生殖器侧面观（male genitalia, lateral view）；f. 雄肛节背面观（male anal segment, dorsal view）；g. 阳茎器左面观（aedeagus, left view）；h. 阳茎基左面观（phallobase, left view）；i. 阳茎基腹面观（phallobase, ventral view）；j. 阳茎基背面观（phallobase, dorsal view）；k. 抱器侧面观（genital style, lateral view）；l. 抱器尾向观（genital style, caudal view）

以下描述源自 Chan 和 Yang（1994）。

体连翅长：♂ 5.1-5.3mm。前翅长：♂ 4.4-4.5mm。

体浅黄色。前翅浅黄色或浅绿色，具多条褐色斑纹；后翅浅褐色。足浅黄色，具绿色条纹。

头顶中域略凹陷，两后侧角处宽约为中线长的 3.5 倍。额具深的皱褶，最宽处为基部宽的 1.5 倍。前胸背板和中胸盾片粗糙。中胸盾片中域具沟，最宽处为中线长的 2 倍。前翅近椭圆形，翅脉网状，翅长为最宽处的 1.7 倍。后翅长为最宽处的 1.9 倍，为前翅长的 0.9 倍。后足刺式 6-9-2。

雄性外生殖器：肛节背面观杯形，端缘凹入，端半部两侧缘近平行，侧面观端部钝圆。阳茎基具背瓣，背瓣端部翻折，翻折部分背面观呈二瓣状。侧瓣腹面观侧顶角钝圆，侧缘平行，腹瓣腹面观端部中央凹入。阳茎具对称的突起，窄且明显弯曲。抱器侧面观近三角形，顶缘弧形，突起逐渐变窄，端部头向突出，基部呈钩状，尾向观内顶角齿状。

观察标本：未见。

地理分布：台湾。

(82) 吊格氏瓢蜡蝉 *Gnezdilovius pendulus* (Chan *et* Yang, 1994)（图 86）

Gergithus pendulus Chan *et* Yang, 1994: 47 (Type locality: Taiwan, China).

Gnezdilovius pendulus: Meng, Webb *et* Wang, 2017: 18.

以下描述源自 Chan 和 Yang（1994）。

体连翅长：♂ 5.5-6.2mm，♀ 6.0-6.8mm。前翅长：♂ 5.1-5.5mm，♀ 5.5-6.1mm。

体褐色。头顶灰褐色。额浅褐色，具灰褐色斑点。唇基浅褐色，具褐色纵带；前胸背板浅褐色。前翅深棕色，具浅黄色斑纹，前缘脉褐色。后翅褐色，翅脉近白色。足浅褐色，前足深褐色条纹，中足腿节边缘深棕色。

头顶中域略凹陷，两后侧角处宽约为中线长的 2.5 倍。额、前胸背板、中胸盾片粗糙。额平坦，最宽处为基部宽的 1.8 倍，近头顶处具 2 个斑点。唇基具 2 条纵带。中胸盾片具中脊和亚侧脊，两侧角处宽为中线长的 2 倍。前翅近椭圆形，翅脉网状，端部近 1/3 处具斑纹，基部至端部 1/3 处渐宽，长为最宽处的 1.9 倍；后翅长为最宽处的 2.8 倍，后翅长为前翅的 0.7 倍。后足刺式 6-(8-9)-2。

雄性外生殖器：肛节背面观近三角形，侧面观端半部向下弯曲，尾向观端缘明显分开。阳茎基具背瓣，背瓣端部翻折，翻折部分近三角形。阳茎具 2 个不对称的突起，右突起较左突起长，左突起近平直。抱器近方形，侧面观突起宽，端部近 1/3 处呈钩状。

观察标本：未见。

地理分布：台湾。

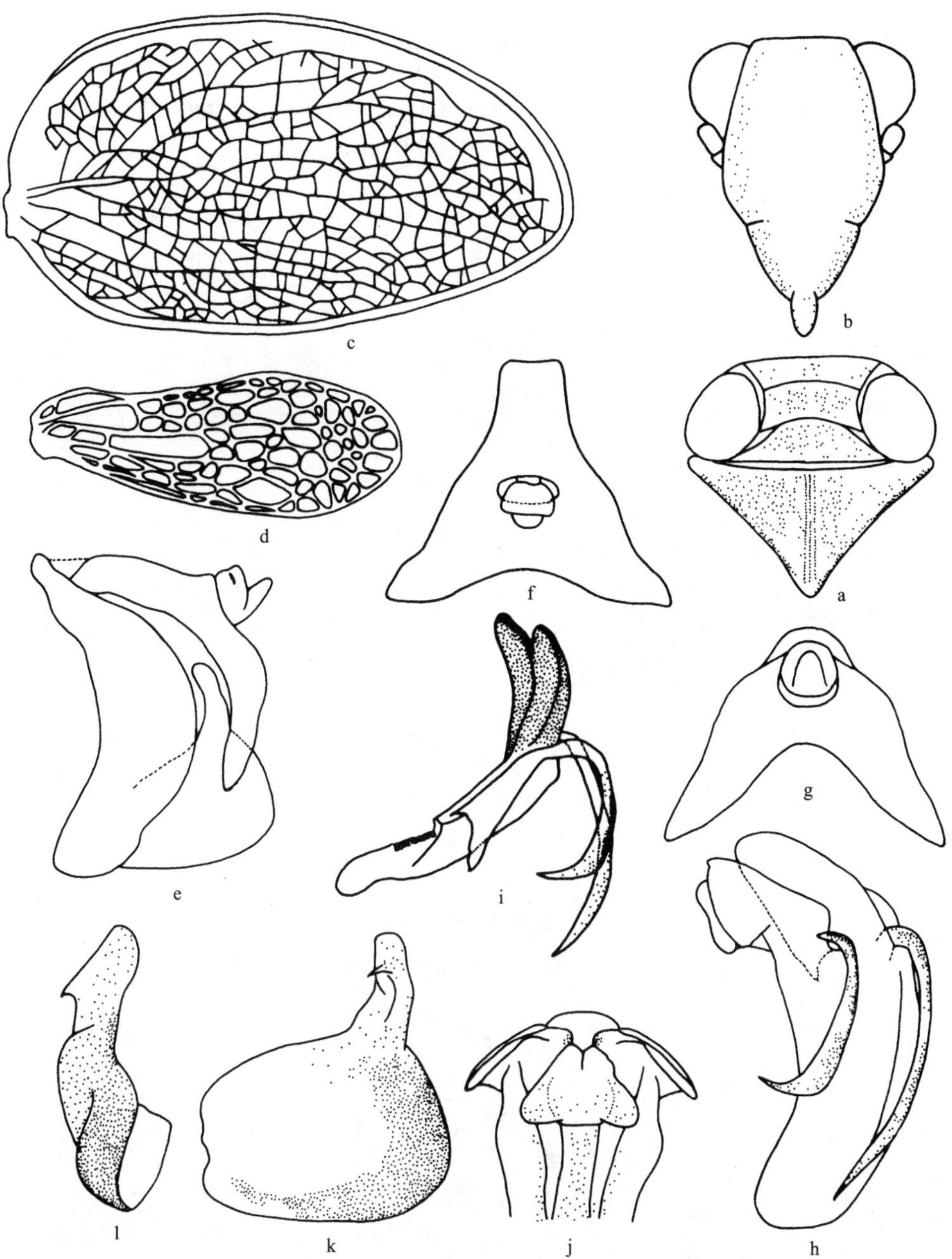

图 86 吊格氏瓢蜡蝉 *Gnezdilovius pendulus* (Chan *et* Yang)（仿 Chan & Yang，1994）

a. 头胸部背面观（head and thorax, dorsal view）；b. 额与唇基（frons and clypeus）；c. 前翅（tegmen）；d. 后翅（hind wing）；e. 雄虫外生殖器侧面观（male genitalia, lateral view）；f. 雄肛节背面观（male anal segment, dorsal view）；g. 雄肛节尾向观（male anal segment, caudal view）；h. 阳茎器左面观（aedeagus, left view）；i. 阳茎基左面观（phallobase, left view）；j. 阳茎基腹面观（phallobase, ventral view）；k. 抱器背面观（genital style, dorsal view）；l. 抱器尾向观（genital style, caudal view）

(83) 稻黄格氏瓢蜡蝉 *Gnezdilovius stramineus* (Hori, 1969)（图 87）

Gergithus stramineus Hori, 1969: 58 (Type locality: Taiwan, China); Chan *et* Yang, 1994: 54.

Gnezdilovius stramineus: Meng, Webb *et* Wang, 2017: 19.

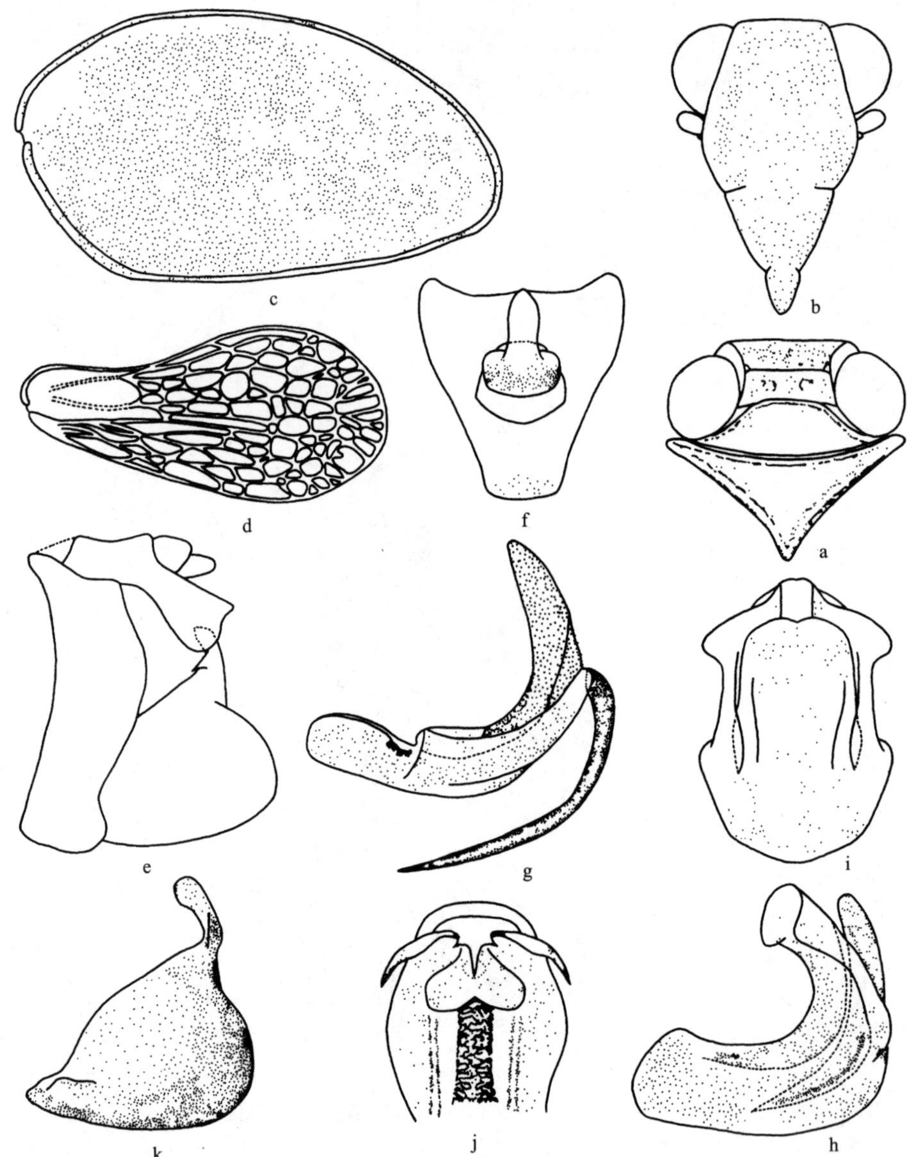

图 87 稻黄格氏瓢蜡蝉 *Gnezdilovius stramineus* (Hori)（仿 Chan & Yang，1994）

a. 头胸部背面观（head and thorax, dorsal view）；b. 额与唇基（frons and clypeus）；c. 前翅（tegmen）；d. 后翅（hind wing）；e. 雄虫外生殖器侧面观（male genitalia, lateral view）；f. 雄肛节背面观（male anal segment, dorsal view）；g. 阳茎器左面观（aedeagus, left view）；h. 阳茎基左面观（phallobase, left view）；i. 阳茎基腹面观（phallobase, ventral side）；j. 阳茎基背面观（phallobase, dorsal view）；k. 抱器侧面观（genital style, lateral view）

以下描述源自 Chan 和 Yang（1994）。

体连翅长：♂ 5.0-5.3mm，♀ 5.8mm。前翅长：♂ 4.5-4.9mm，♀ 5.1mm。

头污黄色，基部绿色。额黄绿色。唇基黄色，具污黄色纵带。前胸背板污黄色，具绿色斑纹。中胸盾片污黄绿色，具绿色斑纹。前翅污黄绿色，具浅黄绿色和黄色斑点及褐色斑纹，后翅褐色。足污黄色，后足腿节具深褐色斑纹。腹部褐色。

头顶中域凹陷，基部边缘具斑纹，两后侧角处宽为中线长的 3 倍。额扁平，具皱褶，最宽处为基部长的 1.8 倍。唇基具 2 条纵带。前胸背板和中胸盾片具皱褶。前胸背板后缘具斑纹。中胸盾片中域具凹槽，侧缘具斑纹，最宽处为中线长的 2.5 倍。前翅卵圆形，翅脉网状，具 4 个斑点，其中 3 个分布在端半部，端部 1/3 处具 1 斑点，前缘处具深色斑纹，长为最宽处的 1.9 倍。后翅长为最宽处的 2.5 倍，为前翅长的 0.8 倍。后足腿节端部 1/3 处具斑纹。后足刺式 6-8-2。

雄性外生殖器：肛节背面观杯形，端缘微凹入，侧面观背后缘尾向呈三角状突出，腹尾角钝圆。阳茎基具背瓣，背瓣端部翻折，背面观二瓣状，侧瓣腹面观侧顶角钝圆向侧面突出，腹瓣端缘中部微凹入。阳茎突起窄，对称。抱器侧面观呈角状，端缘波浪状，突起端部扩大，近基部呈钩状。

观察标本：未见。

地理分布：台湾。

(84) 棘格氏瓢蜡蝉 *Gnezdilovius horishanus* (Matsumura, 1916)

Gergithus horishanus Matsumura, 1916: 102 (Type locality: Taiwan, China); Chan *et* Yang, 1994: 56.
Gnezdilovius horishanus: Meng, Webb *et* Wang, 2017: 18.

以下描述源自 Matsumura（1916）。

体长 5.5-6.0mm，体宽 4.5-5.5mm。

体卵圆形，污黄色。头顶宽为长的 2 倍，具 2 个明显的小凹陷。额明显具皱褶，具与侧缘平行的纵向条带。无单眼。前胸背板近三角形，具 2 个小凹陷，明显长于头顶；中胸盾片中域具不明显的中脊。前翅在中胸盾片端部后宽，半透明，无斑纹，翅脉网状，前缘半部网状翅脉不明显。腹部和足浅黄色，腹部侧板颜色较深。雄虫后足胫节基部和腹板侧面近褐色。

观察标本：未见。

地理分布：台湾。

(85) 边格氏瓢蜡蝉 *Gnezdilovius nigrolimbatus* (Schumacher, 1915)（图 88）

Gergithus nigrolimbatus Schumacher, 1915a: 134 (Type locality: Taiwan, China); Schumacher, 1915b: 128; Chan *et* Yang, 1994: 45.
Gnezdilovius nigrolimbatus: Meng, Webb *et* Wang, 2017: 18.

以下描述源自 Chan 和 Yang（1994）。

体连翅长：♂ 6.2-6.6mm，♀ 6.7-6.8mm。前翅长：♂ 5.4-5.9mm，♀ 6.0-6.2mm。

头顶褐色，具浅黄色斑纹。额与唇基污黄色。前胸背板浅黄色，具黄色斑点和黑色斑纹。中胸盾片浅黄色。前翅污黄色，具浅黄色、褐色和黑色斑纹。后翅浅褐色，基部褐色。足浅黄色，后足腿节黑色。腹板污黄色，侧缘浅黄色。抱器浅黄绿色，端部深褐色。

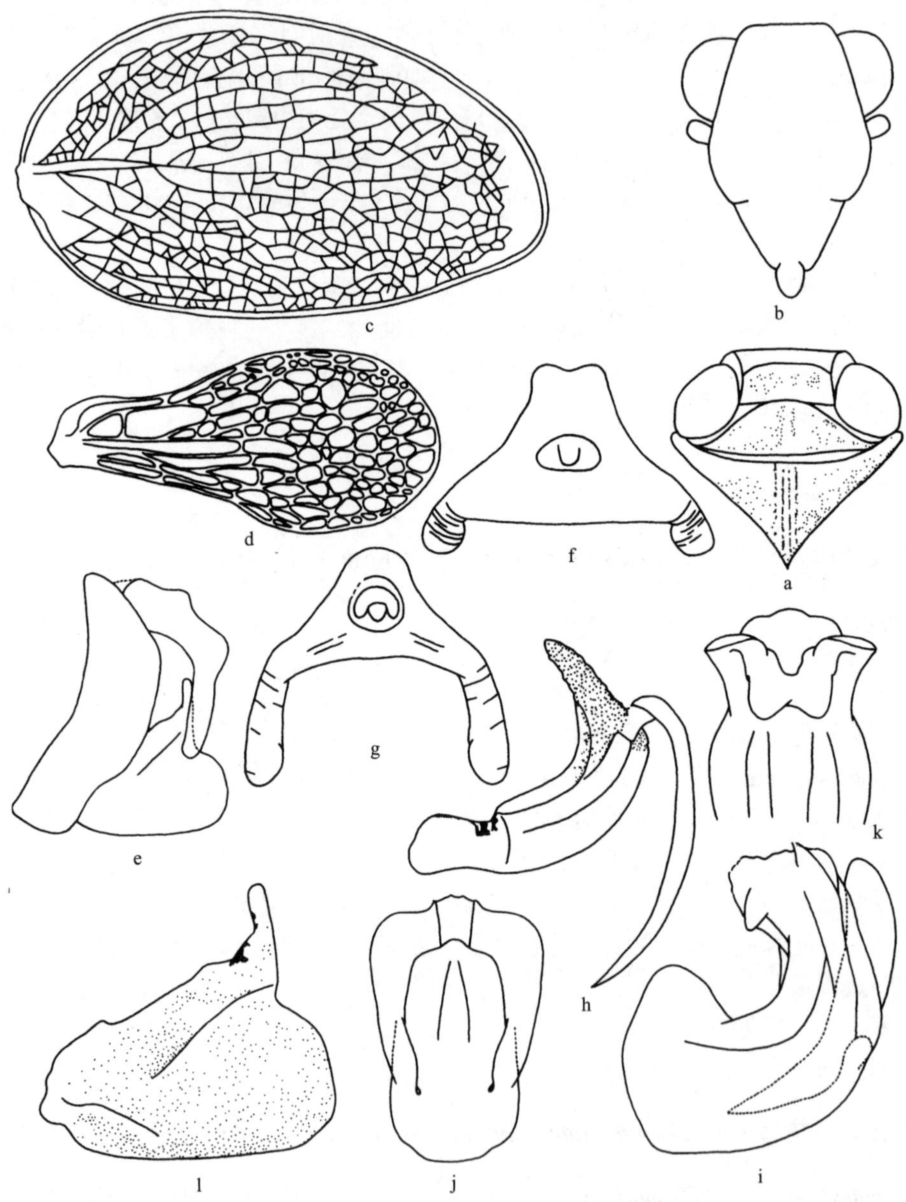

图 88 边格氏瓢蜡蝉 *Gnezdilovius nigrolimbatus* (Schumacher)（仿 Chan & Yang，1994）

a. 头胸部背面观（head and thorax, dorsal view）；b. 额与唇基（frons and clypeus）；c. 前翅（tegmen）；d. 后翅（hind wing）；e. 雄虫外生殖器侧面观（male genitalia, lateral view）；f. 雄肛节背面观（male anal segment, dorsal view）；g. 雄肛节尾向观（male anal segment, caudal view）；h. 阳茎器左面观（aedeagus, left view）；i. 阳茎基左面观（phallobase, left view）；j. 阳茎基腹面观（phallobase, ventral view）；k. 阳茎基背面观（phallobase, dorsal view）；l. 抱器侧面观（genital style, lateral view）

头顶中域略凹陷，基缘具斑纹，两后侧角处宽为中线长的 2.5 倍。额扁平、长，具细小的皱褶，侧缘具不明显凹槽，最宽处长为基部宽的 1.9 倍。唇基略凸出，具中脊，中脊宽且隆起。前胸背板和中胸盾片粗糙。中胸盾片最宽处为中线长的 2.2 倍。前翅卵圆形，翅脉明显网状，前缘处具浅黄色斑纹，近端缘处具黑色的窄条纹，近缝缘处具褐色斑纹，长为最宽处的 1.9 倍。后翅翅脉网状，长为最宽处的 2.3 倍，为前翅长的 0.8 倍。后足刺式 6-9-2。

雄性外生殖器：肛节背面观近三角形，侧面观端半部呈 100°向腹面弯曲，尾向观呈宽的倒“U”形。阳茎基具背瓣，背瓣近端部处翻折，背面观端缘中部具明显凹入，侧瓣腹面观侧顶角钝圆，腹面观腹瓣端缘中部凸出。侧面观阳茎在近端部 1/3 处弧状弯曲，突起略弯曲。抱器近三角形，尾缘明显突出，呈弧状，突起侧面观短且平直，基部呈钩状。

观察标本：未见。

地理分布：台湾。

(86) 大棘格氏瓢蜡蝉 *Gnezdilovius spinosus* (Che, Zhang *et* Wang, 2007)（图 89；图版 XVIII：d-f）

Gergithus spinosus Che, Zhang *et* Wang, 2007: 615 (Type locality: Hainan, China).

Gnezdilovius spinosus: Meng, Webb *et* Wang, 2017: 19.

体连翅长：♂ 6.0mm，♀ 6.2mm。前翅长：♂ 4.9mm，♀ 5.1mm。

体浅褐色，具绿色斑纹。头顶铜绿色，复眼浅褐色；额浅黄褐色，具绿色横带及黑色斑点。唇基黑色，唇基基部及端部略带浅黄褐色；喙黄褐色。前胸背板黄褐色，前缘及中域略带绿色；中胸盾片铜绿色，后角浅褐色。前翅浅绿色，具绿色斑纹；后翅褐色，翅脉深褐色。足浅褐色，前足及中足腿节具黑色横带，后足腿节黑色，前足及中足胫节具黑色纵带。腹部腹面深褐色，腹部两侧略带黄色。

头顶近四边形，两后侧角处宽约为中线长的 1.3 倍。额光滑，中域隆起，最宽处为基部宽的 1.6 倍，中线长为最宽处的 0.9 倍，近复眼下方具 1 横带，近触角处各具 1 黑斑，黑斑向下延伸到触角处。沿额唇基沟具浅色横带。前胸背板中域处有 2 个小凹陷，向后盖住中胸盾片的前缘；中胸盾片近侧缘中部各有 1 个小凹陷，最宽处为中线长的 2.1 倍。前翅具光泽，半透明，翅脉明显，翅面布满刻点，翅基部沿翅脉具不规则的斑纹，翅长为最宽处的 1.9 倍；后翅半透明，翅脉网状，后翅长为前翅的 0.8 倍。后足刺式 6-10-2。

雄性外生殖器：肛节背面观近圆形，端缘近平直，中部最宽，肛孔位于基半部。尾节侧面观后缘近端部突出明显，突出中部成 1 刺状物，中部凹入，基部突出较小。阳茎浅“U”形，阳茎基背面观背瓣渐狭，裂叶顶端尖细；侧面观侧瓣渐狭，顶端尖细；腹面观腹瓣顶端钝圆，明显短于侧瓣。阳茎器端部 1/5 处具 1 对与阳茎走向相同的剑状突起物，背面观阳茎基部中央有 1 似矛状的短的突出物，两侧各有 2 弯曲的剑状突出物。抱器侧面观近三角形，基部窄，端部扩大，端缘弧形弯曲，背缘近端部具 1 突起，突起下方有 1 近方形的脊起；抱器背突的基部尖细，端部边缘钝圆。

雌性外生殖器：肛节背面观近椭圆形，顶缘中部突出，侧缘圆滑，肛孔位于肛节的基半部。第 1 产卵瓣向上弯曲，端缘具 2 个近平行的、大小相等的刺，近侧缘处具 1 三齿状的突起。侧面观第 9 背板近方形，第 3 产卵瓣近方形。第 7 腹节中部明显突出。

观察标本：1♂（正模），海南尖峰岭，1984.VI.7，林尤洞（CAF）；1♂（副模），海南尖峰岭，1981.VIII.13，顾茂彬（CAF）；2♀（副模），同正模；1♀（副模），海南尖峰岭，1974.XII.4，杨集昆（CAU）；1♀（副模），海南尖峰岭，1981.VI.26，顾茂彬（CAF）；10♂10♀，海南尖峰岭鸣凤谷，18°44.658′N，108°50.435′E，1017m，2010.VIII.18，郑国。

地理分布：海南。

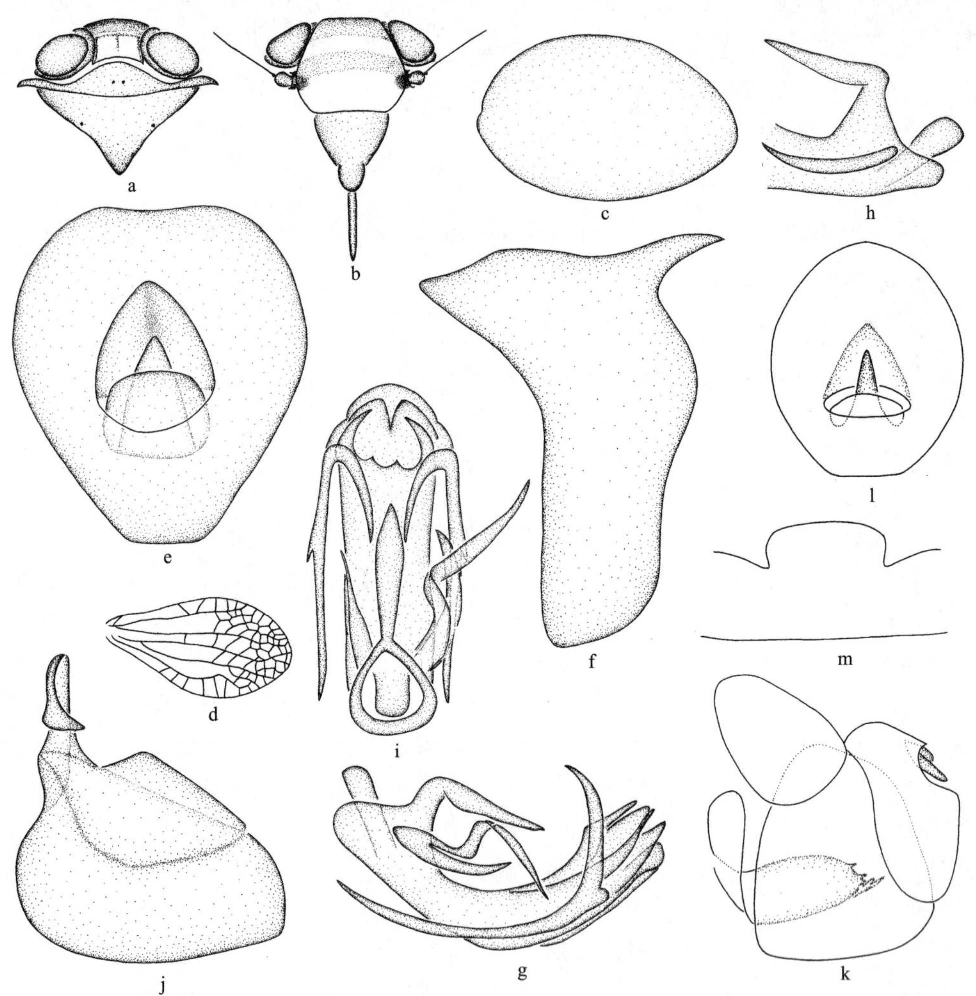

图 89　大棘格氏瓢蜡蝉 *Gnezdilovius spinosus* (Che, Zhang *et* Wang)

a. 头胸部背面观（head and thorax, dorsal view）；b. 额与唇基（frons and clypeus）；c. 前翅（tegmen）；d. 后翅（hind wing）；e. 雄肛节背面观（male anal segment, dorsal view）；f. 尾节侧面观（pygofer, lateral view）；g. 阳茎侧面观（phallus, lateral view）；h. 阳茎基部右面观（base of phallus, right view）；i. 阳茎背面观（phallus, dorsal view）；j. 抱器侧面观（genital style, lateral view）；k. 雌虫外生殖器左面观（female genitalia, left view）；l. 雌肛节背面观（female anal segment, dorsal view）；m. 雌第 7 腹节腹面观（female sternite Ⅶ, ventral view）

(87) 皱脊格氏瓢蜡蝉 *Gnezdilovius rugiformis* (Zhang *et* Che, 2009)（图 90；图版 XVIII：g-i）

Gergithus rugiformis Zhang *et* Che, 2009: 183 (Type locality: Chongqing, China).

Gnezdilovius rugiformis: Meng, Webb *et* Wang, 2017: 19.

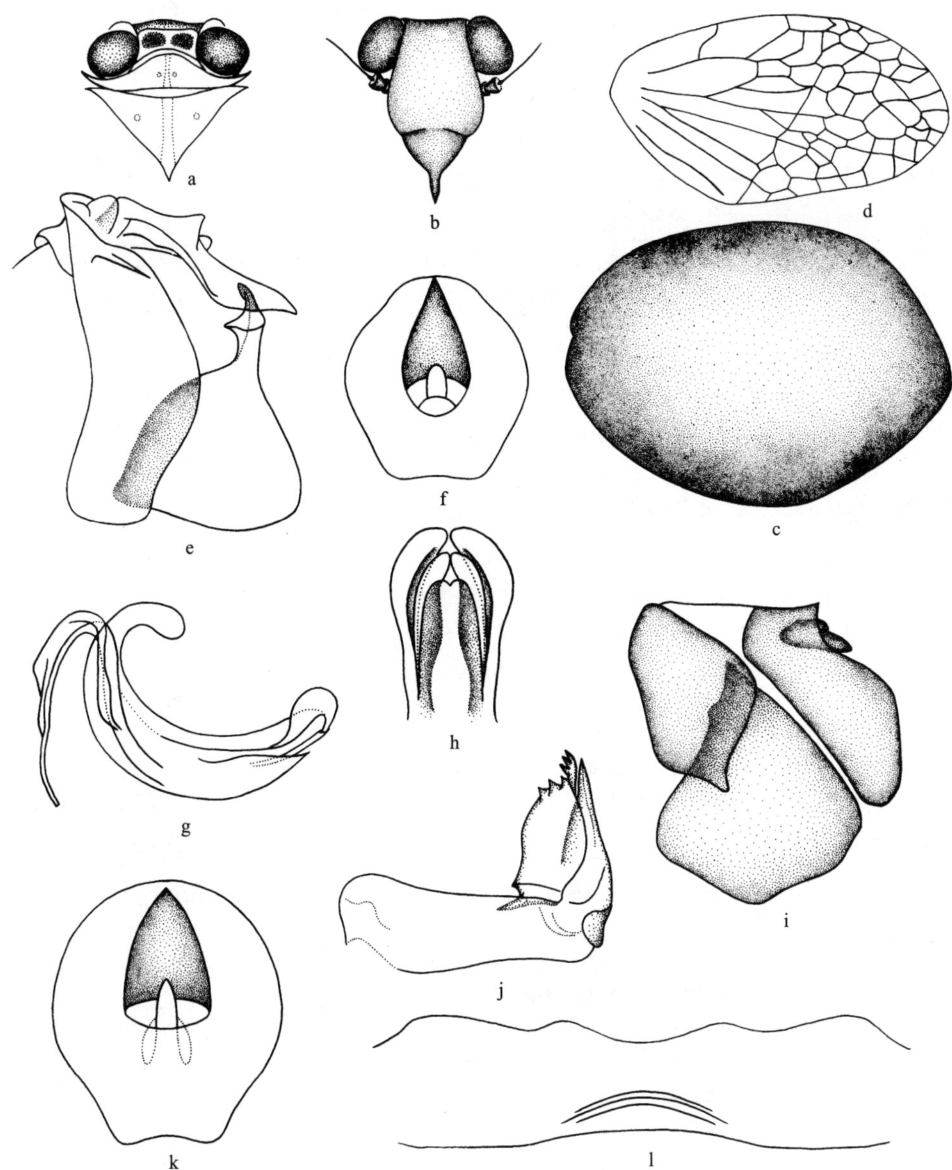

图 90　皱脊格氏瓢蜡蝉 *Gnezdilovius rugiformis* (Zhang *et* Che)

a. 头胸部背面观（head and thorax, dorsal view）；b. 额与唇基（frons and clypeus）；c. 前翅（tegmen）；d. 后翅（hind wing）；e. 雄虫外生殖器左面观（male genitalia, left view）；f. 雄肛节背面观（male anal segment, dorsal view）；g. 阳茎侧面观（phallus, lateral view）；h. 阳茎端部腹面观（apex of phallus, ventral view）；i. 雌虫外生殖器左面观（无第 1 产卵瓣）[female genitalia, left view（gonapophysis Ⅷ absent）]；j. 第 1 产卵瓣侧面观（gonapophysis Ⅷ, lateral view）；k. 雌肛节背面观（female anal segment, dorsal view）；l. 雌第 7 腹节腹面观（female sternite Ⅶ, ventral view）

体连翅长：♂ 4.3mm，♀ 4.5mm。前翅长：♂ 3.7mm，♀ 3.8mm。

体棕色，表面布有分散的小颗粒物，呈透明状。头顶棕色。复眼深褐色。雌虫额具1 较窄的横带，横带上方近端部深棕色，下方近端部浅棕色；雄虫额棕色，无横带。雌虫额唇基沟正中央有两条较短的黄色纵带，呈“/ \”形，跨至唇基；雄虫无纵带。唇基棕色，喙浅黄褐色。前胸背板棕色，中胸盾片棕色，前侧角及后角棕色。前翅浅棕色，半透明；后翅棕色，透明，翅脉棕色。足棕色，前、中足胫节端部具黑色横带；后足腿节基部黑色。腹部腹面棕色，腹部各节的末端略带深棕色。

头顶近四边形，中域凹陷，两后侧角处宽约为中线长的 3.0 倍。额光滑，中域微隆起，额最宽处约为基部宽的 1.8 倍，中线长为最宽处的 1.1 倍。唇基无中脊，与额处于同一平面。前胸背板中域具 2 个小凹陷；中胸盾片中域微隆起，近侧缘中部各具 1 个小凹陷，最宽处为中线长的 2.1 倍。前翅具光泽，半透明，无明显翅脉，近基部具 1 折痕，略微凹陷，翅长为最宽处的 1.6 倍；后翅透明，翅脉网状，后翅长为前翅的 0.9 倍。后足刺式 6-(7-8)-2。

雄性外生殖器：肛节背面观近椭圆形，侧顶角圆，中部最宽，肛孔位于近中部，端缘稍突起，钝圆。尾节侧面观后缘近端部明显突出，并有 1 骨状刺痕，中部凹入，基部突出小。阳茎呈浅“U”形，阳茎基背面观背瓣裂开为两瓣，端缘钝圆，耳状；侧面观侧瓣渐细，裂叶端缘尖细，腹面观腹瓣端缘略凹入，钝圆。阳茎器基部具 1 对弯曲的耳状突起物，表面光滑，具 1 细长的连索，较长；抱器侧面观近三角形，基部窄，端部扩大，端缘弧形弯曲，背缘近端部具 1 突起，突起的基部及端部尖细。

雌性外生殖器：肛节背面观近椭圆形，侧缘圆滑，肛孔位于肛节近中部。第 1 产卵瓣向上弯曲，端缘具 3 个近平行的、大小相等的刺，近侧缘处具 1 三齿状的突起。侧面观第 9 背板近四边形，基部渐细突出。第 3 产卵瓣近四边形。第 7 腹节中部明显凸出。

观察标本：1♂（正模），重庆四面山飞龙庙，2008.VII.13，王宗庆（SWU）；1♀（副模），重庆四面山飞龙庙，2008.VII.13，王宗庆（SWU）；1♂（副模），重庆四面山大洪海，2008.VII.9，王宗庆（SWU）；1♂（副模），重庆四面山飞龙庙，2008.VII.13，王宗庆（SWU）；3♂5♀，广西乐业黄猄洞，2004.VII.24，于洋、高超（MHBU）。

地理分布：广西、重庆。

(88) 齿格氏瓢蜡蝉 *Gnezdilovius nummarius* (Chan *et* Yang, 1994)（图 91）

Gergithus nummarius Chan *et* Yang, 1994: 23 (Type locality: Taiwan, China).

Gnezdilovius nummarius: Meng, Webb *et* Wang, 2017: 18.

以下描述源自 Chan 和 Yang（1994）。

体连翅长：♂ 5.2-6.3mm，♀ 6.2-6.4mm。前翅长：♂ 4.6-5.2mm，♀ 5.4-5.7mm。

体浅黄色。头顶褐色，端缘黄色。额浅黄色，基半部褐色。唇基浅黄色，具褐色纵带。中胸盾片黄褐色，侧缘黄色。前翅黄绿色，外缘褐色，基部黄色；后翅浅褐色。足浅黄色，前足腿节和胫节黑褐色。

头顶中域略凹陷，两后侧角处宽约为中线长的 3 倍。额、前胸背板和中胸盾片粗糙。

额平，最宽处为基部宽的 1.2 倍。中胸盾片最宽处为中线长的 2.6 倍。前翅椭圆形，翅脉密集，呈网状，翅长为最宽处的 1.9 倍。后翅翅脉网状，长为最宽处的 2.4 倍，为前翅长的 0.9 倍。后足刺式 (6-7)-8-2。

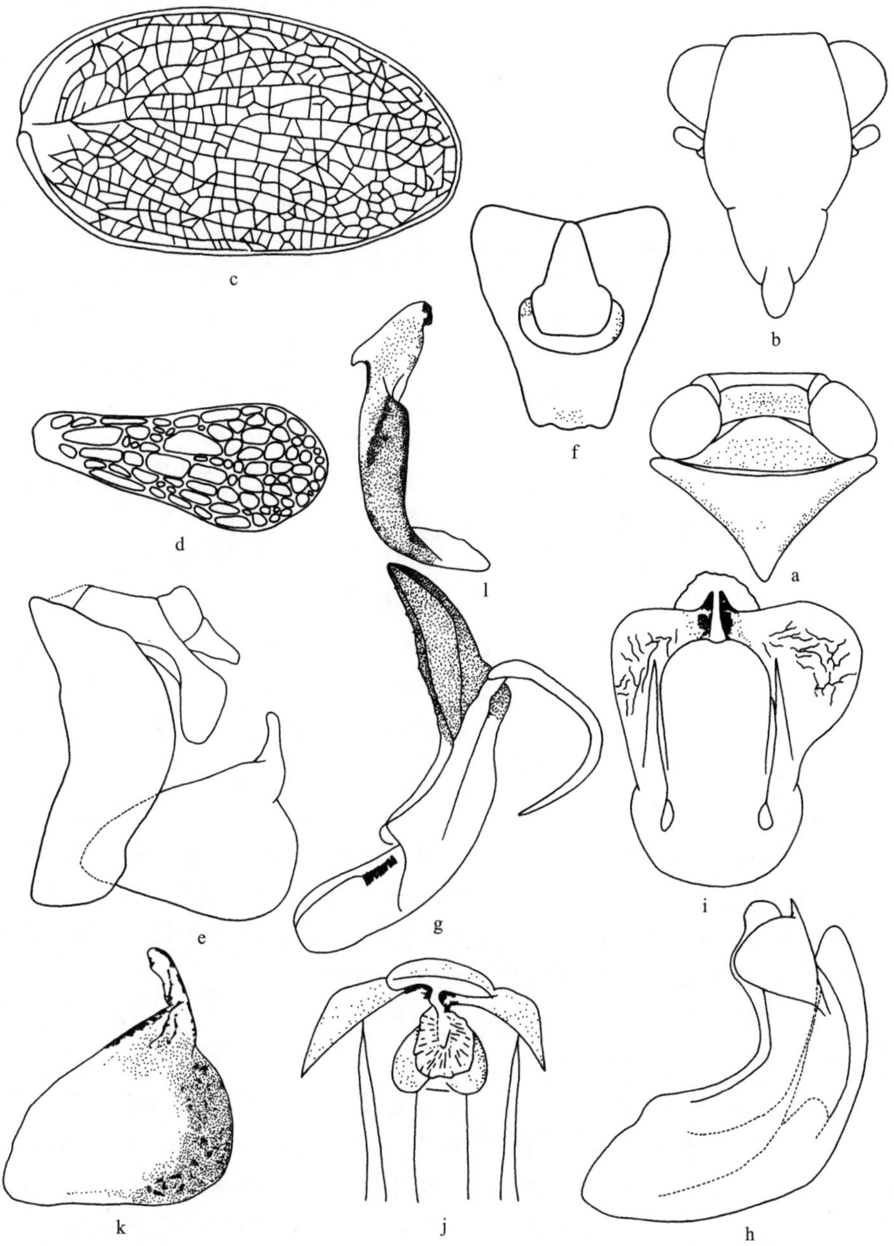

图 91　齿格氏瓢蜡蝉 *Gnezdilovius nummarius* (Chan *et* Yang)（仿 Chan & Yang，1994）

a. 头胸部背面观（head and thorax, dorsal view）；b. 额与唇基（frons and clypeus）；c. 前翅（tegmen）；d. 后翅（hind wing）；e. 雄虫外生殖器侧面观（male genitalia, lateral view）；f. 雄肛节背面观（male anal segment, dorsal view）；g. 阳茎器左面观（aedeagus, left view）；h. 阳茎基左面观（phallobase, left view）；i. 阳茎基腹面观（phallobase, ventral view）；j. 阳茎基背面观（phallobase, dorsal view）；k. 抱器侧面观（genital style, lateral view）；l. 抱器尾向观（genital style, caudal view）

雄性外生殖器：肛节背面观近杯状，端缘中部略凹入，侧面观端缘平截。阳茎基具背瓣，背瓣端部翻折，背面观二瓣状；侧瓣腹面观侧顶角钝圆，右侧瓣明显大于左侧瓣；腹瓣腹面观端缘中部略凹入。阳茎小，具对称的突起，突起窄且明显弯曲。抱器近三角形，端缘弧形，突起基部呈钩状，尾向观突起近内侧角呈齿状。

观察标本：未见。

地理分布：台湾。

(89) 素格氏瓢蜡蝉 *Gnezdilovius unicolor* (Melichar, 1906)（图 92）

Gergithus variabilis unicolor Melichar, 1906: 66 (Type locality: Japan).

Gergithus variabilis forma *unicolor* Hori, 1969: 52.

Gergithus unicolor: Chan *et* Yang, 1994: 27.

Gnezdilovius unicolor: Meng, Webb *et* Wang, 2017: 19.

以下描述源自 Chan 和 Yang（1994）。

体连翅长：♂ 5.4-6.3mm，♀ 5.7-6.8mm。前翅长：♂ 4.8-5.4mm，♀ 5.2-5.7mm。

体红褐色，具浅色斑点。头顶、前胸背板红褐色；额红褐色，基部具浅棕色横带。唇基黑褐色；喙棕色。中胸盾片红褐色，具浅棕色圆斑。前翅红褐色；后翅浅褐色，翅脉褐色。足红褐色，前足和中足腿节端部具黑色横带，前足和中足胫节具黑色纵带，后足腿节略带黑色。腹部腹面黑褐色，各节末端略带浅黄色。

头顶近四边形，两后侧角处宽约为中线长的 2.1 倍。额光滑，中域隆起，最宽处为基部宽的 1.2 倍，中线长为最宽处的 1.2 倍，基部近额唇基沟处具浅色横带。前胸背板中域处有 2 个小凹陷，中域隆起；中胸盾片近侧缘中部各具 1 个小凹陷，最宽处为中线长的 2.2 倍。前翅具光泽，翅脉明显，翅长为最宽处的 1.8 倍；后翅半透明，网状，后翅长为前翅的 0.8 倍。后足刺式 6-9-2。

雄性外生殖器：肛节背面观呈杯状，顶缘中部具宽和深的缺刻。阳茎基具背瓣，背瓣在近端部处翻折，背面观 2 裂叶，侧顶角钝圆，腹瓣端缘中部微凹入。阳茎突起短，突起腹面观中部宽，至端部逐渐变窄，不完全平直。抱器腹顶角钝圆，突起的背端部处具深的和近方形的微缺，突起的侧缘通常向端部逐渐扩大。

观察标本：未见。

地理分布：台湾；日本。

讨论：Melichar（1906）在日本将此种命名为 *Gergithus variabilis* var. *unicolor*，Schumacher（1915b）在台湾记述了此种。Hori（1969）将其更名为 *Gergithus variabilis* forma *unicolor*。Chan 和 Yang（1994）比较了这些标本与 Hori（1969）对 *Gergithus variabilis* 的描述及插图。此种与后者的区别是唇基的颜色不比额的颜色深；阳茎腹面观端半部不指向右侧；雄性肛节背面观顶缘中域具宽和深的缺刻（这个特征在所有标本中都具有）（只是在 Hori 的插图中此缺刻很窄）；阳茎突起腹面观中部宽，至端部逐渐变窄（在 Hori 的插图中通常是从基部至端部逐渐变窄）；在大多数个体中额端部和唇基基部颜色浅（在台湾的标本中颜色无变化）；前翅深褐色，具 4 或 5 个黄色或绿色斑点，但是这个特征有时很不明显，台湾标本的前翅为均一褐色，但是一些雌性标本也有此特征。Chan 和 Yang（1994）仔细鉴定了所有标本，认为这是一个特征明显的种。

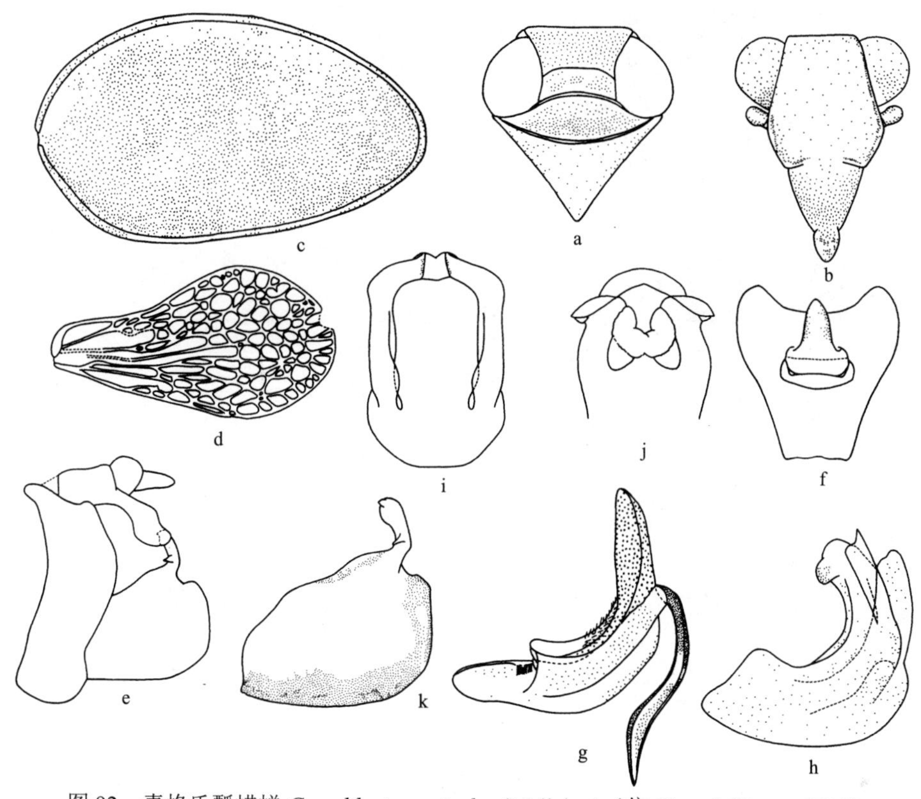

图 92　素格氏瓢蜡蝉 *Gnezdilovius unicolor* (Melichar)（仿 Chan & Yang，1994）

a. 头胸部背面观（head and thorax, dorsal view）；b. 额与唇基（frons and clypeus）；c. 前翅（tegmen）；d. 后翅（hind wing）；e. 雄虫外生殖器左面观（male genitalia, left view）；f. 雄肛节背面观（male anal segment, dorsal view）；g. 阳茎器左面观（aedeagus, left view）；h. 阳茎基侧面观（phallobase, lateral view）；i. 阳茎基腹面观（phallobase, ventral view）；j. 阳茎基背面观（phallobase, dorsal view）；k. 抱器侧面观（genital style, lateral view）

(90) 深色格氏瓢蜡蝉 *Gnezdilovius carbonarius* (Melichar, 1906)（图 93）

Gergithus carbonarius Melichar, 1906: 65 (Type locality: Japan); Matsumura, 1916: 99; Chan *et* Yang, 1994: 29.

Gergithus variabilis forma *carbonarius* Esaki, 1950: 321; Ishihara, 1965: 132; Hori, 1969: 52.

Gergithus flavimacula var. *carbonarius* Metcalf, 1958: 126.

Gnezdilovius carbonarius: Meng, Webb *et* Wang, 2017: 18.

以下描述源自 Chan 和 Yang（1994）。

体连翅长：♂ 4.6-4.8mm，♀ 4.7mm。前翅长：♂ 3.8-4.0mm，♀ 4.3mm。

体棕色。头顶、前胸背板及中胸盾片棕色；额棕色，基部具浅黄色横带。唇基棕色，额唇基沟黑色；喙棕色。前翅棕色；后翅浅褐色。足棕色，前、中足腿节和胫节具黑色纵带，后足腿节略带黑色。腹部腹面棕色，各节末端略带浅黄色。

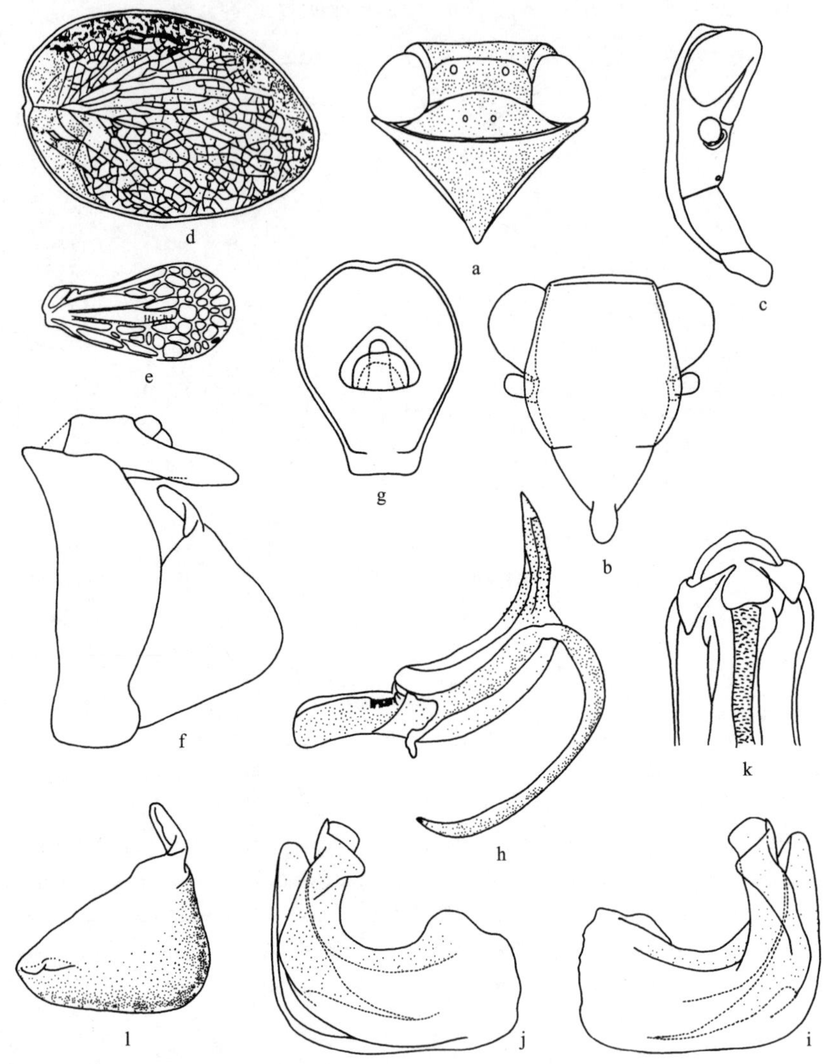

图 93 深色格氏瓢蜡蝉 *Gnezdilovius carbonarius* (Melichar)（仿 Chan & Yang，1994）

a. 头胸部背面观（head and thorax, dorsal view）；b. 额与唇基（frons and clypeus）；c. 头部侧面观（head, lateral view）；d. 前翅（tegmen）；e. 后翅（hind wing）；f. 雄虫外生殖器左面观（male genitalia, left view）；g. 雄肛节背面观（male anal segment, dorsal view）；h. 阳茎器侧面观（aedeagus, lateral view）；i. 阳茎基左面观（phallobase, left view）；j. 阳茎基右面观（phallobase, right view）；k. 阳茎基背面观（phallobase, dorsal view）；l. 抱器侧面观（genital style, lateral view）

头顶近四边形，两后侧角处宽约为中线长的 2.1 倍。额光滑，中域隆起，最宽处为基部宽的 1.1 倍，中线长为最宽处的 1.1 倍，基部近额唇基沟处具浅色横带。前胸背板中域处有 2 个小凹陷，中域隆起；中胸盾片近侧缘中部各具 1 个小凹陷，最宽处为中线长的 2.0 倍。前翅具光泽，翅脉明显，翅长为最宽处的 1.8 倍；后翅半透明，网状，后翅长为前翅的 0.6 倍。后足刺式 6-9-2。

雄性外生殖器：肛节背面观端部钝圆，自端半部向基部逐渐变窄，端缘中部具缺刻，中线长为最宽处的 1.2 倍。阳茎基具背瓣，背瓣近端部处翻折，背面观端缘钝圆，中部微凹，右侧瓣比左侧瓣稍大，腹瓣端缘中部无缺刻。抱器近三角形，背缘近突起处略凸起，腹尾缘钝圆，突起侧面观棒状，近基部处钩状。

观察标本：未见。

地理分布：台湾；日本。

(91) 雅格氏瓢蜡蝉 *Gnezdilovius yayeyamensis* (Hori, 1969)（图 94）

Gergithus yayeyamensis Hori, 1969: 55 (Type locality: Japan); Chan *et* Yang, 1994: 52.

Gnezdilovius yayeyamensis: Meng, Webb *et* Wang, 2017: 19.

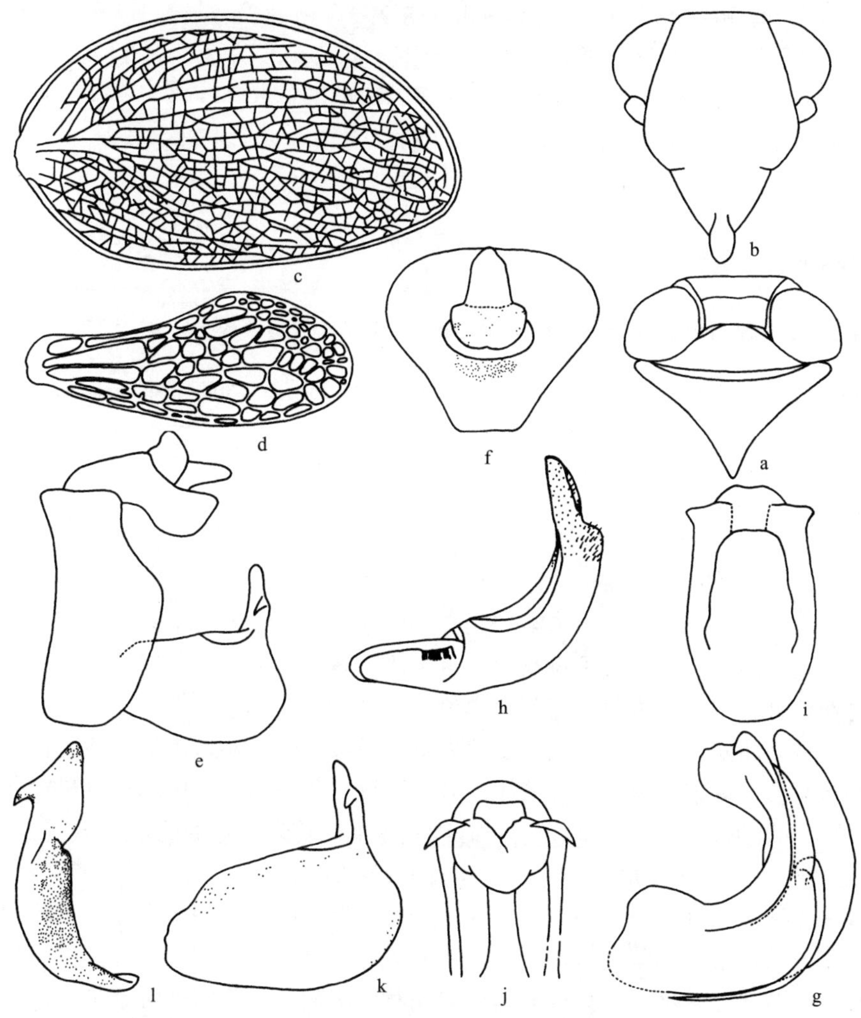

图 94　雅格氏瓢蜡蝉 *Gnezdilovius yayeyamensis* (Hori)（仿 Chan & Yang，1994）

a. 头胸部背面观（head and thorax, dorsal view）；b. 额与唇基（frons and clypeus）；c. 前翅（tegmen）；d. 后翅（hind wing）；e. 雄虫外生殖器侧面观（male genitalia, lateral view）；f. 雄肛节背面观（male anal segment, dorsal view）；g. 阳茎左面观（phallus, left view）；h. 阳茎器左面观（aedeagus, left view）；i. 阳茎基腹面观（phallobase, ventral view）；j. 阳茎基背面观（phallobase, dorsal view）；k. 抱器侧面观（genital style, lateral view）；l. 抱器尾向观（genital style, caudal view）

以下描述源自 Chan 和 Yang（1994）。

体连翅长：♂ 5.1-5.4mm，♀ 5.5-5.8mm。前翅长：♂ 4.4-4.8mm，♀ 5.0-5.3mm。

头顶绿色（有时端半部褐色）。额绿色。唇基绿色，具淡褐色条纹。前胸背板褐色，基缘和端缘绿色，或前胸背板完全绿色。中胸盾片绿色。前翅浅绿色，后翅褐色。足浅绿褐色，后足腿节具深褐色斑纹。腹部浅黄色。

头顶中域凹陷，具不明显的中脊，有时端半部具斑纹，两后侧角处宽为中线长的 3 倍。额微具皱褶并稍凸出，最宽处长为基部宽的 1.6 倍。唇基具不明显的中脊和 2 条纵纹。前胸背板和中胸盾片具皱褶。前胸背板具中脊，基部和端部边缘具斑纹。中胸盾片最宽处为中线长的 2.2 倍。前翅卵圆形，长为最宽处的 1.8 倍。后翅翅脉网状，长为最宽处的 2.5 倍，为前翅长的 0.7 倍。后足刺式 6-(8-9)-2。

雄性外生殖器：肛节背面观蘑菇状，具短柄。阳茎基具背瓣，背瓣端部翻折，背面观端缘头向突出钝圆，侧瓣侧面观小，腹面观内顶角指向右侧，端部平截，外顶角指向侧面，腹瓣端部钝圆。抱器椭圆形，端缘钝圆，突起平直，中部呈钩状，尾向观端部稍尖。

观察标本：未见。

地理分布：台湾；日本。

(92) 方格氏瓢蜡蝉 *Gnezdilovius affinis* (Schumacher, 1915)（图 95）

Gergithus affinis Schumacher, 1915a: 135 (Type locality: Taiwan, China); Schumacher, 1915b: 128; Hori, 1969: 55; Chan *et* Yang, 1994: 23.

Gergithus koshunensis Matsumura, 1916: 102. Synonymised by Hori, 1969: 55.

Gnezdilovius affinis: Meng, Webb *et* Wang, 2017: 17.

以下描述源自 Chan 和 Yang（1994）。

体连翅长：♂ 5.4-6.1mm，♀ 6.4-6.8mm。前翅长：♂ 4.8-5.5mm，♀ 5.8-5.9mm。

体绿色。头顶绿色，具褐色斑纹。唇基绿色，具褐色纵带。前翅黄绿色，具褐色斑纹，后翅灰色且透明。足褐色。腹部浅褐色。

头顶中域略凹陷，具斑纹，两后侧角处宽为中线长的 2.6 倍。额、前胸背板和中胸盾片具明显皱褶。额最宽处为基部的 1.6 倍。唇基具 2 条纵带。中胸盾片最宽处为长的 2.1 倍。前翅半球形，具密集网状翅脉，外缘具短毛，长为最宽处的 1.6 倍。后翅长为最宽处的 2.2 倍，为前翅长的 0.7 倍。后足刺式 6-(9-10)-2。

雄性外生殖器：肛节背面观近三角形，侧面观短。阳茎基明显弯曲，背瓣发达，侧面观端部呈方形，端部弧状翻折，背面观头向突出；侧瓣腹面观端缘钝圆；腹瓣窄，端缘近平直。阳茎在近端部 1/4 处向右弯曲成角状，突起窄。抱器背缘近平直，且向下弯曲成角状，突起短，中部呈钩状，尾向观突起在近端部的内缘处呈钩状。

观察标本：未见。

地理分布：台湾。

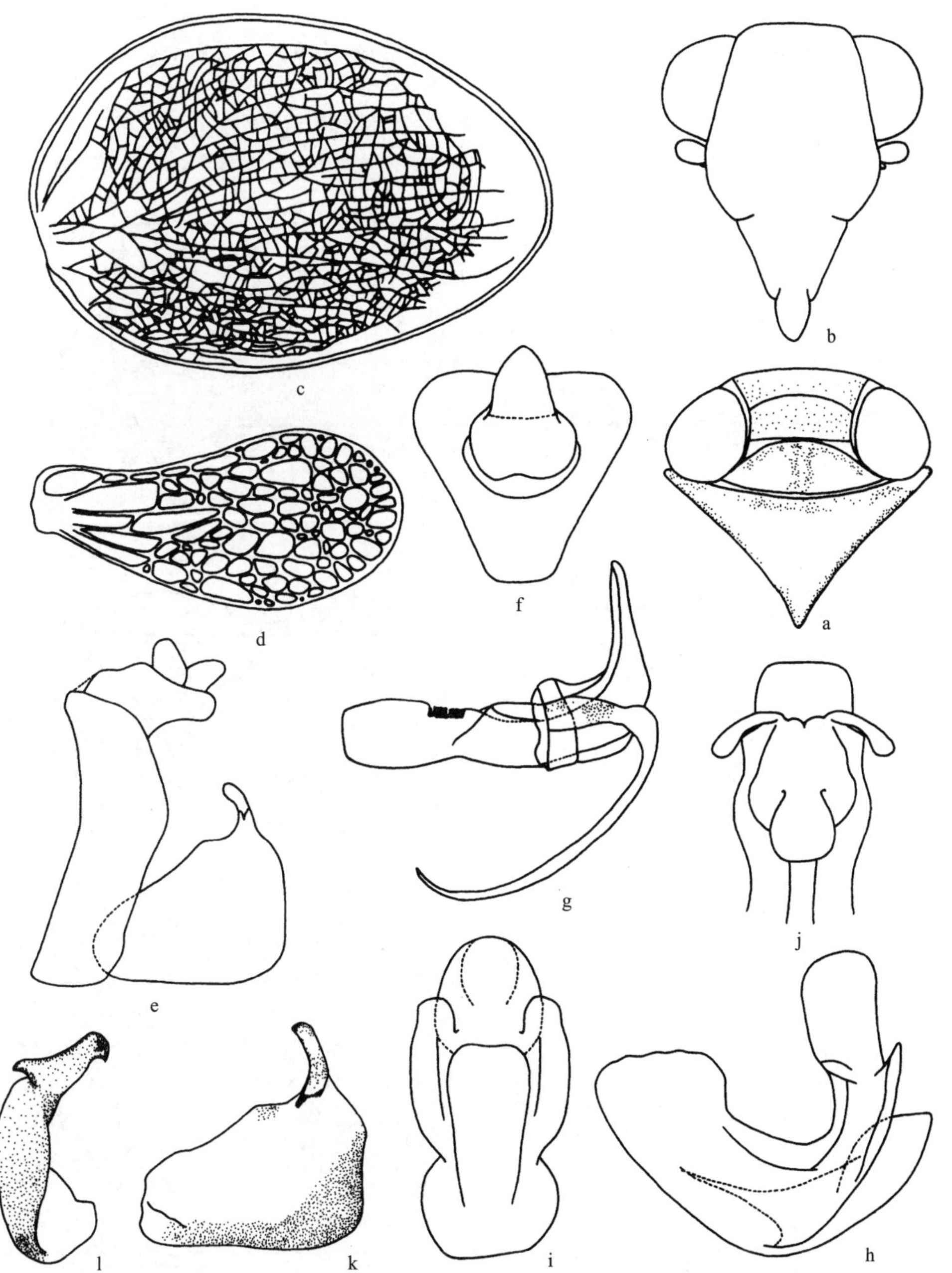

图 95　方格氏瓢蜡蝉 *Gnezdilovius affinis* (Schumacher)（仿 Chan & Yang，1994）

a. 头胸部背面观（head and thorax, dorsal view）；b. 额与唇基（frons and clypeus）；c. 前翅（tegmen）；d. 后翅（hind wing）；e. 雄虫外生殖器侧面观（male genitalia, lateral view）；f. 雄肛节背面观（male anal segment, dorsal view）；g. 阳茎器左面观（aedeagus, left view）；h. 阳茎基左面观（phallobase, left view）；i. 阳茎基腹面观（phallobase, ventral view）；j. 阳茎基背面观（phallobase, dorsal view）；k. 抱器侧面观（genital style, lateral view）；l. 抱器尾向观（genital style, caudal view）

(93) 锐格氏瓢蜡蝉 *Gnezdilovius hosticus* (Chan *et* Yang, 1994)（图 96）

Gergithus hosticus Chan *et* Yang, 1994: 31 (Type locality: Taiwan, China).

Gnezdilovius hosticus: Meng, Webb *et* Wang, 2017: 18.

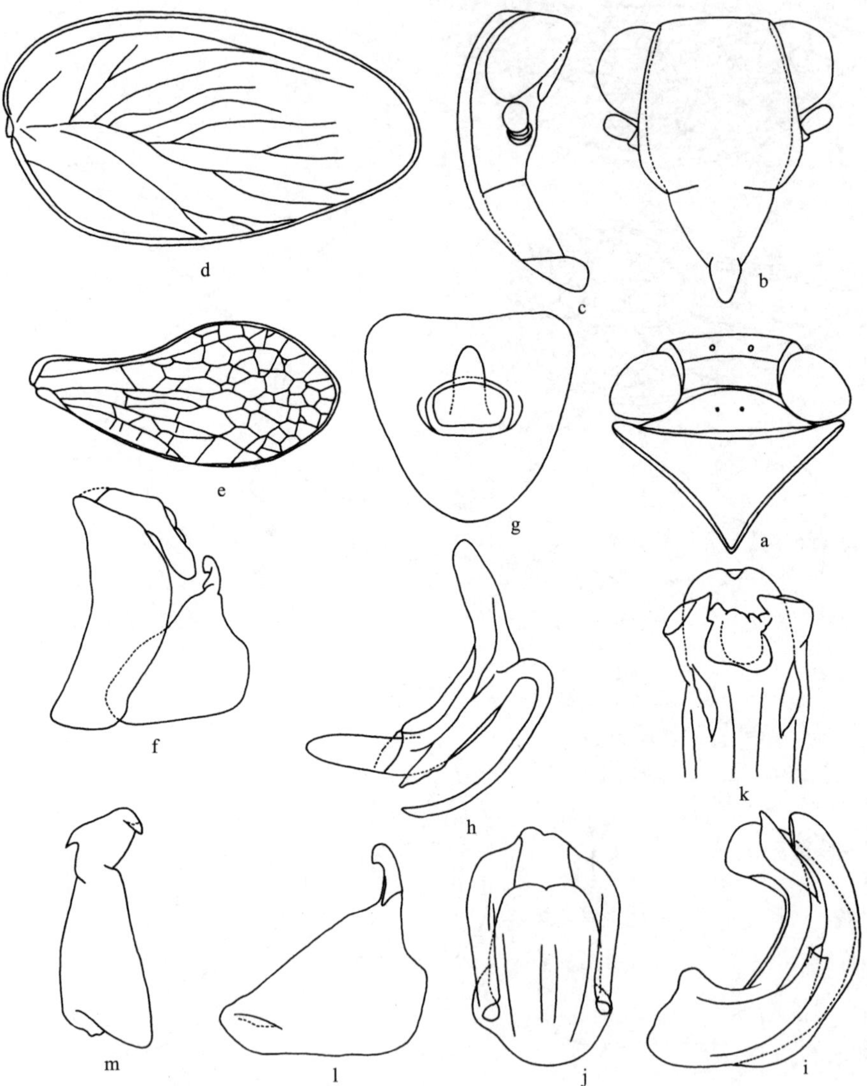

图 96 锐格氏瓢蜡蝉 *Gnezdilovius hosticus* (Chan *et* Yang)（仿 Chan & Yang，1994）

a. 头胸部背面观（head and thorax, dorsal view）；b. 额与唇基（frons and clypeus）；c. 头部侧面观（head, lateral view）；d. 前翅（tegmen）；e. 后翅（hind wing）；f. 雄虫外生殖器侧面观（male genitalia, lateral view）；g. 雄肛节背面观（male anal segment, dorsal view）；h. 阳茎器左面观（aedeagus, left view）；i. 阳茎基左面观（phallobase, left view）；j. 阳茎基腹面观（phallobase, ventral view）；k. 阳茎基背面观（phallobase, dorsal view）；l. 抱器侧面观（genital style, lateral view）；m. 抱器尾向观（genital style, caudal view）

以下描述源自 Chan 和 Yang（1994）。

体连翅长：♂ 4.6mm。前翅长：♂ 4.2mm。

体浅褐色。头顶基部浅黄色。额褐色，边缘黄色。唇基褐色，具深褐色纵纹。中胸盾片褐色，具黄色网状条纹。后翅浅黄色，端半部褐色。腹部褐色，每节端部黄色，腹末具红棕色条带。

头顶中域略凹陷，两后侧角处宽约为中线长的 3.2 倍。额略突起，具皱褶，最宽处为基部宽的 1.6 倍。唇基具 2 条纵纹。前胸背板和中胸盾片具浅的皱褶。前胸背板近中部具 2 个小凹陷。中胸盾片最宽处为中线长的 2 倍，侧缘近中部各具 1 个小凹陷。前翅近椭圆形，粗糙，翅脉清晰，翅长为最宽处的 1.9 倍。后翅翅脉清晰，长为前翅长的 0.7 倍。后足刺式 6-(8-9)-2。

雄性外生殖器：肛节背面观近三角形，端缘近平直，侧顶角钝圆，侧面观肛节短。阳茎基具背瓣，端部翻折，背面观端缘近中部明显凹入；侧瓣腹面观侧端角钝圆；腹瓣腹面观端缘中部略凹入。阳茎突起近直线形。抱器近三角形，顶缘明显弯曲，突起短，近基部呈钩状，尾向观内顶角三角状突出。

观察标本：未见。

地理分布：台湾。

(94) 异色格氏瓢蜡蝉 *Gnezdilovius variabilis* (Butler, 1875)

Hemisphaerius variabilis Butler, 1875: 98, pl. Ⅳ. Fig. 21 (Type locality: Japan).

Gergithus variabilis: Melichar, 1906: 65; Schumacher, 1915b: 127; Matsumura, 1916: 86; Chan *et* Yang, 1994: 26.

Gergithus flavimacula var._: Metcalf, 1958: 128.

Gnezdilovius variabilis: Meng, Webb *et* Wang, 2017: 19.

以下描述源自 Butler（1875）。

体长：6mm。

体褐黄色。头顶窄，额长，光滑，中域上部略凹陷。前胸背板背板，宽大于长，无中脊起，前翅不隆起，具多皱纹，基部突出；前翅黑色，基部、端部、前缘、位于基部 2 个边缘不明显的横带及端部 2 条纹褐黄色；在近端部 1/2 处具有淡黑色圆斑。

此种是日本南部最常见的种。Chan 和 Yang（1994）仔细鉴定了分布于台湾地区的此种标本，但除雌性标本的一些颜色以外，没有发现一个标本符合此种特征。Kato（1933a）记述了他从未在台湾采集到此种标本。因此，台湾关于此种的记载受到争议。

观察标本：未见。

地理分布：台湾、香港；日本，印度，马来西亚。

22. 阔瓢蜡蝉属 *Rotundiforma* Meng, Wang *et* Qin, 2013

Rotundiforma Meng, Wang *et* Qin, 2013: 284. **Type species**: *Rotundiforma nigrimaculata* Meng, Wang *et* Qin, 2013.

属征：体光滑，近圆形。头包括复眼略窄于前胸背板。头顶近长方形，前缘直，后缘略凹入，中域具 2 个小凹陷。额光滑无脊，两侧缘在最宽处具角状突起。额唇基沟微向上弯曲。唇基小，三角形，无脊，中域具 2 个椭圆形凹陷。单眼无。复眼近圆形。前胸背板短，与头顶几乎等长，前缘弓形凸出，后缘略凸出。中胸盾片大，近三角形，侧面具 2 个小的圆形凹陷。前翅相对宽，外缘和端缘近圆形凸出，臀角尖，翅脉模糊。后翅退化。足短，后足胫节端半部宽，有 2 个侧刺。后足刺式 15-6(7)-2。

雄性外生殖器：肛节背面观近卵圆形。抱器短，中域隆起，后缘凹入，尾背角圆。抱器背突短平，具 1 大的侧齿。阳茎不对称，无突起。尾节后缘背半部凸出。

雌性外生殖器：肛节椭圆形。第 3 产卵瓣中域略隆起，侧面观近长方形。第 1 产卵瓣前连接片近长方形，腹端角具 3 齿。第 1 负瓣片近长方形，后缘略凹入。

寄主：长舌巨竹、野龙竹。

地理分布：云南。

本属全世界已知 1 种，分布于中国。

(95) 黑斑阔瓢蜡蝉 *Rotundiforma nigrimaculata* Meng, Wang *et* Qin, 2013（图 97；图版 XVIII：j-l）

Rotundiforma nigrimaculata Meng, Wang *et* Qin, 2013: 287 (Type locality: Yunnan, China).

体连翅长：♂ 3.0mm，♀ 3.1mm。前翅长：♂ 2.7mm，♀ 2.8mm。

头顶浅黄褐色。复眼灰褐色。额橘黄色，靠近唇基具白色横带。唇基橘黄色。前胸背板和中胸盾片暗橘色。前翅暗黄绿色，近内缘具 1 大的暗褐色斑块，且靠近前缘 1/3 处具 1 黑色近圆形斑。足黄褐色，前足和中足胫节端部黑色，中足后缘黑色，后足刺黑色。

头顶阔，宽为中线长的 5.6 倍。额端部窄，至侧缘角突处渐宽，两突起之间的宽略大于长，且为上端缘宽的 1.7 倍。前胸背板较头顶略宽。中胸盾片大，长为顶和前胸背板之和的 2 倍。前翅近菱形。后翅非常小。后足第 1 跗节末端小刺从外至内逐渐变小，至中部小刺消失。

雄性外生殖器：肛节基部窄，至近端部渐宽，端缘圆弧形凸出；肛孔位于肛节的近中部，肛下板短小。阳茎浅“U”形；阳茎基背瓣端部膜质，端缘弧形；两侧瓣不对称，左侧宽，右侧相对窄小，边缘具 1 列锯齿；腹瓣膜质，略短于背侧瓣，端部分裂为 2 瓣。尾节后缘中部微突出。

雌性外生殖器：肛节较圆，宽大于长，端缘微突出；肛孔位于肛节的近基部，肛下板短小。第 3 产卵瓣侧面观近正方形，背面基部愈合，分叉处不骨化。第 2 产卵瓣基部平，中部略隆起；背面观中域分 2 瓣。第 1 负瓣片近长方形。内生殖瓣小。第 1 产卵瓣端缘具 3 个刺，均具短脊。第 7 腹节后缘中部略突出，突出部分宽，端缘浅凹入。

观察标本：1♂（正模），云南西双版纳勐仑，21°54.380′N，101°16.815′E，627m，2009.XI.22，唐果、姚志远。2♀（副模），同正模。

地理分布：云南。

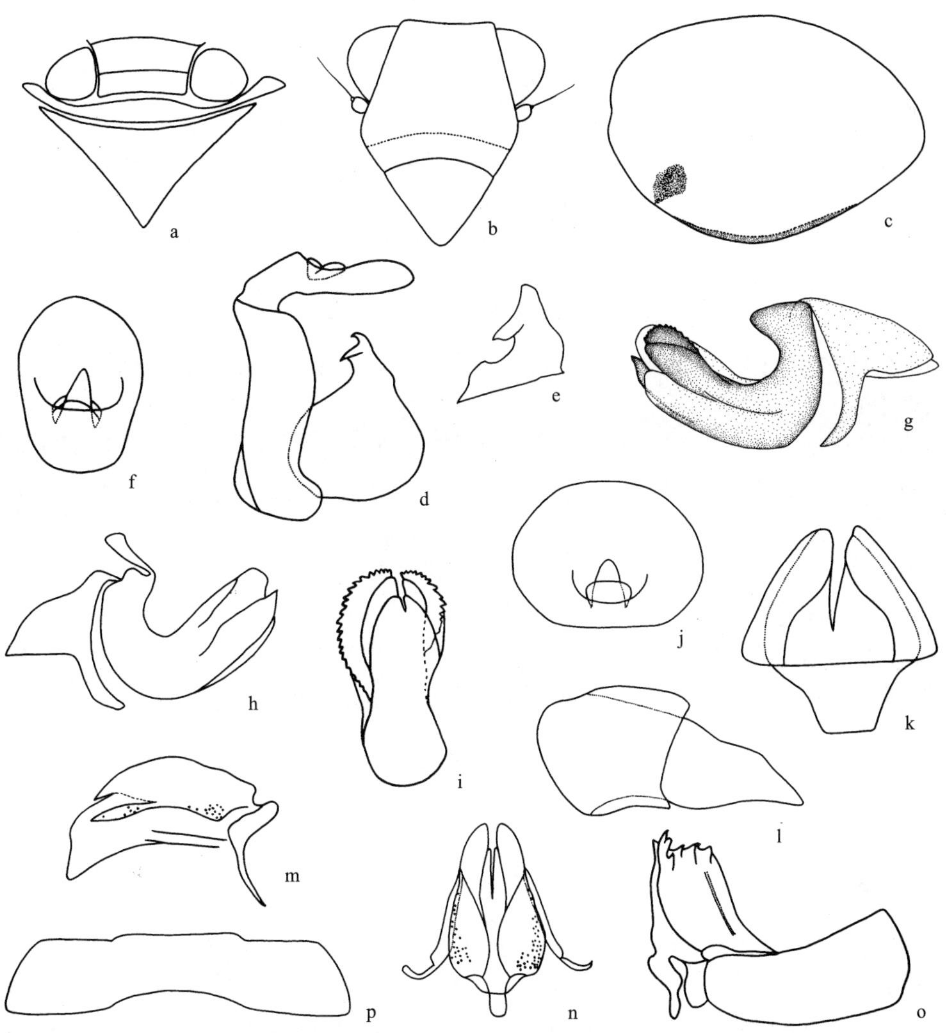

图 97　黑斑阔瓢蜡蝉 *Rotundiforma nigrimaculata* Meng, Wang *et* Qin

a. 头胸部背面观（head and thorax, dorsal view）；b. 额与唇基（frons and clypeus）；c. 前翅（tegmen）；d. 雄虫外生殖器左面观（male genitalia, left view）；e. 抱器背突尾向观（capitulum of genital style, caudal view）；f. 雄肛节背面观（male anal segment, dorsal view）；g. 阳茎左面观（phallus, left view）；h. 阳茎右面观（phallus, right view）；i. 阳茎腹面观（phallus, ventral view）；j. 雌肛节背面观（female anal segment, dorsal view）；k. 第 3 产卵瓣背面观（gonoplas, dorsal view）；l. 第 3 产卵瓣侧面观（gonoplac, lateral view）；m. 第 2 产卵瓣侧面观（gonapophysis Ⅸ, lateral view）；n. 第 2 产卵瓣背面观（gonapophyses Ⅸ, dorsal view）；o. 第 1 产卵瓣侧面观（gonapophysis Ⅷ, lateral view）；p. 雌第 7 腹节腹面观（female sternite Ⅶ, ventral view）

23. 球瓢蜡蝉属 *Hemisphaerius* Schaum, 1850

Hemisphaerius Schaum, 1850: 71. **Type species**: *Issus coccinelloides* Burmeister, 1834; Distant, 1906: 359; Melichar, 1906: 67; Matsumura, 1916: 117; Fennah, 1956: 567; Hori, 1969: 60; Chan *et* Yang, 1994: 57; Che, Zhang *et* Wang, 2006a: 160; Chen, Zhang *et* Chang, 2014: 60.

属征：体半球形，头包括复眼窄于前胸背板。头顶近长方形，中域凹陷，两后侧角宽明显大于中线长。额光滑或具细小的颗粒，中域隆起，最宽处略大于额中线长，最宽处超过基部宽的 2 倍。唇基无中脊。复眼肾形，具单眼。前胸背板无中脊，中域处具 2 个小凹陷；中胸盾片近三角形，无中脊，近侧缘中部各具 1 个小凹陷。前翅近椭圆形，不透明，翅脉不明显，光滑或具不规则的刻点，肩角强突出。后翅半透明，翅脉明显或不明显，后翅长为前翅的 0.3 倍。后足胫节具 2 个侧刺。后足刺式 (6-8)-(9-10)-2。

雄性外生殖器：肛节背面观杯状或蘑菇状。尾节侧面观后缘近端部明显突出，基部突出小。阳茎浅“U”形，阳茎基端部裂开成瓣状，对称或不对称，背侧瓣 2 裂叶或不裂，阳茎无突起。抱器侧面观近三角形或长方形，基部窄，端部扩大，端缘弧形弯曲，背缘近端部突出。

雌性外生殖器：肛节背面观近椭圆形或方形，肛孔位于肛节近中部或基半部。第 1 产卵瓣向上弯曲，端缘具刺。侧面观第 9 背板和第 3 产卵瓣近方形或三角形。第 7 腹节中部近平直，或明显突出，或微突出。

地理分布：湖北、福建、台湾、海南、香港、广西、云南；日本，缅甸，越南，泰国，菲律宾，印度尼西亚。

本属全世界已知 77 种，中国已知 12 种，其中包括本志记述的 2 个新种，1 个中国新记录种。另外，在根据文献和检视相关标本的基础上提出 3 个新异名。

种 检 索 表

1. 额中域三角形，其边缘绿褐色，额侧缘绿色，唇基基部和额端部之间具 1 灰绿色宽带…………………………………………………………………… **驳斑球瓢蜡蝉 *H. sauteri***
   额特征不如上述……………………………………………………………………2
2. 前翅浅黄色，具 3 黑带，黑带间区域呈锈褐色…………………… **锈球瓢蜡蝉 *H. hoozanensis***
   前翅特征不如上述…………………………………………………………………3
3. 额红色，沿边缘具绿色宽带；头顶红色；前翅红色，沿中域和缝缘处具 2 绿色纵带…………………………………………………………………… **胭脂球瓢蜡蝉 *H. coccinelloides***
   特征不如上述………………………………………………………………………4
4. 头顶、前胸背板、中胸盾片具翠绿色或黄绿色斑纹……………………………………5
   头顶、前胸背板、中胸盾片无上述斑纹…………………………………………………7
5. 体灰黄绿色或黄绿色…………………………………………… **丽球瓢蜡蝉 *H. lysanias***
   体浅棕色或红褐色…………………………………………………………………6
6. 体浅棕色，额黑褐色；阳茎基侧瓣窄，末端钝………… **犬牙球瓢蜡蝉，新种 *H. caninus* sp. nov.**
   体赭红色，额赭红色；阳茎基侧瓣边缘锯齿状…………………… **红球瓢蜡蝉 *H. rufovarius***
7. 前翅无任何斑纹……………………………………………………………………8
   前翅具斑纹…………………………………………………………………………10
8. 体砖红色………………………………………………………… **双斑球瓢蜡蝉 *H. bimaculatus***
   体黄绿色或黄褐色…………………………………………………………………9
9. 前翅浅棕色；肛节端缘深凹入………………………………… **长臂球瓢蜡蝉 *H. palaemon***

前翅黄绿色，具褐色斑纹；肛节端缘钝圆……………………………… **双环球瓢蜡蝉 *H. kotoshonis***
10. 前翅黄色，具黑褐色纵条纹……………………………… **条纹球瓢蜡蝉，新种 *H. parallelus* sp. nov.**
前翅自基部至中部具黑色宽带，近缝缘端部具 1 黑色圆斑……………… **三瓣球瓢蜡蝉 *H. trilobulus***
注：浅斑球瓢蜡蝉 *Hemisphaerius delectabilis* Schumacher, 1914 具爪缝，分类地位仍需要仔细研究，因此未列入检索表。

(96) 驳斑球瓢蜡蝉 *Hemisphaerius sauteri* Schmidt, 1910

Hemisphaerius sauteri Schmidt, 1910: 154 (Type locality: Taiwan, China); Schumacher, 1915b: 128; Matsumura, 1916: 95; Chan *et* Yang, 1994: 62.

以下描述源自 Matsumura（1916）。

体长 3.5mm。

头顶窄、短，宽约为长的 3.5 倍，具浅或尖的隆起将其与额分离。额端部扩大，侧缘近唇基处钝圆，复眼间距窄，端部与唇基基部宽度相同，中线长稍长于最宽处，无中脊。唇基扁平无中脊。前胸背板短，宽为中线长的 3 倍，后缘平直，顶缘呈弧形，无中脊，后缘具 2 个靠近的小凹陷。中胸盾片宽三角形。

前翅明显呈弓形，表面粗糙，具刻点和皱褶；后翅退化，窄直线形，顶端钝圆。具单眼。后足胫节中部后具 2 个侧刺。额中域三角形，边缘绿褐色，额侧缘绿色，唇基基部和额端部具灰绿色宽横带。唇基黑色，具光泽。复眼黑褐色，基部具红黄色环带。单眼透明。触角橙红色。前胸背板和中胸盾片绿色。前翅透明，基部绿色；后翅透明呈褐色。喙、胸部、基节和足浅黄色，后足胫节无环带。胫节侧刺端部和跗节黑色。第 1 腹节的背板橙色，中域褐色，端部黄色，腹板黑色；外生殖器黄绿色，端部褐色。

观察标本： 未见。

地理分布： 台湾；日本。

(97) 锈球瓢蜡蝉 *Hemisphaerius hoozanensis* Schumacher, 1915

Hemisphaerius hoozanensis Schumacher, 1915b: 128 (Type locality: Taiwan, China); Chan *et* Yang, 1994: 63.

以下描述源自 Schumacher（1915b）。

体长 4.5mm。

额褐色，表面明显粗糙，无横线或脊。头顶黄褐色。前胸背板、中胸盾片、腹部和足淡黄色。腹板后缘、胫节边缘、前足腿节末端和环纹褐色。头部后缘，前胸背板和中胸盾片端部黄色。前翅浅黄色，具 3 条黑带，黑带之间呈锈褐色。

观察标本： 未见。

地理分布： 台湾。

(98) 胭脂球瓢蜡蝉 *Hemisphaerius coccinelloides* (Burmeister, 1834)（图 98）

Issus coccinelloides Burmeister, 1834: 305 (Type locality: Philippines).

Hemisphaerius coccinelloides: Schaum, 1850: 71; Distant, 1906: 359; Melichar, 1906: 93; Matsumura, 1916: 96.

Hemisphaerius formosus Melichar, 1913: 611; Hori, 1969: 61; Chan *et* Yang, 1994: 58. **syn. nov**.

Hemisphaerius coccinelloides formosus Schumacher, 1914: 14; Schumacher, 1915b: 129.

Hemisphaerius coccineus Matsumura, 1916: 95.

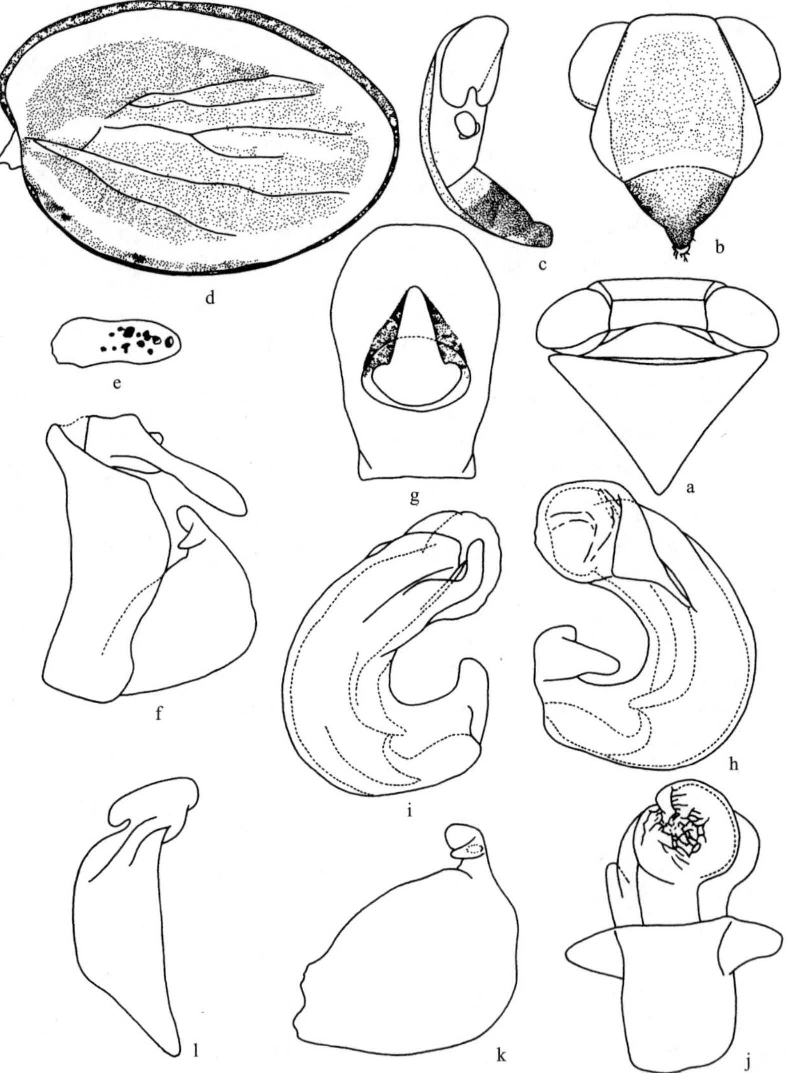

图 98　胭脂球瓢蜡蝉 *Hemisphaerius coccinelloides* (Burmeister)（仿 Chan & Yang，1994）

a. 头胸部背面观（head and thorax, dorsal view）；b. 额与唇基（frons and clypeus）；c. 头部侧面观（head, lateral view）；d. 前翅（tegmen）；e. 后翅（hind wing）；f. 雄虫外生殖器侧面观（male genitalia, lateral view）；g. 雄肛节背面观（male anal segment, dorsal view）；h. 阳茎左面观（phallus, left view）；i. 阳茎右面观（phallus, right view）；j. 阳茎背面观（phallus, dorsal view）；k. 抱器侧面观（genital style, lateral view）；l. 抱器尾向观（genital style, caudal view）

以下描述源自 Chan 和 Yang（1994）。

体连翅长：♂ 3.7-4.3mm，♀ 3.9-4.5mm。前翅长：♂ 3.5-4.0mm，♀ 4.1-4.8mm。

头顶红色。额红色，具绿色宽带和红色斑点。唇基黑色，具绿色斑纹。前胸背板和中胸盾片绿色，具少量红色条纹。前翅红色，具绿色纵带及黑色和白色斑纹；后翅浅褐色。足褐色，前足腿节黑色，端部褐色，中足胫节具黑色条形纹，后足腿节浅黑色，端部褐色。腹板深褐色，具少量浅绿色至黄色斑纹。

头顶中域凹陷，侧缘向端部逐渐聚拢，两后侧角宽为中线长的 3.9 倍。额具皱褶，沿边缘具宽带，近头部处具 2 个斑点，最宽处长为基部宽的 2.1 倍。唇基基部具斑纹。前胸背板和中胸盾片具皱褶。前胸背板近中域处具 2 个小凹陷。中胸盾片两侧靠近边缘处具 1 个小凹陷，最宽处为中线长的 1.8 倍。前翅半球形，表面粗糙，沿中部和缝缘具 2 条纵带，前缘及其下方具斑纹，长约为最宽处的 1.6 倍；后翅退化，表面粗糙，翅脉不明显，长为前翅长的 0.3 倍。后足刺式 (7-8)-9-2。

雄性外生殖器：肛节背面观长，呈椭圆形，在近基部处聚拢，中线长为最宽处的 1.4 倍。阳茎基不对称，背瓣右边背面肿大，悬骨呈三角形，在基部处向侧面弯曲，侧瓣左侧呈三角形，右侧呈长棒状并弯向腹部。阳茎器突起不可见。抱器侧面观近椭圆形，顶缘中部略凸出，突起很短，尾向观所有突起尾部均呈钝圆形。

讨论：经查阅文献，*Hemisphaerius formosus* Melichar, 1913 和胭脂球瓢蜡蝉 *Hemisphaerius coccinelloides* (Burmeister, 1834) 描述相同，因此将前者订为后者的异名。

观察标本：未见。

地理分布：台湾；菲律宾。

(99) 丽球瓢蜡蝉 *Hemisphaerius lysanias* Fennah, 1978（图 99；图版 XIX：a-c）

Hemisphaerius lysanias Fennah, 1978: 264 (Type locality: Vietnam); Che, Zhang *et* Wang, 2006a: 160; Chen, Zhang *et* Chang, 2014: 64.

Gergithus esperanto Chou *et* Lu, 1985: 122 (Type locality: Hainan, China). Synonymised by Che *et al.*, 2006a: 160.

体连翅长：♂ 3.6-4.2mm，♀ 4.2-4.7mm。前翅长：♂ 3.4-3.8mm，♀ 3.7-3.9mm。

体灰黄绿色（标本久时呈灰黄色），具翠绿色斑纹。头顶灰褐色，具翠绿色斑纹。复眼深褐色。额灰黄绿色，侧缘褐色。唇基深褐色，具黄绿色横带；喙浅褐色。前胸背板及中胸盾片灰黄绿色，具翠绿色斑纹。前翅灰黄绿色，后翅浅褐色。足浅褐色，前中足基节深褐色，后足腿节具深褐色纵带。腹部腹面浅棕色，各节端部略带褐色。

头顶近长方形，两后侧角宽约为中线长的 3.1 倍，中域具 2 个大的凹陷，前缘两侧各具 1 近三角形斑纹。额阔，具细小的刻点，中域隆起，最宽处为基部宽的 1.6 倍，额宽约等于长。前胸背板中域处具 2 个小凹陷，凹陷两侧各具 1 个近三角形大斑纹；中胸盾片前侧角、后角各具 1 个大斑纹，近侧缘中部各具 1 个小凹陷，最宽处为中线长的 1.6 倍。前翅无任何斑纹，具橘皮状刻点，翅长为最宽处的 1.6 倍；后翅半透明，翅脉不明显，后翅长为前翅的 0.3 倍。后足刺式 6-9-2。

雄性外生殖器：肛节背面观近杯状，前缘平截，侧顶角钝圆，肛孔位于基半部，近中部处最宽，尾节侧面观后缘近端部明显突出，基部突出较小。阳茎浅"U"形，端部裂开；背瓣端部钝圆无裂叶；侧瓣2裂叶，端部尖细，具细小的锥状突起；腹瓣包住侧瓣，边缘锯齿状，端缘成剑状突起物。抱器侧面观近三角形，基部窄，端部扩大，端缘弧形弯曲，背缘弯曲，近端部突出；尾向观突出的基部尖细，端部钝圆。

雌性外生殖器：肛节背面观近椭圆形，顶缘中部突出，侧缘圆滑，肛孔位于肛节近中部。第1产卵瓣向上弯曲，端缘具3个近平行的、依次增大的刺。侧面观第9背板和第3产卵瓣近方形。第7腹节中部近平直。

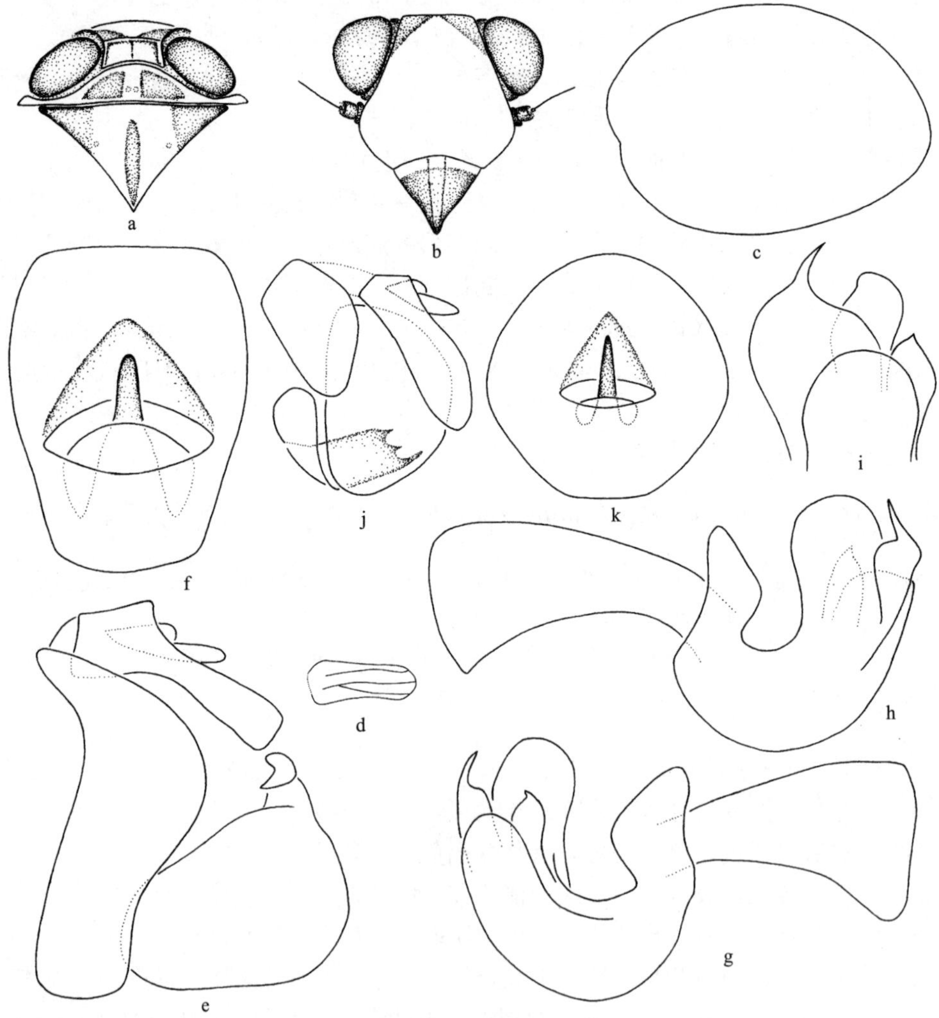

图99 丽球瓢蜡蝉 *Hemisphaerius lysanias* Fennah

a. 头胸部背面观（head and thorax, dorsal view）；b. 额与唇基（frons and clypeus）；c. 前翅（tegmen）；d. 后翅（hind wing）；e. 雄虫外生殖器左面观（male genitalia, left view）；f. 雄肛节背面观（male anal segment, dorsal view）；g. 阳茎右面观（phallus, right view）；h. 阳茎侧面观（phallus, lateral view）；i. 阳茎端部腹面观（apex of phallus, ventral view）；j. 雌虫外生殖器左面观（female genitalia, left view）；k. 雌肛节背面观（female anal segment, dorsal view）

寄主：采自灌木丛，具体物种不详。

观察标本：1♂（*Gergithus esperanto* Chou *et* Lu 的正模，原文记述为1♀，实际标本为雄虫），海南海口，1964.V.29，刘思孔（BJNHM）；1♂，海南岛保亭，1964.IV.12，刘思孔（BJNHM）；1♂，海南马岭，1974.XII.18，杨集昆（CAU）；2♂，海南尖峰岭，1981.I.6-8，陈振耀采（ZSU）；1♂，海南吊罗山，1983.V.23，张雅林；1♂，海南岛尖峰岭，1983.V.26，张雅林；3♂，海南琼中牙畜岭，2002.VII.2，王培明；21♂，海南定安县翰林，2002.VII.26，王宗庆、车艳丽；1♂，海南吊罗山，2002.VIII.16，王培明；1♀，海南定安县岭口，2002.VIII.25，王宗庆、车艳丽；1♂3♀，海南琼中，1959.III.2，金根桃（SHEM）；3♂2♀，海南白沙，1959.III.18，金根桃（SHEM）；1♂，海南兴隆，1959.II.1，金根桃（SHEM）；1♂，海南兴隆，1959.I.29，金根桃（SHEM）；3♀，海南兴隆，1959.I.7-11，金根桃（SHEM）。

地理分布：海南；越南。

(100) 犬牙球瓢蜡蝉，新种 *Hemisphaerius caninus* Che, Zhang *et* Wang, sp. nov.（图 100；图版 XIX：d-f）

体连翅长：♂ 4.6mm，♀ 4.8mm。前翅长：♂ 3.6mm，♀ 3.7mm。

体浅棕色，具褐色斑点和浅黄色斑纹。头顶棕色。复眼褐色。额黑褐色，端部具浅黄色斑纹。唇基深褐色，喙浅棕色。前胸背板浅棕色，具浅黄色斑纹。中胸盾片褐色，具浅黄色斑纹。前翅浅棕色，具褐色斑点；后翅浅褐色。足浅棕色，前、中足的转节及胫节末端和后足腿节浅褐色。腹部腹面褐色，每一腹节末端略带浅棕色。

头顶近长方形，两后侧角宽约为中线长的 3.0 倍，中域处具 2 个大的凹陷。额光滑，中域略隆起，最宽处为基部宽的 1.4 倍，中线长为最宽处的 1.25 倍。前胸背板中域处具 2 个小凹陷，凹陷两侧侧角处各有 1 个近三角形斑纹；中胸盾片前侧角各具 1 个近三角形的斑纹，近侧缘中部各具 1 个小凹陷，最宽处为中线长的 1.8 倍。前翅具橘皮状刻点，近缝缘端部具 1 短棒状斑点，翅长为最宽处的 1.5 倍；后翅半透明，翅脉不明显，后翅长为前翅的 0.35 倍。后足刺式 6-10-2。

雄性外生殖器：肛节背面观蘑菇状，近端部处最宽，端缘突出，侧顶角明显呈角状突出，肛孔位于基半部。尾节侧面观后缘近端部明显突出，基部突出小。阳茎浅“U”形，阳茎基端部裂开成瓣状，背面观背瓣末端钝圆，侧面观侧瓣窄，裂叶末端钝，腹面观腹瓣端缘平截。抱器侧面观近长方形，基部窄，具角状突出，端部扩大，端缘中部弧形凸出；尾向观抱器背突端部钝圆，侧齿较钝。

雌性外生殖器：肛节背面观近椭圆形，顶缘中部微突出，侧缘圆滑，肛孔位于肛节基半部。第 1 产卵瓣向上弯曲，端缘具 7 个近平行的、大小不等的刺，侧缘向上翻折。侧面观第 9 背板和第 3 产卵瓣近方形。第 7 腹节中部微突出。

正模：♂，海南尖峰岭，1981.XII.21，陈芝卿。副模：1♀，海南尖峰岭，1982.II.2，林尤洞。

鉴别特征：本种与鲨球瓢蜡蝉 *H. scymnoides* Walker, 1862 相似，主要区别：①额黑褐色，端部具浅黄色斑纹；后者额具 3 个小的黑斑；②头顶棕色无斑纹，后者头顶每侧具 1 翠绿色斑点。

种名词源：拉丁词“*caninus*”意为“犬牙状的”，指抱器基部呈角状突出，突出极像犬牙。

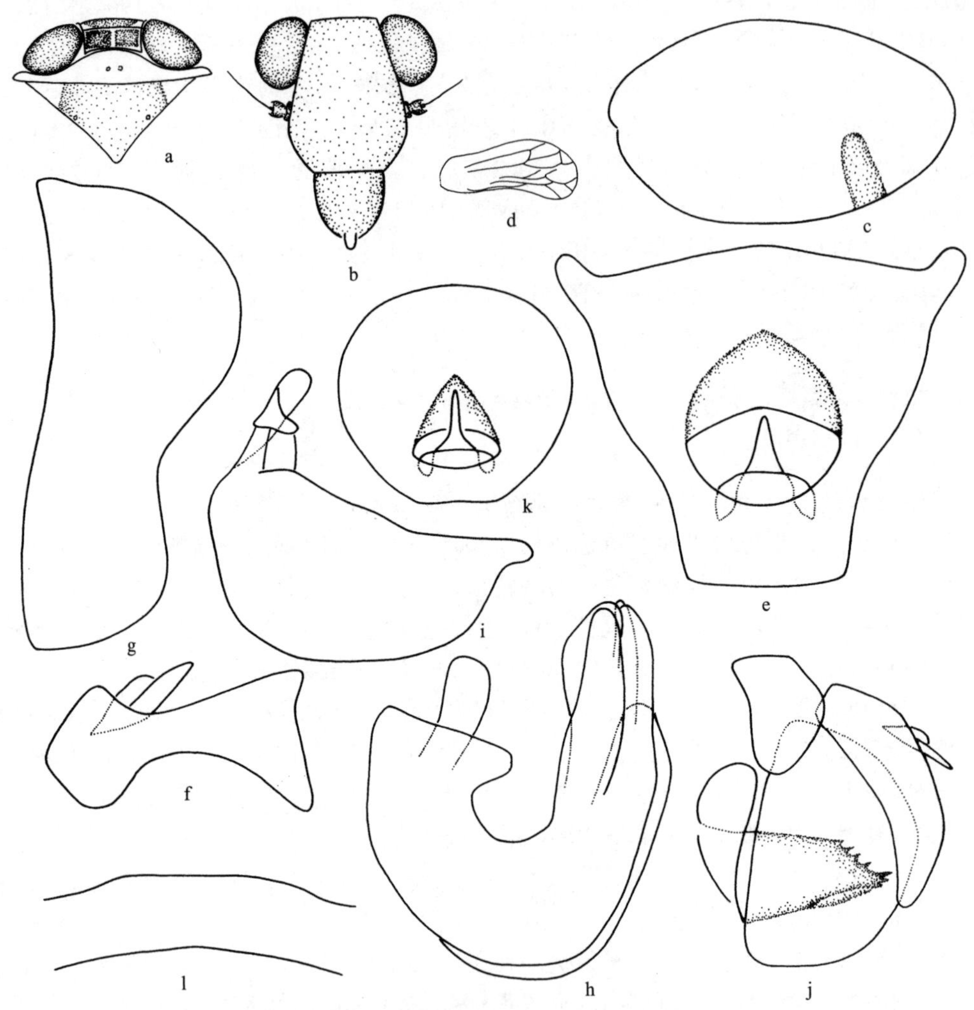

图 100　犬牙球瓢蜡蝉，新种 *Hemisphaerius caninus* Che, Zhang *et* Wang, sp. nov.

a. 头胸部背面观（head and thorax, dorsal view）；b. 额与唇基（frons and clypeus）；c. 前翅（tegmen）；d. 后翅（hind wing）；e. 雄肛节背面观（male anal segment, dorsal view）；f. 雄肛节侧面观（male anal segment, lateral view）；g. 尾节侧面观（pygofer, lateral view）；h. 阳茎侧面观（phallus, lateral view）；i. 抱器侧面观（genital style, lateral view）；j. 雌虫外生殖器左面观（female genitalia, left view）；k. 雌肛节背面观（female anal segment, dorsal view）；l. 雌第 7 腹节腹面观（female sternite Ⅶ, ventral view）

(101) 红球瓢蜡蝉 *Hemisphaerius rufovarius* Walker, 1858（图 101；图版 XIX：g-i）

Hemisphaerius rufovarius Walker, 1858: 95 (Type locality: Myanmar); Butler, 1875: 96; Distant, 1906: 359; Melichar, 1906: 90; Fennah, 1956: 507.

Hemisphaerius testaceus Distant, 1906: 360 (Type locality: Myanmar); Chen, Zhang *et* Chang, 2014: 64. Synonymised by Liang, 2001: 26.

体连翅长：♂ 4.5-4.6mm，♀ 4.6-4.8mm。前翅长：♂ 4.0-4.1mm，♀ 4.1-4.2mm。

体赭红色，具翠绿色斑纹。头顶、额赭红色，端缘具翠绿色斑纹。复眼褐色。唇基黑色，端部具浅黄色横带；前胸背板及中胸盾片赭红色，具翠绿色斑纹。前翅赭红色，具黑色斑点；后翅浅褐色。足浅棕色，前、中足的转节及后足腿节黑色。腹部腹面黑褐色。

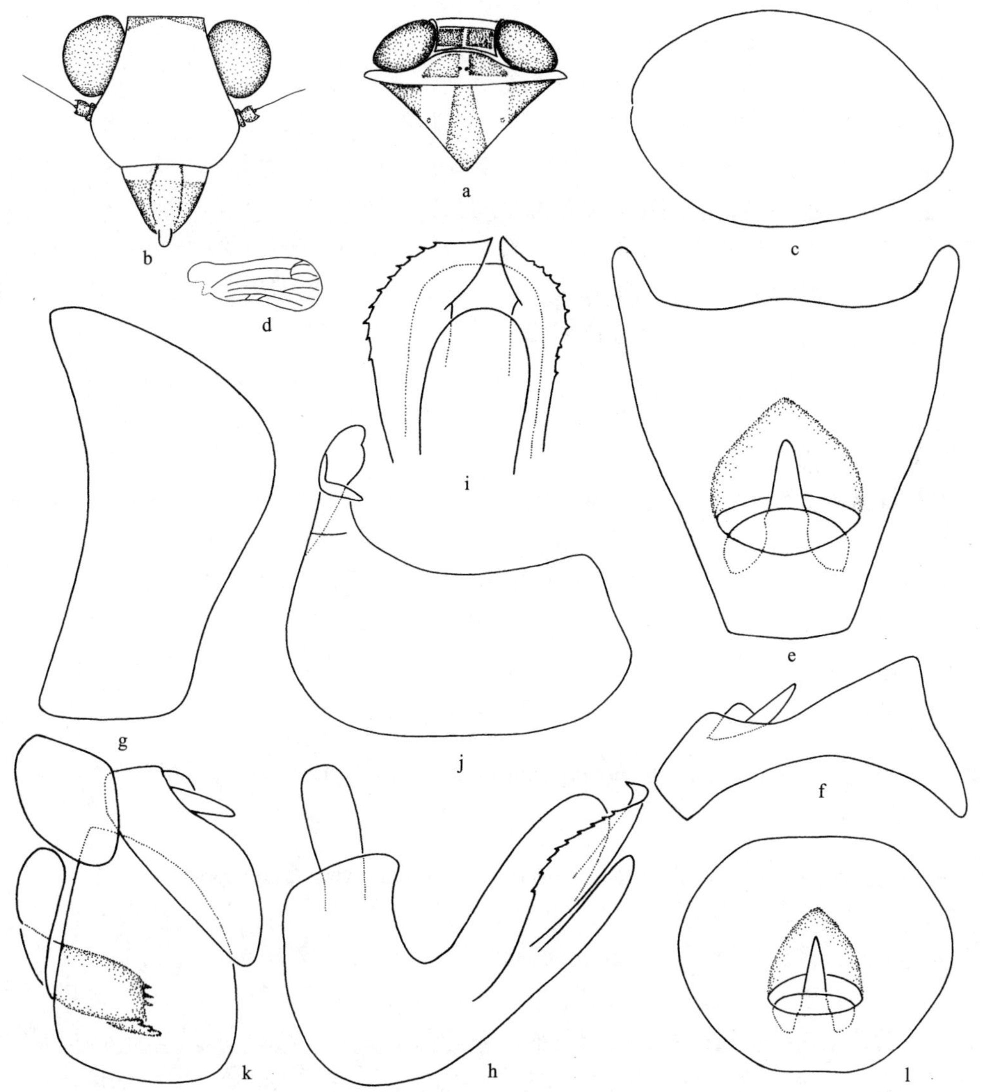

图 101　红球瓢蜡蝉 *Hemisphaerius rufovarius* Walker

a. 头胸部背面观（head and thorax, dorsal view）；b. 额与唇基（frons and clypeus）；c. 前翅（tegmen）；d. 后翅（hind wing）；e. 雄肛节背面观（male anal segment, dorsal view）；f. 雄肛节侧面观（male anal segment, lateral view）；g. 尾节侧面观（pygofer, lateral view）；h. 阳茎侧面观（phallus, lateral view）；i. 阳茎端部腹面观（apex of phallus, ventral view）；j. 抱器侧面观（genital style, lateral view）；k. 雌虫外生殖器左面观（female genitalia, left view）；l. 雌肛节背面观（female anal segment, dorsal view）

头顶近长方形，两后侧角宽约为中线长的 2.9 倍，中域处具 2 个大的凹陷。额光滑，中域隆起，最宽处为基部宽的 1.5 倍，中线长为最宽处的 1.2 倍。前胸背板中域具 2 个小凹陷，凹陷两侧各具 1 近三角形斑纹；中胸盾片前侧角具 1 个近三角形斑纹，后角至中域处具 1 个条状斑纹，近侧缘中部各具 1 个小凹陷，最宽处为中线长的 1.7 倍。前翅近端部具 1 圆形斑点，具橘皮状刻点，翅脉不明显，翅长为最宽处的 1.5 倍；后翅半透明，翅脉不明显，后翅长为前翅的 0.4 倍。后足刺式 6-10-2。

雄性外生殖器：肛节背面观蘑菇状，侧顶角呈角状突出，端缘略隆起成弧形，肛孔位于基半部，近端部处最宽。尾节侧面观后缘近端部明显突出，基部突出小。阳茎浅“U”形，阳茎基端部裂开成瓣状，背、腹瓣无裂叶，端缘钝圆；侧瓣 2 裂叶，外侧缘锯齿状。抱器侧面观近长方形，基部窄，端部扩大，端缘弧形弯曲，背缘近端部突出，突出下方有 1 脊起；尾向观突出的端部钝圆，基部呈细长的钩状。

雌性外生殖器：肛节背面观近方形，端缘中部近平直，侧缘圆滑，肛孔位于肛节基半部。第 1 产卵瓣向上弯曲，端缘具 3 个近平行的、大小相等的刺，近侧缘处具 1 三齿状的突起。侧面观第 9 背板和第 3 产卵瓣近方形。第 7 腹节中部突出。

在作者所研究的标本中，前翅颜色变化较大，具大小不等的褐色斑纹，但其他外部形态特征和雄性外生殖器特征均相同，因此鉴定为同一种。

寄主：采自灌木丛，具体物种不详。

观察标本：1♂，海南那大，1974.VIII.23-24，周尧、卢筝；2♂，海南兴隆温泉，1974.XII.20，杨集昆（CAU）；2♂，海南尖峰岭，1981.XII.9，陈芝卿（CAF）；1♂，云南西双版纳勐仑，1982.IV.24，王素梅、周静若；1♀，广西防城平龙山，2001.XII.1，王宗庆；6♀，海南尖峰天池，2002.VIII.28，车艳丽；4♂，海南尖峰天池，2002.VIII.28-29，车艳丽、王培明；1♀，海南琼中牙畜岭，2002.VII.2，王培明。

地理分布：海南、广西、云南；缅甸，泰国，马来西亚。

(102) 双斑球瓢蜡蝉 *Hemisphaerius bimaculatus* Che, Zhang *et* Wang, 2006（图 102；图版 XIX：j-l）

Hemisphaerius bimaculatus Che, Zhang *et* Wang, 2006a: 162 (Type locality: Fujian, China).

体连翅长：♂ 5.1mm，♀ 5.3mm。前翅长：♂ 4.6mm，♀ 4.7mm。

体砖红色。头顶砖红色，中域浅棕色。复眼棕色。额砖红色，具浅棕色圆斑。唇黑色，具浅黄色横带；喙浅棕色。前胸背板、中胸盾片砖红色。前翅砖红色，无任何斑纹，后翅浅棕色。足浅棕色，前、中足胫节末端黑色，后足腿节浅褐色。腹部腹面浅棕色。

雌虫体砖红色，具黑色斑纹。前翅浅棕色，自翅中域至端部具黑褐色斑纹。足浅棕色，前、中足腿节、胫节末端黑色，后足腿节浅褐色。腹部腹面浅褐色。

头顶近长方形，两后侧角宽约为中线长的 3.7 倍，中域处具 2 个大的凹陷。额光滑，中域隆起。额端部有 2 个圆斑，最宽处为基部宽的 1.5 倍，中线长为最宽处的 1.1 倍。前胸背板中域处具 2 个小凹陷；中胸盾片近侧缘中部各具 1 个小凹陷，最宽处为中线长的 2.0 倍。前翅具橘皮状刻点，翅脉不明显，翅长为最宽处的 1.3 倍；后翅半透明，翅脉不明显，后翅长为前翅的 0.4 倍。后足刺式 6-10-2。

雄性外生殖器：肛节背面观杯状，端缘深凹入，侧顶角突出呈角状，肛孔位于基半部，近端部处最宽，尾节侧面观后缘近端部明显突出，基部突出较小。阳茎浅“U”形，阳茎基端部裂开成瓣状，背面观背瓣端部钝圆；侧面观侧瓣侧缘向上翻折，背面观末端尖锐指向外侧；腹面观腹瓣明显短于侧瓣，端部平截。抱器侧面观近长方形，基部窄，端部稍扩大，端缘弧形弯曲，背缘近端部突出；尾向观抱器背突的基部稍尖锐，端部钝圆。

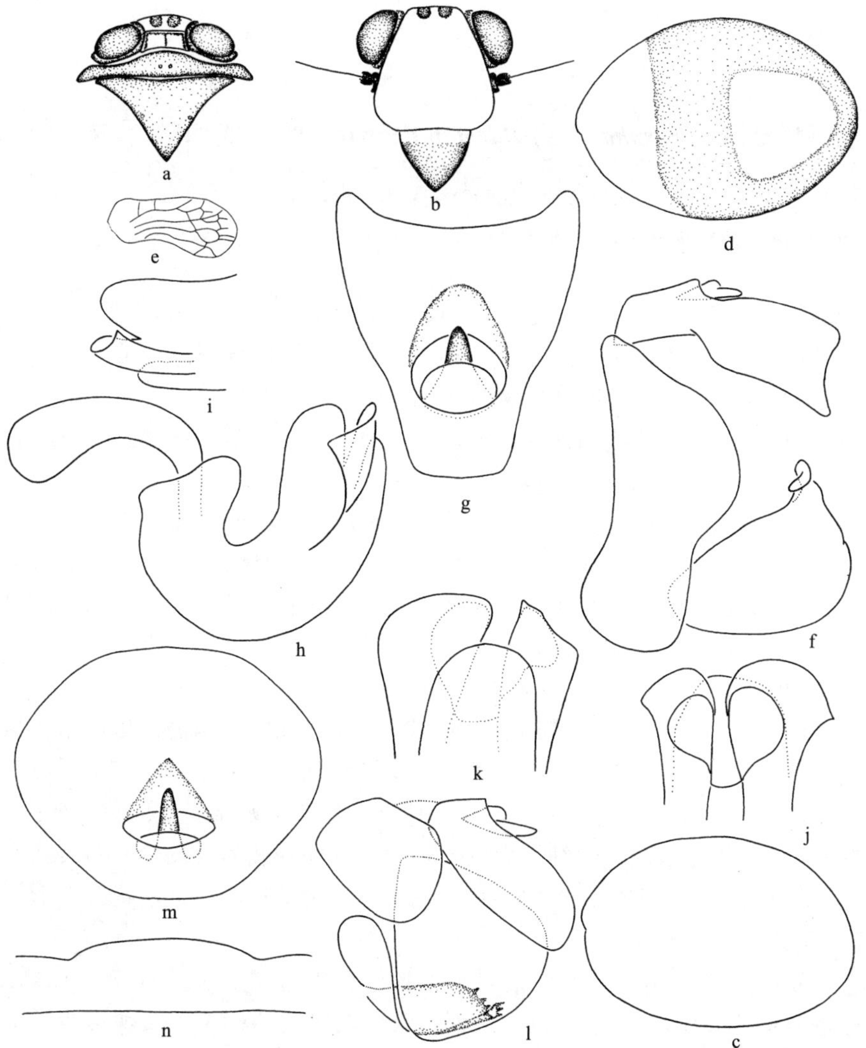

图 102　双斑球瓢蜡蝉 *Hemisphaerius bimaculatus* Che, Zhang *et* Wang

a. 头胸部背面观（head and thorax, dorsal view）；b. 额与唇基（frons and clypeus）；c. 雄虫前翅（tegmen, male）；d. 雌虫前翅（tegmen, female）；e. 后翅（hind wing）；f. 雄虫外生殖器左面观（male genitalia, left view）；g. 雄肛节背面观（male anal segment, dorsal view）；h. 阳茎侧面观（phallus, lateral view）；i. 阳茎端部右面观（apex of phallus, right view）；j. 阳茎端部背面观（apex of phallus, dorsal view）；k. 阳茎端部腹面观（apex of phallus, ventral view）；l. 雌生殖节左面观（female genitalia, left view）；m. 雌肛节背面观（female anal segment, dorsal view）；n. 雌第 7 腹节腹面观（female sternite Ⅶ, ventral view）

雌性外生殖器：肛节背面观近宽的方形，顶缘中部近平直，侧缘圆滑，肛孔位于肛节基半部。第1产卵瓣向上弯曲，端缘具3个近平行的、大小相等的刺，腹端角具3齿。侧面观第9背板和第3产卵瓣近方形。第7腹节中部微突出。

观察标本：1♂（正模），福建天游，1982.VI.27，张万池；1♀（副模），福建武夷宫，1982.VI.26，齐石成；1♀（副模），福建戴云山，1984.VII.30，崔志新；1♂，福建长汀东埔，1959.IV.21，金根桃、林扬明（SHEM）；1♀，福建长汀四都，1959.IV.22，金根桃、林扬明（SHEM）。

地理分布：福建。

(103) 长臂球瓢蜡蝉 *Hemisphaerius palaemon* Fennah, 1978（图 103；图版 XX：a-c）

Hemisphaerius palaemon Fennah, 1978: 264 (Type locality: Vietnam).

Hemisphaerius tongbiguanensis Chen, Zhang *et* Chang, 2014: 67. **syn. nov.**

体连翅长：♂ 4.3mm，♀ 4.6mm。前翅长：♂ 3.9mm，♀ 4.2mm。

体浅黄棕色至黄褐色。头顶浅棕色。复眼浅褐色。额浅棕色。唇基黑色，近额唇基缝具浅棕色横带；喙浅棕色。前胸背板浅棕色，中胸盾片浅棕色，中域处浅褐色。前翅浅棕色，无任何斑纹；后翅浅褐色。足浅棕色，前、中足的基节深褐色，后足腿节及胫节末端黑褐色。腹部腹面褐色，各腹节末端浅黄色。

头顶近长方形，两后侧角宽约为中线长的3.5倍，中域处具2个大的凹陷。额具细小颗粒，中域略隆起，最宽处为基部宽的1.4倍，中线长为最宽处的1.1倍。前胸背板中域处具2个小凹陷；中胸盾片近侧缘中部各具1个小凹陷，最宽处为中线长的2.0倍。前翅具橘皮状刻点，翅脉不明显，翅长为最宽处的1.6倍；后翅半透明，翅脉不明显，后翅长为前翅的0.4倍。后足刺式6-9-2。

雄性外生殖器：肛节背面观基部窄，端部宽，端缘深凹，两侧顶角钝角状强突出；肛孔位于近基部。尾节侧面观后缘在中部上方呈钝角状凸起，中部下方呈弧形凹入。阳茎侧面观呈深“U”形，不完全对称；阳茎基侧面观侧瓣近端部腹缘向背面弯折，形成1个大的三角形突起，侧瓣末端尖细，微弯向背面，腹面观侧瓣在端部左右裂叶不对称，左裂叶大；腹瓣腹面观左侧缘在近中部弧形突出，近端部略凹入，端缘圆弧形突出。

寄主：灌木。

讨论：陈祥盛等（2014）根据采自云南铜壁关的标本建立了铜壁关球瓢蜡蝉 *H. tongbiguanensis*，作者通过观察采自云南铜壁关及勐腊镇的标本，发现这些标本的特征与铜壁关球瓢蜡蝉 *H. tongbiguanensis* 特征一致，同时发现其与 Fennah（1978）文中描述的长臂球瓢蜡蝉 *H. palaemon* 形态特征包括雄性外生殖器特征并无差异，因此认为此二种为同一物种。

本种为中国首次报道。

观察标本：15♂20♀，云南西双版纳勐腊县勐仑镇，21°54.617′N，101°16.843′E，73m，2011.VIII.8，郑国；1♂，云南铜壁关自然保护区，2012.VIII，王梦琳。

地理分布：云南；越南。

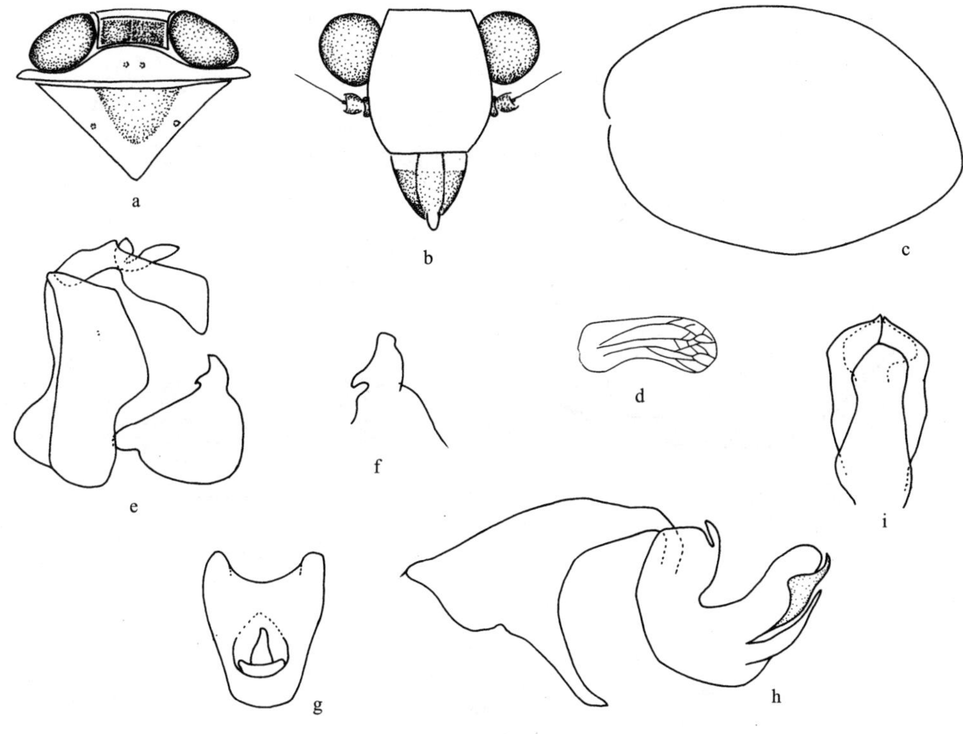

图 103　长臂球瓢蜡蝉 *Hemisphaerius palaemon* Fennah

a. 头胸部背面观（head and thorax, dorsal view）；b. 额与唇基（frons and clypeus）；c. 前翅（tegmen）；d. 后翅（hind wing）；e. 雄虫外生殖器左面观（male genitalia, left view）；f. 抱器背突尾向观（capitulum of genital style, caudal view）；g. 雄肛节背面观（male anal segment, dorsal view）；h. 阳茎左面观（phallus, left view）；i. 阳茎腹面观（phallus, ventral view）

(104) 双环球瓢蜡蝉 *Hemisphaerius kotoshonis* Matsumura, 1938（图 104）

Hemisphaerius kotoshonis Matsumura, 1938: 151 (Type locality: Taiwan, China); Chan *et* Yang, 1994: 60.

Hemisphaerius takagii Hori, 1969: 61 (Type locality: Japan). Synonymised by Chan *et* Yang, 1994: 60.

以下描述源自 Chan 和 Yang（1994）。

体连翅长：♂ 4.0-4.4mm，♀ 4.6-5.1mm。前翅长：♂ 3.6-4.1mm，♀ 4.0-4.8mm。

头顶褐绿色，少数标本浅褐色，具黑褐色斑纹。额浅绿色，具褐色斑纹。唇基黑褐色，具浅绿色斑纹。前胸背板绿色，具褐色小凹陷和斑纹。中胸盾片绿色，具红褐色窄条纹。前翅黄绿色，具褐色斑纹。后翅半透明，浅绿色，具略带绿色和深褐色斑纹。阳茎浅褐色。足浅褐色，具深褐色斑纹和黑色环纹。腹板从黄色至浅黑色，颜色多样。

头顶侧缘端部略弯曲，基缘具斑纹，两后侧角宽为中线长的 2.4 倍。额、前胸背板和中胸盾片表面粗糙。额扁平，边缘具斑纹，最宽处长为基部的 2.4 倍。唇基近额处具斑纹。中胸盾片近中域处具 2 个小凹陷和斑纹，宽为长的 1.8 倍，近侧缘处具 1 明显小凹陷。前翅半圆形，具皱褶，斑纹在缝缘处最多，肩角基部明显突出并伸达额最宽处，长为最宽处的 1.5 倍。后翅退化，基半部略带斑纹，端半部具许多斑纹。前足和后足腿节具斑纹，前足和中足胫节均具 2 条环纹。后足刺式 7-9-2。

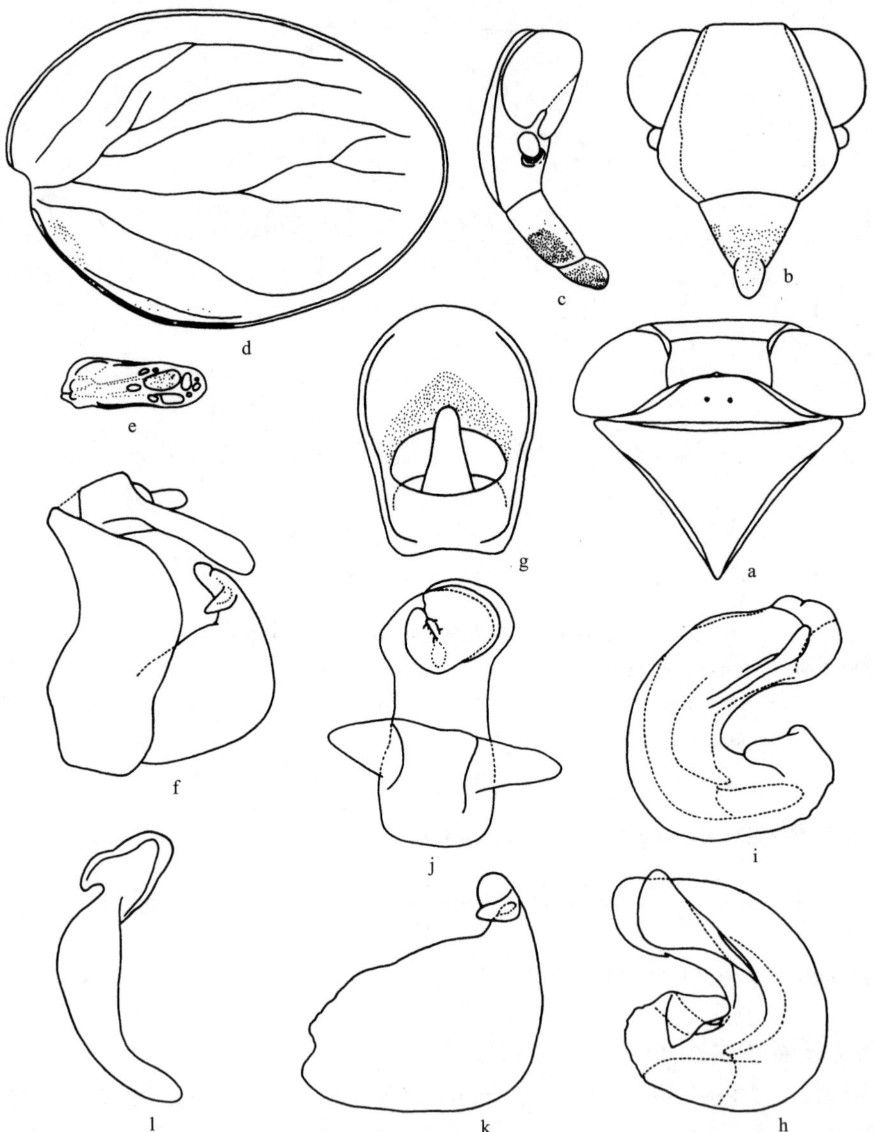

图 104　双环球瓢蜡蝉 *Hemisphaerius kotoshonis* Matsumura（仿 Chan & Yang，1994）

a. 头胸部背面观（head and thorax, dorsal view）；b. 额与唇基（frons and clypeus）；c. 头部侧面观（head, lateral view）；d. 前翅（tegmen）；e. 后翅（hind wing）；f. 雄虫外生殖器侧面观（male genitalia, lateral view）；g. 雄肛节背面观（male anal segment, dorsal view）；h. 阳茎左面观（phallus, left view）；i. 阳茎右面观（phallus, right view）；j. 阳茎背面观（phallus, dorsal view）；k. 抱器侧面观（genital style, lateral view）；l. 抱器尾向观（genital style, caudal view）

雄性外生殖器：肛节背面观端部钝圆，中线长为最宽处的 1.3 倍。阳茎基不对称，背瓣背面观右侧肿大，悬骨三角形，在基部指向侧面，侧瓣左侧近三角形，右侧呈长棒状并弯向腹部。阳茎器突起不可见。抱器近长方形，向基部聚拢，端缘侧面观近平直，突起粗短，尾向观箭形。

观察标本：未见。

地理分布：台湾；日本。

(105) 条纹球瓢蜡蝉，新种 *Hemisphaerius parallelus* Zhang *et* Wang, sp. nov.（图 105；图版 XX：d-f）

体连翅长：♀ 4.2mm。前翅长：♀ 3.8mm。

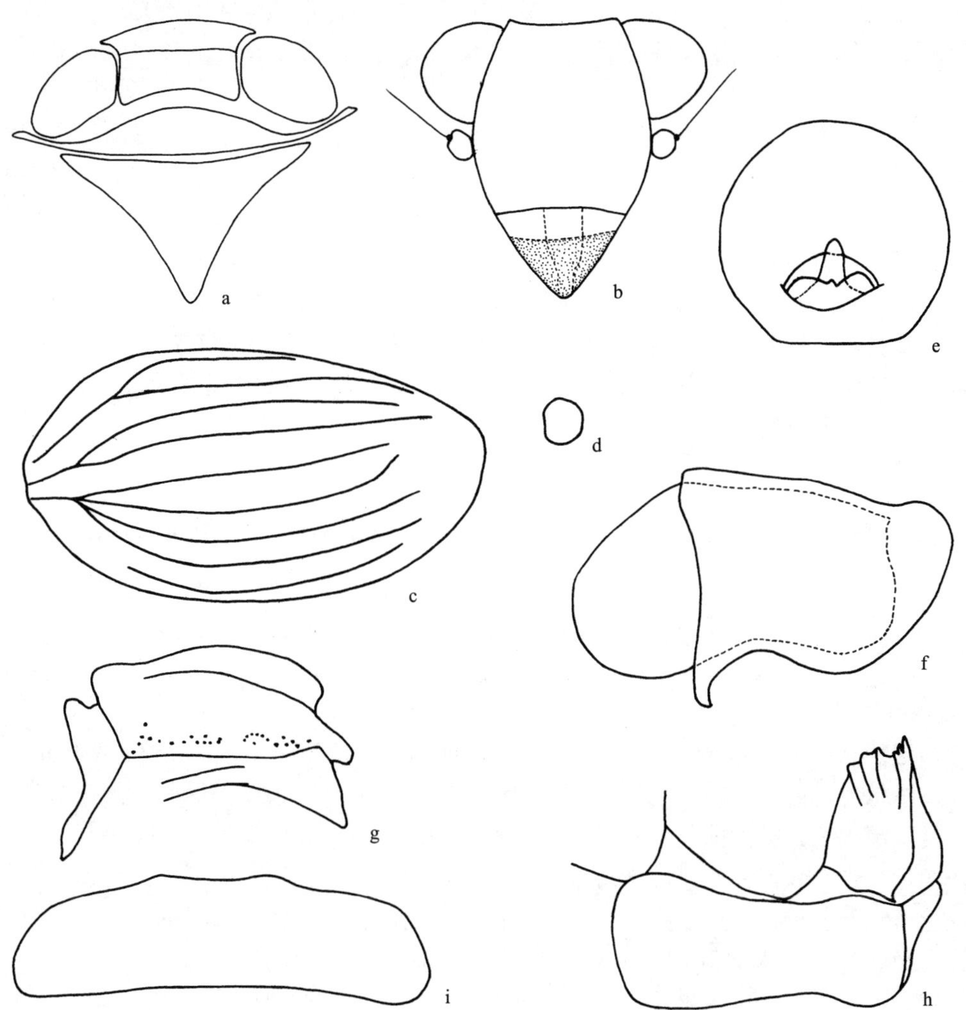

图 105　条纹球瓢蜡蝉，新种 *Hemisphaerius parallelus* Zhang *et* Wang, sp. nov.

a. 头胸部背面观（head and thorax, dorsal view）；b. 额与唇基（frons and clypeus）；c. 前翅（tegmen）；d. 后翅（hind wing）；e. 雌肛节背面观（female anal segment, dorsal view）；f. 第 3 产卵瓣侧面观（gonoplac, lateral view）；g. 第 2 产卵瓣侧面观（gonapophysis Ⅸ, lateral view）；h. 第 1 产卵瓣侧面观（gonapophysis Ⅷ, lateral view）；i. 雌第 7 腹节腹面观（female sternite Ⅶ, ventral view）

体黄色，具黑褐色斑纹。头顶黄棕色，侧缘略带深褐色。复眼深褐色。额黄棕色，具细小刻点。颊浅黄色，在触角前与额侧缘之间具 1 黑色楔形斑。唇基黑色，基部近额唇基沟浅黄色。前胸背板黄色，中胸盾片中域黄色，侧顶角黄褐色至暗黄褐色。前翅黄色，具黑褐色纵条纹。足浅棕色，前中足腿节具黑色环带，前、中足胫节、腿节及后足胫节具黑色纵带。腹部腹面深褐色。

头顶宽，近长方形，两后侧角宽约为中线长 3.7 倍，中域具 2 个凹陷，前缘直，后缘微凹入。额中域微隆起，两触角间最宽处为上缘宽的 1.8 倍，中线长为最宽处的 1.5 倍，上缘直。前胸背板中线长为头顶长的 1.3 倍，前缘弧形凸出，中域具 2 个小凹陷。中胸盾片最宽处为中线长的 2.0 倍，中域近侧缘具 1 对圆形凹陷。前翅光滑，翅脉明显加厚成褐色条纹状，条纹与前缘近平行，翅长为最宽处的 2.1 倍。后翅退化，极小。后足刺式 6-9-2。

雌性外生殖器：肛节背面观近圆形，端缘圆弧形凸出，肛孔位于中部。第 3 产卵瓣侧面观长三角形，端部膜质，背面观分叉处骨化。第 2 产卵瓣小，基部明显突出，中域单瓣。第 1 负瓣片近长方形。第 1 产卵瓣腹端角具 3 个钝圆的小齿，端缘具 3 个具脊的小齿。第 1 负瓣片第 7 腹节后缘中部近长方形微突出，其中间微凹入。

正模：♀，云南西双版纳勐腊，1984.IV.20，周静若、王素梅。副模：1♀，同正模。

鉴别特征：该种与三瓣球瓢蜡蝉 *H. trilobulus* 相似，主要区别有：①前翅翅脉加厚成褐色条纹状，后者前翅基部至近端部具 1 宽的纵条带，条纹与缝缘间具 1 近圆形斑点；②雌性外生殖器有所差异。

种名词源：本种名指该种前翅具平行的黑褐色纵纹。

(106) 三瓣球瓢蜡蝉 *Hemisphaerius trilobulus* Che, Zhang *et* Wang, 2006（图 106；图版 XX：g-i）

Hemisphaerius trilobulus Che, Zhang *et* Wang, 2006a: 161 (Type locality: Yunnan, China).

Hemisphaerius binocularis Chen, Zhang *et* Chang, 2014: 62. **syn. nov.**

体连翅长：♂ 3.4-3.6mm，♀ 3.5-3.7mm。前翅长：♂ 3.0-3.1mm，♀ 3.1-3.2mm。

体浅棕色，前翅具褐色斑纹或体暗褐色，前翅无斑纹。头顶浅棕色，侧缘略带深褐色。复眼深褐色。额浅棕色，具浅棕色斑点。颊浅棕色，具黑褐色斑点。唇基深褐色，具浅棕色横带；喙浅棕色。前胸背板、中胸盾片浅棕色，具深褐色斑纹。前翅浅棕色，具褐色斑点及条纹；后翅浅棕色。足浅棕色，前足的基节、腿节具黑褐色横带，前足胫节、中足腿节和胫节及后足胫节具黑褐色纵带。腹部腹面深褐色。

头顶近长方形，两后侧角宽约为中线长的 3.3 倍，中域处具 2 个大的凹陷。额光滑，中域隆起，颊上斑点延伸至额，最宽处为基部宽的 1.4 倍，中线长为最宽处的 1.25 倍。前胸背板中域处具 2 个小凹陷，两侧角处各有 1 个近三角形的大斑纹；中胸盾片前侧角各具 1 个近三角形的斑纹，近侧缘中部各具 1 个小凹陷，最宽处为中线长的 2.1 倍。前翅光滑，翅脉不明显，半透明，自翅基部至中部具 1 宽的纵条带，达近端部，条纹与缝缘间具 1 近圆形的斑点，翅边缘自翅基部沿小盾缘、缝缘至翅端部具 1 弧形条带，翅长为最宽处的 1.8 倍；后翅退化，半透明，翅脉不明显，后翅长为前翅的 0.05 倍。后足刺式 6-9-2。

雄性外生殖器：肛节背面观杯状，细长，肛孔位于基半部，中部处最宽，侧顶角钝圆，端缘圆滑。尾节侧面观后缘近端部明显突出，基部突出小。阳茎浅“U”形，端部裂开，具 1 对短的剑状突起物；背瓣端部弧形凹入，侧顶角呈角状突出；侧瓣包住背瓣的左侧，在阳茎近中部形成 1 短的剑状突起物，端缘角状突出；腹瓣包住背、侧瓣，端缘角状突出。抱器侧面观近三角形，基部窄，端部扩大，端缘弧形弯曲，背缘近端部突出；尾向观突出的基部、端部呈钩状。

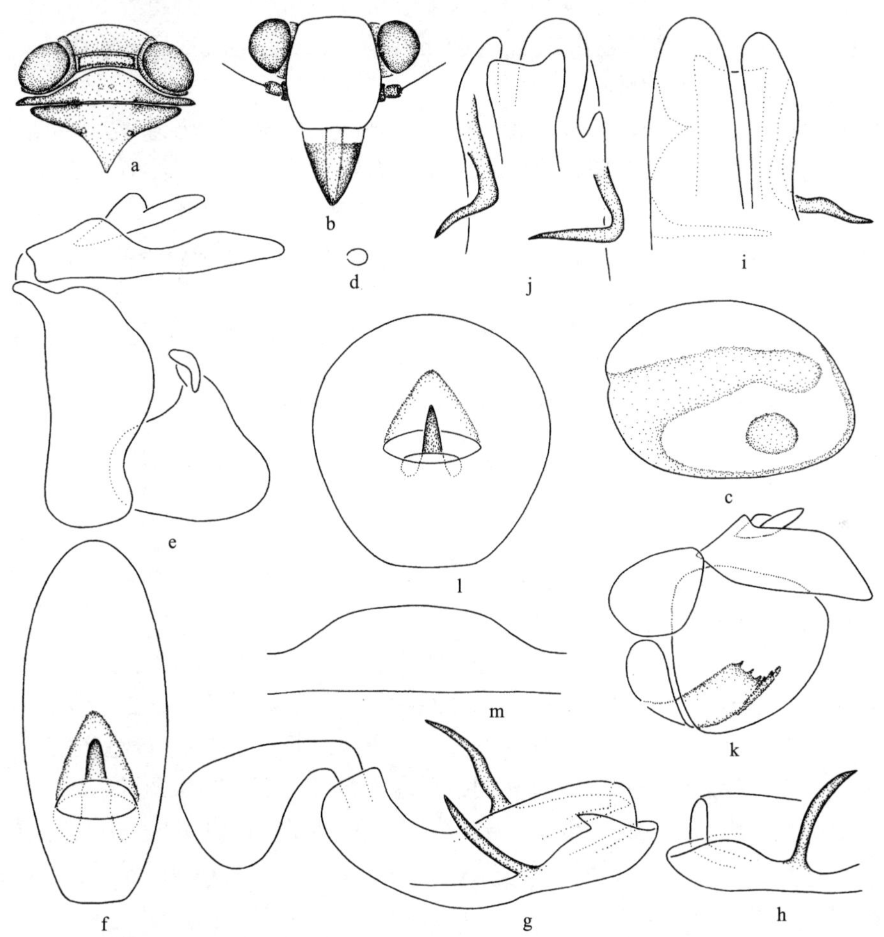

图 106　三瓣球瓢蜡蝉 *Hemisphaerius trilobulus* Che, Zhang *et* Wang

a. 头胸部背面观（head and thorax, dorsal view）；b. 额与唇基（frons and clypeus）；c. 前翅（tegmen）；d. 后翅（hind wing）；e. 雄虫外生殖器左面观（male genitalia, left view）；f. 雄肛节背面观（male anal segment, dorsal view）；g. 阳茎侧面观（phallus, lateral view）；h. 阳茎端部右面观（apex of phallus, right view）；i. 阳茎端部腹面观（apex of phallus, ventral view）；j. 阳茎端部背面观（apex of phallus, dorsal view）；k. 雌虫外生殖器左面观（female genitalia, left view）；l. 雌肛节背面观（female anal segment, dorsal view）；m. 雌第 7 腹节腹面观（female sternite Ⅶ, ventral view）

雌性外生殖器：肛节背面观近椭圆形，顶缘中部微突出，侧缘圆滑，肛孔位于肛节近中部。第 1 产卵瓣向上弯曲，端缘具 3 个近平行的、大小相等的刺，近侧缘处具 1 三齿状的突起。侧面观第 9 背板近方形，第 3 产卵瓣近三角形。第 7 腹节中部突出。

周尧等（1985）在《中国经济昆虫志 同翅目 蜡蝉总科 第三十六册》曾把此标本鉴定为异色格氏瓢蜡蝉 *G. variabilis* Butler。在作者所观察的标本中，有的标本体呈深褐色或棕色，前翅有或无斑纹。因此，本种体色存在差异，前翅斑纹多有变化。通过对该种模式标本的观察发现，Chen 等（2014）中描述的双眼球瓢蜡蝉 *H. binocularis* 的雄性外生殖器特征与本种模式标本并无差异，因此本志将其作为本种新异名。

寄主：采自灌木丛，具体物种不详。

讨论：此种前翅的斑纹存在变异，在大多数观察的标本中，前翅具 1 黑褐色纵纹和 1 个黑褐色圆斑，少数标本前翅黑褐色，同 Chen 等（2014）的观察标本前翅具 1 个黑褐色纵纹和 2 黑褐色圆斑有差异。

观察标本：1♂（正模），云南勐腊，1991.V.15，王应伦、彩万志；2♀（副模），云南西双版纳勐仑，1974.IV.21-30，周尧、袁锋、胡隐月；2♂3♀（副模），云南西双版纳勐仑，1982.IV.17-24，周静若、王素梅；20♂（副模），云南勐腊瑶区，1991.V.8-22，王应伦、彩万志；10♀（副模），云南勐腊瑶区，1991.V.7-11，王应伦、彩万志；2♂3♀，云南龙门，2009.V.21，张磊。

地理分布：云南。

(107) 浅斑球瓢蜡蝉 *Hemisphaerius delectabilis* Schumacher, 1914

Hemisphaerius delectabilis Schumacher, 1914: 14 (Type locality: Taiwan, China); Schumacher, 1915b: 135; Hori, 1969: 62; Chan *et* Yang, 1994: 62.

以下描述源自 Schumacher（1914）。

体连翅长：6.0-6.5mm。

体背部黑色。头顶、前胸背板除基部外具皱褶。前翅斑纹（3 条线纹、2 个斑纹）黄白色或黄绿色，近前缘脉的线纹基部窄，中部变宽，与前缘分开；第 2 个线纹始于前缘中部，基部窄，逐渐变宽，在端部处分叉；第 3 个线纹开始于中胸盾片基角后，向外弯曲并与前缘中部平行，这 3 条脉宽度相同；近端部具 2 个独立的大斑纹，爪缝中部具 1 浅色大斑点。额和腹部红褐色，额基半部黑褐色，额唇基沟前具黄色或淡绿色横带。

讨论：此种形态特征与线格氏瓢蜡蝉 *Gnezdilovius lineatus* (Kato)极其相似，并且具爪缝，分类地位仍需要进一步研究。

观察标本：未见。

地理分布：台湾。

24. 似球瓢蜡蝉属 *Epyhemisphaerius* Chan *et* Yang, 1994

Epyhemisphaerius Chan *et* Yang, 1994: 63. **Type species**: *Hemisphaerius tappanus* Matsumura, 1916.

属征：体半球形。头包括复眼窄于前胸背板。头顶两后侧角宽为中线长的 3 倍，侧缘脊起。额平坦，最宽处较中线长略宽或几乎相等，最宽处是基部宽的 1.6 倍。唇基与额处于同一平面。前翅长是最宽处的 1.8 倍；后翅退化，翅脉明显，为前翅长的 0.45 倍。后足胫节具 2 个侧刺。后足刺式 6-9-2。

雄性外生殖器：肛节背面观长于最宽处。尾节侧面观背尾缘弧状突出。阳茎无明显的悬骨。阳茎基端部对称，阳茎器具 2 个对称的突起物。抱器近三角形，突起向侧面弯曲，呈钩状。

讨论：本属从球瓢蜡蝉属 *Hemisphaerius* Schaum 分出，同球瓢蜡蝉属的区别在于：①阳茎具 2 个对称的突起物；②阳茎无明显的悬骨；③前翅肩角处不加厚。与真球瓢蜡蝉属 *Euhemisphaerius* Chan *et* Yang 的区别在于：①侧面观尾节后缘无角状突出；②阳茎基端部对称。

地理分布：中国（台湾）。

全世界已知 1 种，分布在中国台湾，本志记述 1 种。

(108) 似球瓢蜡蝉 *Epyhemisphaerius tappanus* (Matsumura, 1916)（图 107）

Hemisphaerius tappanus Matsumura, 1916: 96 (Type locality: Taiwan, China); Hori, 1969: 62.

Epyhemisphaerius tappanus: Chan *et* Yang, 1994: 64.

以下描述源自 Chan 和 Yang（1994）。

体连翅长：♂ 3.8-4.8mm，♀ 4.6-5.2mm。前翅长：♂ 3.4-4.2mm，♀ 4.1-4.6mm。

头顶淡黄色，具浅黄绿色斑纹。额和唇基黄褐色，唇基近中域具褐色纵带。前胸背板淡黄色，具深褐色和浅黄色斑纹，中胸盾片黄色。前翅浅褐色，具黄色斜带；后翅浅黄色，向基部逐渐变深。足浅褐色。腹板浅褐色，具黄色斑纹。雌虫体深褐色至黑色。

头顶、前胸背板和中胸盾片具皱褶。头顶侧缘凸起，基部具斑纹，两后侧角宽为中线长的 2.9 倍。额中域微凹，最宽处长为基部的 1.6 倍。唇基近中域具 2 条纵带。前胸背板顶缘凸起，端缘和基缘具斑纹，近中域具 2 个不明显的小凹陷。中胸盾片中域微凸，最宽处为中线长的 2.4 倍。前翅卵圆形，在近端部 1/3 处和近端部具 2 条中断的褐色斜带；另具 3 条中断的淡黄白色斜带，其中 1 条位于 2 条褐色带之间，1 条位于翅的中域，还有 1 条位于翅基部 1/3；基部具 1 斑点，长为最宽处的 1.8 倍。后翅翅脉向端部略呈放射状，顶缘呈圆形。后足刺式 6-9-2。腹板侧域具斑纹。

雄性外生殖器：肛节背面观端部钝圆，自端部 1/3 处向基部逐渐聚拢，端缘中部具微缺，中线长为最宽处的 1.3 倍。阳茎基背瓣在端部翻折，背面观近方形，右侧瓣比左侧瓣尖锐，腹瓣腹面观顶缘中部微凹入。阳茎具 2 个突起，长度相同，突起弯曲成碗状。抱器近三角形，背缘近端部的突起处明显凸出，抱器背突尾向观端部近三角形。

观察标本：未见。

地理分布：台湾。

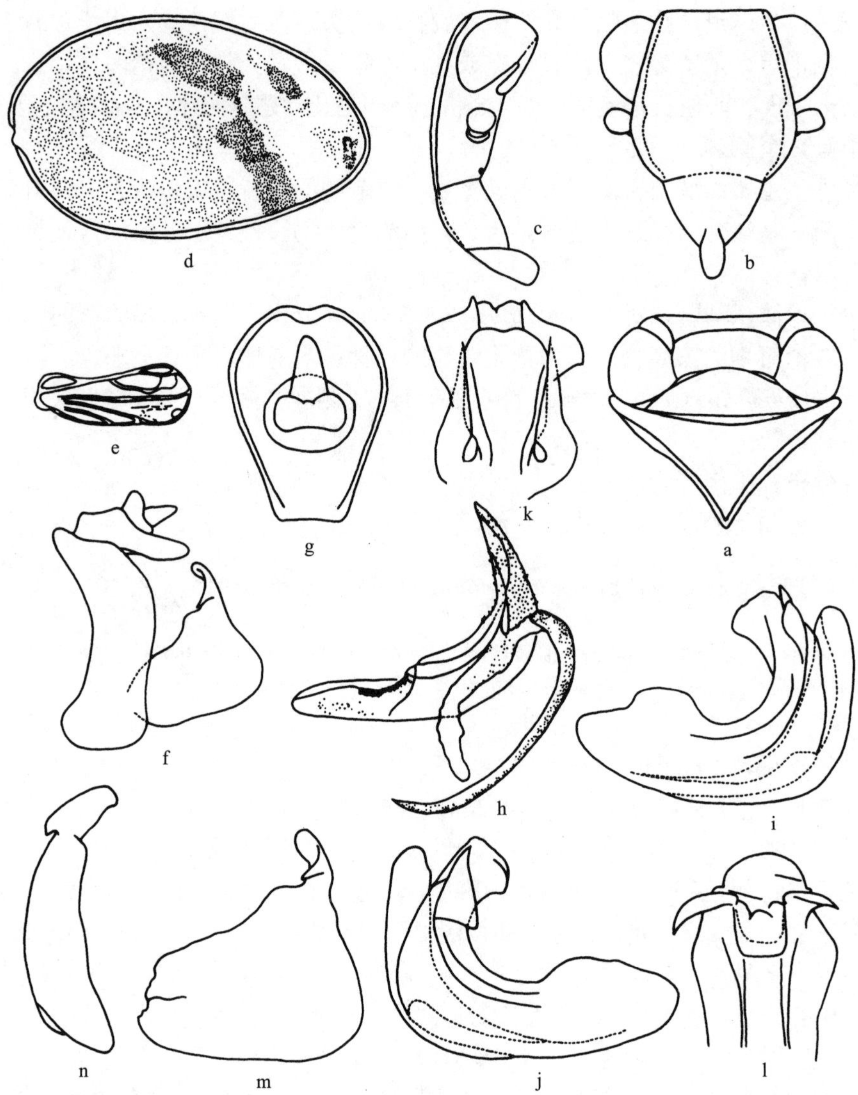

图 107 似球瓢蜡蝉 *Epyhemisphaerius tappanus* (Matsumura)（仿 Chan & Yang，1994）

a. 头胸部背面观（head and thorax, dorsal view）；b. 额与唇基（frons and clypeus）；c. 头部侧面观（head, lateral view）；d. 前翅（tegmen）；e. 后翅（hind wing）；f. 雄虫外生殖器侧面观（male genitalia, lateral view）；g. 雄肛节背面观（male anal segment, dorsal view）；h. 阳茎器左面观（aedeagus, left view）；i. 阳茎基左面观（phallobase, left view）；j. 阳茎基右面观（phallobase, right view）；k. 阳茎基腹面观（phallobase, ventral view）；l. 阳茎基背面观（phallobase, dorsal view）；m. 抱器侧面观（genital style, lateral view）；n. 抱器尾向观（genital style, caudal view）

25. 真球瓢蜡蝉属 *Euhemisphaerius* Chan *et* Yang, 1994

Euhemisphaerius Chan *et* Yang, 1994: 66. **Type species**: *Euhemisphaerius primulus* Chan *et* Yang, 1994.

属征：体半球形。头包括复眼窄于前胸背板。头顶两后侧角处宽为中线长的 2.5 倍，侧缘隆起。额平坦，额最宽处与中线长几乎相等，最宽处是基部宽的 1.4 倍。唇基与额处于同一平面。无单眼。前翅肩角处不明显突出，长为最宽处的 1.7 倍。后翅退化，翅脉不清晰，为前翅长的 0.3 倍。后足胫节具 2 个侧刺。后足刺式 6-(7-9)-2。

雄性外生殖器：肛节短，背面观长度与最宽处相等。尾节侧面观背尾缘明显呈角状。阳茎无明显的悬骨，阳茎基向近端部倾斜，左侧更近末端。侧瓣侧面观右瓣端部呈三角形，发达，除端部外几乎完全覆盖腹瓣。阳茎器具 2 个突起物，一般左侧突起物更向远端。抱器近三角形，突起向侧面弯曲，呈钩状。

讨论：本属与球瓢蜡蝉属 *Hemisphaerius* Schaum 的区别在于：①阳茎具 2 个突起物；②阳茎无明显的悬骨；③前翅肩角处不明显突出；④尾节侧面观后缘中部以上明显呈角状突出。

本属全世界已知 4 种，均分布于中国台湾，本志记述 4 种。

种 检 索 表

1. 前翅具黑色斑纹……………………………………………………………………………………2
   前翅不具斑纹……………………………………………………………………………………3
2. 前翅具 2 黑带，位于基部的一条从背面基部 1/3 处伸至腹面端部 1/3 处，通常至腹面逐渐变宽，位于端部的一条与另一条平行，伸至顶端下，均未伸达前缘处，连接缘近中域处具 1 黑色斑点……
   ……………………………………………………………………………**真球瓢蜡蝉 *E. primulus***
   前翅中域具黑色“Y”形斑纹，其基干伸至缝缘端部 3/4 处，另在端部具有 1 条带与“Y”形斑纹基干平行的条带，二者端部都呈水滴状，中部处窄且不明显，缝缘宽且短，并远离黑色“Y”形斑纹端部，斑纹常消失……………………………………………………**大真球瓢蜡蝉 *E. obesus***
3. 后翅基部宽，至端部逐渐聚拢；雄性肛节最宽处与中线长相等；雌性肛节背面观端部尖锐………
   ……………………………………………………………………………**波真球瓢蜡蝉 *E. inclitus***
   后翅背腹面平直；雄性肛节最宽处为中线长的 1.2 倍；雌性肛节背面观端部钝圆……………………
   ……………………………………………………………………………**曲真球瓢蜡蝉 *E. infidus***

(109) 波真球瓢蜡蝉 *Euhemisphaerius inclitus* Chan *et* Yang, 1994（图 108）

Euhemisphaerius inclitus Chan *et* Yang, 1994: 67 (Type locality: Taiwan, China).

以下描述源自 Chan 和 Yang（1994）。

体连翅长：♂ 4.3-4.9mm。前翅长：♂ 3.7-4.3mm。

体红褐色。头顶红褐色，基部浅黄色。额、唇基暗红褐色。前胸背板、中胸盾片红褐色，基缘浅黄色。前胸背板具黑色斑纹。前翅浅黄色，透明。后翅深褐色，端半部略浅。前足深褐色，腿节端半部，胫节边缘黑色，后足黄色或褐色。腹部褐色。

头顶中域略凹陷，边缘波浪状，两后侧角处宽约为中线长的 2.7 倍。额平坦，具皱褶，最宽处为基部宽的 1.6 倍。前胸背板具中沟，中部具 2 个凹陷，近后缘 1/3 处具黑色斑纹。中胸盾片具 3 条纵沟，最宽处为中线长的 2.1 倍。前翅近椭圆形，网状，长为最宽处的 1.7

倍。后翅退化，至端部渐窄，翅脉不明显，为前翅长的 0.35 倍。后足刺式 6-8-2。

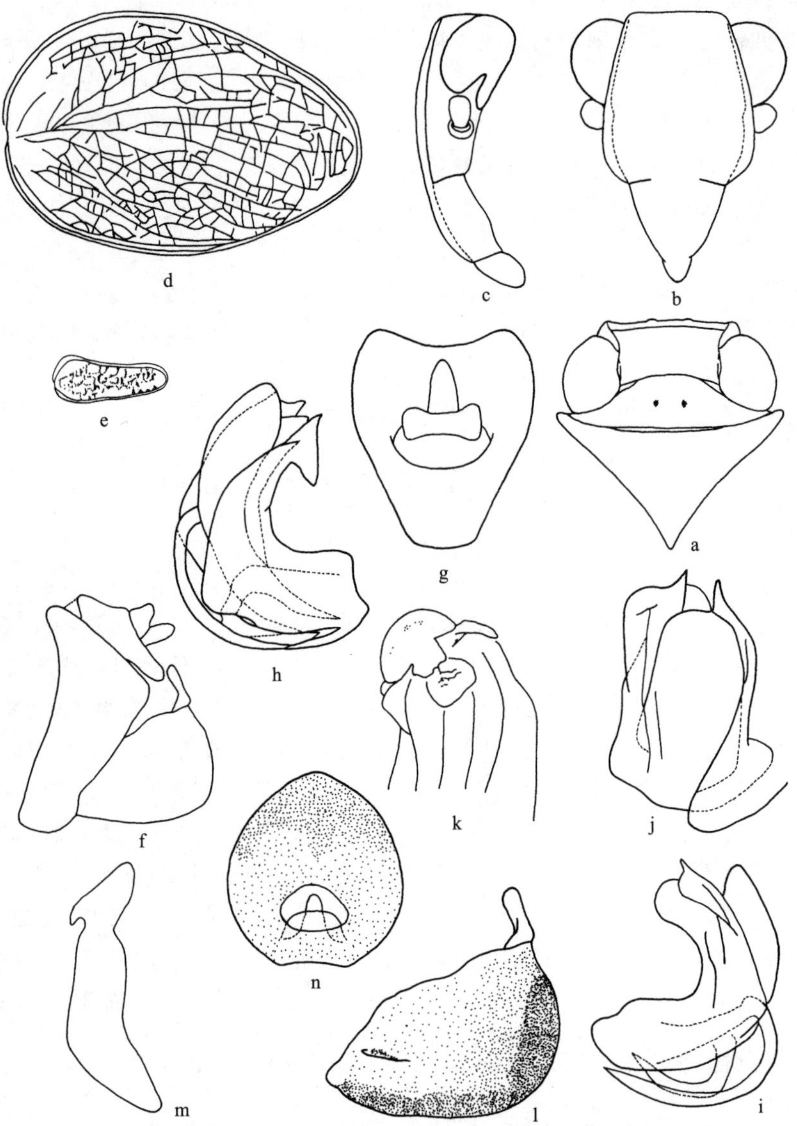

图 108 波真球瓢蜡蝉 *Euhemisphaerius inclitus* Chan *et* Yang（仿 Chan & Yang，1994）

a. 头胸部背面观（head and thorax, dorsal view）；b. 额与唇基（frons and clypeus）；c. 头部侧面观（head, lateral view）；d. 前翅（tegmen）；e. 后翅（hind wing）；f. 雄虫外生殖器侧面观（male genitalia, lateral view）；g. 雄肛节背面观（male anal segment, dorsal view）；h. 阳茎左面观（phallus, left view）；i. 阳茎右面观（phallus, right view）；j. 阳茎基腹面观（phallobase, ventral view）；k. 阳茎基背面观（phallobase, dorsal view）；l. 抱器侧面观（genital style, lateral view）；m. 抱器尾向观（genital style, caudal view）；n. 雌肛节背面观（female anal segment, dorsal view）

雄性外生殖器：肛节背面观自端部 1/3 处至基部向内聚拢，端部边缘向内凹陷，最宽处与中线长相等。阳茎基背瓣端部弯曲，背面观呈四边形，右侧瓣比左侧瓣尖锐，右侧瓣在阳茎中部处膨大。阳茎具 2 个不对称的突起，左侧突起较右侧长，基部近 1/3 处呈角状，且向远端延伸。抱器近半圆形，腹尾部弧形，突起尾向观端部呈钩状。

观察标本：未见。

地理分布：台湾。

(110) 曲真球瓢蜡蝉 *Euhemisphaerius infidus* Chan *et* Yang, 1994（图 109）

Euhemisphaerius infidus Chan *et* Yang, 1994: 67 (Type locality: Taiwan, China).

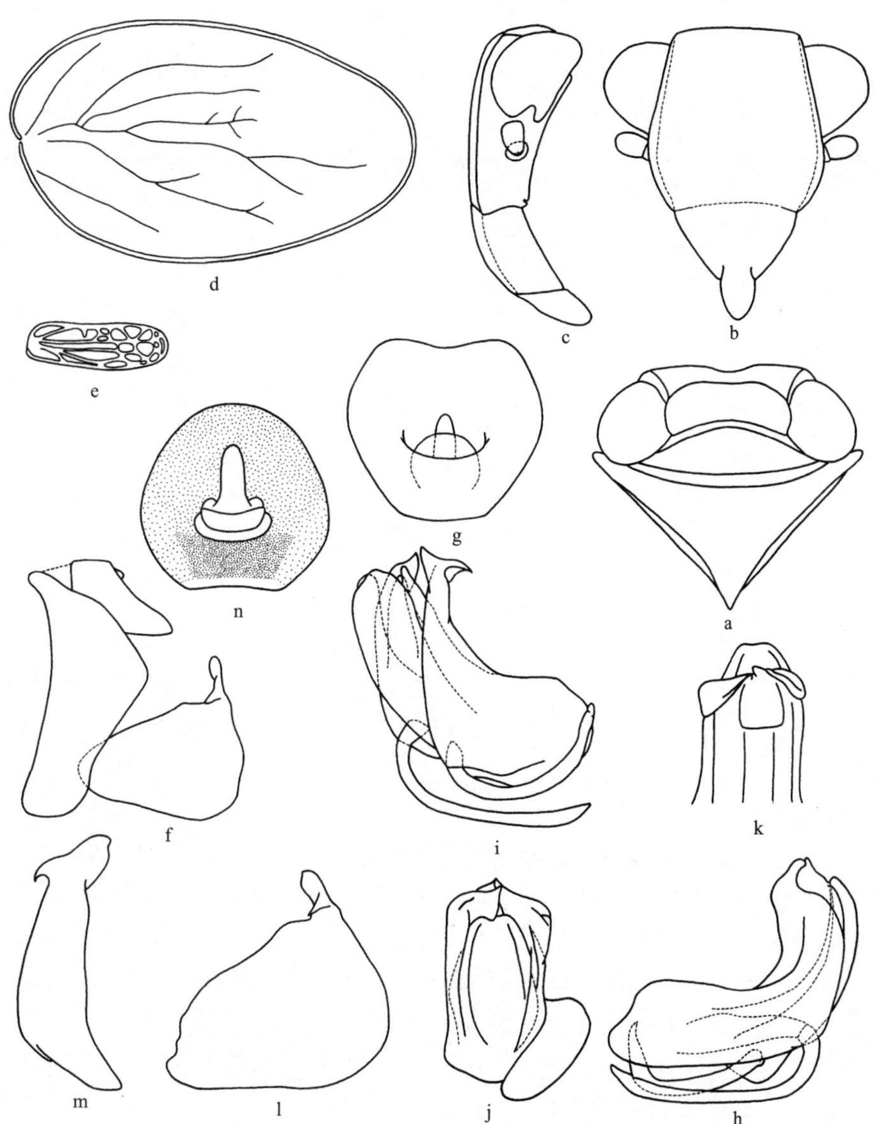

图 109　曲真球瓢蜡蝉 *Euhemisphaerius infidus* Chan *et* Yang（仿 Chan & Yang，1994）

a. 头胸部背面观（head and thorax, dorsal view）；b. 额与唇基（frons and clypeus）；c. 头部侧面观（head, lateral view）；d. 前翅（tegmen）；e. 后翅（hind wing）；f. 雄虫外生殖器侧面观（male genitalia, lateral view）；g. 雄肛节背面观（male anal segment, dorsal view）；h. 阳茎左面观（phallus, left view）；i. 阳茎右面观（phallus, right view）；j. 阳茎基腹面观（phallobase, ventral view）；k. 阳茎基背面观（phallobase, dorsal view）；l. 抱器侧面观（genital style, lateral view）；m. 抱器尾向观（genital style, caudal view）；n. 雌肛节背面观（female anal segment, dorsal view）

以下描述源自 Chan 和 Yang（1994）。

体连翅长：♂ 4mm，♀ 4.4-5.3mm。前翅长：♂ 3.6mm，♀ 3.9-4.8mm。

体褐色。头顶基部浅黄色。唇基褐色或略浅。前胸背板基部浅黄色。足浅褐色，前足腿节深褐色，胫节边缘褐色，中足腿节近端部褐色。腹部深褐色。前翅褐色，透明具光泽；后翅浅褐色，基半部褐色。

头顶中域略凹陷，侧缘隆起，两后侧角处宽约为中线长的 2.5 倍。头顶、前胸背板、中胸盾片光滑。额平坦，具脊，最宽处为基部宽的 1.4 倍。唇基中域隆起。前胸背板近中部具 2 个小凹陷。中胸盾片侧缘中间具 1 个小凹陷，最宽处为中线长的 2.3 倍。前翅近椭圆形，翅长为最宽处的 1.7 倍；后翅退化，细长，近矩形，为前翅长的 0.35 倍。后足刺式 6-8-2。

雄性外生殖器：肛节背面观近六边形，端缘中部凹陷，最宽处为中线长的 1.2 倍。阳茎基背瓣端部弯曲，背面观呈四边形，右侧瓣比左侧瓣尖锐。阳茎左侧突起较右侧长，且向远端延伸。抱器近三角形，腹尾缘弧形，背缘近突起部位隆起，突起尾向观端部呈钩状。

观察标本：未见。

地理分布：台湾。

(111) 大真球瓢蜡蝉 *Euhemisphaerius obesus* Chan *et* Yang, 1994（图 110）

Euhemisphaerius obesus Chan *et* Yang, 1994: 70 (Type locality: Taiwan, China).

以下描述源自 Chan 和 Yang（1994）。

体连翅长：♂ 4.0-4.7mm，♀ 4.8mm。前翅长：♂ 3.6-4.0mm，♀ 4.0mm。

体褐色。额边缘深褐色。唇基具褐色纵纹。前胸背板基部深褐色。中胸盾片较前胸背板色浅，侧缘浅黄色。前翅中部和端部具黑色斑纹与条带。后翅深褐色，基半部黄色。足浅褐色，前、中足腿节具黑色斑纹，前足胫节、跗节深褐色，中足腿节近端部、边缘黑色。腹部深褐色，边缘浅黄色。

头顶前缘微隆起，侧缘隆起，两后侧角处宽约为中线长的 2.5 倍。额平坦、粗糙，最宽处为基部宽的 1.5 倍。唇基具 2 条纵纹。前胸背板和中胸盾片具皱褶。前胸背板近中部具 2 个小凹陷，中胸盾片最宽处为中线长的 2.6 倍。前翅网状，近椭圆形，中部具“Y”形斑纹，“Y”形斑纹基干伸至缝缘端部 3/4 处，翅端部的条带与“Y”形斑纹的基干平行，条带与“Y”形斑纹基干的端部都呈水滴状，在中部窄而不明显，缝缘处宽而短，通常翅面斑纹退化或消失；翅长为最宽处的 1.7 倍；后翅退化，为前翅长的 0.3 倍。前足和中足的腿节端部 1/3 处具斑纹。后足刺式 6-9-2。

雄性外生殖器：肛节背面观自端部 1/4 处向基部聚拢，端缘中部凹陷，最宽处与中线长相等。阳茎基背瓣端部翻折，背面观呈圆形，右侧瓣比左侧瓣长且尖锐，右侧瓣在阳茎中部扩张，腹面观腹瓣前缘中部不凹入。阳茎具 2 个不对称的突起，左侧突起较右侧突起长，自背部伸出。抱器近三角形，尾向观突起较低的端缘呈锯齿状。

观察标本：未见。

地理分布：台湾。

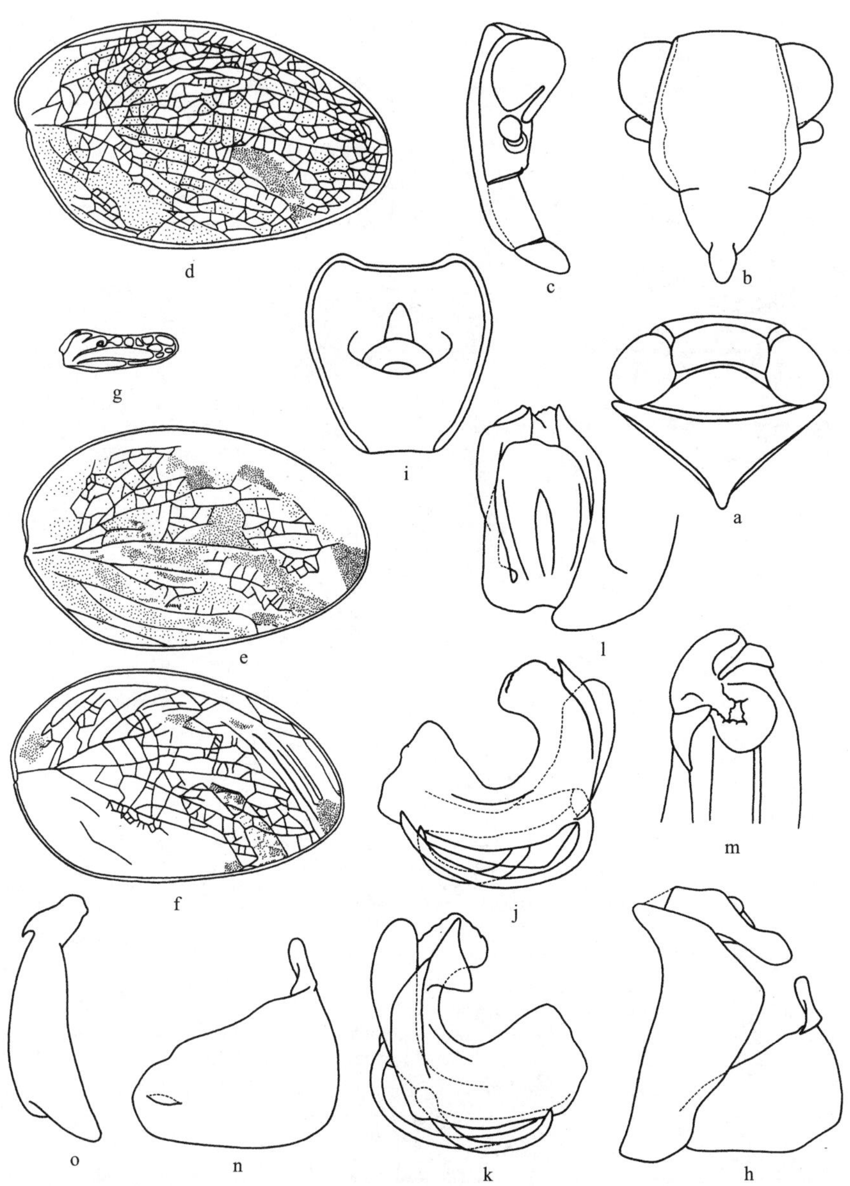

图 110　大真球瓢蜡蝉 *Euhemisphaerius obesus* Chan *et* Yang（仿 Chan & Yang，1994）

a. 头胸部背面观（head and thorax, dorsal view）；b. 额与唇基（frons and clypeus）；c. 头部侧面观（head, lateral view）；d-f. 前翅(tegmen)；g. 后翅(hind wing)；h. 雄虫外生殖器侧面观(male genitalia, lateral view)；i. 雄肛节背面观(male anal segment, dorsal view)；j. 阳茎左面观（phallus, left view）；k. 阳茎右面观（phallus, right view）；l. 阳茎基腹面观（phallobase, ventral view）；m. 阳茎基背面观（phallobase, dorsal view）；n. 抱器侧面观（genital style, lateral view）；o. 抱器尾向观（genital style, caudal view）

(112) 真球瓢蜡蝉 *Euhemisphaerius primulus* Chan *et* Yang, 1994（图 111）

Euhemisphaerius primulus Chan *et* Yang, 1994: 72 (Type locality: Taiwan, China).

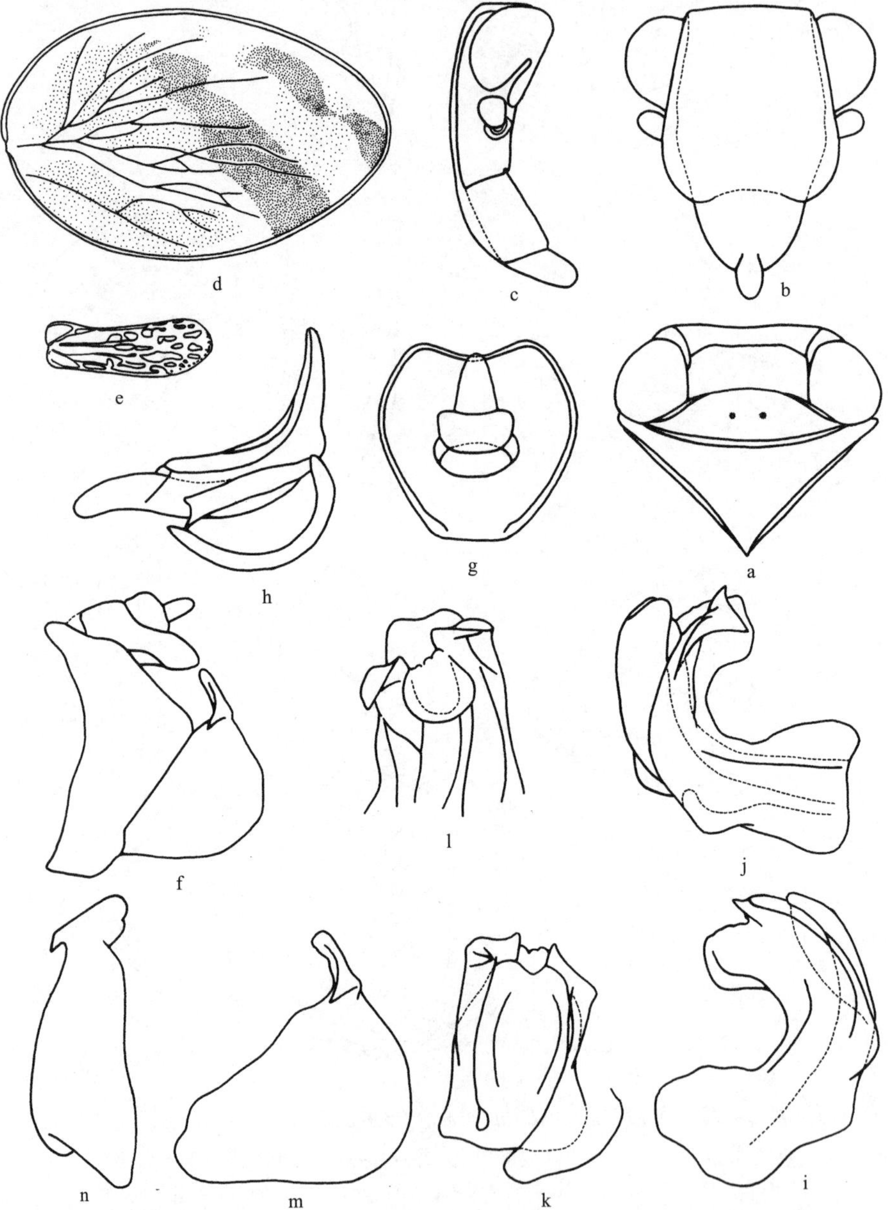

图 111 真球瓢蜡蝉 *Euhemisphaerius primulus* Chan *et* Yang（仿 Chan & Yang，1994）

a. 头胸部背面观（head and thorax, dorsal view）；b. 额与唇基（frons and clypeus）；c. 头部侧面观（head, lateral view）；d. 前翅（tegmen）；e. 后翅（hind wing）；f. 雄虫外生殖器侧面观（male genitalia, lateral view）；g. 雄肛节背面观（male anal segment, dorsal view）；h. 阳茎器左面观（aedeagus, left view）；i. 阳茎基左面观（phallobase, left view）；j. 阳茎基右面观（phallobase, right view）；k. 阳茎基腹面观（phallobase, ventral view）；l. 阳茎基背面观（phallobase, dorsal view）；m. 抱器侧面观（genital style, lateral view）；n. 抱器尾向观（genital style, caudal view）

以下描述源自 Chan 和 Yang（1994）。

体连翅长：♂ 4.2mm。前翅长：♂ 3.6mm。

体浅褐色。额浅棕色，边缘深褐色。唇基浅棕色。前胸背板浅褐色，较中胸盾片色深。前翅具黑色斑纹。后翅基半部深棕色，端半部褐色，翅脉浅褐色。腹部褐色。

头顶中域凹陷，两后侧角处宽约为中线长的 2.8 倍。额平坦、光滑，最宽处为基部宽的 1.4 倍。前胸背板具皱褶，中域处具 2 个明显的凹陷。中胸盾片具皱褶，表面隆起，侧缘近中部具 1 明显凹陷，最宽处为中线长的 2.5 倍。前翅光滑，翅脉不清晰，具 2 条斑纹，基部斑纹从基部 1/3 处延伸至端部 1/3 且向腹部逐渐变宽，端部斑纹与基部斑纹平行，两斑纹均未达到前缘脉边缘，缝缘近中部具 1 个斑点。翅长为最宽处的 1.7 倍。后翅退化，前后缘近平行，长为前翅长的 0.3 倍。后足刺式 6-7-2。

雄性外生殖器：肛节背面观侧缘弧形，端缘中部凹陷，最宽处为中线长的 1.1 倍。阳茎基背瓣端部翻折，背面观呈弧形，右侧瓣比左侧瓣大且尖锐，右侧瓣在阳茎中部扩张，腹面观腹瓣前缘中部呈锯齿状。阳茎具 2 个不对称的突起，左侧突起较右侧长，自背部伸出。抱器近三角形，尾向观突起低的端部呈锯齿状。

观察标本：未见。

地理分布：台湾。

26. 新球瓢蜡蝉属 *Neohemisphaerius* Chen, Zhang *et* Chang, 2014

Neohemisphaerius Chen, Zhang *et* Chang, 2014: 80. **Type species**: *Neohemisphaerius wugangensis* Chen, Zhang *et* Chang, 2014, by original designation.

体半球形，头包括复眼略窄于前胸背板，头顶近长方形，前缘直，略突出于复眼之间，后缘角状凹入，中域凹。额明显长，中线长是最宽处的 1.3-1.5 倍，中域平坦，中脊贯穿全长；上端缘角状凹入，两侧缘近平行。额唇基沟直。唇基小，近等边三角形；后唇基平。喙长，超过后足转节。具单眼。复眼卵圆形。前胸背板中域近三角形。中胸盾片近三角形，无中脊。前翅半透明，具爪缝，翅脉呈网状。后翅小。后足胫节具 2 个侧刺。后足刺式 (9-10)-(4-5)-2。

雄性外生殖器：肛节基部窄，近端部最宽；肛孔位于中部。阳茎较直，阳茎基发达，侧面观背侧瓣近端部具瓣状突起，侧面观具 1 对长突起，阳茎器腹面观具 1 对突起。抱器粗短，近抱器背突处具瘤突。

本属体形与角唇瓢蜡蝉属 *Eusudasina* Yang, 1994 非常相似，前翅均具爪缝。区别在于：①额明显长，中域光滑平坦，具中脊；后者额宽略大于长或长宽基本相等，中域粗糙，中脊仅存在于上半部；②唇基平，后者唇基具角状隆起；③前翅爪缝明显，但无“Y”脉，后者具“Y 脉”。

地理分布：湖北、湖南、广东。

全世界已知 3 种，本志记述 3 种，另记述 1 新种。

种检索表

1. 前翅稻黄色，无斑纹……………………………………………… **黄新球瓢蜡蝉，新种 *N. flavus* sp. nov.**
   前翅黑褐色，具浅黄褐色斑点或前翅黄褐色，具黑色斑纹……………………………………………2
2. 肛节背面观中部角状突出……………………………………………… **广西新球瓢蜡蝉 *N. guangxiensis***
   肛节背面观中部较钝圆………………………………………………………………………………3
3. 额中脊明显；肛节背面观端缘波状；阳茎腹突短，不及阳茎长的 1/5；后足刺式 10-4-2 …………
   ……………………………………………………………………………… **武冈新球瓢蜡蝉 *N. wugangensis***
   额中脊不甚明显；肛节背面观端缘圆；阳茎腹突长，超过阳茎长的一半以上；后足刺式 10-6-2 …
   ……………………………………………………………………………………… **杨氏新球瓢蜡蝉 *N. yangi***

(113) 黄新球瓢蜡蝉，新种 *Neohemisphaerius flavus* Meng, Qin *et* Wang, sp. nov.（图 112；图版 XX：j-l）

体连翅长：♂ 4.4mm。前翅长：♂ 3.6mm。

体稻黄色。复眼黑褐色。头顶、中胸盾片暗黄褐色。

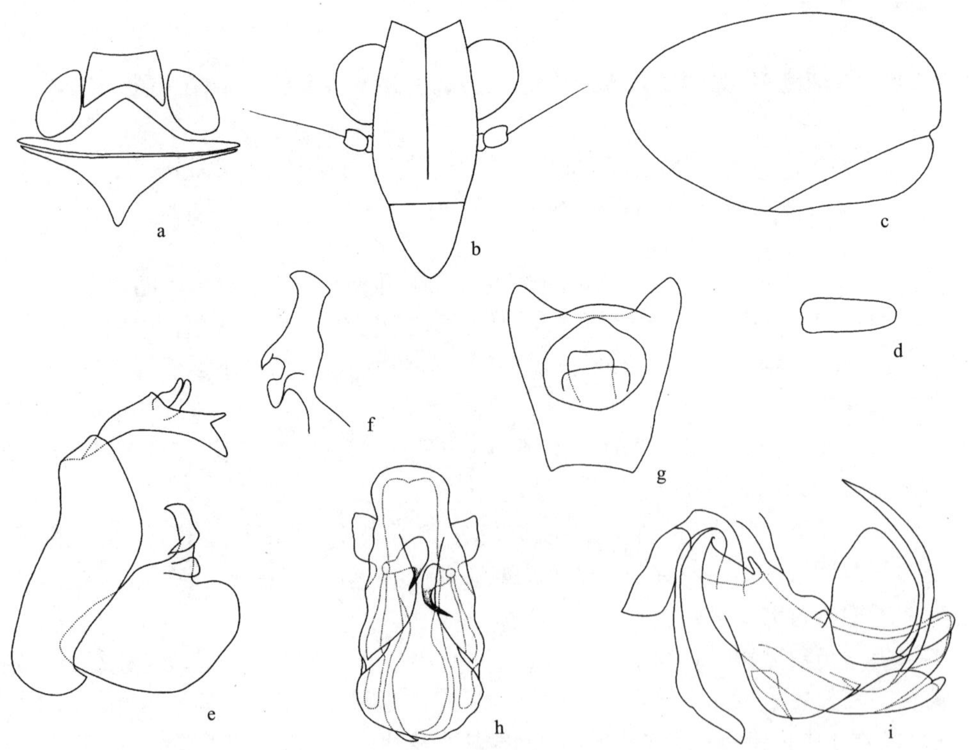

图 112 黄新球瓢蜡蝉，新种 *Neohemisphaerius flavus* Meng, Qin *et* Wang, sp. nov.

a. 头胸部背面观（head and thorax, dorsal view）；b. 额与唇基（frons and clypeus）；c. 前翅（tegmen）；d. 后翅（hind wing）；e. 雄虫外生殖器左面观（male genitalia, left view）；f. 抱器背突尾向观（capitulum of genital style, caudal view）；g. 雄肛节背面观（male anal segment, dorsal view）；h. 阳茎左面观（phallus, left view）；i. 阳茎腹面观（phallus, ventral view）

头顶四边形，宽为中线长的 2.3 倍，中域明显凹陷，前缘较直，后缘圆弧形微凹入。额具中脊，中脊未达额唇基沟，额上端缘中部角状微凹入；额中线长为最宽处的 1.6 倍，最宽处为上端缘宽的 1.4 倍。唇基腹面观近等边三角形，侧面观唇基中线圆弧形。前胸背板前缘角状强突出，后缘近平直。中胸盾片最宽处为中线长的 2.6 倍。前翅近椭圆形，前翅长为最宽处的 1.8 倍；后翅近卵圆形，约为前翅长的 0.3 倍。后足刺式 9-5-2。

雄性外生殖器：肛节背面观侧顶角三角状强突出，端缘中部微弧形突出。尾节侧面观后缘近背面 1/3 处弓形突出，之后近腹缘凹入。阳茎基较直，仅端部向上弯曲，近端部具 1 弯刀形长突起，末端指向头部，背侧瓣背面端部钝圆，侧面观侧瓣近端部具 1 向背面的椭圆形片状突起，近中部向腹面半圆形突出；腹面观腹瓣端半部近圆形，端缘凸出。阳茎器腹面观近基部 1/3 处具 1 对短钩形突起，突起基部一段粗壮，端部一半明显尖细，且右侧突起较左侧突起靠近基部；抱器后缘深凸入，尾腹角半圆形强凸出，抱器背突下方具 1 瘤状突起；抱器背突细长，顶缘两端尖，具 1 大的侧齿。

正模：♂，湖北巴东天三坪，2006.VII.16，蔡丽君、周辉凤。

鉴别特征：本种与武冈新球瓢蜡蝉 *N. wugangensis* Chen, Zhang *et* Chang, 2014 相似，主要区别在于：①体稻黄色，前翅无斑纹，后者体黄褐色，前翅具黑褐色斑纹；②肛节侧顶角明显三角状突出，后者肛节侧顶角圆尖；③阳茎基近端部具 1 对弯刀形的突起，突起末端达阳茎近中部，后者阳茎基近端部具 1 对短的刺状突起。

种名词源：拉丁词“*flavus*”，意为“黄色的”，此处指本种体稻黄色。

(114) 武冈新球瓢蜡蝉 *Neohemisphaerius wugangensis* Chen, Zhang *et* Chang, 2014

Neohemisphaerius wugangensis Chen, Zhang *et* Chang, 2014: 80 (Type locality: Hunan, China); Zhang, Chen *et* Chang, 2016: 20.

以下描述源自 Chen 等（2014）。

体连翅长：♂ 5.0mm，♀ 5.4mm。前翅长：♂ 4.1mm，♀ 4.5mm。

体黄褐色，具黑褐色斑纹。头顶黄褐色，脊褐色。复眼褐色。额黄褐色，脊褐色。唇基黄褐色，喙褐色。触角褐色。前胸背板、中胸盾片黄褐色。前翅黄褐色，具大片的不规则的黑褐色斑纹。后翅浅褐色。足淡褐色，腹部腹面暗褐色，肛节末端大部分黑褐色。

头顶中长为基宽的 0.38 倍。额平凹，但在中端部的中域隆起，中脊明显，中长为最宽处宽的 1.31 倍，以端 1/3 处为最宽。唇基中域明显隆起。喙伸达后足转节。前胸背板中长为头顶的 1.37 倍，中脊和亚侧脊不明显。中胸盾片中长为前胸背板的 1.5 倍，无中脊和亚侧脊。前翅爪缝明显，中长为最宽处宽的 1.75 倍。后翅发育不全，长仅为前翅长的 1/3，翅脉简单。后足刺式 10-4-2。

雄性外生殖器：肛节背面观短而圆，端向略扩张，端缘波状，中部凸出，两侧顶角圆尖；肛孔位于中偏端部。抱器侧面观，近圆形，背缘直，腹缘弧圆，端腹角宽圆，后缘弧圆突出，背突中等长，端部向头方弯曲，亚端部侧头向伸出 1 个突起，侧齿着生于背突颈基部，其端部钝圆，指向尾方。阳茎侧面观背方中部具钝形突起，阳茎基侧瓣钳状，背肢粗指状，端缘平截，腹肢基部粗，端向细尖，呈刺状指向背、头方；阳茎基部

1/3 处两侧腹缘各具 1 个短刺突；阳茎背面观，背瓣两裂叶，裂叶呈叶状扩张，顶端形成 1 个尖锐突起，指向背、头方；阳茎腹面观，近基部的刺状突起左右交叉；腹瓣明显短于背、侧瓣，其端缘中部圆形突出。

观察标本：未见。

地理分布：湖南。

(115) 杨氏新球瓢蜡蝉 *Neohemisphaerius yangi* Chen, Zhang *et* Chang, 2014

Neohemisphaerius yangi Chen, Zhang *et* Chang, 2014: 83 (Type locality: Guangdong, China); Zhang *et al.*, 2016: 20.

以下描述源自 Chen 等（2014）。

体连翅长：♂ 4.3mm，♀ 4.6mm。前翅长：♂ 3.6mm，♀ 3.9mm。

体淡黄褐色，具黑褐色斑纹。个体间的体色差异较大，大致有 2 种体色斑纹。2 头雄性标本（含正模）和 4 头雌性标本：体淡黄褐色，但前翅前缘近端部具 1 条黑褐色斜纹，与中足基节外侧靠近的侧板黑褐色。另 3 头雌性标本：中胸盾片中域黑褐色；前翅黑褐色，在前翅前缘基部、爪片端部外侧、前翅端半中央及前缘端部的 2 条斜纹淡乳白色，近透明。后翅浅褐色。足黄褐色。腹部腹面浅褐色到暗褐色，肛节末端大部分黑褐色。

头顶中长为基宽的 0.31 倍。额中域隆起，背面观可见，中脊不甚明显，亚侧脊略隆起，致侧缘域形成凹槽，中长为最宽处宽的 1.14 倍，以端 1/3 处为最宽。唇基中域隆起。喙伸达后足转节。前胸背板中长为头顶的 1.73 倍，中脊和亚侧脊不明显。中胸盾片中长为前胸背板的 1.89 倍，无中脊和亚侧脊。前翅爪缝明显，中长为最宽处宽的 1.78 倍。后翅发育不全，长仅为前翅长的 1/4，翅脉不明显。后足刺式 10-6-2。

雄性外生殖器：肛节背面观，基部窄，柄状，端大部分宽圆形，端缘略呈弧形突出；肛孔位于中偏端部。尾节侧面观，后缘中背部圆形突出。抱器侧面观，近三角形，背缘斜直，腹缘弧形，端腹角宽圆，后缘凹，于背突基部呈圆形突出；背突相对粗长，端部头向弯曲，端尖，亚端部向侧方斜伸出 1 个齿状突。阳茎侧面观背瓣两裂叶，裂叶端部尖锐，侧瓣明显长于背、腹瓣；阳茎腹面在端 1/3 处伸出 1 对长而弯曲的钩状突起，突起指向头向，末端尖；阳茎腹面观，腹瓣呈近椭圆形，端缘中部具 1 个小而浅的缺刻，阳茎腹缘钩状突起端半部分歧，分别指向两侧方。

观察标本：未见。

地理分布：广东。

(116) 广西新球瓢蜡蝉 *Neohemisphaerius guangxiensis* Zhang, Chang *et* Chen, 2016

Neohemisphaerius guangxiensis Zhang, Chang *et* Chen, 2016: 15 (Type locality: Guangxi, China).

以下描述源自 Zhang 等（2016）。

体连翅长：♂ 4.63mm，♀ 5.21mm。前翅长：♂ 4.12mm，♀ 4.60mm。

雄虫：头顶和额黄褐色，边缘深褐色。唇基浅黄色，喙暗褐色，触角黄褐色。前胸背板黄褐色，中域浅褐色。中胸盾片黄褐色，侧角暗黄褐色。前翅黄褐色，近前缘具黑色斑块，后翅浅黄褐色。足浅黄褐色。雌虫：唇基基部浅绿色，喙暗褐色。前胸背板暗褐色，中胸盾片黑褐色。前翅黑褐色，具浅色斑块和斜纹。

头顶近四边形，宽为中长的 3.14 倍，前缘直，后缘角状凹入。额基部窄，在触角间最宽，中长为最宽处宽的 1.36 倍，具中脊，额唇基沟上明显隆起。唇基具驼峰状隆起物。前胸背板后缘直，中域凹，具 2 个小凹陷。中胸盾片三角形，中长为前胸背板的 1.94 倍。前翅半球形，爪缝存在，具纵脉。后翅退化，翅脉不明显。后足刺式 (9，10)-(4，5)-2。

雄性外生殖器：肛节相对短，背面观卵圆形，端缘角状突出。肛刺突短，位于肛节近基部 1/3。尾节侧面观前缘微凹入，后缘背部圆形微突出。阳茎背部中间具 1 驼峰形的突起，每侧近端部 1/3 具 1 鸟头状的突起，指向头部；背侧瓣端部钝圆，阳茎腹面具 1 对长的钩状突起，腹瓣端缘中部凹陷。抱器后缘强凸出，抱器背突端部渐窄。

观察标本：未见。

地理分布：广西。

27. 角唇瓢蜡蝉属 *Eusudasina* Yang, 1994

Eusudasina Yang, 1994 in Chan *et* Yang 1994: 81. **Type species**: *Eusudasina nantouensis* Yang, 1994.

属征：头包括复眼窄于前胸背板。头顶宽大于长，中域明显凹陷，前缘近平直，后缘略凹入。具单眼。额粗糙，具细小的刻点，中域平，仅上半部具中脊，侧缘具瘤突，最宽处略大于中线之长，或长宽几乎相等。额唇基沟近平直，不明显。后唇基隆起成角状，腹面观近等边三角形，顶角明显隆起，侧缘脊起，唇基在顶角之后明显脊起，侧面观后唇基的端部和前唇基与额所处的平面形成角度。前胸背板前缘明显凸出，后缘近平直，具中脊，中域具 2 个小凹陷，前缘布满瘤突。中胸盾片具中脊，近侧缘中部各具 1 个小凹陷，侧缘具瘤突。前翅长大于宽，具爪缝，“Y”脉明显，翅脉网状；后翅小于前翅长的 1/2，翅脉不明显。后足胫节具 2 个侧刺，后足刺式 7-(8-9)-2。

雄性外生殖器：肛节背面观近菱形，长大于宽，近中部处最宽。尾节侧面观后缘微凸出。阳茎浅“U”形，相对长，基部具突起，端部对称无突起。抱器近三角形，突起短小且侧向弯曲。

讨论：本属与苏瓢蜡蝉属 *Sudasina* Distant 在额与唇基平面成直角的特征上相似，后唇基的端部和前唇基与额所处的平面形成角度、头顶的突出形式、前翅的形状和翅脉等特征存在明显区别。

地理分布：湖南、台湾、广西、云南；老挝。

目前全世界已知 1 种，分布在中国，现本志另记述 2 新种，共计 3 种。

种 检 索 表

1. 前翅褐色，具 5 个白色斑点……………………… **五斑角唇瓢蜡蝉，新种 *E. quinquemaculata* sp. nov.**
   前翅无此白色斑点……………………………………………………………………………………2

2. 肛节细长，背面观端缘中部极度突出；阳茎基部突起上具 1-2 排小刺 ……………………………………………………………………………………… **小刺角唇瓢蜡蝉，新种 *E. spinosa* sp. nov.**

肛节背面观近菱形，端缘中部指状突出；阳茎基部每侧具 1 对末端指向不同方向的短突起，侧面观阳茎基侧瓣背缘中段具 1 列小齿 ……………………………………… **南角唇瓢蜡蝉 *E. nantouensis***

(117) 五斑角唇瓢蜡蝉，新种 *Eusudasina quinquemaculata* Meng, Qin *et* Wang, sp. nov.

（图 113；图版 XXI：a-c）

体连翅长：♂ 3.8mm，♀ 4.1mm。前翅长：♂ 3.3mm，♀ 3.6mm。

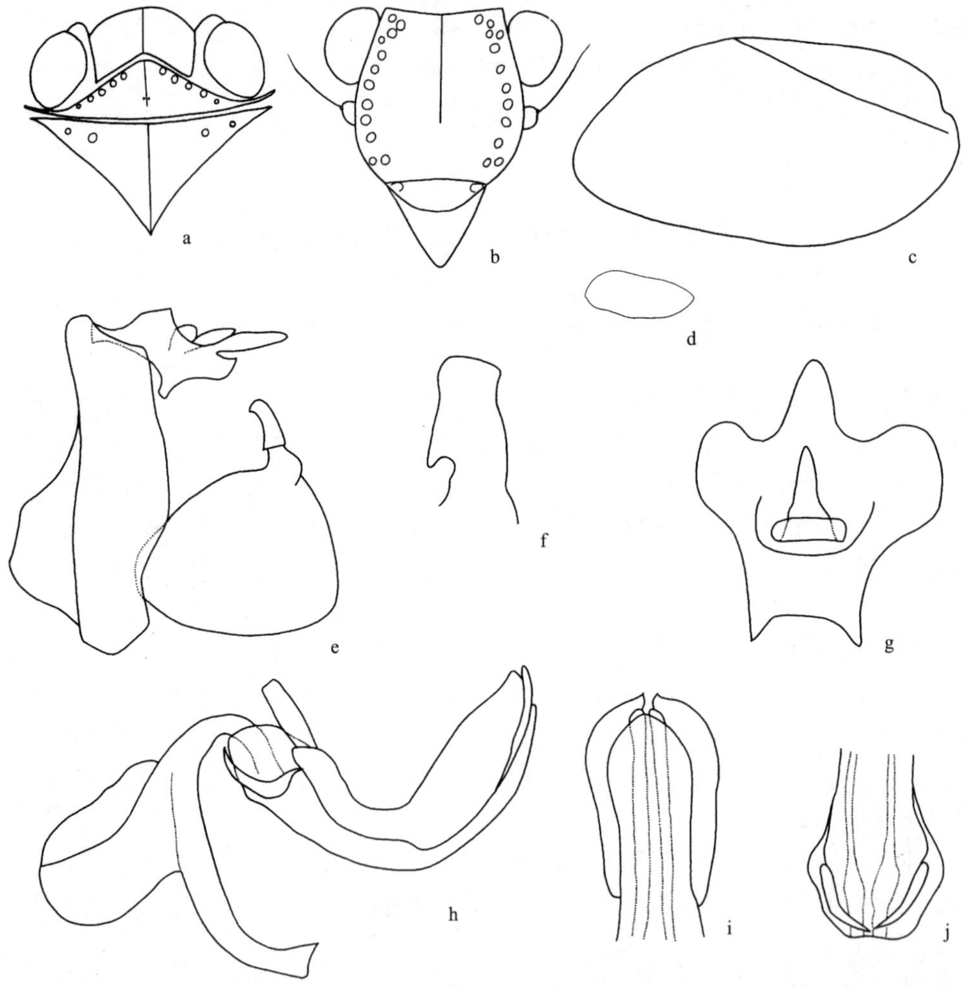

图 113 五斑角唇瓢蜡蝉，新种 *Eusudasina quinquemaculata* Meng, Qin *et* Wang, sp. nov.

a. 头胸部背面观（head and thorax, dorsal view）；b. 额与唇基（frons and clypeus）；c. 前翅（tegmen）；d. 后翅（hind wing）；e. 雄虫外生殖器左面观（male genitalia, left view）；f. 抱器背突尾向观（capitulum of genital style, caudal view）；g. 雄肛节背面观（male anal segment, dorsal view）；h. 阳茎左面观（phallus, left view）；i. 阳茎端半部腹面观（apical half of phallus, ventral view）；j. 阳茎基半部腹面观（basal half of phallus, ventral view）

体褐色。头顶深褐色。复眼黑色。额深褐色，具黄色瘤突和斑点。唇基深褐色，具黄色斑点，顶角亮黄色。喙深褐色。前胸背板和中胸盾片褐色，具黄色瘤突。前翅褐色，基部至中部靠内缘具 1 深褐色大斑块，其上及周围约具 5 个白色斑点；后翅褐色。足褐色，边缘黑褐色，前、中足腿节末端黑色。腹部黄褐色。

头顶近四边形，边缘明显脊起，中域明显凹陷，宽为中线长的 3 倍，前缘微弓形略突出, 后缘角状深凹入。额粗糙，具细小的刻点，中域平，仅上半部具中脊，近每侧缘约具 9 个明显的瘤突，额上端缘微凹入；额最宽处与中线长基本相等，最宽处为上端缘宽的 1.4 倍。额唇基沟近平直。后唇基微隆起，腹面观近等边三角形，顶角明显隆起，侧面观唇基中线圆弧形。前胸背板沿前缘两侧各具 5 个瘤突。中胸盾片具中脊，最宽处为中线长的 2.1 倍，前侧角具 2 个明显的瘤突。前翅近椭圆形，顶角钝圆，前翅长为最宽处的 1.8 倍。后翅近卵圆形，不到前翅长的 0.2 倍。后足胫节具 2 个侧刺，后足刺式 7-8-2。

雄性外生殖器：肛节基半部窄，端半部宽，侧缘端半部与侧顶角形成半圆形的片状突出，端缘中部明显突出，突出的末端尖，长度为肛节中线长的 1/3；肛孔位于近中部。尾节侧面观后缘较直，近腹缘微凹入。阳茎浅“U”形，基部具 1 对指向头部的短突起，突起近端部微弯曲，腹面观尖端靠近并指向对方，阳茎基背侧瓣背面观端部钝圆不裂叶；侧面观其腹缘近端部 1/3 处微向腹面突出；腹瓣腹面观端缘钝圆，中部明显突出。抱器侧面观后缘微凸，尾腹角钝圆，抱器近背突处具 1 明显的瘤突；抱器背突短，近方形，具 1 大的侧齿。

正模：♂，云南绿春，2009.VI.8，张磊。副模：1♀，同正模。

鉴别特征：本种体型与模式种 *E. nantouensis* Yang, 1994 相似，可从以下特征区分：①前翅褐色，近中部约具 5 个白色斑点，后者前翅黄褐色，无此斑点；②阳茎近基部具 1 对短突起，指向头部，后者阳茎基部具 1 对短突起，指向尾部。

种名词源：拉丁词“*quinque*”，意为“五”，“*maculatus*”，意为“斑点”，此处指本种前翅具 5 个白色斑点。

(118) 小刺角唇瓢蜡蝉，新种 *Eusudasina spinosa* Meng, Qin *et* Wang, sp. nov.（图 114；图版 XXI：d-f）

体连翅长：♂ 4.4mm，♀ 4.7mm。前翅长：♂ 3.8mm，♀ 4.2mm。

体暗黄褐色。额黑褐色，具暗黄色斑点和瘤突。复眼黑褐色。额唇基沟暗黄色。前胸背板和中胸背板褐色，具黄色瘤突。前翅暗黄褐色，具深色斑纹。前足黑色，中足暗黄褐色，具黑色横纹，后足暗黄褐色。

头顶近四边形，边缘明显脊起，宽为中线长的 3.7 倍，前缘较直，后缘微凹入。额粗糙，中域平，仅上半部具中脊，沿侧缘约具 9 个明显的瘤突；额上端缘中部直，侧顶角明显角状突出；额中线长与最宽处宽基本相等，最宽处为上端缘宽的 1.2 倍。额唇基沟微向上弯。唇基中域隆起，腹面观近等边三角形，侧面观唇基中部微角状突出。中胸盾片最宽处为中线长的 2.3 倍，靠近侧端角具 2 个大瘤突。前翅近椭圆形，顶角圆，网状翅脉，前翅长为最宽处的 1.6 倍。后翅极小，近卵圆形。后足刺式 7-9-2。

雄性外生殖器：肛节细长，背面观侧顶角圆，端缘极度突出，突出部分基部宽，末端尖，长度超过肛节中线长的1/3；肛孔位于近中部。尾节侧面观后缘近腹面1/3处弓形突出。阳茎浅“U”形，不完全对称，基部两侧各具1分叉的短突起，分别指向尾部和腹面，且其上具1-2排小刺，小刺沿指向腹面的突起延至腹面基部，小刺在腹面基部排列成钩形；指向尾部的突起左侧较右侧略尖细，在左侧近此突起端部之后具1钩状粗短突起；阳茎基背侧瓣背面端部钝圆不裂叶；侧面观左侧瓣端部略方，右侧末端尖，腹面观左侧瓣近端部明显膨大，右侧瓣几乎不膨大，在近端具1小的近圆形侧突。腹瓣腹面观端缘曲折，左侧顶角略方，右侧顶角圆。抱器侧面观后缘近背面微凸，尾腹角圆；抱器背突短，顶端尖，具1大的侧齿。

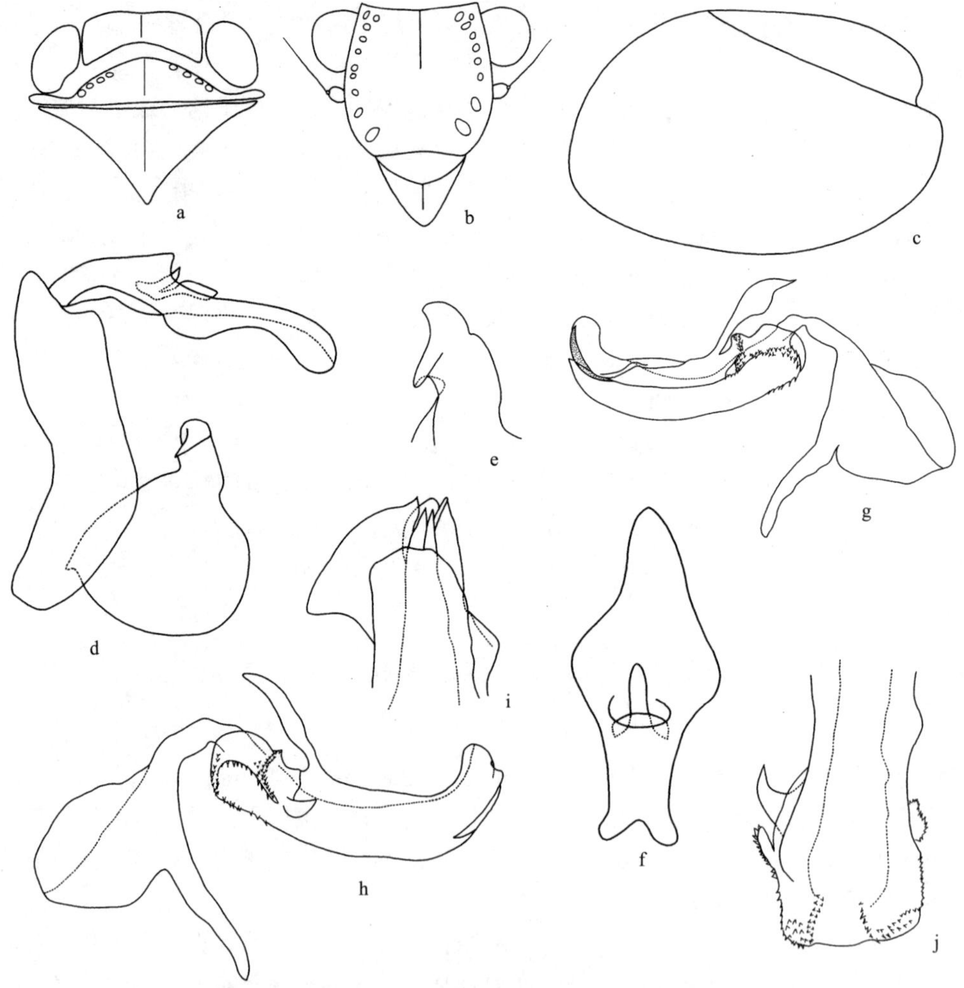

图114 小刺角唇瓢蜡蝉，新种 *Eusudasina spinosa* Meng, Qin *et* Wang, sp. nov.

a. 头胸部背面观（head and thorax, dorsal view）；b. 额与唇基（frons and clypeus）；c. 前翅（tegmen）；d. 雄虫外生殖器左面观（male genitalia, left view）；e. 抱器背突尾向观（capitulum of genital style, caudal view）；f. 雄肛节背面观（male anal segment, dorsal view）；g. 阳茎右面观（phallus, right view）；h. 阳茎左面观（phallus, left view）；i. 阳茎端半部腹面观（apical half of phallus, ventral view）；j. 阳茎基半部腹面观（basal half of phallus, ventral view）

正模：♂，湖南永顺小溪，2004.VIII.6-7，王继良（MHBU）。副模：1♀，同正模；1♀，湖南郴州，1985.VIII.30，张雅林、柴勇辉；1♀，湖南莽山，2009.VIII.17，吕林。

鉴别特征：本种与新种五斑角唇瓢蜡蝉 *E. quinquemaculata* Meng, Qin *et* Wang, sp. nov.主要区别在于：①该种前翅暗黄褐色，具深色斑纹，后者前翅约 5 个白色斑点；②肛节细长，侧顶角圆滑，端缘极度突出，突出部分的长度超过肛节中线长的 1/3，后者肛节侧缘端半部与侧顶角形成半圆形的片状突出，端缘中部明显突出，其长度为肛节中线长的 1/3；③阳茎基部的突起具 1-2 排小刺；后者无此小刺。

种名词源：拉丁词“*spinosa*”意为“多刺的”，此处指本种阳茎突起上具很多小刺。

(119) 南角唇瓢蜡蝉 *Eusudasina nantouensis* Yang, 1994（图 115；图版 XXI：g-i）

Eusudasina nantouensis Yang, 1994 in Chan *et* Yang 1994: 82 (Type locality: Taiwan, China).

体连翅长：♂ 4.2mm，♀ 4.8mm。前翅长：♂ 3.7mm，♀ 4.1mm。

体褐色，具浅色瘤突。额褐色，具黄色瘤突。复眼黑褐色。唇基褐色。喙棕色。前胸背板和中胸盾片褐色，具黄色瘤突。前翅褐色；后翅浅棕色。足褐色，前足腿节具黑色纵带。腹部腹面褐色，各节的近端部略带棕色。腹部背面褐色。

头顶近四边形，端部具不明显的中脊，中域明显凹陷，前缘近平直，后缘略凹入，宽明显大于长，两后侧角处宽为中线长的 3.3 倍。额粗糙，具细小的刻点，中域平，仅端半部具中脊，额侧缘具瘤突。额唇基沟近平直，不明显，额长为最宽处的 1.1 倍，最宽处为基部宽的 1.2 倍。后唇基隆起成角状，腹面观近等边三角形，顶角明显隆起，侧缘脊起，唇基在顶角之后明显脊起，侧面观后唇基的端部和前唇基与额所处的平面形成角度。前胸背板前缘明显突出，后缘近平直，具中脊，前缘布满瘤突；中胸盾片具中脊，最宽处为中线长的 1.8 倍，沿侧缘具瘤突。前翅近椭圆形，前缘与缝缘近平行，网状翅脉，前翅长为最宽处的 1.6 倍；后翅近方形，约为前翅长的 0.15 倍。后足胫节具 2 个侧刺，后足刺式 7-9-2。

雄性外生殖器：肛节背面观近菱形，肛孔位于基半部，侧顶角略突出，端缘中部明显指状突出。尾节侧面观后缘较直，近腹部微凹入。阳茎浅“U”形，细长，端部裂开，基部两侧各具 1 对短突起，背面突起基部具 1 三角形的小突起，端部钝，指向头部，腹面突起棒状，端部尖，指向尾部；背侧瓣背面观端部钝圆不裂叶，端缘近平直；侧面观背缘中段具 1 列细齿，端部分叉成 2 个近钩状突起，并弯向背部，腹面观近端部膨大，后渐细成锥状；腹瓣腹面观端缘钝圆，中部微突出。抱器侧面观近长的三角形，后缘近背部 1/3 处凹入，尾腹角钝圆；抱器背突短，端部略窄，具 1 大的侧齿。

雌性外生殖器：肛节近方形，长大于最宽处，两侧缘近平行，端缘微凹；肛孔位于肛节的基部。第 3 产卵瓣近长方形，基部略隆起；背面观基部愈合，分叉处骨化，骨化带较宽。第 2 产卵瓣近长方形，基部微凸出，端部弧形下弯；背面观中域端部深凹入，侧域近端部具 1 对小的细突起。生殖骨片桥大，基部长明显大于宽，端部稍短。第 1 负瓣片近长方形，后缘中部浅凹入。内生殖突顶端尖。内生殖瓣长，骨化，中间内凹。第 1 产卵瓣腹端角具 3 齿，端缘具 3 个具脊的短刺。第 7 腹节后缘中部微突出，突出的边缘平直。

观察标本：1♂，广西夏石，1963.V.6，杨集昆（CAU）。

地理分布：台湾、广西。

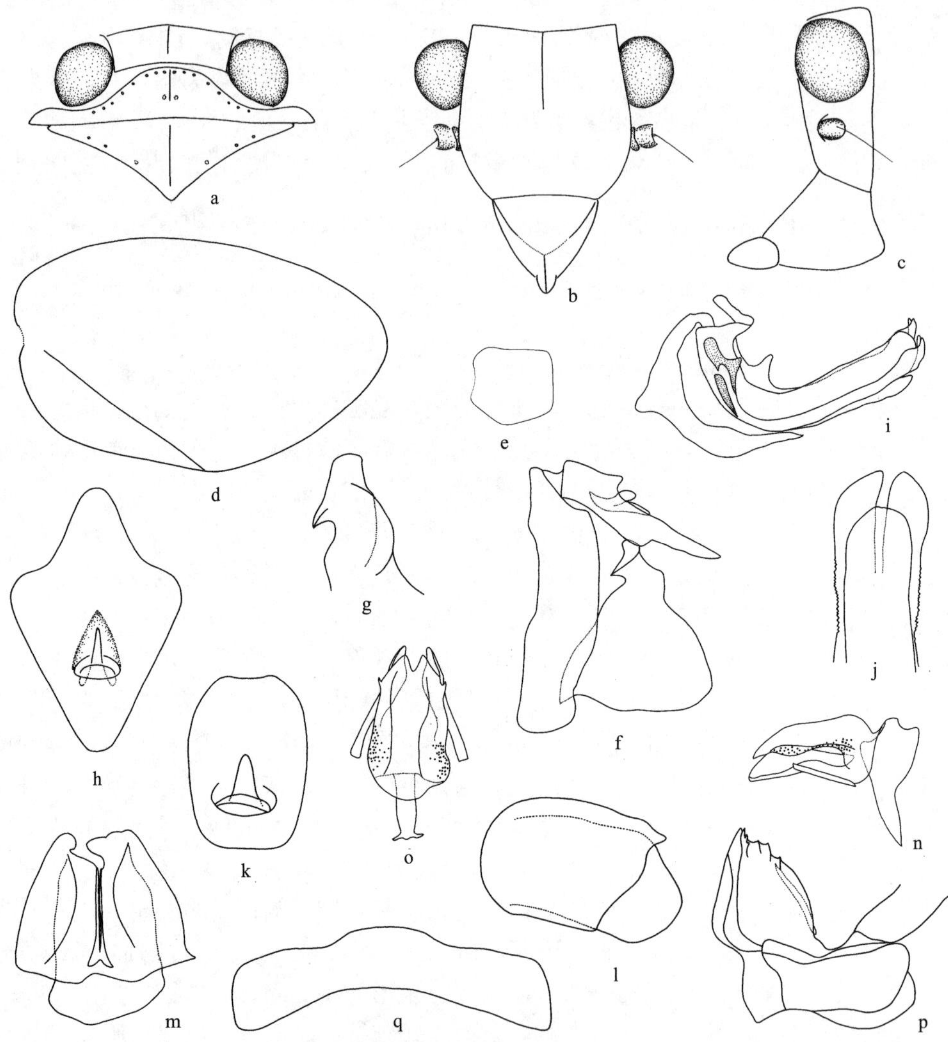

图 115 南角唇瓢蜡蝉 *Eusudasina nantouensis* Yang

a. 头胸部背面观（head and thorax, dorsal view）；b. 额与唇基（frons and clypeus）；c. 头部侧面观（head, lateral view）；d. 前翅（tegmen）；e. 后翅（hind wing）；f. 雄虫外生殖器左面观（male genitalia, left view）；g. 抱器背突尾向观（capitulum of genital style, caudal view）；h. 雄肛节背面观（male anal segment, dorsal view）；i. 阳茎左面观（phallus, left view）；j. 阳茎端半部腹面观（apical half of phallus, ventral view）；k. 雌肛节背面观（female anal segment, dorsal view）；l. 第 3 产卵瓣侧面观（gonoplac, lateral view）；m. 第 3 产卵瓣背面观（gonoplas, dorsal view）；n. 第 2 产卵瓣侧面观（gonapophysis Ⅸ, lateral view）；o. 第 2 产卵瓣背面观（gonapophyses Ⅸ, dorsal view）；p. 第 1 产卵瓣侧面观（gonapophysis Ⅷ, lateral view）；q. 雌第 7 腹节腹面观（female sternite Ⅶ, ventral view）

28. 类蒙瓢蜡蝉属 *Paramongoliana* Chen, Zhang *et* Chang, 2014

Paramongoliana Chen, Zhang *et* Chang, 2014: 76. **Type species**: *Paramongoliana dentata* Chen, Zhang *et* Chang, 2014, by original designation.

属征：头顶四方形，中长远小于基宽（0.3∶1），边缘脊起，前缘平截，不超过复眼前缘，中域凹陷。额长宽近相等，中域平坦，具粗皱褶，两侧缘域各具 1 排瘤突，无中脊。唇基微隆起，中域具瘤突。前胸背板狭而小，中域凹陷，前、后缘脊起。中胸盾片三角形，无中脊和亚侧脊，中域略隆起。前翅明显隆起，具爪缝，翅脉不明显，光滑或具光泽。后翅发育不完全，仅及前翅的 1/3，翅脉不明显。后足胫节具 2 枚侧刺，后足刺式 7-7-2。

雄性外生殖器：肛节背面观近四边形。尾节侧面观后缘中部向后圆形突出。抱器侧面观近三角形，基部窄，端部扩大，端缘弧形，背突相对较小。阳茎浅“U”形，基部、中部背面具突起。

地理分布：贵州。

目前全世界已知 1 种，分布在中国。

(120) 齿类蒙瓢蜡蝉 *Paramongoliana dentata* Chen, Zhang *et* Chang, 2014

Paramongoliana dentata Chen, Zhang *et* Chang, 2014: 78 (Type locality: Guizhou, China).

以下描述源自 Chen 等（2014）。

体连翅长：♂ 4.4mm。前翅长：♂ 3.8mm。

体暗褐色。头顶淡黄褐色。复眼暗褐色。额暗褐色，瘤突黄褐色。唇基暗褐色；喙褐色。触角褐色至暗褐色。前胸背板黄褐色。中胸盾片栗褐色。前翅栗褐色，无斑纹。后翅褐色。足褐色。腹部腹面褐色。阳基侧突端部黑褐色。

头顶中长为基部宽的 0.32 倍。额长宽近相等。前胸背板中长为头顶的 0.83 倍；中胸盾片中长为前胸前板的 3.83 倍。前翅长为最宽处宽的 1.83 倍，爪缝明显，翅脉不清。后翅长为前翅的 0.3 倍，翅脉模糊。后足刺式 7-7-2。

雄性外生殖器：肛节背面观近倒梯形，基部窄，端部略扩宽，端缘平直；肛孔位于中偏基部。尾节侧面观后缘呈弧形突出。阳茎侧面观呈浅齿状，近基部背面具 1 对扁平片状突起，末端圆，突起背缘具数枚小齿；阳茎基部 1/3 背面具 1 枚刺状突，在近中部背面具 1 个长条形片状突起，其基部细，中部稍宽，末端圆尖；另在阳茎基部右侧具 1 个粗刺状突起；阳茎基侧瓣左右不对称，右侧瓣在端部形成 1 个剑状突起，左侧瓣在端部呈扁平叶状。抱器侧面观宽短，近呈三角形，背缘稍波曲，腹缘弧圆，端腹角尖圆，后缘弧形突出，背突短小，颈细，末端尖，略弯向头方，亚端部向前侧方斜伸出 1 个齿状突。

观察标本：未见。

地理分布：贵州。

（四）眉瓢蜡蝉亚科，新亚科 Superciliarinae Meng, Qin *et* Wang, subfam. nov.

Type genus: *Superciliaris* Meng, Qin *et* Wang, gen. nov.

体半球形。头包括复眼明显宽于前胸背板。头顶端缘半圆形，明显向前突出于复眼前方，与额亚侧脊相连，呈屋檐状。颊窄，侧面观复眼前几乎与额侧缘相连。复眼大，单眼退化。触角 3 节。额长略大于宽，上端部两亚侧脊之间向前凸出，两侧缘脊起，在触角前下方向外弧形突出，突出部分薄片状。前胸背板极短，后缘较直；侧瓣光滑无瘤突。中胸盾片前缘微突出，最宽处略大于中线长。前翅至端部渐宽，端缘斜直；中域隆起，翅脉网状强突出，无爪缝和“Y”形爪脉。后翅退化，极小。后足胫节具 2 个侧刺，两侧刺指向不同方向。

鉴别特征：瓢蜡蝉科现有的 3 个亚科：球瓢蜡蝉亚科、帕瓢蜡蝉亚科、瓢蜡蝉亚科与新建的眉瓢蜡蝉亚科有明显的区别。眉瓢蜡蝉亚科的头顶端缘明显向前突出，突出部分与额上端部 1/3 的两亚侧脊之间呈屋檐状，前胸背板极窄，与其他亚科区别明显；外部形态特征与球瓢蜡蝉亚科特征较为近似，如体呈半球形，前翅纵脉模糊、无爪缝，翅脉网状，但该亚科头包括复眼明显比前胸背板宽，颊窄，侧面观复眼前缘与额侧缘几乎零接触，后翅退化，而后者头包括复眼比前胸背板窄，后翅单瓣、很少退化，颊相对宽，侧面观复眼前方与额侧缘明显分开。本亚科目前仅知模式属 1 个新属。

地理分布：中国（海南）。

29. 眉瓢蜡蝉属，新属 *Superciliaris* Meng, Qin *et* Wang, gen. nov.

Type species: *Superciliaris reticulatus* Meng, Qin *et* Wang, sp. nov.

头顶明显突出于复眼，前缘半圆形凸出，后缘略凹入；中域凹陷，具中脊；侧面观头顶端半部与额基部一起向前突出，呈短的鸟喙状。单眼退化。复眼卵圆形。触角梗节膨大，其上具大的感觉陷，鞭节细长。额上端缘直或微凸出，侧缘在复眼下具耳状突起；中域多皱，近侧缘具亚侧脊，其存在于上端缘至耳状突起中间位置，亚侧脊与侧缘间具 1 排瘤突；侧面观上半部明显向前凸出，正面观凸出部分与平面部分连接处形成“V”形的脊痕。额唇基沟直。唇基小，近三角形。喙达后足转节。前胸背板极短，前缘略凸，后缘较直；侧瓣腹面观端缘直，侧端角略尖。中胸盾片三角形，具细中脊，前缘中部微凸出。肩板仅长卵圆形。前翅强隆起，至端部渐宽，前缘基部扩大，端缘斜，顶角略尖，向内弯曲，臀角钝圆。后翅极小。后足刺式 6-7-2。

雄性外生殖器：肛节近四边形，基部窄，近端部最宽；肛上板前缘中部具三角形小突起，肛下板细长，长度超过肛节长度的一半。连索粗且强骨化。尾节后缘中部突出。阳茎粗短，强骨化。阳茎基背侧瓣在端部分瓣，背瓣端部钝圆，且为膜质，侧瓣发达，强骨化，在近端部 1/3 处向腹面叶状扩大并形成突起，背端角向上形成突起；腹瓣膜质，且短，不到阳茎基长度的一半；阳茎器强骨化，在基半部具 1 对粗壮的钩状突起，突起侧面观顺时针弯曲，末端指向腹面，其在腹面观呈“√”形。抱器从基部至端部渐宽，后缘波状弯曲，在中部微凹入，微腹角圆；抱器背突短，至端部渐窄，侧刺宽。

雌性外生殖器：肛节卵圆形；肛孔位于肛节的基部，肛上板前缘中部具小的角状突出，肛下板细长。第 3 产卵瓣近四边形，基部微隆起。第 2 产卵瓣短小，中域微隆起，背面观端部具 1 对小突起。生殖骨片桥大且长。第 1 产卵瓣前连接片宽，腹端角具 3 个小齿。

鉴别特征：本属特殊的额与 *Radha* Melichar, 1903 相似，区别在于：①该属前胸背板极窄平，后者前胸背板正常，但凹陷；②该属中胸盾片平，后者中胸盾片隆起。

属名词源：本属名“*Superciliaris*”特指该属前胸背板极窄，形如眉毛。本属名属性为阳性。

地理分布：海南。

本属现仅知 2 新种，其区别见检索表。

种 检 索 表

头顶后缘略呈角状凹入；肛下板未超过肛节端缘；阳茎基侧瓣明显向外侧扩大，其在近端部 1/3 扩大部分明显向背面卷曲；侧瓣端部突起粗短，近三角形 ………**眉瓢蜡蝉，新种 *S. reticulatus* sp. nov.**

头顶后缘略呈弧形凹入；肛下板超过肛节端缘；阳茎基侧瓣近端部 1/3 扩大部分腹面观明显呈长的三角形，下缘具少数小刺，微背向弯曲；侧瓣端部窄，端突相对小…………………………………………………………………………………………**吊罗山眉瓢蜡蝉，新种 *S. diaoluoshanis* sp. nov.**

(121) 眉瓢蜡蝉，新种 ***Superciliaris reticulatus* Meng, Qin *et* Wang, sp. nov.**（图 116；图版 XXII：a-c）

体连翅长：♂ 3.8mm，♀ 4.0mm。前翅长：♂ 2.9mm，♀ 3.1mm。

体黑褐色。复眼黑色，基部红褐色。唇基暗红褐色，侧顶角暗黄色。前翅暗褐色，具黄色和黑色不规则斑点。足黑褐色，后足胫节小刺黑色。

头顶基部宽为中线长的 1.3 倍，后缘角状微凹入。额上端缘较直，触角下最宽处为中线长的 1.2 倍，最宽处为上端缘宽的 1.5 倍。中胸盾片中线长为头顶和前胸背板之和的 1.2 倍，最宽处为中线长的 1.5 倍。

雄性外生殖器：肛节背面观端缘中部角状突出，侧缘波状；侧面观腹缘端半部深凹入，侧顶角向下弯曲近三角形；长略大于最宽处，最宽处为基部宽的 1.6 倍；肛下板长为中线长的 0.6 倍，末端尖，未超过肛节端缘。阳茎基侧瓣在近端部 1/3 扩大，腹缘突起向背面弯曲，呈三角形，端缘斜直，端突粗短，近三角形；阳茎具 1 对弯曲的腹突，腹面观呈钩状。

雌性外生殖器：肛节卵圆形；肛下板指状，为肛节长的 0.3 倍。第 1 产卵瓣腹端角具 3 齿，端缘具 3 刺，中部 2 齿具长脊，外侧齿钝圆。第 7 腹节后缘中部略凹。

正模：♂，海南乐东尖峰岭鸣凤谷，18°44.635′N，108°50.435′E，1017m，2010.VIII.18，郑国。副模：1♂2♀，同正模。

种名词源：本种名"*reticulatus*"指该种前翅翅脉网状。

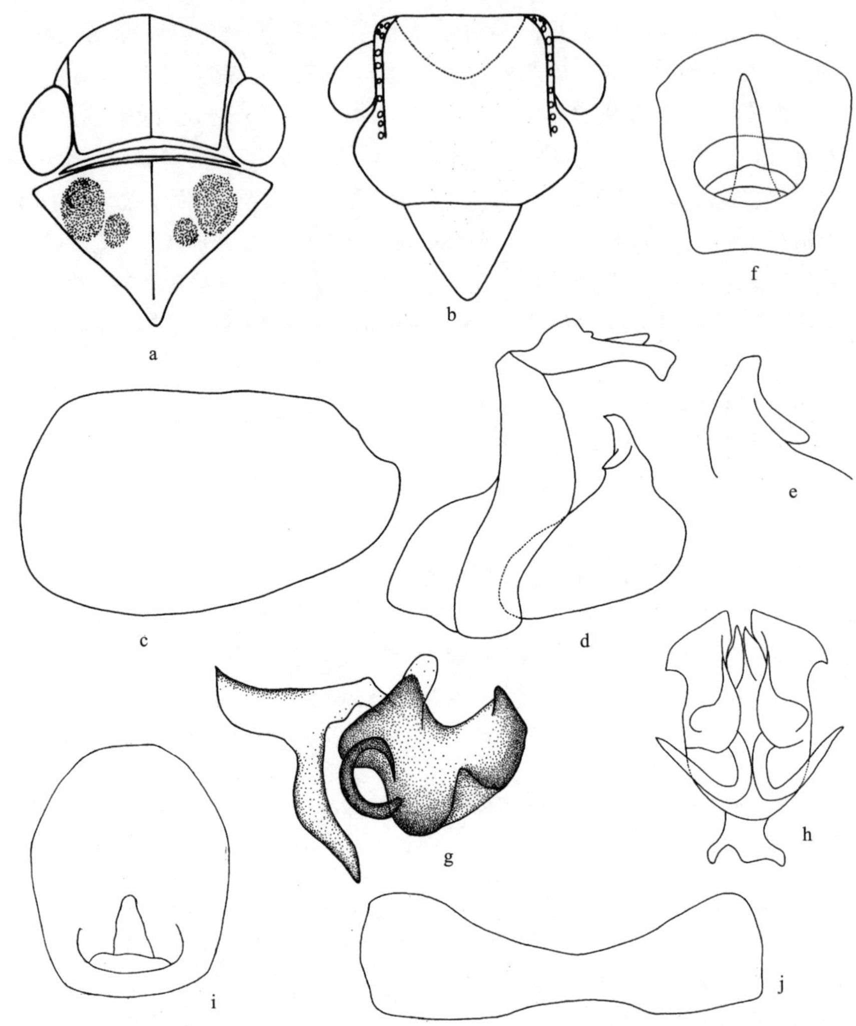

图 116 眉瓢蜡蝉，新种 *Superciliaris reticulatus* Meng, Qin *et* Wang, sp. nov.

a. 头胸部背面观（head and thorax, dorsal view）；b. 额与唇基（frons and clypeus）；c. 前翅（tegmen）；d. 雄虫外生殖器左面观（male genitalia, left view）；e. 抱器背突尾向观（capitulum of genital style, caudal view）；f. 雄肛节背面观（male anal segment, dorsal view）；g. 阳茎左面观（phallus, left view）；h. 阳茎腹面观（phallus, ventral view）；i. 雌肛节背面观（female anal segment, dorsal view）；j. 雌第 7 腹节腹面观（female sternite Ⅶ, ventral view）

(122) 吊罗山眉瓢蜡蝉，新种 *Superciliaris diaoluoshanis* Meng, Qin *et* Wang, sp. nov.

（图 117；图版 XXII：d-f）

体连翅长：♂ 3.8mm，♀ 4.0mm。前翅长：♂ 2.9mm，♀ 3.1mm。

体黑褐色至红褐色。头顶深红褐色，边缘黑色。复眼黑色。额红褐色，中部黑褐色，具黄褐色瘤突。唇基红色，侧顶角黄色。喙黑褐色。前胸背板前缘黑褐色，近后缘略呈黄褐色。中胸盾片红褐色，中线和端角黄色。前翅黑褐色，具黄色斑点。足黄褐色至暗褐色，后足刺黑色。

头顶最宽处为中线长的 1.4 倍，后缘弧形微凹入。额上端缘微凸出，在触角下方最宽处为中线长的 1.1 倍，最宽处大约是上缘宽的 1.5 倍。中胸盾片中线长为头顶和前胸背板之和的 1.3 倍，最宽处为中线长的 1.3 倍。

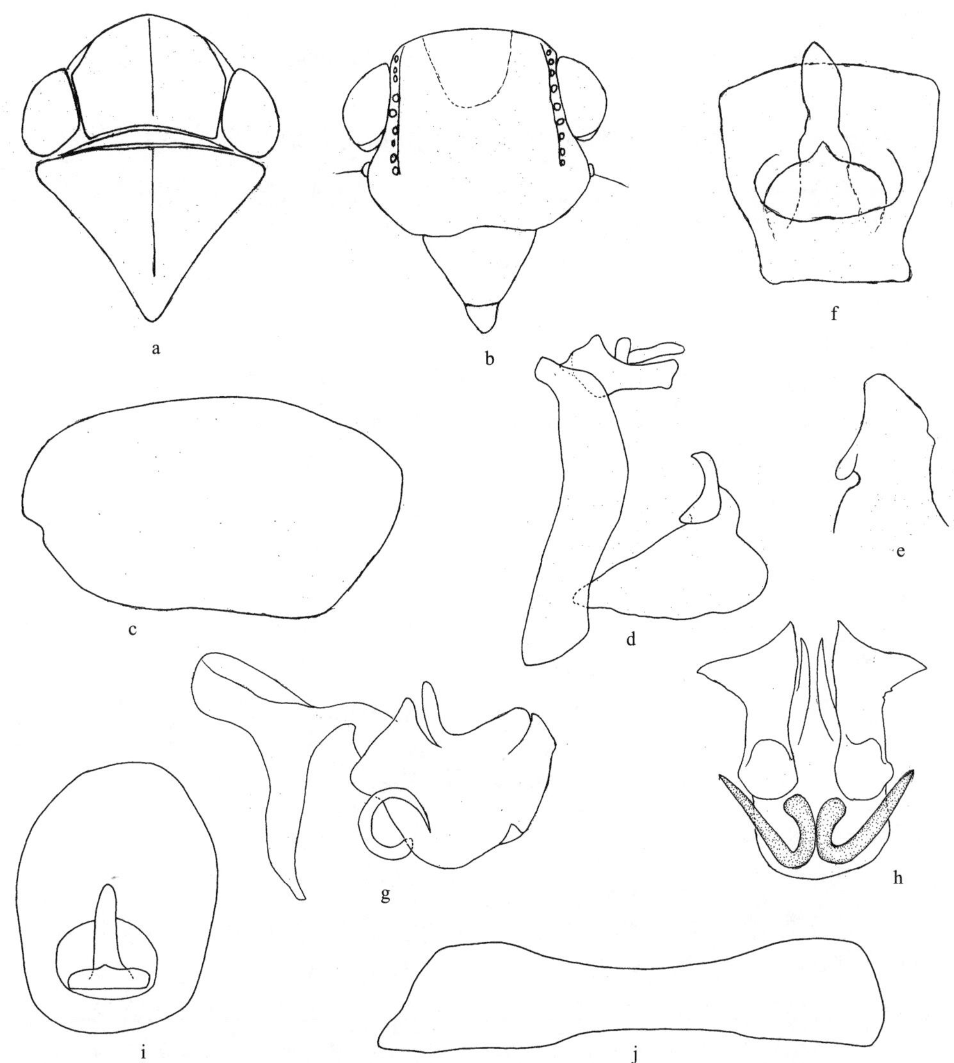

图 117　吊罗山眉瓢蜡蝉，新种 *Superciliaris diaoluoshanis* Meng, Qin *et* Wang, sp. nov.

a. 头胸部背面观（head and thorax, dorsal view）；b. 额与唇基（frons and clypeus）；c. 前翅（tegmen）；d. 雄虫外生殖器左面观（male genitalia, left view）；e. 抱器背突尾向观（capitulum of genital style, caudal view）；f. 雄肛节背面观（male anal segment, dorsal view）；g. 阳茎左面观（phallus, left view）；h. 阳茎腹面观（phallus, ventral view）；i. 雌肛节背面观（female anal segment, dorsal view）；j. 雌第 7 腹节腹面观（female sternite Ⅶ, ventral view）

雄性外生殖器：肛节背面观端缘微突出，侧顶角微向腹面弯曲，近三角形，肛下板长，为肛节长的 0.7 倍，端部钝。阳茎基侧瓣腹面突起在腹面观呈长的三角形，突起下缘具小齿，且突起端角微向背面弯折；侧瓣的端部较窄，背突小。

雌性外生殖器：肛节卵圆形，肛下板短，为肛节长的 0.3 倍。第 1 产卵瓣腹端角具 3 齿，端缘具 3 刺，中部 2 齿具长脊。第 7 腹节后缘中部略凹。

正模：♂，海南陵水吊罗山，18°44.440′N，109°52.600′E，494m，2010.VIII.10，郑国。副模：2♂1♀，海南陵水吊罗山，18°43.387′N，109°51.273′E，956m，2010.VIII.8，郑国。

种名词源：新种根据模式标本产地吊罗山（Diaoluoshan）命名。

（五）帕瓢蜡蝉亚科 Parahiraciinae Cheng *et* Yang, 1991

Parahiraciinae Cheng *et* Yang, 1991: 338. **Type genus**: *Fortunia* Distant, 1909.

Parahiraciini Gnezdilov, 2003d: 308; 2013e: 728.

鉴别特征：体长卵圆形，扁平。头包括复眼窄于前胸背板。头顶呈三角形、四边形或六边形，或多或少突出于复眼。额向前延伸形成鼻突或未向前延伸，中域两侧通常具瘤突。前胸背板常布满瘤突，后缘较直或微突出；侧瓣扇形具瘤突。中胸盾片前缘微凹入。前翅狭长，强隆起，纵脉清晰，CuA 脉弯曲，爪脉常超出爪片，爪片末端达前翅近中部或略超过中部，并常呈刺状。后翅 2 分瓣或者 3 分瓣但臀瓣极小，臀前域和扇域间具深的凹刻，翅脉网状。前足腿节叶状扩大或正常。后足胫节具 2-5 个侧刺。

地理分布：东洋界，澳洲界。

目前，帕瓢蜡蝉亚科全世界已知 18 属 80 多种，主要分布于东洋界，仅鼻瓢蜡蝉属除在东洋界有分布外其还在澳洲界有分布。

我国分布 21 属 49 种，其中包括下文记述的 3 新属、1 中国新记录属和 11 新种。

属 检 索 表

1. 额向前延伸，形成鼻突……………………………………………………………………1
   额不向前延伸，未形成鼻突…………………………………………………………………5
2. 前翅具宽的前缘下板…………………………………………………………………………3
   前翅无前缘下板………………………………………………………………………………4
3. 额长且窄，基部与端部几乎等宽，上端缘微凹入………………………… **福瓢蜡蝉属 *Fortunia***
   额短且宽，基部明显窄于端部，上缘深凹入……………………………… **短额瓢蜡蝉属 *Brevicopius***
4. 额鼻突端部具球形膨大物…………………………………………………… **球鼻瓢蜡蝉属 *Bardunia***
   额鼻突端部无球形膨大物……………………………………………………… **鼻瓢蜡蝉属 *Narinosus***
5. 额具半球形突起………………………………………………………………………………6
   额无此突起……………………………………………………………………………………8
6. 额的半球形突起位于上半部，阳茎无钩状长突起…………………………… **瘤额瓢蜡蝉属 *Tetricodes***
   额的半球形突起位于下半部，阳茎具钩状长突起…………………………………………………7
7. 前足腿节和胫节叶状扩大；阳茎长突起位于近中部………………………… **瘤突瓢蜡蝉属 *Paratetricodes***

前足腿节和胫节正常，不扩大；阳茎长突起位于近端部……………………………………………瘤瓢蜡蝉属，新属 ***Tumorofrontus* gen. nov.**

8. 额具中脊……………………………………………………………………………………9
额无中脊……………………………………………………………………………………20
9. 前翅爪缝缺失或模糊………………………………………………………………………10
前翅具清晰爪缝………………………………………………………………………………11
10. 额表面光滑，具亚侧脊；后翅发达，2 分瓣…………………………………**扁足瓢蜡蝉属 *Neodurium***
额表面粗糙布满瘤突，无亚侧脊；后翅小，单瓣…………………………………**叶瓢蜡蝉属 *Folifemurum***
11. 头顶近三角形，中线长至少为两后侧角处宽的 1.8 倍……………………………………12
头顶近四边形或六边形，中线长最多为两后侧角处宽的 1.5 倍……………………………14
12. 头顶端部向上弯……………………………………………………**拟周瓢蜡蝉属 *Pseudochoutagus***
头顶端部下弯或呈水平状……………………………………………………………………13
13. 头顶端部向下弯，侧面观如鸟喙状………………………**喙瓢蜡蝉属，新属 *Rostrolatum* gen. nov.**
头顶端部呈水平状………………………………………………………**弘瓢蜡蝉属 *Macrodarumoides***
14. 头顶近六边形，中线长明显大于宽……………………………………………**黄瓢蜡蝉属 *Flavina***
头顶近四边形，两后侧角处宽大于中线长……………………………………………………15
15. 阳茎无钩状腹突，突起瓣状………………………………………………**拟瘤额瓢蜡蝉属 *Neotetricodes***
阳茎具 1 对钩状腹突…………………………………………………………………………16
16. 额无横向的亚侧脊……………………………………………………………………………17
额具横向亚侧脊………………………………………………………………………………18
17. 体长卵圆形，前翅长为最宽处的 2.6 倍；阳茎基背侧瓣在近端部分瓣……………………………………………………………**苏额瓢蜡蝉属 *Tetricodissus***
体近半圆形，前翅长为最宽处的 1.8 倍；阳茎基背侧瓣近端部不分瓣…………………………………………………**扁瓢蜡蝉属，新属 *Flatiforma* gen. nov.**
18. 前翅背面观近菱形，前缘近基部半月形扩大；后足第 1 跗节仅具 1 排小刺…………………………………………………………**菱瓢蜡蝉属 *Rhombissus***
前翅长卵圆形，前缘基部微弧形凸出；后足第 1 跗节具多排小刺……………………………19
19. 阳茎悬片发达，阳茎基腹缘近基部明显钝角状突凸出……………………**齿跗瓢蜡蝉属 *Gelastyrella***
阳茎悬片小，阳茎基腹缘圆滑，无此凸出……………………………………**众瓢蜡蝉属 *Thabena***
20. 前翅中脉（MP）具 2-3 分支，无明显爪缝……………………………………**梭瓢蜡蝉属 *Fusiissus***
前翅中脉（MP）不分支，具明显爪缝……………………………………**莲瓢蜡蝉属 *Duriopsilla***

30. 福瓢蜡蝉属 *Fortunia* Distant, 1909

Fortunia Distant, 1909: 83. **Type species**: *Issus byrrhoides* Walker, 1858; Gnezdilov *et* Wilson, 2005: 26; Chen, Zhang *et* Chang, 2014: 92.

Parahiracia Ôuchi, 1940: 299. **Type species**: *Parahiracia sinensis* Ôuchi, 1940. Synonymised by Gnezdilov *et* Wilson, 2004: 221.

Clipeopsilus Jacobi, 1944: 20. **Type species**: *Clipeopsilus belostoma* Jacobi, 1944. Synonymised by Gnezdilov *et* Wilson, 2005: 26.

属征：头包括复眼窄于前胸背板。头顶近四边形，呈水平状，前缘和后缘平直且脊起。额较窄长，基部与端部几乎等宽，近梯形，背面观明显呈角状，顶端中部微凹入，侧面观额弯向端部，侧缘脊起；腹面的侧脊弯曲，光滑并且隆起。唇基光滑无脊，呈球形。喙达中足转节。前胸背板具中脊，中域处具 2 个小凹陷。中胸盾片具中脊，近侧缘中部各具 1 个小凹陷。前翅长卵圆形，翅脉明显呈网状，具宽的前缘下板，ScP 脉与 R 脉在近基部分叉，MP 脉与 CuA 脉在爪脉汇合处的远端分叉；爪缝达前翅近中部，爪脉在爪缝基部 2/3 处愈合。后翅翅脉明显网状，端部缺刻深；臀瓣小且无翅脉。前足和中足腿节叶状扩大。后足胫节具 2 或 3 个侧刺。

雄性外生殖器：肛节背面观蘑菇状，长大于最宽处。尾节侧面观后缘微凸出。阳茎具 1 对突起。抱器近三角形，后缘在抱器背突下深凹入，尾腹角强突出。

雌性外生殖器：肛节背面观近卵圆形，长大于最宽处。第 3 产卵瓣近四边形，在基半部具 1 对短突起。第 2 产卵瓣中域强隆起，背面观近卵圆形。第 1 产卵瓣腹端角具 3 个大齿。

地理分布：中国，越南，泰国。

Distant（1909）建立了福瓢蜡蝉属 *Fortunia*，Ôuchi（1940）根据一头采自我国浙江省天目山的雌虫标本建立了扁蜡蝉科属 *Parahiracia*，随后 Fennah（1982）将该属移入瓢蜡蝉科。Jacobi（1944）基于一头源于我国福建省的雄虫标本建立 *Clipeopsilus*。Gnezdilov 和 Wilson（2004，2005）分别报道 *Parahiracia* Ôuchi 和 *Clipeopsilus* Jacobi 为福瓢蜡蝉属 *Fortunia* Distant 的异名。Gnezdilov 等（2004）把 *Prosonoma viridis* Lallemand, 1942 移入福瓢蜡蝉属 *Fortunia*。

全世界已知 4 种，中国已知 1 种，本志另记述 1 新种。

种检索表

体型较大，唇基黑色；阳茎具 1 对短的腹突，其长度小于阳茎的 1/3 ……… **福瓢蜡蝉 *F. byrrhoides***
体型较小，唇基淡黄褐色；阳茎具 1 对较长的腹突，其长度大于阳茎的 1/2 ……………………………………………………………………… **勐仑福瓢蜡蝉，新种 *F. menglunensis* sp. nov.**

(123) 福瓢蜡蝉 *Fortunia byrrhoides* (Walker, 1858)（图 118；图版 XXII：g-i）

Issus byrrhoides Walker, 1858: 89 (Type locality: Hong Kong, China).
Fortunia byrrhoides (Walker): Distant, 1909: 83.
Parahiracia sinensis Ôuchi, 1940:302 (Type locality: Zhejiang, China).
Fortunia sinensis: Gnezdilov *et* Wilson, 2004: 221. **syn. nov**.
Clipeosilus belostoma Jacobi, 1944: 20 (Type locality: Fujian, China).
Fortunia belostoma: Gnezdilov *et* Wilson, 2005: 27. **syn. nov**.

体连翅长：♂ 11.7mm，♀ 12.5mm。前翅长：♂ 8.1-8.2mm，♀ 9.7-9.9mm。

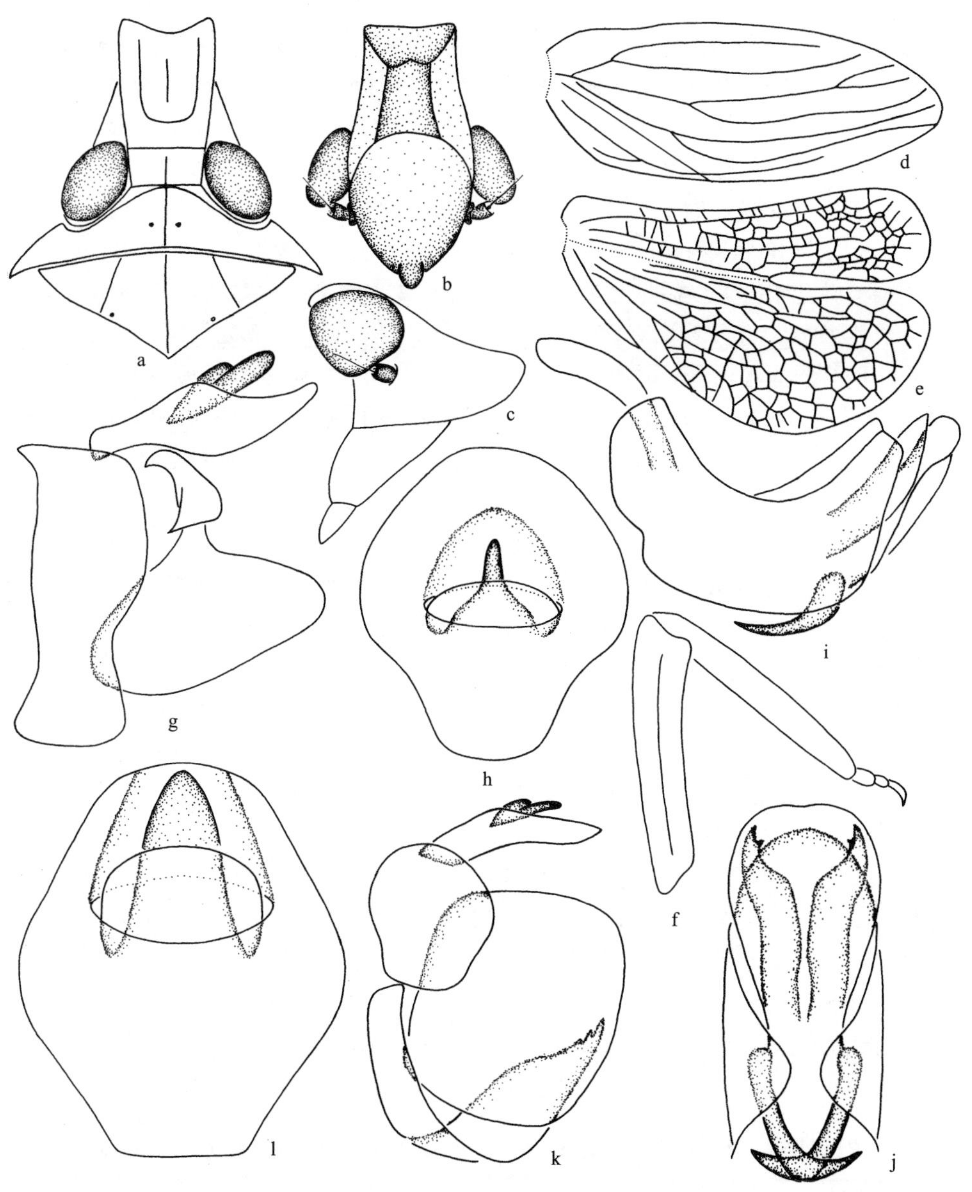

图 118 福瓢蜡蝉 *Fortunia byrrhoides* (Walker)

a. 头胸部背面观（head and thorax, dorsal view）；b. 额与唇基（frons and clypeus）；c. 头部侧面观（head, lateral view）；d. 前翅（tegmen）；e. 后翅（hind wing）；f. 前足（fore leg）；g. 雄虫外生殖器左面观（male genitalia, left view）；h. 雄肛节背面观（male anal segment, dorsal view）；i. 阳茎侧面观（phallus, lateral view）；j. 阳茎腹面观（phallus, ventral view）；k. 雌虫外生殖器左面观（female genitalia, left view）；l. 雌肛节背面观（female anal segment, dorsal view）

体污绿色，具浅黄色瘤突。头顶、前胸背板和中胸盾片污绿色，具浅黄色瘤突，侧缘、后缘和脊浅黄色。额（背面部分）黑色，具浅黄色瘤突，腹面部分黑色具光泽。颊黑色，具浅黄色瘤突，额唇基沟上具 1 黄色横带。复眼深褐色。唇基黑色，具光泽；喙棕色。前翅污绿色，翅面漫布黑色小点；后翅棕色。前足腿节和后足腿节黑色，具黑浅黄色瘤突，其余棕色略带黑色斑点。腹部腹面和背面浅黄色，各节末端略带绿色。

头顶中域略凹陷，具 1 条不达前缘的中脊，两后侧角宽约为中线长的 2.0 倍。额粗糙，中域隆起，具 1 短的中脊和 1 "U" 形脊，最宽处为基部宽的 1.5 倍，中线长为最宽处的 1.8 倍。额唇基沟明显弯曲。前胸背板较宽，后缘弯曲，具中脊；中胸盾片宽且短，具中脊和亚侧脊，最宽处为中线长的 2.7 倍。前翅长且窄，翅长为最宽处的 2.7 倍，翅脉明显，ScP 脉长，MP 脉几乎与 CuA 脉同时分叉，1 条余脉源于爪片端部，与 CuA 脉近平行。前足腿节微叶状扩大，后足胫节侧缘近端部具 2 个侧刺；后足刺式 (7-8)-(6-8)-2。

雄性外生殖器：肛节背面观蘑菇形，肛孔位于近中部，中部处最宽，侧顶角钝圆，端缘圆滑。尾节侧面观后缘近端部明显突出，基部突出小。阳茎基背瓣端部钝圆不裂叶，近中部处向下包住腹瓣；侧面观至端部渐窄；腹瓣端部渐膨大，端缘中部微凹入；阳茎浅 "U" 形，具 1 对位于近中部的短的剑状突起物。抱器侧面观近三角形，端缘弧形弯曲，背缘近端部突出；尾向观突出的基部、端部呈钩状。

雌性外生殖器：肛节背面观近卵圆形，顶缘微凹入，侧缘圆滑，肛孔位于肛节的端半部。第 3 产卵瓣近方形，中域具 1 对大的突起，背面愈合。第 1 产卵瓣腹端角具 3 个大小不同的齿，端缘具 3 个近平行的脊，刺不明显。第 7 腹节中部窄，后缘深凹。

观察标本：1♂，海南尖峰岭（顶），1983.VI.2，顾茂彬（CAF）；1♂，海南尖峰岭，1984.III.31，陈芝卿（CAF）；1♂，海南尖峰岭，1980m，1980.IV.11，熊江；1♀，海南尖峰岭，1983.IV.7，顾茂彬（灯诱）；1♀，广西龙胜和平白右，1980.VIII.18，蒙田；1♀，安徽黄山，1963.VIII.9，周尧；1♀，海南乐东，1984.VIII.26，陈芝卿（CAF）；1♂，浙江庆元五里根，1996.VIII.12-20，金杏宝、章伟年（SHEM）；1♀，江西九连山，500m，1986.IV.21，罗志义、刘宪伟（SHEM）；1♀，福建大安，1959.XI.26，金根桃、林扬明（SHEM）；1♂，广西龙胜天坪山，1964.VIII.26，刘胜利（TJNHM）。

地理分布：安徽、浙江、江西、福建、海南、香港、广西。

寄主：罗浮栲等。

备注：检视模式标本时发现，*F. byrrhoides* (Walker)、*F. sinensis* (Ôuchi) 和 *F. belostoma* (Jacobi) 属同一种，后二者是前者的次异名。

(124) 勐仑福瓢蜡蝉，新种 *Fortunia menglunensis* Meng, Qin *et* Wang, sp. nov.（图 119；图版 XXII：j-l）

体连翅长：♂ 8.9-9.2mm，♀ 9.9-10mm。前翅长：♂ 6.9-7.0mm，♀ 7.7-7.8mm。

体黄褐色。头顶、前胸背板、中胸盾片褐色，密布浅黄色瘤突，各侧缘和脊浅黄色。复眼淡褐色，具黑色细斑纹。额背面部分棕黑色，具浅黄褐色瘤突，侧缘黑色，亚侧脊及中脊黄色；腹面部分淡黄褐色，具 2 条棕黑色纵条纹。唇基淡黄褐色具光泽。喙黄褐色，端部颜色略深。前翅黄褐色。后翅暗褐色，翅脉浅黄褐色。前、中、后足浅黄褐色，腿节和胫节端部沿侧缘具黑色纵条纹。

头顶前缘宽为中线长的 2.0 倍。额鼻状向前凸出，背面部分近长方形，其中线长为最宽处的 2.2 倍，具中脊和倒“U”形亚侧脊，沿亚侧脊具 1 排大的瘤突。额唇基沟圆弧形。喙伸达后足基节处。触角短，梗节球状，具明显瘤突状感觉器。前胸背板具中脊，前缘圆弧形突出，后缘近平直。中胸盾片具 3 条脊，最宽处为中线长的 2.3 倍。前翅具细密的网状翅脉，长为最宽处的 2.8 倍。后足胫节外侧具 2 个刺，后足刺式 8-8-2。

图 119　勐仑福瓢蜡蝉，新种 *Fortunia menglunensis* Meng, Qin *et* Wang, sp. nov.

a. 头胸部背面观（head and thorax, dorsal view）；b. 额与唇基（frons and clypeus）；c. 头部侧面观（head, lateral view）；d. 前翅（tegmen）；e. 后翅（hind wing）；f. 雄肛节背面观（male anal segment, dorsal view）；g. 雄肛节与尾节侧面观（male anal segment and pygofer, lateral view）；h. 抱器侧面观（genital style, lateral view）；i. 抱器背突尾向观（capitulum of genital style, caudal view）；j. 阳茎左面观（phallus, left view）；k. 阳茎腹面观（phallus, ventral view）；l. 雌肛节背面观（female anal segment, dorsal view）；m. 第 3 产卵瓣侧面观（gonoplac, lateral view）；n. 第 3 产卵瓣背面观（gonoplas, dorsal view）；o. 第 2 产卵瓣背面观（gonapophyses Ⅸ, dorsal view）；p. 第 2 产卵瓣侧面观（gonapophysis Ⅸ, lateral view）；q. 第 1 产卵瓣侧面观（gonapophysis Ⅷ, lateral view）；r. 雌第 7 腹节腹面观（female sternite Ⅶ, ventral view）

雄性外生殖器：肛节长，中部处最宽，中线长为最宽处的 1.2 倍，侧缘中部凸出，端缘较直，侧顶角钝圆；肛孔位于近中部。尾节侧面观后缘近中部突出，之下明显凹入。

阳茎浅“U”形，腹面近中部具 1 对剑状突起物；背侧瓣背面端部钝圆，侧面观至端部渐窄；腹瓣发达，近端缘略宽，端缘角状微凹入。抱器侧面观近三角形，腹端角弧形凸出，后缘中部深凹入；背突窄，侧面具 1 大齿。

雌性外生殖器：肛节近卵圆形，长略大于宽，顶缘中间微凹入，侧缘圆滑，肛孔位于肛节中部。第 3 产卵瓣具 1 对凸起，背面愈合，近端部分叉，分叉处略骨化。第 2 产卵瓣大，基部骨化，微隆起；中域强隆起，背面观近卵圆形，端缘不分瓣，基部骨化，中间微凹入。第 1 负瓣片近长方形，后缘直。内生殖突长于前连接片，端缘圆弧形。内生殖瓣小，简单。第 1 产卵瓣宽，前连接片背缘角圆弧形，腹缘端部具 3 个不同的扁的大齿，端缘具 1 大的缺刻，背侧端缘具 2 个不明显的齿。第 7 腹节中部凹，后缘深凹入，中部略凸出。

正模：♂，云南西双版纳勐仑，21°54.380′N, 101°16.815′E，627m，2009.XI.23，唐果、姚志远。副模：3♂，同正模；2♀，2009.XI.21，其他数据同正模；1♂1♀，云南西双版纳勐仑，21°54.459′N，101°16.755′E，644m，2009.XI.20，唐果、姚志远；1♂，云南西双版纳勐仑，21°54.767′N，101°11.431′E，880m，2007.VIII.6，郑国。

鉴别特征：该种与福瓢蜡蝉 *F. byrrhoides* 相似，但区别在于：①个体明显小，黄褐色，后者体大，污绿色；②阳茎腹突较长，其长度大于阳茎长度的 1/2，后者阳茎腹突短，其长度小于阳茎长度的 1/3。

种名词源：本种名源自模式标本采集地。

31. 短额瓢蜡蝉属 *Brevicopius* Meng, Qin *et* Wang, 2015

Brevicopius Meng, Qin *et* Wang, 2015: 581. **Type species**: *Fortunia jianfenglingensis* Chen, Zhang *et* Chang, 2014.

属征：头包括复眼略窄于前胸背板。头顶近四边形，宽为长的 1.6 倍，前缘较直，后缘微凹入，侧缘明显脊起。额长略大于宽，上缘凹入，下缘直，侧缘显著脊起；具 3 条脊，中脊明显但未达上下边缘，亚侧脊半圆弧形，沿亚侧脊外具 1 排大的瘤突，额中域在中脊下具小的球形突起，向前突出成短的鼻突。前胸背板大，布满瘤突，具中脊，前缘半圆形凸出，后缘微凸；侧瓣近扇形，沿外侧缘具 1 排瘤突。中胸盾片宽短，具 3 条纵脊，前缘弧形凹入。前翅长卵圆形，具窄的前缘下板，ScP 脉与 R 脉在近基部分开，MP 脉在近基部 1/3 处分叉，CuA 脉在近基部 1/3 后分叉。后翅 3 分瓣。前足胫节宽扁，后足胫节近端部具 2 个侧刺，后足刺式 7-8-2。

雄性外生殖器：肛节背面观近卵圆形。尾节侧面观后缘中部强凸出，腹端深凹入。阳茎浅“U”形，具 1 对细短腹突。抱器侧面观近三角形，腹端角强凸出，端缘内凹；背突长，具 1 大齿。

雌性外生殖器：第 3 产卵瓣侧面观近长方形，基部具突起；背面观近基部愈合，分叉处骨化。第 2 产卵瓣大，基部微突起，端部直；中域强隆起，背面观近椭圆形。生殖骨片桥较短小。第 1 产卵瓣宽，前连接片背缘角圆弧形，腹缘端部具 3 个不同大齿。

地理分布：海南。

全世界已知 1 种，分布在中国。

(125) 尖峰岭短额瓢蜡蝉 *Brevicopius jianfenglingensis* (Chen, Zhang *et* Chang, 2014)（图 120；图版 XXIII：a-c）

Fortunia jianfenglingensis Chen, Zhang *et* Chang, 2014: 94 (Type locality: Hainan, China).

Brevicopius jianfenglingensis: Meng, Qin *et* Wang, 2015: 585.

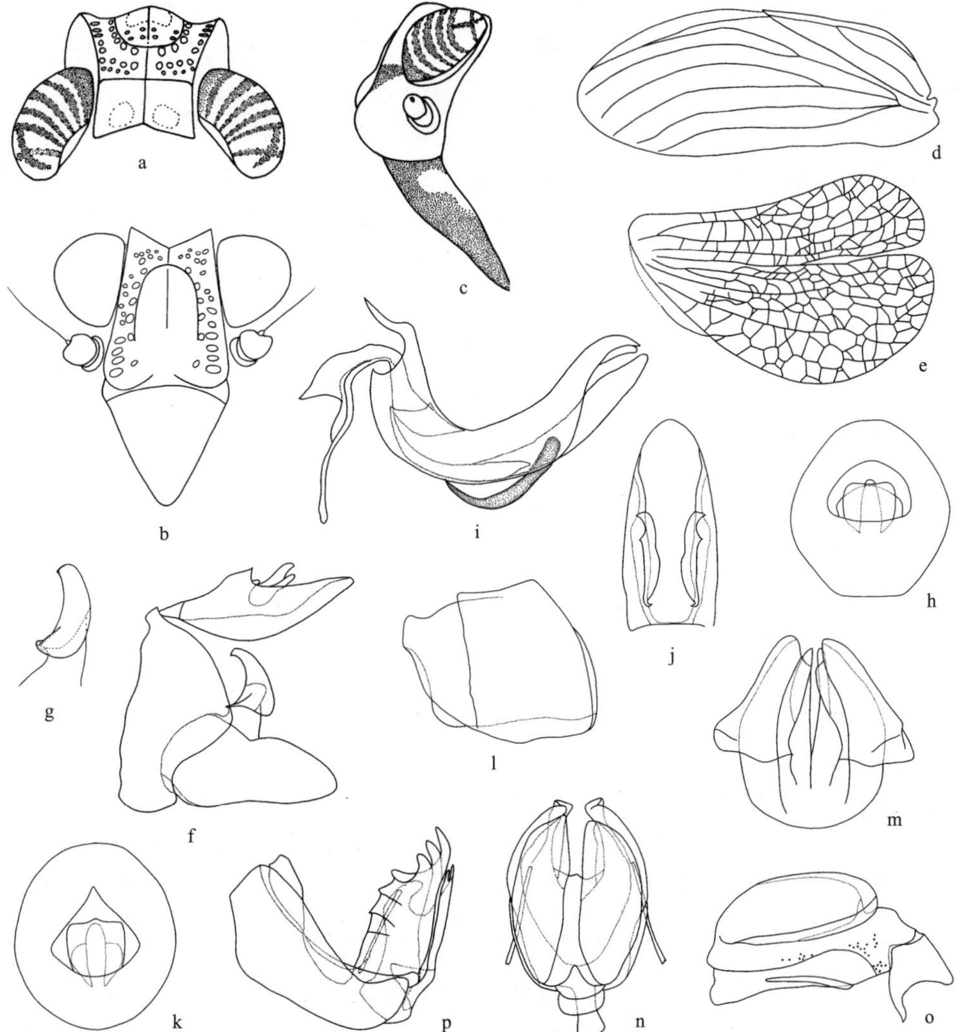

图 120　尖峰岭短额瓢蜡蝉 *Brevicopius jianfenglingensis* (Chen, Zhang *et* Chang)

a. 头部背面观（head, dorsal view）；b. 额与唇基（frons and clypeus）；c. 头部侧面观（head, lateral view）；d. 前翅（tegmen）；e. 后翅（hind wing）；f. 雄虫外生殖器左面观（male genitalia, left view）；g. 抱器背突尾向观（capitulum of genital style, caudal view）；h. 雄肛节背面观（male anal segment, dorsal view）；i. 阳茎左面观（phallus, left view）；j. 阳茎腹面观（phallus, ventral view）；k. 雌肛节背面观（female anal segment, dorsal view）；l. 第 3 产卵瓣侧面观（gonoplac, lateral view）；m. 第 3 产卵瓣背面观（gonoplas, dorsal view）；n. 第 2 产卵瓣背面观（gonapophyses Ⅸ, dorsal view）；o. 第 2 产卵瓣侧面观（gonapophysis Ⅸ, lateral view）；p. 第 1 产卵瓣侧面观（gonapophysis Ⅷ, lateral view）

体连翅长：♂ 8.6mm，♀ 9.1mm。前翅长：♂ 6.9mm，♀ 7.4mm。

体黄褐色，具黄色和黑色斑点。头顶褐色，具 2 个橘黄色斑。额黑褐色，中脊和亚侧脊黄色，瘤突黄色。唇基光滑，黑色。喙灰褐色。复眼黑褐色，具黄色条纹。前胸背板黄褐色，中域具 2 个小黑点。中胸盾片暗褐色，中脊和亚侧脊淡黄色，端部淡黄色。前翅暗黄色，后缘中部具 1 淡黄色大斑点，前翅中具 4 个淡黄色小斑点，近爪片端部具 1 黄色斑，翅脉黄褐色。后翅淡暗褐色，翅脉深黄褐色。

头顶两后侧角处宽为中线长的 1.6 倍，具中脊，前缘直，后缘微弧形凹入，中域深凹。额近梯形，中线长为下缘最宽处的 1.2 倍。前胸背板中线长为头顶的 1.7 倍。中胸盾片宽约为中线长的 2.1 倍，中线长为前胸背板长的 1.3 倍；侧顶角每侧具 3 或 4 个浅黄色瘤突。前翅近长方形，翅脉明显，纵脉间的横脉细密。后翅 2 分瓣，翅脉明显网状。前足腿节宽扁，后足胫节近端部具 2 个侧刺，后足刺式 10-8-2。

雄性外生殖器：肛节基部窄，中部最宽，至端部渐窄，端缘圆弧形凸出；肛孔位于中部。尾节侧面观后缘中部强凸出，腹端深凹入。阳茎细长，浅“U”形，具 1 对细短腹突；背侧瓣端部圆滑；腹瓣长，略骨化，端部分 2 叉。抱器侧面观近三角形，腹端角强凸出，端缘内凹；背突长，具 1 大齿。

雌性外生殖器：肛节中部最宽，端缘较直；肛孔位于基半部，肛板短小。第 2 产卵瓣背面观近椭圆形，端缘分瓣，基部骨化，中间深凹入。生殖骨片桥较短小。第 1 负瓣片长，后缘微凹入。内生殖突略短于前连接片，顶端分 2 叉。内生殖瓣小，简单。第 1 产卵瓣宽，前连接片背缘角圆弧形，腹缘端部具 3 个不同大齿，沿端缘至背侧缘具 4 齿。

观察标本：1♂（正模），海南鹦哥岭鹦哥嘴，19°3.047′N，109°33.782′E，678m，2010.VIII.21，郑国；1♀（副模），海南尖峰岭鸣凤谷，18°44. 658′N，108°52. 327′E，975m，2010.VIII.14，郑国。

地理分布：海南。

32. 球鼻瓢蜡蝉属 *Bardunia* Stål, 1863

Bardunia Stål, 1863: 589. **Type species**: *Bardunia nasuta* Stål, 1863; Gnezdilov, 2011a: 222; Chen, Zhang *et* Chang, 2014: 85.

Prosonoma Melichar, 1906: 235. **Type species**: *Prosonoma rugifrons* Melichar, 1906. Synonymised by Gnezdilov, 2004: 221.

属征：头包括复眼头顶近方形，横长或长宽近相等，中域略凹陷，中线处具凹槽。颊强烈向前伸出，与额形成象鼻状突起，额长大于宽，有的种类具弱的中脊和亚侧脊，上缘平直或略凹陷，侧缘向端部扩张，亚侧脊伸达象鼻状突起的端部，沿亚侧脊内侧具瘤突，额近端部中央具光滑的半球形隆起。前胸背板具中脊，中线两侧各具 1 个凹陷；中胸盾片三角形，具中脊和亚侧脊，中域具凹陷。前翅鞘翅状，长椭圆形，端部渐狭，翅脉网状；后翅发达，双瓣状，端部翅脉网状，臀瓣小。前足腿节、胫节明显扁平，呈叶状，中足腿节略呈叶状，后足胫节端部外侧具 2 枚侧刺，基跗节长于第 2 跗节，后足刺式 8-9-2。

地理分布：贵州；越南，老挝，印度尼西亚，巴布亚新几内亚。

本属目前全世界共有 8 种，中国已知 1 种。

(126) 弯球鼻瓢蜡蝉 *Bardunia curvinaso* Gnezdilov, 2011

Bardunia curvinaso Gnezdilov, 2011a: 229 (Type locality: Vietnam); Chen, Zhang *et* Chang, 2014: 85.

以下描述源自 Chen 等（2014）。

体连翅长：♂ 6.9mm，♀ 7.2mm。前翅长：♂ 5.9mm，♀ 6.2mm。

头顶近基部黑褐色，近端部黄褐色；复眼黑褐色。额黑褐色，沿侧缘具浅褐色瘤突，近额基部具 1 枚三角形浅褐色斑；唇基、喙暗褐色；触角暗褐色。前胸背板、中胸盾片黑褐色，中域具浅褐色杂斑和瘤突。前翅暗褐色，具黑色杂斑；后翅深褐色。足黑褐色，具浅褐色杂斑。腹部腹面浅褐色到深褐色。

头顶中域略凹陷，中线处具凹槽，宽为长的 1.7 倍。额具象鼻状突起，长为宽的 1.6 倍，侧缘向端部扩张，突起端部具半球形隆起，具亚侧脊，沿亚侧脊分布有瘤突。前胸背板具中脊，中线两侧各具 1 个凹陷；中胸盾片三角形，具中脊和亚侧脊，中域具凹坑。前翅长椭圆形，长为宽的 2.1 倍，ScP+R 脉在基部联合，伸达翅缘，MP 脉近基部 2 分叉，分支近中部又各分叉，CuA 脉简单，不分叉；后翅翅缘中部具深缺刻，翅脉明显呈网状，臀瓣小。前足腿节、胫节略微扁平，后足胫节外侧具 2 枚侧刺，后足刺式 8-9-2。

雄性外生殖器：雄虫肛节背面观，端半侧缘半圆形扩张，端部近呈三瓣状；肛孔位于近中部，肛上板短。尾节侧面观，后缘中偏背方略呈角状向后突出。阳茎基侧面观呈马蹄形，每个阳茎背侧瓣具 1 对突起，亚端突起半圆形，其下方的突起长衣领状。阳茎腹瓣长且宽，端向渐尖。阳茎端部突起近端部背缘膨大，呈新月形。阳茎腹钩突从阳茎中偏基部腹缘伸出，伸向阳茎基部，端半部相向强烈弯曲，末端尖细。抱器侧面观近呈长三角形，背缘略波曲，腹缘弧形，后腹角尖细，末端钝，后缘明显凹入，端背突粗大，新月形，颈相对粗。

观察标本：未见。

地理分布：贵州；越南。

33. 鼻瓢蜡蝉属 *Narinosus* Gnezdilov *et* Wilson, 2005

Narinosus Gnezdilov *et* Wilson, 2005: 23. **Type species**: *Narinosus nativus* Gnezdilov *et* Wilson, 2005.

属征：头包括复眼窄于前胸背板。头顶近四边形。额侧面观向下延伸鼻状微突出，上端缘直。唇基光滑无脊。喙达后足转节。前胸背板和中胸盾片具中脊。前翅长且窄，端缘圆，无前缘下板，纵脉明显。后翅翅脉明显网状，端部缺刻深；臀瓣小且无翅脉。前足腿节叶状扩大。后足胫节端部具 2 个侧刺，有时基部具 1 小的侧刺。

雄性外生殖器：肛节基部至端部明显扩大。尾节侧面观后缘微凸出。阳茎浅“U”

形，中部具 1 对剑状腹突。抱器近三角形，尾腹角强凸出。

雌性外生殖器：肛节近卵圆形。第 3 产卵瓣侧面观近方形。第 1 产卵瓣腹端角具 3 齿。

地理分布：山东、陕西、湖北。

全世界已知 1 种，分布在中国。

(127) 鼻瓢蜡蝉 *Narinosus nativus* Gnezdilov *et* Wilson, 2005（图 121；图版 XXIII：d-f）

Narinosus nativus Gnezdilov *et* Wilson, 2005: 24 (Type locality: Shaanxi, China).

体连翅长：♂ 6.5mm，♀ 6.5-7.0mm。前翅长：♂ 5.0mm，♀ 5.0-6.0mm。

体暗黄褐色，头顶、额、前胸背板和中胸盾片具浅棕色瘤突。复眼黑色。唇基具光泽，暗黑褐色。喙浅棕色。前翅具浅黄褐色纵脉。后翅黄褐色。足棕色，前足和中足转节浅黄色，前足腿节具黑色斑点，前足腿节和胫节具黑色纵带。腹部腹面黄褐色，各节末端浅黄褐色。

头顶近长方形，中域略凹陷，前缘和后缘直，两后侧角宽约为中线长的 2.3 倍。额布满小瘤突，颊具黑褐色斑点延伸至额，最宽处为上端缘宽的 1.5 倍，中线长为最宽处的 1.8 倍。额唇基沟明显弯曲。前胸背板前缘弓形突出，后缘直；中胸盾片三角形，最宽处为中线长的 1.9 倍，中线长为前胸背板的 1.2 倍。前翅长且窄，长为最宽处的 2.5 倍，翅脉明显，ScP 脉长，CuA 脉分叉处与 MP 脉分叉处距离远，1 条余脉源于爪片端部，与 CuA_2 近平行。前足腿节叶状扩大，后足胫节侧缘具 3 个侧刺，1 个位于基部，2 个位于端部；后足刺式 9-(12-13)-2。

雄性外生殖器：肛节背面观基部窄，端部扩大，侧顶角突出成角状，顶缘微凸出；侧缘在近端部处明显突出，基缘近平直，侧面观腹缘近端部明显突出，肛孔位于肛节的基半部。尾节侧面观后缘突出。阳茎基背面观背瓣 2 裂叶，侧缘向上翻折，端缘钝圆；侧面观侧瓣 2 裂叶，端缘钝圆；腹面观腹瓣明显短于背瓣和侧瓣，端部宽且端缘钝圆。阳茎器细长，中部向下弯曲，具 2 个位于近中部的对称的剑状突起。抱器侧面观近三角形，基部窄，端部扩大，背缘和腹缘不平行，端缘弧形弯曲，背缘近端部突出，突出细长，突出的下方具 1 个剑状的突起。

雌性外生殖器：肛节近卵圆形，顶缘凹入；肛孔位于肛节的基半部，肛下板宽短。第 3 产卵瓣基部微隆起但不形成突起；背面观近基部愈合，分叉处略骨化。第 2 产卵瓣前连接片基部强凸出，端部钝角状弯曲；中域微隆起，端缘分 2 瓣；侧域略凸出。第 1 负瓣片长方形，仅后缘基部微凸。内生殖突顶端窄。内生殖瓣强骨化，内凹。第 1 产卵瓣前连接片腹端角具 3 大小不同的齿，其下方腹缘具 1 指向外侧的大刺，端缘具 4 个近平行带脊的刺。第 7 腹节中部较两端凹，但后缘中部微凸。

观察标本：1♂，陕西华山，1962.VIII.21，杨集昆（CAU）；2♀，秦岭甘洲，1951.VII.10，周尧；1♀，湖北神农架松柏镇，1977.VII.15，刘胜利（TJNHM）。

地理分布：山东、陕西、湖北。

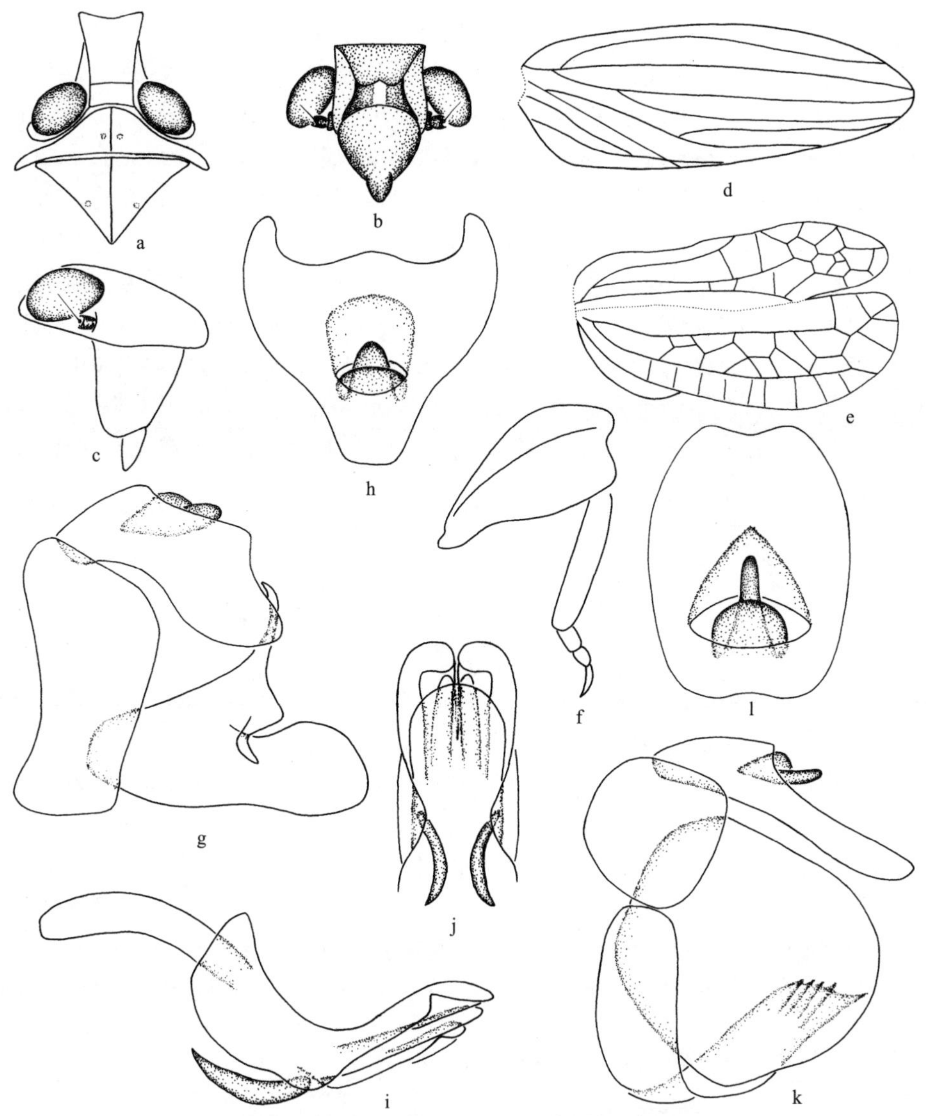

图 121　鼻瓢蜡蝉 *Narinosus nativus* Gnezdilov *et* Wilson

a. 头胸部背面观（head and thorax, dorsal view）；b. 额与唇基（frons and clypeus）；c. 头部侧面观（head, lateral view）；d. 前翅（tegmen）；e. 后翅（hind wing）；f. 前足（fore leg）；g. 雄虫外生殖器左面观（male genitalia, left view）；h. 雄肛节背面观（male anal segment, dorsal view）；i. 阳茎侧面观（phallus, lateral view）；j. 阳茎腹面观（phallus, ventral view）；k. 雌虫外生殖器左面观（female genitalia, left view）；l. 雌肛节背面观（female anal segment, dorsal view）

34. 瘤额瓢蜡蝉属 *Tetricodes* Fennah, 1956

Tetricodes Fennah, 1956: 513. **Type species**: *Tetricodes polyphemus* Fennah, 1956; Zhang *et* Chen, 2009: 16; Chen, Zhang *et* Chang, 2014: 116.

属征：头包括复眼略窄于前胸背板。头顶略突出于复眼前方，头顶近六边形，宽大于长，中域明显凹陷，侧缘略向前方聚拢，前缘弧形凸出，后缘角状凹入。具单眼。额中域略隆起，长大于最宽处，近基部处最宽，前缘近平直，中域上半部具 1 瘤状的突起。唇基隆起，光滑无脊；喙达后足转节。前胸背板前缘弧状突出，后缘近平直，中域上半部具 2 个小凹陷。中胸盾片近三角形，近侧缘中部各具 1 个小凹陷。前翅近方形，前缘与缝缘近平行，长大于宽，纵脉明显，ScP 脉与 R 脉在近基部处分开，MP 脉 3 分支，首次在近基部 1/3 分叉，CuA 脉不分支，在爪缝末端处向内弯曲，爪缝超过前翅中部，爪脉在爪片基部 1/5 处愈合。后翅略短于前翅，分 3 瓣，明显宽于前翅，网状翅脉明显，后缘在扇域和臀前域之间深凹入。雄虫后足胫节具 2-3 个侧刺，后足刺式 8(9)-8(9)-2。

雄性外生殖器：肛节背面观近蘑菇形，尾节侧面观后缘近基部和端部突出。阳茎浅“U”形，近端部 1/3 处具片状突起。抱器侧面观近三角形，后缘在抱器背突下深凹入，尾腹角尖圆。

地理分布：湖北、湖南、广西、四川、贵州。

本属全世界已知 4 种，均分布在中国。

种检索表

1. 额黑色瘤突上黄色中线仅达上端 1/4 ……………………………… **瘤额瓢蜡蝉 *T. polyphemus***
   额黑色瘤突上黄色中线达上端 1/2 ……………………………………………………… 2
2. 雄虫肛节卵圆形 ……………………………………………… **芬纳瘤额瓢蜡蝉 *T. fennahi***
   雄虫肛节非卵圆形 ……………………………………………………………………… 3
3. 雄虫肛节背面观端缘中部呈宽“U”形深凹；阳茎基背缘中部具 2 个近三角形突起 ………………………………………………………… **宋氏瘤额瓢蜡蝉 *T. songae***
   雄虫肛节背面观端缘中部呈“V”形深凹；阳茎基背缘中部光滑无突起 ………………………………………………………… **安龙瘤额瓢蜡蝉 *T. anlongensis***

(128) 瘤额瓢蜡蝉 *Tetricodes polyphemus* Fennah, 1956

Tetricodes polyphemus Fennah, 1956: 513 (Type locality: Hubei, China); Gnezdilov, 2015: 28.

以下描述源自 Fennah（1956a）。

体连翅长：♀ 5.2mm。前翅长：♀ 5.5mm。

前翅 R 脉端部弯向 MP 脉，M_3 脉末端与 M_{1+2} 脉愈合。

体赭黄色至浅白色，具绿色斑纹。头顶和前胸背板除了中线和中胸盾片中域橘黄褐色。额具亮的黑色膨大，上端 1/4 具黄色短中脊，沿侧缘具黄色瘤突。唇基黑褐色。前胸背板黑褐色，具浅绿色瘤突。前翅深褐色，具绿色和浅绿色的纵脉与横脉。前足、中足和后足腿节基部具黑褐色横带，前足和中足胫节端部黑褐色。腹部腹面和背面 4-7 节黑褐色。

观察标本：未见。

地理分布：湖北。

(129) 芬纳瘤额瓢蜡蝉 *Tetricodes fennahi* Gnezdilov, 2015

Tetricodes fennahi Gnezdilov, 2015: 28 (Type locality: Guizhou, China).

Tetricodes polyphemus Zhang *et* Chen, 2009: 18; Chen, Zhang *et* Chang, 2014: 118, non *Tetricodes polyphemus* Fennah, 1956: 514.

以下描述源自 Chen 等（2014）。

体连翅长：♂ 5.8mm。前翅长：♂ 4.7mm。

头顶浅绿色，中线两侧具暗褐色条纹。复眼褐色。额暗褐色，基部隆起黑色，隆起四周及中线处浅褐色，沿侧缘处分布有浅褐色瘤突。唇基暗褐色，具浅褐色斑，喙褐色，具浅褐色斑。触角浅绿色。前胸背板浅绿色，中胸盾片浅褐色。前翅褐色，翅缘具暗褐色斑，翅脉处浅绿色，后翅暗褐色。足浅褐色，具暗褐色和浅绿色斑纹。

头顶中域凹陷，中长为基宽的 0.68 倍。额中长为最宽处宽的 1.11 倍。前胸背板中长为头顶中长的 1.05 倍，中胸盾片中长为前胸背板中长的 1.49 倍。前翅长为最宽处宽的 2.78 倍。后翅长为最宽处宽的 1.79 倍，背瓣和中瓣间的缺刻深度约为后翅的 0.2 倍。后足刺式 8-8-2。

雄性外生殖器：肛节背面观基部窄，向端部扩张，端缘中部略隆起，两角处明显凸起成指状；肛孔位于近中部。尾节侧面观前缘近中部明显凹入，后缘近中部凸起。阳茎基侧面观背缘中部略隆起，背瓣扭曲，端部钝；侧瓣小，仅呈半圆形；腹瓣腹面观亚端部两侧呈耳状突出，端部变细，端缘钝圆。阳茎侧面观端部明显骨化，亚端部略细，端缘钝，中偏端部两侧各具 1 个近扇状的片形突起，伸向背方。抱器侧面观近橄榄形，背缘、腹缘弧形，端腹角钝，后缘略凹，背突中等长，颈细，端部尖，亚端部的片状侧突先向尾方，后向头侧方斜伸出。

观察标本：未见。

地理分布：贵州。

(130) 宋氏瘤额瓢蜡蝉 *Tetricodes songae* Zhang *et* Chen, 2009（图 122；图版 XXIII：g-i）

Tetricodes songae Zhang *et* Chen, 2009: 19 (Type locality: Guizhou, Yunnan, China); Chen, Zhang *et* Chang, 2014: 120.

以下描述主要源自 Chen 等（2014）及作者所观察的标本。

体连翅长：♂ 6.7mm，♀ 6.8mm。前翅长：♂ 5.5mm，♀ 5.6mm。

头顶褐色，具暗褐色斑。复眼暗褐色。额褐色，基部隆起黑色，隆起周围浅褐色，中脊浅褐色。瘤突浅褐色。唇基褐色，额唇基沟处具浅褐色斑。喙褐色。触角褐色。前胸背板、中胸盾片褐色，具暗褐色斑。前翅褐色，翅缘具暗褐色斑；后翅暗褐色。足褐色，具暗褐色环斑。

头顶中域凹陷，中长为基宽的 0.5 倍。额中长为最宽处宽的 1.16 倍。中胸盾片中长为前胸背板中长的 1.62 倍。前翅长为最宽处宽的 2.92 倍。后翅长为最宽处宽的 1.79 倍，背瓣和中瓣间的缺刻深度约为后翅的 0.29 倍。后足刺式 8-8-2。

雄性外生殖器：肛节背面观，近杯形，两侧顶角指状凸出，端缘中部呈宽“U”形深凹，侧面观中部略向下凸出，端部尖圆；肛孔位于近中部。尾节侧面观前缘弧形凹入，后缘略弧形隆起。阳茎基基部背方具 1 个粗壮突起，背缘基半部具 2 个近三角形突起，腹瓣腹面观端缘中部明显近方形突出。阳茎器近端部 1/3 具 1 对片状突起。抱器侧面观近橄榄形，后缘在抱器背突下方深凹入，尾腹角圆形强凸出。

观察标本：1♂，贵州宽阔水管理站，1500m，2012.8.11，王洋；1♀，贵州宽阔水，1400m，2012.8.14，王洋；1♂，湖南桑植八大公山斗莲山，2013.VII.30，郑利芳。

地理分布：湖南、贵州、云南。

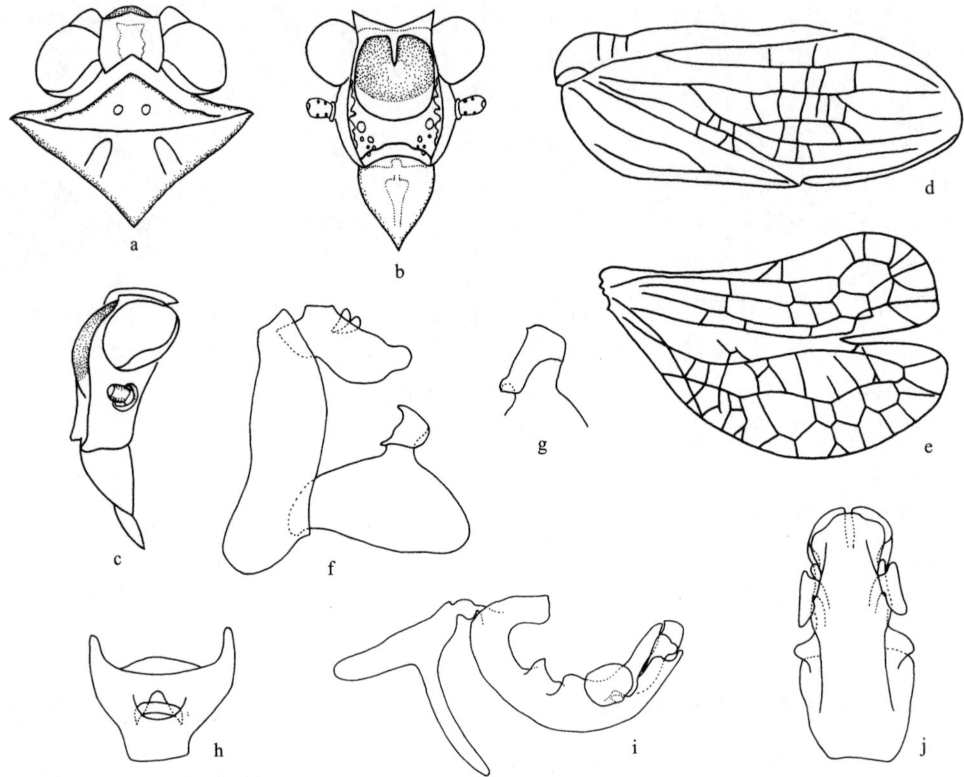

图 122 宋氏瘤额瓢蜡蝉 *Tetricodes songae* Zhang *et* Chen（图 a-e 仿 Zhang & Chen, 2009）

a. 头胸部背面观（head and thorax，dorsal view）；b. 额与唇基（frons and clypeus）；c. 头胸部侧面观（head and thorax，lateral view）；d. 前翅（tegmen）；e. 后翅（hind wing）；f. 雄虫外生殖器左面观（male genitalia, left view）；g. 抱器背突尾向观（capitulum of genital style, caudal view）；h. 雄肛节背面观（male anal segment, dorsal view）；i. 阳茎侧面观（phallus, lateral view）；j. 阳茎腹面观（phallus, ventral view）（a-e 仿 Zhang & Chen，2009）

(131) 安龙瘤额瓢蜡蝉 *Tetricodes anlongensis* Chen, Zhang *et* Chang, 2014

Tetricodes anlongensis Chen, Zhang *et* Chang, 2014: 120 (Type locality: Guizhou, China).

以下描述源自 Chen 等（2014）。

体连翅长：♂ 6.7-6.9mm，♀ 6.9mm。前翅长：♂5.5-5.7mm，♀5.7mm。

头顶褐色，具暗褐色斑。复眼暗褐色。额大部黄褐色，两侧域及基部具暗褐色斑，基半部的半球形隆起黑色。唇基黄褐色。喙褐色。颊黄褐色至褐色，触角与复眼间具黄白色的横带纹。触角褐色。前胸背板、中胸盾片淡黄褐色至黄色，前胸背板中域的凹陷黑褐色。前翅黄褐色至黄绿色，由基至端绿色加深，爪片内缘、前翅端半具暗褐色斑块。后翅褐色，翅脉暗褐色。足褐色至具暗褐色。

头顶中长为基宽的 0.48 倍，中域凹陷，前缘明显角状突出，后缘角状凹入，侧缘近平行。额中长为最宽处宽的 1.12 倍。前胸背板中长为头顶的 1.18 倍。中胸盾片中长为前胸背板的 1.55 倍。前翅长为最宽处宽的 3.05 倍。后翅长为最宽处宽的 2.44 倍。后足胫节外侧具 2 枚侧刺。后足刺式 8-9-2。

雄性外生殖器：肛节背面观，基部明显比端部窄，呈卵圆形，肛孔位于近基部，两侧缘弧形向外拱突，端缘中部呈“V”形凹刻，致两端侧角尖；侧面观，肛节背、腹缘近平行，端部略腹向弯曲。尾节侧面观，后缘略弧形向后隆起。阳茎基背缘基部具粗大的突起，指向阳茎端方，背缘的中部光滑，无突起；背瓣略呈弧形隆起；侧瓣端部背缘圆形隆起；腹瓣腹面观亚端部膨大，端缘尖形突出；阳茎在端 1/3 处两侧各具 1 个片状突起，近三角形。抱器近三角形，背缘、腹缘弧形，端腹角圆尖，后缘略直，背突粗，端尖，斜指向头背方，亚端部侧突片状，前、后角尖。

观察标本：未见。

地理分布：贵州。

35. 瘤突瓢蜡蝉属 *Paratetricodes* Zhang *et* Chen, 2010

Paratetricodes Zhang *et* Chen, 2010: 45. **Type species**: *Paratetricodes sinensis* Zhang *et* Chen, 2010; Chen, Zhang *et* Chang, 2014: 115.

属征：头顶宽大于长，具中脊，中域凹陷，侧缘脊起，前缘弧形凹入，后缘内凹。额长大于宽，基部明显窄于端部，基缘呈锐角状凹入，侧缘明显脊起，与唇基不在同一平面；沿侧缘具 1 排瘤突，无中脊，下半部具 1 个近椭圆形隆起。喙达后足基节。前胸背板中域具 2 个凹陷，侧缘及两侧角处具瘤突，中脊不明显。中胸盾片具中脊，中脊两侧各具 1 隆起。前翅狭长，纵脉隆起明显；后翅深褐色，网状翅脉明显，端缘具缺刻。前足腿节、胫节呈叶状扩大；后足胫节具 2 个侧刺。后足刺式 8-8-2。

地理分布：中国。

全世界已知 1 种，中国已知 1 种。

(132) 中华瘤突瓢蜡蝉 *Paratetricodes sinensis* Zhang *et* Chen, 2010（图 123；图版 XXIV：a-c）

Paratetricodes sinensis Zhang *et* Chen, 2010: 47 (Type locality: Guizhou, Guangxi, China); Chen, Zhang *et* Chang, 2014: 116.

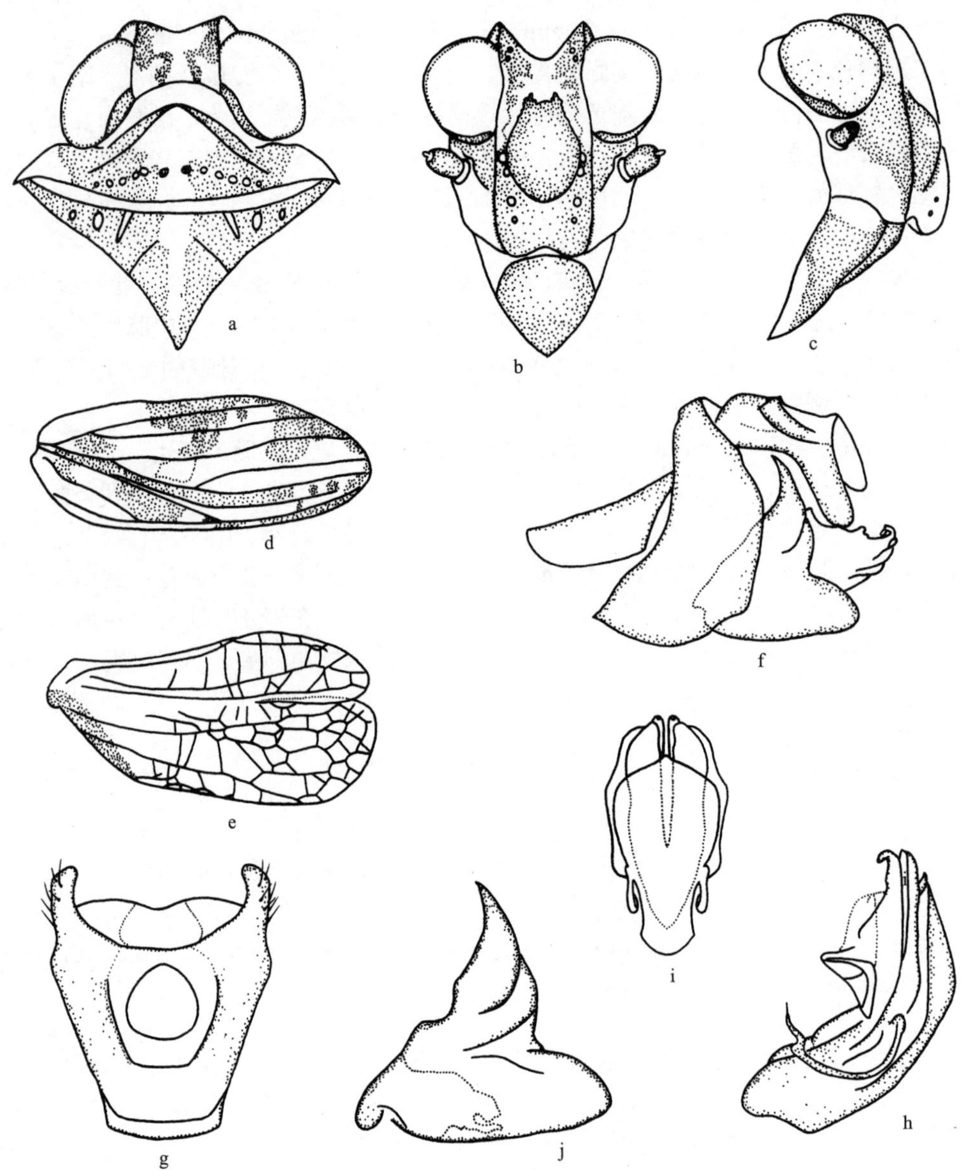

图 123 中华瘤突瓢蜡蝉 *Paratetricodes sinensis* Zhang *et* Chen（仿 Zhang & Chen, 2010a）

a. 头胸部背面观（head and thorax, dorsal view）；b. 额与唇基（frons and clypeus）；c. 头胸部侧面观（head and thorax, lateral view）；d. 前翅（tegmen）；e. 后翅（hind wing）；f. 雄虫外生殖器左面观（male genitalia, left view）；g. 雄肛节背面观（male anal segment, dorsal view）；h. 阳茎侧面观（phallus, lateral view）；i. 阳茎端部背面观（apex of phallus, dorsal view）；j. 抱器侧面观（genital style, lateral view）

以下描述源自 Chen 等（2014）。

体连翅长：♂ 6.8mm，♀ 8.7mm。前翅长：♂ 5.8mm，♀ 6.5mm。

头顶浅褐色，边缘具黑褐色斑，中线处浅绿色。复眼深褐色。额基部淡绿色，端部黑色。唇基黑色，喙黑褐色，亚端节端部浅褐色。触角深褐色。颊黑褐色，触角下方与额唇基沟间具 1 浅绿褐色条斑。前胸背板、中胸盾片中域处浅绿色，两侧黑褐色。前翅浅褐色略带绿色，具黑色斑纹；后翅深褐色。足黑褐色，具浅绿色或浅褐色斑纹或斑点。腹部腹面 1-5 节浅褐色，其余黑褐色。

头包括复眼略宽于前胸背板。头顶方形，无中脊，两后侧角宽为中线长的 1.6 倍，中域凹陷，侧缘脊起，前缘角状突出，后缘弧形凹入。额基部窄，端部宽，中线长为最宽处的 1.6 倍，无中脊，近端部具 1 半球形突起，侧缘叶状脊起，近平直，近端部略扩张，侧缘在端部内折向额唇基沟。唇基中域隆起，无中脊，与额约呈 120°。前胸背板无中脊，侧缘明显叶状脊起，中域两侧各具 1 个凹陷和 5 个瘤突，凹陷上方略隆起。中胸盾片三角形，具中脊和亚侧脊，两侧顶角处各具 2 个瘤突。前翅长条形，长为前翅宽的 2.6 倍，纵脉隆起明显，ScP 脉与 R 脉在基部分叉，MP 脉在近基部 2 分叉，第 2 支脉在翅中部 2 分支，CuA 脉简单，不分叉，端缘钝圆；后翅翅脉网状，端缘具 1 深缺刻，臀叶退化。前足腿节、胫节呈叶状扩大，后足胫节近端部具 2 侧刺。后足刺式：雄 8-8-2，雌 7-8-2。

雄性外生殖器：肛节背面观近三角形，端部扩张，前缘中部突起并向下倾斜，前缘角状突出；肛孔短宽。尾节侧面观前缘中部凹陷，后缘弧形突起。阳茎基背瓣端部 2 裂叶，侧瓣端部钝圆，腹瓣前缘中部突起；阳茎背缘近中部具 1 扇状突起，每侧各具 1 突起，突起端部膨大成“S”形。抱器侧面观近三角形，端缘弧形弯曲，背缘波形弯曲且近端部突出，尾向观突出的端部呈长刺状。

观察标本：1♂，贵州雷公山，2012.VII.19，郑利芳。

地理分布：广西、贵州。

36. 瘤瓢蜡蝉属，新属 *Tumorofrontus* Che, Zhang *et* Wang, gen. nov.

Type species: *Tumorofrontus parallelicus* Che, Zhang *et* Wang, sp. nov.

头包括复眼明显窄于前胸背板。背面观头顶与额伸至复眼前方，头顶近方形，中域微凹陷，侧缘明显脊起，前缘弧状突出，后缘角状凹入，具中脊，两后侧角处微宽于中线长。额近长方形，侧缘近平行且明显脊起，最宽处位于近基部，中域隆起，具中脊和 1 瘤状突起，布满浅色瘤突，背面观仅可观察到额的端部，额的基部和端部处于同一平面上。唇基光滑，向后斜，侧面观不与额的基部位于同一平面上呈角度状，但角度明显大于 90°；喙伸达中足转节。前胸背板前缘弧形凸出，后缘近平直，中域具 2 个小凹陷，布满浅色瘤突；中胸盾片近三角形，近侧缘中部具 1 个小凹陷，布满浅色瘤突。前翅革质，近椭圆形，具爪缝，纵脉明显，ScP 脉与 R 脉在前翅基部 1/5 处分开，MP 脉 3 分支，在基部近 1/5 处首次分叉，MP_{2+3} 脉在近中部分叉，CuA 脉不分支。后翅折叠，略短于前翅，具 3 瓣，明显宽于前翅，网状翅脉明显。后足胫节具 2 个侧刺，近基部 1 个，近端部 1 个。后足刺式 8-9-2。

雄性外生殖器：肛节背面观近蘑菇形，长约等于最宽处。尾节侧面观后缘基部和端部凸出。阳茎浅“U”形，具 1 对剑状突起物。抱器近三角形，后缘深凹入，抱器背突具片状侧突起，短。

鉴别特征：本属特殊的头部特征及体形与福瓢蜡蝉属 *Fortunia* Distant 相似，但可从下列特征进行区分：①背面观仅观察到额的端部，额的基部和端部处于同一平面上；②额与唇基不处于同一平面上，但角度大于 90°；③前胸背板和中胸盾片无中脊和亚侧脊。与瘤突瓢蜡蝉属 *Paratetricodes* Zhang *et* Chen 相似，额均具瘤状物，但是本属前足腿节和胫节不叶状扩大，后翅臀叶不退化。

属名词源：本属名取自拉丁词“*Tumor*”，意为“肿瘤”，“*front-*”，意为“额”，此处指本属额具 1 肿瘤状的圆形突起。本属名的属性是阳性。

地理分布：四川。

本志记述本属 1 新种。

(133) 平脉瘤瓢蜡蝉，新种 *Tumorofrontus parallelicus* Che, Zhang *et* Wang, sp. nov.
（图 124；图版 XXIV：d-f）

体连翅长：♂ 8.5mm，♀ 8.7mm。前翅长：♂ 6.5mm，♀ 6.8mm。

体灰绿色，具浅黄色瘤突和褐色斑点。头顶灰绿色，具浅黄色中脊。额褐色，具浅黄色瘤突。唇基褐色。颊褐色，具浅黄色横带。前胸背板和中胸盾片灰绿色，具浅黄色瘤突。前翅灰绿色，翅脉凹陷处具褐色斑点；后翅褐色。足褐色，布满浅黄色圆斑。腹部腹面和背面浅黄绿色，腹部每一节近端部褐色。

头顶近方形，中域微凹陷，侧缘明显脊起，前缘弧状突出，后缘角状凹入，具中脊，两后侧角处宽微长于中线长，中线长为两后侧角处宽的 1.1 倍。额近方形，侧缘近平行且明显脊起，最宽处位于近基部，中域隆起，具中脊和 1 瘤状突起，布满浅色瘤突，额长为最宽处的 2.3 倍，最宽处为基部宽的 1.5 倍。额唇基沟明显弯曲。唇基光滑无脊，不与额位于同一平面上。颊在额唇基沟与触角间具 1 横带。前胸背板前缘弧形凸出，后缘近平直，侧缘的近中域处明显脊起，中域具 2 个小凹陷，布满浅色瘤突；中胸盾片粗糙，近三角形，近侧缘中部具 1 个小凹陷，布满浅色瘤突，最宽处为中线长的 2.1 倍。前翅革质，近椭圆形，长为最宽处的 2.8 倍，沿翅脉的凹陷处布满褐色的不规则斑纹。后足胫节具 2 个侧刺，近基部 1 个，近端部 1 个。后足刺式 8-9-2。

雄性外生殖器：肛节背面观蘑菇形，肛孔位于近中部，侧顶角角状突出，端缘中部明显突出，长与最宽处几乎相等。尾节侧面观后缘近端部突出，基部略突出。阳茎浅“U”形，阳茎基背侧瓣背面观端缘中部微凹入，外缘平滑；腹瓣腹面观端缘深 2 裂，裂叶端缘平滑，侧缘弧形突出；阳茎器近端部具 1 对短的剑状突起物。抱器侧面观近三角形，后缘中部深凹入，前缘波形弯曲且近端部突出。

正模：♂，四川峨眉，1982.VIII.13，熊江。副模：1♀，同正模。

种名词源：拉丁词“*parallelicus*”，意为“平行的”，此处指本种前翅 CuA 脉的基半部与爪缝近平行。

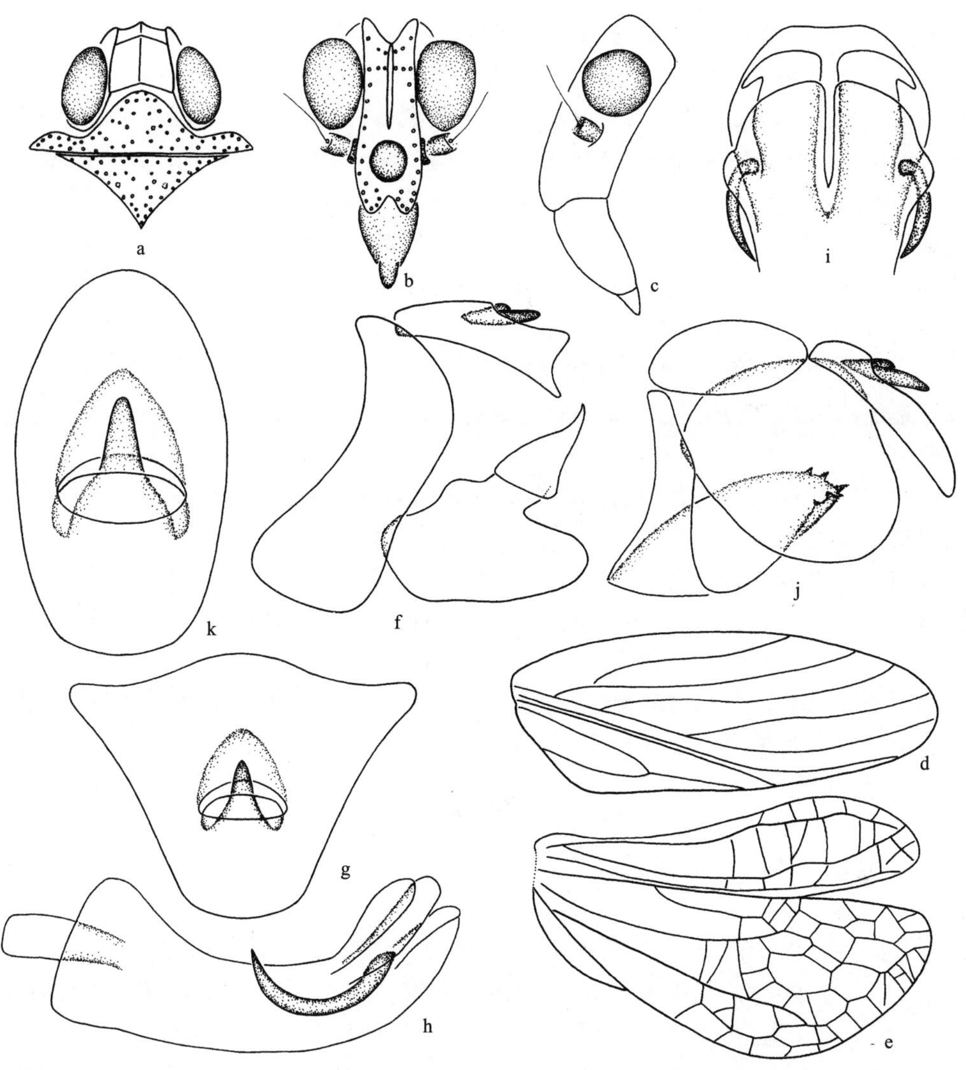

图 124　平脉瘤瓢蜡蝉，新种 *Tumorofrontus parallelicus* Che, Zhang *et* Wang, sp. nov.

a. 头胸部背面观（head and thorax, dorsal view）；b. 额与唇基（frons and clypeus）；c. 头部侧面观（head, lateral view）；d. 前翅（tegmen）；e. 后翅（hind wing）；f. 雄虫外生殖器左面观（male genitalia, left view）；g. 雄肛节背面观（male anal segment, dorsal view）；h. 阳茎侧面观（phallus, lateral view）；i. 阳茎端部腹面观（apex of phallus, ventral view）；j. 雌虫外生殖器左面观（female genitalia, left view）；k. 雌肛节背面观（female anal segment, dorsal view）

37. 扁足瓢蜡蝉属 *Neodurium* Fennah, 1956

Neodurium Fennah, 1956: 511. **Type species**: *Neodurium postfasciatum* Fennah, 1956; Ran, Liang *et* Jiang, 2005: 570; Zhang *et* Chen, 2008: 64; Wang *et* Wang, 2011: 551; Chen, Zhang *et* Chang, 2014: 102; Chang *et* Chen, 2015: 84.

属征：头包括复眼略窄于前胸背板。头顶略突出于复眼前方，头顶近六边形，宽大于长，中域明显凹陷，侧缘略脊起，前缘角状凸出，后缘角状凹入。具单眼。额具中脊和亚侧脊，中域略隆起，侧缘近平行，长大于最宽处，前缘凹入。唇基隆起，光滑无脊；喙达后足转节。前胸背板前缘弧状突出，后缘近平直，中域具 2 个小凹陷。中胸盾片近三角形，近侧缘中部各具 1 个小凹陷。前翅近方形，前缘与缝缘近平行，长大于宽，纵脉明显，ScP 脉与 R 脉在基部或在近基部 1/4 处分支，MP 脉 2-3 分支，CuA 脉简单，爪缝缺失或模糊，爪脉在前翅近中部愈合；后翅 2 分瓣纵脉明显，端半部网状。前足腿节叶状扩大，后足胫节具 3 个侧刺。后足刺式 8-(11-15)-2。

雄性外生殖器：肛节背面观杯状或卵圆形，长大于宽或约等于最宽处。尾节侧面观后缘近基部凸出。阳茎浅“U”形或近平直，具突起。抱器近三角形，突起短小且向侧面弯曲。

雌性外生殖器：肛节背面观杯状，长大于最宽处或约等于最宽处。第 1 产卵瓣具刺，侧面观第 9 背板近长方形或三角形，第 3 产卵瓣近四边形。

Fennah（1956a）根据采自我国湖北的标本建立本属后，冉红凡等（2005）描记 2 种，Zhang 和 Chen（2008）描记 3 种，王满强和王应伦（2011）描记 1 种。至此全世界共 7 种。

鉴别特征：额中域平或略隆起，前足腿节叶状扩大，前翅的爪缝仅基部明显或无。

地理分布：湖北、四川、贵州、云南。

种检索表

1. 前翅具爪缝……………………………………………………………………………………2
   前翅无爪缝……………………………………………………………………………………3
2. 爪缝仅基部存在；阳茎具 1 对光滑的剑状突起物，指向头向………**扇扁足瓢蜡蝉 *N. postfasciatum***
   爪缝存在但端部模糊；阳茎具 1 对钩状突起物，指向侧向………………**钩扁足瓢蜡蝉 *N. hamatum***
3. 阳茎背缘无任何突起……………………………………………………………**平扁足瓢蜡蝉 *N. flatidum***
   阳茎背缘近基部 1/3 处具突起 ……………………………………………………………………4
4. 阳茎背突大，扇子状…………………………………………………**威宁扁足瓢蜡蝉 *N. weiningense***
   阳茎背突小，指状……………………………………………………………………………………5
5. 阳茎背缘具 1 突起，突起端部分叉；后足刺式 8-19-2…………………**指扁足瓢蜡蝉 *N. digitiformum***
   阳茎背缘具 1 对突起，突起端部不分叉；后足刺式不如上述………………………………………6
6. 阳茎背突小，末端钝；后足刺式 6-10-2…………………………**双突扁足瓢蜡蝉 *N. duplicadigitum***
   阳茎背突大，末端尖；后足刺式 8-14-2…………………………………**芬纳扁足瓢蜡蝉 *N. fennahi***

(134) 扇扁足瓢蜡蝉 *Neodurium postfasciatum* Fennah, 1956（图 125；图版 XXIV：g-i）

Neodurium postfasciatum Fennah, 1956: 513 (Type locality: Hubei, China); Ran, Liang *et* Jiang, 2005: 570; Chen, Zhang *et* Chang, 2014: 106; Chang *et* Chen, 2015: 92.

体连翅长：♂ 6.1mm，♀ 6.3-6.5mm。前翅长：♂ 5.2mm，♀ 5.3-5.5mm。

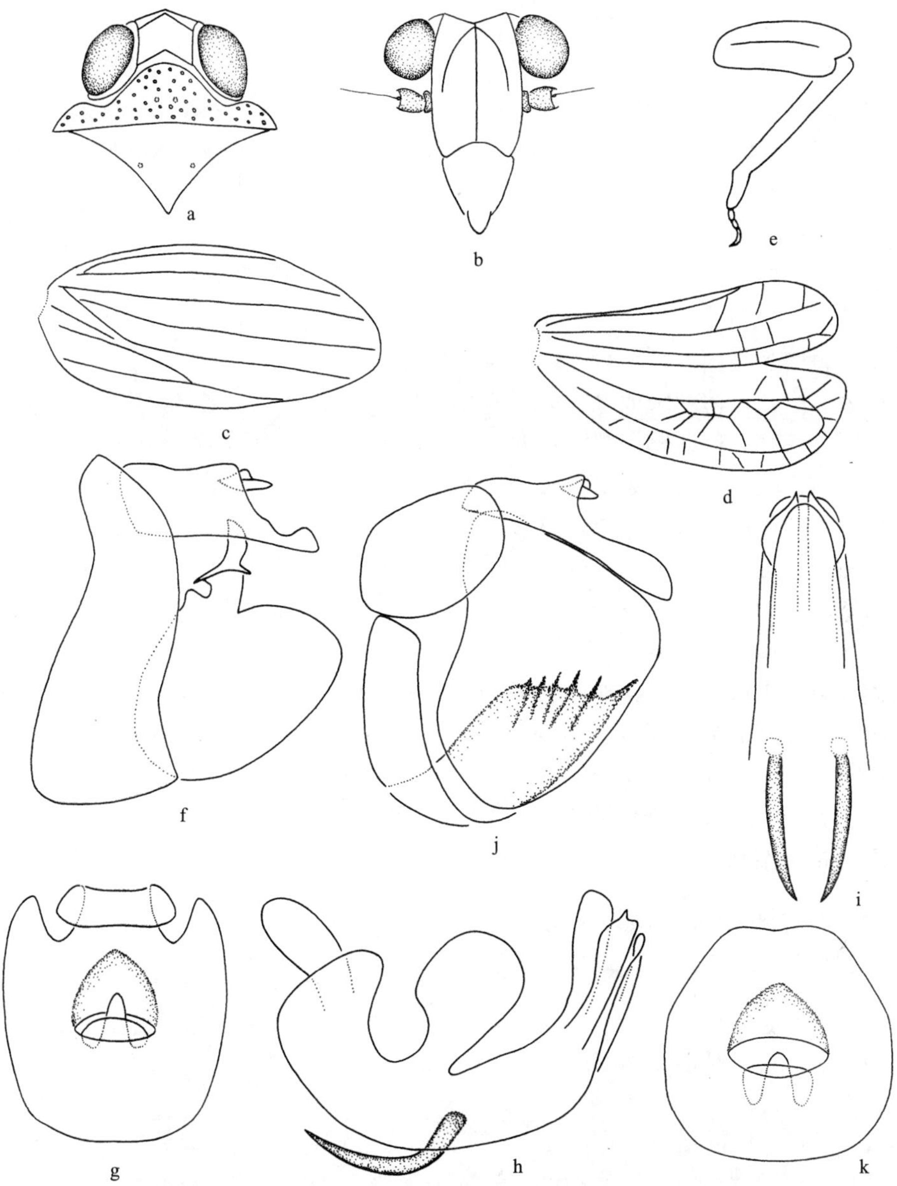

图 125　扇扁足瓢蜡蝉 *Neodurium postfasciatum* Fennah

a. 头胸部背面观（head and thorax, dorsal view）；b. 额与唇基（frons and clypeus）；c. 前翅（tegmen）；d. 后翅（hind wing）；e. 前足（fore leg）；f. 雄虫外生殖器左面观（male genitalia, left view）；g. 雄肛节背面观（male anal segment, dorsal view）；h. 阳茎侧面观（phallus, lateral view）；i. 阳茎腹面观（phallus, ventral view）；j. 雌虫外生殖器左面观（female genitalia, left view）；k. 雌肛节背面观（female anal segment, dorsal view）

体棕色。复眼褐色。唇基褐色。前胸背板棕色，具浅棕色瘤突。前翅棕色，具褐色斑纹。足棕色，前足和中足腿节基部褐色。腹部腹面和背面棕色，腹部各节的近端部褐色。

头顶六边形，中域明显凹陷，侧缘略脊起，前缘角状凸出，后缘角状凹入，具中脊，两后侧角处宽为中线长的 1.4 倍。额中域平，粗糙，具中脊和 1 倒“U”形亚侧脊，额长为最宽处的 1.7 倍，最宽处为基部宽的 1.4 倍。额唇基沟明显弯曲。唇基光滑无脊。前胸背板前缘弧形突出，后缘近平直，具中脊，中域具 2 个小凹陷，布满浅色瘤突。中胸盾片近三角形，具中脊，近侧缘中部各具 1 个小凹陷，最宽处为中线长的 2.2 倍。前翅革质，爪缝仅在基部明显，纵脉明显，ScP 脉与 R 脉在近基部处分开，MP 脉不分支，CuA 脉 2 分支，前翅长为最宽处的 2.3 倍；后翅短于前翅，为前翅长的 0.9 倍，窄于前翅，翅脉明显。后足胫节具 3 个侧刺。后足刺式 8-(13-15)-2。

雄性外生殖器：肛节背面观方形，肛孔位于近中部，侧顶角角状突出，端缘近平直，端部头向弯曲。尾节侧面观后缘近中部平直不突出，基部明显突出。阳茎浅"U"形，阳茎基背瓣背面观端部钝圆不裂叶，端缘近平直；侧瓣 2 裂叶，侧面观端缘近锥状突起，腹面观近端部膨大，后渐细成锥状；腹瓣腹面观端缘钝圆，不裂叶。阳茎器近中部具 1 对短的剑状突起物。抱器侧面观近长的三角形，端缘弧形弯曲，背缘近端部突出，突出下方具 1 瘤状突起；尾向观突出的基部左侧呈长刺状、右侧短刺状、端部渐细。

雌性外生殖器：肛节背面观近方形，宽大于长，中部处最宽，近端部略细，端缘中部略凹入，侧缘圆滑，肛孔位于肛节的近中部。第 1 产卵瓣向上弯曲，端缘具 5 个近平行的、依次增大的刺，近侧缘处具 1 个较大的刺。侧面观第 9 背板近长方形，第 3 产卵瓣三角形。第 7 腹节近平直。

观察标本：1♂1♀，湖北神农架酒壶，1980.VIII.29，陈彤；4♂11♀，湖北松柏，1980.VIII.25，陈彤；1♂，湖北兴山龙门河，1350m，1993.IX.13，陈军；1♀，湖北兴山龙门河，1350m，1993.IX.14，宋士美；1♀，湖北兴山龙门河，1500m，1993.IX.14，李法圣（CAU)；1♀，湖北兴山龙门河，1100m，1993.IX.12，姚建。

地理分布：湖北。

(135) 钩扁足瓢蜡蝉 *Neodurium hamatum* Wang *et* Wang, 2011（图 126；图版 XXIV：j-l，图版 XXV：a-c）

Neodurium hamatum Wang *et* Wang, 2011: 552 (Type locality: Yunnan, China); Chen, Zhang *et* Chang, 2014: 103; Chang *et* Chen, 2015: 92.

体连翅长：♂ 6.3mm，♀ 6.5mm。前翅长：♂ 5.0mm，♀ 5.2mm。

雄成虫：体黄褐色。头顶浅褐色。额中域亚侧脊内橙红色，外侧黄褐色，具浅色瘤突；额中脊基半部黑色，端半部棕色。复眼黑色，边缘略橙色。触角梗节亮黑色。后唇基黑褐色，前唇基深褐色，两侧黄褐色。喙褐色，端节黑色。前胸背板黄褐色，具浅黄色瘤突，后缘略深。中胸盾片褐色，中域两侧各具 1 个深色小圆斑。前翅黄褐色，散布有黑色不规则小斑，大部分翅脉红色；后翅棕色，翅脉棕黑色。足黄褐色，前足腿节基、端部具黑色横带；前足胫节末端黑色，两侧各具 1 条棕色至黑色竖带；中足腿节近端部具不规则浅黑色斑；后足腿节具 2 条黑色竖带，胫节及跗节橙色，且各节端部色略深。腹部深褐色，第 5、6 节腹板中部有 1 个黑色圆斑。

雌成虫：体黑褐色。头顶褐色，中脊与基部横脊红色，额黑褐色，中脊亮黑色，边缘浅黄色。唇基黑褐色。喙黄褐色，末端深褐色。前胸背板黄褐色，中域红色；中胸盾

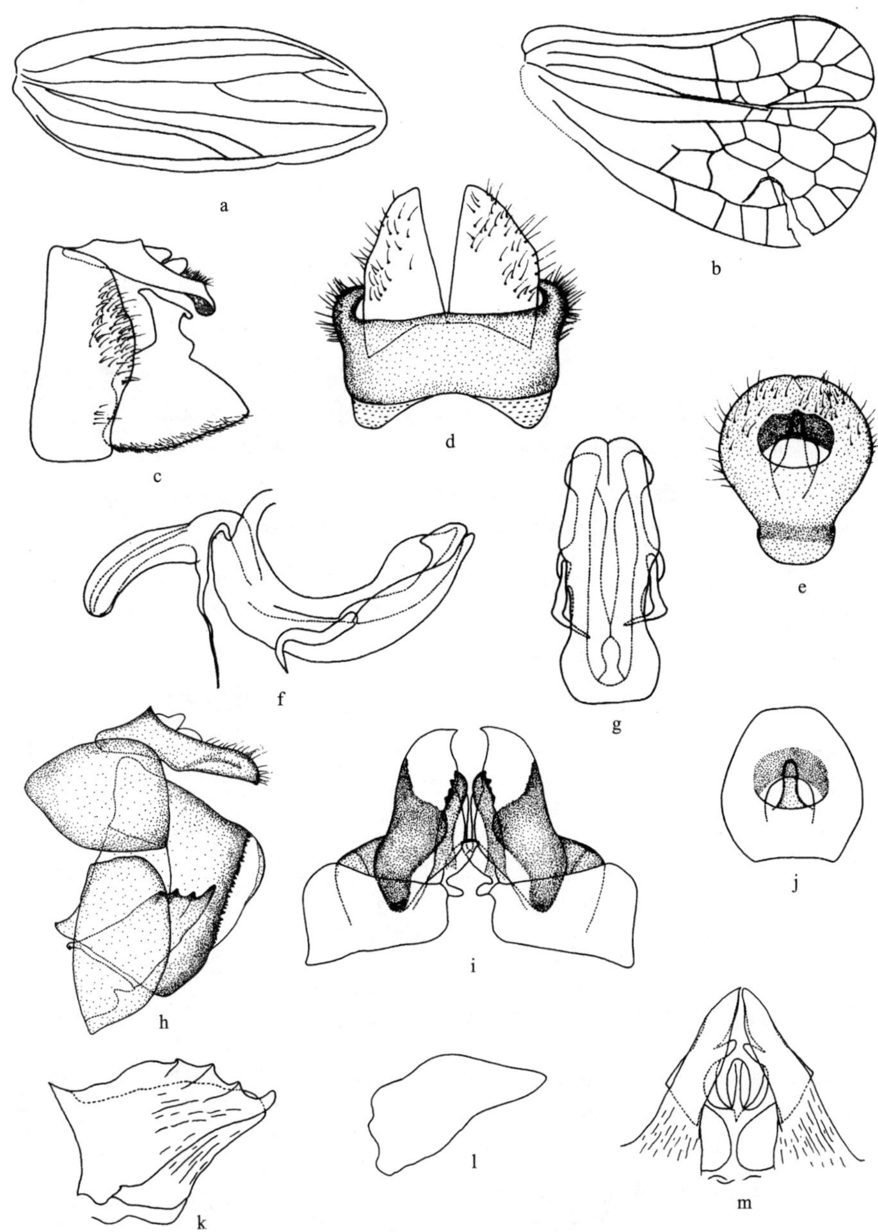

图 126　钩扁足瓢蜡蝉 *Neodurium hamatum* Wang *et* Wang

a. 前翅（tegmen）；b. 后翅（hind wing）；c. 雄虫外生殖器左面观（male genitalia, left view）；d. 雄虫外生殖器腹面观（male genitalia, ventral view）；e. 雄肛节背面观（male anal segment, dorsal view）；f. 阳茎侧面观（phallus, lateral view）；g. 阳茎腹面观（phallus, ventral view）；h. 雌虫外生殖器左面观（female genitalia, left view）；i. 雌虫外生殖器腹面观（female genitalia, ventral view）；j. 雌肛节背面观（female anal segment, dorsal view）；k. 第 1 产卵瓣左面观（gonapophysis Ⅷ, left view）；l. 第 2 产卵瓣左面观（gonapophysis Ⅸ, left view）；m. 第 2 产卵瓣尾向观（gonapophyses Ⅸ, caudal view）

片黄褐色，中脊红色。前翅灰褐色，密布有不规则的黑色斑，爪脉附近斑纹色深且明显，翅脉基半部大部分为褐色，端半部翅脉略呈红色；后翅黑褐色。足黄褐色，前足腿节近端部具红黑相间的横纹，胫节深褐色，跗节黑色；中足腿节近端部具淡褐色横纹，跗节深褐色；后足基节黑褐色，腿节两侧近中部黑色。腹部黑褐色，各节端缘略深。

头顶近六边形，侧缘及中脊明显脊起，中域略凹陷，前缘弧形突出，后缘钝角状凹入，两后侧角宽约为中线长的 1.2 倍。额长形，基部略扩大，长约为最宽处的 1.6 倍，具中脊和倒“U”形亚侧脊，亚侧脊外密布圆形瘤突，近端部处瘤突大而明显。唇基光滑无脊。喙伸达后足基节处。前胸背板前缘圆弧形突出，后缘平直，密布浅色瘤突，具中脊，近中域处具 2 个小凹陷。中胸盾片近三角形，最宽处约为中线长的 2 倍，具 5 条纵脊线，中脊不明显。前翅革质，纵脉及爪缝明显，ScP 脉与 R 脉近基部分开，MP 脉 3 分支，CuA 脉不分支，前翅长为最宽处的 1.8 倍；后翅略短于前翅，为前翅的 0.9 倍，翅脉明显。后足胫节具 3 个侧刺。后足刺式：雄，8-9-2；雌，8-10-2。

雄性外生殖器：肛节侧面观端部略向下弯曲，背面观梨形，肛孔位于近端部，肛上板圆弧形片状，肛下板圆锥状。尾节侧面观前缘近平直，后缘近中部略突出。阳茎浅“U”形，中部具 1 对钩状突起物；近中部裂开分为 3 瓣，侧面观背瓣近端缘圆形扩大，端部尖；侧瓣端部扩大成钩状，腹面观端部膨大；腹瓣侧面观背缘近中部弧形突出，腹面观端部于中线处裂叶。抱器侧面观近三角形，端缘波形弯曲，背缘中部斜锥形突出，腹面观近三角形，左右两瓣基部以膜质带相连。

雌性外生殖器：肛节背面观两侧缘弧形外凸，基部和端部略平直，基宽大于端宽，中长与最宽处几乎相等，肛孔位于肛节中部。侧面观第 1 产卵瓣斜向上弯曲，端缘具 4 个依次增大的刺；第 3 产卵瓣近方形，背缘和端缘膜质透明，近端缘小刺状。

观察标本：1♂（正模），云南勐仑，2009.V.23，张磊（NWAFU）；1♀（副模），云南勐仑，2009.V.12，张磊（NWAFU）；7♀，云南西双版纳勐仑，21°53.794′N，101°17.152′E，2009.XI.7，唐果、姚志远。

地理分布：云南。

(136) 平扁足瓢蜡蝉 *Neodurium flatidum* Ran *et* Liang, 2005（图 127）

Neodurium flatidum Ran *et* Liang, 2005 in Ran, Liang *et* Jiang, 2005: 572 (Type locality: Yunnan, China); Chang *et* Chen, 2015: 92.

以下描述源自 Ran 和 Liang（2005）。

体连翅长：♂ 4.5-4.8mm。前翅长：♂ 3.5-4.0mm。

体黄褐色。头顶近五角形，中线两侧近基部各有 1 黑色圆斑；宽大于中线长（1.65∶1.00），侧缘脊起，色深。额黑褐色，中线长大于宽（1.3∶1.0），前端狭，内凹成角度，近后端阔圆形，下弯成弧度，后端弧形；中脊明显，两亚侧脊可辨别，围成 1 长椭圆区域；脊黄褐色，中脊在靠近两亚侧脊交叉处下方和近额唇基沟处有黑斑。唇基黑褐色，具黄褐色斜横向带，基部有 1 黄褐色斑。复眼黑褐色，椭圆形。触角黑褐色。前胸背板三角形，中线两侧各有 1 深色凹陷，中域具小瘤突。中胸盾片黑褐色，三角形，中线两侧各有两个斜向隆起，两侧角处色深。腹部腹面黑色，腹部各节具黄色边缘。前翅黄褐色。足黄褐色，间有黑褐色条纹和斑点，前足腿节端部叶状膨胀，并有 1 黑褐色黑带，前足胫节具近叶状边缘。后足刺式 9-12-2。

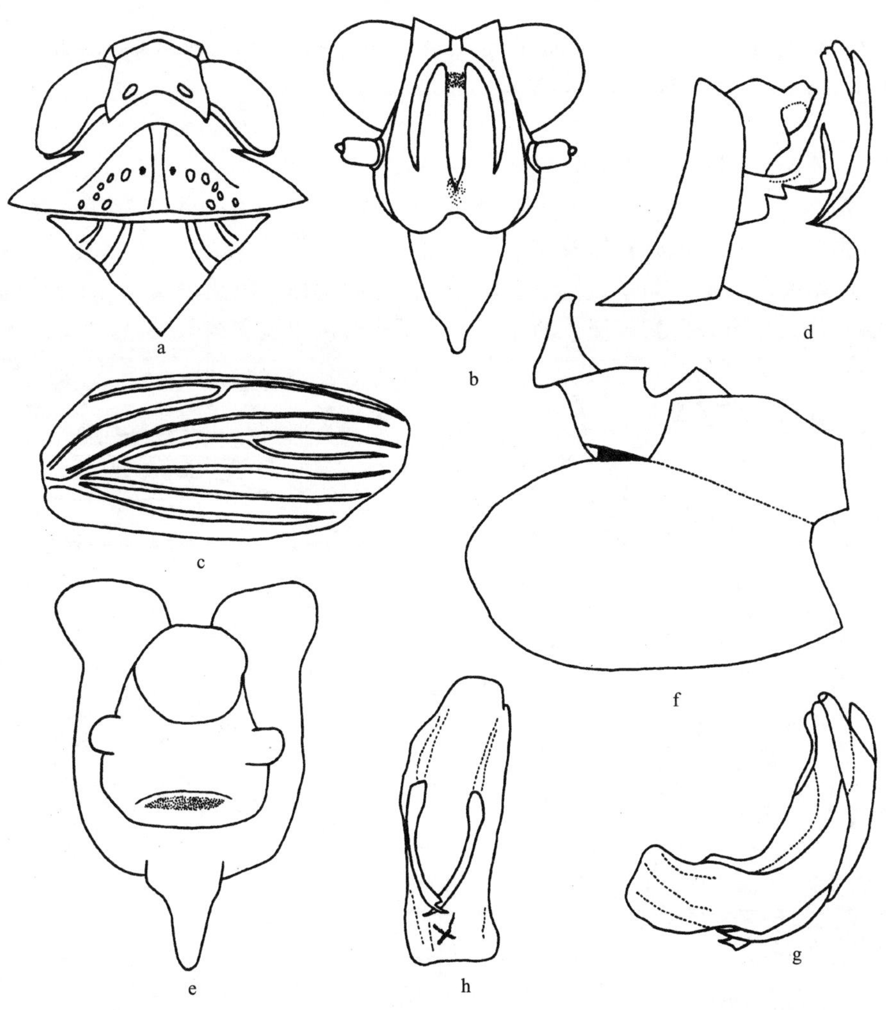

图 127 平扁足瓢蜡蝉 *Neodurium flatidum* Ran *et* Liang（仿 Ran *et al.*，2005）

a. 头胸部背面观（head and thorax, dorsal view）；b. 额与唇基（frons and clypeus）；c. 前翅（tegmen）；d. 雄虫外生殖器侧面观（male genitalia, lateral view）；e. 雄肛节背面观（male anal segment, dorsal view）；f. 抱器侧面观（genital style, lateral view）；g. 阳茎侧面观（phallus, lateral view）；h. 阳茎腹面观（phallus, ventral view）

雄性外生殖器：肛节基部有 1 窄柄；背面观端部宽，分 2 叶，肛孔位于近端部，肛孔上方左右两侧各有 1 个突起。抱器侧面观近四方形，顶缘弧形，基部突出成钩状；背缘基半部向上扩展。阳茎浅“U”形，背面观背瓣渐狭，端部凹入；侧面观侧瓣 2 裂叶；腹面观腹瓣端部钝圆；腹面突起端部尖，后面宽，近似刀状；背面无突起。

观察标本：未见。

地理分布：云南。

(137) 威宁扁足瓢蜡蝉 *Neodurium weiningense* Zhang *et* Chen, 2008（图 128）

Neodurium weiningensis Zhang *et* Chen, 2008: 65 (Type locality: Guizhou, China); Chen, Zhang *et* Chang, 2014: 103; Chang *et* Chen, 2015: 94.

以下描述源自 Zhang 和 Chen（2008）。

体连翅长：♂ 5.2-5.4mm，♀ 6.8-7.0mm。前翅长：♂ 5.0-5.2mm，♀ 5.6-5.8mm。

体黄褐色。头顶、前胸背板及额基部色浅。复眼红褐色至暗褐色。触角暗褐色。额黑褐色，具暗褐色斑点。唇基黄褐色至黑褐色。喙黑褐色。触角黑褐色。前胸背板黄褐色，中胸盾片黑褐色。前翅具黑色的斑点。后足胫节刺末端和跗节黑色。

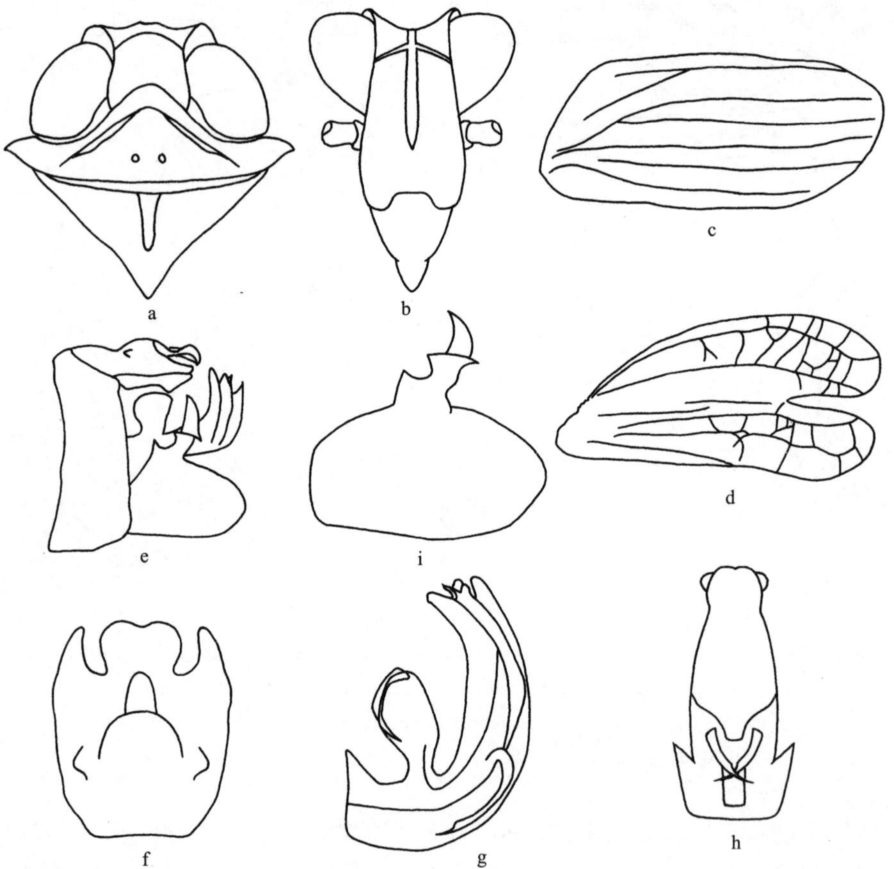

图 128 威宁扁足瓢蜡蝉 *Neodurium weiningense* Zhang *et* Chen（仿 Zhang & Chen，2008）

a. 头胸部背面观（head and thorax, dorsal view）；b. 额与唇基（frons and clypeus）；c. 前翅（tegmen）；d. 后翅（hind wing）；e. 雄虫外生殖器左面观（male genitalia, left view）；f. 雄肛节背面观（male anal segment, dorsal view）；g. 阳茎侧面观（phallus, lateral view）；h. 阳茎端部背面观（apex of phallus, dorsal view）；i. 抱器侧面观（genital style, lateral view）

头包括复眼窄于前胸背板。头顶中线长短于基部宽（0.7∶1.0），中域具模糊的中脊。额平，基缘弧形凹入，侧缘脊起，基部窄，基缘凹入，侧缘在触角下弯曲，长大于最宽处（1.00∶0.78），具中脊和亚侧脊。前胸背板具中脊和侧脊，侧脊未达后缘。中胸盾片三角形，具中脊和侧脊。前翅长方形，长为最宽处的 2.8 倍，纵脉明显，ScP+R 脉长，超过前翅长的一半，ScP 脉和 R 脉在基部分叉，MP 脉 3 分支，CuA 脉不分支。后翅 2 分瓣，臀瓣退化，翅脉端部网状。后足胫节基部具 1 小侧刺及 2 明显的刺。后足刺式 8-14-2。

雄性外生殖器：肛节背面观，端部两侧各具 1 个缺刻，肛孔位于近中部，在中部下方两侧各有 1 个片状突起。尾节侧面观，背缘窄，腹缘宽，除近背缘外，前后缘近乎平行。阳茎侧面观，呈浅“U”形，背瓣中部具 1 侧扁平状突起，阳茎中部两侧各有 1 剑状突起，阳茎端部裂开；阳茎腹面观，侧瓣端部 2 裂叶，每裂叶端部形成 1 尖 1 钝 2 个突起。抱器侧面观，背缘近中部形成 1 短 1 长 2 个突起，长突起基部又形成 1 小的突起，与腹缘近平行。

观察标本：未见。

地理分布：贵州。

(138) 指扁足瓢蜡蝉 *Neodurium digitiformum* Ran *et* Liang, 2005（图 129）

Neodurium digitiformum Ran *et* Liang, 2005 in Ran, Liang *et* Jiang, 2005: 571 (Type locality: Hubei, China); Chang *et* Chen, 2015: 90.

以下描述源自 Ran 和 Liang（2005）。

体连翅长：♂ 5.2-5.8mm，♀ 6.0mm。前翅长：♂ 4.2-4.7mm，♀ 4.8-5.0mm。

体黑褐色。头顶近五角形，深褐色，具黄褐色斑；宽大于中线长（1.4∶1.0），边缘脊起，色浅，后缘在中线两侧各有 1 浅色圆斑。额黄褐色，具黑褐色斑；中线长大于宽（1.3∶1.0），前端狭，内凹成角度，近后端阔圆形，下弯成弧度，后端弧形；前缘至亚侧脊间黑褐色，中脊两侧色深，亚侧脊向两侧延伸并终止于侧缘，脊色浅。唇基淡黄色，基部两侧有黑斑。复眼黑褐色，椭圆形。触角黑褐色。前胸背板黑褐色，具黄褐色斑，前缘弧形，后缘略弧形，中线两侧各有 1 深色凹陷。中胸盾片三角形，黄褐色，中线处凹陷，色深，中线两侧近前缘各有 1 深色斑。胸部腹面黄褐色。腹部腹面黑褐色，腹部各节具黄褐色边缘。前翅黑褐色，前缘近顶角处有 2 条半透明带，翅脉色浅。后翅翅脉黄褐色。足黄褐色，间有黑色斑纹，前足腿节端部叶状膨胀，具黑褐色黑带，胫节具近叶状边缘。后足刺式 8-19-2。

雄性外生殖器：肛节背面观短粗，肛孔位于中间略近基部，基部左右各有 1 个突起；端部两侧突出，中间有 1 方形突出物。抱器侧面观长三角形，顶缘弧形弯曲，基部突出成钩状。阳茎浅“U”形，背面观背瓣渐狭，侧面观侧瓣 2 裂叶；腹面观腹瓣端部钝圆；腹面突起端部尖，基部宽，近似刀状；阳茎背面近基部有 1 指状突起。

观察标本：未见。

地理分布：湖北。

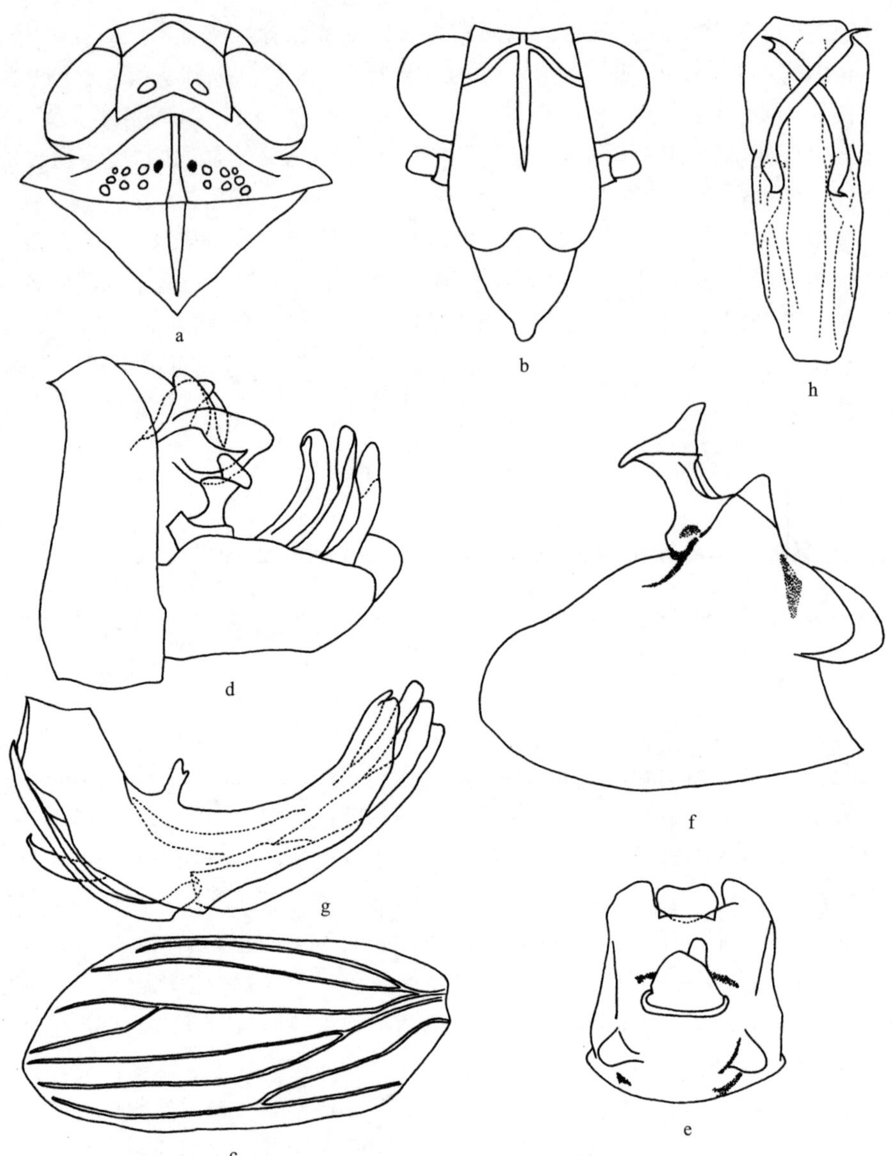

图 129 指扁足瓢蜡蝉 *Neodurium digitiformum* Ran *et* Liang（仿 Ran *et al.*，2005）

a. 头胸部背面观（head and thorax, dorsal view）；b. 额与唇基（frons and clypeus）；c. 前翅（tegmen）；d. 雄虫外生殖器侧面观（male genitalia, lateral view）；e. 雄肛节背面观（male anal segment, dorsal view）；f. 抱器侧面观（genital style, lateral view）；g. 阳茎侧面观（phallus, lateral view）；h. 阳茎腹面观（phallus, ventral view）

(139) 双突扁足瓢蜡蝉 *Neodurium duplicadigitum* Zhang *et* Chen, 2008（图 130）

Neodurium duplicadigitum Zhang *et* Chen, 2008: 66 (Type locality: Yunnan, China); Chen, Zhang *et* Chang, 2014: 103; Chang *et* Chen, 2015: 90.

以下描述源自 Zhang 和 Chen（2008）。

体连翅长：♂ 5.3mm，♀ 5.6mm。前翅长：♂ 4.3mm，♀ 4.5mm。

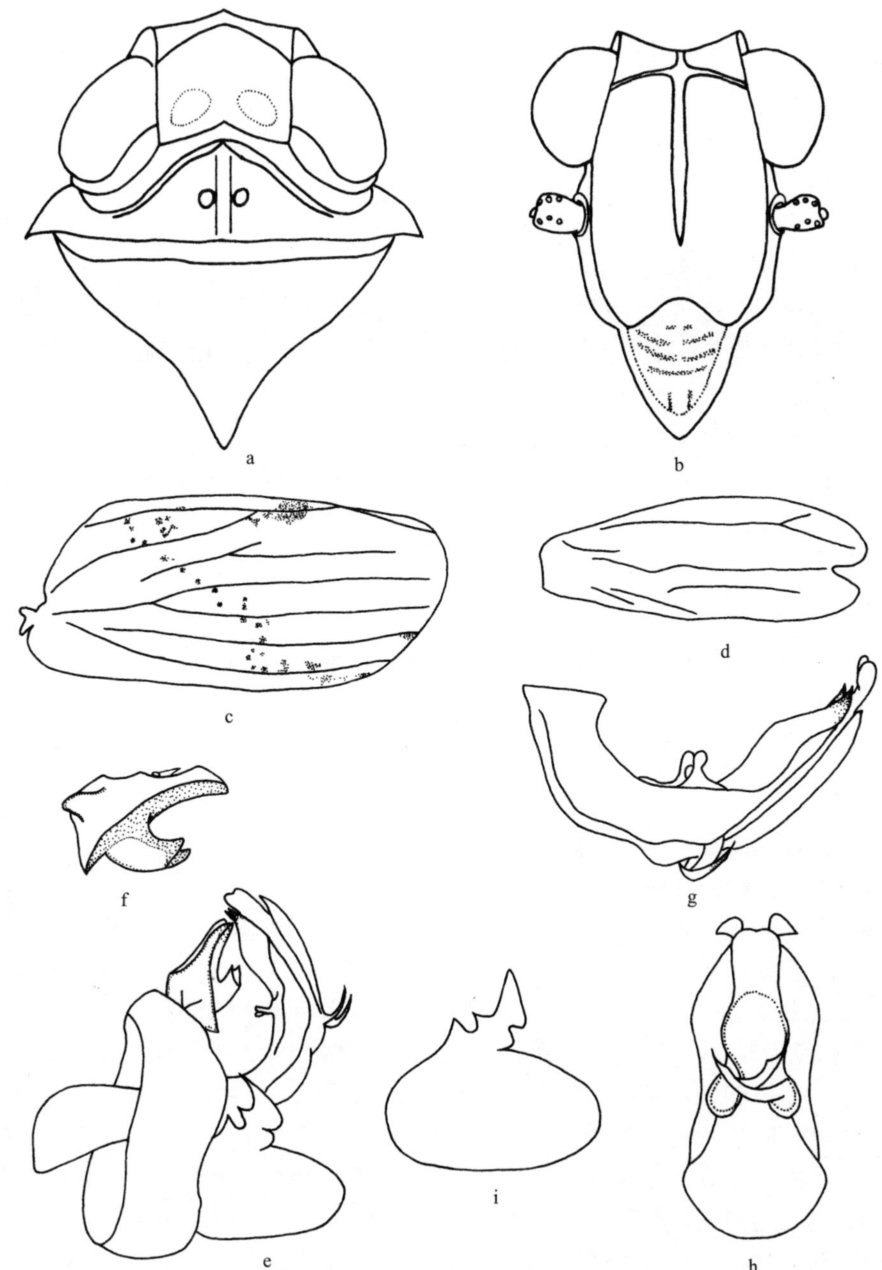

图 130 双突扁足瓢蜡蝉 *Neodurium duplicadigitum* Zhang *et* Chen（仿 Zhang & Chen，2008）

a. 头胸部背面观（head and thorax, dorsal view）；b. 额与唇基（frons and clypeus）；c. 前翅（tegmen）；d. 后翅（hind wing）；e. 雄虫外生殖器左面观（male genitalia, left view）；f. 雄肛节侧面观（male anal segment, lateral view）；g. 阳茎侧面观（phallus, lateral view）；h. 阳茎端部腹面观（apex of phallus, ventral view）；i. 抱器侧面观（genital style, lateral view）

体褐色。顶浅绿褐色，复眼深褐色；额浅绿褐色，唇基褐色，具黑褐色条纹，喙浅褐色；触角深褐色。前胸背板、中胸盾片浅褐色，略带绿色。前翅褐色，后翅深褐色。足褐色，具黑褐色斑点，前足、中足腿节端部呈叶状扁平；腹部腹面黑褐色。

头顶五边形，后缘中部微凹，近两后角处具褐色圆斑，两后侧角处宽为中线长的 1.4 倍。额狭长，中线长为最宽处的 1.3 倍，具中脊和亚侧脊，亚侧脊在近基部终止于侧缘，亚侧脊与额基缘围成的平面与额平面呈一定角度。唇基中域隆起。前胸背板具中脊，两侧各具 1 凹陷，中胸盾片中域凹陷，两侧各具 1 隆起。前翅褐色，长条形，长为宽的 2.2 倍，纵脉隆起明显，不具爪缝；后翅长为前翅的 0.4 倍，长形，外缘具 1 小的缺刻。后足胫节外侧近基部具 1 小刺，近端部具 2 大刺。后足刺式 6-10-2。

雄性外生殖器：肛节背面观，宽短，基部略比端部宽，基部两侧各具 1 耳状突起，端缘较平直，肛孔位于近中部；肛节侧面观，腹面具 1 突起，突起在端缘具 1“V”字形缺刻。阳茎侧面观，呈浅“U”形，背瓣与腹瓣近等长，侧瓣长于背瓣与腹瓣；阳茎背面观，阳茎背面中部具 1 对指状突起，突起端部膨大，呈球形。阳茎器阳茎腹面中部具 1 对剑状突起，交叉指向基部，突起在端部骤然变尖细。抱器侧面观椭圆形，背缘近基部具 1 短 1 长 2 个突起，长突起端部呈三角形，基部两侧又各形成 1 小突起。

观察标本：未见。

地理分布：云南。

(140) 芬纳扁足瓢蜡蝉 *Neodurium fennahi* Chang *et* Chen, 2015

Neodurium fennahi Chang *et* Chen, 2015 in Chang, Chen *et* Webb, 2015: 86 (Type locality: Yunnan, China).

以下描述源自 Chang 等（2015）。

体连翅长：♂ 6.0-6.2mm。前翅长：♂ 4.2-4.5mm。

体黄褐色。顶褐色，复眼黑褐色；额黑褐色，两侧缘黄褐色，唇基褐色，具黑褐色条斑，喙褐色；触角黑褐色。前胸背板黄褐色，中胸盾片黑褐色。前翅黄褐色，具黑褐色斑点；后翅浅褐色。足褐色，前足、中足的腿节、胫节具黑褐色斑纹；腹部腹面黄褐色。

头顶五边形，中域凹陷，后缘弧形凹入，两后侧角处宽为中线长的 2.2 倍。额具中脊，基部窄，基缘凹入，向端部渐宽，近额唇基沟处最宽，端缘中部深凹，中线长为最宽处的 1.2 倍；唇基中域隆起，两侧具斜向条纹。前胸背板中域具 2 个凹点，无中脊；中胸盾片具中脊，中脊两侧各具 1 隆起。前翅长方形，纵脉隆起明显，无横脉；后翅翅脉深褐色，脉纹呈网状，明显。后足胫节外侧具 2 刺。后足刺式 8-14-2。

雄性外生殖器：肛节相对短，背面观近四边形，近基部具 2 瓣，端缘具 4 个钝的瓣；肛孔位于近中部。尾节侧面观呈不规则的四边形，前缘适度凹入，后缘向腹面弯曲。阳茎基背瓣长，未达侧瓣末端，侧面观近基部具 2 对带形突起，中间具 1 对突起，相互连接形成“H”形桥（背面观）；腹瓣长，端部微波状弯曲；侧瓣腹面观分为 2 支。阳茎器具 1 对长的相互交叉的突起。抱器适度长，背缘在抱器背突下具三角形瓣状突起，抱器背突至端部渐窄。

雌性外生殖器：肛节近梨形，基半部宽；肛刺突短，肛孔位于肛节基部的 1/3。第 3 产卵瓣不具脊。第 2 产卵瓣侧域宽，侧缘具 1 钝的呈瓣状的突起，中域具近四边形的突起。内生殖突至端部渐窄。内生殖瓣宽。第 1 产卵瓣宽，腹缘端部具 3 个大齿，端缘具 5 个具脊的刺。第 7 腹节中部凹，后缘深凹入，中部略凸出。

观察标本：未见。

地理分布：云南。

38. 叶瓢蜡蝉属 *Folifemurum* Che, Wang *et* Zhang, 2013

Folifemurum Che, Wang *et* Zhang, 2013: 77. **Type species**: *Folifemurum duplicatum* Che, Wang *et* Zhang, 2013.

体半球形。头包括复眼明显窄于前胸背板。头顶近四边形，粗糙具颗粒，中域凹陷，中线长几乎等于两后侧角处宽。具单眼。额粗糙布满瘤突，中域隆起，具中脊。唇基光滑，不与额位于同一平面上，明显向下弯曲；喙超过中足基节。前胸背板前缘弧形凸出，布满瘤突，中域具 2 个小凹陷；中胸盾片布满瘤突，具中脊，近侧缘中部各具 1 个小凹陷。前翅革质，半透明状，近长方形，前缘与缝缘几乎平行，无爪缝，纵脉明显，纵脉之间具许多不规则的横脉，ScP 脉与 R 脉在近基部分开，MP 脉与 CuA 脉简单；后翅小，小于前翅的 1/2，翅脉不明显。前足腿节和胫节略叶片状扩大，后足胫节具 3 个侧刺，后足刺式 8-8-2。

雄性外生殖器：肛节背面观杯状，肛孔位于近中部。尾节侧面观后缘几乎不突出。阳茎浅“U”形，端部瓣状，近中部具 1 对剑状突起物。

雌性外生殖器：肛节背面观近长方形，长大于最宽处。第 3 产卵瓣稍短，近方形，背缘长于腹缘，基部略隆起；背面观基部愈合，分叉处骨化。第 1 产卵瓣腹端角具 3 齿。

由于本属体形特殊，即体半球形，前翅无爪缝，后翅小、不分瓣且小于前翅的 1/2，前足腿节和胫节略叶片状扩大等特征，本志把该属作为帕瓢蜡蝉亚科 Parahiraciinae 的 1 个属。

地理分布：四川、云南。

本志记述 1 种。

(141) 双叶瓢蜡蝉 *Folifemurum duplicatum* Che, Wang *et* Zhang, 2013（图 131；图版 XXV：d-f）

Folifemurum duplicatum Che, Wang *et* Zhang, 2013: 78 (Type locality: Sichuan, China).

体连翅长：♂ 4.0-4.2mm，♀ 4.1-4.3mm。前翅长：♂ 3.5-3.6mm，♀ 3.6-3.8mm。

体棕色，具浅黄色瘤突。头顶棕色，中域处褐色。复眼黑色。额、唇黑褐色，额褐色，布满浅黄色瘤突。颊棕色，具黑褐色横带。唇基黑褐色。喙棕色，端部黑褐色。前胸背板和中胸盾片棕色，布满浅黄色瘤突。前翅棕色，后翅褐色。足棕色，前足和中足腿节黑褐色，布满浅黄色瘤突。腹部腹面和背面褐色，各节末端略带棕色。

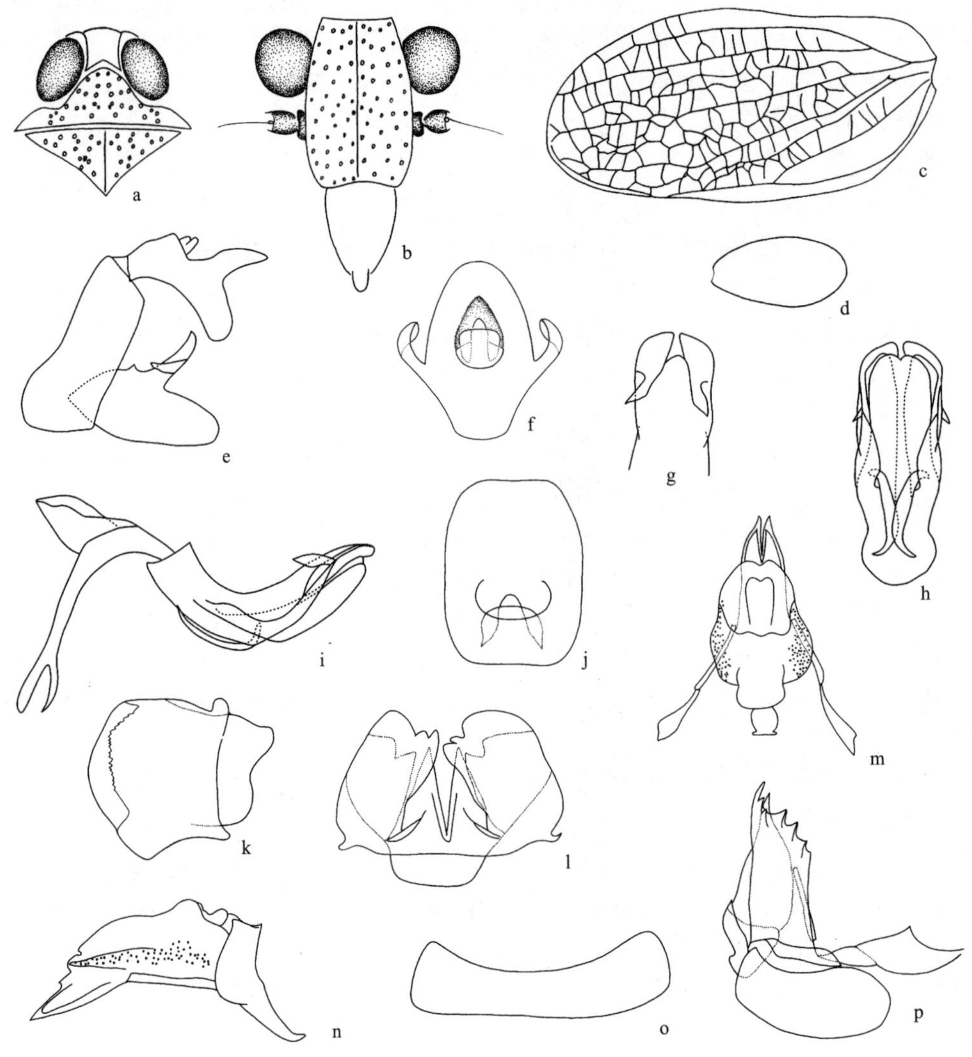

图 131 双叶瓢蜡蝉 *Folifemurum duplicatum* Che, Wang *et* Zhang

a. 头胸部背面观（head and thorax, dorsal view）；b. 额与唇基（frons and clypeus）；c. 前翅（tegmen）；d. 后翅（hind wing）；e. 雄虫外生殖器左面观（male genitalia, left view）；f. 雄肛节背面观（male anal segment, dorsal view）；g. 阳茎端部背面观（apex of phallus, dorsal view）；h. 阳茎腹面观（phallus, ventral view）；i. 阳茎左面观（phallus, left view）；j. 雌肛节背面观（female anal segment, dorsal view）；k. 第 3 产卵瓣侧面观（gonoplac, lateral view）；l. 第 3 产卵瓣背面观（gonoplas, dorsal view）；m. 第 2 产卵瓣背面观（gonapophyses Ⅸ, dorsal view）；n. 第 2 产卵瓣侧面观（gonapophysis Ⅸ, lateral view）；o. 雌第 7 腹节腹面观（female sternite Ⅶ, ventral view）；p. 第 1 产卵瓣侧面观（gonapophysis Ⅷ, lateral view）

头顶近五边形，中域略凹陷，前缘弧形弯曲，后缘角状凹入，后侧角尖，两后侧角宽约为中线长的 1.8 倍。额粗糙，布满瘤突，中域隆起，具中脊，最宽处位于近中部处，最宽处为基部宽的 1.1 倍，中线长为最宽处的 1.8 倍。颊在触角处具 1 条伸向复眼的横带。额唇基沟近平直。前胸背板较宽，前缘弧形突出，后缘近平直，布满浅色瘤突；中胸盾片宽且短，具中脊，布满浅色瘤突，最宽处为中线长的 2.2 倍。前翅近椭圆形，前缘与缝缘近平行，无爪缝，纵脉明显，纵脉之间布满不规则的网状翅脉，翅长为最宽处的 2.3 倍；后翅小，为前翅长的 0.3 倍，翅脉不明显。前足和后足腿节略叶片状扩大，后足胫节侧缘近端部具 3 个侧刺。后足刺式 8-8-2。

雄性外生殖器：肛节背面观蘑菇形，侧顶角具指向腹面的弯曲的指状突起，端缘中部极度突出；侧面观肛节相对宽，侧顶角长圆柱形且内弯；肛孔位于近中部。尾节侧面观后缘较直，侧背角突出，前缘中部凹入且长于后缘。阳茎浅“U”形，阳茎器近中部具 1 对短的剑状突起物，腹面观剑状突起物相互交叉；阳茎基背侧瓣端部具 1 对短的瓣状突起，末端尖，背面观指向头部；腹瓣腹面观端缘中部微凹入，短于背侧瓣。抱器侧面观近长的三角形，基部与端部基本等宽，背侧缘具 1 向内的端部尖的瓣状突起，后缘中部深凹入，尾腹角圆弧形极度突出；背突窄，具 1 大侧齿。

雌性外生殖器：肛节近长方形，顶缘微凹入，侧缘圆滑；肛孔位于肛节的近基部。第 2 产卵瓣长，基部明显凸出，端部稍平；背面观中域短，端部凹入。生殖骨片桥大，基部长明显大于宽，端部稍长。第 1 负瓣片长，后缘浅凹入。内生殖突顶端尖。内生殖瓣短，骨化，内凹。第 1 产卵瓣腹端角具 3 齿，端缘具 4 个平行的刺，3 个具脊。第 7 腹节后缘中部微凹入。

观察标本：1♂（正模），四川乡城，2900-3500m，1982.VI.28，王书永（IZCAS）；3♂1♀（副模），同正模；2♂1♀（副模），四川乡城，2900m，1982.VI.18，王书永（IZCAS）；1♀（副模），云南德钦奔子栏，2180m，1981.VIII.23，王书永（IZCAS）；1♀（副模），四川乡城，2900m，1982.VI.28，张学忠（IZCAS）。

地理分布：四川、云南。

39. 拟周瓢蜡蝉属 *Pseudochoutagus* Che, Zhang *et* Wang, 2011

Pseudochoutagus Che, Zhang *et* Wang, 2011: 63. **Type species**: *Pseudochoutagus curvativus* Che, Zhang *et* Wang, 2011; Gnezdilov *et* Constant, 2012: 572; Chen, Zhang *et* Chang, 2014: 124.

属征：体半球形。头包括复眼明显窄于前胸背板。头顶呈长的三边形，粗糙具颗粒，中域隆起，中线长为两后侧角处宽的 3 倍多，具中脊。具单眼。额长，中域粗糙，具细小的颗粒，中域隆起，具中脊。唇基小，具中脊，几乎与额位于同一平面上；喙延伸达后足转节。前胸背板中域具 2 个小凹陷；中胸盾片近侧缘中部各具 1 个小凹陷。前翅椭圆形，具爪缝，纵脉隆起明显，纵脉之间具许多不规则的横脉；ScP 脉与 R 脉在近基部分开，MP 脉 2 分支，在近基部 1/3 处分叉，CuA 脉简单；后翅分 3 瓣，翅脉明显呈网状。后足胫节近端部具 2 个侧刺。后足刺式 7-11-2。

雄性外生殖器：肛节背面观杯状，肛孔位于基半部。尾节侧面观后缘端部突出较大，基部突出较小。阳茎浅“U”形，端部瓣状，近端部具 1 对剑状突起物。抱器侧面观近三角形，端缘弧形弯曲，背缘近端部突出，突出短小并侧向弯曲。

地理分布：海南；越南。

全世界已知 2 种，中国已知 1 种。

(142) 拟周瓢蜡蝉 *Pseudochoutagus curvativus* Che, Zhang *et* Wang, 2011（图 132；图版 XXV：g-i）

Pseudochoutagus curvativus Che, Zhang *et* Wang, 2011: 63 (Type locality: Hainan, China); Chen, Zhang *et* Chang, 2014: 124.

体连翅长：♂ 10.4mm，♀11.3mm。前翅长：♂ 6.9mm，♀ 7.2mm。

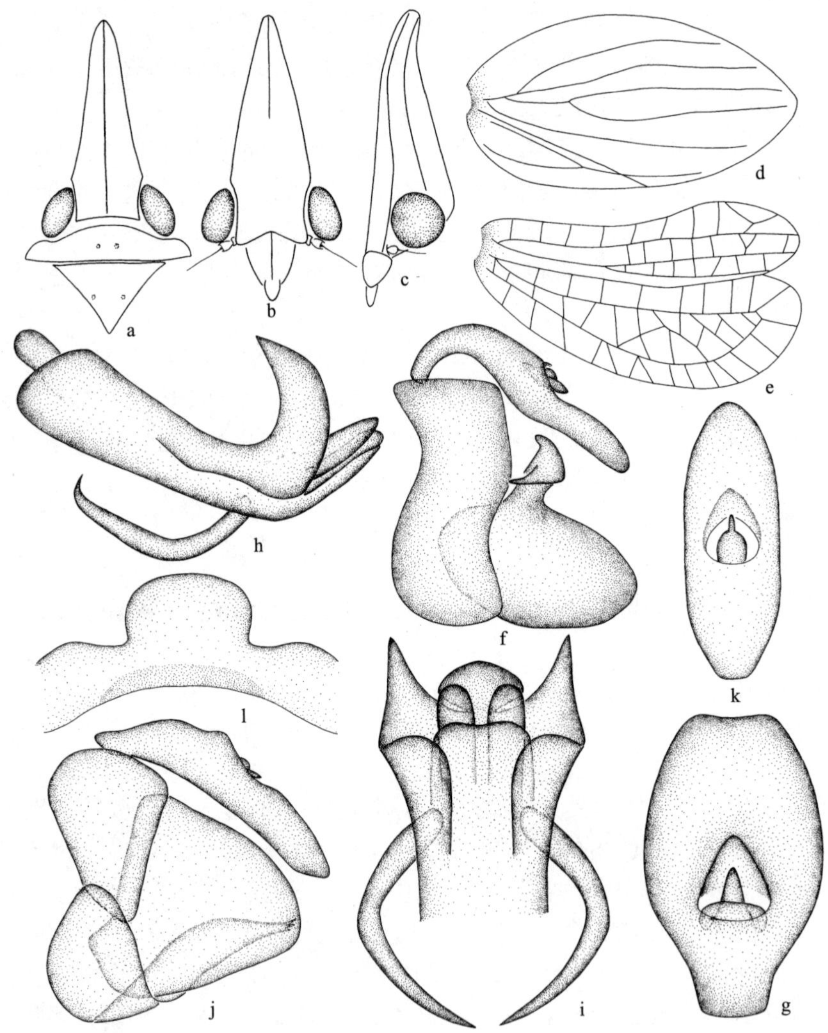

图 132 拟周瓢蜡蝉 *Pseudochoutagus curvativus* Che, Zhang *et* Wang

a. 头胸部背面观（head and thorax, dorsal view）；b. 额与唇基（frons and clypeus）；c. 头部侧面观（head, lateral view）；d. 前翅（tegmen）；e. 后翅（hind wing）；f. 雄虫外生殖器左面观（male genitalia, left view）；g. 雄肛节背面观（male anal segment, dorsal view）；h. 阳茎侧面观（phallus, lateral view）；i. 阳茎端部背面观（apex of phallus, dorsal view）；j. 雌虫外生殖器右面观（female genitalia, right view）；k. 雌肛节背面观（female anal segment, dorsal view）；l. 雌第 7 腹节腹面观（female sternite Ⅶ, ventral view）

体浅黄绿色，具棕色斑点。头顶浅黄绿色。复眼棕色。额近基部浅黄绿色，其余部分棕色。唇基和喙棕色。前胸背板和中胸盾片浅黄绿色，中域布满不规则的棕色斑点。前翅浅黄绿色，翅脉略带绿色；后翅褐色。足浅黄绿色，后足腿节褐色，前、中、后足的胫节绿色。腹部腹面和背面浅黄绿色，近中部处具棕色纵带，各节末端略带绿色。

头顶和额突出长，逐渐向端部处聚合，侧面观端部向上弯曲。头顶近五边形，中域略隆起，中线长约为两后侧角宽的 3.3 倍，具中脊。额长，近五边形，中域略隆起，具中脊但不达额的中部，最宽处为基部宽的 1.8 倍，中线长为最宽处的 2.9 倍。额唇基沟明显弯曲。唇基小，具明显的中脊，侧面观额和唇几乎处于同一平面上。前胸背板较宽，前缘弧形凸出，后缘近平直，布满许多不规则的棕色斑点；中胸小盾近三角形，最宽处为中线长的 1.9 倍。前翅近椭圆形，翅长为最宽处的 2.4 倍，翅面布满颗粒，翅脉隆起，纵脉明显且具许多短的横脉，ScP 脉长，MP 脉 2 分支，CuA 脉 3 分支；后翅较大，分 2 瓣，后翅长为前翅的 0.95 倍，翅脉呈网状。后足胫节侧缘近端部具 2 个侧刺。后足刺式 7-11-2。

雄性外生殖器：肛节背面观近蘑菇形，肛孔位于基半部，近中部处最宽，侧顶角钝圆，端缘微凹入，基缘近平直。尾节侧面观后缘近端部突出，基部突出小，端缘近平直，后缘波状弯曲。阳茎浅“U”形，阳茎器近端部具 1 对剑状突起物；阳茎基背侧瓣背面观端部不裂叶，端缘平截，背向弯曲，侧面观末端尖锐；腹瓣腹面观端缘中部微凹入，不裂叶。抱器侧面观近三角形，端缘弧形弯曲，背缘近端部突出，突起短小且侧向弯曲，突出的基部尖细，端部弯曲成钩状。

雌性外生殖器：肛节背面观近椭圆形，长大于最宽处。第 3 产卵瓣侧面观近方形，中域微隆起。第 1 产卵瓣近方形，腹端角具 3 齿。第 7 腹节中部方形凸出。

观察标本：1♂（正模），海南尖峰岭，1983.IV.20，顾茂彬（CAF）；1♂（副模），海南铜鼓岭，2008.IV.26，门秋雷（NWAFU）；1♀（副模），海南琼中县，2007.VII.31，吴小璠（SWU）。

地理分布：海南；越南。

40. 喙瓢蜡蝉属，新属 *Rostrolatum* Che, Zhang *et* Wang, gen. nov.

Type species: *Rostrolatum separatum* Che, Zhang *et* Wang, sp. nov.

头包括复眼明显窄于前胸背板。背面观头顶与额伸至复眼前方，头顶近锥形，端部向下弯曲，不呈水平状，中域微凹陷，侧缘略脊起，后缘角状凹入，基部具中脊，两后侧角处宽明显小于中线长。背面观可观察到颊，颊较大。额近锥形，中域隆起，具中脊，侧面观额的端部向下弯曲，不与基部处于同一平面上。唇基粗糙，具细小的颗粒，与额的基部位于同一平面上；喙伸达中足转节。前胸背板前缘弧形凸出，后缘近平直，具中脊，中域具 2 个小凹陷，布满浅色瘤突；中胸盾片粗糙，近三角形，具中脊和亚侧脊，近侧缘中部具 1 个小凹陷，布满浅色瘤突。前翅革质，半透明状，近椭圆形，ScP 脉与 R 脉在近基部 1/10 分开，R 脉 2 或 3 分支，MP 脉 2 分支，首次在近中部分支，CuA 脉不分支，爪片上的“Y”脉超出爪片达近端缘。后翅折叠，略短于前翅，具 3 瓣，明显宽于前翅，网状翅脉明显。后足胫节具 2 个侧刺。后足刺式 7-7-2。

雄性外生殖器：肛节近杯形；肛孔位于近中部。尾节背半部宽，腹半部变窄，后缘波状。阳茎基在近基部分为背侧瓣和腹瓣，阳茎器基部 1/3 具 1 对突起。抱器后缘凹入，尾腹角强突出。

雌性外生殖器：肛节背面观近椭圆形，长大于最宽处。第 3 产卵瓣侧面观近方形，中域微隆起。第 1 产卵瓣近方形，腹端角具 3 齿。

鉴别特征：本属特殊的头部特征与弘瓢蜡蝉属 *Macrodarumoides* 相似，但可从下列特征进行区分：①头顶端部向下弯，呈鸟喙状，后者头顶端部水平；②前翅 R 脉 2 或 3 分支，后者 R 脉不分支。

属名词源：本属名取自拉丁词“*rostrum*”，意为“喙的”，“*lateralis*”，意为“侧”，此处指本属头部侧面观呈鸟喙状。本属名的属性是中性。

地理分布：海南。

本志记述本属 1 新种。

(143) 二叉喙瓢蜡蝉，新种 *Rostrolatum separatum* Che, Zhang *et* Wang, sp. nov.（图 133；图版 XXV：j-l）

体连翅长：♂ 6.8mm，♀ 7.1mm。前翅长：♂ 5.0mm，♀ 5.3mm。

体棕色，略带绿色。前胸背板和中胸盾片深棕色，具浅棕色脊和瘤突。足棕色，后足腿节褐色。腹部腹面和背面棕色，腹部各节的近端部浅黄绿色。

背面观头顶与额伸至复眼前方，头顶近锥形，端部向下弯曲，不呈水平状的，中域微凹陷，侧缘略脊起，后缘角状凹入，基部具中脊，两后侧角处宽明显小于中线长，中线长为两后侧角处宽的 2.3 倍。额近锥形，中域隆起，具中脊，侧面观额的端部向下弯曲，不与基部处于同一平面上，额长为最宽处的 1.6 倍，最宽处为基部宽的 1.8 倍。唇基粗糙，具细小的颗粒，与额的基部位于同一平面上，无脊。前胸背板前缘弧形凸出，后缘近平直，具中脊，中域具 2 个小凹陷，布满浅色瘤突；中胸盾片粗糙，近三角形，具中脊和亚侧脊，近侧缘中部具 1 个小凹陷，布满浅色瘤突，最宽处为中线长的 1.6 倍。前翅革质半透明状，长为最宽处的 2.3 倍。后足胫节具 2 个侧刺。后足刺式 7-7-2。

雄性外生殖器：肛节近中部最宽，中线长与最宽处基本相等，端缘弧形略凹入，两侧顶角角状突出；侧面观腹缘在中部深凹入。尾节背缘斜直，后缘波状，背端角近三角形凸出，近中部弧形凹入。阳茎基背侧瓣在基部向腹面包围腹瓣，腹缘端半部斜直；腹瓣端缘中部微凹入；阳茎器基部 1/3 处具 1 对钩状突起。抱器后缘角状微凹入，尾腹角钝圆；抱器背突端缘斜直，端角略尖，基部具 1 近片状的大侧齿。

雌性外生殖器：肛节近杯形，长大于宽，近基部处最宽，至端部渐细，端缘较平直，侧缘圆滑。第 3 产卵瓣近方形，基半部微隆起。第 2 产卵瓣侧面观基部明显凸出；背面观中域分 2 瓣。第 1 负瓣片后缘近平直。内生殖突外缘具 1 细长骨化带。第 1 产卵瓣腹端角具 3 个大齿，端缘具 1 小刺。第 7 腹节中部凹。

正模：♂，海南尖峰岭鸣凤谷，18°44.658′N，108°50.435′E，1017m，2010.VIII.18，

郑国。副模：1♂，同正模；1♀，海南吊罗山，18°44.597′N，109°51.991′E，956m，2010.VIII.8，郑国；1♀，海南尖峰岭（五），1983.VI.13，顾茂彬（CAF）。

种名词源：拉丁词“*separatus*”，意为“分离的，分开的”，此处指前翅 R 脉 2 分支。

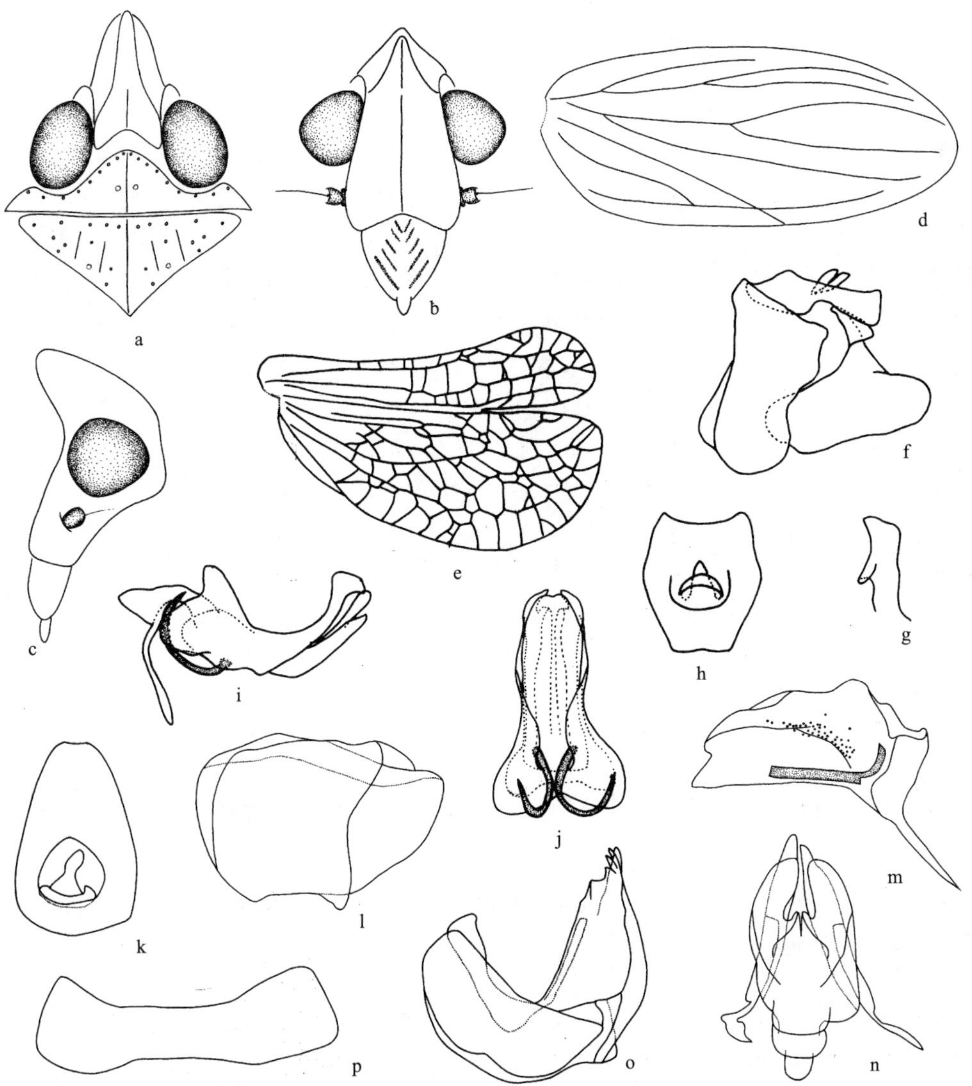

图 133　二叉喙瓢蜡蝉，新种 *Rostrolatum separatum* Che, Zhang *et* Wang, sp. nov.

a. 头胸部背面观（head and thorax, dorsal view）；b. 额与唇基（frons and clypeus）；c. 头部侧面观（head, lateral view）；d. 前翅（tegmen）；e. 后翅（hind wing）；f. 雄虫外生殖器左面观（male genitalia, left view）；g. 抱器背突尾向观（capitulum of genital style, caudal view）；h. 雄肛节背面观（male anal segment, dorsal view）；i. 阳茎侧面观（phallus, lateral view）；j. 阳茎腹面观（phallus, ventral view）；k. 雌肛节背面观（female anal segment, dorsal view）；l. 第 3 产卵瓣侧面观（gonoplac, lateral view）；m. 第 2 产卵瓣侧面观（gonapophysis Ⅸ, lateral view）；n. 第 2 产卵瓣背面观（gonapophyses Ⅸ, dorsal view）；o. 第 1 产卵瓣侧面观（gonapophysis Ⅷ, lateral view）；p. 雌第 7 腹节腹面观（female sternite Ⅶ, ventral view）

41. 弘瓢蜡蝉属 *Macrodarumoides* Che, Zhang *et* Wang, 2012

Macrodarumoides Che, Zhang *et* Wang, 2012a: 52. **Type species**: *Macrodarumoides petalinus* Che, Zhang *et* Wang, 2012; Chen, Zhang *et* Chang, 2014: 126.

属征：头包括复眼明显窄于前胸背板。头顶长，近三角形，水平状的，中域凹陷，近后缘具 2 个小凹陷，前缘角状突出，后缘微凹入，侧缘脊起，中线长为基部宽的 1.8 倍。背面观头顶与额伸至复眼前方，额长，近三角形，中域明显脊起，具中脊，中脊至侧缘处呈斜的平面，侧面观额弯向端部。唇基具中脊，与额位于同一平面上；喙伸达后足转节。前胸背板前缘弧形凸出，后缘近平直，中域具 2 个小凹陷；中胸盾片近侧缘中部具 1 个小凹陷。前翅革质，半透明状，近椭圆形，具爪缝，纵脉明显，ScP 脉长，与 R 脉在近基部分开，MP 脉 4 分支，首次分叉在近中部，CuA 脉不分支，爪缝仅达缝缘的中部，纵脉之间布满细小的不规则的网状翅脉；后翅大，3 瓣，大于前翅的 1/2，网状翅脉明显。后足胫节具 2 个侧刺。后足刺式 11-(5-6)-2。

雄性外生殖器：肛节背面观蘑菇形，长大于宽，近中部处最宽。尾节侧面观后缘近端部处微凸出。阳茎具连索，浅"U"形，端部对称，近中部具 1 对突起。抱器近三角形，端缘波形弯曲，突起短小且向侧面弯曲。

雌性外生殖器：肛节背面观蘑菇状椭圆形，长约等于最宽处。第 1 产卵瓣小，具刺，侧面观第 9 背板大，近四边形，第 3 卵瓣近方形。第 7 腹节中部突出。

地理分布：广西、云南。

全世界已知 1 种。

(144) 瓣弘瓢蜡蝉 *Macrodarumoides petalinus* Che, Zhang *et* Wang, 2012（图 134；图版 XXVI：a-c）

Macrodarumoides petalinus Che, Zhang *et* Wang, 2012a: 54 (Type locality: Yunnan, China); Chen, Zhang *et* Chang, 2014: 126.

体连翅长：♂ 8.1mm，♀ 8.3mm。前翅长：♂ 6.0mm，♀ 6.1mm。

体棕色。头顶中域棕色，侧缘黑色。复眼黑褐色。唇基棕色，喙浅棕色。前胸背板和中胸盾片棕色。前翅棕色；后翅褐色。足棕色。腹部腹面和背面棕色，中部褐色。

头顶长，近三角形，水平状，中域凹陷，近后缘具 2 个小凹陷，前缘角状突出，后缘微凹入，侧缘微脊起，中线长约为两后侧角宽的 1.8 倍。额长，近三角形，中域明显脊起，具中脊，中脊至侧缘处呈斜的平面，侧面观额弯向端部，最宽处为基部宽的 1.1 倍，中线长为最宽处的 2.8 倍。额唇基沟近平直。唇基具中脊，与额位于同一平面上。前胸背板前缘弧形凸出，后缘近平直，中域具 2 个小凹陷；中胸盾片近三角形，近侧缘中部具 1 个小凹陷，最宽处为中线长的 1.7 倍。前翅革质，半透明状，近椭圆形，具爪缝，纵脉明显，ScP 脉长，与 R 脉在近端部分开，MP 脉 4 分支，CuA 脉不分支，爪缝仅达缝缘的中部，纵脉之间布满细小的不规则的网状翅脉，前翅长为最宽处的 2.5 倍；后翅大，大于前翅的 1/2，为前翅长的 0.7 倍，网状翅脉明显。后足胫节具 2 个侧刺。后足刺式 11-（5-6）-2。

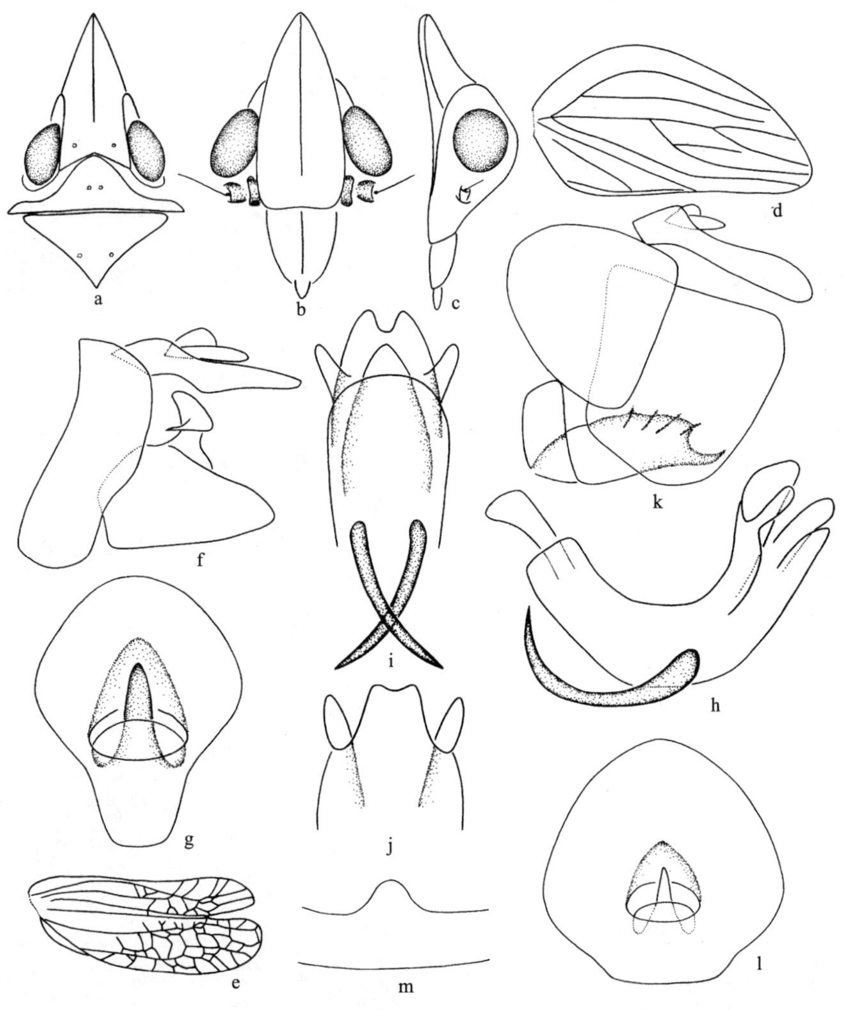

图 134　瓣弘瓢蜡蝉 *Macrodarumoides petalinus* Che, Zhang *et* Wang

a. 头胸部背面观（head and thorax, dorsal view）；b. 额与唇基（frons and clypeus）；c. 头部侧面观（head, lateral view）；d. 前翅（tegmen）；e. 后翅（hind wing）；f. 雄虫外生殖器左面观（male genitalia, left view）；g. 雄肛节背面观（male anal segment, dorsal view）；h. 阳茎侧面观（phallus, lateral view）；i. 阳茎端部腹面观（apex of phallus, ventral view）；j. 背瓣端部背面观（apex of dorsal lobe, dorsal view）；k. 雌虫外生殖器左面观（female genitalia, left view）；l. 雌肛节背面观（female anal segment, dorsal view）；m. 雌第 7 腹节腹面观（female sternite Ⅶ, ventral view）

雄性外生殖器：肛节背面观近蘑菇形，肛孔位于近中部，侧顶角钝圆，端缘中部微突出。尾节侧面观后缘近中部突出，基部突出小。阳茎浅“U”形，阳茎器近中部具 1 对短的指向头向的剑状突起物；阳茎基背瓣背面观近端部裂叶，端缘中部微凹入，侧缘向下包住腹瓣；腹瓣腹面观端缘中部弧形突出，侧顶角圆。抱器侧面观近长的三角形，端缘弧形弯曲，背缘近端部突出；尾向观突出的基部尖细成针状，端部钝圆。

雌性外生殖器：肛节近蘑菇形，长略大于宽，中部最宽，顶缘微突出；肛孔位于肛节的基半部，肛下板短。第 3 产卵瓣近长方形，基半部微隆起；背面基部愈合，愈合处强骨化。第 2 产卵瓣基部凸起，端部直；中域端缘凸，圆弧形；侧域具 2 对小刺突。生殖骨片桥较大。第 1 负瓣片近方形，后缘直。内生殖突略骨化，顶端尖。内生殖瓣强骨化，腹缘内弯。第 1 产卵瓣长方形，腹端角具 2 个大齿，端缘具 3 个带脊的刺。第 7 腹节后缘中部突出。

观察标本：1♂（正模），云南保山，1900m，1999.XI.20，秦道正；1♂1♀（副模），广西乐业同乐林场，1980.IX.15，陆均生；1♀（副模），广西乐业雅长烟棚，1980.IX.24，陆均生；1♀（副模），同正模；2♂1♀（副模），云南保山，1979.VIII.22，崔剑昕（NKU）。

地理分布：广西、云南。

42. 黄瓢蜡蝉属 *Flavina* Stål, 1861

Flavina Stål, 1861: 209. **Type species**: *Flavina granulata* Stål, 1861; Ran *et* Liang, 2006a: 388; Zhang, Che, Wang *et* Webb, 2010:27; Chen, Zhang *et* Chang, 2014: 86.

Nilalohita Distant, 1906: 358. **Type species**: *Nilalohita curculioides* Distant. Synonymised by Gnezdilov *et* Wilson, 2007: 106.

Dolia Kirkaldy, 1907: 95. **Type species**: *Hiracius walkeri* Signoret, 1861: 57. Synonymised by Gnezdilov, 2009a: 84.

属征：头包括复眼窄于前胸背板。头顶近六边形，宽小于长，中域明显凹陷，侧缘脊起，前缘锥状凸出，后缘角状凹入。具单眼。额具中脊，中域略隆起，长大于最宽处，前缘略凹入或不凹入。唇基隆起，光滑无脊；喙达后足转节。前胸背板前缘明显凸出，后缘近平直，具或无脊，中域具 2 个小凹陷，布满浅色小瘤突。中胸盾片具脊或无脊，近侧缘中部各具 1 个小凹陷。前翅长大于宽，前缘与缝缘近平行，无前缘下板；ScP 脉与 R 脉在基部 1/6 处，MP 脉 3 分支，首次在基部分叉，CuA 脉不分支，爪缝达前翅近中部，爪脉在爪片近 2/3 处愈合。后翅略短于前翅，呈 3 瓣，翅脉呈网状。后足胫节具 3-5 个侧刺。后足刺式 8-9-2。

雄性外生殖器：肛节背面观杯状或蘑菇形，宽大于长，长大于或约等于最宽处。尾节侧面观后缘微凸出。阳茎具连索，浅“U”形或近平直，端部对称，具 2 个突起。抱器近三角形，突起短小且侧向弯曲。

雌性外生殖器：肛节背面观杯状，长大于最宽处。第 1 产卵瓣具刺，侧面观第 9 背板近四边形，第 3 产卵瓣近三角形。

本属全世界已知 11 种，我国已知 5 种。Zhang 和 Chen（2011）记录模式种 *Flavina granulata* Stål, 1861 在中国贵州有分布，仅观察 5 头雌虫标本，而且未对印度的模式标本进行检验，在模式标本雄性外生殖器未获得的情况下，该种类仍需进一步研究。因此，本志仅记述 4 种。

地理分布：海南、广西、云南；印度，缅甸，越南，泰国，马来西亚，新加坡。

种检索表

1. 额的上端缘很窄，后足胫节具 3 个或 4 个侧刺……………………………**海南黄瓢蜡蝉 *F. hainana***
   额的上端缘很宽，后足胫节具 5-7 个侧刺 ……………………………………………………………2
2. 头顶前缘平截，额无此亚侧脊……………………………………………… **云南黄瓢蜡蝉 *F. yunnanensis***
   头顶前缘弧形凸出，额具倒“U”形短亚侧脊……………………………………………………………3
3. 阳茎具 2 个短的剑状突起物，指向尾向…………………………………**黑额黄瓢蜡蝉 *F. nigrifrons***
   阳茎具 2 个剑状突起物，指向头向…………………………………………**带黄瓢蜡蝉 *F. nigrifascia***

(145) 海南黄瓢蜡蝉 *Flavina hainana* (Wang *et* Wang, 1999)（图 135；图版 XXVI：d-f）

Nilalohita hainana Wang *et* Wang, 1999: 141 (Type locality: Hainan, China).
Flavina hainana: Zhang Che, Wang *et* Webb, 2010: 30; Chen, Zhang *et* Chang, 2014: 89.

体连翅长：♂ 10mm，♀ 11-12mm。前翅长：♂ 8.9mm，♀ 9.7-10.6mm。

体棕色略带绿色，具黑褐色斑点。头顶棕色，近侧缘处具黑斑。复眼褐色。额褐色；唇棕色，具褐色纵带。喙棕色。前胸背板棕色，前侧角及中域黑褐色，中域及前侧角具浅棕色瘤突。中胸盾片棕色，具黑色斑点。前翅棕色略带绿色，具许多不规则的黑褐色斑点；后翅褐色，翅脉棕色。足棕色，前足、中足和后足的腿节具褐色环带，胫节具许多不规则的褐色斑点。腹部腹面棕色，近中线处褐色；腹部背面棕色，各节末端略带褐色。

头顶近六边形，中域明显凹陷，侧缘明显脊起，近前缘处具 1“八”字形的凹刻，侧缘近顶角处具深色纵带，两后侧角宽约为中线长的 1.1 倍。额光滑，中域隆起，具中脊，最宽处位于近基部处，中线长为最宽处的 2.1 倍。额唇基沟明显弯曲。前胸背板较宽后缘近平直，具中脊，中域及前侧角具浅色瘤突；中胸盾片宽且短，具亚侧脊，最宽处为中线长的 2.3 倍。前翅长且窄，翅长为最宽处的 2.8 倍，纵脉明显，ScP 脉长，MP 脉 4 分支，CuA 脉不分支；后翅大，分 3 瓣，翅脉网状，后翅长为前翅的 0.95 倍。后足胫节侧缘近端部具 3 个或 4 个侧刺。后足刺式 8-9-2。

雄性外生殖器：肛节背面观蘑菇形，肛孔位于近中部，中部处最宽，侧顶角钝圆，端缘微突出。尾节侧面观后缘近端部突出，突出中部略缢缩，基部突出小。阳茎近浅“U”形，阳茎器具 1 对位于近端部的短的剑状突起物；阳茎基背瓣背面观端部钝圆不裂叶，端缘微突出；侧瓣侧面观细长 2 裂叶，端部渐细弯曲，呈钩状；腹瓣腹面观端缘中部突出，不裂叶。抱器侧面观呈近三角形，端缘波状弯曲，背缘近端部突出，突出下方具 1 斜的脊起；尾向观突出的基部钝圆、端部渐细，呈钩状。

雌性外生殖器：肛节背面观近蘑菇形，顶缘近平直，侧缘圆滑，肛孔位于肛节的近中部。第 1 产卵瓣向上弯曲，端缘具 5 个近平行的、依次增大的刺，近侧缘处的最大的刺上具 2 个刺。侧面观第 9 背板近卵圆形，第 3 产卵瓣近四边形。第 7 腹节近平直。

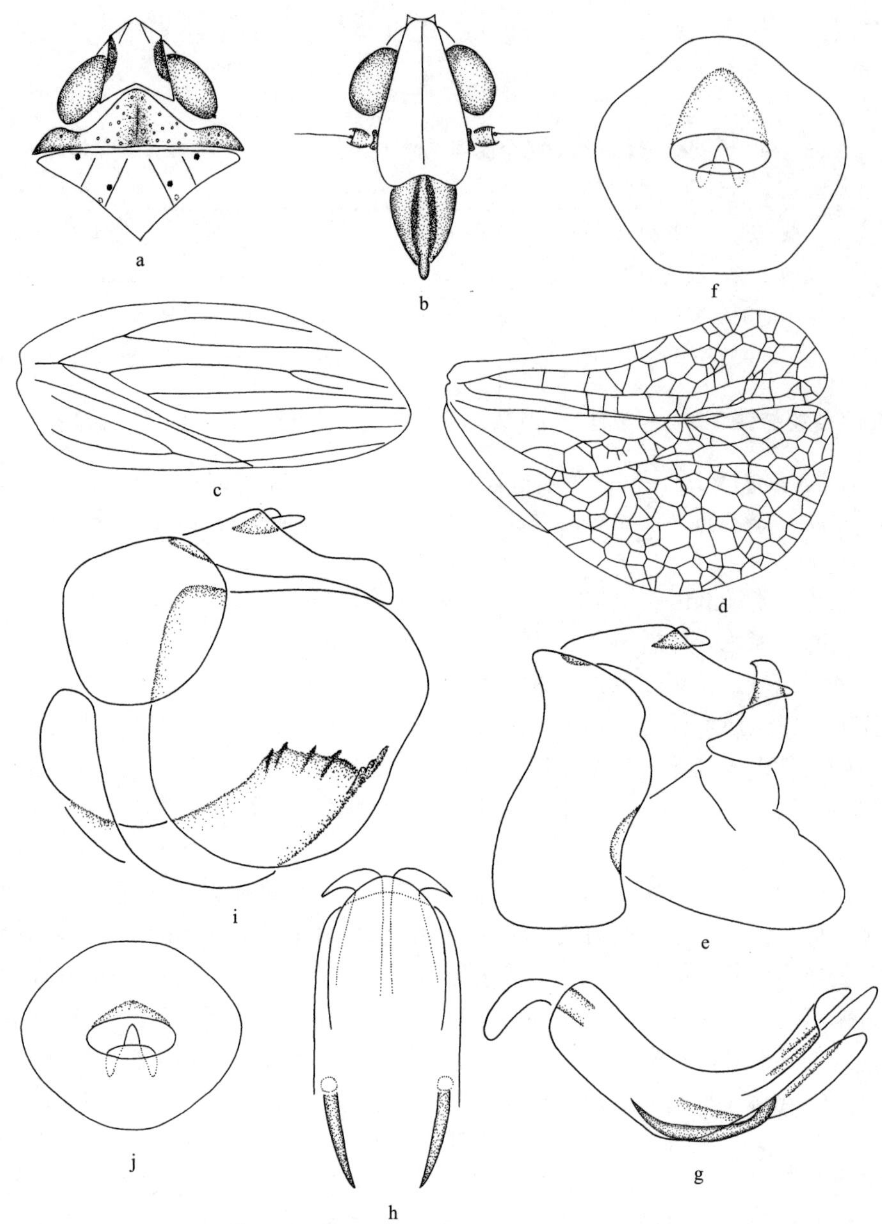

图 135 海南黄瓢蜡蝉 *Flavina hainana* (Wang *et* Wang)

a. 头胸部背面观（head and thorax, dorsal view）；b. 额与唇基（frons and clypeus）；c. 前翅（tegmen）；d. 后翅（hind wing）；e. 雄虫外生殖器左面观（male genitalia, left view）；f. 雄肛节背面观（male anal segment, dorsal view）；g. 阳茎侧面观（phallus, lateral view）；h. 阳茎端部腹面观（apex of phallus, ventral view）；i. 雌虫外生殖器左面观（female genitalia, left view）；j. 雌肛节背面观（female anal segment, dorsal view）

观察标本：♂，海南尖峰岭，1984.IV.1，陈芝卿（CAF）；1♂，海南尖峰岭（五），1981.VII.9，顾茂彬（CAF）；2♀，海南尖峰岭（三），1982.IV.18，陈芝卿（CAF）；1♀，海南尖峰岭（四），1982.II.2，林尤洞（CAF）；1♀，海南尖峰岭（五），1982.VI.2，林尤

洞（CAF）；1♀，海南尖峰岭，1984.V.18，林尤洞（CAF）；1♀，海南尖峰岭（三），1982.II.14，林尤洞灯诱；1♀，海南尖峰岭（五），1983.IV.21，顾茂彬（CAF）；1♀，海南尖峰岭（五），1982.II.18，梁少营（CAF）；1♀，云南瑞丽勐休，1979.IX.2，熊江（CAF）。

地理分布：海南、云南。

(146) 云南黄瓢蜡蝉 *Flavina yunnanensis* Chen, Zhang *et* Chang, 2014

Flavina yunnanensis Chen, Zhang *et* Chang, 2014: 92 (Type locality: Yunnan, China).

以下描述源自 Chen 等（2014）。

体连翅长：♂ 8.00mm。前翅长：♂ 6.60mm。

体褐色，具绿色斑。头顶浅绿色，前缘黑褐色，复眼深褐色。额、唇基暗褐色；喙浅绿色，触角黑褐色，基部浅绿色。前胸背板、中胸盾片浅绿色。前翅浅褐色，具黑色斑纹，脉纹浅绿色；后翅褐色。前、中、后足腿节、胫节浅绿色，具暗褐色环斑。腹部腹面暗褐色。

头顶中长为基宽的 0.73 倍，前缘近平截，亚侧脊强烈隆起。额中长为最宽处宽的 1.36 倍，中基部中脊明显隆起。前胸背板中长为头顶中长的 1.25 倍，具亚侧脊和不甚明显的中脊。中胸盾片中长为前胸背板中长的 1.34 倍，缺中脊，各侧均具 1 条不甚明显的亚侧脊。前翅长条形，端部尖，中长为最宽处宽的 3.13 倍。后翅长为最宽处宽的 2.07 倍，背瓣和中瓣间的凹刻长为后翅长的 0.36 倍。后足胫节外侧具 5 个（左足）和 7 个（右足）侧齿。后足刺式 8-8-2。

雄性外生殖器：肛节背面观，呈倒梯形，基部窄，端向扩宽，近端部最宽，两侧缘近平直，端缘钝圆，肛孔位于近中偏基部；肛节侧面观端部弯向腹面。尾节侧面观，腹缘长于背缘，后缘中上部弧形向后突出。抱器侧面观基部宽，端部渐细，背缘弧形，腹缘长，端腹角圆尖，后缘近平直；背突粗短，向尾方倾倒，端部钝，与亚端部侧突形成钳状。阳茎侧面观，呈浅“U”形。阳茎基背缘具 2 个小的半圆形突起，背瓣侧面观端部半圆形隆起；侧瓣 2 裂叶，裂叶端部膨大；腹瓣明显短于背瓣和侧瓣，腹面观其端部圆形，端缘中部微凹。阳茎器中偏端部两侧各具 1 个刺状突起，突起端部尖，交叉指向背后方。

观察标本：未见。

地理分布：云南。

(147) 黑额黄瓢蜡蝉 *Flavina nigrifrons* Zhang *et* Che, 2010（图 136；图版 XXVI：g-i）

Flavina nigrifrons Zhang *et* Che, 2010 in Zhang, Che, Wang *et* Webb, 2010: 29 (Type locality: Guangxi, China).

体连翅长：♂ 11.2mm，♀ 12.2mm；前翅长：♂ 8.9mm，♀ 9.2mm。

体红棕色略带绿色。头顶红棕色，前后缘及侧缘棕色。复眼褐色。额、唇黑褐色，额的近侧缘处红棕色。喙棕色。前胸背板棕色，中域具浅棕色瘤突。中胸盾片棕色。前翅棕色，翅脉略带绿色；后翅深棕色。足棕色，前足、中足和后足的腿节褐色，胫节略带绿色。腹部腹面和背面红棕色，各节末端略带褐色。

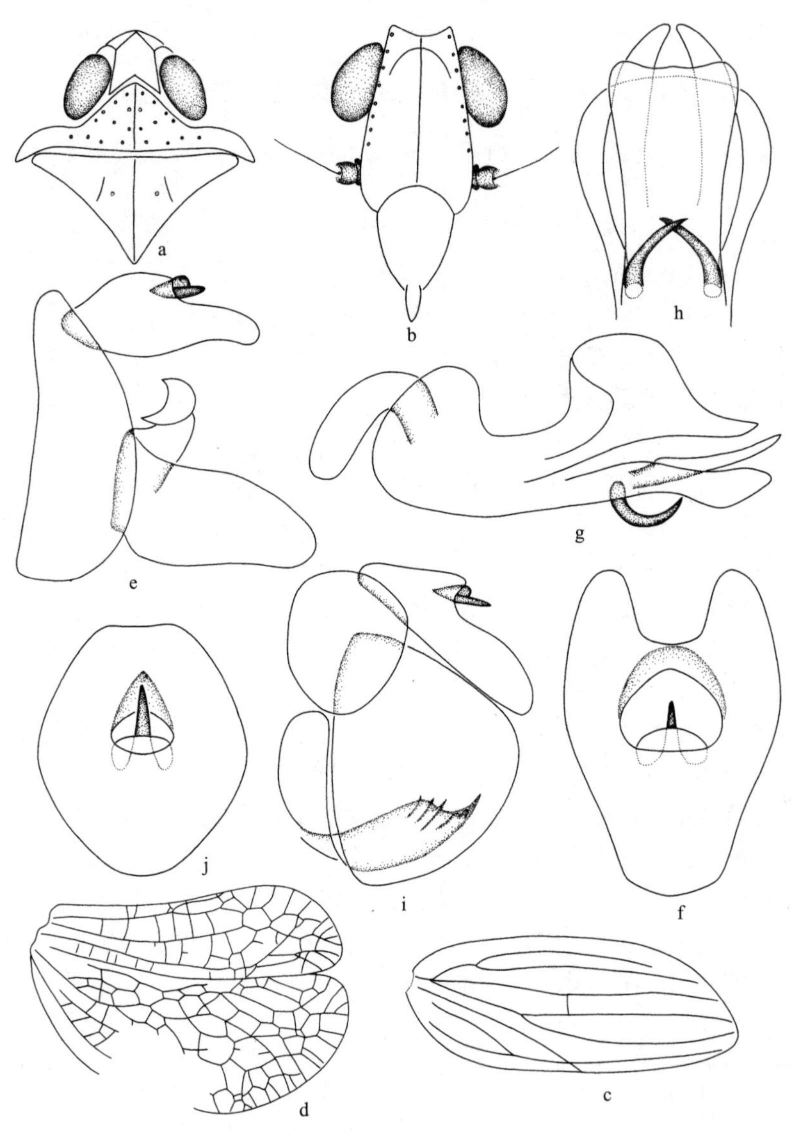

图 136 黑额黄瓢蜡蝉 *Flavina nigrifrons* Zhang *et* Che

a. 头胸部背面观（head and thorax, dorsal view）；b. 额与唇基（frons and clypeus）；c. 前翅（tegmen）；d. 后翅，扇域破损（hind wing, vannal region damaged）；e. 雄虫外生殖器左面观（male genitalia, left view）；f. 雄肛节背面观（male anal segment, dorsal view）；g. 阳茎侧面观（phallus, lateral view）；h. 阳茎端部腹面观（apex of phallus, ventral view）；i. 雌虫外生殖器左面观（female genitalia, left view）；j. 雌肛节背面观（female anal segment, dorsal view）

头顶近六边形，中域略凹陷，两后侧角宽约为中线长的 1.1 倍。额光滑，中域隆起，具中脊，端部具 1 倒“U”形的脊，最宽处位于近基部处，中线长为最宽处的 2.0 倍。额唇基沟明显弯曲。前胸背板较宽，后缘近平直，具中脊，中域具浅色瘤突；中胸盾片宽且短，具中脊和亚侧脊，最宽处为中线长的 2.0 倍。前翅长且窄，翅长为最宽处的 2.3 倍，纵脉明显，ScP 脉长，MP 脉不分叉，MP 脉与 CuA_1 脉之间具 1 短的横脉，1 条余脉源于爪片端部，与 CuA_2 脉近平行；后翅大，分 3 瓣，翅脉网状，后翅长为前翅的 0.9 倍。后足胫节侧缘近端部具 5 个侧刺。后足刺式 8-9-2。

雄性外生殖器：肛节背面观蘑菇形，肛孔位于近端部，中部处最宽，侧顶角钝圆，端缘深凹入。尾节侧面观后缘近基部突出，端部突出小。阳茎近平直，阳茎器具 1 对位于近端部的短的剑状突起物；阳茎基背瓣背面观端部钝圆不裂叶，膨大近中部处向下包住腹瓣和侧瓣；侧瓣侧面观细长 2 裂叶，端部渐细；腹瓣腹面观端缘中部微凹入，不裂叶。抱器侧面观呈近长的三角形，端缘弧形弯曲，背缘近端部突出，突出下方的脊直达抱器的腹缘；尾向观突出的基部、端部渐细，呈钩状。

雌性外生殖器：肛节背面观近卵圆形，顶缘微凹入，侧缘圆滑，肛孔位于肛节的端半部。第 1 产卵瓣向上弯曲，端缘具 4 个近平行的、依次增大的刺，近侧缘处的最大的刺上具 2 个刺。侧面观第 9 背板近卵圆形，第 3 产卵瓣三角形。第 7 腹节近平直。

观察标本： 1♂（正模）1♀（副模），广西花坪，1963.VI.7，采集人不详（NWAFU）。

地理分布： 广西。

(148) 带黄瓢蜡蝉 *Flavina nigrifascia* Che *et* Wang, 2010（图 137；图版 XXVI：j-l）

Flavina nigrifascia Che *et* Wang, 2010 in Zhang, Che, Wang *et* Webb, 2010: 33 (Type locality: Yunnan, China).

体连翅长：♂ 9.2mm。前翅长：♂ 7.2mm。

体棕色具黑色斑纹。头顶黑色，前缘棕色。复眼棕色。额浅棕色；唇棕色，具浅棕色纵带。喙棕色。前胸背板和中胸盾片棕色，中域处黑色，具浅色瘤突。前翅棕色，翅脉处具许多不规则的黑褐色斑点；后翅褐色。足棕色，前足、中足和后足的腿节具间断的黑色纵带，胫节略带绿色。腹部腹面和腹部背面棕色，各节末端略带褐色。

头顶近六边形，中域明显凹陷，侧缘明显脊起，两后侧角宽约为中线长的 1.1 倍。额中域不隆起，具中脊，端部具 1 倒“U”形的脊，最宽处位于近基部处，中线长为最宽处的 1.9 倍。额唇基沟明显弯曲。前胸背板较宽，后缘近平直，具中脊，中域具浅色瘤突；中胸盾片宽且短，具中脊和亚侧脊，最宽处为中线长的 2.1 倍。前翅长且窄，翅长为最宽处的 2.8 倍，纵脉明显，ScP 脉长，MP 脉不分支，CuA 脉 2 分支，1 条余脉源于爪片端部，与 CuA_2 脉近平行；后翅大，后翅长为前翅的 0.95 倍。后足胫节侧缘近端部具 5 个侧刺。后足刺式 8-9-2。

雄性外生殖器：肛节背面观蘑菇形，肛孔位于近中部，中部处最宽，侧顶角钝圆，端缘微凹入。尾节侧面观后缘近基部突出，端部突出小。阳茎近浅“U”形，阳茎器具 1 对位于近端部的短的剑状突起物；阳茎基背瓣背面观 2 裂叶端部渐细且细长；侧瓣侧面观细长 2 裂叶，端部钝圆；腹瓣腹面观端缘中部突出，不裂叶。抱器侧面观呈近三角形，端缘弧形弯曲，背缘近端部突出，突出下方具 1 斜的脊起；尾向观突出的基部、端部渐细，呈钩状。

观察标本：1♂（正模），云南瑞丽南京里，1981.VI.4，李法圣（CAU）。

地理分布：云南。

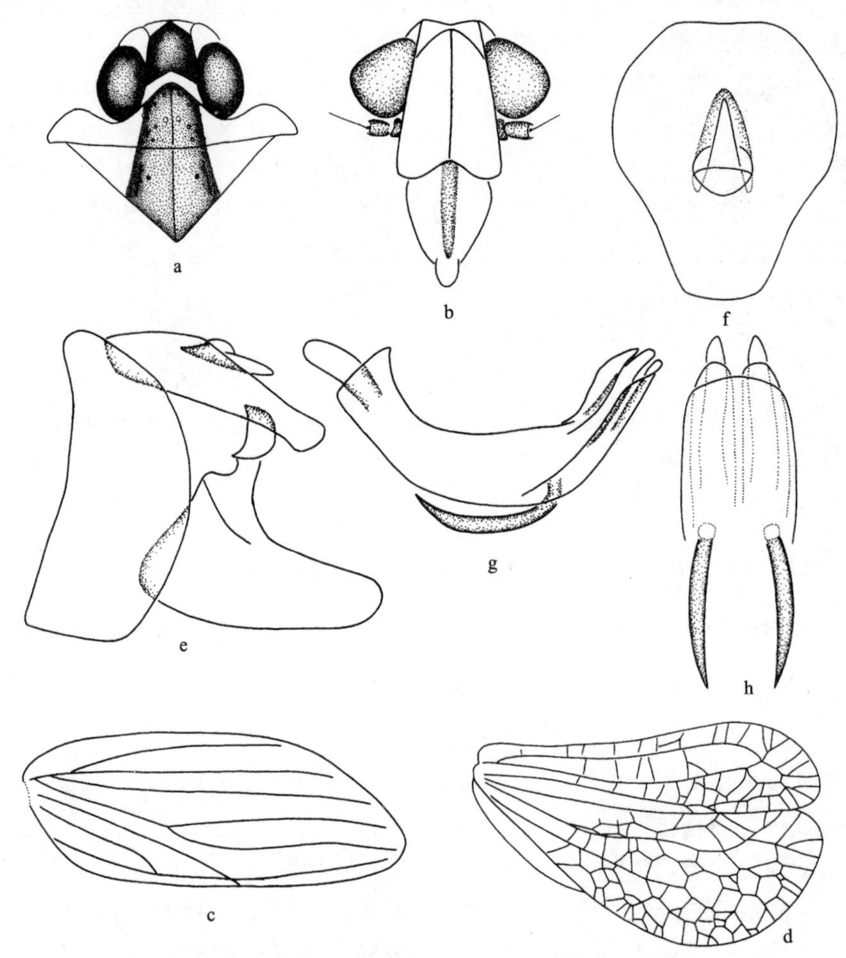

图 137 带黄瓢蜡蝉 *Flavina nigrifascia* Che *et* Wang

a. 头胸部背面观（head and thorax, dorsal view）；b. 额与唇基（frons and clypeus）；c. 前翅（tegmen）；d. 后翅（hind wing）；e. 雄虫外生殖器左面观（male genitalia, left view）；f. 雄肛节背面观（male anal segment, dorsal view）；g. 阳茎侧面观（phallus, lateral view）；h. 阳茎端部腹面观（apex of phallus, ventral view）

43. 拟瘤额瓢蜡蝉属 *Neotetricodes* Zhang *et* Chen, 2012

Neotetricodes Zhang *et* Chen, 2012: 36. **Type species**: *Neotetricodes quadrilaminus* Zhang *et* Chen, 2012; Chen, Zhang *et* Chang, 2014: 109.

属征：头包括复眼略宽于前胸背板。头顶近四边形，前缘钝角状凸出，后缘弧形凹入，边缘脊起，中域明显凹入，具中脊，基部宽为中线长的 1.7-2.0 倍。额具中脊，中线长为最宽处的 1.2 倍，近侧缘具小瘤突。唇基隆起，具中脊。前胸背板具中脊，中线两侧各具 1 个小凹陷且具多个瘤突。中胸盾片近三角形，具亚侧脊。前翅长，端缘钝圆，长为最宽处的 2.3-2.6 倍，纵脉明显，ScP 脉和 R 脉在基部分叉，MP 脉 3 或 4 分支，MA 脉简单或 2 分叉，MP 脉在中部分叉，CuA 脉简单。后翅分 2 瓣，端缘在分瓣处深凹入，翅脉网状。后足胫节具 2 个或 3 个侧刺。后足刺式 8-(8，10)-2。

雄性外生殖器：阳茎侧面观“U”形，具侧瓣、腹瓣和背瓣，阳茎背瓣中线端部具 1 三角形突起。阳茎两侧具瓣，侧瓣端部 2 裂叶，腹面观端部尖或圆，腹瓣端缘 3 裂叶。抱器侧面观长卵圆形，尾腹角圆。

地理分布：贵州、云南。

本属全世界已知 5 种，中国分布 5 种。

种检索表

1. 雄虫阳茎近中部具瓣状突起，肛节端缘无瓣……2
 雄虫阳茎近中部具长突起，肛节端缘具瓣……4
2. 雄虫阳茎基基部具 1 根棒状突起；阳茎器端半部两侧各具 1 个片状突起……**棒突拟瘤额瓢蜡蝉 *N. clavatus***
 雄虫阳茎基基部无突起；阳茎器端半部两侧各具 2 个瓣状突起……3
3. 雄虫肛节背面观端缘近平截；阳茎器近端部的瓣状突起较钝圆，无剑状突起……**四瓣拟瘤额瓢蜡蝉 *N. quadrilaminus***
 雄虫肛节背面观端缘弧圆突出；阳茎器近端部的方形突起物端缘延伸为剑状突起……**宽阔水拟瘤额瓢蜡蝉 *N. kuankuoshuiensis***
4. 阳茎器在近基部 1/3 具长突起，末端指向头部；阳茎基腹瓣腹面观近菱形，近基部具弯曲的小突起……**长突拟瘤额瓢蜡蝉 *N. longispinus***
 阳茎器近中部具剑状突起，末端指向尾部；阳茎基腹瓣腹面观近四边形，基部无突起……**剑突拟瘤额瓢蜡蝉 *N. xiphoideus***

(149) 棒突拟瘤额瓢蜡蝉 *Neotetricodes clavatus* Chen, Zhang *et* Chang, 2014

Neotetricodes clavatus Chen, Zhang *et* Chang, 2014: 112 (Type locality: Guizhou, China).

以下描述源自 Chen 等（2014）。

体连翅长：♂ 5.7-6.5mm，♀ 6.7-7.3mm。前翅长：♂ 4.3-5.3mm，♀ 5.5-5.9mm。

头顶、额、唇基、复眼、触角、前胸背板、中胸盾片暗褐色。前翅灰黄褐色，周缘域及端部具暗褐色斑，后翅褐色。足褐色至暗褐色。腹部腹面暗褐色。

头顶中长为基宽的 0.45 倍，中域凹陷。额中长为最宽处宽的 1.0 倍。前胸背板中长为头顶的 1.17 倍，中胸盾片中长为前胸背板的 1.69 倍。前翅长条形，长为宽的 2.3 倍，端缘钝圆，ScP 脉和 R 脉在基部分开，MP 脉近中部 2 分叉，MP_1 脉简单，MP_2 脉在翅中部 2 分叉，CuA 脉简单，后翅翅脉明显呈网状，翅缘具缺刻。后足刺式 8-10-2。

雄性外生殖器：肛节背面观近三角形，端侧角圆尖并向尾侧方斜伸，端缘中部突出，腹脊可见，肛孔位于中部；侧面观腹缘弧形，端部向背方弯曲，腹中脊长片状，侧面观明显伸出肛节腹缘外。尾节侧面观后缘中部略呈弧形向后突出。抱器呈狭三角形，背缘微凹，腹缘近平直，端腹角圆，后缘弧形，背突中等长，颈细，端部头向弯曲，末端尖，亚端部侧突片状。阳茎侧面观，深“U”形。阳茎基基部背缘具 1 个棒状突起，突起端部膨大，钝圆；阳茎基侧面观背瓣隆起，膜状，背缘中部具 1 小齿；侧瓣片状，半圆形；腹面观腹瓣明显短于背瓣，端缘中部尖圆突出。阳茎器侧面观中偏端部处两侧各具 1 片状突起，基部略尖，端部圆，端缘具数个微齿；阳茎器端缘凹，端腹角尖，亚端部两侧各具 1 个粗齿，指向阳茎器的端部。

观察标本：未见。

地理分布：贵州。

(150) 四瓣拟瘤额瓢蜡蝉 *Neotetricodes quadrilaminus* Zhang *et* Chen, 2012（图 138）

Neotetricodes quadrilamina Zhang *et* Chen, 2012: 37 (Type locality: Guizhou, China); Chen, Zhang *et* Chang, 2014: 112.

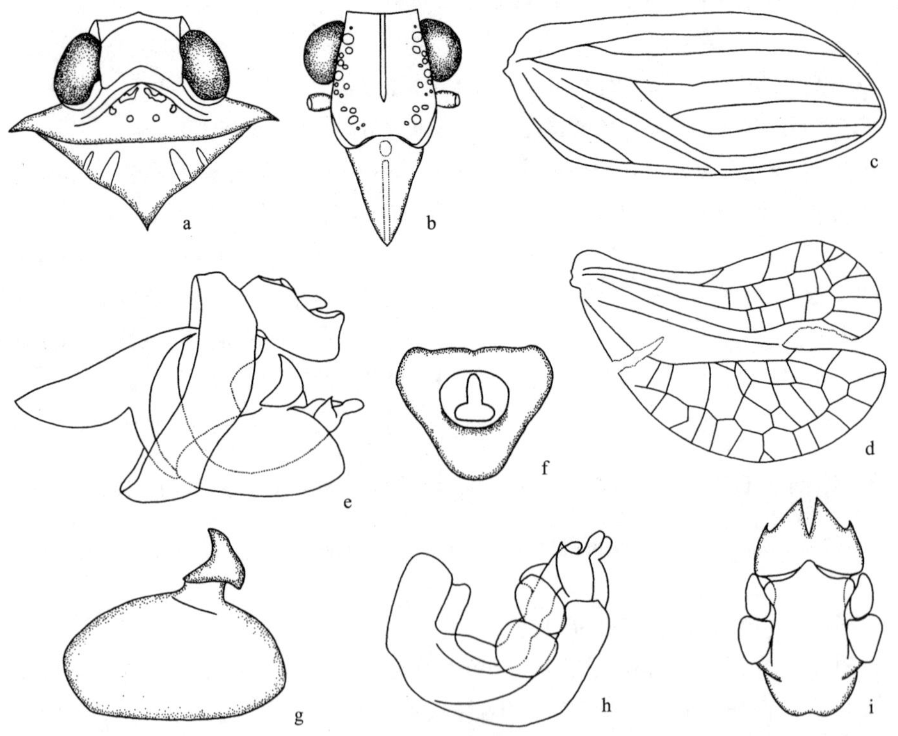

图 138　四瓣拟瘤额瓢蜡蝉 *Neotetricodes quadrilaminus* Zhang *et* Chen（仿 Zhang & Chen，2012a）

a. 头胸部背面观（head and thorax, dorsal view）；b. 额与唇基（frons and clypeus）；c. 前翅（tegmen）；d. 后翅（hind wing）；e. 雄虫外生殖器左面观（male genitalia, left view）；f. 雄肛节背面观（male anal segment, dorsal view）；g. 抱器侧面观（genital style, lateral view）；h. 阳茎侧面观（phallus, lateral view）；i. 阳茎端部腹面观（apex of phallus, ventral view）

以下描述源自 Zhang 和 Chen（2012）。

体连翅长：♂ 6.15-6.25mm，♀ 6.85-7.05mm。前翅长：♂ 4.75-4.95mm，♀ 5.70-5.85mm。

头顶、复眼褐色。额黄褐色，近侧缘具浅黄褐色瘤突。唇基褐色，具暗褐色标记。喙暗黄褐色。触角暗黄褐色。前胸背板、中胸盾片黄褐色，具暗色标记。前翅棕色，或多或少带绿色，散布黑色标记。后翅暗黄褐色。足黄褐色，具暗黄褐色标记。腹部腹面黑褐色，腹部各节的近端部浅绿色。

头顶基部宽为中线长的 1.7 倍。额中线长为最宽处的 1.2 倍。前胸背板中线长为头顶的 1.2 倍。中胸盾片中线长为前胸背板的 1.6 倍。前翅长为最宽处的 2.3 倍，纵脉明显，ScP 脉与 R 脉在近基部处分开，MP 脉 3 分支，MP_1 脉简单，MP_2 脉在中部分叉，CuA 脉简单。后足胫节近基部具 1 个小的侧齿，近端部具 2 个大的侧齿。后足刺式 8-8-2。

雄性外生殖器：肛节背面观近三角形，至端部渐宽，端缘较直；肛刺突短，在近中部宽。阳茎侧面观“U”形，具侧瓣、腹瓣和背瓣，阳茎背瓣中线端部具 1 三角形突起。阳茎每侧具 2 瓣突，侧瓣端部 2 裂叶，腹面观端部圆，腹瓣端缘 3 裂叶。抱器侧面观长卵圆形，尾腹角圆。

观察标本：未见。

地理分布：贵州。

(151) 宽阔水拟瘤额瓢蜡蝉 *Neotetricodes kuankuoshuiensis* Zhang *et* Chen, 2012（图 139）

Neotetricodes kuankuoshuiensis Zhang *et* Chen, 2012: 39 (Type locality: Guizhou, China); Chen, Zhang *et* Chang, 2014: 110.

以下描述源自 Zhang 和 Chen（2012）。

体连翅长：♂ 6.70mm，♀ 7.70mm。前翅长：♂ 5.45mm，♀ 6.3mm。

头顶暗褐色，具浅黄褐色标记。复眼黄褐色。额黄褐色，近侧缘具浅黄褐色瘤突。唇基、触角暗褐色。喙黄褐色。前胸背板、中胸盾片暗黄褐色，具浅黄褐色瘤突。前翅黄褐色，散布黑色标记，翅脉或多或少绿色。后翅暗黄褐色。足黄褐色，具暗黄褐色标记。腹部腹面黑褐色。

头顶基部宽为中线长的 2.0 倍。额中线长为最宽处的 1.2 倍。前胸背板中线长为头顶的 1.6 倍。中胸盾片中线长为前胸背板的 1.6 倍。前翅长为最宽处的 2.6 倍，纵脉明显，ScP 脉与 R 脉在近基部 1/3 处分开，MP 脉 4 分支，MP_{1+2} 脉在端部分叉，MP_{3+4} 脉在中部分叉，CuA 脉简单。后足胫节近端部具 2 个大的侧齿。后足刺式 8-10-2。

雄性外生殖器：肛节背面观近卵圆形，侧面观腹面具 1 突起；肛刺突短，近端部宽。阳茎侧面观“U”形，具侧瓣、腹瓣和背瓣，阳茎背瓣中线端部具 1 三角形突起，突起每侧具 1 小的三角形突。阳茎每侧近中部具 2 瓣突，端部的瓣突具 1 指向头部的剑形突起，侧瓣端部 2 裂叶，腹面观端部尖或圆，腹瓣端缘 3 裂叶。抱器侧面观长卵圆形，尾腹角圆。

观察标本：未见。

地理分布：贵州。

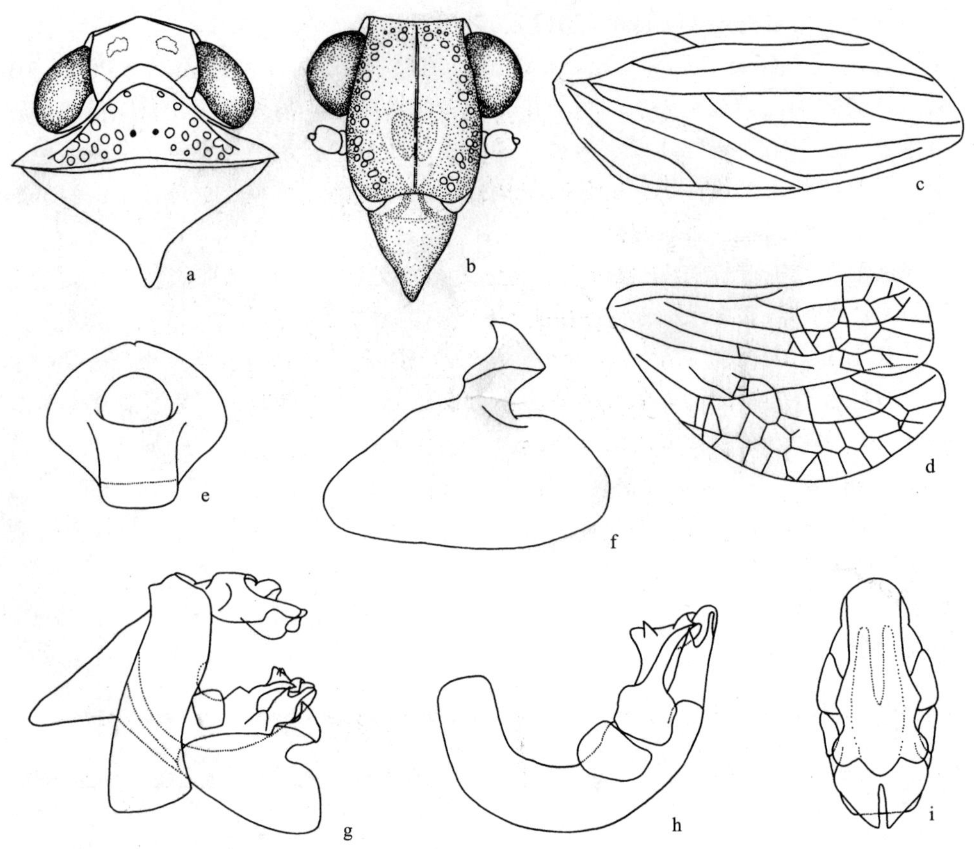

图 139 宽阔水拟瘤额瓢蜡蝉 *Neotetricodes kuankuoshuiensis* Zhang *et* Chen（仿 Zhang & Chen，2012a）

a. 头胸部背面观（head and thorax, dorsal view）；b. 额与唇基（frons and clypeus）；c. 前翅（tegmen）；d. 后翅（hind wing）；e. 雄肛节背面观（male anal segment, dorsal view）；f. 抱器侧面观（genital style, lateral view）；g. 雄虫外生殖器左面观（male genitalia, left view）；h. 阳茎侧面观（phallus, lateral view）；i. 阳茎端部腹面观（apex of phallus, ventral view）

(152) 长突拟瘤额瓢蜡蝉 *Neotetricodes longispinus* Chang *et* Chen, 2015

Neotetricodes longispinus Chang *et* Chen, 2015 in Chang, Yang, Zhang *et* Chen, 2015: 342 (Type locality: Yunnan, China).

以下描述源自 Chang 等（2015）。

体连翅长：♂ 6.7-6.7mm，♀ 6.9-7.0mm。前翅长：♂ 5.5-5.6mm，♀ 5.8-5.9mm。

体黄褐色。头顶黄褐色，复眼红褐色至暗褐色，触角暗褐色。额黄褐色，近侧缘和基部具浅黄褐色瘤突。前胸背板黄褐色，具浅黄褐色瘤突。中胸盾片黄褐色。前翅深绿色至黄褐色，具黑色斑点，翅脉绿色。后翅透明，灰色。足黄褐色，后足胫节和跗节刺端部黑色。

头包括复眼窄于前胸背板（0.76∶1.00）。头顶中线长短于基部宽（0.54∶1.00），中域深凹入，无中脊。额平，中域略凹入，基缘弧形，端缘钝圆，侧缘脊起，触角下弯，中线长大于最宽处（1.27∶1.00），具中脊和亚侧脊。前胸背板具模糊中脊，亚侧脊未达后缘。中胸盾片三角形，具中脊和亚侧脊。前翅长为最宽处的 2.3 倍，纵脉明显，ScP 脉与 R 脉在近基部 1/3 处分开，MP 脉 4 分支，MP_{1+2} 脉在端部分叉，MP_{3+4} 脉在中部分叉，在近端缘愈合，CuA 脉简单，爪脉在爪片基部 2/3 愈合。后翅 2 分瓣，翅脉网状，臀瓣退化。后足胫节 4 个侧齿。后足刺式 8-10-2。

雄性外生殖器：肛节背面观近四边形，相对短，近端缘具 2 瓣；肛刺突短，位于肛节基部 1/4 处。尾节侧面观窄，弯曲，近四边形，前缘近背部 1/3 处凹入，后缘适度的凸出。阳茎基背瓣端部囊状，侧面近端部 1/3 处具三角形突起；腹瓣相对长，未达背瓣端部，腹面观腹瓣近菱形，端半部阔，基半部窄，近基部具粗短弯曲的突起。阳茎器每侧近基部 1/3 处具 1 对长突起，末端尖。抱器适度长，背缘在背突前方形成 1 三角形瓣突，抱器背突至端部渐窄，颈部细长。

雌性外生殖器：肛节近矩形，端缘截，明显长大于中部最宽处（1.67∶1.00）；肛突短，位于肛节基部的 1/4 处。第 2 产卵瓣近长的三角形，侧域沿侧缘具小齿，中部具 1 弯折的突起，近端部具珊瑚状的突起，中瓣棒状。第 1 产卵瓣腹缘端部具 3 个不同的扁的大齿，端缘具 5 个具脊的刺。第 7 腹节中部凹，后缘中部具宽的弧形突出。

观察标本：未见。

地理分布：云南。

(153) 剑突拟瘤额瓢蜡蝉 *Neotetricodes xiphoideus* Chang *et* Chen, 2015

Neotetricodes xiphoideus Chang *et* Chen, 2015 in Chang, Yang, Zhang *et* Chen, 2015: 345 (Type locality: Yunnan, China).

以下描述源自 Chang 等（2015）。

体连翅长：♂ 5.8mm，♀ 6.0-6.2mm。前翅长：♂ 4.8mm，♀ 5.0-5.5mm。

体黄褐色。头顶黄褐色，复眼红褐色至黄褐色，触角暗褐色。额黑褐色。前胸背板黄褐色，具浅黄褐色瘤突。中胸盾片黄褐色。前翅黄褐色，具黑色斑点，翅脉绿色。后翅透明，灰色。足黄褐色，后足胫节和跗节刺端部黑色。

头包括复眼窄于前胸背板（0.74∶1.00）。头顶中线长短于基部宽（0.47∶1.00），中域深凹入，无中脊。额平，中域略凹入，基缘弧形，端缘钝圆，侧缘脊起，触角下弯，中线长大于最宽处（1.20∶1.00），具中脊和亚侧脊。前胸背板具模糊中脊，亚侧脊未达后缘。中胸盾片三角形，具模糊中脊和亚侧脊。前翅长为最宽处的 2.4 倍，ScP 脉与 R 脉在近基部 1/4 处分开，MP 脉 4 分支，MP_{1+2} 脉在端部分叉，MP_{3+4} 脉在中部分叉，在近端缘愈合，CuA 脉简单，爪脉在爪片基部 2/3 愈合。后翅 2 分瓣，翅脉网状，臀瓣退化。后足胫节 2 个侧齿。后足刺式 8(10)-10-2。

雄性外生殖器：肛节背面观近四边形，相对短，近端缘具 2 瓣；肛刺突短，位于肛节基部 1/4 处。尾节侧面观窄，弯曲，近四边形，前缘近背部 1/3 处凹入，后缘适度的凸出。阳茎基背瓣基部具 1 梯形突起和 1 个指状突起；腹瓣相对长，未达背瓣端部，腹面观腹瓣近四边形，端半部阔，基半部侧缘近平行。阳茎器每侧近中部具剑状突起，末端尖并弯向尾部。抱器适度长，背缘在背突前方形成 1 三角形瓣突，抱器背突至端部渐窄，颈部细长。

雌性外生殖器：肛节近矩形，端缘截，明显长大于中部最宽处（1.66∶1.00）；肛突短，位于肛节基部的 1/4 处。第 2 产卵瓣近长的三角形，侧域侧缘 1 个三角形突起，亚侧域具珊瑚状突起，中瓣舌形，端缘微中部凹入。第 1 产卵瓣腹缘端部具 3 个不同的扁的大齿，端缘具 3 刺。第 7 腹节中部凹，后缘中部具 2 个角状的突起。

观察标本：未见。

地理分布：云南。

44. 苏额瓢蜡蝉属 *Tetricodissus* Wang, Bourgoin *et* Zhang, 2015

Tetricodissus Wang, Bourgoin *et* Zhang, 2015: 79. **Type species**: *Tetricodissus pandlineus* Wang, Bourgoin *et* Zhang, 2015.

属征：头顶连复眼几乎与前胸背板等宽。头顶近长方形，宽略大于长，无脊；前缘略呈角状凸出，后缘在中部呈角状凹入。额宽，前缘在中部明显凹陷，侧缘在复眼下方略膨大，中脊隆起，从前缘延伸至近基部，但未达到后唇基，亚侧脊缺失。后唇基平坦，无脊。喙腹面观超过中足基节。前胸背板具一些小瘤突，无中脊。中胸盾片无脊。前翅长，无前缘侧板，前缘和爪缘几乎平行，外缘斜圆；ScP+R 脉在基部 1/5 处首次分叉，MP 脉在近中部首次分叉，MP_{3+4} 脉分叉比 MP_{1+2} 脉靠前，CuA 脉简单；爪脉明显，翅脉 Pcu 和 A_1 在爪片基部 2/3 处愈合；前翅上具多条横脉。后翅发达，分 3 瓣，脉纹呈网状，臀瓣很窄。后足胫节近端部具有 2 个侧刺。

雄性外生殖器：肛节长，略超过抱器背突起的后缘，后腹角略尖；背突发达，具侧齿和端齿。尾节侧面观长方形，后缘不强烈向尾部凸出。围阳茎鞘左右对称，基部呈管状，具 1 对指向前面的腹突；端部分背瓣、成对的侧瓣和腹瓣。

雌性外生殖器：肛节狭长，超过第 3 产卵瓣的后缘。第 1 负瓣片背面观近长方形，与第 1 产卵瓣呈直角关系。第 3 产卵瓣侧面观几乎圆，背面观基部愈合，侧缘中部膨大。第 7 腹板中部呈弧形凹入。

地理分布：云南。

本属全世界仅知 1 种。

(154) 环线苏额瓢蜡蝉 *Tetricodissus pandlineus* Wang, Bourgoin *et* Zhang, 2015

Tetricodissus pandlineus Wang, Bourgoin *et* Zhang, 2015: 79.

体连翅长：♂ 5.5-6.2mm，♀ 6.7-7.2mm。

顶褐色，基部宽是中线长的 1.7 倍，中线处呈黄色。额褐色，中线长是最宽处的 1.2 倍，中脊两侧各具 1 个黄斑，额上从端缘到基部 4/5 处具弧形线状褐斑，沿弧形褐斑具多个不明显的瘤突；额的端侧角呈黑色，基缘黄色。后唇基淡褐色，其上两侧各具多条斜的暗褐色横带，端缘具 2 个褐斑。复眼灰色。颊褐色，在复眼下方具 1 黄色斜带。前胸背板褐色，中线长是头顶长的 1.2 倍；中线处黄色，两侧各具 9 个瘤突。中胸盾片淡褐色，前缘宽是中线长的 2.1 倍，其上具 2 个暗褐色纵带。前翅暗褐色，最长处是宽的 2.6 倍；主脉红褐色且隆起，具多条黄色横脉穿插在主脉间；雌虫前翅色略淡，翅面具 1 褐色“V”形斑，端部具 2 个褐斑。后翅褐色。足黄褐色。后足刺式 8-11-2。

雄性外生殖器：肛节背面观蘑菇形，中线长比最宽处宽，端缘中部明显凹入；肛孔短，位于肛节基部 1/3 处。抱器侧面观近三角形，向端部渐窄，后腹角呈尖圆状。背突起近三角形，尾向观粗短。尾节宽，侧面观前缘和后缘几乎平行，背缘略向尾部倾斜。围阳茎鞘具 1 对较尖的长突起，起源于腹面端部 2/3 处，指向头部，腹面观该对突起中部交叉；围阳茎鞘背瓣比侧瓣略短，平坦；围阳茎鞘侧瓣较尖，端部具 1 小黑齿；围阳茎鞘腹瓣平坦，比侧瓣略短，腹面观端缘中部略微凹陷。阳茎包围在围阳茎鞘中，端部形成 1 对指状突起。

雌性外生殖器：肛节背面观卵圆形，端缘几乎直，侧缘弧形，肛孔位于近基部。第 1 产卵瓣的前连接片端部具 2 个大齿和 1 个小齿，侧缘具 4 个脊状突起。内生殖突膜状，发达，与前连接片几乎具相同长度。第 2 产卵瓣腹面观近三角形，近中部和近基部变宽，第 2 产卵瓣的后连接片在中部愈合。生殖骨片桥短且粗。第 3 产卵瓣背面观近基部愈合，端部膜质，侧面观几乎圆。第 7 腹板中部浅凹，具中部分叉的小突起。

观察标本：1♂（正模），云南西双版纳勐腊勐仑，21°57′0.10″N，101°12′0.58″E，817m，2011.VIII.18，郑国（IZCAS）；6♂6♀（副模），同正模（IZCAS）；7♂ 6♀（副模），云南西双版纳勐腊勐仑，21°36′12.1″N，101°34′23.9″E，826m，2012.VII.14，郑国（IZCAS）。

地理分布：云南。

45. 扁瓢蜡蝉属，新属 *Flatiforma* Meng, Qin *et* Wang, gen. nov.

Type species: *Flatiforma guizhouensis* Meng, Qin *et* Wang, sp. nov.

头包括复眼明显窄于前胸背板。头顶近四边形，两后侧角处宽略大于中线长，中域微凹陷，无中脊；侧缘略脊起，前缘角状凸出，后缘角状凹入。具单眼。额长明显大于宽，中域平坦，中脊未达额唇基沟处，近侧缘具近 2 排瘤突，内排瘤突排成倒“U”形。额唇基沟明显弓形向上弯曲。唇基小，无脊。喙超过后足转节。前胸背板前缘弧形凸出，后缘近平直，中域具 2 个小凹陷。中胸盾片光滑，近三角形，前缘微凹。前翅半透明，近椭圆形，至端缘渐窄；无前缘下板，纵脉明显，ScP 脉与 R 脉在近基部处分开，MP 脉 4 分支，CuA 脉不分支，且在近中部向内凹；爪缝达前翅长度的 2/3，爪脉在爪片近基部 2/3 处愈合。后翅略短于前翅，为前翅长的 0.8 倍，具 3 瓣，臀瓣小，臀前域和扇域大，翅脉明显网状，端缘在两瓣之间深凹入。后足胫节具 2 个侧刺。后足刺式 8-(9-10)-2。

雄性外生殖器：肛节背面观近蘑菇状，长大于宽或约等于最宽处；肛孔位于肛节的近基部。尾节侧面观后缘较直，或近中部略凸出。阳茎基背侧瓣与腹瓣在近中部分开，背侧瓣在端部不分瓣；阳茎浅“U”形，腹部具 1 对钩状的突起。抱器后缘中部角状凹入，尾腹角钝，且强突出；侧面观抱器背突端部尖刺状，指向内侧，尾向观抱器背突短，具大的片状侧齿。

鉴别特征：本属与众瓢蜡蝉属 *Thabena* 相似，区别如下：①额复眼间不具横脊，中脊未达额唇基沟，后者额复眼间具横脊，中脊完整；②额唇基沟明显弓形向上弯曲，后者额唇基沟较直或微弯曲；③后足胫节端部具 8 个小刺，后者后足胫节端部具 7 个小刺。

属名词源：拉丁词“*Flat-*”，意为“扁平的”，此处指本属体形扁圆。本属名的属性是阴性。

地理分布：广西、贵州、云南。

本志记述 3 新种。

种 检 索 表

1. 额暗褐色，具浅褐色瘤突，近额唇基沟黄褐色……… **贵州扁瓢蜡蝉，新种 *F. guizhouensis* sp. nov.**
   额黄褐色或棕色，具深褐色瘤突，近额唇基沟黄色或浅棕色…………………………………………2
2. 阳茎具 1 对较长的剑状突起物，末端达阳茎基部……. **勐腊扁瓢蜡蝉，新种 *F. menglaensis* sp. nov.**
   阳茎具 1 对短的剑状突起物，末端达阳茎基部 1/4 ………**瑞丽扁瓢蜡蝉，新种 *F. ruiliensis* sp. nov.**

(155) 贵州扁瓢蜡蝉，新种 *Flatiforma guizhouensis* Meng, Qin *et* Wang, sp. nov.（图 140；图版 XXVII：a-c）

体连翅长：♂ 6.0mm，♀ 6.2mm。前翅长：♂ 5.2mm，♀ 5.4mm。

体黄棕色，具褐色斑纹。额暗褐色，沿侧缘具浅褐色瘤突，近额唇基沟黄色。唇基暗褐色，具黄褐色纵带。前胸背板侧瓣腹面观浅黄褐色，具黑褐色斑纹。前翅黄棕色，翅基部和中部具褐色斑纹。足黄褐色。腹部腹面和背面褐色，腹部各节的近端部浅黄绿色。

头顶近长方形，中脊不明显，两后侧角处宽为中线长的 2.0 倍。额长为最宽处的 1.2 倍，触角间最宽处为上端缘宽的 1.2 倍，上缘钝状凹入。前胸背板中线长与头顶基本等长，无中脊。中胸盾片最宽处为中线长的 2.3 倍，中线长与头顶和前胸背板之和几乎等长，无脊。前翅长为最宽处的 1.8 倍，MP 脉在基部 1/3 处分支，MP_{1+2} 脉和 MP_{3+4} 脉分别在翅中部和翅端部 1/3 分叉。后足刺式 8-9-2。

雄性外生殖器：肛节背面观卵圆形，端缘钝圆形突出，侧缘中部半圆形突出；侧面观腹缘中部之后具片状凸出。尾节侧面观后缘突出不明显，前后缘近平行。阳茎基背瓣端部钝圆，侧瓣腹缘斜直，端缘波状；腹瓣腹面观端缘中部角状突出，侧顶角圆；阳茎近中部具 1 对钩状突起物，指向头向，达基部的 1/4，腹面观两突起“背对背”，尖端指向两侧。抱器侧面观近长的三角形，端缘中部深凹入，腹端角强凸出；尾向观抱器背突短，端缘钝，具 1 大的片状突起。

雌性外生殖器：肛节背面观近长卵圆形，宽大于长，中部处最宽，近端部略细，端缘中部突出，侧缘圆滑，肛孔位于肛节的基半部。第 1 产卵瓣向上弯曲，端缘具 2 个刺，近侧缘处具 1 个较大的刺。侧面观第 9 背板小，近四方形，第 3 产卵瓣近三角形。第 7 腹节后缘近中部突出。

正模：♂，贵州大沙河自然保护区，2004.VIII.20，王宗庆。副模：1♂，同正模；2♂，贵州大沙河自然保护区，2004.VIII.28，王宗庆；2♂，贵州大沙河自然保护区，2004.VIII.27，王宗庆；1♂，贵州大沙河自然保护区，2004.VIII.22，王宗庆；2♂，贵州大沙河自然保护区，2004.VIII.21，王宗庆；3♀，贵州大沙河自然保护区，2004.VIII.16，王宗庆。

种名词源：新种根据模式标本产地贵州命名。

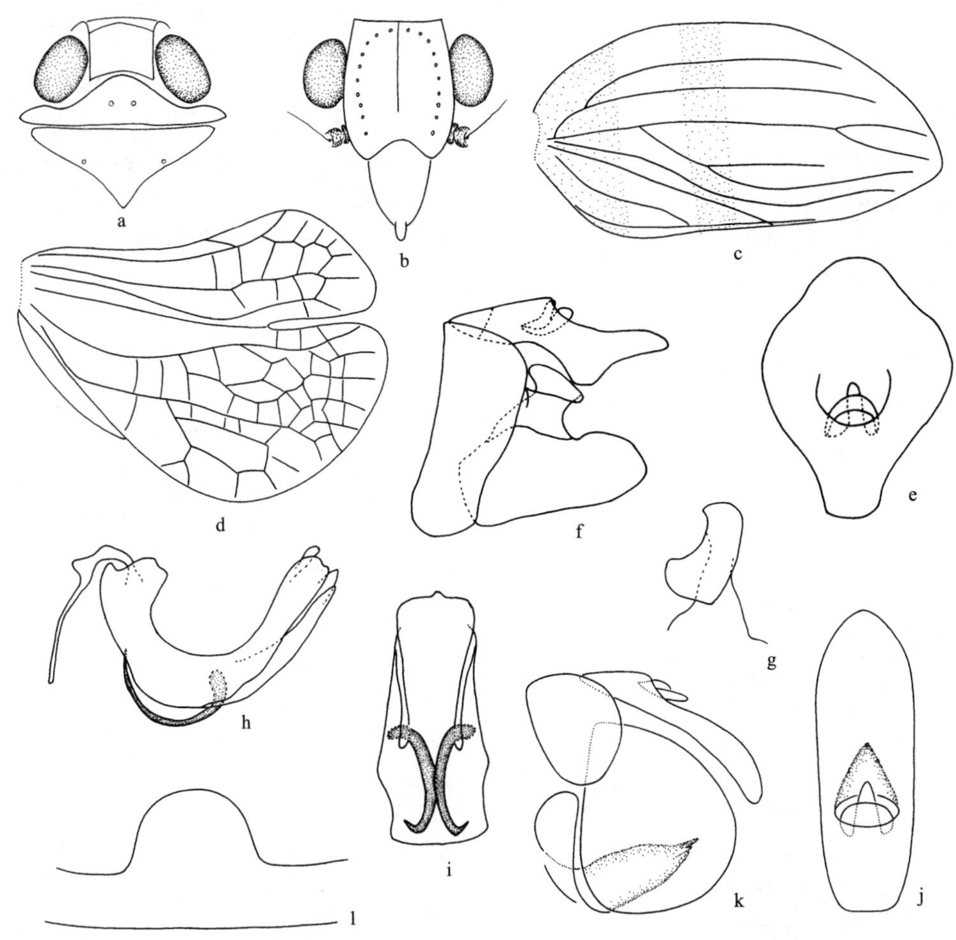

图 140　贵州扁瓢蜡蝉，新种 *Flatiforma guizhouensis* Meng, Qin *et* Wang, sp. nov.

a. 头胸部背面观（head and thorax, dorsal view）；b. 额与唇基（frons and clypeus）；c. 前翅（tegmen）；d. 后翅（hind wing）；e. 雄肛节背面观（male anal segment, dorsal view）；f. 雄虫外生殖器左面观（male genitalia, left view）；g. 抱器背突尾向观（capitulum of genital style, caudal view）；h. 阳茎侧面观（phallus, lateral view）；i. 阳茎腹面观（phallus, ventral view）；j. 雌肛节背面观（female anal segment, dorsal view）；k. 雌虫外生殖器左面观（female genitalia, left view）；l. 雌第 7 腹节腹面观（female sternite Ⅶ, ventral view）

(156) 勐腊扁瓢蜡蝉，新种 *Flatiforma menglaensis* Che, Zhang *et* Wang, sp. nov.（图 141；图版 XXVII：d-f）

体连翅长：♂ 6.0mm，♀ 6.2mm。前翅长：♂ 4.8mm，♀ 5.2mm。

体棕色。头顶棕色。复眼褐色。额黄褐色，近侧缘浅黄色，具深褐色瘤突，近额唇基沟黄色。前胸背板的侧板具 1 宽的黑色横带。前翅棕色，翅脉略带绿色。足黄褐色。腹部腹面和背面棕色，中域褐色。

头顶近四边形，侧缘略脊起，两后侧角处宽为中线长的 2.0 倍；具中脊。额长为最宽处的 1.3 倍，最宽处为上端缘宽的 1.4 倍，上端缘较直。前胸背板中线长为头顶长度的 1.5 倍，中脊微弱。中胸盾片最宽处为中线长的 2.3 倍，无脊。前翅长为最宽处的 2.0 倍，MP_{1+2} 与 MP_{3+4} 脉在近中部分支；后翅具 3 瓣，明显宽于前翅，网状翅脉明显。后足刺式 8-10-2。

雄性外生殖器：肛节背面观蘑菇形，侧顶角钝圆，端缘弧形突出，仅中部微凹入；侧面观腹缘波状，近端部圆角状突出。尾节侧面观后缘中部明显弓形突出。阳茎基背瓣端部钝，侧面观侧瓣腹缘圆滑至端部 1/4 向内凹入；腹瓣腹面观端缘中部圆角状突出，侧顶角圆；阳茎近中部具 1 对长的指向头向的剑状突起物，末端达阳茎基部，两突起在其近端部交叉。抱器侧面观近长的三角形，后缘角状深凹入，腹端角钝圆状强突出；尾向观抱器背突具 1 大的片状侧突，侧突的端部较钝圆。

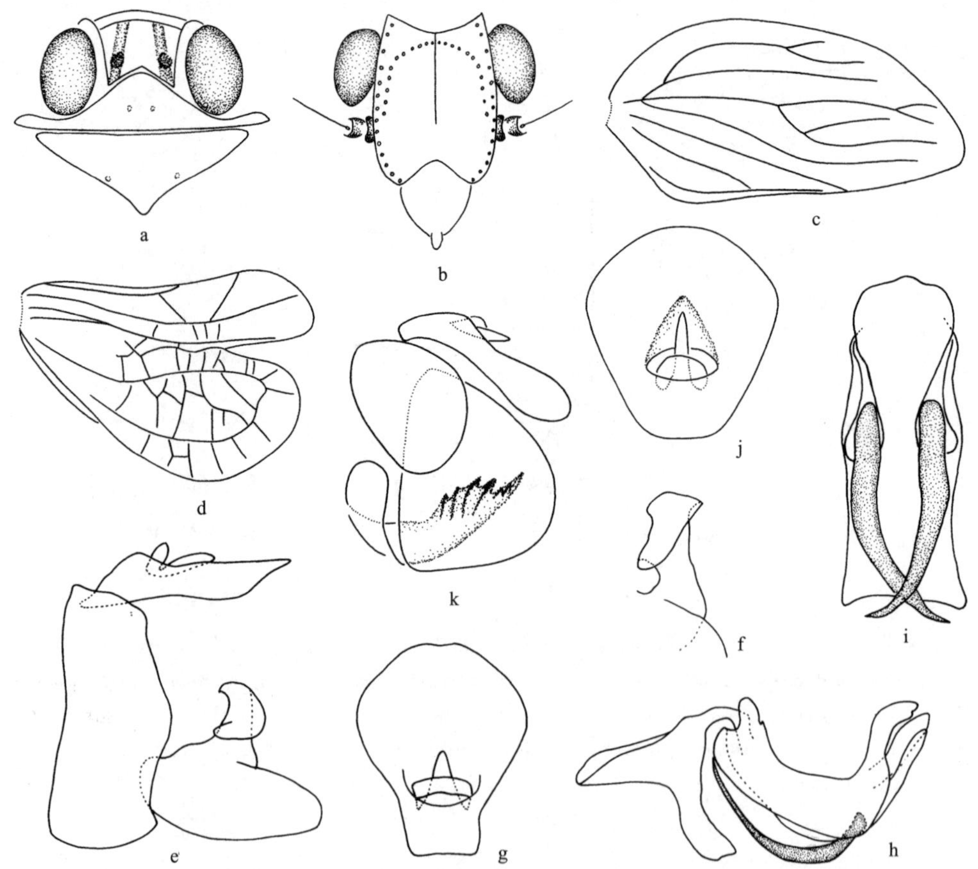

图 141　勐腊扁瓢蜡蝉，新种 *Flatiforma menglaensis* Che, Zhang *et* Wang, sp. nov.

a. 头胸部背面观（head and thorax, dorsal view）；b. 额与唇基（frons and clypeus）；c. 前翅（tegmen）；d. 后翅（hind wing）；e. 雄虫外生殖器左面观（male genitalia, left view）；f. 抱器背突尾向观（capitulum of genital style, caudal view）；g. 雄肛节背面观（male anal segment, dorsal view）；h. 阳茎侧面观（phallus, lateral view）；i. 阳茎腹面观（phallus, ventral view）；j. 雌肛节背面观（female anal segment, dorsal view）；k. 雌虫外生殖器左面观（female genitalia, left view）

雌性外生殖器：肛节背面观近杯形，长略大于宽，近端部处最宽，端缘中部突出，侧缘圆滑，肛孔位于肛节的基半部。第 3 产卵瓣近四边形，背面观基部微隆起。第 1 产卵瓣腹端角具 3 个大小不等的齿，端缘具 3 个具脊的大刺。第 7 腹节近平直。

正模：♂，云南勐腊勐伦，800m，1981.IV.10，李法圣（CAU）。副模：2♀，云南勐腊，1982.IV.22，吴燕如（IZCAS）；1♀，云南西双版纳南糯山，1380m，1974.V.30，周尧、袁锋；1♀，云南思茅，1320m，1981.IV.8，杨集昆（CAU）。

种名词源：新种根据模式标本产地云南勐腊（Mengla）命名。

(157) 瑞丽扁瓢蜡蝉，新种 *Flatiforma ruiliensis* Che, Zhang *et* Wang, sp. nov.（图 142；图版 XXVII：g-i）

体连翅长：♂ 5.0mm，♀ 5.1mm。前翅长：♂ 4.0mm，♀ 4.2mm。

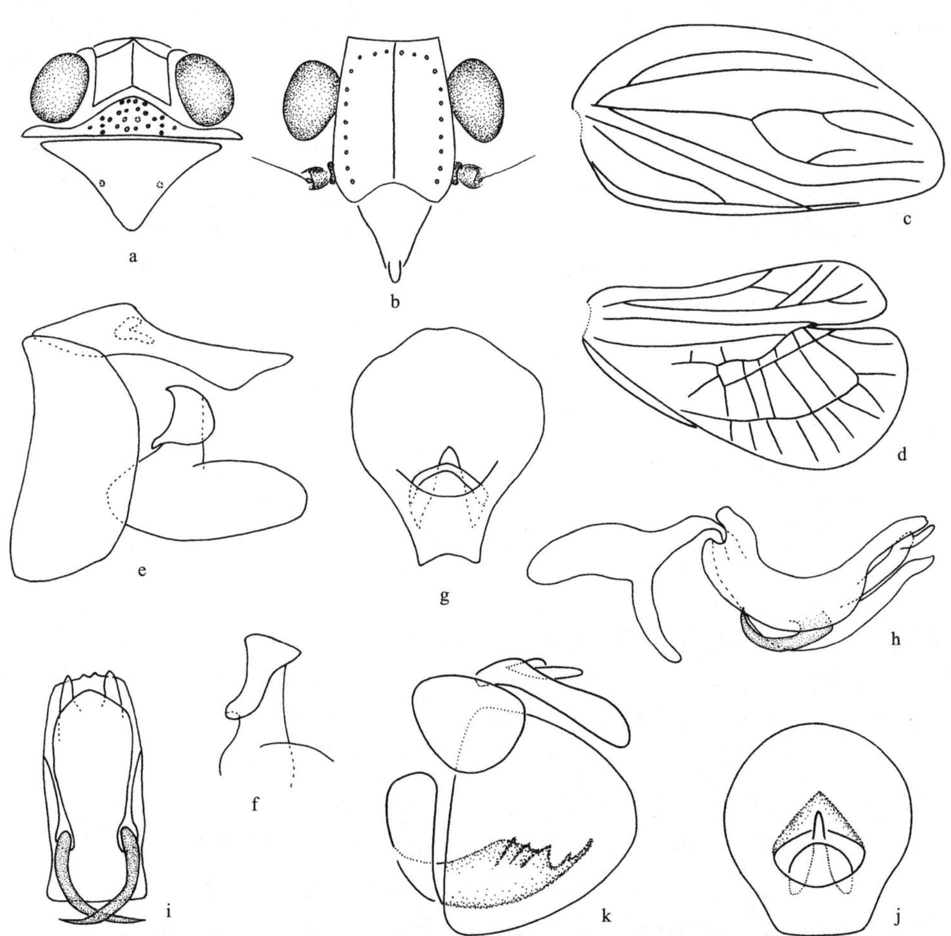

图 142　瑞丽扁瓢蜡蝉，新种 *Flatiforma ruiliensis* Che, Zhang *et* Wang, sp. nov.

a. 头胸部背面观（head and thorax, dorsal view）；b. 额与唇基（frons and clypeus）；c. 前翅（tegmen）；d. 后翅（hind wing）；e. 雄虫外生殖器左面观（male genitalia, left view）；f. 抱器背突尾向观（capitulum of genital style, caudal view）；g. 雄肛节背面观（male anal segment, dorsal view）；h. 阳茎侧面观（phallus, lateral view）；i. 阳茎端部腹面观（apex of phallus, ventral view）；j. 雌肛节背面观（female anal segment, dorsal view）；k. 雌虫外生殖器左面观（female genitalia, left view）

体深棕色。复眼黑褐色。额棕色，侧顶角黑褐色，侧缘深棕色，近额唇基沟起浅棕色。前胸背板侧瓣浅黄色，具黑色斜纹。前翅深棕色，翅脉间隙略带褐色。足深褐色。腹部腹面和背面棕色，中部处褐色，各节末端略带浅棕色。

头顶近四边形，具中脊，两后侧角处宽为中线长的 1.8 倍。额长为最宽处的 1.3 倍，上端缘较直。前胸背板中域布满瘤突，具微弱中脊；中线长与头顶基本相等。中胸盾片最宽处为中线长的 2.0 倍，中线长略短于头顶与前胸背板之和。前翅长为最宽处的 1.9 倍，MP 脉在近中部 2 分支，之后 MP_{1+2} 脉和 MP_{3+4} 脉分别在近中部之后分支。后足刺式 8-10-2。

雄性外生殖器：肛节背面观近蘑菇形，侧顶角钝圆，端缘弧形突出，突出的中部微凹入；侧面观腹缘近端部略突出。尾节侧面观后缘中部微凸出。阳茎基背瓣端缘较直，仅中部角状微凹入，侧面观侧瓣腹缘近端部 1/3 处深凹入；腹瓣腹面观端缘中部角状突出，侧顶角圆；阳茎近中部具 1 对较短的指向头向的剑状突起物，末端达阳茎基部 1/4，腹面观两突起在近端部交叉，尖端指向外侧。抱器侧面观近长的三角形，后缘角状深凹入，腹端角钝角状强突出；尾向观抱器背突具 1 大的窄片状突起。

正模：♂，云南瑞丽勐休，1981.V.2，杨集昆（CAU）。副模：1♀，同正模；1♂1♀，云南普洱，1320m，1981.IV.6，杨集昆（CAU）；1♀，云南澜沧，1981.IV.20，杨集昆（CAU）；1♂1♀，云南沧源班洪，1176m，2011.V.27，徐思龙；1♂，广西百色市靖西县三牙山，2013.VIII.10，陆思含；1♂，广西凌云贤金大队，1980.VIII.4，徐桂花；2♀，广西十万大山森林公园，2001.XI.29，王宗庆。

种名词源：新种根据模式标本产地云南瑞丽（Ruili）命名。

地理分布：广西、云南。

46. 菱瓢蜡蝉属 *Rhombissus* Gnezdilov *et* Hayashi, 2016

Rhombissus Gnezdilov *et* Hayashi, 2016: 47. **Type species**: *Issus harimensis* Matsumura, 1913.

属征：头包括复眼略窄于前胸背板。头顶近四边形，宽大于长，中域明显凹陷，侧缘略脊起，前缘微凸出，后缘微凹入。额具中脊，未达额唇基沟，具短的倒“U”形的亚侧脊，横向脊较平直，在上端缘下与中脊相交，粗糙，布满细小颗粒，近前缘和侧缘具瘤突。唇基隆起，无脊。喙达后足转节。前胸背板前缘明显凸出，后缘近平直，具中脊，中域具 2 个小凹陷，布满浅色小瘤突。中胸盾片具中脊和亚侧脊，近侧缘中部各具 1 个小凹陷。前翅革质，长大于宽，从中部至端部渐窄，前缘近基部处半月形强突出，具爪缝，翅脉呈网状，横脉多且明显，纵脉在基半部明显，端半部多分支；后翅折叠，略短于前翅，具 3 瓣，翅脉明显网状。后足胫节具 2 或 3 个侧刺。后足刺式 8-(8，9)-2。

雄性外生殖器：肛节背面观近杯形，近端部最宽，肛孔位于肛节的近中部。阳茎基背侧瓣侧面端部背向翻折，腹瓣宽大；阳茎器具 1 对突起，突起前半部分呈弯钩状。抱器后缘角状深凹入，尾腹角钝角状强凸出，前缘近中部具 1 三角形凸起。

地理分布：陕西、甘肃、云南；日本。该属为中国首次记录。

Gnezdilov 和 Hayashi（2016）观察了保存在日本北海道大学的 *Issus harimensis* 的选模标本，认为该种类不属于 *Issus*，因此建立了新属 *Rhombissus*。现该属全世界已知 4 种，其中包括本志记述本属 3 新种。

种检索表

1. 肛节端缘中部深凹入；阳茎腹瓣端缘角状微凹入……**短突菱瓢蜡蝉，新种 *R. brevispinus* sp. nov.**
   肛节端缘微凸出或较直；阳茎腹瓣端缘微凸出……2
2. 阳茎具 1 对近“S”形的突起物……**长突菱瓢蜡蝉，新种 *R. longus* sp. nov.**
   阳茎具 1 对近“W”形的突起物……**耳突菱瓢蜡蝉，新种 *R. auriculiformis* sp. nov.**

(158) 短突菱瓢蜡蝉，新种 *Rhombissus brevispinus* Che, Zhang *et* Wang, sp. nov.（图 143；图版 XXVII：j-l）

体连翅长：♂ 5.7-5.8mm，♀ 6.0mm。前翅长：♂ 4.6-4.7mm，♀ 4.9mm。

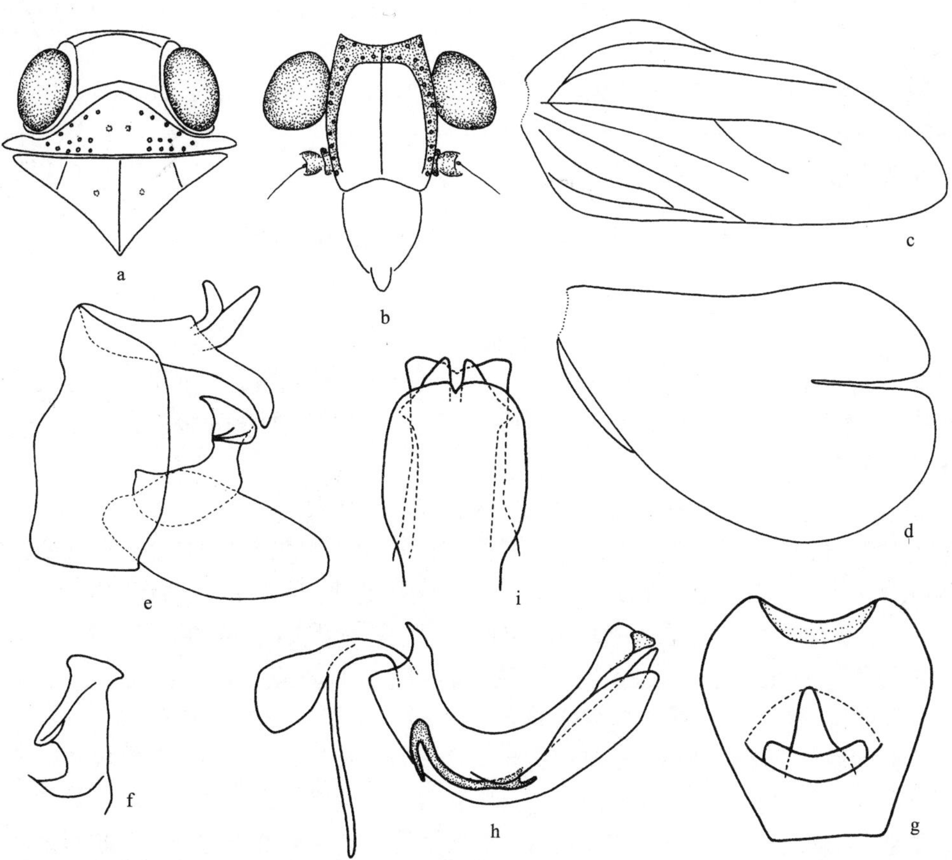

图 143　短突菱瓢蜡蝉，新种 *Rhombissus brevispinus* Che, Zhang *et* Wang, sp. nov.

a. 头胸部背面观（head and thorax, dorsal view）；b. 额与唇基（frons and clypeus）；c. 前翅（tegmen）；d. 后翅（hind wing）；e. 雄虫外生殖器左面观（male genitalia, left view）；f. 抱器背突尾向观（capitulum of genital style, caudal view）；g. 雄肛节背面观（male anal segment, dorsal view）；h. 阳茎侧面观（phallus, lateral view）；i. 阳茎端部腹面观（apex of phallus, ventral view）

体棕色，具浅棕色瘤突和褐色斑点。额棕色，侧缘褐色。前胸背板棕色，具浅棕色瘤突。前翅棕色，翅前缘具黑褐色斑点。腹部腹面和背面褐色，腹部各节的近端部浅黄绿色。

头顶两后侧角处宽为中线长的 2.3 倍。额长为最宽处的 1.3 倍，最宽处为基部宽的 1.6 倍。前胸背板中线长为头顶的 1.5 倍。中胸盾片最宽处为中线长的 1.8 倍。前翅 ScP 脉与 R 脉在近基部处分开，MP 脉在近中部 2 分支，CuA 脉不分支，前翅长为最宽处的 2.1 倍。后足胫节具 3 个侧刺。后足刺式 8-8-2。

雄性外生殖器：肛节背面观近杯形，基部窄，近端缘处最宽，端部中域内陷，端缘微凹入。尾节侧面观后缘微凸出。阳茎浅“U”形，阳茎基背侧瓣不分瓣，背面观端部钝，膜质，侧面观顶角钝的背向翻折，腹面观腹瓣宽大，端缘中间微凹入；阳茎器近中部具 1 对短腹突，腹突的基部具小且尖的突起，端部向下弯曲成钩状。抱器侧面观背缘中部内侧具角状突起；尾向观抱器背突端部尖，近端部内侧具 1 小突起，基部具 1 钝的大侧齿。

正模：♂，陕西周至厚畛子，1050m，2012.V.15，钟海英。副模：1♀，同正模；1♂，陕西太白山，1992.VIII.26，采集人不详；1♂，甘肃宕昌大河坝林场，2004.VII.30，车艳丽。

种名词源：本种名取自拉丁词“*brevispinus*”，意为“短刺的”，此处指该种阳茎腹突基部具短刺。

地理分布：陕西、甘肃。

(159) 长突菱瓢蜡蝉，新种 *Rhombissus longus* Che, Zhang *et* Wang, sp. nov.（图 144；图版 XXVIII：a-c）

体连翅长：♂ 5.1mm，♀ 5.3mm。前翅长：♂ 4.5mm，♀ 4.6mm。

体棕色，具浅棕色瘤突和褐色斑点。额棕色，具浅棕色瘤突。前胸背板棕色，具浅棕色瘤突。前翅棕色，基部和前缘中部具褐色斑点。腹部腹面和背面棕色，腹部各节的近端部褐色。

头顶前缘微弧状凸出，后缘微凹入，两后侧角处宽为中线长的 2.1 倍。额长为最宽处的 1.4 倍，最宽处为基部宽的 1.5 倍。前胸背板为头顶中线长的 1.3 倍。中胸盾片最宽处为中线长的 2.1 倍。前翅革质，翅基部和前缘中部翅脉的凹陷处具深色斑点，斑点不规则；ScP 脉与 R 脉在近基部处分开，MP 脉在中部不分支，CuA 脉在中部 3 分支，前翅长为最宽处的 2.1 倍。后足胫节具 2 个侧刺。后足刺式 8-9-2。

雄性外生殖器：肛节背面观蘑菇形，端缘近平直，侧顶角弧形突出，近端缘处最宽。尾节侧面观后缘近端部凸出，基部略突出。阳茎浅“U”形，阳茎基背侧瓣背面观端缘钝圆，侧顶角突出，圆弧形并背向翻折；腹瓣腹面观端缘钝圆中部突出，不裂叶；阳茎器近基部具 1 对长的剑状突起物。抱器侧面观后缘较直，前缘近背部具三角形突起；尾向观抱器背突具大的侧齿。

雌性外生殖器：肛节背面观卵圆形，长大于宽，近中部处最宽，至端部渐细，端缘中部略突出，侧缘圆滑，肛孔位于肛节的近基部。第 3 产卵瓣近三角形。第 1 产卵瓣腹端角具 3 齿，端缘具 4 个小刺。第 7 腹节中部明显窄，后缘中部微凸出。

正模：♂，云南晋宁双河公社，1900m，1980.V.31，采集人不详。副模：1♀，云南官渡双哨新街，2400m，1980.V.10，胡文德；1♂，云南丽江，1979.VIII.6，崔剑昕（NKU）；1♀，云南丽江，1979.VIII.12，凌作培（NKU）。

种名词源：拉丁词"*longus*"，意为"长的"，此处指本种雄虫阳茎具1对长的突起物。

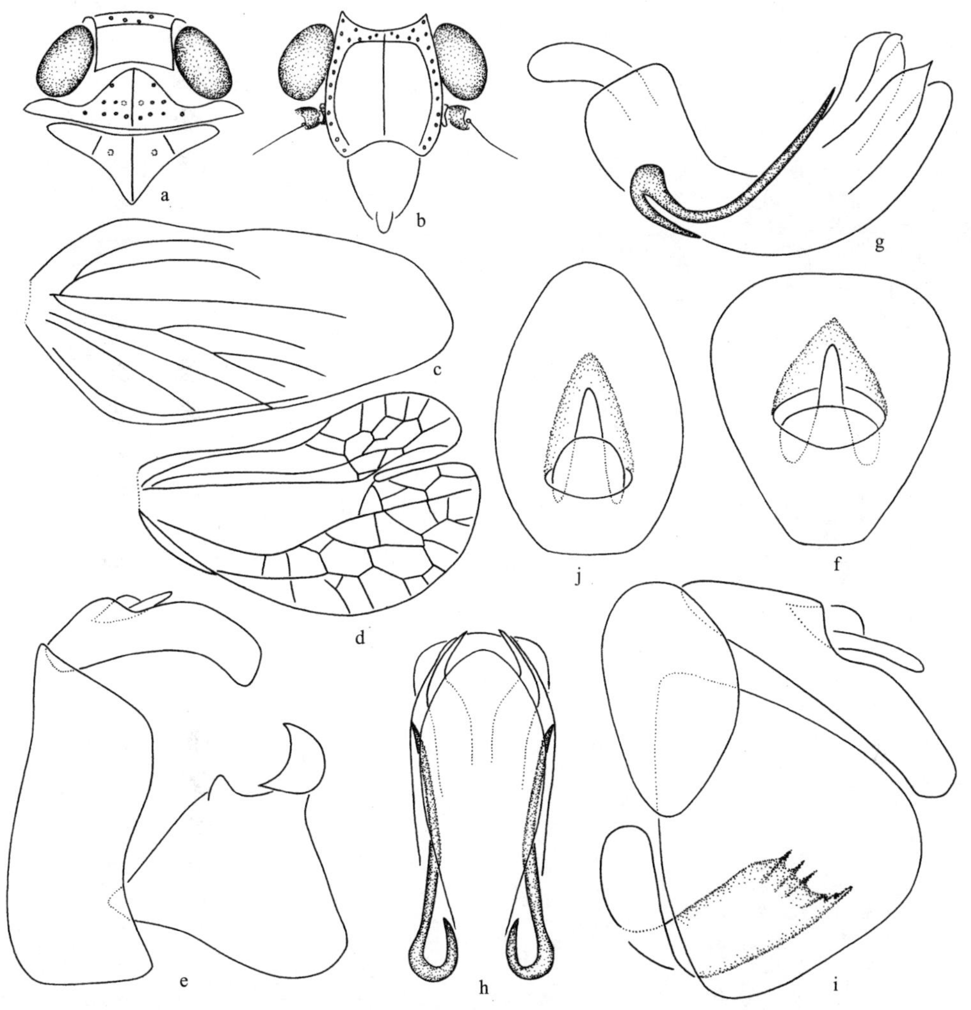

图144　长突菱瓢蜡蝉，新种 *Rhombissus longus* Che, Zhang *et* Wang, sp. nov.

a. 头胸部背面观（head and thorax, dorsal view）；b. 额与唇基（frons and clypeus）；c. 前翅（tegmen）；d. 后翅（hind wing）；e. 雄虫外生殖器左面观（male genitalia, left view）；f. 雄肛节背面观（male anal segment, dorsal view）；g. 阳茎侧面观（phallus, lateral view）；h. 阳茎端部腹面观（apex of phallus, ventral view）；i. 雌虫外生殖器左面观（female genitalia, left view）；j. 雌肛节背面观（female anal segment, dorsal view）

(160) 耳突菱瓢蜡蝉，新种 *Rhombissus auriculiformis* Che, Zhang *et* Wang, sp. nov.

（图145；图版XXVIII：d-f）

体连翅长：♂ 5.5mm。前翅长：♂ 4.5mm。

体棕色，具浅棕色瘤突和褐色斑点。头顶棕色，具褐色圆斑。额棕色，具浅棕色瘤突，侧缘和端缘褐色。唇基褐色。前翅棕色，翅脉凹陷处具褐色斑点。足深棕色。腹部腹面和背面棕色，腹部各节的近端部褐色。

头顶前缘微弧状凸出，后缘微凹入，两后侧角处宽为中线长的 2.1 倍。额长为最宽处的 1.4 倍，最宽处为基部宽的 1.6 倍。唇基光滑无脊起。前胸背板中线长为头顶的 1.5 倍。中胸盾片最宽处为中线长的 2.1 倍。前翅革质，翅脉的凹陷处具深色斑点，斑点不规则；具爪缝，仅基半部纵脉明显，端半部具不规则的横脉，ScP 脉与 R 脉在近基部处分开，MP 脉在端部 1/3 处分叉，2 分支，CuA 脉近中部分叉，2 分支，爪片上的“Y”脉略超出爪片，前翅长为最宽处的 2.1 倍。后足胫节具 3 个侧刺。后足刺式 8-8-2。

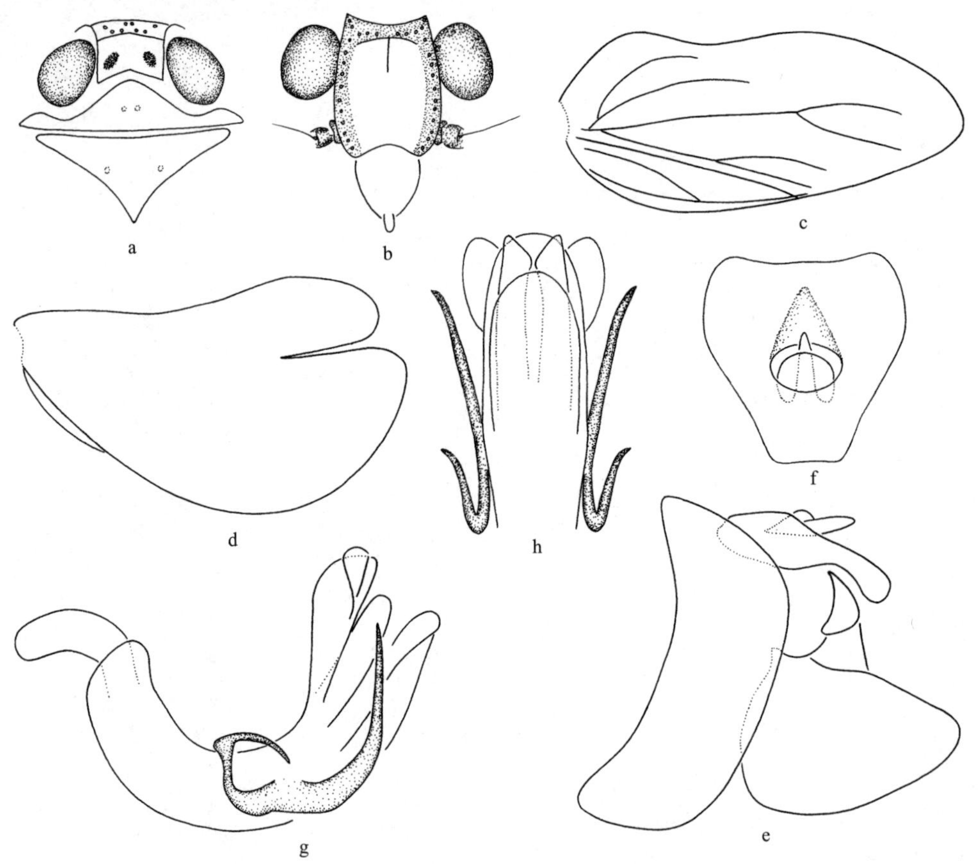

图 145 耳突菱瓢蜡蝉，新种 *Rhombissus auriculiformis* Che, Zhang *et* Wang, sp. nov.

a. 头胸部背面观（head and thorax, dorsal view）；b. 额与唇基（frons and clypeus）；c. 前翅（tegmen）；d. 后翅（hind wing）；e. 雄虫外生殖器左面观（male genitalia, left view）；f. 雄肛节背面观（male anal segment, dorsal view）；g. 阳茎侧面观（phallus, lateral view）；h. 阳茎端部腹面观（apex of phallus, ventral view）

雄性外生殖器：肛节背面观蘑菇形，端缘微凹入，侧顶角微角状突出，近端缘处最宽。尾节侧面观后缘近端部和基部略突出。阳茎基背侧瓣背面观端缘钝圆，侧顶角突出圆并背向翻折，外侧缘平滑；腹瓣腹面观端缘钝圆，中部突出，不裂叶；阳茎器近中部具 1 对耳状突起物。抱器后缘角状微凹入，前缘具 1 小的三角形突起；尾向观抱器背突端部尖锐。

正模：♂，云南云龙志奔山，2430m，1981.VI.24，王书永（IZCAS）。

种名词源：拉丁词 "*auriculiformis*"，意为"耳状的"，此处指本种雄虫阳茎的背瓣侧缘突出，背面观近耳状。

47. 齿跗瓢蜡蝉属 *Gelastyrella* Yang, 1994

Gelastyrella Yang, 1994 in Chan *et* Yang, 1994: 90. **Type species**: *Gelastyrella litaoensis* Yang, 1994; Chen, Zhang *et* Chang, 2014: 131.

属征：头包括复眼窄于前胸背板。头顶宽大于长，中域明显凹陷，前缘弧形凸出，后缘凹入。具单眼。额粗糙，在触角间微扩大，最宽处与中线长几乎相等，具中脊，具横脊且在上端缘之下与中脊相交。唇基隆起，光滑无脊，与额处于同一平面上。喙达后足转节。前胸背板前缘圆弧形凸出，后缘近平直或略向后凸出，中域具 2 个小凹陷。中胸盾片具中脊，近侧缘中部各具 1 个小凹陷。前翅近椭圆形，端缘尖，无前缘下板；ScP 脉与 R 脉在近基部分离，MP 脉 3 分支，CuA 脉不分支，略弯曲；爪片末端达前翅基部 2/3，爪脉在爪片近端部 1/4 处愈合。后翅略短于前翅，呈 3 瓣，翅脉明显呈网状，臀前域和扇域间具深的凹陷，臀瓣小。后足胫节具 2 个侧刺。后足刺式 (7-8)-(35-52)-2。

雄性外生殖器：尾节侧面观背侧角微凸出。阳茎基腹面明显扩大，侧瓣细且弯曲指向背面，腹瓣小；阳茎近端部 1/3 处具 1 对突起。抱器近三角形，后缘中部微凹入。

雌性外生殖器：肛节背面观近椭圆形，长略大于最宽处。第 3 产卵瓣近三角形。第 1 产卵瓣腹端角具 3 个小齿。第 7 腹节中部明显方形突出。

地理分布：福建、台湾、海南、广西。

目前全世界已知 1 种。

(161) 丽涛齿跗瓢蜡蝉 *Gelastyrella litaoensis* Yang, 1994（图 146；图版 XXVIII：g-i）

Gelastyrella litaoensis Yang, 1994 in Chan *et* Yang, 1994: 90 (Type locality: Taiwan, China).

Gelastyrella hainanensis Ran *et* Liang, 2006: 66; Chen, Zhang *et* Chang, 2014 : 133. **syn. nov.**

Thabena hainanensis: Chen, Zhang *et* Chang, 2014: 133.

体连翅长：♂ 6.3mm，♀ 7.1-7.5mm。前翅长：♂ 5.1mm，♀ 6.1-6.3mm。

体棕色，具褐色斑点。复眼黑褐色。雌虫额棕色或深棕色，无斑纹，雄虫额棕色，具黑褐色斑纹。雄虫唇基棕色，两侧褐色。喙棕色。前翅褐色，翅脉凹陷处具深褐色的不规则的斑点；后翅深褐色。足棕色，后足腿节基部褐色。腹部腹面棕色，各节的近端部略带褐色。腹部背面褐色。

头顶前缘弧形突出，后缘略角状凹入，中域凹陷，宽明显大于长，两后侧角处宽为中线长的 1.8 倍。额光滑且阔，中域微隆起，具中脊，近端缘具横脊，额长为最宽处的

1.1 倍，最宽处为基部宽的 1.3 倍。唇基小，光滑无脊，额唇基沟微弯曲。前胸背板前缘明显突出，后缘近平直；中胸盾片具中脊和亚侧脊，最宽处为中线长的 2.3 倍。前翅近长卵圆形，至端部渐窄，端缘略尖；ScP 脉与 R 脉在基部分离，MP 脉 3 分支，CuA 脉不分支，并一直延伸到前翅端缘，前翅长为最宽处的 2.2 倍；后翅略短于前翅，为前翅长的 0.9 倍，呈 3 瓣，腹瓣较小，翅脉明显呈网状。后足胫节具 2 个侧刺。

雄性外生殖器：肛节背面观基半部窄，端半部近椭圆形；肛孔位于肛节的端半部。阳茎浅"U"形，阳茎基端部具 1 对钩形突起；阳茎器近中部具 1 对短的指向头向的匕首状突起物，末端达阳茎基部 1/3。

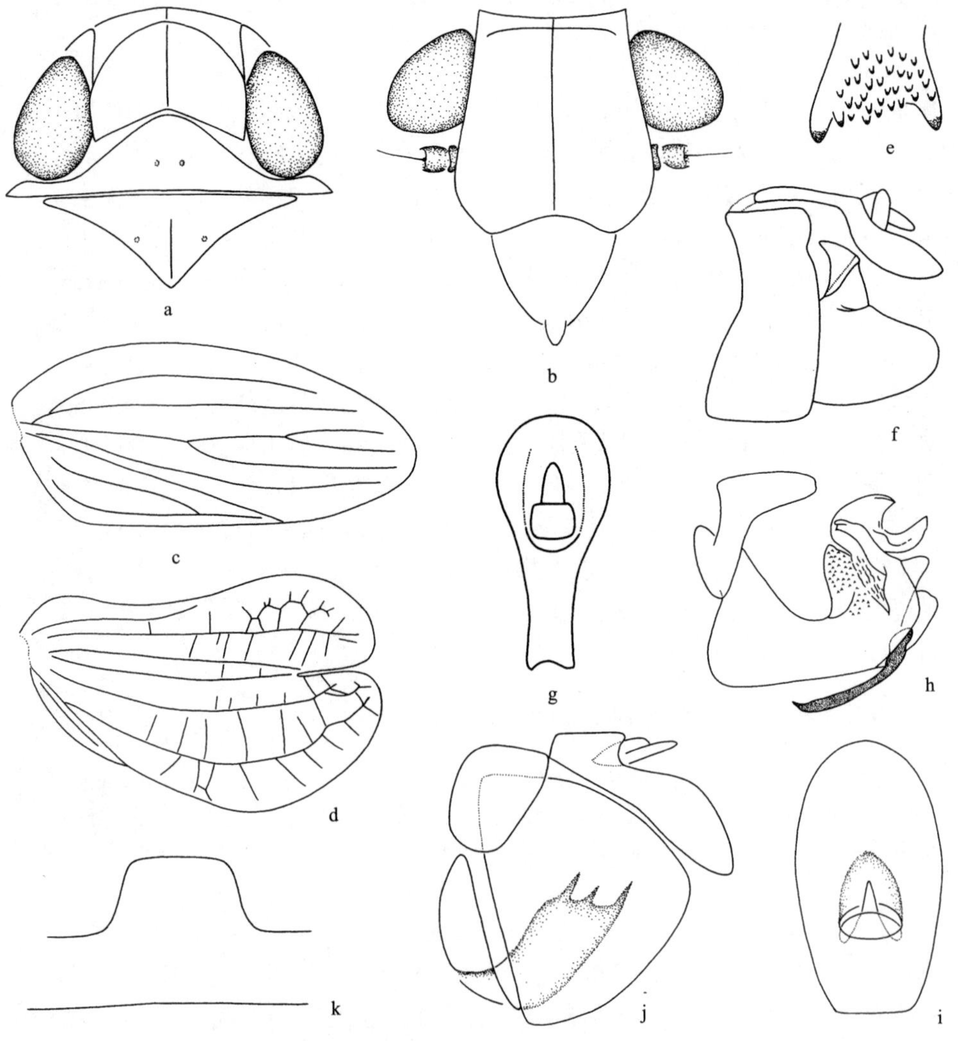

图 146 丽涛齿跗瓢蜡蝉 *Gelastyrella litaoensis* Yang

a. 头胸部背面观（head and thorax, dorsal view）；b. 额与唇基（frons and clypeus）；c. 前翅（tegmen）；d. 后翅（hind wing）；e. 后足第 1 跗节末端腹面观（apex of hind first tarsal segment, ventral view）；f. 雄虫外生殖器左面观（male genitalia, left view）；g. 雄肛节背面观（male anal segment, dorsal view）；h. 阳茎侧面观（phallus, lateral view）；i. 雌肛节背面观（female anal segment, dorsal view）；j. 雌虫外生殖器左面观（female genitalia, left view）；k. 雌第 7 腹节腹面观（female sternite Ⅶ, ventral view）

雌性外生殖器：肛节背面观近长的卵圆形，长大于宽，中部处最宽，近端部略细，端缘中部突出，侧缘圆滑，肛孔位于肛节的基半部。第 1 产卵瓣向上弯曲，端缘具 3 个刺。侧面观第 9 背板近小的四方形，第 3 产卵瓣近三角形。第 7 腹节近中部明显突出。

讨论：通过检视采自台湾标本及对比该种的原始特征描述，发现海南分布的种类 *G. hainanensis* Ran *et* Liang 与台湾分布种类 *G. litaoensis* Yang 生殖器特征并无差异，前者为后者的异名。

观察标本：1♂，台湾高雄高中林道，640m，2011.VI.8，张（CAU）；1♀，海南岛吊罗山，1965.V.11，刘思孔（BJNHM）；1♀，海南岛吊罗山，1984.V.6，林尤洞（CAF）；1♀，广西陇呼，1980.V.14，采集人不详；1♀，广西宁明陇瑜，1984.V.20，吴正亮、陆晓琳；1♀，广西宁明陇瑜，150m，1984.V.23，张甲军。

地理分布：台湾、海南、广西。

48. 众瓢蜡蝉属 *Thabena* Stål, 1866

Thabena Stål, 1866a: 208. **Type species**: *Issus retractus* Walker, 1857; Gnezdilov, 2009a: 77; Chen, Zhang *et* Chang, 2014: 135.

Cibyra Stål, 1861: 209. **Type species**: *Issus testudinarius* Stål, 1854 (= *Issus spectans* Walker, 1858).

Gelastyra Kirkaldy, 1904: 280. New name for *Cibyra* Stål, 1861. Synonymised by Gnezdilov, 2009a: 77.

Borbonissus Bonfils, Attié *et* Reynaud, 2001: 217. **Type species**: *Borbonissus brunnifrons* Bonfils, Attié *et* Reynaud, 2001. Synonymised by Gnezdilov, 2009a: 77.

属征：头包括复眼窄于前胸背板。头顶宽大于长，中域明显凹陷，前缘弧形凸出，后缘凹入。具单眼。额粗糙，在触角间微扩大，中域微隆起，具中脊，具横脊且在上端缘之下与中脊相交。唇基隆起，光滑无脊，与额处于同一平面上。喙达后足转节。前胸背板前缘圆弧形凸出，后缘近平直或略向后凸出，中域具 2 个小凹陷。中胸盾片具中脊，近侧缘中部各具 1 个小凹陷。前翅近椭圆形，端缘尖圆，无前缘下板；ScP 脉与 R 脉在近基部分离，MP 脉 2-4 分支，CuA 脉不分支，略弯曲；爪片末端达前翅基部 2/3，爪脉在爪片近端部 1/4 处愈合。后翅略短于前翅，呈 3 瓣，翅脉明显呈网状，臀前域和扇域间具深的凹陷，臀瓣小。后足胫节具 2 个侧刺。后足刺式 7-(8-19)-2。

雄性外生殖器：肛节背面观近椭圆形或蘑菇形，长大于宽，近端部处最宽，侧顶角圆。尾节侧面观后缘微凸出。阳茎浅“U”形，具 1 对突起或无。抱器近三角形，后缘中部较平直或凹入。

雌性外生殖器：肛节背面观近椭圆形，长略大于最宽处。第 3 产卵瓣近三角形。第 1 产卵瓣腹端角具 3 个小齿。第 7 腹节中部明显突出。

目前全世界已知 13 种，我国分布 4 种，本志另记述 2 新种。

地理分布：台湾、海南、云南、西藏；泰国，菲律宾，马来西亚，新加坡，印度尼西亚，留尼汪岛。

种检索表

1. 体红褐色，略带绿色；前翅自前缘近中部至爪片端部的缝缘处具1宽的深色条带……………………………………………………………………双瓣众瓢蜡蝉 *T. biplaga*
   体褐色或棕色；前翅无此条带……2
2. 头顶略窄，基部宽约为中线长的1.3倍……3
   头顶明显宽，基部宽为中线长的2.5倍以上……4
3. 头顶两侧具宽的黑色纵条纹；阳茎基侧瓣末端尖细，呈针状；阳茎无腹突……………………………………………………………………褐额众瓢蜡蝉 *T. brunnifrons*
   头顶无此纵条纹；阳茎基侧瓣末端角状略突出；阳茎具1对短小的突起……………………………………………………………………云南众瓢蜡蝉 *T. yunnanensis*
4. 额深褐色，具浅褐色瘤突；阳茎具1对较短的突起，未达阳茎基部……………………………………………………………………兰坪众瓢蜡蝉 *T. lanpingensis*
   额暗褐色，具暗黄色斑点；阳茎具1对较长突起，达阳茎基部……5
5. 尾节后缘近背部圆角状微突出……**凸众瓢蜡蝉，新种 *T. convexa* sp. nov.**
   尾节后缘近背部尖角状明显突出……**尖众瓢蜡蝉，新种 *T. acutula* sp. nov.**

(162) 褐额众瓢蜡蝉 *Thabena brunnifrons* (Bonfils, Attié *et* Reynaud, 2001)（图版XXVIII：j-l）

Borbonissus brunnifrons Bonfils, Attié *et* Reynaud, 2001: 218.
Thabena brunnifrons: Gnezdilov, 2009a: 79; Chan, Yeh *et* Gnezdilov, 2013: 150.

体连翅长：♂ 5.0-5.5mm，♀ 5.6-6.2mm。前翅长：♂ 3.6-4.1mm，♀ 4.2-4.8mm。

体黄褐色，具暗褐色斑点。复眼黑褐色。额浅褐色，上端具暗褐色或黑色带。唇基褐色。喙黑褐色。前翅浅黄褐色，翅面具暗褐色的不规则的斑点，具浅色或绿色翅脉，雌虫具黑褐色不规则斑块；后翅浅褐色，具深色翅脉。足黄褐色，具褐色斑点。

体椭圆形。头顶两后侧角处宽为中线长的1.3倍。额长与最宽处基本相等，最宽处为基部宽的1.3倍。额唇基沟微向上弯曲。唇基小，光滑无脊。前胸背板前缘明显突出，后缘近平直，具瘤突；中胸盾片最宽处为中线长的2.3倍。前翅近椭圆形，端缘钝圆，ScP脉与R脉在基部分离，MP脉2分支，CuA脉不分支，并一直延伸到前翅端缘，前翅长为最宽处的2.2倍；后翅略短于前翅，前缘基部强隆起。后足刺式7-20-2。

雄性外生殖器：肛节背面观近纺锤形，近中部明显扩大，基部和端部窄，肛孔位于近中部，端缘较直。阳茎基背面端部形成突起且弯向头部，侧面端部形成刺状突起，阳茎“U”形，无腹突。抱器后缘深凹入，尾腹角强凸出；抱器背突基部细长，具较大侧刺，指向外侧。

观察标本：2♂，台湾高雄龟山乡，2013.V.31，罗（CAU）；1♂1♀，台湾高雄寿山，2010.XI.19，彩万志（CAU）。

地理分布：台湾；新加坡，留尼汪岛。

(163) 双瓣众瓢蜡蝉 *Thabena biplaga* (Walker, 1851)

Issus biplaga Walker, 1851: 367 (Type locality: Hong Kong, China).
Gelastyra biplaga: Fennah, 1956: 511.
Thabena biplaga: Gnezdilov, 2009a: 79.

体连翅长：♀ 5.4mm。前翅长：♀ 5.0mm。

体红褐色，略带绿色。头顶前缘明显突出，两后侧角处宽为中线长的 1.8 倍。额中域具 1 圆斑，其余部分布满黑色小斑点。前胸背板的端半部和中域、中胸小盾片的侧缘和唇基两侧的 6 个斜纹，褐色。额唇基沟黑褐色。前翅苍白，半透明，基部 1/4（不含翅脉）和 1 宽的条带自前缘近中部至爪片端部的缝缘处（不含翅脉），深褐色；翅脉绿色，前翅苍白部分除基部 1/3 处卵圆形区域外，均略带绿色。第 1 跗节中部具 8 个刺。

第 7 腹节后缘突出形成近舌形的突出物，宽大于长。第 3 产卵瓣粗壮，宽三角形，前缘膜质。肛节呈窄的卵圆形，侧缘向下弯向肛孔的背缘。

观察标本：未见。

地理分布：香港。

(164) 云南众瓢蜡蝉 *Thabena yunnanensis* (Ran *et* Liang, 2006)（图 147；图版 XXIX：a-c）

Gelastyrella yunnanensis Ran *et* Liang, 2006: 67 (Type locality: Yunnan, China).
Thabena yunnanensis: Gnezdilov, 2009a: 83.

体连翅长：♂ 5.2mm，♀ 5.6mm。前翅长：♂ 4.2mm，♀ 4.6mm。

体黄褐色，具黑褐色斑纹。头顶黑褐色，中间具宽的黄色纵带。额深褐色，横脊和头顶前缘之间黑色；中脊两侧黑色，近边缘色浅；中脊近上方具 1 块横跨中脊的黄褐色斑。唇基黑褐色，基部具黄褐色斑。复眼黑褐色，椭圆形。触角黑褐色。前胸背板近三角形，黑褐色，中线具 2 个黄褐色斑，侧角黄褐色；中胸盾片两侧各具 1 黑褐色斑。胸部腹面黄褐色。腹部腹面中间黑褐色，两侧黄褐色。前翅具横脉，翅脉略带绿色。后翅黑褐色。足黄褐色，具黑褐色斑点。

头顶两后侧角宽为中线长的 1.43 倍。额最宽处为中线长的 1.01 倍。前胸背板中域具 2 小凹点，近后缘具小瘤突。中胸盾片三角形，最宽处为中线长的 2.5 倍。前翅长为最宽处的 2.30 倍，ScP 脉与 R 脉在近基部 1/6 处分开，MP 脉 3 或 4 分支。后足胫节具 2 侧刺。后足刺式 7-(18-21)-2。

雄性外生殖器：肛节背面观近椭圆形，端缘明显突出；肛孔位于中间。抱器三角形，基部突出成钩状。阳茎基背面基部两侧各具 1 个蝶状突起，侧瓣端部具 1 对刀状突起；阳茎略弯曲，腹面近基部具 1 对短的钩状突起。

观察标本：1♂，云南勐仑，1991.V.24，王应伦、彩万志；5♂5♀，云南西双版纳勐仑，21°54.386′N，101°16.803′E，627m，2009.XI.22，唐果、姚志远。

地理分布：云南。

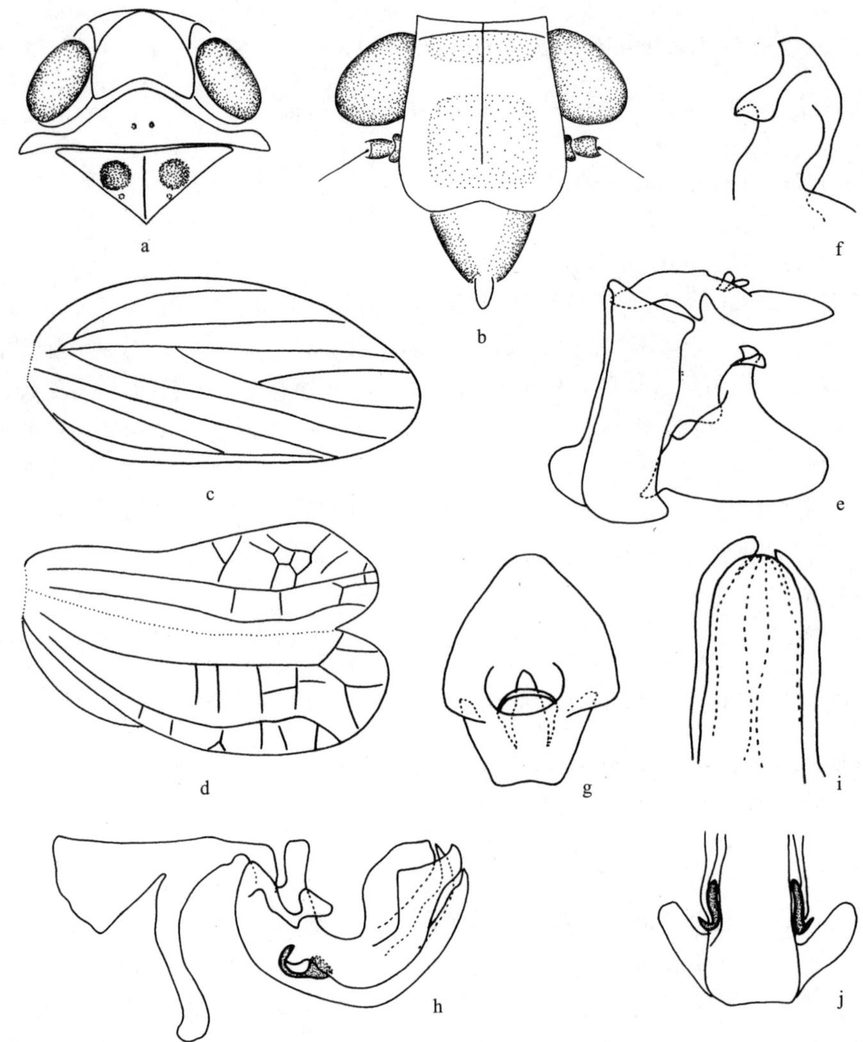

图 147 云南众瓢蜡蝉 *Thabena yunnanensis* (Ran *et* Liang)（仿 Ran & Liang，2006b）

a. 头胸部背面观（head and thorax, dorsal view）；b. 额与唇基（frons and clypeus）；c. 前翅（tegmen）；d. 后翅（hind wing）；e. 雄虫外生殖器侧面观（male genitalia, lateral view）；f. 抱器背突尾向观（capitulum of genital style, caudal view）；g. 雄肛节背面观（male anal segment, dorsal view）；h. 阳茎侧面观（phallus, lateral view）；i. 阳茎端部腹面观（apex of phallus, ventral view）；j. 阳茎基部腹面观（base of phallus, ventral view）

(165) 兰坪众瓢蜡蝉 *Thabena lanpingensis* Zhang *et* Chen, 2012（图 148；图版 XXIX：d-f）

Thabena lanpingensis Zhang *et* Chen, 2012: 229 (Type locality: Yunnan, China); Chen, Zhang *et* Chang, 2014: 135.

体连翅长：♂ 5.0mm，♀ 6.3mm。前翅长：♂ 4.1mm，♀ 5.2mm。

头顶黄褐色。复眼黑褐色。额深棕色，具浅褐色瘤突。唇基浅褐色，具暗褐色斜纹。喙和触角暗褐色。前胸背板和中胸盾片褐色。前翅浅褐色，具黑褐色斑，后翅暗褐色。

足褐色。腹部腹面暗褐色。

头顶横向的，两后侧角处宽为中线长的 3.0 倍，前缘圆弧形凸出，后缘凹入，侧缘略凸出，脊起，中域凹陷。额宽，最宽处宽为中线长的 1.2 倍。唇基中域隆起。前胸背板无中脊和亚侧脊，近中线每侧具 1 小凹陷；中胸盾片三角形无脊。前翅至端部渐窄，长为宽的 2.0 倍，ScP 脉与 R 脉在基部 1/10 处分离，MP 脉 2 或 3 分支。后足胫节具 2 个侧刺。后足刺式 7-17-2。

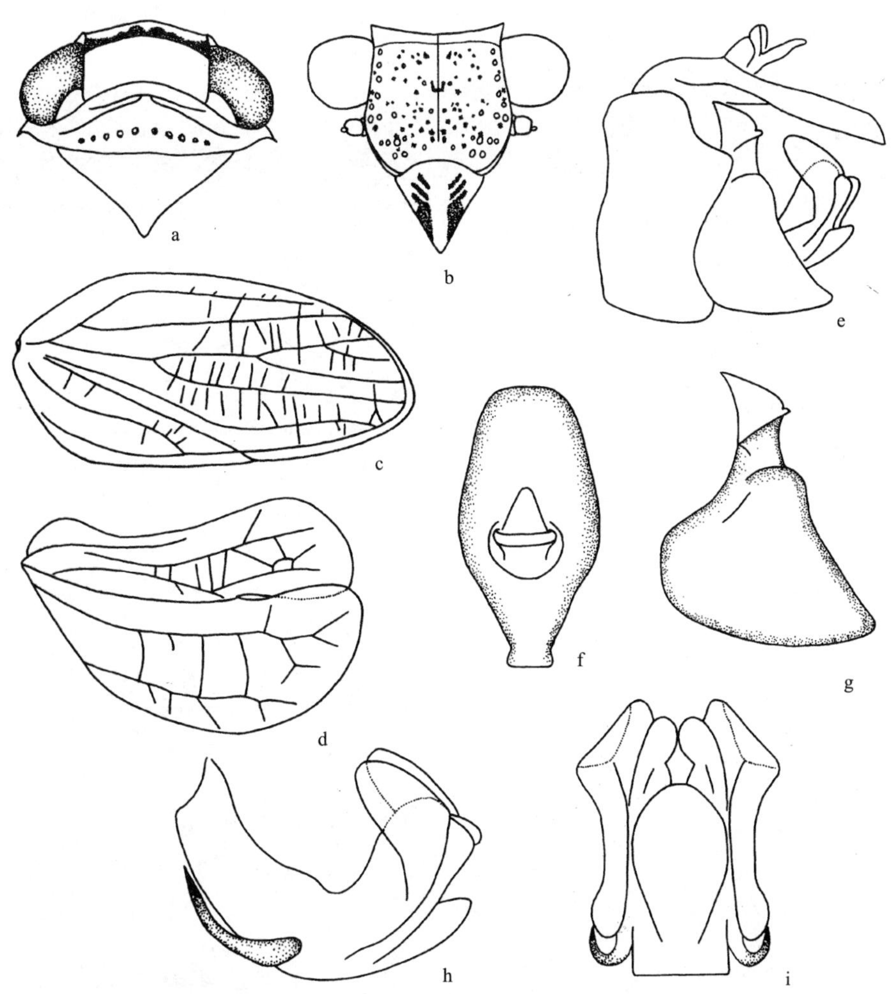

图 148　兰坪众瓢蜡蝉 *Thabena lanpingensis* Zhang *et* Chen（仿 Zhang & Chen，2012b）

a. 头胸部背面观（head and thorax, dorsal view）；b. 额与唇基（frons and clypeus）；c. 前翅（tegmen）；d. 后翅（hind wing）；e. 雄虫外生殖器侧面观（male genitalia, lateral view）；f. 雄肛节背面观（male anal segment, dorsal view）；g. 抱器侧面观（genital style, lateral view）；h. 阳茎侧面观（phallus, lateral view）；i. 阳茎端部腹面观（apex of phallus, ventral view）

雄性外生殖器：肛节背面观长卵圆形，长为中部最宽处的 2.0 倍。尾节侧面观宽，后缘近背端缘明显突出。阳茎基侧瓣端部背向弯折成长的指状；腹瓣腹面观端缘中部弧形突出，侧顶角圆；阳茎具 1 对长的剑状的突起物，末端达阳茎基部。抱器侧面观近三角形，后缘较平直，尾腹角略尖。

观察标本：1♂，云南思茅，1320m，1981.IV.8，杨集昆（CAU）；1♀，云南打洛，1991.V.31，王应伦、彩万志；1♀，云南兰坪，1983.IX.21，王吉先；1♀，云南保山，1981.IX.20，熊江；1♀，云南景洪，1973. XI.19，金银桃。

地理分布：云南。

(166) 凸众瓢蜡蝉，新种 *Thabena convexa* Che, Zhang *et* Wang, sp. nov.（图 149；图版 XXIX：g-i）

体连翅长：♂ 6.1mm。前翅长：♂ 4.5mm。

体棕色，具褐色斑点。复眼黑褐色。头顶、前胸背板和中胸盾片棕色，布满褐色的不规则斑点。额褐色，具浅棕色圆斑。唇基褐色。喙棕色。前翅棕色，布满褐色的不规则斑点，后翅褐色。足褐色，后足的腿节和胫节棕色。腹部腹面和背面黄褐色，腹部各节的近端部略带浅黄色。

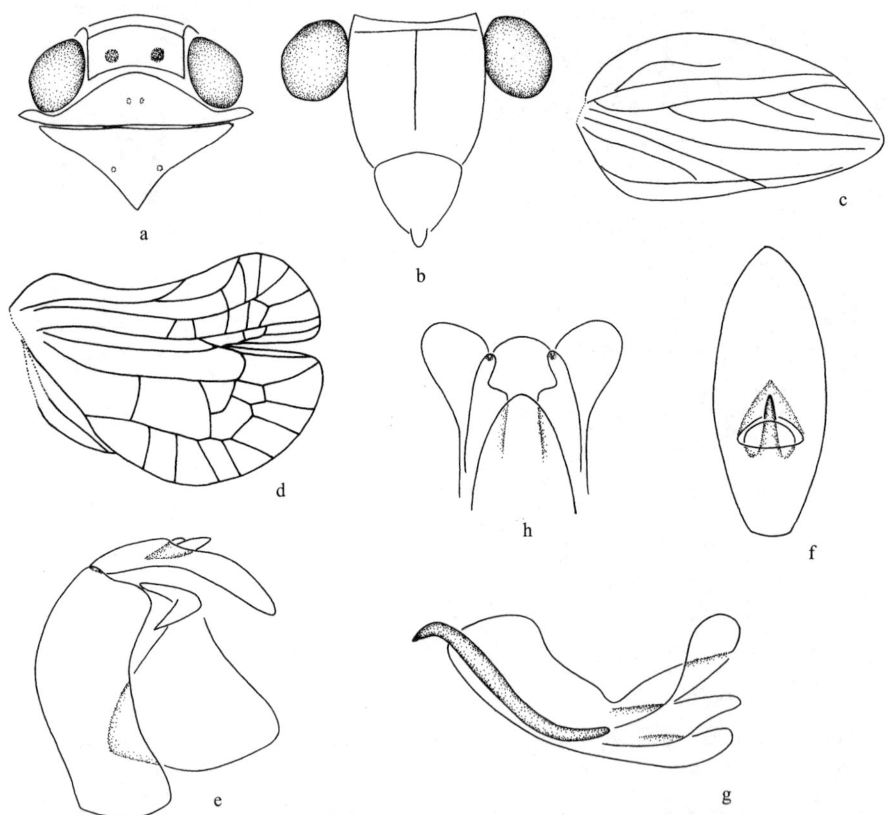

图 149　凸众瓢蜡蝉，新种 *Thabena convexa* Che, Zhang *et* Wang, sp. nov.

a. 头胸部背面观（head and thorax, dorsal view）；b. 额与唇基（frons and clypeus）；c. 前翅（tegmen）；d. 后翅（hind wing）；e. 雄虫外生殖器左面观（male genitalia, left view）；f. 雄肛节背面观（male anal segment, dorsal view）；g. 阳茎侧面观（phallus, lateral view）；h. 阳茎端部腹面观（apex of phallus, ventral view）

头顶前缘弧形突出，后缘弧形凹入，侧缘略脊起，两后侧角处宽为中线长的 3.0 倍。额具中脊，近端部具横脊，额长几乎与最宽处相等，最宽处为基部宽的 2.2 倍。唇基光滑无脊。前胸背板前缘明显脊起，中域具 2 个小凹陷。中胸盾片最宽处为中线长的 2.1 倍。前翅近方形，ScP 脉短，MP 脉 3 分支，在近基部首次分支，MP_{1+2} 脉在近端部分支，CuA 脉不分支，爪片上的“Y”脉超出爪片达近端缘，前翅长为最宽处的 2.1 倍；后翅略短于前翅，约为前翅长的 0.95 倍，具 3 瓣，明显宽于前翅，网状翅脉明显。后足胫节具 2 个侧刺。后足刺式 7-14-2。

雄性外生殖器：肛节背面观蘑菇形，中部处最宽，侧顶角钝圆，端缘中部突出；肛孔位于基半部。尾节侧面观前缘微凸出，后缘中部凹入，后背缘角圆角状，略突出。阳茎浅“U”形，阳茎基背瓣端部钝圆不裂叶，侧瓣端部弯向背面，呈指状略突出；腹瓣端部渐细，端缘中部突出；阳茎器具 1 对位于近中部的长的剑状突起物。抱器侧面观近三角形，后缘中部较直。

正模：♂，西藏通麦，2050m，1978.VII.27，李法圣（CAU）。

鉴别特征：本种与兰坪众瓢蜡蝉 *T. lanpingensis* 相似，但区别在于：①额中线长几乎与最宽处相等，后者额宽为中线长的 1.2 倍；②尾节后缘近背部圆角状，微突出，中部凹入，后者尾节后缘近背部明显突出；③阳茎基侧瓣端部具短的指状突出，后者阳茎基侧瓣端部具长的指状突出。

种名词源：本种学名源于拉丁词“*convexus*”，意为“凸的”，此处指尾节的前缘明显凸出。

寄主：红花木。

(167) 尖众瓢蜡蝉，新种 *Thabena acutula* Meng, Qin *et* Wang, sp. nov.（图 150；图版 XXIX：j-l）

体连翅长：♂ 5.9mm。前翅长：♂ 4.6mm。

体浅黄褐色，具黑褐色斑点。头顶浅黄褐色，具黑色斑纹。复眼暗褐色。额黑褐色，散布浅黄褐色斑点，复眼间中部具黄白色斑，横脊和中脊黄褐色。唇基黄褐色，具暗黄褐色斜纹。喙黑褐色。前胸背板浅黄褐色，具黑褐色斑纹。中胸盾片浅黄褐色，侧域中间具暗褐色大圆斑。前翅浅黄褐色，翅脉间隙具黑褐色的斑纹和斑点。后翅褐色。足黄褐色。

头顶近四边形，后缘角状凹入，具中脊，具 2 圆形凹陷，两后侧角处宽为中线长的 2.6 倍。额中域略隆起，上端缘微弧形凹入，额中线长几乎与触角间最宽处相等，最宽处为基部宽的 1.2 倍。额唇基沟较直。唇基光滑无脊。前胸背板前缘明显钝角状突出。中胸盾片最宽处为中线长的 2.4 倍。前翅长卵圆形，前缘近 1/3 处明显凸出，爪片达前翅 2/3，末端尖；前翅长为最宽处的 2.1 倍。后足胫节具 2 侧刺。后足刺式 7-13(15)-2。

雄性外生殖器：肛节背面观长卵圆形，近基部 1/3 处最宽，端缘微突出；肛孔位于基半部。尾节侧面观前缘直，后缘近背部具 1 近三角形突起。阳茎浅“U”形，近中部具 1 对剑状突起物，在近基部 1/3 细，之后变粗，末端尖，腹面观突起端部在阳茎基部交叉，突起在交叉部位的边缘微齿状；背侧瓣侧面端部折向背面，呈粗指状；腹瓣侧顶角圆，端缘中部微凸。抱器侧面观近三角形，后缘波状，中部角状微凹入，腹端角略尖，极度突出；抱器背突粗短，顶端尖，具 1 钝圆的侧齿。

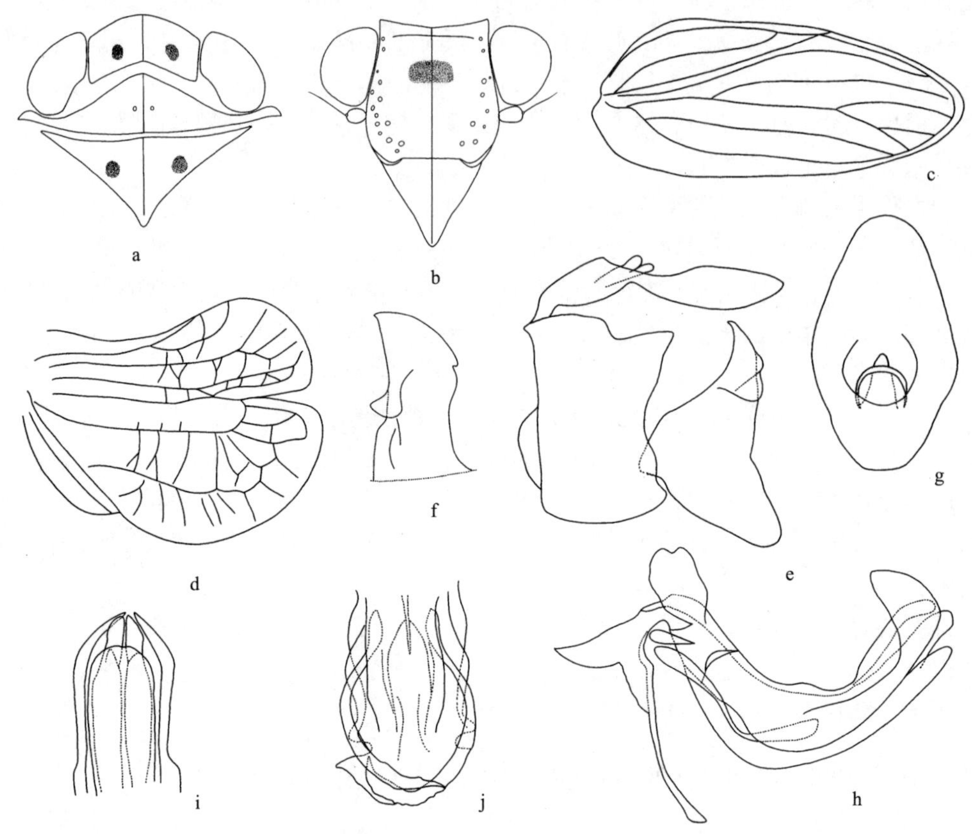

图 150 尖众瓢蜡蝉，新种 *Thabena acutula* Meng, Qin *et* Wang, sp. nov.

a. 头胸部背面观（head and thorax, dorsal view）；b. 额与唇基（frons and clypeus）；c. 前翅（tegmen）；d. 后翅（hind wing）；e. 雄虫外生殖器侧面观（male genitalia, lateral view）；f. 抱器背突尾向观（capitulum of genital style, caudal view）；g. 雄肛节背面观（male anal segment, dorsal view）；h. 阳茎侧面观（phallus, lateral view）；i. 阳茎端半部腹面观（apical half of phallus, ventral view）；j. 阳茎基半部腹面观（basal half of phallus, ventral view）

正模：♂，西藏墨脱背崩乡，800m，2013.VII.20，王洋。

鉴别特征：本种与新种凸众瓢蜡蝉 *T. convexa* 相似，主要区别：①头顶后缘角状凹入，两后侧角处宽为中线长的 2.6 倍，后者头顶后缘弧形凹入，两后侧角处宽为中线长的 3.0 倍；②尾节后缘近背部具三角形突出，后者尾节后缘近背部无此突起；③阳茎腹面近中部具 1 对粗细明显不均的突起，后者阳茎突起粗细较均匀。

种名词源：本种学名源于拉丁词“*acutula*”，意为“略尖的”，此处指该种头顶后缘角状凹入。

49. 梭瓢蜡蝉属 *Fusiissus* Zhang *et* Chen, 2010

Fusiissus Zhang *et* Chen, 2010: 48. **Type species**: *Fusiissus frontomaculatus* Zhang *et* Chen, 2010; Chen, Zhang *et* Chang, 2014: 96.

属征：头顶箭头形，具中脊，边缘微脊起，后缘锐角凹入。额基部窄，向端部渐宽，近额唇基沟处最宽，中域隆起，中线具 1 条宽的黑色纵带。唇基中域略隆起。喙达中足基节。前胸背板具中脊，两侧各有若干浅色瘤突。中胸盾片近三角形，两侧隆起。前翅狭长，端部渐尖，无前缘下板，纵脉隆起明显，无横脉，不具爪缝，ScP 脉和 R 脉在基部分开，MP 脉 2 或 3 分支，MP 脉首次在前翅近基部 1/8 处分支，CuA 脉简单。后翅半透明，脉纹网状，端部中间具 1 缺刻。前足腿节叶状扁平，后足胫节基部具 1 小刺，近端部具 2 侧刺。

雄性外生殖器：肛节背面观状如熊头，基部窄，端部宽，端缘在近两顶角处各有 1 小凹陷，肛节近基部两侧各有 1 耳状突。尾节侧面观背缘窄，腹缘宽，后缘在近端部具 1 小钩突。阳茎器在基部 1/3 处具 1 对剑状突起物。抱器侧面观椭圆形，背缘近基部具突起。

本属全世界已知 2 种，分布在中国。

种检索表

雄虫肛节背面观端缘中部弧圆突出；阳茎基侧面观背缘中部具拇指状突起；侧瓣 2 分支，背支齿状……**额斑梭瓢蜡蝉 *F. frontomaculatus***

雄虫肛节背面观端缘中部角状突出；阳茎基侧面观背缘中部无拇指状突起；侧瓣 2 分支，背支矛状……**望谟梭瓢蜡蝉 *F. wangmoensis***

(168) 额斑梭瓢蜡蝉 *Fusiissus frontomaculatus* Zhang *et* Chen, 2010（图 151）

Fusiissus frontomaculatus Zhang *et* Chen, 2010: 49 (Type locality: Guizhou, China); Chen, Zhang *et* Chang, 2014: 99.

体连翅长：♂ 5.8mm，♀ 6.2mm。前翅长：♂ 5.0mm，♀ 5.2mm。

头顶黄褐色，复眼浅褐色。额黄褐色，中线处具 1 黑色纵斑，端部布有黑色斑点。唇基深褐色，具浅褐色条纹。颊浅褐色，在触角前方具 1 黑色条斑。触角黑褐色。喙褐色，端节黑褐色。前胸背板、中胸盾片和雄虫前翅黄褐色，雌虫前翅中部具黑褐色斑。腹部腹面褐色，足深褐色，具黑色环斑和条形斑。

头顶箭头状，中域凹陷，边缘脊起，具中脊，前缘角状突起，后缘凹入，两后侧角处宽为长的 1.2 倍。额基部窄，侧缘近端部扩张，在端部向内折向额唇基沟，中线长为最宽处的 1.3 倍，中域明显隆起，具楔形的纵条斑，具亚侧脊，亚侧脊两侧具瘤突。中胸盾片具中脊，中脊两侧各具 1 凹陷和瘤突。中胸盾片三角形，中脊弱，具 2 亚侧脊，近顶角处各具 1 瘤突。前翅长条形，长为前翅宽的 3 倍，端缘钝圆，纵脉明显，无横脉，无爪缝，ScP 脉与 R 脉在基部分开，伸达翅缘，无分叉；MP 脉简单，伸达翅缘；CuA 脉在近基部 2 分支，伸达翅缘。后翅长为前翅的 0.9 倍，端缘中部具 1 缺刻，翅脉明显，端部网状。前足腿节明显成叶状扁平，后足胫节近基部具 1 小刺，近端部具 2 大刺。后足刺式（7-9)-11-2。

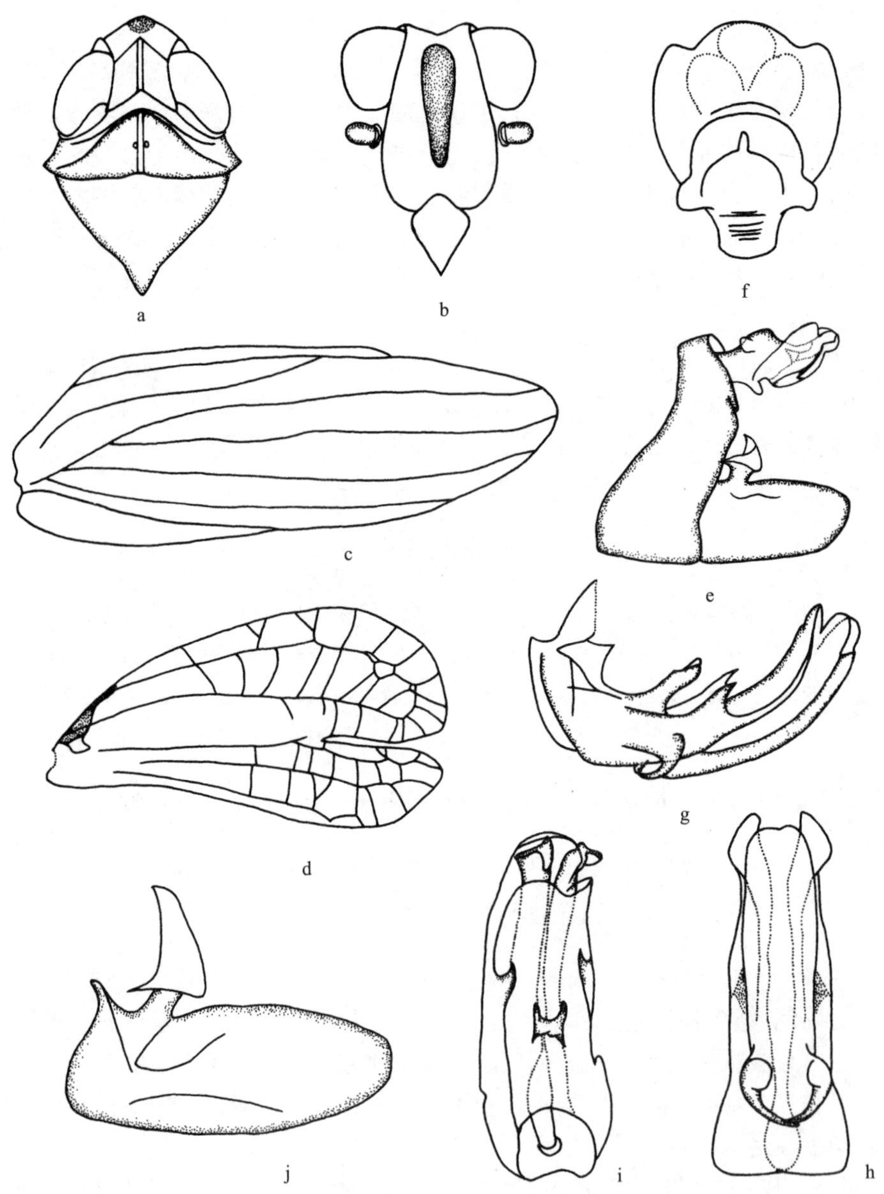

图 151　额斑梭瓢蜡蝉 *Fusiissus frontomaculatus* Zhang *et* Chen（仿 Zhang & Chen，2010a）

a. 头胸部背面观（head and thorax, dorsal view）；b. 额与唇基（frons and clypeus）；c. 前翅（tegmen）；d. 后翅（hind wing）；e. 雄虫外生殖器左面观（male genitalia, left view）；f. 雄肛节背面观（male anal segment, dorsal view）；g. 阳茎侧面观（phallus, lateral view）；h. 阳茎端部腹面观（apex of phallus, ventral view）；i. 阳茎端部背面观（apex of phallus, dorsal view）；j. 抱器侧面观（genital style, lateral view）

雄性外生殖器：肛节背面观，基部窄，端部宽，端缘 3 裂叶，肛孔位于近中部，肛孔基部两侧各具 1 片状突起。尾节侧面观背缘窄，腹缘宽，前缘弧形，后缘近直线，近背缘具 1 凹陷。阳茎侧面观浅“U”形，具背瓣、侧瓣和腹瓣，背瓣侧缘在阳茎中部卷折形成 1 三角形突起，阳茎中部两侧各具 1 钩状突起，在腹面交叉，指向头向。背面观阳茎中部具 1 片状突起，突起端部 2 裂叶，背瓣端缘中部具 1 缺刻，侧瓣端缘钝圆，近端部具片状突起，伸向两侧；腹面观腹瓣短于背、侧瓣，端缘中部具 1 凹陷。抱器侧面观近长椭圆形，背缘具 2 钩状突起。

观察标本：未见。

地理分布：贵州。

(169) 望谟梭瓢蜡蝉 *Fusiissus wangmoensis* Chen, Zhang *et* Chang, 2014

Fusiissus wangmoensis Chen, Zhang *et* Chang, 2014: 99 (Type locality: Guizhou, China).

以下描述源自 Chen 等（2014）。

体连翅长：♂ 6.40-6.65mm，♀ 6.55-7.20mm。前翅长：♂ 5.25-5.40mm，♀ 5.30-6.0mm。

头顶黄褐色，复眼暗褐色。额中部棒形隆起黑褐色，周缘域大部鲜黄色，侧域黄褐色。唇基深褐色。颊黄褐色，在触角前方具黑色条斑。触角黑褐色。喙褐色，端节黑褐色。前胸背板黄褐色，后域暗褐色。中胸盾片黄褐色。前翅污黄褐色，爪片“Y”脉主干具黑褐色斑。足黄褐色至深褐色。腹部腹面褐色。

头顶中长为基宽的 0.66 倍。额中长为最宽处宽的 1.13 倍，沿中脊具棒形隆起。前胸背板中长为头顶中长的 1.35 倍，具中脊和亚侧脊。中胸盾片中长为前胸背板中长的 1.43 倍，中脊和亚侧脊不明显。前翅长为最宽处宽的 3.0 倍。后翅长为前翅的 0.9 倍，背瓣和中瓣间的缺刻深度为后翅长的 0.36 倍。前足腿节端半明显呈叶状扁平，后足胫节近端部具 2 枚侧刺。后足刺式 8-(13-17)-2。

雄性外生殖器：肛节背面观近方形，两侧缘弧形向外突出，端缘中部角状突出，两侧凹陷，致端部呈 3 裂叶状，肛孔位于近中偏基部；肛节侧面观，基部宽，端部渐细，末端圆尖并上翘，腹面的中端部具片状中脊，其端部叉状。尾节侧面观背缘窄，腹缘宽，后缘略呈弧形向后突出。抱器侧面观长椭圆形，背缘具 1 个角形突起，腹缘宽弧形，端腹角圆，背突粗短，颈较粗，背突端部圆尖，亚端部侧突片状，指向头侧方。阳茎侧面观呈浅“U”形。阳茎基基部背缘具粗大突起，指向阳茎端方，背缘中部具不规则小突起，背瓣矛状，端尖，侧瓣狭长，剑状，端尖；腹面观腹瓣略短于背瓣和侧瓣，近端部稍缢缩，端缘尖圆突出。阳茎器侧面观中部两侧各具 1 个粗短的钩状突起，腹面观 2 个钩状突起交叉。

观察标本：未见。

地理分布：贵州。

50. 莲瓢蜡蝉属 *Duriopsilla* Fennah, 1956

Duriopsilla Fennah, 1956: 509. **Type species**: *Duriopsilla retarius* Fennah, 1956.

属征：头包括复眼窄于前胸背板。头顶宽大于长，中域明显凹陷，侧缘脊起，前缘弧形凸出，后缘角状凹入。额光滑无脊，中域明显隆起，长大于最宽处。唇基隆起，光滑无脊。喙达后足转节。前胸背板前缘明显凸出，后缘近平直，具中脊，中域具 2 个小凹陷，布满浅色小瘤突。中胸盾片具中脊，近侧缘中部各具 1 个小凹陷，布满浅色小瘤突。前翅近卵圆形，长大于宽，无前缘下板，爪缝明显，纵脉明显隆起，纵脉之间布满无规则的网状翅脉，ScP 脉与 R 脉在基部分离，MP 脉不分叉，CuA 脉 2 分支。后翅略短于前翅，呈 2 瓣，翅脉呈网状。后足胫节具 3 个侧刺。后足刺式 8-9-2。

雄性外生殖器：肛节背面观三角形，宽大于长，侧顶角向下弯曲。

雌性外生殖器：肛节背面观近卵圆形，长大于最宽处。第 1 产卵瓣端缘具刺，侧面观第 9 背板近卵圆形，第 3 产卵瓣近三角形。第 7 腹节近平直。

地理分布：甘肃、湖北、四川。

目前全世界仅知 1 种，分布在中国。

(170) 莲瓢蜡蝉 *Duriopsilla retarius* Fennah, 1956（图 152；图版 XXX：a-c）

Duriopsilla retarius Fennah, 1956: 510 (Type locality: Hubei, China).

体连翅长：♀ 6.1mm。前翅长：♀ 5.4mm。

体棕色，具浅棕色瘤突和深褐色不规则的斑纹。头顶中域棕色，前后缘及侧缘浅棕色。复眼黑褐色。额红褐色，近侧缘处具浅黄色纵带。唇基红褐色。喙棕色。前胸背板、中胸盾片棕色，布满浅棕色瘤突，脊浅棕色。前翅棕色，翅脉略带绿色，布满深褐色的不规则斑纹；后翅棕色，翅脉深棕色。足褐色，后足胫节具浅棕色纵带，后足跗节浅棕色略带褐色。腹部腹面浅棕色，各节的近端部略带褐色。腹部背面棕色。

头顶近四边形，前缘弧形突出，后缘角状凹入，后侧角明显，两后侧角处宽为中线长的 1.9 倍。额光滑，中域明显隆起，中脊和亚侧脊明显，额长为最宽处的 1.7 倍，最宽处为基部宽的 1.3 倍。唇基光滑无脊，额唇基沟微弯曲。前胸背板前缘明显突出，后缘近平直，具中脊；中胸盾片具中脊，前缘被前胸背板的后缘覆盖，最宽处为中线长的 2.0 倍。前翅长为最宽处的 2.3 倍。后足胫节具 3 个侧刺。后足刺式 8-9-2。

雌性外生殖器：肛节背面观近卵圆形，长大于最宽处，在近端部略微收缩变窄，端缘微凸，肛孔位于基半部。第 3 产卵瓣方形，近端部膜质，端缘钝圆。第 2 产卵瓣背面观中域端部微凹，侧缘近端部角状内弯；侧面观基部钝圆形隆起，腹端角细长。第 1 产卵瓣腹端角具 3 个大齿，端缘具 4 个近平行的刺，均具脊。第 7 腹节近平直。

观察标本：1♀，甘肃成县鸡峰山，1917m，2002.VII.26，魏琮、尚素琴；1♀，四川平武老河沟，2013.VII.2，郑利芳。

地理分布：甘肃、湖北、四川。

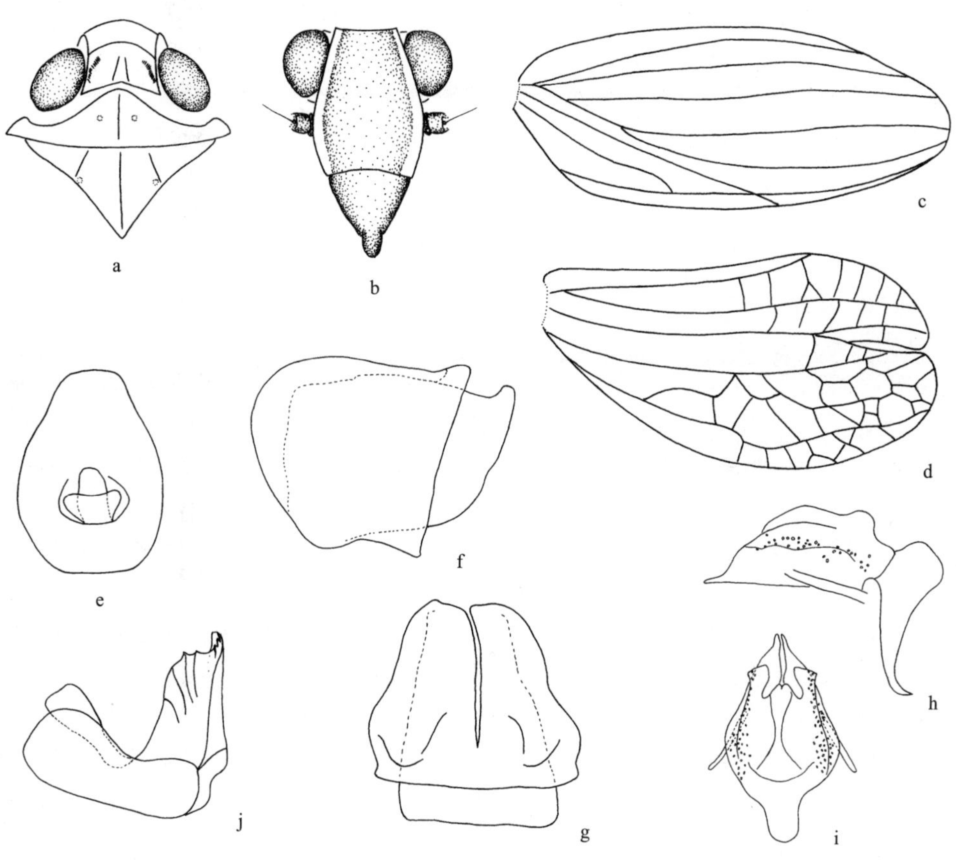

图 152　莲瓢蜡蝉 *Duriopsilla retarius* Fennah

a. 头胸部背面观（head and thorax, dorsal view）；b. 额与唇基（frons and clypeus）；c. 前翅（tegmen）；d. 后翅（hind wing）；e. 雌肛节背面观（female anal segment, dorsal view）；f. 第 3 产卵瓣侧面观（gonoplac, lateral view）；g. 第 3 产卵瓣背面观（gonoplacs, dorsal view）；h. 第 2 产卵瓣侧面观（gonapophysis Ⅸ, lateral view）；i. 第 2 产卵瓣背面观（gonapophyses Ⅸ, dorsal view）；j. 第 1 产卵瓣侧面观（gonapophysis Ⅷ, lateral view）

（六）瓢蜡蝉亚科 Issinae Spinola, 1839

Issinae Kirby, 1885: 212; Fennah, 1954: 456; Metcalf, 1958: 161; Chan *et* Yang, 1994: 81. **Type genus**: *Issus* Fabricius, 1803.

Issites Spinola, 1839: 204.

Issidae Melichar, 1906: 100.

Issini Gnezdilov, 2003a: 20; 2013e: 725.

鉴别特征：体背面观近长卵圆形，有的外形似尖胸沫蝉。头顶平截或突出。前胸背板前缘强凸出，后缘中部较直或微凹入。中胸盾片宽大于长，宽为中线长的 2 倍以上。

前翅纵脉明显，基室不明显；具爪缝，爪缝几乎达前翅的端缘；后翅通常发达，具 3 瓣，或退化，扇域和臀前域端部中间略凹入，翅脉清晰，不呈网状，臀瓣不退化。后足胫节侧刺通常有 2 个。足正常或发生特化。

地理分布：全世界分布，主要分布于东洋界和古北界。

全世界已知近 150 属 830 多种，本志共记述 24 属 83 种，其中包括 8 新属，1 中国新记录属，21 新种。

属检索表

1. 后翅退化，单瓣……2
   后翅发达，分 3 瓣……5
2. 后唇基明显向前突出……**新泰瓢蜡蝉属 *Neotapirissus***
   后唇基平……3
3. 额明显宽，中线长为宽的 0.7 倍……**波氏瓢蜡蝉属 *Potaninum***
   额明显长，中线长为宽的 1.1 倍以上……4
4. 头顶宽，两后侧角处宽不足中线长的 3 倍；中胸盾片具中脊……**鞍瓢蜡蝉属 *Celyphoma***
   头顶明显宽，两后侧角处宽为中线长的 3.0 倍以上；中胸盾片无中脊或中脊弱……
   ……**桑瓢蜡蝉属，新属 *Sangina* gen. nov.**
5. 后翅 3 瓣，扇域和臀瓣较退化……6
   后翅 3 瓣发达，CuA_2 脉和 CuP 脉在近端部愈合并加厚……8
6. 额具明显的亚侧脊，与微弱中脊相交于上端缘下方，端半部具 2 条白色横带，使其形成近方形扩大……**梯额瓢蜡蝉属 *Neokodaiana***
   额无此横脊和白色横带……7
7. 抱器背突下方具 1 长的钩状突起；阳茎具 2 对腹突；阳茎基侧瓣端部钝圆……
   ……**巨齿瓢蜡蝉属 *Dentatissus***
   抱器背突下方具 1 短的钩状突起；阳茎具 1 对腹突；阳茎基侧瓣端部形成刺状突起，并弯向头部
   ……**柯瓢蜡蝉属 *Kodaianella***
8. 额和唇基具强中脊……**犷瓢蜡蝉属 *Tetrica***
   额具长或短的中脊，唇基无中脊……9
9. 前翅 ScP 脉末端弯曲，与 R 脉相交，呈环形……**萨瓢蜡蝉属 *Sarima***
   前翅 ScP 脉直，末端未与 R 脉相交，不呈环形……10
10. 前翅 ScP 脉短，未达或正好达到前翅中部……11
    前翅 ScP 脉长，明显超过前翅中部，几乎达前翅末端……16
11. 前翅 MP 脉在翅近端部 1/3 处分叉，远位于 CuA 脉分叉之后……**萨瑞瓢蜡蝉属 *Sarimodes***
    前翅 MP 脉在翅近中部分叉，位于 CuA 脉分叉之前……12
12. 额上具 2 个球形突起……**魔眼瓢蜡蝉属 *Orbita***
    额上无此突起……13
13. 额中脊长，达额唇基沟……**类萨瓢蜡蝉属，新属 *Sarimites* gen. nov.**
    额中脊短，未达额唇基沟……14

14. 阳茎器无刺状腹突，仅具 1 瘤状突起……杨氏瓢蜡蝉属 ***Yangissus***
阳茎器具长的刺状腹突……15
15. 尾节后缘尾背角不突出；雄肛节长为最宽处的 3.5 倍……华萨瓢蜡蝉属 ***Sinesarima***
尾节后缘尾背角明显三角状突出；雄肛节长为最宽处的 2.4 倍……新萨瓢蜡蝉属 ***Neosarima***
16. 额中域光滑有光泽……17
额中域粗糙无光泽……18
17. 额上端缘微凹；中胸盾片中域平坦；前翅透明……拟钻瓢蜡蝉属，新属 ***Pseudocoruncanius* gen. nov.**
额上端缘微凸；中胸盾片中域微隆起；前翅不透明……似钻瓢蜡蝉属，新属 ***Coruncanoides* gen. nov.**
18. 额无亚侧脊；尾节后缘近背部角状突出……平突瓢蜡蝉属，新属 ***Parallelissus* gen. nov.**
额具亚侧脊；尾节后缘无此突起……19
19. 前翅 MP 脉在翅近基部 1/3 处分支，CuA 脉在近端部 1/3 处分叉……弥萨瓢蜡蝉属，新属 ***Sarimissus* gen. nov.**
前翅 MP 脉和 CuA 脉均在翅近中部分支……20
20. 阳茎基侧瓣形成刺状突起，指向端部……21
阳茎基侧瓣无此突起……22
21. 额中脊和亚侧脊短，达额近中部……帕萨瓢蜡蝉属 ***Parasarima***
额中脊和亚侧脊长，达额唇基沟……美萨瓢蜡蝉属 ***Eusarima***
22. 阳茎具 1 对长突起……克瓢蜡蝉属 ***Jagannata***
阳茎具多对突起……23
23. 阳茎基背侧瓣具 1 对半月形的突起，阳茎器具 1 对长钩状突起……卢瓢蜡蝉属，新属 ***Lunatissus* gen. nov.**
阳茎基背侧瓣具 1 对棒状突起，阳茎器具 2 对钩状突起……似美萨瓢蜡蝉属，新属 ***Eusarimodes* gen. nov.**

51. 新泰瓢蜡蝉属 *Neotapirissus* Meng *et* Wang, 2017

Neotapirissus Meng *et* Wang, 2017: 46. **Type species**: *Neotapirissus reticularis* Meng *et* Wang, 2017.

属征：头包括复眼明显窄于前胸背板。头顶近六边形，呈水平状，中域凹陷，前缘和后缘平直不脊起，侧缘明显脊起成叶片状，两后侧角处宽大于中线长。额近四边形，背面观顶端中部微弧形突出，侧面观额弯向端部，侧缘脊起成叶片状，腹面观额小。背面观头顶与额伸至复眼前方，能够观察到唇基呈近三角形，腹面观唇基膨大突出成泡状，具中脊。唇基粗糙具细小的颗粒，与额不在同一平面上，呈锐角状；喙伸达中足转节。前胸背板前缘弧形凸出且脊起成叶片状，中域具 2 个小凹陷；中胸盾片粗糙，具中脊，近侧缘中部具 1 个小凹陷。前翅革质，半透明状，近椭圆形，具爪缝，布满细小的不规则的网状翅脉；后翅大于前翅的 1/2，翅脉明显呈网状。前足腿节和中足腿节叶片状扁平扩大。后足胫节具 2 个侧刺。后足刺式 7-9-2。

雄性外生殖器：肛节背面观近三角形，肛孔位于近中部。尾节侧面观后缘圆滑，近腹部圆弧形凸出。阳茎浅“U”形，不对称，近中部具 1 对突起。抱器侧面观近三角形，后缘深凹入，腹端角圆弧形凸出；背突窄长，端部尖，具 1 大侧齿。

雌性外生殖器：肛节背面观近卵圆形，中线长略大于最宽处。第 3 产卵瓣侧面观近方形。第 1 产卵瓣腹端角具 2 齿。

地理分布：海南。

(171) 网新泰瓢蜡蝉 *Neotapirissus reticularis* Meng *et* Wang, 2017（图 153；图版 XXX：d-f）

Neotapirissus reticularis Meng *et* Wang, 2017: 47 (Type locality: Hainan, China).

体连翅长：♂ 4.8mm，♀ 5.2-6.1mm。前翅长：♂ 4.0mm，♀ 4.4 -5.1mm。

体棕色，略带浅黄绿色斑纹和锈色斑点。头顶、额棕色，侧缘浅黄绿色。复眼黑褐色。唇基棕色，喙浅棕色。前胸背板和中胸盾片棕色。前翅棕色，翅脉凹陷处具锈色斑点；后翅褐色。足棕色，前足腿节褐色，中足腿节具褐色纵带，后足腿节具褐色环带。腹部腹面和背面褐色，各节末端略带棕色。

头顶近六边形，呈水平状，中域凹陷，前缘和后缘不脊起，前缘弧形突出，后缘角状凹入，侧缘明显脊起成叶片状，两后侧角处宽大于中线长，两后侧角宽约为中线长的 1.9 倍。额近四边形，背面观顶端中部微弧形突出，侧面观额弯向端部，侧缘脊起成叶片状，腹面观额小，侧缘近平行，基部至端部几乎等宽，最宽处为基部宽的 1.1 倍，中线长为最宽处的 2.8 倍。额唇基沟微弯曲。背面观头顶与额伸至复眼前方，能够观察到唇基呈近三角形，腹面观唇基膨大突出成泡状，具中脊。唇基粗糙，具细小的颗粒，与额不在同一平面上，呈锐角状；喙伸达中足转节。前胸背板小，前缘弧形凸出且脊起成叶片状，中域具 2 个小凹陷，后缘波形；中胸盾片近三角形，中域粗糙，具中脊，近侧缘中部具 1 个小凹陷。前翅半透明状，近椭圆形，具爪缝，布满细小的不规则的网状翅脉，翅脉的凹陷处具锈色斑点；后翅单瓣，大于前翅的 1/2，网状翅脉明显，后翅长为前翅的 0.8 倍。前足腿节和中足腿节叶片状扁平扩大。后足胫节具 2 个侧刺。后足刺式 7-9-2。

雄性外生殖器：肛节背面观近三角形，端缘中部明显角状凸出。阳茎不对称，侧面观浅“U”形，阳茎基侧面观背侧瓣近端部具骨化的片状突起，腹面观侧瓣端部膨大，左右两侧不对称；腹瓣短于背侧瓣，端缘微凸出；阳茎器近中部具 1 对粗壮突起，腹面观左侧突起钩状，尖端指向左侧，右侧突起微弯曲，尖端指向头部。

雌性外生殖器：肛节卵圆形，近基部 1/3 处最宽，至端部渐窄，顶缘突出；肛孔位于肛节的基半部。第 3 产卵瓣近方形，背面基部愈合，分叉骨化。第 2 产卵瓣长，基部具宽的突出，突出部分背缘平，端部直；背面观中域端缘中间凹入，侧面端部具 1 对长的刺突。生殖骨片桥基部短，端部稍长。第 1 负瓣片近长方形，后缘基部略凸，内生殖突端部尖。内生殖瓣略骨化。第 1 产卵瓣前连接片宽短，腹端角具 2 个大小不等的齿，端缘具 4 刺，有长脊。第 7 腹节后缘中部明显近三角形突出。

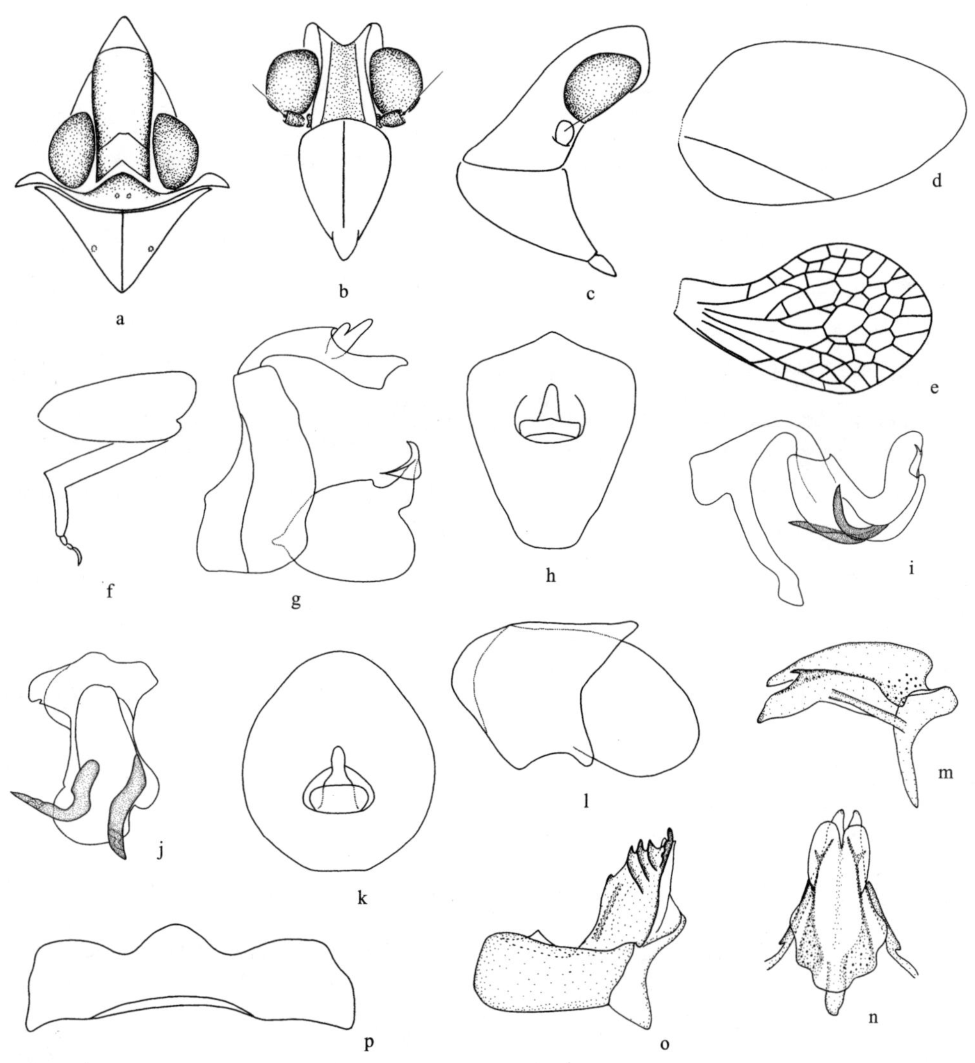

图 153　网新泰瓢蜡蝉 *Neotapirissus reticularis* Meng *et* Wang

a. 头胸部背面观（head and thorax, dorsal view）；b. 额与唇基（frons and clypeus）；c. 头部侧面观（head, lateral view）；d. 前翅（tegmen）；e. 后翅（hind wing）；f. 前足（fore leg）；g. 雄虫外生殖器左面观（male genitalia, left view）；h. 雄肛节背面观（male anal segment, dorsal view）；i. 阳茎侧面观（phallus, lateral view）；j. 阳茎腹面观（phallus, ventral view）；k. 雌肛节背面观（female anal segment, dorsal view）；l. 第 3 产卵瓣侧面观（gonoplac, lateral view）；m. 第 2 产卵瓣侧面观（gonapophysis Ⅸ, lateral view）；n. 第 2 产卵瓣背面观（gonapophyses Ⅸ, dorsal view）；o. 第 1 产卵瓣侧面观（gonapophysis Ⅷ, lateral view）；p. 雌第 7 腹节腹面观（female sternite Ⅶ, ventral view）

观察标本：1♂（正模），海南尖峰岭叉河口，18°44.727′N，108°59.632′E，235m，2010.VIII.17，郑国；1♀（副模），同正模；1♀（副模），海南岛万宁，1964.III.18，刘思孔（BJNHM）。

地理分布：海南。

52. 波氏瓢蜡蝉属 *Potaninum* Gnezdilov, 2017

Potaninum Gnezdilov, 2017: 57. **Type species**: *Hysteropterum boreale* Melichar, 1902.

属征：头包括复眼略宽于前胸背板。头顶近四边形，宽为中线长的 3 倍，前缘近平直，后缘深凹入，侧缘脊起，中脊弱。具单眼。额宽，在触角间微扩大，具短中脊，未达额唇基沟，表面粗糙，具细小的刻点，近侧缘处具瘤突。额唇基沟明显向上弯曲。唇基无脊起。喙伸到后足基节，第 3 节略短于第 2 节，末端尖。前胸背板沿中线略短于中胸背板，前缘明显弧形凸出。中胸盾片具微弱倒“Y”形脊。前翅近方形，至端缘渐宽，长略大于宽，具宽的前缘下板，ScP 脉与 R 脉在近基部处分开，ScP 脉长，MP 脉在近基部 1/3 处分叉，CuA 脉在近中部 2 分支；爪片几乎达前翅末端，爪脉在爪片近中部愈合。后翅退化。后足胫节具 2 个侧刺。后足刺式 9-10-2。

雄性外生殖器：肛节背面观近杯状，长明显大于最宽处；肛孔位于近基部。尾节侧面观后缘近背面微凸出。阳茎浅“U”形，具 1 对剑状突起。抱器近三角形，前缘中部弧形微突出，后缘较斜直，尾腹角钝圆。

雌性外生殖器：肛节背面观近杯状，长大于最宽处，在近端部最宽；肛孔位于肛节的基半部。第 3 产卵瓣近方形。第 1 产卵瓣近长方形，腹端角具 3 齿。

地理分布：甘肃、四川。

本属全世界仅知 1 种，本志记述 1 种。

(172) 北方波氏瓢蜡蝉 *Potaninum boreale* (Melichar, 1902)（图 154；图版 XXX：g-i）

Hysteropterum boreale Melichar, 1902: 92 (Type locality: Sichuan, China); Melichar, 1906: 150; Wu, 1935: 108.

Potaninum boreale: Gnedilov, 2017: 59.

体连翅长：♂ 3.5mm，♀ 3.8-4.0mm。前翅长：♂ 2.8mm，♀ 3.1-3.2mm。

体浅棕色。复眼褐色。腹部腹面和背面棕色，各节的近端部浅棕色。

头顶两后侧角处宽为中线长的 3.2 倍。额长为最宽处的 0.7 倍，最宽处为基部宽的 1.6 倍，中脊长为额中线长的 2/3。中胸盾片最宽处为中线长的 2.5 倍。前翅近方形，前缘弧形突出，长为最宽处的 1.2 倍。后翅明显小，为前翅长的 0.3 倍。后足刺式 9-10-2。

雄性外生殖器：肛节背面观杯形，侧顶角微角状突出，端缘中部略凹入。尾节侧面观后缘近背部和腹部凸出，中部略凹入。阳茎浅“U”形，阳茎基背侧瓣背面观端缘钝圆，侧面观至端部变窄，腹瓣腹面观端缘钝圆，中部微突出，不裂叶；阳茎器近中部具 1 对剑状突起物，其末端达阳茎近中部。

雌性外生殖器：肛节背面观端缘中部略突出，侧缘圆滑角状突出。第 3 产卵瓣近中域显著隆起；背面观分叉处略骨化。第 2 产卵瓣侧面观长，基部明显凸出，端部近平直；背面观中瓣端缘略凹，侧缘具 2 对小刺突。第 1 产卵瓣腹端角具 3 齿，端缘具 2 个带长脊的刺。第 7 腹节中部近平直。

观察标本：1♂，甘肃文县，1980.VIII.6，李法圣（CAU）；3♀，甘肃文县，1980.VII.4，杨集昆（CAU）；1♂，四川汶川威州，1450m，1963.VII.17，熊江。

地理分布：甘肃、四川。

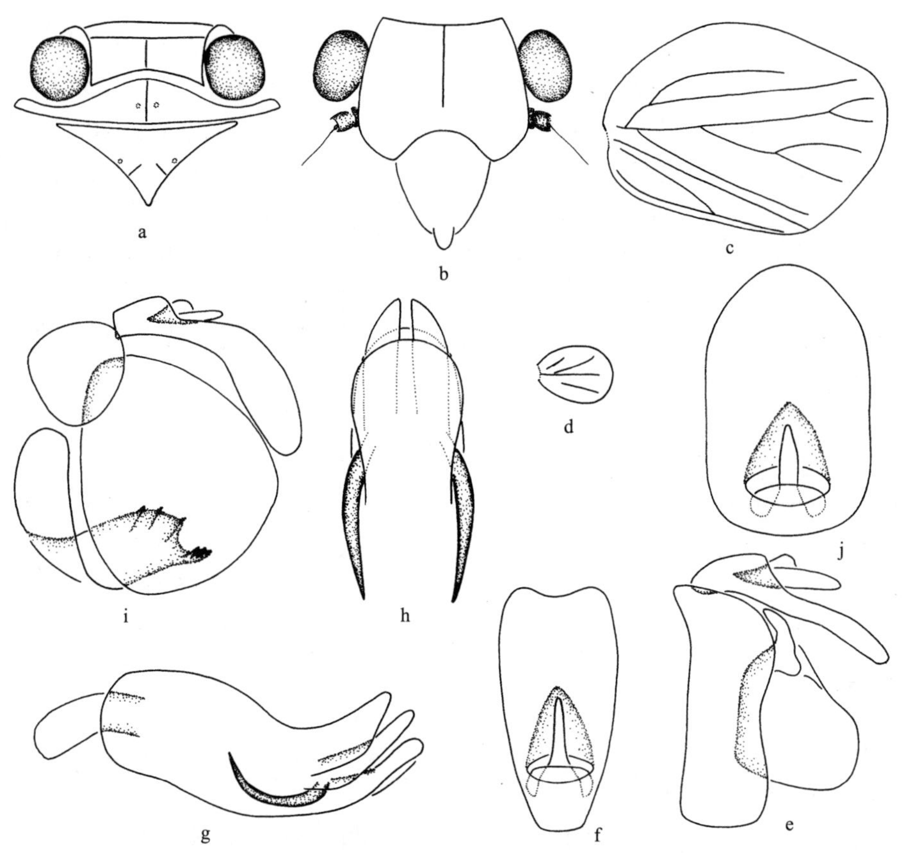

图 154　北方波氏瓢蜡蝉 *Potaninum boreale* (Melichar)

a. 头胸部背面观（head and thorax, dorsal view）；b. 额与唇基（frons and clypeus）；c. 前翅（tegmen）；d. 后翅（hind wing）；e. 雄虫外生殖器左面观（male genitalia, left view）；f. 雄肛节背面观（male anal segment, dorsal view）；g. 阳茎侧面观（phallus, lateral view）；h. 阳茎端部腹面观（apex of phallus, ventral view）；i. 雌虫外生殖器左面观（female genitalia, left view）；j. 雌肛节背面观（female anal segment, dorsal view）

53. 鞍瓢蜡蝉属 *Celyphoma* Emeljanov, 1971

Celyphoma Emeljanov, 1971: 625. **Type species**: *Celyphoma fruticulina* Emeljanov, 1964; Meng *et* Wang, 2012: 18; Chen, Zhang *et* Chang, 2014: 127.

属征：体背面观卵圆形，侧面呈马鞍形。头包括复眼略窄于前胸背板。头顶近方形，宽大于长，前缘略弧形突出，后缘角状凹入。具单眼。额长大于最宽处，前缘明显凹入，中域略隆起，具中脊。额唇基沟近平直。唇基具中脊。喙长，达后足转节。前胸背板具中脊，中域具 2 个小凹陷。中胸盾片近三角形，中部具倒“V”形中脊。前翅具前缘下板，长大于宽，前缘与缝缘近平行；纵脉明显，ScP 脉与 R 脉在基部分叉，ScP 脉 2 分支，R 脉简单，CuA 脉不分支；爪缝达前翅近端部 1/3，爪脉在爪片近中部愈合。后翅极小。后足胫节具 1 或 2 个侧刺。

雄性外生殖器：肛节背面观卵圆形，长大于宽，顶端直，肛孔位于肛节近中部。尾节后缘近平直。阳茎基背侧瓣近端部具 1 对或 2 对突起；阳茎浅“U”形或近平直，阳茎器长于阳茎基背侧瓣，末端向头部弯折，近中部具 1 对突起。抱器近三角形，背突具 1 大的侧齿。

雌性外生殖器：肛节细长，至顶端渐细；肛孔在基部，肛板短。第 3 产卵瓣中域平。第 1 负瓣片近方形。第 1 产卵瓣腹端角具 3 个齿，侧缘具 3 或 4 个刺。

本属全世界已知 28 种，我国分布 5 种，本志另记述 1 新种。

地理分布：内蒙古、宁夏、甘肃、青海、新疆；哈萨克斯坦，吉尔吉斯斯坦，塔吉克斯坦，乌兹别克斯坦。

种检索表

1. 阳茎基侧突起不分叉……2
   阳茎基侧突起 2 分叉……3
2. 阳茎基侧突微弯曲，末端钝……**四突鞍瓢蜡蝉 *C. quadrupla***
   阳茎基侧突起明显向下弯曲，末端尖……**贺兰鞍瓢蜡蝉，新种 *C. helanense* sp. nov.**
3. 阳茎基侧突起上分支长短于下分支……**黄氏鞍瓢蜡蝉 *C. huangi***
   阳茎基侧突起两分支长短几乎相等……4
4. 肛节端缘深凹入……**杨氏鞍瓢蜡蝉 *C. yangi***
   肛节端缘直或微弧形突出……5
5. 额长为宽的 1.2 倍；阳茎基侧突基部较直，其腹分支向腹面弯曲；阳茎器腹突达阳茎基部……**叉突鞍瓢蜡蝉 *C. bifurca***
   额长宽基本相等；阳茎基侧突基部明显向背方拱起，其腹分支直；阳茎器腹突未达阳茎基部……**甘肃鞍瓢蜡蝉 *C. gansua***

(173) 四突鞍瓢蜡蝉 *Celyphoma quadrupla* Meng *et* Wang, 2012（图 155；图版 XXX：j-l）

Celyphoma quadrupla Meng *et* Wang, 2012: 19 (Type locality: Ningxia, China).

体连翅长：♂ 3.6-3.8mm，♀ 3.8-4.0mm。前翅长：♂ 2.4-2.6mm，♀ 2.6-2.8mm。

体浅褐色，具黑褐色斑纹。头顶褐色，具浅色中脊。复眼褐色。额棕色，具浅色中脊，2 个黄色亮斑，2 个红褐色圆斑。前翅黄褐色，具暗褐色斑纹。足黄褐色，具暗褐色纵带。腹部淡黄色。

头顶近方形，前缘略弧形突出，后缘角状凹入，顶端宽为中线长的 1.4 倍。额中线长为最宽处的 1.3 倍，前缘明显凹入，侧缘近平行；中域具中脊和深色倒“U”形区域。

前胸背板前缘弧形突出，后缘近平直。中胸盾片侧域具 1 对小凹陷，最宽处为中线长的 3.0 倍。前翅长为最宽处的 2.3 倍，纵脉明显。后足胫节具 1 个侧刺。后足刺式 6-8-2。

雄性外生殖器：尾节侧面观后缘近平直，前后缘几乎平行，腹缘宽，至背缘渐窄。连索粗，但骨化弱。阳茎呈浅“U”形，阳茎基背侧瓣背面观端部钝圆不裂叶，向头部弯曲，侧面具 1 对端部指向基部的长突起，端部钝且具指向腹面的小突起；腹瓣较小，端部钝圆。阳茎器端部向头部反折，弯曲部分细长，具 1 对细长弯曲的腹突。抱器侧面观近长的三角形，端缘凸出；尾向观背突的基部至端部渐细，端部呈钩状，基部具 1 大的侧齿。

雄性内生殖系统：精巢 1 对，近椭球形，其外被有红色围膜，每侧精巢有精巢小管 8 根。输精管 2 根，每侧被分为 2 部分，近精巢部分黄色，较细短，近射精管部分白色，略粗。贮精囊细长，螺旋形，表面黄色。射精管细长，端部略膨大。生殖附腺 2 根，发达。

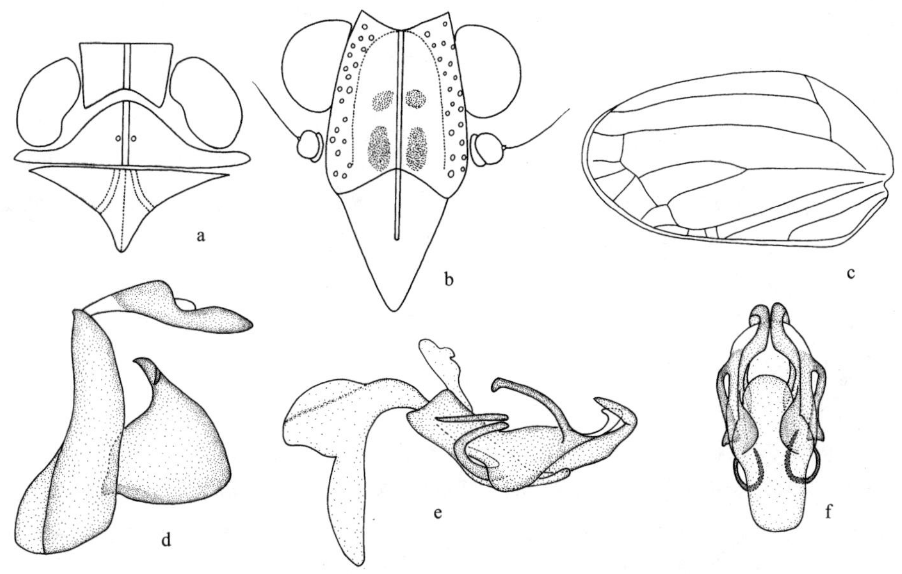

图 155　四突鞍瓢蜡蝉 *Celyphoma quadrupla* Meng *et* Wang

a. 头胸部背面观（head and thorax, dorsal view）；b. 额与唇基（frons and clypeus）；c. 前翅（tegmen）；d. 雄虫外生殖器左面观（male genitalia, left view）；e. 阳茎侧面观（phallus, lateral view）；f. 阳茎腹面观（phallus, ventral view）

雌性外生殖器：第 3 产卵瓣四边形，中域略微隆起；背面观基部愈合。第 2 产卵瓣前连接片较长，基部凸出，端部略隆起；中域简单，侧域窄。生殖骨片桥大小中等，背部明显凸起。第 1 产卵瓣腹端角具 3 个大小不等的大齿，端缘具 4 个近平行的、大小相等的具脊的刺。第 7 腹节后缘深凹入。

雌性内生殖系统：生殖孔为双孔型。交配囊和阴道明显为双层膜，交配囊基部细长，端部膨大近球形，表面光滑，其内可贮藏卵，基部管状。阴道分前阴道和后阴道 2 部分，后阴道粗，较直，前阴道相对细且弯曲，端部分别着生有输卵管及受精囊，并在端部两侧角具 1 对突起。中输卵管开口于前阴道近端部的腹面，短；侧输卵管较长，透明，基部有 1 圈长的白色的侧输卵管附腺。卵巢较小，每侧有 4 根卵巢管。受精囊位于前阴道端部，包括 5 部分，其主要特征如下：受精囊孔不膨大，受精囊管较短，受精囊支囊管长囊形；受精囊泵略小于支囊管，表面黄色；受精囊腺细长，在体内弯曲缠绕并附着于交配囊表面。成熟的卵橘红色。

寄主：采自灌木丛或草丛，寄主有铺地柏、猪毛菜、冷蒿等植物。

观察标本：1♂（正模），宁夏同心罗山，2011.VIII.22，徐思龙；22♂16♀（副模），同正模。

讨论：经研究发现，Meng 和 Wang (2012) 记述的本种分布于宁夏贺兰山、宁夏海原县及内蒙古土右旗等地的副模标本与正模标本之间的形态特征存在不同之处，尤其是两者的雄性生殖器特征存在明显的区别，应为另一新的种类。鉴于此，本志已将其作为新种并命名为贺兰鞍瓢蜡蝉 *Celyphoma helanense* Che, Zhang *et* Wang, sp. nov.。

地理分布：宁夏。

(174) 贺兰鞍瓢蜡蝉，新种 *Celyphoma helanense* Che, Zhang *et* Wang, sp. nov.（图 156；图版 XXXI：a-c）

体连翅长：♂ 3.8-4.0mm，♀ 4.0-4.2mm。前翅长：♂ 2.6-2.8mm，♀ 2.8-3.0mm。

体棕色，具褐色斑纹。头顶棕色，具浅棕色中带。复眼褐色。额棕色，具褐色圆斑和中域。前翅棕色，具褐色斑纹。足棕色，具褐色纵带。腹部腹面和背面棕色，腹部各节的近端部褐色。

头顶近方形，前缘略弧形突出，后缘角状凹入，两后侧角处宽为中线长的 1.4 倍。额前缘明显凹入，中域具中脊，侧缘具浅色圆斑，中域处具深色倒“U”形区域，额长为最宽处的 1.3 倍，最宽处为基部宽的 1.1 倍。额唇基沟近平直。唇基具中脊。前胸背板前缘弧形突出，后缘近平直，中域具 2 个小凹陷和深色圆斑。中胸盾片近三角形，侧缘近中部各具 1 个小凹陷，最宽处为中线长的 3.0 倍。前翅近方形，前缘与缝缘近平行，前翅长为最宽处的 2.3 倍，ScP 脉与 R 脉在近基部处分开，ScP 脉 2 分支，MP 脉在中域处形成翅室，余脉与端缘形成小的翅室，CuA 脉不分支，沿翅脉凹陷处具不规则斑纹。后翅小，为前翅长的 0.2 倍，翅脉不明显。后足胫节具 1 个侧刺。后足刺式 6-8-2。

雄性外生殖器：肛节背面观卵圆形，侧顶角钝圆，端缘略凸出。尾节侧面观后缘近平直不突出，前后缘几乎平行。阳茎基背侧瓣背面观端部钝圆不裂叶，近中部处向下包住腹瓣，近端部具 1 对剑状突起物，在中部弯向腹面；腹瓣腹面观较小，端缘中部近平直；阳茎近平直，近中部具 1 对弯曲的突起物。抱器侧面观近长的三角形，后缘中部弧形凸出。

雌性外生殖器：肛节背面观近卵圆形，中部处最宽，顶缘尖细，侧缘圆滑，肛孔位于肛节的基半部。第 3 产卵瓣四边形，中域微隆起。第 1 产卵瓣腹端角具 3 齿，端缘具 4 个近平行的刺。第 7 腹节后缘近平直。

正模：♂，宁夏贺兰山，1980.VII.21，杨集昆（CAU）。副模：10♂7♀，同正模；16♂，宁夏贺兰山，1980.VII.21，李法圣（CAU）；3♂，宁夏贺兰山，1980.VII.21，杨春华；1♂，

宁夏贺兰山，1980.VI.1，采集人不详；3♂12♀，宁夏，1988，李新成；7♂，内蒙古土然特左旗，1978.VIII.24，杨集昆（CAU）；2♂，内蒙古土右旗，1978.VIII.23，陈合明；1♂1♀，宁夏海原县，1986.VIII.22，任国栋；1♀，宁夏海原县水冲寺，1986.VIII.25，任国栋；6♀，内蒙古土右旗，1978.VIII.23，陈合明（CAU）。

鉴别特征： 本种与四突鞍瓢蜡蝉 *C. quadrupla* 相似，主要区别：①体深褐色，后者体浅褐色；②雄虫肛节端缘圆弧形突出，后者雄虫肛节端缘较直；③阳茎基侧突起端部尖锐，后者阳茎基侧突起端部钝，具指向腹面的小突起。

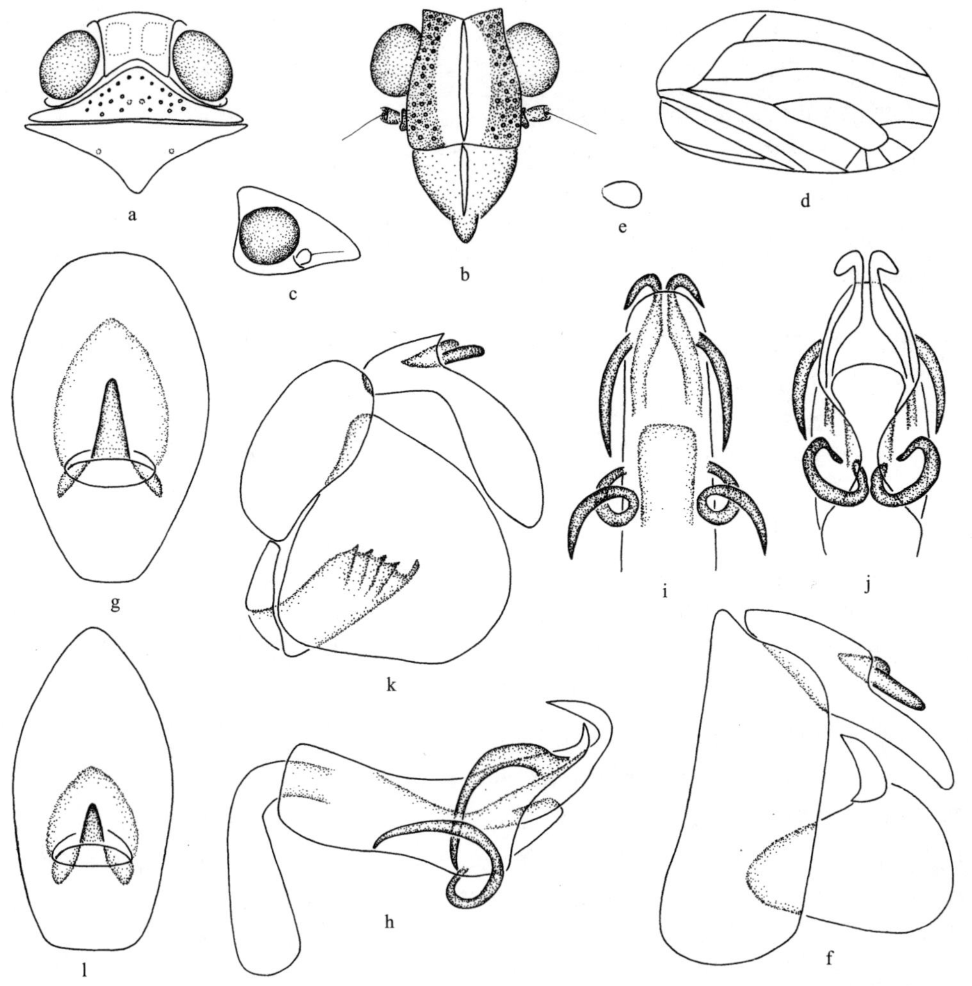

图 156　贺兰鞍瓢蜡蝉，新种 *Celyphoma helanense* Che, Zhang *et* Wang, sp. nov.

a. 头胸部背面观（head and thorax, dorsal view）；b. 额与唇基（frons and clypeus）；c. 头部侧面观（head, lateral view）；d. 前翅（tegmen）；e. 后翅（hind wing）；f. 雄虫外生殖器左面观（male genitalia, left view）；g. 雄肛节背面观（male anal segment, dorsal view）；h. 阳茎侧面观（phallus, lateral view）；i. 阳茎背面观（phallus, dorsal view）；j. 阳茎腹面观（phallus, ventral view）；k. 雌虫外生殖器左面观（female genitalia, left view）；l. 雌肛节背面观（female anal segment, dorsal view）

种名词源： 本种名特指其模式标本产地贺兰山。

地理分布：内蒙古、宁夏。

(175) 黄氏鞍瓢蜡蝉 *Celyphoma huangi* Mitjaev, 1995

Celyphoma huangi Mitjaev, 1995: 14 (Type locality: Xinjiang, China).

以下描述源自 Mitjaev（1995）。

体长：♂ 3.4-3.5mm，♀ 3.8-4.1mm。

头顶宽为中线长的 1.8 倍，为复眼宽的 1.6 倍，两侧缘近平行，前缘略凸出或者直，后缘钝，具明显中脊。额中域在复眼略凸出，其下平，上缘略凹入，侧缘凸出，复眼下缘处最宽，中脊平滑。前胸背板中脊微弱，其两侧中间各具 1 小凹陷。中胸盾片中线长为前胸背板的 1.4 倍，亚侧脊平，前面显著，之向后缘分叉。

体棕灰色，前翅具密集黑褐色斑点。头顶暗灰色，中脊色浅。额暗灰色，在中脊和亚侧脊中间具许多深褐色斑点。颊灰色，具黄褐色斑点。前胸背板沿前缘具深色圆点，雌性尤其明显。前足和中足棕灰色。腹部黑色和暗黄色，具黄色斑。

地理分布：新疆。

(176) 杨氏鞍瓢蜡蝉 *Celyphoma yangi* Chen, Zhang *et* Chang, 2014（图 157；图版 XXXI：d-f）

Celyphoma yangi Chen, Zhang *et* Chang, 2014: 131 (Type locality: Qinghai, China).

体连翅长：♂ 4.3-4.9mm，♀ 5.1-5.8mm。前翅长：♂ 3.3-4.0mm；♀ 4.2-4.9mm。

体黄褐色，具黑褐色斑纹及小斑点。头顶暗褐色，中脊淡黄色。复眼黑褐色。额黄褐色，具浅色中脊，边缘暗褐色，中域具 2 个黄色亮斑，近侧缘黄色，具 2 排暗褐色斑点，侧顶角黑色。唇基黄色，两侧具暗褐色斜纹，中线上半段暗褐色，下半段散布黑褐色小点。前胸背板黄色，中脊浅黄色，其两侧黑色，侧域散布黑色斑点。中胸盾片暗褐色，具浅色中脊和黄色横脊。前翅土褐色，基部一半具斜“U”形黑褐色斑纹，布满黑褐色小斑点。足黄褐色，具黑褐色纵带。腹部淡黄褐色。

头顶近长方形，顶端宽为中线长的 2.9 倍，前缘直，后缘角状深凹入。额最宽处宽为中线长的 1.1 倍，前缘明显角状凹入，侧缘近平行；中域具中脊和深色倒“U”形区域。前胸背板前缘弓形突出，后缘近平直，具中脊。中胸盾片侧域具 1 对凹陷，最宽处为中线长的 2.0 倍。前翅长为最宽处的 2.2 倍，纵脉明显。后足胫节具 2 个侧刺。后足刺式 7-8-2。

雄性外生殖器：肛节长，近端部渐宽，端缘中部明显凹入。尾节侧面观后缘近平直，前后缘几乎平行。阳茎基背侧瓣侧面端部反折成 1 对三角形的突起，近端部具 1 对分叉的短突，上分支尖端指向基部，下分支尖端指向腹部；腹瓣端部钝圆。阳茎器端部向头部反折，弯曲部分粗短，近中部具 1 对细长弯曲的腹突，腹面观腹突近端部向两侧弯曲。抱器侧面观近三角形，后缘微凹入，尾腹角圆弧形；尾向观背突端部钝圆，侧齿小。

雌性外生殖器：肛节长卵圆形，端缘钝圆；肛孔位于近基部。第 3 产卵瓣四边形，端缘圆滑，中域略微隆起；背面观基部愈合。第 1 产卵瓣前连接片较长，基部凸出；中域简单，端缘微微凹入，侧域窄。生殖骨片桥窄长。第 1 负瓣片仅长方形，后缘略凹。内生殖突分两叉。内生殖瓣骨化，内缘微凹。第 1 产卵瓣腹端角具 3 个大小不等的大齿，端缘近腹端角深凹入，端缘具 3 个近平行的、大小不等的具脊的刺。第 7 腹节窄，后缘微凹入。

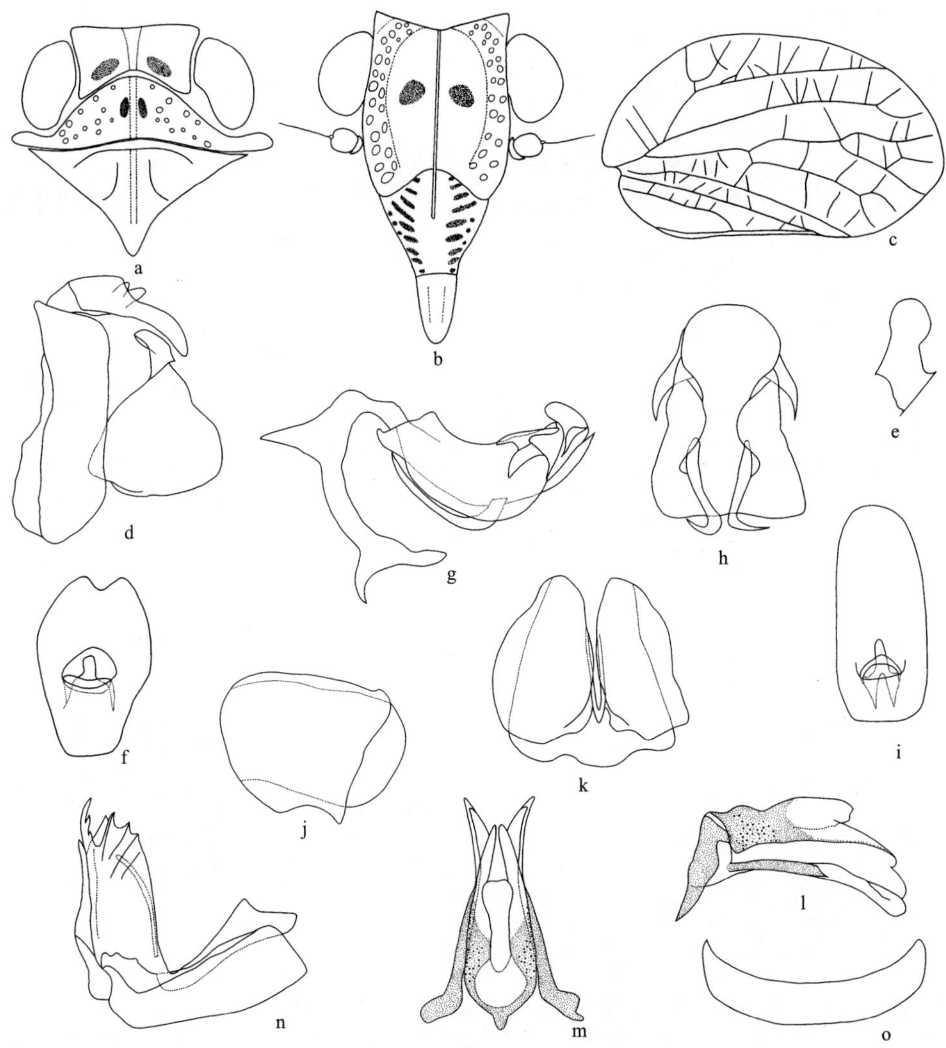

图 157　杨氏鞍瓢蜡蝉 *Celyphoma yangi* Chen, Zhang *et* Chang

a. 头胸部背面观（head and thorax, dorsal view）；b. 额与唇基（frons and clypeus）；c. 前翅（tegmen）；d. 雄虫外生殖器左面观（male genitalia, left view）；e. 抱器背突尾向观（capitulum of genital style, caudal view）；f. 雄肛节背面观（male anal segment, dorsal view）；g. 阳茎侧面观（phallus, lateral view）；h. 阳茎腹面观（phallus, ventral view）；i. 雌肛节背面观（female anal segment, dorsal view）；j. 第 3 产卵瓣侧面观（gonoplac, lateral view）；k. 第 3 产卵瓣背面观（gonoplas, dorsal view）；l. 第 2 产卵瓣侧面观（gonapophysis Ⅸ, lateral view）；m. 第 2 产卵瓣背面观（gonapophyses Ⅸ, dorsal view）；n. 第 1 产卵瓣侧面观（gonapophysis Ⅷ, lateral view）；o. 雌第 7 腹节腹面观（female sternite Ⅶ, ventral view）

观察标本：1♂8♀，青海孟达天池，35°48′47.95″N，102°41′13.93″E，2012.VIII.7，陆思含；1♂3♀(副模)，青海孟达天池，35°48′24.52″N，102°41′10.89″E，2114m，2012.VIII.8，陆思含；1♂1♀(副模)，青海孟达天池，35°48′47.95″N，102°41′13.93″E，2114m，2012.VIII.9，陆思含。

地理分布：青海。

(177) 叉突鞍瓢蜡蝉 *Celyphoma bifurca* Meng *et* Wang, 2012（图 158；图版 XXXI：g-i）

Celyphoma bifurca Meng *et* Wang, 2012: 25 (Type locality: Xinjiang, China).

体连翅长：♂ 3.5-3.6mm，♀ 3.8-4.0mm。前翅长：♂ 2.2-2.3mm；♀ 2.6-2.8mm。

体暗褐色，具少量红褐色斑。头顶暗褐色，具浅棕色中脊。额暗褐色，具淡黄色圆斑和砖红色椭圆形斑。唇基黄色，具褐色斜纹。前胸背板浅黄色，前缘具褐色斑点，中部具 2 个红色凹陷。中胸盾片暗褐色，边缘和脊浅黄色。前翅暗褐色。足褐色，具暗褐色纵带。腹部腹面褐色，背面和侧面黑色。

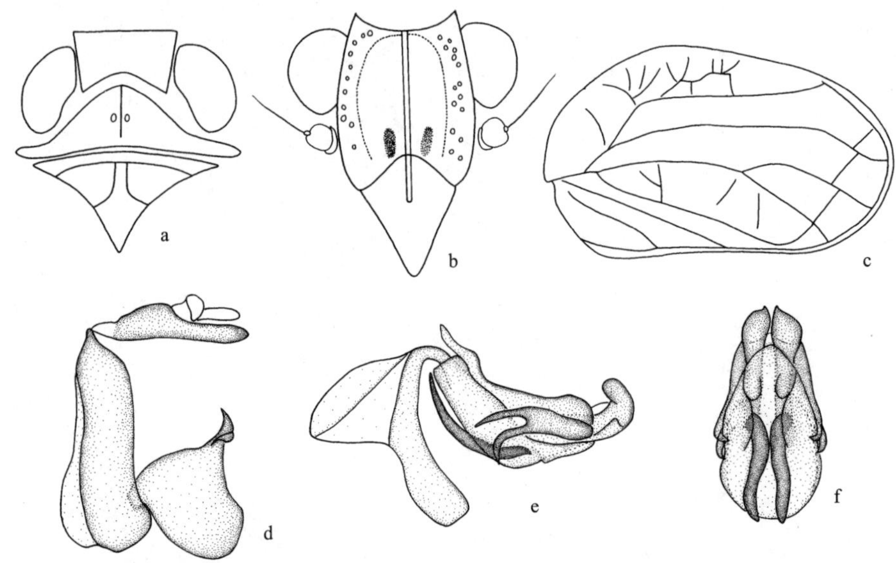

图 158 叉突鞍瓢蜡蝉 *Celyphoma bifurca* Meng *et* Wang

a. 头胸部背面观（head and thorax, dorsal view）；b. 额与唇基（frons and clypeus）；c. 前翅（tegmen）；d. 雄虫外生殖器左面观（male genitalia, left view）；e. 阳茎侧面观（phallus, lateral view）；f. 阳茎腹面观（phallus, ventral view）

头顶近长方形，前缘略弧形突出，后缘钝角状凹入，顶端宽为中线长的 2.1 倍。额中线长为最宽处 1.2 倍。唇基具中脊。前胸背板前缘弧形突出，后缘略呈波状。中胸盾片最宽处为中线长的 2.8 倍。前翅近方形，前翅长为最宽处的 2.2 倍。后足胫节具 1 个侧刺。后足刺式 7-8-2。

雄性外生殖器：尾节侧面观后缘直，前后缘几乎平行。连索粗厚。阳茎基背侧瓣端部直，侧面具 1 对分 2 叉的突起；腹瓣较大，端缘尖；阳茎近平直，骨化，端部头向弯曲，弯曲部分粗短，具 1 对粗直的腹突。抱器侧面观近三角形，端缘内凹；尾向观背突窄，具 1 大的瓣状侧齿。

雌性外生殖器：第 3 产卵瓣四边形，中域微隆起；背面观基部分叉，基本不骨化。第 2 产卵瓣基部凸起，端部较直；中域膜质端缘不分瓣。生殖骨片桥较大。第 1 产卵瓣腹端角具 3 齿，端缘具 3 个或 4 个近平行的、大小相等具脊的刺。第 7 腹节后缘近平直。

观察标本：1♂（正模），新疆昌吉庙尔海，1988.VII.2，王敏；2♂3♀（副模），同正模；1♂1♀（副模），新疆昌吉奇台半截河，1987.VIII.5，王敏。

地理分布：新疆。

(178) 甘肃鞍瓢蜡蝉 *Celyphoma gansua* Chen, Zhang *et* Chang, 2014

Celyphoma gansua Chen, Zhang *et* Chang, 2014: 129 (Type locality: Gansu, China)

体连翅长：♂ 4.3mm，♀ 5.4mm；前翅长：♂ 3.5 mm，♀ 4.4mm。

头顶褐色，复眼灰褐色。额褐色，具黑色斑，唇基褐色，具暗褐色杂斑，触角暗褐色。前胸背板、中胸盾片褐色，具暗褐色斑。前翅褐色，足褐色，具暗褐色斑，腹部腹面暗褐色。

头顶四边形，向中线处明显倾斜，宽为长的 2.8 倍，具中脊。额近长方形，无中脊，表面粗糙，长宽约相等，唇基中域明显隆起。前胸背板无中脊，沿前后缘分布有黑色斑，中线两侧各具 1 个凹陷。后足胫节外侧具 2 侧刺。后足刺式 6-8-2。

雄性外生殖器：肛节背面观长椭圆形，肛孔位于近中部。尾节侧面观前缘中部明显凹陷，后缘近平直。阳茎基侧瓣近端部具 1 对分叉的突起，末端指向腹面；腹瓣端缘弧形凸出。阳茎侧面观浅“U”形，中部从腹面伸出 1 对剑状突起，突起明显向上弯曲成钩状。抱器侧面观近三角形，抱器背突后缘微凸出。

观察标本：1♂1♀，甘肃肃南县西水林场，38°35.53′N，100°18.73′E，2302m，2013.VIII.3，罗（CAU）。

地理分布：甘肃。

54. 桑瓢蜡蝉属，新属 *Sangina* Meng, Qin *et* Wang, gen. nov.

Type species: *Sangina singularis* Meng, Qin *et* Wang, sp. nov.

属征：头包括复眼略窄于前胸背板。头顶近四边形，中域微凹，宽明显大于中线长；前缘中部微突出，后缘弓形深凹入，边缘脊起。额长略大于宽，沿侧缘具 1 排小瘤突，上缘中部角状凹入，具中脊。额唇基沟向上弯曲。唇基小，近等边三角形，无脊。喙达后足转节。具单眼。前胸背板前缘角状强突出，后缘近平直，中域具 2 个小凹陷，沿侧缘具多个瘤突；其侧瓣靠近外侧缘具瘤突。中胸盾片近三角形，前缘较直，中脊弱。前翅近卵圆形，近前缘 1/4 处弓形突出，至端缘渐窄；具宽的前缘下板，纵脉明显，爪片尖端达前翅 2/3。后翅退化。后足胫节具 2 个侧刺，后足刺式 8-8-2。

雄性外生殖器：肛节背面观蘑菇形，基部窄，在中部最宽，端缘中部微凸；肛孔位于基半部。阳茎基在近中部分为背侧瓣和腹瓣，背侧瓣在近端部分瓣，背瓣近端部具 1 细长突起；阳茎“U”形，腹面中部具 1 对细长的剑状突起。抱器粗短，后缘在抱器背突下深凹入，尾腹角圆；抱器背突短，具 1 较大的侧齿。

鉴别特征：本属与鞍瓢蜡蝉属 *Celyphoma* 相似，区别在于：①额及前胸背板两侧具瘤突，后者额及前胸背板两侧具多个斑点，无瘤突；②中胸背板中脊微弱，后者具明显倒“V”形脊；③阳茎基背面近端部具 1 长突起，后者无此突起。

属名词源：“*Sang-*”取自模式种模式标本采集地桑植的桑。本属名属性为阴性。

地理分布：湖南、四川、西藏。

本志记述 2 新种。

种检索表

后翅缺失，后足刺式 8-8-2……………………………………………**桑瓢蜡蝉，新种 *S. singularis* sp. nov.**

后翅 2 分瓣，后足刺式右 8-9-2，左 7-9-2 …………………**卡布桑瓢蜡蝉，新种 *S. kabuica* sp. nov.**

(179) 桑瓢蜡蝉，新种 *Sangina singularis* Meng, Qin *et* Wang, sp. nov.（图 159；图版 XXXII：a-c）

体连翅长：♂ 4.1mm，♀ 4.3mm。前翅长：♂ 3.7mm，♀ 3.9mm。

体暗黄褐色。头顶、额、唇基、喙暗褐色。复眼黑褐色。前胸背板、中胸盾片、前翅暗黄褐色。足黑褐色。腹部黄褐色。

头顶两后侧角处宽为中线长的 3.0 倍。额上端缘角状凹入，中线长于最宽处的 1.1 倍，最宽处为上端缘宽的 1.4 倍。前胸背板前缘角状突出，后缘直；中域平，沿侧缘具瘤突；腹面观侧瓣靠近外侧缘，具 2 排约 8 个瘤突；中线长为头顶的 1.9 倍。中胸盾片中线长为前胸背板的 1.2 倍，最宽处为中线长的 2.5 倍。前翅长卵圆形，长为最宽处的 2.2 倍，ScP 脉与 R 脉在近基部处分开，MP 脉在近中部分叉，CuA 脉在近端部 1/3 处分叉。后翅缺失。后足刺式 8-8-2。

雄性外生殖器：肛节近卵圆形，中线长为最宽处的 1.3 倍；肛孔位于基半部，肛下板细长。尾节前缘近中部凹入，后缘斜，近腹面 1/3 处突出。阳茎基背瓣背面端缘钝，近端部具 1 直的长突起，侧瓣端缘钝圆；腹瓣明显短于背侧瓣，端缘中部角状凹入；阳茎腹面中部具 1 对细长的剑状突起，末端到达阳茎基部，两突起不完全对称，在腹面交叉近乎呈“X”形。

正模：♂，湖南桑植八大公山，2013.VII.30，郑利芳。副模：1♀，四川峨眉山华严顶，1957.V.25，采集人不详；1♀，四川万县王二包自然保护区，1200m，1993.V.27，章有为。

种名词源：拉丁词“*singularis*”，意为“单独的”，此处指该种阳茎基背面近端部具 1 个长突起。

地理分布：湖南、四川。

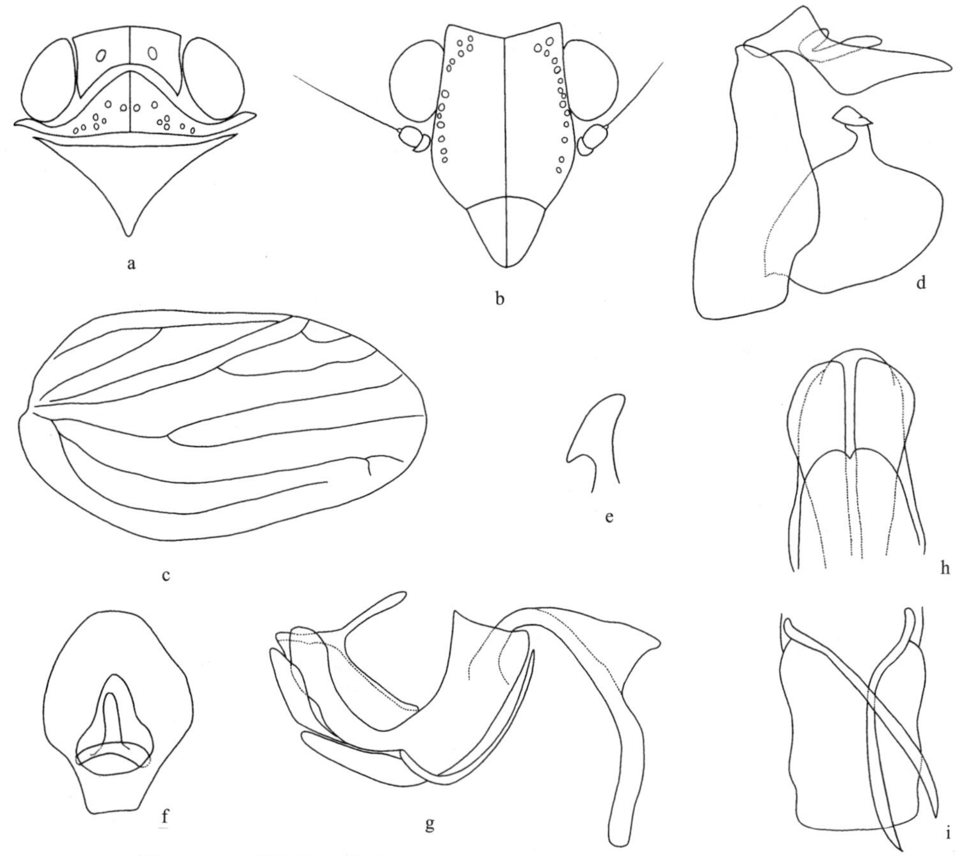

图 159　桑瓢蜡蝉，新种 *Sangina singularis* Meng, Qin *et* Wang, sp. nov.

a. 头胸部背面观（head and thorax, dorsal view）；b. 额与唇基（frons and clypeus）；c. 前翅（tegmen）；d. 雄虫外生殖器左面观（male genitalia, left view）；e. 抱器背突尾向观（capitulum of genital style, caudal view）；f. 雄肛节背面观（male anal segment, dorsal view）；g. 阳茎侧面观（phallus, lateral view）；h. 阳茎端半部腹面观（apical half of phallus, ventral view）；i. 阳茎基半部腹面观（basal half of phallus, ventral view）

(180) 卡布桑瓢蜡蝉，新种 *Sangina kabuica* Meng, Qin *et* Wang, sp. nov.（图 160；图版 XXXII：d-f）

体连翅长：♀ 5.6mm。前翅长：♀ 4.7mm。

体暗黄褐色，具黑褐色斑纹。头顶暗褐色。复眼黑褐色。额暗黄褐色。唇基暗黄褐色，前唇基两侧黑色。前翅暗黄褐色，具黑褐色斑纹。足黑褐色。腹部黄褐色。

头顶两后侧角处宽为中线长的 3.1 倍。额上端缘角状微凹入，中线长于最宽处的 1.3 倍，最宽处为上端缘宽的 1.3 倍。前胸背板前缘角状强突出，后缘较直，中域具瘤突；腹面观侧瓣沿外缘具多个瘤突；中线长为头顶的 1.7 倍。中胸盾片中线长为中胸盾片的 1.8 倍，最宽处为中线长的 2 倍。前翅长卵圆形，长为最宽处的 1.8 倍，ScP 脉与 R 脉在近基部处分开，MP 脉在近基部 1/3 处分叉，MP_{1+2} 脉在近中部又分支，CuA 脉在 MP 脉分叉处之后分叉，CuA_{1+2} 脉在近中部又分 2 叉。后翅小，2 分瓣，臀前域较大，具网状翅脉，扇域小，较退化。后足胫节具 2 个侧刺，后足刺式右 8-9-2，左 7-9-2。

雌性外生殖器：肛节背面观卵圆形，端缘钝圆；肛孔位于基部。第 3 产卵瓣近方形，近端部具较宽的膜质，端缘钝圆，背面观分叉处微骨化。第 2 产卵瓣背面观中域单瓣，端部凹入；侧域近端部外缘具不规整的微小的钝齿；侧面观基部半圆形强突出，端缘斜，腹端角较钝。第 1 腹瓣片近长方形，后缘微凹入。内生殖突长于第 1 产卵瓣，末端尖。第 1 产卵瓣近长方形，腹端角具 3 大齿，端缘具 4 个具脊的齿。第 7 腹节中域弧形微凹入。

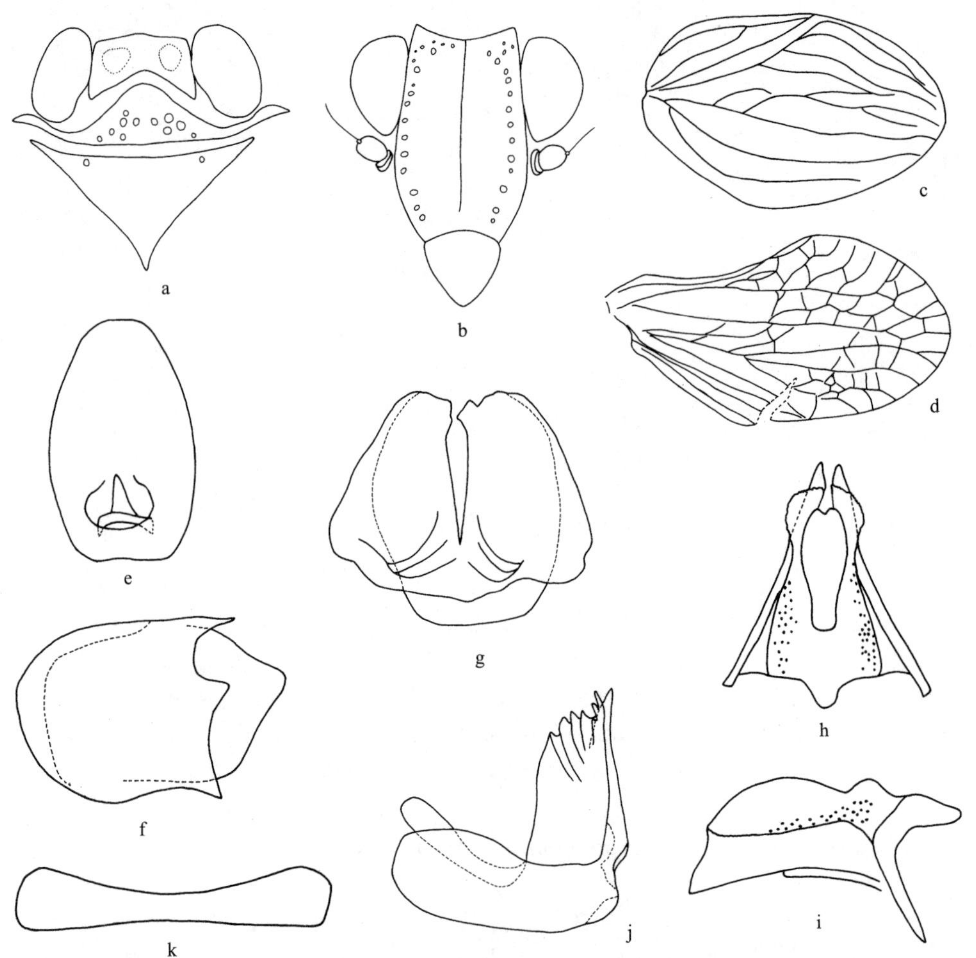

图 160 卡布桑瓢蜡蝉，新种 *Sangina kabuica* Meng, Qin *et* Wang sp. nov.

a. 头胸部背面观（head and thorax, dorsal view）；b. 额与唇基（frons and clypeus）；c. 前翅（tegmen）；d. 后翅（hind wing）；e. 雌肛节背面观（female anal segment, dorsal view）；f. 第 3 产卵瓣侧面观（gonoplac, lateral view）；g. 第 3 产卵瓣背面观（gonoplas, dorsal view）；h. 第 2 产卵瓣背面观（gonapophyses Ⅸ, dorsal view）；i. 第 2 产卵瓣侧面观（gonapophysis Ⅸ, lateral view）；j. 第 1 产卵瓣侧面观（gonapophysis Ⅷ, lateral view）；k. 雌第 7 腹节腹面观（female sternite Ⅶ, ventral view）

正模：♀，西藏墨脱卡布，1070m，1980.V.5，金银桃、吴建毅（SHEM）。

鉴别特征：本种与桑瓢蜡蝉 *S. singularis* sp. nov.相似，主要区别：①额较长，中线长于最宽处的 1.3 倍，后者额中线长于最宽处的 1.1 倍；②后翅分 2 瓣，略小于前翅，后者后翅退化。

种名词源：本种名特指该种的模式标本采集地卡布。

55. 梯额瓢蜡蝉属 *Neokodaiana* Yang, 1994

Neokodaiana Yang, 1994 in Chan *et* Yang, 1994: 92. **Type species**: *Neokodaiana chihpenensis* Yang, 1994; Meng, Wang *et* Qin, 2016: 18.

属征：头包括复眼窄于前胸背板。头顶宽大于长，中域明显凹陷，前缘弧形凸出，后缘角状凹入。具单眼。额光滑，中域明显隆起，具不明显的中脊，复眼之间具 2 横脊和 1 浅色横带，额唇基沟处具 1 浅色横带，横脊和横带如梯形依次排开，近亚侧脊处具瘤突。唇基隆起，光滑无脊；喙达后足转节。前胸背板前缘明显凸出，后缘近平直，具中脊，中域具 2 个小凹陷。中胸盾片具中脊和亚侧脊，近侧缘中部各具 1 个小凹陷。前翅长大于宽，具爪缝，纵脉明显，ScP 脉与 R 脉在基部分离，MP 脉 3 分支，CuA 脉在前翅端部 1/3 处分支；爪缝达前翅末端，爪脉在爪片近中部愈合；后翅呈 3 瓣，扇域和臀瓣较退化。后足胫节具 2 个侧刺。

雄性外生殖器：肛节背面观火炬形，长大于宽，近端部处最宽，侧顶角向下弯曲。尾节侧面观后缘微凸出。阳茎浅“U”形，端部对称无突起，阳茎基背侧瓣在近端部形成突起，侧面观端缘略扩大。抱器近三角形，突起短小且向侧面弯曲。

雌性外生殖器：肛节背面观近椭圆形，长大于最宽处。第 3 产卵瓣近四角形。第 1 产卵瓣端缘具刺。第 7 腹节中部突出。

地理分布：福建、台湾；日本。

本属全世界已知 3 种，中国分布 2 种。

种检索表

雄虫肛节侧面观端部具小的突起；阳茎基腹突长，达阳茎末端……**台湾梯额瓢蜡蝉 *N. chihpenensis***

雄虫肛节侧面观端部具大的突起；阳茎基腹突短，未达阳茎末端……**福建梯额瓢蜡蝉 *N. minensis***

(181) 台湾梯额瓢蜡蝉 *Neokodaiana chihpenensis* Yang, 1994（图 161）

Neokodaiana chihpenensis Yang, 1994 in Chan *et* Yang, 1994: 92 (Type locality: Taiwan, China).

以下描述源自 Chan 和 Yang（1994）。

体连翅长：♂ 5.4-5.7mm，♀ 5.8mm。前翅长：♂ 4.4-4.7mm，♀ 4.8mm。

体暗褐色。额在亚中脊下与颊在触角的水平线上及唇基黑色。额中部具宽的白色横带或无，额唇基沟上方具相当宽的白色。喙淡棕色，端部黑色。触角黑色。前翅黑色，散布黄褐色的区域。后翅黑色。足黑褐色至黑色，基节、腿节基部、第 1 跗节基部黄色。腹部腹面浅褐色，各节近端部略带黄色，侧面黄红色。

头顶基部宽为中线长的 3.0 倍，前缘中间微角状凸出，中脊弱。额最宽处为中线长的 2.2 倍，强隆起，亚中脊距头顶端缘较远，它们之间的区域略倾斜。后足胫节具 2 个侧刺。后足刺式 11-11-2。

雄性外生殖器：肛节侧面观斜截形，背缘和腹缘近平行，背面观长为最宽处的 2 倍，至近端部渐宽，端缘钝圆，肛孔位于近中部。尾节侧面观尾背角圆。阳茎基侧面观近端部瓣状，指向背面，在端部向头部弯曲，腹面在中部之后具 1 对突起指向尾背部，几乎到达顶端；背面观向两侧呈翼状，中部膜质。抱器端缘近方形。

雌性外生殖器：肛节长卵圆形，肛孔位于肛节的近基部。第 3 产卵瓣圆，端部膜质。第 7 腹节后缘中部明显突出，突出部分的端缘微凹入。

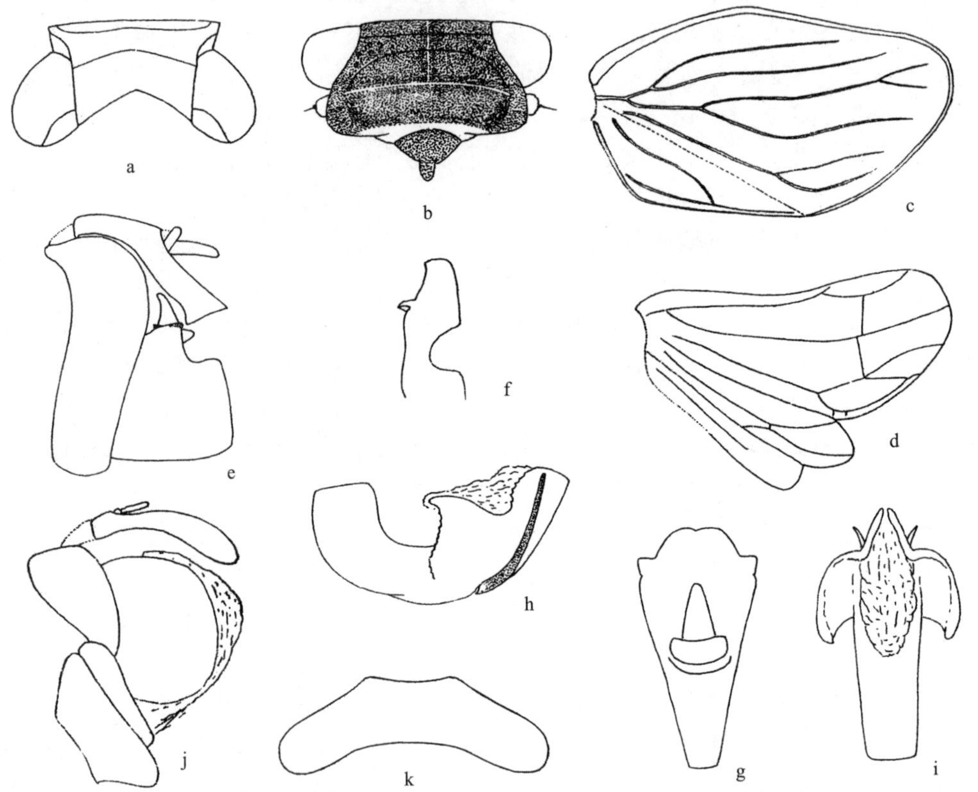

图 161 台湾梯额瓢蜡蝉 *Neokodaiana chihpenensis* Yang（仿 Chan &Yang，1994）

a. 头部背面观（head, dorsal view）；b. 额与唇基（frons and clypeus）；c. 前翅（tegmen）；d. 后翅（hind wing）；e. 雄虫外生殖器左面观（male genitalia, left view）；f. 抱器背突尾向观（capitulum of genital style, caudal view）；g. 雄肛节背面观（male anal segment, dorsal view）；h. 阳茎侧面观（phallus, lateral view）；i. 阳茎端部腹面观（apex fo phallus, ventral view）；j. 雌虫外生殖器左面观（female genitalia, left view）；k. 雌第 7 腹节腹面观（female sternite Ⅶ, ventral view）

观察标本：1♀，浙江杭州，1979，洪小华（SHEM）。

地理分布：浙江、台湾。

(182) 福建梯额瓢蜡蝉 *Neokodaiana minensis* Meng *et* Qin, 2016（图 162；图版 XXXII：g-i）

Neokodaiana minensis Meng *et* Qin, 2016 in Meng, Wang *et* Qin, 2016: 18 (Type locality: Fujian, China).

体连翅长：♂ 4.8-5.5mm，♀ 5.1-5.6mm。前翅长：♂ 3.9-4.6mm，♀ 4.8mm。

体褐色，具黑褐色斑点和斑纹。头顶、前胸背板、中胸盾片黄褐色，边缘及脊浅棕色。复眼黑褐色。额黑褐色，具白色及黑色横带，且沿侧缘具黄白色瘤突。颊黑褐色，具 2 条白色横带。唇基黑褐色。喙黄褐色。前翅褐色，翅脉凹陷处具黑褐色的不规则的斑点；后翅深褐色。前足和中足腿节黑褐色，基部黄色，后足腿节和胫节黄褐色，边缘黑褐色，端刺黑色。腹部腹面深褐色，各节近端部略带棕色。

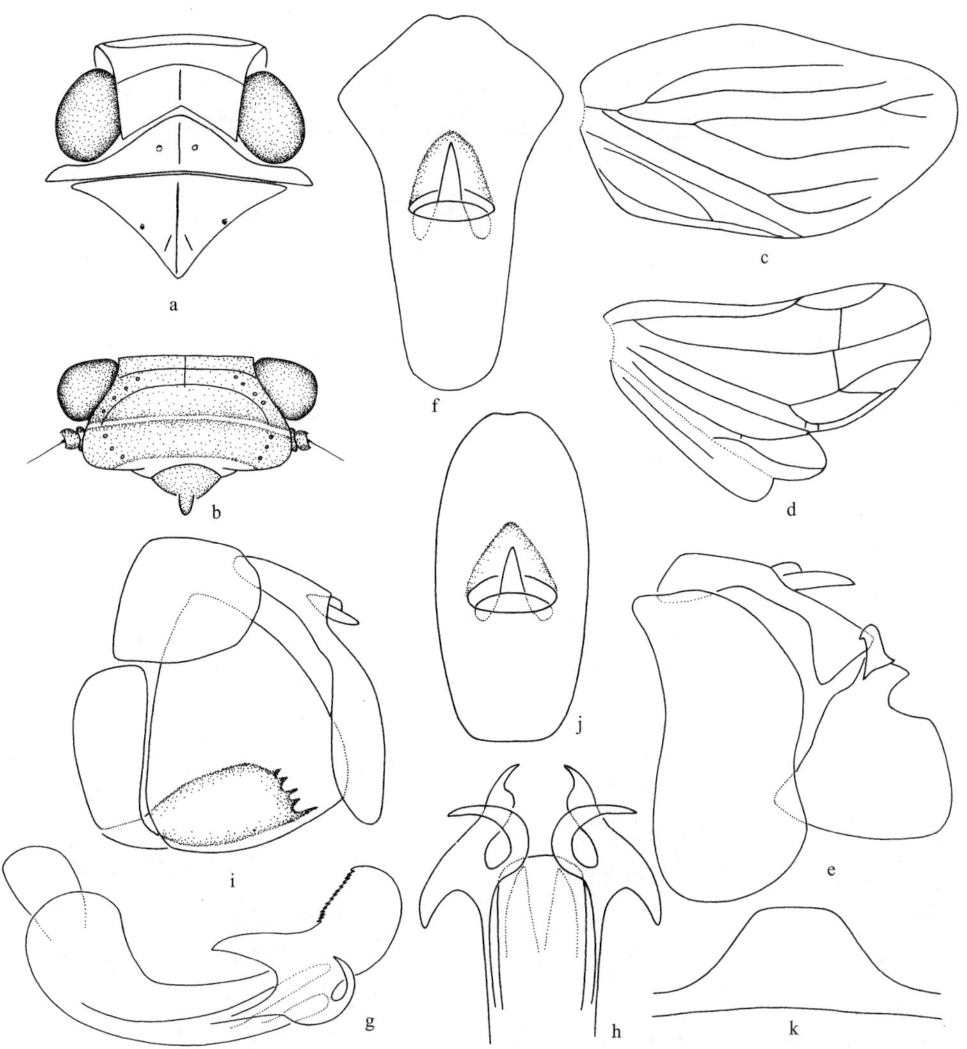

图 162　福建梯额瓢蜡蝉 *Neokodaiana minensis* Meng *et* Qin

a. 头胸部背面观（head and thorax, dorsal view）；b. 额与唇基（frons and clypeus）；c. 前翅（tegmen）；d. 后翅（hind wing）；e. 雄虫外生殖器左面观（male genitalia, left view）；f. 雄肛节背面观（male anal segment, dorsal view）；g. 阳茎侧面观（phallus, lateral view）；h. 阳茎端部腹面观（apex of phallus, ventral view）；i. 雌虫外生殖器左面观（female genitalia, left view）；j. 雌肛节背面观（female anal segment, dorsal view）；k. 雌第 7 腹节腹面观（female sternite Ⅶ, ventral view）

头顶近长边形，具不明显的中脊，前缘弧形微突出，后缘弧形凹入，两后侧角处宽为中线长的 3.0 倍。额光滑，近侧缘处各具 7 个瘤突，复眼之间具 2 条横脊；额表面在两横脊间明显隆起，在上端缘至第一条横脊间倾斜；额长为最宽处的 0.5 倍，最宽处为基部宽的 1.4 倍。额唇基沟向上弯曲。唇基小，光滑无脊。前胸背板前缘弧形突出，后缘中部微凹入，具中脊。中胸盾片具中脊和亚侧脊，最宽处为中线长的 1.8 倍。前翅不透明，具宽的前缘下板；外缘近基部 1/3 略突出，端缘斜，内缘较直，翅面基部近外缘隆起；长为最宽处的 2.3 倍；后翅长为前翅的 0.8 倍。后足胫节具 2 个侧刺。后足刺式 12-(12，15)-2。

雄性外生殖器：肛节背面观近火炬形，基部至近端部渐宽，侧顶角钝圆，端缘中部微凹入，侧顶角凸出；侧面观腹缘端部具三角形突起。尾节侧面观后缘近背部明显突出，至腹缘渐窄。阳茎基背侧瓣细长，近端部扩大，形成戟状突起，且指向尾部的突起具锯齿状的边缘，其余突起指向头部；腹瓣短，端部近平滑，端缘中部微突出，侧顶角圆。抱器侧面观近方形，端缘在抱器背突下方具碗形深凹入，背缘斜，近中部钝角状突出，腹端角近方形凸出；尾向观抱器背突短，端缘钝圆，内侧呈钩状，侧面具小的侧齿。

雌性外生殖器：肛节背面观近椭圆形，顶缘微凹入，侧缘圆滑，肛孔位于肛节的近中部。第 3 产卵瓣近四边形。第 1 产卵瓣腹端角具 3 个小齿，端缘具 5 个近平行的刺。第 7 腹节中部具宽的突出。

观察标本：1♂（正模），福建德化水口，1974.XI.12，杨集昆（CAU）；1♀（副模），福建武夷三港，1980.IX.17，陈彤；1♀（副模），福建戴云山，1984.VIII.30，崔志新；1♂（副模），福建德化水口，1974.XI.6，杨集昆（CAU）。

地理分布：福建。

56. 巨齿瓢蜡蝉属 *Dentatissus* Chen, Zhang *et* Chang, 2014

Dentatissus Chen, Zhang *et* Chang, 2014: 140. **Type species**: *Dentatissus brachys* Chen, Zhang *et* Chang, 2014.

属征：头包括复眼宽于前胸背板。头顶横宽，中长明显小于基宽，前缘略呈钝角状突出，后缘角状凹入。额宽，在触角间扩大，中脊伸达额中部，侧缘域具 1 排瘤突，额宽约为中长的 1.7 倍。额唇基沟弧形向上拱凸。唇基隆起，光滑无脊；喙达后足转节。前胸背板近三角形，具不明显的中脊，前缘角状突出，后缘近平直。中胸盾片具不甚明显的中脊和较明显的亚侧脊。前翅侧面观斜截，前缘明显波曲，具宽的前缘下板，具爪缝，纵脉明显，ScP 脉与 R 脉在近基部分开，MP 脉在翅近基部 1/3 处分支，CuA 脉在近端部 1/3 处分支。翅面近端部具密集的横脉，沿外缘的横脉隆起，形成明显的亚端线；后翅 3 瓣，臀前域大，扇域和臀瓣较退化。后足胫节端半部具 2 个侧刺，后足刺式 10-10(11)-2。

雄性外生殖器：肛节背面观近倒瓶形，端缘微凹；肛孔位于中稍偏基部。尾节侧面观后缘略波曲。阳茎基背面膜质，背侧瓣腹面观扁平并弯向腹面，腹瓣短于背侧瓣；阳茎器具 2 对以上腹钩突。抱器近三角形，后缘较平直，尾腹角钝圆，近背部具 1 长的刺突。

雌性外生殖器：肛节背面观长卵圆形。第 3 产卵瓣近三角形。第 1 产卵瓣端缘宽，腹端角具 3 个钝齿。第 7 腹节中部明显突出。

地理分布：辽宁、北京、山西、山东、河南、陕西、江苏、安徽、浙江、湖北、广东、海南、广西、四川、云南。

目前本属全世界仅知 2 种，本志另记述 1 新种。

种检索表

1. 抱器前缘波状，无突起，阳茎具 4 对突起…………**四突巨齿瓢蜡蝉，新种 *D. quadruplus* sp. nov.**
   抱器前缘具钝角状突起，阳茎具 2 对突起……………………………………………………2
2. 雄虫肛节背面观端部两侧缘近平行；阳茎腹面观近端部突起短而直····**短突巨齿瓢蜡蝉 *D. brachys***
   雄虫肛节背面观端部渐狭；阳茎腹面观近端部突起长而弯曲………**恶性巨齿瓢蜡蝉 *D. damnosus***

(183) 四突巨齿瓢蜡蝉，新种 *Dentatissus quadruplus* Meng, Qin *et* Wang, sp. nov.（图 163；图版 XXXIII：a-c）

体连翅长：♂ 5.3mm，♀5.6mm。前翅长：♂ 4.2mm，♀4.5mm。

体褐色至黑褐色，具浅黄色翅脉、瘤突和斑纹。复眼褐色，基部黄色。额褐色，具浅色瘤突和中脊。唇基黑褐色，近额唇基沟中部具浅色斑。前翅深褐色，翅面具浅色横脉。后翅浅褐色。足棕色，前足腿节深褐色，后足腿节和胫节具褐色纵带。腹部腹面和背面褐色，各节的近端部浅棕色。

头顶近四边形，中域明显凹陷，具中脊，前缘角状突出，后缘深凹入，两后侧角处宽为中线长的 2.4 倍。额粗糙，具细小的刻点，近侧缘和上端缘具瘤突，中域微隆起，中脊刚伸过额中部，中线长为最宽处的 0.7 倍，最宽处为上端缘宽的 1.4 倍。前胸背板前缘弓形突出，后缘中间微凹入，具微弱中脊，中域具 2 个小凹陷；中线长为头顶长的 1.3 倍。中胸盾片近三角形，近侧缘中部各具 1 个小凹陷，最宽处为中线长的 2.1 倍。前翅长为最宽处的 1.9 倍。后足刺式 10-11-2。

雄性外生殖器：肛节背面观中长为最宽处宽的 2.4 倍，在近基部 1/3 处最宽，至端部渐窄，端缘角状凹入。尾节侧面观背缘窄，腹缘宽，后缘中间微凹入。阳茎基侧面观背侧瓣与腹瓣在近基部分开，背侧瓣不分瓣，侧面观其腹缘波状，背缘膜质凸出；腹瓣短，腹面观端缘略窄，中部微凹，两侧角圆滑；阳茎近中部两侧缘具 2 对短的剑状突起，1 对指向头部，1 对指向腹面；近基部有 2 对钩形短突起，1 对指向头部，1 对指向背面。抱器近三角形，前缘背端部波状，后缘近背部微凹，尾腹角钝圆；抱器背突短且窄，侧面具 1 较短刺突。

正模：♂，湖南石门壶瓶山，900m，2013.VII.27，郑利芳。副模：1♀，湖南石门壶瓶山，1580m，2013.VII.26，郑利芳。

鉴别特征：本种与恶性巨齿瓢蜡蝉 *D. damnosus* (Chou *et* Lu, 1985) 相似，区别在于：①肛节端缘角状凹入，后者肛节端缘中部微凹入；②抱器前缘波状，背突侧刺较短，后者抱器前缘具钝角状突起，背突侧刺明显长；③阳茎具 4 对短突起，后者阳茎具 2 对突起。

种名词源：拉丁词“*quadri-*”，意为“4 的”，此处指该种阳茎具 4 对突起。

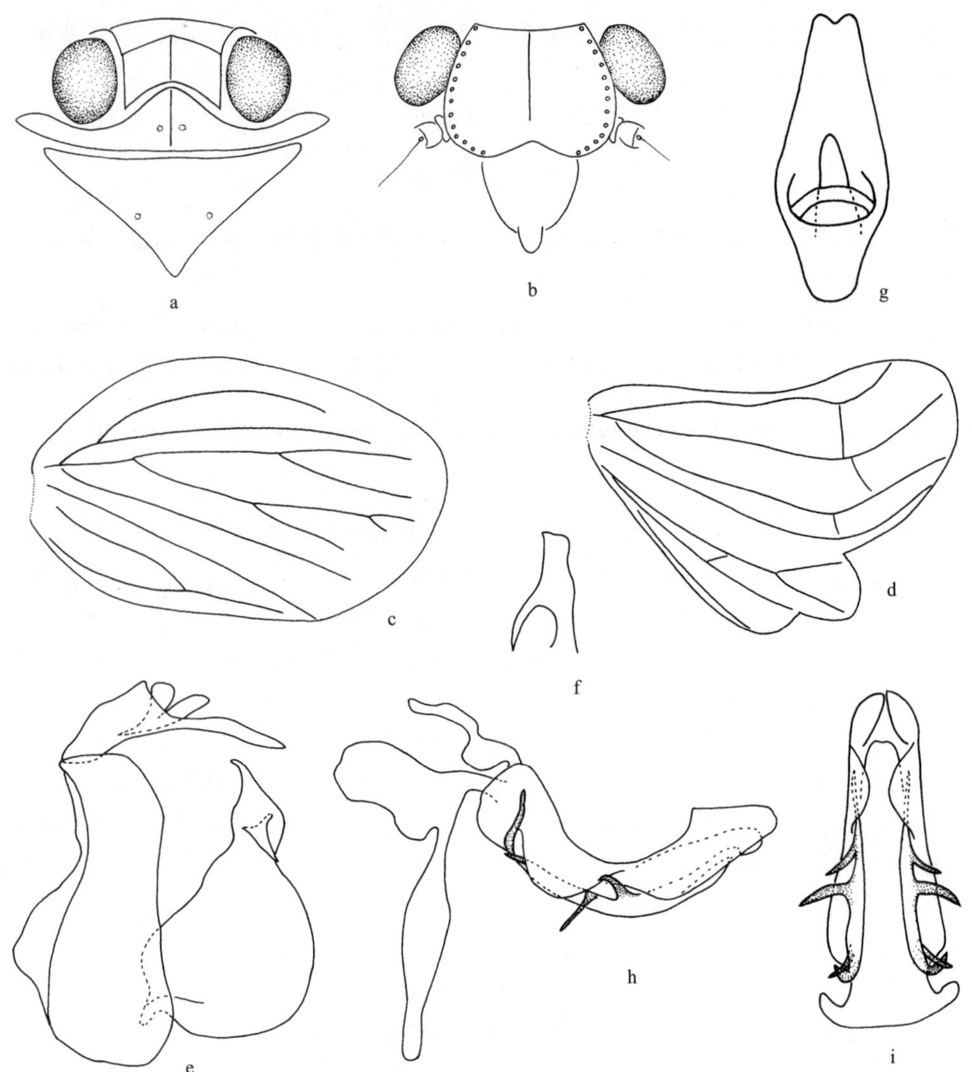

图 163 四突巨齿瓢蜡蝉，新种 *Dentatissus quadruplus* Meng, Qin *et* Wang, sp. nov.

a. 头胸部背面观（head and thorax, dorsal view）；b. 额与唇基（frons and clypeus）；c. 前翅（tegmen）；d. 后翅（hind wing）；e. 雄虫外生殖器左面观（male genitalia, left view）；f. 抱器背突尾向观（capitulum of genital style, caudal view）；g. 雄肛节背面观（male anal segment, dorsal view）；h. 阳茎侧面观（phallus, lateral view）；i. 阳茎腹面观（phallus, ventral view）

(184) 短突巨齿瓢蜡蝉 *Dentatissus brachys* Chen, Zhang *et* Chang, 2014

Dentatissus brachys Chen, Zhang *et* Chang, 2014: 143 (Type locality: Henan, China).

以下描述源自 Chen 等（2014）。

体连翅长：♂ 5.0-5.2mm，♀ 5.7mm。前翅长：♂ 4.2-4.4mm，♀ 4.8mm。

体暗褐色。头顶黄褐色，复眼褐色，具黑褐色斑；额暗褐色，中脊、额端侧角及侧缘域瘤突淡黄褐色；唇基暗褐色。颊除在复眼下缘处淡黄色外，其余暗褐色。触角暗褐色。前胸背板、中胸盾片淡黄褐色，具暗褐色斑。前翅黄褐色，夹杂有暗褐色斑块；后翅褐色，翅脉暗褐色。前足、中足暗褐色，后足褐色。腹部腹面暗褐色，各腹节后缘浅褐色。

头顶中长是基宽的 0.31 倍。额中长为最宽处宽的 0.56 倍，中脊刚伸过额中部，不达额唇基沟，沿额背缘域和侧缘域具 15-17 个小瘤突。前胸背板中长为头顶中长的 1.57 倍，中域平，中脊不明显。中胸盾片中长为前胸背板中长的 1.65 倍，中脊不明显，亚侧脊明显隆起，中域略凹陷。前翅中长为最宽处宽的 1.93 倍，前缘中部明显隆起，中端部凹入，端部斜截形。后翅中长为最宽处宽的 2.16 倍。后足刺式 10-9-2。

雄性外生殖器：肛节背面观瓶形，中长为最宽处宽的 1.88 倍，以中部最宽，基部细，端缘中部微凹，肛孔位于中部；肛节侧面观基半部背、腹缘近平行，端半部端向渐细尖。尾节侧面观，背缘窄，腹缘宽，后缘中上部略呈角状向后突出。阳茎侧面观浅“U”形。阳茎基背瓣膜质近透明，侧面观明显隆起，近锥形；侧瓣长片状骨化，外缘具 1 列锯齿状突起；侧瓣腹面观呈 2 裂叶，端缘钝圆，端外侧缘近端部锯齿状，内侧具 1 对骨化的长条状突起，该突起密布小齿。腹瓣腹面观短，长仅为阳茎的一半，端缘弧圆。阳茎器侧面观具 2 对粗长腹钩突，1 对位于中偏基部腹侧面，指向阳茎端部；1 对位于中偏端部腹缘，指向头、腹向。阳茎器腹面观，中端部的 1 对腹钩突端部稍岔离，仅伸达中基部腹钩突的基部；中基部腹钩突先弯向两侧，后弯向阳茎端方。抱器侧面观，宽短，后腹角宽圆，后缘略凹，背缘中偏后部具圆形突起，背突尖，背突基部着生 1 个粗大齿突，端尖，基部大部分具环状皱褶，后面观该齿突端部指向腹方。

观察标本：未见。

地理分布：河南。

(185) 恶性巨齿瓢蜡蝉 *Dentatissus damnosus* (Chou *et* Lu, 1985)（图 164；图版 XXXIII：d-f）

Sivaloka damnosa Chou *et* Lu, 1985 in Chou, Lu, Huang *et* Wang, 1985: 120 (Type locality: Shaanxi, China); Meng, Che, Yan *et* Wang, 2011: 14.

Kodaianella macheta Zhang *et* Chen, 2010: 64. Synonymised by Gnezdilov, 2013b: 43.

Kodaianella damnosa: Gnezdilov, 2013b: 43.

Dentatissus damnosus: Chen, Zhang *et* Chang, 2014: 143.

体连翅长：♂ 4.6-5.1mm，♀ 4.7-5.3mm。前翅长：♂ 4.0-4.2mm，♀ 4.3-4.6mm。

体棕色，具浅棕色瘤突、脊和褐色斑纹。复眼褐色。额棕色，具浅棕色瘤突和脊，近基部具浅褐色横带。前翅棕色，翅面布满褐色斑纹；后翅浅褐色。足棕色，前足腿节深褐色，腿节和胫节具褐色纵带。腹部腹面和背面褐色，各节的近端部浅棕色。

头顶近四边形，中域明显凹陷，两后侧角处宽为中线长的 2.9 倍。额粗糙，具细小的刻点，中域微隆起，中脊刚伸过额中部，未达额唇基沟，长为最宽处的 0.6 倍，最宽处为上端缘宽的 1.7 倍。前胸背板前缘弧形突出，后缘近弧形，具中脊，中域具 2 个小凹陷；中线长为头顶长的 1.6 倍。中胸盾片近三角形，近侧缘中部各具 1 个小凹陷，最宽处为中线长的 2.1 倍。前翅长为最宽处的 1.6-2.0 倍，前缘中部明显隆起。后足刺式 9-10-2。

雄性外生殖器：肛节背面观中长为最宽处宽的 2.3 倍，在近基部 1/3 处最宽，至端部渐窄，端缘微凹入。尾节侧面观背缘窄，腹缘宽，后缘近背部角状凸出，中间微凹入，近腹缘略突出。阳茎基腹面观背侧瓣从中部起 2 裂叶，外侧缘近端部锯齿状；阳茎基部管状，然后分 2 瓣，近中部两侧缘有 1 对短的剑状突起，近基部有 1 对钩形的长突起，其端部指向阳茎尾部；腹瓣短，腹面观端缘钝圆，不裂叶，中部弧形突出。抱器前缘近背部具 1 钝角状突起，背突具 1 个粗壮且长的突起。

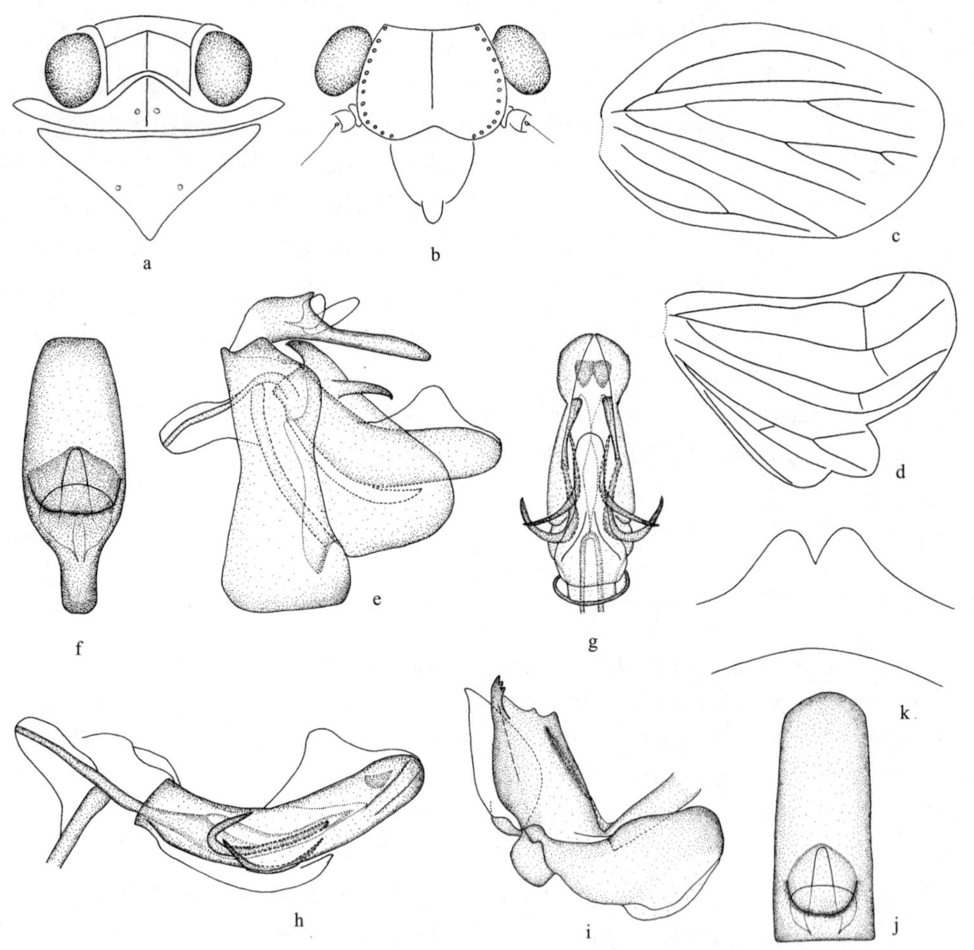

图 164　恶性巨齿瓢蜡蝉 *Dentatissus damnosus* (Chou *et* Lu)

a. 头胸部背面观（head and thorax, dorsal view）；b. 额与唇基（frons and clypeus）；c. 前翅（tegmen）；d. 后翅（hind wing）；e. 雄虫外生殖器左面观（male genitalia, left view）；f. 雄肛节背面观（male anal segment, dorsal view）；g. 阳茎腹面观（phallus, ventral view）；h. 阳茎侧面观（phallus, lateral view）；i. 第 1 产卵瓣侧面观（gonapophysis Ⅷ, lateral view）；j. 雌肛节背面观（female anal segment, dorsal view）；k. 雌第 7 腹节腹面观（female sternite Ⅶ, ventral view）

雌性外生殖器：肛节背面观卵圆形，长大于宽，近端部处最宽，至端部渐细，端缘中部略突出，侧缘圆滑，肛孔位于肛节的近基部。第 3 产卵瓣近方形。第 1 产卵瓣腹端角具 3 齿，端缘具 2 刺。第 7 腹节明显突出，突出的中部深凹入。

观察标本：1♂（正模），陕西武功，1983.VII.22，孟尉校；3♀（副模），西康康定新店子，1935.IX.30-31，周尧；2♀，南京市，1978.III.21，周尧；1♀，南京中山陵，1983.VI.10，采集人不详；1♂，北京西山，1957.VI.22，应松鹤、李绍华；1♂，北京西山，1957.VIII.23，应松鹤、李绍华；1♂，湖北武汉珞珈山，1957.VII.9，采集人不详；1♀，山西晋祠，1981.VII.31，李法圣（CAU）；3♀，杭州，1974.X.14，杨集昆（CAU）；1♀，北京农业大学，1975.VII.12，杨集昆（CAU）；1♀，北京白祥庵，1953.VI.16，李法圣（CAU）；3♀，云南德钦梅里石，1100m，1982.VII.19，王书永（IZCAS）；1♀，贵州罗甸，1981.VI.2，500m，李法圣（CAU）；8♂6♀（副模），陕西武功，1967.IX.1-24，周尧；6♂4♀（副模），陕西武功，1981.VII.2-3，周静若；1♂1♀（副模），陕西太白山蒿坪寺，1981.VIII.13，周静若；1♂，北京香山双清，1973.IX.2，采集人不详（NKU）；2♂，浙江杭州，1973.VI.13，金根桃（SHEM）；2♀，浙江杭州植物园，1974.V.31，采集人不详（SHEM）；1♀，安徽梅山，1964.VII.24，金根桃（SHEM）。

地理分布：北京、山西、陕西、江苏、安徽、浙江、湖北、贵州、云南。

寄主：苹果、梨、杜梨、贴梗海棠、槐树、核桃树、山楂树。

57. 柯瓢蜡蝉属 *Kodaianella* Fennah, 1956

Kodaianella Fennah, 1956: 508. **Type species**: *Kodaianella bicinctifrons* Fennah, 1956; Zhang *et* Chen, 2010: 62; Gnezdilov, 2013b: 42; Chen, Zhang *et* Chang, 2014: 136.

属征：头包括复眼略窄于前胸背板。头顶近四边形，宽大于长，前缘比后缘稍宽，中域明显凹陷，侧缘脊起，前缘微角状凸出，后缘角状凹入。额宽，具中脊，未达额唇基沟，中域略隆起，沿侧缘具瘤突，额侧缘在触角下略扩大，上端缘略凹入。额唇基沟向上弯曲。唇基小，中域隆起，光滑无脊；喙达后足转节。前胸背板近三角形，前缘明显角状凸出，后缘近平直，具微弱中脊，中域具 2 个小凹陷。中胸盾片具微弱中脊，具亚侧脊，近侧缘中部各具 1 个小凹陷。前翅长大于宽，基部近前缘隆起；侧面观前缘弓形凸出，端缘斜截，具宽的前缘下板，具爪缝，纵脉明显，ScP 脉与 R 脉在近基部分开，MP 脉在翅中部分支，CuA 脉近端部 2 分支；端部 2/3 具密的横脉，沿外缘具明显的亚端围脉；后翅略短于前翅，呈 3 瓣，臀前域宽大具横脉，扇域和臀瓣明显小，纵脉明显。后足胫节具 2 个侧刺，后足刺式 9(10)-11-2。

雄性外生殖器：肛节背面观近杯形，端缘凹，长大于宽；肛孔位于基半部。尾节侧面观后缘近背部微凸出。阳茎浅“U”形，阳茎基背侧瓣侧面端部 1 对突起；阳茎器具 1 对源于近端部 1/3 的细长腹突。抱器后缘在背突下钝圆形深凹入，前缘具钝角状突起；抱器背突背面观短，末端尖，侧齿小。

雌性外生殖器：肛节背面观近长卵圆形，长大于最宽处。第 3 产卵瓣近三角形。第

1 产卵瓣端缘具刺，近长方形，腹端角具 3 齿。第 7 腹节中部明显突出。

地理分布：广西、四川、贵州、云南；缅甸，老挝。

目前本属全世界仅知 3 种，中国分布 2 种。

种检索表

雄虫肛节前缘强凹入，侧顶角尖锐；阳茎基背侧瓣端部具 1 对短刺突……………………………………………………………………………… **短刺柯瓢蜡蝉 *K. bicinctifrons***

雄虫肛节前缘微凹入，侧顶角钝圆；阳茎基背侧瓣端部具 1 对长刺突… **长刺柯瓢蜡蝉 *K. longispina***

(186) 短刺柯瓢蜡蝉 *Kodaianella bicinctifrons* Fennah, 1956（图 165；图版 XXXIII：g-i）

Kodaianella bicinctifrons Fennah, 1956: 508 (Type locality: Sichuan, China); Gnezdilov, 2013b: 42; Chen, Zhang *et* Chang, 2014: 138.

体连翅长：♂ 3.8-4.0mm，♀ 4.2-4.6mm。前翅长：♂ 3.2-3.5mm，♀ 3.6-4.0mm。

体黄褐色，具黑褐色斑纹、浅黄色脊和瘤突。复眼褐色。额上半部深褐色，下半部浅黄色，沿侧缘具浅色瘤突。后唇基黄色，具褐色条纹，前唇基具黑褐色。喙黄褐色。前胸背板和中胸盾片黄褐色与黑褐色相间。前翅黄褐色，翅面布满黑褐色斑纹；后翅浅褐色。足深褐色。腹部腹面近中部褐色。

头顶前缘明显角状突出，后缘略凹入，两后侧角处宽为中线长的 1.7 倍，前缘宽为后缘的 1.2 倍。额在触角下明显扩大，中脊存在于额的上半部，最宽处为中线长的 1.5 倍，最宽处为基部宽的 1.4 倍。额唇基沟明显向上弯曲。前胸背板前缘弧形突出，后缘近平直，中域具瘤突。中胸盾片近三角形，中域略隆起，中线长与前胸背板基本等长。前翅长大于宽，长为最宽处的 1.7 倍。后足刺式 10-11-2。

雄性外生殖器：肛节背面观端缘深凹入，侧顶角角状突出；基部至近端部渐宽。尾节侧面观后缘近背部略突出，至腹缘渐窄。阳茎基背侧瓣侧面观端部背向翻折，具近三角形的短突起；腹瓣腹面观端缘角状深凹入；阳茎器具 1 对长的剑状突起，腹面观该突起粗细不均，近端部 1/4 变粗，而端部细且尖锐。抱器后缘半圆形深凹入，尾腹角方形凸出；前缘具三角状突起；尾向观抱器背突短，末端尖锐，具 1 小的侧齿。

雌性外生殖器：肛节背面观长卵圆形，端缘中部略突出，肛孔位于肛节的近基部。第 3 产卵瓣近方形。第 1 产卵瓣腹端角具 3 齿，端缘具 2 刺，第 7 腹节明显突出，突出的中部略凹入。

观察标本：1♂，云南德钦梅里石，1100m，1982.VII.19，王书永（IZCAS）；1♀，四川峨眉万年寺，1988.IX.11，郑淑玲、徐秋园、周静若；1♀，云南景洪，1978.V.11，周尧；1♀，广西桂林，1974.VIII.28，周尧、卢筝；1♀，广西百色，1978.IV.11，采集人不详；1♂，云南陆良芳华镇，2007.VIII.20，车艳丽（SWU）；1♂，云南陆良芳华镇，2007.VIII.19，车艳丽（SWU）；1♀，云南陆良芳华镇，2007.VIII.7，车艳丽（SWU）；1♀，云南陆良芳华镇，2007.VIII.20，陈燕（SWU）；1♀，云南陆良芳华镇，2007.VIII.21，陈燕（SWU）；10♂10♀，云南西双版纳勐仑，570m，2009.XI.28，唐果、姚志远；1♂，贵

州三叉河丹霞谷，2012.VIII.18，郑利芳。

地理分布：广西、四川、贵州、云南。

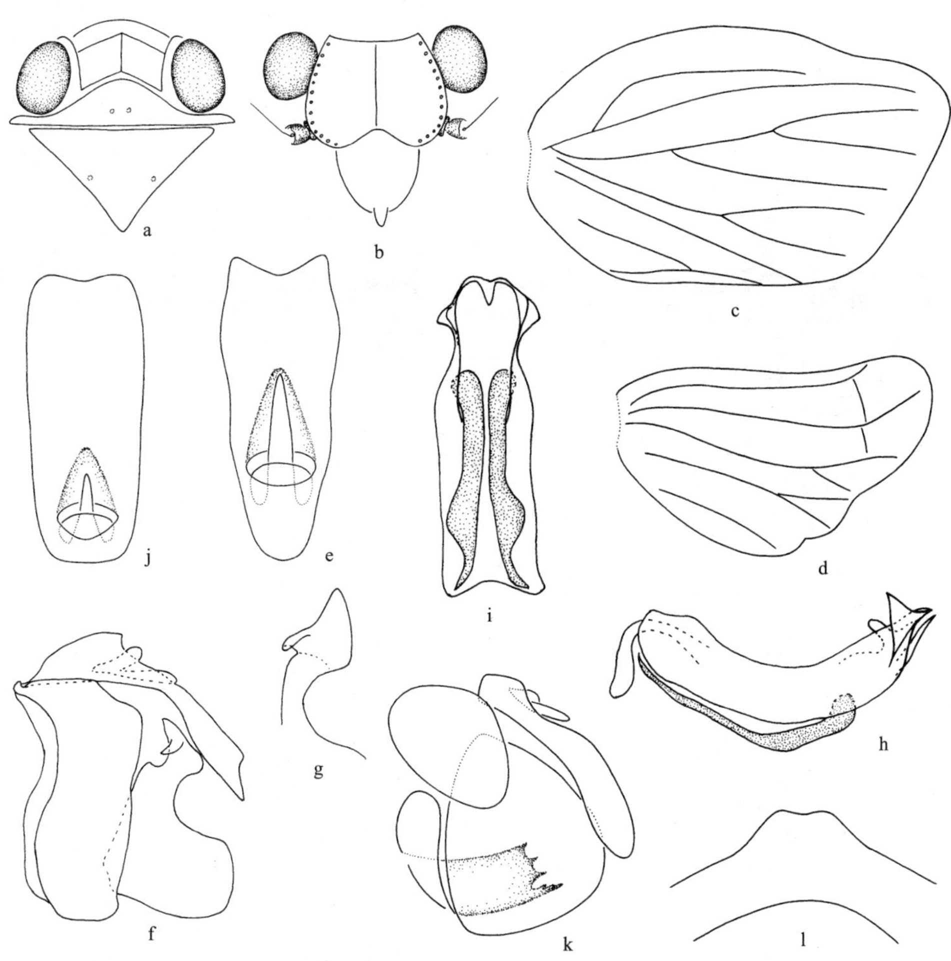

图 165　短刺柯瓢蜡蝉 *Kodaianella bicinctifrons* Fennah

a. 头胸部背面观（head and thorax, dorsal view）；b. 额与唇基（frons and clypeus）；c. 前翅（tegmen）；d. 后翅（hind wing）；e. 雄肛节背面观（male anal segment, dorsal view）；f. 雄虫外生殖器左面观（male genitalia, left view）；g. 抱器背突尾向观（capitulum of genital style, caudal view）；h. 阳茎侧面观（phallus, lateral view）；i. 阳茎腹面观（phallus, ventral view）；j. 雌肛节背面观（female anal segment, dorsal view）；k. 雌虫外生殖器左面观（female genitalia, left view）；l. 雌第 7 腹节腹面观（female sternite Ⅶ, ventral view）

(187) 长刺柯瓢蜡蝉 *Kodaianella longispina* Zhang *et* Chen, 2010（图 166）

Kodaianella longispina Zhang *et* Chen, 2010: 66 (Type locality: Yunnan, China); Gnezdilov, 2013b: 42; Chen, Zhang *et* Chang, 2014: 140.

体连翅长：♂ 4.4-4.6mm，♀ 5.1-5.3mm。前翅长：♂ 3.5-3.6mm，♀ 4.1-4.3mm。

头顶褐色，中线具浅褐色纹，近后缘具暗褐色斑。复眼黄褐色。额暗褐色，沿侧缘具浅黄色瘤突。唇基褐色，具暗褐色条纹。喙黄褐色。触角暗褐色。前胸背板和中胸盾片黄褐色，具分散的暗褐色斑点。前翅黄褐色，具暗褐色纹。后翅暗褐色。足褐色，具暗褐色条纹和斑点。腹部腹面黄褐色。

头顶五边形，宽为中线长的 1.7 倍。额具中脊，宽为中线长的 1.5 倍。前胸背板无中脊，中线每侧具 1 小凹陷。中胸盾片中脊不明显，在中间加粗。前翅长为最宽处的 2.4 倍，至端部渐宽，前缘凸出，端缘截，凸出。后翅分 3 瓣，翅脉简单。后足胫节具 2 个侧刺，后足刺式 10-10-2。

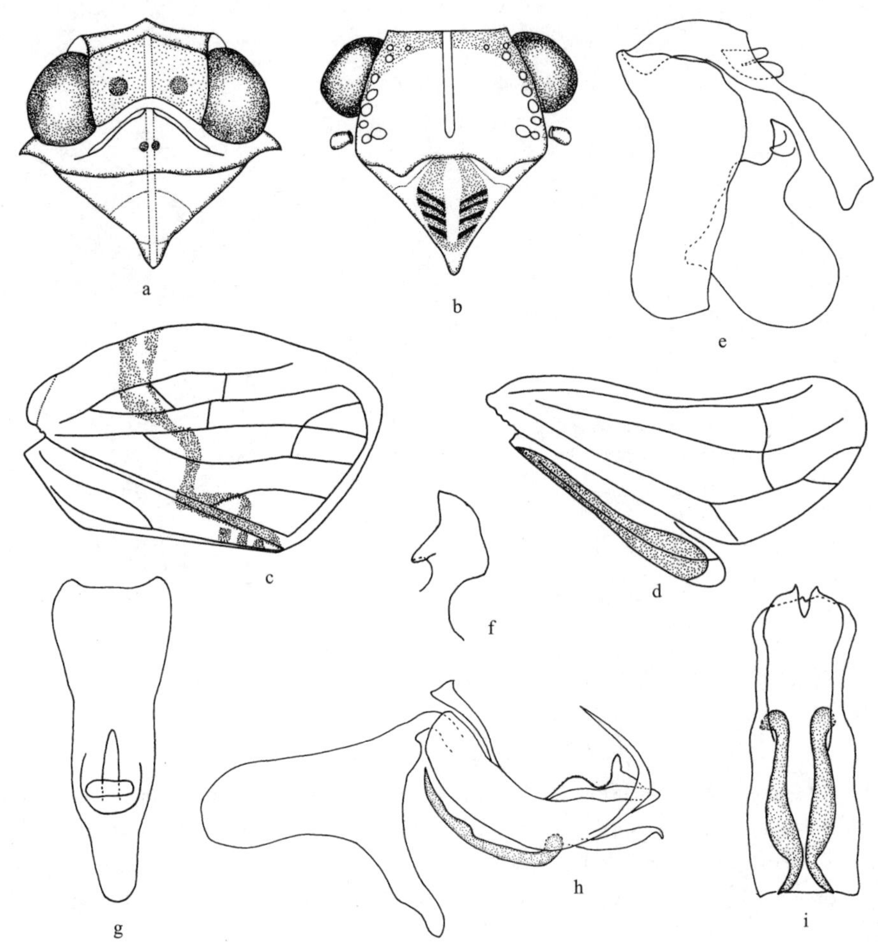

图 166 长刺柯瓢蜡蝉 *Kodaianella longispina* Zhang *et* Chen

a. 头胸部背面观（head and thorax, dorsal view）；b. 额与唇基（frons and clypeus）；c. 前翅（tegmen）；d. 后翅（hind wing）；e. 雄虫外生殖器左面观（male genitalia, left view）；f. 抱器背突尾向观（capitulum of genital style, caudal view）；g. 雄肛节背面观（male anal segment, dorsal view）；h. 阳茎侧面观（phallus, lateral view）；i. 阳茎腹面观（phallus, ventral view）

雄性外生殖器：肛节背面观近三角形，长为最宽处的 2.5 倍，近端部略变宽，端缘中间凹入，侧缘近中部凹入。尾节侧面观前缘和后缘中间凹。阳茎侧面观浅“U”形，阳茎基背侧瓣端部具 1 对长刺突（为阳茎总长度的一半），突起至端部渐细，指向头部；阳茎器具 1 对长的腹突；端部细，指向头部；腹瓣端缘中间角状深凹入。抱器侧面观近靴形，后缘弧形深凹入，前缘具半圆形突起，尾腹角钝圆；抱器背突背面观端部尖，侧齿小。

观察标本：1♂1♀，云南安定青龙镇，2010.VII.23，徐思龙。

地理分布：云南。

58. 犷瓢蜡蝉属 *Tetrica* Stål, 1866

Tetrica Stål, 1866: 208. **Type species**: *Tetrica fusca* Stål, 1870; Distant, 1906: 340; 1909: 84; 1916: 92; Fennah, 1956: 514; 1978: 269; Gnezdilov, 2015: 90.

属征：体卵圆形或长椭圆形；头包括复眼与前胸背板等宽。头顶横向，在复眼前不突出，中域略凹，边缘强脊起，具中脊，前侧角明显突出。额的长宽基本相等，触角下略扩大，具中脊，侧缘角状。唇基具中脊，侧缘脊起。前胸背板短，前缘三角形突出，边缘脊起，具中脊。中胸盾片与前胸背板等长，略突出。足短而粗壮，后足胫节具 2 个侧刺。前翅中部后变窄，端部钝圆。R 脉基部分叉，MP 脉中部分叉。后翅宽，3 分瓣，端缘深凹入。

该属以缅甸种类 *Tetrica fusca* Stål, 1870 为模式种成立，至今全世界已知 16 种，中国分布 2 种，通过阅读分布于中国的 2 个种类的原始描述，发现与模式标本特征略有不符，作者未观察到这 2 个种类的模式标本，其分类地位有待进一步研究。因此，本志未提供检索表。

地理分布：浙江、福建；缅甸，越南，菲律宾，马来西亚，印度尼西亚，澳大利亚，巴布亚新几内亚。

(188) 云犷瓢蜡蝉 *Tetrica zephyrus* Fennah, 1956（图 167）

Tetrica zephyrus Fennah, 1956: 515 (Type locality: Zhejiang, China).

以下描述源自 Fennah（1956）。

体长：♀ 5.5mm。前翅长：♀ 5.0mm。

头顶前缘具红晕。额除基部 1/5 处，唇基除了侧缘，颊及腹部腹面烟褐色；侧面观额弯曲小于 90°，腹面观喙顶节末端扩张，端部宽为亚顶节基部宽的 2 倍。额基部的斑纹（包括脊）、前胸背板前侧缘的斑点、中胸盾片的斑纹及胫节端部烟褐色或黑色。后足胫节具 2 个侧刺，后足刺式 7-9-2。前翅灰色，半透明，ScP 脉延伸至前缘中部；1 弥散的横带自爪片基部至前缘，不规则的间断的“V”形云状斑自爪片端部到 CuA 脉分叉处，后倾斜至前缘脉节点位置，褐色；前缘脉中间近边缘处及端部深褐色。后翅烟褐色。

雌虫肛节向下弯曲部分的长为宽的 5 倍。产卵器第 3 产卵瓣三角形，栗色，具光泽，顶端稍尖，端部窄、膜状。

观察标本：未见。

地理分布：浙江。

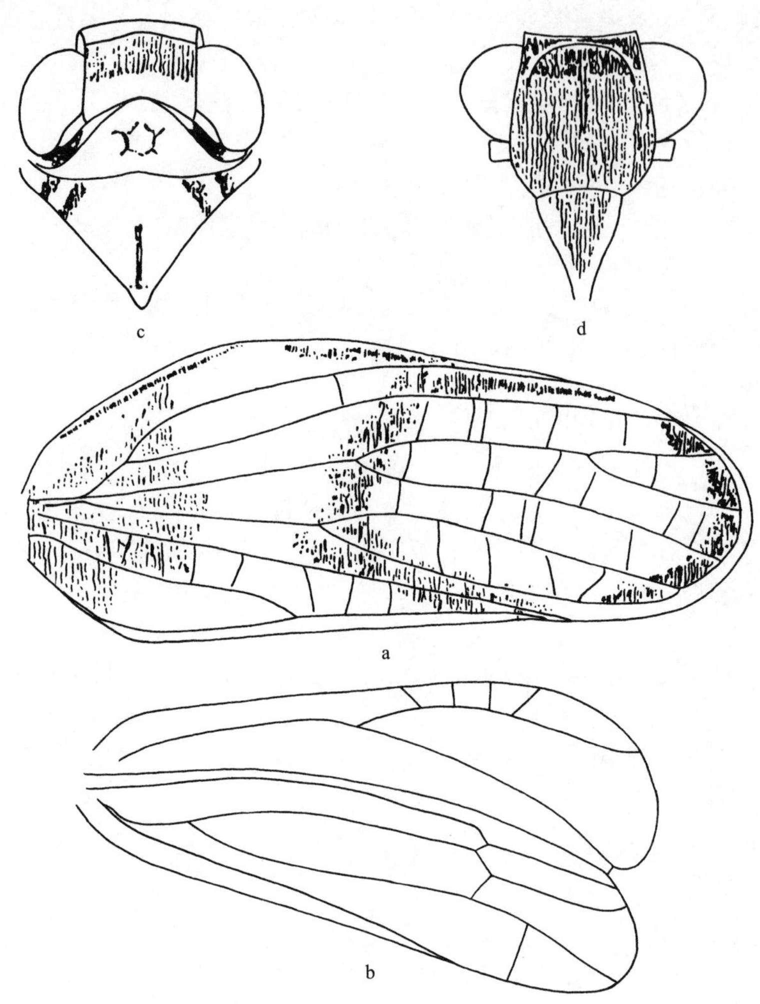

图 167 云犷瓢蜡蝉 *Tetrica zephyrus* Fennah（仿 Fennah，1956a）

a. 前翅（tegmen）；b. 后翅（hind wing）；c. 头胸部背面观（head and thorax, dorsal view）；d. 额与唇基（frons and clypeus）

(189) 等犷瓢蜡蝉 *Tetrica aequa* Jacobi, 1944

Tetrica aequa Jacobi, 1944: 21 (Type locality: Fujian, China).

以下描述源自 Jacobi（1944）。

体长 5-6mm。

头顶暗黄褐色，近后缘浅黄色。额在亚侧脊外侧具亮黄色斑点。前翅翅脉突出，具黄色斑点。后翅半透明。足常具黄褐色条纹。头顶宽为长的 2 倍，前缘钝角状延伸。额具中脊，唇基光滑无脊。前胸背板后缘平滑。前翅具相对少的横脉，CuA 脉分叉处较

MP 脉略靠后。

观察标本：未见。

地理分布：福建。

59. 萨瓢蜡蝉属 *Sarima* Melichar, 1903

Sarima Melichar, 1903: 78. **Type species**: *Sarima illibata* Melichar, 1903; Distant, 1906: 333; Melichar, 1906: 153; 1909: 85; Schumacher, 1915a: 137; 1915b: 129; Distant, 1916: 93; Matsumura, 1916: 109; Hori, 1970: 79; Chan *et* Yang, 1994: 156; Gnezdilov, 2013c: 176; Meng *et* Wang, 2016: 95.

以下属征来源于 Melichar（1906）的描述及 Gnezdilov（2013c）对本属的重新描述。

体长卵圆形。头顶宽大于长，具微弱中脊，前缘微突出，后缘钝角状凹入。额宽，略突出，在唇基上扩大，亚侧脊在额上半部明显，与中脊在上端缘下交叉，上端缘较直或微凹入，侧缘脊起。后唇基平坦，无脊。单眼存在。前胸背板具微弱中脊，前缘近直角，明显脊起，后缘较直；侧瓣宽圆。中胸盾片略长于前胸背板，具微弱中脊和亚侧脊。前翅长，具前缘下板，ScP 脉与 R 脉在近基部分叉，ScP 脉形成 1 个环与 R 脉愈合，MP 脉 3 分支，在近端部分支，CuA 脉 2 分支，爪片为前翅长的 4/5，爪脉在爪片近中部分叉。后翅 3 瓣。后足胫节具 2 侧刺。

Melichar（1903）基于斯里兰卡种类 *Sarima illibata* 和 *S. elongata* 建立此属。随后经几位学者将他们发现的种加入这个属中，此属已有 27 种。其中有 6 种分布于台湾，但 Chan 和 Yang 并未采集到，因此他们认为该属的分类地位目前还不明确，Gnezdilov（2013c，2103d）经检查模式标本，将其中 5 种移入 *Eusarima*，并认为该属可能为斯里兰卡特有属，分布在台湾的另 1 个种类 *S. tappana* 需要进一步研究。

地理分布：福建、台湾、云南；日本，印度，斯里兰卡，菲律宾，马来西亚，印度尼西亚，澳大利亚，巴布亚新几内亚。

全世界已知 22 种，我国已知 3 种。

种 检 索 表

1. 额漆黑褐色……………………………………………………**黑萨瓢蜡蝉 *S. nigrifacies***
   额黄褐色或浅棕色……………………………………………………………………2
2. 额具不明显线状纹，中脊达中域……………………………………**条萨瓢蜡蝉 *S. tappana***
   额无此线状纹，中脊达额唇基缝……………………………………**双叉萨瓢蜡蝉 *S. bifurca***

(190) 黑萨瓢蜡蝉 *Sarima nigrifacies* Jacobi, 1944

Sarima nigrifacies Jacobi, 1944: 21 (Type locality: Fujian, China).

以下描述源自 Jacobi（1944）。

体长 5-6mm。

体呈棕黄色；前胸背板中脊两侧有 1 黑斑；中胸盾片侧角有 1 较大的模糊大黑斑。额呈漆黑褐色；侧面黄褐色，基部弧形凹入，亚侧脊略隆起。腿节端部颜色深；前足胫节和中足胫节中部宽，近端部有 1 窄的黑色带纹。前翅透明，近基部处有 1 较窄带纹，中部后有 1 宽带纹，均黑色，两带纹边缘不规则，伸达爪片与其相连，有时斑纹不清晰。后翅黑褐色。

头顶宽度几乎为长度的 2 倍，明显呈六角形，而顶角较基角钝。额宽大于长，近唇基前明显隆起，中脊纤细，2 亚侧脊弯曲，3 脊汇聚时与头顶前缘相触。中脊及亚侧脊有时超过额中部以下。唇基中域凹陷，且较宽。前胸背板中域两侧有深凹陷。前翅长为宽的 2.5 倍，径脉（R）分支伸至前缘。横脉基本限于端半部，特别是在前缘域与径脉之间，以及径脉与中脉分叉之后处横脉多。

观察标本：未见。

地理分布：福建。

(191) 条萨瓢蜡蝉 *Sarima tappana* Matsumura, 1916

Sarima tappanum Matsumura, 1916: 114 (Type locality: Taiwan, China); Chan *et* Yang, 1994: 159.

以下描述源自 Matsumura（1916）。

体长：♂ 8mm。体宽：♂ 4mm。

体黄褐色。头顶长与宽相等，中域具 2 个等大、圆形的凹陷。额长大于宽，具 2 条不明显的线状纹，中脊仅伸达中域，仅近头部处呈明显弓形。唇基具 2 条淡褐色线状纹。前胸背板中域具 2 个斑纹，中脊淡黄色。中胸盾片长与前胸背板相等，亚侧脊淡黄色。前翅宽，深褐色，近中域处具 1 条灰色交叉带，向内伸达革片中部，近端部处具 1 灰色斑纹，纵脉和网状翅脉明显，网状翅脉有些模糊，端部纵脉平行，前缘近达翅中部，基部具网状翅脉。腹部和足污黄色。足略呈棕色，腿节近端部处具淡黄色斑纹。腹板中域淡褐色，两侧具淡褐色斑纹。外生殖器小。

观察标本：未见。

地理分布：台湾；日本。

(192) 双叉萨瓢蜡蝉 *Sarima bifurca* Meng *et* Wang, 2016（图 168；图版 XXXIV：a-c）

Sarima bifurca Meng *et* Wang, 2016: 96 (Type locality: Yunnan, China).

体连翅长：♂ 6.2mm，♀ 6.3-6.5mm。前翅长：♂ 5.5mm，♀ 5.5-5.6mm。

体深棕色略带绿色。复眼深褐色。额浅棕色，具黄褐色瘤突，近侧缘绿色。唇基褐色，中脊和侧域黄褐色。单眼黄褐色。前翅深棕色，翅脉浅黄绿色。后翅浅褐色，具褐色至黑色翅脉。足棕色，前足腿节的端部和胫节的基部具褐色横带。腹部腹面浅黄绿色，近中部褐色；腹部背面深棕色，各节的末端略带浅黄绿色。

头顶近六边形，中域明显凹陷，具中脊，近中域处具 2 圆形凹陷，前缘角状突出，后缘略凹入，侧缘脊起，两后侧角处宽为中线长的 1.8 倍。额粗糙，具细小的刻点，中域微隆起，在近端部处明显扩大，具中脊和倒“U”形的亚侧脊，亚侧脊仅在近基部处明显，近侧缘和基缘具瘤突，额长为最宽处的 0.8 倍，最宽处为基部宽的 1.8 倍。额唇基沟明显弯曲。唇基光滑具中脊。前胸背板前缘弧形突出，后缘近平直，具中脊，中域具 2 个小凹陷。中胸盾片近三角形，具中脊，近侧缘中部各具 1 个小凹陷，最宽处为中线长的 2.3 倍。前翅长为最宽处的 2.4 倍。后足胫节具 2 个侧刺，后足刺式 7-9-2。

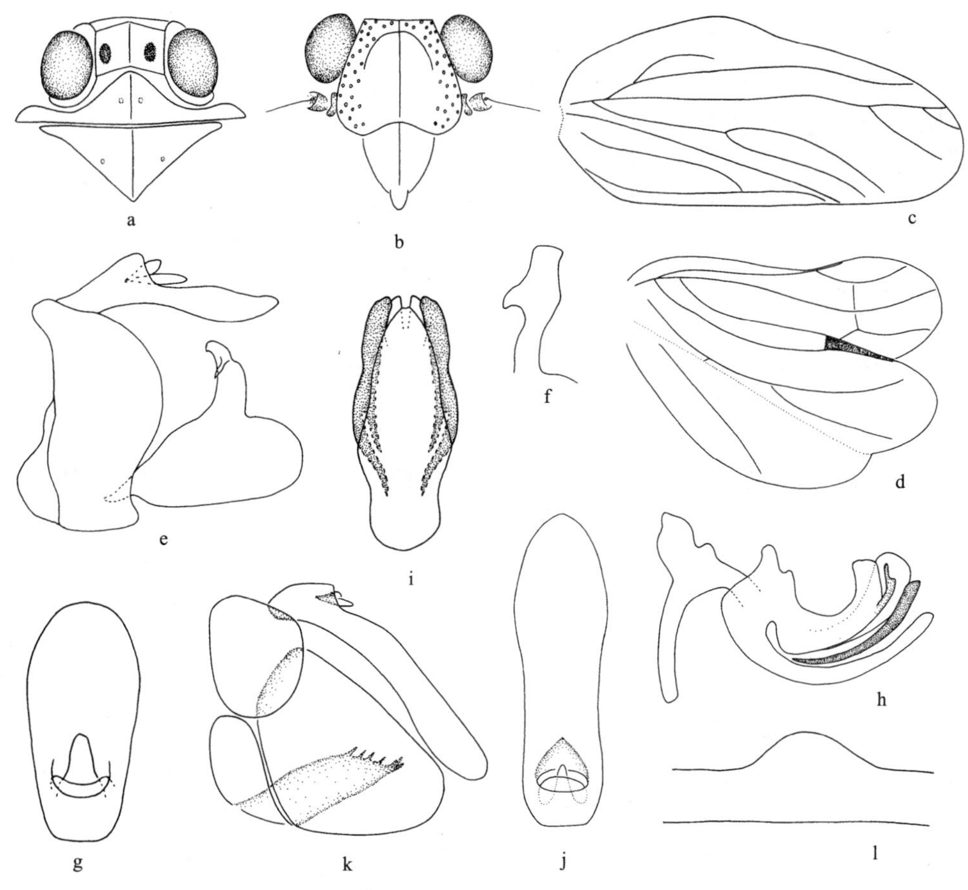

图 168　双叉萨瓢蜡蝉 *Sarima bifurca* Meng *et* Wang

a. 头胸部背面观（head and thorax, dorsal view）；b. 额与唇基（frons and clypeus）；c. 前翅（tegmen）；d. 后翅（hind wing）；e. 雄虫外生殖器左面观（male genitalia, left view）；f. 抱器背突尾向观（capitulum of genital style, caudal view）；g. 雄肛节背面观（male anal segment, dorsal view）；h. 阳茎侧面观（phallus, lateral view）；i. 阳茎背面观（phallus, dorsal view）；j. 雌肛节背面观（female anal segment, dorsal view）；k. 雌虫外生殖器左面观（female genitalia, left view）；l. 雌第 7 腹节腹面观（female sternite Ⅶ, ventral view）

雄性外生殖器：肛节背面观近卵圆形，近端部最宽，端缘略突出；肛孔位于肛节的基半部。尾节侧面观后缘近背部凸出，近腹缘略凹。阳茎基背侧瓣在近端部分瓣，侧瓣端部形成 1 个短突起，腹瓣与背侧瓣在近基部分开，腹面观至端部渐窄，端缘中部微凹入；阳茎器具 1 对长的突起，源自端部至近基部 1/3，突起在其近端部分叉。抱器侧面观近三角形，后缘深凹入，尾腹角圆；尾向观抱器背突长，基部窄，仅在中部扩大，具

1 小的侧刺。

雌性外生殖器：肛节背面观近长方形，长明显大于宽，侧缘近平行，近端部处最宽，端缘略突出，侧缘圆滑，近中部处略缢缩，肛孔位于肛节的近基部。第 3 产卵瓣近长三角形，端部膜质。第 2 产卵瓣中瓣在端部分瓣，侧域在近端部具 1 对小的突起。第 1 产卵瓣腹缘近端部缘具 2 个刺，腹端角具 3 个大小不同的小刺，端缘具 4 刺。第 7 腹节中部明显弧形突出。

观察标本：1♂（正模），云南勐腊瑶区，1991.V.6，王应伦、彩万志；1♀（副模），同正模；1♀（副模），云南勐海，1987.X.25，冯纪年、柴勇辉。

地理分布：云南。

60. 萨瑞瓢蜡蝉属 *Sarimodes* Matsumura, 1916

Sarimodes Matsumura, 1916: 115. **Type species**: *Sarimodes taimokko* Matsumura, 1916; Chan *et* Yang, 1994: 89.

Paravindilis Yang in Chan *et* Yang, 1994: 94. **Type species**: *Paravindilis taiwana* Yang, 1994. Synonymised by Gnezdilov *et* Hayashi, 2013: 162.

属征：头包括复眼略窄于前胸背板。头顶六边形，明显宽大于长，边缘脊起，具微弱中脊，中域凹陷。额长大于宽，在触角水平线下最宽；上缘明显凹入，侧缘脊起；中域上半部凸出，沿侧缘具 1 排瘤突，中脊基部 1/3 明显，亚中脊弱。额唇基沟角状向上弯曲。唇基中域微隆起。喙达中足转节。前胸背板中线长与头顶等长，前缘角状凸出，后缘较直，具中脊，其两侧具 2 个小凹陷。中胸盾片中线长短于头顶和前胸背板长度之和，具 3 条脊。前翅无前缘下板，近前缘基部 1/4 处隆起；纵脉明显，横脉相对微弱，ScP 脉和 R 脉在基部愈合，ScP 脉短，达前翅近中部，MP 脉在近端部 1/3 处分支，MP_1 脉在近端部分叉，CuA 脉在爪脉汇合处分叉。后翅发达，具 3 瓣，臀前域和扇域间翅脉在近端部愈合并加厚。后足胫节具 2 个侧刺，后足刺式 7-8-2。

雄性外生殖器：肛节背面观相对长，肛孔位于肛节的基部。尾节侧面观后缘斜，近腹缘较凸出。阳茎浅“U”形；阳茎基背侧瓣侧面近端部具 1 对强且长的突起；腹瓣与背侧瓣在近基部处分开，至端部渐窄，端缘钝圆；阳茎器近中部具 1 对钩状腹突。

地理分布：台湾、海南。

本属全世界已知 3 种，本志记述 3 种。

种 检 索 表

1. 额中脊仅在额基部 1/3 明显 ……………………………………………… **萨瑞瓢蜡蝉 *S. taimokko***
   额中脊在额基部 1/2 明显 ……………………………………………………………… 2
2. 抱器后缘近背部无突起，阳茎基背侧瓣近端部具 1 对长棒状突起 ……… **棒突萨瑞瓢蜡蝉 *S. clavatus***
   抱器后缘近背部具 1 钝角状突起，阳茎基背侧瓣近端部具 1 对短剑状突起 ……………………………… **平突萨瑞瓢蜡蝉 *S. parallelus***

(193) 萨瑞瓢蜡蝉 *Sarimodes taimokko* Matsumura, 1916（图 169）

Sarimodes taimokko Matsumura, 1916: 115 (Type locality: Taiwan, China); Chan *et* Yang, 1994: 89.

Pterilia formosana Kato, 1933a: 462, pl. 14, fig. 3. Synonymised by Gnezdilov *et* Hayashi, 2013: 163.

Pterilia taiwanensis Kato, 1933b: pl. 13, fig. 15, nomen nudum.

Paravindilis taiwana Yang, 1994 in Chan *et* Yang, 1994: 95. Synonymised by Gnezdilov *et* Hayashi, 2013: 163.

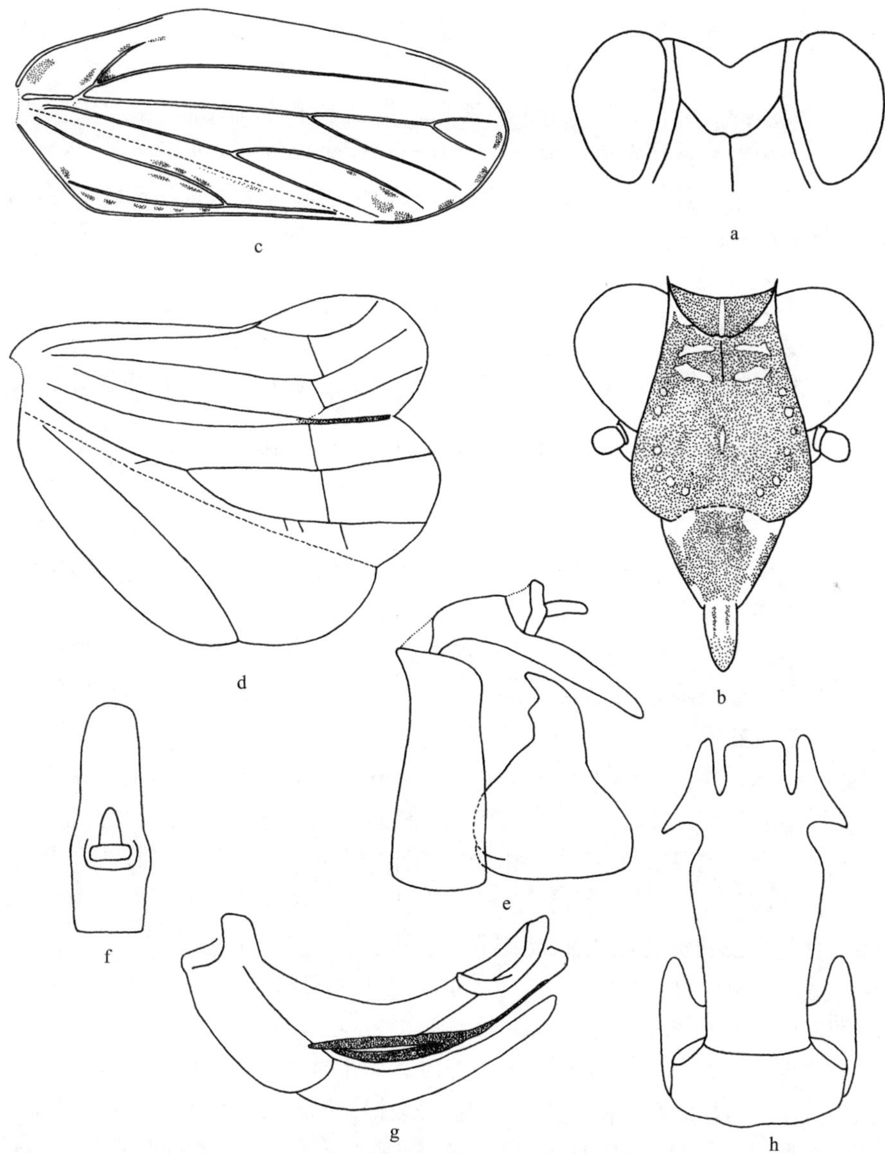

图 169　萨瑞瓢蜡蝉 *Sarimodes taimokko* Matsumura（仿 Chan &Yang，1994）

a. 头部背面观（head, dorsal view）；b. 头部腹面观（head, ventral view）；c. 前翅（tegmen）；d. 后翅（hind wing）；e. 雄虫外生殖器侧面观（male genitalia, lateral view）；f. 雄肛节背面观（male anal segment, dorsal view）；g. 阳茎左面观（phallus, left view）；h. 阳茎背面观（phallus, dorsal view）

以下描述源自 Chan 和 Yang（1994）。

体连翅长：♂ 7.3mm。前翅长：♂ 6.2mm。

头顶褐色，具浅黄色斑纹。额深褐色。后唇基深褐色，具黄色斑纹，前唇基中线深褐色。喙浅褐色。触角黄灰色。前翅近透明，浅灰色，翅脉绿色，分布黑色斑点；后翅灰色，翅脉褐色。前足、中足具黑色斑纹，后足腿节具白色条带，胫节基部黑色。腹部腹板浅黄棕色，中间黑色。

头顶中域凹陷，向前倾斜，前后缘呈角状，两复眼间亚侧脊具斑纹。后唇基靠近额的侧边区域具斑纹。额最宽处为中线长 1.1 倍，侧缘隆起，无亚中脊，中脊仅在基部 1/3 清晰。

雄性外生殖器：肛节长为最宽处的 2.6 倍，侧缘近平行，端部钝圆。阳茎基背瓣方形，端缘平截；侧瓣与背瓣在中部愈合，二者端部均成三角状突出，近基部每侧各具 1 指向尾部的突起。阳茎具 2 个突起，内突起较短。抱器腹缘近平直，背缘中部向背部突起，突起基缘锯齿状。

观察标本：未见。

地理分布：台湾。

(194) 棒突萨瑞瓢蜡蝉 *Sarimodes clavatus* Meng *et* Wang, 2016（图 170；图版 XXXIV：d-f）

Sarimodes parallelus Meng *et* Wang, 2016: 100 (Type locality: Hainan, China).

体连翅长：♂ 7.6-7.9mm，♀ 8.8-9.5mm。前翅长：♂ 6.6-6.9mm，♀ 7.8-8.5mm。

体黄褐色，具褐色斑纹。头顶浅黄褐色。复眼黑褐色。额黑褐色，近侧缘和上端缘黑褐色，侧域具浅色瘤突，中域具 2 个浅色圆斑。唇基黄褐色，具 2 条深色条带。喙深褐色，端部黑色。前胸背板和中胸盾片黄褐色。前翅黄褐色，翅面布有不规则的褐色斑纹；后翅浅褐色，翅脉略带暗褐色。足棕色，腿节的基部和胫节的中部具褐色横带。腹部腹面黄色，近中部褐色。

头顶近六边形，中线长为宽的 1.2 倍，前缘中部角状突出，后缘角状深凹入。额中域粗糙，具细小的刻点；长略大于宽，前缘明显凹入，中脊和亚侧脊仅存在于额上半部。额唇基沟向上弯曲。唇基光滑无脊，中域微隆起。喙达后足转节。前胸背板中线长与头顶基本等长；前缘角状突出，后缘近平直，具中脊，中域具 2 个小凹陷。中胸盾片近三角形，具中脊和短的亚侧脊，近侧缘中部各具 1 个小凹陷，最宽处为中线长的 1.8 倍。前翅细长，基部 1/3 长为最宽处的 3.1 倍。后翅略小于前翅长，为前翅长的 0.8 倍；臀前域和扇域间翅脉在近端部愈合处细长。后足刺式 7-8-2。

雄性外生殖器：肛节背面观近杯状，长为最宽处的 2.1 倍，侧缘在基部微扩大，端缘中部微凹入。阳茎基背侧瓣侧面近端部具 1 对棒状突起物；腹瓣腹面观端缘角状突出，不裂叶；阳茎器近中部具 1 对钩状细长突起，末端弯向尾部。抱器侧面观近三角形，后缘斜直，尾腹角微突出；尾向观抱器背突粗短，侧缘具 1 小突起。

雌性外生殖器：肛节长，侧缘近平行，端缘略突出；肛孔位于肛节的基部，肛下板短。第 3 产卵瓣近长方形，基部隆起；背面观基部愈合，分叉不骨化。第 2 产卵瓣基部明显突出，端部弧形下弯；背面观中部短，端部不具凹痕。第 1 负瓣片长略大于宽，后缘近平直。第 1 产卵瓣腹端角具 3 小齿，端缘 3 刺，具长脊。第 7 腹节两端宽，后缘近平直。

观察标本：1♂（正模），海南尖峰岭，1974.XII.14，李法圣（CAU）；1♂（副模），海南尖峰岭（顶），1982.VI.25，林尤洞（CAF）；1♂（副模），海南尖峰岭，1980.IV.10，熊江；1♂（副模），海南尖峰岭三分区，1981.VII.7，陈振耀（ZSU）；1♀（副模），海南尖峰岭（三），1982.III.18，刘元福（CAF）；1♀（副模），海南尖峰岭，1984.III.31，陈芝卿（CAF）；1♀（副模），海南黎母山，1984.V.27，顾茂彬（CAF）；10♂10♀，海南鹦哥岭鹦哥嘴，19°03.049′N，109°33.751′E，693m，2010.VIII.25，郑国。

地理分布：海南。

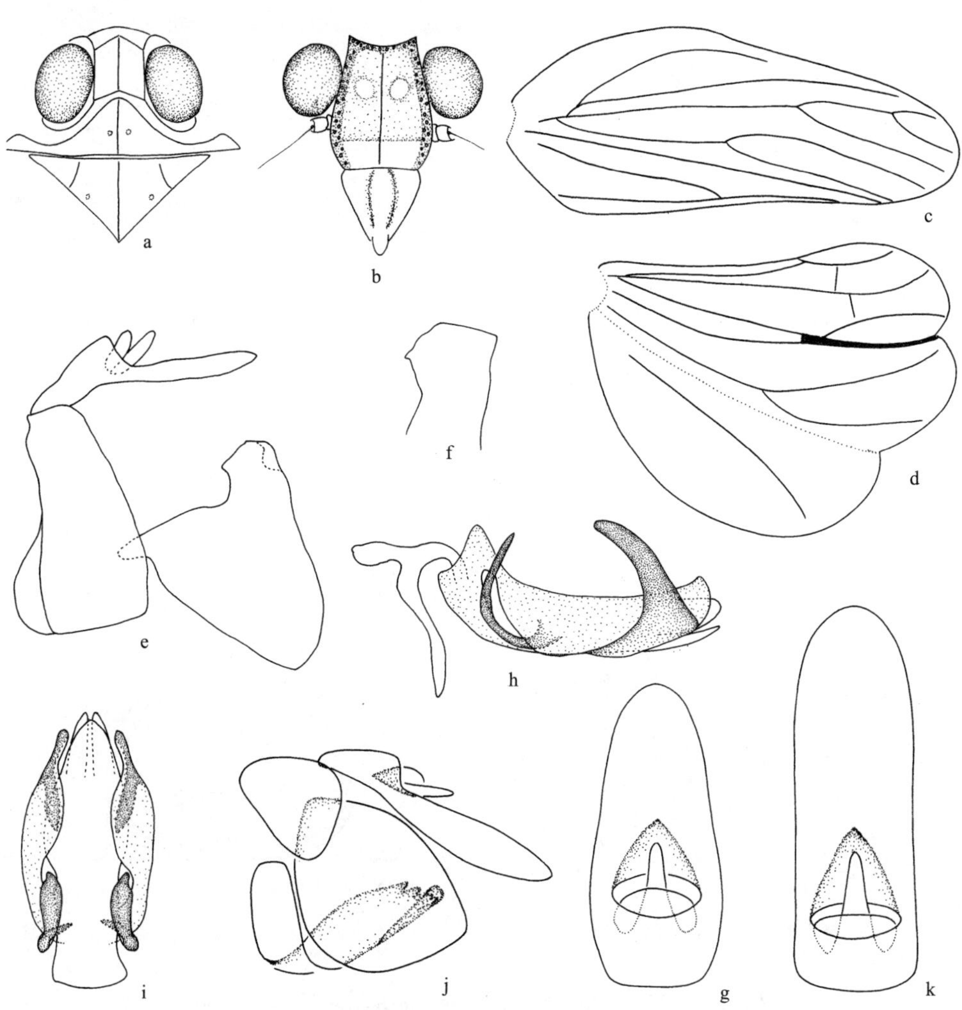

图 170 棒突萨瑞瓢蜡蝉 *Sarimodes clavatus* Meng *et* Wang

a. 头胸部背面观（head and thorax, dorsal view）；b. 额与唇基（frons and clypeus）；c. 前翅（tegmen）；d. 后翅（hind wing）；e. 雄虫外生殖器左面观（male genitalia, left view）；f. 抱器背突尾向观（capitulum of genital style, caudal view）；g. 雄肛节背面观（male anal segment, dorsal view）；h. 阳茎侧面观（phallus, lateral view）；i. 阳茎腹面观（phallus, ventral view）；j. 雌虫外生殖器左面观（female genitalia, left view）；k. 雌肛节背面观（female anal segment, dorsal view）

(195) 平突萨瑞瓢蜡蝉 *Sarimodes parallelus* Meng *et* Wang, 2016（图 171；图版 XXXIV：g-i）

Sarimodes parallelus Meng *et* Wang, 2016: 104 (Type locality: Hainan, China).

体连翅长：♂ 6.8mm。前翅长：♂ 5.8mm。

体棕色，具浅棕色脊和褐色斑纹。头顶棕色，具黑褐色圆斑。复眼褐色。额棕色，侧缘和端缘褐色，具浅棕色圆斑。颊黄褐色，在复眼前具深色斑纹。唇基黄褐色，具深褐色纵带。前翅棕色；后翅浅褐色。足棕色，前足腿节的基部和端部具褐色横带，胫节基部褐色，具褐色纵带，中足腿节和胫节的基部具褐色横带，后足腿节的基部褐色。腹部腹面和背面棕色，近中部褐色。

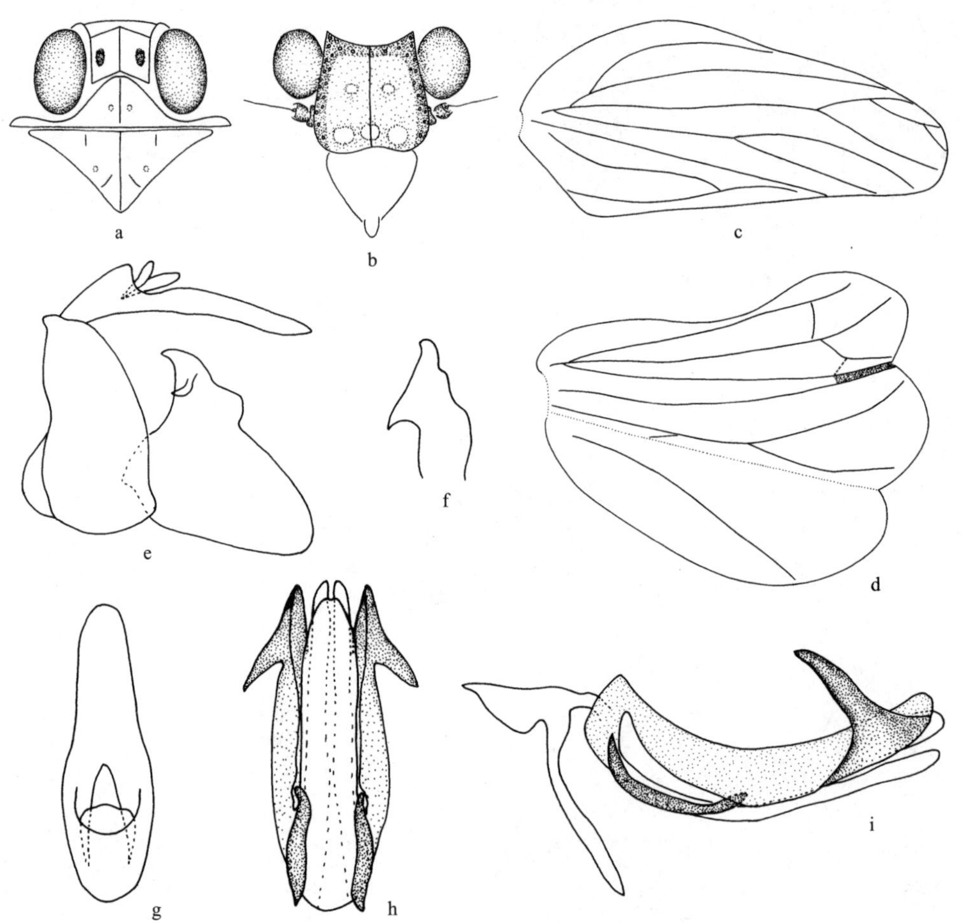

图 171 平突萨瑞瓢蜡蝉 *Sarimodes parallelus* Meng *et* Wang

a. 头胸部背面观（head and thorax, dorsal view）；b. 额与唇基（frons and clypeus）；c. 前翅（tegmen）；d. 后翅（hind wing）；e. 雄虫外生殖器左面观（male genitalia, left view）；f. 抱器背突尾向观（capitulum of genital style, caudal view）；g. 雄肛节背面观（male anal segment, dorsal view）；h. 阳茎侧面观（phallus, lateral view）；i. 阳茎腹面观（phallus, ventral view）

头顶近六边形，中域明显凹陷，前缘角状微突出，后缘钝圆形凹入，侧缘脊起，具中脊，两后侧角处宽为中线长的 2.0 倍。额上缘微凹入，中脊存在于额基半部，在触角下扩大，额最宽处为中线长的 1.25 倍。额唇基沟微弯曲。前胸背板前缘弧形突出，后缘近平直，具中脊，中域具 2 个小凹陷，侧域具瘤突；中线长于头顶的中线长。前翅长为最宽处的 2.6 倍，纵脉明显。后翅略小于前翅长，为前翅长的 0.8 倍；臀前域和扇域间翅脉在近端部愈合处粗短。后足刺式 7-8-2。

雄性外生殖器：肛节背面观长卵圆形，中线长为最宽处的 2.9 倍，端缘钝圆。阳茎基背侧瓣侧面近端部具 1 对短的剑状突起物，指向头部；腹瓣腹面观端缘中部微凹入，侧缘圆滑；阳茎器具 1 对直的长突起，达阳茎近基部。抱器侧面观近三角形，后缘近背部具 1 钝角状突起，中部斜直，尾腹角突出；尾向观抱器背突短窄，具 1 小且尖的侧齿。

观察标本：1♂（正模），海南尖峰岭（顶），1983.V.27，顾茂彬（CAF）。

地理分布：海南。

61. 魔眼瓢蜡蝉属 *Orbita* Meng *et* Wang, 2016

Orbita Meng *et* Wang, 2016: 13. **Type species**: *Orbita parallelodroma* Meng *et* Wang, 2016.

属征：头包括复眼略宽于前胸背板。头顶四边形，前缘中部微突出，后缘近角状略凹入，边缘脊起，中域微凹，中脊弱。额宽大于中线长，侧缘至触角下渐宽，然后徒然弯曲至额唇基沟，似耳状，上端缘较直，中域具 2 个大且光滑的球形突起，在两圆球间具短中脊。具单眼。额唇基沟明显向上弯曲。唇基小，三角形，中域平。喙达后足转节，端节短于亚端节。前胸背板与头顶中线长几乎相等，前缘明显凸出，后缘中部微凹入，具微弱中脊，具 2 个小凹陷。中胸盾片三角形，略短于头顶和前胸背板中线长度之和，前缘中部微突出，具 3 条微弱的脊。前翅窄长，无前缘下板，基部近前缘强隆起，端缘钝圆，内缘直，长大于宽，纵脉明显，ScP 脉与 R 脉在近基室处分开，ScP 脉短，未达前翅中部，R 脉简单，MP 脉和 CuA 脉在近翅中部分支，爪缝长，几乎达翅端部。后翅略小于前翅长，分 3 瓣，R 脉和 CuA 脉近端部 2 分支，MP 脉与 CuA 脉在基部愈合，A_1 脉 2 分支，MP 脉、CuP 脉、A_2 脉简单；R_2 脉与 MP 脉、MP 脉与 CuA_1 脉之间具横脉，CuA_2 脉与 CuP 脉愈合并在近端部加厚。前足和中足略扁平，前足和中足胫节细长，后足胫节具 2-3 个侧刺。

雄性外生殖器：肛节背面观细长，基部宽，侧缘近平行，端缘圆；侧面观肛节中部弓形弯曲；肛刺突短，位于基部。尾节后缘中部强凹入，尾背角钝。阳茎浅“U”形；背侧瓣在近基部 1/3 处分开为背瓣和侧瓣，侧瓣在与背瓣连接处前后特化为突起；阳茎器无长腹突，仅在基部 1/3 具 1 小的侧突起。抱器近三角形，后缘深凹入。

雌性外生殖器：肛节背面观细长，基部最宽，侧缘近平行，端缘钝圆；肛刺突非常短，位于基部。第 3 产卵瓣细长，具宽的膜质。第 2 产卵瓣长，背面观近长卵圆形。生殖骨片桥大。第 1 产卵瓣宽，腹端角具 3 个小的端齿。第 1 负瓣片后缘深凹入。

目前全世界仅知 1 种。

地理分布：福建。

(196) 魔眼瓢蜡蝉 *Orbita parallelodroma* Meng *et* Wang, 2016（图 172；图版 XXXⅣ：j-l）

Orbita parallelodroma Meng *et* Wang, 2016: 17 (Type locality: Fujian, China).

体连翅长：♂ 6.2mm，♀ 6.3-6.5mm。前翅长：♂ 5.1mm，♀ 5.3-5.6mm。

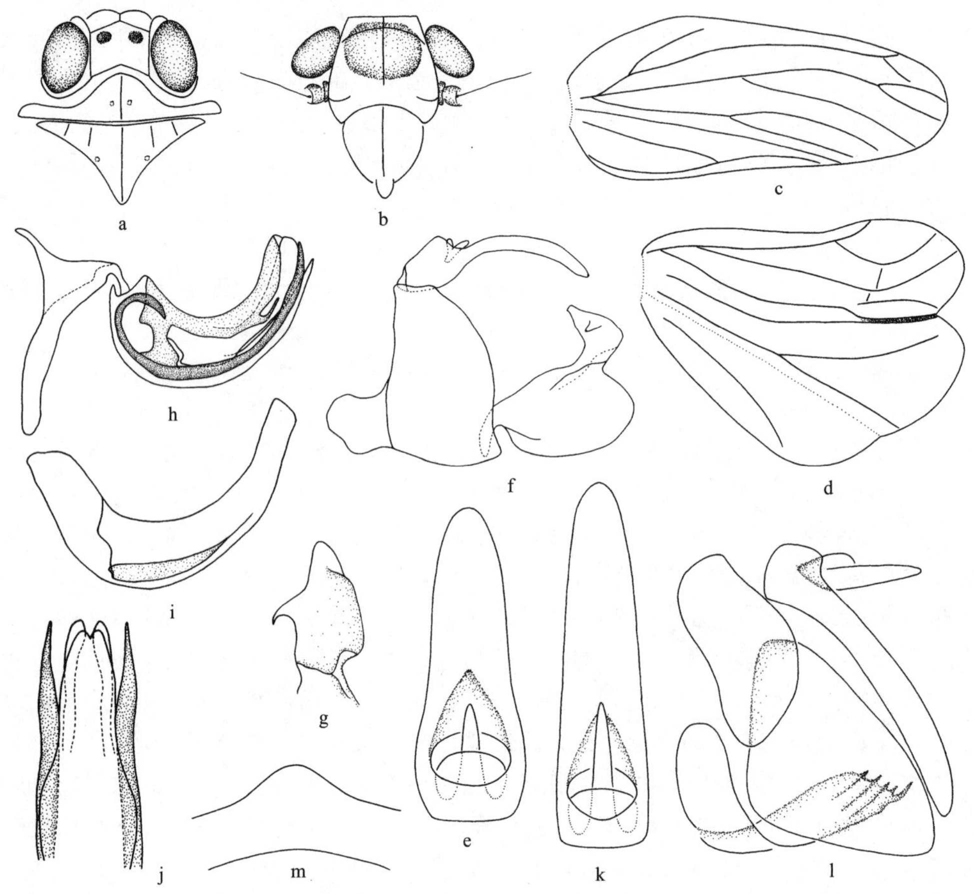

图 172 魔眼瓢蜡蝉 *Orbita parallelodroma* Meng *et* Wang

a. 头胸部背面观（head and thorax, dorsal view）；b. 额与唇基（frons and clypeus）；c. 前翅（tegmen）；d. 后翅（hind wing）；e. 雄肛节背面观（male anal segment, dorsal view）；f. 雄虫外生殖器左面观（male genitalia, left view）；g. 抱器背突尾向观（capitulum of genital style, caudal view）；h. 阳茎侧面观（phallus, lateral view）；i. 阳茎器侧面观（aedeagus, lateral view）；j. 阳茎端部腹面观（apex of phallus, ventral view）；k. 雌肛节背面观（female anal segment, dorsal view）；l. 雌虫外生殖器左面观（female genitalia, left view）；m. 雌虫第 7 腹节腹面观（female sternite Ⅶ, ventral view）

体黄褐色，具黄绿色和褐色斑纹。头顶黄褐色，具浅绿色边缘和中线。复眼褐色。额黄褐色，具 2 个大的黑色瘤突，中脊黄绿色，边缘黑色。颊浅褐色，具深色斑点。唇基暗黄褐色，具黄绿色带。前胸背板黄褐色，具黄绿色中线，中部具 2 个黑褐色凹陷。中胸盾片暗褐色，中线及侧顶角黄绿色，侧域具暗褐色斑。前翅黄褐色，具黑褐色斑纹，纵脉黄褐色，横脉绿色；后翅略带褐色。足黄褐色，前足和中足腿节具黑褐色侧带和端带；前足和中足胫节基部及端部具黑褐色横带，后足腿节的端部褐色。腹部腹面浅黄绿色，近中部褐色；腹部背面深棕色，各节末端略带浅黄绿色。

头顶两后侧角处宽为中线长的 1.8 倍。额长为最宽处的 0.9 倍，最宽处为基部宽的 1.7 倍。额唇基沟明显弯曲。唇基光滑。中胸盾片近三角形，最宽处为中线长的 2.4 倍。前翅长为最宽处的 2.4 倍。后足刺式 8-8-2。

雄性外生殖器：阳茎基背瓣在近侧缘端部 1/3 处具 1 对短的突起；侧瓣在近基部 1/3 处向尾向形成长的刺状突起，头向形成一个弯钩状的突起；腹瓣腹面观基部至端部渐细，端缘深凹入。抱器侧面观后缘中部明显深凹入，抱器背突至端部渐窄，具 1 小的侧齿，尾向观抱器背突细，呈钩状。

雌性外生殖器：第 3 产卵瓣侧面观端缘背半部强凸出，背面观基部微隆起，第 2 产卵瓣侧面观基部略凸出，背面观端缘分 2 瓣。第 1 产卵瓣宽，腹缘近端部具 1 小且钝的齿，之后到端角深凹入，腹端角具 3 个小的端刺，其反方向具 1 小刺突，端缘具 5 个带脊的刺。第 7 腹节后缘中部明显弓形突出。

观察标本：1♂（正模），福建德化水口，25.7°N，118.4°E，1974.XI.11，杨集昆（CAU）；1♂2♀（副模），同正模；1♀（副模），福建德化水口，1974.XI.11，李法圣（CAU）；1♂1♀（副模），福建德化水口，1974.XI.6，李法圣（CAU）；1♀（副模），福建德化水口，1974.XI.13，杨集昆（CAU）。

地理分布：福建。

62. 类萨瓢蜡蝉属，新属 *Sarimites* Meng, Qin *et* Wang, gen. nov.

Type species: *Sarimites linearis* Che, Zhang *et* Wang, sp. nov.

属征：头包括复眼窄于前胸背板。头顶近六边形，宽大于长，中域明显凹陷，前缘明显角状突出，后缘略凹入，侧缘略脊起，具中脊。额光滑，中域平坦，在触角下明显圆弧形扩大，具完整中脊和短的倒“U”形亚侧脊并在近上端缘处相交，上端缘微凹。额唇基沟微向上弯曲。具单眼。唇基光滑无中脊，中域较平坦。喙超过中足转节。前胸背板前缘明显弧形凸出，后缘近平直，具中脊，中域具 2 个小凹陷。中胸盾片具中脊和亚侧脊，近侧缘中部各具 1 个小凹陷。前翅窄长，具窄的前缘下板，纵脉明显，ScP 脉与 R 脉在近基部处分开，ScP 脉几乎达前缘中部；MP 脉 3 分支，其首先在近中部分叉，之后 MP_{1+2} 脉在近端部分叉；CuA 脉在近中部 2 分支；爪缝几乎达前翅末端。后翅发达，分 3 瓣，R 脉 2 分支，MP 脉与 CuA 脉在基部愈合，MP 脉不分支，CuA 脉 2 分支，CuA_2 脉与 CuP 脉之间愈合且加厚，Pcu 脉、A_1 脉和 A_2 脉简单，Pcu 脉与 A_1 脉在基半部愈合；R 脉与 MP 脉之间、MP 脉与 CuA_1 脉之间分别具 1 横脉。后足胫节具 2 个侧刺，后足刺式 (7，8)-(9，10)-2。

雄性外生殖器：肛节背面观长卵圆形，肛孔位于肛节的近基部。尾节侧面观后缘中部凸出。阳茎基背侧瓣与腹瓣在其侧面基部 1/4 处明显分开，背侧瓣在中部两侧向下延伸并形成 1 对钩形突起指向阳茎基部，在突起基部下方着生 1 小的刺突；腹瓣两侧缘近平行；阳茎器在阳茎基侧突之后具 1 个瘤状突起。抱器近三角形，后缘在抱器背突下微凹入，腹端角钝圆；抱器背突粗短。

鉴别特征：本属与萨瓢蜡蝉属 *Sarima* 相似，但可从下列特征进行区分：①前翅 ScP 脉直，几乎达前缘近中部，后者前翅 ScP 脉弯向 R 脉，呈环形；②前翅具窄的前缘下板，后者具宽的前缘下板；③阳茎基背侧瓣在近中部向腹面延伸并形成 1 对钩形突起，在其基部具 1 小突起，后者阳茎基背侧瓣侧面观近端部分叉，侧瓣刺突状。

属名词源：本属名取自希腊后缀“*-ites*”，表明本属与 *Sarima* 相似。本属名的属性是阳性。

地理分布：安徽、江西、湖南。

本志记述 2 新种。

种检索表

阳茎基近中部具 1 对短突，长度不到整个阳茎基长度的 1/4 ……………………………………………………………………………… **线类萨瓢蜡蝉，新种 *S. linearis* sp. nov.**

阳茎基近中部具 1 对长突，长度达阳茎基总长度的 1/3 ……………………………………………………………………………… **匙类萨瓢蜡蝉，新种 *S. spatulatus* sp. nov.**

(197) 线类萨瓢蜡蝉，新种 *Sarimites linearis* Che, Zhang *et* Wang, sp. nov.（图 173；图版 XXXV：a-c）

体连翅长：♂ 6.2mm，♀ 6.5mm。前翅长：♂ 5.0mm，♀ 5.4mm。

体深棕色，具浅棕色脊和褐色斑纹。复眼褐色。额和唇基红褐色。前翅深棕色，基部和中部各具 1 斜的褐色斑纹，斑纹间布满小圆斑；后翅浅褐色。足棕色，腿节的端部和胫节的基部与端部具褐色横带。腹部腹面和背面深棕色，各节的末端略带浅棕色。

头顶两后侧角处宽为中线长的 1.6 倍。额具中脊和倒“U”形的亚侧脊，亚侧脊仅在近基部处明显，额长与最宽处几乎相等，最宽处为基部宽的 1.7 倍。额唇基沟近平直。唇基光滑具中脊。中胸盾片近三角形，最宽处为中线长的 2.3 倍。前翅长为最宽处的 2.2 倍。后足刺式 8-10-2。

雄性外生殖器：肛节背面观明显长大于宽，近基部处最宽，端缘略突出，侧顶角圆。阳茎基近中部具 1 对短且粗壮的剑状突起物，长度不到整个阳茎基长度的 1/4，该突起基半部粗壮，端半部窄，末端钝，并在基部具 1 小的三角形突起；腹瓣腹面观端缘中部微凹入；阳茎的瘤状突起短且钝圆。抱器后缘在背突下近角状凹入；抱器背突端缘钝圆，具 1 小的侧刺，末端尖锐。

雌性外生殖器：肛节背面观近长三角形，长明显大于宽，近端部处最宽，端缘略突出，近中部略缢缩，肛孔位于肛节的近基部。第 1 产卵瓣向上弯曲，端缘具 3 个刺，近侧缘具 1 二齿状的刺，外侧缘近端部具 1 个刺。侧面观第 9 背板小，近方形，第 3 产卵瓣近三角形。生殖前节中部明显突出。

正模：♂，安徽黄山，1963.VIII.9，周尧。副模：1♀，同正模。

种名词源：拉丁词“*linearis*”，意为“线形的”，此处指前翅具线形的斑纹。

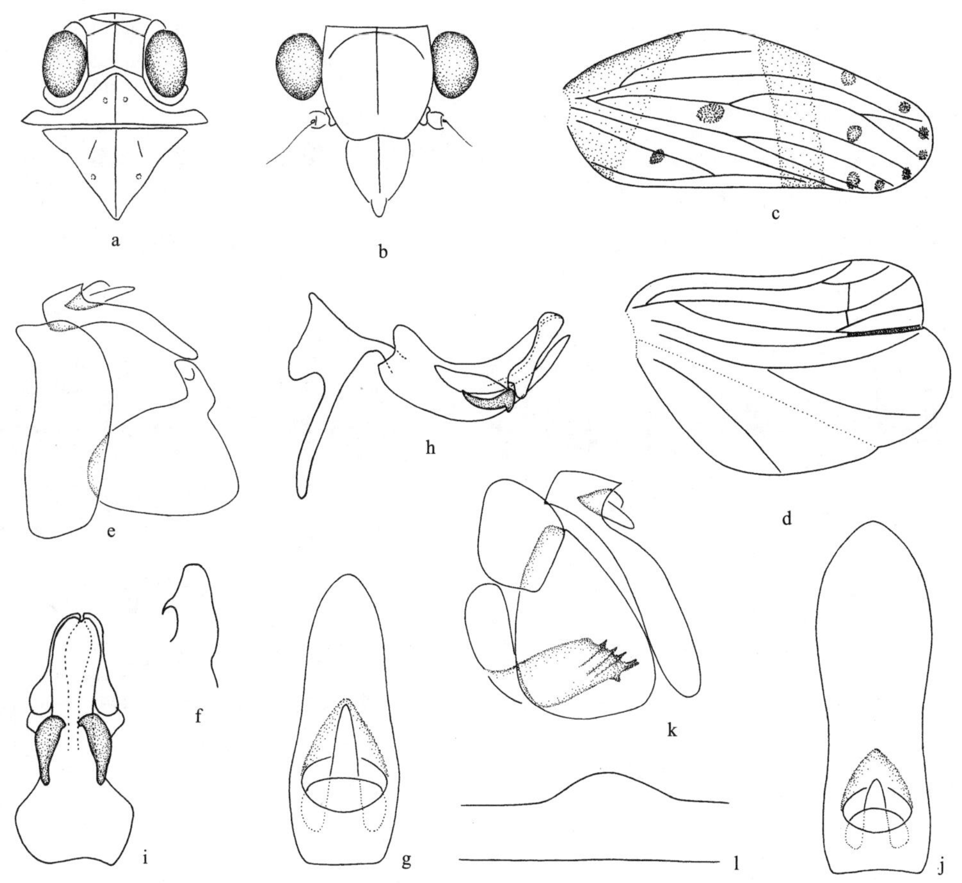

图 173　线类萨瓢蜡蝉，新种 *Sarimites linearis* Che, Zhang *et* Wang, sp. nov.

a. 头胸部背面观（head and thorax, dorsal view）；b. 额与唇基（frons and clypeus）；c. 前翅（tegmen）；d. 后翅（hind wing）；e. 雄虫外生殖器左面观（male genitalia, left view）；f. 抱器背突尾向观（capitulum of genital style, caudal view）；g. 雄肛节背面观（male anal segment, dorsal view）；h. 阳茎侧面观（phallus, lateral view）；i. 阳茎腹面观（phallus, ventral view）；j. 雌肛节背面观（female anal segment, dorsal view）；k. 雌虫外生殖器左面观（female genitalia, left view）；l. 雌第 7 腹节腹面观（female sternite Ⅶ, ventral view）

(198) 匙类萨瓢蜡蝉，新种 *Sarimites spatulatus* Che, Zhang *et* Wang, sp. nov.（图 174；图版 XXXV：d-f）

体连翅长：♂ 7.2mm。前翅长：♂ 6.1mm。

体棕色，具浅棕色脊和黑褐色斑纹。复眼褐色。额红褐色，中脊深红褐色。唇基红褐色。前翅棕色，具黑褐色斑纹。后翅浅褐色。足棕色，腿节的端部黑褐色，胫节的基部黑褐色，前足腿节具黑褐色纵带。腹部腹面和背面浅褐色，各节末端略带浅棕色。

头顶两后侧角处宽为中线长的 1.6 倍。额长为最宽处的 0.9 倍，最宽处为基部宽的 1.7 倍。额唇基沟微角状弯曲。唇基光滑，中脊不明显。中胸盾片近三角形，最宽处为中线长的 2.2 倍。前翅长为最宽处的 2.3 倍。后足刺式 7-9-2。

雄性外生殖器：肛节背面观长卵圆形，侧顶角平滑，端缘中部突出，侧缘中部微凹入。阳茎基背侧瓣侧面近中部具 1 对长的剑状突起物，长度达阳茎基总长度的 1/3，该突起基部粗壮，至端部渐窄，在基部腹面具 1 小突起；腹瓣腹面观端缘角状微凹入；阳茎的瘤状突起略长。抱器侧面观近三角形，后缘微弧形凹入。

正模：♂，江西瑞金拔英乡，280m，2004.VIII.15，魏琮、杨美霞。副模：1♂1♀，湖南郴州，1985.VIII.18，张雅琳、柴勇辉。

种名词源：拉丁词“*spatula*”，意为“匙形的”，此处指肛节侧面观呈匙形。

地理分布：江西、湖南。

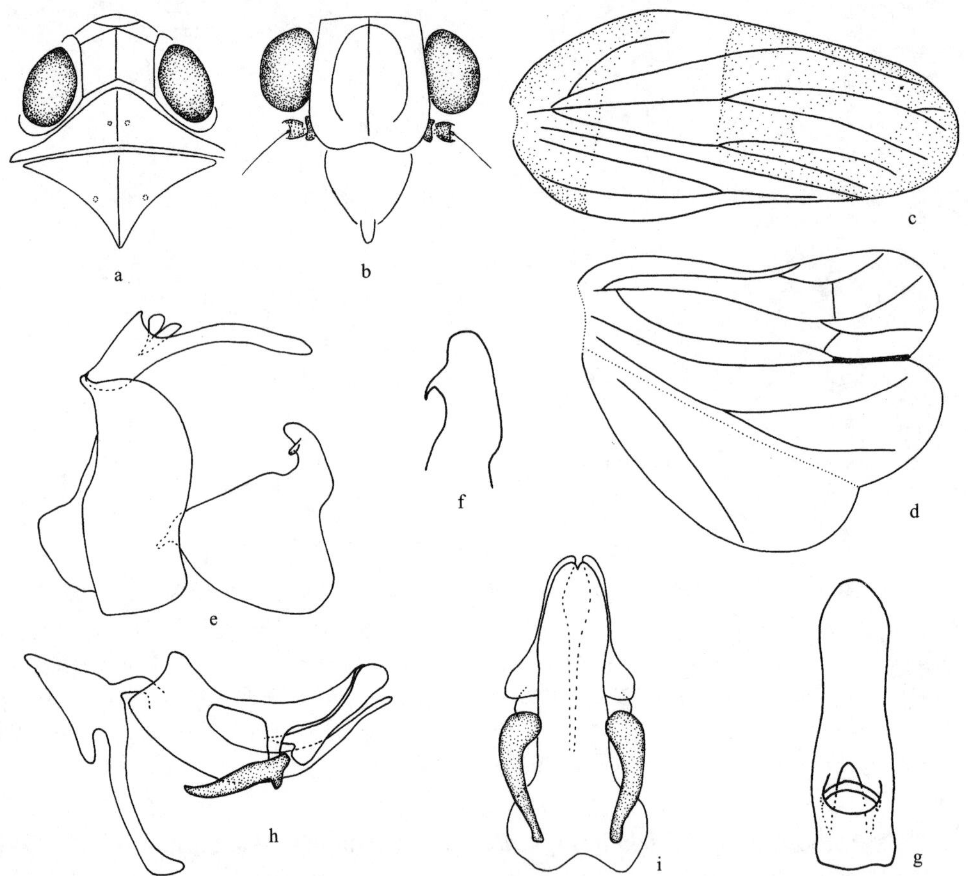

图 174 匙类萨瓢蜡蝉，新种 *Sarimites spatulatus* Che, Zhang *et* Wang, sp. nov.

a. 头胸部背面观（head and thorax, dorsal view）；b. 额与唇基（frons and clypeus）；c. 前翅（tegmen）；d. 后翅（hind wing）；e. 雄虫外生殖器左面观（male genitalia, left view）；f. 抱器背突尾向观（capitulum of genital style, caudal view）；g. 雄肛节背面观（male anal segment, dorsal view）；h. 阳茎侧面观（phallus, lateral view）；i. 阳茎腹面观（phallus, ventral view）

63. 杨氏瓢蜡蝉属 *Yangissus* Chen, Zhang *et* Chang, 2014

Yangissus Chen, Zhang *et* Chang, 2014: 146. **Type species**: *Yangissus maolanensis* Chen, Zhang *et* Chang, 2014.

属征：头顶近四边形，基部宽为中长的 2 倍，前缘略呈角状突出，中域略平凹，中脊弱。额短而扩宽，中长为最宽处宽的 0.83 倍，中脊伸过额中部，亚侧脊弱。颊腹面观其端部可见。前翅长为最宽处宽的 2.9 倍，ScP 脉长刚超过翅中部，MP 脉于中偏基部处分叉，CuA 脉分叉处位于爪脉合并处之后。后翅具 3 瓣，背瓣具 2 横脉，中瓣具 1 横脉，A_2 脉单一。后足胫节端半具 2 枚侧刺。后足刺式 6(7)-6(8)-2。

雄性外生殖器：肛节背面观中长为最宽处宽的 2.14 倍，端缘圆。尾节后背角明显呈三角状向后延伸。抱器后缘凹入，背突细长，侧齿靠近端部。阳茎基背瓣背面观端部尖，侧瓣与腹瓣之间的凹刻深，超过阳茎基的中部，侧瓣具复杂突起，腹瓣腹面观端向渐尖，端缘具凹刻。阳茎器缺长刺状突起，仅具 1 个短角状隆起。

地理分布：贵州。

目前全世界仅知 1 种。

(199) 茂兰杨氏瓢蜡蝉 *Yangissus maolanensis* Chen, Zhang *et* Chang, 2014

Yangissus maolanensis Chen, Zhang *et* Chang, 2014: 147 (Type locality: Guizhou, China).

以下描述源自 Chen 等（2014）。

体连翅长：♂ 6.75-7.45mm，♀ 7.50-7.85mm。前翅长：♂ 5.60-6.10mm，♀ 6.10-6.50mm。

头顶黄褐色，中域褐色。额基部横脊上方黑褐色，额大部黄褐色。唇基黄褐色。颊黄褐色。复眼暗褐色。触角黄褐色至褐色。前胸背板黄褐色，中域具 1 对暗褐色小圆斑，复眼后的前侧域具狭窄的黑褐色斑。中胸盾片大部黄褐色，两亚侧脊附近黑褐色。前翅灰白色至黄褐色，翅脉暗褐色，ScP 脉中部具暗褐色斑块。足黄褐色带绿色。腹部腹面黄绿色至黄褐色。

头顶中长为基部宽的 0.42 倍。额中长为最宽处宽的 0.83 倍。前翅长为最宽处宽的 2.9 倍，ScP 脉长刚超过翅中部，MP 脉于中偏基部处分叉，CuA 脉分叉处位于爪脉合并处之后。后翅长为最宽处宽的 1.56 倍。后足刺式 6(7)-6(8)-2。

雄性外生殖器：肛节背面观中长为最宽处宽的 2.14 倍，以肛孔下方为最宽，中部略缢缩，端缘圆，肛孔位于中偏基部；肛节侧面观基部近方形，肛突中方最狭，中端部背腹缘近平行，末端圆尖。尾节侧面观后缘弧圆且向后突出，后背角呈三角状向后延伸，端尖。抱器侧面观后缘角状凹入，背、腹缘波曲，背突细长，端部圆尖，侧齿位于亚端部，其端部指向头侧方；抱器背突端部尾向观鸟头状，端缘圆。阳茎基背面观背瓣端部尖；侧面观侧瓣与腹瓣之间的凹刻深，超过阳茎基的中部，侧瓣具复杂突起：侧瓣端部和基部分别延伸为粗刺状突起，端部指向背、头方；侧瓣中部腹缘着生粗长突起，背向弯曲，其端部伸达阳茎基的基部，该突起的中部腹侧面又着生 1 根刺状突起。腹瓣腹面观端向渐尖，端缘具凹刻。阳茎器侧面观端部钝圆，腹缘具 1 个短角状隆起。

观察标本：未见。

地理分布：贵州。

64. 华萨瓢蜡蝉属 *Sinesarima* Yang, 1994

Sinesarima Yang, 1994 in Chan *et* Yang, 1994: 99. **Type species**: *Sinesarima pannosa* Yang, 1994.

属征：头包括复眼窄于前胸背板。头顶近六边形，宽明显大于长，中域明显凹陷，前缘明显角状突出，后缘略凹入，侧缘略脊起，中脊弱。额粗糙，具细小的刻点，中域略隆起，近基部处明显扩大，具中脊和倒“U”形亚侧脊并在近端部处相交，近侧缘处具瘤突或无。额唇基沟明显弯曲或近平直。唇基光滑具脊或无。前胸背板前缘明显凸出，后缘近平直，具中脊，中域具 2 个小凹陷。中胸盾片具中脊和亚侧脊或无，近侧缘中部各具 1 个小凹陷。前翅近方形，前缘与缝缘近平行，长大于宽，纵脉明显，ScP 脉与 R 脉在近基部处分开，ScP 脉短，“Y”脉未超出爪片。后翅略小于前翅长，分 3 瓣，明显宽于前翅；背瓣具横脉，中瓣具横脉，A_1 脉具 2-3 个分支，A_2 脉不分支。后足胫节具 2 个侧刺，后足刺式 (7-8)-(7-9)-2。

雄性外生殖器：肛节背面观近长方形或长卵圆形，长大于宽。尾节侧面观后缘微凸出。阳茎具连索，浅“U”形或近平直，具突起物。抱器近三角形，突起短小且向侧面弯曲。

雌性外生殖器：肛节背面观长卵圆形，长大于最宽处。第 1 产卵瓣具刺，侧面观第 9 背板近长方形或三角形，第 3 产卵瓣近四边形。第 7 腹节中部突出或近平直。

地理分布：台湾、海南。

本属全世界已知 3 种，本志记述 3 种。

种 检 索 表

1. 额基半部深褐色或黑色，前翅 MP 脉分支靠近前翅基半部 ………………… **笃华萨瓢蜡蝉 *S. dubiosa***
   额仅近中脊处黑色，前翅 MP 脉分支在前翅端半部，与爪脉汇合处相距较远 ……………………… 2
2. 雄性肛节长为最宽处的 3.5 倍；阳茎短突起长为长突起的 1/2 …………… **平华萨瓢蜡蝉 *S. pannosa***
   雄性肛节长为最宽处的 3.2 倍；阳茎短突起长为长突起的 1/4 …………… **喀华萨瓢蜡蝉 *S. caduca***

(200) 笃华萨瓢蜡蝉 *Sinesarima dubiosa* Yang, 1994（图 175）

Sinesarima dubiosa Yang, 1994 in Chan *et* Yang, 1994: 101 (Type locality: Taiwan, China).

以下描述源自 Chan 和 Yang（1994）。

体连翅长：♂ 6.8-7.3mm，♀ 7.6-7.7mm。前翅长：♂ 5.6mm，♀ 6.3mm。

头顶、前胸背板及中胸盾片浅黑色，脊浅绿色。额基半部及前唇基深褐色或黑色，端半部黄绿色，后唇基浅褐色。喙褐色。触角略带黄色。前翅透明，绿色，具黑色斑纹；后翅浅灰色。足浅褐色，具褐色到黑色斑纹，腹部腹板黄绿色，具黑色斑纹。

头顶两后侧角宽为中线长的 1.6 倍，额最宽处与中线长相等。腹部腹板中间具斑纹。前翅长是最宽处的 2.6 倍，MP 脉在前翅近基部处分支，CuA 脉在爪脉汇合处分支。足的腿节内侧及前、中足胫节末端具斑纹，后足刺式 7-7-2。

雄性外生殖器：肛节长是最宽处的 3.3 倍。阳茎长突起在背面交叉。

观察标本：未见。

地理分布：台湾。

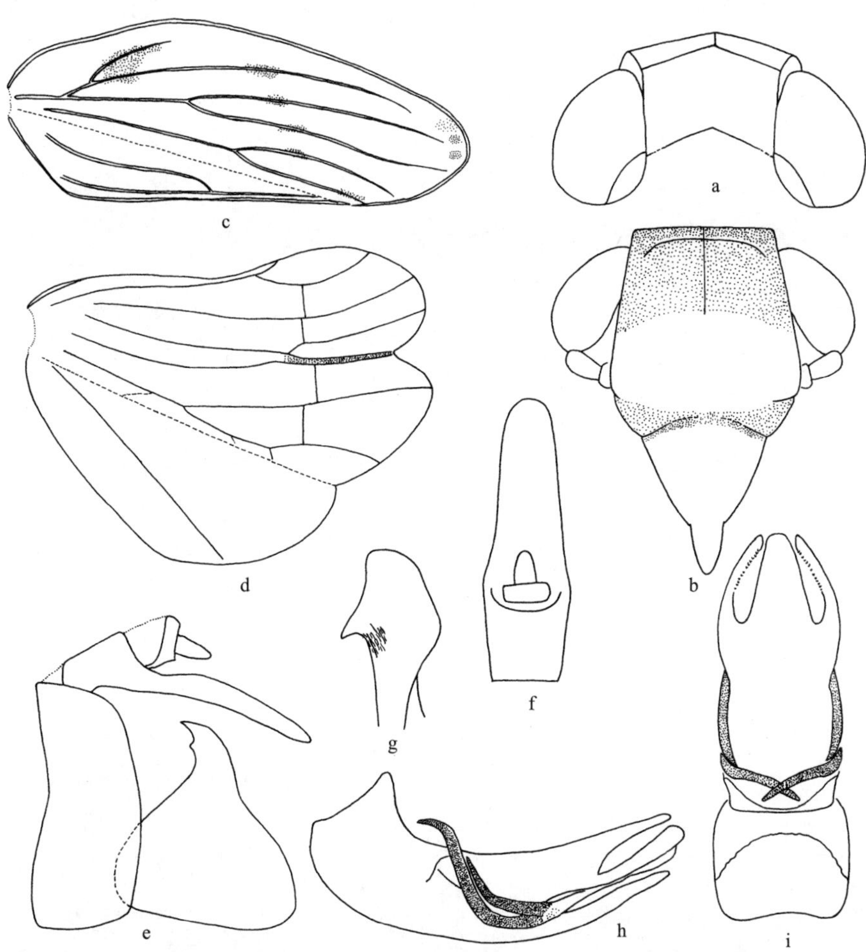

图 175　笃华萨瓢蜡蝉 *Sinesarima dubiosa* Yang（仿 Chan & Yang，1994）

a. 头部背面观（head, dorsal view）；b. 头部腹面观（head, ventral view）；c. 前翅（tegmen）；d. 后翅（hind wing）；e. 雄虫外生殖器侧面观（male genitalia, lateral view）；f. 雄肛节背面观（male anal segment, dorsal view）；g. 抱器背突尾向观（capitulum of genital style, caudal view）；h. 阳茎左面观（phallus, left view）；i. 阳茎背面观（phallus, dorsal view）

(201) 平华萨瓢蜡蝉 *Sinesarima pannosa* Yang, 1994（图 176）

Sinesarima pannosa Yang, 1994 in Chan *et* Yang, 1994: 99 (Type locality: Taiwan, China).

以下描述源自 Chan 和 Yang（1994）。

体连翅长：♂ 6.6-7.0mm，♀ 7.5mm。前翅长：♂ 5.4-5.7mm，♀ 6.3mm。

体黄褐色。头顶和中胸盾片深黄褐色。额黄棕色，基部黑色。唇基和喙褐色。触角浅褐色。后唇基沿中线浅褐色。前翅半透明，灰色，具黑色斑纹，翅脉绿色；后翅灰褐色。足腿节浅黑色。

头顶两后侧角宽为中线长的 1.7 倍。额最宽处为中线长的 1.1 倍，中脊基部 1/3 清晰。前翅长为最宽处的 2.5 倍，MP 分支处位于翅端半部，与爪脉汇合处相距较远。后足刺式 (7-8)-(7-8)-2。

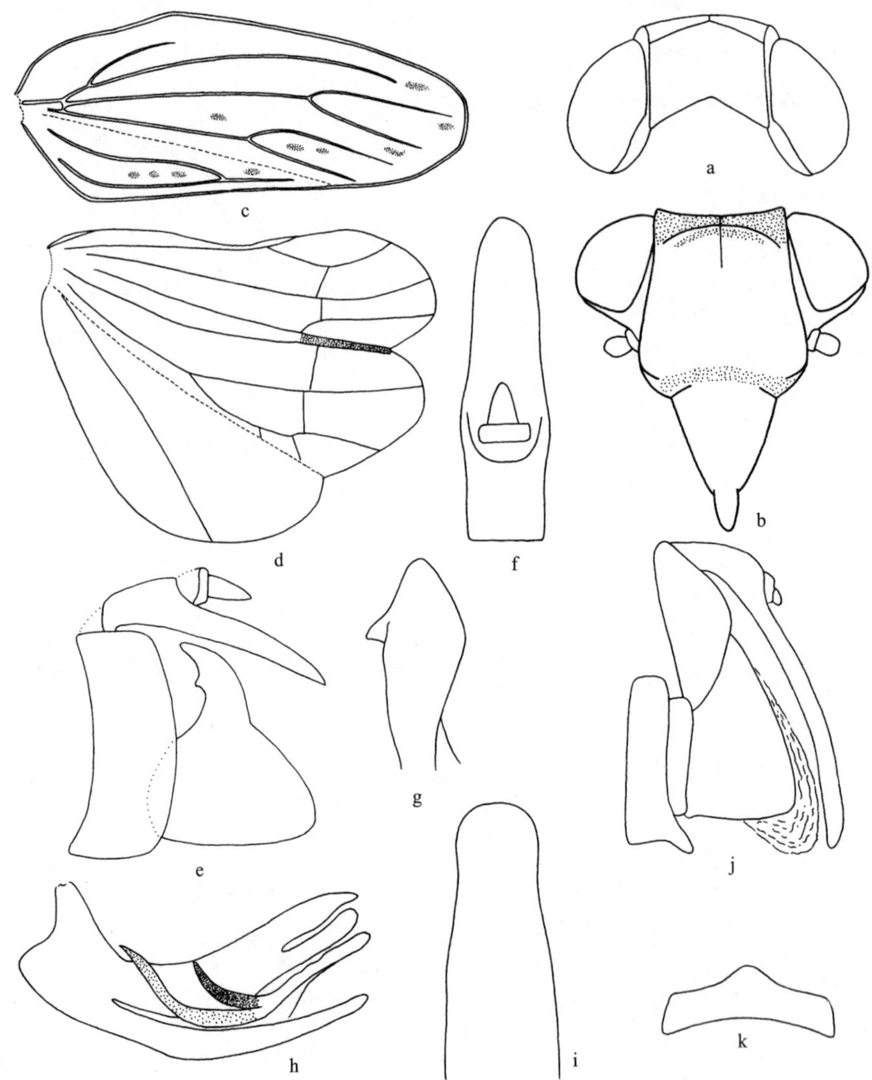

图 176 平华萨瓢蜡蝉 *Sinesarima pannosa* Yang（仿 Chan & Yang，1994）

a. 头部背面观（head, dorsal view）；b. 头部腹面观（head, ventral view）；c. 前翅（tegmen）；d. 后翅（hind wing）；e. 雄虫外生殖器侧面观（male genitalia, lateral view）；f. 雄肛节背面观（male anal segment, dorsal view）；g. 抱器背突尾向观（capitulum of genital style, caudal view）；h. 阳茎左面观（phallus, left view）；i. 阳茎基腹瓣端部腹面观（apex of ventral lobe of phallobase, ventral view）；j. 雌虫外生殖器侧面观（female genitalia, lateral view）；k. 雌第 7 腹节腹面观（female sternite Ⅶ, ventral view）

雄性外生殖器：肛节长是最宽处的 3.5 倍。阳茎短突起长为长突起的 1/2。抱器突起在基部顶缘呈角状，突起尾向观端部尖锐。

观察标本：未见。

地理分布：台湾。

(202) 喀华萨瓢蜡蝉 *Sinesarima caduca* Yang, 1994（图 177）

Sinesarima caduca Yang, 1994 in Chan *et* Yang, 1994: 101 (Type locality: Taiwan, China).

以下描述源自 Chan 和 Yang（1994）。

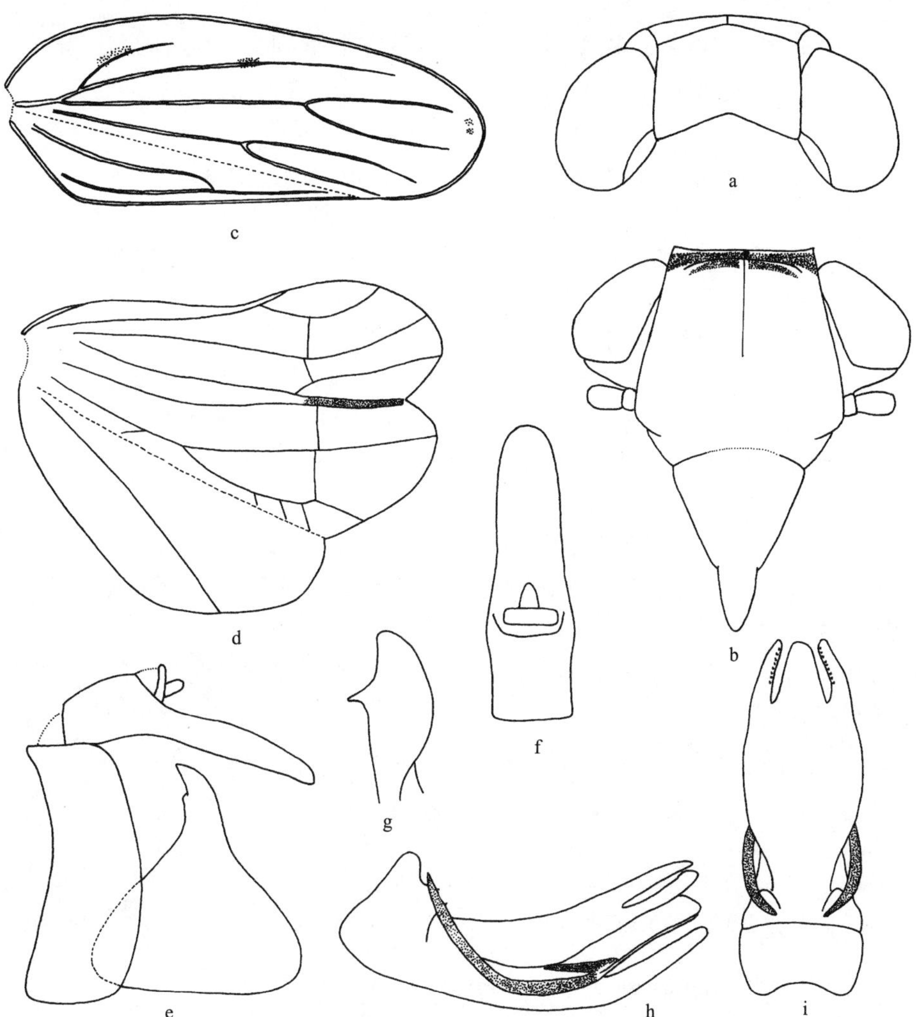

图 177　喀华萨瓢蜡蝉 *Sinesarima caduca* Yang（仿 Chan & Yang，1994）

a. 头部背面观（head, dorsal view）；b. 头部腹面观（head, ventral view）；c. 前翅（tegmen）；d. 后翅（hind wing）；e. 雄虫外生殖器侧面观（male genitalia, lateral view）；f. 雄肛节背面观（male anal segment, dorsal view）；g. 抱器背突尾向观（capitulum of genital style, caudal view）；h. 阳茎左面观（phallus, left view）；i. 阳茎背面观（phallus, dorsal view）

体连翅长：♂ 6.8-7.3mm，♀ 7.5mm。前翅长：♂ 5.5-6.0mm，♀ 6.2mm。

头顶和前胸背板绿色。额黄棕色，具黑色斑纹，唇基和喙褐色，触角黄色。前翅绿色，具黑色斑点。后翅灰白色，翅脉褐色。足黄褐色，后足具黑色斑纹。

头顶两后侧角宽为中线长的 1.8 倍。额最宽处为中线长的 1.1 倍，近基部具斑纹。中胸盾片中脊弱。前翅长为最宽处的 2.6 倍，MP 脉分支处位于翅端半部，与爪脉汇合处相距较远。后足腿节每侧具斑纹。后足刺式 7-9-2。

雄性外生殖器：肛节长是最宽处的 3.2 倍。阳茎短突起长为长突起的 1/4。抱器突起在基部顶缘呈弧状，突起尾向观端部钝圆。

观察标本：未见。

地理分布：台湾。

讨论：本种与平华萨瓢蜡蝉 *S. pannosa* Yang 相近，区别在于后者阳茎短突起长为长突起的 1/2；肛节的长为最宽处的 3.5 倍。

65. 新萨瓢蜡蝉属 *Neosarima* Yang, 1994

Neosarima Yang, 1994 in Chan *et* Yang, 1994: 104. **Type species**: *Neosarima nigra* Yang, 1994.

属征：头顶近四边形，基部宽为中线长的 1.7 倍，前缘角状突出，中域平，中脊弱。额略宽大，最宽处是中线长的 1.2 倍，中脊延伸至中部，亚中脊弱。腹面观颊的端部可见。前翅长为最宽处长的 2.5 倍，ScP 脉未超过中部，MP 脉基部分叉，CuA 脉在爪脉汇合处分叉。后翅背瓣具 2 个横脉，中瓣具 1 个横脉；A_2 脉简单。后足胫节具 2 个侧刺，后足刺式 7-8-2。

雄性外生殖器：肛节背面观长是最宽处的 2.5 倍，端部钝圆。尾节背尾缘向尾部呈角状突出。阳茎具 2 对突起，背侧突起较短。抱器顶缘弯曲成角状，突起指向末端，突起尾向观具大的脊状片。

雌性外生殖器：第 3 产卵瓣宽，顶缘膜状。第 7 腹节前缘近平直，后缘中部凹入。

地理分布：台湾。

本属全世界 2 种，本志记述 2 种。

种 检 索 表

前翅黑色；阳茎基腹瓣至端部渐窄，在端部末端膨大……………………………**黑新萨瓢蜡蝉 *N. nigra***

前翅黑色，具黄色斑纹；阳茎基腹瓣与端半部近平行，端部末端宽………**枯新萨瓢蜡蝉 *N. curiosa***

(203) 黑新萨瓢蜡蝉 *Neosarima nigra* Yang, 1994（图 178）

Neosarima nigra Yang, 1994 in Chan *et* Yang, 1994: 105 (Type locality: Taiwan, China).

以下描述源自 Chan 和 Yang（1994）。

体连翅长：♂ 7.5mm，♀ 8.7mm。前翅长：♂ 6.3mm，♀ 7.6mm。

头顶及额褐色，具黑色斑纹。前胸背板黑色，具黄色斑纹。中胸盾片和唇基褐色。前翅黑色，边缘带具黄色；后翅黑色。足褐色。腹部背板深褐色，腹板褐色。

头顶两后侧角宽为中线长的 2 倍。额最宽处为中线长 1.2 倍，中脊仅达中部。头顶端缘之间的区域及额近中脊基部具斑纹。前胸背板端缘、中脊和中域具斑纹。前翅 MP 脉、CuA 脉均约在爪脉汇合处分叉。

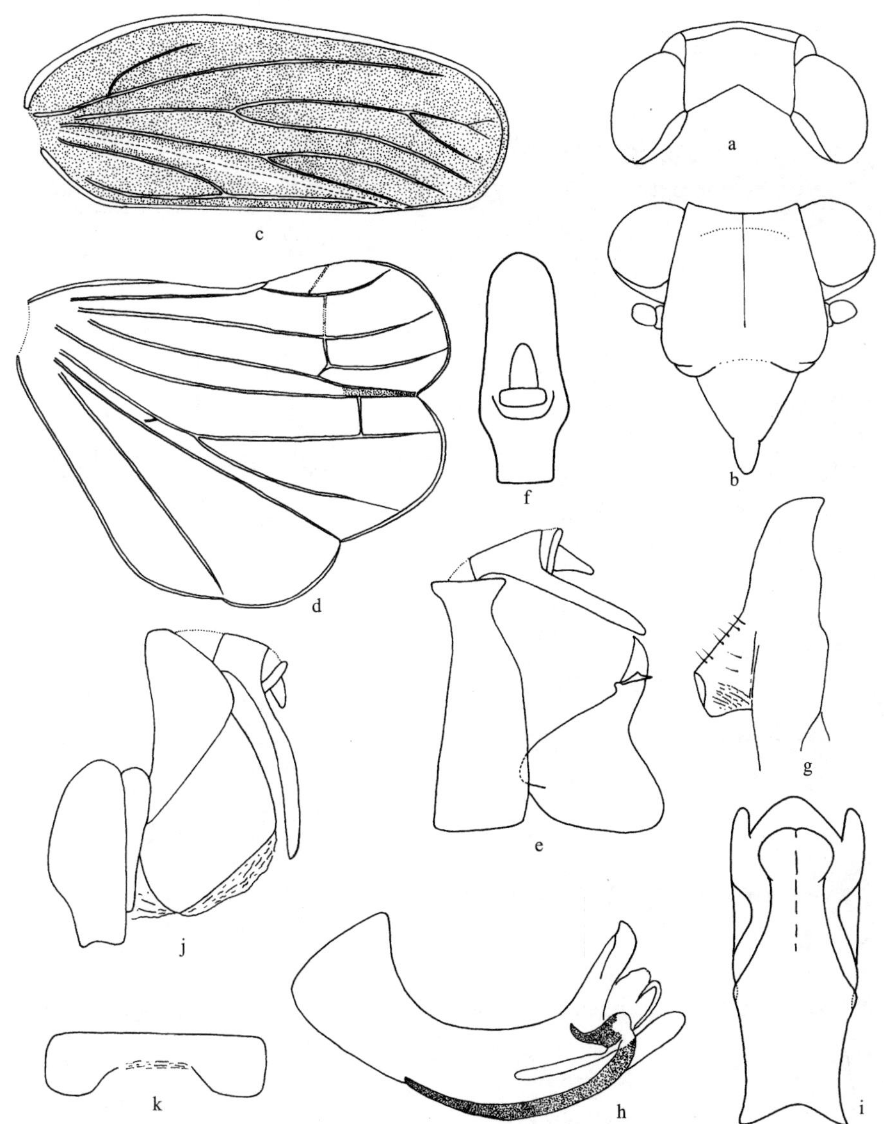

图 178 黑新萨瓢蜡蝉 *Neosarima nigra* Yang（仿 Chan & Yang，1994）

a. 头部背面观（head, dorsal view）；b. 头部腹面观（head, ventral view）；c. 前翅（tegmen）；d. 后翅（hind wing）；e. 雄虫外生殖器侧面观（male genitalia, lateral view）；f. 雄肛节背面观（male anal segment, dorsal view）；g. 抱器背突尾向观（capitulum of genital style, caudal view）；h. 阳茎左面观（phallus, left view）；i. 阳茎基腹面观（phallobase, ventral view）；j. 雌虫外生殖器侧面观（female genitalia, lateral view）；k. 雌第 7 腹节腹面观（female sternite Ⅶ, ventral view）

雄性外生殖器：肛节长为最宽处的 2.4 倍。阳茎基腹瓣至端部渐窄，并在端部末端膨大。阳茎短突起端半部急剧变窄，指向背向。抱器尾向观内顶角尖锐。

观察标本：未见。

地理分布：台湾。

(204) 枯新萨瓢蜡蝉 *Neosarima curiosa* Yang, 1994（图 179）

Neosarima curiosa Yang, 1994 in Chan *et* Yang, 1994: 105 (Type locality: Taiwan, China).

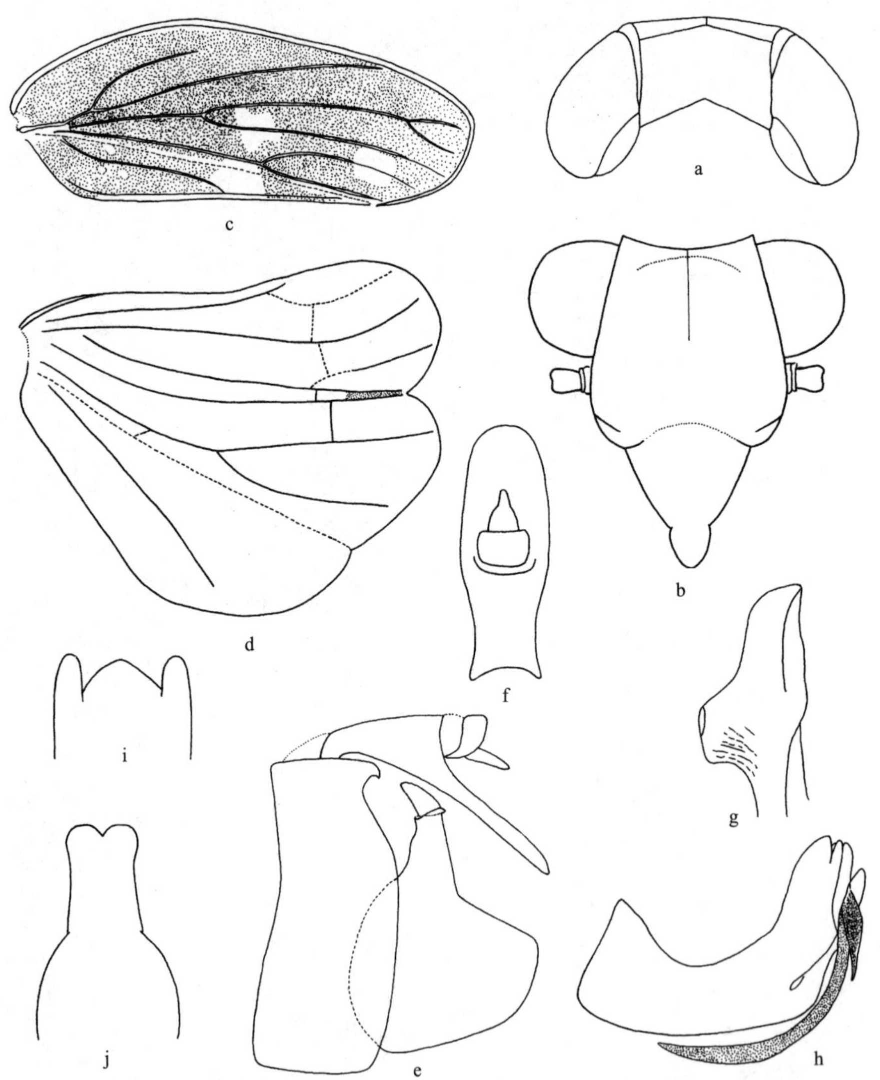

图 179 枯新萨瓢蜡蝉 *Neosarima curiosa* Yang（仿 Chan & Yang，1994）

a. 头部背面观（head, dorsal view）；b. 头部腹面观（head, ventral view）；c. 前翅（tegmen）；d. 后翅（hind wing）；e. 雄虫外生殖器侧面观（male genitalia, lateral view）；f. 雄肛节背面观（male anal segment, dorsal view）；g. 抱器背突尾向观（capitulum of genital style, caudal view）；h. 阳茎左面观（phallus, left view）；i. 阳茎基背瓣端部背面观（apex of dorsal lobe of phallobase, dorsal view）；j. 阳茎基腹瓣端部腹面观（apex of ventral lobe of phallobase, ventral view）

以下描述源自 Chan 和 Yang（1994）。

体连翅长：♂ 8.0mm，♀ 8.3mm。前翅长：♂ 6.7mm，♀ 7.0mm。

体浅褐色。头顶、前胸背板、中胸盾片及额具深褐色斑纹。后唇基深褐色，前唇基及喙浅褐色。前翅黑色，具黄色斑纹；后翅黑色。足浅褐色或深褐色。腹部黄褐色，具浅黑色斑纹。

头顶两后侧角宽为中线长的 1.9 倍。额最宽处为中线长 1.15 倍，中脊达到中部。头顶、前胸背板及中胸盾片沿中线，额基部末端，腹部中部具斑纹。前翅长为最宽处的 2.6 倍，MP 脉在爪脉汇合处前分叉，CuA 脉在爪脉汇合处后分叉。

雄性外生殖器：肛节长为最宽处的 2.65 倍。阳茎基端半部渐宽，顶半部两侧近平行，端部末端宽；端缘中部锯齿状，阳茎短突起端部渐窄。

观察标本：未见。

地理分布：台湾。

66. 似钻瓢蜡蝉属，新属 *Coruncanoides* Che, Zhang *et* Wang, gen. nov.

Type species: *Coruncanoides jaspida* Che, Zhang *et* Wang, sp. nov.

属征：头包括复眼微窄于前胸背板。头顶近六边形，中域凹陷，具中脊，前缘在复眼前方角状微突出，后缘弓形微凹入，侧缘略微脊起。额光滑具光泽，中域微隆起，中脊短，沿侧缘具 1 排小瘤突。额唇基微向上弯曲。具单眼。唇基光滑无脊。喙达后足基节。前胸背板前缘明显弓形凸出，后缘弧形微凹入，中域具 2 个小凹陷，具中脊和瘤突。中胸盾片具 3 条脊，近侧缘中部各具 1 个小凹陷，侧顶角各具 1 大的瘤突。前翅长卵圆形，无前缘下板，ScP 脉与 R 脉在近基部处分开，ScP 脉长，几乎达前翅近短部，MP 脉 3 分支，首次在近中部分叉，MP_{1+2} 脉在近端部 1/5 处分支，CuA 脉不分支；爪缝长，几乎达前翅末端，爪脉在爪片近基部 2/3 处愈合。后翅发达，分 3 瓣，R 脉 2 分支，MP 脉与 CuA 脉在基部愈合，MP 脉不分支，CuA 脉 2 分支，CuA_1 脉在端部具短分支，CuA_2 脉与 CuP 脉之间愈合且加厚，Pcu 脉、A_1 脉和 A_2 脉简单，Pcu 脉与 A_1 脉在基半部愈合；R_2 脉与 MP 脉之间、MP 脉与 CuA_1 脉之间分别具 1 横脉。后足胫节具 2 个侧刺，后足刺式 7-8-2。

雄性外生殖器：肛节背面观近长椭圆形，端缘微凸；肛孔位于肛节的近基部。尾节侧面观后缘近中部微突出。阳茎近平直，近端部具 1 对剑状突起物；阳茎基背侧瓣近端部具 1 对短突起；腹瓣端缘圆。抱器侧面观近三角形，后缘微波状，尾腹角钝状凸出。

鉴别特征：本属与钻瓢蜡蝉属 *Coruncanius* 相似，但可从下列特征进行区分：①头包括复眼略窄于前胸背板，后者头包括复眼略宽于前胸背板；②额中域隆起，近侧缘具瘤突，具短中脊，后者额中域平坦，近侧缘无瘤突，无中脊但具横的亚侧脊。

属名词源：本属名取自希腊后缀“*oides*”，此处指本属与钻瓢蜡蝉属非常近似。本属名的属性是阴性。

地理分布：西藏。

本志记述 1 新种。

(205) 玉似钻瓢蜡蝉，新种 *Coruncanoides jaspida* Che, Zhang *et* Wang, sp. nov.（图 180；图版 XXXV：g-i）

体连翅长：♂ 7.6mm。前翅长：♂ 6.1mm。

体黄褐色，具浅黄色瘤突。头顶中域黄褐色，边缘和脊棕色。复眼黑褐色。额与唇基具玉石般光泽；在与触角间具 1 黄色横带和浅黄色瘤突，横带以下黑褐色，横带以上黄褐色。颊黄褐色，具黄色横带。唇基黄褐色。喙棕色。前胸背板和中胸盾片黄褐色，散布浅黄色瘤突，脊浅黄色。前翅黄褐色，后翅褐色。足棕色，前足、中足的腿节和胫节黄褐色。腹部腹面和背面黄褐色，腹部各节的近端部略带浅黄色。

头顶近六边形，两后侧角处宽为中线长的 1.8 倍。额中脊仅端部明显，上端缘微凹入，额长几乎与最宽处相等，最宽处为基部宽的 1.7 倍。前胸背板前缘明显脊起，中域具 2 个小凹陷，中域处具 10 个瘤突。中胸盾片最宽处为中线长的 2.1 倍。前翅长为最宽处的 2.4 倍。后足刺式 7-8-2。

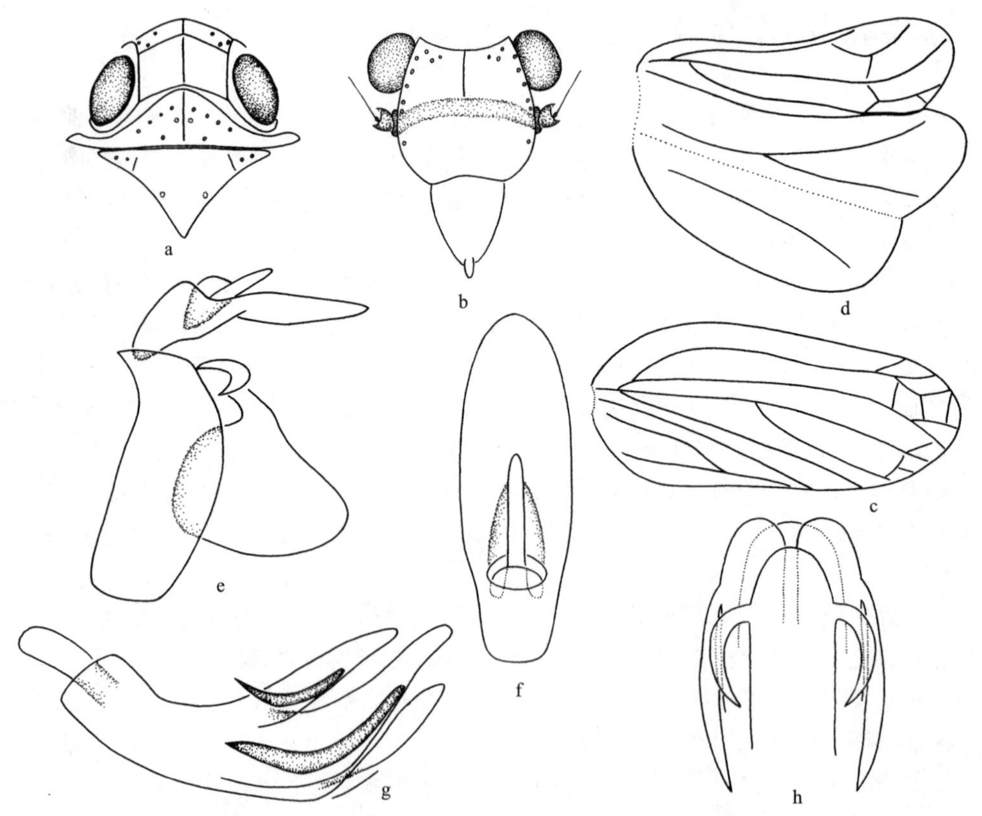

图 180　玉似钻瓢蜡蝉，新种 *Coruncanoides jaspida* Che, Zhang *et* Wang, sp. nov.

a. 头胸部背面观（head and thorax, dorsal view）；b. 额与唇基（frons and clypeus）；c. 前翅（tegmen）；d. 后翅（hind wing）；e. 雄虫外生殖器左面观（male genitalia, left view）；f. 雄肛节背面观（male anal segment, dorsal view）；g. 阳茎侧面观（phallus, lateral view）；h. 阳茎端部背面观（apex of phallus, dorsal view）

雄性外生殖器：肛节背面观近长椭圆形，中线长大约是宽的 3 倍。尾节侧面观后缘近中部突出，基部和端部突出不明显。阳茎基背侧瓣近端部处具 1 对短的剑状突出物，与阳茎突起近平行；腹面观腹瓣顶缘不裂叶，端缘圆滑；阳茎近平直，具源于端部的 1 对短的剑状突起物并达阳茎近中部。抱器侧面观近三角形，抱器背突具短的侧突起。

正模：♂，西藏易贡，2300m，1978.VI.16，李法圣（CAU）。

种名词源：拉丁词“*jaspidus*”，意为“玉石的”，此处指本种的额和唇具玉石般的光泽。

67. 拟钻瓢蜡蝉属，新属 *Pseudocoruncanius* Meng, Qin *et* Wang, gen. nov.

Type species: *Pseudocoruncanius fascialis* Meng, Qin *et* Wang, sp. nov.

属征：头包括复眼略宽于前胸背板。头顶近五边形，具中脊，前缘明显角状突出，后缘微凹入。额光滑，无中脊，近上端缘和侧缘上半部具少数瘤突，中域在上半部微隆起，近侧顶角具数个小瘤突，侧缘在触角上方略扩大，上端缘角状突出。具单眼。唇基小，光滑无脊。喙达后足基节。前胸背板短于头顶，前缘明显弓形凸出，后缘中部微凹入，具中脊，中域具 2 个小凹陷。中胸盾片近三角形，与头顶几乎等长，具 3 条脊，近侧缘中部各具 1 个小凹陷，前缘中部微凸出，侧面观中域隆起。前翅窄长，不透明，其在 ScP 脉基部处明显隆起；具窄的前缘下板；ScP 脉与 R 脉在近基部处分开，ScP 脉长，几乎达前翅近短部，MP 脉 3 分支，首次在近中部分叉，MP_{1+2} 脉在近端部 1/5 处分支，CuA 脉不分支；爪缝长，几乎达前翅末端，爪脉在爪片近基部 2/3 处愈合；后翅发达，分 3 瓣，R 脉 2 分支，MP 脉与 CuA 脉在基部愈合，MP 脉不分支，CuA 脉 2 分支，CuA_2 脉与 CuP 脉之间愈合且加厚，Pcu 脉、A_1 脉和 A_2 脉简单，Pcu 脉与 A_1 脉在基半部愈合；R 脉与 MP 脉之间具 2 条横脉，MP 脉与 CuA_1 脉之间分别具 1 横脉。后足胫节具 2 个侧刺，后足刺式 7-8-2。

雄性外生殖器：肛节细长，近基部 1/3 处最宽，至端部渐窄；肛孔位于肛节的近基部。尾节后缘在近腹缘明显凸出。阳茎基在近中部分为背侧瓣和腹瓣，背侧瓣未分瓣，在其端部产生 2 对长突起；阳茎较直，无突起。抱器前缘近方形凸出，后缘宽且具浅的凹入，尾腹角钝状强突出；抱器背突具小且钝的侧刺。

鉴别特征：本属与钻瓢蜡蝉属 *Coruncanius* 相似，但可从下列特征进行区分：①额上半部隆起，近上端缘和侧缘上半部具瘤突，后者额中域不隆起，无瘤突；②中胸盾片侧面观明显隆起，后者中胸盾片平坦；③前翅窄长，在 ScP 脉基部处明显隆起，后者前翅近卵圆形，ScP 脉基部不隆起。

属名词源：拉丁词前缀“*Pseudo*”，意为“假的”，此处指本属与钻瓢蜡蝉属非常近似。本属名的属性是阳性。

地理分布：海南。

(206) 黄纹拟钻瓢蜡蝉，新种 *Pseudocoruncanius flavostriatus* Meng, Qin *et* Wang, sp. nov.

（图 181；图版 XXXVI：a-c）

体连翅长：♂ 7.5mm，♀ 8.1mm。前翅长：♂ 6.3mm，♀ 7mm。

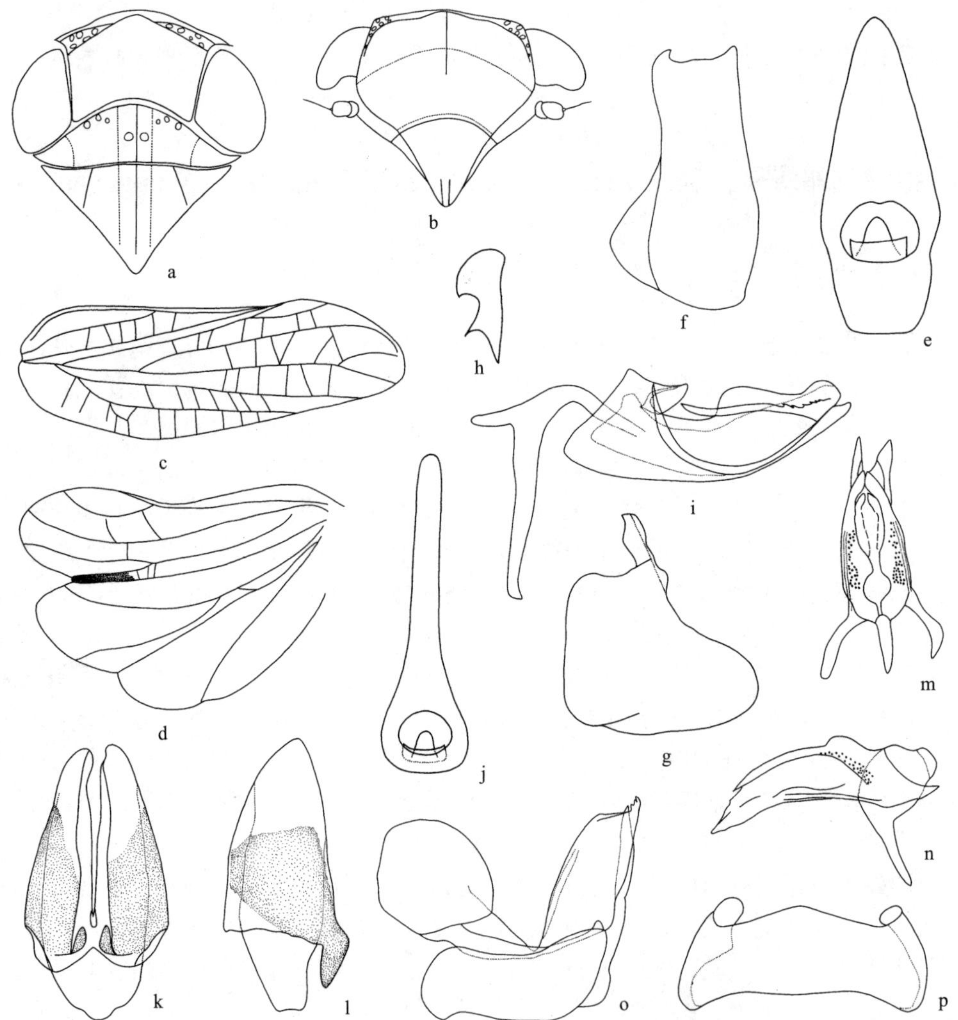

图 181 黄纹拟钻瓢蜡蝉，新种 *Pseudocoruncanius flavostriatus* Meng, Qin *et* Wang, sp. nov.

a. 头胸部背面观（head and thorax, dorsal view）；b. 额与唇基（frons and clypeus）；c. 前翅（tegmen）；d. 后翅（hind wing）；e. 雄肛节背面观（male anal segment, dorsal view）；f. 尾节侧面观（pygofer, lateral view）；g. 抱器侧面观（genital style, lateral view）；h. 抱器背突尾向观（capitulum of genital style, caudal view）；i. 阳茎侧面观（phallus, lateral view）；j. 雌肛节背面观（female anal segment, dorsal view）；k. 第 3 产卵瓣背面观（gonoplas, dorsal view）；l. 第 3 产卵瓣侧面观（gonoplac, lateral view）；m. 第 2 产卵瓣背面观（gonapophyses Ⅸ, dorsal view）；n. 第 2 产卵瓣侧面观（gonapophysis Ⅸ, lateral view）；o. 第 1 产卵瓣侧面观（gonapophysis Ⅷ, lateral view）；p. 雌第 7 腹节腹面观（female sternite Ⅶ, ventral view）

体黑褐色，具黄色条纹。头顶黄褐色，中脊黄色。复眼灰色。额复眼间黑色，其下方黄色。颊黄色，在复眼前黑色。唇基和喙黑色。单眼暗黄色。前胸背板黑褐色，侧面和中脊黄色，具少数小的黄色瘤突；侧瓣黑色。中胸盾片黄色和黑褐色相间，中脊黄色。前翅黑褐色，具多个长短不一的黄色条纹。后翅棕色，具黑褐色纵脉。前足和中足腿节黑色，胫节黄色，具黑色横带。

头顶端缘最宽处为中线长的 1.6 倍。额上端缘微角状突出，侧缘圆弧形突出，最宽处约为中线长的 1.4 倍，最宽处为上端缘宽的 1.2 倍。额唇基沟直，不明显。唇基小。前胸背板中线长为头顶长的 0.6 倍，具细中脊。中胸盾片最宽处为中线长的 1.6 倍。前翅窄长，中线长为最宽处的 3.2 倍。后足胫节具 2 侧刺，后足刺式 7-8-2。

雄性外生殖器：肛节近长三角形，末端尖，中线长为最宽处的 2.7 倍；肛孔位于肛节基部的 1/3，肛下板粗短。阳茎较平直，无腹突；背侧瓣端部具 2 对长突起，背面突起较直，其背缘在基部具小齿；腹面突起钩状，末端指向背面。腹瓣略短于背侧瓣，端缘中部微凹入。抱器后缘凹入，腹端角钝圆，前缘端部突出；尾向观抱器背突短，无侧齿，但其下方表面具 1 小突起，端部钩状。

雌性外生殖器：肛节细长，基部宽，之后极细似针状；肛孔位于肛节的近基部，肛下板极短。第 3 产卵瓣长，侧面观至端部渐窄，背面观基部愈合，分叉骨化。生殖骨片桥大，基半部宽大，宽约为长的 1.8 倍。第 2 产卵瓣侧面观长，基部明显突出，端部弧形下弯；背面观中域分两瓣，末端尖。第 1 负瓣片近长方形，后缘略凹。内生殖突顶端尖，腹缘具细骨化条。内生殖瓣长，内缘直。第 1 产卵瓣腹端角具 3 小齿，端缘无刺。第 7 腹节后缘中部近角状突出。

正模：♂，海南尖峰岭鸣凤谷，18°44.658′N，108°50.435′E，1017m，2010.VIII.18，郑国。副模：1♂1♀，同正模；1♀，海南鹦哥岭鹦哥嘴，19°02.933′N，109°33.654′E，728m，2010.VIII.20，郑国。

种名词源：种名由拉丁词“*flavus-*”（黄色）和“*striatus*”（具条纹的）组成，指前翅具明显黄色纵带。

68. 平突瓢蜡蝉属，新属 *Parallelissus* Meng, Qin *et* Wang, gen. nov.

Type species: *Parallelissus furvus* Meng, Qin *et* Wang, sp. nov.

属征：头包括复眼与前胸背板几乎等宽。头顶近四边形，中域微凹陷，具中脊；前缘角状微凸出，后缘弓形深凹入，边缘脊起。额粗糙，具细小的刻点，上端缘微凹，侧缘在触角下微扩大；中域微隆起，中脊仅占额长的 2/3，未达额唇基沟，沿侧缘具 1 排大的瘤突。具单眼。额唇基沟明显向上弯曲。唇基小，无脊。前胸背板前缘角状突出，后缘平直，中域具 2 个小凹陷，具中脊。中胸盾片具 3 条脊，近侧缘具 1 圆形凹陷。前翅长，端缘钝圆；无前缘下板；纵脉明显，ScP 脉长，与 R 脉在近基部处分开，达前翅近端部，MP 脉 3 分支，MP_{1+2} 脉在近中部分支，MP_1 脉在近端部分支，CuA 脉在近中部分叉；爪片尖端几乎达前翅端部，爪脉在近中部合并；后翅分 3 瓣，CuA 脉 2 分支，CuA_1 脉 2-3 分支，CuA_2 脉和 CuP 脉在近端部愈合并加厚，Pcu 脉末端 3-4 分支。后足胫节具 2 个侧刺。

雄性外生殖器：肛节长卵圆形，端缘钝圆；肛孔位于近基部，肛下板细长。阳茎基在背侧瓣端部具 1 对长突起，阳茎浅“U”形，具 1 对源于阳茎器近端部的长突起。抱器近长的三角形，具长的颈部，后缘中部圆弧形微凹入；抱器背突至端部渐窄，具 1 短的侧齿。

鉴别特征：本属与萨瑞瓢蜡蝉属 *Sarimodes* 相似，区别在于：①前翅 ScP 脉几乎达前翅近端部，MP 脉在近中部分支，后者前翅 ScP 脉达前缘中部，MP 脉在端半部分支；②抱器背突下（颈部）细长，后者抱器背突下（颈部）短；③阳茎在近端部具 1 对突起，与阳茎基突起平行，后者阳茎在中部具 1 对突起，阳茎基突起在近端部。

属名词源：拉丁词 “*parallel*”，意为“平行的”，指该属阳茎具 2 对平行的突起。本属名属性为阳性。

地理分布：广西、西藏。

本志记述 2 新种。

种 检 索 表

体黑褐色；阳茎器突起长，末端达其近基部 1/4 ………… **暗黑平突瓢蜡蝉，新种 *P. furvus* sp. nov.**

体浅黄褐色；阳茎器突起较短，末端达其中部 ………… **褐黄平突瓢蜡蝉，新种 *P. fuscus* sp. nov.**

(207) 暗黑平突瓢蜡蝉，新种 *Parallelissus furvus* Meng, Qin *et* Wang, sp. nov.（图 182；图版 XXXVI：d-f）

体连翅长：♂ 4.4mm。前翅长：♂ 3.8mm。

体暗褐色至黑色。头顶黑褐色，中脊暗黄褐色。复眼灰褐色，具深色条纹。额黑色，具暗黄色斑点和瘤突，中脊棕色。唇基暗黄褐色，具黑色斑。喙黑色。前翅暗褐色至黑色，翅脉黑色；后翅浅褐色。足暗黄褐色，腿节和胫节边缘黑色，端部具黑色横带。

头顶两后侧角处宽为中线长的 2.8 倍。额长与最宽处基本等宽，最宽处为上端缘宽的 1.5 倍，沿侧缘约具 10 个瘤突。额唇基沟明显向上角状弯曲。唇基在基部微隆起。前胸背板为头顶中线长的 1.6 倍。中胸盾片为前胸背板中线长的 1.5 倍，最宽处为中线长的 2.3 倍。前翅长为最宽处的 3.0 倍。后足刺式 7-8-2。

雄性外生殖器：肛节背面观长卵圆形，中线长为最宽处的 2.6 倍。尾节侧面观后缘近背部钝角状突出，近中部圆弧形凸出。阳茎近端部具 1 对长的剑状突起物，长达阳茎基部 1/4，腹面观两突起近平行；背侧瓣侧面观端缘具尖刺状突起，之下具 1 长的刀状突起，突起背缘微齿状；腹瓣腹面观端缘钝圆，中部微凸。抱器侧面观近长三角形，后缘中部圆弧形凹入，尾腹角钝圆；尾向观抱器背突短，端部钝圆，具 1 小的侧齿。

正模：♂，西藏墨脱背崩乡，800m，2013.VII.20，王洋。

种名词源：拉丁词“*furvus*”，意为“黑色的”，此处指该种类体色偏黑。

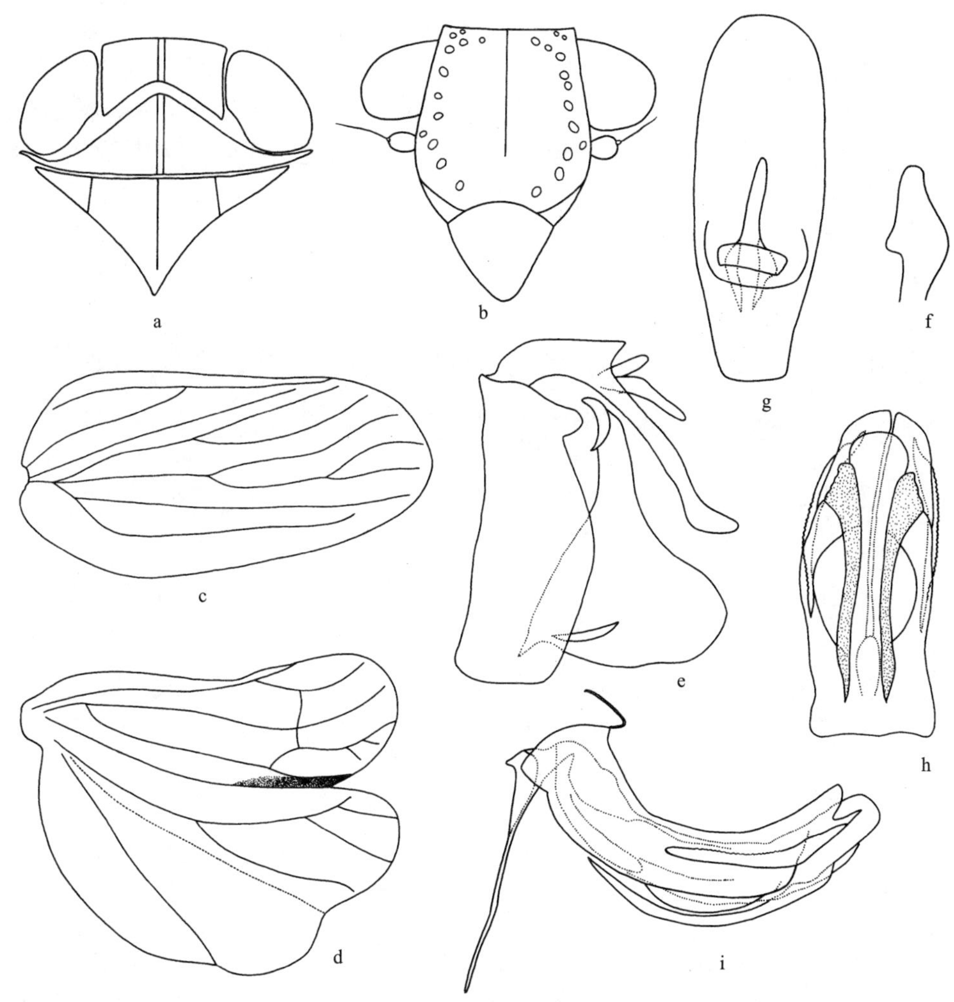

图 182　暗黑平突瓢蜡蝉，新种 *Parallelissus furvus* Meng, Qin *et* Wang, sp. nov.

a. 头胸部背面观（head and thorax, dorsal view）；b. 额与唇基（frons and clypeus）；c. 前翅（tegmen）；d. 后翅（hind wing）；e. 雄虫外生殖器左面观（male genitalia, left view）；f. 抱器背突尾向观（capitulum of genital style, caudal view）；g. 雄肛节背面观（male anal segment, dorsal view）；h. 阳茎侧面观（phallus, lateral view）；i. 阳茎腹面观（phallus, ventral view）

(208) 褐黄平突瓢蜡蝉，新种 *Parallelissus fuscus* Meng, Qin *et* Wang, sp. nov.（图 183；图版 XXXVI：g-i）

体连翅长：♂ 5.0mm，♀ 5.4mm。前翅长：♂ 4.0mm，♀ 4.3-4.5mm。

体浅黄褐色，具深色斑纹、浅色中脊和瘤突。头顶黄褐色，中脊黄色。复眼黑褐色。额黄褐色，具浅色斑点和瘤突，中脊黄褐色。唇基黄褐色，具暗褐色条带。喙暗黄褐色。前翅浅黄褐色，具暗褐色斑纹。后翅浅褐色。足黄褐色，腿节和胫节边缘黑褐色。

头顶两后侧角处宽为中线长的 2.1 倍。额最宽处为中线长 1.1 倍，最宽处为上端缘宽的 1.5 倍，沿每侧缘约具 12 个瘤突。额唇基沟明显向上弧形弯曲。唇基中部微隆起。前胸背板为头顶中线长的 1.6 倍。中胸盾片中线长为前胸背板的 1.3 倍，最宽处为中线处长的 2.5 倍。前翅长为最宽处的 2.7 倍。后足刺式 6-(10,11)-2。

雄性外生殖器：肛节丢失。尾节侧面观后缘直。阳茎侧面近端部具 1 对剑状突起物，长达阳茎近中部，腹面观突起基部粗，至末端变尖，且两突起近平行。阳茎基背侧瓣与腹瓣在基部 1/4 处分开，背侧瓣侧面端部具 1 长的棒状突起；腹面观腹瓣侧缘在中部钝圆形凸出，之后凹入，端缘中部微凸；抱器侧面观近长三角形，后缘中部圆弧形凹入，尾腹角钝圆；尾向观抱器背突短，端部钝圆，具 1 小的侧齿。

正模：♂，广西十万大山森林公园，2001.XI.29，王宗庆。副模：2♀，广西十万大山森林公园，2001.XI.30，王宗庆。

种名词源：拉丁词"*fuscus*"，意为"黄褐色的"，此处指该种类体黄褐色。

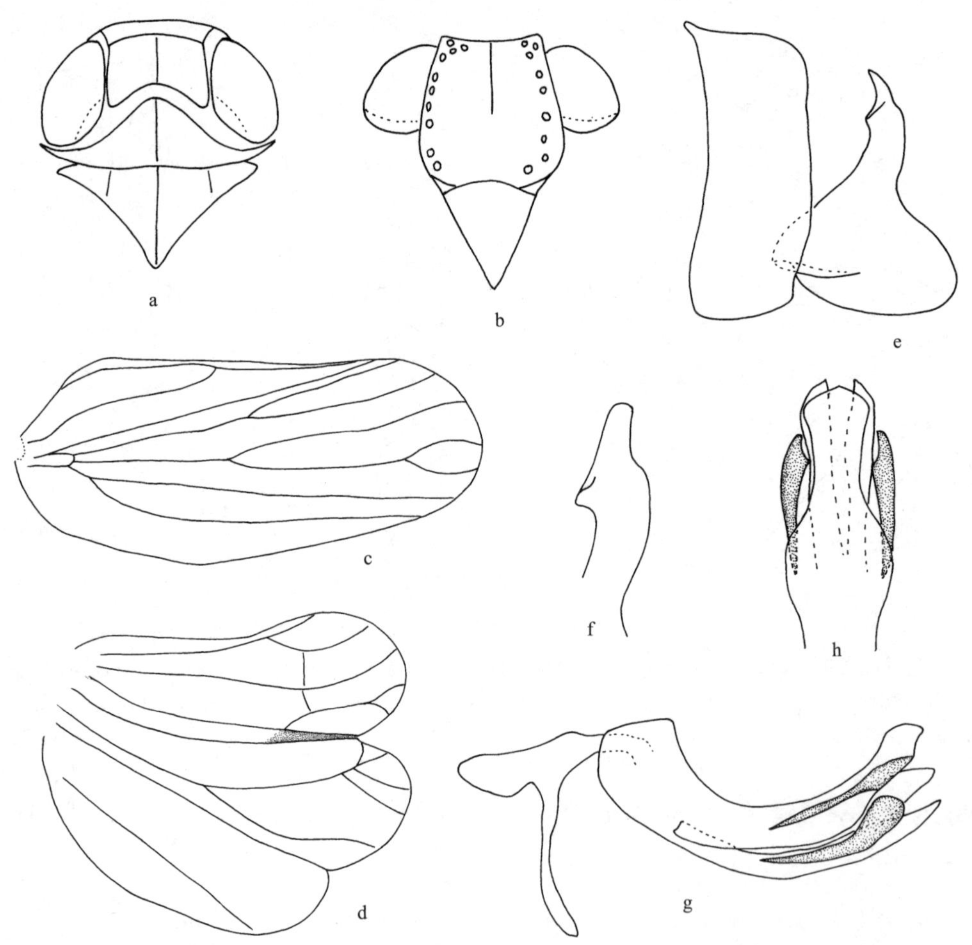

图 183 褐黄平突瓢蜡蝉，新种 *Parallelissus fuscus* Meng, Qin *et* Wang, sp. nov.

a. 头胸部背面观（head and thorax, dorsal view）；b. 额与唇基（frons and clypeus）；c. 前翅（tegmen）；d. 后翅（hind wing）；e. 尾节和抱器侧面观（pygofer and genital style, lateral view）；f. 抱器背突尾向观（capitulum of genital style, caudal view）；g. 阳茎侧面观（phallus, lateral view）；h. 阳茎腹面观（phallus, ventral view）

69. 弥萨瓢蜡蝉属，新属 *Sarimissus* Meng, Qin *et* Wang, gen. nov.

Type species: *Sarimissus bispinus* Meng, Qin *et* Wang, sp. nov.

属征：头包括复眼略窄于前胸背板。头顶近四边形，宽明显大于长，中域明显凹陷，前缘明显角状突出，后缘深凹入，边缘略脊起。额上缘微凹入，至触角下明显扩大；额粗糙，近侧缘具1排较大的瘤突，具中脊和1半圆形的亚侧脊并在上端缘下相交。额唇基沟微向上弯曲。唇基光滑，具中脊。前胸背板前缘弧形突出，后缘近平直，具中脊，中域具2个小凹陷，侧域具瘤突；侧瓣沿外缘具瘤突。中胸盾片近三角形，具3条脊，沿侧缘具1圆形凹陷。前翅近卵圆形，前缘在基半部弓形凸出，端缘尖圆；无前缘下板；纵脉明显，ScP脉与R脉在近基部1/6处分开，ScP脉长，伸达翅端部，MP脉分2支，在近基部1/3处分支，CuA脉在近端部1/3处分支，爪缝几乎达前翅末端，爪脉在爪缝基部2/3处愈合。后翅具发达的3瓣，Pcu脉3-4分支。后足胫节具2个侧刺，后足刺式8-10-2。

雄性外生殖器：肛节背面观近卵圆形，肛孔位于肛节的近基部。阳茎浅“U”形，阳茎基背侧瓣与腹瓣在近基部1/4处分开；阳茎器长于阳茎基背侧瓣，顶端向头部反折，近端部具2对剑状突起物。抱器侧面观近三角形，后缘波状弯曲，尾腹角钝圆；抱器背突短，具1宽短的侧突。

鉴别特征：本属与美萨瓢蜡蝉属 *Eusarima* 相似，但可从下列特征进行区分：①前翅MP脉分2支，在近基部1/3处分支，CuA脉在近端部1/3处分支，后者MP脉常3分支，首次在近中部分支，CuA脉在近中部分支；②阳茎基背侧瓣短于阳茎器，后者背侧瓣长于阳茎；③阳茎器具2对突起；后者阳茎具1对突起。

属名词源：本属名取自萨瓢蜡蝉属 *Sarima* 和瓢蜡蝉属 *Issus* 的字母组合，本属名的属性是阳性。

地理分布：海南。

(209) 双突弥萨瓢蜡蝉，新种 *Sarimissus bispinus* Meng, Qin *et* Wang, sp. nov.（图184；图版XXXVI：j-l）

体连翅长：♂6.2mm。前翅长：♂5.0mm。

体深褐色。头顶深棕色，两后侧角浅黄色。复眼灰褐色。额浅褐色，具黑褐色斑纹和浅黄色斑。唇基黑褐色，近额唇基沟具黄色纹。前胸背板黑褐色，具浅黄色中脊和瘤突。中胸盾片浅棕色至浅黄色。前翅深棕色。后翅褐色。足棕色，前足腿节和胫节黑褐色。腹部腹面和背面深棕色，各节的末端略带浅棕色。

头顶两后侧角处宽为中线长的1.8倍。额最宽处为中线长的1.3倍，最宽处为上端缘宽的1.5倍。前胸背板中线长为头顶长度的1.1倍，侧瓣沿外缘具3个大的瘤突。中胸盾片为前胸背板的1.5倍，最宽处为中线长的2.1倍。前翅长为最宽处的2.2倍。后足刺式8-10-2。

雄性外生殖器：肛节背面观近中部处最宽，端缘较平直；肛下板短。尾节宽，侧面观后缘近背缘凸出。阳茎基背侧瓣背面观端缘钝圆；腹瓣腹面观端缘中间微凹入。阳茎长于阳茎基瓣，顶端向头部反折部分细短，近端部具 1 小的瘤突，腹面观右侧瘤突较左侧瘤突大，近端部具 1 对短的剑状突起物，长度达阳茎基长度的近端部 1/3，并具 1 对长的钩状突起物，长达阳茎基近基部的 1/5。

正模：♂，海南尖峰岭，18°44.026′N，108°52.460″E，975m，2010.VIII.8，郑国。

种名词源：拉丁词“*bi-*”，意为“双”，“*spinus*”，意为“刺”，此处指阳茎具 2 对剑状突起。

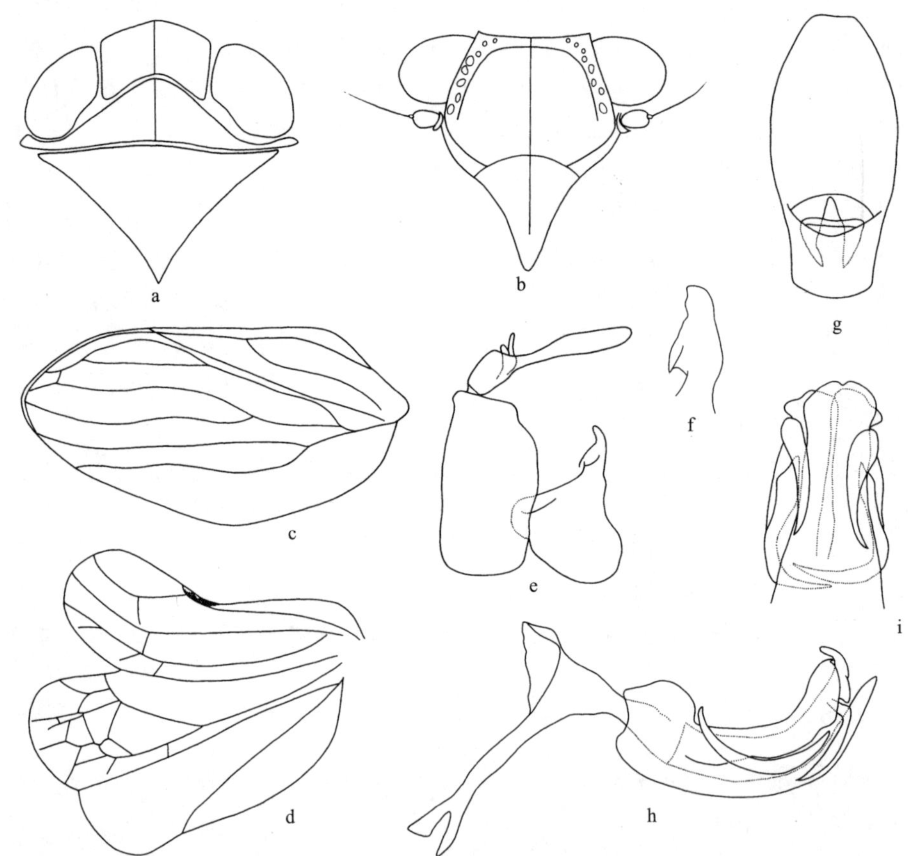

图 184　双突弥萨瓢蜡蝉，新种 *Sarimissus bispinus* Meng, Qin *et* Wang, sp. nov.

a. 头胸部背面观（head and thorax, dorsal view）；b. 额与唇基（frons and clypeus）；c. 前翅（tegmen）；d. 后翅（hind wing）；e. 雄虫外生殖器左面观（male genitalia, left view）；f. 抱器背突尾向观（capitulum of genital style, caudal view）；g. 雄肛节背面观（male anal segment, dorsal view）；h. 阳茎侧面观（phallus, lateral view）；i. 阳茎端部腹面观（apex of phallus, ventral view）

70. 帕萨瓢蜡蝉属 *Parasarima* Yang, 1994

Parasarima Yang, 1994 in Chan *et* Yang, 1994: 96. **Type species**: *Sarima pallizona* Matsumura, 1938.

属征：头包括复眼窄于前胸背板。头顶近六边形，宽大于长，中域明显凹陷，前缘微角状突出，后缘略凹入，中脊弱。具单眼。额粗糙，具细小的刻点，中域平，在近基部处明显扩大，具中脊和亚侧脊，近侧缘处具瘤突。额唇基沟明显弯曲。唇基光滑无脊。前胸背板前缘明显凸出，后缘近平直，具中脊，中域具 2 个小凹陷。中胸盾片具中脊，近侧缘中部各具 1 个小凹陷。前翅近方形，前缘与缝缘近平行，长大于宽，纵脉明显，ScP 脉与 R 脉在近基部处分开，ScP 脉长，"Y"脉未超出爪片。后翅略小于前翅长，分 3 瓣，明显宽于前翅；背瓣具横脉，中瓣翅脉端部分叉，无横脉。后足胫节具 2 个侧刺，后足刺式 7-9-2。

雄性外生殖器：肛节背面观近杯状、蘑菇形或卵圆形，长大于或小于宽，尾节侧面观后缘微凸出。阳茎浅"U"形，端部对称具突起。抱器近三角形，突起短小且向侧面弯曲。

雌性外生殖器：肛节背面观近椭圆形或杯形，长大于最宽处。第 1 产卵瓣端缘具刺，侧面观第 9 背板近四边形，第 3 产卵瓣近三角形。第 7 腹节中部突出。

地理分布：台湾。

目前全世界仅知 1 种，本志记述 1 种。

(210) 帕萨瓢蜡蝉 *Parasarima pallizona* (Matsumura, 1938)（图 185）

Sarima pallizona Matsumura, 1938: 151 (Type locality: Taiwan, China).

Sarima pallizona var. *midoriana* Matsumura, 1938: 151 (Type locality: Taiwan, China). Synonymised by Chan *et* Yang, 1994: 97.

Parasarima pallizona: Chan *et* Yang, 1994: 97.

以下描述源自 Chan 和 Yang（1994）。

体连翅长：♂ 5.0-5.2mm，♀ 5.5mm。前翅长：♂ 4.1-4.2mm，♀ 4.5mm。

体浅黄褐色。头顶及额具黑色斑纹并布有黄色斑点；额端半部的中脊黄白色。唇基深褐色。前翅绿色，后翅黑色。

头顶顶缘与额之间区域、额侧缘及额近中脊部具斑纹。头顶四边形，基部宽为中线长的 2 倍，前缘角状弯曲，亚侧脊近平直；前缘中部弯曲成角，中域略凹陷，中脊显著。额略宽大，最宽处为中线长的 1.5 倍，中脊基半部清晰，中部略靠上具清晰的截形隆起；近中部脊与中脊交叉处低于头顶前缘；腹面观颊的端部可见。唇基粗壮，侧面不扁平。前翅长为最宽处长的 2.3 倍，ScP 脉未超过中部，MP 脉、CuA 脉均在爪脉末端向端缘分支。后翅背瓣具 2 个横脉，中瓣无横脉，A_1 脉端部分支，A_2 脉不发达。后足胫节具 2 排侧刺，后足刺式 7-9-2。

雄性外生殖器：肛节背面观近杯状，中线长为最宽处的 2.3 倍，侧缘近平行，端缘钝圆。尾节背尾缘具角状突起。阳茎基侧瓣瓣状，近端部具 1 对剑状突起物；阳茎连索特殊，近鱼形。抱器侧面观近三角形，端缘波形弯曲，背缘近端部突出；尾向观突出的基部、端部钝圆。

雌性外生殖器：第 3 产卵瓣宽，顶缘膜状。第 7 腹节前缘弧线形。

观察标本：未见。

地理分布：台湾。

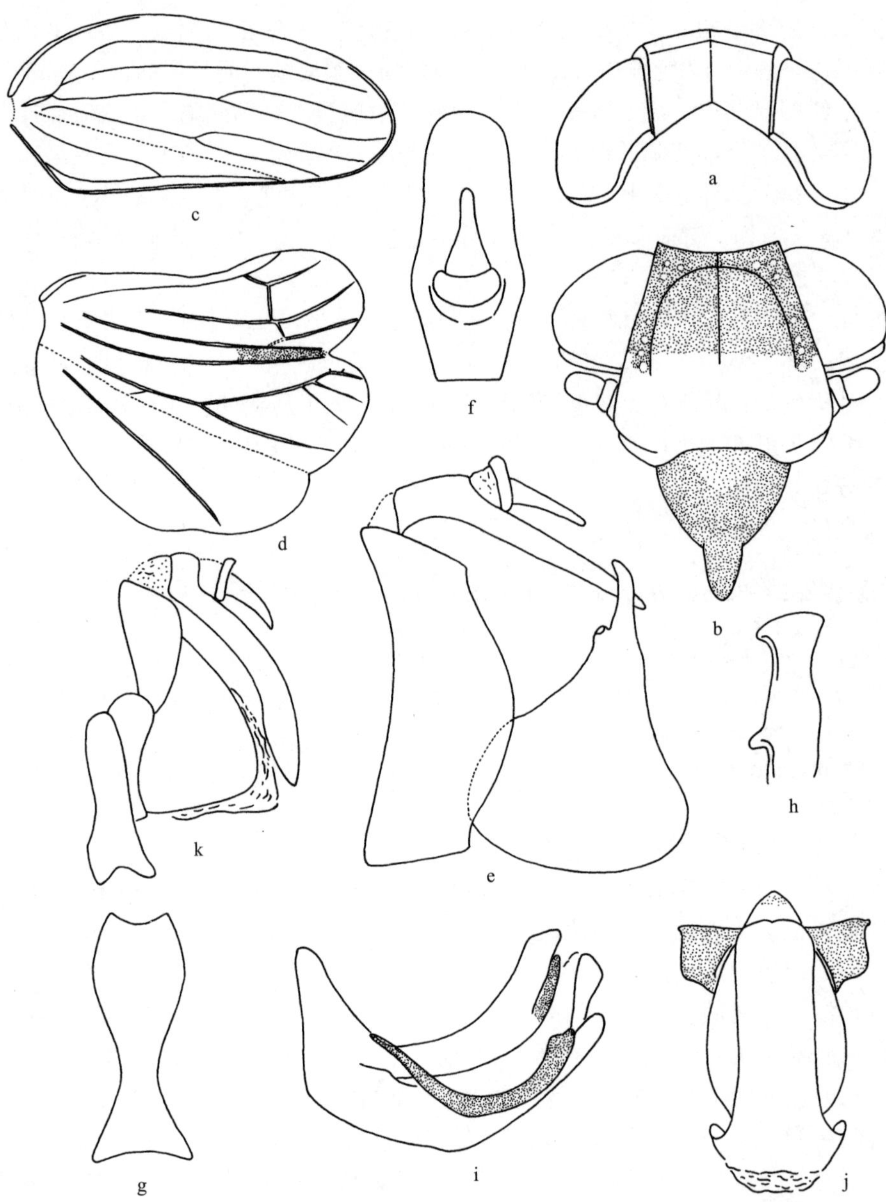

图 185 帕萨瓢蜡蝉 *Parasarima pallizona* (Matsumura)（仿 Chan & Yang，1994）

a. 头部背面观（head, dorsal view）；b. 头部腹面观（head, ventral view）；c. 前翅（tegmen）；d. 后翅（hind wing）；e. 雄虫外生殖器侧面观（male genitalia, lateral view）；f. 雄肛节背面观（male anal segment, dorsal view）；g. 阳茎连索（connection of phallus）；h. 抱器背突尾向观（capitulum of genital style, caudal view）；i. 阳茎左面观（phallus, left view）；j. 阳茎基腹面观（phallobase, ventral view）；k. 雌虫外生殖器侧面观（female genitalia, lateral view）

71. 美萨瓢蜡蝉属 *Eusarima* Yang, 1994

Eusarima Yang, 1994 in Chan *et* Yang, 1994: 108. **Type species**: *Eusarima contorta* Yang, 1994;

Gnezdilov, 2013d: 486; Chen, Zhang *et* Chang, 2014: 149.

Nepalius Dlabola, 1997: 309. **Type species**: *Nepalius hellerianus* Dlabola, 1997, by original designation and monotypy. Treated as a valid subgenus of *Eusarima* by Gnezdilov *et* Mozaffarian, 2011.

属征：头包括复眼窄于前胸背板。头顶近六边形，宽大于长，中域明显凹陷，前缘微角状突出，后缘略凹入，侧缘略脊起，中脊弱。具单眼。额粗糙，具细小的刻点，中域略隆起，近基部处明显扩大，具中脊和倒“U”形亚侧脊并在近端部处相交，近侧缘处具瘤突。额唇基沟角状向上弯曲。唇基光滑无脊。前胸背板前缘明显凸出，后缘近平直，具中脊，中域具 2 个小凹陷。中胸盾片具中脊和亚侧脊，近侧缘中部各具 1 个小凹陷。前翅近方形，前缘与缝缘近平行，长大于宽，纵脉明显，ScP 脉与 R 脉在近基部处分开，ScP 脉长，明显超过前翅中部，MP 脉首次在近中部分支，CuA 脉在近中部分叉；爪片长达前翅末端，爪脉在爪片近中部愈合。后翅具发达的 3 瓣，CuA_2 脉与 CuP 脉之间愈合且加厚。后足胫节具 2 个侧刺，后足刺式 6-8-2。

雄性外生殖器：肛节背面观近长方形，杯状或长的卵圆形，长大于最宽处。尾节侧面观后缘微凸出或明显凸出。阳茎基背侧瓣与腹瓣在近基部 1/3 处分开，背侧瓣在侧面观近端部分瓣，侧瓣呈短的刺突状。阳茎浅“U”形，具 1 对剑状突起物。抱器近三角形，后缘较平直或微凸出或深凹入。

该属全世界已知 43 种，中国已知 38 种，包括本志记述 5 新种。

地理分布：湖南、福建、台湾、海南、广西、重庆；日本，巴基斯坦，尼泊尔。

种检索表

1. 抱器后缘中部较直或微凸出，尾向观抱器背突内缘在脊处不呈明显角状……2
   抱器后缘中部明显凹入，尾向观抱器背突内缘在脊处呈明显角状……23
2. 阳茎基背瓣侧面观端部不呈齿状指向腹部，背向观中部不呈缺刻状……3
   阳茎基背瓣侧面观端部呈齿状指向腹部，背向观中部呈深的缺刻状……20
3. 额端半部黄色或黄褐色……4
   额端半部深褐色或黄褐色，具黄色斑点……5
4. 雄虫肛节长为最宽处的 3 倍，前翅长 4.2-4.4mm……**旋美萨瓢蜡蝉 *E. contorta***
   雄虫肛节长为最宽处的 2.7 倍，前翅长 4.0-4.3mm……**窟美萨瓢蜡蝉 *E. kuyanianum***
5. 阳茎基侧面观侧瓣长度远远超出阳茎腹突的基部……6
   阳茎基侧面观侧瓣长度未超出阳茎腹突的基部……8
6. 阳茎基侧瓣侧面观达背瓣端部，背面观端部向中线处弯折……**铃美萨瓢蜡蝉 *E. rinkihonis***
   阳茎基侧瓣侧面观未达背瓣端部，背面观端部平行……7
7. 阳茎基腹瓣端缘中部微凸……**升美萨瓢蜡蝉 *E. ascetica***
   阳茎基腹瓣端缘中部缺刻……**移美萨瓢蜡蝉 *E. motiva***
8. 阳茎腹突短，未达阳茎基中部……9
   阳茎腹突长，至少超过阳茎基中部……10
9. 抱器后缘中部不凹入；腹部腹板黄褐色……**灵美萨瓢蜡蝉 *E. astuta***

抱器后缘中部凹入；腹部腹板黄褐色，中域深褐色……………………多根美萨瓢蜡蝉 ***E. radicosa***

10. 阳茎基侧瓣背面观端部指向中线处……………………………………………………牡美萨瓢蜡蝉 ***E. mucida***

阳茎基侧瓣背面观端部指向侧面……………………………………………………………………………… 11

11. 阳茎突起侧面观较短，未伸达阳茎基侧瓣和腹瓣之间的分瓣处……………………………………… 12

阳茎突起侧面观长，伸达阳茎基侧瓣和腹瓣之间的分瓣处……………………………………………… 14

12. 前翅深褐色，具黑色斑纹；雄虫肛节基部极窄……………………………芳美萨瓢蜡蝉 ***E. incensa***

前翅褐色；雄虫肛节基部不窄……………………………………………………………………………… 13

13. 额深褐色，不具斑纹；雄虫前翅长度大约 4.4mm……………………………博美萨瓢蜡蝉 ***E. docta***

额基半部深褐色，端半部黄褐色；雄虫前翅长度大约 4.8mm………………青美萨瓢蜡蝉 ***E. junia***

14. 雄虫肛节背面观侧缘自肛孔位置向端部逐渐聚拢………………………………………………………… 15

雄虫肛节背面观侧缘自肛孔位置两侧平行………………………………………………………………… 16

15. 额端半部浅黄褐色，中域颜色较深；阳茎腹瓣端缘中部微凹……………茵美萨瓢蜡蝉 ***E. indeserta***

额端半部颜色不如上述；阳茎腹瓣端缘中部微凸………………………杨氏美萨瓢蜡蝉 ***E. yangi***

16. 前翅褐色，具黑色斑纹……………………………………………………………………………………… 17

前翅褐色，不具斑纹………………………………………………………………………………………… 18

17. 头顶基部宽为中线长的 1.7 倍；腹面观颊的端部可见；抱器侧面观突起前的背缘向下呈明显角状

………………………………………………………………………………………浓美萨瓢蜡蝉 ***E. condensa***

头顶基部宽为中线长的 1.5 倍；颊腹面颊的观端部不可见；抱器侧面观突起前的背缘向下明显弯曲

………………………………………………………………………………………川美萨瓢蜡蝉 ***E. perlaeta***

18. 唇基浅褐色至黄色，中部具 2 条深色纵带……………………………台湾美萨瓢蜡蝉 ***E. formosana***

唇基黑褐色，无纵带………………………………………………………………………………………… 19

19. 头顶基部宽为中线长的 2 倍；额通体深褐色；额唇基缝具 4 个小黑斑………田美萨瓢蜡蝉 ***E. arva***

头顶基部宽为中线长的 1.7 倍；额基半部深褐色，端半部褐色；额唇基缝无黑斑……………………

………………………………………………………………………………………污美萨瓢蜡蝉 ***E. foetida***

20. 前翅 ScP 脉具短分支，并具深褐色至褐色斑点………………………………钩美萨瓢蜡蝉 ***E. hamata***

前翅 ScP 脉无此分支，无深褐色至褐色斑纹……………………………………………………………… 21

21. 前翅黄白色；额端半部白色……………………………………………………卓美萨瓢蜡蝉 ***E. eximia***

前翅褐色；额端半部白色或具白色斑纹…………………………………………………………………… 22

22. 阳茎腹突侧面观短，未达阳茎基侧瓣和腹瓣之间分瓣处；额端半部浅黄色，中域褐色…………

………………………………………………………………………………………泊美萨瓢蜡蝉 ***E. penaria***

阳茎腹突侧面观长，伸达阳茎基侧瓣和腹瓣之间分瓣处；额端半部深褐色……………………………

………………………………………………………………………………………蜜美萨瓢蜡蝉 ***E. mythica***

23. 阳茎基侧瓣腹面观端部指向中线或尾部中部……………………………………………………………… 24

阳茎基侧瓣腹面观端部指向侧面或背部 ………………………………………………………………… 25

24. 阳茎基侧瓣侧面观基部加厚，背面观端部指向中线…………………松村美萨瓢蜡蝉 ***E. matsumurai***

阳茎基侧瓣侧面观基部不加厚，背面观端部指向尾部中部………………柳美萨瓢蜡蝉 ***E. cernula***

25. 雄虫肛节侧缘自肛孔后向中部凹陷………………………………………………………………………… 26

雄虫肛节侧缘自肛孔后向外侧凸起………………………………………………………………………… 27

26. 前翅深褐色；阳茎突起端部指向中线处……………………………………**皓美萨瓢蜡蝉 *E. horaea***
前翅褐色；阳茎突起端部指向头部…………………………………………**丰美萨瓢蜡蝉 *E. copiosa***
27. 阳茎基侧瓣无小突起……………………………………………………………………………………28
阳茎基侧瓣上具小的刺突……………………………………………………………………………………32
28. 阳茎基侧瓣腹面观端部指向侧面……………………………………………………………………29
阳茎基侧瓣腹面观端部指向背部或尾部………………………………………………………………31
29. 阳茎基腹瓣端缘钝圆……………………………………………………………**帆美萨瓢蜡蝉 *E. fanda***
阳茎基腹瓣端缘不如上述……………………………………………………………………………………30
30. 前翅浅红色，腹部腹面浅红色；阳茎基腹瓣端缘浅凹入…………………**红美萨瓢蜡蝉 *E. rubricans***
前翅深褐色到黑色，腹部腹面黄绿色；阳茎基腹瓣端缘中部具深缺刻…·**筏美萨瓢蜡蝉 *E. factiosa***
31. 雄虫肛节端缘钝圆………………………………………………………………**罗美萨瓢蜡蝉 *E. logica***
雄虫肛节端缘中部微凹入……………………………………………………**三叶美萨瓢蜡蝉 *E. triphylla***
32. 阳茎基侧面观侧瓣小突起指向腹面………………………………**刺美萨瓢蜡蝉，新种 *E. spina* sp. nov.**
阳茎基侧面观侧瓣上小刺突指向头部或背部……………………………………………………………33
33. 雄虫肛节近杯形，端部最宽…………………………………………………………………………………34
雄虫肛节近四边形，近中部略宽……………………………………………………………………………35
34. 肛节端缘较直；阳茎基腹瓣端缘不凹入………………**针美萨瓢蜡蝉，新种 *E. spiculiformis* sp. nov.**
肛节端缘中部凹入；阳茎基腹瓣端缘微凹入……………**穗美萨瓢蜡蝉，新种 *E. spiculata* sp. nov.**
35. 阳茎基腹瓣端缘微凸出，侧瓣端部指向尾部…………**尖叶美萨瓢蜡蝉，新种 *E. acutifolica* sp. nov.**
阳茎基腹瓣端缘微凹入，侧瓣端部腹面观指向侧面……………………………………………………
……………………………………………………………………**双尖美萨瓢蜡蝉，新种 *E. bicuspidata* sp. nov.**

注：洁美萨瓢蜡蝉 *Eusarima koshunensis* (Matsumura, 1916) 和炫美萨瓢蜡蝉 *Eusarima versicolor* (Kato, 1933) 的原描述简单，在原描述中未找到合适的比较特征，因此暂未列入检索表。

(211) 旋美萨瓢蜡蝉 *Eusarima contorta* Yang, 1994（图 186）

Eusarima contorta Yang, 1994 in Chan *et* Yang, 1994: 111 (Type locality: Taiwan, China).

以下描述源自 Chan 和 Yang（1994）。

体连翅长：♂ 5.0-5.2mm，♀ 5.4-5.6mm。前翅长：♂ 4.2-4.4mm，♀ 4.5-4.7mm。

体深褐色，具黄色斑纹。头顶深褐色，额深褐色，具黄色斑纹。后唇基褐色，具深褐色斑纹。喙褐色。触角具浅褐色斑纹。前翅黄褐色；后翅黑色。足黄褐色，具浅黑色线纹。腹部腹板黄褐色。

头顶两后侧角宽为中线长的 1.6 倍。触角第 2 节具斑纹。额最宽处宽为中线长的 1.1 倍，为基部宽的 1.5 倍，基部 1/3 处和端部 2/3 处具斑纹。后唇基顶部 1/3 处具斑纹。腹面观颊的端部可见。前翅长为最宽处的 2.4 倍，MP 脉和 CuA 脉在同一位置分叉，均远离爪脉汇合处；后翅腹瓣窄。后足刺式 6-(8-10)-2。

雄性外生殖器：肛节长为最宽处宽的 3 倍。阳茎基背瓣端部截形，侧瓣小，阳茎突起指向基部，腹瓣端部钝圆且向外膨大。阳茎突起侧面观向腹部弯曲，指向头部，长为阳茎基的 0.68 倍。抱器背缘弯曲，突起指向侧面，背面观近平直，端部平截。

观察标本：未见。

地理分布：台湾。

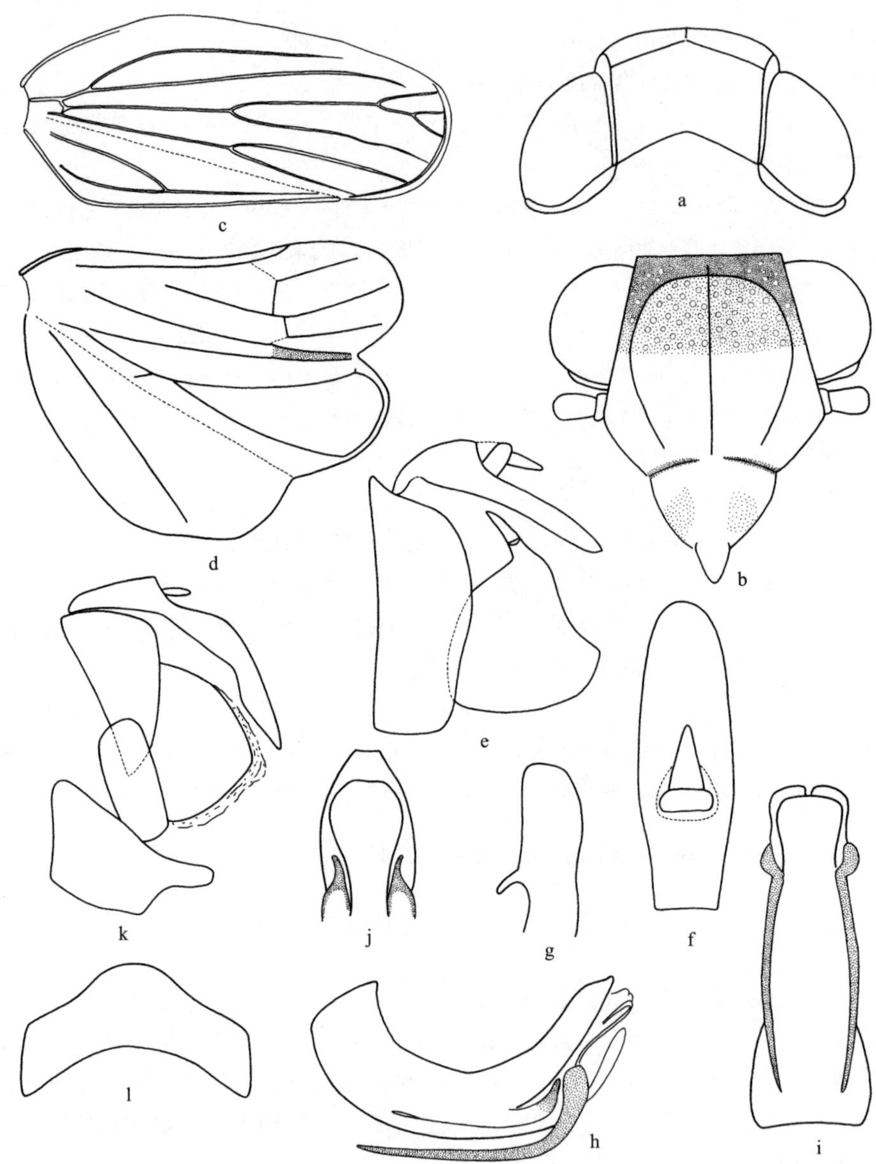

图 186 旋美萨瓢蜡蝉 *Eusarima contorta* Yang（仿 Chan & Yang，1994）

a. 头部背面观（head, dorsal view）；b. 头部腹面观（head, ventral view）；c. 前翅（tegmen）；d. 后翅（hind wing）；e. 雄虫外生殖器侧面观（male genitalia, lateral view）；f. 雄肛节背面观（male anal segment, dorsal view）；g. 抱器背突尾向观（capitulum of genital style, caudal view）；h. 阳茎左面观（phallus, left view）；i. 阳茎腹面观（phallus, ventral view）；j. 阳茎基端部腹面观（apex of phallobase, ventral view）；k. 雌虫外生殖器侧面观（female genitalia, lateral view）；l. 雌第 7 腹节腹面观（female sternite Ⅶ, ventral view）

(212) 窟美萨瓢蜡蝉 *Eusarima kuyanianum* (Matsumura, 1916)（图 187）

Sarima kuyanianum Matsumura, 1916: 112 (Type locality: Taiwan, China); Chan *et* Yang, 1994: 158.

Eusarima casca Yang, 1994 in Chan *et* Yang, 1994: 113; Chen, Zhang *et* Chang, 2014: 149. Synonymised by Gnezdilov, 2013d: 487.

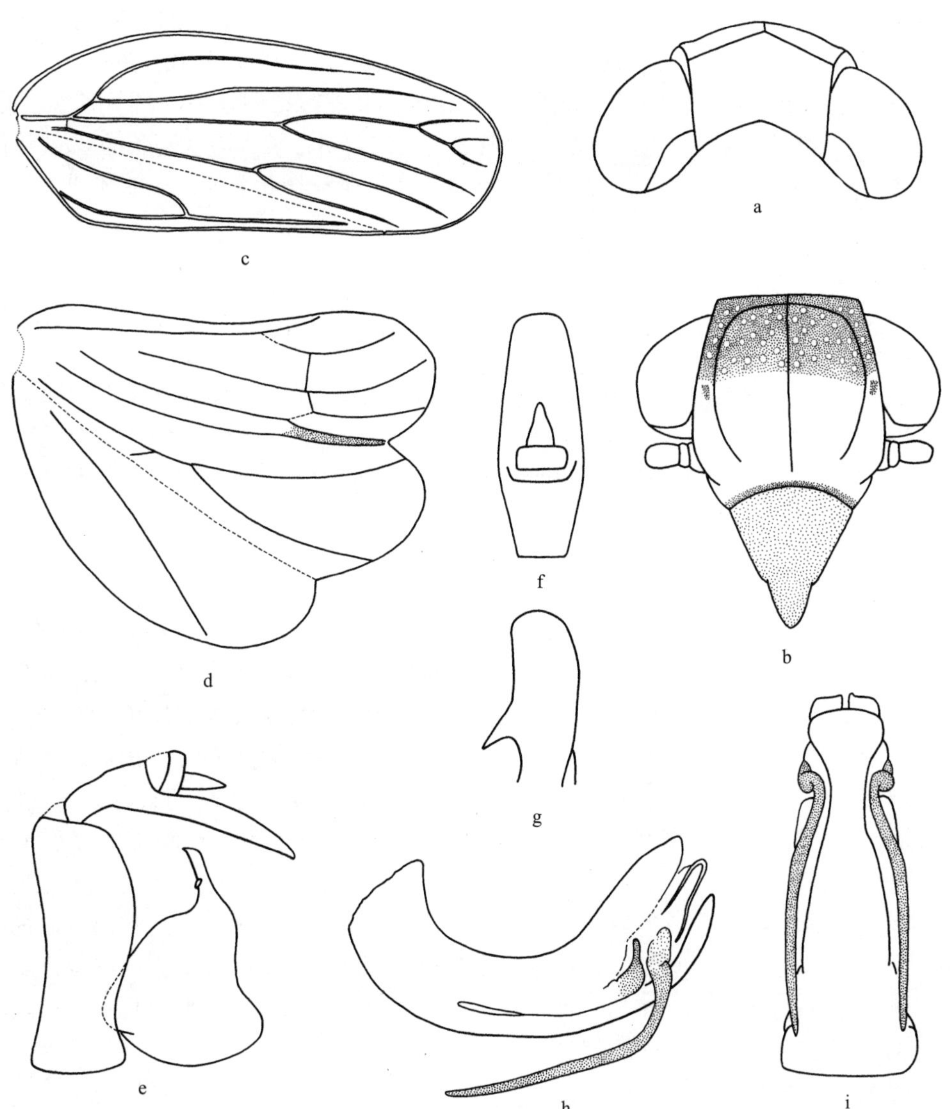

图 187　窟美萨瓢蜡蝉 *Eusarima kuyanianum* (Matsumura)（仿 Chan & Yang，1994）

a. 头部背面观（head, dorsal view）；b. 头部腹面观（head, ventral view）；c. 前翅（tegmen）；d. 后翅（hind wing）；e. 雄虫外生殖器侧面观（male genitalia, lateral view）；f. 雄肛节背面观（male anal segment, dorsal view）；g. 抱器背突尾向观（capitulum of genital style, caudal view）；h. 阳茎左面观（phallus, left view）；i. 阳茎腹面观（phallus, ventral view）

以下描述源自 Chan 和 Yang（1994）。

体连翅长：♂ 4.9-5.3mm，♀ 5.5-5.8mm。前翅长：♂ 4.0-4.3mm，♀ 4.5-4.8mm。

体褐色。头顶、前胸背板和中胸盾片褐色。额基半部深褐色，具黄色斑点，端半部黄褐色，具浅黑色斑纹。唇基浅黑色，基部略浅。前翅半透明，浅黄褐色；后翅浅灰色。喙、触角及足浅黄褐色，足具浅黑色线纹。腹部腹面浅黄褐色中部区域黑色。

头顶两后侧角宽为中线长的 1.5 倍。额最宽处宽仅比中线长略宽，为基部宽的 1.4 倍。额沿额唇基沟处具斑纹。腹面观颊的端部可见。前翅长为最宽处的 2.5 倍；MP 脉分叉处距 CuA 脉分叉较远，均远离爪脉汇合处；后翅腹瓣窄。后足刺式 6-8-2。

雄性外生殖器：肛节长为最宽处的 2.7 倍。阳茎基侧瓣指向背部，顶半部急剧变窄；腹瓣近端部极窄。阳茎突起侧面观向腹部弯曲，头向弯折，长为阳茎基长的 0.84 倍；腹面观基部弯曲。抱器顶缘弯曲，突起指向头部，背面观两侧近平行，端部钝圆。

观察标本：未见。

地理分布：台湾。

(213) 铃美萨瓢蜡蝉 *Eusarima rinkihonis* (Matsumura, 1916)（图 188）

Sarima rinkihonis Matsumura, 1916: 114 (Type locality: Taiwan, China); Matsumura, 1936: 82; Chan *et* Yang, 1994: 159.

Eusarima delira Yang, 1994 in Chan *et* Yang, 1994: 113. Synonymised by Gnezdilov, 2013d: 489.

以下描述源自 Chan 和 Yang（1994）。

体连翅长：♂ 5.2mm，♀ 5.6-5.9mm。前翅长：♂ 4.3mm，♀ 4.7-5.0mm。

体褐色。头顶、前胸背板和中胸盾片褐色。额深褐色，具黄色斑点。额唇基沟黑色，额唇基沟以上和以下区域均为浅黄褐色。唇基浅黑色。喙浅黄色，触角具黑色斑纹。前翅褐色；后翅浅灰色。前足和中足的腿节、胫节深褐色。腹部腹板浅黑色。

头顶两后侧角宽为中线长的 1.7 倍。额两后侧角宽为中线长的 1.1 倍，最宽处为基部宽的 1.4 倍。腹面观颊的端部可见。触角第 2 节基部具斑纹。前翅长为最宽处的 2.2 倍，MP 脉和 CuA 脉在同一位置分叉，均远离爪脉汇合处；后翅腹瓣窄。后足刺式 6-(7-8)-2。

雄性外生殖器：肛节长为最宽处宽的 2.7 倍，基部窄。阳茎基侧瓣端部宽，钝圆；侧瓣极长，端部 2/3 处急剧变窄，延伸至背瓣端部，背面观窄的部分指向尾部，阳茎突起长为阳茎基长的 0.82 倍。抱器侧面观顶缘明显弯曲，突起前的背缘略倾斜，突起尾向观近平行，端部钝圆，脊以下的部分窄。

观察标本：未见。

地理分布：台湾。

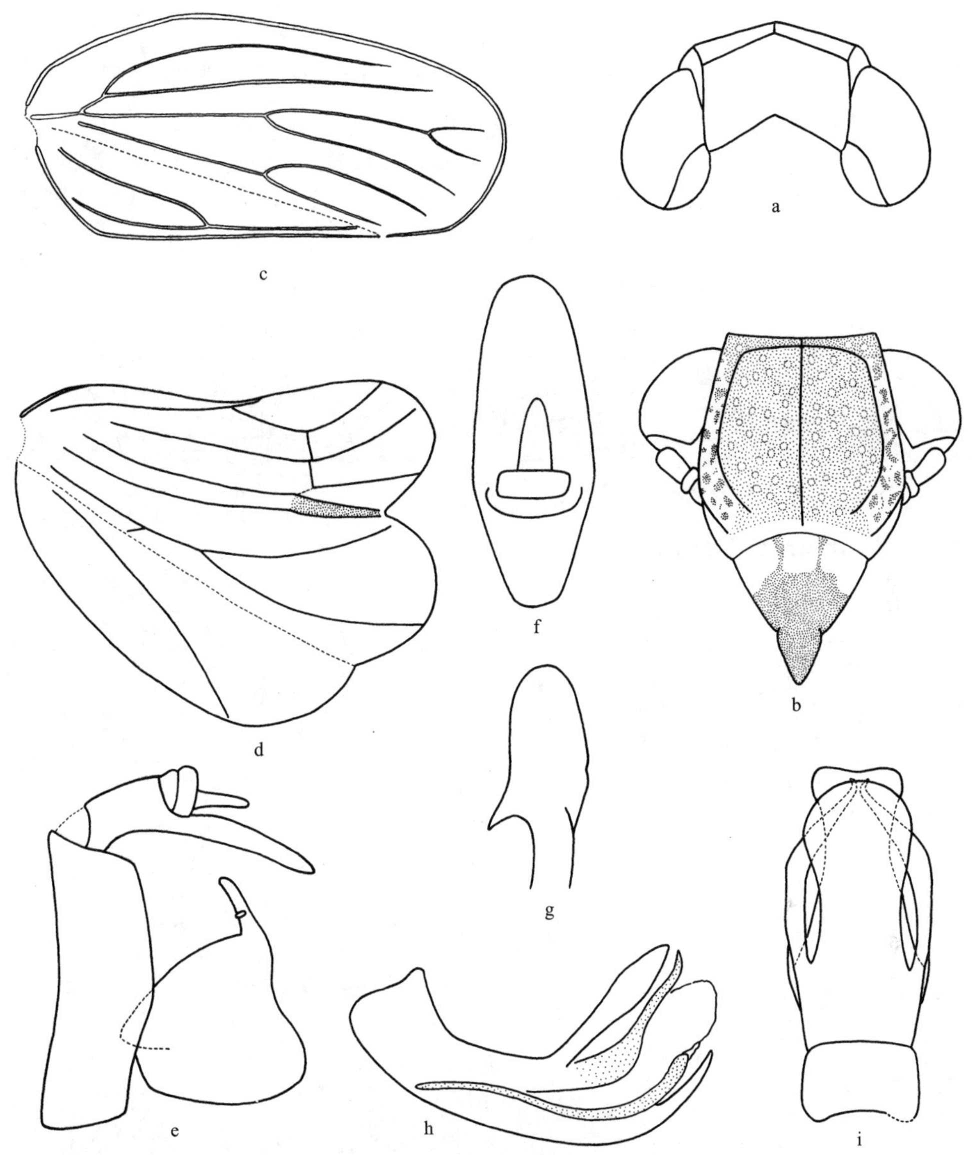

图 188　铃美萨瓢蜡蝉 *Eusarima rinkihonis* (Matsumura)（仿 Chan & Yang，1994）

a. 头部背面观（head, dorsal view）；b. 头部腹面观（head, ventral view）；c. 前翅（tegmen）；d. 后翅（hind wing）；e. 雄虫外生殖器侧面观（male genitalia, lateral view）；f. 雄肛节背面观（male anal segment, dorsal view）；g. 抱器背突尾向观（capitulum of genital style, caudal view）；h. 阳茎左面观（phallus, left view）；i. 阳茎基背面观（phallobase, dorsal view）

(214) 升美萨瓢蜡蝉 *Eusarima ascetica* Yang, 1994（图 189）

Eusarima ascetica Yang, 1994 in Chan *et* Yang, 1994: 116 (Type locality: Taiwan, China).

以下描述源自 Chan 和 Yang（1994）。

体连翅长：♂ 5.5mm。前翅长：♂ 4.6mm。

体深褐色。头顶和额具黄色斑点。额沿额唇基沟黑色，以上黄褐色。唇基黄褐色，具黑色斑纹。喙褐色，触角具黑色和褐色斑纹。前翅深褐色；后翅黑色。足褐色，具褐色或绿色斑纹。腹部腹板黑色，具黄绿色斑纹。

头顶两后侧角宽为中线长的 1.5 倍。唇基基部具斑纹。额最宽处宽为中线长的 1.1 倍，为基部宽的 1.4 倍。腹面观颊的端部可见。触角第 2 节基部和端部具斑纹。前翅长为最宽处的 2.2 倍；MP 脉的分叉略位于 CuA 脉分叉处的近基部，二者均远离爪脉汇合处；后翅腹瓣宽。后足刺式 6-8-2。

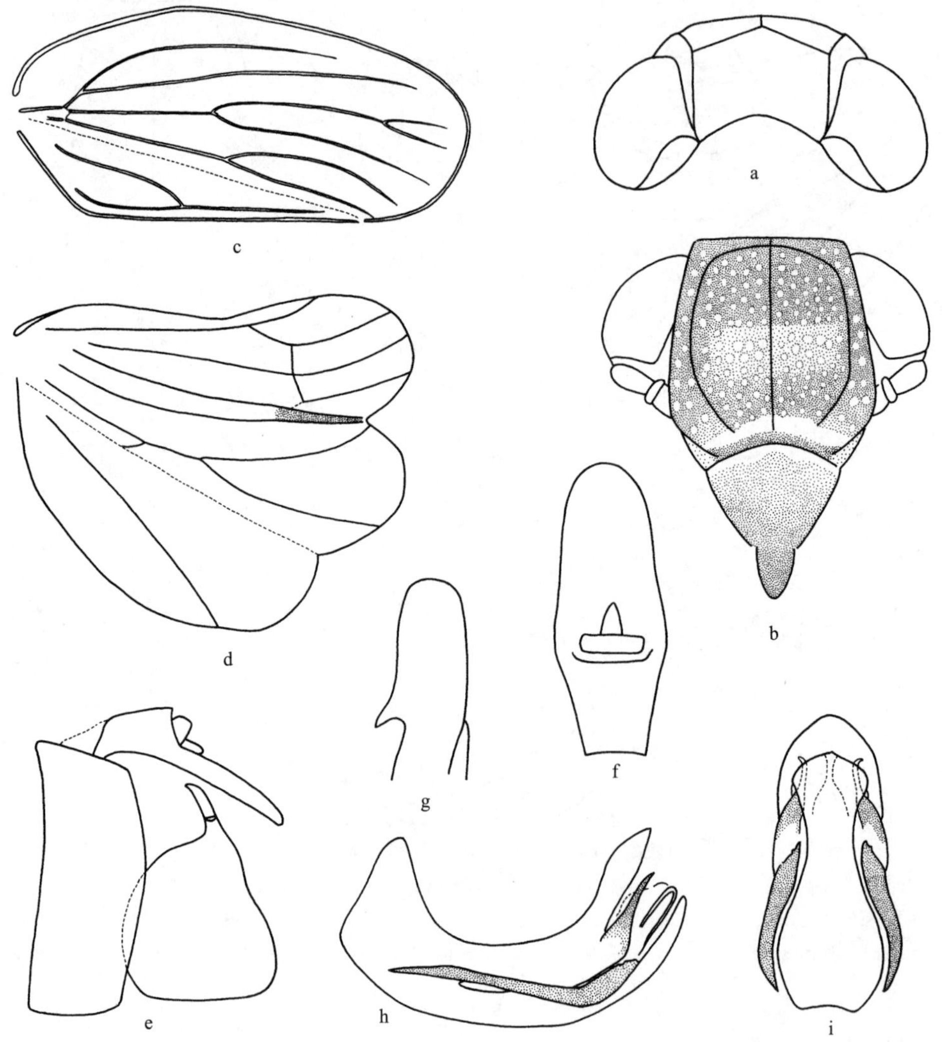

图 189 升美萨瓢蜡蝉 *Eusarima ascetica* Yang（仿 Chan & Yang，1994）

a. 头部背面观（head, dorsal view）；b. 头部腹面观（head, ventral view）；c. 前翅（tegmen）；d. 后翅（hind wing）；e. 雄虫外生殖器侧面观（male genitalia, lateral view）；f. 雄肛节背面观（male anal segment, dorsal view）；g. 抱器背突尾向观（capitulum of genital style, caudal view）；h. 阳茎左面观（phallus, left view）；i. 阳茎腹面观（phallus, ventral view）

雄性外生殖器：肛节长为最宽处宽的 2.5 倍。阳茎基侧瓣至端部渐窄，延伸至腹瓣端部，腹面观端部向侧边弯曲。抱器背缘向基部的突起平滑弯曲，不呈角状，顶缘略呈波浪状，突起背面观侧缘近平行，端部钝圆。

观察标本：未见。

地理分布：台湾。

(215) 移美萨瓢蜡蝉 *Eusarima motiva* Yang, 1994（图 190）

Eusarima motiva Yang, 1994 in Chan *et* Yang, 1994: 123 (Type locality: Taiwan, China); Chen, Zhang *et* Chang, 2014: 153.

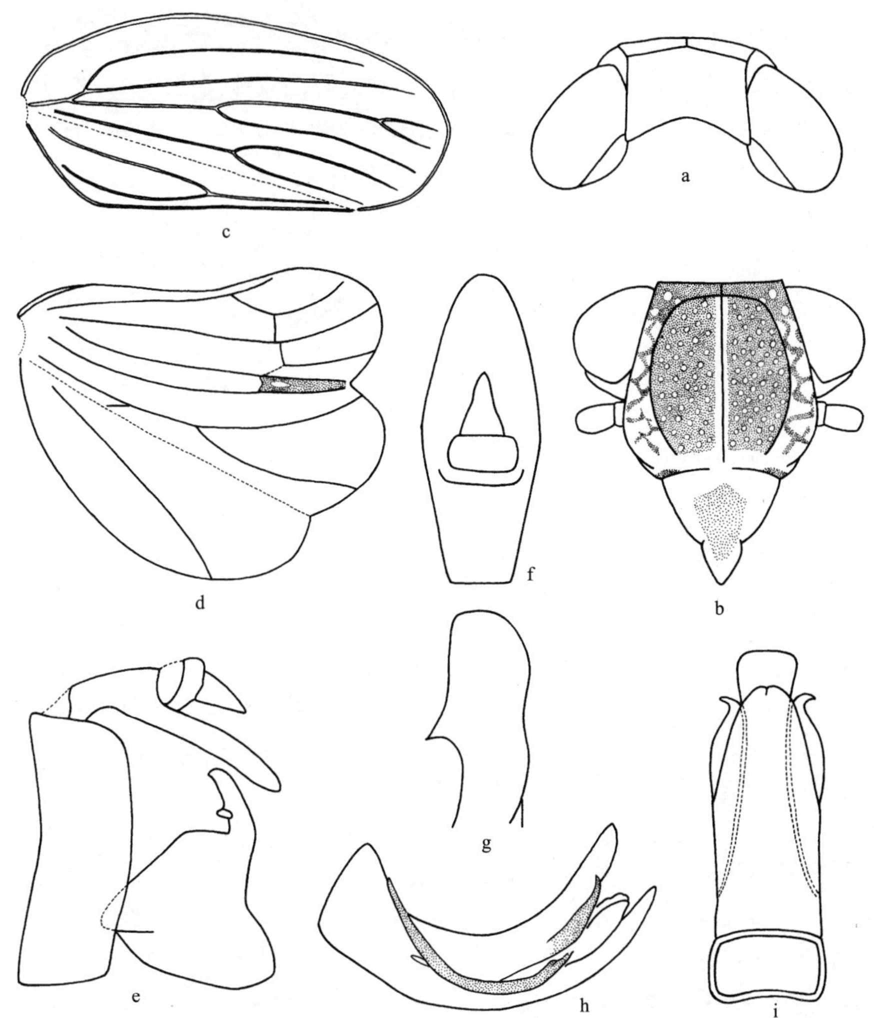

图 190　移美萨瓢蜡蝉 *Eusarima motiva* Yang（仿 Chan & Yang，1994）

a. 头部背面观（head, dorsal view）；b. 头部腹面观（head, ventral view）；c. 前翅（tegmen）；d. 后翅（hind wing）；e. 雄虫外生殖器侧面观（male genitalia, lateral view）；f. 雄肛节背面观（male anal segment, dorsal view）；g. 抱器背突尾向观（capitulum of genital style, caudal view）；h. 阳茎左面观（phallus, left view）；i. 阳茎基背面观（phallobase, dorsal view）

以下描述源自 Chan 和 Yang（1994）。

体连翅长：♂ 5.4mm。前翅长：♂ 4.4mm。

体褐色。头顶、前胸背板和中胸盾片浅褐色，或略带绿色。额亚中脊以上区域黑色，以下区域浅黑色，中域布有黄绿色斑点。额唇基沟处近侧角处黑色。唇基端部浅黑色，基部浅黄褐色。喙灰黄色。触角第 2 节基部褐色，端部灰色。前翅褐色；后翅浅黑色。足褐色，具黑线。腹部腹板浅黑色，具黄绿色斑纹。

头顶两后侧角宽为中线长的 1.8 倍。额最宽处宽为中线长的 1.1 倍，为基部宽的 1.55 倍。腹面观颊的端部可见。前翅长为最宽处的 2.2 倍，MP 脉的分叉略位于 CuA 脉分叉处的基部，两者均远离爪脉汇合处；后翅腹瓣宽。后足刺式 6-7-2。腹部腹板每节近侧缘具斑纹。

雄性外生殖器：肛节长为最宽处的 2.5 倍，中部最宽，向端部聚拢，端部稍尖。阳茎基背瓣端部稍尖，侧瓣端部渐窄，端部背向弯曲，背面观侧向扭曲。抱器顶缘弯曲，背缘向基部的突起近平直，向下弯曲成角状；尾向观突起的侧缘近平行，端部宽，脊内缘略凹陷。

观察标本：未见。

地理分布：台湾。

(216) 灵美萨瓢蜡蝉 *Eusarima astuta* Yang, 1994（图 191）

Eusarima astuta Yang, 1994 in Chan *et* Yang, 1994: 118 (Type locality: Taiwan, China).

以下描述源自 Chan 和 Yang（1994）。

体连翅长：♂ 4.9-5.3mm，♀ 5.5-5.7mm。前翅长：♂ 4.2-4.3mm，♀ 4.5-4.8mm。

体褐色。头顶、前胸背板和中胸盾片褐色。额基半部深褐色，顶部较浅，具黄色斑点。唇基深褐色，具黄褐色和黑色斑纹。喙褐色。触角具褐色和黑色斑纹。前翅深褐色；后翅黑色。足黄褐色，具黑色斑纹。腹部腹板黄褐色。

头顶两后侧角宽为中线长的 1.7 倍。额最宽处宽仅比中线长略长，为基部宽的 1.4 倍。额唇基沟上、下和末端具斑纹。腹面观颊的端部可见。触角第 2 节端部和基部具斑纹。前翅长为最宽处的 2.2 倍；MP 脉、CuA 脉分叉位置相近，均远离爪脉汇合处；后翅腹瓣宽。前足、中足胫节的端部具斑纹，后足刺式 6-8-2。

雄性外生殖器：肛节长为最宽处宽的 2.6 倍。尾节窄。阳茎具两类突起，长突起基部窄，伸至侧瓣和腹瓣的缺裂底部，长为阳茎基的 0.89 倍；短突起两后侧角宽，延伸至缺裂中部，长为阳茎基的 0.47 倍。抱器背缘向基部的突起平滑弯曲，顶缘弯曲，突起尾向观侧缘近平行，端部钝圆。

寄主：杜鹃花（*Rhododendron* sp.）。

观察标本：未见。

地理分布：台湾。

讨论：Chan 和 Yang（1994）在研究本属时，在相同时间、相同寄主植物杜鹃花上采集到的标本具两种不同的阳茎突起，但仅从外部形态难以区分。解剖了 15 只标本后，认为目前无中间体，认定为同一种。

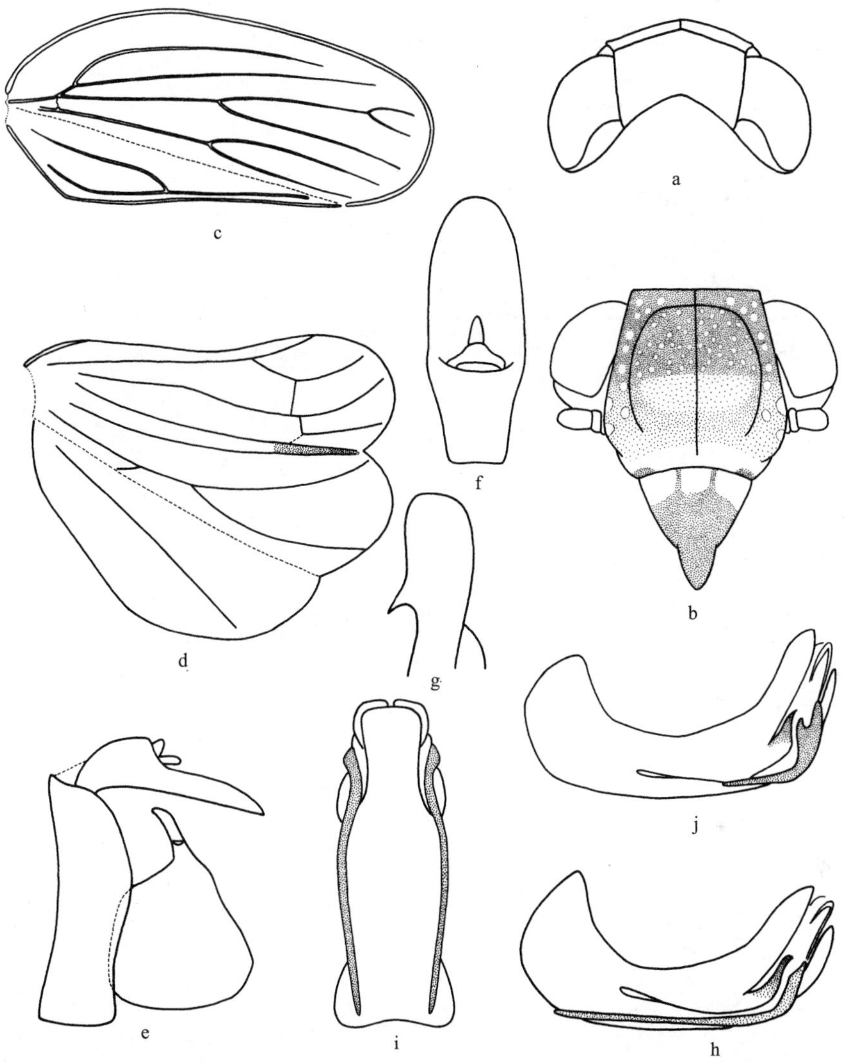

图 191 灵美萨瓢蜡蝉 *Eusarima astuta* Yang（仿 Chan & Yang，1994）

a. 头部背面观（head, dorsal view）；b. 头部腹面观（head, ventral view）；c. 前翅（tegmen）；d. 后翅（hind wing）；e. 雄虫外生殖器侧面观（male genitalia, lateral view）；f. 雄肛节背面观（male anal segment, dorsal view）；g. 抱器背突尾向观（capitulum of genital style, caudal view）；h. 阳茎左面观，示长突起（phallus, left view, long process form）；i. 阳茎腹面观（phallus, ventral view）；j. 阳茎左面观，示短突起（phallus, left view, short process form）

(217) 多根美萨瓢蜡蝉 *Eusarima radicosa* Yang, 1994（图 192）

Eusarima radicosa Yang, 1994 in Chan *et* Yang, 1994: 118 (Type locality: Taiwan, China).

以下描述源自 Chan 和 Yang（1994）。

体连翅长：♂ 5.5mm。前翅长：♂ 4.5mm。

体深褐色。头顶、前胸背板和中胸盾片褐色。额深褐色，具黄色斑点。额唇基沟黑色，中部黄褐色，沟以上和沟以下区域黄褐色。唇基黑色。喙黄褐色。触角第 2 节黑色。前翅深褐色；后翅黑色。足黄褐色，具黑色斑纹。腹部腹板黄褐色。

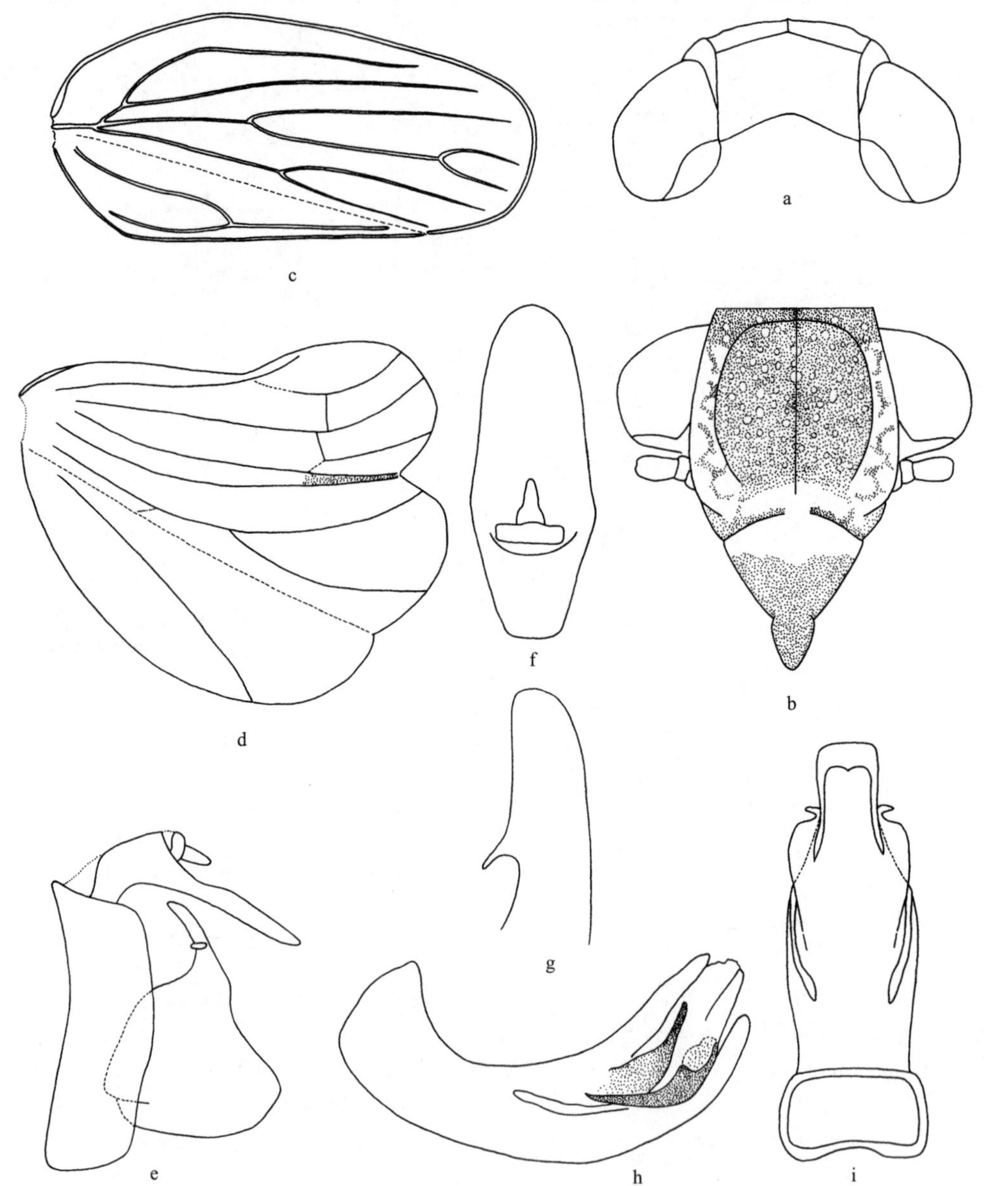

图 192 多根美萨瓢蜡蝉 *Eusarima radicosa* Yang（仿 Chan & Yang，1994）

a. 头部背面观（head, dorsal view）；b. 头部腹面观（head, ventral view）；c. 前翅（tegmen）；d. 后翅（hind wing）；e. 雄虫外生殖器侧面观（male genitalia, lateral view）；f. 雄肛节背面观（male anal segment, dorsal view）；g. 抱器背突尾向观（capitulum of genital style, caudal view）；h. 阳茎左面观（phallus, left view）；i. 阳茎基背面观（phallobase, dorsal view）

头顶两后侧角宽为中线长的 1.75 倍。额最宽处为中线长的 1.1 倍，为基部宽的 1.3

倍。腹面观颊的端部可见。前翅长为最宽处的 2.2 倍，MP 脉分叉处稍位于 CuA 脉分叉处基部之前，略远离爪脉汇合处；后翅腹瓣窄。后足刺式 6-(8-9)-2。

雄性外生殖器：肛节长为最宽处宽的 2.5 倍。阳茎基背瓣背面观窄，侧缘近平行，端缘中部微凹入；侧瓣侧面观基部粗壮，端部窄，背面观端部侧向弯曲。阳茎突起短，长仅为阳茎基的 0.38 倍。抱器顶缘弯曲，背缘向基部的突起向下平滑弯曲，不呈角状；突起尾向观侧缘近平行，内顶角弧状弯曲。

观察标本：未见。

地理分布：台湾。

(218) 牡美萨瓢蜡蝉 *Eusarima mucida* Yang, 1994（图 193）

Eusarima mucida Yang, 1994 in Chan *et* Yang, 1994: 121 (Type locality: Taiwan, China).

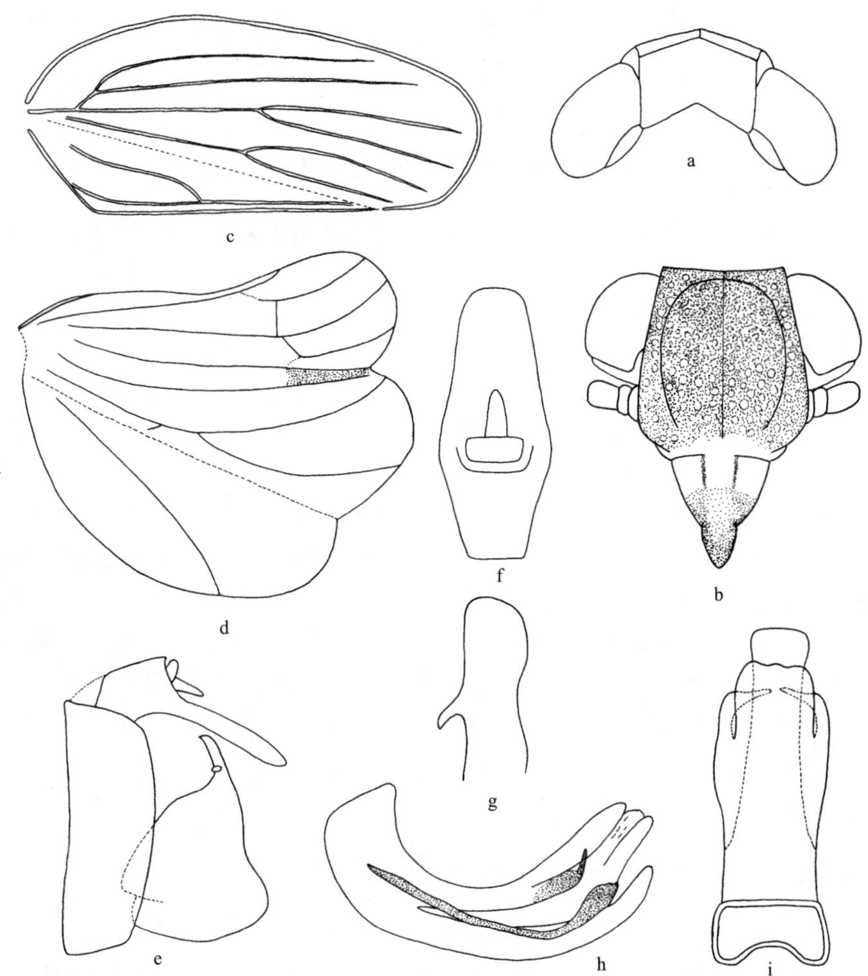

图 193　牡美萨瓢蜡蝉 *Eusarima mucida* Yang（仿 Chan & Yang，1994）

a. 头部背面观（head, dorsal view）；b. 头部腹面观（head, ventral view）；c. 前翅（tegmen）；d. 后翅（hind wing）；e. 雄虫外生殖器侧面观（male genitalia, lateral view）；f. 雄肛节背面观（male anal segment, dorsal view）；g. 抱器背突尾向观（capitulum of genital style, caudal view）；h. 阳茎左面观（phallus, left view）；i. 阳茎基背面观（phallobase, dorsal view）

以下描述源自 Chan 和 Yang（1994）。

体连翅长：♂ 5.5-5.7mm。前翅长：♂ 4.5-4.7mm。

体褐色。头顶、前胸背板和中胸盾片褐色。额基半部深褐色，端半部褐色，具黄色斑点。额唇基沟处两端具黑色斑纹。唇基端部深褐色。喙褐色。触角第 2 节黑色，端部灰色。前翅褐色；后翅浅黑色。足褐色，具黑线。腹部腹板黄绿色，具黑色斑纹。

头顶两后侧角宽为中线长的 1.7 倍。额最宽处宽与中线长相等，为基部宽的 1.4 倍。腹面观颊的端部可见。前翅长为最宽处的 2.5 倍，MP 脉和 CuA 脉在同一位置分叉，均远离爪脉汇合处；后翅腹瓣宽。后足刺式 6-(7-8)-2。腹部腹板中域具斑纹。

雄性外生殖器：肛节长为最宽处的 2.4 倍，背面观侧缘自肛管至端部聚拢，端缘钝圆。阳茎基背瓣平截，端部波状；侧瓣侧面观端部明显变窄，背面观指向中线处。阳茎突起长，长为阳茎基的 0.85 倍。抱器顶缘弯曲，背缘向基部的突起斜向下弯曲；突起尾向观近平行，端部宽，脊的内缘略凹陷。

观察标本：未见。

地理分布：台湾。

(219) 芳美萨瓢蜡蝉 *Eusarima incensa* Yang, 1994（图 194）

Eusarima incensa Yang, 1994 in Chan *et* Yang, 1994: 123 (Type locality: Taiwan, China).

以下描述源自 Chan 和 Yang（1994）。

体连翅长：♂ 5.6mm。前翅长：♂ 4.7mm。

体褐色，具黑色斑纹。头顶、前胸背板和中胸盾片浅褐色。额基半部深褐色，顶半部黄褐色，均具黄色斑点。唇基黑色，具黄褐色斑纹。喙褐色。前翅深褐色，具黑色斑纹，翅脉略带红色，后翅黑色。后足腿节和胫节基部略带黑色，其余黄色。腹部腹板浅褐色。

头顶两后侧角宽为中线长的 1.7 倍。额最宽处宽为中线长的 1.1 倍，为基部宽的 1.4 倍。前唇基基部 1/3 处具斑纹。腹面观颊的端部可见。前翅长为最宽处的 2.4 倍，MP 脉和 CuA 脉在爪脉汇合处分叉；后翅腹瓣宽。后足刺式 6-(8-9)-2。

雄性外生殖器：肛节长为最宽处的 2.7 倍，基部窄。阳茎基背瓣端部稍尖，侧瓣细长，顶半部窄，近顶部膨大，顶缘截形。阳茎突起向下翻折，后指向头部，长为阳茎基的 0.68 倍。抱器的脊指向侧边，尾向观端部宽，两侧近平行。

观察标本：未见。

地理分布：台湾。

(220) 博美萨瓢蜡蝉 *Eusarima docta* Yang, 1994（图 195）

Eusarima docta Yang, 1994 in Chan *et* Yang, 1994: 126 (Type locality: Taiwan, China).

以下描述源自 Chan 和 Yang（1994）。

体连翅长：♂ 5.3mm。前翅长：♂ 4.4mm。

体褐色。头顶和中胸盾片褐色。前胸背板深褐色。额深褐色，具黄色斑点。额唇基沟两侧深褐色，额唇基沟以上和以下区域均为浅黄色。唇基深褐色。喙褐色。触角第 2 节深褐色。前翅褐色；后翅灰色。足黄褐色，前足和中足的端部黑色。

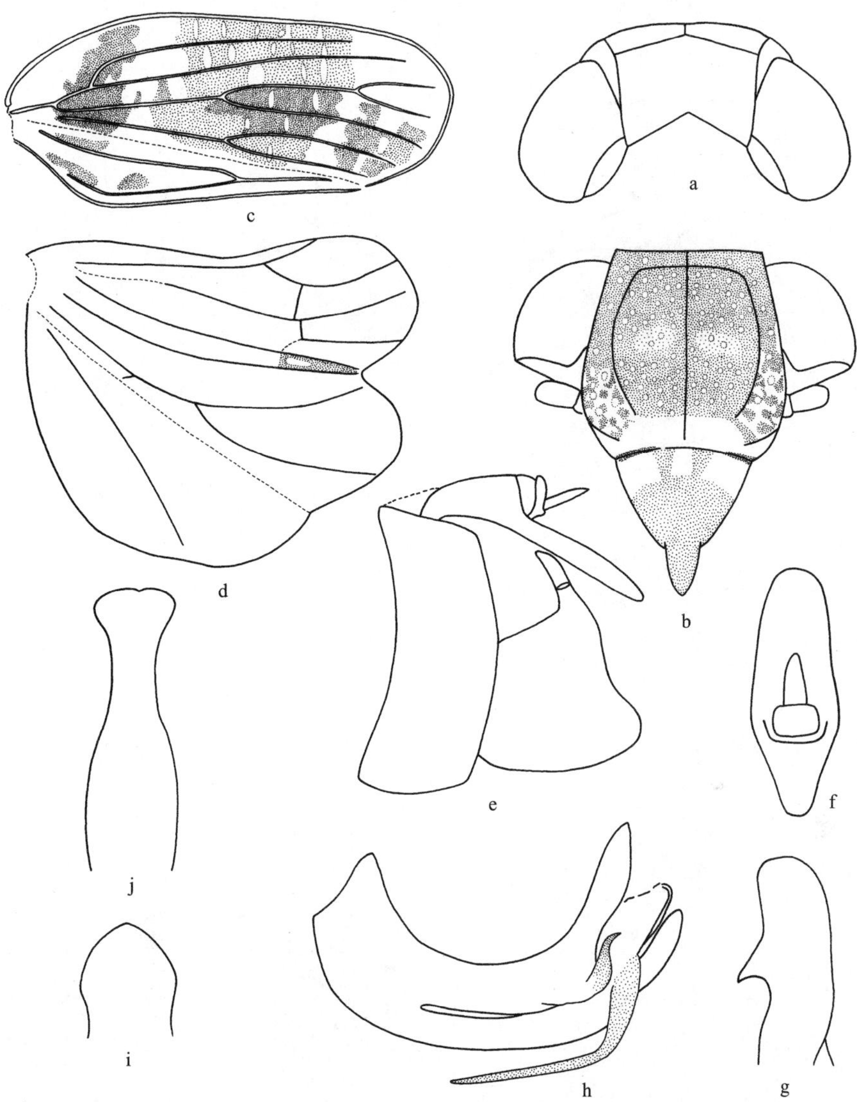

图 194 芳美萨瓢蜡蝉 *Eusarima incensa* Yang（仿 Chan & Yang，1994）

a. 头部背面观（head, dorsal view）；b. 头部腹面观（head, ventral view）；c. 前翅（tegmen）；d. 后翅（hind wing）；e. 雄虫外生殖器侧面观（male genitalia, lateral view）；f. 雄肛节背面观（male anal segment, dorsal view）；g. 抱器背突尾向观（capitulum of genital style, caudal view）；h. 阳茎左面观（phallus, left view）；i. 阳茎基背瓣端部背面观（apex of dorsal lobe of phallobase, dorsal view）；j. 阳茎基腹瓣端部腹面观（apex of ventral lobe of phallobase, ventral view）

头顶两后侧角宽为中线长的 1.5 倍。额最宽处宽为中线长 1.1 倍，为基部宽的 1.4 倍。腹面观颊的端部可见。前翅长为最宽处的 2.4 倍，MP 脉在 CuA 脉分叉的略基部分叉，均略远离爪脉汇合处；后翅腹瓣宽。后足刺式 6-(7-8)-2。

雄性外生殖器：肛节长为最宽处宽的 2.35 倍。阳茎基侧瓣小。阳茎突起长，未到达侧瓣和腹瓣缺裂底部，长为阳茎基的 0.66 倍，腹面观突起波浪状。抱器顶缘弯曲，背缘向基部的突起平直，后弧形向下弯曲，突起尾向观两侧近平行，端部宽。

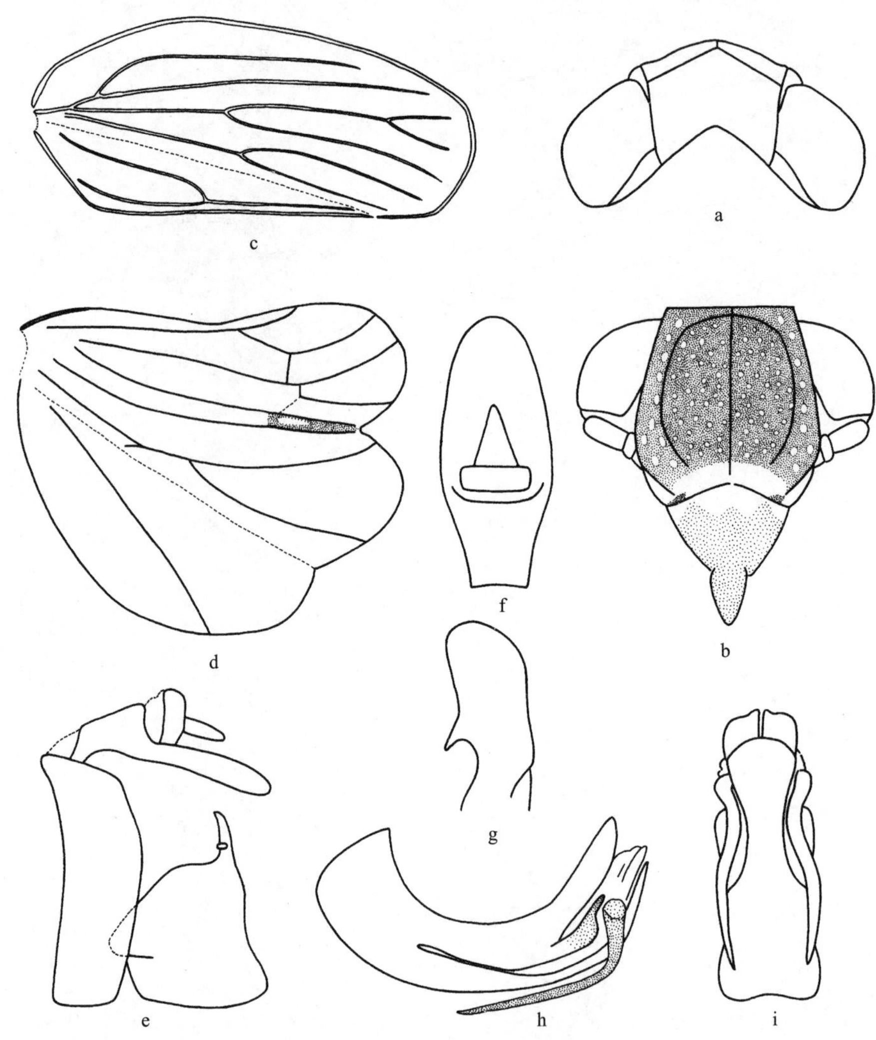

图 195 博美萨瓢蜡蝉 *Eusarima docta* Yang（仿 Chan & Yang，1994）

a. 头部背面观（head, dorsal view）；b. 头部腹面观（head, ventral view）；c. 前翅（tegmen）；d. 后翅（hind wing）；e. 雄虫外生殖器侧面观（male genitalia, lateral view）；f. 雄肛节背面观（male anal segment, dorsal view）；g. 抱器背突尾向观（capitulum of genital style, caudal view）；h. 阳茎左面观（phallus, left view）；i. 阳茎腹面观（phallus, ventral view）

观察标本：未见。

地理分布：台湾。

(221) 青美萨瓢蜡蝉 *Eusarima junia* Yang, 1994（图 196）

Eusarima junia Yang, 1994 in Chan *et* Yang, 1994: 126 (Type locality: Taiwan, China).

以下描述源自 Chan 和 Yang（1994）。

体连翅长：♂ 5.8mm。前翅长：♂ 4.8mm。

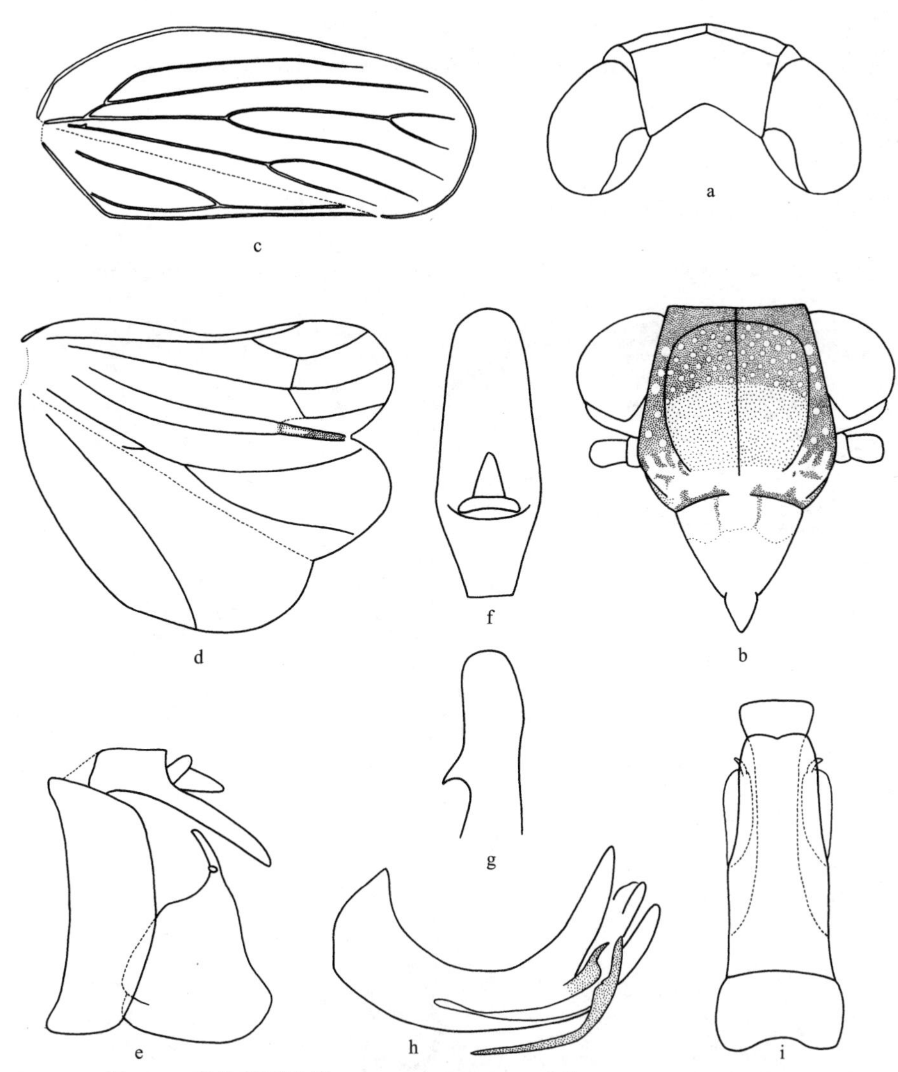

图 196　青美萨瓢蜡蝉 *Eusarima junia* Yang（仿 Chan & Yang，1994）

a. 头部背面观（head, dorsal view）；b. 头部腹面观（head, ventral view）；c. 前翅（tegmen）；d. 后翅（hind wing）；e. 雄虫外生殖器侧面观（male genitalia, lateral view）；f. 雄肛节背面观（male anal segment, dorsal view）；g. 抱器背突尾向观（capitulum of genital style, caudal view）；h. 阳茎左面观（phallus, left view）；i. 阳茎基背面观（phallobase, dorsal view）

体褐色。头顶、前胸背板和中胸盾片褐色。额基半部深褐色，端半部黄褐色，均具黄色斑点。额唇基沟黑色，沟以上和以下区域黄褐色。唇基基部以外均为浅黑色。喙褐色。触角第 2 节基部黑色，端部灰色。前翅褐色，后翅浅黑色。足褐色，具清晰黑线。腹部腹板黄褐色，具黑色斑纹。

头顶两后侧角宽为中线长的 1.65 倍。额最宽处为中线长的 1.1 倍，为基部宽的 1.4 倍。腹面观颊的端部可见。前翅长为最宽处的 2.4 倍，MP 脉在 CuA 脉分叉的略基部分叉，略远离爪脉汇合处；后翅腹瓣宽。腹部腹板中域具斑纹。后足刺式 6-8-2。

雄性外生殖器：肛节长为最宽处宽的 2.5 倍。阳茎基背瓣端部平截，侧瓣小。阳茎突起短，未达侧瓣和腹瓣深裂的底部，长为阳茎基的 0.64 倍，腹面观突起波浪状。抱器顶缘弯曲，背缘向基部的突起弧形斜向下弯曲，突起尾向观两侧近平行，端部宽。

观察标本：未见。

地理分布：台湾。

(222) 茵美萨瓢蜡蝉 *Eusarima indeserta* Yang, 1994（图 197）

Eusarima indeserta Yang, 1994 in Chan *et* Yang, 1994: 129 (Type locality: Taiwan, China).

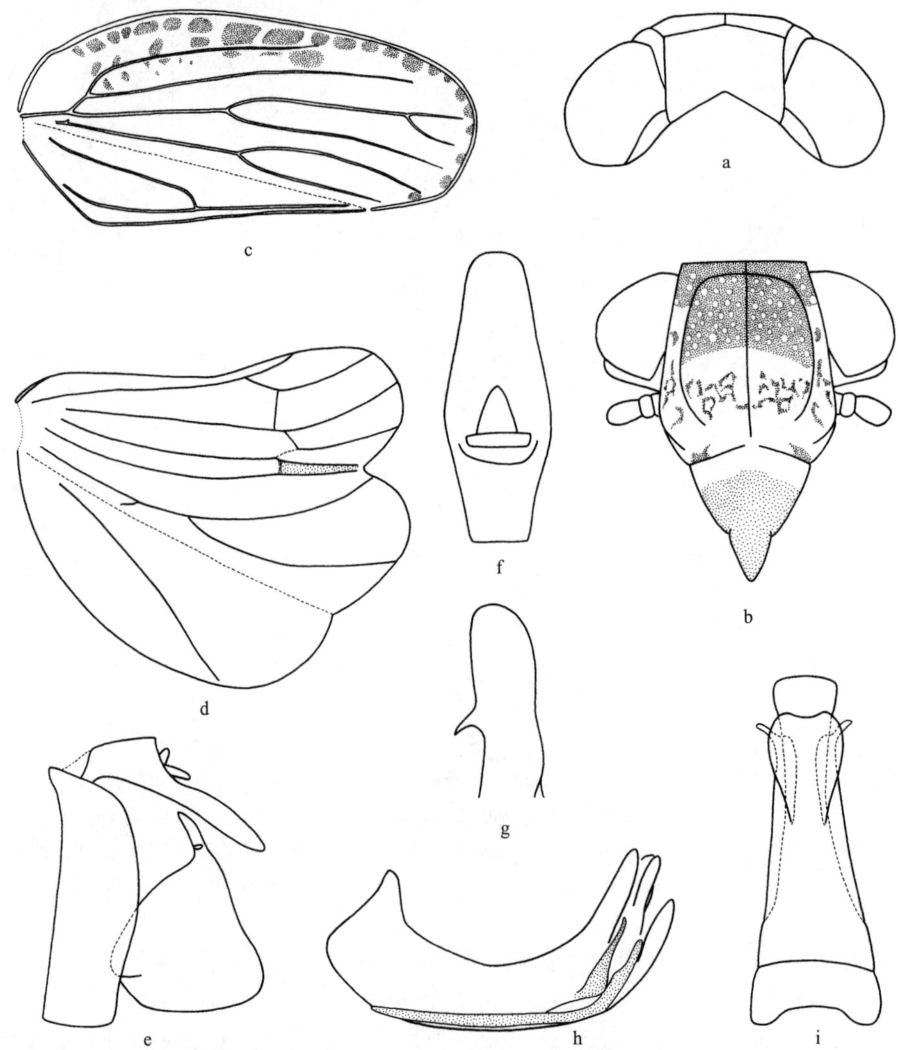

图 197 茵美萨瓢蜡蝉 *Eusarima indeserta* Yang（仿 Chan & Yang，1994）

a. 头部背面观（head, dorsal view）；b. 头部腹面观（head, ventral view）；c. 前翅（tegmen）；d. 后翅（hind wing）；e. 雄虫外生殖器侧面观（male genitalia, lateral view）；f. 雄肛节背面观（male anal segment, dorsal view）；g. 抱器背突尾向观（capitulum of genital style, caudal view）；h. 阳茎左面观（phallus, left view）；i. 阳茎基背面观（phallobase, dorsal view）

以下描述源自 Chan 和 Yang（1994）。

体连翅长：♂ 4.9-5.0mm，♀ 5.6-5.8mm。前翅长：♂ 4.0-4.2mm，♀ 4.6-4.8mm。

体褐色。头顶、前胸背板和中胸盾片深褐色。额深褐色，具黄色斑点，端半部浅黄褐色，具黄褐色斑纹。额唇基沟两端黑色。唇基浅黑色，具黄褐色斑纹。喙浅黄褐色。触角第 2 节基部黑色，端部灰色。前翅褐色；后翅灰色。足黄褐色，具清晰黑线。腹部腹板黄褐色，具黑色斑纹。

头顶两后侧角宽为中线长的 1.8 倍。额最宽处宽仅比中线处略长，为基部宽的 1.4 倍，额基半部具斑点，端半部中域具斑纹。唇基基部 1/4 处具斑纹。腹面观颊的端部可见。前翅长为最宽处的 2.3 倍，MP 脉在 CuA 脉分叉的略基部处分叉，均远离爪脉汇合处；后翅腹瓣窄。腹部腹板中域具斑纹。后足刺式 6-（9-10）-2。

雄性外生殖器：肛节长为最宽处宽的 2.55 倍，侧缘自肛管处至端部逐渐聚拢。阳茎基背瓣端部锯齿状，侧瓣细长。阳茎突起短，未达侧瓣端部，突起长为阳茎基的 0.64 倍。抱器顶缘略呈波浪状，背缘基部突起倾斜。

观察标本：未见。

地理分布：台湾。

(223) 杨氏美萨瓢蜡蝉 *Eusarima yangi* Chen, Zhang *et* Chang, 2014

Eusarima yangi Chen, Zhang *et* Chang, 2014: 153 (Type locality: Taiwan, China).

以下描述源自 Chen 等（2014）。

体连翅长：♂ 5.3mm，♀ 6.2mm。前翅长：♂ 4.3mm，♀ 5.1mm。

头顶、前胸背板、中胸盾片暗褐色，夹杂黄色至褐色斑。复眼黑褐色。额基部暗褐色，大部褐色，夹杂淡黄褐色斑点。额唇基沟黑褐色。唇基暗褐色，基部色稍淡。颊淡黄褐色。触角褐色。前翅暗红褐色，横脉淡黄色。后翅淡褐色，翅脉褐色。足黄褐色至褐色。腹部腹面中域淡黑色，各腹节侧域淡黄褐色。

头顶中长为基宽的 0.56 倍。额中长为最宽处宽的 0.78 倍，最宽处宽为基部宽的 1.39 倍。前胸背板中长为头顶中长的 1.04 倍。中胸盾片中长为前胸背板的 1.58 倍。前翅中长为最宽处宽的 2.64 倍，MP 脉分支处稍位于 CuA 脉分支处之前，两者均位于“Y”脉共柄处之后。后翅长为最宽处宽的 1.5 倍，腹瓣宽。后足刺式 6-(7-8)-2。

雄性外生殖器：肛节背面观近呈菱形，中长为最宽处宽的 2.13 倍，以肛孔处为最宽，在肛孔前、后变狭，端缘圆尖，肛孔位于中偏基方。肛节侧面观，背缘平直，腹缘凹，端部在肛孔后骤然变细，末端尖，腹缘平直。尾节侧面观，后缘略尾向凸出，近腹缘处略凹。抱器侧面观，后缘波曲，背缘中部略呈弧形凸出，背突细长，端尖，侧齿位于最狭处，斜指向头、侧方；背突尾向观，侧齿下方稍缢缩，端部两侧缘近平行，端缘圆。阳茎基背瓣端部尖圆；侧瓣侧面观基部粗，端半骤然变细，末端尖，指向背、尾方，腹面观弯向侧方；腹瓣腹面观中部缢缩，端缘弧圆。阳茎器侧面观腹钩突细长，长约为阳茎基的 0.68 倍，在基部 1/4 处背缘膨大，近基部 1/3 处强烈弯曲，端部大部分直，指向头方；腹面观腹钩突波曲，基部膨大，端向渐细尖。

观察标本：未见。

地理分布：台湾。

(224) 浓美萨瓢蜡蝉 *Eusarima condensa* Yang, 1994（图 198）

Eusarima condensa Yang, 1994 in Chan *et* Yang, 1994: 131 (Type locality: Taiwan, China).

以下描述源自 Chan 和 Yang（1994）。

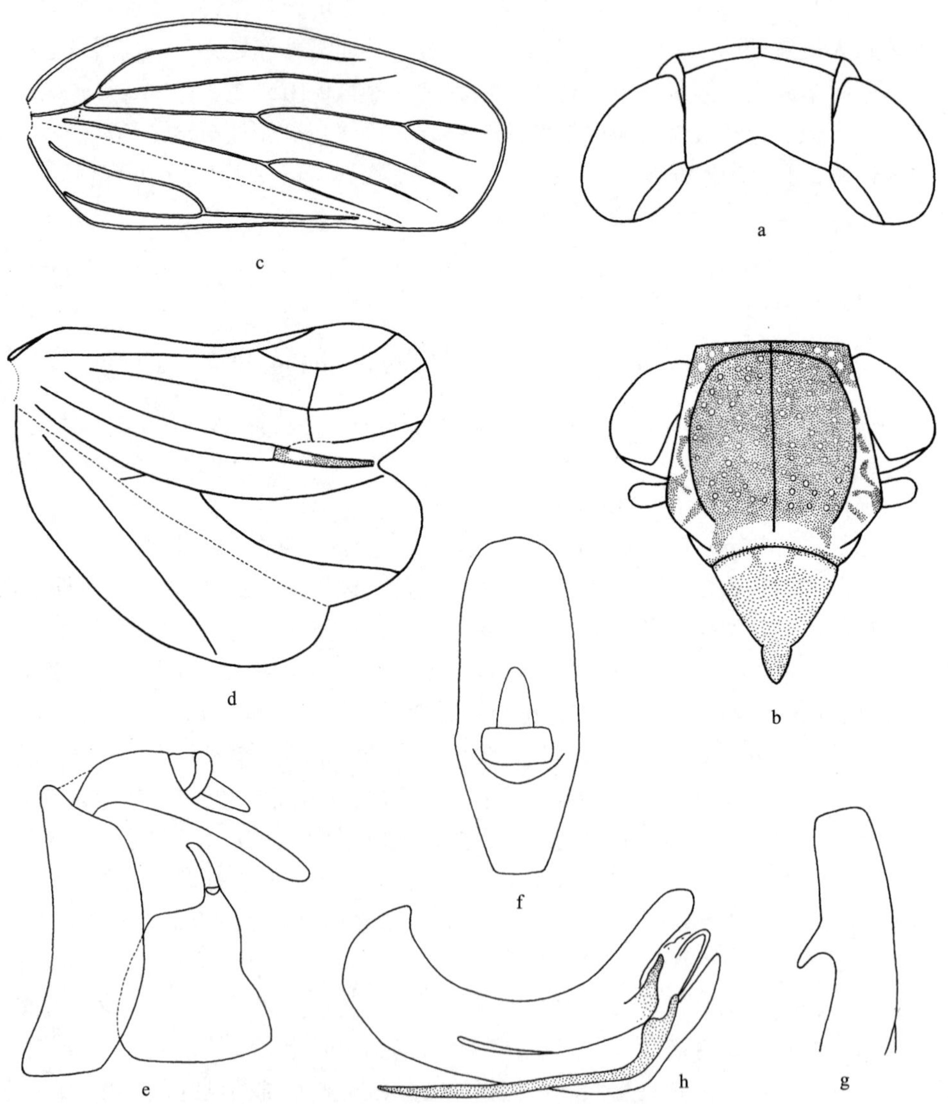

图 198 浓美萨瓢蜡蝉 *Eusarima condensa* Yang（仿 Chan & Yang，1994）

a. 头部背面观（head, dorsal view）；b. 头部腹面观（head, ventral view）；c. 前翅（tegmen）；d. 后翅（hind wing）；e. 雄虫外生殖器侧面观（male genitalia, lateral view）；f. 雄肛节背面观（male anal segment, dorsal view）；g. 抱器背突尾向观（capitulum of genital style, caudal view）；h. 阳茎左面观（phallus, left view）

体连翅长：♂ 5.2-5.5mm，♀ 5.6-5.8mm。前翅长：♂ 4.3-4.5mm，♀ 4.6-4.8mm。

体褐色，具黑色斑纹。头顶、前胸背板和中胸盾片褐色。额和唇棕色或褐色，除额唇基沟以上或以下浅黄棕色外，布满黄色圆斑。喙褐色。触角具褐色斑纹。前翅褐色，具黑色斑纹；后翅浅黑色。足浅黄色，具黑色线纹。腹部黄褐色，具深褐色斑纹。

头顶两后侧角宽为中线长的 1.7 倍。额最宽处宽为中线长的 1.1 倍，为基部宽的 1.4 倍。触角第 2 节基部具斑纹。腹面观颊的端部可见。前翅长为最宽处的 2.4 倍，MP 脉在 CuA 脉分叉的近基部处分叉，均远离爪脉汇合处，中域处具斑纹；后翅腹瓣窄。腹部中域具斑纹。后足刺式 6-7-2。

雄性外生殖器：肛节长为最宽处宽的 2.6 倍，侧缘自肛管后近平行。阳茎基侧瓣小，超过阳茎突起基部，指向尾背部。阳茎突起长，为阳茎基的 0.88 倍。抱器侧面观背缘向末端突起呈直线形，向下呈角状，突起尾向观端部平截，两侧近平行。

观察标本：未见。

地理分布：台湾。

(225) 川美萨瓢蜡蝉 *Eusarima perlaeta* Yang, 1994（图 199）

Eusarima perlaeta Yang, 1994 in Chan *et* Yang, 1994: 131 (Type locality: Taiwan, China).

以下描述源自 Chan 和 Yang（1994）。

体连翅长：♂ 5.3mm。前翅长：♂ 4.4mm。

体褐色，具黑色斑纹。头顶、前胸背板和中胸盾片褐色。额深褐色，具黄色斑点。额唇基沟末端具黑线。唇基基部 1/4 黄褐色，其余浅黑色。喙黄褐色。触角第 2 节基部黑色，端部灰色。前翅褐色，具黑色斑纹；后翅浅黑色。足浅黄褐色，具清晰黑线。腹部腹板黄褐色，具浅黑色斑纹。

头顶两后侧角宽为中线长的 1.5 倍。额最宽处宽较中线略长，为基部宽的 1.45 倍，最宽处位于触角位置。腹面观颊的端部不可见。前翅长为最宽处的 2.4 倍，MP 脉在 CuA 脉分叉的略基部处分叉，均远离爪脉汇合处；后翅腹瓣宽。腹部中域具斑纹。后足刺式 6-7-2。

雄性外生殖器：肛节长为最宽处宽的 2.7 倍，侧缘自肛管后近平行，端部钝圆。阳茎基背瓣宽，侧瓣小，未超过阳茎突起基部，背面观端部侧向弯曲。阳茎突起长，为阳茎基的 0.84 倍。抱器顶缘弯曲，背缘向基部的突起向下平滑弯曲，尾向观突起近平行，端部钝圆。

观察标本：未见。

地理分布：台湾。

(226) 台湾美萨瓢蜡蝉 *Eusarima formosana* (Schumacher, 1915)

Sarima formosana Schumacher, 1915a: 137 (Type locality: Taiwan, China); Schumacher, 1915b: 129; Chan *et* Yang, 1994: 158.

Eusarima formosana: Gnezdilov, 2013d: 489.

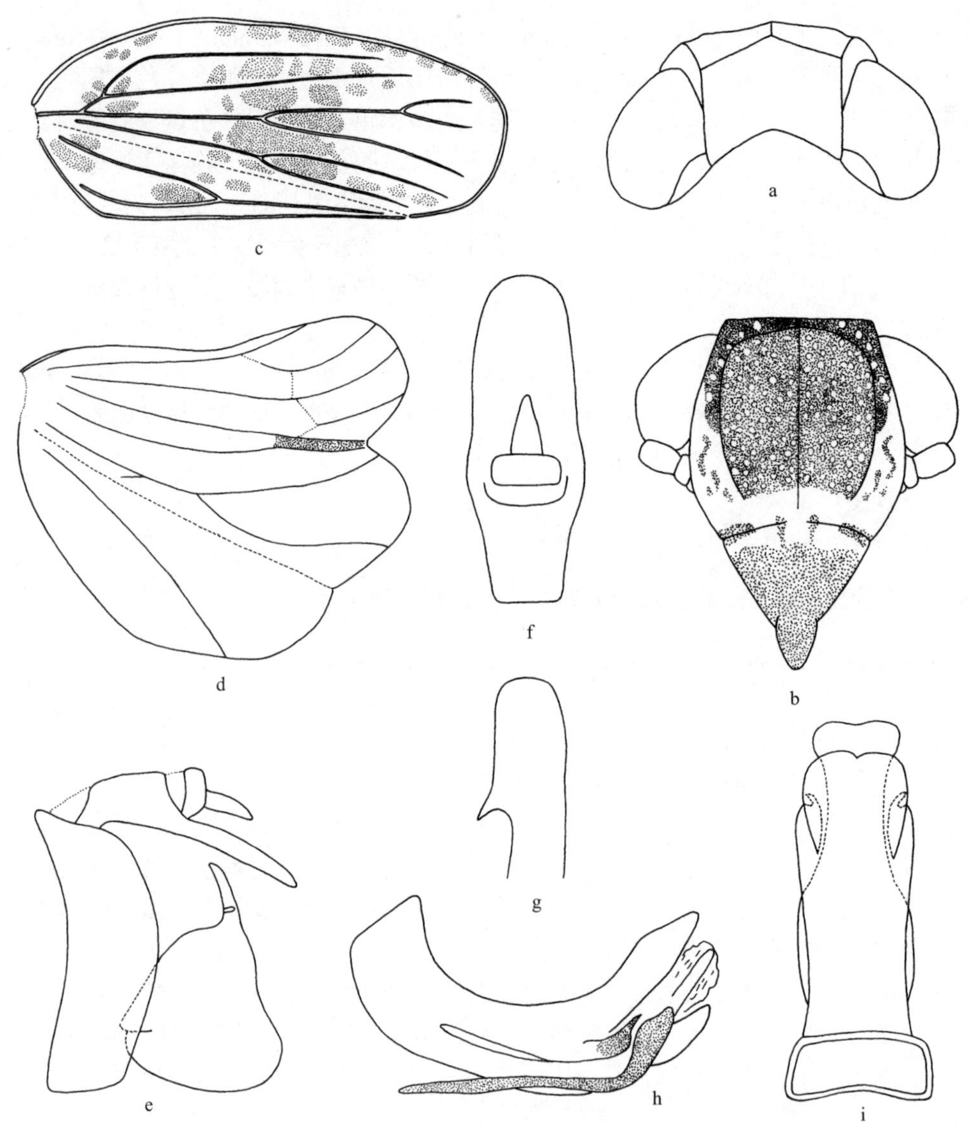

图 199 川美萨瓢蜡蝉 *Eusarima perlaeta* Yang（仿 Chan & Yang，1994）

a. 头部背面观（head, dorsal view）；b. 头部腹面观（head, ventral view）；c. 前翅（tegmen）；d. 后翅（hind wing）；e. 雄虫外生殖器侧面观（male genitalia, lateral view）；f. 雄肛节背面观（male anal segment, dorsal view）；g. 抱器背突尾向观（capitulum of genital style, caudal view）；h. 阳茎左面观（phallus, left view）；i. 阳茎基背面观（phallobase, dorsal view）

以下描述源自 Schumacher（1915a）。

体长 6mm。

头顶宽为长的 2 倍，前缘具皱褶，边缘微隆起，中域具 1 条脊，将头部分离成 2 个菱形区域，基半部具 2 个小凹陷。额弧形，长与宽相等，具明显凹槽，中域具不明显的中脊，近侧缘处具不明显的亚侧脊，在头部处与中脊交叉成角状，亚侧脊外缘具坚硬突起。唇基明显呈弓形。前胸背板宽，呈三角形，具皱褶，与头部长相等，具不明显的中脊、2 个小凹陷和坚硬突起。前翅渐狭，外缘 R 脉端部平直，无网眼。后翅具缺刻，翅脉纹不分支，但脉纹之间连接紧密，具有很短的短横脉相连。

体黄褐色。额明显具暗色颗粒。唇基颜色浅，中部具 2 条深色纵带。前翅翅脉间具淡红色斑纹。

观察标本：未见。

地理分布：台湾。

(227) 田美萨瓢蜡蝉 *Eusarima arva* Yang, 1994（图 200）

Eusarima arva Yang, 1994 in Chan *et* Yang, 1994: 134 (Type locality: Taiwan, China).

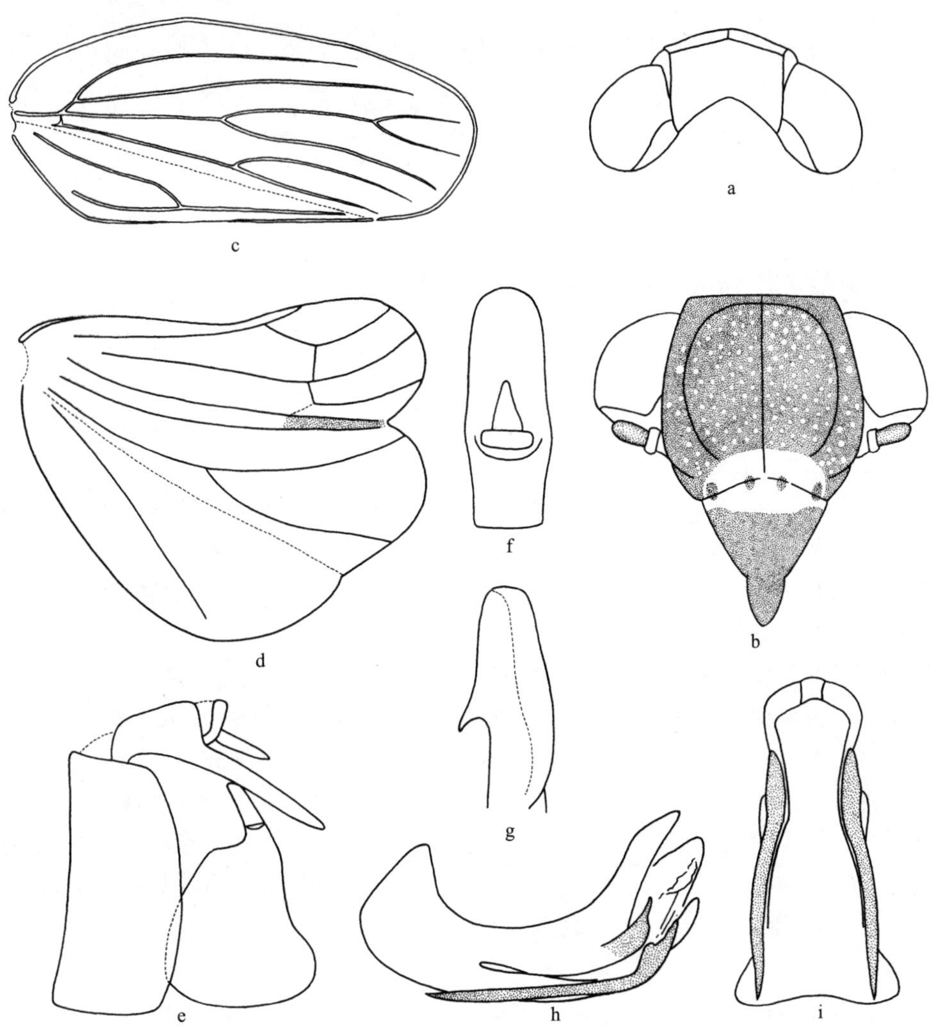

图 200　田美萨瓢蜡蝉 *Eusarima arva* Yang（仿 Chan & Yang，1994）

a. 头部背面观（head, dorsal view）；b. 头部腹面观（head, ventral view）；c. 前翅（tegmen）；d. 后翅（hind wing）；e. 雄虫外生殖器侧面观（male genitalia, lateral view）；f. 雄肛节背面观（male anal segment, dorsal view）；g. 抱器背突尾向观（capitulum of genital style, caudal view）；h. 阳茎左面观（phallus, left view）；i. 阳茎腹面观（phallus, ventral view）

以下描述源自 Chan 和 Yang（1994）。

体连翅长：♂ 5.5mm，♀ 6.0mm。前翅长：♂ 4.5mm，♀ 5.0mm。

体和头顶深褐色，具黄色斑点。额通体深褐色，仅邻额唇基缝处浅黄色，但该区域很窄。额唇基沟具 4 个小黑斑，唇基具黄色和黑色斑纹。喙黄色。触角具黑色斑纹。前胸背板和中胸盾片黄褐色。前翅深褐色；后翅黑色。腹部腹板黄褐色，具黑色斑纹。

头顶两后侧角宽为中线长的 2 倍。额在额唇基沟上部的狭窄区域具斑纹，最宽处宽为中线长的 1.1 倍，最宽处为基部宽的 1.4 倍。额唇基沟两侧宽，具 2 个斑点。唇基基部 1/3 处和顶部具斑纹。腹面观颊的端部可见。触角第 2 节具斑纹。前翅长为最宽处的 2.3 倍，MP 脉在 CuA 脉分叉稍靠近基部处分叉，均远离爪脉汇合处；后翅腹瓣宽。腹部腹板中域具斑纹。后足刺式 (6-7)-8-2。

雄性外生殖器：肛节长为最宽处宽的 2.8 倍，侧缘平行，端部钝圆。阳茎基侧瓣小，延伸至阳茎突起基部；背瓣端部略钝圆。阳茎突起长为阳茎基的 0.81 倍。抱器顶缘弯曲，背缘向基部突起呈角状，尾向观突起向端部渐窄，端部钝圆。

观察标本：未见。

地理分布：台湾。

(228) 污美萨瓢蜡蝉 *Eusarima foetida* Yang, 1994（图 201）

Eusarima foetida Yang, 1994 in Chan *et* Yang, 1994: 136 (Type locality: Taiwan, China).

以下描述源自 Chan 和 Yang（1994）。

体连翅长：♂ 5.1mm。前翅长：♂ 4.3mm。

体深褐色。头顶和中胸盾片深褐色，前胸背板浅褐色。额基半部深褐色，端半部褐色，均具黄色斑点。额唇基沟浅黑色，沿额唇基沟上下处淡黄褐色，但此区域极狭窄。喙浅黄褐色。触角第 2 节基部黑色，端部灰色。前翅深褐色，后翅灰色。足浅黑色，具黄褐色斑纹。腹部腹板褐色具黄色斑纹。

头顶两后侧角宽为中线长的 1.7 倍。额最宽处宽为中线长的 1.1 倍，为基部宽的 1.4 倍。腹面观颊的端部可见。前翅长为最宽处的 2.5 倍，MP 脉和 CuA 脉在同一位置分叉，均远离爪脉汇合处；后翅腹瓣宽。腹部腹板侧缘具斑纹。后足刺式 6-8-2。

雄性外生殖器：肛节长为最宽处宽的 2.6 倍，侧缘近平直。阳茎基背瓣端部平滑弯曲，侧瓣小，端部背向弯曲，延伸至阳茎突起的基部位置。阳茎突起向下弯曲后指向头向，长为阳茎基的 0.82 倍。抱器顶缘弯曲，背缘向基部的突起呈直线形，向下弯曲呈角状；尾向观突起侧缘近平行，端部钝圆。

观察标本：未见。

地理分布：台湾。

(229) 钩美萨瓢蜡蝉 *Eusarima hamata* Yang, 1994（图 202）

Eusarima hamata Yang, 1994 in Chan *et* Yang, 1994: 151 (Type locality: Taiwan, China).

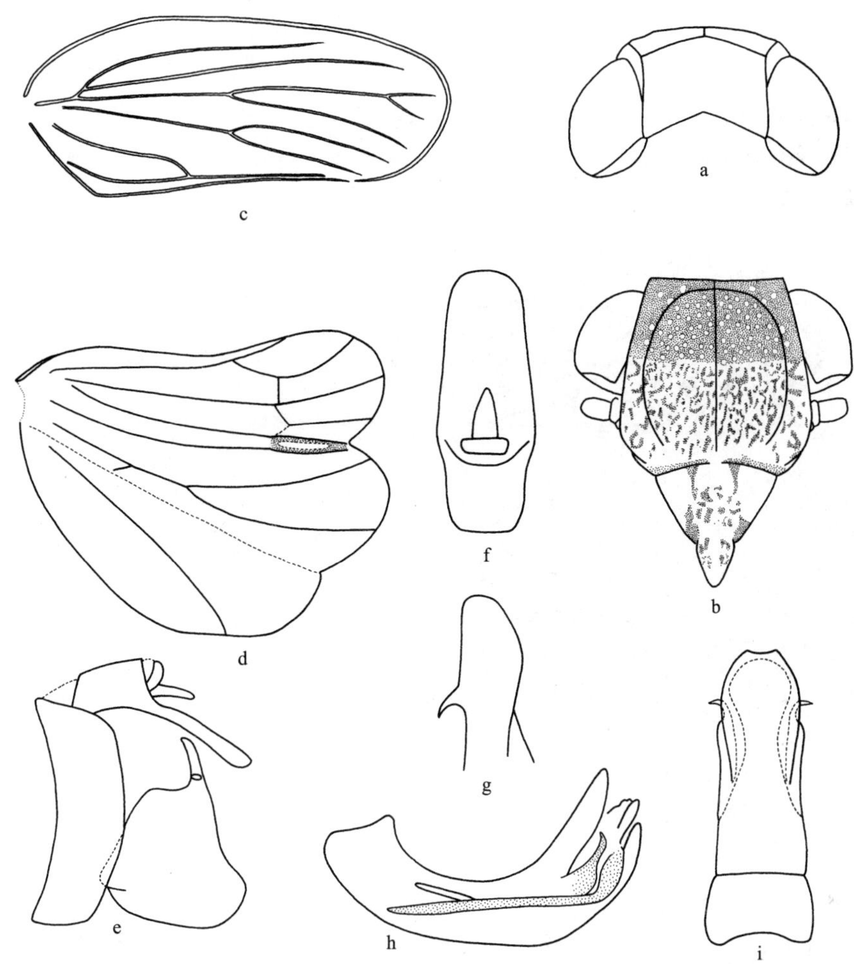

图 201　污美萨瓢蜡蝉 *Eusarima foetida* Yang（仿 Chan & Yang，1994）

a. 头部背面观（head, dorsal view）；b. 头部腹面观（head, ventral view）；c. 前翅（tegmen）；d. 后翅（hind wing）；e. 雄虫外生殖器侧面观（male genitalia, lateral view）；f. 雄肛节背面观（male anal segment, dorsal view）；g. 抱器背突尾向观（capitulum of genital style, caudal view）；h. 阳茎左面观（phallus, left view）；i. 阳茎基背面观（phallobase, dorsal view）

以下描述源自 Chan 和 Yang（1994）。

体连翅长：♂ 5.4mm。前翅长：♂ 4.5mm。

体褐色。头顶、前胸背板和中胸盾片褐色或深褐色。额亚中脊以上区域黑色，以下区域深褐色，中域黄色，布有黄色斑点。额唇基沟黑色，沟上区域黄白色。前唇基基部 1/3 黄褐色，端部 2/3 黑色。喙褐色。触角第 2 节黑色。前翅褐色，具深褐色或黑色斑点，后翅浅黑色。足褐色，具清晰的黑线。腹部腹板浅黄色。

头顶两后侧角宽为中线长的 1.65 倍。额最宽处为中线长的 1.1 倍，为基部宽的 1.4 倍。腹面观颊的端部可见。前翅长为最宽处的 2.3 倍，ScP 脉短，MP 脉在 CuA 脉分叉的基部处分叉，均远离爪脉汇合处；后翅腹瓣宽。后足刺式 6-（7-9）-2。

雄性外生殖器：肛节长为最宽处的 2.5 倍，侧缘自肛管位置后近平行，端缘钝圆。

阳茎基背瓣端缘中部凹陷，每侧尖，指向尾部；侧面观端缘腹面具齿；侧瓣小，粗壮，延伸至阳茎突起基部，背面观端部侧向弯曲，腹瓣端缘平截。抱器顶缘弯曲，背缘向基部突起倾斜，尾向观突起侧缘平行，端部钝圆。

观察标本：未见。

地理分布：台湾。

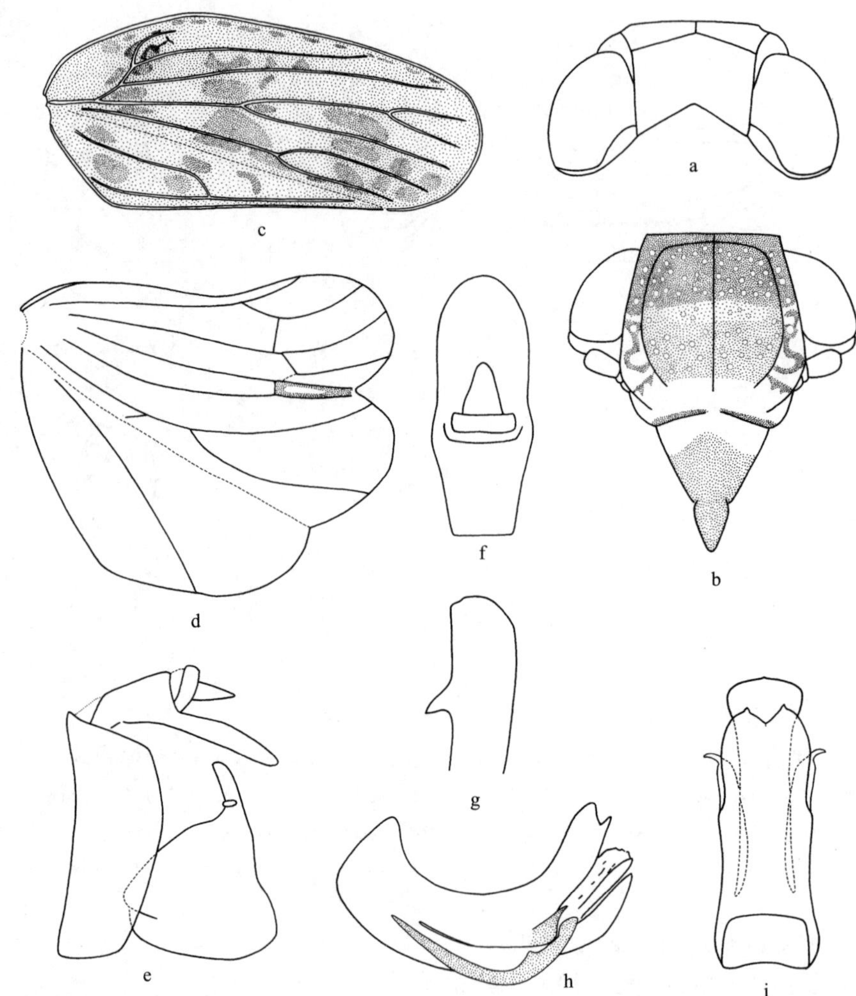

图 202 钩美萨瓢蜡蝉 *Eusarima hamata* Yang（仿 Chan & Yang，1994）

a. 头部背面观（head, dorsal view）；b. 头部腹面观（head, ventral view）；c. 前翅（tegmen）；d. 后翅（hind wing）；e. 雄虫外生殖器侧面观（male genitalia, lateral view）；f. 雄肛节背面观（male anal segment, dorsal view）；g. 抱器背突尾向观（capitulum of genital style, caudal view）；h. 阳茎左面观（phallus, left view）；i. 阳茎基背面观（phallobase, dorsal view）

(230) 卓美萨瓢蜡蝉 *Eusarima eximia* Yang, 1994（图 203）

Eusarima eximia Yang, 1994 in Chan *et* Yang, 1994: 151 (Type locality: Taiwan, China).

以下描述源自 Chan 和 Yang（1994）。

体连翅长：♂ 4.9mm，♀ 5.5mm。前翅长：♂ 4.0mm，♀ 4.5mm。

体黄褐色。头顶、前胸背板和中胸盾片浅黄色。额基半部深褐色，具黄色斑点，端半部白色。额唇基沟黑色。后唇基深褐色。前唇基、喙和触角黄褐色。前翅黄白色；后翅浅灰色。足浅褐色。腹部腹板灰色，略带绿色，背板略带红色。

头顶两后侧角宽为中线长的 2 倍。额最宽处宽为中线长的 1.1 倍，为基部宽的 1.3

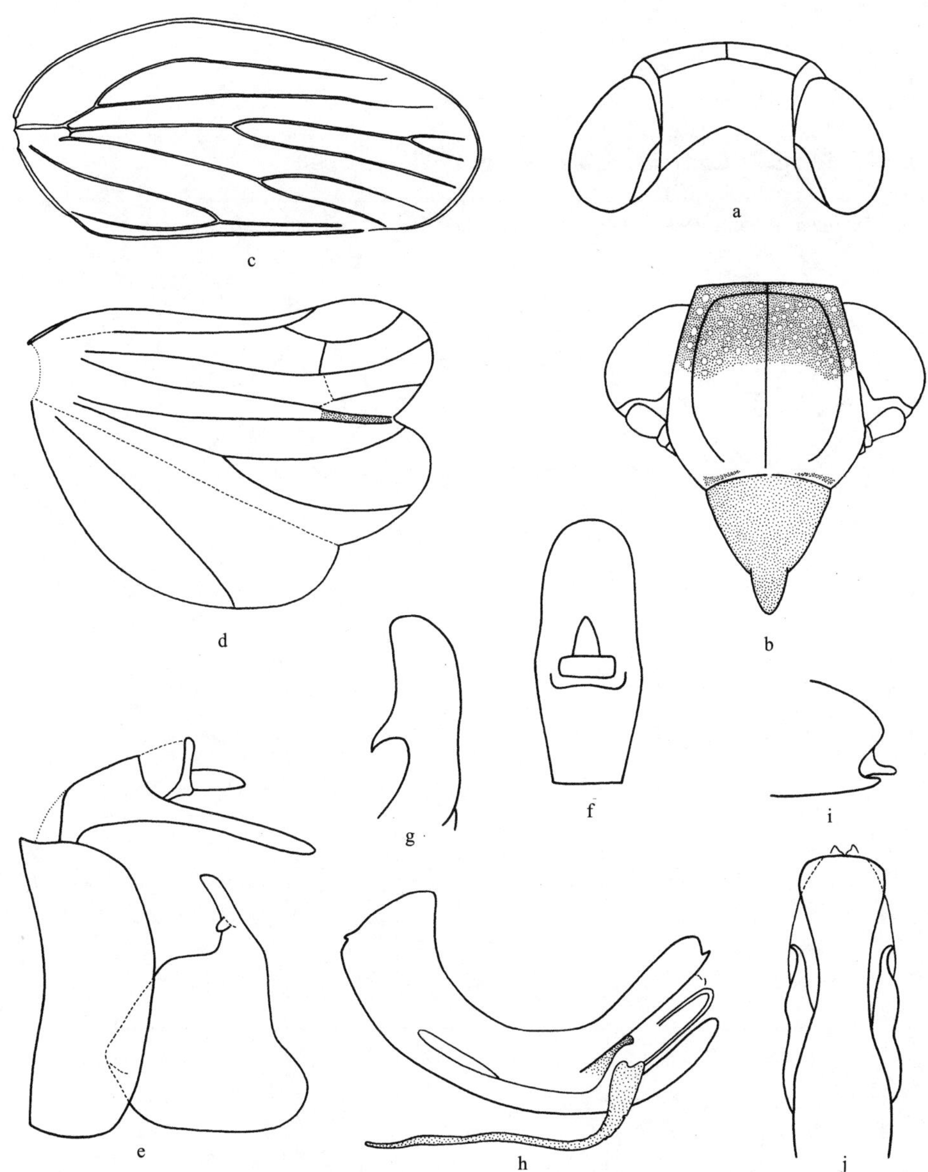

图 203 卓美萨瓢蜡蝉 *Eusarima eximia* Yang（仿 Chan & Yang，1994）

a. 头部背面观（head, dorsal view）；b. 头部腹面观（head, ventral view）；c. 前翅（tegmen）；d. 后翅（hind wing）；e. 雄虫外生殖器侧面观（male genitalia, lateral view）；f. 雄肛节背面观（male anal segment, dorsal view）；g. 抱器突起端部尾向观（capitulum of genital style, caudal view）；h. 阳茎左面观（phallus, left view）；i. 阳茎基背瓣端部左后面观（apex of dorsal lobe of phallobase, left view slightly caudad）；j. 阳茎基背面观（phallobase, dorsal view）

倍。腹面观颊的端部可见。前翅近椭圆形，长为最宽处的 2.1 倍，MP 脉在 CuA 脉分叉的略基部分叉，均略远离爪脉汇合处；后翅腹瓣宽。后足刺式 6-9-2。

雄性外生殖器：肛节长为最宽处宽的 2.2 倍，侧缘在肛管后近平行，端缘钝圆。阳茎基背瓣端部每侧具小突起，侧面观顶缘在突起上略凹入，腹瓣侧缘在端部 2/3 处凹陷，端缘近平截。阳茎突起长，为阳茎基的 0.85 倍。抱器顶缘弯曲，背缘向基部的突起呈直线，向下延伸呈角状；尾向观突起近平直，内顶角倾斜。

观察标本：未见。

地理分布：台湾。

(231) 泊美萨瓢蜡蝉 *Eusarima penaria* Yang, 1994（图 204）

Eusarima penaria Yang, 1994 in Chan *et* Yang, 1994: 154 (Type locality: Taiwan, China).

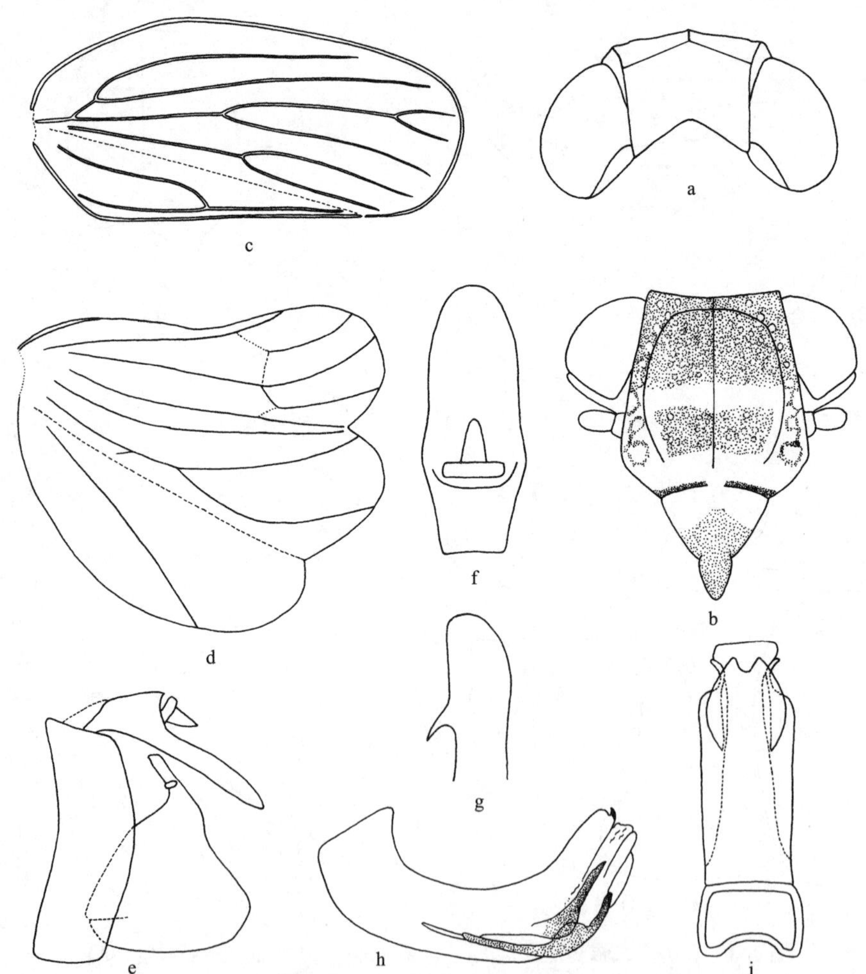

图 204 泊美萨瓢蜡蝉 *Eusarima penaria* Yang（仿 Chan & Yang，1994）

a. 头部背面观（head, dorsal view）；b. 头部腹面观（head, ventral view）；c. 前翅（tegmen）；d. 后翅（hind wing）；e. 雄虫外生殖器侧面观（male genitalia, lateral view）；f. 雄肛节背面观（male anal segment, dorsal view）；g. 抱器背突尾向观（capitulum of genital style, caudal view）；h. 阳茎左面观（phallus, left view）；i. 阳茎基背面观（phallobase, dorsal view）

以下描述源自 Chan 和 Yang（1994）。

体连翅长：♂ 5.4mm。前翅长：♂ 4.4mm。

体褐色。头顶、前胸背板和中胸盾片褐色。额亚中脊以上区域黑色，以下区域深褐色，布有黄色斑点；端半部除中域褐色外，其余浅黄色。额唇基沟中部黄色，两侧黑色。唇基基部 1/3 黄色，端部深褐色。前翅褐色，后翅浅黑色。足浅褐色，具不清晰黑线。腹部腹板浅黄色，具浅褐色斑纹。

头顶两后侧角宽为中线长的 1.5 倍。额最宽处较中线长略宽，为基部宽的 1.45 倍，颊腹面观端部不可见。前翅长为最宽处的 2.3 倍，MP 脉在 CuA 脉分叉的略基部处分叉，略远离爪脉汇合处；后翅腹瓣宽。后足刺式 6-(8-9)-2。腹部腹板中域的狭窄区域具斑纹。

雄性外生殖器：肛节长为最宽处宽的 2.5 倍，自肛管后略窄。阳茎基背瓣端缘中部凹入，侧面观向腹向针状突出；侧瓣细长，侧面观端部侧向弯曲。阳茎突起长，为阳茎基的 0.55 倍，未延伸至侧瓣和腹瓣的缺裂底部。抱器顶缘弯曲，背缘向基部的突起倾斜，尾向观突起近平行，内顶角弯曲。

观察标本：未见。

地理分布：台湾。

(232) 蜜美萨瓢蜡蝉 *Eusarima mythica* Yang, 1994（图 205）

Eusarima mythica Yang, 1994 in Chan *et* Yang, 1994: 156 (Type locality: Taiwan, China).

以下描述源自 Chan 和 Yang（1994）。

体连翅长：♂ 5.5mm。前翅长：♂ 4.5mm。

体褐色。头顶和中胸盾片深褐色。额深褐色，具黄色斑点。额唇基沟黑色，中部褐色，沟以上和沟以下区域褐色。唇基深褐色。喙浅黄褐色。触角第 2 节基部黑色，端部灰色。前翅褐色，略带红色；后翅浅黑色。足浅黄褐色。腹部腹板黄色，具黑色斑纹。

头顶两后侧角宽为中线长的 1.7 倍。额最宽处为中线长的 1.1 倍，为基部宽的 1.5 倍。腹面观颊的端部可见。前翅长为最宽处的 2.2 倍，MP 脉在 CuA 脉分叉的略基部处分叉，均远离爪脉汇合处；后翅腹瓣宽。后足刺式 6-9-2。腹部腹板中域具斑纹。

雄性外生殖器：肛节长为最宽处的 2.5 倍，侧缘自肛管位置向端部聚拢，端部尖。阳茎基背瓣端部向内侧凹陷，侧面观端缘齿状；侧瓣至端部渐窄，延伸至阳茎突起基部；腹瓣端部略钝圆，背面观指向尾部。阳茎突起长为阳茎基的 0.85 倍。抱器顶缘弯曲，背缘向基部的突起向下弯曲，尾向观突起侧缘近平行。

观察标本：未见。

地理分布：台湾。

(233) 松村美萨瓢蜡蝉 *Eusarima matsumurai* (Esaki, 1931)（图 206）

Sarima formosanum Matsumura, 1916: 112 (Type locality: Taiwan, China).

Sarima matsumurai Esaki, 1931: 268. New name for *Sarima formosanum* Matsumura, 1916.

Eusarima matsumurai: Chan *et* Yang, 1994: 136.

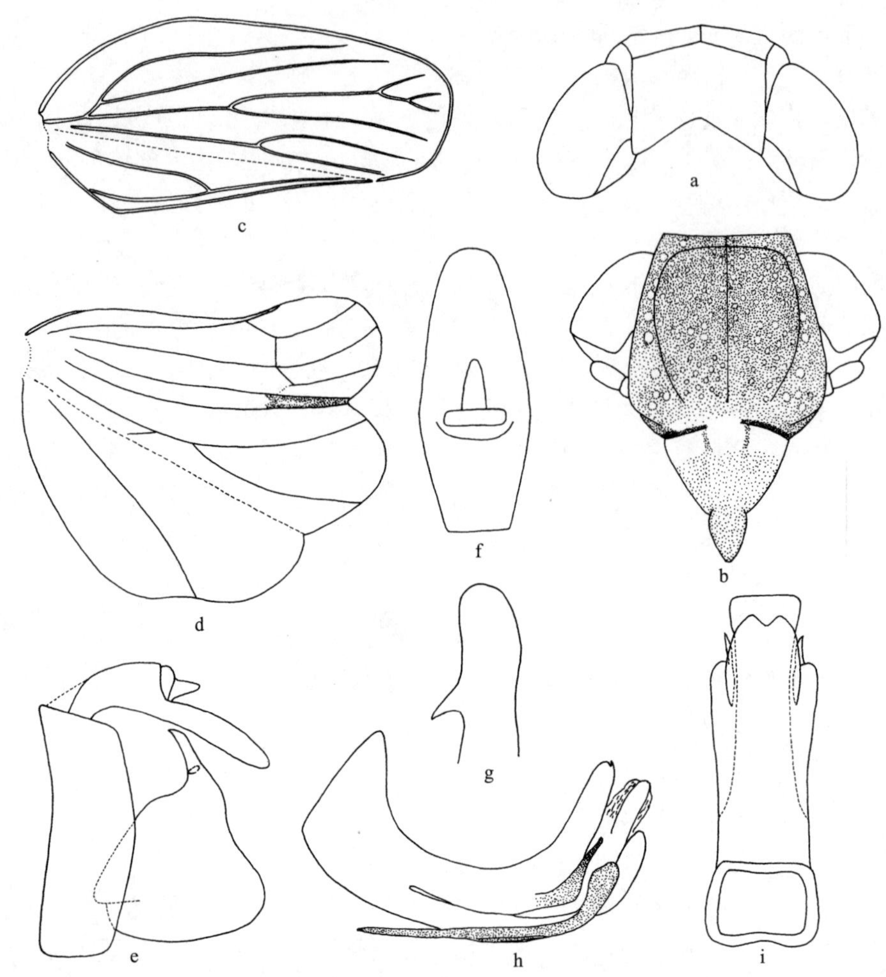

图 205 蜜美萨瓢蜡蝉 *Eusarima mythica* Yang（仿 Chan & Yang，1994）

a. 头部背面观（head, dorsal view）；b. 头部腹面观（head, ventral view）；c. 前翅（tegmen）；d. 后翅（hind wing）；e. 雄虫外生殖器侧面观（male genitalia, lateral view）；f. 雄肛节背面观（male anal segment, dorsal view）；g. 抱器背突尾向观（capitulum of genital style, caudal view）；h. 阳茎左面观（phallus, left view）；i. 阳茎基背面观（phallobase, dorsal view）

以下描述源自 Chan 和 Yang（1994）。

体连翅长：♂ 5.0mm。前翅长：♂ 4.2mm。

头顶、前胸背板和中胸盾片灰褐色。额深褐色，具浅黄色斑点，中域具黄色斑纹。额唇基沟浅黑色，周围黄褐色。唇基浅褐色。喙褐色。触角第 2 节基部黑色，端部灰色。前翅浅褐色，后翅浅灰色。足浅褐色，具不明显的黑线。腹部腹板侧缘具浅黄色斑纹。

头顶两后侧角宽为中线长的 1.65 倍。额中域具新月形斑纹，最宽处稍长于中线，最宽处长为基部的 1.3 倍。腹面观颊的端部可见。前翅长为最宽处的 2 倍，MP 脉在 CuA 脉分叉的略基部处分叉，均远离爪脉汇合处；后翅腹瓣窄。后足刺式 (8-9)-(9-11)-2。

雄性外生殖器：肛节长为最宽处的 2.5 倍，侧缘在肛管后近平行，端缘钝圆。阳茎基两侧在基部 1/3 隆起，背瓣窄，向基部聚拢，端部稍尖，侧瓣侧面观基部粗，端部细，指向背面，背面观端部指向中部。阳茎突起呈半圆形，长为阳茎基的 0.48 倍。抱器顶缘波浪状，背缘基部突起向下弯曲成角状，突起尾向观内缘在脊的位置上明显凸起。

观察标本：未见。

地理分布：台湾；日本。

备注：松村美萨瓢蜡蝉 *E. matsumurai* (Esaki, 1931) 的定名人应为 Esaki，Chan 和 Yang（1994）种名引证错误。

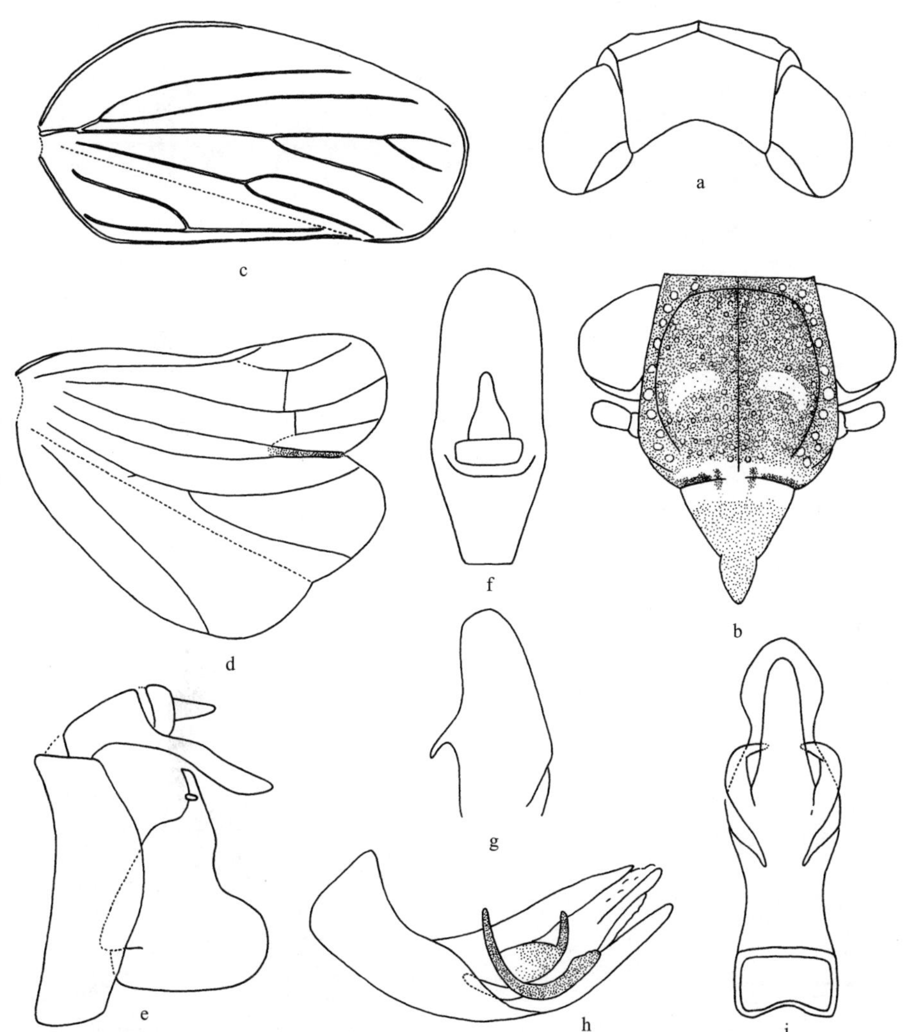

图 206　松村美萨瓢蜡蝉 *Eusarima matsumurai* (Esaki)（仿 Chan & Yang，1994）

a. 头部背面观（head, dorsal view）；b. 头部腹面观（head, ventral view）；c. 前翅（tegmen）；d. 后翅（hind wing）；e. 雄虫外生殖器侧面观（male genitalia, lateral view）；f. 雄肛节背面观（male anal segment, dorsal view）；g. 抱器背突尾向观（capitulum of genital style, caudal view）；h. 阳茎左面观（phallus, left view）；i. 阳茎基背面观（phallobase, dorsal view）

(234) 柳美萨瓢蜡蝉 *Eusarima cernula* Yang, 1994（图 207）

Eusarima cernula Yang, 1994 in Chan *et* Yang, 1994: 139 (Type locality: Taiwan, China); Chen, Zhang *et* Chang, 2014: 150.

以下描述源自 Chan 和 Yang（1994）。

体连翅长：♂ 5.2mm，♀ 5.5mm。前翅长：♂ 4.3mm，♀ 4.6mm。

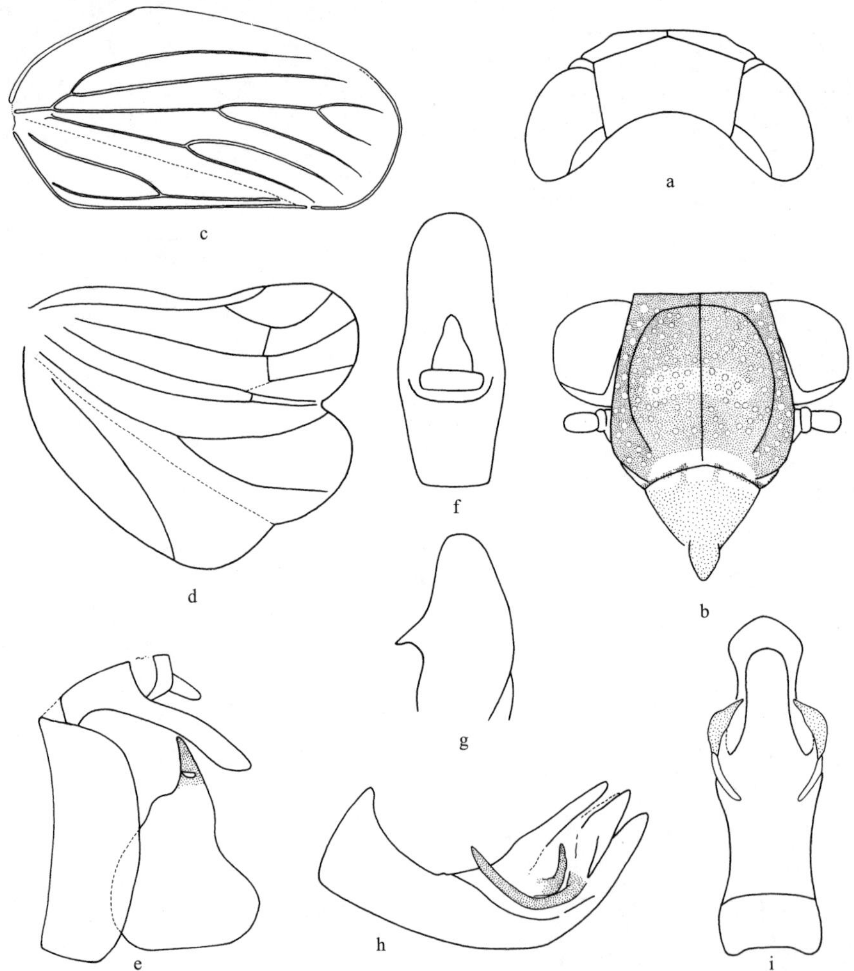

图 207　柳美萨瓢蜡蝉 *Eusarima cernula* Yang（仿 Chan & Yang，1994）

a. 头部背面观（head, dorsal view）；b. 头部腹面观（head, ventral view）；c. 前翅（tegmen）；d. 后翅（hind wing）；e. 雄虫外生殖器侧面观（male genitalia, lateral view）；f. 雄肛节背面观（male anal segment, dorsal view）；g. 抱器背突尾向观（capitulum of genital style, caudal view）；h. 阳茎左面观（phallus, left view）；i. 阳茎基背面观（phallobase, dorsal view）

头顶和中胸盾片褐色，前胸背板浅褐色。额褐色，具黄色斑点，基部浅黄褐色，具深褐色斑纹。唇基浅黑色。触角具深褐色斑纹。喙、足均浅黄褐色。腹部腹板浅黄褐色，具黑色斑纹。前翅褐色，后翅灰色。抱器突起黑色。

头顶两后侧角宽为中线长的 1.7 倍。额最宽处为中线长的 1.1 倍，为基部宽的 1.35 倍。额唇基沟处具斑纹。颊腹面观近侧顶部可见。触角第 2 节具斑纹。前翅长为最宽处的 2 倍，MP 脉在 CuA 脉分叉的远端分叉，均远离爪脉汇合处；后翅腹瓣窄。后足刺式 (7-9)-9-2。腹部腹板中域具斑纹。

雄性外生殖器：肛节长为最宽处的 2.5 倍，侧缘自肛管后向端部聚拢。阳茎基背瓣窄，近平直，端部钝圆；侧瓣侧面观细长，指向背部，背面观向尾中部弯曲，不呈钩状，侧瓣和腹瓣的缺裂浅。阳茎突起短，弯曲，长为阳茎基的 0.43 倍。抱器顶缘弯曲，背缘向基部弧状突出，突起短且宽，尾向观突起在脊位置处弯曲，端部尖锐。

观察标本：未见。

地理分布：台湾。

(235) 皓美萨瓢蜡蝉 *Eusarima horaea* Yang, 1994（图 208）

Eusarima horaea Yang, 1994 in Chan *et* Yang, 1994: 141 (Type locality: Taiwan, China).

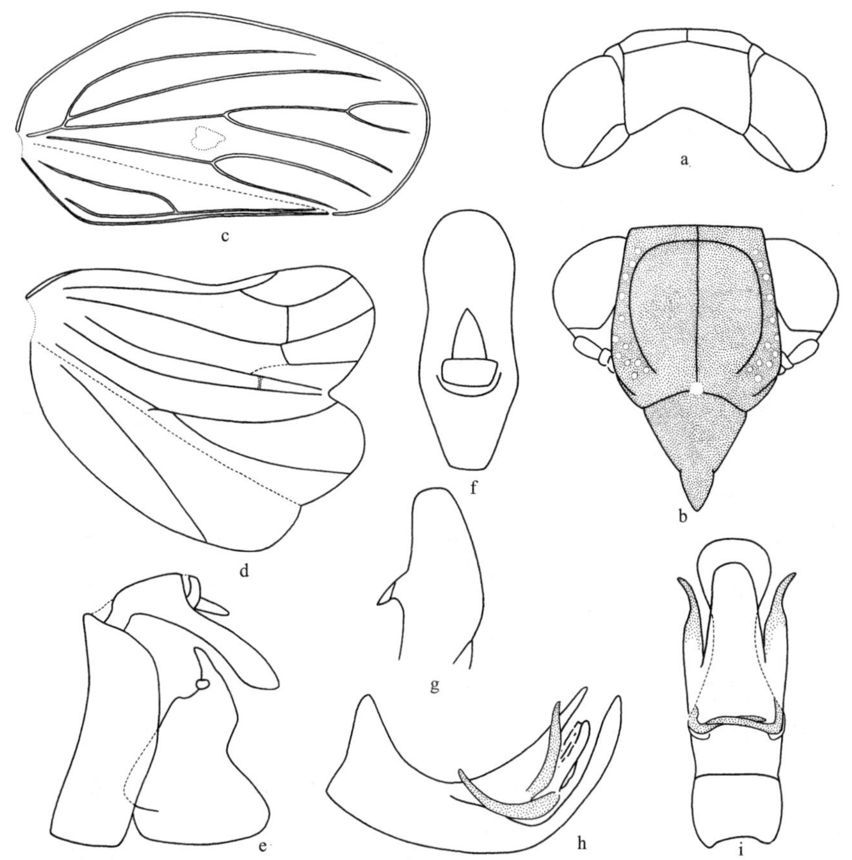

图 208　皓美萨瓢蜡蝉 *Eusarima horaea* Yang（仿 Chan & Yang，1994）

a. 头部背面观（head, dorsal view）；b. 头部腹面观（head, ventral view）；c. 前翅（tegmen）；d. 后翅（hind wing）；e. 雄虫外生殖器侧面观（male genitalia, lateral view）；f. 雄肛节背面观（male anal segment, dorsal view）；g. 抱器背突尾向观（capitulum of genital style, caudal view）；h. 阳茎左面观（phallus, left view）；i. 阳茎背面观（phallus, dorsal view）

以下描述源自 Chan 和 Yang（1994）。

体连翅长：♂ 5.0mm，♀ 5.6mm。前翅长：♂ 4.0mm，♀ 4.6mm。

体深褐色，仅跗节和胫节的端半部黄褐色。前翅深褐色，后翅浅灰色。

头顶两后侧角宽为中线长的 1.9 倍。额最宽处仅比中线长略宽，为基部宽的 1.3 倍。腹面观颊的端部可见。前翅长为最宽处的 2.1 倍，MP 脉在 CuA 脉分叉的略基部处分叉，均远离爪脉汇合处；后翅腹瓣窄。后足刺式 6-9-2。

雄性外生殖器：肛节长为最宽处的 2.5 倍，侧缘中部自肛管后明显凹陷。阳茎基背瓣窄，端部截形，不呈角状；侧瓣细长，指向背尾部，未延伸至背瓣基部；腹瓣端部不弯曲。阳茎突起侧面观短，长为阳茎基的 0.45 倍，端部在阳茎的中部处弯曲。抱器顶缘弯曲，背缘向基部突起短，向下呈角状，尾向观突起内缘在脊位置处明显凸出，端缘平截。

观察标本：未见。

地理分布：台湾。

(236) 丰美萨瓢蜡蝉 *Eusarima copiosa* Yang, 1994（图 209）

Eusarima copiosa Yang, 1994 in Chan *et* Yang, 1994: 141 (Type locality: Taiwan, China).

以下描述源自 Chan 和 Yang（1994）。

体连翅长：♂ 5.0mm。前翅长：♂ 4.1mm。

体褐色。额具黄色斑点。额唇基沟深褐色，额唇基沟以上和以下区域均为浅黄色。前翅褐色，后翅灰色。足无明显黑线。腹部腹板浅黄色，具浅黑色斑纹。抱器突起黑色。

头顶两后侧角宽为中线长的 1.7 倍。额最宽处宽为中线长的 1.2 倍，为基部宽的 1.3 倍。前翅长为最宽处的 2.15 倍，前缘中部之前呈角状，MP 脉在 CuA 脉分叉的近基部处分叉，均远离爪脉汇合处；后翅腹瓣窄。腹部腹板中域具斑纹。后足刺式 7-(8-9)-2。

雄性外生殖器：肛节长为最宽处宽的 2.5 倍，侧缘在肛管后的位置处凹陷。阳茎基背瓣长，端部尖，侧瓣侧面观细长，至端部渐窄，未延伸至腹瓣端部，背面观端部向侧面弯曲，侧瓣端缘钝圆，端缘中部具缺裂。阳茎突起略超过侧瓣和腹瓣的缺裂底部，长为阳茎基的 0.6 倍。抱器基背缘向下弯折 90°，顶缘弯曲，尾向观突起内缘在脊位置处凸出，端部宽，钝圆。

观察标本：未见。

地理分布：台湾。

(237) 帆美萨瓢蜡蝉 *Eusarima fanda* Yang, 1994（图 210）

Eusarima fanda Yang, 1994 in Chan *et* Yang, 1994: 144 (Type locality: Taiwan, China).

以下描述源自 Chan 和 Yang（1994）。

体连翅长：♂ 6.2-6.3mm。前翅长：♂ 5.2-5.3mm。

头顶灰褐色。前胸背板和中胸盾片浅黑色，脊褐色。额灰褐色，亚中脊以上的区域黑色。唇基浅黑色，具褐色斑纹。喙褐色。触角具黑色和灰色斑纹。前翅黑色略带红色斑纹。足褐色，具清晰的黑线。腹部腹板浅黄色，具黑色斑纹。

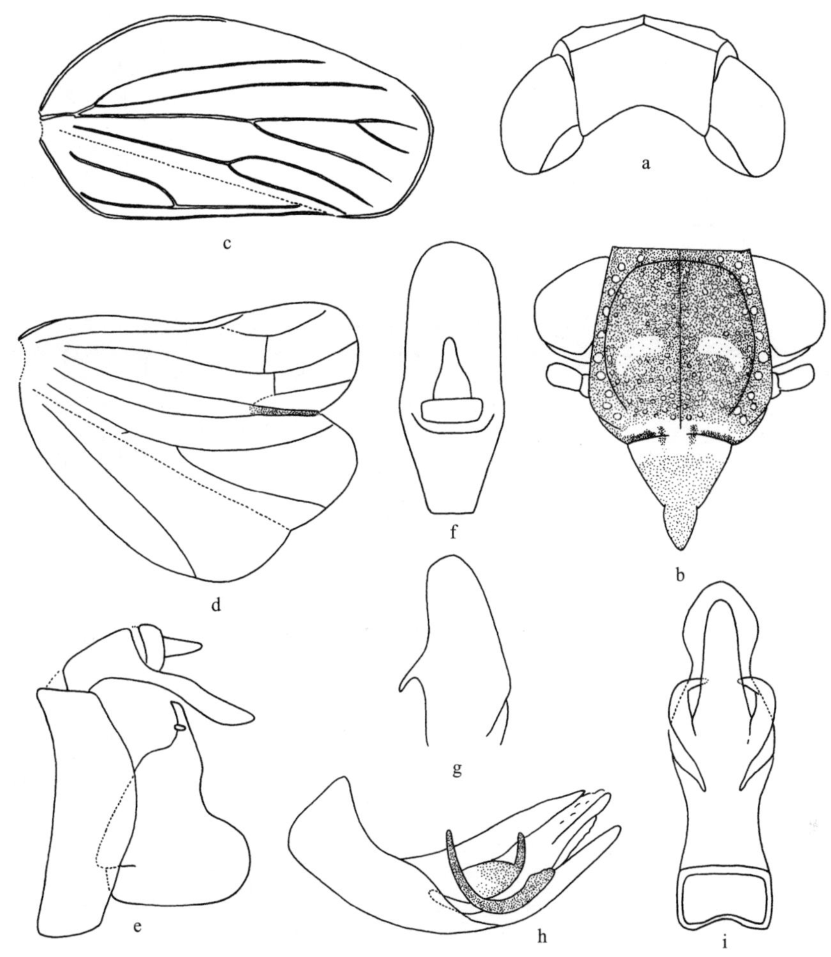

图 209　丰美萨瓢蜡蝉 *Eusarima copiosa* Yang（仿 Chan & Yang，1994）

a. 头部背面观（head, dorsal view）；b. 头部腹面观（head, ventral view）；c. 前翅（tegmen）；d. 后翅（hind wing）；e. 雄虫外生殖器侧面观（male genitalia, lateral view）；f. 雄肛节背面观（male anal segment, dorsal view）；g. 抱器背突尾向观（capitulum of genital style, caudal view）；h. 阳茎左面观（phallus, left view）；i. 阳茎基背面观（phallobase, dorsal view）

头顶两后侧角宽为中线长的 1.8 倍。额最宽处宽为中线长的 1.25 倍，为基部宽的 1.4 倍。唇基基部 1/3 处具斑纹。触角第 2 节和端部具斑纹。腹面观颊的端部可见。前翅长为最宽处的 2.3 倍，ScP 脉短，MP 脉在 CuA 脉分叉的略基部处分叉，均远离爪脉汇合处，前缘域近端部 2/3 略带斑纹；后翅腹瓣宽。腹部腹板中域具斑纹。后足刺式 6-7-2。

雄性外生殖器：肛节长为最宽处的 2.8 倍，侧缘自肛管处向端部聚拢，端部稍细。阳茎基基部 1/3 处指向背侧部，背瓣端部截形，侧缘平直，侧瓣细长，延伸至腹瓣端部。侧瓣背面观端部向侧面弯曲，腹瓣端部钝圆，中部未裂开。阳茎突起短，略弯，长为阳茎基的 0.45 倍。抱器侧面观顶缘弯曲，背缘指向基部，突起宽且直，并向下延伸成角状，尾向观内缘在脊位置处平直并向外侧弯曲，端部稍尖。

观察标本：未见。

地理分布：台湾。

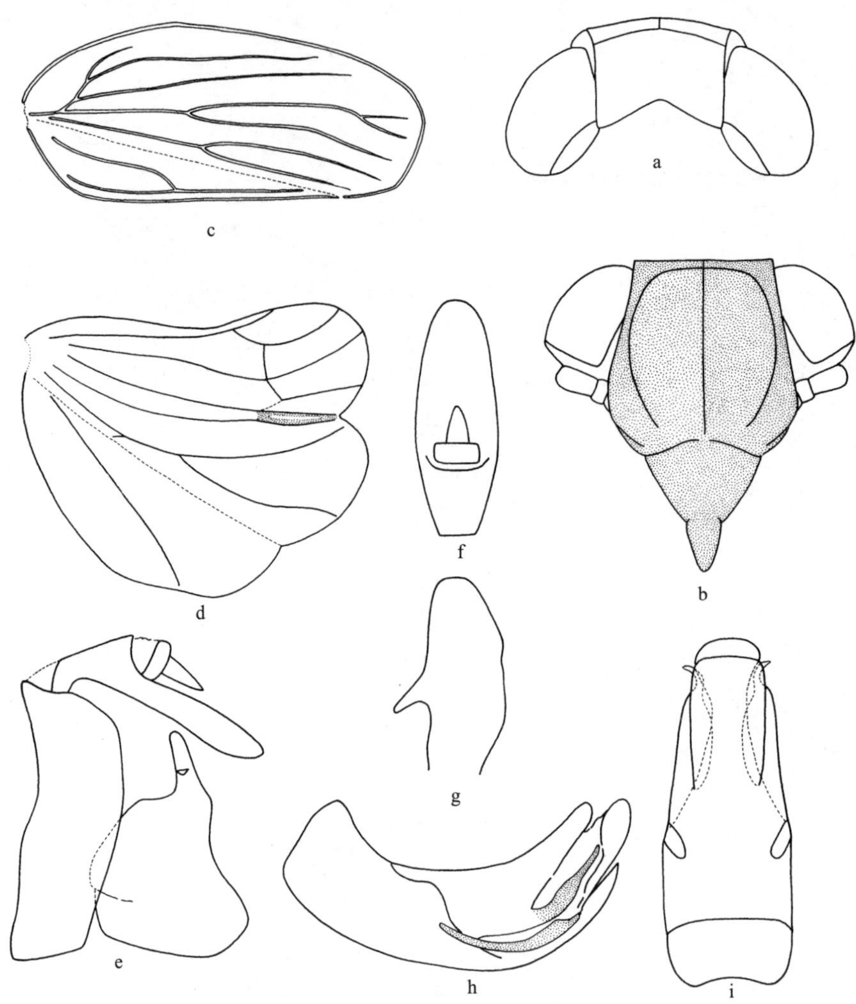

图 210 帆美萨瓢蜡蝉 *Eusarima fanda* Yang（仿 Chan & Yang，1994）

a. 头部背面观（head, dorsal view）；b. 头部腹面观（head, ventral view）；c. 前翅（tegmen）；d. 后翅（hind wing）；e. 雄虫外生殖器侧面观（male genitalia, lateral view）；f. 雄肛节背面观（male anal segment, dorsal view）；g. 抱器背突尾向观（capitulum of genital style, caudal view）；h. 阳茎左面观（phallus, left view）；i. 阳茎基背面观（phallobase, dorsal view）

(238) 红美萨瓢蜡蝉 *Eusarima rubricans* (Matsumura, 1916)（图 211）

Sarima rubricans Matsumura, 1916: 112 (Type locality: Taiwan, China); Kato, 1933b: pl. 11.

Eusarima rubricans: Chan *et* Yang, 1994: 146.

以下描述源自 Chan 和 Yang（1994）。

体连翅长：♂ 5.8mm，♀ 4.8mm。前翅长：♂ 4.8mm，♀ 5.5mm。

头顶和前胸背板深褐色。中胸盾片褐色。额具深褐色和浅褐色斑纹及不明显的浅黄色斑点。额唇基沟黑色，唇基浅褐色，喙黄褐色，触角具黑色斑纹。前翅浅红色，翅脉浅黄色；后翅浅黑色。足黄褐色至褐色，具不明显黑线。腹板腹面浅红色，具暗色斑纹。

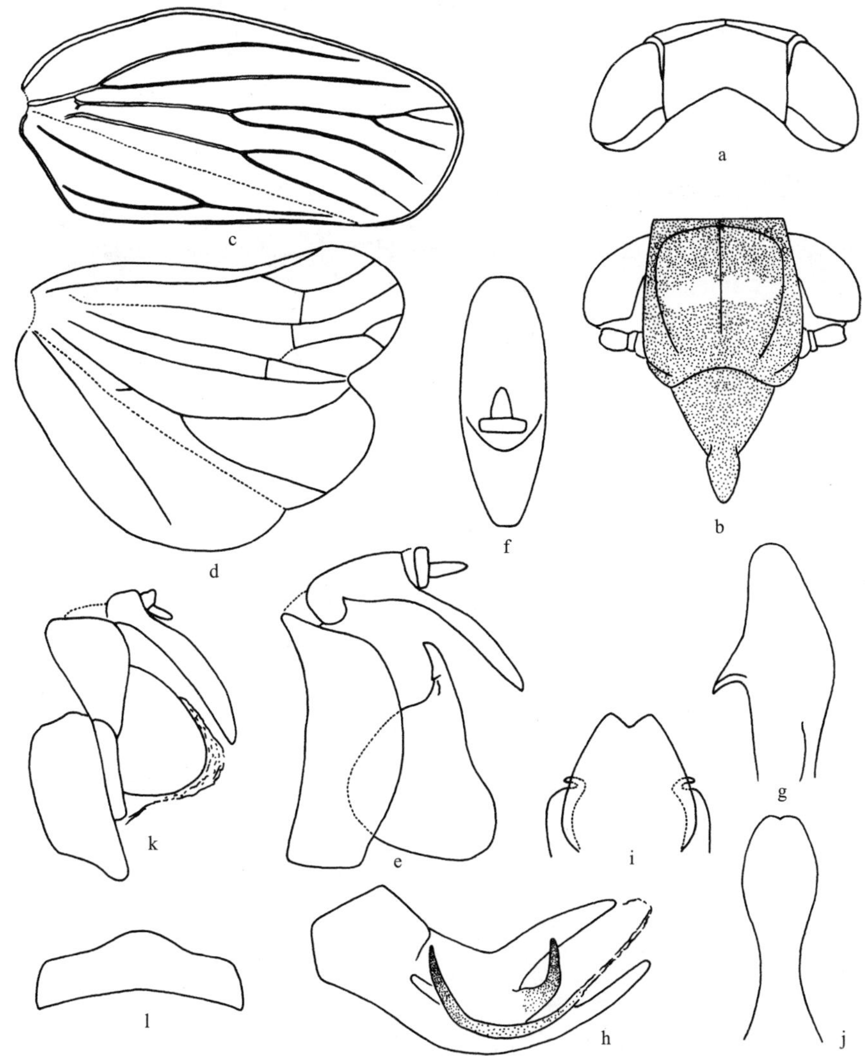

图 211 红美萨瓢蜡蝉 *Eusarima rubricans* (Matsumura)（仿 Chan & Yang，1994）

a. 头部背面观（head, dorsal view）；b. 头部腹面观（head, ventral view）；c. 前翅（tegmen）；d. 后翅（hind wing）；e. 雄虫外生殖器侧面观（male genitalia, lateral view）；f. 雄肛节背面观（male anal segment, dorsal view）；g. 抱器背突尾向观（capitulum of genital style, caudal view）；h. 阳茎左面观（phallus, left view）；i. 阳茎基背瓣与侧瓣端部背面观（apex of dorsal and lateral lobes of phallobase, dorsal view）；j. 阳茎基腹瓣腹面观（ventral lobe of phallobase, ventral view）；k. 雌虫外生殖器侧面观（female genitalia, lateral view）；l. 雌第 7 腹节腹面观（female sternite Ⅶ, ventral view）

头顶两后侧角宽为中线长的 2 倍。额基部 1/3 和端部具斑纹，近中域处具斑纹和斑点，最宽处为中线长的 1.1 倍。腹面观颊的端部可见。触角第 2 节具斑纹。前翅长为最宽处的 2.2 倍，MP 脉的分叉略位于 CuA 脉分叉的基部，与 CuA 脉的分叉均远离爪脉汇合处，ScP 脉长，伸过中部；后翅 CuA_2 脉和 CuP 脉之间的区域色浅，A 脉简单。后足刺式 6-9-2。腹板腹面中域具斑纹。

雄性外生殖器：肛节长为最宽处的 2.7 倍，肛管处最宽，基部窄。阳茎基背瓣端缘中部具缺刻，侧瓣在端半部指向背侧，背面观端部弯向侧面。阳茎突起长约为阳茎基的 0.63 倍。抱器仅顶缘略为波浪状，突起尾向观在脊的水平处明显凸起。

观察标本：未见。

地理分布：台湾。

(239) 筏美萨瓢蜡蝉 *Eusarima factiosa* Yang, 1994（图 212）

Eusarima factiosa Yang, 1994 in Chan *et* Yang, 1994: 149 (Type locality: Taiwan, China).

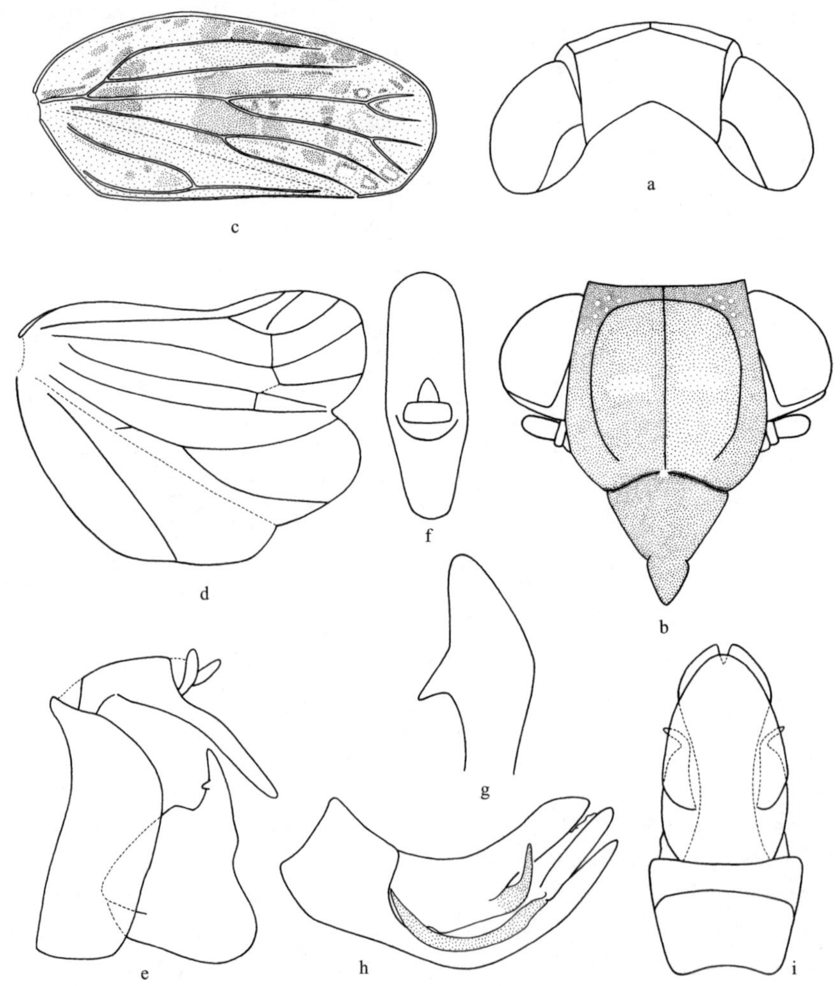

图 212 筏美萨瓢蜡蝉 *Eusarima factiosa* Yang（仿 Chan & Yang，1994）

a. 头部背面观（head, dorsal view）；b. 头部腹面观（head, ventral view）；c. 前翅（tegmen）；d. 后翅（hind wing）；e. 雄虫外生殖器侧面观（male genitalia, lateral view）；f. 雄肛节背面观（male anal segment, dorsal view）；g. 抱器背突尾向观（capitulum of genital style, caudal view）；h. 阳茎左面观（phallus, left view）；i. 阳茎基背面观（phallobase, dorsal view）

以下描述源自 Chan 和 Yang（1994）。

体连翅长：♂ 5.8mm。前翅长：♂ 4.8mm。

头顶灰绿色。前胸背板和中胸盾片深褐色至黑色，前胸背板前缘绿色。额亚中脊以上区域黑色，以下区域褐色无黄色斑点，中域绿色。额唇基沟和唇基黑色。喙褐色。触角第 2 节深褐色。前翅深褐色至黑色，具淡黄色斑纹；后翅浅黑色。足褐色，具明显或不明显的黑线。腹板黄绿色。

头顶两后侧角宽为中线长的 2 倍。额最宽处为中线长的 1.1 倍，最宽处为基部的 1.3 倍。腹面观颊的端部可见。前翅基部 1/3 具斑纹，长为最宽处的 2.25 倍，MP 脉和 CuA 脉在同一位置分叉，均远离爪脉汇合处；后翅腹瓣宽。后足刺式 6-(9-10)-2。

雄性外生殖器：肛节长为最宽处的 2.9 倍，侧缘在肛管后近平行。阳茎基背侧区在基部 1/3 处突出，背瓣顶缘稍尖，侧瓣背向突出，背面观端部指向侧尾，腹瓣端缘中部具深缺刻。阳茎突起短，长为阳茎基的 0.55 倍。抱器背缘的突起平直并向下弯曲，突起宽，尾向观突起在脊以上部分呈三角形。

观察标本：未见。

地理分布：台湾。

(240) 罗美萨瓢蜡蝉 *Eusarima logica* Yang, 1994（图 213）

Eusarima logica Yang, 1994 in Chan *et* Yang, 1994: 146 (Type locality: Taiwan, China).

以下描述源自 Chan 和 Yang（1994）。

体连翅长：♂ 5.3mm。前翅长：♂ 4.2mm。

体褐色。头顶和前胸背板深褐色，中胸盾片褐色。额深褐色，布有黄色圆斑，中域黄色。额唇基沟黑色。唇基深褐色。喙褐色。触角第 2 节褐色，基部 1/3 黑色。前翅褐色；后翅浅黑色。足褐色，具清晰的黑线。

头顶两后侧角宽为中线长的 1.8 倍。额最宽处宽为中线长的 1.1 倍，为基部宽的 1.4 倍。腹面观颊的端部可见。前翅长为最宽处的 2 倍，MP 脉在 CuA 脉分叉的略基部处分叉，均远离爪脉汇合处；后翅腹瓣窄。后足刺式 7-9-2。

雄性外生殖器：肛节长为最宽处的 2.4 倍，侧缘自肛管后近平行，端缘钝圆。阳茎基背瓣窄，端缘钝圆，侧瓣端部指向背部，基部粗壮，背面观端部背向弯曲，腹瓣端缘尖。阳茎突起短，长为阳茎基的 0.45 倍。抱器顶缘弯曲，背缘向基部的突起平直并向下弯曲，突起的脊高，突起尾向观内缘在脊的位置凸出，端缘平截。

观察标本：未见。

地理分布：台湾。

(241) 三叶美萨瓢蜡蝉 *Eusarima triphylla* (Che, Zhang *et* Wang, 2012)（图 214；图版 XXXⅦ：a-c）

Parasarima triphylla Che, Zhang *et* Wang, 2012b: 535 (Type locality: Guangxi, China).

Eusarima triphylla: Gnezdilov, 2016: 222.

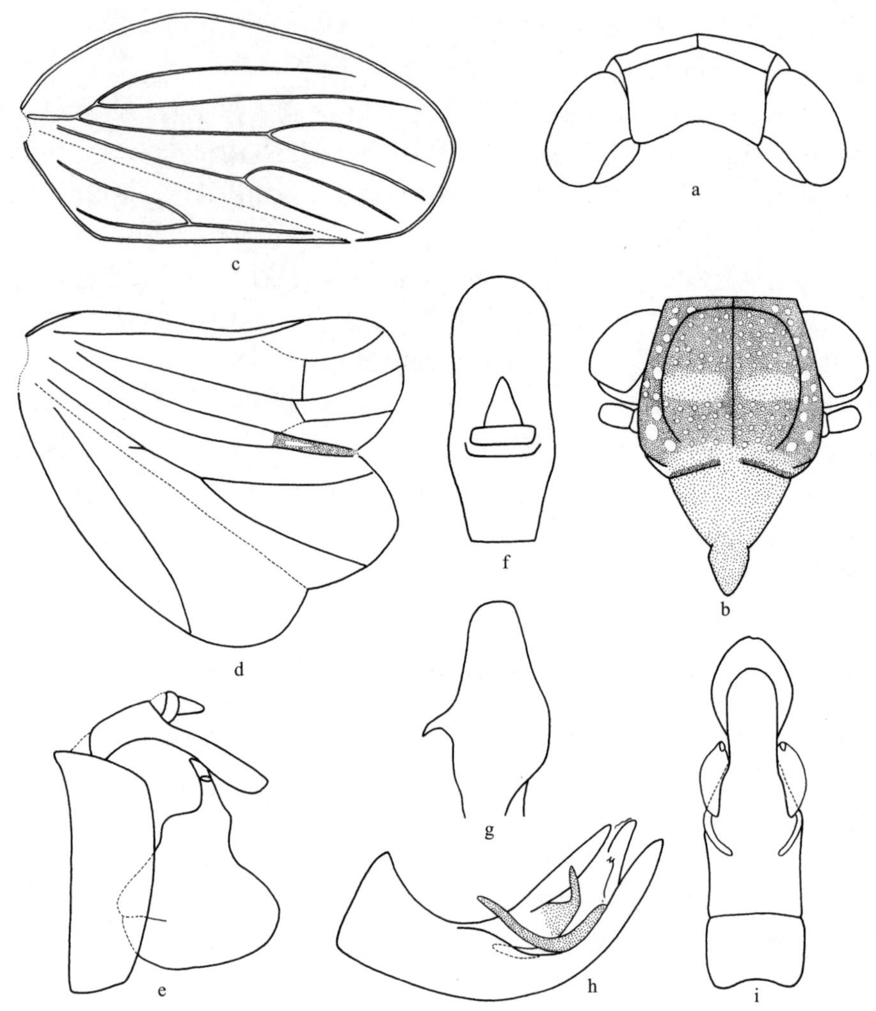

图 213 罗美萨瓢蜡蝉 *Eusarima logica* Yang（仿 Chan & Yang，1994）

a. 头部背面观（head, dorsal view）；b. 头部腹面观（head, ventral view）；c. 前翅（tegmen）；d. 后翅（hind wing）；e. 雄虫外生殖器侧面观（male genitalia, lateral view）；f. 雄肛节背面观（male anal segment, dorsal view）；g. 抱器背突尾向观（capitulum of genital style, caudal view）；h. 阳茎左面观（phallus, left view）；i. 阳茎基背面观（phallobase, dorsal view）

体连翅长：♂ 5.3mm。前翅长：♂ 4.3mm。

体深棕色，具褐色斑纹。复眼褐色。额棕色，具褐色圆斑和中域。前翅棕色，具褐色斑纹和浅棕色瘤突。腹部腹面和背面浅棕色，腹部各节的近端部褐色。

头顶近六边形，前缘微角状突出，后缘略凹入，中脊弱，两后侧角处宽为中线长的 1.5 倍。额粗糙，具细小的刻点，具中脊和倒“U”形的亚侧脊，亚侧脊与侧缘间的区域颜色较深且具瘤突，额长为最宽处的 1.3 倍，最宽处为基部宽的 1.2 倍。额唇基沟明显弯曲。唇基光滑，具中脊。中胸盾片近三角形，最宽处为中线长的 1.8 倍。前翅长为最宽处的 2.1 倍，ScP 脉长，MP 脉 3 分支，CuA 脉在近中部分支。后足刺式 6-7-2。

雄性外生殖器：肛节背面观蘑菇形，肛孔位于基半部，侧顶角微角状突出，端缘中部略凹入。尾节侧面观后缘近中部凸出，端部略突出。阳茎基背瓣背面观中部圆形突出，侧瓣窄长，末端尖；腹瓣腹面观端缘钝圆，中部圆角状凸出；阳茎浅“U”形，端部裂开，近端部具 1 对剑状突起物。抱器侧面观近三角形，后缘波形弯曲；尾向观抱器背突端部钝圆，具 1 短的侧齿。

雌性外生殖器：肛节背面观细长，近基部处最宽，端缘中部略突出，肛孔位于肛节的近基部。第 3 产卵瓣近方形。第 1 产卵瓣腹端角具 3 个小齿，端缘具 2 刺，不具脊。第 7 腹节中部明显突出。

观察标本：1♂（正模），广西防城平龙山，2001.XII.1，王宗庆；1♀（副模），同正模；1♂（副模），湖北通山九宫山横石，2001.VIII.8，车艳丽。

地理分布：湖北、广西。

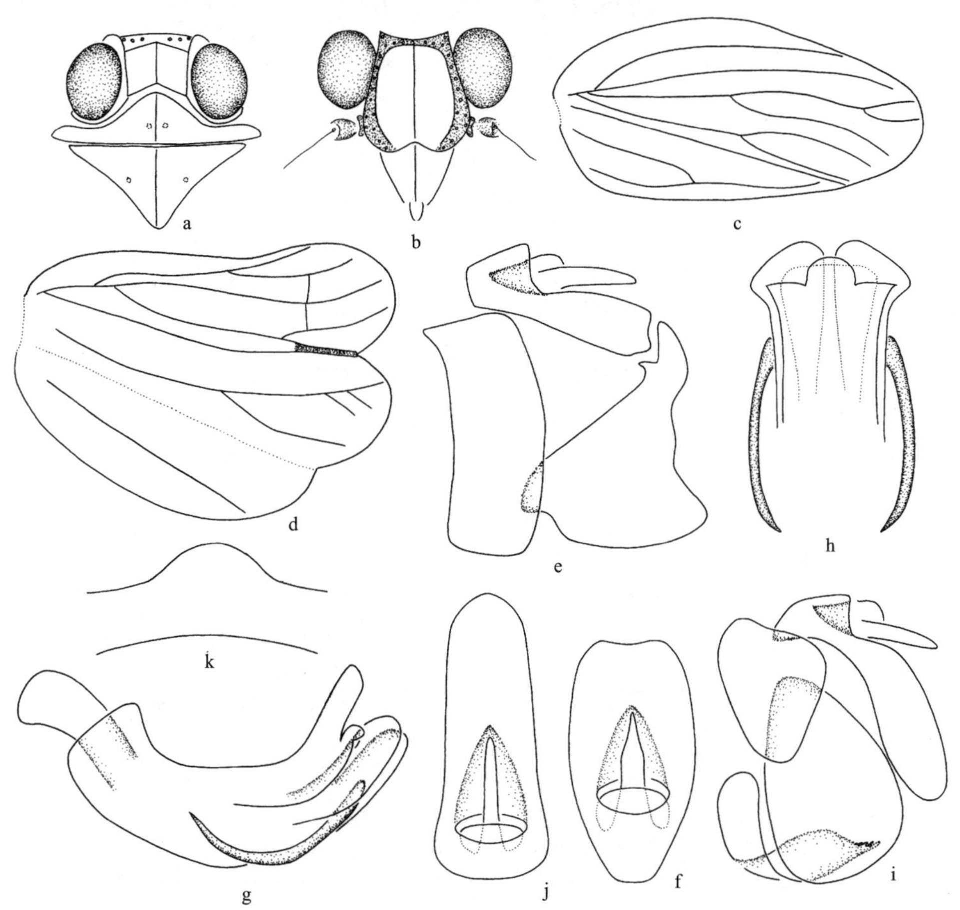

图 214　三叶美萨瓢蜡蝉 *Parasarima triphylla* (Che, Zhang *et* Wang)

a. 头胸部背面观（head and thorax, dorsal view）；b. 额与唇基（frons and clypeus）；c. 前翅（tegmen）；d. 后翅（hind wing）；e. 雄虫外生殖器左面观（male genitalia, left view）；f. 雄肛节背面观（male anal segment, dorsal view）；g. 阳茎侧面观（phallus, lateral view）；h. 阳茎端部背面观（apex of phallus, dorsal view）；i. 雌虫外生殖器左面观（female genitalia, left view）；j. 雌肛节背面观（female anal segment, dorsal view）；k. 雌第 7 腹节腹面观（female sternite Ⅶ, ventral view）

(242) 刺美萨瓢蜡蝉，新种 *Eusarima spina* Meng, Qin *et* Wang, sp. nov.（图 215；图版 XXXVII：d-f）

体连翅长：♂ 5.8mm。前翅长：♂ 5.0mm。

体深褐色。复眼灰褐色。额棕色，近上端部暗褐色，具浅褐色瘤突。唇基浅黄褐色。前胸背板和中胸盾片褐色，具浅棕色中脊和瘤突。前翅深褐色，翅脉浅褐色；后翅褐色。腹部腹面和背面棕色，各节端部浅棕色。

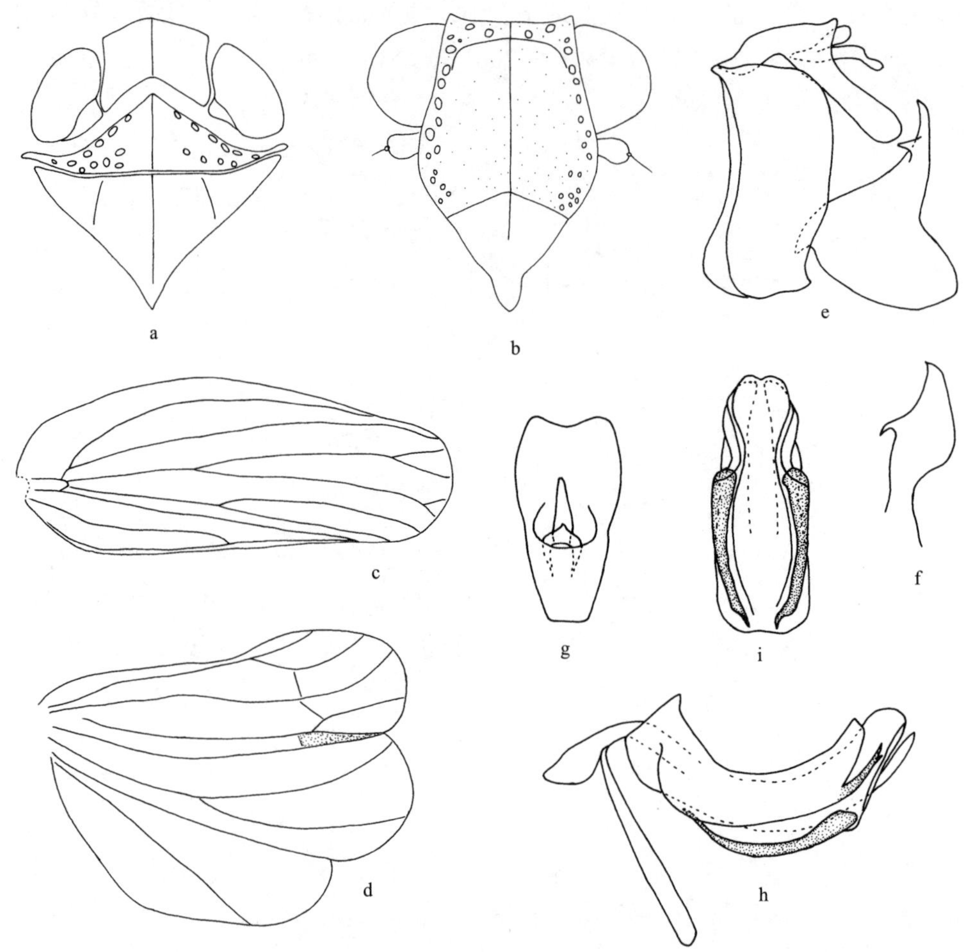

图 215　刺美萨瓢蜡蝉，新种 *Eusarima spina* Meng, Qin *et* Wang, sp. nov.

a. 头胸部背面观（head and thorax, dorsal view）；b. 额与唇基（frons and clypeus）；c. 前翅（tegmen）；d. 后翅（hind wing）；e. 雄虫外生殖器左面观（male genitalia, left view）；f. 抱器背突尾向观（capitulum of genital style, caudal view）；g. 雄肛节背面观（male anal segment, dorsal view）；h. 阳茎侧面观（phallus, lateral view）；i. 阳茎腹面观（phallus, ventral view）

头顶前缘角状微凸出，后缘深凹入，两后侧角处宽为中线长的 1.5 倍。额粗糙，具细小的刻点，具中脊和倒“U”形亚侧脊，亚侧脊仅存在于端部，长为最宽处的 1.2 倍，最宽处为基部宽的 1.6 倍。额唇基沟向上略弯曲。前胸背板略长于头顶，前缘近角状突出，具清晰的中脊，侧域具 2 排瘤突。中胸盾片最宽处为中线长的 1.7 倍。前翅狭长，长为最宽处的 2.1 倍，ScP 脉在近基部 2 分支，MP 脉 4 分支。后足刺式 6-7-2。

雄性外生殖器：肛节背面观近杯形，近端部最宽，端缘中部深凹入。尾节侧面观后缘微凸出，近腹面突出较小。阳茎基背侧瓣短于阳茎器，腹缘近基部圆弧形微突出，侧瓣与背瓣在阳茎突起上方分开，呈刺突状，末端达阳茎背瓣端部，且在近端部具 1 小刺，指向腹面；腹瓣腹面观端缘中部微凹入，侧缘在阳茎突起上方深凹入；阳茎器近端部 1/4 处具 1 对长的剑状突起物，达阳茎基部 1/4 处。抱器近三角形，侧面观后缘中部凹入，尾腹角强突出；尾向观抱器背突基部至末端渐尖，侧面具 1 小刺。

正模：♂，重庆缙云山，2011.VII.16，孟瑞、孙艳春、王梦琳。副模：1♂，同正模；2♂，2011.VII.17，其他同正模；1♂，2011.VII.18，其他同正模。

鉴别特征：与三叶美萨瓢蜡蝉 *E. triphylla* (Che，Zhang *et* Wang，2012) 相似，主要区别：①前翅 MP 脉 4 分支，后者 MP 脉 3 分支；②阳茎基侧瓣近端部具 1 指向腹面的小刺，后者无；③抱器后缘中部角状凹入，后者后缘中部半圆形凹入。

种名词源：拉丁词“*spina*”，意为“刺状的”，此处指阳茎基背侧瓣侧面近端部形成的突起的末端具 1 个小刺。

(243) 针美萨瓢蜡蝉，新种 *Eusarima spiculiformis* Che, Zhang *et* Wang, sp. nov.（图 216；图版 XXXVII：g-i）

体连翅长：♂ 4.5mm。前翅长：♂ 3.8mm。

体棕色，具浅棕色瘤突和脊。复眼褐色。额浅棕色，端部褐色，具浅棕色瘤突。前翅棕色，翅脉浅棕色；后翅褐色。腹部腹面和背面棕色，各节端部浅棕色。

头顶两后侧角处宽为中线长的 1.5 倍。额粗糙，具细小的刻点，额长为最宽处的 1.2 倍，最宽处为基部宽的 1.6 倍。额唇基沟向上微隆起。中胸盾片近三角形，最宽处为中线长的 1.5 倍。前翅长为最宽处的 2.1 倍，纵脉明显，ScP 脉长，ScP 脉在近基部 2 分支，MP 脉 3-4 分支。后足刺式 6-8-2。

雄性外生殖器：肛节背面观近方形，侧顶角圆，端缘较直；肛孔位于近基部。尾节侧面观后缘近中部凸出。阳茎浅“U”形，阳茎基背瓣端缘钝圆，外侧缘平滑；侧瓣细长，末端针刺状，在近阳茎基端部 1/6 处具 1 小刺突；腹瓣腹面观端缘钝圆不凹入；阳茎器具 1 对剑状突起物，末端直，达阳茎近基部 1/4。抱器侧面观近三角形，后缘弧形深凹入；抱器背突端部钝圆，侧齿小。

正模：♂，广西桂林，1974.VIII.28，周尧、卢筝。副模：2♂，同正模。

鉴别特征：与帆美萨瓢蜡蝉 *E. fanda* Yang 相似，主要区别：①前翅 MP 脉 3-4 分支，后者 MP 脉 2 分支；②阳茎基的侧瓣具小刺突，后者无；③肛节近方形，端缘较直；后者近椭圆形，端缘凸出。

种名词源：拉丁词“*spiculiformis*”，意为“针刺状的”，此处指阳茎侧瓣端部尖细如针刺状。

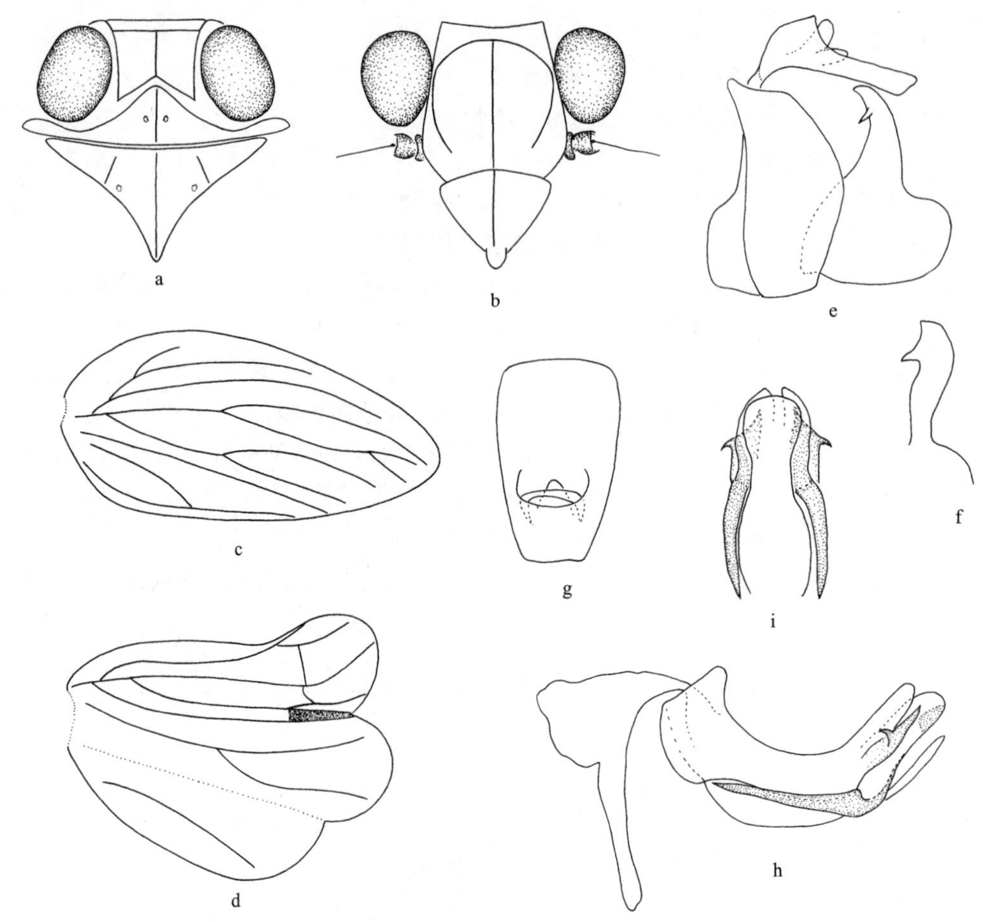

图 216 针美萨瓢蜡蝉，新种 *Eusarima spiculiformis* Che, Zhang *et* Wang, sp. nov.

a. 头胸部背面观（head and thorax, dorsal view）；b. 额与唇基（frons and clypeus）；c. 前翅（tegmen）；d. 后翅（hind wing）；e. 雄虫外生殖器左面观（male genitalia, left view）；f. 抱器背突尾向观（capitulum of genital style, caudal view）；g. 雄肛节背面观（male anal segment, dorsal view）；h. 阳茎侧面观（phallus, lateral view）；i. 阳茎端部腹面观（apex of phallus, ventral view）

(244) 穗美萨瓢蜡蝉，新种 *Eusarima spiculata* Che, Zhang *et* Wang, sp. nov.（图 217；图版 XXXVII：j-l）

体连翅长：♂ 5.5mm，♀ 5.7mm。前翅长：♂ 4.5mm，♀ 4.8mm。

体棕色，具浅棕色瘤突和脊。复眼褐色。额浅棕色，端部浅褐色，具浅棕色瘤突。前胸背板棕色，具浅棕色瘤突。前翅棕色；后翅浅褐色。腹部腹面和背面棕色，近中部褐色。

头顶近六边形，两后侧角处宽为中线长的 1.8 倍。额粗糙，具细小的刻点，亚侧脊仅在端部明显，近端缘和侧缘具瘤突，额长为最宽处的 1.2 倍，最宽处为基部宽的 1.7 倍。额唇基沟明显弯曲。唇基光滑，具中脊。中胸盾片最宽处为中线长的 2.5 倍。前翅长为最宽处的 2.3 倍，纵脉明显，ScP 脉与 R 脉在基部分叉，ScP 脉长，ScP 脉在近基部 2 分支，MP 脉 3 分支，MP_{1+2} 脉在近端部分叉。后足刺式 6-7-2。

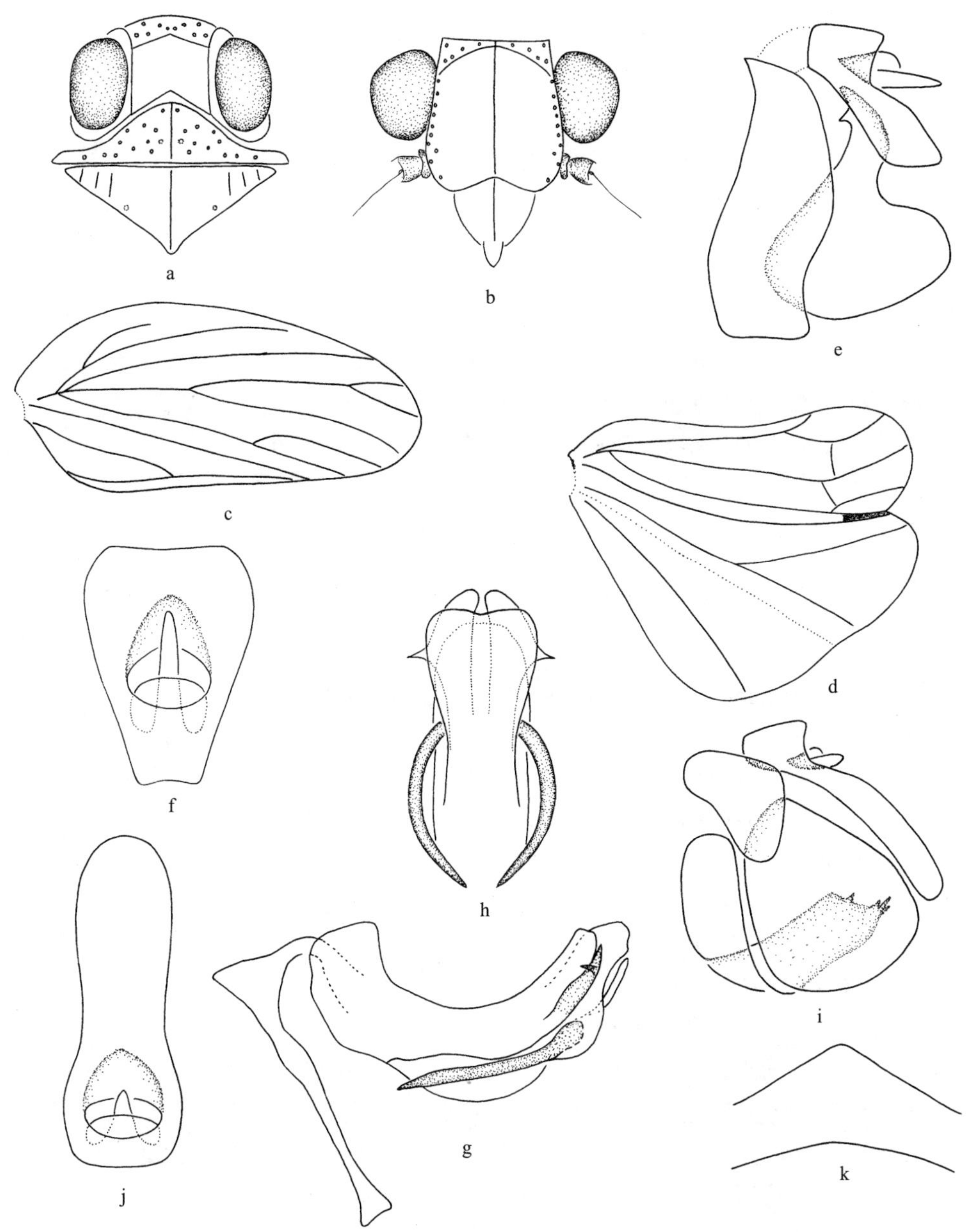

图 217 穗美萨瓢蜡蝉，新种 *Eusarima spiculata* Che, Zhang *et* Wang, sp. nov.

a. 头胸部背面观（head and thorax, dorsal view）；b. 额与唇基（frons and clypeus）；c. 前翅（tegmen）；d. 后翅（hind wing）；e. 雄虫外生殖器左面观（male genitalia, left view）；f. 雄肛节背面观（male anal segment, dorsal view）；g. 阳茎侧面观（phallus, lateral view）；h. 阳茎端部腹面观（apex of phallus, ventral view）；i. 雌虫外生殖器左面观（female genitalia, left view）；j. 雌肛节背面观（female anal segment, dorsal view）；k. 雌第 7 腹节腹面观（female sternite Ⅶ, ventral view）

雄性外生殖器：肛节背面观近杯状，侧顶角圆，端缘中部略凹入，肛孔位于近中部。尾节侧面观后缘近中部凸出。阳茎基背瓣背面观不裂叶，端缘钝圆，外侧缘平滑；侧瓣短于背瓣，端缘尖锐，近端部具 1 小刺突；腹瓣腹面观端缘中间略凹入；阳茎近端部具

1 对剑状突起物，末端超过阳茎近中部。抱器侧面观近三角形，后缘近中部圆弧形深凹入；尾向观背突端部钝圆。

雌性外生殖器：肛节背面观近方形，长明显大于宽，近基部处最宽，近中部处明显缢缩，端缘略突出，侧缘圆滑，肛孔位于肛节的近基部。第 3 产卵瓣近三角形。第 1 产卵瓣腹端角具 3 齿，端缘具 2 刺。第 7 腹节中部明显弓形突出。

正模：♂，福建德化水口，1974.XI.7，李法圣（CAU）。副模：1♀，广西柳州，1981.IX.9，黄礼全。

鉴别特征：与针美萨瓢蜡蝉 *E. spiculiformis* Che, Zhang *et* Wang, sp. nov.相似，主要区别：①雄虫肛节端缘中部微凹入，后者端缘中部较直；②阳茎基侧瓣的小突起位于阳茎基侧瓣近端部，后者小突起位于阳茎基近端部 1/6。

种名词源：拉丁词“*spiculatus*”，意为“具小尖的，具小穗的”，此处指阳茎侧瓣的侧缘突出成小尖状。

地理分布：福建、广西。

(245) 尖叶美萨瓢蜡蝉，新种 *Eusarima acutifolica* Che, Zhang *et* Wang, sp. nov.（图 218；图版 XXXⅧ：a-c）

体连翅长：♂ 5.2mm，♀ 5.4mm。前翅长：♂ 4.6mm，♀ 4.7mm。

体深棕色，具浅棕色瘤突和脊。复眼褐色。额棕色，具浅棕色瘤突和脊，近端缘处褐色。前翅深棕色；后翅褐色。腹部腹面浅棕色；背面棕色，各节的近端部褐色。

头顶近六边形，两后侧角处宽为中线长的 1.9 倍。额粗糙，具细小的刻点，中域微隆起，在近基部处明显扩大，具中脊和倒“U”形的亚侧脊，亚侧脊仅在端部明显，近侧缘和端部处具瘤突，额长为最宽处的 1.1 倍，最宽处为基部宽的 1.7 倍。额唇基沟略弯曲。中胸盾片近三角形，最宽处为中线长的 2.1 倍。前翅长为最宽处的 2.1 倍，纵脉明显，ScP 脉长，MP 脉 3 分支。后足刺式 6-8-2。

雄性外生殖器：肛节背面观蘑菇形，侧顶角微角状突出，端缘中部略凹入；肛孔位于基半部。尾节侧面观后缘近基部凸出，端部略突出。阳茎浅“U”形，端部裂开，阳茎基背瓣端缘钝圆，侧瓣近亚端部具 1 刺状突起，末端刺突状，指向尾部；腹瓣腹面观端缘钝圆，中部微凸出；阳茎器近端部 1/4 具 1 对剑状突起物。抱器侧面观近三角形，端缘弧形深凹入；抱器背突尾向观端部钝圆，具尖叶状的侧齿。

雌性外生殖器：肛节背面观长明显大于宽，近基部处最宽，中部略缢缩，端缘中部略突出，肛孔位于肛节的近基部。第 3 产卵瓣近四边形。第 1 产卵瓣腹端角具 3 个小齿，端缘具 2 个小刺。第 7 腹节中部明显突出。

正模：♂，湖南衡山南岳，1985.VIII.10，张雅林、柴勇辉。副模：1♂1♀，湖南衡山南岳，1985.VIII.15，张雅林、柴勇辉；1♂，湖南衡山南岳，1985.VIII.29，张雅林、柴勇辉；2♂2♀，湖南衡山南岳，1985.VIII.7，张雅林、柴勇辉；3♂，湖南衡山南岳，1985.VIII.18，张雅林、柴勇辉；8♀，同正模；1♀，湖南衡山南岳，1985.VIII.13，张雅林、柴勇辉；1♀，湖南衡山南岳，1985.VIII.26，张雅林、柴勇辉。

鉴别特征：与钩美萨瓢蜡蝉 *E. hamata* Yang 相似，主要区别：①额的亚侧脊仅在端部明显，后者达近基部；②阳茎基侧瓣近端部具 1 小刺，腹瓣端缘微凸，后者侧瓣无此突起，腹瓣端缘平截；③肛节较粗短且端缘中部凹入，后者肛节较细长且端缘中部突出。

种名词源：拉丁词“*acutifolius*”，意为“尖叶的”，此处指本种雄虫的抱器背突的侧刺呈尖叶状。

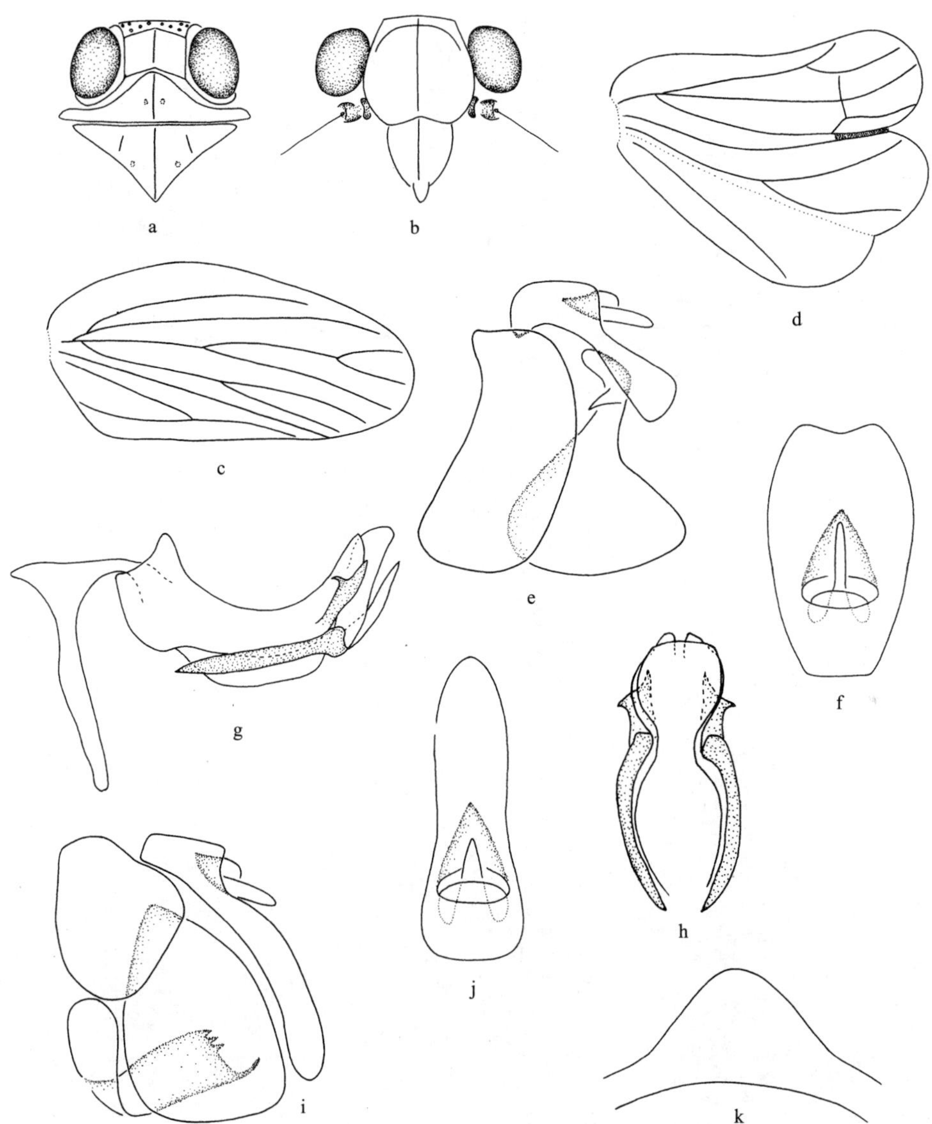

图 218 尖叶美萨瓢蜡蝉，新种 *Eusarima acutifolica* Che, Zhang *et* Wang, sp. nov.

a. 头胸部背面观（head and thorax, dorsal view）；b. 额与唇基（frons and clypeus）；c. 前翅（tegmen）；d. 后翅（hind wing）；e. 雄虫外生殖器左面观（male genitalia, left view）；f. 雄肛节背面观（male anal segment, dorsal view）；g. 阳茎侧面观（phallus, lateral view）；h. 阳茎端部腹面观（apex of phallus, ventral view）；i. 雌虫外生殖器左面观（female genitalia, left view）；j. 雌肛节背面观（female anal segment, dorsal view）；k. 雌第 7 腹节腹面观（female sternite Ⅶ, ventral view）

(246) 双尖美萨瓢蜡蝉, 新种 *Eusarima bicuspidata* Che, Zhang *et* Wang, sp. nov.（图 219；图版 XXXVIII：d-f）

体连翅长：♂ 6.2mm，♀ 6.5mm。前翅长：♂ 4.8mm，♀ 5.0mm。

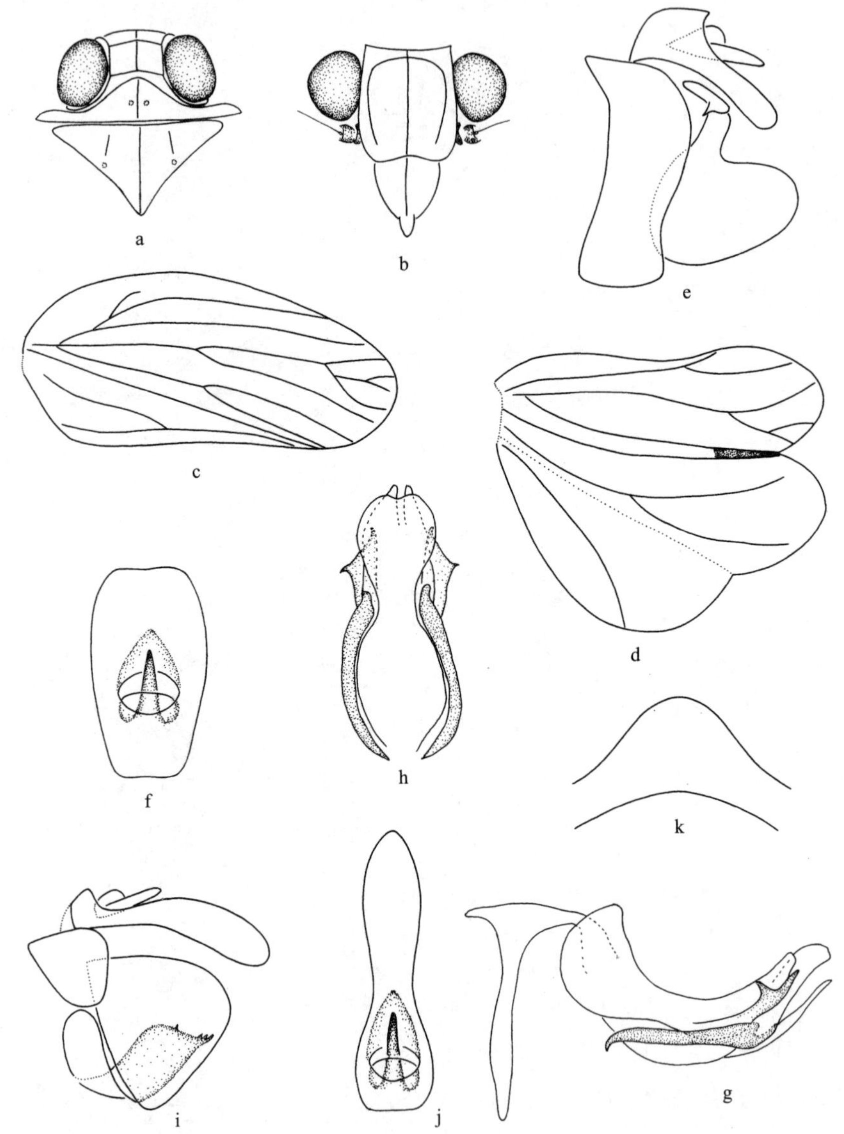

图 219 双尖美萨瓢蜡蝉，新种 *Eusarima bicuspidata* Che, Zhang *et* Wang, sp. nov.

a. 头胸部背面观（head and thorax, dorsal view）；b. 额与唇基（frons and clypeus）；c. 前翅（tegmen）；d. 后翅（hind wing）；e. 雄虫外生殖器左面观（male genitalia, left view）；f. 雄肛节背面观（male anal segment, dorsal view）；g. 阳茎侧面观（phallus, lateral view）；h. 阳茎端部腹面观（apex of phallus, ventral view）；i. 雌虫外生殖器左面观（female genitalia, left view）；j. 雌肛节背面观（female anal segment, dorsal view）；k. 雌第 7 腹节腹面观（female sternite Ⅶ, ventral view）

体深棕色，具浅棕色脊和褐色斑纹。复眼褐色。额棕色，具浅棕色脊，基半部棕色，端半部褐色。前翅深棕色，横脉浅棕色；后翅褐色。腹部腹面和背面浅棕色，近中部褐色，各节的近端部褐色。

头顶近六边形，两后侧角处宽为中线长的 1.8 倍。额粗糙，具细小的刻点，中域微隆起，在近端部处明显扩大，具中脊和倒“U”形的亚侧脊，额长为最宽处的 1.1 倍，最宽处为基部宽的 1.6 倍。额唇基沟略弯曲。中胸盾片近三角形，具中脊和短的亚侧脊，最宽处为中线长的 2.1 倍。前翅长为最宽处的 2.1 倍，ScP 脉长，MP 脉 3 分支，MP_1 脉在近端部处分支后，分支内具 1 个二叉状的分支。后足刺式 7-10-2。

雄性外生殖器：肛节背面观近长方形，侧顶角微弧状突出，端缘中部略凹入；肛孔位于基半部。尾节侧面观后缘近端部凸出。阳茎基背瓣端缘钝圆，侧瓣细，其背侧缘具“双尖”，在近端部具 1 刺状突起，端部刺突状，背面观末端弯向外侧；腹瓣腹面观端缘侧顶角钝圆，中部凹入；阳茎器近端部 1/3 具 1 对剑状突起物。抱器侧面观近三角形，端缘弧形深凹入；尾向观抱器背突端部钝圆，具钝的侧齿。

雌性外生殖器：肛节背面观长明显大于宽，近基部处最宽，中部略缢缩，端缘中部略突出，肛孔位于肛节的近基部。第 3 产卵瓣近四边形。第 1 产卵瓣腹端角具 3 个小齿，端缘具 2 个小刺。第 7 腹节中部明显突出。

正模：♂，广东鼎湖山，1983.VI.18，张雅林。副模：1♂，同正模；1♂5♀，广东鼎湖山，1985.VII.18，张雅林；3♀，广东鼎湖山，1985.VII.19，张雅林；1♂2♀，海南定安县翰林，2002.VII.26，王宗庆、王培明。

鉴别特征：与博美萨瓢蜡蝉 *E. fanda* Yang 相似，主要区别：①前翅 MP_1 脉在近端部处分支后，分支内具 1 个二叉状的分支，后者无；②阳茎基侧瓣的侧缘具双尖，后者无；③肛节较粗短且端缘中部凹入，后者肛节较细长且端缘中部突出。

种名词源：拉丁词“*bicuspidatus*”，意为“双尖的”，此处指本种雄虫阳茎侧瓣的侧缘具双尖。

地理分布：广东、海南。

(247) 洁美萨瓢蜡蝉 *Eusarima koshunensis* (Matsumura, 1916)

Sarima koshunense Matsumura, 1916: 113 (Type locality: Taiwan, China); Chan *et* Yang, 1994: 160.

Eusarima koshunensis: Gnezdilov, 2013d: 486.

以下描述源自 Matsumura（1916）。

体长：♂ 5.0-5.5mm，♀ 5.0-5.5mm。

体土黄色。头顶明显短。额具粗糙的颗粒，端半部淡褐色，具皱褶和颗粒。额唇基沟淡褐色、窄，在中部断开。唇基具 2 条不明显的淡褐色线纹。前胸背板两侧具细小颗粒。前翅土黄色，半透明，中部明显较宽，具大量明显的网状翅脉，前缘区域宽为亚前缘区域的 2 倍。腹部和足无斑纹。

观察标本：未见。

地理分布：台湾。

(248) 炫美萨瓢蜡蝉 *Eusarima versicolor* (Kato, 1933)

Sarima versicolor Kato, 1933a: 462 (Type locality: Taiwan, China); Chan *et* Yang, 1994: 160.
Eusarima versicolor: Gnezdilov, 2013d: 491.

以下描述源自 Kato（1933a）。

体连翅长：6mm。体宽：3mm。

体和前翅浅绿色无斑纹。复眼浅褐色。头扁平略凹陷，具不明显的中脊，复眼间宽为中线长的 2 倍。额具大的圆形隆起，具中脊。喙短，伸达后足基节。前胸背板两侧尖，后缘平直，前缘突出成 112°角，沿脊具弱的凹槽，中域扁平。中胸盾片稍长于前胸背板，具 3 条略隆起的脊。前翅长为最宽处的 2.5 倍，后翅不明显。足短，浅黄绿色。腹部浅黄绿色。

观察标本：未见。

地理分布：台湾；日本。

72. 克瓢蜡蝉属 *Jagannata* Distant, 1906

Jagannata Distant, 1906: 338. **Type species**: *Jagannata chelonia* Distant, 1906.

属征：头包括复眼约等于或略窄于前胸背板。头顶宽约等于或略大于长，中域凹陷，前缘在复眼前方角状突出，后缘角状凹入，具中脊或中脊弱。具单眼。额长约等于最宽处，前缘明显凹入，中域隆起具横带，具中脊或亚侧脊或无。唇基小，隆起，无脊，且与额位于同一平面上；喙达后足基节。前胸背板前缘明显凸出，后缘近平直，中域具 2 个小凹陷，具中脊；中胸盾片中域隆起，具亚侧脊，近侧缘中部各具 1 个小凹陷。前翅近方形，长大于宽，具爪缝，纵脉明显，ScP 脉与 R 脉在近基部处分开，MP 脉 3 分支或 2 分支，CuA 脉 2 分支，爪片上的“Y”脉未超出爪片；后翅折叠，略短于前翅，具 3 瓣，明显宽于前翅，翅脉明显，端部形成端室。后足胫节具 2 个侧刺，后足刺式 (6-8)-(9-11)-2。

雄性外生殖器：肛节背面观近长椭圆形，尾节侧面观后缘近基部和端部突出。阳茎浅“U”形，端部裂开成瓣状，具 1 对源于端部的剑状突起物。抱器侧面观近三角形，基部窄，端部扩大，端部突出且突出指向侧面。

雌性外生殖器：肛节背面观近椭圆状，长大于最宽处。第 1 产卵瓣具刺，侧面观第 9 背板近四边形，第 3 产卵瓣近三角形。第 7 腹节近平直。

地理分布：广东、海南；印度。

Distant（1906）建立该属，Metcalf（1958）将其归入瓢蜡蝉亚科 Issinae。全世界仅知 2 种，该属为中国首次记录，本志报道 2 新种。

种检索表

唇基无横带，前翅 MP 脉 3 分支……………………………**钩克瓢蜡蝉，新种 *J. uncinulata* sp. nov.**

唇基具浅黄绿色横带，前翅 MP 脉 2 分支 ……………… **开克瓢蜡蝉，新种 *J. ringentiformis* sp. nov.**

(249) 钩克瓢蜡蝉，新种 *Jagannata uncinulata* Che, Zhang *et* Wang, sp. nov.（图 220；图版 XXXIII：g-i）

体连翅长：♂ 8.1mm，♀ 8.2-8.4mm。前翅长：♂ 6.1mm，♀ 6.3-6.5mm。

体褐色。额、唇基棕色，喙棕色。复眼褐色。前胸背板和中胸盾片棕色。前翅褐色，横脉棕色；后翅深棕色。足棕色，后足腿节基部略带褐色。腹部腹面和背面红棕色，两侧浅黄绿色，各节末端略带浅棕色。

头顶近六边形，中域略凹陷，具中脊，两后侧角宽约为中线长的 1.2 倍。额光滑，中域隆起，中域具 1 倒“U”形的脊和中脊，最宽处为基部宽的 1.9 倍，中线长为最宽处的 1.1 倍。额唇基沟明显弯曲。唇基光滑无脊。前胸背板后缘近平直，具中脊；中胸盾片宽且短，具中脊和亚侧脊，最宽处为中线长的 2.0 倍。前翅近方形，长大于宽，具爪缝，纵脉明显，ScP 脉长，与 R 脉在近基部处分开，MP 脉 3 分支，CuA 脉 2 分支，爪片上的“Y”脉未超出爪片，长为最宽处的 2.9 倍；后翅折叠，略短于前翅，为前翅长的 0.9 倍，具 3 瓣，明显宽于前翅，翅脉明显。后足胫节侧缘近端部具 2 个侧刺；后足刺式 6-11-2。

雄性外生殖器：肛节背面观蘑菇形，肛孔位于近基部，近肛孔处最宽，侧顶角钝圆，端缘微突出。尾节侧面观后缘近端部弧形突出，基部突出小。阳茎浅“U”形，阳茎基背侧瓣与腹瓣在基部 1/3 处分叉，背面观端部钝圆不裂叶；侧瓣侧面观细长 2 裂叶，端部渐细；腹瓣腹面观端缘中部钝圆，不裂叶；阳茎器具 1 对位于近端部的长的剑状突起物。抱器侧面观呈近长的三角形，端缘波形弯曲，背缘近端部突出；尾向观抱器背突端部渐细，顶端呈钩状，侧齿小且钝；侧面观，抱器背突顶端呈钩状。

雌性外生殖器：肛节背面观近卵圆形，顶缘突出，侧缘圆滑，肛孔位于肛节的基半部。第 1 产卵瓣向上弯曲，端缘具 3 个近平行的、大小相等的刺，近侧缘处具 1 较大的刺。侧面观第 9 背板小，近方形，第 3 产卵瓣近三角形。第 7 腹节近平直。

正模：♂，广东鼎湖山，1985.VII.18，张雅林。副模：1♂1♀，湖南郴州，1985.VIII.3，张雅林、柴勇辉；1♂，广东鼎湖山，1985.VII.19，张雅林；1♂，海南尖峰岭（五），1983.IV.7，顾茂彬（CAF）；1♀，海南尖峰岭 1984.VI.7，林尤洞（CAF）。

鉴别特征：本种与克瓢蜡蝉 *J. chelonia* Distant 相似，主要区别：①体褐色，后者浅黄色，具黑色斑纹；②额光滑，具中脊和亚侧脊，后者具瘤突；③前翅无斑纹，后者端部具黑色斑点。

种名词源：本种学名源于拉丁词“*uncinulatus*”，意为“小钩形的”，此处指抱器突顶端呈钩形。

地理分布：湖南、广东、海南。

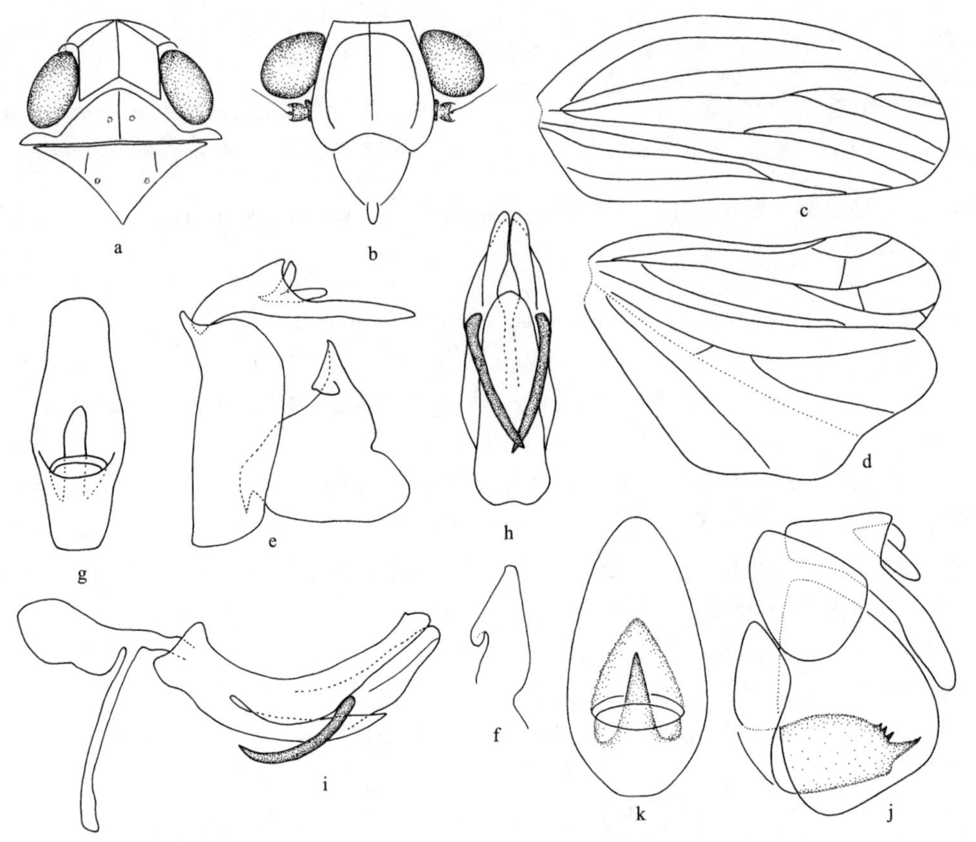

图 220 钩克瓢蜡蝉，新种 *Jagannata uncinulata* Che, Zhang *et* Wang, sp. nov.

a. 头胸部背面观（head and thorax, dorsal view）；b. 额与唇基（frons and clypeus）；c. 前翅（tegmen）；d. 后翅（hind wing）；e. 雄虫外生殖器左面观（male genitalia, left view）；f. 抱器背突尾向观（capitulum of genital style, caudal view）；g. 雄肛节背面观（male anal segment, dorsal view）；h. 阳茎侧面观（phallus, lateral view）；i. 阳茎腹面观（phallus, ventral view）；j. 雌虫外生殖器左面观（female genitalia, left view）；k. 雌肛节背面观（female anal segment, dorsal view）

(250) 开克瓢蜡蝉，新种 *Jagannata ringentiformis* Che, Zhang *et* Wang, sp. nov.（图 221，图版 XXXIX：a-c）

体连翅长：♂ 5.1mm。前翅长：♂ 4.0mm。

体棕色。复眼褐色。额端部棕色，中域及基部浅黄绿色。唇基棕色，具浅黄绿色横带。喙浅棕色。前胸背板和中胸盾片棕色，前胸背板前缘具浅色瘤突。前翅棕色；后翅深棕色。足棕色，前足腿节的基部具褐色横带。腹部腹面和背面浅棕色，中部褐色。

头顶近六边形，中域略凹陷，两后侧角宽约为中线长的 1.3 倍。额光滑，中域隆起，中域具 1 倒“U”形的脊和中脊，最宽处为基部宽的 1.2 倍，中线长为最宽处的 1.5 倍。额唇基沟明显弯曲。唇基光滑，仅在基部具脊，端部中脊不明显，基部具 1 横带。前胸背板后缘近平直，具中脊，前缘具瘤突；中胸盾片宽且短具中脊，最宽处为中线长的 1.9 倍。前翅近方形，长大于宽，具爪缝，纵脉明显，ScP 脉长，与 R 脉在近基部处分开，MP 脉 2 分支，CuA 脉 2 分支，爪片上的“Y”脉未超出爪片，前翅长为最宽处的 2.1 倍；

后翅折叠，略短于前翅，为前翅长的 0.9 倍，具 3 瓣。后足胫节近端部具 2 个侧刺；后足刺式 8-(10-11)-2。

雄性外生殖器：肛节背面观近卵圆形，近中部处最宽，侧顶角钝圆，端缘微突出，肛孔位于近中部。尾节侧面观后缘近背部突出小，近腹部突出明显。阳茎浅“U”形，阳茎基背侧瓣背面观端部 2 裂叶，侧面观端缘呈角状突出，腹面观腹瓣端缘中部钝圆，不裂叶；阳茎器具 1 对位于近端部的长的剑状突起物。抱器侧面观后缘中部弧形微凹入；尾向观突出端部渐细，呈锥状，基部具 1 小齿，似张开的口形。

正模：♂，云南西双版纳勐宋，1600m，1958.IV.23，孟绪武（IZCAS）。副模：1♂，云南西双版纳勐混，1100-1400m，1958.V.23，孟绪武（IZCAS）。

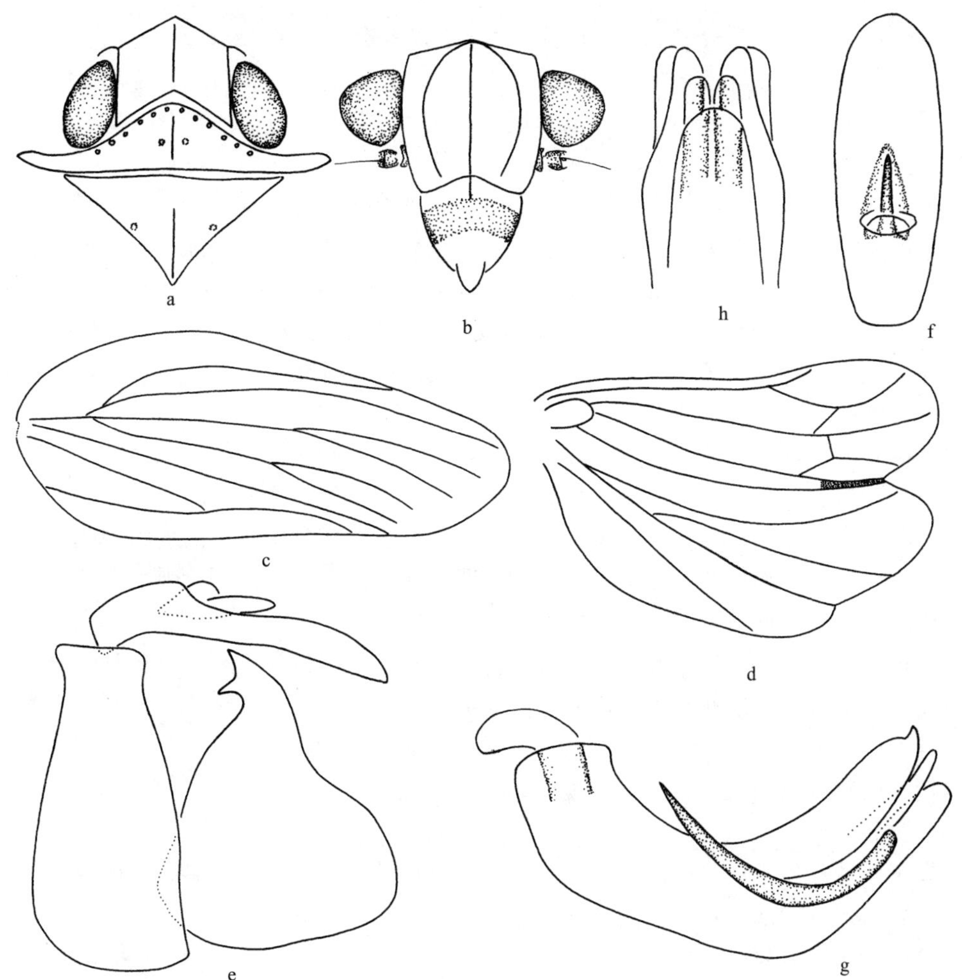

图 221　开克瓢蜡蝉，新种 *Jagannata ringentiformis* Che, Zhang *et* Wang, sp. nov.

a. 头胸部背面观（head and thorax, dorsal view）；b. 额与唇基（frons and clypeus）；c. 前翅（tegmen）；d. 后翅（hind wing）；e. 雄虫外生殖器左面观（male genitalia, left view）；f. 雄肛节背面观（male anal segment, dorsal view）；g. 阳茎侧面观（phallus, lateral view）；h. 阳茎端部腹面观（apex of phallus, ventral view）

鉴别特征：本种与克瓢蜡蝉 *J. maculata* Distant 相似，主要区别：①体棕色，后者体象牙白色，具黑色斑纹；② 额光滑具中脊和侧脊，后者额无脊具瘤突；③前翅无斑纹，后者前翅端部具大的黑色斑纹。

种名词源：本种学名源于拉丁词“*ringentiformis*”，意为“张口形的”，此处指抱器突出的基部和端部呈张开的口形。

73. 卢瓢蜡蝉属，新属 *Lunatissus* Meng, Qin *et* Wang, gen. nov.

Type species: *Lunatissus brevis* Che, Zhang *et* Wang, sp. nov.

属征：头包括复眼微窄于前胸背板。头顶近六边形，宽略大于长，中域凹陷，具中脊；前缘在复眼前方角状微突出，后缘角状凹入。具单眼。额长略大于宽，在触角下微扩大；中域平坦，具完整中脊，亚侧脊短且呈倒“U”形，与中脊在上端缘下相交。额唇基沟向上角状弓起。唇基小，中域微隆起，具短的中脊。喙达后足基节。前胸背板前缘钝角状凸出，后缘较直，中域具 2 个小凹陷，具微弱中脊。中胸盾片近三角形，具 3 条脊，近侧缘中部各具 1 个小凹陷。前翅长，前缘与缝缘近平行；无前缘下板，ScP 脉长，几乎达前翅末端，ScP 脉与 R 脉在近基部合并，MP 脉在近中部分开，MP_{1+2} 脉在近端部 1/5 处分开，CuA 脉在中部之后 2 分支；爪缝几乎达前翅末端，爪脉在近基部 2/3 处合并。后翅折叠，具发达 3 瓣，CuA_2 脉与 CuP 脉之间愈合。后足胫节具 2 个侧刺，后足刺式 8-(10-11)-2。

雄性外生殖器：肛节背面观近杯形，近端部最宽，侧面观腹缘近端部钝角状突出；肛孔位于肛节的近基部。尾节侧面观后缘微突出。阳茎基背侧瓣和腹瓣在近基部 1/3 处分瓣，背侧瓣近端部具 1 对新月状突起物。阳茎器近端部具 1 对长的钩状突起。抱器侧面观近三角形，具细长的“颈部”，前缘近背部具三角形突出，后缘弧形深凹入，尾腹角钝角状强突出；抱器背突短，端缘直，具 1 小的侧齿。

鉴别特征：本属与美萨瓢蜡蝉属 *Eusarima* 相似，但可从下列特征进行区分：①额无瘤突，亚侧脊短，仅在基部，后者额具瘤突，亚侧脊较完整；②肛节杯形，近端部最宽，后者肛节近方形、杯状或长卵圆形；③抱器后缘弧形深凹入，背突下方细长，后者抱器后缘较直或略凹入，背突下方短；④阳茎背侧瓣具 1 对新月状突起物，后者阳茎背侧瓣刺突状。

属名词源：拉丁词“*lunatus*”，意为“新月形的”，此处指本属种类阳茎基背侧瓣具 1 对新月形的突起。本属名的属性是阳性。

地理分布：海南。

本志记述 2 新种。

种检索表

阳茎基近端部具 1 对短的新月形的突起物，末端达阳茎基近端部 1/3 ……………………………………………………………………………… **短卢瓢蜡蝉，新种 *L. brevis* sp. nov.**

阳茎基近端部具 1 对长的新月形突起，末端达阳茎基近基部 1/3 …… **长卢瓢蜡蝉，新种 *L. longus* sp. nov.**

(251) 短卢瓢蜡蝉，新种 *Lunatissus brevis* Che, Zhang *et* Wang, sp. nov.（图 222；图版 XXXIX：d-f）

体连翅长：♂ 5.2mm，♀ 5.5mm。前翅长：♂ 4.5mm，♀ 4.8mm。

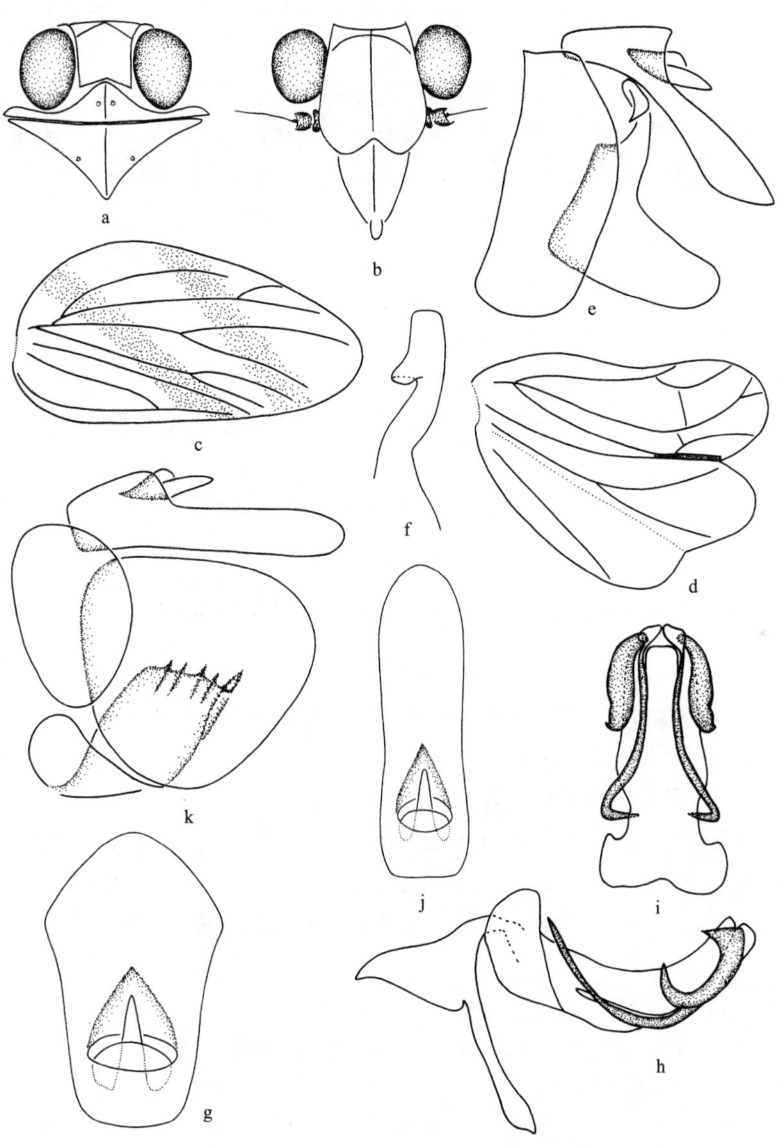

图 222　短卢瓢蜡蝉，新种 *Lunatissus brevis* Che, Zhang *et* Wang, sp. nov.

a. 头胸部背面观（head and thorax, dorsal view）；b. 额与唇基（frons and clypeus）；c. 前翅（tegmen）；d. 后翅（hind wing）；e. 雄虫外生殖器左面观（male genitalia, left view）；f. 抱器背突尾向观（capitulum of genital style, caudal view）；g. 雄肛节背面观（male anal segment, dorsal view）；h. 阳茎侧面观（phallus, lateral view）；i. 阳茎端部腹面观（apex of phallus, ventral view）；j. 雌肛节背面观（female anal segment, dorsal view）；k. 雌虫外生殖器左面观（female genitalia, left view）

体浅棕色。复眼黑褐色。额浅棕色。前翅棕色，具褐色斑纹；后翅褐色。足棕色，胫节的端部具黑褐色环带。腹部腹面和背面浅棕色，近中部褐色。

头顶两后侧角处宽为中线长的 1.5 倍。额粗糙，额长为最宽处的 1.3 倍，最宽处为基部宽的 1.6 倍。唇基光滑，具短中脊。前胸背板为头顶中线长的 1.1 倍。中胸盾片中线长为前胸背板的 1.3 倍，最宽处为中线长的 2.4 倍。前翅长为最宽处的 2.0 倍。后足刺式 8-(10-11)-2。

雄性外生殖器：肛节背面观杯状，侧顶角向外侧微角状突出，端缘中部明显突出；肛下板细且极短。尾节侧面观后缘近中部略凸出，背缘窄。阳茎基背侧瓣侧面观近端部具 1 对短的新月形的突起物，末端达阳茎基近端部 1/3；腹瓣腹面观端缘较平直，不裂叶。阳茎近端部具 1 细长的剑状突起。抱器侧面观后缘半圆形深凹入，前缘近背部具三角形突起；尾向观抱器背突下方细长，端部钝，侧面具短且钝的侧齿。

雌性外生殖器：肛节背面观近长卵圆形，长明显大于宽，侧缘近平行，端缘中部略突出，肛孔位于肛节的近基部。第 3 产卵瓣近长方形。第 1 产卵瓣腹端角具 3 齿，端缘具 4 个近平行、大小相等的刺。第 7 腹节中部略凸出。

正模：♂，海南岛坝王岭，1983.V.28，张雅林。副模：1♀，海南岛坝王岭，1983.V.20，张雅林；1♀，海南岛坝王岭，1983.V.26，张雅林；1♂，海南岛琼中县，1983.VI.4，张雅林；1♂，海南琼中黎母岭，2002.VIII.1，王宗庆、车艳丽；4♀，海南岛崖城，1983.V.11，张雅林。

种名词源：拉丁词“*brevis*”，意为“短的”，此处指阳茎基的新月形突起较短，末端达阳茎基近端部 1/3。

(252) 长卢瓢蜡蝉，新种 *Lunatissus longus* Che, Zhang *et* Wang, sp. nov.（图 223；图版 XXXIX：g-i）

体连翅长：♂ 5.8mm，♀ 6.0mm。前翅长：♂ 4.5mm，♀ 5.0mm。

体浅棕色。复眼褐色。前翅浅棕色，具褐色斑纹。足棕色，前足和中足胫节的端部具黑褐色环带。腹部腹面和背面浅棕色，近中部褐色。

头顶两后侧角处宽为中线长的 1.4 倍。额长为最宽处的 1.2 倍，最宽处为基部宽的 1.6 倍。额唇基缝明显拱形。唇基光滑具中脊。前胸背板与头顶中线基本等长。中胸盾片中线长为前胸背板的 1.4 倍，最宽处为中线长的 2.5 倍。前翅长为最宽处的 2.1 倍。后足刺式 8-11-2。

雄性外生殖器：肛节背面观近杯形，侧顶角圆，端缘中部圆弧形突出；肛下板极细。尾节侧面观后缘近中部略凸出，背缘窄。阳茎基背侧瓣背面观不裂叶，端缘钝圆，侧面观近端部具 1 对长的新月形突起，末端达阳茎基近基部 1/3；腹瓣腹面观端缘中部角状微凹入。抱器侧面观后缘弧形深凹入，前缘近背部具三角形突出；尾向观抱器背突端部较直，侧齿小。

正模：♂，海南尖峰岭，2002.VIII.26，车艳丽、王培明。副模：2♂3♀，同正模；1♂1♀，海南岛尖峰岭，1974.XII.15，平正明（CAF）；3♂4♀，海南尖峰岭，2002.VIII.24，车艳丽、王培明；2♂5♀，海南尖峰岭，2002.VIII.31，车艳丽、王培明；1♂1♀，海南尖峰岭，

2002.VIII.25，车艳丽、王培明；3♂2♀，海南尖峰岭，2002.VIII.21，王宗庆、车艳丽；1♀，海南尖峰岭，1974.XII.16，李法圣（CAU）；1♂，海南那大，1974.XII.10，杨集昆（CAU）；3♀，海南那大，1974.XII.9，杨集昆（CAU）；1♂，海南那大，1974.XII.9，李法圣（CAU）；1♀，海南岛那大，1983.VI.1，张雅林。

种名词源：拉丁词“*longus*”，意为“长的”，此处指阳茎基的新月形突起相对长，末端达阳茎基近基部 1/3。

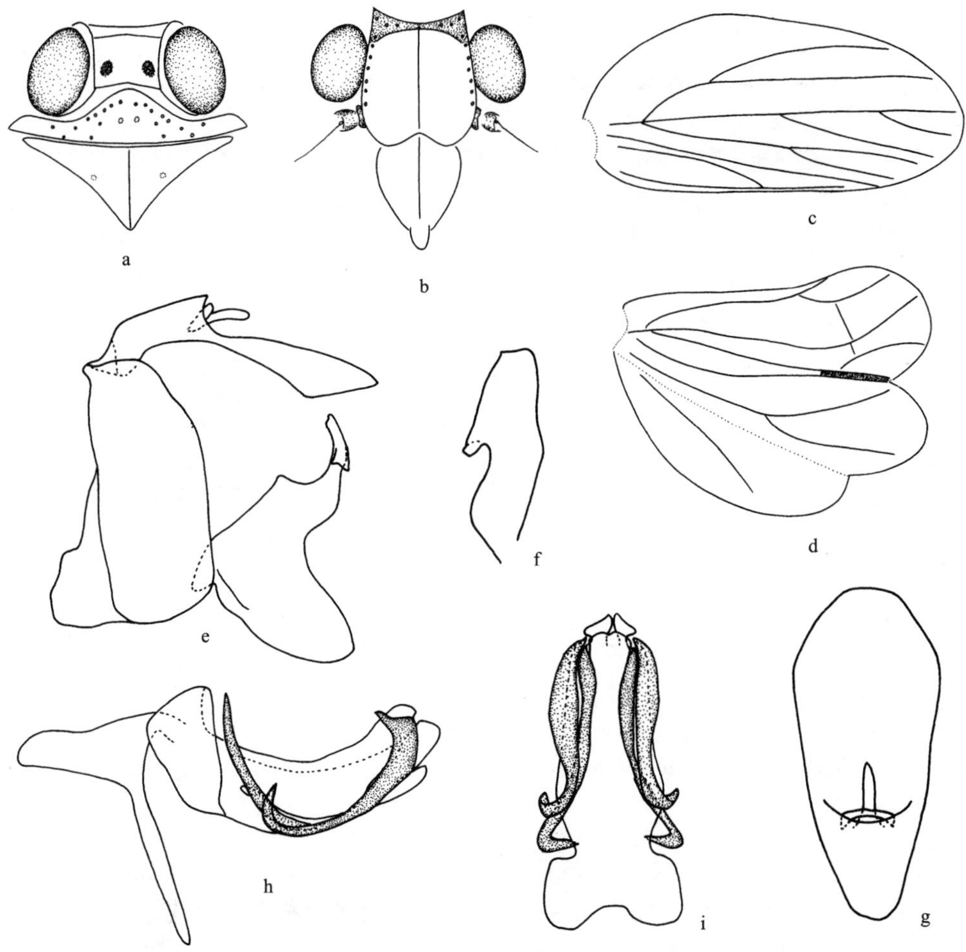

图 223　长卢瓢蜡蝉，新种 *Lunatissus longus* Che, Zhang *et* Wang, sp. nov.

a. 头胸部背面观（head and thorax, dorsal view）；b. 额与唇基（frons and clypeus）；c. 前翅（tegmen）；d. 后翅（hind wing）；e. 雄虫外生殖器左面观（male genitalia, left view）；f. 抱器背突尾向观（capitulum of genital style, caudal view）；g. 雄肛节背面观（male anal segment, dorsal view）；h. 阳茎侧面观（phallus, lateral view）；i. 阳茎腹面观（phallus, ventral view）

74. 似美萨瓢蜡蝉属，新属 *Eusarimodes* Meng, Qin *et* Wang, gen. nov.

Type species: *Eusarimodes maculosus* Che, Zhang *et* Wang, sp. nov.

属征：头包括复眼略窄于前胸背板。头顶近六边形，宽明显大于长，中域明显凹陷，中脊弱，前缘明显角状突出，后缘深凹入，侧缘略脊起。具单眼。额粗糙，具细小颗粒，中域略隆起，在触角下圆弧形微扩大，具完整中脊和倒“U”形亚侧脊并在上端缘之下相交，亚侧脊仅在基部明显。额唇基沟微弧形向上弯曲。唇基光滑，中域较平坦，中脊仅在基部明显。前胸背板前缘明显角状凸出，后缘近平直，无中脊，中域具 2 个小凹陷。中胸盾片近三角形，具中脊和亚侧脊，近侧缘中部各具 1 个小凹陷。前翅窄长，无前缘下板；ScP 脉与 R 脉在近基部处分开，ScP 脉长，几乎达前缘末端；MP 脉 4 分支，在近中部首次分叉，之后 MP_{1+2} 脉在近端部分开；CuA 脉在近中部 2 分支，分支处在 MP 脉分叉之后；爪缝长，几乎达前翅末端。后翅具发达的 3 瓣，CuA_1 脉在近端部分支，CuA_2 脉与 CuP 脉愈合并合并。后足胫节具 2 个侧刺。

雄性外生殖器：肛节背面观近杯形，近端部最宽，肛孔位于肛节的近基部。尾节侧面观后缘中部微突出。阳茎基背侧瓣和腹瓣在近基部 1/3 处分瓣，背侧瓣侧面观近中部向下呈瓣状扩大，其上具 1 个突起，指向背面；腹瓣中部缢缩，端半部近椭圆形。阳茎分别在近端部 1/3 和近中部具 1 对突起物。抱器侧面观近三角形，后缘中部角状深凹入，尾腹角钝圆；抱器背突粗短，具 1 小的侧齿。

雌性外生殖器：肛节背面观近长卵圆形，肛孔位于肛节的近基部。第 1 产卵瓣腹端角具 3 齿。第 7 腹节中部明显突出。

鉴别特征：本属与美萨瓢蜡蝉属 *Eusarima* 相似，但可从下列特征进行区分：①额侧域无瘤突，亚侧脊在基部明显，后者额侧域具瘤突，亚侧脊完整；②阳茎基背侧瓣在近中部向腹面瓣状扩大，其上具 1 指状突起，后者阳茎基背侧瓣无此突起；③阳茎具 2 对突起，后者阳茎具 1 对突起。

属名词源：本属名取自希腊后缀“*-odes*”，表明本属与美萨瓢蜡蝉属 *Eusarima* 相似。本属名的属性是阳性。

地理分布：海南。

(253) 似美萨瓢蜡蝉，新种 *Eusarimodes maculosus* Che, Zhang *et* Wang, sp. nov.（图 224；图版 XXXIX：j-l）

体连翅长：♂ 6.2mm，♀ 6.3-6.5mm。前翅长：♂ 5.0mm，♀ 5.1-5.3mm。

体深棕色，具褐色斑纹。复眼褐色。额深棕色。前翅深棕色，具浅色斑点；后翅浅褐色。足棕色，后足腿节基部褐色。腹部腹面浅棕色，近中部褐色；腹部背面深棕色，各节末端略带浅棕色。

头顶两后侧角处宽为中线长的 2.2 倍。额长为最宽处的 1.1 倍，最宽处为基部宽的 1.6 倍。中胸盾片最宽处为中线长的 2.4 倍。前翅长为最宽处的 2.5 倍，R 脉在近端部分叉，MP 脉 4 分支。后足刺式 7-9-2。

雄性外生殖器：肛节背面观近端部最宽，端缘中部弓形突出，侧面观腹缘近端部钝圆。阳茎基背侧瓣侧面观腹缘在中部近三角形扩大，之后变窄，其上具 1 指状的突起，指向背面；腹瓣腹面观端缘钝圆。阳茎器在近端部 1/3 处具 1 对粗壮的刀状突起，长度约为阳茎基总长度的一半，在腹面近中部具 1 对较细的剑状突起物，长度约为阳茎基总长度的 1/4。抱器近三角形，侧面观后缘波状，腹端角钝圆；尾向观抱器背突内侧缘波状。

雌性外生殖器：肛节狭长，背面观长明显大于宽，基部窄，至端部渐宽，端缘略突出，肛孔位于肛节的近基部。第 1 产卵瓣向上弯曲，端缘具 2 个刺，近侧缘具 1 三齿状的刺，外侧缘近端部略凹入。侧面观第 9 背板小，近三角形，第 3 产卵瓣近方形。第 7 腹节中部明显突出。

正模：♂，海南尖峰岭，800m，1980.IV.12，熊江。副模：1♂1♀，海南吊罗山，900m，1980.IV.1，熊江；1♀，海南吊罗山，900m，1980.III.31，熊江；1♀，海南吊罗山，1985.IV.26，李伟华、张京红。

种名词源：拉丁词“*maculosus*”，意为“多斑点的”，此处指前翅具斑点。

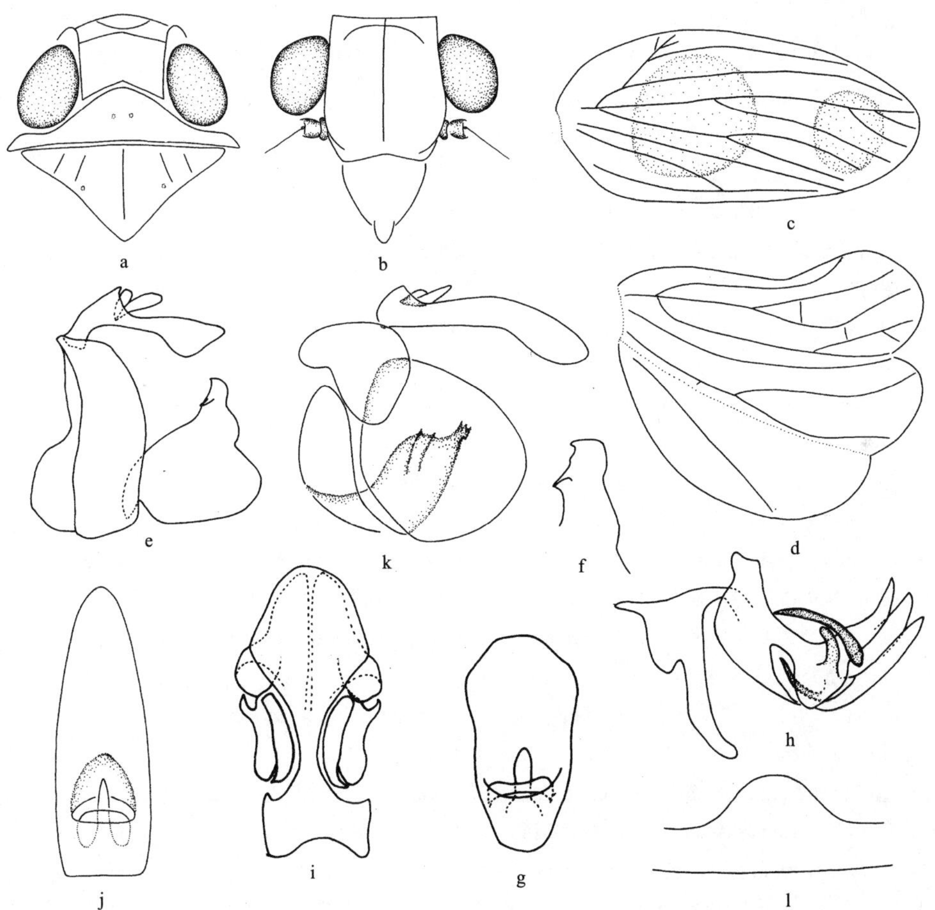

图 224　似美萨瓢蜡蝉，新种 *Eusarimodes maculosus* Che, Zhang *et* Wang, sp. nov.

a. 头胸部背面观（head and thorax, dorsal view）；b. 额与唇基（frons and clypeus）；c. 前翅（tegmen）；d. 后翅（hind wing）；e. 雄虫外生殖器左面观（male genitalia, left view）；f. 抱器背突尾向观（capitulum of genital style, caudal view）；g. 雄肛节背面观（male anal segment, dorsal view）；h. 阳茎侧面观（phallus, lateral view）；i. 阳茎腹面观（phallus, ventral view）；j. 雌肛节背面观（female anal segment, dorsal view）；k. 雌虫外生殖器左面观（female genitalia, left view）；l. 雌第 7 腹节腹面观（female sternite Ⅶ, ventral view）

参 考 文 献

Ache M. 1985. Zur Phylogenie der Delphcidae Leach, 1815 (Homoptera, Cicadina, Fulgoromopha). *Marburger Entomogische Publikationen*, 2: 1-912.

Agassiz J L R. 1846. Hemiptera. Addenda et corrigenda. pp. 1-16.

Agassiz J L R. 1848. Nomenclatoris zoologici index universalis, continens nomina systematica classium, ordinum, familiarum et generum animalium omnium, tam viventium quam fossilium, secundum ordinem alphabeticum unicum disposita, adjectis homonymiis plantarum. Sumtibus Jent et Gassmann, Solothurn. 1-1135.

Ali Mohammad A M and Hussain A E. 1996. First record of the date bug, *Asarcopus palmarum* Horváth (Hemiptera: Issidae) in Egypt. *Bulletin of the Entomological Society of Egypt* (*A. R. E.*), 74: 137-138.

Allen R B. 1999. Slaves, Freedmen, and Indentured Laborers in Colonial Mauritius. Cambridge Univ. Press, Cambridge. 244pp.

Amyot C J B. 1847. Rhynchotes. Ordre deuxième Homoptères. Homoptera. Latr. Entomologie française. Rhynchotes. Méthode mononymique. *Annales de la Société Entomologique de France*, (Ser. 2) 5: 143-238.

Amyot C J B. 1848. Note sur la Cicada fraxini Fabr., plebeia Oliv. *Bulletin de la Société Entomologique de France*, (Ser. 2) 6: 119-120.

Amyot C J B and Serville J G A. 1843. Deuxième partie. Homoptères. Homoptera Latr. *Histoire Naturelle des Insects Hémiptères*: 509. Libraire Encyclop Cdique de Roret, Paris.

Atkinson E T. 1886. Notes on Indian Rhynchota. *Journal and Proceedings of the Asiatic Society of Bengal.*, 55(5): 12-83.

Attié M, Bonfils J and Quilici S. 1998. Hemipteres auchenorrhynches nouveaux pour la faune de l'ile la Reunion. *Bulletin de la Societe Entomologique de France*, 103(3): 155-262.

Baker C F. 1915. Notices of certain Philippine Fulgoridae, one being of economic importance. *Philippine Journal of Science*, 10: 137-144.

Baker C F. 1919. Notices of certain Fulgoridae. Ⅱ. The genus *Trobolophya. Philippine Journal of Science*, 15: 301-305.

Baker C F. 1924. Remarks on the Tettigometridae. *Philippine Journal of Science*, 24: 91-99.

Baker C F. 1925a. Remarks on certain Indo-Malayan Fulgora, with special reference to Philippine species. *Philippine Journal of Science*, 28: 343-364.

Baker C F. 1925b. Some Lophopidae (Fulgoroidea) of the Indo-Malayan and Papuan regions. *Treubia*, 6(3-4): 271-296.

Baker C F. 1927. Spolia Mentawiensia: Homoptera-Fulgoroidea. With an introduction by C. Boden Kloss. *Philippine Journal of Science*, 32(3): 391-411.

Bartlett C R and Contributors. 2015. Caliscelid planthoppers of North America. Available from: http://canr.udel.edu/ planthoppers/north-america/north-american-caliscelidae [2014-3-27].

Bartlett C R, O'Brien L B and Wilson S W. 2014. A review of the planthoppers (Hemiptera: Fulgoroidea) of the United States. *Memoirs of the American Entomological Society*, 50: 1-287.

Berg C. 1883. Addenda et Emendanda ad Hemiptera Argentina (Continuatio). *Anales de la Sociedad Cientifica Argentina*,16: 231-241.

Berg C. 1884. Hemiptera Homoptera. *Addenda et Emendanda ad Hemiptera Argentina*, 1884: 125-178.

Bierman C J H. 1907. Homopteren aus Semarang (Java), gesammelt von Herrn Edw. Jacobson. *Entomologische Berichten*, 2(34): 161-163.

Blanchard E. 1845. Septième ordre les Hémiptères. *Histoire des insectes, traitant de leurs moeurs et de leurs métamorphosesen général et comprenant une nouvelle classification fondée sur leurs rapports naturels*, 2: 424-427.

Blanchard E. 1849. Homoptera. *Dictionnaire Universel d'Histoire Naturelle*, 6: 1-792.

Bliven B P. 1966a. New genera and species of Issidae. *The Occidental Entomologist*, 1: 103-107.

Bliven B P. 1966b. Synonymical notes on *Idiocerus* and *Oncopsis*. *The Occidental Entomologist*, 1: 108-113.

Bonfils J, Attié M and Reynaud B. 2001. Un nouveau genre d'Issidae de l'île de la Réunion: *Borbonissus* n. gen. (Hemiptera, Fulgoromorpha). *Bulletin de la Société Entomologique de France*, 106: 217-224.

Bourgoin T. 2015. FLOW (Fulgoromorpha Lists on the Web): a world knowledge base dedicated to Fulgoromorpha. Available from: http://hemiptera-databases.org/flow/[2015-9-5].

Bourgoin T and Deiss V. 1994. Sensory plate organs of the antenna in the Meenoplidae-Kinnaridae group (Hemiptera: Fulgoromorpha). *International Journal of Insect Morphology & Embryology*, 23: 159-168.

Bourgoin T and Huang J. 1991. Comparative morphology of female genitalia and the copulatory mechanism in Trypetimorphini (Hemiptera, Fulgoromorpha, Tropiduchidae). *Journal of Morphology*, 207: 149-155.

Bourgoin T, Steffen-Campbell J D and Campbell B C. 1997. Molecular phylogeny of Fulgoromorpha (Insecta, Hemiptera, Archaeorrhyncha). *The enigmatic Tettigometridae: evolutionary affiliations and historical biogeography. Cladistics*, 13: 207-224.

Bourgoin T, Wang R-R and Gnezdilov V M. 2015. First fossil record of Caliscelidae (Hemiptera: Fulgoroidea): a new Early Miocene Dominican amber genus extends the distribution of Augilini to the Neotropics. *Journal of Systematic Palaeontology*, 14(3): 211-221.

Burmeister H C C. 1834. Rhyngota seu Hemiptera. *Novorum Actorum Academiae Caesareae Leopoldino-Carolinae Naturae Curiosorum*, 16: 285-306.

Burmeister H C C. 1835. Schnabelkerfe. Rhynchota. Fascicule 1. *Handbuch der Entomologie*, 2(1): 99-183.

Butler A G. 1875. List of the species of homopterous genus *Hemisphaerius*, with descriptions of new forms in the collection of the British Museum. *Annals and Magazine of Natural History*, 16(4): 92-100.

Caldwell J S. 1945. Notes on Issidae from Mexico (Homoptera: Fulgoroidea). *Annals Entomological Society of America*, 38: 89-120.

Caldwell J S and Martorell L F. 1950. Review of the Auchenorynchous Homoptera of Puerto Rico, Part Ⅱ. The Fulgoroidea except Kinnaridae. *The Journal of Agriculture of the University of Puerto Rico*, 34(2): 133-269.

Chan M-L and Yang C-T. 1994. Issidae of Taiwan: (Homoptera: Fulgoroidea). Chen Chung Book, Taichung. 168pp.

Chan M-L, Yeh H-T and Gnezdilov V M. 2013. *Thabena brunnifrons* (Hemiptera: Issidae), new alien species in Taiwan, with notes on its biology and nymphal morphology. *Formosan Entomologist*, 33: 149-159.

Chang Z-M, Chen X-S and Webb M D. 2015. Review of the planthopper genus *Neodurium* Fennah, 1956 (Hemiptera, Fulgoromorpha, Issidae). *ZooKeys*, 517: 83-97.

Chang Z-M, Yang L, Zhang Z-G and Chen X-S. 2015. Review of the genus *Neotetricodes* Zhang *et* Chen (Hemiptera: Fulgoromorpha: Issidae) with description of two new species. *Zootaxa*, 4057(3): 340-352.

Che Y-L. 2006. The taxonomic study and phylogeny of Issidae from China (Hemiptera: Fulgoroidea). Disseration for Doctor, Northwest A&F University, Yangling, Shaanxi, China. [车艳丽, 2006. 中国瓢蜡蝉科分类与系统发育研究 (半翅目: 蜡蝉总科). 杨凌: 西北农林科技大学博士学位论文]

Che Y-L and Wang Y-L. 2005. New record *Macrodaruma* Fennah of Issidae (Hemiptera: Fulgoroidea) from China. *Entomotaxonomia*, 27(1): 20-21. [车艳丽, 王应伦, 2005. 中国瓢蜡蝉科一新记录属——广瓢蜡蝉属. 昆虫分类学报, 27(1): 20-21.]

Che Y-L, Wang Y-L and Chou I. 2003a. Taxonomic study on the genus *Mongoliana* Distant (Homoptera: Fulgoroidea: Issidae). *Entomotaxonomia*, 25(1): 35-44. [车艳丽, 王应伦, 周尧, 2003a. 蒙瓢蜡蝉属 *Mongoliona* Distant 分类研究. 昆虫分类学报, 25(1): 35-44.]

Che Y-L, Wang Y-L and Chou I. 2003b. Taxonomic study on the genus *Gergithoides* Schumacher (Homoptera: Fulgoroidea: Issidae). *Entomotaxonomia*, 25(2): 102-107. [车艳丽, 王应伦, 周尧, 2003b. 脊额瓢蜡蝉属 *Gergithoides* Schaumacher 分类研究. 昆虫分类学报, 25(2): 102-107.]

Che Y-L, Wang Y-L and Zhang Y-L. 2011. Two new species and one new record of the genus *Caliscelis* de Laporte (Hemiptera: Fulgoroidea: Caliscelidae) from China. *Zootaxa*, 3067: 35-48.

Che Y-L, Zhang Y-L and Webb M D. 2009. A new genus and species of the planthopper tribe Augilini Baker (Hemiptera, Caliscelidae, Ommatidiotinae) from Thailand and China. *Zootaxa*, 2311: 49-54.

Che Y-L, Zhang Y-L and Wang Y-L. 2006a. Two new species of the Oriental planthopper genus *Hemisphaerius* Schaum (Hemiptera, Issidae). *Acta Zootaxonomica Sinica*, 31(1): 160-164.

Che Y-L, Zhang Y-L and Wang Y-L. 2006b. New record-genus *Delhina* Distant of Issidae (Hemiptera: Fulgoroidea) from China. *Entomotaxonomia*, 28(2): 149-150. [车艳丽, 张雅林, 王应伦, 2006b. 中国瓢蜡蝉科一新记录属——德里瓢蜡蝉属. 昆虫分类学报, 28(2): 149-150.]

Che Y-L, Zhang Y-L and Wang Y-L. 2007. Seven new species and one new record of *Gergithus* Stål (Hemiptera: Fulgoroidea: Issidae) from China. *The Proceedings of Entomological Society of Washington*, 109(3): 611-627.

Che Y-L, Zhang Y-L and Wang Y-L. 2011. A new genus of the tribe Issini Spinola (Hemiptera: Fulgoroidea: Issidae) from China. *Zootaxa*, 3060: 62-66.

Che Y-L, Zhang Y-L, Wang Y-L. 2012a. A new genus of the tribe Issini Spinola (Hemiptera: Fulgoroidea: Issidae) from China. *ZooKeys*, 228: 51-57.

Che Y-L, Zhang Y-L, Wang Y-L. 2012b. Review of the issid genus *Parasarima* Yang (Hemiptera: Fulgoroidea: Issidae) with description of one new species from China. *Entomotaxonomia*, 34(3): 533-537.

Che Y-L, Zhang Y-L and Wang Y-L. 2013. A new genus of the tribe Parahiraciini from China, with notes on the tribe (Hemiptera: Fulgoroidea: Issidae). *Zootaxa*, 3701(1): 76-82.

Chen S and Yang C-T. 1995. The metatarsi of the Fulgoroidea (Homoptera, Auchenorrhyncha). *Chinese Journal of Entomology*, 15(3): 257-269.

Chen X-S and Zhang Z-G. 2011. *Bambusicaliscelis*, a new bamboo-feeding planthopper genus of Caliscelini (Hemiptera: Fulgoroidea: Caliscelidae: Caliscelinae), with descriptions of two new species and their fifth-instar nymphs from southwestern China. *Annals of the Entomological Society of America*, 104(2):

95-104.

Chen X-S, Zhang Z-G and Chang Z-M. 2014. Issidae and Caliscelidae (Hemiptera: Fulgoroidea) from China. Guizhou Science and Technology Publishing House, Guiyang (China South-Central (Guizhou)). 1-242. [陈祥盛, 张争光, 常志敏, 2014. 中国瓢蜡蝉和短翅蜡蝉 (半翅目: 蜡蝉总科). 贵阳: 贵州出版集团 贵州科技出版社. 1-242.]

Chen Y-Y and Liu H-Z. 1995. Advances in biography. *Bulletin of Biology*, 30 (6): 1-4. [陈宜瑜, 刘焕章, 1995. 生物地理学的新进展. 生物学通报, 30(6): 1-4.]

Cheng C-L and Yang C-T. 1991a. A new species of *Ecapelopterum* of Taiwan (Ⅰ) (Homoptera: Issidae). *Chinese Journal of Entomology*, 11(3): 228-230.

Cheng C-L and Yang C-T. 1991b. Nymphs of Issidae of Taiwan (Homoptera) (Ⅱ). *Chinese Journal of Entomology*, 11(3): 232-241.

Cheng C-L and Yang C-T. 1991c. Nymphs of Issidae of Taiwan (Homoptera) (Ⅲ). *Plant Protection Bulletin*, 33(4): 323-333.

Cheng C-L and Yang C-T. 1991d. Nymphs of Issidae of Taiwan (Homoptera) (Ⅳ). *Plant Protection Bulletin*, 33(4): 334-343.

Cheng C-L and Yang C-T. 1992. The nymphs of Issidae of Taiwan (Homoptera). *Journal of Taiwan Museum*, 45(1): 29-60.

China W E and Fennah R G. 1960. Fulgoroidea of the Iles Glorieuses. *Naturaliste Malgnache*, 12: 133-138.

Chou I, Lu J-S, Huang J and Wang S-Z. 1985. *Economic insect fauna of China* (*Homoptera: Fulgoroidea*) (*Fasc. 36*). Science Press, Beijing. 1-148. [周尧, 路进生, 黄桔, 王思政, 1985. 中国经济昆虫志 第三十六册 同翅目 蜡蝉总科. 北京: 科学出版社. 1-148.]

Chou I, Yuan F and Wang Y-L. 1994. A newly recorded genus and three new species of Lophopidae from China (Homoptera: Fulgoroidea). *Journal of Northwest Forestry University*, 9(1): 44-51. [周尧, 袁锋, 王应伦, 1994. 中国璐蜡蝉科 1 新记录属 1 新记录种和 3 新种. 西北林学院学报, 9(1): 44-51.]

Constant J. 2008. Revision of the Eurybrachidae (Ⅻ). The Oriental genus *Nicidus* Stål, 1858 (Hemiptera: Fulgoromorpha). *Zootaxa*, 1842: 45-55.

Constant J and Pham H T. 2014. A new species of *Macrodaruma* Fennah, 1978 from northern Vietnam (Hemiptera: Fulgoromorpha: Issidae). *Belgian Journal of Entomology*, 22: 1-8.

Constant J and Pham H T. 2015. Two new species of the genus *Neogergithoides* Sun, Meng *et* Wang, 2012 extend its distribution to northern Vietnam (Hemiptera: Fulgoromorpha: Issidae). *Belgian Journal of Entomology*, 33: 1-15.

Constant J and Pham H T. 2016. *Maculergithus*, a new subgenus in *Gergithus* Schumacher, 1915 with two new species from northern Vietnam (Hemiptera: Fulgoromorpha: Issidae). *European Journal of Taxonomy*, 198: 1-16.

Costa A. 1857. De quibusdam novis insectorum generibus descriptis, inconibusque illustratis. *Memorie della Reale Accademia delle Scienze*, 2: 219-233.

Costa O G. 1834. Prospectus familiae Cicadarum in quo enumeratio specierum in regno Neapolitano usque adhuc detectarum, et quae in Museo Nostro Servantur. *Cenni Zoologici*, 1834: 81-90.

de Laporte F L.1833. Note sur un nouveau genre et un nouvel insecte Homoptère (Caliscelis heterodoza). *Annales de la Société Entomologique de France*, 2: 251-253.

de Motschulsky V I. 1863. Essai d'un catalogue des insectes de l'ile de Ceylan. *Bulletin de la Société*

Impériale des Naturalistes de Moscou, 36: 1-153.

Distant W L. 1906. Fauna of British India, including Ceylon and Burma. Rhynchota (Heteroptera Homoptera) 3. Taylor and Francis, London. i-xiv, 52-491.

Distant W L. 1907. A contribution to a knowledge of the entomology of South Africa. *Insecta Transvaaliensia*, 8: 181-204.

Distant W L. 1909a. Sealark' Rhynchota. *Transactions of the Linnean Society of London*, Ser. 2, 13(1): 29-48.

Distant W L. 1909b. Rhynchotal notes –XLVIII. *Annals and Magazine of Natural History*, 20: 73-87.

Distant W L. 1912. Descriptions of new genera and species of Oriental Homoptera. *Annals and Magazine of Natural History*, 8(9): 181-194.

Distant W L. 1916. The fauna of British India including Ceylon and Burma. Rhynchotal Notes-VI, appendix. London. 115pp.

Distant W L. 1917. Rhynchota. Part II: Suborder Homoptera. *Transactions of the Linnean Society of London*, Ser. 2, 17(3): 273-322.

Dlabola J. 1952. Neue mediterrane Zikadenarten der Gattung *Hysteropterum* Amyot *et* Serville, 1843, *Macropsidius* Ribaut, und *Chlorita* Fieber, 1872 (Homoptera: Auchenorrhyncha). *Beaufortia*, 23(299): 75-83.

Dlabola J. 1957. Results of the zoological expedition of the National Museum in Prague to Turkey. 20. Homoptera Auchenorrhyncha. *Acta Entomologica Musei Nationalis Pragae*, 31: 19-68.

Dlabola J. 1958. Zikaden-Ausbeute vom Kaukasus (Homoptera Auchenorrhyncha). *Acta Entomologica Musei Nationalis Pragae*, 32: 317-352.

Dlabola J. 1959. Funf neue Zikaden-Arten aus dem Gebiet des Mittelmeers. *Bollettino della Societa Entomologica Italiana*, 89: 150-155.

Dlabola J. 1961. Die Zikaden von Zentralasien, Dgestan und Transkaukasien (Homoptera: Auchenorrhyncha). *Acta Entomologica Musei Nationalis Pragae*, 34: 241-358.

Dlabola J. 1967a. Ergebnisse der 2. mongolisch-tschecho-slovakischen entomologisch-botanischen Expedition in der Mongolei. Nr. 12: Reisebericht, Lokalitatenubersicht und Bearbeitung der gesammelten Zikaden (Homoptera, Auchenorrhyncha). *Acta Faunistica Entomological Musei Nationalis Pragae*, 12(115): 207-230.

Dlabola J. 1967b. Ergebnisse der 1 mongolisch-tschecho-slovakischen entomologisch-botanischen Expedition in der Mongolei. Nr. 1: Reisebericht, Lokalitatenubersicht und Beschreibungen neuer Zikadenarten (Homoptera: Auchenorrhyncha). *Acta Faunistica Entomological Musei Nationalis Pragae*, 12: 1-34.

Dlabola J. 1968. Ergebnisse der zoologischen Forschungen von Dr. Z. Kaszab in der Mongolei. Nr. 163: Homoptera. Auchenorrhyncha. *Acta Entomologica Bohemoslovaca*, 65: 364-374.

Dlabola J. 1971. Taxonomische und Chorologische Erganzungen zur turkischen und iranischen Zikadenfauna (Homoptera: Auchenorrhyncha). *Acta Faunistica Entomologica Musei Nationalis Pragae*, 14: 115-138.

Dlabola J. 1974a. Zur Taxonomie und chronologie einiger mediterraner Zikaden (Homoptera: Auchenorrhyncha). *Acta Zoologica Hungarica*, 20(3-4): 289-308.

Dlabola J. 1974b. Ergebnisse der Eschechoslowakisch-iranischen entomologischen Expedition nach dem Iran 1970. Nr. 3. Homoptera, Auchenorrhyncha (I. Teil.). *Acta Entomologica Musei Nationalis Pragae*, 6: 29-73.

Dlabola J. 1974c. Ubersicht der Gattungen *Anoplotettix*, *Goldeus* und *Thamnotettix* mit Beschreibungen von 7 neuen mediterranen Arten (Homoptera: Auchenorrhyncha). *Acta Faunistica Entomologica Musei Nationalis Pragae*, 15: 103-129.

Dlabola J. 1977. Neue Zikaden-taxone von *Mycterodus*, *Erythria*, *Selenocephalus* und *Goldeus* (Homoptera: Auchenorrhyncha). *Acta Zoologica Hungarica*, 23(3-4): 279-292.

Dlabola J. 1979a. Neue Zikaden aus Anatolien, Iran und aus Sudeuropaischen Landern (Homoptera: Auchenorrhyncha). *Acta Zoologica Hungarica*, 25(3-4): 235-257.

Dlabola J. 1979b. *Tshurtshurnella*, *Bubastia* und andere verwandte Taxone (Auchenorrhyncha: Issidae). *Acta Entomologica Bohemoslovaca*, 76(4): 266-286.

Dlabola J. 1979c. Insects of Saudi Arabia. Homoptera. *Fauna Saudi Arabia*, 1: 115-139.

Dlabola J. 1980a. Funf neue Issiden-und Cicadelliden-Taxa aus Spanien (Homoptera, Auchenorrhyncha). *Annotationes Zoologicae et Botanicae*, 136: 1-13.

Dlabola J. 1980b. Neue Zikadenarten der Gattungen *Siculus* gen. n., *Mycterodus* und *Adarrus* aus Sudeuropa und 6 neue *Mycterodus* aus Iran (Homoptera, Auchenorrhyncha). *Acta Entomologica Musei Nationalis Pragae*, 16 (184): 55-71.

Dlabola J. 1980c. *Tribus*-Einteilung, neue Gattungen und Arten der Subf. Issinae in der Eremischen Zone (Homoptera: Auchenorrhyncha). *Sbornik Narodniho Muzea v Praze* (*Rada B*, *Prirodovedecka*), 36(4): 173-248.

Dlabola J. 1981. Ergebnisse der tschechoslowakisch-iranischen Entomologischen Expeditonen nach dem Iran (1970 und 1973). (Mit Angaben uber einiger Sammelresultate in Anatolien) Homoptera: Auchenorrhyncha (2. Teil). *Acta Entomologica Musei Nationalis Pragae*, 40: 127-311.

Dlabola J. 1982. Fortsetzung der Erganzungen zur Issiden-Taxonomie von Anatolien, Iran und Griechenland (Homoptera, Auchenorrhyncha). *Sbornik Narodniho Muzea v Praze* (*Rada B*, *Prirodovedecka*), 38(3): 113-169.

Dlabola J. 1983. Neue mediterrane meistens anatolische Issiden (Homoptera, Auchenorrhyncha). *Acta Enomologica Bohemoslovaca*, 80(2): 114-136.

Dlabola J. 1984. Typenrevision einiger mediterraner bzw. nordafrikanischer *Hysteropterum* (*s. l.*) (Auchenorrhyncha: Issidae). *Acta Faunistica Entomologica Musei Nationalis Pragae*, 17(195): 27-68.

Dlabola J. 1986. Neue Arten der Fulgoromorpha Zikaden-Familien vom Mittelmeergebiet und nahen Osten. (Homoptera, Auchenorrhyncha: Cixiidae, Meenoplidae, Derbidae, Dictyopharidae, Lophopidae und Issidae). *Sbornik Narodniho Muzea v Praze* (*Rada B*, *Prirodovedecka*), 42(3-4): 169-196.

Dlabola J. 1987a. Neue ost mediterrane und iranische Zikadentaxone (Homoptera, Auchenorrhyncha). *Acta Entomologica Bohemoslovaca*, 84(4): 295-312.

Dlabola J. 1987b. Zur *Tribus*-Einteilung der Issinae und Beschreibung von drei neuen Taxa (Homoptera: Issidae). *Acta Entomologica Musei Nationalis Pragae*, 42: 61-71.

Dlabola J. 1987c. Neue taxonomische Erkenntnisse über die Gattung *Ommatidiotus* und *Conosimus* (Homoptera: Issidae). *Acta Entomologica Musei Nationalis Pragae*, 42: 73-82.

Dlabola J. 1987d. *Savanopulex*, eine neue Caliscelinae-Gattung und drei neue Arten aus dem aequatorialen Afrika (Homoptera: Issidae). *Acta Entomologica Musei Nationalis Pragae*, 42: 83-87.

Dlabola J. 1995. *Mycterodus* verwandte Taxon und sieben neue Zikadenarten (Homoptera: Auchenorrhyncha). *Acta Entomologica Musei Nationalis Pragae*, 44: 301-319.

Doering K C. 1936. A contribution to the taxonomy of the subfamily Issinae in America North of Mexico

(Fulgoridae: Homoptera) (Part Ⅰ). *Bulletin of the University of Kansas*, 24(17): 421-467.

Doering K C. 1938. A contribution to the taxonomy of the subfamily Issinae in America North of Mexico (Fulgoridae: Homoptera) (Part Ⅱ). *Bulletin of the University of Kansas*, 24(20): 447-575.

Doering K C. 1940. A contribution to the taxonomy of the subfamily Issinae in America North of Mexico (Fulgoridae: Homoptera) (Part Ⅲ). *Bulletin of the University of Kansas*, 26(2): 84-167.

Doering K C. 1941. A contribution to the taxonomy of the subfamily Issinae in America North of Mexico (Fulgoridae: Homoptera) (Part Ⅳ). *Bulletin of the University of Kansas*, 27(10): 185-233.

Doering K C. 1958. A new species of *Hysteropterum* from grape (Issidae: Fulgoroidea: Homoptera). *Journal of the Kansas Entomological Society*, 31: 101-103.

Dohrn F A. 1859. Homoptera. *Catalogus Hemipterorum, Herausgegeben von dem entomologischen Vereine zu Stettin*, 1859: 56-93.

Dozier H L. 1926. Notes on new and interesting delphacids. *Journal of the New York Entomological Society*, 34: 257-263.

Emeljanov A F. 1964. New Cicadina from Kazakhstan (Homoptera, Auchenorrhyncha). *Proceedings of the Zoological Institute of the USSR Academy of Sciences*, 34: 3-51.

Emeljanov A F. 1971. New genera of leafhoppers of the families Cixiidae and Issidae (Homoptera, Auchenorrhyncha) in the USSR. *Entomologicheskoe Obozrenie*, 50: 619-627.

Emeljanov A F. 1972. New leafhoppers from the Mongolian People's Republic (Homoptera: Auchenorrhyncha). *Nasekomye Mongolii*, 1(1): 199-260.

Emeljanov A F. 1978. New genera and species of leafhoppers (Homoptera: Auchenorrhyncha) from the USSR and Mongolia. *Entomologicheskoe Obozrenie*, 57(2): 316-332.

Emeljanov A F. 1982. Fulgoroidea (Homoptera) collected in the Mongolia People's Republic by the entomofaunistical group of the Soviet Mongolian complex biological expedition in 1970-1975. *Nasekomye Monglii*, 8: 69-122.

Emeljanov A F. 1990. An attempt of construction of phylogenetic tree of the planthoppers (Homoptera: Cicadina). *Entomologicheskoe Obozrenie*, 69: 353-356.

Emeljanov A F. 1991. To the problem of the limits and subdivisions of the family Achilidae (Homoptera, Cicadina). *Entomologicheskoe Obozrenie*, 70: 373-393.

Emeljanov A F. 1996. A new genus, *Chirodisca*, and new subgenera of the genus *Aphelonema* Uhler (Homoptera: Fulgoroidea: Issidae). *Entomologicheskoe Obozrenie*, 75(4): 834-835.

Emeljanov A F. 1998. A new genus of the family Issidae (Homoptera: Auchenorrhyncha) from Vietnam. *Entomologicheskoe Obozrenie*, 77(3): 534-536.

Emeljanov A F. 1999. Note on delimitation of families of the Issidae group with description of a new species of Caliscelidae belonging to a new genus and tribe (Homoptera: Fulgotoidea). *Zoosystematica Rossica*, 8(1): 61-72.

Emeljanov A F. 2001. New genus of the family Issidae from Tajikistan (Homoptera: Auchenorrhyncha). *Tethys Entomological Research*, 3: 61-62.

Emeljanov A F. 2008. New species of the genus *Peltonotellus* Puton (Homoptera, Caliscelidae) from Kazakhstan, Middle and Central Asia. *Tethys Entomological Research*, 16: 5-12.

Esaki T. 1931. Undescribed Hemiptera from Japan and Formosa. *Annotationes Zoologicae Japonenses*, 13: 259-269.

Esaki T. 1932. Homoptera. *Nippon Konchu Zukan. Iconographia insectorum Japonicorum*: 1697-1807.

Esaki T. 1950. Nippon Konchu Zukan. *Iconographia Insectorum Japonicorum*, 1932: 1798.

Eyles A C and Linnavuori R. 1974. Cicadellidae and Issidae (Homoptera) of Nine Island, and material from the Cook Islands. *New Zealand Journal of Zoology*, 1(1): 29-44.

Fabricius J C. 1781. Ryngota. Species insectorum exhibentes eorum differentias specificas, synonyma auctorum, loca natalia, metamorphosin adiectis observationibus, descriptionibus. 2: 1-517.

Fennah R G. 1944a. The morphology of the tegmina and wings in Fulgoroidea (Homoptera). *Proceedings of the Entomological Society of Washington*, 46: 185-199.

Fennah R G. 1944b. New neotropical Fulgoroidea. *American Museum Novitates*, 1265: 1-9.

Fennah R G. 1945. The Fulgoroidea, or lanternflies of Trinidad and adjacent parts of South America. *Proceedings of the United States National Museum*, 3184: 411-520.

Fennah R G. 1947. Two exotic new Fulgoroidea from the New World. *Proceedings of the Biological Society of Washington*, 60: 91-94.

Fennah R G. 1949a. A new genus of Fulgoroidea (Homoptera) from South Africa. *Annals and Magazine of Natural History*, 2(12): 111-120.

Fennah R G. 1949b. On a small collection of Fulgoroidea (Homoptera) from the Virgin Island. *Psyche*, 56: 51-65.

Fennah R G. 1949c. New exotic Fulgoroidea. *Annals and Magazine of Natural History*, (12) 2: 585-606.

Fennah R G. 1950. Fulgoroidea of Fiji. *Bernice P. Bishop Museum Bulletin*, 202: 1-122.

Fennah R G. 1954. The higher classification of the family Issidae (Homoptera: Fulgoroidea) with descriptions of new species. *Transactions of the Royal Entomological Society of London*, 105: 455-474.

Fennah R G. 1955a. A note on *Paratylana* Melichar (Fulgoroidea: Issidae). *Proceedings of the Royal Entomological Society of London, Series B, Taxonomy*, 24: 48.

Fennah R G. 1955b. New and little-known Lophopidae and Issidae from Australasia (Homoptera: Fulgoroidea). *Proceedings of the Royal Entomological Society of London, Series B, Taxonomy*, 24: 165-173.

Fennah R G. 1955c. Lanternflies of the family Issidae of the Lesser Antilles (Homoptera: Fulgoroidea). *Proceedings of the United States National Museum*, 105(3350): 23-47.

Fennah R G. 1956a. Fulgoroidea from southern China. *Proceedings of the California Academy of Sciences*, 28(4): 441-527.

Fennah R G. 1956b. Homoptera: Fulgoroidea. *Insects of Micronesia*, 6(3): 1-72.

Fennah R G. 1958. Fulgoroidea from the Belgian Congo (Hemiptera: Homoptera). *Annales du Musee Royal du Congo Belge, Tervuren (Serie in 8) Sciences Zoologique*, 59: 1-20.

Fennah R G. 1963. A new genus and two new species of Lophopidae from South-east Asia (Homoptera: Fulgoroidea). *Annals and Magazine of Natural History*, 5(60): 725-730.

Fennah R G. 1965a. New species of Fulgoroidea (Homoptera) from the West Indies. *Transactions of the Royal Entomological Society of London*, 117: 95-125.

Fennah R G. 1965b. Delphacidae from Australia and New Zealand (Homoptera: Fulgoroidea). *Bulletin of the British Museum (Natural History), Zoology Series*, 17: 1-59.

Fennah R G. 1967a. New and little known Fulgoroidea from South Africa (Homoptera). *Annalen des Naturhistorischen Museums in Wien, Serie B, Botanik und Zoologie*, 18: 655-714.

Fennah R G. 1967b. New species and new records of Fulgoroidea (Homoptera) from Samoa and Tonga. *Pacific Insects*, 9: 29-72.

Fennah R G. 1971. Fulgoroidea from the Cayman Island and adjacent areas. *Journal of Natural History: An International Journal of Systematics and General Biology*, 5: 299-342.

Fennah R G. 1978. Fulgoroidea (Homoptera) from Vietnam. *Annales Zoologici*, 34(9): 207-279.

Fennah R G. 1982. A tribal classification of the Tropiduchidae (Homoptera: Fulgoroidea), with the description of a new species on tea in Malaysia. *Bulletin of Entomological Research*, 72(4): 631-643.

Fennah R G. 1984. Revisionary notes on the classification of the Nogodinidae (Homoptera: Fulgoroidea), with descriptions of a new genus and a new species. *The Entomologist's Monthly Magazine*, 120: 81-86.

Fennah R G. 1987. A recharacterisation of the Ommatidiotini (Hem.-Hom., Fulgoroidea, Issidae, Caliscelinae) with the description of two new genera. *The Entomologist's Monthly Magazine*, 123: 243-247.

Fernando W. 1957. New species of insects from Ceylon (1). *Ceylon Journal of Science, Biological Sciences*, 1: 7-18.

Fernando W. 1960. New species of insects from Ceylon (5). *Ceylon Journal of Science, Biological Sciences*, 3: 123-130.

Fieber F X. 1872. Katalog der europäischen Cicadinen, nach Originalien mit Benützung der neuesten Literatur. Druk und Verlag von Carl Gerold's Sohn, Wien (Austria). 19pp.

Fieber F X. 1876. Les Cicadines d'Europe d'après les originaux et les publications les plus récentes. Deuxième partie: Descriptions des espèces. *Revue et Magasin de Zoologie Pure et Appliquée, Paris.* (Ser. 3), 4: 11-268.

Freund R and Wilson S W. 1995. The planthopper genus *Acanalonia* in the United States (Homoptera: Issidae): male and female genitalia morphology. *Insecta Mundi*, 9(3-4): 195-215.

Germar E F. 1821. Bemerkungen über einige Gattungen der Cicadarien. *Magazin der Entomologie*, 4: 1-106.

Ghauri M S K. 1964. Notes on the Hemiptera from Pakistan and adjoining areas. *Annals and Magazine of Natural History*, 7(13): 673-688.

Gnezdilov V M. 2001. New and little known leafhoppers and planthoppers from the Caucasus (Homoptera, Cicadina). *Zoosystematica Rossica*, 9 (2): 359-364.

Gnezdilov V M. 2002a. On the identity and systematic position of *Hysteropterum pictifrons* Melichar, 1906 (Homoptera: Issidae). *Acta Zoologica Academiae Scientiarum Hungaricae*, 48(3): 213-217.

Gnezdilov V M. 2002b. Notes on the genus *Kervillea* Bergevin 1918 (Hemiptera: Auchenorrhyncha: Issidae). *Denisia*, (4): 147-154.

Gnezdilov V M. 2002c. New species of the genus *Tshurtshurnella* Kusnezov, 1927 (Homoptera: Cicadina: Issidae) from Turkey and Lebanon. *Russian Entomological Journal*, 11(3): 233-240.

Gnezdilov V M. 2002d. Morphology of the ovipositor in the subfamily Issinae (Homoptera: Cicadina: Issidae). *Entomologicheskoe Obozrenie*, 81(3): 605-626. [English translation pulished in *Entomological Review*, 82(8): 957-974.]

Gnezdilov V M. 2003a. Review of the family Issidae (Homptera: Cicadina) of the European fauna with notes on the structure of ovipositor in the planthoppers. *Meetings in Memory of N. A. Cholodkovsky. Iss.*, 56(1): 1-145.

Gnezdilov V M. 2003b. A new genus and new species of the family Issidae (Homoptera: Cicadina) from the west Mediterranean Region. *Russian Entomological Journal*, 12(2): 183-185.

Gnezdilov V M. 2003c. A new tribe of the family Issidae with comments on the family as a whole (Homoptera: Cicadina). *Zoosystematica Rossica*, 11(2): 305-309.

Gnezdilov V M. 2004a. New combination and data on distribution for some Mediterraneen Issidae (Homoptera, Fulgoroidea). *Zoosystematica Rossica*, 13(1): 80.

Gnezdilov V M. 2004b. New species of the genus *Latilica* (Homoptera: Cicadina: Issidae) from Lebanon. *Zoologicheskii Zhurnal*, 83(5): 621-625.

Gnezdilov V M. 2005. Review of the genus *Palmallorcus* Gnezilov with description of new species from Spain (Hemiptera: Fulgoroidea: Issidae). *Zoosystematica Rossica*, 14(1): 41-43.

Gnezdilov V M. 2006. Generic changes in United State Issini (Hemiptera, Fulgoroidea, Issidae). *Insecta Mundi*, 20: 3-4.

Gnezdilov V M. 2007. On the systematic positions of the Bladinini Kirkaldy, Tonginae Kirkaldy, and Trienopinae Fennah (Homoptera, Fulgoroidea). *Zoosystematica Rossica*, 15(2): 293-297.

Gnezdilov V M. 2008a. On the taxonomy of the tribe Adenissini Dlabola (Hemiptera: Fulgoromorpha: Caliscelidae: Ommatidiotinae), with the description of a new genus and a new species from Vietnam. *Acta Entomologica Slovenica*, 16(1): 11-18.

Gnezdilov V M. 2008b. Revision of the genus *Gelastissus* Kirkaldy (Hemiptera, Fulgoroidea, Caliscelidae). *Zootaxa*, 1727: 22-28.

Gnezdilov V M. 2009a. Revisionary notes on some tropical Issidae and Nogodinidae (Hemiptera: Fulgoroidea). *Acta Entomological Musei Nationalis Pragae*, 49(1): 75-92.

Gnezdilov V M. 2009b. A new subfamily of the planthopper family Ricaniidae Amyot *et* Serville (Homoptera, Fulgoroidea). *Entomological Review*, 89(9): 1082-1086.

Gnezdilov V M. 2011a. Revision of the genus *Bardunia* Stål (Hemiptera, Fulgoroidea, Issidae). *Deutsche Entomologische Zeitschrift*, 58(2): 221-234.

Gnezdilov V M. 2011b. New and little known planthoppers of the subfamily Ommatidiotinae (Homoptera, Fulgoroidea, Caliscelidae) from Madagascar and South Asia. *Entomologicheskoe Obozrenie*, 90(2): 329-334, 1 plate of photos. [English translation published in *Entomological Review*, 91(6): 750-754.]

Gnezdilov V M. 2012. Revision of the tribe Colpopterini Gnezdilov, 2003 (Homoptera, Fulgoroidea, Nogodinidae). *Entomologicheskoe Obozrenie*, 91(4): 757-774. [English translation published in *Entomological Review*, 2013, 93(3): 337-353]

Gnezdilov V M. 2013a. A modern system of the family Caliscelidae Amyot *et* Serville (Homoptera, Fulgoroidea). *Zoologichesky Zhurnal*, 92(10): 1309-1311. [Russian, English translation published in *Entomological Review*, 2014, 94(2): 211-214.]

Gnezdilov V M. 2013b. On the genera *Sivaloka* Distant, 1906 and *Kodaianella* Fennah, 1956 (Hemiptera: Fulgoroidea: Issidae). *Deutsche Entomologische Zeitschrift*, 60(1): 41-44.

Gnezdilov V M. 2013c. Notes on the genus *Sarima* (Hemiptera: Fulgoroidea: Issidae) with description of a new genus from Sri Lanka. *Acta Musei Moraviae, Scientiae Biologicae* (Brno), 98(2): 175-182.

Gnezdilov V M. 2013d. New synonyms and combinations for the planthopper genus *Eusarima* Yang (Hemiptera, Fulgoroidea, Issidae). *Acta Entomologica Musei Nationalis Pragae*, 53(2): 485-492.

Gnezdilov V M. 2013e. Modern classification and the distribution of the family Issidae Spinola (Homoptera, Auchenorrhyncha, Fulgoroidea). *Entomologicheskoe Obozrenie*, 92(4): 724-738. [English translation published in *Entomological Review*, 2014, 94(5): 687-697.]

Gnezdilov V M. 2013f. Notes on planthoppers of the tribe Hemisphaeriini (Homoptera, Fulgoroidea, Issidae) from Vietnam with description of a new genus and new species. *Zoologichesky Zhurnal*, 92(6): 659-663. [English translation published in *Entomological Review*, 2013, 93(8): 1024-1028.]

Gnezdilov V M. 2015. A new species of the genus *Tetricodes* Fennah (Hemiptera: Fulgoroidea: Issidae) from southern China. *Entomotaxonomia*, 37(1): 27-30.

Gnezdilov V M. 2017. A new genus for *Hysteropterum boreale* Melichar, 1902 (Hemiptera, Auchenorrhyncha: Fulgoroidea: Issidae) from China. *Entomological Review*, 97(1): 57-61.

Gnezdilov V M and Bourgoin T. 2009. First record of the family Caliscelidae (Hemiptera: Fulgoroidea) from Madagascar, with description of new taxa from the Afrotropical region and biogeographical notes. *Zootaxa*, 2020: 1-36.

Gnezdilov V M and Drosopoulos S. 2004. Review of the subgenus *Semirodus* Dlabola of the genus *Mycterodus* Spinola (Homoptera: Issidae). *Annales de la Societe Entomologique de France*, 40(3-4): 235-241.

Gnezdilov V M and Fletcher M J. 2010. A review of the Australian genera of the planthopper family Issidae (Hemiptera: Fulgoromorpha) with description of an unusual new species of *Chlamydopteryx* Kirkaldy. *Zootaxa*, 2366: 35-45.

Gnezdilov V M and Hayashi M. 2013. New synonyms of *Sarimodes taimokko* Matsumura, 1916 (Hemiptera, Fulgoroidea, Issidae). *Formosan Entomology*, 33(2): 161-165.

Gnezdilov V M and Hayashi M. 2016. New genus of the family Issidae (Hemiptera: Fulgoroidea) from Japan. *Japanese Journal of Systematic Entomology*, 22(1): 47-49.

Gnezdilov V M and Mazzoni V. 2003. Notes on the *Latilica maculipes* (Melichar, 1906) species group (Homoptera: Issidae). *Redia*, 86: 147-151.

Gnezdilov V M and Mazzoni V. 2004. A new species of the genus *Iberanum* Gnezdilov, 2003 (Homoptera: Cicadina: Issidae) from Sardinia. *Russian Entomological Journal*, 12(4): 355-356.

Gnezdilov V M and Mozaffarian F. 2011. A new species of the genus *Eusarima* (Hemiptera: Fulgoroidea: Issidae) from Iran. *Acta Entomologica Musei Nationalis Pragae*, 51(2): 457-462.

Gnezdilov V M and O'Brien L B. 2006. Generic changes in United State Issini (Hemiptera, Fulgoroidea, Issidae). *Insecta Mundi*, 20: 3-4.

Gnezdilov V M and O'Brien L B. 2008. New taxa and combinations in Neotropical Issidae (Hemiptera: Fulgoroidea). *Insecta Mundi*, 0031: 1-26.

Gnezdilov V M and Viraktamath C A. 2011. A new genus and new species of the tribe Caliscelini Amyot *et* Serville (Hemiptera: Fulgoroidea: Caliscelidae: Caliscelinae) from southern India. *Deutsche Entomologische Zeitschrift*, 58(2): 235-240.

Gnezdilov V M and Wilson M R. 2005. New genera and species of the tribe Parahiraciini (Hemiptera: Fulgoroidea: Issidae). *Acta Entomologica Slovenica*, 13(1): 21-28.

Gnezdilov V M and Wilson M R. 2006a. Systematic notes on tribes in the family Caliscelidae (Hemiptera: Fulgoroidea) with the description of new taxa from Palaearctic and Oriental regions. *Zootaxa*, 1359: 1-30.

Gnezdilov V M and Wilson M R. 2006b. Review of the genus *Scantinius* Stål with notes on the tribe Parahiraciini Cheng & Yang (Hemiptera: Auchenorrhyncha: Fulgoroidea: Issidae). *Arthropod Systematics & Phylogeny*, 5(v): 101-108.

Gnezdilov V M and Wilson M R. 2007a. A new genus and species of the family Issidae (Hemiptera: Fulgoroidea) from Oman. *Acta Entomological Musei Nationalis Pragae*, 47: 109-113.

Gnezdilov V M and Wilson M R. 2007b. A new genus and new combinations in the family Issidae (Hemiptera: Fulgoroidea). *Zoosystematica Rossica*, 15(2): 301-303.

Gnezdilov V M and Wilson M R. 2008. Revision of the genus *Falcidius* Stål (Hemiptera: Fulgoroidea: Issidae). *Journal of Natural History*, 42(21-22): 1447-1475.

Gnezdilov V M and Wilson M R. 2011a. Order Hemiptera, family Caliscelidae. *Arthropod Fauna of the United Arab Emirates*, 4: 114-122.

Gnezdilov V M and Wilson M R. 2011b. Order Hemiptera, family Issidae. *Arthropod Fauna of the United Arab Emirates*, 4: 108-113.

Gnezdilov V M, Drosopoulos S and Wilson M R. 2004. New data on taxonomy and distribution of some Fulgoroidea (Homoptera, Cicadina). *Zoosystematica Rossica*, 12(2): 217-223.

Gnezdilov V M, Guglielmino A and D'Urso V. 2003. A new genus and new species of the family Issidae (Homoptera: Cicadina) from the West Mediterranean Region. *Russian Entomological Journal*, 12(2): 183-185.

Gruev B. 1970. *Mycterodus longivertex* sp. n. aus Bulgarien (Homoptera: Auchenorrhyncha: Issidae). *Reichenbachia*, 13: 1-3.

Haupt H. 1929. Neueinteilung der Homoptera-Cicadina nach phylogenetisch zu wertenden Merkmalen. *Zoologische Jahrbücher. Abteilung für Systemetik, Okologie und Geographie der Tiere*, 58: 173-286.

Heady S E and Wilson S W. 1990. The planthopper genus *Prokelisia* (Homoptera, Delphacidae): morphology of female genitalia and copulatory behavior. *Journal of the Kansans Entomoligical Society*, 63: 267-278.

Hoch H and Remane R. 1985. Evolution und Speciation der Zikaden-Gattung *Hyalesthes* Signoret, 1865 (Homoptera, Auchenorrhyncha, Fulgoroidea, Cixiidae). *Marburger Entomologische Publikationen*, 2: 1-427.

Holzinger W E. 2007. Redescriptions of *Ordalonema faciepilosa*, *Peltonotellus melichari* and *P. raniformis*, with a key to Western Palaearctic genera of Caliscelidae (Hemiptera: Fulgoromorpha). *European Journal of Entomology*, 104: 277-283.

Holzinger W E, Kammerlander I and Nickel H. 2003. The Auchenorrhyncha of Central Europe-Die ZikadenMittele-uropas. Fulgoromorpha, Cicadomorpha excl. Cicadellidae. Brill Publishers, Leiden (Netherlands). 673pp.

Holzinger W E, Löcker H, and Löcker B. 2008 Fulgoromorpha of Seychelles: a Preliminary Checklist. *Bulletin of Insectology*, 61(1): 121-122.

Hori Y. 1969. Hemisphaeriinae of the Japan Archipelago (Hemiptera: Issidae). *Transactions of the Shikoku Entomological Society*, 10: 49-64.

Hori Y. 1970. Genus *Sarima* Melichar of Japan, with the description of a new Ryukyu species (Hemiptera: Issidae). *Transactions of the Shikoku Entomological Society*, 10: 79-83.

Hori Y. 1971. Notes on some Philippine Issidae (Hemiptera). *Transactions of the Shikoku Entomological Society*, 11: 60-70.

Hori Y. 1977. A new species of the genus *Ommatidiotus* (Homoptera, Issidae) from Japan. *Annotationes Zoologicae Japonenses*, 50: 127-130.

Horváth G. 1904. Species palaearcticae generis *Caliscelis* Lap. *Annales Historico-Naturales Musei Nationalis*

Hungarici, 2: 378-385.

Horváth G. 1905. Species generis *Ommatidiotus* Spin. *Annales Historico-Naturales Musei Nationalis Hungarici*, 3: 378-387.

Howard F W, Weissling T J and O'Brien L B. 2001. The larval habitat of *Cedusa inflata* (Homoptera: Auchenorrhyncha: Derbidae) and its relationship with adult distribution on palms. *Florida Entomologist*, 84(1): 119-122.

Ishihara T. 1965a. Some species of Formosan Homoptera. *Special Bulletin of the Lepidopterological Society of Japan*, 1: 201-221.

Ishihara T. 1965b. *Iconographia Insectorum Japonicorum colore naturali edita*. Hokuryukan Publishing Company Limited, Tokyo. 3: 131-132.

Jacobi A. 1910. 12 Hemiptera. 7 Homoptera. Wissenschaftliche ergebnisse der Schwedischen Zoologischen Expedition nach dem Kilimandjaro, dem Meru und den Umgebenden Massaisreppen Deutsch-Ostafrikas 1905-1906. *Schwedischen Akademie der Wissenschaften*: 97-136.

Jacobi A. 1944. Die Zikadenfauna der Provinz Fukien in Sudchina und ihre tiergeographischen Beziehungen. *Mitteilungen der Munchner Entomologischen Gesellschaft*, 34: 5-66.

Jordan D S and Staks E C. 1901. A review of the Cottidae or sculpins found in the water of Japan. *Proceedings of the United States National Museum*, 27: 232-241.

Kato M. 1933a. Notes on Japanese Homoptera, with descriptions of one new genus and some new species. *Entomological World, Tokyo*, 1: 452-471.

Kato M. 1933b. *Three colour illustrated insects of Japan*. Fasc. 4: Homoptera, Plate 1-50. 厚生阁书店发行, Tokyo. 227pp.

Kibkaldy G W. 1900. On the nomenclature of the genera of the Rhynchota, Heteroptera and Auchenorrhynchous Homoptera. *The Entomologist*, 33: 25-28.

Kirby W F. 1885. Elementary Text-Book of Entomology. W. Swan Sonnenschein & Company, London. 240pp.

Kirby W F. 1891. Catalogue of the described Hemiptera Heteroptera and Homoptera of Ceylon, based on the collection formed by Mr. E. Ernest Green. *Journal of the Linnean Society*, 24: 72-176.

Kirkaldy G W. 1906. Leafhoppers and their natural enemies. (Pt. Ⅸ Leafhoppers. Hemiptera). *Report of the Work of the Experiment Station of the Hawaiian Sugar Planters' Association, Bulletin Division of Entomology*, 1(9): 271-479.

Kirkaldy G W. 1907. Leafhoppers supplement (Homoptera). *Report of the Work of the Experiment Station of the Hawaiian Sugar Planters' Association, Bulletin Division of Entomology*, 3: 1-186.

Kramer J P. 1967. New neotropical Neocoelidiinae with keys to the species of Coelidiana, Xenocoelidia, and Nelidina. *Proceeding of the Entomological Society of Washington*, 69(1): 31-46.

Kusnezov V. 1929a. Beitrag zur Kenntnis der transbaikalischen Homopteren Fauna. *Wiener Entomologische Zei tung*, 46: 157-185.

Kusnezov V. 1929b. Materialien zur Kenntnis der Homopteren-Fauna. *Zoologischer Anzeiger*, 79: 305-334.

Kusnezov V. 1930a. Eine neue Issiden-Gattung und Art. (Homoptera-Issidae). *Wiener Entomologische Zeitung*, 47: 98.

Kusnezov V. 1930b. Übersicht der Gattungen der Homoptera-Tribus Orgeriini. *Wiener Entomologische Zeitung*, 47: 89-90.

Kusnezov V. 1930c. Übersicht der asiatischen Caliscelaria-Arten (Homoptera-Issidae). *Entomologische Zeitung. Herausgegeben von dem entomologischen Vereine zu Stettin*, 91: 267-278.

Kuznetsova V G, Maryańska-Nadachowska A and Gnezdilov V M. 2010. Meiotic karyotypes and testis structure of 14 species of the planthopper tribe Issini (Hemiptera: Fulgoroidea, Issidae). *European Journal of Entomology*, 107: 465-480.

Lallemand H. 1942. Notes sur quelques espèces recueillies par le R. Piel et le R. P. de Cooman. *Notes d'Entomologie Chinoise*, 9: 69-77.

Lallemand V. 1950. Contribution a l'étude des Homoptères de Madagascar. *Mémoires de l'Institut Scientifique de Madagascar. Serie E, Entomologie*, (4): 83-96.

Lallemand V. 1953. Homoptera de Sumba et Flores. *Verhandlungen der Naturforschenden Gesellschaft in Basel*, 64: 229-254.

Liang A-P and Suwa M. 1998. Type specimens of Matsumura's species of Fulgoroidea (excluding Delphacidae) in the Hokkaido University insect collection, Japan (Hemiptera: Fulgoromorpha). *Insecta Matsumurana*, 54: 133-166.

Liang A-P. 2000. Taxonomic notes on oriental and eastern Palaearctic Fulgoroidea (Hemiptera). *Journal of the Kansas Entomological Society*, 73(4): 235-237.

Lindberg H. 1948. On the insect fauna of Cyprus. Results of the expedition of 1939 by Harald, Hakan and P. H. Lindberg. Ⅰ-Ⅱ. *Commentationes Biologiae*, 10(7): 1-175.

Lindberg H. 1956. Beschreibung des neuen *Issus maderensis* (Homoptera, Issidae). *Notulae Entomologicae*, 36: 65-68.

Lindberg H. 1963. Zur Kenntnis der Zikadenfauna von Marokko I. *Notulae Entomologicae*, 43: 21-37.

Lindberg H.1965. Die *Cyphopterum*-Arten (Hom., Flatidae) der Purpurarien. *Zoologische Beitrage*, 11: 129-135.

Linnavuori R. 1950. Studies on the South- and East-Mediterranean Hemipterous fauna. *Acta Entomologica Fennica*, 21: 1-69.

Linnavuori R. 1952. Contributions to the Hemipterous fauna of Palestine. *Acta Entomologica Fennica*, 18: 188-195.

Linnavuori R. 1970. On the *Hysteropterum* species of NE Africa (Homoptera, Issidae). *Annales Entomologici Fennici*, 36: 213-217.

Linnavuori R. 1971. A leafhopper material from Tunisia, with remarks on some species of the adjacent countries. *Annales de la Société Entomologique de France*, 7(1): 57-73.

Linnavuori R. 1973. Hemiptera of the Sudan, with remarks on some species of the adjacent countries. 2. Homoptera Auchenorrhyncha: Cicodidae, Cercopidae, Machaerotidae, Membracidae and Fulgoroidea (Zoological contribution from the Finnish expeditions to the Sudan No. 33). *Notulae Entomologicae*, 53(3): 65-137.

Lodos N and Kalkandelen A. 1981. Preliminary list of Auchenorrhyncha with notes on distribution and importance of specie in Turkey. Ⅳ. Family Issidae Spinola. *Türkiye Bitki Koruma Dergisi*, 5(1): 5-21.

Logvinenko V N. 1967. New species of leafhoppers (Homoptera: Auchenorrhyncha) from the south of the European part of the USSR. *Zoologisches Zentralblatt*, 46(5): 773-777.

Logvinenko V N. 1974. A review of the species of the genus *Mycterodus* Spin. (Homoptera: Issidae) in fauna of the USSR. *Entomologicheskoe Obozrenie*, 53(4): 830-852.

Lucchi A and Wilson S W. 2003. Notes on dryinid parasitoids of planthoppers (Hymenopter: Dryinidae: Hemiptera: Flatidae: Issidae). *Journal of the Kansas Entomological Society*, 76(1): 73-75.

Mahmood S H. 1967. A study of the typhlocybine genera of the Oriental region (Thailand, the Philippines and adjoining areas). *Pacific Insects Monograph*: 1-52.

Maki M. 1916. Injurious insects. *Formosan Government Agricultural Experiment Station*, 90: 1-256.

Maldonado C J and Berrios A. 1978. The allotype of *Arenasella maldonadoi* and change of depository for two of Fennah's holotypes (Homoptera: Tropiduchidae and Issidae). *Proceedings Entomological Society of Washington*, 80(3): 380-382.

Maryańska-Nadachowska A, Kuznetsova V G, Gnezdilov V M and Drosopoulos S. 2006. Variability in the karyotypes, testes and ovaries of planthoppers of the families Issidae, Caliscelidae, and Acanaloniidae (Hemiptera: Fulgoroidea). *European Journal of Entomology*, 103: 505-513.

Matsumura S. 1906a. Die Cicadinen der Provinz Westpreussen und des östlichen Nachbargebiets. Mit Beschreibungen und Abbildungen neuer Arten. *Schriften der Naturforschenden Gesellschaft in Danzig*, 11: 64-82.

Matsumura S. 1906b. Die Hemipteren Fauna von Riukiu (Okinawa). *Transactions of the Sapporo Natural History Society*, 1: 15-38.

Matsumura S. 1913. Thousand insects of Japan (Additamenta). *Keiseisha, Tokyo*, 1: 247.

Matsumura S. 1916. Synopsis der Issiden (Fulgoriden) Japans. *Transactions of the Sapporo Natural History Society*, 6: 85-118.

Matsumura S. 1930. Rhynchota. The illustrated thousand insects of Japan. I: [i-ii]. Tokoshoin, Tokyo: 1-198; pls. 1-16.

Matsumura S. 1931. 6000 illustrated insects of Japan Empire. Tokoshoin, Tokyo: 1-1496.

Matsumura S. 1936. Six new species of Homoptera collected at Okinawa by Mr. Chiro Yohena. *Insecta Matsumurana*, 10: 81-84.

Matsumura S. 1938. Homopterous insects collected by Mr. Tadao Kano at Kotosho, Formosa. *Insecta Matsumurana*, 12: 147-153.

Matsumura S. 1940. Homopterous insects collected at Kotosho (Botel Tobago) Formosa, by Mr. Tadao Kano. *Insecta Matsumurana*, 15: 34-51.

Melichar L. 1901. Monographie der Acanaloniiden und Flatiden (Homoptera). *Annalen des K. K. Naturhistorischen Hofmuseums*, 16: 178-258.

Melichar L. 1902. Homopteren aus West-China, Persien und dem Süd-Ussuri-Gebiete. *Annuaire du Musée Zoologique de l'Académie Impériale des Sciences de St.-Pétersbourg*, Saint Petersburg, 7: 76-146; pl. 5.

Melichar L. 1903. *Homopteren-Fauna von Ceylon*. Verlag von Felix L. Damer, Berlin. 248pp.

Melichar L. 1906. Monographie der Issiden (Homoptera). *Abhandlungen der Zoologisch-Botanischen Gesellschaft in Wien*, 3: 1-327.

Melichar L. 1913. Zwi neue *Hemisphaerius*-Arten aus Formosa. *Annales Musei Nationalis Hungarici*, 11: 611-612.

Melichar L. 1914a. Homopteren von Java, gesammelt von herrn Edw. Jacobson. *Notes from the Leyden Museum*, 36: 91-112.

Melichar L. 1914b. Neue Homopteren von den Philippinen. *Philippine Journal of Science*, 9: 173-181.

Melichar L. 1914c. Neue Fulgoriden von den Philippinen: Ⅰ. Theil. *Philippine Journal of Science*, 9:

269-283.

Melichar L. 1911. Collections receuillies par M. M. de Rothschild dans l'Afrique Orientale. Homoptères. *Bulletin du Muséum National d'Histoire Naturelle*, 1911: 106-117.

Melichar L. 1912. Monographie der Dictyopharinen. *Abhandlungen der Zoologisch-Botanischen Gesellschaft in Wien*, 7(1): 4.

Meng R and Wang Y-L. 2012a. Two new species of the genus *Gergithus* Stål (Hemiptera: Fulgoromorpha: Issidae) from China, with a redescription of *G. bimaculatus* Zhang and Che, and *G. tessellatus* Matsumura. *Zootaxa*, 3247: 1-18.

Meng R and Wang Y-L. 2012b. Two new species of the genus *Celyphoma* Emeljanov, 1971 (Hemiptera: Fulgoromorpha: Issidae) from China. *Zootaxa*, 3497: 17-28.

Meng R and Wang Y-L. 2016. Descriptions of new species of the genera *Sarima* Melichar and Sarimodes Matsumura from southern China (Hemiptera, Fulgoromorpha, Issidae). *ZooKeys*, 557: 93-109.

Meng R and Wang Y-L. 2017. *Neotapirissus* gen. nov. of the tribe Issini (Hemiptera: Fulgoromorpha: Issidae) from Hainan Island. *Entomological Science*, 20: 45-49.

Meng R, Che Y-L, Yan J-H, and Wang Y-L. 2011. Study on the reproductive system of *Sivaloka damnosus* Chou *et* Lu (Hemiptera: Issidae). *Entomotaxonomia*, 33(1): 12-22. [孟瑞, 车艳丽, 闫家河, 王应伦, 2011. 恶性巨齿瓢蜡蝉生殖系统研究 (半翅目: 瓢蜡蝉科). 昆虫分类学报, 33(1): 12-22.]

Meng R, Gnezdilov V M and Wang Y-L. 2015. Two new species of the genus *Peltonotellus* Puton (Hemiptera: Fulgoromorpha: Caliscelidae) from northwestern China with a world checklist. *Zootaxa*, 4052(4): 465-477.

Meng R, Qin D-Z and Wang Y-L. 2015. A new genus of the tribe Parahiraciini (Hemiptera: Fulgoromorpha: Issidae) from Hainan Island. *Zootaxa*, 3956(4): 579-588.

Meng R, Wang Y-L and Qin D-Z. 2013. A new genus of the tribe Hemisphaeriini (Hemiptera: Fulgoromorpha: Issidae) from China. *Zootaxa*, 3691(2): 283-290.

Meng R, Wang Y-L and Qin D-Z. 2016a. A key to the genera of Issini (Hemiptera: Fulgoromorpha: Issidae) of China and neighbouring countries, with descriptions of a new genus and two new species. *European Journal of Taxonomy*, 181: 1-25.

Meng R, Wang Y-L and Qin D-Z. 2016b. Four new species of the genus *Mongoliana* Distant (Hemiptera: Fulgoromorpha: Issidae) from southern China. *Zootaxa*, 4061(2): 101-118.

Meng R, Webb M D and Wang Y-L. 2017. Nomenclatorial changes in the planthopper tribe Hemisphaeriini (Hemiptera: Fulgoromorpha: Issidae) with description of a new genus and two new species. *European Journal of Taxonomy*, 298: 1-25.

Menon R and Parshad B. 1960. On *Caliscelis eximia* Stål with further notes on the genus *Caliscelis* (Issidae: Homoptera). *Indian Journal of Entomology*, 22: 141-146.

Menon R and Parshad B. 1961. A new species of the genus *Rhinogaster* (Issidae: Homoptera). *Indian Journal of Entomolgy*, 23: 20-22.

Metcalf Z P. 1913. The wing venation of the Fulgoroidea. *Annals of the Entomological Society America*, 6(1): 341-352.

Metcalf Z P. 1915. A list of the Homoptera of North Carolina. *Journal of the Elisha Mitchell Scientific Society*, 31: 35-60.

Metcalf Z P. 1938. The Fulgorina of Barro Colorado and other parts of Panama. *Bulletin of the Museum of*

Comparative Zoology at Harvard College, 82: 277-423.

Metcalf Z P. 1945. Fulgoroidea (Homoptera) of Kartabo, Bartica district, British Guiana. *Zoologica*, 30: 125-144.

Metcalf Z P. 1946. General catalogue of the Homoptera. Fasc. Ⅳ Fulgoroidea. Part 8 Dictyopharidae. Smith College, Northampton. 250pp.

Metcalf Z P. 1950. Homoptera from the Caroline Island. *Occasional Papers of Bernice Pauahi Bishop Museum*, 20: 59-76.

Metcalf Z P. 1952. New names in the Homoptera. *Journal of the Washington Academy of Sciences*, 42: 226-231.

Metcalf Z P. 1954. Homoptera from the Bahama Islands. *American Museum Novitates*, 1698: 1-46.

Metcalf Z P. 1955a. New names in the Homoptera. *Journal of the Washington Academy of Sciences*, 45: 262-267.

Metcalf Z P. 1955b. General catalogue of the Homoptera. Fasc. Ⅳ Fulgoroidea. Part 17 Lophopiidae. Waverly Press, Baltmore. 75pp.

Metcalf Z P. 1958. General catalogue of the Homoptera. Fasc. Ⅳ Fulgoroidea. Part 15 Issidae. Waverly Press, Baltimore. 561 pp.

Mitjaev I D. 1995. New species of the genus *Celyphoma* Emeljanov, 1971 (Cicadinea, Issidae) from Kazakstan and Dzhungaria. *Selevinia*, 3(2): 13-19.

Muir F A G. 1923. On the classification of Fulgoroidea (Homoptera). *Proceedings of the Hawaiian Entomological Society*, 5(2): 205-247.

Muir F A G. 1930. On the classification of the Fulgoroidea. *Annals and Magazine of Natural History, London*, 6: 461-478.

Mulsant M R and Rey C. 1855. Description de quelques Hémiptères-Homoptères nouveauz ou peu connus. *Annales de la Société Linnéenne de Lyon*, 2(2): 206.

Nast J. 1972. Palaearctic Auchenorrhyncha (Homoptera), an Annotated Check List. Polish Scientific Publishers, Warsaw, Poland. 550pp.

Nast J. 1984. Notes on some Auchenorrhyncha (Homoptera), 1-5. *Annales Zoologici*, 37(5): 391-398.

Nast J. 1987. The Auchenorrhyncha (Homoptera) of Europe. *Annales Zoologici*, 40: 535-661.

Neave S A. 1940. Nomenclator Zoologicus. *The Zoological Society of London*, 3: 1-1065.

O'Brien L B. 1967. *Caliscelis bonellii* (Latreille), a genus of Issidae new to the United States. (Homoptera: Fulgoroidea). *The Pan-Pacific Entomologist*, 43: 130-133.

O'Brien L B. 1985. A new species of *Dictyssa* (Homoptera: Fulgoroidea: Issidae) from Baja California. *Anales del Instituto de Biologia de la Universidad Nacional Autonoma de Mexico*, 56(1): 137-140.

O'Brien L B. 1988. Taxonomic changes in North American Issidae (Homoptera: Fulgoroidea). *Annals of the Entomological Society of America*, 81(6): 865-869.

O'Brien L B. 2002. The wild wonderful world of Fulgoromorpha. *Denisia*, 4(176): 83-102.

Olivier G A. 1791. Fulgore, Fulgora. Encyclopedie méthodique. Histoire naturelle des animaux. *Insectes*, 6: 561-577.

Oshanin V T. 1907. Verzeichnis der palaearktischen Hemipteren mit besonderer Berücksichtung ihrer Verteilung im Russischen Reiche. Ⅱ. Band. Homoptera. Ⅱ. Lieferung. *Annuaire du Musée Zoologique de l'Académie Impériale des Sciences de St.-Pétersbourg*, 12: 193-384.

Oshanin V T. 1910. Verzeichnis der palaearktischen Hemipteren mit besonderer Beriicksichtigung ihrer verteilung im Russischen Reiche. Ⅲ. Band. Nachtrage und Verbesserungen zum Ⅰ und Ⅱ. Bande. *Annuaire du Musée Zoolique de l'Académie Impériale des Sciences St.-Petersburg*, 15: 1-218.

Oshanin V T. 1912. *Katalog der paläarktischen Hemipteren (Heteroptera, Homoptera Auchenorhyncha und Psylloidae)*. Verlag von R. Friedläuder & Sohn, Belin. 187pp.

Ôuchi Y. 1940. Contributione ad insectorum Asiae Orientalis. Ⅸ. Notes on a new genus and a new species belong to the homopterous insect from China. *Journal of the Shanghai Science*. (*Section Ⅲ*), 4: 299-305.

Parshad B. 1981. A new species of the African genus *Afronaso jacobi* (Issidae: Homoptera) from Delhi, India. *Bulletin of Entomology*, 22(1-2): 9-10.

Puton A. 1886. Homoptera Am. Serv. (Gulaerostria Zett. Fieb.) Sect. 1. Auchenorrhyncha Dumér. Cicada Burm. Catalogue des Hémiptères (Hétéroptères, Cicadines et Psyllides) de la faune paléarctique. 3e Edition, *Trésorier*, *Caen*: 67-89.

Puton A.1896. Description d'une Cicadine nouvelle. *Revue d'Entomologie. Publiée par la Société Française d'Entomologie*, 15: 265-266.

Ran H-F and Liang A-P. 2006a. Taxonomic study of the issid genus *Flavina* Stål (Hemiptera: Fulgoroidea: Issidae). *Acta Zootaxonomica Sinica*, 31(2): 388-391. [冉红凡, 梁爱萍, 2006a. 黄瓢蜡蝉属分类研究 (半翅目, 蜡蝉总科, 瓢蜡蝉科). 动物分类学报, 31(2): 388-391.]

Ran H-F and Liang A-P. 2006b. The issid genus *Gelastyrella* Yang (Hemiptera: Fulgoroidea: Issidae) from China. *Zootaxa*, 1238: 63-68.

Ran H-F, Liang A-P and Jiang G-M. 2005. The issid genus *Neodurium* Fennah from China (Hemiptera: Fulgoroidea: Issidae). *Acta Zootaxonomica Sinica*, 31(2): 570-576. [冉红凡, 梁爱萍, 江国妹, 2005. 扁足瓢蜡蝉属分类研究 (半翅目, 蜡蝉总科, 瓢蜡蝉科). 动物分类学报, 31(2): 570-576.]

Schaum H R. 1850. Fulgorellae. Allgemeine Encyklopädie der Wissenshaften und Kunste in alnhaberischen folge von Genannten Schriftstellern bearbeitet und herausgegeben von I.S. Ersch und I.G. Gruber mit Kupfern und Charten. *Erster Section A-G*, 51: 58-73.

Schmidt E. 1910. Die Issinen des Stettiner Museums. (Hemiptera: Homoptera). *Stettiner Entomologische Zeitung*, 71: 146-220.

Schumacher F. 1914. Ueber zwei kurzlich beschirebene Hemisphaeriusarten von der Insel Formosa. *Entomologische Rundschau*, 31: 14-15.

Schumacher F. 1915a. Homoptera in H. Sauter's Formosa-Ausbeute. *Supplementa Entomologica*, 4: 108-142.

Schumacher F. 1915b. Der gegenwartige Stand unserer Kenntnis von der Homopteren-Fauna der Insel Formosa unter besonderer Berucksichtigung von Sauter' schen Material. *Mitteilungen aus dem Zoologischen Museum in Berlin*, 8: 73-134.

Scudder S H. 1882. Nomenclator Zoologicus. Universal index. I. Supplemental list. 376pp.

Sergel R. 1986a. Notes on the evolution of the fulgoroid genus *Issus* Fabricius and the establishing of two subgenera (Homoptera: Auchenorrhyncha: Fulgoroidea: Issidae). *Biologische Zeitschrift*, 1(1): 40-57.

Sergel R. 1986b. New record of an *Issus* (*Archissus*) *canariensis* related taxon from Tenerife: *Issus* (*Archissus*) *canalaurisi* spec. nov. (Homoptera: Auchenorrhyncha: Fulgoroidea: Issidae). *Biologische Zeitschrift*, 1(1): 58-64.

Sergel R. 1986c. A new *Issus* (*Issus*) *lauri* Ahrens related Auchenorrhyncha species from North America: *Issus* (*Issus*) *afrolauri* spec. nov. (Homoptera: Fulgoroidea: Issidae). *Biologische Zeitschrift*, 1(1): 78-83.

Sforza R and Bourgoin T. 1998. Female genitalia and copulation of planthopper *Hyalesthes obsoletus* Signoret (Hemiptera, Cixiidae). *Annales de la Société Entomologique de France*, 34: 63-70.

Shcherbakov D E. 2006. The earliest find of Tropiduchidae (Homoptera: Auchenorrhyncha), representing a new tribe, from the Eocene of Green River, USA, with notes on the fossil record of higher Fulgoroidea. *Russian Entomological Journal*, 15(3): 315-322.

Signoret V. 1862. Quelques especes nouvelles d'Hemipteres de Cochinchine. *Annales de la Société Entomologique de France*, 2(4): 123-126.

Song N, Liang A-P. 2013. A preliminary molecular phylogeny of planthoppers (Hemiptera: Fulgoroidea) based on nuclear and mitochondrial DNA sequences. *PLoS ONE*, 8(3): e58400. doi:10.1371/journal.pone.0058400.

Song N, Liang A-P and Ma C. 2010. The complete mitochondrial genome sequence of the planthopper, *Sivaloka damnosus*. *Journal of Insect Science*, 10(76): 1-20.

Soulier-Perkins A. 2001. The phylogeny of the Lophopidae and the impact of sexual selection and coevolutionary sexual conflict. *Cladistics*, 17(1): 56-78.

Spinola M. 1839. Essai sur les Fulgorelles, sous-tribu de la tribu des Cicadaires, ordre des Rhyngotes. *Annales de la Société Entomologique de France*, 8: 133-337.

Stål C. 1859. Novae quaedam Fulgorinorum formae speciesque insigniores. *Berliner Entomologische Zeitschrift*, 3: 313-327.

Stål C. 1861. Nova methodus familias quasdam Hemipterorum disponendi genera Issidarum synoptice disposita. *Ofversigt af Kongliga Svenska Vetenskaps-Akademiens Förhandlingar*, 18: 195-212.

Stål C. 1862. Bidrag till Rio de Janeiro-tratkens Hemipterfauna. Ⅱ. Handlingar. *Kongliga Svenska Vetenskaps Akademien*, 3(6): 1-7.

Stål C. 1866a. Hemiptera Homoptera Latr. *Hemiptera Africana*, 4: 1-276.

Stål C. 1866b. Analecta Hemipterologica. *Berliner Entomologische Zeitschrift*, 10: 381-394.

Stål C. 1870. Hemiptera insularum Philippinarum Bidrag till Philippinska oarnes Hemipter-Fauna. *Öfversigt af Kongliga Vetenskaps-Akademiens Förhandlingar. Stockholm*, 27: 607-770.

Stroinski A and Szwedo J. 2008. *Thionia douglundbergi* sp. nov. from the Miocene Dominican Amber (Hemiptera: Fulgoromorpha: Issidae) with notes on extinct higher planthoppers. *Annales Zoologici*, 58(3): 529-536.

Strübing H. 1955. Spermatophorenbildung bei Fulgoroiden (Hom. Auch.). *Naturwissenschaften*, 42: 653.

Sugi S. 2003. *Epiricania hagororno* Kato (Epipyropidae) from Ishigaki Island, far from the known mainland localities. *Japan Heterocerists' Journal*, 226: 4.

Sun Y-C, Meng R and Wang Y-L. 2012. *Neogergithoides*, a new genus with a new species from China (Hemiptera: Issidae). *Zootaxa*, 3186: 42-53.

Sun Y-C, Meng R and Wang Y-L. 2015. Molecular systematics of the Issidae (Hemiptera: Fulgoroidea) from China based on wingless and 18S rDNA sequence data. *Entomotaxonomia*, 37(1): 15-26. [孙艳春, 孟瑞, 王应伦, 2015. 基于 18S rDNA 和无翅基因的中国瓢蜡蝉科分子系统发育关系研究 (半翅目: 蜡蝉总科). 昆虫分类学报, 37(1): 15-26.]

Synave H. 1956. Contribution à l'étude des Issidae Africains (Homoptera-Fulgoroidea). *Bulletin de l'Institut Royal des Sciences Naturelles*, 32(57): 1-22.

Synave H. 1957. Issidae (Homoptera-Fulgoroidea). *Exploration du Parc National Upemba. Mission G. F. de*

Witte (1946-1949), 43: 1-78.

Synave H. 1958. Hemiptera Homoptera: Cixiidae, Meenoplidae, Dictyopharidae, Tropiduchidae, Flatidae, Ricaniidae, Issidae, Eurybrachidae, Lophopidae, Cercopidae. In: Hanstrom, Brinck & Rudebeck. *South African Animal Life*, (5): 158-189.

Synave H. 1959. Fulgoroides nouveaux d'Afrique du Sud. *Bulletin de l'Institut Royal des Sciences Naturelles de Belgique*, 35(30): 1-14.

Synave H. 1960. Homoptera. Mission zoologique de I'I.R.S.A.C. en Afrique orientale (P. Basilewsky et N. Leleup, 1957). *Annales du Musée Royal du Congo Belge, Tervuren (Serie in 8) Sciences Zoologique*, 88: 377-394.

Synave H. 1961. Quelques espèces nouvelles ou peu communes de l'Ile Maurice (2ème note) (Homoptera: Fulgoroidea). *Bulletin de l'Institut Royal des Sciences Naturelles de Belgique*, 37(21): 1-20.

Synave H. 1980. Liste du materiel typique conservé dans les collections entomologiques de l'Institute Royal des Sciences Naturelles de Belgique.Homoptera-11-16-Flatidae, Ricaniidae, Acanaloniidae, Eurybrachidae, Issidae, Lophopidae. *Bulletin de l'Institut Royal des Sciences Naturelles de Belgique (Entomology)*, 52(6): 1-32.

Szwedo J and Stroinski A. 2010. Austrini-a new tribe of Tropiduchidae planthoppers from the Eocene Baltic amber (Hemiptera: Fulgoromorpha). *Annales de la Société Entomologique de Franc.*, 46(1-2): 132-137.

Tian R-G, Zhang Y-L and Yuan F. 2004. Karyotypes of nineteen species of Fulgoroidea from China (Insecta: Homoptera). *Acta Entomologica Sinica*, 47(6): 803-808. [田润刚, 张雅林, 袁锋, 2004. 中国19种蜡蝉的核型研究 (同翅目: 蜡蝉总科). 昆虫学报, 47(6): 803-808.]

Tishechkin D Y. 1998. Acoustic signals of Issidae (Homoptera, Cicadinea, Fulgoroidea) compared with signals of some other Fulgoroidea with notes on taxonomic status of the subfamily Caliscelinae. *Zoologicheskii Zhurnal*, 77: 1257-1265.

Uhler P R. 1876. List of Hemiptera of the region west of the Mississipi River, including those collected during the Hayden Explorations of 1873. *Bulletin of the United States Geological and Geographical Survey of the Territories*, 1(5): 356.

Uhler P R.1884. Order Ⅵ. - Hemiptera. *Standard Natural History*, 2: 204-296.

Uhler P R.1889. New genera and species of American Homoptera.Transactions of the Maryland Academy of Sciences, 1: 33-44.

Uhler P R.1896. Summary of the Hemiptera of Japan presented to the United States National Museum by Professor Mitzukuri. *Proceedings of the United States National Museum*, 19: 255-297.

Urban J M and Cryan J R. 2007. Evolution of the planthoppers (Insecta: Hemiptera: Fulgoroidea). *Molecular Phylogenetics and Evolution*, 42: 556-572.

Vilbaste J. 1961. Neue Zikaden (Homoptera Cicadina) aus der Umgebung von Astrachan. *Eesti Teaduste Akadeemia toimetised, Bioloogia, Biologiia, Biology*, 10: 315-331.

von Schrank F. 1781. Ordo Ⅱ. Hemiptera. In: von Schrank F. *Enumeratio insectorum Austriae indigenorum*, 1781, 249-260.

Walker F. 1851. List of the specimens of Homopterous Insects in the collections of the British Museum. British Museum, 2: 261-636.

Walker F. 1856. Catalogue of the homopterous insects collected at Singapore and Malacca by Mr. A. R. Wallace, with descriptions of new species. *Journal of the Proceedings of the Linnean Society*, 1: 82-100, pls. 3-4.

Walker F. 1857. Catalogue of the homopterous insects collected at Sarawak, Borneo, by Mr. A. R. Wallace, with descriptions of new species. *Journal of the Proceedings of the Linnean Society*, 1: 141-175, pls. 7-8.

Walker F. 1858. Supplement. List of the specimens of homopterous insects in the collection of the British Museum. *British Museum* (*Natural History*): 1-307.

Walker F. 1870. Catalogue of the Homopterous insects collected in the Indian Archipelago by Mr. A.R. Wallace, with descriptions of new species. *Journal of the Proceedings of the Linnean Society*, 10: 82-193.

Wang S-Z. 1985. *Ommatidiotus japonicas*-New record from China. *Entomotaxonomia*, 7(2): 122. [王思政, 1985. 透翅瓢蜡蝉——中国新记录. 昆虫分类学报, 7(2):122.]

Wang F-X and Wang S-Z. 1999. A new species of Issidae in China (Homoptera: Fulgoroidea: Issidae). *Acta Agriculturae Boreali-Sinica*, 14(1): 141-142. [王方晓, 王思政, 1999. 中国瓢蜡蝉科一新种 (同翅目: 蜡蝉总科). 华北农学报, 14(1): 141-142.]

Wang M-L, Bourgoin T and Zhang Y-L. 2015. A new genus of the tribe Parahiraciini (Hemiptera: Fulgoroidea: Issidae) from Southern China. *Zootaxa*, 3957(1): 077-084.

Wang M-L, Zhang Y-L and Bourgoin T. 2016. Planthopper family Issidae (Insecta: Hemiptera: Fulgoromorpha): linking molecular phylogeny with classification. *Molecular Phylogenetics and Evolution*, 105: 224-234.

Wang M-Q and Wang Y-L. 2011. Revision of the planthopper genus *Neodurium* Fennah (Hemiptera: Fulgoromorpha: Issidae) with description of one new species from China. *Acta Zootaxonomica Sinica*, 36(3): 551-555.

Wang Y-L, Chou I and Yuan F. 2002. A taxonomic study on the newly-recorded genus *Augilodes* Fennah (Homoptera: Issidae). *Entomotaxonomia*, 24(2): 93-97. [王应伦, 周尧, 袁锋, 2002. 中国新记录属——犀瓢蜡蝉属分类研究 (同翅目: 瓢蜡蝉科). 昆虫分类学报, 24(2): 93-97.]

Webb M D. 1979. Revision of Rambur's homoptera species from the types in the British Museum. *Annales de la Societe Entomologique de France*, 15(1): 227-240.

Weitenweber W R. 1856. Diagnosen einiger neuer und minder bekannter Hemipteren. *Lotos*, 6: 235-238.

Westwood J O. 1845. Description of some Homopterous insects from the East Indies. *Arcana Entomologica or Illustrations of New, Rare, and Interesting Insects*, 2: 33-35.

Wheeler A G and Wilson S W. 1987. Life history of the issid planthopper *Thionia elliptica* (Homoptera: Fulgoroidea) with description of a new *Thionia* species from Texas. *Journal of New York Entomoolgy Society*, 95(3): 440-451.

White F B W. 1878. Contributions to a knowledge of the Hemipterous fauna of St. Helena, and speculations on its origin. *Proceedings of the Zoological Society of London*, 878: 444-477.

Williams J R. 1982. Issidae (Hemiptera: Fulgoroidea) from the Mascarenes. *Journal of the Entomological Society of Southern Africa*, 45(1): 43-56.

Wilson M R. 2009. A Checklist of Fiji Auchenorrhyncha (Hemiptera). *Bishop Museum Bulletin Occasional Papers*, 102: 33-48.

Wu C-F. 1935. Catalogus Insectorum Sinensium Vol. II. The Fan Memorial Institute of Biology Peiping, China. 106-108.

Yan J-H, Wang S-L, Ding S-M, Xia M-H, Bai L-L and Wang H-Q. 2010. The larvae morphology and bionomics of dryinid wasps, *Dryinus lotus*. *Chinese Bulletin of Entomology*, 47(1): 156-164. [闫家河,

王绍林, 丁世民, 夏明辉, 柏鲁林, 王宏琦, 2010. 宽额螯蜂的幼期形态及生物学特性研究. 昆虫知识, 47(1): 156-164.]

Yan J-H, Xia M-H and Wang H-Q. 2005. Bionomics of *Sivaloka damnosus*. *Chinese Bulletin of Entomology*, 42(6): 708-710. [闫家河, 夏明辉, 王宏琦, 2005. 恶性巨齿瓢蜡蝉的生物学特性. 昆虫知识, 42(6): 708-710.]

Yang C-T and Chang T-Y. 2000. The External Male Genitalia of Hemiptera (Homoptera-Heteroptera). Shih Way Publishers, Taizhong, Taiwan. 1-746.

Yang C-T and Yeh W-B. 1994. Nymphs of Fulgoroidea (Homoptera: Auchenorrhyncha) with description of two new species and notes on adults of Dictyopharidae. *Chinese Journal of Entomology Special Publication*, (1-4): 1-189.

Yang C-T. 1994. The origin of the polymerized flagellum of Fulgoroidea (Homoptera). *Chinese Journal of Entomology*, 14(4): 529-533.

Yang L and Chen X-S. 2014. Three new bamboo-feeding species of the genus *Symplanella* Fennah (Hemiptera, Fulgoromorpha, Caliscelidae) from China. *ZooKeys*, 408: 19-30.

Yeh W-B, Yang C-T and Hui C-F. 1998. Phylogenetic relationships of the Tropiduchidae-group (Homoptera: Fulgoroidea) of planthoppers inferred through nucleotide sequences. *Zoological Studies*, 37(1): 45-55.

Yeh W-B, Yang C-T and Hui C-F. 2005. A molecular phylogeny of planthoppers (Hemiptera: Fulgoroidea) inferred from mitochondrial 16S rDNA sequences. *Zoological Studies*, 44(4): 519-535.

Yuan F, Zhang Y-L, Feng J-N and Hua B-Z. 1996. Taxonomy of Hexapoda. China Agriculture Press, Beijing. 664pp. [袁锋, 张雅林, 冯纪年, 花保祯, 1996. 昆虫分类学. 北京: 中国农业出版社. 664pp.]

Zhang L and Wang Y-L. 2009. A taxonomic study on the genus *Symplanella* Fennah (Hemiptera: Issidae) from China. *Entomotaxonomia*, 31(3): 176-180. [张磊, 王应伦, 2009. 中国露额瓢蜡蝉属的分类研究 (半翅目: 瓢蜡蝉科). 昆虫分类学报, 31(3): 176-180.]

Zhang R-Z. 2004. Zoogeography of China. Science Press, Beijing. 1-502. [张荣祖, 2004. 中国动物地理. 北京: 科学出版社. 1-502.]

Zhang Y and Che Y-L. 2009. Checklist of *Gergithus* Stål (Hemiptera: Issidae: Hemisphaeriinae) with descriptions of two new species from China. *Entomotaxonomia*, 34(4): 181-187.

Zhang Y-L. 1983. Palaeontological Latin in Nomenclature. Science Press, Beijing. 407pp. [张永辂, 1983. 古生物命名拉丁语. 北京: 科学出版社. 407pp.]

Zhang Y-L, Che Y-L, Wang Y-L and Webb M D. 2010. Three new species of the planthopper genus *Flavina* Stål from China (Hemiptera: Fulgoroidea: Issidae). *Zootaxa*, 2641: 27-36.

Zhang Y-L, Wang Y-L and Che Y-L. 2006. A new planthopper genus *Choutagus* of the family Issidae (Hemiptera: Fulgoroidea) from China. *The Proceedings of Entomological Society of Washington*, 108(1): 165-168.

Zhang Z-G and Chen X-S. 2008. Two new species of the Oriental genus *Neodurium* Fennah (Hemiptera: Fulgoroidea: Parahiraciini) from Southwest China. *Zootaxa*, 1785: 63-68.

Zhang Z-G and Chen X-S. 2009. Review of the Oriental issid genus *Tetricodes* Fennah (Hemiptera: Fulgoroidea: Issidae) with the description of one new species. *Zootaxa*, 2094: 16-22.

Zhang Z-G and Chen X-S. 2010a. Taxonomic study of the genus *Kodaianella* Fennah (Hemiptera: Fulgoromorpha: Issidae). *Zootaxa*, 2654: 61-68.

Zhang Z-G and Chen X-S. 2010b. Two new genera of the tribe Parahiraciini (Hemiptera: Fulgoromorpha:

Issidae) from China. *Zootaxa*, 2411: 44-52.

Zhang Z-G and Chen X-S. 2012a. A new genus of the tribe Parahiraciini (Hemiptera: Fulgoromorpha: Issidae) from China with the description of two new species. *Zootaxa*, 3174: 35-43.

Zhang Z-G and Chen X-S. 2012b. A review of the genus *Thabena* Stål (Hemiptera: Fulgoromorpha: Issidae) from China with description of one new species. *Entomotaxonomia*, 34(2): 227-232.

Zhang Z-G and Chen X-S. 2013. Taxonomic study on the tribe Parahiraciini (Fulgoromorpha: Issidae). *Journal of Jinggangshan University* (*Natural Science*), 34(1):101-106. [张争光, 陈祥盛, 2013. 伯象瓢蜡蝉族 Parahiraciini (蜡蝉总科: 瓢蜡蝉科) 区系分类研究. 井冈山大学学报 (自然科学版), 34(1): 101-106.]

Zhang Z-G, Chang Z-M and Chen X-S. 2016. Review of the planthopper genus *Neohemisphaerius* (Hemiptera, Fulgoroidea, Issidae) with description of one new species from China. *ZooKeys*, 568: 13-21.

英 文 摘 要

Abstract

This work deals with the Chinese fauna of issids, including Caliscelidae and Issidae. It consists of two sections, a general section and a taxonomic section. The general section, introduces the historic review of classification, taxonomic systems, morphological characters, materials and methods, biology and economic importance, as well as geographical distribution of issids from China. In the taxonomic section, 74 genera and 253 species of the two families from China are described or redescribed. Among them 13 genera and 45 species are new to science. Keys to the families, subfamilies and the Chinese genera and species of issids are provided.

Key to families

Tegmina short and only reaching the middle of body, or tegmina fully developed, relatively narrow, paralle-side; wings absent or rudimentary ············ **Caliscelidae**

Tegmina entirely covering the abdomen, nearly elliptical; wings not rudimentary ············ **Issidae**

Caliscelidae Amyot *et* Serville, 1843

Key to subfamilies

Tegmen short, apical margin transverse, reaching the middle of body, veins obscure; hind wing rudimentary; larval sensory pits without setiform sensillae on its border; phallobase well-developed and aedeagus reduced ············ **Caliscelinae**

Tegmen long, apical margin oblique or obtuse, entirely or almost covering the abdomen, veins clear; hind wing well-developed; larval sensory pits with setiform sensillae on its border; phallobase reduced and aedeagus well-developed ············ **Ommatidiotinae**

I. Caliscelinae Amyot *et* Serville, 1843

Key to tribes

Vertex, pronotum, mesoscutum and abdominal tergites Ⅵ-Ⅷ without sensory pits ············ **Caliscelini**

Vertex, pronotum, mesoscutum and abdominal tergites Ⅵ-Ⅷ with sensory pits ············ **Peltonotellini**

Caliscelini Amyot *et* Serville, 1843

Key to genera

1. Vertex, pronotum, mesoscutum and abdominal tergites Ⅵ-Ⅷ without tubercules ··························· 2
   Vertex, pronotum, mesoscutum and abdominal tergites Ⅵ-Ⅷ with tubercules ······························ 4
2. Fore femora and tibia distinctly foliately dilated; vertex and frons joined at 105°-110°, vertex with only upper part visible from above ······························ ***Caliscelis***
   Not as above ······························ 3
3. Vertex pentagonal; clypeus compressed; second antennal segment at apex produced to one side ······························ ***Gelastissus***
   Vertex hexagonal; clypeus not compressed; second antennal segment not produced ················· ***Nenasa***
4. Vertex weakly produced between eyes, anterior margin almost straight ··················· ***Bambusicaliscelis***
   Vertex strongly produced beyond eyes, anterior margin obtusely convex ············ ***Cylindratus* gen. nov.**

1. *Caliscelis* de Laporte, 1833

Type species: *Caliscelis heterodoxa* de Laporte, 1833.

Diagnosis. This genus can be recognized by the following characters: small sized, vertex approximately quadrangular, with median carina or not; frons elevated without carina, not at the same plane with clypeus; frontoclypeal suture distinctly or slightly arched. Pronotum with anterior margin distinctly convex, posterior margin nearly truncate; mesoscutellum nearly triangular, disc slightly elevated, carina present or not; tegmina short and nearly quadrangular, veins obscure, hind wing absent; legs relatively long, fore femora and tibia foliately dilated, lateral margin of hind tibia with one tooth; phallobase widened at apical part, asymmetrical; aedeagus tubular, asymmetrical, with a pair of processes.

Twenty-four species in the world; six species in China.

Key to species

1. Tegmen brown without stripe ······························ 2
   Tegmen dark brown with pale stripe ······························ 3
2. Abdomen without pale brown stripe at midlength, fore femora and tibiae distinctly foliately dilated ······························ ***C. chinensis***
   Abdomen with pale brown stripe at midlength, fore femora and tibiae slightly dilated ········ ***C. orientalis***
3. Male tegmen with white oblique stripes short, half the length of tegmen ······························ ***C. affinis***
   Male tegmen with white oblique stripes long, from basal part to anal angle ······························ 4
4. Male tegula without white oblique stripes ······························ ***C. triplicata***
   Male tegula with white oblique stripes, connect with the white stripe of tegmen ······························ 5

5. Aedeagus with one short spiniform process near base and one short spiniform process near apex ·· ***C. rhabdocladis***

Aedeagus with a pair of processes at apical half, and with a small process at left basal surface of phallobase ·· ***C. shandongensis***

2. *Gelastissus* Kirkaldy, 1906

Type species: *Gelastissus albolineatus* Kirkaldy, 1906.

Diagnosis. This genus can be recognized by the following characters: small-sized, vertex transverse; frons elongate, with a strong median carina reaching clypeus; pedicel with short process; brachypterous, venation of tegmen obscure; hind tibia with single lateral spine; hind margin of pygofer straight; phallobase short and wide, narrows apically, with a lobe above ventral aedeagal hook and a couple of rounded basal processes under the hook; single aedeagal hook bifurcated apically.

Three species in the world; one species in China: *Gelastissus hokutonis* (Matsumura).

3. *Nenasa* Chan *et* Yang, 1994

Type species: *Nenasa obliqua* Chan *et* Yang, 1994.

Diagnosis. This genus can be recognized by the following characters: small-sized, vertex hexagonal, anterior margin truncate; frons with distinct submedian carinae arising from apical margin of vertex, slightly divergent apically, not reaching to frontoclypeal suture, median carina present; phallobase with dorsal lobe triangular at apex, ventral lobe bipartite at apex, triangular at apex which curves laterodorsad; phallus branches at middle as two processes.

One species in the World, one species in China: *Nenasa obliqua* Chan *et* Yang.

4. *Bambusicaliscelis* Chen *et* Zhang, 2011

Type species: *Bambusicaliscelis fanjingensis* Chen *et* Zhang, 2011.

Diagnosis. This genus can be recognized by the following characters: small in size, dorsum with a pale broad longitudinal strip from apex of vertex to tip of abdomen; vertex hexagonal, slightly concave, median carina weak; frons broad, with submedian carinae, which setting off central area raised above narrower lateral compartments; frons at lateral compartments, pro- and mesoscutum bear small pustules; phallobase and phallus tubular, phallus paired, slender, long, reflexed basad at middle.

Two species in the world; two species in China.

Key to species

Pygofer in profile with dorsal margin concave medially, in ventral view ventral margin with short, broad medioventral process medially, lobe-like; phallus without any teeth, crossing subapically; genital style with apical margin slightly concave; body length of fifth-instar nymph 3.70-3.80mm, hind wing pads each with two pits ·· ***B. fanjingensis***

Pygofer in profile with dorsal margin having large, broad tooth medially, in ventral view ventral margin without medioventral process; phallus with two to three teeth, respectively, along ventral margin of apical half, divergent subapically; genital style with apical margin almost straight; body length of fifth instar nymph 3.20-3.40mm, hind wing pads each with one pit ·· ***B. dentis***

5. *Cylindratus* Meng, Qin *et* Wang, gen. nov.

Type species: *Cylindratus longicephalus* Meng, Qin *et* Wang, sp. nov.

Body large, nearly terete. Head with eyes wider than pronotum, vertex pentagonal, obviously produced in front of eyes, its apex gradually narrowed, 2.3 times longer than pronotum in middle line, 1.2 times longer than wide at widest base, with median carina, disc moderately depressed, apical margin bluntly rounded, posterior margin straight, lateral margins distinctly keeled. Frons long, 1.6 times longer than wide, oblique in lateral view, joined with vertex at acute angle in lateral view, disc visibly elevated, with three carinae, median carina well-developed, sublateral carinae not reaching the frontoclypeal suture, lateral margins strongly elevated and nearly parallel to each other, with about ten tubercules between sublateral carina and lateral margin. Clypeus flattened with median carina. Rostrum reaching hind-trochanters. Eyes oval, with a sharp ridge behind. Ocelli absent. Pronotum nearly trapezoidal with median carinae, anterior margin almost straight between eyes, and posterior margin straight, with about five tubercles along the inner side of sub lateral carina; lateral lobes large, each with thick carina below eye, with a big tubercle near the carina. Mesoscutum large, 1.5 times as long as pronotum medially, with three carinae, median carina weak, lateral carinae distinctly elevated and arcuately bent outwards. Tegmen brachypterous, reaching hind margin of abdominal tergite III, with many supernumerary forks and numerous irregular transverse veinlets. Legs moderately long, not foliated, lateral margin of hind tibia with a large single spine medially. First metatarsomere with three lateroapical spines. Spinal formula of hind leg 6-3-2.

Male genitalia. Anal segment short, nearly ovate with apical margin slightly convex in dorsal view, anal pore situated at basal half. Pygofer with dorsal margin oblique, posterior margin roundly protruded near dorsal margin and deeply concave in one third near ventral margin, anterior margin slightly concave at middle. Phallus stout, strongly sclerotized, tubular, without ventral hooks. Genital styles widest at apical part, caudo-ventral angle rounded, posterior margin distinctly convex at middle, with a short angular process below the capitulum. Capitulum of style short and narrow.

Female genitalia. Anal segment elliptical in dorsal view, lateral margin smooth, apical margin roundedly convex, anal pore situated at basal half. Posterior connective lamina of gonapophyses Ⅸ with numerous long spines along dorsal margin and short spines on lateral side. Anterior connective lamina of gonapophyses Ⅷ narrow, apical group with three teeth, dorsolateral margin with a series of long setae.

Remarks. This genus resembles *Bambusicaliscelis* Chen *et* Zhang, 2011, but differs from the latter by the following characters: ①vertex obviously produced forward, apical margin bluntly convex; in *Bambusicaliscelis*, vertex not produced, apical margin straight; ②frons with median carina well-developed from upper margin to frontoclypeal suture; in *Bambusicaliscelis*, frons with weak median carina, missing below upper margin; ③aedeagus tubular, phallus short, without processes; in *Bambusicaliscelis*, aedeagus long, slender, phallus elongate, reflexed basad at level of apex of phallobase.

This new genus is also similar to *Thaiscelis* Gnezdilov, 2015, but could be distinguished by: ① vertex with apical margin roundedly convex, median carina distinct; in *Thaiscelis*, vertex with apical margin acutely angulate, median carina with very weak median carina interrupted medially; ② frons elongate, 1.6 times longer than wide, with apical margin bluntly convex, with two rows of tubercules; in *Thaiscelis*, frons relatively wide, almost square, with apical margin slightly convex, with two rows of pits, each pit with massive tubercle-like basement; ③ first metatarsomere with three lateroapical spines; in *Thaiscelis*, first metatarsomere with two lateroapical spines.

Etymology. The generic name is derived from the Greek word "*Cylindratus*", referring to the aedeagus being cylindrical, tubular. This name is masculine in gender.

Distribution. China (Guizhou).

(1) *Cylindratus longicephalus* Meng, Qin *et* Wang, sp. nov. (Figure 28; Plate Ⅳ: a-f)

Description. Male length (including tegmen): 5.1mm, length of tegmen: 1.8mm. Female length (including tegmen): 5.9mm, length of tegmen: 1.9mm.

Male. Vertex, pronotum and mesoscutum with a wide median longitudinal flavescent facia, with two narrow red stripes laterally. Frons fusco-testaceous and black between the sublateral carinae and lateral margins, median carina fusco-rufous, sublateral carinae black in the upper half and fuscous in the lower half, tubercles between the sublateral carinae and lateral margins flavescent. Clypeus fuscous, luteotestaceous in upper lateral areas and black at lower part, median carina red. Eyes fusco-rufous. Genae flavescent and reddish, with a fuscous blotch below the eyes. Rostrum flavescent. Pronotum with median carinae flavescent, with tubercles and sublateral carinae luteotestaceous. Tegmen yellowish brown, veins dark.

Legs yellow, fore tibia black at apical part. Abdominal tergites with a narrow red stripe at middle, with wide bright yellow stripes at its lateral sides, and black at its outmost side, with eight yellow tubercles on each side of the abdominal segment Ⅳ to Ⅶ, venter flavescent.

Female. General coloration pale brown to dull black to dark yellow, dots with red. Vertex fusco-piceous, with median carina brown. Frons dull black with luteotestaceous tuberculi, reddish near middle of frontoclypeal suture. Clypeus dull black, a little luteotestaceous near lateral margin, median carina fuscous only red at base. Eyes grayish brown to dark brown. Pronotum dull black, lateral area near sublateral carinae and tubercules luteotestaceous, carinae fulvous. Mesoscutum dull black, median carina fulvous, lateral area and sublateral carinae luteotestaceous. Tegmen dark brown, veins black brown. Legs fulvous, with black transverse fasciae. Abdomen dark brown, tergites with luteotestaceous narrow stripes and yellow tubercules on segment Ⅳ to Ⅶ, venter near lateral side red.

Male genitalia. Anal segment about 1.1 times broader at its widest point at middle than long in middle line, ventral margin slightly decurved in lateral view. Phallus strongly sclerotized, dorsal lobe of phallobase merged with aedeagus at apex, in lateral view, dorsal margin of phallobase sinuous and abruptly bent down near apex; apical margin oblique and a little concave, ventral margin shorter than dorsal margin, convex at base; in ventral view, phallobase visibly cambered outwards at base, apical margin of dorsal side straight.

Female genitalia. Gonoplac short, nearly triangular, wide at base, gradually narrow to convex apex, dorsal margin with a shallow concave impression, ventral margin oblique. Posterior connective lamina of gonapophyses Ⅸ with three different size teeth on dorsal margin in apical half and a row of long spines on dorsal margin in basal half. Anterior connective lamina of gonapophyses Ⅷ with the apical three teeth have different size, the upper two teeth relatively large, the lower one small and splitting into two minor spines, the ventrolateral margin strongly concave below the apical teeth. Gonocoxa approximately rectangular, hind margin straight. Sternite Ⅶ with posterior margin sinuata, obviously concave at middle.

Material examined. Holotype: ♂, China: Guizhou: Datangwan, 2 July 2012, coll. Lifang Zheng. Paratypes: 1♂1♀, same data as holotype.

Etymology. The specific epithet is derived from the combination of the Latin root prefix "*longi-*" and "*cephal-*", referring to the vertex distinctly protruding forwards.

Peltonotellini Fieber, 1872

6. *Peltonotellus* Puton, 1886

Type species: *Peltonotus raniformis* Mulsant *et* Rey, 1855.

Diagnosis. The genus can be recognized by the following characters: small-size, body subcylindrical; vertex transverse, anterior margin truncate, posterior margin concave; frons with three carinae, sublateral carinae roundly curved at middle, connected with upper margin basally, numerous sensory pits present at the area between sublateral carinae and lateral margins. Tegmen not covering abdomen, apical angle rounded, anal angle somewhat quadrate, claval suture invisible, with 2-3 longitudinal veins; abdomen stout, with longitudinal stripes and more than three sensory pits on Ⅵ-Ⅷ tergites laterally; phallobase bilobed at apex, aedeagus short, with one or two processes.

Sixteen species in the world; four species in China.

Key to species

1. Adult with a wide pale yellow longitudinal stripe in middle line from vertex to anal segment, frons between submedian carinae and median carinae each with a large black circular mark ········· ***P. fasciatus***
   Adult with a wide white or yellowish white longitudinal stripe in middle line from vertex to mesoscutum, frons without large black circular mark in median area ·········· 2
2. Female light brown, abdomen with longitudinal black and off-white stripes in middle (male brown, tegmen with a white oblique stripe) ·········· ***P. brevis***
   Female dark brown, abdomen with fuzzy dark stripe (male black, tegmen unicolor) ·········· 3
3. Female with frons without any dark spots or stripes, upper margin straight, tegmen not fully covering the tergite Ⅳ of abdomen ·········· ***P. labrosus***
   Female with frons with black mark, upper margin slightly concave, tegmen fully covering the tergite Ⅳ of abdomen ·········· ***P. niger***

II. Ommatidiotinae Fieber, 1875

Key to tribes

1. Sternites Ⅲ and Ⅵ of abdomen with hind margin straight; arolium of pretarsus in adult short (not reaching apices of claws) and narrow ·········· ***Adenissini***
   Sternites Ⅲ and Ⅵ of abdomen with hind margin acutely concave; arolium of pretarsus in adult long (reaching apices of claws) and wide ·········· 2
2. Pronotum with median area broad, paradiscal fields of pronotum very short; metatarsomere Ⅰ almost as long as metatarsomere Ⅱ; phallus with hooked processes ·········· ***Ommatidiotini***
   Pronotum with median area narrow and long, paradiscal fields of pronotum long; metatarsomere Ⅰ longer than metatarsomere Ⅱ; phallus without processes ·········· ***Augilini***

Adenissini Dlabola, 1980

Key to genera

1. Vertex almost as long as wide; frons with tubercules on both sides of lateral margin; tegmen short, having not covering the abdominal terminal ············ ***Bocra***

   Vertex wider than the length; frons without any tubercule; tegmen visibly long············ 2

2. Tegmina without membranous precostal area············ ***Delhina***

   Tegmina with membranous precostal area having with numerous false transverse veins ············ ***Phusta***

7. *Bocra* Emeljanov, 1999

Type species: *Bocra ephedrina* Emeljanov, 1999.

Diagnosis. Medium-sized, vertex nearly hexagonal and slightly produced, hind margin weakly concave, with "Y" carinae; frons rectangular with three strong longitudinal carinae and lateral margins clearly carinated; pronotum with semicircular disc, with median carina; mesoscutum with three longitudinal carinae; tegmen extending to Ⅶ-Ⅷ, with clear longitudinal veins, claval suture absent; phallobase nearly straight, without hooks.

Two species in the world; one new species described in this research.

(2) *Bocra siculiformis* Che, Zhang *et* Wang, sp. nov. (Figure 32; Plate Ⅴ: g-i)

Description. Length (including tegmen): 4.8mm; length of tegmen: 3.6mm.

Body brown. Vertex brown with disc dark brown, carinae and lateral margins brown. Eyes dark brown. Frons blackish brown, carinae and tubercles brown. Clypeus dark brown. Rostrum brown. Pronotum and mesoscutum dark brown. Tegmen and hind wing brown. Legs brown, fore and middle femur with dark brown stripes. Venter and dorsum of abdomen dark brown, apex pale brown.

Vertex 1.1 times wider at apex than length in middle line. Frons finely granulose, seven tubercles present near lateral margins; width at base same as at apex, 1.8 times longer at midline than wide at widest part, 1.1 times wider at widest part than at base. Frontoclypeal suture nearly straight. Clypeus smooth with median carina. Pronotum with anterior margin distinctly convex and posterior margin nearly truncate; disc a little depressed, with two pits. Mesoscutellum granulose, with pit along lateral margin; disc slightly elevated, with median and lateral carinae. Tegmen nearly elliptical, longitudinal veins present, many irregular cross veins among longitudinal veins distinct, 1.8 times longer than widest part. Hind wing small. Lateral margin of hind tibia with 1 tooth; spinal formula of hind leg 7-9-2.

Male genitalia. Anal segment in dorsal view cup-like, apical margin smoothly convex with angles obtuse, distinctly longer than medial width. Pygofer with laterodorsal angles slightly prominent, hind margin angularly concave medially. Phallus in profile nearly straight and apical part distinctly upcurved. Aedeagus without any process. Genital styles moderately long, nearly triangular, ventral margin suddenly convex, hind margin slightly concave, the capitulum curved crescent-shaped.

Material examined. Holotype: ♂, China: Xizang: Zhada: Qusong, 4200 m, 14 June 1976, coll. Fusheng Huang; Paratype: 1♂, same data as holotype.

Remarks. This species resembles *B. ephedrine* Emeljanov, 1999, but differs from the latter by the below: ① pygofer with hind margin angularly concave medially; the latter hind margin almost straight at median part; ② genital style with hind margin slightly concave medially, the capitulum curved crescent-shaped; the latter with hind margin oblique and straight, the capitulum not curved, sharpened at apex.

Etymology. The specific epithet is derived from the Latin word "*siculiformis*", meaning in the form of a short sword and here referring to the process of the genital style curving in a crescent-shape.

8. *Delhina* Distant, 1912

Type species: *Delhina eurybrachydoides* Distant, 1912.

Diagnosis. This genus can be recognized by the following characters: large sized, vertex transverse, anterior margin convex, hind margin concave; frons with three carinae and anterior margin deeply concave; tegmen and hind wing with marginal setae; tegmen narrowing apically, with long clavus, narrow precostal margin; hind wing with two well-developed lobes; hind tibia with two lateral spines; gonoplac elongate, triangular, fused dorsosubapically.

One species in the world; one species in China: *Delhina eurybrachydoides* Distant.

9. *Phusta* Gnezdilov, 2008

Type species: *Phusta dantela* Gnezdilov, 2008.

Diagnosis. Large-size, vertex transverse, without carina; frons wider than long, with strongly concave upper margin with well-developed median and lateral carinae, frontoclypeal suture angularly convex; pronotum with convex anterior margin and straight posterior margin, without carina; tegmen long, narrowing apically, clavus long, with its apex reaching apex, with wide membranous precostal area; longitudinal veins and transverse veinlets markedly prominent, transverse veins obviously dense and reticulated, R multifurcated (with 6-7 major veins), MP 2-branched CuA simple; hind wing with well-developed remigium and vannus, veins densely reticular; hind tibia with 2 lateral spines distally; gonoplac markedly elongate, triangular.

One species in the world; and one new record to China.

(3) *Phusta dantela* Gnezdilov, 2008 (Figure 34; Plate Ⅵ: a-c)

Description. Female length (including tegmen): 14.6mm, length of tegmen: 12.8mm, wing expanding: 29.5mm.

Female genitalia. Anal segment in dorsal view oval, apical margin roundly convex. Anal foramen near base. Anal style very short and approximately cylindrical. Gonoplac long, triangular in lateral view, base wider than apex; fused with membrane at basal 3/4 in dorsal view. Posterior connective lamina of gonapophyses Ⅸ relatively straight (in ventral view), strongly convex at middle area (in lateral view). Gonospiculum bridge overly degenerated, fused with basal part of posterior connective lamina. Gonocoxa Ⅷ nearly rectangular, endogonocoxal process simple, gradually narrowed to apex and faintly sclerotized in outside part, endogonocoxal lobe relatively large. Anterior connective lamina of gonapophysis Ⅷ distinctly narrow, base wider than apex, apical margin with three nearly equal-sized rounded teeth, lateral margin with 3 spine-shaped teeth. Sternite Ⅶ with straight posterior margin.

Female internal reproductive organs. Gonopore with ditrysian type. Copulaporus located in the intersegmental fold Ⅶ-Ⅷ and separated anteriorly from gonocoxae Ⅷ by a sternal Ⅷ membranous area. Bursa copulatrix well-developed with two connected pouches (BC_1 and BC_2), the basal one large, mushroom-shaped, with large rounded sclerotized pieces or rings on the apical wall and smaller cellular ornamentations on middle wall; the apical pouch opening from middle of basal one, relatively small, without any ornamentations on wall. Anterior vagina elongate posterior vagina relatively shorter and thicker. Oviductus communis long, opens directly into the anterior-ventral part of anterior vagina. Spermatheca well- developed with five parts: orificium receptaculi, ductus receptaculi, diverticulum ductus, spermathecal pump and glandula apicalis. Orificium receptaculi moderately short, basal part spirally convoluted and adjoined closely with the opening of oviductus communis at inside apex of anterior vagina; ductus receptaculi thin and elongate, slightly clavated near basal part; diverticulum ductus oblongus; spermathecal pump slender and tubular with two glandula apicalis at apex.

Material examined. 1♀, China: Hainan Province: Jianfengling Mountain, 18°44.026′N, 108°52.460′E, 975m, 15 August 2010, coll. Guo Zheng.

Ommatidiotini Fieber, 1875

10. *Ommatidiotus* Spinola, 1839

Type species: *Issus dissimilis* Fallén, 1806.

Diagnosis. This genus can be recognized by the following characters: medium to large sized, dorsum with a red longitudinal stripe from vertex to mesoscutum; vertex and frons produced forward; vertex nearly pentagonal; frons rectangular with three longitudinal carinae and lateral margins produced outwards, with tubercules along lateral margins; clypeus with median carina; pronotum nearly trapezoidal and short, mesoscutum large with three longitudinal carinae; hind tibia with one lateral spine; phallus with hooked or dentate processes.

Fourteen species in the world; three species in China, including one new species described in this research.

Key to species

1. Vertex almost as wide at basal part as long in middle line ···································· ***O. dashdorzhi***
   Vertex distinctly produced, 1.8 times longer than wide at basal part ··2
2. Female tegmen pale sallowish, inner margin copper-colored, body length 6.5mm························
   ·· ***O. pseudolongiceps* sp. nov.**
   Female tegmen with venation pale yellow and brown near apex, claval suture light orange, body length 7.0mm ··· ***O. acutus***

(4) *Ommatidiotus pseudolongiceps* Meng, Qin *et* Wang, sp. nov. (Figure 36; Plate Ⅵ: j-l)

Description. Female length (including tegmen): 6.5mm, length of tegmen: 4.3mm.

Female. Vertex, pronotum and mesoscutum brassy yellow with a wide red longitudinal stripe medially. Eyes dark brown. Frons dark brown, with pale yellow longitudinal stripe medially, and with pale yellow carinae and tubercules. Clypeus pale yellow medially, dark brown laterally. Tegmen grayish yellow, inner margin brassy yellow. Legs fulvous, apical part of tibiae and tarsus pale brown.

Vertex subcylindrical, anterior margin arcuately convex, posterior margin weakly emarginated, 2.0 times longer than wide at base. Frons 1.8 times longer than wide at widest part between eyes, upper margin slightly convex, lateral margin smooth; with three carinae, sublateral carina arched, not reaching to frontoclypeal suture; with about 8 small tubercules along sublateral carina on frons, with a large tubercule at apex of sublateral carina; in lateral view, lateral margin beyond eyes turning into 3 large tubercules at lateral margin of vertex. Frontoclypeal suture strongly bending upwards. Clypeus small. Rostrum reaching to metacoxae. Pronotum nearly half-round, anterior margin arcuately convex, posterior margin concave. Mesoscutum 2.7 times longer than pronotum in middle line, with three carinae. Tegmen elongate, veins reticular in apical part, R 3-branched apically. Hind wing absent. Hind tibia with one large lateral spine near apical 1/3. Spinal formula of hind leg 6-2-2.

Female genitalia. Anal segment long ovate, lateral margin smooth, apical margin slightly obtusely convex, anal pore situated near middle. Gonoplac nearly rectangular at basal half, gradually narrowing to apex, ventral margin oblique. Gonapophyses Ⅸ with about nine teeth on dorsal margin. Anterior connective lamina of gonapophyses Ⅷ narrow, with three teeth apically, the outer tooth splitting into two spines. Gonocoxa approximately square, hind margin slightly convex. Sternite Ⅶ with posterior margin sinuate, weakly concave at middle.

Material examined. Holotype: ♀, China: Shaanxi: Liuba County: Miaotaizi, 1300m, 15 October 1973, coll. Jinsheng Lu, Chou Tian.

Remarks. This species resembles *Ommatidiotus longiceps* Puton, 1896, but differs from the latter by the below: ① vertex 2.0 times longer than wide at base, lateral margin yellow, the latter vertex 1.6 times longer than wide at base, lateral margin black; ② frons with eight small tubercules along lateral margin, the latter with six large tubercules along lateral margin; ③ tegmen with many reticulate veins, R 3-branched apically, in the latter, tegmen with less reticulate veins, R 2-branched apically.

Etymology. The specific epithet is derived from the Latin root prefix“*pseudo-*”, meaning “false” and referring to this species being very similar to the species *O. longiceps*.

Augilini Baker, 1915

Key to genera

1. Front not with carina, apical segment of rostrum muchbroader than long, vertex declivous lateral view, with a vertical process in middle line of the apex ······ ***Augilodes***
   Front with carina, apical segment of rostrum much longer than broad, vertex more less upward lateral view, or horizontal to the body ······ 2
2. Vertex produced anterioly, front not visible from above; pronotum with a large depression behind eye ······ ***Symplana***
   Vertex not produced anterioly, or slightly produced anterioly ······ 3
3. The width of the vertex bigger than the length ······ ***Pseudosymplanella***
   The length and width of the vertex equal or slightly longer than the width ······ ***Symplanella***

11. *Augilodes* Fennah, 1963

Type species: *Augila binghami* Distant, 1906.

Diagnosis. The genus can be recognized by the following characters: large-size, vertex nearly rectangular, 3-4 times longer than wide, anterior margin with a elongate process; frons smooth without median carina; tegmen narrow and long, veins reticulate at apical part; fore femora and tibia foliately dilated, lateral margin of hind tibia with one tooth; aedeagus tubular, thick and relatively short; genital style simple, wide at base, curved dorsally near middle.

Three species in the world; two species in China.

Key to species

Second segment of antenna nearly cylindrical; ocelli red; pronotum blackish brown; tegmen uniformly pale blackish brown ······ ***A. binghami***

Second segment of antenna produced and nearly globular; ocelli milky; pronotum pale yellowish brown and with green bands at lateral angles; tegmen with apex yellowish brown and others pale brown ······ ***A. apicomacula***

12. *Symplana* Kirby, 1891

Type species: *Symplana viridinervis* Kirby, 1891.

Diagnosis. This genus can be recognized by the following characters: large sized, body more or less green in general colouration; vertex long, cephalic process weakly curved upward; frons elongate, with three carinae; mesonotum almost as wide as long at middle; tegmen narrow and long, longitudinal veins simple, ScP and R separated before subapical line, MP with 5-6 branches, CuA with 1-2 branches; aedeagus elongate tubular, curved downward near middle; genital style simple, narrow at base, widen to apex.

Five species in the world; five species in China, including two new species in this research.

Key to species

1. Cephalic process clearly longer than vertex in middle line ······ 2
   Cephalic process clearly shorter than vertex or almost as long as vertex in middle line ······ 3
2. Genital style broad in lateral view, inner margin with a conical process near apex in posterior view; aedeagus elongate and curved ventrally in the middle, ventral margin serrated at apical half ······ ***S. longicephala***
   Genital style long and narrow in lateral view, inner margin without process; aedeagus short and rostriform at apical part, ventral margin smooth ······ ***S. lii***
3. Male anal segment short, 1.5 times longer than wide at widest part; genital style divided into two parts ······ ***S. biloba* sp. nov.**
   Male anal segment long, 3.2 times longer than wide at widest part; genital style not divided into two parts ······ 4
4. Vertex with red longitudinal line in middle; anterior connective laminae of gonapophysis Ⅷ with six teeth apically; posterior connective laminae of gonapophysis Ⅸ with a row of teeth large and sparse ······ ***S. elongata* sp. nov.**
   Vertex with red longitudinal line only distinct at basal part; anterior connective laminae of gonapophysis Ⅷ with eight teeth apically; posterior connective laminae of gonapophysis Ⅸ with a row of teeth small

and dense ·· ***S. brevistrata***

(5) *Symplana biloba* Meng, Qin *et* Wang, sp. nov. (Figure 41; Plate XIII: a-c)

Description. Male length (including tegmen): 6.2mm, length of tegmen: 4.7mm.

Body light grass green, vertex, pronotum and mesoscutum light orange, with a wide red longitudinal stripe medially. Vertex with lateral margin light orange, cephalic process with lateral margin and apical margin green. Eyes dark brown. Ocelli yellow. Frons brown, lateral margin below eyes yellow, lateral margin above eyes and upper margin green. Antenna green, pedicel black at apex. Clypeus yellow to brown. Rostrum pale brown. Tegmen transparent, veins grass green, inner margin red. Legs tawny, apical part of fore tibia green, tarsus of each leg green.

Head distinctly protruding forward, 3.3 times longer than wide at base in middle line, cephalic process short, half length of vertex in middle line; vertex nearly rectangular, posterior margin acutely concave. Frons 2.7 times longer than wide at widest part below eyes, upper margin obtusely convex; disc weakly elevated, with three carinae, median carina runs through the frons, sublateral carina not reaching to frontoclypeal suture. Frontoclypeal suture strongly bending upwards. Clypeus with median part elevated, with median carina. Rostrum reaching to metatrochanter, subapical segment distinctly longer than apical segment. Pronotum with anterior margin distinctly strongly convex, reaching the level of basal 1/3 of eyes, posterior margin weakly concave. Mesoscutum 2.6 times longer than pronotum in middle line, almost as long in middle line as wide at widest part. Tegmen long and narrow, MP vein after subterminal line 5-branched, CuA single; about 1.2 times in the greatest length from the subapical transverse line to apical margin of tegmen as long as the length of the sub apical transverse line. Hind tibia with one large lateral spine near apical 1/3. Spinal formula of hind leg 6-2-2.

Male genitalia. Anal segment relatively short, about 1.5 times longer than wide at widest part, apical margin slightly roundly convex; anal pore situated near middle. Pygofer with hind margin sinuate, with a large clavate process near dorsal margin, slightly concave medially, and with an obtusely process near ventral margin; anterior margin weakly concave at dorsal 1/3, and then strongly convex near the basal 1/3 of ventrad; in ventral view, sternite with hind margin weakly triangularly incised, below it bearing a large lobate process. Aedeagus tubular, curved ventrad near base, with blunt apex. Genital style divided into two parts near middle, in lateral view, the ventral part relatively small with obtuse apex, apical margin weakly concave medially; in ventral view, the style slightly curved inward, apical margin slightly sinuate, with three small blunt teeth.

Material examined. Holotype: ♂, China: Yunnan: Xishuangbanna Primitive Forest Park, 29 June 2014, coll. Yinfeng Meng.

Remarks. This species resembles *S. elongates* sp. nov., but differs from the latter by the following characters: ① cephalic process about half length of vertex in midline; the latter cephalic process almost as long as vertex in middle; ② male anal segment short, 1.5 times longer than wide at widest part; the latter male anal segment long, 3.2 times longer than wide at widest part; ③ pygofer with a large clavate process near dorsal margin; in the latter, pygofer with a small triangular process near dorsal margin.

Etymology. The specific epithet refers to the genital style divided into two lobes.

(6) *Symplana elongata* Meng, Qin *et* Wang, sp. nov. (Figure 42; Plate XIII: d-f)

Description. Male length (including tegmen): 8.6mm, length of tegmen: 6.4mm. Female length (including tegmen): 10mm, length of tegmen: 7.8mm.

Body yellowish green, head, pronotum and mesoscutum with a wide red longitudinal stripe medially. Vertex and cephalic process yellowish green, with lateral margin blue-green. Eyes dark brown. Ocelli red. Frons greenish brown with margins and carinae pale green. Antenna with scape pale green, pedicel and flagellum straw yellow. Clypeus yellowish brown, median carina green. Rostrum pale brown. Pronotum with lateral area orange, anterior margin between eyes blue-green. Mesoscutum pale blue-green on the two sides of median red line, the lateral area orange. Tegmen transparent, veins grass green, inner margin red, costal margin dark yellow. Legs tawny. Abdomen yellowish brown.

Head 3.1 times longer than wide at base in middle line, cephalic process almost as long as vertex in middle line; vertex nearly rectangular, posterior margin deeply acutely concave; cephalic process narrowing to obtuse apex. Frons 3.0 times longer than wide at widest part below eyes, upper margin obtusely convex; disc weakly elevated, with three carinae, median carina runs through the frons, sublateral carina not reaching to frontoclypeal suture. Frontoclypeal suture strongly bending upwards. Clypeus with median part elevated. Rostrum reaching to metatrochanter, subapical segment distinctly longer than apical segment. Pronotum with anterior margin distinctly obtusely convex, reaching the level of basal 1/3 of eyes, posterior margin weakly arched concave. Mesoscutum 2.4 times longer than pronotum in middle line. Tegmen long and narrow, MP vein after subterminal line 5-branched, CuA bifurcate; about 1.5 times in the greatest length from the subapical transverse line to apical margin of tegmen as long as the length of the sub apical transverse line. Hind tibia with one large lateral spine near apical 1/3. Spinal formula of hind leg 6-2-2.

Male genitalia. Anal segment elongate in dorsal view, about 3.2 times longer than wide at widest part near middle, lateral margin strongly narrowing to obtuse apex, about 10.1 times wider at widest part than wide at apex; in lateral view, ventral margin slightly incurved at apical 1/4; anal pore situated near middle. Pygofer with hind margin sinuate, with a small triangular process near dorsal margin, clearly concave medially; anterior margin nearly straight, slightly convex near ventral margin. Aedeagus short, tubular, in lateral view, strongly curved ventrad, with acute apex; in ventral view, lateral margin bearing several microtriche near apex, the apical margin weakly incised. Genital style short, in lateral view, nearly rectangular, dorsoapical angle protruding dorsally, ventral margin weakly concave near apex, ventroapical angle obtusely convex.

Female genitalia. Anal segment long ovate, 3.1 times in length of middle line longer than in greates width of middle parts, apical margin slightly acutely convex, anal pore situated near middle. Gonoplac narrow and long, gradually narrow to apex, ventral margin oblique. Gonapophyses Ⅸ with a row of long and sparse spines along dorsal margin. Anterior connective lamina of gonapophyses Ⅷ narrow, with 6 teeth apically. Gonocoxa approximately square, hind margin slightly convex. Sternite Ⅶ with posterior margin squarely concave at middle, the front sclerite nearly rectangular, apical margin roundedly convex.

Material examined. Holotype: ♂, China: Fujian: Longyan City, Denggao Park, 400m, 24 August 2008, coll. Lei Zhang. Paratypes: 2♀, same data as holotype; 2♀, China: Fujian: Longyan City, Denggao Park, 400m, 24 August 2008, coll. Bin Xiao.

Remarks. This species resembles *S. brevistrata* Chou, Yuan *et* Wang, but differs from the latter by the characters below: ① vertex with the bright red stripe throughout the length; the latter, vertex with red midline only clear at base; ② anterior connective lamina of gonapophyses Ⅷ with six teeth apically; the latter with eight teeth apically; ③ gonapophyses Ⅸ with a row of long and sparse teeth along dorsal margin; in the latter with short and dense teeth.

Etymology. The specific epithet refers to the anal segment elongate.

13. *Pseudosymplanella* Che, Zhang *et* Webb, 2009

Type species: *Pseudosymplanella nigrifasciata* Che, Zhang *et* Webb, 2009.

Diagnosis. This genus can be recognized by the following characters: vertex nearly quadrangular, broader than long, anterior margin a little convex; frons slightly elevated with three carinae, margins distinctly emarginated; clypeus convex with median carina; mesonotum almost twice as broad as length at middle; tegmen subhyaline, relatively narrow, parallel-sided; veins distinct; hind wing with three lobes, much broader than tegmen, veins distinct; aedeagus short, genital style narrow and elongate; gonoplac short and rounded in lateral view.

One species in the world, distributed in China: *Pseudosymplanella nigrifasciata* Che, Zhang *et* Webb.

14. *Symplanella* Fennah, 1987

Type species: *Symplanella breviceps* Fennah, 1987.

Diagnosis. The genus can be recognized by the following characters: general color yellowish brown with somewhat green; vertex with anterior margin angular or rounded, posterior margin angulately concave, disc distinctly depressed, without median carina; second antennal segment with a black spot apically and dorsally; frons with median carina and submedian carinae, widest at level of second segment of antennae; clypeus with median carina; mesonotum without carina, almost twice as broad as long; tegmen long and narrow, ScP+R and MP united in basal fifth, ScP+R fork close to nodal transverse line, MP with three or four branches; pygofer with laterodorsal angles produced into a spine; genital style narrow and long, or short and oval; aedeagal shaft long, simple, phallobase slender lobe-like or reduced.

Six species in the world; five species in China.

Key to species

1. Frons and clypeus mostly blackish or dark brown ······ 2
   Frons and clypeus mostly yellowish green or testacous ······ 4
2. Head in lateral view with the apex acute ······ ***S. hainanensis***
   Head in lateral view with the apex rounded ······ 3
3. Frons and clypeus mostly blackish brown; pygofer with one stout process at middle ······ ***S. zhongtua***
   Frons and clypeus mostly dark brown; pygofer with one lobe-like process at dorsal posterior angle ······ ***S. brevicephala***
4. Posterior margin of pygofer with one process ······ ***S. unipuncta***
   Posterior margin of pygofer without process ······ ***S. recurvata***

Issidae Spinola, 1839

Key to subfamilies

1. Body hemispherical, tegmen with longitudinal vein obscure, usually without claval suture; hind wing single-lobed, veins reticulate, or rudimentary ······ 2
   Body nearly elliptical, tegmen with longitudinal vein clear, usually with claval suture; hind wing bi-lobed or tri-lobed, or rudimentary ······ 3
2. Vertex including eyes slightly narrower than pronotum, pronotum slightly longer or shorter than vertex in middle line, hind margin slightly convex ······ **Hemisphaeriinae**
   Vertex including eyes slightly wider than pronotum, pronotum extremely shorter than vertex in middle line, hind margin almost straight ······ **Superciliarinae subfam. nov.**
3. Tegmen with claval suture reaching middle of tegmen, hind wing bi-lobed or tri-lobed, anal lobe very small, remigium and vannus well-developed, separated by deep cleft, veins reticulate; pronotum with hind margin almost straight ······ **Parahiraciinae**
   Tegmen with claval suture almost reaching apex of tegmen, hind wing tri-lobed, remigium and vannus weakly concave apically, veins not reticulate, anal lobe not reduced; pronotum with hind margin almost

straight ·· **Issinae**

III. Hemisphaeriinae Melichar, 1906

Key to genera

1. Tegmen without claval suture ·· 2
   Tegmen with claval suture ·· 12
2. Tegmen depressed at base, costal margin moderately convex at basal one third as “relief shoulder” ······· 3
   Tegmen not as above ·· 5
3. Vertex almost as wide as long, anteclypeus angularly rounded ·· ***Gergithus***
   Vertex distinctly longer than wide, anteclypeus flat ·· 4
4. Pronotum with median carina, anterior margin not foliate and elevated; spinal formula 6-9-2 ·· ***Neogergithoides***
   Pronotum without median carina, anterior margin foliate and elevated; spinal formula 6-10-2 ·· ***Macrodaruma***
5. Vertex elongate, more or less triangular ·· ***Choutagus***
   Vertex wide, nearly quadrilateral ·· 6
6. Tegmen distinctly widened at basal costal margin ·· ***Mongoliana***
   Tegmen not widened at basal costal margin ·· 7
7. Frons with a row of tubercles and median carina ·· ***Gergithoides***
   Frons without a row of tubercles or median carina ·· 8
8. Hind wing well-developed, longer than half of tegmen ·· ***Gnezdilovius***
   Hind wing reduced, shorter than half of tegmen ·· 9
9. Hind wing tiny; frons with lateral margin almost right-angled at mid-length ················· ***Rotundiforma***
   Hind wing more than 0.3 times length of tegmen; frons with lateral margin smooth ····················· 10
10. Hind wing 0.3 times as long as tegmen, phallus with process absent, suspensorium present ·· ***Hemisphaerius***
    Hind wing 0.45 times as long as tegmen, phallus with two pairs of processes, suspensorium indistinct ·· 11
11. Pygofer with hind margin not distinctly angulate; phallobase symmetrical ············· ***Epyhemisphaerius***
    Pygofer distinctly angulated above middle; phallobase with right lateral lobe triangular at apex ·· ***Euhemisphaerius***
12. Frons without median carina ·· ***Paramongoliana***
    Frons with median carina ·· 13
13. Frons about 1.3-1.5 times longer than wide in lenghth of the middle line, median carina runs from upper margin to frontoclypeal suture; postclypeus slightly straight ····························· ***Neohemisphaerius***
    Frons less than broad or almost as long as wide in lenghth of the middle line, median carina runs from

upper margin to middle part; postclypeus right angulate itself ······························· ***Eusudasina***

15. *Gergithus* Stål, 1870

Type species: *Hemisphaerius schaumi* Stål, 1855.

Diagnosis. Medium to large size; vertex subquadrate; frons elongate; postclypeus nearly triangular and in same oblique plane with frons, anteclypeus angular; tegmen coarsely reticulate, costal margin moderately convex at basal one third as "relief shoulder"; hind wing 0.8 times length of tegmen, reticulate; hind tibia with two lateral spines, six teeth on the apex; aedeagus without process.

Twenty-two species in the world; one species in China: *Gergithus frontilongus* Meng, Webb *et* Wang.

16. *Neogergithoides* Sun, Meng *et* Wang, 2012

Type species: *Neogergithoides tubercularis* Sun, Meng *et* Wang, 2012.

Diagnosis. This genus can be recognized by the following characters: large size, vertex slightly produced, 1.7 times longer than broad; disc elevated with median carina, lateral margin carinated; pronotum and mesoscutellum with median carina; tegmen thickly and coarsely reticulate, costal margin moderately convex at basal one third; hind wing 0.9 times length of tegmen, reticulate; hind tibia with two lateral spines, six teeth on the apex; aedeagus with two short sword-like processes near middle.

Three species in the world; one species in China: *Neogergithoides tubercularis* Sun, Meng *et* Wang.

17. *Macrodaruma* Fennah, 1978

Type species: *Macrodaruma pertinax* Fennah, 1978.

Diagnosis. The genus can be recognized by the following characters: large sized, vertex strongly protruding forward; frons elongate, with wide median carina; pronotum and mesoscutellum smooth not carinated, the pronotum having foliaceous margin; tegmen thickly and coarsely reticulate, costal margin moderately convex at basal one third; hind wing almost as long as tegmen, reticulate; aedeagus with a pair of short processes at base.

Two species in the world; one species in China: *Macrodaruma pertinax* Fennah.

18. *Choutagus* Zhang, Wang *et* Che, 2006

Type species: *Choutagus longicephalus* Zhang, Wang *et* Che, 2006.

Diagnosis. This genus can be recognized by the following characters: large-sized, vertex more or less triangular, more than 3.0 times longer than wide between eyes; frons with disc finely granulose and slightly elevated, tricarinate; pronotum and mesoscutellum tricarinate, the pronotum with a row of tubercules along anterior margin; tegmen thickly and coarsely reticulate; hind wing a little shorter than tegmen, reticulate; hind tibia with two lateral spines, six teeth on the apex; aedeagus with a pair of short processes.

One species in the world; one species in China: *Choutagus longicephalus* Zhang, Wang *et* Che.

19. *Mongoliana* Distant, 1909

Type species: *Hemisphaerius chilocorides* Walker, 1851.

Diagnosis. This genus can be recognized by the following characters: medium-sized, body colour usually brown to testaceous; vertex transverse, clearly wider than long; frons smooth or rugously punctured, with a row of tubercules, slightly longer than wide; tegmen with veins inconspicuous, at humeral angle strongly produced; hind wing 0.7-0.8 times length of tegmen; hind tibia with two lateral spines, 6-7 teeth on the apex; aedeagus with a pair of processes.

Fourteen species in the world; fourteen species in China.

Key to species

1. Frons asperous with blotches and aligned tubercles along inner side of lateral margins ······ 2
   Frons smooth without any blotches and aligned tubercles along inner side of lateral margins ······ 10
2. Clypeus yellowish brown, without any transverse fascia below frontoclypeal suture ······ 3
   Clypeus black, with transverse yellow fascia below frontoclypeal suture ······ 5
3. Aedeagus with lateral hooks asymmetrical, the left hook arising near middle and the right one arising at basal 1/3 ······ ***M. sinuata***
   Aedeagus with lateral hooks symmetrical and both arising from middle ······ 4
4. Anal segment with apical margin sinuate, slightly convex medially; dorsolateral lobe of phallobase semicircularly expanded ventrad at basal 1/3 on the right side ······ ***M. triangularis***
   Anal segment with apical margin almost straight medially, dorsolateral lobe of phallobase not expanded at basal part ······ ***M. pianmaensis***
5. Tegmen with inner margin has pale linear macula near middle ······ ***M. chilocorides***
   Tegmen without such macula ······ 6
6. Tegmen testaceous ······ ***M. recurrens***

Tegmen pale brown ·· 7

7. Tegmen opaque, yellow-green, with five white small spots on the surface ················ ***M. albimaculata***

Tegmen without white small spots on the surface ·· 8

8. Lateral lobes of phallobase with dorsal margin serrated near apex, ventral lobe with apical margin sinuate ·· ***M. arcuata***

Lateral lobes of phallobase with dorsal margin smooth, ventral lobe with apical margin concave ·········· 9

9. Anal segment with apical margin slightly convex in middle; lateral lobes of phallobase with a long, sword-shaped process medially; ventral hooks of aedeagus shorter than one-third of aedeagus in profile ·· ***M. qiana***

Anal segment with apical margin shallowly concave in middle; lateral lobes of phallobase with a short spinous process subapically; ventral hooks of aedeagus longer than one-third of aedeagus in profile ·· ***M. lanceolata***

10. Tegmen without any stripe or fascia ·· ***M. naevia***

Tegmen with an oblique stripe at base and a long fascia in middle, and with several irregular spots scattered behind the stripe ·· 11

11. Vertex with anterior margin straight ·· ***M. signifer* comb. nov.**

Vertex with anterior margin slightly arched convex ·· 12

12. Anal segment with apical margin convex in middle; lateral lobes of phallobase serrate dorsocaudally to ventrally ·· ***M. serrata***

Anal segment with apical margin concave in middle, lateral lobes of phallobase serrate dorsally ········ 13

13. Lateral lobes of phallobase with serrated dorsal margin straight, shorter than half length of phallobase; aedeagus with curved hooks both arising from the right side ·· ***M. bistriata***

Lateral lobes of phallobase with serrated dorsal margin concave, nearly half length of phallobase; aedeagus with the upper hook arising from the right side and the lower one arising from middle ·· ***M. latistriata***

20. *Gergithoides* Schumacher, 1915

Type species: *Gergithoides carinatifrons* Schumacher, 1915.

Diagnosis. This genus can be recognized by the following characters: medium-sized, vertex subtriangular, converging to apex, slightly wider than long; frons plain, with median carina, and a row of tubercules along lateral margin; tegmen elongate quadrate, veins densely reticulate, longitudinal veins usually weakly prominent or inconspicuous; hind wing well-developed, reticulate, 0.8 times length of tegmen; hind tibia with two lateral spines, six teeth on the apex; aedeagus with a pair of processes.

Six species in the world; five species in China.

Key to species

1. Tegmen dark brown with black or pale yellow maculae ··· 2
   Tegmen yellowish brown with pale yellow maculae or not ··· 4
2. Tegmen with pale yellow macula, aedeagus with one pair of W-shaped processes ··· ***G. gibbosus***
   Tegmen with black macula, aedeagus with one pair of spiniform processes ··· 3
3. Aedeagus with a pair of spiniform processes, directed cephalad, with a small process basally ··· ***G. carinatifrons***
   Aedeagus with a pair of spiniform processes, directed caudad, hooked apically ··· ***G. caudospinosus***
4. Anal segment with lateroapical angle produced cornutedly, anterior margin of genital style sinuate dorsally ··· ***G. undulatus***
   Anal segment with lateroapical angle produced roundly, anterior margin of genital style nearly straight dorsally ··· ***G. rugulosus***

21. *Gnezdilovius* Meng, Webb *et* Wang, 2017

Type species: *Gergithus lineatus* Kato, 1933.

Diagnosis. This genus can be recognized by the following characters: small to medium sized, vertex transverse, clearly wider than long; frons almost as long in midline as wide at widest point below level of antennae; tegmen elliptical, strongly convex, longitudinal veins usually weakly prominent or inconspicuous; hind wing well-developed, reticulate, more than half length of tegmen; hind tibia with two lateral spines, six to nine teeth at the apex; aedeagus with processes.

Forty species in the world; thirty-six species in China, one new species described in the research.

Key to species

1. Tegmen with line, spots or irregular marks ··· 2
   Tegmen without any mark ··· 27
2. Tegmen black or dark brown ··· 3
   Tegmen not as above, brown or dirty yellow or greenish ··· 12
3. Tegmen black with green or yellow spots or stripes; frontoclypeal suture with a transverse greenish band above ··· 4
   Tegmen blackish brown or dark brown, with black or pale brown marks; frontoclypeal suture without transverse green band above ··· 11
4. Tegmen with three stripes and two spots yellow to green; anal segment mushroom-like; aedeagus with main body rather small, processes extremely long ··· ***G. lineatus***

Tegmen not as above ································ 5

5. Tegmen with a wide transverse yellow band at basal 1/3 ························ ***G. transversus* sp. nov.**

Tegmen not as above ································ 6

6. Tegmen with spots and other shaped maculae ································ 7

Tegmen only with clear spots ································ 9

7. Frons with one transverse green band ································ ***G. tesselatus***

Frons with two transverse yellow bands ································ 8

8. Tegmen with three yellow spots at basal half and two yellow long maculae along costal margin at apical half, three or four small spots near sutural margin ································ ***G. pseudotesselatus***

Tegmen with seven yellow spots (1, 2, 3, 1) ································ ***G. flavimaculus***

9. Tegmen with five clear spots ································ ***G. quinquemaculatus***

Tegmen with 9 or 10 clear spots ································ 10

10. Tegmen with 10 clear spots, frons with a large yellow spot ································ ***G. multipunctatus***

Tegmen with 9 clear spots, frons without such spot ································ ***G. nonomaculatus***

11. Tegmen blackish brown with four pale brownish spots making two lines, veins netted distinctly; vertex 3.5 times wider than long; length 6.5mm ································ ***G. flaviguttatus***

Tegmen dark brown with two black stripes along costal margin and at middle of apical half; vertex 2.5 times wider than long; length 4.5mm ································ ***G. taiwanensis***

12. Tegmen reddish brown or brown, with dark brown thickened stripes along veins ································ 13

Tegmen not as above and without thickened stripes ································ 14

13. Tegmen reddish brown with three sub-parallel yellow stripes along costal margin from base to apex, 1 lunate macula on disk ································ ***G. gravidus***

Tegmen brown, veins with dark brown thickened stripes ································ ***G. parallelus***

14. Tegmen brown or pale yellowish brown or pale yellowish brown with two brown or dark brown bands obliquely at apical half, sometimes interrupted, 1.4-1.6 times longer than wide; phallobase asymmetrical ································ 15

Tegmen not as above, almost 1.7-1.9 times longer than wide; phallobase symmetrical ································ 20

15. Aedeagus with two pairs of processes or without processes ································ 16

Aedeagus with only one pair of processes ································ 17

16. Tegmen yellowish hazel with a dark brown stripe along costal margin and a dark brown spot near apex. ································ ***G. yunnanensis***

Tegmen brown with 3 pale yellow spots on disk ································ ***G. bimaculatus***

17. Tegmen with four black marks, two oblique wide stripes at basal 1/3 and apical 1/3, 1 narrow stripe near middle of inner margin and one spot at apex; anal segment nearly triangular, with apical margin angularly convex ································ ***G. tristriatus***

Tegmen with 2-3 dark marks; anal segment oval, apical margin concave or roundly convex ································ 18

18. Tegmen with two dark brown bands obliquely at middle and apical half, with one spot at apex; frons rather rugose, clypeus broad; anal segment rounded apically ································ ***G. rosticus***

Tegmen subhyaline, with 2 bands always interrupted; anal segment concave apically ························ 19

19. Tegmen broad elliptical; hind wing 2 times longer than wide at widest part; anal segment with lateral margin parallel at apical half ························ ***G. rotundus***

Tegmen oval; hind wing 2.5 times longer than wide at widest part; anal segment rhomboid, widest after middle ························ ***G. bistriatus***

20. Frons with transverse band above frontoclypeal suture ························ 21

Frons without band as above ························ 25

21. Aedeagus U-shaped, with two cheliform processes near base and two hatchet-like processes near apex ························ ***G. chelatus***

Aedeagus U-shaped, with two spiniform processes ························ 22

22. Tegmen green with yellowish green marks and 1-2 black spots; anal segment mushroom-like; phallobase with dorsal lobe not reflected at apex ························ ***G. robustus***

Tegmen yellow or straw yellow with black marks; anal segment subtriangular; phallobase with dorsal lobe reflected at apex, which in dorsal view is rod-like, produced at each apical angle ························ 23

23. Tegmen hemispherical with broad black marks scattered; frons and clypeus dark brown; mesoscutum near middle with one dark brown patch ························ ***G. formosanus***

Not as above ························ 24

24. Tegmen oval, with two indistinct black spots and a small green spot; frons straw yellow; aedeagus with 2 asymmetrical processes ························ ***G. longulus***

Tegmen reddish brown, with 10 clear pale spots; aedeagus without processes ························ ***G. iguchii***

25. Tegmen dirty yellow with pale yellowish marks, 1.8-1.9 times longer than wide at widest part; genital style in caudal view inner apical angle not dentate ························ 26

Tegmen straw yellow or dark straw yellow with brown marks, 1.7 times longer than wide at widest part; genital style in caudal view with inner apical angle dentate ························ ***G. chihpensis***

26. Anal segment subtriangular, in lateral view apical half curved downward; aedeagus with processes asymmetrical; hind wing 2.8 times longer than wide at widest part ························ ***G. pendulus***

Anal segment cup-shaped, apical margin shallowly incised; aedeagus with processes symmetrical; hind wing 2.5 times longer than wide at widest part ························ ***G. stramineus***

27. Frons with longitudinal stripe parallel with lateral margin ························ ***G. horishanus***

Frons without such stripe ························ 28

28. Anal segment in dorsal view subtriangular, in caudal view wide inverted U-shaped; legs pale yellow, hind femora dark ························ ***G. nigrolimbatus***

Anal segment in dorsal view not as above ························ 29

29. Frons and clypeus dirty yellow or straw yellow; phallobase in dorsal view bilobed ························ 30

Frons and clypeus green or brown, or blackish brown; phallobase in dorsal view not bilobed ························ 33

30. Tegmen pale green; frons with two yellowish green transverse band ························ ***G. spinosus***

Tegmen green, brown or dirty brown; frons without band ························ 31

31. Aedeagus stout, strongly curved downward medially, with one pair of irregular spiniform processes

sitting between ventral and lateral lobes ········ ***G. rugiformis***

Aedeagus without process as above ········ 32

32. Tegmen green, costal margin brown; legs straw yellow, fore femora and tibiae dark brownish; phallobase with lateral lobe in ventral view apicolateral angle rounded, right lobe greater than left ········ ***G. nummarius***

Tegmen dirty brown; legs brown, hind femora, fore and middle pleuron black; phallobase with lateral lobes symmetrical, not broad as above ········ ***G. unicolor***

33. Tegmen dark reddish brown; hind wing 0.6 times length of tegmen; anal segment rounded at apex and apical half converging to apex ········ ***G. carbonarius***

Tegmen yellowish green or pale brown; hind wing 0.7 times length of tegmen; anal segment triangular ········ 34

34. Anal segment mushroom-like with petiole rather short; phallobase with lateral lobe very small, in ventral view outer apical angle produced laterad; legs greenish pale brown, hind femora dark brown ········ ***G. yayeyamensis***

Anal segment subtriangular; phallobase not as above; genital style in caudal view hooked at inner side near apex; legs unicolor ········ 35

35. Tegmen hemispherical and densely reticulate; 1.6 times longer than wide at widest part; phallobase with dorsal lobe extremely developed, in lateral view quadrate at apex ········ ***G. affinis***

Tegmen oval and rugose, with veins distinct, 1.9 times longer than wide at widest part; phallobase with dorsal lobe not as above and incised at apical margin ········ ***G. hosticus***

Remarks. Because the taxonomic position of *Gergithus variabilis* (Butler, 1875) still needs to be ascertained, it is not included in the key.

(7) *Gnezdilovius transversus* Meng, Qin *et* Wang, sp. nov. (Figure 66; Plate XIV: g-i)

Description: Male length (including tegmen): 4.4mm, length of tegmen: 3.8mm.

Body dark brown to black brown. Vertex, pronotum and mesoscutum dark yellow to brown. Eyes black brown. Frons dark yellow, with yellowish white fascia above frontoclypeal suture. Clypeus dark yellow. Rostrum brown. Antenna dark brown. Tegmen dark brown to black brown, with a bright yellow short transverse fascia. Legs pale brown, femora and tibiae of fore and mid legs with black stripe along lateral margin.

Vertex nearly rectangular, 3.0 times wider than long in middle line, disc distinctly impressed. Frons smooth, disc slightly elevated, almost as long as wide, the widest part about 1.7 times wider than upper margin. Frontoclypeal suture weakly curved upward medially. Clypeus weakly elevated at median area. Rostrum attaining metatrochanter. Anterior margin of pronotum archedly produced between eyes, with a small pit near midline on each side. Mesoscutum triangular, 2.3 times wider at widest part than medial length. Tegmen oval and detailed reticulate, 1.9 times longer than wide. Hind wing 0.9 times tegmen length. Spinal formula of hind leg 7-11-2.

Male genitalia. Anal segment narrow, widening to apex in dorsal view, apical margin with angle-shaped prominence on each side and angularly convex in middle; anal pore situated at middle, paraproct short. Pygofer with hind margin strongly convex near dorsal 2/3, then deeply concave. Aedeagus U-shaped in lateral view, with multiple processes, distinctly asymmetrical; in left view, bearing one pair of bifurcated processes respectively pointed cephalad and caudad originating from basal 1/3, the one directed caudad almost reaching apical 1/4 of aedeagus, bifurcated near its apex, the one directed cephalad bifurcated near its base; in ventral view, with a S-shaped process across the base of aedeagus, the left side relatively short directed cephalad, the right side directed caudad, and in its left side, with a 7-shaped process; ventral phallobasal lobe with a short process at right side near apex. Genital style with strongly concave hind margin, caudo-ventral angle widely rounded; capitulum of style short and flat in caudal view, apical margin with two obtuse angles, in lateral view, the lateral tooth divided two small teeth, and below it, with a large tumour.

Material examined. Holotype: ♂, China: Guangxi: Leye county: Huangjingdong, 24 July 2004, coll. Yu Yang, Chao Gao.

Remarks. This species resembles *G. rugiformis* (Zhang *et* Che, 2009), but differs from the latter by the characters below: ① tegmen dark brown, with a bright yellow transverse stripe; the latter, tegmen dark yellow without such stripe; ② male anal segment with apicolateral angles and middle part both angularly convex; the latter with apical margin obtusely convex; ③ aedeagus with several processes at basal half; in the latter, aedeagus with a pair of ear-shaped processes at the base.

Etymology. The specific epithet is derived from the Latin word "*transvers-*", meaning transverse and referring to the tegmen having a short transverse fascia.

22. *Rotundiforma* Meng, Wang *et* Qin, 2013

Type species: *Rotundiforma nigrimaculata* Meng, Wang *et* Qin, 2013.

Diagnosis. This genus can be recognized by the following characters: small-size, vertex rectangular, anterior margin straight, posterior margin shallowly concave; frons with lateral margin angulate at widest part; tegmen relatively wide, nearly like a rhombus; hind wing very small; hind tibia with two lateral spines, and 15 teeth at the apex; aedeagus asymmetrical, without process.

One species in the world; one species in China: *Rotundiforma nigrimaculata* Meng, Wang *et* Qin.

23. *Hemisphaerius* Schaum, 1850

Type species: *Issus coccinelloides* Burmeister, 1834.

Diagnosis. This genus can be recognized by the following characters: small-sized, vertex transverse, 3.0 times wider than long; frons plain, slightly wider at widest part as long in middle line, more than two times wider at widest part than at base; tegmen with humeral angle strongly produced, 1.7 times longer than widest part, reticulation. indistinct; hind wing 0.3 times length of tegmen; pygofer hind margin evenly sinuate, not angulate; aedeagus without processes.

Seventy-seven species in the world; twelve species in China, including two new species are described.

Key to species

1. Frons with disc triangular and margins brownish yellow-green, frontal lateral lines green, a wide transverse band whitish green, lies at base of clypeus and apex of frons ············ ***H. sauteri***
   Frons with such feature absent ············ 2
2. Tegmen pale yellow with three black bands, areas between bands rust brown ············ ***H. hoozanensis***
   Tegmen with such feature absent ············ 3
3. Frons red, along margins with wide green bands; vertex red; tegmen red with 2 green longitudinal bands along middle and commissural margin ············ ***H. coccinelloides***
   Not as above ············ 4
4. Vertex, pronotum and mesoscutum with green or yellowish green maculae ············ 5
   Vertex, pronotum and mesoscutum without maculae as above ············ 7
5. Body pale green or yellowish green ············ ***H. lysanias***
   Body pale brown, orange-colored ············ 6
6. Body pale brown, lateral lobe of phallobase narrow, obtusely rounded at apex ············ ***H. caninus* sp. nov.**
   Body reddish brown or orange-colored uniformly, lateral lober of phallobase with serrated margin ············ ***H. rufovarius***
7. Tegmen without any maculae ············ 8
   Tegmen with macula ············ 10
8. Body testaceous ············ ***H. bimaculatus***
   Body yellowish green or brown ············ 9
9. Tegmen pale brown; anal segment with apical margin deeply concave ············ ***H. palaemon***
   Tegmen yellowish green, with brown margins; apical margin obtusely rounded ············ ***H. kotoshonis***
10. Tegmen yellow with black linear longitudinal stripe ············ ***H. parallelus* sp. nov.**
    Tegmen light brown with one broad stripe band from the base to the middle of tegmen, and one black spot near apex of the sutural border ············ ***H. trilobulus***

Remarks. Because of *Hemisphaerius delectabilis* Schumacher, 1914 having a claval suture, its taxonomic position still needs to be ascertained. *Hemisphaerius delectabilis* Schumacher, 1914 is not included in this key.

(8) *Hemisphaerius caninus* Che, Zhang *et* Wang, sp. nov. (Figure 100; Plate XIX: d-f)

Description. Male length (including tegmen): 4.6mm, length of tegmen: 3.6mm. Female length (including tegmen): 4.8mm, length of tegmen: 3.7mm.

Body pale brown, with brown spots and pale yellow maculae. Vertex brown, eyes testaceous. Frons black brown, with pale yellow maculae at apex. Clypeus dark brown; rostrum pale brown. Pronotum pale brown, with pale yellow maculae. Mesoscutum brown with pale yellow maculae. Tegmen pale brown with brown maculae; hind wing pale brown. Legs pale brown, foretrochanter, metatrochanter and apex of tibia, hind femora pale brown. Venter ventrally brown, apex of each segment slightly pale brown.

Vertex nearly oblong, with 2 large central depressions, 3.0 times wider at apex than length in midline. Frons smooth, disc slightly elevated, 1.4 times wider at widest part than at base, 1.25 times longer in midline than at widest part. Pronotum with two pits at disc and with one subtrianglar macula at lateral angle; mesoscutum with one subtrianglar macula at lateral angle and with one pit along each lateral margin, 1.8 times wider at widest part than length in midline. Tegmen finely rugulose-punctate, with one short clavate-like spot, 1.5 times longer than widest part; hind wing translucent, veins obscure, 0.35 times length of tegmen. Spinal formula of hind leg 6-10-2.

Male genitalia. Anal segment in dorsal view mushroom-like, widest near apex, apical margin convex, lateroapical angle obviously produced angularly, anal segment situated at basal half. Pygofer in lateral view with hind margin obviously convex near apex and slightly produced at base. Phallobase with dorsal lobe in dorsal view obtusely rounded at apex, lateral lobes in lateral view narrow, ventral lobe in ventral view apical margin truncate. Genital style in lateral view nearly oblong, narrow at base and enlarged at apex, hind margin convex medially; capitulum with apex obtusely rounded in caudal view, lateral tooth obtuse.

Female genitalia. Anal segment in dorsal view nearly elliptical, apical margin slightly convex at middle, lateral margin rounded, anal pore situated at basal half. Anterior connective lamina of gonapophysis Ⅷ with three small anterior teeth, and four lateral teeth. Posterior margin of sternite Ⅶ slightly convex at middle.

Material examined. Holotype: ♂, China: Hainan: Jianfengling, 21 December 1981, coll. Zhiqing Chen. Paratype: 1♀, China: Hainan: Jianfengling, 2 February 1982, coll. Youdong Lin.

Remarks. This species resembles *H. scymnoides* Walker, 1862, but differs from the latter by the characters below: ① frons black brown, apex with pale yellow maculae; the latter, frons with 3 small black maculae; ② vertex brown without mark, the latter; vertex with one emerald spot at each side.

Etymology. The specific epithet is derived from the Latin word "*caninus*", referring to the base of genital style produced angularly into a dog-like tooth.

(9) *Hemisphaerius parallelus* Zhang *et* Wang, sp. nov. (Figure 105; Plate Ⅹ Ⅹ: d-f)

Description. Female length (including tegmen): 4.2mm, length of tegmen: 3.8mm.

Body yellow, with black brown maculae. Vertex with median part yellowish brown, lateral margin infuscated. Eyes fuscous. Frons yellowish brown, with small punctures. Gena pale yellow, with a black wedge-shaped macula. Clypeus black, basal part near frontoclypeal suture pale yellow. Rostrum dark brown. Pronotum yellow. Mesoscutum yellow medially, lateroapical angle brown to dark brown. Tegmen yellow, with parallel longitudinal stripes. Legs pale brown, fore and mid femora with black circular bands. Venter ventrally dark brown.

Vertex transverse, nearly rectangular, 3.7 times wider than length in midline, with central depressions, anterior margin straight, posterior margin weakly concave. Frons with disc slightly elevated, 1.8 times wider at widest part between antennae than at upper margin, 1.5 times longer in midline than at widest part. Pronotum about 1.3 times longer than vertex, anterior margin roundly convex, with two pits in middle. Mesoscutum with one pit along each lateral margin, 2.0 times wider at widest part than length in midline. Tegmen smooth, the longitudinal veins thickening into black longitudinal stripes, 2.1 times longer than widest part. Hind wing reduced, tiny. Spinal formula of hind leg 6-9-2.

Female genitalia. Sternite Ⅶ with subquadrate projection in middle part, its posterior margin weakly concave. Anal segment in dorsal view nearly round, apical margin roundly convex at middle, anal pore situated at middle. Gonoplac long triangular in lateral view, apex membranous, third gonoplac lobes with fork sclerotized in dorsal view. Gonapophyses Ⅸ small, proximal part of posterior connective lamina convex in lateral view, median field single. Gonocoxa Ⅷ nearly rectangular. Anterior connective lamina of gonapophysis Ⅷ with three teeth in apical group, and three keeled teeth in lateral group.

Material examined. Holotype: ♀, China: Yunnan: Xishuangbanna Mengla County, 20 April 1984, coll. Jingruo Zhou, Sumei Wang. Paratype: 1 ♀, same data as holotype.

Remarks. This species resembles *H. trilobulus*, but differs from the latter by the below: ① tegmen with the longitudinal veins thickening into black longitudinal stripes, the latter tegmen without such longitudinal stripes, but with a wide longitudinal stripe from basal part to subapical part of tegmen, and with a nearly round spot between the stripe and sutural margin; ② the female genitalia with differences.

Etymology. The specific epithet is derived from the Latin word "*parallelus*", referring to tegmen having parallel longitudinal stripes.

24. *Epyhemisphaerius* Chan *et* Yang, 1994

Type species: *Hemisphaerius tappanus* Matsumura, 1916.

Diagnosis. The genus can be recognized by the following characters: medium-sized, vertex transverse, 3.0 times wider than long; frons plain, slightly wider at widest part as long in middle line, 1.6 times wider at widest part than at base; tegmen 1.8 times longer than widest part, reticulate; hind wing 0.45 times length of tegmen; pygofer evenly curved at dorsocaudal angle; aedeagus with a pair of symmetrical processes.

One species in the world; one species in China: *Epyhemisphaerius tappanus* (Matsumura).

25. *Euhemisphaerius* Chan *et* Yang, 1994

Type species: *Euhemisphaerius primulus* Chan *et* Yang, 1994.

Diagnosis. The genus can be recognized by the following characters: medium-sized, vertex transverse, 2.5 times wider than long; frons plain, as wide at widest part as long in middle line, 1.4 times wider at widest part than at base; tegmen at humeral angle not strongly produced, 1.7 times longer than widest part, reticulate; hind wing 0.3 times length of tegmen; pygofer with hind margin distinctly angulated above middle; aedeagus with a pair of processes, left one usually more distad.

Four species in the world; four species in China.

Key to species

1. Tegmen with black marks ·· 2
   Tegmen without marks ·· 3
2. Tegmen with two black bands, basal one arising from basal third dorsally to apical third ventrally, gradually widening ventrally, apical one parallel to basal, ending below apex, both not attaining costal margin, commissural margin near middle with a black spot ·· ***E. primulus***
   Tegmen with black Y-shaped mark lies at middle, stem ending at apical three-fourths of commissural margin, another apical band parallel with stem of Y-mark which is drop-shaped at both ends, narrow and indistinct at middle, commissural margin broad and short distance before end of Y-mark black, marks usually reduced ·· ***E. obesus***
3. Hind wing broad at base, converging to apex; anal segment as wide at widest part as long in middle line; anal segment of female in dorsal view acute at apex ·· ***E. inclitus***
   Hind wing dorsoventrally parallel-sided; anal segment of male 1.2 times wider at widest part than long in middle line; anal segment of female in dorsal view broadly rounded at apex ·· ***E. infidus***

26. *Neohemisphaerius* Chen, Zhang *et* Chang, 2014

Type species: *Neohemisphaerius wugangensis* Chen, Zhang *et* Chang, 2014.

Diagnosis. This genus can be recognized by the following characters: medium-sized, body smooth and shiny, hemispherical; vertex 2.5-2.7 times wider than long; frons long, with median carina; clypeus convex centrally, sloped at basal one third; tegmen hemispherical, humeral angle weakly produced, claval suture present; hind wing rudimentary, less than half length of tegmen, veins simple.

Four species in the world; three species in China including one new species in this research.

Key to species

1. Tegmen straw-yellow without any mark ·· ***N. flavus* sp. nov.**

   Tegmen dark brown with pale brown maculae, or brown with black stripes ·································· 2

2. Anal segment with apical margin rounded medially ·· 3

   Anal segment with apical margin angularly convex ·· ***N. guangxiensis***

3. Frons with distinct median carina; anal pore in dorsal view with apical margin sinuate; aedeagus ventrally with short hooks, shorter than 1/5 length of aedeagus; spinal formula of hind leg10-4-2 ·· ***N. wugangensis***

   Frons with obscure median carina; anal pore in dorsal view apical margin round; aedeagus ventrally with long hooks, longer than half length of aedeagus; spinal formula of hind leg 10-6-2 ················ ***N. yangi***

(10) *Neohemisphaerius flavus* Meng, Qin *et* Wang, sp. nov. (Figure 112; Plate XX: j-l)

Description. Male length (including tegmen): 4.4mm, length of tegmen: 3.6mm.

Body straw yellow. Eyes black brown, antenna brown. Vertex, mesoscutum dark brown.

Vertex quadrangular, about 2.3 times wider than long, disc distinctly depressed, anterior margin straight, posterior margin arched, weakly concave. Frons with median carina not reaching frontoclypeal suture, upper margin acutely concave; about 1.6 times longer than wide at widest part, 1.4 times wider at widest part than upper margin. Clypeus nearly an equilateral triangle, in lateral view, the median line roundly convex. Pronotum with anterior margin angularly convex, posterior margin straight. Mesoscutum subtriangular, about 2.6 times wider at widest part than long in midline. Tegmen oblong, 1.8 times longer than width at widest part. Hind wing ovate, 0.3 times as long as tegmen. Spinal formula of the hind leg 9-5-2.

Male genitalia. Anal segment with lateroapical angle triangularly protruding in dorsal view, slightly archedly convex medially. Pygofer in lateral view, with posterior margin moderately arcuately convex near dorsal 1/3, then deeply concave near ventral margin. Phallobase almost straight in lateral view , only curved upwards at the apex, with a long sword-shaped process with apex directed cephalad near the distal1/4 of ventral surface; with dorsolateral lobe obtuse apically in dorsal part, and in lateral view, it bearing a large elliptic lamellar process directed dorsally near apex in each side, its ventral margin roundly convex medially; ventral lobe rounded at apical half; in ventral view, aedeagus with a pair of short hooks near basal 1/3 directing caudad, the hooks thick at base, and tapering apically, the left hook slightly higher than the right one. Genital style with concave hind margin and strongly convex caudo-ventral angle; capitulum narrow, widening at apex, with spinal lateral tooth, below it having a tumour.

Material examined. Holotype: ♂, China: Hubei: Badong County: Tiansanping, 16 July 2006, coll. Lijun Cai, Huifeng Zhou.

Remarks. This species resembles *N. wugangensis* Chen, Zhang *et* Wang, 2014, but differs from the latter by the below: ① body straw colored, tegmen without macula; in the latter, body brown, tegmen with a black stripe; ② anal segment with lateroapical angle triangularly protruding in dorsal view; in the latter, anal segment with lateroapical angle bluntly protruding in dorsal view; ③ phallobase bearing a pair of large elliptic lamellar process directing dorsally near apex; in the latter, phallobase with a pair of short spinal process apically.

Etymology. The specific epithet refers to the body being straw yellow.

27. *Eusudasina* Yang, 1994

Type species: *Eusudasina nantouensis* Yang, 1994.

Diagnosis. This genus can be recognized by the following characters: medium-sized, body hemispherical; vertex 3.0 times wider than long; frons slightly wider than long, median carina present in basal half; postclypeus right angulate in lateral view; tegmen with longitudinal veins indistinct, densely reticulate, clavus reaching over middle of tegmen; hind wing tiny; aedeagus elongate, with processes near base.

Three species in the world; three species in China including two new species in this research.

Key to species

1. Tegmen brown with five white spots ··· ***E. quinquemaculata* sp. nov.**
   Tegmen without such spot ··· 2
2. Anal segment elongate, apical margin strongly convex medially; aedeagus with a pair of processes having 1-2 rows of small spinules ··· ***E. spinosa* sp. nov.**
   Anal segment nearly rhomboidal, apical margin moderately digitately convex; aedeagus with a pair of short processes at each side pointed in different directions, dorsal margin of lateral lobe of phallobase serrated in median part ··· ***E. nantouensis***

(11) *Eusudasina quinquemaculata* Meng, Qin *et* Wang, sp. nov. (Figure 113; Plate XXI: a-c)

Description. Male length (including tegmen): 3.8mm, length of tegmen: 3.3mm. Female length (including tegmen): 4.1mm, length of tegmen: 3.6mm.

Body brown. Vertex dark brown. Eyes black. Frons dark brown, with yellow tubercules and maculae at apex. Clypeus dark brown with yellow maculae, lateroapical angle light yellow.

Rostrum dark brown. Pronotum and mesoscutum brown with yellow tubercules. Tegmen brown with large dark brown macula at basal half, with 5 small white spots. Hind wing brown. Legs brown with dark brown margins, fore and mid femora with black apex. Venter ventrally brown.

Vertex nearly quadrangular, the margins keeled, the disc distinctly depressed, 3.0 times wider at apex than length in midline, anterior margin slightly arched, convex, posterior margin acutely concave. Frons coarsely punctured, disc flattened, median carina surpassing middle part, near each lateral margin with nine tubercules, upper margin weakly concave; as long in middle line as wide at widest below level of antennae, 1.4 times wider at widest part than the upper margin. Frontoclypeal suture almost straight. Postclypeus weakly elevated, a nearly equilateral triangle in ventral view, lateroapical angle clearly elevated, in lateral view, the middle line arched, convex. Pronotum with 5 tubercules along anterior margin at each side. Mesoscutum with median carina, 2.1 times wider at widest part than length in midline, with two large tubercules near apicolateral angle. Tegmen oblong, the apical angle strongly obtusely convex, 1.8 times longer than widest part. Hind wing nearly ovate, 0.2 times length of tegmen. Spinal formula of hind leg 7-8-2.

Male genitalia. Anal segment in dorsal view narrow at basal half, distinctly wider at apical half, the apical half of lateral margin and lateroapical angle forming into half-rounded lamellate process, the apical margin strongly columnarly convex, tapering to apex, 1/3 length of anal segment; anal pore situated near middle. Pygofer in lateral view with hind margin almost straight and slightly concave near ventral margin. The dorsolateral lobe of phallobase obtuse in dorsal part, and slightly obtusely convex near apical 1/3 in lateral view; ventral lobe with apical margin bluntly convex; aedeagus shallowly U-shaped, with a pair of short processes, curved near apex, the tips directed to each other in ventral view. Genital style with hind margin convex medially, the ventroapical angle round, below the capitulum bearing a small tumour; the capitulum almost rectangular in caudal view, the lateral tooth small.

Material examined. Holotype: ♂, China: Yunnan: Lvchun, 8 June 2009, coll. Lei Zhang. Paratype: 1♀, data same as holotype.

Remarks. This species resembles *E. nantouensis* Yang, 1994, but differs from the latter by the below: ① tegmen dark brown, with five small white spots; the latter, tegmen brown, without such spot; ② aedeagus with a pair of short processes directed cephalad; the latter, aedeagus with a pair of short processes directed caudad.

Etymology. The specific epithet is derived from the Latin word "*quinque*" and "*maculata*", referring to tegmen having five spots.

(12) *Eusudasina spinosa* Meng, Qin *et* Wang, sp. nov. (Figure 114; Plate XXI: d-f)

Description. Male length (including tegmen): 4.4mm, length of tegmen: 3.8mm. Female length (including tegmen): 4.7mm, length of tegmen: 4.2mm.

Body dark brown. Frons black brown, with dark brown tubercules and maculae. Eyes black brown. Frontoclypeal suture yellowish brown. Pronotum and mesoscutum brown with yellow tubercules. Tegmen dark tawny with darker maculation. Fore legs black, mid legs dark brown with black transverse stripe, hind legs dark brown.

Vertex quadrangular, the margins keeled, 3.7 times wider than length in midline, anterior margin almost straight, posterior margin weakly concave. Frons coarsely punctured, median carina not surpassing middle part, near each lateral margin with nine tubercules, upper margin almost straight, lateroapical angles acutely convex; as long in middle line as wide at widest width below level of antennae, 1.2 times wider at widest part than the upper margin. Frontoclypeal suture curved upward. Clypeus weakly elevated, nearly an equilateral triangle in ventral view; in lateral view, the middle line weakly acutely convex. Mesoscutum with median carina, 2.3 times wider at widest part than length in midline, with two large tubercules near apicolateral angle. Tegmen oblong, the apical angle round, 1.6 times longer than widest part. Hind wing tiny. Spinal formula of hind leg 7-9-2.

Male genitalia. Anal segment elongate in dorsal view, lateroapical angle smooth, the apical margin extremely convex in middle, over 1/3 length of anal segment; anal pore situated near middle. Pygofer in lateral view with hind margin arched, concave near ventral margin 1/3. The dorsolateral lobe of phallobase obtuse apically in dorsal part; and in lateral view, the apex blunt in left lobe, and acute in right lobe; in ventral view, the left lobe clearly widened near apex, the right one with a small projection; the ventral lobe in ventral view with apical margin sinuate, the left apical angle horned, the right angle smooth; aedeagus shallowly U-shaped, asymmetrical, each side with a short bifurcated process at base, the two branches respectively directed apically and ventrally, and with 1-2 rows of spinules; these spinules along the under branches extended to the ventral side of phallobase, and hook-shaped in ventral view; the upper branch in left side relatively acute and thin, and beyond it, phallobase bearing a stout and short process at left side. Genital style with hind margin weakly convex near dorsum, the ventroapical angle round; the capitulum short, tapering to apex, with large lateral tooth.

Material examined. Holotype: ♂, China: Hunan: Yongshun County: Xiaoxi Town, 6-7 August 2004, coll. Jiliang Wang. Paratype: 1♀, data same as holotype; 1♀, China: Hunan: Chenzhou, 30 August 1985, coll. Yalin Zhang and Yonghui Cai; 1♀, China: Hunan: Mangshan, 17 August 2009, coll. Lin Lv.

Remarks. This species resembles *E. quinquemaculatus* Meng, Qin *et* Wang, sp. nov., but differs from the latter by the below: ① tegmen dark brown, with deep maculae; the latter, tegmen dark brown, with 5 small white spots; ② anal segment with apical margin extremely convex in middle, over 1/3 length of anal segment; the latter apical margin strongly columnarly convex, about 1/3 length of anal segment; ③ aedeagus with 1-2 rows of small spinule at base; the latter without such spinule.

Etymology. The specific epithet is derived from the Latin word "*spinosus*", referring to the phalic processes having numerous spinules.

28. *Paramongoliana* Chen, Zhang *et* Chang, 2014

Type species: *Paramongoliana dentata* Chen, Zhang *et* Chang, 1994.

Diagnosis. The genus can be recognized by the following characters: vertex quadrate, clearly wider than long, anterior margin truncate, posterior margin weakly concave; frons without median carina, with a row of verrucae along each lateral area; tegmen with claval suture present, veins indistinct; hind wing rudimentary, vein indistinct, about 0.3 times length of tegmen; hind tibiae each with two lateral teeth; male anal segment in dorsal view quadrate; pygofer in lateral view posterior margin produced caudad; phallobase with dorsal processes at base and middle part.

One species in the world; one species in China: *Paramongoliana* Chen, Zhang *et* Chang.

IV. Superciliarinae Meng, Qin *et* Wang, subfam. nov.

Type genus: *Superciliaris* Meng, Qin *et* Wang, gen. nov.

Body hemispherical. Head with eyes distinctly wider than pronotum. Vertex roundly produced in front of eyes. Genae narrow, disappearing from lateral view in front of eyes. Frons with lateral margin auricularly protruding in front of antennae, the protrusion sheet-like. Frontoclypeal suture straight. Pronotum extremely short, hind margin almost straight; lateral lobe smooth without tubercules. Mesoscutum with anterior margin weakly convex in middle part, a little wider at widest part than long in middle line. Tegmen widening to apex, apical margin oblique and straight; veins reticulate and clearly prominent, without claval suture and Y-shaped claval veins. Hind wing reduced. Hind tibia with two lateral spines, with the tips pointed in different directions. Genital style with caudoventral angle obtusely convex.

Remarks. The new subfamily clearly differs from other three known subfamilies (Hemisphaeriinae, Parahiraciinae, Issinae) by the following characters: anterior margin of vertex protruded forwards, the produced part together with the upper 1/3 of frons between the sublateral carinae formed an eaves shape; pronotum extremely short. This new subfamily is very close to Hemisphaeriinae according to the body hemisphaerical, tegmen with longitudinal veins obscure, without claval suture, veins reticulate. The new subfamily could be recognized from Hemisphaeriinae by the following characters: head with eyes clearly wider than pronotum; genae narrow, disappearing from lateral view in front of eyes; hind wing reduced. In the Hemisphaeriinae: head with eyes narrower than pronotum; genae relatively wide, lateral margin of frons clearly separated from the front of eyes; hind wing single-lobe, rarely reduced.

One new genus and two new species are described in this research.

29. *Superciliaris* Meng, Qin *et* Wang, gen. nov.

Type species: *Superciliaris reticulatus* Meng, Qin *et* Wang, sp. nov.

Vertex clearly produced in front of eyes, anterior margin roundly convex, posterior margin shallowly concave; disc depressed, with median carina; in lateral view, the apical part carrying base of frons protruding forward. Ocelli rudimentary. Eyes oval. Antennae with pedicel inflated with numerous sense pores, flagella long. Frons in ventral view with upper margin straight or slightly convex, lateral margin with auricularly sheet protrusion below eyes; disc rugose and with a straight row of small tubercules between lateral margin and sublateral carinae from upper margin to the line of widest part; the upper part with faintly "V" carina trace due to the frons protruding forward. Clypeus small, and appearing to be equilateral triangle. Rostrum surpassing post trochanters. Pronotum extremely short and narrow; anterior margin slightly convex, posterior margin almost straight; lateral lobe with ventral margin straight, lateroventral angle acute. Mesoscutum triangular, thinly carinated in middle line. Tegula oblong in lateral view. Tegmen widening to apex, elevated in middle area; humeral angle strongly produced, apical angle bend inward and somewhat sharp, anal angle obtuse. Hind wing tiny. Spinal formula of hind leg 6-7-2.

Male genitalia. Anal segment nearly quadrangular, widest near apex; epiproct with anterior margin triangular convex medially; paraproct long, more than half length of anal segment. Connective thick and well pigmented. Pygofer narrow, with posterior margin convex medially and concave near ventral side. Phallus dumpy, strongly sclerotized; phallobase with dorsolateral lobe bifurcated near apex, dorsal lobe membranous and obtuse, lateral lobes well-developed, sheet expanding to form appendages near apical 1/3, dorsolateral angles protruding to form upturned appendages, ventral lobe membranous and very short, about half length of lateral lobe; aedeagus strongly sclerotized with a pair of long sturdy hooked processes, in lateral view bent clockwise with apex directed ventrally, and √-shaped in ventral view. Genital style with hind margin sinuate, deeply concave near middle; shortly elevated near capitulum, dorso-apical angle coracoid in lateral view; capitulum of style short, narrowing to apex, lateral tooth large; plate-shaped with obtuse tip.

Female genitalia. Anal segment ovate, anal pore situated near base, epiproct with anterior margin small triangular convex at middle, paraproct relatively short. Gonoplac in profile nearly rectangular, weakly elevated near base in dorsal view. Distal parts of posterior connective lamina of gonapophyses Ⅸ with a pair of short processes, proximal part of posterior connective lamina very short, median field convex at base in lateral view. Gonospiculum bridge with basal part narrow and short, apical part quite elongate in lateral view. Anterior connective lamina of gonapophysis Ⅷ with three small teeth in apical group.

Remarks. The genus is similar to genus *Radha* Melichar, 1903, but differs by:

① pronotum extremely short and narrow, like eyebrows; in the later, pronotum relatively wide, depressed; ② mesonotum flat, in the later, mesonotum elevated.

Etymology. This generic name refers to the short pronotum which is similar in appearance to eyebrow. The genus is feminine in gender.

Distribution. China (Hainan).

Key to species

Vertex with posterior margin slightly angularly concave; paraproct not surpassing the apical margin of anal segment; lateral lobes of phallobase with expanding processes curled dorsad and showing triangular-shape, distal appendages stumpy, triangular-shaped ································· ***S. reticulatus* sp. nov.**

Vertex with posterior margin slightly arcuately concave; paraproct surpassing the apical margin of anal segment, lateral lobes of phallobase with expanding processes weakly curled upwards and in shape of long triangle with small teeth under margin in ventral view; apical part of lateral lobes relatively narrow, distal appendages relatively small ··· ***S. diaoluoshanis* sp. nov.**

(13) *Superciliaris reticulatus* Meng, Qin *et* Wang, sp. nov. (Figure 116; Plate XXII : a-c)

Description. Male length (including tegmen): 3.8mm, length of tegmen: 2.9mm. Female length (including tegmen): 4.0mm, length of tegmen: 3.1mm.

Body black brown. Eyes black, with a ring of light rufous at base. Clypeus dark rufous with anteriolateral angles somewhat yellow. Tegmen dark brown with irregular yellow and black markings. Legs fuscous, tips of spine of hind legs black.

Vertex 1.3 times wider at widest part than long in midline, posterior margin slightly angularly concave. Frons with upper margin relatively straight, 1.2 times wider at widest part below antennae than long in mid line, and 1.5 times wider at widest part than at upper margin. Mesoscutum about 1.2 times longer than cumulative length of vertex and pronotum in middle line, 1.5 times wider at widest part than long in middle line.

Male genitalia. Anal segment in dorsal view with apical margin strongly convex and acute in median, lateral margin sinuate; in lateral view, ventral margin deeply concave in apical 1/3, apicolateral angles bent down and in shape of triangle; slightly longer in middle line than width at widest part near apex, 1.6 times wider at widest part than at base; paraproct about 0.6 times length of anal segment, with acute apex. Pygofer with hind margin strongly convex medially. Lateral lobes of phallobase with expanding processes curled dorsad and showing triangular-shaped, apical margin of lateral lobes oblique and straight, distal appendages stumpy, nearly triangular-shape. Aedeagus strongly sclerotized with a pair of long hooked processes at basal 1/3.

Female genitalia. Anal segment ovate, distinctly longer than wide; paraproct fingerlike, about 0.3 times as long as anal segment. Anterior connective lamina of gonapophysis VIII with three anterior teeth short and obtuse, three lateral keeled teeth small, the third tooth at dorsolateral angle apex obtuse. Posterior margin of sternite Ⅶ deeply concave.

Material examined. Holotype: ♂, China: Hainan Province: Jianfengling: Mingfenggu, 18°44.635′N, 108°50.435′E, 1017m, 18 August 2010, coll. Guo Zheng. Paratypes: 1♂2♀, same data as holotype.

Etymology. The specific epither refers to the reticulate veins of tegmen.

(14) *Superciliaris diaoluoshanis* Meng, Qin *et* Wang, sp. nov. (Figure 117; Plate ⅩⅫ: d-f)

Description. Male length (including tegmen): 3.8mm, length of tegmen: 2.9mm. Female length (including tegmen): 4.0mm, length of tegmen: 3.1mm.

Body black brown to reddish-brown. Vertex deep rufous with margins black. Eyes black, with a ring of rufous at base. Frons rufous, fuscous in median part, with yellowish-brown tubercules. Clypeus rufous, apicolateral angles yellow. Rostrum fuscous. Pronotum with anterior margin dark brown, posterior part somewhat yellowish-brown. Mesoscutum deep rufous, with middle line and post angle yellow. Tegmen fuscous, veins dark and scattered yellow. Legs brown to dark brown, with the point of spine of hind legs black. Abdomen dark brown and slightly pale in median part.

Vertex 1.4 times wider at widest part than long in midline, posterior margin slightly arcuately concave. Frons with upper margin slightly convex, 1.1 times wider at widest part below antennae than long in mid line, and 1.5 times wider at widest part than at upper margin. Mesoscutum about 1.3 times longer than cumulative length of vertex and pronotum in mid line, 1.3 times wider at widest part than long in middle line.

Male genitalia. Anal segment in dorsal view with apical margin weakly convex at median; apicolateral angles weakly bent down and small triangular-shaped in lateral view; paraproct long, 0.7 times length of anal segment, apex obtuse. Lateral lobes of phallobase expanding processes in shape of long triangular, apex weakly curled upwards, and with small teeth under margin in ventral view; apical part of lateral lobes relatively narrow, distal appendages relatively small.

Female genitalia. Anal segment ovate, distinctly longer than wide; paraproct short, about 0.3 times as long as anal segment. Anterior connective lamina of gonapophysis Ⅷ with three teeth (including two keeled teeth) in lateral group. Posterior margin of sternite Ⅶ shallowly concave.

Material examined. Holotype: ♂, China: Hainan Province: Lingshui County: Diaoluoshan, 18°44.440′N, 109°52.600′E, 494m, 10 August 2010, coll. Guo Zheng. Paratypes: 2♂1♀, China: Hainan Province: Lingshui County: Diaoluoshan, 18°43.387′N, 109°51.273′E, 956m, 8 August 2010, coll. Guo Zheng.

Etymology. The specific epither refers to the tgpe locality, Diaoluoshan Mountain.

V. Parahiraciinae Cheng *et* Yang, 1993

Key to genera

1. Frons strongly extended to form a nasale ········· 1
   Frons not extended to form a nasale ········· 5
2. Tegmen with hypocostal plate ········· 3
   Tegmen without hypocostal plate ········· 4
3. Frons long and narrow, basal part as wide as apical part, upper margin straight ········· ***Fortunia***
   Frons narrow and wide, basal part distinctly narrower than apical part, upper margin clearly concave ········· ***Brevicopius***
4. Frontal nasale with glossy swelling apically ········· ***Bardunia***
   Frontal nasale without glossy swelling apically ········· ***Narinosus***
5. Frons with a hemispherical protuberance ········· 6
   Frons without hemispherical protuberance ········· 8
6. Frons with hemispherical protuberance placed at upper part; aedeagus without ventral hooks ········· ***Tetricodes***
   Frons with hemispherical protuberance placed at lower part; aedeagus with a pair of long hooks ········· 7
7. Femora and tibiae of fore legs strongly flattened; aedeagus with long hooks situated at basal half ········· ***Paratetricodes***
   Femora and tibiae of fore legs not expanded; aedeagus with long hooks situated at apical half ········· ***Tumorofrontus* gen. nov.**
8. Frons with median carina ········· 9
   Frons without median carina ········· 20
9. Tegmen with claval suture absent or obscure ········· 10
   Tegmen with clear claval suture ········· 11
10. Frons smooth, with sublateral carinae; hind wing well-developed, bilobed ········· ***Neodurium***
    Frons coarse scattered with tubercules; hind wing small, single lobe ········· ***Folifemurum***
11. Vertex nearly triangular, more than 1.8 times longer than wide at widest part ········· 12
    Vertex nearly quadrangular or hexagonal, less than 1.5 times longer than wide at widest part ········· 14
12. Vertex with apex upcurved in lateral view, nearly rostriform ········· ***Pseudochoutagus***
    Vertex with apex downcurved or horizontal ········· 13
13. Vertex with apex downcurved in lateral view, nearly rostriform ········· ***Rostrolatum* gen. nov.**
    Vertex with apex horizontal ········· ***Macrodarumoides***
14. Vertex nearly hexagonal, clearly longer than wide at base ········· ***Flavina***
    Vertex nearly quadrangular, clearly wider than long in middle line ········· 15
15. Aedeagus without hooked ventral processes, with lobed processes ········· ***Neotetricodes***
    Aedeagus with a pair of hooked ventral processes ········· 16
16. Frons without transverse sublateral carinae ········· 17

Frons with transverse sublateral carinae ···································· 18

17. Body oblong, tegmen 2.6 times longer than wide; phallobase with dorsolateral lobe bifurcated near apex ···································· ***Tetricodissus***

Body nearly round, tegmen 1.8 times longer than wide; phallobase with dorsolateral lobe not bifurcated near apex ···································· ***Flatiforma* gen. nov.**

18. Tegmen nearly rhombus, costal margin semilunarly expanded near base; first metatarsus with a row of spines ···································· ***Rhombissus***

Tegmen long ovate, costal margin weakly arcuate near base; first metatarsus with several rows of spines ···································· 19

19. Suspensorium well-developed, phallobase with ventral margin strongly obtusely convex ····· ***Gelastyrella***

Suspensorium small, phallobase with ventral margin smooth not convex ···················· ***Thabena***

20. Tegmen without distinct claval suture; MP with 2-3 branched ···················· ***Fusiissus***

Tegmen with claval suture; MP simple ···································· ***Duriopsilla***

30. *Fortunia* Distant, 1909

Type species: *Issus byrrhoides* Walker, 1858.

Diagnosis. The genus can be recognized by the following characters: large-size, vertex transverse, anterior margin and posterior margin both almost straight; frons protruded forward as long nasale, with upper margin straight, with three thin carinae, a row of big tubercules along the outside of sublateral carinae; tegmen nearly oblong, with wide hypocostal plate, ScP and R convergent near base, MP bifurcated at basal 1/3, CuA bifurcated near basal 1/3, claval suture not reaching the middle of tegmen; hind wing well-developed, tri-lobed; fore and mid femora dilated, hind tibia with 2-3 lateral spines distally and 7 teeth on the apex; aedeagus with a pair of ventral hooks near middle.

Four species in the world; two species in China, including one new species in this research.

Key to species

Body relatively large; clypeus black; aedeagus with a pair of short hooks, shorter than 1/3 length of aedeagus ···································· ***F. byrrhoides***

Body relatively small; clypeus pale brown; aedeagus with a pair of long hooks, longer than half length of aedeagus ···································· ***F. menglunensis* sp. nov.**

(15) *Fortunia menglunensis* Meng, Qin *et* Wang, sp. nov. (Figure 119; Plate XXII: j-l)

Description. Male length (including tegmen): 8.9-9.2mm, length of tegmen: 6.9-7.0mm; Female length (including tegmen): 9.9-10mm, length of tegmen: 7.7- 7.8mm.

Body fulvous. Vertex, pronotum and mesoscutum fuscous with flavescent tubercules, margins and carinae. Eyes pale brown with black stripes. Frons fusco-piceous with pale brown tubercules and black lateral margins in dorsal part; pale brown with two black brown longitudinal stripes in ventral part. Clypeus pale yellow and shining. Rostrum brown, dark at apex. Tegmen brown. Hind wing dark, with pale brown veins. Fore, mid and hind legs yellowish brown, femora and tibiae with black longitudinal stripes along lateral margins.

Vertex about 2.0 times wider than long in middle line. Frons produced forward forming a nasale, the dorsal part nearly quadrangular, about 2.2 times longer than width at widest part, with median carina and inversed U-shaped sublateral carinae, bearing a row of large tubercules. Frontoclypeal suture arched. Rostrum reaching hindcoxae. Antennae short, pedicel globular, covered with tuberculate sensillum. Pronotum with median carina, anterior margin obtusely convex, posterior margin almost straight. Mesoscutum with three carinae, 2.3 times wider than long in middle line. Tegmen with close reticular veins, 2.8 times longer than wide at widest part. Hind tibia with two lateral spines. Spinal formula of hind leg 8-8-2.

Male genitalia. Anal segment elongate, widest near middle, about 1.2 times longer than wide, lateral margin obtusely convex medially, apical margin almost straight, apicolateral angle smooth; anal pore located near middle part. Pygofer with hind margin bluntly convex near middle, then distinctly concave to ventral margin. Dorsolateral lobe of phallobase obtuse in dorsal apex, in lateral view, the lobe narrowing to apex; ventral lobe well-developed, in ventral view, a little wider near apical margin, apical margin weakly concave medially; aedeagus shallowly U-shaped, with a pair of hooks near middle. Genital style nearly triangular, hind margin deeply concave near middle, the ventroapical angle strongly obtusely convex; the capitulum narrow, apex weakly widened, with a large lateral tooth.

Female genitalia. Anal segment nearly ovate, a little longer than wide at widest part, apical margin weakly concave in middle, lateral margin smooth; anal pore located near middle. Gonoplac with a pair of processes at basal part, in dorsal view, the two lobes connected dorsally, furcate near apex, and faintly sclerotized. Gonapophyses Ⅸ large, basal part sclerotized, median field of gonapophyses Ⅸ lamina strongly elevated in lateral view, nearly ovate and single lobed in dorsal view, basal margin weakly concave and sclerotized. Gonocoxa Ⅷ nearly quadrate, with straight hind margin. Endogonocoxal process longer than anterior connective lamina of gonapophysis Ⅷ, with obtuse apical margin. Endogonocoxal lobe small and simple. Anterior connective lamina of gonapophysis Ⅷ wide, laterodorsal angle round, with three different-sized teeth in apical group, with two teeth in lateral group.

Material examined. Holotype: ♂, China: Yunnan: Xishuangbanna: Menglun, 21°54.380′N, 101°16.815′E, 627m, 23 November 2009, coll. Guo Tang, Zhiyuan Yao. Paratypes: 3♂, same data as holotype; 2 ♀, 21 November 2009, other data same as holotype; 1♂1♀, China: Yunnan: Xishuangbanna: Menglun, 21°54.459′N, 101°16.755′E, 644m, 20 November 2009, coll. Guo Tang, Zhiyuan Yao; 1♂, China: Yunnan: Xishuangbanna: Menglun, 21°54.767′N, 101°11.431′E,

880m, 6 August 2007, coll. Guo Zheng.

Remarks. This species resembles *F. byrrhoides*, but differs from the latter by the following: ① body relatively small and general yellow; the latter, body large-sized and general dark-brown; ② frons in dorsal view almost as long as wide, the apical margin squarely concave; the latter, frons clearly longer than wide, the apical margin arcuately concave.

Etymology. The specific epithet is named after the type locality, Menglun Town.

31. *Brevicopius* Meng, Qin *et* Wang, 2015

Type species: *Fortunia jianfenglingensis* Chen, Zhang *et* Chang, 2014.

Diagnosis. This genus can be recognized by the following characters: large-size, vertex usually transverse, 1.6 times as wide as long medially; frons with upper margin angulately incised, with three carinae, a row of large tubercules along the outside of sublateral carinae, disc smally roundly swollen below apex of median carina, and protruding forward as short nasale near to clypeus in lateral view; tegmen nearly oblongus, with narrow hypocostal plate, weakly narrow to rounded apex, ScP and R convergent near base, MP bifurcated at basal 1/3, CuA firstly separating after basal 1/3, claval suture reaching the middle of tegmen; hind wing well-developed, tri-lobed; fore tibiae distinctly dilated, hind tibia usually with two large lateral spines distally and seven teeth on the apex; aedeagus with a pair of ventral hooks near middle.

One species in the world; one species in China: *Brevicopius jianfenglingensis* (Chen, Zhang *et* Chang).

32. *Bardunia* Stål, 1863

Type species: *Bardunia nasuta* Stål, 1863.

Diagnosis. This genus can be recognized by the following characters: large-size, vertex usually transverse or as wide as long; genae strongly protruding forming with frons the nasale; frons with tubercules along lateral keels and glossy swelling on the apex, sometimes with weak median and sublateral carinae, lateral keels of frons reaching the apex of nasale; tegmen coleopterous, narrowing apically, without hypocostal plate, venation reticulate; hind wing well-developed, bi-lobed, with a net of transverse veins distally; fore femora and tibiae distinctly foliate, middle femora weakly foliate, hind tibia usually with two large lateral spines distally.

Eight species in the world; one species in China: *Bardunia curvinaso* Gnezdilov.

33. *Narinosus* Gnezdilov *et* Wilson, 2005

Type species: *Narinosus nativus* Gnezdilov *et* Wilson, 2005.

Diagnosis. The genus can be recognized by the following characters: large-sized, vertex quadrangular, wider than long; frons extended to form a short nasale, with only lateral margin reaching apex of nasale, but not postclypeus; tegmen long and narrow, narrowing to rounded apex, without hypocostal plate, ScP and R convergent near base, MP bifurcated at basal 1/3, CuA bifurcate, claval suture present; hind wing tri-lobed, with reduced anal lobe; hind tibia with two lateral teeth, and nine teeth on the apex; aedeagus laterally with a pair of ventral processes at basal half.

One species in the world; one species in China: *Narinosus nativus* Gnezdilov *et* Wilson.

34. *Tetricodes* Fennah, 1956

Type species: *Tetricodes polyphemus* Fennah, 1956.

Diagnosis. This genus can be recognized by the following characters: medium-sized, vertex sagittate, wider than long; frons longer than wide, with a hemispheroidal protuberance at upper half; tegmen without hypocostal plate, ScP and R convergent near base, MP firstly separating in basal 1/3, CuA simple, claval suture present; hind wing tri-lobed, with reduced anal lobe; hind tibia with 2-3 lateral teeth, and eight teeth on the apex; aedeagus laterally with a quadrangular flake-shaped process near apical 1/3.

Four species in the world; four species in China.

Key to species

1. Frons has glossy black rounded bulb with light median line running from the upper margin to nearly 1/4 part of face ········ ***T. polyphemus***
   Frons has glossy black rounded bulb with light median line running from the upper margin to nearly middle of face ········ 2
2. Male anal segment ovate ········ ***T. fennahi***
   Male anal segment not ovate ········ 3
3. Male anal segment deeply U-shaped concave, dorsal margin of phallobase with two triangular processes ········ ***T. songae***
   Male anal segment deeply V-shaped concave, dorsal margin of phallobase without such processes ········ ***T. anlongensis***

35. *Paratetricodes* Zhang *et* Chen, 2010

Type species: *Paratetricodes sinensis* Zhang *et* Chen, 2010.

Diagnosis. This genus can be recognized by the following characters: large-size, vertex subquadrate, broader than long; frons subrectangulate, median keel absent, with a hemispheroidal protuberance distad, lateral margins ridged; clypeus not in the same plane as frons, disc convex, median keel absent; tegmen with longitudinal veins distinct, transverse veins absent, claval suture present; hind wing tri-lobed, with reticulated venation; fore femora and tibiae slightly foliate, hind tibia with two lateral teeth and eight on the apex; aedeagus with a pair of ventral hooks born on basal half.

One species in the world; one species in China: *Paratetricodes sinensis* Zhang *et* Chen.

36. *Tumorofrontus* Che, Zhang *et* Wang, gen. nov.

Type species: *Tumorofrontus parallelicus* Che, Zhang *et* Wang, sp. nov.

Description. Head (including eyes) distinctly narrower than pronotum. In dorsal view vertex and frons reaching over the front of eyes, vertex subquadrate, disc slightly depressed, lateral margin obviously elevated, anterior margin convex and arched, hind margin concave angularly, median carina present, width at apex slightly wider than length in midline. Frons subquadrate, lateral margin subparallel and distinctly elevated, widest near base, disc elevated with one large protuberance and scattered with pale tubercles, median carina present. Clypeus smooth, not situated on same plane as base of frons; rostrum reaching to hind trochanter. Pronotum with two central pits, anterior margin convex and arched, posterior margin nearly truncate. Mesoscutum subtrianglar and with 1 pit near lateral margin, disc scattered with pale tubercles. Tegmen leathery and subelliptical; claval suture present, longitudinal veins distinct, ScP and R forked at basal 1/5, MP 3-branched, first bifurcation near basal 1/5, MP_{2+3} separated near middle, CuA not forked, claval suture reaching to middle of tegmen. Hind wing folded, slightly shorter than tegmen, with 3 lobes, obviously wider than tegmen, veins distinctly netlike. Hind tibia with two lateral teeth, one at base, the other at apex; spinulation formula of hind leg 8-9-2.

Male genitalia. Anal segment in dorsal view nearly mushroom-like, length mostly equal to the widest part. Pygofer in lateral view with hind margin produced at base and at apex. Connective fused with aedeagus; aedeagus shallowly U-shaped with spiniform process. Genital style subtrianglar, process short and small, curved to lateral side.

Remarks. This genus resembles *Fortunia* Distant in the head and body, but can be distinguished from the latter by: ① in dorsal view only apex of frons visible, base of frons situated on same plane as apex; ② frons not situated on same plane as clypeus, but the angle greater than 90°; ③ pronotum and mesoscutum without median carina and lateral carinae.

This genus also resembles *Paratetricodes* Zhang and Chen by both frons having a protuberance, but fore femora and fore tibia of this genus are not extended foliately and anal lobe of hind wing not rudimentary.

Etymology. This generic name is derived from the Latin words "*Tumor*" and "*front-*", referring to frons having one protuberance. The gender is masculine.

Distribution. China (Sichuan).

(16) *Tumorofrontus parallelicus* Che, Zhang *et* Wang, sp. nov. (Figure 124; Plate XXIV: d-f)

Description. Length, male (including tegmen): 8.5mm, length of tegmen: 6.5mm; female (including tegmen): 8.7mm, length of tegmen: 6.8mm.

Body grayish yellow, with pale yellow tubercles and brown spots. Vertex grayish green, with pale yellow median carina. Frons brown, with pale yellow tubercles. Clypeus brown. Genae brown, with pale yellow band. Pronotum and mesoscutum grayish green, with pale yellow tubercles. Tegmen grayish green, with brown spots; hind wing brown. Legs brown scattered with pale yellow spots. Abdomen dorsally and ventrally pale yellowish green, apex of each segment brown.

Vertex subquadrate, disc slightly depressed, lateral margin slightly elevated, anterior margin convex and arched, hind margin concave angularly, with median carina, width at apex slightly shorter than length in midline, 1.1 times longer in midline than at apex. Frons subquadrate, lateral margin subparallel and obviously elevated, widest near base, disc elevated and scattered with pale tubercles, with one protuberance, frons 2.3 times longer than at widest part, 1.5 times wider at widest part than at base. Frontoclypeal suture distinctly curved. Clypeus smooth without carina, not situated in same plane as frons. Genae with 1 band between frontoclypeal suture and antenna. Pronotum posterior margin nearly straight, with lateral margin distinctly elevated and disc with two small pits and scattered with pale tubercles. Mesoscutum subtriangular, with one small pit near lateral margin at middle, coarse and scattered with pale tubercles, 2.1 times wider at widest part than length in midline. Tegmen coriaceous, nearly elliptic, 2.8 times longer than widest part, along the concave veins scattered with brown irregular marks. Post-tibiae with two spines laterally, one of them located near the base and the other one near the apex. Spinal formula of hind leg 8-9-2.

Male genitalia. Anal segment in dorsal view nearly mushroom-like, anal pore situated near middle, lateroapical angle produced angularly, apical margin slightly convex at middle, length nearly equal to the widest part. Pygofer in lateral view with hind margin produced near apex, base slightly produced. Dorsolateral lobe of phallobase in dorsal view not split, with apical margin slightly concave at middle, lateral margin smooth; ventral lobe in ventral view deeply bifurcated at apical margin, apical margin smooth, lateral margin convex and arched; aedeagus shallowly U-shaped, bifurcated at apex, with one pair of short spiniform processes near apex. Genital style in lateral view subtrianglar, hind margin strongly concave, anterior margin curved and sinuate, and convex near apex.

Material examined. Holotype: ♂, China: Sichuan: Mt. Emei, 13 August 1982, coll. Xiong Jiang. Paratype: 1♀, same data as holotype.

Etymology. The specific epithet is derived from the Latin word "*parallelicus*", referring to basal half of CuA being parallel to suture margin.

37. *Neodurium* Fennah, 1956

Type species: *Neodurium postfasciatum* Fennah, 1956.

Diagnosis. This genus can be recognized by the following characters: small to medium sized, vertex more or less hexagonal, anterior margin angularly convex and posterior margin strongly angularly concave; frons flattened, with median carina and sublateral carinae; tegmen without hypocostal plate, claval suture absent or obscure; hind wing bi-lobed; fore femora slightly foliate, hind tibia with 3 lateral teeth and 8 on the apex.

Seven species in the world; seven species in China.

Key to species

1. Tegmen with claval suture ··· 2
   Tegmen without claval suture ··· 3
2. Claval suture present only at base; aedeagus with one pair of smooth spiniform processes directed cephalad ··· ***N. postfasciatum***
   Claval suture present but obscure apically; aedeagus with two hook-like processes directed laterad ··· ***N. hamatum***
3. Aedeagus without any process on dorsal margin ··· ***N. flatidum***
   Aedeagus with processes near basal 1/3 of dorsal margin ··· 4
4. The dorsal processes of aedeagus larger, fan-like ··· ***N. weiningense***
   The dorsal processes of aedeagus smaller, finger-like ··· 5
5. Aedeagus with only one dorsal process, forked at apex; spinal formula of hind leg 8-19-2 ··· ***N. digitiformum***
   Aedeagus with a pair of dorsal processes, not forked at apex; spinal formula of hind leg not as above ···· 6
6. Aedeagus with the dorsal process short, apex obtuse; spinal formula of hind leg 6-10-2 ··· ***N. duplicadigitum***
   Aedeagus with the dorsal process relatively long, apex acute; spinal formula of hind leg 8-14-2 ··· ***N. fennahi***

38. *Folifemurum* Che, Wang *et* Zhang, 2013

Type species: *Folifemurum duplicatum* Che, Wang *et* Zhang, 2013.

Diagnosis. This genus can be recognized by the following characters: small-size, vertex more or less quadrilateral, rough with fine granules; frons flattened, suffused with tubercles, median carina present; tegmen coleopterous, nearly rectangular and rounded apically, claval suture absent, longitudinal veins present and distinct, irregular cross veins distinct, ScP and R separated near base, MP and CuA simple; hind wing reduced with vannus and anal lobe rudimentary, shorter than half length of tegmen; veins indistinct; legs relatively long, fore and middle femora slightly foliate; hind tibia with 3 lateral teeth and 8 on the apex.

One species in the world; one species in China: *Folifemurum duplicatum* Che, Wang *et* Zhang.

39. *Pseudochoutagus* Che, Zhang *et* Wang, 2011

Type species: *Pseudochoutagus curvativus* Che, Zhang *et* Wang, 2011.

Diagnosis. This genus can be recognized by the following characters: medium-size, vertex approximately triangular, more than three times longer than wide at base; frons flattened, nearly triangular, median carina present; clypeus flattened with central carina; tegmen nearly elliptical; veins elevated, longitudinal veins with many short cross veins, 2.4 times longer than widest part; ScP and R separated near base, MP 2-branched, bifurcated near basal 1/3, CuA not forked; hind tibia with two lateral teeth and seven teeth on the apex.

Two species in the world; one species in China: *Pseudochoutagus curvativus* Che, Zhang *et* Wang.

40. *Rostrolatum* Che, Zhang *et* Wang, gen. nov.

Type species: *Rostrolatum separatum* Che, Zhang *et* Wang, sp. nov.

Description. Head (including eyes) distinctly narrower than pronotum. In dorsal view vertex and frons reaching over the front of eyes, vertex nearly conical, apex downcurved and not horizontal, disc slightly depressed, lateral margin slightly elevated, hind margin concave angularly, with median carina at base, width at apex obviously shorter than length in midline. In dorsal view genae visible and moderately large. Frons nearly conical, disc obviously elevated, median carina present, in lateral view apex of frons downcurved and not situated at same plane as base. Clypeus coarse with small punctures, situated at same plane as base of frons; rostrum reaching to middle trochanter. Pronotum with anterior margin convex and arched, posterior margin nearly truncate, disc with median carina and two central pits, scattered with pale tubercles. Mesoscutum coarse and subtrianglar, with median and lateral carinae, with one pit along each lateral margin, disc scattered with pale tubercles. Tegmen leathery, translucent, subelliptical, longitudinal veins distinct, with ScP and R forked near basal 1/10, R 2 or 3-branched, MP 2-branched, first bifurcation near middle, CuA not forked, "Y" vein of clavus reaching over clavus and reaching to apical margin. Hind wing folded, slightly shorter than tegmen, with three lobes, obviously wider than tegmen, veins netlike. Spinulation formula of hind leg 7-7-2.

Male genitalia. Anal segment in dorsal view nearly cup-like, anal pore situated near middle. Pygofer in lateral view with hind margin produced at dorsal half. Phallobase divided into dorsolateral lobe and ventral lobe near base; aedeagus shallowly U-shaped, with one pair of short spiniform processes at basal 1/3. Genital style in lateral view subtrianglar, hind margin weakly concave, caudoventral angle strongly protruded.

Female genitalia. Anal segment in dorsal view nearly ovate, longer than the widest part. Gonoplac nearly quadrangular, disc weakly elevated. Anterior connective lamina of gonapophysis Ⅷ wide, nearly rectangular, with three large teeth in apical group.

Remarks. This genus resembles *Macrodarumoides*, but can be distinguished from the latter by: ① Vertex with apex downcurved in lateral view, nearly rostriform, in the latter, vertex with apex horizontal; ② tegmen R 2 or 3-branched, in the latter, R unbranched.

Etymology. This generic name is from the Latin words, "*Rostrum*", and "*lateralis*", referring to vertex of this genus coracoid in lateral view. The gender is neutral.

Distribution. China (Hainan).

(17) *Rostrolatum separatum* Che, Zhang *et* Wang, sp. nov. (Figure 133; Plate XXV: j-l)

Description. Length, female (including tegmen): 7.1mm, length of tegmen: 5.3mm.

Body brown slightly scattered with green. Pronotum and mesoscutum dark brown, with pale brown carinae and tubercles. Legs brown, hind femora dark brown. Abdomen ventrally and dorsally brown, apex of each segment pale yellowish green.

In dorsal view vertex and frons reaching over the front of eyes, vertex nearly conical and not horizontal, downcurved at apex; disc slightly depressed, lateral margin slightly elevated, hind margin concave angularly, median carina present at base, 2.3 times wider at apex than length in midline. Frons nearly conical, disc obviously elevated, median carina present, in lateral view apex downcurved, not situated on same plane as base, 1.6 times longer than at widest part, 1.8 times wider at widest part than at base. Clypeus coarse with small punctures, situated on same plane as base of frons. Pronotum with anterior margin convex and arched, and hind margin nearly straight, disc with median carina and scattered with pale tubercles; mesoscutum coarse and subtrianglar, with median and lateral carinae, scattered with pale tubercles, 1.6 times wider at widest part than length in midline. Tegmen leathery and translucent, 2.3 times longer than widest part. Post-tibiae with two spines laterally. Spinal formula of hind leg 7-7-2.

Male genitalia. Anal segment widest at middle, almost as long as wide, apical margin weakly concave, the lateroapical angle acute; in lateral view, the ventral margin deeply concave in middle. Pygofer with dorsal margin oblique, hind margin triangularly protruding near dorsal margin, and weakly concave at middle part. Phallobase with dorsolateral lobe expanded and surrounding the ventral lobe, ventral margin oblique and straight at apical half; ventral lobe with apical margin slightly concave medially, lateroapical angles obtuse; aedeagus with a pair of hooked processes at basal 1/3. Genital style nearly triangular, hind margin weakly angularly concave, the caudoventral angle rounded; the capitulum with apical margin oblique and straight, with a large lateral tooth.

Female genitalia. Anal segment in dorsal view nearly cup-like, longer than wide, widest near base, moderately slender near apex, apical margin slightly convex at middle, lateral margin rounded. Gonoplac nearly square, slightly elevated at base. Posterior connective lamina of gonapophyses Ⅸ strongly convex at proximal part in lateral view, median field divided into two lobes in dorsal view. Anterior connective lamina of gonapophysis Ⅷ with one tooth in lateral group. Posterior margin of sternite Ⅶ concave medially.

Material examined. Holotype: ♂, China: Hainan: Jianfengling: Mingfengu, 18°44.658′N, 108°50.435′E, 1017m, 18 Agust 2010, coll. Guo Zheng. Paratype: 1♂, same as the Holotype, 1♀, China: Hainan: Diaoluoshan, 18°44.597′N, 109°51.991′E, 956m, 18 Agust 2010, coll. Guo Zheng; 1♀ (CAF), China: Hainan: Mt. Jianfengling, 13 June 1983, coll. Maobin Gu.

Etymology. The specific epithet is derived from the Latin word “*separatus*”, referring to the tegmen with R 2-branched.

41. *Macrodarumoides* Che, Zhang *et* Wang, 2012

Type species: *Macrodarumoides petalinus* Che, Zhang *et* Wang, 2012.

Diagnosis. This genus can be recognized by the following characters: medium-size, vertex long and horizontal, approximately triangular, 1.8 times longer than wide at base; frons flattened, nearly triangular, median carina present; clypeus elevated with central carina; tegmen leathery and approximately elliptical, without hypocostal plate, longitudinal veins prominent, between them a number of obscure veinlets, rendering the whole surface faintly reticulate, ScP and R separated near base, MP 4-branched, first separated near middle, CuA simple, claval suture present, reaching middle of inner margin; hind tibia with two lateral teeth and 11 spines on the apex.

One species in the world; one species in China: *Macrodarumoides petalinus* Che, Zhang *et* Wang.

42. *Flavina* Stål, 1861

Type species: *Flavina granulata* Stål, 1861.

Diagnosis. This genus can be recognized by the following characters: large-size, vertex approximately hexagonal, clearly longer than wide at base, hind margin strongly angularly concave; frons flattened, disc with a row of tubercules along lateral margin, with median carina, upper margin distinctly concave; tegmen elongate, without hypocostal plate; ScP and R separated near basal 1/6, MP 3-branched, firstly separated near basal 1/3, CuA simple, claval suture clear; hind tibia with 3-5 lateral teeth.

Eleven species in the world; five species in China, four species recorded in this research.

Key to species

1. Dorsal margin of frons very narrow; hind tibia with 3-4 spines ······························· ***F. hainana***
   Dorsal margin of frons moderately broad; hind tibia with 5-7 spines ······························· 2
2. Vertex with anterior margin nearly straight, frons without sublateral carinae ··············· ***F. yunnanensis***
   Vertex with anterior margin obtusely convex, frons with U-shaped short sublateral carinae ··············· 3
3. Aedeagus with 2 short spiniform processes directed caudally ······························· ***F. nigrifrons***
   Aedeagus with 2 spiniform processes directed cephalad ······························· ***F. nigrifascia***

43. *Neotetricodes* Zhang *et* Chen, 2012

Type species: *Neotetricodes quadrilaminus* Zhang *et* Chen, 2012.

Diagnosis. This genus can be recognized by the following characters: medium to large size, vertex subquadrate, 1.7-2.0 times wider at base than long in midline; frons flattened, with median carina; clypeus disc convex, median carina absent; tegmen elongate, 2.3-2.6 times longer than widest part, ScP and R convergent near base, MP 3-4-branched, MP separated at middle, CuA simple; hind wing with two-lobed; aedeagus laterally with laminae on each side.

Five species in the world; and five species in China.

Key to species

1. Aedeagus with lamellate process on each side near middle, anal segment without lamellate process near apex ······························· 2
   Aedeagus with long process on each side, anal segment with lamellate process near apex ··············· 4
2. Phallobase bearing a clavate process dorsally at base; aedeagus with one lamellate processes on each side at apical half ······························· ***N. clavatus***
   Phallobase without such process; aedeagus with two lamellate processes on each side ··············· 3
3. Anal segment with apical margin truncated; aedeagus with the distal process nearly round ···············

··· ***N. quadrilaminus***

Anal segment with apical margin roundedly convex; aedeagus with the distal lamellate process bearing a sword-like process ··· ***N. kuankuoshuiensis***

4. Aedeagus with a pair of long processes at basal 1/3, directed cephalad; phallobase with ventral lobe nearly rhombic, with small hamulate process near base ··································· ***N. longispinus***

Aedeagus with a pair of long processes near middle, directed caudad; phallobase with ventral lobe nearly quadrate, without any process at base ·· ***N. xiphoideus***

44. *Tetricodissus* Wang, Bourgoin *et* Zhang, 2015

Type species: *Tetricodissus pandlineus* Wang, Bourgoin *et* Zhang, 2015.

Diagnosis. This genus can be recognized by the following characters: medium to large sized, vertex subrectangular; frons wide and flattened, apical margin distinctly concave medially, with median carina not reaching frontoclypeal suture, sublateral carinae absent. Tegmen without hypocostal plate, ScP+R vein forked at basal 1/5, first fork of vein MP near to middle, vein MP_{3+4} separated before MP_{1+2}, vein CuA simple, claval suture distinct, veins Pcu and A_1 fused at basal 2/3 of clavus; hind wing well-developed, 3-lobed; hind tibiae with two lateral teeth in apical half.

One species in the world; one species in China: *Tetricodissus pandlineus* Wang, Bourgoin *et* Zhang.

45. *Flatiforma* Meng, Qin *et* Wang, gen. nov.

Type species: *Flatiforma guizhouensis* Meng, Qin *et* Wang, sp. nov.

Head including eyes clearly narrower than pronotum. Vertex subrectangular, distinctly wider than long; disc weakly depressed, without median carina; lateral margins distinctly ridged, anterior margin slightly angularly produced, posterior margin deeply acutely concave at the middle. Ocelli present. Frons longer than wide, disc flattened, median carina present but not reaching frontoclypeal suture, with about 2 rows of tubercules near lateral margins, the inner row of tubercules arranged in inverted U-shaped. Frontoclypeal suture arched, upcurved. Clypeus small, without median carina. Rostrum surpassing metatrochanters. Pronotum with anterior margin arcuately convex, posterior margin almost straight, with two small pits at median part, without median carina. Mesonotum smooth, without carina, nearly triangular, anterior margin weakly concave. Tegmen subtransparent, nearly oblong, narrowing to obtusely apex; without hypocostal plate; veins ScP and R separated near base, MP veins four branches, CuA single, weakly incurved near middle; the claval veins fused at basal 2/3 of clavus, clavus long, reaching 2/3 of tegmen. Hind wing with anal lobe very small, remigium and vannus well-developed, separated by deep cleft, veins reticulate. Hind tibiae with two lateral teeth in apical half. Spinal formula of hind leg 8-(9-10)-2.

Male genitalia. Anal segment mushroom-shaped, longer than wide at widest part or almost as long as wide at widest part; anal pore situated near middle. Pygofer with hind margin nearly straight or slightly convex near middle. Phallobase divided into dorsolateral lobe and ventral lobe near middle, the dorsolateral lobe separated near apex; aedeagus U-shaped, with a pair of ventral hooks pointing cephalad. Genital style with hind margin deeply angularly concave below capitulum, caudo-ventral angle strongly obtusely produced; capitulum in lateral view, apex sharply directing to inner side, in caudal view short, with a large flattened lateral tooth.

Remarks. This new genus is similar to genus *Thabena*, but differs by: ① frons without transverse carina between eyes, median carina not reaching frontoclypeal suture; in the latter, frons with transverse carina, median carina well-developed, ② frontoclypeal suture acutely upward; in the latter, frontoclypeal suture almost straight or weakly upward; ③ post-tibiae with eight spines at apex; in the latter, post-tibiae with seven spines at apex.

Etymology. The name refers to flattened form, referring to the oblate body. The gender is feminine.

Distribution. China (Guizhou, Yunnan, Guangxi).

Key to species

1. Frons dark brown, with pale brown tubercules, and yellow beyond frontoclypeal suture ································· *F. guizhouensis* **sp. nov.**

   Frons tawny or brown, with dark brown tubercules, and pale brown beyond frontoclypeal suture ········· 2

2. Aedeagus with one pair of long processes reaching base of aedeagus ············· *F. menglaensis* **sp. nov.**

   Aedeagus with one pair of short processes reaching basal 1/4 of aedeagus ··········· *F. ruiliensis* **sp. nov.**

(18) *Flatiforma guizhouensis* Meng, Qin *et* Wang, sp. nov. (Figure 140; Plate XXVII: a-c)

Description. Male length (including tegmen): 6.0mm, length of tegmen: 5.2mm; female (including tegmen): 6.2mm, length of tegmen: 5.4mm.

Body yellowish-brown, with dark brown maculae. Eyes black brown. Frons dark brown with pale brown tubercules, with yellow transverse band along frontoclypeal suture. Clypeus dark brown with yellowish-brown longitudinal stripe medially. Pronotum with lateral lobe in ventral view pale brown with black brown maculae. Tegmen yellowish-brown, with dark brown stripes at base and apex. Legs brown. Abdomen ventrally and dorsally yellowish brown, pale greenish brown at apex of each segment.

Vertex subrectangular, 2.0 times wider at base than length in midline, median carina obscure. Frons 1.2 times longer than widest part, 1.2 times wider at widest part between antennae than at upper margin, the upper margin weakly obtusely concave. Pronotum almost as long as vertex in middle line, without median carina. Mesoscutum 2.3 times wider at widest part than length in midline, length in middle line almost as long as the sum of vertex and pronotum, without carina. Tegmen 1.8 times longer than widest part; MP separates first near basal 1/3, MP_{1+2} and MP_{3+4} respectively separate near middle and apical 1/3. Spinal formula of hind leg 8-9-2.

Male genitalia. Anal segment in dorsal view ovate, apical margin obtusely convex, the lateral margin half-rounded medially; in lateral view, the ventral margin with lamellar convex after median part. Pygofer in lateral view hind margin oblique not clearly produced, almost parallel to anterior margin. Dorsolateral lobe of phallobase with apex obtusely produced, with ventral margin oblique and straight, apical margin sinuate in lateral view; ventral lobe nearly rectangular, with apical margin cornutely produced at middle and lateroapical angle obtusely rounded; aedeagus with one pair of long hooked processes directed cephalad near middle, reaching basal 1/4 of aedeagus, in ventral view, the two hooks back to back, the sharped apex pointed to lateral side. Genital style in lateral view subtriangular, hind margin deeply concave, the caudoventral angle strongly obtusely produced; in caudal view, capitulum short with blunt apical margin and large lateral tooth.

Female genitalia. Anal segment in dorsal view nearly ovaliform in length, obviously longer than wide, the widest at middle, slightly thinner near apical portion, apical margin distinctly protruded at middle and lateral margin smooth roundly, anus located in the base half of anal segment. Anterior connective laminae of gonapophysis Ⅷ curved upward, with three spines, two of them located in the apical margin and the other one large near the lateral margin. Tergum Ⅸ small, nearly quadrated in profile, gonoplacs nearly triangular. Sternum Ⅶ distinctly protruded near middle of the posterior margin.

Material examined. Holotype: ♂, China: Guizhou: Dashahe National Nature Reserve, 20 August 2004, coll. Zongqing Wang. Paratypes: 1♂, same data as holotype; 2♂, 28 August 2004, other data same as holotype; 2♂, 27 August 2004, other data same as holotype; 1♂, 22 August 2004, other data same as holotype; 2♂, 21 August 2004, other data same as holotype; 3♀, 16 August 2004, other data same as holotype.

Etymology. The specific epithet is named after the type locality, Guizhou.

(19) *Flatiforma menglaensis* Che, Zhang *et* Wang, sp. nov. (Figure 141; Plate ⅩⅩⅦ: d-f)

Description. Male length (including tegmen): 6.0mm, length of tegmen: 4.8mm; female (including tegmen): 6.2mm, length of tegmen: 5.2mm.

Body brown. Vertex brown with dark brown depression. Eyes dark brown. Frons brown, near lateral margin and frontoclypeal suture pale brown, and with dark brown tubercules. Pronotum with lateral lobe pale yellow with black oblique band. Tegmen brown with veins scattered with green tint; hind wing brown. Abdomen ventrally and dorsally yellowish brown, disc dark brown.

Vertex subrectangular, lateral margin slightly carinated, posterior margin deeply concave, 2.0 times wider at base than length in midline, with median carina. Frons 1.3 times longer than widest part, 1.4 times wider at widest part than at upper margin, the upper margin almost straight. Pronotum 1.5 times as long as vertex, with weak median carina. Mesoscutum 2.3 times wider at widest part than length in midline, without carina. Tegmen 2.0 times longer than widest part, MP separated near middle, MP_{1+2} and MP_{3+4} respectively separated after middle; hind wing with tri-lobed, distinctly broader than tegmen in the weidth, veins obviously reticulate. Spinal formula of hind leg 8-10-2.

Male genitalia. Anal segment in dorsal view mushroom-like, lateroapical angle obtusely rounded and apical margin convex and arched, but the middle part weakly concave; in lateral view, the ventral margin bluntly convex near apex. Pygofer in lateral view hind margin produced distinctly near middle. Phallobase with dorsal lobe in dorsal view narrowing to obtuse apex, lateral lobe with ventral margin curved inwards near apical 1/4; ventral lobe widened to subapex, apical margin cornutely produced at middle and lateroapical angle obtusely rounded; aedeagus with one pair of long spiniform processes directed cephalad near middle, reaching to the base of aedeagus, the two processes crossed near apex. Genital style in lateral view subtriangular, hind margin deeply concave, the caudoventral angle strongly obtusely produced; in caudal view, capitulum short with blunt apical margin and large lateral tooth.

Female genitalia. Anal segment in dorsal view nearly cup-like, slightly longer than the widest part, widest near apex, apical margin slightly convex at middle, lateral margin rounded and anal pore situated at basal half. Gonoplac nearly square, slightly elevated at base. Anterior connective lamina of gonapophysis Ⅷ with three different-sized teeth in apical group, and with three keeled teeth. Posterior margin of sternite Ⅶ almost straight.

Material examined. Holotype: ♂ (CAU), China: Yunnan: Menglamenglun, 800m, 10 April 1981, coll. Fasheng Li. Paratypes: 2♀ (IZCAS), China: Yunnan: Mengla, 22 April 1982, coll. Yanru Wu; 1♀, China: Yunnan: Xishuangbanna, Mt. Nannuo, 1380m, 30 May 1974, coll. Io Chou and Feng Yuan; 1♀ (CAU), China: Yunnan: Simao, 1320m, 8 April 1981, coll. Yang Jikun.

Etymology. The specific epithet is named after the type locality, Mengla.

(20) *Flatiforma ruiliensis* Che, Zhang *et* Wang, sp. nov. (Figure 142; Plate ⅩⅩⅦ: g-i)

Description. Male length (including tegmen): 5.0mm, length of tegmen: 4.0mm; female (including tegmen): 5.1mm, length of tegmen: 4.2mm.

Body black-brown. Eyes black brown. Frons brown, black brown at lateroapical angle, pale brown at lateral area and near frontoclypeal suture, with dark brown tubercules. Pronotum with lateral lobe pale yellow with black oblique band. Tegmen black-brown, somewhat dark brown between veins. Legs dark brown. Abdomen ventrally and dorsally brown, dark brown at middle segments, pale brown at apex of each segment.

Vertex subrectangular, with median carina, 1.8 times wider at base than length in midline. Frons 1.3 times longer than widest part, the upper margin almost straight. Pronotum with several tubercules and weak median carina, almost as long as vertex in middle line. Mesoscutum 2.0 times wider at widest part than length in midline, length in middle line a little shorter than the sum of vertex and pronotum. Tegmen 1.9 times longer than widest part; MP separated firstly near middle, MP_{1+2} and MP_{3+4} respectively separated after middle. Spinal formula of hind leg 8-10-2.

Male genitalia. Anal segment in dorsal view mushroom-like, the lateroapical angles smooth, apical margin arched convex and weakly concave at middle; in lateral view, the ventral margin distinctly convex near apex. Pygofer in lateral view hind margin weakly produced. Dorsal lobe of phallobase apical margin almost straight, but weakly concave at middle, lateral lobe with ventral margin clearly concave at apical 1/3, apical margin obtusely convex, ventral lobe with apical margin angularly convex, lateroapical angles smooth; aedeagus with one pair of hooked processes relatively short reaching basal 1/4 of aedeagus, in ventral view, the two hooks crossed at subapex, the sharped apex pointed to lateral side. Genital style in lateral view subtriangular, hind margin deeply angularly concave, the caudoventral angle strongly obtusely produced; in caudal view, capitulum with a large narrow lobed lateral tooth.

Material examined. Holotype: ♂ (CAU), China: Yunnan: Ruilimengxiu, 2 May 1981, coll. Jikun Yang. Paratypes: 1♀, same data as holotype; 1♂1♀ (CAU), China: Yunnan: Puer, 1320m, 6 April 1981, coll. Jikun Yang; 1♀ (CAU), China: Yunnan: Lancang, 20 April 1981, coll. Jikun Yang; 1♂1♀, China: Yunnan: Cangyuan: Banhong, 1176m, 27 May 2011, coll. Silong Xu; 1♂, China: Guangxi: Baise: Jingxi: Mt. Sanya, 10 August 2013, Lu Sihan; 1♂, China: Guangxi: Lingyun: Xianjindadui: 4 August 1980, coll. Guihua Xu; 2♀, China: Guangxi: Shiwandashan Forest Park, 29 November 2001, coll. Zongqing Wang.

Etymology. The specific epithet is named after the type locality, Ruili.

Distribution. Guangxi, Yunnan.

46. *Rhombissus* Gnezdilov *et* Hayashi, 2016

Type species: *Issus harimensis* Matsumura, 1913.

Diagnosis. This genus can be recognized by the following characters: vertex transverse, anterior margin slightly convex, posterior margin slightly concave; frons flattened, with two rows of sensory pit traces between lateral margins and sublateral carinae with joint far from upper margin of frons, median carina not reaching frontoclypeal suture; pronotum with three rows of sensory pit traces. Tegmen with clear claval suture, without hypocostal plate, disc diffused with numerous transverse veins; costal margin half-rounded convex at basal 1/3; hind tibia with 2-3 lateral spines and eight spines on the apex; aedeagus with a pair of ventral hooks born from basal half.

Four species in the world; three new species described in this research.

Key to species

1. Anal segment with apical margin deeply concave; ventral phallobasal lobe with apical margin angularly concave medially ························ ***R. brevispinus* sp. nov.**

   Anal segment with apical margin slightly convex or almost straight; ventral phallobasal lobe with apical margin obtusely convex ························ 2
2. Aedeagus with one pair of S-shaped processes ························ ***R. longus* sp. nov.**

   Aedeagus with one pair of W-shaped processes ························ ***R. auriculiformis* sp. nov.**

(21) *Rhombissus brevispinus* Che, Zhang *et* Wang, sp. nov. (Figure 143; Plate XXVII: j-l)

Description. Male length (including tegmen): 5.7-5.8mm, length of tegmen: 4.6-4.7mm. Female length (including tegmen): 6.0mm, length of tegmen: 4.9mm.

Body brown with pale brown tubercles and dark brown spots. Frons brown with dark brown lateral margins. Pronotum brown, with pale brown tubercles. Tegmen brown with black brown spots near costal margin. Abdomen dorsally and ventrally pale brown, apex of each segment greenish yellow.

Vertex 2.3 times wider at base than length in midline. Frons 1.3 times longer than widest part, 1.6 times wider at widest part than at base. Pronotum 1.5 times longer than vertex in middle line. Mesoscutum 1.8 times wider at widest part than length in midline. Tegmen with ScP and R forked near base, MP bifurcated near middle, CuA not forked, 2.1 times longer than at widest part. Hind tibia with 3 lateral teeth, spinal formula of hind leg 8-8-2.

Male genitalia. Anal segment nearly cup-shaped, narrow at base and widest near apex; the surface slightly depressed near apex, apical margin weakly concave. Pygofer in lateral view hind margin slightly convex. Phallobase with dorsolateral lobe not split, in dorsal view the apex membranous and obtuse, the lateroapical angle bluntly curved dorsally, ventral lobe wide and large, with apical margin concave medially; aedeagus shallowly U-shaped, with one pair of ventral short processes near middle, the processes pointed at base, curved ventrally at spinal apex. Genital style in lateral view subtrianglar, with a large projection inside of dorsal margin near middle, capitulum in caudal view with apical margin oblique, apicolateral angle tapers, the lateral teeth large and blunt.

Material examined. Holotype: ♂, China: Shaanxi: Zhouzhi: Houzhenzi, 1050m, 15 May 2012, coll. Haiying Zhong. Paratypes: 1♀, same data as holotype; 1♂, China: Shaanxi: Taibaishan, 26 August 1992, coll. unknown; 1♂, Gansu: Dangchang: Daheba Forestry Centre, 30 July 2004, coll. Yanli Che.

Etymology. The specific epithet is derived from the Latin word "*brevispinus*", referring to the the ventral processes of aedeagus having a short spine at base.

Distribution. Shaanxi, Gansu.

(22) *Rhombissus longus* Che, Zhang *et* Wang, sp. nov. (Figure 144; Plate ⅩⅩⅧ: a-c)

Description. Length, male (including tegmen): 5.1mm, length of tegmen: 4.5mm; female (including tegmen): 5.3mm, length of tegmen: 4.6mm.

Body brown with pale brown tubercles and dark brown spots. Frons brown with pale brown tubercles. Pronotum brown, with pale brown tubercles. Tegmen brown with dark brown spots at base and middle of anterior margin. Abdomen dorsally and ventrally pale brown, apex of each segment brown.

Vertex with anterior margin slightly convex and arched, hind margin slightly concave, 2.1 times wider at apex than length in midline. Frons 1.4 times longer than widest part, 1.5 times wider at widest part than at base. Clypeus smooth without carina. Pronotum 1.3 times longer than vertex in middle line. Mesoscutum coarse, 2.1 times wider at widest part than length in midline. Tegmen leathery, ScP and R separated near base, MP not forked near middle, CuA 3-branched near middle, 2.1 times longer than at widest part. Hind tibia with two lateral teeth, spinal formula of hind leg 8-9-2.

Male genitalia. Anal segment in dorsal view mushroom-like, apical margin nearly straight, lateroapical angle produced roundedly, widest near apex. Pygofer in lateral view with hind margin distinctly produced at apex and slightly convex at base. Phallobase with dorsolateral lobe in dorsal view with apical margin obtusely rounded, lateroapical angle produced roundedly and reflected dorsad; ventral lobe in ventral view not split, apical margin obtuse and convex at middle; aedeagus with one pair of spiniform processes near base. Genital style in lateral view with hind margin almost straight at middle, anterior margin with a small triangular process, basal margin curved, dorsal margin produced into one process near apex, the capitulum in caudal view with large lateral tooth.

Female genitalia. Anal segment in dorsal view oval, clearly longer than wide, widest near middle, apical margin slightly convex at middle, lateral margin rounded, anal pore situated near base. Gonoplac nearly triangular, slightly elevated at base. Anterior connective lamina of gonapophysis Ⅷ with three different-sized teeth in apical group, and with four short teeth. Sternite Ⅶ with median area distinctly narrow, with hind margin slightly convex at middle part.

Material examined. Holotype: ♂, China: Yunnan: Jinning Shuanghegongshe, 1900m, 31 May 1980, coll. unknown. Paratypes: 1♀, China: Yunnan: Guandu Shuangshaoxinjie, 2400m, 10 May 1980, coll. Wende Hu; 1♂ (NKU), China: Yunnan: Lijiang, 6 August 1979, coll. Jianxin Cui; 1♀ (NKU), China: Yunnan: Lijiang, 12 August 1979, coll. Zuopei Ling.

Etymology. The specific epithet is derived from the Latin word "*longus*", referring to the aedeagus having one pair of long processes.

(23) *Rhombissus auriculiformis* Che, Zhang *et* Wang, sp. nov. (Figure 145; Plate XXⅧ: d-f)

Description. Length, male (including tegmen): 5.5mm, length of tegmen: 4.5mm.

Body brown, with pale brown tubercles and dark brown spots. Vertex brown with dark brown spots. Frons brown, with pale brown tubercles, lateral and apical margins dark brown. Clypeus brown. Tegmen brown with dark brown spots. Legs dark brown. Abdomen dorsally and ventrally brown, apex of each segment dark brown.

Vertex anterior margin slightly convex and arched, hind margin slightly concave, 2.1 times wider at apex than length in midline. Frons coarse, 1.4 times longer than widest part, 1.6 times wider at widest part than at base. Clypeus smooth without carina. Pronotum 1.5 times longer than vertex in middle line. Mesoscutum coarse, 2.1 times wider at widest part than length in midline. Tegmen leathery, ScP and R separated near base, MP bifurcated near distal 1/3, CuA bifurcated near middle, lots of cross veins present, with dark and irregular spots at the concave area among veins; claval suture present, longitudinal veins distinct only at basal half, "Y" vein slightly reaching over clavus, 2.1 times longer than at widest part. Hind tibia with three lateral teeth, spinal formula of hind leg 8-8-2.

Male genitalia. Anal segment in dorsal view mushroom-like, apical margin slightly concave, lateroapical angle slightly produced angularly, widest near apex. Pygofer in lateral view with hind margin slightly produced at apex and base. Phallobase with dorsolateral lobe in dorsal view apical margin obtusely rounded, lateroapical angle produced and round and reflected dorsad; ventral lobe in ventral view not split, with apical margin convex at middle; aedeagus with one pair of spiniform processes near middle. Genital style in lateral view with hind margin angularly concave medially, anterior margin with small angular process; the capitulum with apical margin angularly convex in caudal view.

Material examined. Holotype: ♂ (IZCAS), China: Yunnan: Mt. Yunlongzhibenshan, 2430m, 24 June 1981, coll. Shuyong Wang.

Etymology. The specific epithet refers to the dorsal lobe of the aedeagus having the lateral margin convex or ear-like, in dorsal view auriform.

47. *Gelastyrella* Yang, 1994

Type species: *Gelastyrella litaoensis* Yang, 1994.

Diagnosis. This genus can be recognized by the following characters: medium-sized, frons almost as long as widest part, with median keel crossed by transverse keel inferior to its upper margin; tegmen narrowing to apex, ScP and R separating near base, MP 3-branched, first separating near middle, CuA single; hind wing tri-lobed; phallobase with ventral margin smooth not convex; phallobase with ventral margin strongly expanded; aedeagus with one pair ventral hooks.

One species in the world; one species in China: *Gelastyrella litaoensis* Yang.

48. *Thabena* Stål, 1866

Type species: *Issus retractus* Walker, 1857.

Diagnosis. This genus can be recognized by the following characters: medium-size, frons wide with median keel crossed by transverse keel inferior to its upper margin; tegmen ovate, narrowing to apex, ScP and R separated near base, MP firstly separated near basal 1/3, CuA single; hind wing tri-lobed with well-developed remigium and vannus, separated by deep cleft, with many transverse veins, and rudimentary anal lobe of vannus; phallobase with ventral margin smooth not convex; aedeagus with one pair ventral hooks or not.

Thirteen species in the world; four species in China, two new species in this research.

Key to species

1. Body reddish brown, more or less scattered with green, tegmen with one fuscous stripe from the middle near costal margin to apex of clavaus at claval suture of tegmen ··································· ***T. biplaga***
   Body brown or yellowish brown, tegmen with such stripe absent ··2
2. Vertex relatively narrow, 1.3 times wider at base than long in midline···3
   Vertex relatively wide, 2.5 times wider at base than long in midline ··4
3. Vertex with a wide black longitudinal streak laterally; lateral phallobasal lobe sharp and slender apically; aedeagus without ventral hooks ··· ***T. brunnifrons***
   Vertex without such streak; lateral phallobasal lobe slightly angularly convex; aedeagus with a pair of very short hooks ·· ***T. yunnanensis***
4. Frons brown with yellow speckles; aedeagus with a pair of short ventral hooks, not reaching the base ··· ·· ***T. lanpingensis***
   Frons dark brown with dark yellow speckles; aedeagus with a pair of very long hooks, reaching the base···5
5. Pygofer with hind margin slightly obtusely protruding near dorsal margin ············· ***T. convexa* sp. nov.**
   Pygofer with hind margin distinctly triangularly protruding near dorsal margin ········ ***T. acutula* sp. nov.**

(24) *Thabena convexa* Che, Zhang *et* Wang, sp. nov. (Figure 149; Plate XXIX: g-i)

Description. Male length (including tegmen): 6.1mm, length of tegmen: 4.5mm.

Body brown with dark brown spots. Eyes black brown. Vertex, pronotum and mesoscutum scattered with irregular brown spots. Frons brown with pale brown spots. Clypeus and rostrum brown. Tegmen brown scattered with irregular dark brown spots; hind wing brown. Leg dark brown with hind femora and tibia brown. Abdomen ventrally and dorsally yellowish brown, apex of each segment slightly pale yellow.

Vertex with anterior margin convex and arched, hind margin concave, lateral margin slightly carinated, 3.0 times wider at apex than length in midline. Frons with median carina and cross carina near apex, length same as the widest part, 2.2 times wider at widest part than at base. Clypeus smooth without carina. Pronotum with anterior margin distinctly carinated. Mesoscutum with lateral carinae, 2.1 times wider at widest part than length in midline. Tegmen subquadrate, ScP short, MP 3-branched, first separated near base, CuA not forked, "Y" vein reaching over clavus and near apical margin, 2.1 times longer than widest part; hind wing slightly shorter than tegmen, 0.95 times length of tegmen, with 3 lobes, obviously wider than tegmen, with distinct reticulate veins. Hind tibia with 2 lateral teeth, spinal formula of hind leg 7-14-2.

Male genitalia. Anal segment in dorsal view mushroom-like, widest at middle, lateroapical angle obtusely rounded and apical margin convex at middle; anal pore situated at basal half. Pygofer in lateral view anterior margin slightly convex, hind margin concave at middle. Phallobase with dorsal lobe not split and apex obtusely rounded, lateral lobes with lateroapical angle curved dorsad and produced into short finger; ventral lobe with apex tapering, apical margin convex at middle; aedeagus shallowly U-shaped, with one pair of long spiniform processes near middle. Genital style in lateral view subtrianglar, hind marginal most straight at middle.

Material examined. Holotype: ♂ (CAU), China: Xizang: Tongmai, 2050m, 27 July 1978, coll. Fasheng Li.

Remarks. This species resembles *T. lanpingensis*, but differs from the latter in the following: ① frons almost as long as wide; in the latter, frons 1.2 times wider than long in middle line; ② pygofer with hind margin not produced near dorsolateral angle; in the latter, hind margin triangularly convex near dorsolateral angle; ③ phallobase with lateral lobe curved dorsad at apex forming into short finger-shaped process; in the latter, phallobase with lateral lobe forming into long finger-shaped process.

Etymology. The specific epithet is derived from the Latin word "*convexus*", referring to the anterior margin of pygofer being distinctly convex or arched forward.

(25) *Thabena acutula* Meng, Qin *et* Wang, sp. nov. (Figure 150; Plate XXIX: j-l)

Description. Male length (including tegmen): 5.9mm, length of tegmen: 4.6mm.

Body pale brown with black brown spots. Vertex pale brown but black near anterior margin and lateral margin. Eyes dark brown. Frons black brown scattered with pale brown spots, median carina and transverse carinae, with yellowish white blotch between eyes. Clypeus brown with dark oblique stripes. Rostrum black brown. Pronotum pale brown with black brown maculae. Mesoscutum pale brown. Tegmen pale brown, with black brown maculae. Hind wing brown. Legs brown.

Vertex subquadrangular, with median carina, with 2 round depressions, 2.6 times wider at apex than length in midline. Frons with disc slightly elevated, upper margin weakly obtusely concave, length same as the widest part, 1.2 times wider at widest part than at base. Frontoclypeal suture almost straight. Clypeus smooth without carina. Pronotum with anterior margin distinctly obtuse angularly convex. Mesoscutum 2.4 times wider at widest part than length in midline. Tegmen oblong, anterior margin clearly convex near 1/3, clavus reaching 2/3 of tegmen; 2.1 times longer than widest part. Hind tibia with two lateral teeth, spinal formula of hind leg 7-13(15)-2.

Male genitalia. Anal segment in dorsal view ovate, widest at basal 1/3, and apical margin slightly convex at middle; anal pore situated at basal half. Pygofer in lateral view anterior margin almost straight, hind margin triangularly produced near dorsal margin. Phallobase with dorsolateral lobe in lateral view produced dorsally and finger-like; ventral lobe with lateroapical angles smooth, apical margin slightly convex at middle; aedeagus shallowly U-shaped, with one pair of spiniform processes near middle, which constricted near basal 1/3, and then widens to subapex, apex pointed, in ventral view, the two processes crossed at base of phallobase with serrated lateral margins of crossed part. Genital style in lateral view subtriangular, hind margin sinuate, weakly acutely concave near middle, the ventrocaudal angle subacute, and strongly produced; the capitulum dumpy, with sharp apex, with obtuse lateral tooth.

Material examined. Holotype: ♂, China: Xizang: Motuo: Beibeng, 800m, 20 July 2013, coll. Yang Wang.

Remarks. This species resembles *T. convexa*, but differs from the latter in the following: ① vertex with posterior margin angularly concave, 2.6 times wider than long in middle line; in the latter, vertex with posterior margin arcuately concave; ② pygofer with hind margin produced triangularly convex near dorsal view; in the latter, pygofer with hind margin not produced; ③Aedeagus with one pair of obvious uneven thickness processes near the middle of ventral surface, in the latter, aedeagus with processes more uniform.

Etymology. The specific epithet refers to the posterior margin of vertex being acutely concave.

49. *Fusiissus* Zhang *et* Chen, 2010

Type species: *Fusiissus frontomaculatus* Zhang *et* Chen, 2010.

Diagnosis. This genus can be recognized by the following characters: medium-sized, vertex sagittate, slightly wider than long; frons flattened, with wide black longitudinal stripe; tegmen without hypocostal plate, without claval suture, longitudinal veins clear and without transverse veins, ScP and R separation at base, MP vein 2-3 branched, first separation at basal 1/8.

Two species in the world; two species in China.

Key to species

Male anal segment with apical margin rounded in middle; phallobase has finger-shaped process near middle in lateral view; 1ateral lobe 2-branched, the dorsal branche of it as tooth-like························ ··· ***F. frontomaculatus***

Male anal segment with apical margin acute in middle; phallobase with dorsal margin without such process lateral lobe 2-branched, the dorsal branch as spear-like ···························· ***F. wangmoensis***

50. *Duriopsilla* Fennah, 1956

Type species: *Duriopsilla retarius* Fennah, 1956.

Diagnosis. This genus can be recognized by the following characters: medium size, frons flattened without median carina, pronotum with median carina and scattered with small tubercules; tegmen without hypocostal plate, with claval suture, ScP and R separated at base, MP single, CuA 2-branched; hind tibia with three lateral spines.

One species in the world; one species in China: *Duriopsilla retarius* Fennah.

VI. Issinae Spinola, 1839

Key to genera

1. Hind wing more or less reduced, single-lobe ·· 2
   Hind wing well developed, tri-lobed ··· 5
2. Postclypeus expanded into a short nasale ·· ***Neotapirissus***
   Postclypeus flattened, not expanded into short nasale ··· 3
3. Frons distinctly wide, 0.7 times longer in middle line than wide at widest part ················· ***Potaninum***
   Frons distinctly narrow, more than 1.1 times longer in middle line than wide at widest part ················ 4
4. Vertex 3 times wider at base than long in middle line; mesoscutum with median carina ········ ***Celyphoma***
   Vertex more than 3.0 times wider at base than long in middle line; mesoscutum with median carina absent or weak ·· ***Sangina* gen. nov.**
5. Hind wing 3-lobed, but vannus and anal lobe both reduced ·· 6
   Hind wing with 3 lobes well-developed, CuA_2 and CuP fused and thickened at apex ······················ 8
6. Frons with distinct sublateral carinae crossed with feeble median carina far below upper margin, with two white transverse lines, nearly rectangularly enlarged above clypeus ····························· ***Neokodaiana***
   Frons without such sublateral carinae or white transverse lines ·· 7
7. Genital style with a long hooked process below the capitulum; aedeagus with two pairs of processes; lateral lobe of phallobase blunt at apex ·· ***Dentatissus***

Genital style with a short hooked process below the capitulum; aedeagus with one pair of processes; lateral lobe of phallobase with apex extended to spinal process curved cephalad ··············· ***Kodaianella***

8. Frons and clypeus with strong median carina ··············· ***Tetrica***

Frons with long or short median carina, clypeus without median carina ··············· 9

9. Tegmen with ScP vien curved at apex, fusing with R slightly basad of wing mid-point and forming a loop ··············· ***Sarima***

Tegmen ScP straight at apex, not fusing with R slightly basad of wing mid-point and forming such loop ··············· 10

10. Tegmen with ScP short, not reaching beyond midlength of tegmen ··············· 11

Tegmen with ScP long, distinctly reaching beyond midlength of tegmen ··············· 16

11. Tegmen with MP branched near apical 1/3, well beyond the furcation of CuA ··············· ***Sarimodes***

Tegmen with MP branched near middle before the furcation of CuA ··············· 12

12. Frons with two large glossy orbs ··············· ***Orbita***

Frons not as above ··············· 13

13. Frons with median carina long, reaching frontoclypeal suture ··············· ***Sarimites* gen. nov.**

Frons with median carina long, not reaching frontoclypeal suture ··············· 14

14. Aedeagus without ventral hooks, with only a short tuberculate process ··············· ***Yangissus***

Aedeagus with long ventral hooks ··············· 15

15. Pygofer with dorsocaudal angle smooth; male anal segment 3.5 times longer than wide at widest part ··············· ***Sinesarima***

Pygofer with dorsocaudal angle distinctly produced caudad triangularly; male anal segment 2.4 times longer than wide at widest part ··············· ***Neosarima***

16. Frons smooth and shining ··············· 17

Frons coarse and lustreless ··············· 18

17. Frons with upper margin slightly concave; mesoscutum flat; tegmen transparent ··············· ***Pseudocoruncanius* gen. nov.**

Frons with upper margin slightly convex; mesoscutum weakly elevated; tegmen non-transparent ··············· ***Coruncanoides* gen. nov.**

18. Frons without sublateral carina; pygofer with hind margin cornuted dorsally ··············· ***Parallelissus* gen. nov.**

Frons with sublateral carinae; pygofer not cornuted ··············· 19

19. Tegmen with MP branched near basal 1/3, CuA branched near apical 1/3 ··············· ***Sarimissus* gen. nov.**

Tegmen with MP and CuA branched near middle ··············· 20

20. Phallobase with lateral lobe pigmented, spine-like, directed caudad ··············· 21

Phallobase not as above ··············· 22

21. Frons with median carina and sublateral carinae present at basal half, slightly above middle ··············· ***Parasarima***

Frons with distinct median and sublateral carinae, reaching over middle ··············· ***Eusarima***

22. Phallus with one pair of long processes ········· ***Jagannata***

Phallus with more than two pairs of processes ········· 23

23. Lateral lobes of phallobase with a pair of semilunar processes, aedeagus with a pair of long ventral hooks ········· ***Lunatissus* gen. nov.**

Lateral lobes of phallobase with a pair of clavate processes, aedeagus with 2 pairs of long ventral hooks ········· ***Eusarimodes* gen. nov.**

51. *Neotapirissus* Meng *et* Wang, 2017

Type species: *Neotapirissus reticularis* Meng *et* Wang, 2017.

Diagnosis. This genus can be recognized by the following characters: medium-sized; vertex nearly quadrangle, lateral margin foliately expanded. Frons narrow and elongate, lateral margins strongly foliately expanded, with weak median carina. Clypeus expanded into a short nasale, with distinct median carina. Pronotum with anterior margin foliately expanded; lateral lobes wide, with several small tubercules along outer margin. Mesonotum with anterior margin concave, with three weak carinae. Tegmen nearly elliptical, with reticulate veins, claval suture reaching middle of tegmen. Fore and median femora foliately dilated. Hind wing single-lobed, veins distinct and netlike.

One species in the world and one species in China: *Neotapirissus reticularis* Meng *et* Wang.

52. *Potaninum* Gnezdilov, 2017

Type species: *Hysteropterum boreale* Melichar, 1902.

Diagnosis. Vertex nearly quadrangular, transverse; anterior margin almost straight; posterior margin deeply concave. Frons wider than long in middle line, weakly widened between antennae; with short median carina, not reaching frontoclypeal suture; disc coarsely punctured, with a row of tubercules along lateral margins. Frontoclypeal suture arched, curved upward. Pronotum slightly shorter than mesonotum. Tegmen nearly quadrangular, with wide hypocostal plate; veins ScP+R separated at base, ScP long, almost reaching to apex; MP separated near basal 1/3, CuA separated near middle; clavus long, almost reaching apex, two claval veins (Pcu and A_1) united at middle of clavus. Hind wing reduced. Anal segment nearly cup-shaped, clearly longer than widest part. Pygofer with hind margin slightly convex near dorsal margin. Aedeagus shallowly curved, with a pair of ventral hooks. Genital style with anterior margin slightly convex near middle, hind margin oblique straight, caudo-ventral angle round.

One species in the world; one species in China: *Potaninum boreale* (Melichar).

53. *Celyphoma* Emeljanov, 1971

Type species: *Celyphoma fruticulina* Emeljanov, 1964.

Diagnosis. This genus can be recognized by the following characters: small sized; vertex distinctly wider than long; frons elongate, with median carina, upper margin arcuate or slightly concave; mesonotum with inverted V carina at middle; hind wing rudimentary; hind tibia with 1-2 lateral spines; phallobase with one or two pairs of lateral processes, aedeagus with pair of ventral processes.

Twenty-eight species in the world; six species in China including one new species in this research.

Key to species

1. Phallobase with a pair of unbranched lateral subapical processes ··· 2
   Phallobase with a pair of branched lateral subapical processes ··· 3
2. The lateral processes of phallobase strongly decurved, with blunt apex ························ *C. quadrupla*
   The lateral processes of phallobase slightly decurved, with sharp apex ················ *C. helanense* **sp. nov.**
3. The upper branch of lateral processes of phallobase distinctly shorter than the lower processes············ ··· *C. huangi*
   The lateral processes of phallobase of similar length ··· 4
4. Anal segment with apical margin strongly concave ·· *C. yangi*
   Anal segment with apical margin straight or slightly convex ··· 5
5. Frons 1.2 times longer than wide, the lateral processes almost straight at base, its lower branch clearly decurved; the ventral hooks reaching the base of aedeagus ·· *C. bifurca*
   Frons almost as long as wide, the lateral processes clearly raised at basal part, its lower branch straight; the ventral hooks not reaching the base of aedeagus ·· *C. gansua*

(26) *Celyphoma helanense* Che, Zhang *et* Wang, sp. nov. (Figure 156; Plate XXXI: a-c)

Description. Male length (including tegmen): 3.8-4.0mm, length of tegmen: 2.6-2.8mm; female (including tegmen): 4.0-4.2mm, length of tegmen: 2.8-3.0mm.

Body brown with dark brown maculae. Vertex brown with pale brown stripe. Eyes dark brown. Frons brown with disc dark brown and dark brown spots. Tegmen brown with dark brown maculae; hind wing brown. Leg brown with dark brown stripes. Abdomen ventrally and dorsally brown, apex of each segment brown.

Vertex subquadrate, anterior margin convex and arched, hind margin slightly concave angularly, 1.4 times wider at apex than length in midline. Frons with anterior margin distinctly concave; with median carina and inverted U-shaped area at disc, and pale spots at lateral margin; 1.3 times longer than widest part, 1.1 times wider at widest part than at base.

Frontoclypeal suture nearly straight. Clypeus with median carina. Pronotum with anterior margin convex and arched, hind margin nearly straight. Mesoscutum subtrianglar, 3.0 times wider at widest part than length in midline. Tegmen subquadrate, anterior margin nearly parallel to sutural margin, 2.3 times longer than widest part; ScP and R forked near base, ScP 2-branched; MP veins building up cells at disc, excrescent veins and apical margin composing small cells; CuA single, claval suture surpassing middle of tegmen, claval veins fused at basal 2/3 of clavus. Hind wing small, 0.2 times length of tegmen, veins indistinct. Hind tibia with 1 lateral tooth, spinal formula of hind leg 6-8-2.

Male genitalia. Anal segment in dorsal view oval, lateroapical angle obtusely rounded, apical margin slightly convex. Pygofer in lateral view hind margin nearly straight, anterior margin nearly parallel to hind margin. Dorsolateral lobe of phallobase in dorsal view with apical margin obtusely rounded, reflected downward and encasing ventral lobe near middle, bearing a pair of long spiniform curved ventrally; ventral lobe moderately small, apical margin nearly straight in ventral view. Aedeagus nearly straight, with one pair of long curved processes at middle. Genital style in lateral view nearly triangular, hind margin slightly convex in middle.

Female genitalia. Anal segment in dorsal view nearly oval, widest at middle, apical margin acutely convex, lateral margin rounded, anal pore situated at basal half. Gonoplac nearly quadrangular, slightly elevated in median part. Anterior connective lamina of gonapophyses Ⅷ with three teeth in apical group, and four keeled teeth in lateral group. Sternite Ⅶ with apical margin nearly straight.

Material examined. Holotype: ♂ (CAU), China: Ningxia: Mt. Helanshan, 21 July 1980, coll. Jikun Yang. Paratypes: 10♂7♀ (CAU), same data as holotype; 16♂ (CAU), China: Ningxia: Mt. Helanshan, 21 July 1980, coll. Fasheng Li; 3♂, China: Ningxia: Mt. Helanshan, 21 July 1980, coll. Chunhua Yang; 1♂, China: Ningxia: Mt. Helanshan, 1 June 1980, coll. unknown; 3♂12♀, China: Ningxia: 1988, coll. Xincheng Li; 7♂ (CAU), China: Neimenggu: Turantezuoqi, 24 August 1978, coll. Jikun Yang; 2♂, China: Neimenggu: Tuyouqi, 23 August 1978, coll. Heming Chen; 1♂1♀, China: Ningxia: Haiyuan, 22 August 1986, coll. Guodong Ren; 1♀, China: Ningxia: Haiyuanxian Shuichongshi, 25 August 1986, coll. Gongdong Ren; 6♀ (CAU), China: Neimenggu: Tuyouqi, 23 August 1978, coll. Heming Chen.

Remarks. This species resembles *C. quadrupla*, but differs from the latter in the following: ① body dark brown; the latter body pale brown; ② male anal segment with apical margin slightly convex; the latter male anal segment with apical margin almost straight; ③ he lateral process of phallobase with acute apex; in the latter, the lateral process of phallobase with obtuse apex; and bearing a small process.

Etymology. The specific epithet is named after the type locality, Helan Mountain.

Distribution. Neimenggu, Ningxia.

54. *Sangina* Meng, Qin *et* Wang, gen. nov.

Type species: *Sangina singularis* Meng, Qin *et* Wang, sp. nov.

Head including eyes slightly narrower than pronotum. Vertex subrectangular, disc weakly depressed, distinctly wider than long, without median carina; anterior margin slightly produced, posterior margin deeply concave at the middle, margins clearly ridged. Ocelli present. Frons longer than wide, apical margin angularly concave medially, with a row of tubercules along lateral margins, with median carina. Frontoclypeal suture upcurved. Clypeus small, nearly an equilateral triangle, without median carina. Rostrum reaching post-trochanters. Pronotum with anterior margin strongly angularly convex, posterior margin almost straight, with two small pits at median part, with several tubercules along lateral margin; in ventral view, the lateral lobe with several tubercules along outer margin. Mesonotum nearly triangular, anterior margin straight, with weak median carina. Tegmen nearly ovate, costal margin widened near basal 1/4, narrowing to obtuse apex; with wide hypocostal plate; longitudinally clear, clavus long, reaching 2/3 of tegmen. Hind wing reduced. Hind tibiae with two lateral teeth in apical half.

Male genitalia. Anal segment mushroom-shaped, narrow at base, widest at middle, apical margin obtusely convex; anal pore situated near base. Phallobase divide into dorsolateral lobe and ventral lobe near middle, the dorsolateral lobe separated near apex, dorsal lobe bearing an elongate process at subapex; aedeagus U-shaped, with a pair of ventral processes pointing cephalad. Genital style dumpy with hind margin concave below capitulum, caudo-ventral angle rounded; capitulum in caudal view short, with a large lateral tooth.

Remarks. This new genus is similar to the genus *Celyphoma*, but differs by: ① frons and pronotum with a row of tubercules laterally; in the latter, frons and pronotum with several dark spots no tubercule; ② pronotum with weak median carina, in the latter, pronotum with clear median carina and with inverted V-shaped carina at middle; ③ dorsal lobe of phallobase bearing a elongate process at subapex; in the latter, phallobase without such process.

Etymology. This genus is named after the type locality of the type species, Sangzhi. The gender is feminine.

Distribution. China (Hunan, Sichuan, Xizang).

Key to species

Hind wing absent, spinal formula of hind leg 8-8-2 ·········· ***S. singularis*** **sp. nov.**

Hind wing bilobed, spinal formula of hind leg 8-9-2 on the right and 7-9-2 on the left ·········· ***S. kabuica*** **sp. nov.**

(27) *Sangina singularis* Meng, Qin *et* Wang, sp. nov. (Figure 159; Plate XXXII: a-c)

Description. Male length (including tegmen): 4.1mm, length of tegmen: 3.7mm. Female (including tegmen): 4.3mm, length of tegmen: 3.9mm.

Body dark brown. Vertex, frons, clypeus and rostrum fuscous. Eyes black brown. Pronotum, mesoscutum and tegmen dark brown. Legs black brown. Abdomen brown.

Vertex 3.0 times wider at base than length in midline. Frons with upper margin acutely concave, 1.1 times longer in middle line than wide at widest part, 1.4 times wider at widest part than at base. Pronotum with anterior margin distinctly angularly convex, posterior margin almost straight; disc flattened, with tubercules along lateral margin; in ventral view, the lateral lobe with 8 tubercules arranged in 2 rows near outer margin; 1.9 times longer than vertex in middle line. Mesoscutum 1.2 times longer than pronotum in middle line, 2.5 times wider at widest part than length in midline. Tegmen 2.2 times longer than widest part, veins ScP and R separated at base, MP veins bifurcated near middle, CuA separated near apical 1/3; the claval veins fused at middle of clavus. Hind wing absent. Spinal formula of hind leg 8-8-2.

Male genitalia. Anal segment ovate, 1.3 times longer than wide at widest part; anal pore situated at basal half, paraproct very thin and long. Pygofer in lateral view with anterior margin distinctly concave at middle, hind margin oblique, bluntly convex near ventral 1/3. Dorsal lobe of phallobase with obtuse apical margin, bearing a straight clavate process, lateral lobe narrow, with obtuse apex, ventral lobe clearly shorter than lateral lobes, the lateroapical angles smooth, apical margin weakly angularly concave at middle; aedeagus with one pair of long unciform processes near middle, with apex reaching to the base of aedeagus, in ventral view, the processes cross medially at ventral side.

Material examined. Holotype: ♂, China: Hunan: Sangzhi County: Badagongshan, 30 July 2013, coll. Lifang Zheng. Paratypes: 1♀, China: Sichuan: Emei Mountain: Huayanding, 25 May 1957, coll. unknown; 1♀, China: Sichuan: Wan County: ErbaoWang Nature Reserve, 1200m, 27 May 1993, coll. Youwei Zhang.

Etymology. The specific epithet is derived from the Latin word "*singularis*", referring to the phallobase bearing a single elongate process dorsally at subapex.

(28) *Sangina kabuica* Meng, Qin *et* Wang, sp. nov. (Figure 160; Plate XXXII: d-f)

Description. Female length (including tegmen): 5.6mm, length of tegmen: 4.7mm.

Body dark brown, with black-brown maculations. Vertex fuscous. Eyes black brown. Frons dark brown. Clypeus dark brown, the lateral side of anteclypeus black. Tegmen dark brown with black brown maculae. Legs black brown. Abdomen brown.

Vertex 3.1 times wider at base than length in midline. Frons with upper margin slightly acutely concave, 1.3 times longer in middle line than wide at widest part, 1.3 times wider at widest part than at base. Pronotum with anterior margin distinctly angularly convex, posterior margin almost straight; disc flattened, with several tubercules; in ventral view, the lateral lobe with several tubercules near outer margin; 1.7 times longer than vertex in middle line. Mesoscutum 1.8 times longer than pronotum in middle line, 2.0 times wider at widest part than length in midline. Tegmen 1.8 times longer than widest part, veins ScP and R separated near base, MP veins bifurcated first near basal 1/3, MP_{1+2} separated at middle, CuA separated after first fork of MP, CuA_{1+2} bifurcated near middle; the claval veins fused at basal 2/3 of clavus. Hind wing small, bi-lobed, the remigium relatively large with reticular veins, the vannus reduced relatively small. Post-tibiae with two spines laterally. Spinal formula of hind leg 8-9-2 on the right and 7-9-2 on the left.

Female genitalia. Anal segment ovate, apical margin obtusely convex in middle; anal pore located near base. Gonoplac nearly rectangular, the apex wide membranous, and obtusely convex; in dorsal view, the fork faintly sclerotized. Gonapophyses Ⅸ in dorsal view, with median field single lobe, weakly concave at middle of apical margin; the lateral field with irregular denticles at lateral margin near apex; in lateral view, proximal part of gonapophyses Ⅸ lamina half-roundedly elevated, the apical margin oblique, with blunt ventroapical angle. Gonocoxa Ⅷ nearly quadrate, with concave hind margin. Endogonocoxal process longer than anterior connective lamina of gonapophysis Ⅷ, with acute apex. Anterior connective lamina of gonapophysis Ⅷ with three different-sized teeth in apical group, with four keeled teeth in lateral group. Sternite Ⅶ with hind margin arched concave.

Material examined. Holotype: ♀ (SHEM), China: Xizang: Muotuo: Kabu, 1070m, 5 May 1980, coll. Yintao Jin, Jianyi Wu.

Etymology. The specific epithet is named after the type locality, Kabu.

55. *Neokodaiana* Yang, 1994

Type species: *Neokodaiana chihpenensis* Yang, 1994.

Diagnosis. This genus can be recognized by the following characters: medium-sized; vertex three times wider than long in midline; frons more than 2.0 times wider than long, median carina feeble, sublateral carinae far below anterior margin of vertex, disc convex; hind wing tri-lobed, vannus and anal lobe reduced; aedeagus with lateral phallobasal lobes dentate dorsally near apex, with large lobe-like processes laterally and a pair of hooks ventrally.

Three species in the world; and two species in China.

Key to species

Male anal segment in lateral view with small projection; ventral hooks of phallobase long, almost reaching to apex ························· ***N. chihpenensis***

Male anal segment in lateral view with large projection; ventral phallobasal hooks relatively short ························· ***N. minensis***

56. *Dentatissus* Chen, Zhang *et* Chang, 2014

Type species: *Dentatissus brachys* Chen, Zhang *et* Wang, 2014.

Diagnosis. This genus can be recognized by the following characters: medium-sized; frons broad, median carina present in basal half, with a line of verrucae along lateral margin on each side; hind wing tri-lobed, vannus and anal lobe small; genital style with large long process at base of capitulum; dorsal lobe of phallobase membranaceous, aedeagus with two or more pairs of hooked processes ventrally.

Two species in the world; two species in China, one new species described in this research.

Key to species

1. Genital style with anterior margin sinuate, without process; aedeagus with four pairs of processes ·· *D. quadruplus* **sp. nov.**

   Genital style with anterior margin bearing blunt process; aedeagus with two pairs of processes··········2

2. Male anal segment with lateral margins parallel to each other in dorsal view; aedeagus in ventral view with the apical pair of processes short and straight ··· *D. brachys*

   Male anal segment with lateral margins narrowing to apex; aedeagus with the apical pair of processes long and curved ·· *D. damnosus*

(29) *Dentatissus quadruplus* Meng, Qin *et* Wang, sp. nov. (Figure 163; Plate XXXIII: a-c)

Description. Male length (including tegmen): 5.3mm, length of tegmen: 4.2mm; female length (including tegmen): 5.6mm mm, length of tegmen: 4.5mm.

Body dark brown to black brown, with yellow veins, tubercules and spots. Eyes black brown, pale yellow at base. Frons dark brown with pale median carina and tubercules. Clypeus dark brown with a yellow spot at middle near frontoclypeal suture. Tegmen black brown with yellow transverse veins. Hind wing pale brown. Legs brown, fore femora dark brown, hind femora and tibiae with black margins. Abdomen ventrally and dorsally brown, apex of each segment pale brown.

Vertex subrectangular, disc distinctly depressed, median carina present, anterior margin slightly convex angularly, hind margin deeply arched, concave, 2.4 times wider at base than length in midline. Frons coarse with small punctures, with a row of tubercules along lateral margin and upper margin, disc slightly elevated, slightly widened between antennae; median carina surpassing 1/2 of frons; frons 0.7 times longer than widest part, 1.4 times wider at widest part than at upper margin. Pronotum with anterior margin convex and arched, and hind margin weakly concave at middle, median carina weak and with 2 pits at disc; 1.3 times longer than vertex in middle line. Mesoscutum subtriangular, disc with small punctures, and round depressions near lateral margin, 2.1 times wider at widest part than length in midline. Tegmen 1.9 times longer than at widest part, longitudinal veins distinct. Spinal formula of hind leg 10-11-2.

Male genitalia. Anal segment in dorsal view elongate ovate, 2.4 times longer than widest part, widest near basal 1/3, narrowing to apex, apical margin acutely concave. Pygofer in lateral view with dorsal margin narrow, ventral margin relatively wide, with hind margin weakly concave at middle part. Aedeagus shallowly U-shaped, with two pairs of short sword-like processes bearing from the lateral margin near middle, respectively directing cephalad and ventrally, near base of aedeagus also with two short pairs of short hooked processes, respectively directing cephalad and dorsally; phallobase divided into dorsolateral lobe and ventral lobe near base, and dorsolateral lobe not split, in lateral view, its ventral margin strongly sinuate, dorsal margin membranous convex; ventral lobe in ventral view shorter than dorsolateral lobe, apical margin narrow and weakly concave at middle. Genital style in lateral view subtriangular, anterior margin sinuate at dorsal half, hind margin weakly obtusely concave below capitulum, caudo-ventral angle rounded; capitulum short and narrow, with long spinal lateral tooth.

Material examined. Holotype: ♂, China: Hunan: Shimen: Hupingshan, 900m, 27 July 2013, coll. Lifang Zheng. Paratype: 1♀, China: Hunan: Shimen: Hupingshan, 1580m, 26 July 2013, coll. Lifang Zheng.

Remarks. This species resembles *Dentatissus damnosus* (Chou *et* Lu, 1985), but differs from the latter in the following: ① male anal segment with apical margin slightly concave; the latter male anal segment with apical margin weakly concave medially; ② genital style with anterior margin sinuate, the lateral tooth of capitulum short; the latter genital style with anterior margin having blunt process, the lateral tooth of capitulum clearly long; ③ aedeagus with four pairs of processes; aedeagus with two pairs of processes.

Etymology. The specific epithet is constituted from the Latin prefix "*quadri-*", referring to aedeagus having four pairs of processes.

57. *Kodaianella* Fennah, 1956

Type species: *Kodaianella bicinctifrons* Fennah, 1956.

Diagnosis. This genus can be recognized by the following characters: small to medium-sized; vertex transverse, nearly twice as wide as long medially; frons wide, with median carina distinct only, not reaching frontoclypeal suture; hind wing tri-lobed, with vannus and anal lobe rudimentary; genital style with a round process under capitulum; phallobase with pair of subapical processes laterally, aedeagus with a pair of ventral hooks.

Three species in the world; two species in China.

Key to species

Male anal segment with apical margin strongly concave, the lateroapical angle acute; dorsolateral phallobasal lobe with one pair of short processes ·· ***K. bicinctifrons***

Male anal segment with apical margin slightly concave, the lateroapical angle rounded; dorsolateral phallobasal lobe with one pair of long processes ··· ***K. longispina***

58. *Tetrica* Stål, 1866

Type species: *Tetrica fusca* Stål, 1870.

Diagnosis. This genus can be recognized by the following characters: medium-sized; vertex transverse, with median carina; frons with strong median carina which runs through it, continuing through the clypeus; tegmen with wide hypocostal plate; hind wing well-developed, tri-lobed.

Sixteen species in the world; two species in China: *Tetrica zephyrus* Fennah and *Tetrica aequa* Jacobi.

59. *Sarima* Melichar, 1903

Type species: *Sarima illibata* Melichar, 1903.

Diagnosis. The genus can be recognized by the following characters: medium-sized; vertex transverse, median carina sometimes weak; frons wide, with median carina, sublateral carinae distinct only in upper half; tegmen with hypocostal plate, ScP short and fusing with R forming a loop; hind wing well developed, tri-lobed.

Twenty-two species in the world; three species in China.

Key to species

1. Frons dull black ·· ***S. nigrifacies***
   Frons brown or pale brown ·· 2
2. Frons with two indistinct linear stripes, median carina reaching to median part ······················ ***S. tappana***
   Frons without such stripe, median carina reaching to frontoclypeal suture ······························ ***S. bifurca***

60. *Sarimodes* Matsumura, 1916

Type species: *Sarimodes taimokko* Matsumura, 1916.

Diagnosis. This genus can be recognized by the following characters: medium to large-size; vertex slightly wider than long, with weak median carina; frons with a row of submarginal tubercules on each side, median carina short, sublateral carina indistinct; tegmen without hypocostal plate, ScP just reaching midlength of tegmen, MP forked near distal one-third of tegmen; hind wing tri-lobed; phallobase with dorsolateral lobe bearing a pair of strong processes apically; aedeagus with a pair of long hooks at middle.

Three species in the world; three species in China.

Key to species

1. Frons with median carina only distinct at basal third ······ ***S. taimokko***
   Frons with median carina present at basal half ······ 2
2. Genital style with one obtusely angular process absent near dorsal part of posterior margin; dorsolateral phallobasal lobe bearing a pair of long clavate processes near apex ······ ***S. clavatus***
   Genital style with one obtusely angular process near dorsal part of posterior margin; dorsolateral phallobasal lobe bearing a pair of spiniform processes near apex ······ ***S. parallelus***

61. *Orbita* Meng *et* Wang, 2016

Type species: *Orbita parallelodroma* Meng *et* Wang, 2016.

Diagnosis. This genus can be recognized by the following characters: vertex quadrangular, frons with distinct median carina reaching to below eyes, without sublateral carinae, lateral margin auricularly extended below antennae; tegmen without hypocostal plate, with ScP vein not reaching over middle, MP vein bifurcates near middle a little before the furcation of CuA; hind wing well-developed tri-lobed; lateral lobe of phallobase becoming processes at basal one third; genital style with hind margin strongly concave medially.

One species in the world; one species in China: *Orbita parallelodroma* Meng *et* Wang.

62. *Sarimites* Meng, Qin *et* Wang, gen. nov.

Type species: *Sarimites linearis* Che, Zhang *et* Wang, sp. nov.

Head including eyes clearly narrower than pronotum. Vertex subhexagonal, wider than long; disc distinctly depressed, with median carina, anterior margin convex angularly and hind margin slightly concave, lateral margin elevated. Ocelli present. Frons smooth, disc flattened, distinctly widened below antennae, with median carina and short inverted U-shaped sublateral carinae crossing below upper margin, the upper margin weakly concave. Frontoclypeal suture slightly upcurved. Clypeus smooth without median carina, disc flattened. Rostrum surpassing mesotrochanters. Pronotum with anterior margin arcuately convex, posterior margin weakly concave, with median carina and two small pits at median part. Mesoscutum subtrianglar and with median and lateral carinae, one pit near lateral margin, anterior margin slightly convex medially. Tegmen oblong, with narrow hypocostal plate; veins ScP and R separated near base, ScP almost reaching over middle, MP veins tri-branched, first separating at middle, and MP_{1+2} separating near apex, CuA branched a little before first fork of MP; claval veins fused at middle of clavus, clavus long, reaching subapex of tegmen. Hind wing well-developed, tri-lobed, veins R bifurcated at distal part, MP fused with CuA near base, MP simple, CuA bifurcated, CuA_2 and CuP fused and thickened, Pcu, A_1 and A_2 simple, Pcu and A_1 fused at basal half; between R_2 and MP, MP and CuA_1 with single transverse vein (R 2 r-m MP 1 m-cu CuA 2 CuP 1 Pcu 1 A_1 1 A_2 1). Hind tibiae with two lateral teeth in apical half. Spinal formula of hind leg (7-8)-(9-10)-2.

Male genitalia. Anal segment elongate, nearly ovate; anal pore situated near middle. Pygofer with hind margin slightly convex near middle. Phallobase divided into dorsolateral lobe and ventral lobe at basal 1/4, the dorsolateral lobe not split, in lateral view, its ventral margin strongly triangularly convex at middle and bearing a pair of stubbed processes pointing cephalad, each having a small spinal process at base; ventral lobe with lateral margins almost parallel to each other; aedeagus U-shaped, with a pair of large protuberances after middle. Genital style with hind margin angularly concave below capitulum, caudo-ventral angle rounded; capitulum in caudal view short, with obtuse apex, and spinal lateral tooth.

Remarks. The new genus is similar to the genus *Sarima*, but differs by: ① tegmen with ScP straight, almost reaching middle of costal margin; in the latter, tegmen with ScP short and fusing with R forming a loop; ② tegmen with narrow hypocostal plate; in the latter, tegmen with wide hypocostal plate; ③ the dorsolateral lobe of phallobase not split, in lateral view its ventral margin strongly triangularly convex at middle and bearing a pair of stubbed processes pointing cephalad which having a small spinal process at base; in the latter, dorsolateral lobe split near apex, lateral lobe forming a small short process near apex.

Etymology. This generic name refers to the resemblance of this genus to *Sarima*. The gender is masculine.

Distribution. China (Anhui, Jiangxi, Hunan).

Key to species

Phallobase with a pair of short processes, length about 1/4 length of phallobase········ ***S. linearis*** **sp. nov.**

Phallobase with a pair of long processes, length about 1/3 length of phallobase ·····***S. spatulatus*** **sp. nov.**

(30) *Sarimites linearis* Che, Zhang *et* Wang, sp. nov. (Figure 173; Plate XXXV: a-c)

Description. Length, male (including tegmen): 6.2mm, length of tegmen: 5.0mm; female (including tegmen): 6.5mm, length of tegmen: 5.4mm.

Body dark brown with pale brown carinae and brown maculae. Eyes dark brown. Frons and clypeus rufous. Tegmen dark brown with brown maculae and spots. Hind wing pale brown. Leg brown, apex of femora, base and apex of tibia with dark brown bands. Abdomen ventrally and dorsally dark brown, apex of each segment pale brown.

Vertex 1.6 times wider at apex than length in midline. Frons with median and one inverted U-shaped lateral carinae, the lateral carina only distinct near apex; frons as long as the widest part, 1.7 times wider at widest part than at base. Frontoclypeal suture nearly straight. Clypeus smooth with median carina. Mesoscutum subtrianglar, 2.3 times wider at widest part than length in midline. Tegmen 2.2 times longer than widest part. Spinal formula of hind leg 8-10-2.

Male genitalia. Anal segment in dorsal view longer than wide, widest at base, apical margin slightly convex and lateral margin rounded. Dorsolateral lobe phallobase with a pair of strong and short processes, its length about 1/4 length of phallobase, the process strong at basal half and narrow at apical half, the apex blunt in ventral view, in lateral view, base of the process bearing a small triangular process; ventral lobe with apical margin weakly concave medially; aedeagus with the ventral protuberance short and rounded. Genital style with hind margin angularly concave below the capitulum; capitulum with apical margin obtuse, the lateral tooth small and acute.

Female genitalia. Anal segment dorsal view nearly long triangle, obviously longer than wide, the widest near apex, apical margin slightly convex, slightly constricted near the middle, anus located in the base half of anal segment. Anterior connective laminae of gonapophysis Ⅷ curved upward, with three spines at apical margin, with one bidentated tooth near lateral margin, and with one tooth near apical portion of lateral margin in outside. Ninth tergum in lateral view small and subquadrate, gonoplacs subtriangular. Sternum Ⅶ distinctly protruded near middle of the posterior margin.

Material examined. Holotype: ♂, China: Anhui: Mt. Huangshan, 9 August 1963, coll. Io Chou. Paratype: 1♀, same data as holotype.

Etymology. The specific epithet is derived from the Latin word "*linearis*", referring to tegmen having linear maculae.

(31) *Sarimites spatulatus* Che, Zhang *et* Wang, sp. nov. (Figure 174; Plate ⅩⅩⅩⅤ: d-f)

Description. Length, male (including tegmen): 7.2mm, length of tegmen: 6.1mm.

Body brown with pale brown carinae and black brown maculae. Eyes dark brown. Frons rufous, median carina deep red-brown. Clypeus rufous. Tegmen brown with black brown maculae. Hind wing pale brown. Legs brown, apex of femora black brown, base of tibiae black brown, fore femora with longitudinal stripes. Abdomen ventrally and dorsally pale brown, apex of each segment pale brown.

Vertex 1.6 times wider at apex than length in midline. Frons 0.9 times longer than widest part, 1.7 times wider at widest part than at base. Frontoclypeal suture slightly angularly curved. Clypeus smooth with weak carina. Mesoscutum subtrianglar, 2.2 times wider at widest part than length in midline. Tegmen 2.3 times longer than widest part. Spinal formula of hind leg

7-9-2.

Male genitalia. Anal segment in dorsal view oval, lateroapical angle rounded and apical margin slightly convex at middle, lateral margin weakly concave medially. Dorsolateral lobe phallobase with a pair of relatively long processes, their length about 1/3 length of phallobase, the process strong at base and narrowing to apex in ventral view, in lateral view, base of the process bearing a small process; ventral lobe with apical margin angularly concave medially; aedeagus with the ventral protuberance relatively long. Genital style with hind margin slightly arcuately concave.

Material examined. Holotype: ♂, China: Jiangxi: Ruijin Bayingxiang, 280m, 15 August 2004, coll. Cong Wei, Meixia Yang. Paratypes: 1♂1♀, China: Hunan: Chengzhou, 18 August 1985, Yalin Zhang, Yonghui Cai.

Etymology. The specific epithet is derived from the Latin word "*spatula*", referring to male anal segment being spoon-shaped in lateral view.

Distribution. Jiangxi, Hunan.

63. *Yangissus* Chen, Zhang *et* Chang, 2014

Type species: *Yangissus maolanensis* Chen, Zhang *et* Chang, 2014.

Diagnosis. This genus can be recognized by the following characters: medium-sized; vertex twice as wide as long; frons with median carina reaching to middle, submedian carina feeble; tegmen with ScP reaching over middle, MP and CuA forked near middle; hind wing tri-lobed; lateral lobe of phallobase with complicated processes near apex; aedeagus without ventral hook.

One species in the world; one species in China: *Yangissus maolanensis* Chen, Zhang *et* Chang.

64. *Sinesarima* Yang, 1994

Type species: *Sinesarima pannosa* Yang, 1994.

Diagnosis. This genus can be recognized by the following characters: medium to large-size; vertex 1.7 times wider than long, anterior margin evenly angulate; frons shortly ampliated, median carina distinct at basal third, submedian carina only distinct transversely; tegmen elongate, ScP not reaching over middle; hind wing tri-lobed.

Three species in the world; three species in China.

Key to species

1. Frons with basal half dark brown to black; tegmen with MP forked basad union of claval veins ·· ***S. dubiosa***

Frons black only along submedian carinae; tegmen with MP forked far distad union of claval veins ······2

2. Anal segment of male 3.5 times longer than widest part; shorter process of aedeagus half length of longer one ······ ***S. pannosa***

Anal segment of male 3.2 times longer than widest part; shorter process of aedeagus only one-fourth length of longer one ······ ***S. caduca***

65. *Neosarima* Yang, 1994

Type species: *Neosarima nigra* Yang, 1994.

Diagnosis. This genus can be recognized by the following characters: medium to large-size; vertex 1.7 times wider than long, anterior margin evenly angulate; frons shortly ampliated, median carina distinct at basal third, submedian carina only distinct transversely; tegmen elongate, ScP not reaching over middle; hind wing tri-lobed.

Two species in the world; two species in China.

Key to species

Tegmen uniformly black; phallobase with ventral lobe gradually narrowing to apex, then dilated at apex ······ ***N. nigra***

Tegmen black with several yellowish areas; phallobase with ventral lobe subparallel-sided at apical half, apex dilatation indistinct ······ ***N. curiosa***

66. *Coruncanoides* Che, Zhang *et* Wang, gen. nov.

Type species: *Coruncanoides jaspida* Che, Zhang *et* Wang, sp. nov.

Head including eyes slightly narrower than pronotum. Vertex subhexagonal, disc depressed, median carina present, anterior margin angularly convex, hind margin concave, arched, lateral margin slightly carinated. Ocelli present. Frons glossy and smooth, disc slightly elevated, median carina short, with a row of tubercules along lateral margin. Frontoclypeal suture slightly upcurved. Clypeus smooth without carina. Rostrum reaching metacoxae. Pronotum with anterior margin arched, convex, posterior margin almost straight, with two small pits and several tubercules at disc, median carina present. Mesoscutum with lateral carinae and weak median carina, one pit near lateral margin, with two tubercles near lateroapical angle. Tegmen oblong, without hypocostal plate; veins ScP and R separated at base, ScP long, almost reaching apex, MP veins tri-branched, first separated near middle, and MP_{1+2} separated near apical 1/5, CuA single; claval veins fused near basal 2/3 of clavus, clavus long, reaching subapex of tegmen. Hind wing well-developed, tri-lobed, veins R bifurcated at distal part, MP fused with CuA near base, MP simple, CuA bifurcated, CuA_2 and

CuP fused and thickened, Pcu, A_1 and A_2 simple, Pcu and A_1 fused at basal half; between R_2 and MP, MP and CuA_1 with single transverse vein (R 2 r-m M 1 m-cu CuA 2 CuP 1 Pcu 1 A_1 1 A_2 1). Hind tibia with two lateral teeth. Spinal formula of hind leg 7-8-2.

Male genitalia. Anal segment in dorsal view nearly elliptical, apical margin convex at middle; anal pore situated near base. Pygofer in lateral view with hind margin produced near middle. Aedeagus nearly straight, with one pair of spiniform processes near apex, directing cephalad; dorsolateral lobe with one pair of short spiniform processes near apex, ventral lobe in ventral view not split and apical margin round. Genital style in lateral view subtrianglar, hind margin slightly sinuate, caudo-ventral angle obtusely convex.

Remarks. The new genus is similar to *Coruncanius*, but differs by: ① head including eyes slightly narrower than pronotum; in the latter, head including eyes slightly wider than pronotum; ② frons with disc elevated, with a row of small tubercules near lateral margin, with short median carina; in the latter, frons flattened, without tubercules and median carina, but with transverse sublateral carinae.

Etymology. This generic name adds "*-oides*" from the Greece suffix, referring to the resemblance of this genus to *Coruncanius*. The gender is feminine.

Distribution. China (Xizang).

(32) *Coruncanoides jaspida* Che, Zhang *et* Wang, sp. nov. (Figure 180; Plate XXXV: g-i)

Description. Male length (including tegmen): 7.6mm, length of tegmen: 6.1mm.

Body yellowish brown, with pale yellow tubercles. Vertex yellowish brown at disc, margins and carinae brown. Eyes black brown. Frons with a narrow yellow fascia between antennae black brown below fascia, yellowish brown beyond fascia, and with pale yellow tubercules laterally. Genae yellowish brown with yellow fascia. Clypeus yellowish brown. Rostrum brown. Pronotum and mesoscutum yellowish brown, scattered with pale yellow tubercles, with pale yellow carina. Tegmen yellowish brown, hind wing dark brown. Legs brown, fore and mid-femur and tibiae yellowish brown. Abdomen ventrally and dorsally yellowish brown, apex of each segment with pale yellow tint.

Vertex 1.8 times wider at apex than length in midline. Frons with median carina distinct only at apex, anterior margin weakly concave, almost as long as wide at widest part, 1.7 times wider at widest part than at base. Pronotum with anterior margin obviously carinated, with two pits and 10 tubercles at disc. Mesoscutum 2.1 times wider at widest part than length in midline. Tegmen 2.4 times longer than at widest part. Spinal formula of hind leg 7-8-2.

Male genitalia. Anal segment elongate, 3.0 times longer than wide. Pygofer in lateral view with hind margin slightly produced near middle. Dorsolateral lobe with one pair of short spiniform processes almost parallel to the process of aedeagus; ventral lobe with round apical margin; aedeagus nearly straight, with one pair of spiniform processes reaching middle part of aedeagus. Genital style in lateral view subtrianglar, with hind margin almost straight;

capitulum with short lateral tooth.

Material examined. Holotype: ♂ (CAU), China: Xizang: Yigong, 2300m, 16 June 1978, coll. Fasheng Li.

Etymology. The specific epithet is derived from the Latin word "*jaspidus*", referring to the frons and clypeus being glossy and resembling jade or jasper.

67. *Pseudocoruncanius* Meng, Qin *et* Wang, gen. nov.

Type species: *Pseudocoruncanius flavostriatus* Meng, Qin *et* Wang, sp. nov.

Head including eyes slightly wider than pronotum. Vertex nearly pentagonal, with median carina, anterior margin distinctly convex acutely and hind margin weakly concave. Ocelli present. Frons smooth and shining, without median carina, disc slightly elevated at apical part, with several tubercules near lateroapical angle; the lateral margin slightly widened above antennae, the upper margin slightly angularly convex. Frontoclypeal suture straight. Clypeus small, smooth without median carina. Rostrum reaching metacoxae. Pronotum shorter than vertex in middle line, anterior margin arched, convex, posterior margin weakly concave at middle, with median carina and two small pits at median part. Mesoscutum subtriangular, almost as long as vertex, with three carinae, one pit near lateral margin, anterior margin slightly convex medially, in lateral view, disc elevated. Tegmen narrow and long, non-transparent, clearly elevated near base of ScP vein; with narrow hypocostal plate; veins ScP and R separated near base, ScP long, almost reaching apex, MP veins tri-branched, first separating near basal 1/3, and MP_{1+2} separated at subapex, CuA branched at subapex; claval veins fused at middle of clavus, clavus long, reaching subapex of tegmen. Hind wing well-developed, tri-lobed, veins R bifurcated at distal part, MP fused with CuA near base, MP simple, CuA bifurcated, CuA_2 and CuP fused and thickened, Pcu, A_1 and A_2 simple, Pcu and A_1 fused at basal half; between R_2 and MP with two transverse veins, MP and CuA_1 with single transverse vein (R 2 r-m MP 1 m-cu CuA 2 CuP 1 Pcu 1 A_1 1 A_2 1). Hind tibiae with two lateral teeth in apical half. Spinal formula of hind leg 7-8-2.

Male genitalia. Anal segment elongate, widest near basal 1/3, narrowing to apex; anal pore situated near base. Pygofer with hind margin slightly convex at ventral half. Phallobase divided into dorsolateral lobe and ventral lobe near middle, the dorsolateral lobe not split, in lateral view, bearing two pairs of long processes; aedeagus almost straight, without processes. Genital style with anterior margin nearly quadrately convex, hind margin weakly and widely concave, caudoventral angle strongly and obtusely convex; capitulum in caudal view with small blunt lateral tooth.

Remarks. This new genus is similar to *Coruncanius*, but differs by: ① frons with disc elevated at upper part, with several small tubercules near upper margin and upper half of lateral margin; in the latter, frons flattened, without tubercules; ② mesoscutum with disc elevated in lateral view; in the latter, mesoscutum flattened; ③ tegmen narrow and long, clearly elevated near base of ScP vein; tegmen nearly ovate, not elevated near base of ScP vein.

Etymology. *Pseudocoruncanius* refers to the resemblance of this genus to *Coruncanius*. The gender is masculine.

Distribution. China (Hainan).

(33) *Pseudocoruncanius flavostriatus* Meng, Qin *et* Wang, sp. nov. (Figure 181; Plate XXXVI: a-c)

Description. Male length (including tegmen): 7.5mm, length of tegmen: 6.3mm; female (including tegmen): 8.1mm, length of tegmen: 7mm.

Body black brown, with yellow stripe. Vertex brown, with yellow median carina. Eyes off white. Frons black between eyes, and yellow at lower part. Genae yellow, and black before eyes. Clypeus and rostrum black. Ocelli dark yellow. Pronotum dark brown, lateral area and median carina yellow, with several small yellow tubercules. Mesoscutum dark brown and yellow, with yellow median carina. Tegmen dark brown, with several longitudinal stripes. Hind wing pale brown, with black longitudinal veins. Fore and mid-femur black, tibiae yellow with black transverse bands.

Vertex 1.6 times wider at widest part than length in midline. Frons with anterior margin angularly convex medially, lateral margins arched, convex beyond antennae, 1.4 times wider at widest part than long in midline, 1.2 times wider at widest part than at base. Frontoclypeal suture straight, unclear. Clypeus small, flattened. Pronotum 0.6 times as long as vertex in midline, with thin median carina. Mesoscutum 1.6 times wider at widest part than length in midline. Tegmen 3.2 times longer than at widest part. Spinal formula of hind leg 7-8-2.

Male genitalia. Anal segment nearly elongate triangular, with acute apex, 2.7 times longer than wide; anal pore situated at basal 1/3, paraproct short and thick. Pygofer in lateral view with hind margin slightly produced near middle. Dorsolateral lobe of phallobase bearing two pairs of long processes from subapex, the dorsal process spiniform, almost straight with dorsal margin serrated at base, the ventral process falcate, with the tip directed dorsally; ventral lobe slightly shorter than dorsolateral lobe, apical margin weakly concave at middle; aedeagus nearly straight, without ventral hooks. Genital style in lateral view subquadrate, capitulum short, with widened apex.

Female genitalia. Anal segment in dorsal view elongate, widest at base, then becoming thin and needle-like; anal pore situated at base, paraproct short. Gonoplac elongate, narrowing to apex, apical part membranous in lateral view, the gonoplac lobes fused at base, fork weakly sclerotized in dorsal view. Gonospiculum bridge large, basal half 1.8 times wider than long. Posterior connective lamina of gonapophyses IX in lateral view distinctly convex at proximal part, and arcuately bent before apex; median field divided into two lobes with acute apex. Gonocoxa Ⅷ nearly rectangular, with concave hind margin. Endogonocoxal process gradually narrowing apically, inner margin sclerotized. Endogonocoxal process long, inner margin straight. Anterior connective lamina of gonapophysis Ⅷ with three apical teeth, and without lateral tooth. Posterior margin of sternite Ⅶ shallowly concave. Pregenital sternite obviously produced and with apical margin angularly convex at middle.

Material examined. Holotype: ♂, China: Hainan: Jianfengling: Mingfenggu, 18°44.658′N, 108°50.435′E, 1017m, 18 August 2010, coll. Guo Zheng. Paratypes: 1♂1♀, same data as holotype; 1♀, China: Hainan: Yinggeling: Yinggezui, 19°02.933′N, 109°33.654′E, 728m, 20 August 2010, coll. Guo Zheng.

Etymology. The specific epithet consists from the Latin words "*flavus*" and "*striatus*", referring to the tegmen having several yellow stripes.

68. *Parallelissus* Meng, Qin *et* Wang, gen. nov.

Type species: *Parallelissus furvus* Meng, Qin *et* Wang, sp. nov.

Head including eyes almost as long as pronotum. Vertex subhexagonal, disc depressed, median carina present; anterior margin angularly convex, hind margin concave arcuately, lateral margin slightly carinated. Ocelli present. Frons coarsely punctured, with upper margin weakly concave, lateral margin weakly widened below antennae; disc slightly elevated, median carina present at apical 2/3 of frons, with a row of large tubercules along lateral margin. Frontoclypeal suture obviously upcurved. Clypeus small, without median carina. Pronotum with anterior margin angularly convex, posterior margin almost straight, with two small pits, median carina present. Mesoscutum with three carinae, and one depression near lateral margin. Tegmen oblong, with obtusely rounded apical margin; without hypocostal plate; veins ScP and R separate near base, ScP long, almost reaching apex, MP veins tri-branched, first separating near middle, and MP_{1+2} separating at subapex, CuA separating near middle; claval veins fused near middle of clavus, clavus long, reaching subapex of tegmen. Hind wing well-developed, tri-lobed, CuA bifurcated, CuA_1 2-3 branched, CuA_2 and CuP fused and thickened, Pcu 3-4 branches vein. Hind tibia with two lateral teeth.

Male genitalia. Anal segment in dorsal view elongate, apical margin obtusely convex at middle; anal pore situated at basal 1/3. Aedeagus shallowly U-shaped, with one pair of spiniform processes near apex, directed cephalad; dorsolateral lobe with one pair of spiniform processes near apex. Genital style in lateral view subtrianglar, with elongate neck, hind margin weakly concave, ventrocaudal angle obtusely convex; capitulum narrowing to apex, with a short lateral tooth.

Remarks. This new genus is similar to the genus *Sarimodes*, but differs by: ① ScP long, almost reaching apex, MP veins firstly separated near middle; in the latter, ScP reaching middle of costal margin, MP veins firstly separated at apical half; ② genital style with long neck; in the latter, genital style with short neck; ③ aedeagus with a pair of processes near apex, parallel with the pair of phallobasal processes near apex; in the latter, aedeagus with a pair of processes near middle, and with a pair of processes near apex.

Etymology. The generic name refers to the two pairs of processes of the phallus being nearly parallel to each other. The gender is masculine.

Distribution. China (Guangxi, Xizang).

Key to species

Body black brown; aedeagus with long processes, reaching to basal 1/4 of aedeagus······***P. furvus* sp. nov.**

Body brown; aedeagus with relatively short processes, reaching to middle of aedeagus·····················
···***P. fuscus* sp. nov.**

(34) *Parallelissus furvus* Meng, Qin *et* Wang, sp. nov. (Figure 182; Plate XXXVI: d-f)

Description. Male length (including tegmen): 4.4mm, length of tegmen: 3.8mm.

Body dark brown to black. Vertex black brown, with dark yellow median carina. Eyes grayish brown, with dark stripes. Frons black with dark yellow spots, tubercules and median carina. Clypeus dark brown with black stripes. Rostrum black. Tegmen dark brown to black, veins black. Hind wing pale brown. Legs dark brown, fore and mid-femora and tibiae with black lateral margins, and transverse bands apically.

Vertex 2.8 times wider at base than length in midline. Frons almost as wide at widest part as long in midline, 1.5 times wider at widest part than at upper margin, about 10 tubercules near lateral margins. Frontoclypeal suture angularly upcurved. Clypeus slightly elevated at base. Pronotum 1.6 times longer than vertex in midline. Mesoscutum 1.5 times longer than pronotum, 2.3 times wider at widest part than length in midline. Tegmen 3.0 times longer than wide at widest part. Spinal formula of hind leg 7-8-2.

Male genitalia. Anal segment nearly elongate ovate, 2.6 times longer than wide; anal pore situated at basal 1/3, paraproct narrow and long. Pygofer in lateral view with dorsolateral angle angularly produced, hind margin arcuately convex near middle. Dorsolateral lobe of phallobase with apical margin bearing a small spinous process, below it bearing one long process directed cephalad with dorsal margin serrated; ventral lobe with apical margin obtusely convex; aedeagus with a pair of sword-like processes, reaching to basal 1/4 of aedeagus, parallel to each other in ventral view. Genital style in lateral view with hind margin weakly concave, capitulum short, with obtuse apex.

Material examined. Holotype: ♂, China: Xizang: Motuo: Beibengxiang, 800m, 20 July 2013, coll. Yang Wang.

Etymology. The specific epithet is derived from the Latin word "*furvus*", referring to the body being black.

(35) *Parallelissus fuscus* Meng, Qin *et* Wang, sp. nov. (Figure 183; Plate XXXVI: g-i)

Description. Male length (including tegmen): 5.0mm, length of tegmen: 4.0mm; female (including tegmen): ♀ 5.4mm, length of tegmen: ♀4.3-4.5mm.

Body brown with dark brown maculae, light carinae and tubercules. Vertex brown, with yellow median carina. Eyes black brown. Frons brown with pale yellow spots and about 12 tubercules along lateral margin, dark yellow median carina. Clypeus brown with dark brown stripes. Rostrum dark brown. Tegmen pale brown with dark speckle. Hind wing pale brown. Legs brown, fore and mid-femora and tibiae with black lateral margins, and transverse bands apically.

Vertex 2.1 times wider at base than length in midline. Frons 1.1 times wider at widest part than long in midline, 1.5 times wider at widest part than at upper margin. Frontoclypeal suture arcuately upcurved. Clypeus slightly elevated at median part. Pronotum 1.6 times longer than vertex in midline. Mesoscutum 1.3 times longer than pronotum, 2.5 times wider at widest part than length in midline. Tegmen 2.7 times longer than wide at widest part. Spinal formula of hind leg 6-(10, 11)-2.

Male genitalia. Anal segment absent. Pygofer in lateral view with hind margin almost straight. Phallobase divided into dorsolateral lobe and ventral lobe at basal 1/4, dorsolateral lobe bearing one long clavate process directed cephalad, almost parallel to the process of aedeagus; ventral lobe with lateral margin rounded convex in middle part, and then slightly concave, apical margin angularly convex medially; aedeagus with a pair of sword-like processes, reaching to middle of aedeagus, the process narrowing to apex in ventral view. Genital style in lateral view with hind margin clearly concave at middle part.

Material examined. Holotype: ♂, China: Guangxi: Shiwandashan Forest Park, 29 November 2001, coll. Zongqing Wang. Paratypes: 2♀, 30 November 2001, other data as holotype.

Etymology. The specific epithet is derived from the Latin word "*fuscus*", referring to the body being brown.

69. *Sarimissus* Meng, Qin *et* Wang, gen. nov.

Type species: *Sarimissus bispinus* Meng, Qin *et* Wang, sp. nov.

Head including eyes slightly narrower than pronotum. Vertex subhexagonal, disc depressed, median carina present; anterior margin angularly convex, hind margin concave arcuately, margins slightly carinated. Ocelli present. Frons with upper margin weakly concave, distinctly widened to the level below antennae; frons coarsely punctured with a row of large tubercules along lateral margin, median carina present, sublateral carinae semicircular and crosses median carina below apical margin of vertex. Frontoclypeal suture slightly upcurved. Clypeus smooth without median carina. Pronotum with anterior margin arcuately convex, posterior margin almost straight, with two small pits, median carina present, lateral area with several tubercules; lateral lobe with several tubercules along outer margin. Mesoscutum subtriangular, with three carinae, and one depression near lateral margin. Tegmen nearly ovate, costal margin distinctly convex at basal half, apical margin acutely rounded; without hypocostal plate; veins ScP and R separated near basal 1/6, ScP long, reaching to apex, MP veins separated near basal 1/3, CuA separated near apical 1/3; claval veins fused near basal 2/3 of clavus, clavus long, reaching subapex of tegmen. Hind wing well-developed, tri-lobed, Pcu 3-4 branches vein. Hind tibia with two lateral teeth. Spinal formula of hind leg8-10-2.

Male genitalia. Anal segment in dorsal view nearly ovate; anal pore situated near base. Aedeagus shallowly U-shaped, longer than phallobase, the apex curved cephalad, with two pairs of spiniform processes near apex, directed cephalad; phallobase divided into dorsolateral lobe and ventral lobe near base. Genital style in lateral view subtrianglar, hind margin slightly sinuate, ventrocaudal angle obtusely convex; capitulum in dorsal view short, with wide and short lateral tooth.

Remarks. This new genus is similar to the genus *Eusarima*, but differs by: ① tegmen with MP 2-branched, MP veins separated near basal 1/3, CuA bifurcated near apical 1/3, in the latter, MP 3-branched, first bifurcated near middle, CuA bifurcated near middle; ② dorsolateral phallobasal lobe clearly shorter than aedeagus; in the latter, dorsolateral phallobasal lobe clearly longer than aedeagus; ③ aedeagus with 2 pairs of processes; in the latter, aedeagus with a pair of processes.

Etymology. This name is an arbitrary combination between two generic names of issids: *Sarima* and *Issus.* The gender is feminine.

Distribution. China (Hainan).

(36) *Sarimissus bispinus* Meng, Qin *et* Wang, sp. nov. (Figure 184; Plate XXXVI: j-l)

Description. Male length (including tegmen): 6.2mm, length of tegmen: 5.0mm.

Body dark brown. Vertex dark brown, the lateroposterior angle yellow. Eyes grayish brown, with dark stripes. Frons pale brown with black spots and tubercules. Clypeus black brown with yellow transverse stripes near frontoclypeal suture. Pronotum black brown with yellow median carina and tubercules. Mesoscutum pale brown to pale yellow. Tegmen dark brown. Hind wing pale brown. Legs brown, fore femora and tibiae black brown. Abdomen ventrally and dorsally dark brown, apex of each segment pale brown.

Vertex 1.8 times wider at base than length in midline. Frons 1.3 times wider than long in midline, 1.5 times wider at widest part than at upper margin. Pronotum 1.1 times longer than vertex in midline. Mesoscutum 1.5 times as long as vertex, 2.1 times wider at widest part than length in midline. Tegmen 2.2 times longer than at widest part. Spinal formula of hind leg 8-10-2.

Male genitalia. Anal segment widest near middle, apical margin almost straight; anal pore short. Pygofer wide, hind margin slightly convex near dorsal margin. Dorsolateral lobe of phallobase with apical margin obtusely convex in dorsal view, in lateral view, the ventral margin slightly convex at subapex; ventral lobe with apical margin angularly concave at middle; aedeagus longer than dorsolateral lobe of phallobase, the curved part short and narrow, the ventral margin bearing a pair of tumours at subapex, in ventral view, the left tumour larger than the right one, below it bearing one pair of sword-like processes, reaching to apical 1/3 of aedeagus, and one pair of long falcate processes, reaching to basal 1/5 of aedeagus.

Material examined. Holotype: ♂, China: Hainan: Jianfengling, 18°44.026′N, 108°52.460″E, 975m, 8 August 2010, coll. Guo Zheng.

Etymology. The specific epithet "*bispinus*" refers to the aedeagus having two pairs of processes.

70. *Parasarima* Yang, 1994

Type species: *Sarima pallizona* Matsumura, 1938.

Diagnosis. The genus can be recognized by the following characters: medium-sized; vertex distinctly wider than long, median carina feeble; frons with median carinae and sublateral carinae present at upper half; tegmen with ScP long and reaching over middle; hind wing tri-lobed.

One species in the world; one species in China: *Parasarima pallizona* (Matsumura).

71. *Eusarima* Yang, 1994

Type species: *Eusarima contorta* Yang, 1994.

Diagnosis. This genus can be recognized by the following characters: medium-sized; vertex 1.6-2.0 times wider than long; frons shortly ampliated, median and sublateral carinae distinct, reaching over middle, sublateral carinae crosses median carina below apical margin of vertex; tegmen elongate, ScP long, reaching over middle; phallobase with lateral lobes pigmented, usually short; aedeagus with a pair of processes, directed cephalad.

Forty-three species in the world; thirty-eight species in China, including five new species in this research.

Key to species

1. Genital style with hind margin slightly convex or almost straight at middle, capitulum of genital style in

caudal view inner margin not strongly angulate at level of ridged portion ··································· 2

Genital style with hind margin clearly concave at middle, capitulum of genital style in caudal view inner margin distinctly angulated at level of ridged portion ··· 23

2. Phallobase with dorsal lobe in lateral view at apex not tooth-shaped produced ventrally, in dorsal view not incised medially ··· 3

Phallobase with dorsal lobe in lateral view at apex tooth-shaped produced ventrally, in dorsal view deeply incised medially ··· 20

3. Frons with apical half unicolor, yellowish or yellowish brown ··· 4

Frons with apical half dark brown or yellowish brown scattered with yellowish spots ······················ 5

4. Anal segment of male 3.0 times longer than widest part; length of tegmen of male 4.2-4.4mm ············ ··· ***E. contorta***

Anal segment of male 2.7 times longer than widest part; length of tegmen of male 4.0-4.3mm ············ ··· ***E. kuyanianum***

5. Lateral lobes of phallobase in lateral view reaching far beyond base of process of aedeagus ··············· 6

Lateral lobes of phallobase in lateral view not reaching far beyond base of process of aedeagus ·········· 8

6. Lateral lobes of phallobase in lateral view reaching to apical level of dorsal lobe, in dorsal view apical portion curved mesad ··· ***E. rinkihonis***

Lateral lobes of phallobase in lateral view not reaching to apical level of dorsal lobe, in dorsal view apical portion parallel ·· 7

7. Anal segment of male in dorsal view weakly convex at middle ······································ ***E. ascetica***

Anal segment of male in dorsal view incised medially ··· ***E. motiva***

8. Process of aedeagus short, reaching not over middle of phallobase ··· 9

Process of aedeagus long, at least reaching over middle of phallobase ····································· 10

9. Process of aedeagus in lateral view distinctly turned down then cephalad; ventral aspect of abdomen yellowish brown ··· ***E. astuta***

Process of aedeagus in lateral view evenly curved cephalad; ventral aspect of abdomen yellowish brown with central area dark down ··· ***E. radicosa***

10. Lateral lobes of phallobase in ventral view with apical portion directed mesad ····················· ***E. mucida***

Lateral lobes of phallobase in ventral view with apical portion directed laterad ···························· 11

11. Process of aedeagus in lateral view rather short, not reaching over bottom of incision between lateral and ventral lobes of phallobase ·· 12

Process of aedeagus in lateral view long, reaching over bottom of incision between lateral and ventral lobes of phallobase ·· 14

12. Tegmen dark brown, scattered black areas; anal segment of male at base extremely narrow ···· ***E. incensa***

Tegmen brown; anal segment of male at base not extremely narrow ··· 13

13. Frons uniform dark brown; length of tegmen of male about 4.4mm ······························· ***E. docta***

Frons with basal half dark brown, apical half yellowish brown; length of tegmen of male about 4.8mm··· ··· ***E. junia***

14. Anal segment of male in dorsal view from level of anal style with lateral margin gradually converging to apex ········· 15
Anal segment of male in dorsal view from level of anal style with lateral margin parallel-sided ········· 16
15. Frons with apical half pale yellowish brown, at central portion of this area somewhat dark; ventral lobe of phallobase in ventral view with apical margin weakly concave at middle ········· ***E. indeserta***
Frons with apical half not as above; ventral lobe of phallobase in ventral view with apical margin slightly convex at middle ········· ***E. yangi***
16. Tegmen brown with scattered black markings ········· 17
Tegmen uniform brown, without any marking ········· 18
17. Vertex 1.7 times wider at base than long in middle line; genae in ventral view visible at apex; genital style in lateral view dorsal margin before process distinctly angled down ········· ***E. condensa***
Vertex 1.5 times wider at base than long in middle line; genae in ventral view not visible at apex; genital style in lateral view dorsal margin before process evenly curved down ········· ***E. perlaeta***
18. Clypeus pale brown to yellow, with black brown longitudinal stripe medially ········· ***E. formosana***
Clypeus dark brown, without such stripe ········· 19
19. Vertex 2 times wider at base than long in middle line; frons uniform dark brown; clypeofrontal suture with four small black blotches ········· ***E. arva***
Vertex 1.7 times wider at base than long in middle line; frons with basal half dark brown, apical half paler; clypeofrontal suture with black blotches absent ········· ***E. foetida***
20. Tegmen with ScP bearing short branch near base, with dark brown to black markings ········· ***E. hamata***
Tegmen with ScP with such branch absent, without dark to black markings ········· 21
21. Tegmen uniform yellowish white; frons with apical half whitish ········· ***E. eximia***
Tegmen brown; frons with apical half at least somewhat brown ········· 22
22. Process of aedeagus rather short, reaching not over bottom of incision between lateral and ventral lobes of phallobase; frons with apical half pale yellowish with median area brown ········· ***E. penaria***
Process of aedeagus long, distinctly reaching over bottom of incision between lateral and ventral lobes of phallobase; frons with apical half uniform dark brown ········· ***E. mythica***
23. Lateral lobes of phallobase in ventral view with apical portion directed mesad or mesocaudad ········· 24
Lateral lobes of phallobase in ventral view with apical portion directed laterad or dorsad ········· 25
24. Lateral lobes of phallobase in lateral view with basal portion extremely stout, in ventral view apical portion directed mesad ········· ***E. matsumurai***
Lateral lobes of phallobase in lateral view with basal portion not extremely stout, in ventral view apical portion directed mesocaudad ········· ***E. cernula***
25. Anal segment of male with lateral margin after level of anal style concave medially ········· 26
Anal segment of male with lateral margin after level of anal style convex medially ········· 27
26. Tegmen dark brown; process of aedeagus with apical portion turned mesad ········· ***E. horaea***
Tegmen brown; process of aedeagus with apical portion directed cephalad ········· ***E. copiosa***
27. Lateral lobes of phallobase without a small process ········· 28

Lateral lobes of phallobase with a small process ······ 32

28. Lateral lobes of phallobase in ventral view apical portion directed laterad ······ 29

Lateral lobes of phallobase in ventral view apical portion directed caudad or dorsad ······ 31

29. Ventral lobe of phallobase with apical margin almost round ······ ***E. fanda***

Ventral lobe of phallobase with apical margin not as above ······ 30

30. Tegmen reddish, abdomen reddish ventrally; ventral lobe of phallobase with apical margin concave medially ······ ***E. rubricans***

Tegmen black brown to black, abdomen yellowish green ventrally; ventral lobe of phallobase with apical margin convex medially ······ ***E. factiosa***

31. Male anal segment with apical margin convex medially ······ ***E. logica***

Male anal segment with apical margin concave medially ······ ***E. triphylla***

32. Lateral lobes of phallobase with the small process directed ventrad ······ ***E. spina* sp. nov.**

Lateral lobes of phallobase with the small process directed cephalad or dorsad ······ 33

33. Male anal segment nearly cup-shaped, widest near apex ······ 34

Male anal segment nearly quadrangular, a little wider near middle ······ 35

34. Male anal segment with apical margin almost straight, lateral lobe of phallobase with apical margin slightly convex ······ ***E. spiculiformis* sp. nov.**

Male anal segment with apical margin concave, lateral lobe of phallobase with apical margin weakly concave ······ ***E. spiculata* sp. nov.**

35. Lateral lobe of phallobase with apical margin slightly convex, lateral lobe of phallobase in ventral view apical portion directed caudad ······ ***E. acutifolica* sp. nov.**

Lateral lobe of phallobase with apical margin weakly concave, lateral lobe of phallobase in ventral view apical portion directed laterad ······ ***E. bicuspidata* sp. nov.**

Remarks. Because the characteristics of the species *Eusarima koshunensis* (Matsumura, 1916) and *Eusarima versicolor* (Kato, 1933) are described so simply in the original description that significant differences in characteristics are difficult to find out in between them, they are temporarily not included in this key.

(37) *Eusarima spina* Meng, Qin *et* Wang, sp. nov. (Figure 215; Plate XXXVII: d-f)

Description. Male length (including tegmen): 5.8mm, length of tegmen: 5.0mm.

Body dark brown. Eyes grayish brown. Frons brown, near the upper margin dark brown, with pale brown tubercules. Clypeus pale brown. Pronotum and mesoscutum dark brown with pale brown carinae and tubercules. Tegmen dark brown with veins pale brown. Hind wing pale brown. Abdomen ventrally and dorsally brown, apex of each segment pale brown.

Vertex with anterior margin slightly convex angularly, hind margin distinctly concave, 1.5 times wider at base than length in midline. Frons coarse with small punctures, with median and inverted U-shaped lateral carinae, the lateral carina only present at apex, frons 1.2 times longer than widest part, 1.6 times wider at widest part than at base. Frontoclypeal suture slightly upcurved. Clypeus smooth with median carina. Pronotum with anterior margin angularly convex and hind margin weakly concave, with clear median carina, and two pairs of tubercules at lateral area. Mesoscutum 1.7 times wider at widest part than length in midline. Tegmen 2.1 times longer than widest part; ScP long, ScP branched near base, MP 4-branched. Spinal formula of hind leg 6-7-2.

Male genitalia. Anal segment in dorsal view cup-shaped, widest at subapex, apical margin distinctly concave at middle. Pygofer in lateral view with hind margin slightly convex at middle, and slightly concave near ventral margin. Dorsolateral lobe of phallobase shorter than aedeagus, ventral margin slightly convex near base, and lateral lobe split from dorsal lobe above the basal level of processes of aedeagus, lateral lobe slender with apex tapering, bearing a small spinule at subapex, the apex reaching to apical level of dorsal lobe; ventral lobe with apical margin angularly concave at middle, the lateral margin deeply concave beyond the basal level of processes of aedeagus; aedeagus with one pair of spiniform processes from apical 1/4, reaching to basal 1/4 of aedeagus. Genital style with hind margin acutely concave in middle, the capitulum in caudal view narrowing to acute apex, with a small spinule lateral tooth.

Material examined. Holotype: ♂, China: Chongqing: Jinyunshan, 16 July 2011, coll. Rui Meng, Yanchun Sun, Menglin Wang. Paratypes: 1♂, same data as holotype; 2♂, 17 July 2011, other data as holotype; 1♂, 18 July 2011, other data as holotype.

Remarks. This species resembles *Eusarima triphylla* (Che, Zhang *et* Wang, 2012), but differs from the latter in the following: ① tegmen MP 4-branched; in the latter with MP 3-branched; ② lateral lobe of phallobase with a small spinule at subapex; in the latter without such spine; ③ genital style with hind margin acutely concave in middle; in the latter, genital style with hind margin roundly concave in middle.

Etymology. The specific epithet is derived from the Latin word "*spina*", referring to lateral lobe bearing one small spine near apex.

(38) *Eusarima spiculiformis* Che, Zhang *et* Wang, sp. nov. (Figure 216; Plate XXXVII: g-i)

Description. Male length (including tegmen): 4.5mm, length of tegmen: 3.8mm.

Body brown with pale brown tubercles and carinae. Eyes dark brown. Frons pale brown with pale brown tubercles, apex brown. Tegmen brown with veins pale brown, hind wing dark brown. Abdomen ventrally and dorsally brown, apex of each segment pale brown.

Vertex 1.5 times wider at apex than length in midline. Frons coarse with small punctures, frons 1.2 times longer than widest part, 1.6 times wider at widest part than at base. Frontoclypeal suture weakly upwards. Mesoscutum subtrianglar, 1.5 times wider at widest part than length in midline. Tegmen 2.1 times longer than widest part; longitudinal veins distinct, ScP long, ScP branched near base, MP with 3-4 branches. Spinal formula of hind leg 6-8-2.

Male genitalia. Anal segment in dorsal view subquadrate, lateroapical angle rounded, apical margin almost straight; anal pore situated at base. Pygofer in lateral view with hind margin produced at base and slightly convex at apex. Phallus shallowly U-shaped, phallobase with dorsal lobe in dorsal view not split with apical margin obtuse, lateral margin smooth; lateral lobes slender with apex tapering, bearing a small spine near apical 1/6 of phallobase; ventral lobe not split, apical margin obtuse; aedeagus with one pair of spiniform processes near middle. Genital style in lateral view subtrianglar, hind margin strongly arcuately concave medially; the capitulum with apex obtuse in caudal view, and with small lateral tooth.

Material examined. Holotype: ♂, China: Guangxi: Guilin, 28 August 1974, coll. Io Chou and Zheng Lu, Paratypes: 2♂, same data as holotype.

Remarks. This species resembles *Eusarima fanda* Yang, but differs from the latter in the following: ① tegmen MP 3-4 -branched; the latter with MP 2-branched; ② lateral lobe of phallobase with a small spinule at subapex; the latter without such spine; ③ anal segment moderately robust and subquadrate, with apical margin concave at middle; in the latter, anal segment slender and subelliptical, with apical margin convex at middle.

Etymology. The specific epithet is derived from the Latin word "*spiculiformis*", referring to the apex of lateral lobe tapering.

(39) *Eusarima spiculata* Che, Zhang *et* Wang, sp. nov. (Figure 217; Plate XXXVII: j-l)

Description. Length, male (including tegmen): 5.5mm, length of tegmen: 4.5mm; female (including tegmen): ♀ 5.7mm, length of tegmen: ♀4.8.5mm.

Body brown with pale brown tubercules and carinae. Eyes dark brown. Frons pale brown with pale brown tubercles, pale brown at apex. Pronotum brown with pale brown tubercules. Tegmen brown, hind wing dark brown. Abdomen ventrally and dorsally brown, disc dark brown.

Vertex 1.8 times wider at apex than length in midline. Frons coarse with small punctures, with median and one inverted U-shaped lateral carinae, the lateral carina only distinct at apex, and with tubercules along lateral margin and apical margin; frons 1.2 times longer than widest part, 1.7 times wider at widest part than at base. Frontoclypeal suture distinctly curved. Clypeus smooth with median carina. Mesoscutum subtrianglar, 2.5 times wider at widest part than length in midline. Tegmen 2.3 times longer than widest part; ScP and R forked at base, ScP long and bifurcate near base, MP 3-branched, MP_{1+2} separated near apex. Spinal formula of hind leg 6-7-2.

Male genitalia. Anal segment in dorsal view nearly cup-like, lateroapical angle rounded and apical margin slightly concave at middle, anal pore situated at middle. Pygofer in lateral view with hind margin produced at middle and slightly convex at base. Dorsolateral phallobasal lobe in dorsal view with apical margin obtuse, lateral lobes slender with apical margin acute, bearing a small spine near apex; ventral lobe with apical margin slightly concave medially; aedeagus with one pair of spiniform processes with the tip surpassing middle of aedeagus. Genital style in lateral view subtrianglar, hind margin arcuately concave at middle; the capitulum with apical margin obtuse in caudal view.

Female genitalia. Anal segment in dorsal view ovate, obviously longer than wide, widest near base, obviously constricted at middle, apical margin slightly convex, lateral margin rounded. Gonoplac nearly triangular. Anterior connective lamina of gonapophyses Ⅷ with three teeth in apical group, and two teeth in lateral group. Sternite Ⅶ with apical margin distinctly arcuately convex at middle.

Material examined. Holotype: ♂ (CAU), China: Fujian: Dehua Shuikou, 7 November 1974, coll. Fasheng Li. Paratype: 1♀, China: Guangxi: Liuzhou, 9 September 1981, coll. Liquan Huang.

Remarks. This species resembles *Eusarima spiculiformis* Che, Zhang *et* Wang, sp. nov., but differs from the latter in the following: ① male segment with apical margin slightly concave; the latter with apical margin almost straight; ② lateral margin of lateral lobe bearing a small spine near apex of Phallobase; the latter, lateral margin of lateral lobe bearing a small spine near apical 1/6 of phallobase.

Etymology. The specific epithet is derived from the Latin word "*spiculatus*", referring to the lateral margin of lateral lobe produced into one tapering process.

Distribution. Fujian, Guangxi.

(40) *Eusarima acutifolica* Che, Zhang *et* Wang, sp. nov. (Figure 218; Plate ⅩⅩⅩⅧ: a-c)

Description. Length, male (including tegmen): 5.2mm, length of tegmen: 4.6mm; female (including tegmen): 5.4mm, length of tegmen: 4.7mm.

Body dark brown with pale brown tubercules and carinae. Eyes brown. Frons brown with pale brown tubercules and carinae, apical margin brown. Tegmen dark brown, hind wing brown. Abdomen ventrally pale brown and dorsally brown, apex of each segment brown.

Vertex nearly hexagonal, 1.9 times wider at apex than length in midline. Frons coarse with small punctures, frons with median and 1 inverted U-shaped lateral carinae, lateral carinae only distinct at apex, frons with tubercules along lateral margin and apex, 1.1 times longer than widest part, 1.7 times wider at widest part than at base. Frontoclypeal suture slightly arched. Clypeus smooth with median carina. Mesoscutum wide and short, with median and short lateral carinae, 2.1 times wider at widest part than length in midline. Tegmen 2.1 times longer than widest part; longitudinal veins distinct, ScP long, MP 3-branched. Spinal formula of hind leg 6-8-2.

Male genitalia. Anal segment in dorsal view mushroom-like, lateroapical angle slightly produced angularly and apical margin slightly concave at middle; anal pore situated at basal half. Pygofer in lateral view with hind margin strongly produced at base. Phallobase with dorsal lobe in dorsal view with apical margin obtuse; lateral lobes bearing a small spine near subapex, apical margin tapering; ventral lobe not split, with apical margin obtuse and slightly convex at middle in ventral view; aedeagus with two spiniform processes near apical 1/4.

Genital style in lateral view subtrianglar, hind margin arched, strongly concave at middle; capitulum long and spiniform, apex obtuse in caudal view, with short lateral tooth.

Female genitalia. Anal segment in dorsal view ovate, obviously longer than wide, widest near base, obviously constricted at middle, apical margin slightly convex, anal pore situated near base. Gonoplac nearly quadrangular. Anterior connective lamina of gonapophyses Ⅷ with three teeth in apical group, and two teeth in lateral group. Sternite Ⅶ with apical margin strongly arcuately convex at middle.

Material examined. Holotype: ♂, China: Hunan: Hengshannanyue, 10 August 1985, coll. Yalin Zhang, Yonghui Cai. Paratypes: 1♂1♀, China: Hunan: Hengshannanyue, 15 August 1985, coll. Yalin Zhang, Yonghui Cai; 1♂, China: Hunan: Hengshannanyue, 29 August 1985, coll. Yalin Zhang, Yonghui Cai; 2♂2♀, China: Hunan: Hengshannanyue, 7 August 1985, coll. Yalin Zhang, Yonghui Cai; 3♂, China: Hunan: Hengshannanyue, 18 August 1985, coll. Yalin Zhang, Yonghui Cai; 8♀, same data as holotype; 1♀, China: Hunan: Hengshannanyue, 13 August 1985, coll. Yalin Zhang, Yonghui Cai; 1♀, China: Hunan: Hengshannanyue, 26 August 1985, coll. Yalin Zhang, Yonghui Cai.

Remarks. This species resembles *Eusarima hamata* Yang, but differs from the latter in the following characteristics: ① frons with lateral carinae only distinct at apex; the latter with lateral carinae from apex to base; ② lateral lobe of phallobase bearing a small spine near subapex, ventral lobe with apical margin convex; in the latter, lateral lobe without such spine, ventral lobe with apical margin strongly concave; ③ anal segment moderately tubby with apical margin concave at middle; in the latter, anal segment slender and apical margin convex at middle.

Etymology. The specific epithet is derived from the Latin word "*acutifolius*", referring to dorsal process of genital style, whose base is tapering.

(41) *Eusarima bicuspidata* Che, Zhang *et* Wang, sp. nov. (Figure 219; Plate XXXⅧ: d-f)

Description. Length, male (including tegmen): 6.2mm, length of tegmen: 4.8mm; female (including tegmen): 6.5mm, length of tegmen: 5.0mm.

Body dark brown with pale brown carinae and brown marks. Eyes brown. Frons brown with pale brown carinae, with basal half brown, and apical half tan. Tegmen dark brown, with cross veins light brown; hind wing brown. Abdomen ventrally and dorsally light brown, with brown near middle, and each segment brown near apex.

Vertex nearly hexagonal, 1.8 times wider at apex than length in midline. Frons coarse with small punctures, frons with median and 1 inverted U-shaped lateral carinae, 1.1 times longer than widest part, 1.6 times wider at widest part than at base. Frontoclypeal suture slightly arched. Mesoscutum nearly triangular, with median and short lateral carinae, 2.1 times wider at widest part than length in midline. Tegmen 2.1 times longer than widest part; longitudinal veins distinct, ScP long, MP 3-branched, MP_1 branched near apex, and with 1 bifurcate branch within the branches. Spinal formula of hind leg 7-10-2.

Male genitalia. Anal segment in dorsal view subquadrate, lateroapical angle slightly produced angularly and apical margin weakly concave at middle; anal pore situated at basal half. Pygofer in lateral view with hind margin produced near apex and slightly concave at base. Phallobase with dorsal lobe in dorsal view with apical margin obtuse, lateral margin smooth; lateral lobes branched and slender with apical margin tapering, lateral margin seeming with two cone-shaped; ventral lobe not split, apical margin with lateroapical angle obtuse, and slightly concave at middle in ventral view; aedeagus with two spiniform processes near apical 1/3. Genital style in lateral view subtriangular, hind margin archedly strongly concave at middle; capitulum long and spiniform, apex obtuse in caudal view, with short lateral tooth.

Female genitalia. Anal segment in dorsal view ovate, obviously longer than wide, widest near base, obviously constricted at middle, apical margin slightly convex, anal pore situated near base. Gonoplac nearly quadrangular. Anterior connective lamina of gonapophyses Ⅷ with three teeth in apical group, and two teeth in lateral group. Sternite Ⅶ with apical margin strongly arcuately convex at middle.

Material examined. Holotype: ♂, China: Guangdong: Dinghushan, 18 June 1983, coll. Yalin Zhang. Paratypes: 1♂, same data as holotype; 1♂5♀, China: Guangdong: Dinghushan, 18 July 1985, coll. Yalin Zhang; 3♀, China: Guangdong, Dinghushan, 19 July 1985, coll. Yalin Zhang; 1♂2♀, China: Hainan: Dinganxian Hanlin, 26 July 2002, coll. Zongqing Wang, Peiming Wang.

Remarks. This species resembles *Eusarima fanda* Yang, but differs from the latter in the following characteristics: ① tegmen MP_1 branched near apex, and with one bifurcate branch within the branches; ② lateral lobes of aedeagus with lateral margin, with bicuspid process; ③ anal segment moderately tubby with apical margin concave at middle; in the latter, anal segment slender and apical margin convex at middle.

Etymology. The specific epithet is derived from the Latin "*bicuspidatus*", meaning bicuspid, referring to lateral lobes of aedeagus with lateral margin, with 1 bicuspid process.

Distribution. Guangdong, Hainan.

72. *Jagannata* Distant, 1906

Type species: *Jagannata chelonia* Distant, 1906.

Diagnosis. Vertex angularly produced in front of eyes, a little longer than broad; frons about as long as widest part, with obscure carinae, basal margin truncate, lateral angles slightly acutely prominent, widest between antennae; pronotum about as long as mesonotum, anterior margin subtriangularly produced, posterior margin truncate and with a faint central longitudinal carination; tegmen ovate, ScP vein long, almost reaching apical margin, MP

3-branched or 2- branched, CuA bifurcated, clavus long, almost reaching apical margin; hind wing tri-lobed.

One species in the world; two new species described in this research from China.

Key to species

Clypeus without band, tegmen with MP tri-branched ·· ***J. uncinulata* sp. nov.**

Clypeus with yellowish green band, tegmen with MP bi-branched ······················ ***J. ringentiformis* sp. nov.**

(42) *Jagannata uncinulata* Che, Zhang *et* Wang, sp. nov. (Figure 220; Plate XXXVIII: g-i)

Description. Length, male (including tegmen): 8.1mm, length of tegmen: 6.1mm; female (including tegmen): 8.2-8.4mm, length of tegmen: 6.3-6.5mm.

Body dark brown. Frons and clypeus brown, rostrum brown. Eyes dark brown. Pronotum and mesoscutum brown. Legs brown, base of hind femora pale brown. Abdomen dorsally reddish brown, both sides pale yellowish green, apex of each segment pale brown.

Vertex nearly hexagonal, disc distinctly depressed, with median carina, 1.2 times wider at apex than length in midline. Frons smooth, disc elevated, with one inverted U-shaped carina and median carina, 1.9 times wider at widest part than at base, 1.1 times longer in midline than widest part. Frontoclypeal suture distinctly arched. Clypeus smooth without carina. Pronotum with hind margin nearly straight, with median carina; mesoscutum wide and short, with median and lateral carinae, 2.0 times wider at widest part than length in midline. Tegmen subquadrate, longer than wide, claval suture present and longitudinal veins distinct; tegmen with ScP long, ScP and R forked at base, MP 3-branched, CuA 2-branched, “Y” vein not reaching over clavus, 2.9 times longer than widest part. Hind wing folded, slightly shorter than tegmen, 0.9 times length of tegmen, with three lobes. Hind tibia with two lateral teeth near apex, spinal formula of hind leg 6-11-2.

Male genitalia. Anal segment in dorsal view mushroom-like, widest near base, anal pore situated at base, lateroapical angle obtusely rounded and apical margin slightly convex. Pygofer in lateral view with hind margin convex and arched at apex, and slightly convex at base. Phallus shallowly U-shaped, dorsolateral lobe divided from ventral lobe near basal 1/3, in dorsal view the apical margin obtuse; ventral lobe short, in ventral view not split, apical margin obtusely rounded at middle; aedeagus with one pair of long spiniform processes near apex. Genital style in lateral view nearly triangular, hind margin acutely concave, capitulum with apex acute in caudal view, lateral tooth small.

Female genitalia. Anal segment in dorsal view nearly oval, apical margin convex, lateral margin rounded, anal pore situated at basal half. Gonoplac nearly subtriangular. Anterior connective lamina of gonapophyses VIII with a large tooth in apical group, and three keeled teeth in lateral group. Sternite VII with apical margin nearly straight.

Material examined. Holotype: ♂, China: Guangdong: Dinghushan, 18 July 1985, coll.

Yalin Zhang. Paratypes: 1♂1♀, China: Hunan: Chenzhou, 3 August 1985, coll. Yalin, Zhang Yonghui Cai; 1♂ (CAF), China: Guangdong: Dinghushan, 19 July 1985, coll. Yalin Zhang; 1♂ (CAF), China: Hainan: Jianfengling, 7 Apirl 1983, coll. Maobin Gu; 1♀ (CAF), China: Hainan: Jianfengling, 7 June 1984, coll. Youdong Lin.

Remarks. This species resembles *Jagannata chelonia* Distant, but differs from the latter in the following characteristics: ① body brown; the latter with body pale black, with black maculae; ② frons smooth with median carina and lateral carinae; the latter with frons with tubercles; ③ tegmen without mark; the latter with tegmen with black spots at apex.

Etymology. The specific epithet is derived from the Latin word "*uncinulatus*", referring to the process of the genital style turning over dorsad uniformly at base.

Distribution. Hunan, Guangdong, Hainan.

(43) *Jagannata ringentiformis* Che, Zhang *et* Wang, sp. nov. (Figure 221; Plate XXXIX: a-c)

Description. Length, male (including tegmen): 5.1mm, length of tegmen: 4.0mm.

Body brown. Eyes dark brown. Frons with apex brown, and disc and base pale yellowish green. Clypeus brown with pale yellowish green band. Rostrum pale brown. Pronotum brown with pale tubercles. Tegmen brown; hind wing dark brown. Legs brown, fore femora with dark brown band at base. Abdomen dorsally and ventrally pale brown, brown at disc.

Vertex subhexagonal, disc slightly depressed, 1.3 times wider at apex than length in midline. Frons smooth, disc elevated, with one inverted U-shaped and median carina, 1.2 times wider at widest part than at base, 1.5 times longer in midline than widest part. Frontoclypeal suture distinctly curved. Clypeus smooth, with carina only at base, median carina obscure at apex and with one band at base. Pronotum with hind margin nearly straight, with median carina and tubercles along anterior margin; mesonotum wide and short, with median carina, 1.9 times wider at widest part than length in midline. Tegmen subquadrate, longer than wide, claval suture present and longitudinal veins distinct; tegmen with ScP long, ScP and R forked near base, MP 2-branched, "Y" vein of clavus not reaching over clavus, 2.1 times longer than widest part. Hind wing folded, slightly shorter than tegmen, 0.9 times length of tegmen, with three lobes, obviously wider than tegmen, veins distinct and dorsal lobe with two cross veins. Hind tibia with two lateral teeth near apex, spinal formula of hind leg 8-(10-11)-2.

Male genitalia. Anal segment in dorsal view nearly oval, anal tube situated near middle, widest at middle, lateroapical angle obtusely rounded and apical margin slightly convex. Pygofer in lateral view with hind margin indistinctly produced near dorsal margin and strongly produced near ventral margin. Phallus shallowly U-shaped, dorsolateral lobe in dorsal view bifurcated at apex, in lateral view apical margin produced angularly; ventral lobe in ventral view not split, apical margin obtusely rounded at middle; aedeagus with one pair of long spiniform processes near apex. Genital style in lateral view with hind margin arched, concave medially; capitulum in caudal view with apex acute, lateral tooth small.

Material examined. Holotype: ♂ (IZCAS), China: Yunnan: Xishuangbanna: Mengsong, 1600m, 23 April 1958, coll. Meng Xuwu; Paratype: 1♂ (IZCAS), China: Yunnan: Xishuangbanna: Menghun, 1100-1400m, 23 May 1958, coll. Xuwu Meng.

Remarks. This species resembles *Jagannata maculata* Distant, but differs from the latter in the following: ① body brown; in the latter, body ivory white, with black maculae; ② frons smooth with median and lateral carinae; in the latter, without carina and with small tubercules; ③ tegmen without mark; in the latter, tegmen with one large black maculae at apex.

Etymology. The specific epithet is derived from the Latin word "*ringentiformis*", referring to process of genital style being conical at base and apex.

73. *Lunatissus* Meng, Qin *et* Wang, gen. nov.

Type species: *Lunatissus brevis* Che, Zhang *et* Wang, sp. nov.

Head including eyes slightly narrower than pronotum. Vertex subhexagonal, wider than long, disc depressed, median carina present; anterior margin angularly convex, hind margin concave acutely. Ocelli present. Frons slightly longer than wide, weakly widened at the level below antennae; disc flattened, with median carina, sublateral carinae inverted U-shaped, only present at base, and crossed with median carina below upper margin. Frontoclypeal suture angularly upcurved. Clypeus small with disc slightly elevated, median carina present at basal part. Rostrum reaching to postcoxae. Pronotum with anterior margin bluntly convex, posterior margin almost straight, with two small pits, with weak median carina. Mesoscutum subtriangular, with three carinae, and one depression near lateral margin. Tegmen oblong, anterior margin nearly parallel to sutural margin; without hypocostal plate; veins ScP and R separated near base, ScP long, almost reaching to the apex, MP veins first separate near middle, MP_{1+2} separate near apical 1/5, CuA separate after middle of tegmen; claval veins fused near basal 2/3 of clavus, clavus long, reaching subapex of tegmen. Hind wing well-developed, tri-lobed, CuA_2 and CuP fused and thickened. Hind tibia with two lateral teeth. Spinal formula of hind leg 8- (10-11)-2.

Male genitalia. Anal segment in dorsal view nearly cup-shaped, widest at subapex, in lateral view, the ventral margin bluntly convex near apex; anal pore situated at basal half of anal segment. Pygofer with hind margin slightly convex medially. Phallobase divided into dorsolateral lobe and ventral lobe near basal 1/3, dorsolateral lobe bearing a pair of lunate processes. Aedeagus shallowly U-shaped, with one pair of long unciform processes near apex, directing cephalad. Genital style in lateral view subtriangular, with elongate neck, anterior margin triangularly convex near dorsum, hind margin deeply concave medially, ventrocaudal angle strongly obtusely convex; capitulum in caudal view short, apical margin straight, with small and blunt lateral tooth.

Remarks. This new genus is similar to the genus *Eusarima*, but differs by: ① frons without tubercles, with short sublateral carinae at base; in the latter, frons with tubercules, with long sublateral carinae; ② anal segment cup-shaped, widest near apex; in the latter, anal segment ovate, widest at base or middle; ③ genital style with hind margin deeply concave, with elongate neck below the capitulum; in the latter, hind margin straight or weakly concave, with short neck below the capitulum; ④ phallobase with dorsolateral lobe not bifurcated, bearing one pair of lunate processes near apex; in the latter, dorsolateral lobe bifurcated near apex, lateral lobe spinae-shaped.

Etymology. The generic name refers to the dorsolateral lobe having a pair of lunate processes. The gender is masculine.

Distribution. China (Hainan).

Key to species

Phallobase with the lunate processes relatively short, reaching to apical 1/3 of aedeagus ································· ·· ***L. brevis* sp. nov.**

Phallobase with the lunate processes relatively long, reaching to basal 1/3 of aedeagus ································· ·· ***L. longus* sp. nov.**

(44) *Lunatissus brevis* Che, Zhang *et* Wang, sp. nov. (Figure 222; Plate XXXIX: d-f)

Description. Length, male (including tegmen): 5.2mm, length of tegmen: 4.5mm; female (including tegmen): 5.5mm, length of tegmen: 4.8mm.

Body pale brown. Eyes black brown. Frons pale brown. Tegmen brown with dark brown maculae, hind wing brown. Legs brown, apex of tibia with black brown rings. Abdomen ventrally and dorsally pale brown, brown at disc.

Vertex 1.5 times wider at apex than length in midline. Frons coarse, 1.3 times longer than widest part, 1.6 times wider at widest part than at base. Frontoclypeal suture obviously upcurved. Clypeus smooth with median carina. Pronotum 1.1 times longer than vertex in middle line. Mesoscutum 1.3 times longer than pronotum in middle line, 2.4 times wider at widest part than length in midline. Tegmen 2.0 times longer than widest part. Spinal formula of hind leg 8-(10-11)-2.

Male genitalia. Anal segment in dorsal view cup-like, apical margin strongly convex, lateroapical angle slightly produced angularly; paraproct thin and short. Pygofer in lateral view with hind margin convex near middle, dorsal margin narrow. Dorsolateral lobe of phallobase in lateral view bearing a pair of lunate processes relatively short, reaching to apical 1/3 of aedeagus; ventral lobe with apical margin straight. Aedeagus with one pair of long spiniform processes near apex. Genital style in lateral view subtrianglar, hind margin semicircularly concave, anterior margin with triangular prominence; capitulum with apical margin obtuse, with short and blunt lateral tooth.

Female genitalia. Anal segment in dorsal view elongate, lateral margins almost parallel to each other, and apical margin slightly convex at middle, anal pore situated near base. Gonoplac nearly quadrangular. Anterior connective lamina of gonapophyses Ⅷ with three teeth in apical group, and four teeth in lateral group. Sternite Ⅶ with apical margin slightly convex at middle.

Material examined. Holotype: ♂, China: Hainan: Mt. Bawangling, 28 May 1983, coll. Yalin Zhang. Paratypes: 1♀, China: Hainan: Mt. Bawangling, 20 May 1983, coll. Yalin Zhang; 1♀, China: Hainan: Mt. Bawangling, 26 May 1983, coll. Yalin Zhang; 1♂, China: Hainan: Qiongzhong, 4 June 1983, coll. Yalin Zhang; 1♂, China: Hainan: Mt. Limu, 1 August 2002, coll. Zongqin Wang, Yanli Che; 4♀, China: Hainan: Yacheng, 11 May 1983, coll. Yalin Zhang.

Etymology. The specific epithet is derived from the Latin word "*brevis*", referring to the lunate process of lateral phallobasal lobe being short.

(45) *Lunatissus longus* Che, Zhang *et* Wang, sp. nov. (Figure 223; Plate XXXIX: g-i)

Description. Length, male (including tegmen): 5.8mm, length of tegmen: 4.5mm; female (including tegmen): 6.0mm, length of tegmen: 5.0mm.

Body pale brown. Eyes brown. Tegmen pale brown with brown maculae. Legs brown, fore and hind tibiae with black brown rings at apex. Abdomen ventrally and dorsally pale brown, disc dark brown.

Vertex 1.4 times wider at apex than length in midline. Frons 1.2 times longer than widest part, 1.6 times wider at widest part than at base. Frontoclypeal suture obviously angularly arched. Clypeus smooth with median carina. Pronotum almost as long as vertex in middle line. Mesoscutum 1.4 times longer than pronotum in middle line, 2.5 times wider at widest part than length in midline. Tegmen 2.1 times longer than widest part. Spinal formula of hind leg 8-11-2.

Male genitalia. Anal segment in dorsal view nearly cup-shaped, lateroapical angle rounded and apical margin roundedly convex at middle; paraproct relatively thin and long. Pygofer in lateral view with hind margin convex near middle, dorsal margin narrow. Dorsolateral lobe of phallobase in lateral view bearing a pair of lunate processes relatively long, reaching to basal 1/3 of aedeagus; ventral lobe with apical margin angularly concave in middle. Aedeagus with one pair of long spiniform processes near apex. Genital style in lateral view subtrianglar, hind margin arcuately concave, anterior margin with triangular prominence; capitulum with apical margin straight, with short lateral tooth.

Material examined. Holotype: ♂ China: Hainan: Mt. Jianfengling, 26 August 2002, coll. Yanli Che, Peiming Wang. Paratype: 2♂3♀, same data as holotype; 1♂1♀ (CAF), China: Hainan: Mt. Jianfengling, 15 December 1974, coll. Zhengming Ping; 3♂4♀, China: Hainan:

Mt. Jianfengling, 24 August 2002, coll. Yanli Che, Peiming Wang; 2♂5♀, China: Hainan: Mt. Jianfengling, 31 August 2002, coll. Yanli Che, Peiming Wang; 1♂1♀, China: Hainan: Mt. Jianfengling, 25 August 2002, coll. Yanli Che, Peiming Wang; 3♂2♀, China: Hainan: Mt. Jianfengling, 21 August 2002, coll. Zongqing Wang, Yanli Che; 1♀ (CAU), China: Hainan: Mt. Jianfengling, 16 December 1974, coll. Fasheng Li; 1♂ (CAU), China: Hainan: Nada, 10 December 1974, coll. Jikun Yang; 3♀ (CAU), China: Hainan: Nada, 9 December 1974, coll. Jikun Yang; 1♂ (CAF), China: Hainan: Nada, 9 December 1974, coll. Fasheng Li; 1♀, China: Hainan: Nada, 1 June 1983, coll. Yalin Zhang.

Etymology. The specific epithet is derived from the Latin word "*longus*", referring to the lunate process of lateral phallobasal lobe being long.

74. *Eusarimodes* Meng, Qin *et* Wang, gen. nov.

Type species: *Eusarimodes maculosus* Che, Zhang *et* Wang, sp. nov.

Head including eyes slightly narrower than pronotum. Vertex subhexagonal, wider than long, disc depressed, with weak median carina; anterior margin angularly convex, hind margin concave arcuately. Ocelli present. Frons coarse and punctured, slightly widened at the level of antennae; disc flattened, with median carina, sublateral carinae inverted U-shaped, only clear at base, crossed with median carina below upper margin. Frontoclypeal suture slightly upcurved. Clypeus smooth, disc flattened, median carina present at basal part. Pronotum with anterior margin bluntly convex, posterior margin almost straight, with two small pits, without median carina. Mesoscutum subtriangular, with median carina and sublateral carinae, and one depression near lateral margin. Tegmen oblong, anterior margin nearly parallel to sutural margin; without hypocostal plate; veins ScP and R separated near base, ScP long, almost reaching to the apex, MP first separating near middle, MP_{1+2} separating near apex, CuA separating after middle of tegmen; claval veins fused at middle of clavus, clavus long, reaching subapex of tegmen. Hind wing well-developed, tri-lobed, CuA_1 bifurcated near apex, CuA_2 and CuP fused and thickened. Hind tibia with two lateral teeth.

Male genitalia. Anal segment in dorsal view nearly cup-shaped, widest at subapex; anal pore situated near base of anal segment. Pygofer with hind margin slightly convex medially. Phallobase divided into dorsolateral lobe and ventral lobe near basal 1/3, dorsolateral lobe with ventral margins valvately convex in middle part, bearing a processes directed dorsally on it in lateral view; ventral lobe constricted at middle, nearly ovate in apical half. Aedeagus with one pair of processes respectively at middle and apical 1/3. Genital style in lateral view subtriangular, hind margin wavy, ventrocaudal angle roundedly convex; capitulum in caudal view short, with small and acute lateral tooth.

Female genitalia. Anal segment in dorsal view nearly ovate, anal pore situated at base.

Gonoplac nearly quadrangular. Anterior connective lamina of gonapophyses Ⅷ with three teeth in apical group. Sternite Ⅶ with posterior margin convex distinctly.

Remarks. The genus is similar to the genus *Eusarima*, but differs by: ① frons without tubercles, with short sublateral carinae at base; in the latter, frons with tubercules, with long sublateral carinae; ② dorsolateral lobe with ventral margins valvately convex in middle part, bearing a pair of processes directing dorsally on it; in the latter, dorsolateral lobe without process; ③ aedeagus with two pairs of processes; in the latter, aedeagus with one pair of processes.

Etymology. This generic name adds "*-odes*" from the Greece suffix, referring to the resemblance of this genus to *Eusarima*. The gender is masculine.

Distribution. China (Hainan).

(46) *Eusarimodes maculosus* Che, Zhang *et* Wang, sp. nov. (Figure 224; Plate XXXIX: j-l)

Description. Length, male (including tegmen): 6.2mm, length of tegmen: 5.0mm; female (including tegmen): 6.3-6.5mm, length of tegmen: 5.1-5.3mm.

Body dark brown, with brown maculations. Eyes black brown. Frons dark brown. Tegmen dark brown with pale brown spots. Hind wing pale brown. Leg brown, base of hind femora dark brown. Abdomen ventrally pale brown and dorsally dark brown, disc dark brown; apex of each segment pale brown.

Vertex 2.2 times wider at base than length in midline. Frons 1.1 times longer than widest part, 1.6 times wider at widest part than at upper margin. Mesoscutum 2.4 times wider at widest part than length in midline. Tegmen 2.5 times longer than widest part, R vein bifurcated near apex, MP 4-branched. Spinal formula of hind leg 7-9-2.

Male genitalia. Anal segment in dorsal view widest at subapex, apical margin arcuately convex, in lateral view, ventral margin obtusely convex near apex. Dorsolateral lobe of phallobase in lateral view triangularly convex, and then narrowing to apex, bearing a clavate process beyond the ventral margin near middle; ventral lobe with apical margin rounded in ventral view. Aedeagus with two pairs of processes respectively at middle and apical 1/3, the apical one a thick sword-like process, the length as long as half length of aedeagus; the middle one relatively thin and short, the length as long as quarter of length of aedeagus. Genital style in lateral view subtriangular, hind margin angularly concave at middle; capitulum in dorsal view, wide and short, anterior margin sinuate, hind margin weakly concave near middle.

Female genitalia. Anal segment in dorsal view elongate, obviously longer than wide, narrow at base, widening to apex, apical margin slightly convex, anal pore situated at base. Gonoplac nearly quadrangular. Anterior connective lamina of gonapophyses Ⅷ upcurved, with two teeth in apical group, and one tridentate tooth in lateral group, with exolateral margin slightly concave near apical part. Ninth tergum small and subquadrate. Sternite Ⅶ with apical margin almost straight.

Material examined. Holotype: ♂, China: Hainan: Jianfengling, 800m, 12 April 1980, coll. Jiang Xiong. Paratypes: 1♂1♀, China: Hainan: Diaolongshan, 900m, 1 April 1980, coll. Jiang Xiong; 1♀, China: Hainan: Diaolongshan, 900m, 31 March 1980, coll. Jiang Xiong; 1♀, China: Hainan: Diaolongshan, 26 April 1985, Weihua Li, Jinghong Zhang.

Etymology. The specific epithet is derived from the Latin word "*maculosus*", referring to the tegmen having round maculae.

中 名 索 引

（按汉语拼音排序）

A

安龙瘤额瓢蜡蝉　312, 314
鞍瓢蜡蝉属　39, 61, 63, 378, 383, 392
暗黑平突瓢蜡蝉　95, 436, 437
螯突格氏瓢蜡蝉　97, 204, 230, 231

B

白星蒙瓢蜡蝉　28, 177, 185
半月格氏瓢蜡蝉　204, 219
瓣弘瓢蜡蝉　96, 338, 339
棒突杯瓢蜡蝉　30, 36, 37, 38, 93, 104, 110, 111
棒突拟瘤额瓢蜡蝉　347
棒突萨瑞瓢蜡蝉　97, 412, 414, 415
杯瓢蜡蝉科　1, 2, 5, 6, 10, 11, 12, 14, 15, 16, 20, 38, 39, 41, 42, 50, 54, 55, 56, 57, 58, 59, 62, 63, 91, 93, 94, 96, 97, 98, 99, 100, 101, 125, 126, 148
杯瓢蜡蝉属　50, 51, 59, 62, 103
杯瓢蜡蝉亚科　1, 3, 5, 6, 7, 8, 12, 13, 14, 15, 16, 17, 19, 24, 25, 42, 51, 54, 55, 56, 57, 58, 59, 93, 100, 102, 148, 159
杯瓢蜡蝉族　5, 6, 12, 13, 14, 15, 16, 42, 44, 50, 51, 55, 57, 58, 59, 102, 125, 132
北方波氏瓢蜡蝉　94, 382, 383
鼻瓢蜡蝉　53, 55, 57, 93, 96, 300, 310, 311
鼻瓢蜡蝉属　53, 61, 63, 300, 309
边格氏瓢蜡蝉　205, 243, 244
扁瓢蜡蝉属　53, 61, 63, 301, 353
扁足瓢蜡蝉属　53, 61, 63, 301, 319
波氏瓢蜡蝉属　61, 378, 382
波缘脊额瓢蜡蝉　195, 199, 200
波真球瓢蜡蝉　279, 280
驳斑球瓢蜡蝉　260, 261
泊美萨瓢蜡蝉　444, 470
博杯瓢蜡蝉属　15, 60, 62, 94, 133
博美萨瓢蜡蝉　444, 456, 458, 491

C

叉突鞍瓢蜡蝉　39, 94, 384, 390
长杯瓢蜡蝉　97, 157, 158
长杯瓢蜡蝉属　60, 143, 157
长臂球瓢蜡蝉　97, 260, 270, 271
长刺柯瓢蜡蝉　95, 404, 405, 406
长顶周瓢蜡蝉　21, 22, 175, 176
长额圆瓢蜡蝉　96, 167, 168
长卢瓢蜡蝉　97, 497, 498, 499
长头空杯瓢蜡蝉　123, 124
长头斯杯瓢蜡蝉　97, 148, 149, 150
长突菱瓢蜡蝉　359, 360, 361
长突拟瘤额瓢蜡蝉　97, 347, 350
长尾斯杯瓢蜡蝉　95, 149, 153, 154
池格氏瓢蜡蝉　205, 239
齿跗瓢蜡蝉属　53, 61, 63, 301, 363
齿格氏瓢蜡蝉　205, 248, 249
齿类蒙瓢蜡蝉　295
齿竹杯瓢蜡蝉　118, 120, 121
川美萨瓢蜡蝉　444, 463, 464
刺美萨瓢蜡蝉　445, 484
簇敏杯瓢蜡蝉　126, 127

D

大棘格氏瓢蜡蝉 97, 205, 245, 246
大真球瓢蜡蝉 279, 282, 283
带黄瓢蜡蝉 97, 341, 345, 346
丹裙杯瓢蜡蝉 31, 137
稻黄格氏瓢蜡蝉 205, 242
德里杯瓢蜡蝉属 16, 60, 133, 134
等犷瓢蜡蝉 95, 408
吊格氏瓢蜡蝉 205, 240, 241
吊罗山眉瓢蜡蝉 53, 98, 297, 298, 299
东方杯瓢蜡蝉 94, 95, 104, 105, 106
笃华萨瓢蜡蝉 424, 425
端斑犀杯瓢蜡蝉 97, 144, 146, 147
短刺柯瓢蜡蝉 96, 404, 405
短额瓢蜡蝉属 53, 61, 300, 306
短卢瓢蜡蝉 97, 496, 497
短敏杯瓢蜡蝉 93, 126, 128, 129
短头露额杯瓢蜡蝉 97, 160, 161, 162
短突巨齿瓢蜡蝉 93, 399, 400
短突菱瓢蜡蝉 55, 93, 94, 359
短线斯杯瓢蜡蝉 96, 149, 155, 156
多根美萨瓢蜡蝉 444, 453, 454

E

额斑梭瓢蜡蝉 373, 374
恶性巨齿瓢蜡蝉 7, 10, 11, 29, 30, 31, 33, 34, 35, 36, 37, 40, 41, 42, 92, 93, 399, 401, 402
耳突菱瓢蜡蝉 94, 359, 361, 362
二叉喙瓢蜡蝉 97, 336, 337
二叶斯杯瓢蜡蝉 97, 149, 152, 153

F

筏美萨瓢蜡蝉 445, 480
帆美萨瓢蜡蝉 445, 476, 478, 485
梵净竹杯瓢蜡蝉 118, 119
方格氏瓢蜡蝉 205, 254, 255
芳美萨瓢蜡蝉 444, 456, 457
芬纳扁足瓢蜡蝉 97, 320, 330
芬纳瘤额瓢蜡蝉 312, 313
丰美萨瓢蜡蝉 445, 476, 477
福建梯额瓢蜡蝉 26, 95, 395, 396, 397
福瓢蜡蝉 5, 22, 23, 55, 95, 98, 302, 303, 306
福瓢蜡蝉属 9, 53, 61, 63, 300, 301, 302, 318

G

甘肃鞍瓢蜡蝉 94, 384, 391
格氏瓢蜡蝉属 52, 60, 63, 167, 203
钩扁足瓢蜡蝉 38, 95, 320, 322, 323
钩克瓢蜡蝉 95, 493, 494
钩美萨瓢蜡蝉 444, 466, 468, 488
广瓢蜡蝉 21, 96, 172, 173
广瓢蜡蝉属 52, 60, 63, 166, 172
广西新球瓢蜡蝉 286, 288
犷瓢蜡蝉属 54, 61, 63, 378, 407
龟纹格氏瓢蜡蝉 25, 38, 52, 55, 98, 203, 209, 218
贵州扁瓢蜡蝉 95, 354, 355

H

海南黄瓢蜡蝉 97, 341, 342
海南露额杯瓢蜡蝉 98, 159, 160
皓美萨瓢蜡蝉 445, 475
贺兰鞍瓢蜡蝉 93, 384, 386, 387
褐斑蒙瓢蜡蝉 96, 177, 189
褐黄平突瓢蜡蝉 96, 436, 437, 438
黑斑阔瓢蜡蝉 40, 41, 96, 258, 259
黑额黄瓢蜡蝉 341, 343, 344
黑萨瓢蜡蝉 95, 409
黑色敏杯瓢蜡蝉 94, 126, 130, 131
黑新萨瓢蜡蝉 428, 429
黑星蒙瓢蜡蝉 96, 178, 190
横纹格氏瓢蜡蝉 203, 207, 208
弘瓢蜡蝉属 53, 61, 63, 301, 336, 338
红美萨瓢蜡蝉 445, 478, 479
红球瓢蜡蝉 36, 37, 260, 266, 267
华萨瓢蜡蝉属 62, 379, 424

环线苏额瓢蜡蝉 97, 352
黄斑格氏瓢蜡蝉 96, 203, 212
黄额众瓢蜡蝉 53
黄格氏瓢蜡蝉 204, 218
黄瓢蜡蝉属 53, 61, 63, 97, 301, 340
黄氏鞍瓢蜡蝉 94, 384, 388
黄纹拟钻瓢蜡蝉 97, 434
黄新球瓢蜡蝉 286
喙瓢蜡蝉属 53, 61, 301, 335

J

棘格氏瓢蜡蝉 205, 243
脊额瓢蜡蝉 36, 37, 52, 55, 98, 195, 197, 198
脊额瓢蜡蝉属 52, 60, 63, 167, 172, 195
尖刺透翅杯瓢蜡蝉 93, 139, 142
尖峰岭短额瓢蜡蝉 40, 97, 307
尖叶美萨瓢蜡蝉 25, 445, 488, 489
尖众瓢蜡蝉 95, 366, 371, 372
剑突拟瘤额瓢蜡蝉 97, 347, 351
角唇瓢蜡蝉属 23, 52, 60, 63, 167, 285, 289
洁美萨瓢蜡蝉 445, 491
九星格氏瓢蜡蝉 97, 204, 216, 217
巨齿瓢蜡蝉属 54, 61, 63, 378, 398
锯缘蒙瓢蜡蝉 95, 178, 190, 191

K

喀华萨瓢蜡蝉 424, 427
卡布桑瓢蜡蝉 95, 392, 393, 394
开克瓢蜡蝉 97, 493, 494, 495
柯瓢蜡蝉属 61, 378, 403
克瓢蜡蝉属 62, 63, 379, 492
空杯瓢蜡蝉属 60, 63, 103, 122
枯新萨瓢蜡蝉 428, 430
窟美萨瓢蜡蝉 10, 443, 447
宽带蒙瓢蜡蝉 178, 193, 194
宽阔水拟瘤额瓢蜡蝉 347, 349, 350
阔瓢蜡蝉属 52, 60, 167, 257
阔颜德里杯瓢蜡蝉 16, 94, 95, 135, 136

L

兰敏杯瓢蜡蝉 126, 130
兰坪众瓢蜡蝉 366, 368, 369, 371
类杯瓢蜡蝉 94, 104, 107, 108
类蒙瓢蜡蝉属 52, 60, 167, 295
类萨瓢蜡蝉属 62, 378, 419
李氏斯杯瓢蜡蝉 97, 148, 149, 150, 151
丽球瓢蜡蝉 40, 260, 263, 264
丽涛齿跗瓢蜡蝉 28, 95, 98, 363, 364
莲瓢蜡蝉 376, 377
莲瓢蜡蝉属 53, 61, 63, 301, 376
灵美萨瓢蜡蝉 443, 452, 453
铃美萨瓢蜡蝉 443, 448, 449
菱瓢蜡蝉属 53, 61, 63, 93, 301, 358
瘤额瓢蜡蝉 25, 95, 312
瘤额瓢蜡蝉属 53, 61, 63, 300, 311
瘤瓢蜡蝉属 53, 61, 301, 317
瘤突瓢蜡蝉属 53, 61, 63, 300, 315, 318
瘤新瓢蜡蝉 31, 38, 97, 98, 170, 171
柳美萨瓢蜡蝉 444, 474
笼格氏瓢蜡蝉 205, 235, 236
卢瓢蜡蝉属 62, 379, 496
露额杯瓢蜡蝉属 60, 98, 143, 159
罗美萨瓢蜡蝉 445, 481, 482

M

矛尖蒙瓢蜡蝉 177, 187, 188
茂兰杨氏瓢蜡蝉 423
眉瓢蜡蝉 53, 98, 297, 298
眉瓢蜡蝉属 53, 56, 60, 98, 296
眉瓢蜡蝉亚科 45, 53, 54, 56, 58, 59, 60, 98, 166, 296
美萨瓢蜡蝉属 10, 54, 62, 63, 379, 439, 442, 496, 500
蒙瓢蜡蝉 20, 177, 181, 182
蒙瓢蜡蝉属 52, 60, 63, 167, 176, 190
勐腊扁瓢蜡蝉 97, 354, 355, 356
勐仑福瓢蜡蝉 97, 302, 304, 305

弥萨瓢蜡蝉属 62, 379, 439
蜜美萨瓢蜡蝉 444, 471, 472
敏杯瓢蜡蝉属 16, 39, 51, 60, 62, 125, 126
敏杯瓢蜡蝉族 16, 43, 50, 51, 55, 56, 57, 58, 59, 102, 125
魔眼瓢蜡蝉 95, 418
魔眼瓢蜡蝉属 62, 378, 417
牡美萨瓢蜡蝉 444, 455

N

南角唇瓢蜡蝉 24, 98, 290, 293, 294
妮杯瓢蜡蝉属 60, 63, 103, 116
拟龟纹格氏瓢蜡蝉 97, 203, 210, 211
拟角唇瓢蜡蝉属 52
拟瘤额瓢蜡蝉属 61, 301, 346
拟长透翅杯瓢蜡蝉 51, 59, 96, 139, 141, 142
拟周瓢蜡蝉 97, 98, 334
拟周瓢蜡蝉属 53, 61, 98, 301, 333
拟钻瓢蜡蝉属 62, 379, 433
逆蒙瓢蜡蝉 177, 183, 184
浓美萨瓢蜡蝉 444, 462

P

帕瓢蜡蝉亚科 5, 6, 10, 14, 17, 19, 24, 25, 38, 45, 53, 54, 55, 56, 57, 58, 59, 60, 91, 97, 166, 296, 300, 331
帕萨瓢蜡蝉 441, 442
帕萨瓢蜡蝉属 62, 379, 440
片马蒙瓢蜡蝉 95, 177, 181
瓢蜡蝉科 1, 2, 3, 4, 5, 6, 7, 8, 9, 10, 11, 12, 13, 14, 15, 16, 17, 18, 19, 20, 21, 27, 28, 29, 30, 37, 38, 39, 42, 45, 52, 53, 54, 55, 56, 57, 58, 59, 60, 63, 91, 92, 93, 94, 96, 97, 98, 99, 100, 101, 144, 148, 165, 296, 302
瓢蜡蝉亚科 1, 2, 3, 4, 5, 6, 7, 8, 9, 10, 11, 12, 13, 14, 15, 17, 18, 19, 20, 24, 25, 26, 46, 53, 54, 55, 56, 57, 58, 59, 61, 91, 92, 97, 166, 296, 377, 492
平扁足瓢蜡蝉 94, 320, 324, 325
平华萨瓢蜡蝉 424, 425, 426, 428
平脉瘤瓢蜡蝉 94, 318, 319
平突瓢蜡蝉属 62, 63, 379, 435
平突萨瑞瓢蜡蝉 97, 412, 416

Q

黔蒙瓢蜡蝉 177, 187
浅斑球瓢蜡蝉 261, 276
青美萨瓢蜡蝉 444, 458, 459
球鼻瓢蜡蝉属 53, 61, 63, 300, 308
球瓢蜡蝉属 52, 60, 63, 167, 259, 277, 279
球瓢蜡蝉亚科 1, 8, 9, 10, 12, 13, 19, 20, 24, 25, 38, 45, 52, 53, 54, 55, 56, 57, 58, 59, 60, 91, 96, 97, 166, 296
曲纹蒙瓢蜡蝉 96, 177, 178, 179
曲真球瓢蜡蝉 279, 281
犬牙球瓢蜡蝉 97, 260, 265, 266
裙杯瓢蜡蝉属 15, 60, 133, 136

R

锐格氏瓢蜡蝉 206, 256
锐蒙瓢蜡蝉 95, 177, 186
瑞丽扁瓢蜡蝉 97, 354, 357

S

萨瓢蜡蝉属 10, 54, 62, 63, 378, 379, 409, 420
萨瑞瓢蜡蝉 10, 412, 413
萨瑞瓢蜡蝉属 10, 62, 378, 412, 436
三瓣球瓢蜡蝉 96, 261, 274, 275
三杯瓢蜡蝉 27, 94, 104, 109
三带格氏瓢蜡蝉 204, 224, 225
三角蒙瓢蜡蝉 38, 96, 177, 179, 180
三叶美萨瓢蜡蝉 95, 445, 481, 483, 485
桑瓢蜡蝉 392, 393, 394
桑瓢蜡蝉属 61, 63, 378, 391
栅纹格氏瓢蜡蝉 29, 30, 97, 204, 220, 221
山东杯瓢蜡蝉 104, 112

扇扁足瓢蜡蝉 320, 321
深色格氏瓢蜡蝉 52, 55, 98, 205, 251, 252
升美萨瓢蜡蝉 443, 449, 450
十星格氏瓢蜡蝉 20, 27, 205, 237, 238
似美萨瓢蜡蝉 500, 501
似美萨瓢蜡蝉属 62, 379, 499
似球瓢蜡蝉属 52, 60, 167, 276
似球瓢蜡蝉 277, 278
似钻瓢蜡蝉属 62, 379, 431
匙类萨瓢蜡蝉 95, 420, 421, 422
双斑格氏瓢蜡蝉 38, 96, 204, 223, 224
双斑球瓢蜡蝉 95, 260, 268, 269
双瓣众瓢蜡蝉 96, 366, 367
双叉萨瓢蜡蝉 97, 409, 410, 411
双带格氏瓢蜡蝉 204, 229, 230
双带蒙瓢蜡蝉 178, 190, 192
双环球瓢蜡蝉 52, 55, 261, 271, 272
双尖美萨瓢蜡蝉 445, 490
双突扁足瓢蜡蝉 94, 320, 328, 329
双突弥萨瓢蜡蝉 97, 439, 440
双叶瓢蜡蝉 94, 331, 332
斯杯瓢蜡蝉属 14, 60, 62, 143, 147, 148
四瓣拟瘤额瓢蜡蝉 347, 348
四突鞍瓢蜡蝉 29, 30, 31, 39, 93, 384, 385, 387
四突巨齿瓢蜡蝉 95, 399, 400
松村美萨瓢蜡蝉 444, 471, 473
宋氏瘤额瓢蜡蝉 312, 313, 314
苏额瓢蜡蝉属 53, 61, 301, 352
素格氏瓢蜡蝉 52, 55, 98, 205, 250, 251
穗美萨瓢蜡蝉 445, 486, 487
梭瓢蜡蝉属 53, 61, 301, 373

T

台湾格氏瓢蜡蝉 204, 218
台湾美萨瓢蜡蝉 444, 463
台湾梯额瓢蜡蝉 22, 23, 395, 396
梯额瓢蜡蝉属 61, 63, 378, 395
田美萨瓢蜡蝉 444, 465
条萨瓢蜡蝉 409, 410
条纹球瓢蜡蝉 96, 261, 273
透翅杯瓢蜡蝉属 8, 51, 59, 60, 62, 96, 139
透翅杯瓢蜡蝉亚科 5, 15, 16, 24, 44, 51, 55, 56, 57, 58, 59, 60, 96, 97, 102, 132, 148
透翅杯瓢蜡蝉族 6, 12, 13, 14, 15, 16, 44, 51, 55, 58, 59, 132, 138, 148, 159
凸众瓢蜡蝉 95, 366, 370, 372

W

弯球鼻瓢蜡蝉 309
弯突露额杯瓢蜡蝉 96, 160, 164
弯月博杯瓢蜡蝉 94, 133, 134
弯月脊额瓢蜡蝉 97, 195, 196
网纹格氏瓢蜡蝉 205, 234
网新泰瓢蜡蝉 29, 97, 380, 381
望谟梭瓢蜡蝉 373, 375
威宁扁足瓢蜡蝉 320, 326
尾刺脊额瓢蜡蝉 195, 199
污美萨瓢蜡蝉 444, 466, 467
芜锥杯瓢蜡蝉 38, 98, 113, 114, 115
五斑格氏瓢蜡蝉 22, 96, 204, 213
五斑角唇瓢蜡蝉 97, 289, 290, 293
武冈新球瓢蜡蝉 286, 287

X

犀杯瓢蜡蝉 144, 145
犀杯瓢蜡蝉属 60, 143, 144
线格氏瓢蜡蝉 203, 206, 276
线类萨瓢蜡蝉 95, 420, 421
小刺角唇瓢蜡蝉 95, 290, 291, 292
斜妮杯瓢蜡蝉 116, 117
新瓢蜡蝉属 52, 60, 98, 166, 169
新球瓢蜡蝉属 52, 60, 63, 167, 285
新泰瓢蜡蝉属 61, 378, 379
星斑格氏瓢蜡蝉 96, 204, 214, 215
锈球瓢蜡蝉 260, 261

旋美萨瓢蜡蝉 443, 445, 446
炫美萨瓢蜡蝉 445, 492

Y

雅格氏瓢蜡蝉 52, 55, 205, 253
胭脂球瓢蜡蝉 39, 260, 262, 263
杨氏鞍瓢蜡蝉 94, 384, 388, 389
杨氏美萨瓢蜡蝉 444, 461
杨氏瓢蜡蝉属 62, 379, 422
杨氏新球瓢蜡蝉 286, 288
叶瓢蜡蝉属 53, 61, 301, 331
移美萨瓢蜡蝉 443, 451
异色格氏瓢蜡蝉 52, 55, 98, 206, 257, 276
茵美萨瓢蜡蝉 444, 460
鹰杯瓢蜡蝉族 15, 16, 17, 44, 51, 52, 55, 56, 57, 58, 59, 97, 132, 143, 148
玉似钻瓢蜡蝉 95, 432
圆斑露额杯瓢蜡蝉 98, 159, 160, 163, 164
圆翅格氏瓢蜡蝉 204, 227, 228
圆瓢蜡蝉属 52, 60, 166, 167
云犷瓢蜡蝉 95, 407, 408
云南格氏瓢蜡蝉 96, 204, 221, 222
云南黄瓢蜡蝉 97, 341, 343
云南众瓢蜡蝉 97, 366, 367, 368

Z

针美萨瓢蜡蝉 445, 485, 486, 488
真球瓢蜡蝉 279, 284
真球瓢蜡蝉属 52, 60, 167, 277, 278
指扁足瓢蜡蝉 95, 320, 327, 328
中华杯瓢蜡蝉 25, 94, 104, 105
中华瘤突瓢蜡蝉 315, 316
中突露额杯瓢蜡蝉 97, 160
众瓢蜡蝉属 11, 53, 61, 63, 301, 354, 365
周瓢蜡蝉属 52, 60, 166, 174
皱额格氏瓢蜡蝉 204, 226, 227
皱脊额瓢蜡蝉 95, 196, 201, 202
皱脊格氏瓢蜡蝉 205, 208, 247
竹杯瓢蜡蝉属 41, 60, 63, 103, 118
壮格氏瓢蜡蝉 204, 232, 233
锥杯瓢蜡蝉属 57, 60, 62, 98, 103, 113, 123
卓美萨瓢蜡蝉 444, 468, 469
纵带透翅杯瓢蜡蝉 93, 139, 140

学名索引

A

acutifolica, Eusarima 25, 489, 490
acutula, Thabena 95, 371, 372
acutus, Ommatidiotus 93, 142
Adenissini 4, 5, 6, 14, 15, 16, 44, 51, 132
aequa, Tetrica 95, 408
affinis, Caliscelis 94, 107, 108
affinis, Gnezdilovius 254, 255
albimaculata, Mongoliana 28, 185
anlongensis, Tetricodes 314
apicomacula, Augilodes 97, 146, 147
arcuata, Mongoliana 95, 186
arva, Eusarima 466
ascetica, Eusarima 450, 451
astuta, Eusarima 453, 454
Augilini 15, 16, 17, 44, 51, 132, 143, 148
Augilodes 14, 44, 60, 97, 143, 144
auriculiformis, Rhombissus 94, 361, 362

B

Bambusicaliscelis 41, 42, 60, 63, 103, 118
Bardunia 45, 53, 61, 63, 300, 308
bicinctifrons, Kodaianella 96, 403, 404, 405
bicuspidata, Eusarima 491
bifurca, Celyphoma 94, 390
bifurca, Sarima 97, 410, 411
biloba, Symplana 152, 153
bimaculatus, Gnezdilovius 38, 223, 224
bimaculatus, Hemisphaerius 95, 268, 269
binghami, Augilodes 144, 145
biplaga, Thabena 96, 367
bispinus, Sarimissus 97, 440, 441
bistriata, Mongoliana 192
bistriatus, Gnezdilovius 229, 230
Bocra 15, 44, 60, 62, 133
boreale, Potaninum 94, 382, 383
brachys, Dentatissus 93, 398, 400, 401
brevicephala, Symplanella 97, 161, 162
Brevicopius 45, 53, 61, 300, 306
brevis, Lunatissus 97, 497, 498
brevis, Peltonotellus 93, 128, 129
brevispinus, Rhombissus 55, 93, 94, 359
brevistrata, Symplana 96, 155, 156
brunnifrons, Thabena 11, 33, 34, 35, 41, 53, 58, 98, 366
byrrhoides, Fortunia 5, 22, 23, 55, 95, 98, 302, 303

C

caduca, Sinesarima 428
Caliscelinae 1, 3, 5, 6, 8, 12, 13, 14, 15, 16, 17, 19, 25, 42, 51, 101, 102, 148, 159
Caliscelis 42, 50, 51, 59, 62, 101, 102, 103
caninus, Hemisphaerius 97, 265, 266
carbonarius, Gnezdilovius 52, 55, 251, 252
carinatifrons, Gergithoides 36, 37, 52, 55, 98, 195, 197, 198
caudospinosus, Gergithoides 199
Celyphoma 29, 39, 47, 61, 63, 378, 383, 392
cernula, Eusarima 475
chelatus, Gnezdilovius 230, 231
chihpenensis, Neokodaiana 22, 23, 395, 396
chihpensis, Gnezdilovius 239
chilocorides, Mongoliana 181, 182
chinensis, Caliscelis 25, 94, 104, 105

Choutagus 45, 52, 60, 166, 174
clavatus, *Neotetricodes* 347
clavatus, *Sarimodes* 97, 415, 416
coccinelloides, *Hemisphaerius* 262, 263
condensa, *Eusarima* 463
contorta, *Eusarima* 443, 446, 447
convexa, *Thabena* 95, 370
copiosa, *Eusarima* 477, 478
Coruncanoides 49, 62, 379, 431
curiosa, *Neosarima* 431
curvativus, *Pseudochoutagus* 97, 98, 333, 334
curvinaso, *Bardunia* 309
Cylindratus 42, 60, 63, 103, 122

D

damnosus, *Dentatissus* 7, 10, 11, 29, 30, 33, 34, 35, 40, 92, 93, 401, 402
dantela, *Phusta* 31, 98, 136, 137
dashdorzhi, *Ommatidiotus* 93, 139, 140
delectabilis, *Hemisphaerius* 261, 276
Delhina 16, 44, 60, 133, 134
dentata, *Paramongoliana* 295
Dentatissus 49, 54, 61, 63, 378, 398
dentis, *Bambusicaliscelis* 120, 121
diaoluoshanis, *Superciliaris* 53, 298, 299
digitiformum, *Neodurium* 95, 327, 328
docta, *Eusarima* 457, 459
dubiosa, *Sinesarima* 425, 426
duplicadigitum, *Neodurium* 94, 328, 329
duplicatum, *Folifemurum* 94, 331, 332
Duriopsilla 45, 53, 61, 63, 301, 376

E

elongata, *Symplana* 95, 154
Epyhemisphaerius 45, 52, 60, 167, 276
Euhemisphaerius 45, 52, 60, 167, 277, 278
eurybrachydoides, *Delhina* 16, 94, 95, 134, 135, 136
Eusarima 10, 49, 54, 62, 63, 379, 409, 439, 442, 444, 496, 501
Eusarimodes 49, 62, 379, 499
Eusudasina 23, 45, 52, 60, 63, 167, 285, 289
eximia, *Eusarima* 469, 470

F

factiosa, *Eusarima* 481
fanda, *Eusarima* 477, 479
fanjingensis, *Bambusicaliscelis* 118, 119
fasciatus, *Peltonotellus* 126, 127
fennahi, *Neodurium* 97, 330
fennahi, *Tetricodes* 313
flatidum, *Neodurium* 94, 324, 325
Flatiforma 45, 53, 61, 63, 301, 353
flaviguttatus, *Gnezdilovius* 218
flavimaculus, *Gnezdilovius* 96, 212
Flavina 45, 53, 61, 63, 301, 340
flavostriatus, *Pseudocoruncanius* 97, 435
flavus, *Neohemisphaerius* 286
foetida, *Eusarima* 467, 468
Folifemurum 45, 53, 61, 301, 331
formosana, *Eusarima* 464
formosanus, *Gnezdilovius* 234
Fortunia 9, 45, 53, 61, 63, 98, 300, 301, 302, 318
frontilongus, *Gergithus* 96, 167, 168
frontomaculatus, *Fusiissus* 373, 374
furvus, *Parallelissus* 95, 436, 437, 438
fuscus, *Parallelissus* 96, 438, 439
Fusiissus 45, 53, 61, 301, 373

G

gansua, *Celyphoma* 94, 391
Gelastissus 42, 57, 60, 62, 98, 103, 113
Gelastyrella 46, 53, 61, 63, 301, 363, 364, 367
Gergithoides 36, 37, 45, 52, 55, 60, 63, 167, 172, 195
Gergithus 45, 52, 60, 166, 167

gibbosus, *Gergithoides* 97, 196
Gnezdilovius 45, 52, 60, 63, 167, 203, 209
gravidus, *Gnezdilovius* 219
guangxiensis, *Neohemisphaerius* 288
guizhouensis, *Flatiforma* 95, 353, 354, 355

H

hainana, *Flavina* 97, 341, 342
hainanensis, *Symplanella* 160
hamata, *Eusarima* 467, 469
hamatum, *Neodurium* 38, 95, 322, 323
helanense, *Celyphoma* 93, 386, 387
Hemisphaeriinae 12, 13, 19, 25, 45, 52, 166
Hemisphaerius 45, 60, 63, 166, 167, 259, 277, 279
hokutonis, *Gelastissus* 38, 98, 113, 114, 115
hoozanensis, *Hemisphaerius* 261
horaea, *Eusarima* 476
horishanus, *Gnezdilovius* 243
hosticus, *Gnezdilovius* 256
huangi, *Celyphoma* 94, 388

I

iguchii, *Gnezdilovius* 20, 27, 237, 238
incensa, *Eusarima* 457, 458
inclitus, *Euhemisphaerius* 279, 280
indeserta, *Eusarima* 461
infidus, *Euhemisphaerius* 281
Issidae 1, 2, 3, 4, 5, 6, 11, 12, 13, 14, 17, 18, 19, 20, 27, 28, 29, 30, 45, 52, 101, 144, 148, 165, 377
Issinae 1, 2, 3, 5, 6, 12, 13, 14, 17, 18, 19, 25, 26, 46, 53, 166, 377, 493
Issini 1, 2, 6, 12, 13, 14, 15, 17, 18, 19, 46, 54, 377

J

Jagannata 49, 62, 63, 379, 492
jaspida, *Coruncanoides* 95, 432, 433
jianfenglingensis, *Brevicopius* 40, 97, 307
junia, *Eusarima* 459, 460

K

kabuica, *Sangina* 95, 393, 394
Kodaianella 49, 61, 378, 403
koshunensis, Eusarima 446, 492
kotoshonis, *Hemisphaerius* 52, 55, 271, 272
kuankuoshuiensis, *Neotetricodes* 349, 350
kuyanianum, *Eusarima* 448

L

labrosus, *Peltonotellus* 94, 130
lanceolata, *Mongoliana* 187, 188
lanpingensis, *Thabena* 368, 369
latistriata, *Mongoliana* 193, 194
lii, *Symplana* 150, 151
linearis, *Sarimites* 95, 420, 421, 422
lineatus, *Gnezdilovius* 206, 276
litaoensis, *Gelastyrella* 28, 95, 98, 363, 364
logica, *Eusarima* 482, 483
longicephala, *Symplana* 97, 149, 150
longicephalus, *Choutagus* 21, 22, 174, 175, 176
longicephalus, *Cylindratus* 122, 123, 124
longispina, *Kodaianella* 95, 406
longispinus, *Neotetricodes* 97, 350
longulus, *Gnezdilovius* 235, 236
longus, *Lunatissus* 499, 500
longus, *Rhombissus* 360, 361
Lunatissus 49, 62, 379, 496
lysanias, *Hemisphaerius* 40, 263, 264

M

Macrodaruma 45, 52, 60, 63, 166, 172
Macrodarumoides 46, 53, 61, 63, 301, 336, 338
maculosus, *Eusarimodes* 500, 501, 502
maolanensis, *Yangissus* 423, 424
matsumurai, *Eusarima* 472, 474
menglaensis, *Flatiforma* 97, 355, 356

menglunensis, *Fortunia* 97, 304, 305
minensis, *Neokodaiana* 26, 95, 397
Mongoliana 45, 52, 60, 63, 167, 176
motiva, *Eusarima* 452
mucida, *Eusarima* 456
multipunctatus, *Gnezdilovius* 96, 214, 215
mythica, *Eusarima* 472, 473

N

naevia, *Mongoliana* 189
nantouensis, *Eusudasina* 24, 98, 289, 293, 294
Narinosus 46, 53, 61, 63, 300, 309
nativus, *Narinosus* 53, 55, 93, 309, 310, 311
Nenasa 43, 60, 63, 103, 116
Neodurium 46, 53, 61, 63, 301, 319
Neogergithoides 45, 52, 60, 97, 98, 166, 169
Neohemisphaerius 45, 52, 60, 63, 167, 285
Neokodaiana 49, 61, 63, 378, 395
Neosarima 49, 62, 379, 428
Neotapirissus 48, 61, 378, 379
Neotetricodes 46, 53, 61, 301, 346
niger, *Peltonotellus* 94, 130, 131
nigra, *Neosarima* 429, 430
nigrifacies, *Sarima* 95, 410
nigrifascia, *Flavina* 345, 346
nigrifasciata, *Pseudosymplanella* 157, 158
nigrifrons, *Flavina* 343, 344
nigrimaculata, *Rotundiforma* 40, 41, 96, 257, 258, 259
nigrolimbatus, *Gnezdilovius* 243, 244
nonomaculatus, *Gnezdilovius* 216, 217
nummarius, *Gnezdilovius* 248, 249

O

obesus, *Euhemisphaerius* 282, 283
obliqua, *Nenasa* 116, 117
Ommatidiotinae 15, 16, 44, 51, 102, 132, 148
Ommatidiotini 6, 12, 13, 14, 15, 16, 44, 51, 132, 138, 148, 159
Ommatidiotus 8, 14, 44, 51, 59, 60, 62, 132, 138, 139
Orbita 49, 62, 378
orientalis, *Caliscelis* 94, 95, 105, 106

P

palaemon, *Hemisphaerius* 97, 270, 271
pallizona, *Parasarima* 442, 443
pandlineus, *Tetricodissus* 97, 352
pannosa, *Sinesarima* 425, 426, 427
Parahiraciinae 5, 6, 10, 14, 17, 19, 25, 45, 53, 166, 300, 331
parallelicus, *Tumorofrontus* 94, 317, 318, 319
Parallelissus 49, 62, 63, 379, 435
parallelodroma, *Orbita* 95, 418, 419
parallelus, *Gnezdilovius* 29, 220, 221
parallelus, *Hemisphaerius* 273
parallelus, *Sarimodes* 415, 416, 417
Paramongoliana 45, 52, 60, 167, 295
Parasarima 50, 62, 379, 440
Paratetricodes 46, 53, 61, 63, 300, 315, 318
Peltonotellini 16, 43, 51, 102, 125
Peltonotellus 39, 43, 51, 60, 62, 125, 126
penaria, *Eusarima* 471
pendulus, *Gnezdilovius* 240, 241
perlaeta, *Eusarima* 464, 465
pertinax, *Macrodaruma* 21, 96, 172, 173
petalinus, *Macrodarumoides* 96, 338, 339
Phusta 44, 60, 133, 136
pianmaensis, *Mongoliana* 95, 181
polyphemus, *Tetricodes* 25, 95, 311, 312, 313
postfasciatum, *Neodurium* 319, 320, 321
Potaninum 47, 61, 378, 382
primulus, *Euhemisphaerius* 278, 284
Pseudochoutagus 46, 53, 61, 98, 301, 333
Pseudocoruncanius 50, 62, 379, 433
pseudolongiceps, *Ommatidiotus* 51, 59, 96, 141,

142
Pseudosymplanella 44, 60, 143, 157
pseudotesselatus, *Gnezdilovius* 97, 210, 211

Q

qiana, *Mongoliana* 187
quadrilaminus, *Neotetricodes* 346, 348
quadrupla, *Celyphoma* 29, 93, 384, 385
quadruplus, *Dentatissus* 95, 399, 400
quinquemaculata, *Eusudasina* 290
quinquemaculatus, *Gnezdilovius* 22, 213

R

radicosa, *Eusarima* 454, 455
recurrens, *Mongoliana* 183, 184
recurvata, *Symplanella* 96, 164
retarius, *Duriopsilla* 376, 377
reticularis, *Neotapirissus* 21, 29, 97, 379, 380, 381
reticulatus, *Superciliaris* 53, 98, 296, 297, 298
rhabdocladis, *Caliscelis* 30, 36, 37, 38, 93, 110, 111
Rhombissus 46, 53, 61, 63, 301, 358, 359
ringentiformis, *Jagannata* 97, 495, 496
rinkihonis, *Eusarima* 449, 450
robustus, *Gnezdilovius* 232, 233
rosticus, *Gnezdilovius* 226, 227
Rostrolatum 46, 53, 61, 301, 335
Rotundiforma 45, 52, 60, 167, 257
rotundus, *Gnezdilovius* 227, 228
rubricans, *Eusarima* 479, 480
rufovarius, *Hemisphaerius* 36, 37, 266, 267
rugiformis, *Gnezdilovius* 247
rugulosus, *Gergithoides* 95, 201, 202
ruiliensis, *Flatiforma* 357

S

Sangina 48, 61, 63, 378, 391
Sarima 10, 50, 54, 62, 63, 378, 409, 420, 439
Sarimissus 50, 62, 379, 440, 441
Sarimites 50, 62, 378, 419
Sarimodes 10, 49, 62, 378, 412
sauteri, *Hemisphaerius* 261
separatum, *Rostrolatum* 97, 335, 336, 337
serrata, *Mongoliana* 95, 190, 191
shandongensis, *Caliscelis* 112
siculiformis, *Bocra* 94, 133, 134
signifer, *Mongoliana* 190
sinensis, *Paratetricodes* 315, 316
Sinesarima 50, 62, 379, 424
singularis, *Sangina* 391, 392, 393
sinuata, *Mongoliana* 178, 179
songae, *Tetricodes* 313, 314
spatulatus, *Sarimites* 95, 422, 423
spiculata, *Eusarima* 487, 488
spiculiformis, *Eusarima* 486, 487
spina, *Eusarima* 485
spinosa, *Eusudasina* 95, 291, 292
spinosus, *Gnezdilovius* 245, 246
stramineus, *Gnezdilovius* 242
Superciliarinae 45, 53, 166, 296
Superciliaris 45, 53, 60, 296, 297
Symplana 14, 44, 60, 62, 143, 147, 148
Symplanella 14, 44, 60, 98, 143, 159

T

taimokko, *Sarimodes* 10, 412, 413, 414
taiwanensis, *Gnezdilovius* 218
tappana, *Sarima* 410
tappanus, *Epyhemisphaerius* 277, 278
tesselatus, *Gnezdilovius* 38, 98, 209, 218
Tetrica 50, 54, 61, 63, 378, 407
Tetricodes 46, 53, 61, 63, 300, 311
Tetricodissus 46, 53, 61, 301, 352
Thabena 46, 53, 61, 63, 301, 354, 365
transversus, *Gnezdilovius* 207, 208
triangularis, *Mongoliana* 38, 96, 179, 180, 186

trilobulus, *Hemisphaerius* 96, 274, 275
triphylla, *Eusarima* 95, 482
triplicata, *Caliscelis* 27, 94, 109
tristriatus, *Gnezdilovius* 224, 225
tubercularis, *Neogergithoides* 38, 97, 169, 170, 171
Tumorofrontus 46, 53, 61, 301, 317

U

uncinulata, *Jagannata* 95, 494, 495
undulatus, *Gergithoides* 199, 200
unicolor, *Gnezdilovius* 98, 250, 251
unipuncta, *Symplanella* 98, 159, 163, 164

V

variabilis, *Gnezdilovius* 206, 257
versicolor, *Eusarima* 446, 493

W

wangmoensis, *Fusiissus* 375
weiningense, *Neodurium* 326
wugangensis, *Neohemisphaerius* 285, 287

X

xiphoideus, *Neotetricodes* 351

Y

yangi, *Celyphoma* 94, 388, 389
yangi, *Eusarima* 462
yangi, *Neohemisphaerius* 288
Yangissus 50, 62, 379, 422
yayeyamensis, *Gnezdilovius* 253
yunnanensis, *Flavina* 97, 343
yunnanensis, *Gnezdilovius* 221, 222
yunnanensis, *Thabena* 97, 367, 368

Z

zephyrus, *Tetrica* 95, 407, 408
zhongtua, *Symplanella* 160

《中国动物志》已出版书目

《中国动物志》

兽纲　第六卷　啮齿目（下）　仓鼠科　罗泽珣等　2000，514 页，140 图，4 图版。

兽纲　第八卷　食肉目　高耀亭等　1987，377 页，66 图，10 图版。

兽纲　第九卷　鲸目　食肉目 海豹总科　海牛目　周开亚　2004，326 页，117 图，8 图版。

鸟纲　第一卷　第一部　中国鸟纲绪论　第二部　潜鸟目　鹳形目　郑作新等　1997，199 页，39 图，4 图版。

鸟纲　第二卷　雁形目　郑作新等　1979，143 页，65 图，10 图版。

鸟纲　第四卷　鸡形目　郑作新等　1978，203 页，53 图，10 图版。

鸟纲　第五卷　鹤形目　鸻形目　鸥形目　王岐山、马鸣、高育仁　2006，644 页，263 图，4 图版。

鸟纲　第六卷　鸽形目　鹦形目　鹃形目　鸮形目　郑作新、冼耀华、关贯勋　1991，240 页，64 图，5 图版。

鸟纲　第七卷　夜鹰目　雨燕目　咬鹃目　佛法僧目　鴷形目　谭耀匡、关贯勋　2003，241 页，36 图，4 图版。

鸟纲　第八卷　雀形目　阔嘴鸟科　和平鸟科　郑宝赉等　1985，333 页，103 图，8 图版。

鸟纲　第九卷　雀形目　太平鸟科　岩鹨科　陈服官等　1998，284 页，143 图，4 图版。

鸟纲　第十卷　雀形目　鹟科(一)　鸫亚科　郑作新、龙泽虞、卢汰春　1995，239 页，67 图，4 图版。

鸟纲　第十一卷　雀形目　鹟科(二)　画眉亚科　郑作新、龙泽虞、郑宝赉　1987，307 页，110 图，8 图版。

鸟纲　第十二卷　雀形目　鹟科(三)　莺亚科　鹟亚科　郑作新、卢汰春、杨岚、雷富民等　2010，439 页，121 图，4 图版。

鸟纲　第十三卷　雀形目　山雀科　绣眼鸟科　李桂垣、郑宝赉、刘光佐　1982，170 页，68 图，4 图版。

鸟纲　第十四卷　雀形目　文鸟科 雀科　傅桐生、宋榆钧、高玮等　1998，322 页，115 图，8 图版。

爬行纲　第一卷　总论　龟鳖目　鳄形目　张孟闻等　1998，208 页，44 图，4 图版。

爬行纲　第二卷　有鳞目　蜥蜴亚目　赵尔宓、赵肯堂、周开亚等　1999，394 页，54 图，8 图版。

爬行纲　第三卷　有鳞目　蛇亚目　赵尔宓等　1998，522 页，100 图，12 图版。

两栖纲　上卷　总论　蚓螈目　有尾目　费梁、胡淑琴、叶昌媛、黄永昭等　2006，471 页，120 图，16 图版。

两栖纲　中卷　无尾目　费梁、胡淑琴、叶昌媛、黄永昭等　2009，957 页，549 图，16 图版。

两栖纲　下卷　无尾目　蛙科　费梁、胡淑琴、叶昌媛、黄永昭等　2009，888 页，337 图，16 图版。
硬骨鱼纲　鲽形目　李思忠、王惠民　1995，433 页，170 图。
硬骨鱼纲　鲇形目　褚新洛、郑葆珊、戴定远等　1999，230 页，124 图。
硬骨鱼纲　鲤形目(中)　陈宜瑜等　1998，531 页，257 图。
硬骨鱼纲　鲤形目(下)　乐佩绮等　2000，661 页，340 图。
硬骨鱼纲　鲟形目　海鲢目　鲱形目　鼠鱚目　张世义　2001，209 页，88 图。
硬骨鱼纲　灯笼鱼目　鲸口鱼目　骨舌鱼目　陈素芝　2002，349 页，135 图。
硬骨鱼纲　鲀形目　海蛾鱼目　喉盘鱼目　鮟鱇目　苏锦祥、李春生　2002，495 页，194 图。
硬骨鱼纲　鲉形目　金鑫波　2006，739 页，287 图。
硬骨鱼纲　鲈形目(四)　刘静等　2016，312 页，142 图，15 图版。
硬骨鱼纲　鲈形目(五)　虾虎鱼亚目　伍汉霖、钟俊生等　2008，951 页，575 图，32 图版。
硬骨鱼纲　鳗鲡目　背棘鱼目　张春光等　2010，453 页，225 图，3 图版。
硬骨鱼纲　银汉鱼目　鳉形目　颌针鱼目　蛇鳚目　鳕形目　李思忠、张春光等　2011，946 页，345 图。
圆口纲　软骨鱼纲　朱元鼎、孟庆闻等　2001，552 页，247 图。
昆虫纲　第一卷　蚤目　柳支英等　1986，1334 页，1948 图。
昆虫纲　第二卷　鞘翅目　铁甲科　陈世骧等　1986，653 页，327 图，15 图版。
昆虫纲　第三卷　鳞翅目　圆钩蛾科　钩蛾科　朱弘复、王林瑶　1991，269 页，204 图，10 图版。
昆虫纲　第四卷　直翅目　蝗总科　癞蝗科　瘤锥蝗科　锥头蝗科　夏凯龄等　1994，340 页，168 图。
昆虫纲　第五卷　鳞翅目　蚕蛾科　大蚕蛾科　网蛾科　朱弘复、王林瑶　1996，302 页，234 图，18 图版。
昆虫纲　第六卷　双翅目　丽蝇科　范滋德等　1997，707 页，229 图。
昆虫纲　第七卷　鳞翅目　祝蛾科　武春生　1997，306 页，74 图，38 图版。
昆虫纲　第八卷　双翅目　蚊科(上)　陆宝麟等　1997，593 页，285 图。
昆虫纲　第九卷　双翅目　蚊科(下)　陆宝麟等　1997，126 页，57 图。
昆虫纲　第十卷　直翅目　蝗总科　斑翅蝗科　网翅蝗科　郑哲民、夏凯龄　1998，610 页，323 图。
昆虫纲　第十一卷　鳞翅目　天蛾科　朱弘复、王林瑶　1997，410 页，325 图，8 图版。
昆虫纲　第十二卷　直翅目　蚱总科　梁络球、郑哲民　1998，278 页，166 图。
昆虫纲　第十三卷　半翅目　姬蝽科　任树芝　1998，251 页，508 图，12 图版。
昆虫纲　第十四卷　同翅目　纩蚜科　瘿绵蚜科　张广学、乔格侠、钟铁森、张万玉　1999，380 页，121 图，17+8 图版。
昆虫纲　第十五卷　鳞翅目　尺蛾科　花尺蛾亚科　薛大勇、朱弘复　1999，1090 页，1197 图，25 图版。
昆虫纲　第十六卷　鳞翅目　夜蛾科　陈一心　1999，1596 页，701 图，68 图版。
昆虫纲　第十七卷　等翅目　黄复生等　2000，961 页，564 图。
昆虫纲　第十八卷　膜翅目　茧蜂科(一)　何俊华、陈学新、马云　2000，757 页，1783 图。
昆虫纲　第十九卷　鳞翅目　灯蛾科　方承莱　2000，589 页，338 图，20 图版。

昆虫纲 第二十卷 膜翅目 准蜂科 蜜蜂科 吴燕如 2000，442 页，218 图，9 图版。

昆虫纲 第二十一卷 鞘翅目 天牛科 花天牛亚科 蒋书楠、陈力 2001，296 页，17 图，18 图版。

昆虫纲 第二十二卷 同翅目 蚧总科 粉蚧科 绒蚧科 蜡蚧科 链蚧科 盘蚧科 壶蚧科 仁蚧科 王子清 2001，611 页，188 图。

昆虫纲 第二十三卷 双翅目 寄蝇科(一) 赵建铭、梁恩义、史永善、周士秀 2001，305 页，183 图，11 图版。

昆虫纲 第二十四卷 半翅目 毛唇花蝽科 细角花蝽科 花蝽科 卜文俊、郑乐怡 2001，267 页，362 图。

昆虫纲 第二十五卷 鳞翅目 凤蝶科 凤蝶亚科 锯凤蝶亚科 绢蝶亚科 武春生 2001，367 页，163 图，8 图版。

昆虫纲 第二十六卷 双翅目 蝇科(二) 棘蝇亚科(一) 马忠余、薛万琦、冯炎 2002，421 页，614 图。

昆虫纲 第二十七卷 鳞翅目 卷蛾科 刘友樵、李广武 2002，601 页，16 图，136+2 图版。

昆虫纲 第二十八卷 同翅目 角蝉总科 犁胸蝉科 角蝉科 袁锋、周尧 2002，590 页，295 图，4 图版。

昆虫纲 第二十九卷 膜翅目 螯蜂科 何俊华、许再福 2002，464 页，397 图。

昆虫纲 第三十卷 鳞翅目 毒蛾科 赵仲苓 2003，484 页，270 图，10 图版。

昆虫纲 第三十一卷 鳞翅目 舟蛾科 武春生、方承莱 2003，952 页，530 图，8 图版。

昆虫纲 第三十二卷 直翅目 蝗总科 槌角蝗科 剑角蝗科 印象初、夏凯龄 2003，280 页，144 图。

昆虫纲 第三十三卷 半翅目 盲蝽科 盲蝽亚科 郑乐怡、吕楠、刘国卿、许兵红 2004，797 页，228 图，8 图版。

昆虫纲 第三十四卷 双翅目 舞虻总科 舞虻科 螳舞虻亚科 驼舞虻亚科 杨定、杨集昆 2004，334 页，474 图，1 图版。

昆虫纲 第三十五卷 革翅目 陈一心、马文珍 2004，420 页，199 图，8 图版。

昆虫纲 第三十六卷 鳞翅目 波纹蛾科 赵仲苓 2004，291 页，153 图，5 图版。

昆虫纲 第三十七卷 膜翅目 茧蜂科(二) 陈学新、何俊华、马云 2004，581 页，1183 图，103 图版。

昆虫纲 第三十八卷 鳞翅目 蝙蝠蛾科 蛱蛾科 朱弘复、王林瑶、韩红香 2004，291 页，179 图，8 图版。

昆虫纲 第三十九卷 脉翅目 草蛉科 杨星科、杨集昆、李文柱 2005，398 页，240 图，4 图版。

昆虫纲 第四十卷 鞘翅目 肖叶甲科 肖叶甲亚科 谭娟杰、王书永、周红章 2005，415 页，95 图，8 图版。

昆虫纲 第四十一卷 同翅目 斑蚜科 乔格侠、张广学、钟铁森 2005，476 页，226 图，8 图版。

昆虫纲 第四十二卷 膜翅目 金小蜂科 黄大卫、肖晖 2005，388 页，432 图，5 图版。

昆虫纲 第四十三卷 直翅目 蝗总科 斑腿蝗科 李鸿昌、夏凯龄 2006，736 页，325 图。

昆虫纲 第四十四卷 膜翅目 切叶蜂科 吴燕如 2006，474 页，180 图，4 图版。

昆虫纲 第四十五卷 同翅目 飞虱科 丁锦华 2006，776 页，351 图，20 图版。

昆虫纲 第四十六卷 膜翅目 茧蜂科 窄径茧蜂亚科 陈家骅、杨建全 2006，301 页，81 图，32 图版。

昆虫纲 第四十七卷 鳞翅目 枯叶蛾科 刘有樵、武春生 2006，385 页，248 图，8 图版。

昆虫纲 蚤目(第二版，上下卷) 吴厚永等 2007，2174 页，2475 图。

昆虫纲 第四十九卷 双翅目 蝇科(一) 范滋德、邓耀华 2008，1186 页，276 图，4 图版。

昆虫纲 第五十卷 双翅目 食蚜蝇科 黄春梅、成新月 2012，852 页，418 图，8 图版。

昆虫纲 第五十一卷 广翅目 杨定、刘星月 2010，457 页，176 图，14 图版。

昆虫纲 第五十二卷 鳞翅目 粉蝶科 武春生 2010，416 页，174 图，16 图版。

昆虫纲 第五十三卷 双翅目 长足虻科(上下卷) 杨定、张莉莉、王孟卿、朱雅君 2011，1912 页，1017 图，7 图版。

昆虫纲 第五十四卷 鳞翅目 尺蛾科 尺蛾亚科 韩红香、薛大勇 2011，787 页，929 图，20 图版。

昆虫纲 第五十五卷 鳞翅目 弄蝶科 袁锋、袁向群、薛国喜 2015，754 页，280 图，15 图版。

昆虫纲 第五十六卷 膜翅目 细蜂总科(一) 何俊华、许再福 2015，1078 页，485 图。

昆虫纲 第五十七卷 直翅目 螽斯科 露螽亚科 康乐、刘春香、刘宪伟 2013，574 页，291 图，31 图版。

昆虫纲 第五十八卷 襀翅目 叉襀总科 杨定、李卫海、祝芳 2014，518 页，294 图，12 图版。

昆虫纲 第五十九卷 双翅目 虻科 许荣满、孙毅 2013，870 页，495 图，17 图版。

昆虫纲 第六十卷 半翅目 扁蚜科 平翅绵蚜科 乔格侠、姜立云、陈静、张广学、钟铁森 2017，414 页，137 图，8 图版。

昆虫纲 第六十一卷 鞘翅目 叶甲科 叶甲亚科 杨星科、葛斯琴、王书永、李文柱、崔俊芝 2014，641 页，378 图，8 图版。

昆虫纲 第六十二卷 半翅目 盲蝽科(二) 合垫盲蝽亚科 刘国卿、郑乐怡 2014，297 页，134 图，13 图版。

昆虫纲 第六十三卷 鞘翅目 拟步甲科(一) 任国栋等 2016，534 页，248 图，49 图版。

昆虫纲 第六十四卷 膜翅目 金小蜂科(二) 金小蜂亚科 肖晖、黄大卫、矫天扬 2019，495 页，186 图，12 图版。

昆虫纲 第六十五卷 双翅目 鹬虻科、伪鹬虻科 杨定、董慧、张魁艳 2016，476 页，222 图，7 图版。

昆虫纲 第六十七卷 半翅目 叶蝉科 (二) 大叶蝉亚科 杨茂发、孟泽洪、李子忠 2017，637 页，312 图，27 图版。

昆虫纲 第六十八卷 脉翅目 蚁蛉总科 王心丽、詹庆斌、王爱芹 2018，285 页，2 图，38 图版。

昆虫纲 第七十卷 半翅目 杯瓢蜡蝉科 瓢蜡蝉科 张雅林、车艳丽、孟瑞、王应伦 2020，655 页，224 图，43 图版。

昆虫纲 第七十二卷 半翅目 叶蝉科（四） 李子忠、李玉建、邢济春 2020，547 页，303 图，14 图版。

无脊椎动物 第一卷 甲壳纲 淡水枝角类 蒋燮治、堵南山 1979，297 页，192 图。

无脊椎动物 第二卷 甲壳纲 淡水桡足类 沈嘉瑞等 1979，450 页，255 图。
无脊椎动物 第三卷 吸虫纲 复殖目(一) 陈心陶等 1985，697 页，469 图，10 图版。
无脊椎动物 第四卷 头足纲 董正之 1988，201 页，124 图，4 图版。
无脊椎动物 第五卷 蛭纲 杨潼 1996，259 页，141 图。
无脊椎动物 第六卷 海参纲 廖玉麟 1997，334 页，170 图，2 图版。
无脊椎动物 第七卷 腹足纲 中腹足目 宝贝总科 马绣同 1997，283 页，96 图，12 图版。
无脊椎动物 第八卷 蛛形纲 蜘蛛目 蟹蛛科 逍遥蛛科 宋大祥、朱明生 1997，259 页，154 图。
无脊椎动物 第九卷 多毛纲(一) 叶须虫目 吴宝铃、吴启泉、丘建文、陆华 1997，323 页，180 图。
无脊椎动物 第十卷 蛛形纲 蜘蛛目 园蛛科 尹长民等 1997，460 页，292 图。
无脊椎动物 第十一卷 腹足纲 后鳃亚纲 头楯目 林光宇 1997，246 页，35 图，24 图版。
无脊椎动物 第十二卷 双壳纲 贻贝目 王祯瑞 1997，268 页，126 图，4 图版。
无脊椎动物 第十三卷 蛛形纲 蜘蛛目 球蛛科 朱明生 1998，436 页，233 图，1 图版。
无脊椎动物 第十四卷 肉足虫纲 等辐骨虫目 泡沫虫目 谭智源 1998，315 页，273 图，25 图版。
无脊椎动物 第十五卷 粘孢子纲 陈启鎏、马成伦 1998，805 页，30 图，180 图版。
无脊椎动物 第十六卷 珊瑚虫纲 海葵目 角海葵目 群体海葵目 裴祖南 1998，286 页，149 图，20 图版。
无脊椎动物 第十七卷 甲壳动物亚门 十足目 束腹蟹科 溪蟹科 戴爱云 1999，501 页，238 图，31 图版。
无脊椎动物 第十八卷 原尾纲 尹文英 1999，510 页，275 图，8 图版。
无脊椎动物 第十九卷 腹足纲 柄眼目 烟管螺科 陈德牛、张国庆 1999，210 页，128 图，5 图版。
无脊椎动物 第二十卷 双壳纲 原鳃亚纲 异韧带亚纲 徐凤山 1999，244 页，156 图。
无脊椎动物 第二十一卷 甲壳动物亚门 糠虾目 刘瑞玉、王绍武 2000，326 页，110 图。
无脊椎动物 第二十二卷 单殖吸虫纲 吴宝华、郎所、王伟俊等 2000，756 页，598 图，2 图版。
无脊椎动物 第二十三卷 珊瑚虫纲 石珊瑚目 造礁石珊瑚 邹仁林 2001，289 页，9 图，55 图版。
无脊椎动物 第二十四卷 双壳纲 帘蛤科 庄启谦 2001，278 页，145 图。
无脊椎动物 第二十五卷 线虫纲 杆形目 圆线亚目(一) 吴淑卿等 2001，489 页，201 图。
无脊椎动物 第二十六卷 有孔虫纲 胶结有孔虫 郑守仪、傅钊先 2001，788 页，130 图，122 图版。
无脊椎动物 第二十七卷 水螅虫纲 钵水母纲 高尚武、洪惠馨、张士美 2002，275 页，136 图。
无脊椎动物 第二十八卷 甲壳动物亚门 端足目 蛾亚目 陈清潮、石长泰 2002，249 页，178 图。
无脊椎动物 第二十九卷 腹足纲 原始腹足目 马蹄螺总科 董正之 2002，210 页，176 图，2 图版。
无脊椎动物 第三十卷 甲壳动物亚门 短尾次目 海洋低等蟹类 陈惠莲、孙海宝 2002，597 页，237 图，4 彩色图版，12 黑白图版。
无脊椎动物 第三十一卷 双壳纲 珍珠贝亚目 王祯瑞 2002，374 页，152 图，7 图版。
无脊椎动物 第三十二卷 多孔虫纲 罩笼虫目 稀孔虫纲 稀孔虫目 谭智源、宿星慧 2003，295

页，193 图，25 图版。

无脊椎动物　第三十三卷　多毛纲(二)　沙蚕目　孙瑞平、杨德渐　2004，520 页，267 图，1 图版。

无脊椎动物　第三十四卷　腹足纲　鹑螺总科　张素萍、马绣同　2004，243 页，123 图，5 图版。

无脊椎动物　第三十五卷　蛛形纲　蜘蛛目　肖蛸科　朱明生、宋大祥、张俊霞　2003，402 页，174 图，5 彩色图版，11 黑白图版。

无脊椎动物　第三十六卷　甲壳动物亚门　十足目　匙指虾科　梁象秋　2004，375 页，156 图。

无脊椎动物　第三十七卷　软体动物门　腹足纲　巴锅牛科　陈德牛、张国庆　2004，482 页，409 图，8 图版。

无脊椎动物　第三十八卷　毛颚动物门　箭虫纲　萧贻昌　2004，201 页，89 图。

无脊椎动物　第三十九卷　蛛形纲　蜘蛛目　平腹蛛科　宋大祥、朱明生、张锋　2004，362 页，175 图。

无脊椎动物　第四十卷　棘皮动物门　蛇尾纲　廖玉麟　2004，505 页，244 图，6 图版。

无脊椎动物　第四十一卷　甲壳动物亚门　端足目　钩虾亚目(一)　任先秋　2006，588 页，194 图。

无脊椎动物　第四十二卷　甲壳动物亚门　蔓足下纲　围胸总目　刘瑞玉、任先秋　2007，632 页，239 图。

无脊椎动物　第四十三卷　甲壳动物亚门　端足目　钩虾亚目(二)　任先秋　2012，651 页，197 图。

无脊椎动物　第四十四卷　甲壳动物亚门　十足目　长臂虾总科　李新正、刘瑞玉、梁象秋等　2007，381 页，157 图。

无脊椎动物　第四十五卷　纤毛门　寡毛纲　缘毛目　沈韫芬、顾曼如　2016，502 页，164 图，2 图版。

无脊椎动物　第四十六卷　星虫动物门 螠虫动物门　周红、李凤鲁、王玮　2007，206 页，95 图。

无脊椎动物　第四十七卷　蛛形纲　蜱螨亚纲　植绥螨科　吴伟南、欧剑峰、黄静玲　2009，511 页，287 图，9 图版。

无脊椎动物　第四十八卷　软体动物门　双壳纲　满月蛤总科　心蛤总科　厚壳蛤总科　鸟蛤总科　徐凤山　2012，239 页，133 图。

无脊椎动物　第四十九卷　甲壳动物亚门　十足目　梭子蟹科　杨思谅、陈惠莲、戴爱云　2012，417 页，138 图，14 图版。

无脊椎动物　第五十卷　缓步动物门　杨潼　2015，279 页，131 图，5 图版。

无脊椎动物　第五十一卷　线虫纲　杆形目　圆线亚目(二)　张路平、孔繁瑶　2014，316 页，97 图，19 图版。

无脊椎动物　第五十二卷　扁形动物门　吸虫纲　复殖目（三）　邱兆祉等　2018，746 页，401 图。

无脊椎动物　第五十三卷　蛛形纲　蜘蛛目　跳蛛科　彭贤锦　2020，612 页，392 图。

无脊椎动物　第五十四卷　环节动物门　多毛纲(三)　缨鳃虫目　孙瑞平、杨德渐　2014，493 页，239 图，2 图版。

无脊椎动物　第五十五卷　软体动物门　腹足纲　芋螺科　李凤兰、林民玉　2016，288 页，168 图，4 图版。

无脊椎动物　第五十六卷　软体动物门　腹足纲　凤螺总科、玉螺总科　张素萍　2016，318 页，138

图，10 图版。

无脊椎动物 第五十七卷 软体动物门 双壳纲 樱蛤科 双带蛤科 徐凤山、张均龙 2017，236 页，50 图，15 图版。

无脊椎动物 第五十八卷 软体动物门 腹足纲 艾纳螺总科 吴岷 2018，300 页，63 图，6 图版。

无脊椎动物 第五十九卷 蛛形纲 蜘蛛目 漏斗蛛科 暗蛛科 朱明生、王新平、张志升 2017，727 页，384 图，5 图版。

《中国经济动物志》

兽类 寿振黄等 1962，554 页，153 图，72 图版。

鸟类 郑作新等 1963，694 页，10 图，64 图版。

鸟类(第二版) 郑作新等 1993，619 页，64 图版。

海产鱼类 成庆泰等 1962，174 页，25 图，32 图版。

淡水鱼类 伍献文等 1963，159 页，122 图，30 图版。

淡水鱼类寄生甲壳动物 匡溥人、钱金会 1991，203 页，110 图。

环节(多毛纲) 棘皮 原索动物 吴宝铃等 1963，141 页，65 图，16 图版。

海产软体动物 张玺、齐钟彦 1962，246 页，148 图。

淡水软体动物 刘月英等 1979，134 页，110 图。

陆生软体动物 陈德牛、高家祥 1987，186 页，224 图。

寄生蠕虫 吴淑卿、尹文真、沈守训 1960，368 页，158 图。

《中国经济昆虫志》

第一册 鞘翅目 天牛科 陈世骧等 1959，120 页，21 图，40 图版。

第二册 半翅目 蝽科 杨惟义 1962，138 页，11 图，10 图版。

第三册 鳞翅目 夜蛾科(一) 朱弘复、陈一心 1963，172 页，22 图，10 图版。

第四册 鞘翅目 拟步行虫科 赵养昌 1963，63 页，27 图，7 图版。

第五册 鞘翅目 瓢虫科 刘崇乐 1963，101 页，27 图，11 图版。

第六册 鳞翅目 夜蛾科(二) 朱弘复等 1964，183 页，11 图版。

第七册 鳞翅目 夜蛾科(三) 朱弘复、方承莱、王林瑶 1963，120 页，28 图，31 图版。

第八册 等翅目 白蚁 蔡邦华、陈宁生，1964，141 页，79 图，8 图版。

第九册 膜翅目 蜜蜂总科 吴燕如 1965，83 页，40 图，7 图版。

第十册 同翅目 叶蝉科 葛钟麟 1966，170 页，150 图。

第十一册 鳞翅目 卷蛾科(一) 刘友樵、白九维 1977，93 页，23 图，24 图版。

第十二册 鳞翅目 毒蛾科 赵仲苓 1978，121 页，45 图，18 图版。

第十三册 双翅目 蠓科 李铁生 1978，124 页，104 图。

第十四册 鞘翅目 瓢虫科(二) 庞雄飞、毛金龙 1979，170 页，164 图，16 图版。

第十五册 蜱螨目 蜱总科 邓国藩 1978，174 页，707 图。

第十六册 鳞翅目 舟蛾科 蔡荣权 1979，166 页，126 图，19 图版。

第十七册 蜱螨目 革螨股 潘錝文、邓国藩 1980，155 页，168 图。
第十八册 鞘翅目 叶甲总科(一) 谭娟杰、虞佩玉 1980，213 页，194 图，18 图版。
第十九册 鞘翅目 天牛科 蒲富基 1980，146 页，42 图，12 图版。
第二十册 鞘翅目 象虫科 赵养昌、陈元清 1980，184 页，73 图，14 图版。
第二十一册 鳞翅目 螟蛾科 王平远 1980，229 页，40 图，32 图版。
第二十二册 鳞翅目 天蛾科 朱弘复、王林瑶 1980，84 页，17 图，34 图版。
第二十三册 螨 目 叶螨总科 王慧芙 1981，150 页，121 图，4 图版。
第二十四册 同翅目 粉蚧科 王子清 1982，119 页，75 图。
第二十五册 同翅目 蚜虫类(一) 张广学、钟铁森 1983，387 页，207 图，32 图版。
第二十六册 双翅目 虻科 王遵明 1983，128 页，243 图，8 图版。
第二十七册 同翅目 飞虱科 葛钟麟等 1984，166 页，132 图，13 图版。
第二十八册 鞘翅目 金龟总科幼虫 张芝利 1984，107 页，17 图，21 图版。
第二十九册 鞘翅目 小蠹科 殷惠芬、黄复生、李兆麟 1984，205 页，132 图，19 图版。
第三十册 膜翅目 胡蜂总科 李铁生 1985，159 页，21 图，12 图版。
第三十一册 半翅目(一) 章士美等 1985，242 页，196 图，59 图版。
第三十二册 鳞翅目 夜蛾科(四) 陈一心 1985，167 页，61 图，15 图版。
第三十三册 鳞翅目 灯蛾科 方承莱 1985，100 页，69 图，10 图版。
第三十四册 膜翅目 小蜂总科(一) 廖定熹等 1987，241 页，113 图，24 图版。
第三十五册 鞘翅目 天牛科(三) 蒋书楠、蒲富基、华立中 1985，189 页，2 图，13 图版。
第三十六册 同翅目 蜡蝉总科 周尧等 1985，152 页，125 图，2 图版。
第三十七册 双翅目 花蝇科 范滋德等 1988，396 页，1215 图，10 图版。
第三十八册 双翅目 蠓科(二) 李铁生 1988，127 页，107 图。
第三十九册 蜱螨亚纲 硬蜱科 邓国藩、姜在阶 1991，359 页，354 图。
第四十册 蜱螨亚纲 皮刺螨总科 邓国藩等 1993，391 页，318 图。
第四十一册 膜翅目 金小蜂科 黄大卫 1993，196 页，252 图。
第四十二册 鳞翅目 毒蛾科(二) 赵仲苓 1994，165 页，103 图，10 图版。
第四十三册 同翅目 蚧总科 王子清 1994，302 页，107 图。
第四十四册 蜱螨亚纲 瘿螨总科(一) 匡海源 1995，198 页，163 图，7 图版。
第四十五册 双翅目 虻科(二) 王遵明 1994，196 页，182 图，8 图版。
第四十六册 鞘翅目 金花龟科 斑金龟科 弯腿金龟科 马文珍 1995，210 页，171 图，5 图版。
第四十七册 膜翅目 蚁科(一) 唐觉等 1995，134 页，135 图。
第四十八册 蜉蝣目 尤大寿等 1995，152 页，154 图。
第四十九册 毛翅目(一) 小石蛾科 角石蛾科 纹石蛾科 长角石蛾科 田立新等 1996，195 页 271 图，2 图版。
第五十册 半翅目(二) 章士美等 1995，169 页，46 图，24 图版。
第五十一册 膜翅目 姬蜂科 何俊华、陈学新、马云 1996，697 页，434 图。
第五十二册 膜翅目 泥蜂科 吴燕如、周勤 1996，197 页，167 图，14 图版。

第五十三册 蜱螨亚纲 植绥螨科 吴伟南等 1997，223 页，169 图，3 图版。
第五十四册 鞘翅目 叶甲总科(二) 虞佩玉等 1996，324 页，203 图，12 图版。
第五十五册 缨翅目 韩运发 1997，513 页，220 图，4 图版。

Serial Faunal Monographs Already Published

FAUNA SINICA

Mammalia vol. 6 Rodentia III: Cricetidae. Luo Zexun *et al.*, 2000. 514 pp., 140 figs., 4 pls.

Mammalia vol. 8 Carnivora. Gao Yaoting *et al.*, 1987. 377 pp., 44 figs., 10 pls.

Mammalia vol. 9 Cetacea, Carnivora: Phocoidea, Sirenia. Zhou Kaiya, 2004. 326 pp., 117 figs., 8 pls.

Aves vol. 1 part 1. Introductory Account of the Class Aves in China; part 2. Account of Orders listed in this Volume. Zheng Zuoxin (Cheng Tsohsin) *et al.*, 1997. 199 pp., 39 figs., 4 pls.

Aves vol. 2 Anseriformes. Zheng Zuoxin (Cheng Tsohsin) *et al.*, 1979. 143 pp., 65 figs., 10 pls.

Aves vol. 4 Galliformes. Zheng Zuoxin (Cheng Tsohsin) *et al.*, 1978. 203 pp., 53 figs., 10 pls.

Aves vol. 5 Gruiformes, Charadriiformes, Lariformes. Wang Qishan, Ma Ming and Gao Yuren, 2006. 644 pp., 263 figs., 4 pls.

Aves vol. 6 Columbiformes, Psittaciformes, Cuculiformes, Strigiformes. Zheng Zuoxin (Cheng Tsohsin), Xian Yaohua and Guan Guanxun, 1991. 240 pp., 64 figs., 5 pls.

Aves vol. 7 Caprimulgiformes, Apodiformes, Trogoniformes, Coraciiformes, Piciformes. Tan Yaokuang and Guan Guanxun, 2003. 241 pp., 36 figs., 4 pls.

Aves vol. 8 Passeriformes: Eurylaimidae-Irenidae. Zheng Baolai *et al.*, 1985. 333 pp., 103 figs., 8 pls.

Aves vol. 9 Passeriformes: Bombycillidae, Prunellidae. Chen Fuguan *et al.*, 1998. 284 pp., 143 figs., 4 pls.

Aves vol. 10 Passeriformes: Muscicapidae I: Turdinae. Zheng Zuoxin (Cheng Tsohsin), Long Zeyu and Lu Taichun, 1995. 239 pp., 67 figs., 4 pls.

Aves vol. 11 Passeriformes: Muscicapidae II: Timaliinae. Zheng Zuoxin (Cheng Tsohsin), Long Zeyu and Zheng Baolai, 1987. 307 pp., 110 figs., 8 pls.

Aves vol. 12 Passeriformes: Muscicapidae III Sylviinae Muscicapinae. Zheng Zuoxin, Lu Taichun, Yang Lan and Lei Fumin *et al.*, 2010. 439 pp., 121 figs., 4 pls.

Aves vol. 13 Passeriformes: Paridae, Zosteropidae. Li Guiyuan, Zheng Baolai and Liu Guangzuo, 1982. 170 pp., 68 figs., 4 pls.

Aves vol. 14 Passeriformes: Ploceidae and Fringillidae. Fu Tongsheng, Song Yujun and Gao Wei *et al.*, 1998. 322 pp., 115 figs., 8 pls.

Reptilia vol. 1 General Accounts of Reptilia. Testudoformes and Crocodiliformes. Zhang Mengwen *et al.*, 1998. 208 pp., 44 figs., 4 pls.

Reptilia vol. 2 Squamata: Lacertilia. Zhao Ermi, Zhao Kentang and Zhou Kaiya *et al.*, 1999. 394 pp., 54 figs., 8 pls.

Reptilia vol. 3 Squamata: Serpentes. Zhao Ermi *et al.*, 1998. 522 pp., 100 figs., 12 pls.

Amphibia vol. 1 General accounts of Amphibia, Gymnophiona, Urodela. Fei Liang, Hu Shuqin, Ye Changyuan and Huang Yongzhao *et al.*, 2006. 471 pp., 120 figs., 16 pls.

Amphibia vol. 2 Anura. Fei Liang, Hu Shuqin, Ye Changyuan and Huang Yongzhao *et al.*, 2009. 957 pp., 549 figs., 16 pls.

Amphibia vol. 3 Anura: Ranidae. Fei Liang, Hu Shuqin, Ye Changyuan and Huang Yongzhao *et al.*, 2009. 888 pp., 337 figs., 16 pls.

Osteichthyes: Pleuronectiformes. Li Sizhong and Wang Huimin, 1995. 433 pp., 170 figs.

Osteichthyes: Siluriformes. Chu Xinluo, Zheng Baoshan and Dai Dingyuan *et al.*, 1999. 230 pp., 124 figs.

Osteichthyes: Cypriniformes II. Chen Yiyu *et al.*, 1998. 531 pp., 257 figs.

Osteichthyes: Cypriniformes III. Yue Peiqi *et al.*, 2000. 661 pp., 340 figs.

Osteichthyes: Acipenseriformes, Elopiformes, Clupeiformes, Gonorhynchiformes. Zhang Shiyi, 2001. 209 pp., 88 figs.

Osteichthyes: Myctophiformes, Cetomimiformes, Osteoglossiformes. Chen Suzhi, 2002. 349 pp., 135 figs.

Osteichthyes: Tetraodontiformes, Pegasiformes, Gobiesociformes, Lophiiformes. Su Jinxiang and Li Chunsheng, 2002. 495 pp., 194 figs.

Ostichthyes: Scorpaeniformes. Jin Xinbo, 2006. 739 pp., 287 figs.

Ostichthyes: Perciformes IV. Liu Jing *et al.*, 2016. 312 pp., 143 figs., 15 pls.

Ostichthyes: Perciformes V: Gobioidei. Wu Hanlin and Zhong Junsheng *et al.*, 2008. 951 pp., 575 figs., 32 pls.

Ostichthyes: Anguilliformes Notacanthiformes. Zhang Chunguang *et al.*, 2010. 453 pp., 225 figs., 3 pls.

Ostichthyes: Atheriniformes, Cyprinodontiformes, Beloniformes, Ophidiiformes, Gadiformes. Li Sizhong and Zhang Chunguang *et al.*, 2011. 946 pp., 345 figs.

Cyclostomata and Chondrichthyes. Zhu Yuanding and Meng Qingwen *et al.*, 2001. 552 pp., 247 figs.

Insecta vol. 1 Siphonaptera. Liu Zhiying *et al.*, 1986. 1334 pp., 1948 figs.

Insecta vol. 2 Coleoptera: Hispidae. Chen Sicien *et al.*, 1986. 653 pp., 327 figs., 15 pls.

Insecta vol. 3 Lepidoptera: Cyclidiidae, Drepanidae. Chu Hungfu and Wang Linyao, 1991. 269 pp., 204 figs., 10 pls.

Insecta vol. 4 Orthoptera: Acrioidea: Pamphagidae, Chrotogonidae, Pyrgomorphidae. Xia Kailing *et al.*, 1994. 340 pp., 168 figs.

Insecta vol. 5 Lepidoptera: Bombycidae, Saturniidae, Thyrididae. Zhu Hongfu and Wang Linyao, 1996. 302 pp., 234 figs., 18 pls.

Insecta vol. 6 Diptera: Calliphoridae. Fan Zide *et al.*, 1997. 707 pp., 229 figs.

Insecta vol. 7 Lepidoptera: Lecithoceridae. Wu Chunsheng, 1997. 306 pp., 74 figs., 38 pls.

Insecta vol. 8 Diptera: Culicidae I. Lu Baolin *et al.*, 1997. 593 pp., 285 pls.

Insecta vol. 9 Diptera: Culicidae II. Lu Baolin *et al.*, 1997. 126 pp., 57 pls.

Insecta vol. 10 Orthoptera: Oedipodidae, Arcypteridae III. Zheng Zhemin and Xia Kailing, 1998. 610 pp.,

323 figs.

Insecta vol. 11 Lepidoptera: Sphingidae. Zhu Hongfu and Wang Linyao, 1997. 410 pp., 325 figs., 8 pls.

Insecta vol. 12 Orthoptera: Tetrigoidea. Liang Geqiu and Zheng Zhemin, 1998. 278 pp., 166 figs.

Insecta vol. 13 Hemiptera: Nabidae. Ren Shuzhi, 1998. 251 pp., 508 figs., 12 pls.

Insecta vol. 14 Homoptera: Mindaridae, Pemphigidae. Zhang Guangxue, Qiao Gexia, Zhong Tiesen and Zhang Wanfang, 1999. 380 pp., 121 figs., 17+8 pls.

Insecta vol. 15 Lepidoptera: Geometridae: Larentiinae. Xue Dayong and Zhu Hongfu (Chu Hungfu), 1999. 1090 pp., 1197 figs., 25 pls.

Insecta vol. 16 Lepidoptera: Noctuidae. Chen Yixin, 1999. 1596 pp., 701 figs., 68 pls.

Insecta vol. 17 Isoptera. Huang Fusheng *et al.*, 2000. 961 pp., 564 figs.

Insecta vol. 18 Hymenoptera: Braconidae I. He Junhua, Chen Xuexin and Ma Yun, 2000. 757 pp., 1783 figs.

Insecta vol. 19 Lepidoptera: Arctiidae. Fang Chenglai, 2000. 589 pp., 338 figs., 20 pls.

Insecta vol. 20 Hymenoptera: Melittidae and Apidae. Wu Yanru, 2000. 442 pp., 218 figs., 9 pls.

Insecta vol. 21 Coleoptera: Cerambycidae: Lepturinae. Jiang Shunan and Chen Li, 2001. 296 pp., 17 figs., 18 pls.

Insecta vol. 22 Homoptera: Coccoidea: Pseudococcidae, Eriococcidae, Asterolecaniidae, Coccidae, Lecanodiaspididae, Cerococcidae, Aclerdidae. Wang Tzeching, 2001. 611 pp., 188 figs.

Insecta vol. 23 Diptera: Tachinidae I. Chao Cheiming, Liang Enyi, Shi Yongshan and Zhou Shixiu, 2001. 305 pp., 183 figs., 11 pls.

Insecta vol. 24 Hemiptera: Lasiochilidae, Lyctocoridae, Anthocoridae. Bu Wenjun and Zheng Leyi (Cheng Loyi), 2001. 267 pp., 362 figs.

Insecta vol. 25 Lepidoptera: Papilionidae: Papilioninae, Zerynthiinae, Parnassiinae. Wu Chunsheng, 2001. 367 pp., 163 figs., 8 pls.

Insecta vol. 26 Diptera: Muscidae II: Phaoniinae I. Ma Zhongyu, Xue Wanqi and Feng Yan, 2002. 421 pp., 614 figs.

Insecta vol. 27 Lepidoptera: Tortricidae. Liu Youqiao and Li Guangwu, 2002. 601 pp., 16 figs., 2+136 pls.

Insecta vol. 28 Homoptera: Membracoidea: Aetalionidae and Membracidae. Yuan Feng and Chou Io, 2002. 590 pp., 295 figs., 4 pls.

Insecta vol. 29 Hymenoptera: Dyrinidae. He Junhua and Xu Zaifu, 2002. 464 pp., 397 figs.

Insecta vol. 30 Lepidoptera: Lymantriidae. Zhao Zhongling (Chao Chungling), 2003. 484 pp., 270 figs., 10 pls.

Insecta vol. 31 Lepidoptera: Notodontidae. Wu Chunsheng and Fang Chenglai, 2003. 952 pp., 530 figs., 8 pls.

Insecta vol. 32 Orthoptera: Acridoidea: Gomphoceridae, Acrididae. Yin Xiangchu, Xia Kailing *et al.*, 2003. 280 pp., 144 figs.

Insecta vol. 33 Hemiptera: Miridae, Mirinae. Zheng Leyi, Lü Nan, Liu Guoqing and Xu Binghong, 2004. 797 pp., 228 figs., 8 pls.

Insecta vol. 34 Diptera: Empididae, Hemerodromiinae and Hybotinae. Yang Ding and Yang Chikun, 2004.

334 pp., 474 figs., 1 pls.

Insecta vol. 35 Dermaptera. Chen Yixin and Ma Wenzhen, 2004. 420 pp., 199 figs., 8 pls.

Insecta vol. 36 Lepidoptera: Thyatiridae. Zhao Zhongling, 2004. 291 pp., 153 figs., 5 pls.

Insecta vol. 37 Hymenoptera: Braconidae II. Chen Xuexin, He Junhua and Ma Yun, 2004. 518 pp., 1183 figs., 103 pls.

Insecta vol. 38 Lepidoptera: Hepialidae, Epiplemidae. Zhu Hongfu, Wang Linyao and Han Hongxiang, 2004. 291 pp., 179 figs., 8 pls.

Insecta vol. 39 Neuroptera: Chrysopidae. Yang Xingke, Yang Jikun and Li Wenzhu, 2005. 398 pp., 240 figs., 4 pls.

Insecta vol. 40 Coleoptera: Eumolpidae: Eumolpinae. Tan Juanjie, Wang Shuyong and Zhou Hongzhang, 2005. 415 pp., 95 figs., 8 pls.

Insecta vol. 41 Diptera: Muscidae I. Fan Zide *et al.*, 2005. 476 pp., 226 figs., 8 pls.

Insecta vol. 42 Hymenoptera: Pteromalidae. Huang Dawei and Xiao Hui, 2005. 388 pp., 432 figs., 5 pls.

Insecta vol. 43 Orthoptera: Acridoidea: Catantopidae. Li Hongchang and Xia Kailing, 2006. 736pp., 325 figs.

Insecta vol. 44 Hymenoptera: Megachilidae. Wu Yanru, 2006. 474 pp., 180 figs., 4 pls.

Insecta vol. 45 Diptera: Homoptera: Delphacidae. Ding Jinhua, 2006. 776 pp., 351 figs., 20 pls.

Insecta vol. 46 Hymenoptera: Braconidae: Agathidinae. Chen Jiahua and Yang Jianquan, 2006. 301 pp., 81 figs., 32 pls.

Insecta vol. 47 Lepidoptera: Lasiocampidae. Liu Youqiao and Wu Chunsheng, 2006. 385 pp., 248 figs., 8 pls.

Insecta Saiphonaptera(2 volumes). Wu Houyong *et al.*, 2007. 2174 pp., 2475 figs.

Insecta vol. 49 Diptera: Muscidae. Fan Zide *et al.*, 2008. 1186 pp., 276 figs., 4 pls.

Insecta vol. 50 Diptera: Syrphidae. Huang Chunmei and Cheng Xinyue, 2012. 852 pp., 418 figs., 8 pls.

Insecta vol. 51 Megaloptera. Yang Ding and Liu Xingyue, 2010. 457 pp., 176 figs., 14 pls.

Insecta vol. 52 Lepidoptera: Pieridae. Wu Chunsheng, 2010. 416 pp., 174 figs., 16 pls.

Insecta vol. 53 Diptera Dolichopodidae(2 volumes). Yang Ding *et al.*, 2011. 1912 pp., 1017 figs., 7 pls.

Insecta vol. 54 Lepidoptera: Geometridae: Geometrinae. Han Hongxiang and Xue Dayong, 2011. 787 pp., 929 figs., 20 pls.

Insecta vol. 55 Lepidoptera: Hesperiidae. Yuan Feng, Yuan Xiangqun and Xue Guoxi, 2015. 754 pp., 280 figs., 15 pls.

Insecta vol. 56 Hymenoptera: Proctotrupoidea(I). He Junhua and Xu Zaifu, 2015. 1078 pp., 485 figs.

Insecta vol. 57 Orthoptera: Tettigoniidae: Phaneropterinae. Kang Le *et al.*, 2013. 574 pp., 291 figs., 31 pls.

Insecta vol. 58 Plecoptera: Nemouroides. Yang Ding, Li Weihai and Zhu Fang, 2014. 518 pp., 294 figs., 12 pls.

Insecta vol. 59 Diptera: Tabanidae. Xu Rongman and Sun Yi, 2013. 870 pp., 495 figs., 17 pls.

Insecta vol. 60 Hemiptera: Hormaphididae, Phloeomyzidae. Qiao Gexia, Jiang Liyun, Chen Jing, Zhang Guangxue and Zhong Tiesen, 2017. 414 pp., 137 figs., 8 pls.

Insecta vol. 61 Coleoptera: Chrysomelidae: Chrysomelinae. Yang Xingke, Ge Siqin, Wang Shuyong, Li Wenzhu and Cui Junzhi, 2014. 641 pp., 378 figs., 8 pls.

Insecta vol. 62 Hemiptera: Miridae(II): Orthotylinae. Liu Guoqing and Zheng Leyi, 2014. 297 pp., 134 figs., 13 pls.

Insecta vol. 63 Coleoptera: Tenebrionidae(I). Ren Guodong *et al.*, 2016. 534 pp., 248 figs., 49 pls.

Insecta vol. 64 Chalcidoidea : Pteromalidae(II): Pteromalinae. Xiao Hui *et al.*, 2019. 495 pp., 186 figs., 12 pls.

Insecta vol. 65 Diptera: Rhagionidae and Athericidae. Yang Ding, Dong Hui and Zhang Kuiyan. 2016. 476 pp., 222 figs., 7 pls.

Insecta vol. 67 Hemiptera: Cicadellidae (II): Cicadellinae. Yang Maofa, Meng Zehong and Li Zizhong. 2017. 637pp., 312 figs., 27 pls.

Insecta vol. 68 Neuroptera: Myrmeleontoidea. Wang Xinli, Zhan Qingbin and Wang Aiqin. 2018. 285 pp., 2 figs., 38 pls.

Insecta vol. 70 Hemiptera: Caliscelidae, Issidae. Zhang Yalin, Che Yanli, Meng Rui and Wang Yinglun. 2020. 655 pp., 224 figs., 43 pls.

Insecta vol. 72 Hemiptera: Cicadellidae (IV): Evacanthinae. Li Zizhong, Li Yujian and Xing Jichun. 2020. 547 pp., 303 figs., 14 pls.

Invertebrata vol. 1 Crustacea: Freshwater Cladocera. Chiang Siehchih and Du Nanshang, 1979. 297 pp.,192 figs.

Invertebrata vol. 2 Crustacea: Freshwater Copepoda. Shen Jiarui *et al.*, 1979. 450 pp., 255 figs.

Invertebrata vol. 3 Trematoda: Digenea I. Chen Xintao *et al.*, 1985. 697 pp., 469 figs., 12 pls.

Invertebrata vol. 4 Cephalopode. Dong Zhengzhi, 1988. 201 pp., 124 figs., 4 pls.

Invertebrata vol. 5 Hirudinea: Euhirudinea and Branchiobdellidea. Yang Tong, 1996. 259 pp., 141 figs.

Invertebrata vol. 6 Holothuroidea. Liao Yulin, 1997. 334 pp., 170 figs., 2 pls.

Invertebrata vol. 7 Gastropoda: Mesogastropoda: Cypraeacea. Ma Xiutong, 1997. 283 pp., 96 figs., 12 pls.

Invertebrata vol. 8 Arachnida: Araneae: Thomisidae and Philodromidae. Song Daxiang and Zhu Mingsheng, 1997. 259 pp., 154 figs.

Invertebrata vol. 9 Polychaeta: Phyllodocimorpha. Wu Baoling, Wu Qiquan, Qiu Jianwen and Lu Hua, 1997. 323pp., 180 figs.

Invertebrata vol. 10 Arachnida: Araneae: Araneidae. Yin Changmin *et al.*, 1997. 460 pp., 292 figs.

Invertebrata vol. 11 Gastropoda: Opisthobranchia: Cephalaspidea. Lin Guangyu, 1997. 246 pp., 35 figs., 28 pls.

Invertebrata vol. 12 Bivalvia: Mytiloida. Wang Zhenrui, 1997. 268 pp., 126 figs., 4 pls.

Invertebrata vol. 13 Arachnida: Araneae: Theridiidae. Zhu Mingsheng, 1998. 436 pp., 233 figs., 1 pl.

Invertebrata vol. 14 Sacodina: Acantharia and Spumellaria. Tan Zhiyuan, 1998. 315 pp., 273 figs., 25 pls.

Invertebrata vol. 15 Myxosporea. Chen Chihleu and Ma Chenglun, 1998. 805 pp., 30 figs., 180 pls.

Invertebrata vol. 16 Anthozoa: Actiniaria, Ceriantharis and Zoanthidea. Pei Zunan, 1998. 286 pp., 149 figs.,

22 pls.

Invertebrata vol. 17 Crustacea: Decapoda: Parathelphusidae and Potamidae. Dai Aiyun, 1999. 501 pp., 238 figs., 31 pls.

Invertebrata vol. 18 Protura. Yin Wenying, 1999. 510 pp., 275 figs., 8 pls.

Invertebrata vol. 19 Gastropoda: Pulmonata: Stylommatophora: Clausiliidae. Chen Deniu and Zhang Guoqing, 1999. 210 pp., 128 figs., 5 pls.

Invertebrata vol. 20 Bivalvia: Protobranchia and Anomalodesmata. Xu Fengshan, 1999. 244 pp., 156 figs.

Invertebrata vol. 21 Crustacea: Mysidacea. Liu Ruiyu (J. Y. Liu) and Wang Shaowu, 2000. 326 pp., 110 figs.

Invertebrata vol. 22 Monogenea. Wu Baohua, Lang Suo and Wang Weijun, 2000. 756 pp., 598 figs., 2 pls.

Invertebrata vol. 23 Anthozoa: Scleractinia: Hermatypic coral. Zou Renlin, 2001. 289 pp., 9 figs., 47+8 pls.

Invertebrata vol. 24 Bivalvia: Veneridae. Zhuang Qiqian, 2001. 278 pp., 145 figs.

Invertebrata vol. 25 Nematoda: Rhabditida: Strongylata I. Wu Shuqing *et al.*, 2001. 489 pp., 201 figs.

Invertebrata vol. 26 Foraminiferea: Agglutinated Foraminifera. Zheng Shouyi and Fu Zhaoxian, 2001. 788 pp., 130 figs., 122 pls.

Invertebrata vol. 27 Hydrozoa and Scyphomedusae. Gao Shangwu, Hong Hueshin and Zhang Shimei, 2002. 275 pp., 136 figs.

Invertebrata vol. 28 Crustacea: Amphipoda: Hyperiidae. Chen Qingchao and Shi Changtai, 2002. 249 pp., 178 figs.

Invertebrata vol. 29 Gastropoda: Archaeogastropoda: Trochacea. Dong Zhengzhi, 2002. 210 pp., 176 figs., 2 pls.

Invertebrata vol. 30 Crustacea: Brachyura: Marine primitive crabs. Chen Huilian and Sun Haibao, 2002. 597 pp., 237 figs., 16 pls.

Invertebrata vol. 31 Bivalvia: Pteriina. Wang Zhenrui, 2002. 374 pp., 152 figs., 7 pls.

Invertebrata vol. 32 Polycystinea: Nasellaria; Phaeodarea: Phaeodaria. Tan Zhiyuan and Su Xinghui, 2003. 295 pp., 193 figs., 25 pls.

Invertebrata vol. 33 Annelida: Polychaeta II Nereidida. Sun Ruiping and Yang Derjian, 2004. 520 pp., 267 figs., 193 pls.

Invertebrata vol. 34 Mollusca: Gastropoda Tonnacea, Zhang Suping and Ma Xiutong, 2004. 243 pp., 123 figs., 1 pl.

Invertebrata vol. 35 Arachnida: Araneae: Tetragnathidae. Zhu Mingsheng, Song Daxiang and Zhang Junxia, 2003. 402 pp., 174 figs., 5+11 pls.

Invertebrata vol. 36 Crustacea: Decapoda, Atyidae. Liang Xiangqiu, 2004. 375 pp., 156 figs.

Invertebrata vol. 37 Mollusca: Gastropoda: Stylommatophora: Bradybaenidae. Chen Deniu and Zhang Guoqing, 2004. 482 pp., 409 figs., 8 pls.

Invertebrata vol. 38 Chaetognatha: Sagittoidea. Xiao Yichang, 2004. 201 pp., 89 figs.

Invertebrata vol. 39 Arachnida: Araneae: Gnaphosidae. Song Daxiang, Zhu Mingsheng and Zhang Feng, 2004. 362 pp., 175 figs.

Invertebrata vol. 40 Echinodermata: Ophiuroidea. Liao Yulin, 2004. 505 pp., 244 figs., 6 pls.

Invertebrata vol. 41 Crustacea: Amphipoda: Gammaridea I. Ren Xianqiu, 2006. 588 pp., 194 figs.

Invertebrata vol. 42 Crustacea: Cirripedia: Thoracica. Liu Ruiyu and Ren Xianqiu, 2007. 632 pp., 239 figs.

Invertebrata vol. 43 Crustacea: Amphipoda: Gammaridea II. Ren Xianqiu, 2012. 651 pp., 197 figs.

Invertebrata vol. 44 Crustacea: Decapoda: Palaemonoidea. Li Xinzheng, Liu Ruiyu, Liang Xingqiu and Chen Guoxiao, 2007. 381 pp., 157 figs.

Invertebrata vol. 45 Ciliophora: Oligohymenophorea: Peritrichida. Shen Yunfen and Gu Manru, 2016. 502 pp., 164 figs., 2 pls.

Invertebrata vol. 46 Sipuncula, Echiura. Zhou Hong, Li Fenglu and Wang Wei, 2007. 206 pp., 95 figs.

Invertebrata vol. 47 Arachnida: Acari: Phytoseiidae. Wu weinan, Ou Jianfeng and Huang Jingling. 2009. 511 pp., 287 figs., 9 pls.

Invertebrata vol. 48 Mollusca: Bivalvia: Lucinacea, Carditacea, Crassatellacea and Cardiacea. Xu Fengshan. 2012. 239 pp., 133 figs.

Invertebrata vol. 49 Crustacea: Decapoda: Portunidae. Yang Siliang, Chen Huilian and Dai Aiyun. 2012. 417 pp., 138 figs., 14 pls.

Invertebrata vol. 50 Tardigrada. Yang Tong. 2015. 279 pp., 131 figs., 5 pls.

Invertebrata vol. 51 Nematoda: Rhabditida: Strongylata (II). Zhang Luping and Kong Fanyao. 2014. 316 pp., 97 figs., 19 pls.

Invertebrata vol. 52 Platyhelminthes: Trematoda: Dgenea (III). Qiu Zhaozhi *et al.*. 2018. 746 pp., 401 figs.

Invertebrata vol. 53 Arachnida: Araneae: Salticidae. Peng Xianjin.2020. 612pp., 392 figs.

Invertebrata vol. 54 Annelida: Polychaeta (III): Sabellida. Sun Ruiping and Yang Dejian. 2014. 493 pp., 239 figs., 2 pls.

Invertebrata vol. 55 Mollusca: Gastropoda: Conidae. Li Fenglan and Lin Minyu. 2016. 288 pp., 168 figs., 4 pls.

Invertebrata vol. 56 Mollusca: Gastropoda: Strombacea and Naticacea. Zhang Suping. 2016. 318 pp., 138 figs., 10 pls.

Invertebrata vol. 57 Mollusca: Bivalvia: Tellinidae and Semelidae. Xu Fengshan and Zhang Junlong. 2017. 236 pp., 50 figs., 15 pls.

Invertebrata vol. 58 Mollusca: Gastropoda: Enoidea. Wu Min. 2018. 300 pp., 63 figs., 6 pls.

Invertebrata vol. 59 Arachnida: Araneae: Agelenidae and Amaurobiidae. Zhu Mingsheng, Wang Xinping and Zhang Zhisheng. 2017. 727 pp., 384 figs., 5 pls.

ECONOMIC FAUNA OF CHINA

Mammals. Shou Zhenhuang *et al.*, 1962. 554 pp., 153 figs., 72 pls.

Aves. Cheng Tsohsin *et al.*, 1963. 694 pp., 10 figs., 64 pls.

Marine fishes. Chen Qingtai *et al.*, 1962. 174 pp., 25 figs., 32 pls.

Freshwater fishes. Wu Xianwen *et al.*, 1963. 159 pp., 122 figs., 30 pls.

Parasitic Crustacea of Freshwater Fishes. Kuang Puren and Qian Jinhui, 1991. 203 pp., 110 figs.

Annelida. Echinodermata. Prorochordata. Wu Baoling *et al.*, 1963. 141 pp., 65 figs., 16 pls.

Marine mollusca. Zhang Xi and Qi Zhougyan, 1962. 246 pp., 148 figs.

Freshwater molluscs. Liu Yueyin *et al.*, 1979.134 pp., 110 figs.

Terrestrial molluscs. Chen Deniu and Gao Jiaxiang, 1987. 186 pp., 224 figs.

Parasitic worms. Wu Shuqing, Yin Wenzhen and Shen Shouxun, 1960. 368 pp., 158 figs.

Economic birds of China (Second edition). Cheng Tsohsin, 1993. 619 pp., 64 pls.

ECONOMIC INSECT FAUNA OF CHINA

Fasc. 1 Coleoptera: Cerambycidae. Chen Sicien *et al.*, 1959. 120 pp., 21 figs., 40 pls.

Fasc. 2 Hemiptera: Pentatomidae. Yang Weiyi, 1962. 138 pp., 11 figs., 10 pls.

Fasc. 3 Lepidoptera: Noctuidae I. Chu Hongfu and Chen Yixin, 1963. 172 pp., 22 figs., 10 pls.

Fasc. 4 Coleoptera: Tenebrionidae. Zhao Yangchang, 1963. 63 pp., 27 figs., 7 pls.

Fasc. 5 Coleoptera: Coccinellidae. Liu Chongle, 1963. 101 pp., 27 figs., 11pls.

Fasc. 6 Lepidoptera: Noctuidae II. Chu Hongfu *et al.*, 1964. 183 pp., 11 pls.

Fasc. 7 Lepidoptera: Noctuidae III. Chu Hongfu, Fang Chenglai and Wang Lingyao, 1963. 120 pp., 28 figs., 31 pls.

Fasc. 8 Isoptera: Termitidae. Cai Bonghua and Chen Ningsheng, 1964. 141 pp., 79 figs., 8 pls.

Fasc. 9 Hymenoptera: Apoidea. Wu Yanru, 1965. 83 pp., 40 figs., 7 pls.

Fasc. 10 Homoptera: Cicadellidae. Ge Zhongling, 1966. 170 pp., 150 figs.

Fasc. 11 Lepidoptera: Tortricidae I. Liu Youqiao and Bai Jiuwei, 1977. 93 pp., 23 figs., 24 pls.

Fasc. 12 Lepidoptera: Lymantriidae I. Chao Chungling, 1978. 121 pp., 45 figs., 18 pls.

Fasc. 13 Diptera: Ceratopogonidae. Li Tiesheng, 1978. 124 pp., 104 figs.

Fasc. 14 Coleoptera: Coccinellidae II. Pang Xiongfei and Mao Jinlong, 1979. 170 pp., 164 figs., 16 pls.

Fasc. 15 Acarina: Lxodoidea. Teng Kuofan, 1978. 174 pp., 707 figs.

Fasc. 16 Lepidoptera: Notodontidae. Cai Rongquan, 1979. 166 pp., 126 figs., 19 pls.

Fasc. 17 Acarina: Camasina. Pan Zungwen and Teng Kuofan, 1980. 155 pp., 168 figs.

Fasc. 18 Coleoptera: Chrysomeloidea I. Tang Juanjie *et al.*, 1980. 213 pp., 194 figs., 18 pls.

Fasc. 19 Coleoptera: Cerambycidae II. Pu Fuji, 1980. 146 pp., 42 figs., 12 pls.

Fasc. 20 Coleoptera: Curculionidae I. Chao Yungchang and Chen Yuanqing, 1980. 184 pp., 73 figs., 14 pls.

Fasc. 21 Lepidoptera: Pyralidae. Wang Pingyuan, 1980. 229 pp., 40 figs., 32 pls.

Fasc. 22 Lepidoptera: Sphingidae. Zhu Hongfu and Wang Lingyao, 1980. 84 pp., 17 figs., 34 pls.

Fasc. 23 Acariformes: Tetranychoidea. Wang Huifu, 1981. 150 pp., 121 figs., 4 pls.

Fasc. 24 Homoptera: Pseudococcidae. Wang Tzeching, 1982. 119 pp., 75 figs.

Fasc. 25 Homoptera: Aphidinea I. Zhang Guangxue and Zhong Tiesen, 1983. 387 pp., 207 figs., 32 pls.

Fasc. 26 Diptera: Tabanidae. Wang Zunming, 1983. 128 pp., 243 figs., 8 pls.

Fasc. 27 Homoptera: Delphacidae. Kuoh Changlin *et al.*, 1983. 166 pp., 132 figs., 13 pls.

Fasc. 28 Coleoptera: Larvae of Scarabaeoidae. Zhang Zhili, 1984. 107 pp., 17. figs., 21 pls.

Fasc. 29 Coleoptera: Scolytidae. Yin Huifen, Huang Fusheng and Li Zhaoling, 1984. 205 pp., 132 figs., 19 pls.

Fasc. 30 Hymenoptera: Vespoidea. Li Tiesheng, 1985. 159pp., 21 figs., 12pls.

Fasc. 31 Hemiptera I. Zhang Shimei, 1985. 242 pp., 196 figs., 59 pls.

Fasc. 32 Lepidoptera: Noctuidae IV. Chen Yixin, 1985. 167 pp., 61 figs., 15 pls.

Fasc. 33 Lepidoptera: Arctiidae. Fang Chenglai, 1985. 100 pp., 69 figs., 10 pls.

Fasc. 34 Hymenoptera: Chalcidoidea I. Liao Dingxi *et al.*, 1987. 241 pp., 113 figs., 24 pls.

Fasc. 35 Coleoptera: Cerambycidae III. Chiang Shunan. Pu Fuji and Hua Lizhong, 1985. 189 pp., 2 figs., 13 pls.

Fasc. 36 Homoptera: Fulgoroidea. Chou Io *et al.*, 1985. 152 pp., 125 figs., 2 pls.

Fasc. 37 Diptera: Anthomyiidae. Fan Zide *et al.*, 1988. 396 pp., 1215 figs., 10 pls.

Fasc. 38 Diptera: Ceratopogonidae II. Lee Tiesheng, 1988. 127 pp., 107 figs.

Fasc. 39 Acari: Ixodidae. Teng Kuofan and Jiang Zaijie, 1991. 359 pp., 354 figs.

Fasc. 40 Acari: Dermanyssoideae, Teng Kuofan *et al.*, 1993. 391 pp., 318 figs.

Fasc. 41 Hymenoptera: Pteromalidae I. Huang Dawei, 1993. 196 pp., 252 figs.

Fasc. 42 Lepidoptera: Lymantriidae II. Chao Chungling, 1994. 165 pp., 103 figs., 10 pls.

Fasc. 43 Homoptera: Coccidea. Wang Tzeching, 1994. 302 pp., 107 figs.

Fasc. 44 Acari: Eriophyoidea I. Kuang Haiyuan, 1995. 198 pp., 163 figs., 7 pls.

Fasc. 45 Diptera: Tabanidae II. Wang Zunming, 1994. 196 pp., 182 figs., 8 pls.

Fasc. 46 Coleoptera: Cetoniidae, Trichiidae, Valgidae. Ma Wenzhen, 1995. 210 pp., 171 figs., 5 pls.

Fasc. 47 Hymenoptera: Formicidae I. Tang Jub, 1995. 134 pp., 135 figs.

Fasc. 48 Ephemeroptera. You Dashou *et al.*, 1995. 152 pp., 154 figs.

Fasc. 49 Trichoptera I: Hydroptilidae, Stenopsychidae, Hydropsychidae, Leptoceridae. Tian Lixin *et al.*, 1996. 195 pp., 271 figs., 2 pls.

Fasc. 50 Hemiptera II: Zhang Shimei *et al.*, 1995. 169 pp., 46 figs., 24 pls.

Fasc. 51 Hymenoptera: Ichneumonidae. He Junhua, Chen Xuexin and Ma Yun, 1996. 697 pp., 434 figs.

Fasc. 52 Hymenoptera: Sphecidae. Wu Yanru and Zhou Qin, 1996. 197 pp., 167 figs., 14 pls.

Fasc. 53 Acari: Phytoseiidae. Wu Weinan *et al.*, 1997. 223 pp., 169 figs., 3 pls.

Fasc. 54 Coleoptera: Chrysomeloidea II. Yu Peiyu *et al.*, 1996. 324 pp., 203 figs., 12 pls.

Fasc. 55 Thysanoptera. Han Yunfa, 1997. 513 pp., 220 figs., 4 pls.

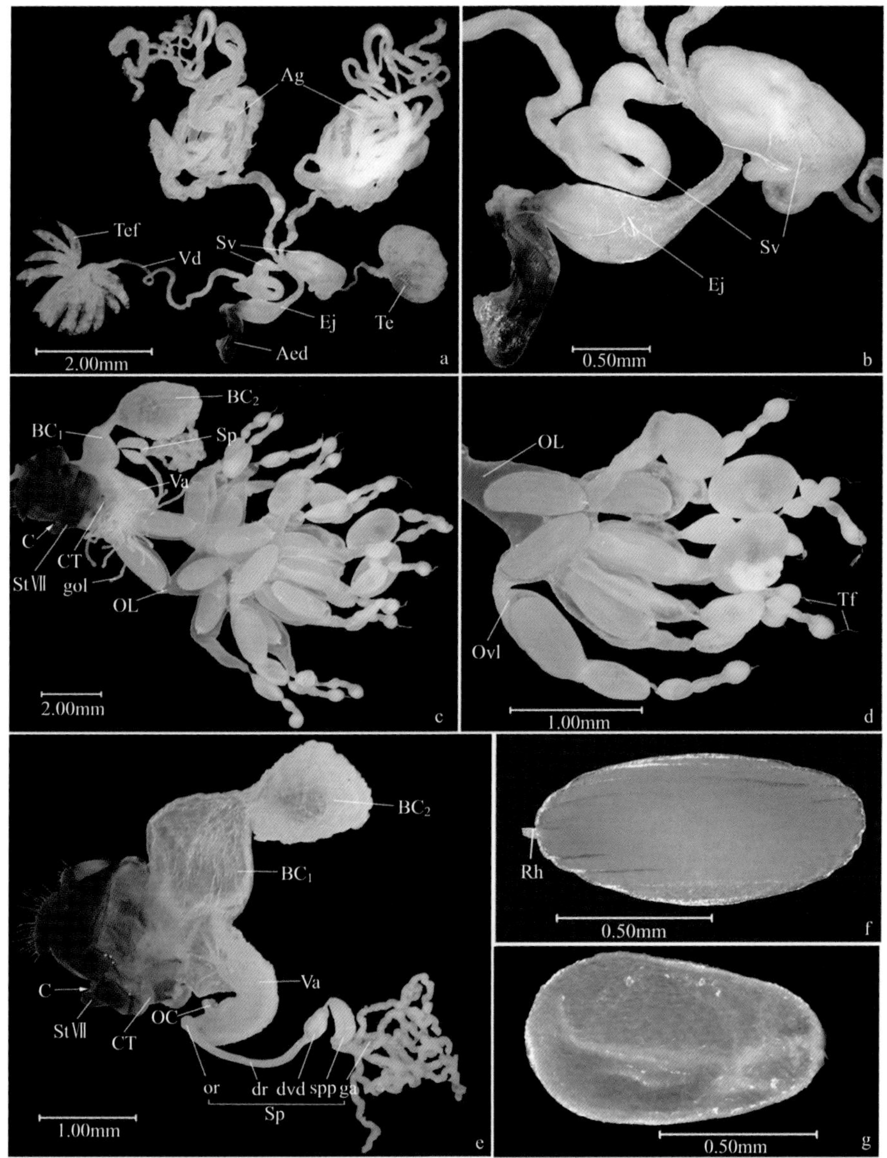

恶性巨齿瓢蜡蝉 *Dentatissus damnosus* (Chou *et* Lu)

a. 雄性生殖系统 (general structure of the male reproductive organs); b. 贮精囊、射精管 (seminal vesicle and ejaculatory duct); c. 雌性生殖系统侧面观 (general structure of the female reproductive organs, lateral view); d. 卵巢 (ovary); e. 雌性生殖系统侧面观 (general structure of the female reproductive organs, lateral view); f. 成熟卵 (mature egg); g. 未成熟卵 (immature egg)

缩略词: Ag. 生殖附腺 (accessory gland); Aed. 阳茎 (aedeagus); BC. 交配囊 (bursa copulatrix); C. 交配孔 (copulaporus); CT. 交配管 (copulatory-duct); dr. 受精囊管 (ductus receptaculi); dvd. 受精囊支囊管 (diverticulum ductus); Ej. 射精管 (ejaculatory duct); ga. 受精囊腺 (glandula apicalis); gol. 侧输卵管附腺 (glandula oviducti lateralis); OC. 中输卵管 (oviductus communis); OL. 侧输卵管 (oviductus lateralis); or. 受精囊孔 (orificium receptaculi); Ovl. 卵巢管 (ovariole); Rh. 呼吸角 (respiratory horn); Sv. 贮精囊 (seminal vesicle); Sp. 受精囊 (spermatheca); spp. 受精囊泵 (spermathecal pump); St Ⅶ. 第 7 节腹板 (sternite Ⅶ); Tf. 端丝 (terminal filament); Te. 精巢 (testes); Tef. 精巢小管 (testicular follicle); Va. 前阴道 (anterior vagina); Vd. 输精管 (vas deferens)

图版 II

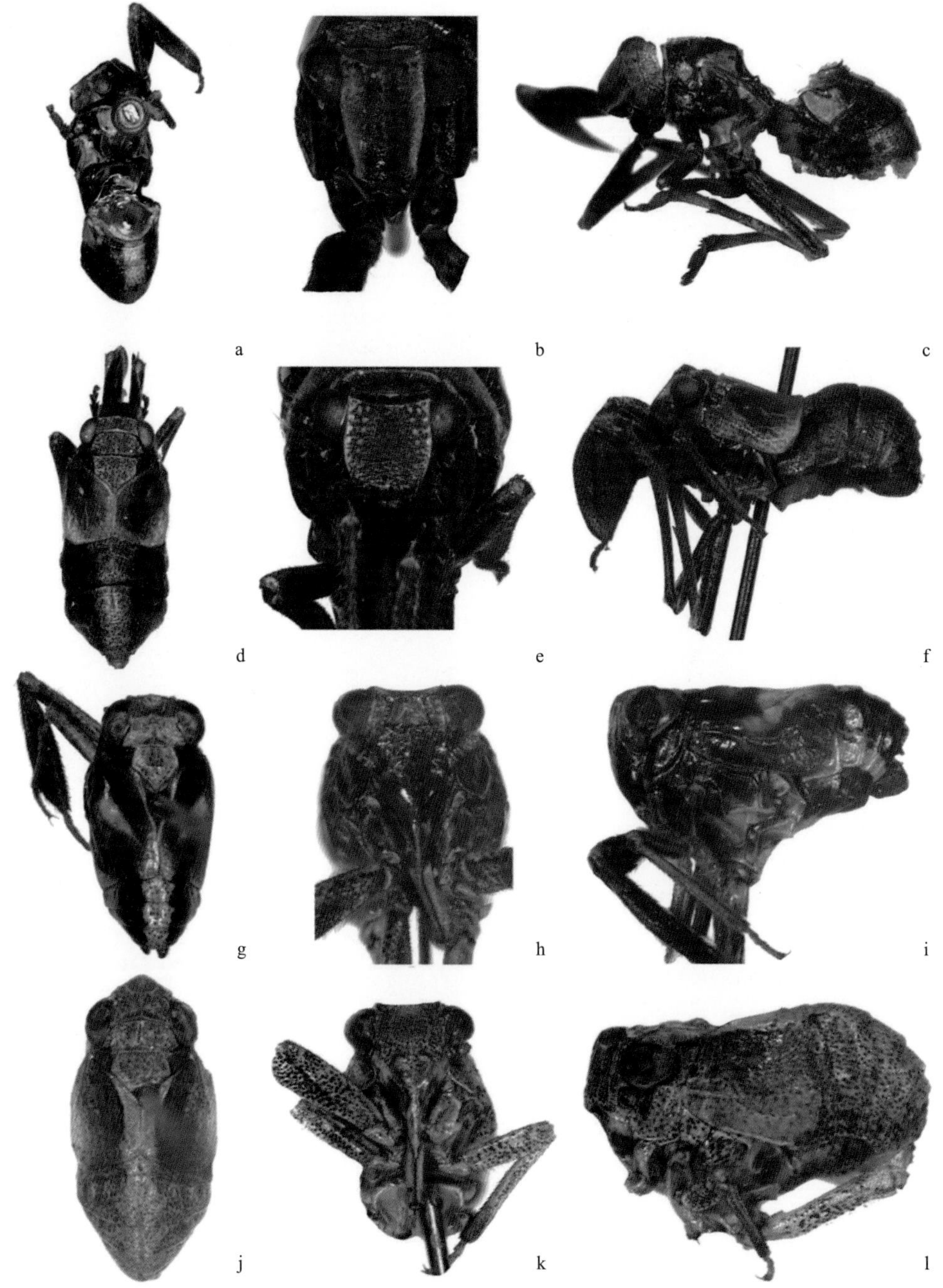

a-c: 中华杯瓢蜡蝉 *Caliscelis chinensis* Melichar a. 背面观 (dorsal view); b. 腹面观 (ventral view); c. 侧面观 (lateral view)

d-f: 东方杯瓢蜡蝉 *Caliscelis orientalis* Ôuchi d. 背面观 (dorsal view); e. 腹面观 (ventral view); f. 侧面观 (lateral view)

g-i: 类杯瓢蜡蝉 *Caliscelis affinis* Fieber (雄, male) g. 背面观 (dorsal view); h. 腹面观 (ventral view); i. 侧面观 (lateral view)

j-l: 类杯瓢蜡蝉 *Caliscelis affinis* Fieber (雌, female) j. 背面观 (dorsal view); k. 腹面观 (ventral view); l. 侧面观 (lateral view)

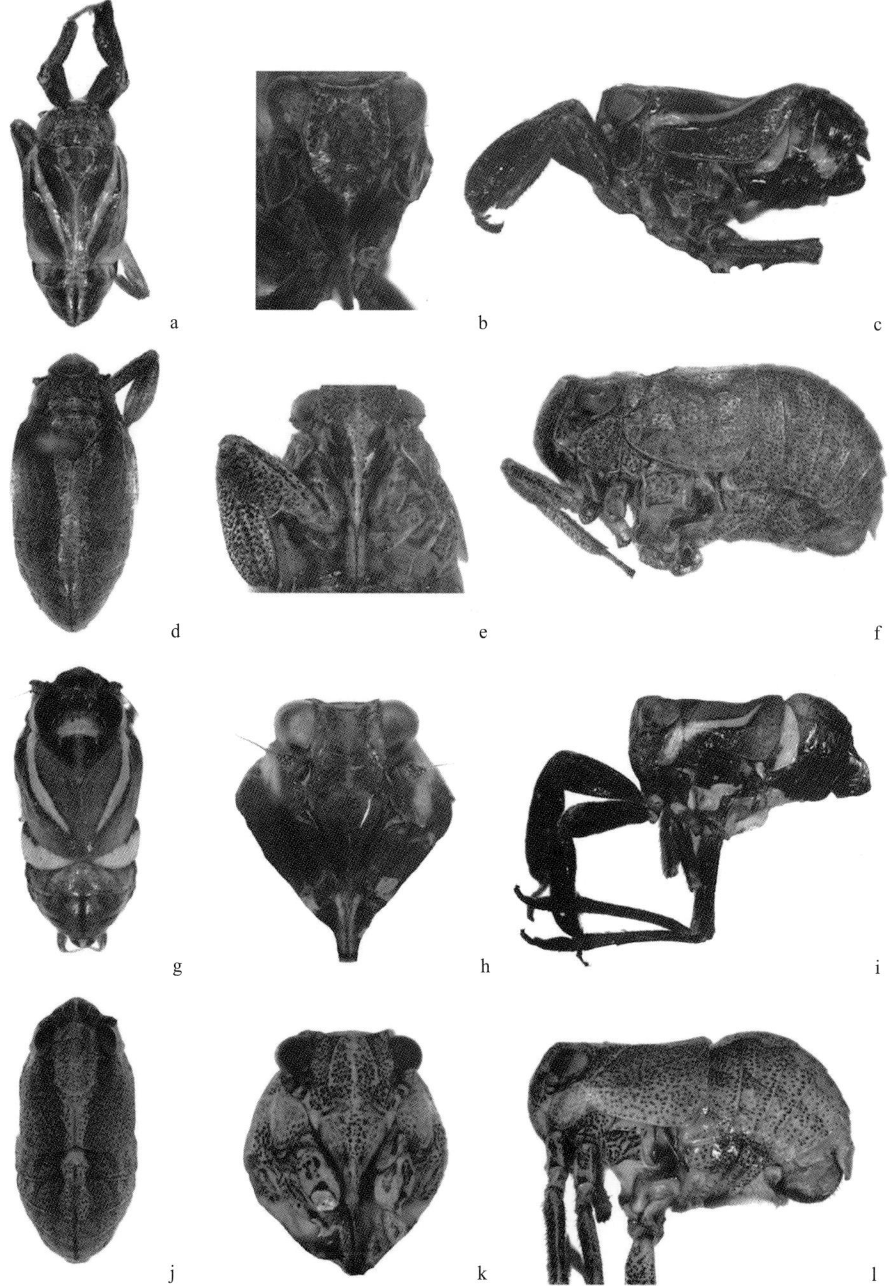

a-c: 三杯瓢蜡蝉 *Caliscelis triplicata* Che, Zhang *et* Wang (正模, holotype)　a. 背面观 (dorsal view); b. 腹面观 (ventral view); c. 侧面观 (lateral view)

d-f: 三杯瓢蜡蝉 *Caliscelis triplicata* Che, Zhang *et* Wang (副模, paratype)　d. 背面观 (dorsal view); e. 腹面观 (ventral view); f. 侧面观 (lateral view)

g-i: 棒突杯瓢蜡蝉 *Caliscelis rhabdocladis* Che, Zhang *et* Wang (正模, holotype)　g. 背面观 (dorsal view); h. 腹面观 (ventral view); i. 侧面观 (lateral view)

j-l: 棒突杯瓢蜡蝉 *Caliscelis rhabdocladis* Che, Zhang *et* Wang (副模, paratype)　j. 背面观 (dorsal view); k. 腹面观 (ventral view); l. 侧面观 (lateral view)

图版 IV

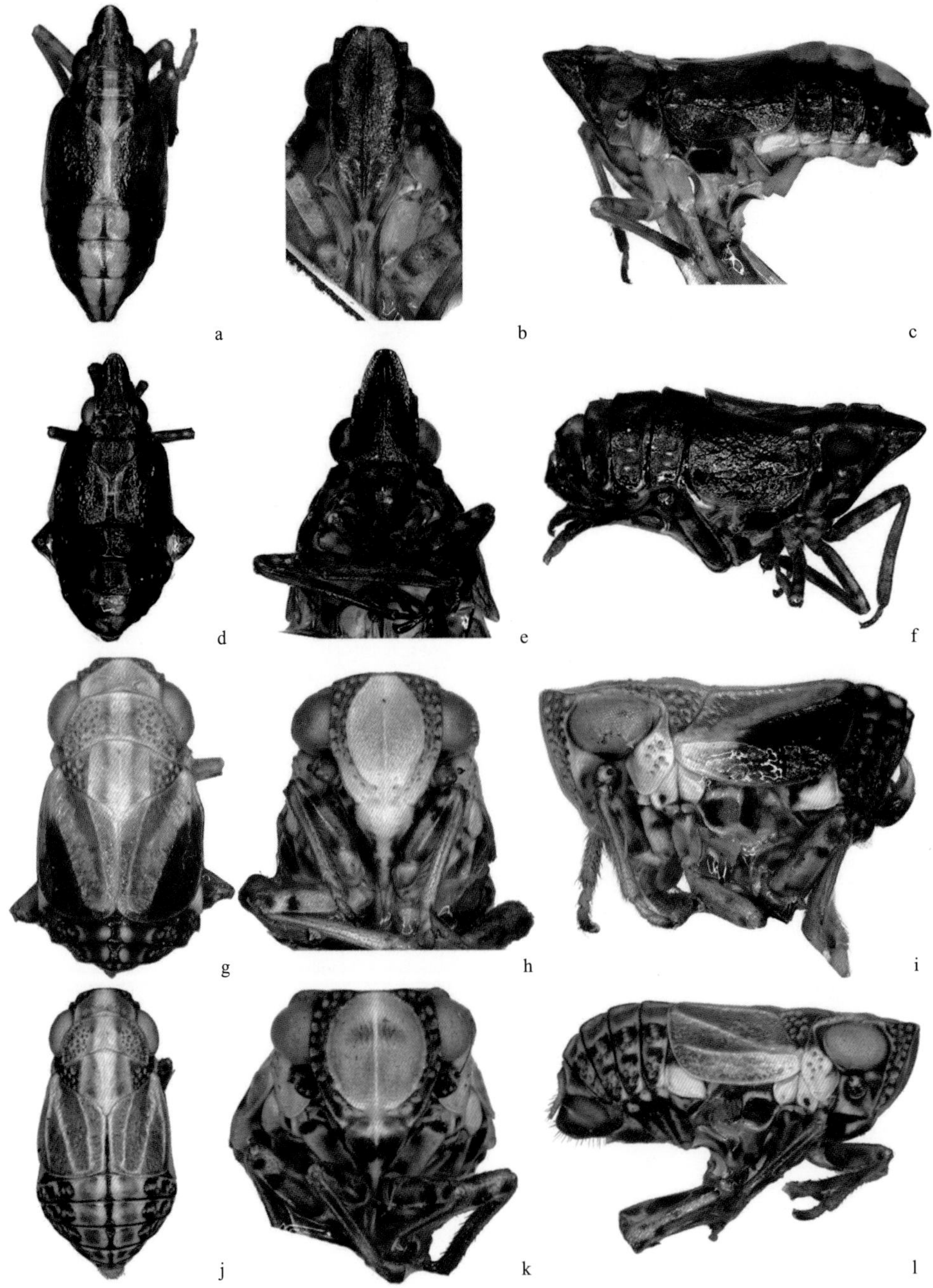

a-c: 长头空杯瓢蜡蝉，新种 *Cylindratus longicephalus* Meng, Qin *et* Wang, sp. nov. (正模, holotype) a. 背面观 (dorsal view); b. 腹面观 (ventral view); c. 侧面观 (lateral view)

d-f: 长头空杯瓢蜡蝉，新种 *Cylindratus longicephalus* Meng, Qin *et* Wang, sp. nov. (副模, paratype) d. 背面观 (dorsal view); e. 腹面观 (ventral view); f. 侧面观 (lateral view)

g-i: 短敏杯瓢蜡蝉 *Peltonotellus brevis* Meng, Gnezdilov *et* Wang (正模, holotype) g. 背面观 (dorsal view); h. 腹面观 (ventral view); i. 侧面观 (lateral view)

j-l: 短敏杯瓢蜡蝉 *Peltonotellus brevis* Meng, Gnezdilov *et* Wang (副模, paratype) j. 背面观 (dorsal view); k. 腹面观 (ventral view); l. 侧面观 (lateral view)

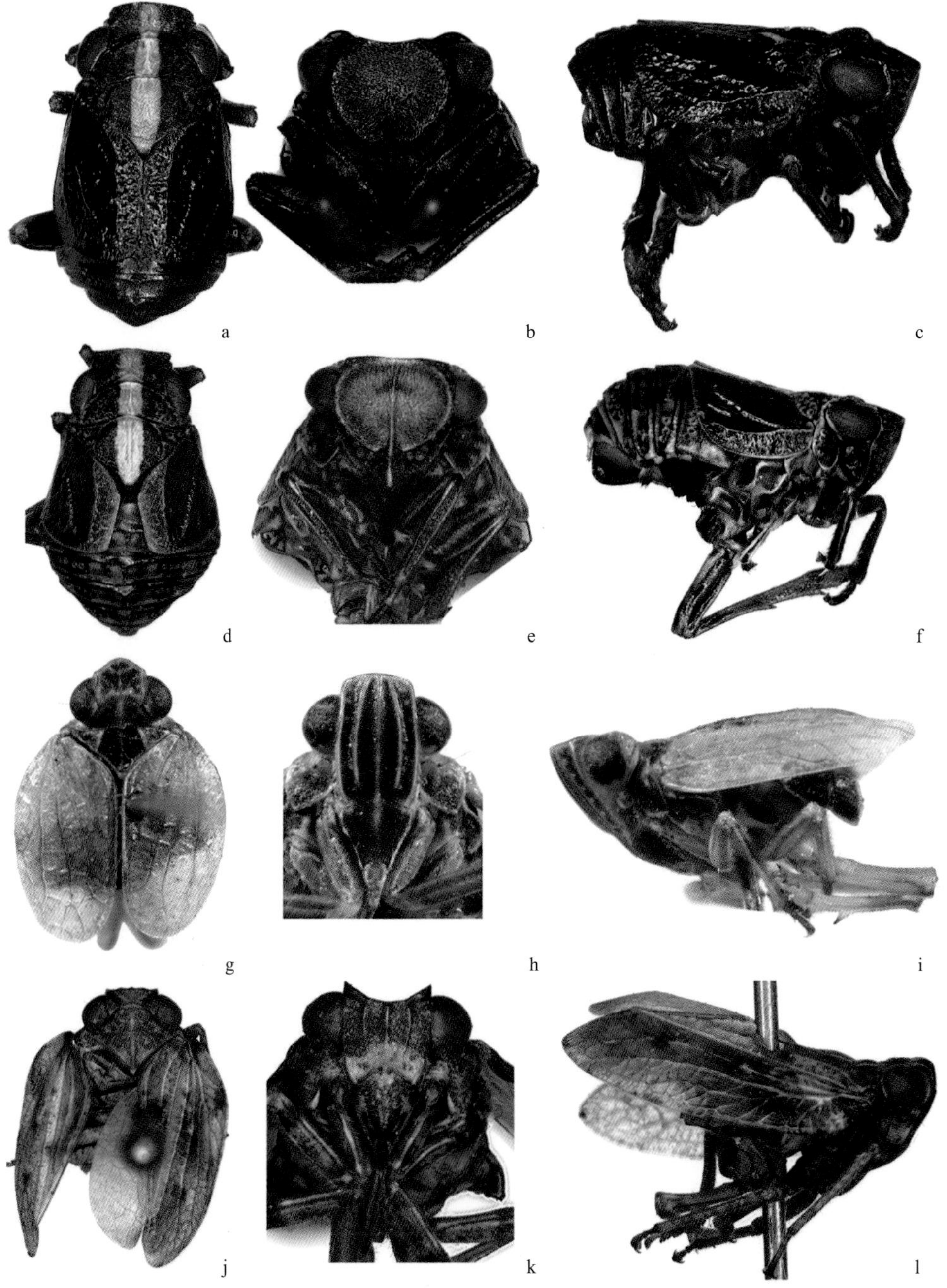

a-c: 黑色敏杯瓢蜡蝉 *Peltonotellus niger* Meng, Gnezdilov *et* Wang (正模, holotype) a. 背面观 (dorsal view); b. 腹面观 (ventral view); c. 侧面观 (lateral view)

d-f: 黑色敏杯瓢蜡蝉 *Peltonotellus niger* Meng, Gnezdilov *et* Wang (副模, paratype) d. 背面观 (dorsal view); e. 腹面观 (ventral view); f. 侧面观 (lateral view)

g-i: 弯月博杯瓢蜡蝉, 新种 *Bocra siculiformis* Che, Zhang *et* Wang, sp. nov. (正模, holotype) g. 背面观 (dorsal view); h. 腹面观 (ventral view); i. 侧面观 (lateral view)

j-l: 阔颜德里杯瓢蜡蝉 *Delhina eurybrachydoides* Distant j. 背面观 (dorsal view); k. 腹面观 (ventral view); l. 侧面观 (lateral view)

图版 VI

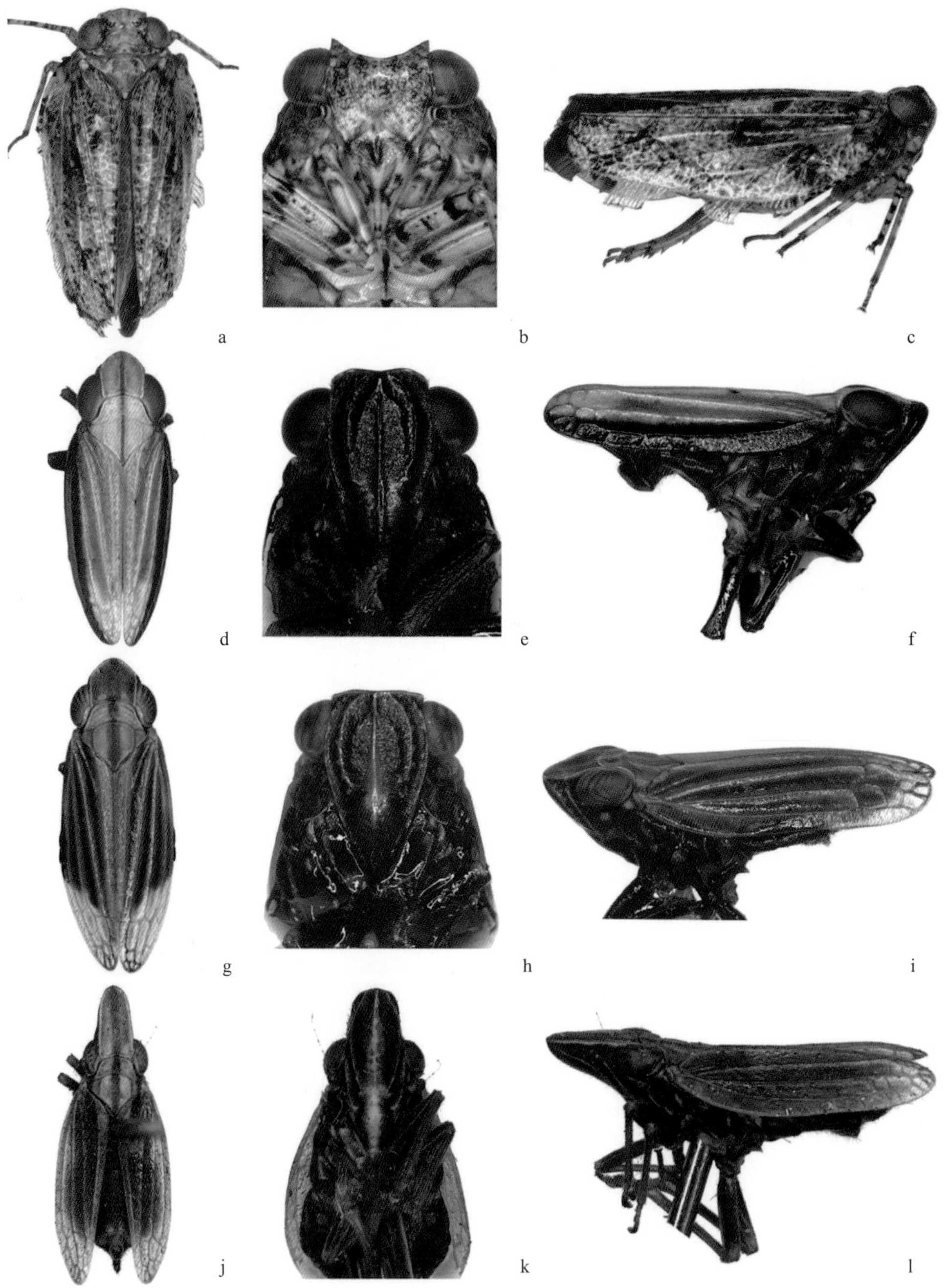

a-c: 丹裙杯瓢蜡蝉 *Phusta dantela* Gnezdilov a. 背面观 (dorsal view); b. 腹面观 (ventral view); c. 侧面观 (lateral view)

d-f: 纵带透翅杯瓢蜡蝉 *Ommatidiotus dashdorzhi* Dlabola (雄, male) d. 背面观 (dorsal view); e. 腹面观 (ventral view); f. 侧面观 (lateral view)

g-i: 纵带透翅杯瓢蜡蝉 *Ommatidiotus dashdorzhi* Dlabola (雌, female) g. 背面观 (dorsal view); h. 腹面观 (ventral view); i. 侧面观 (lateral view)

j-l: 拟长透翅杯瓢蜡蝉, 新种 *Ommatidiotus pseudolongiceps* Meng, Qin *et* Wang, sp. nov. (正模, holotype) j. 背面观 (dorsal view); k. 腹面观 (ventral view); l. 侧面观 (lateral view)

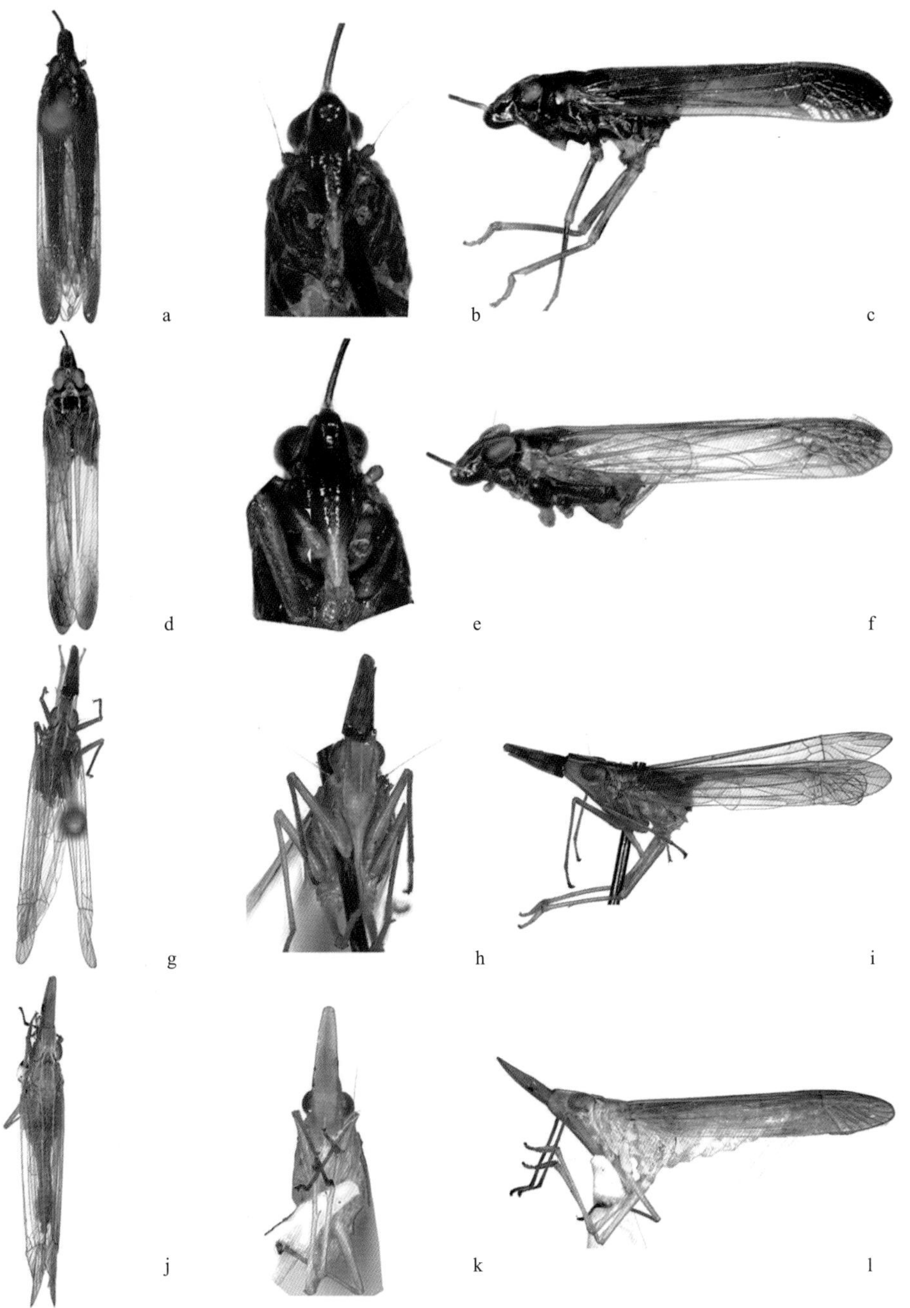

a-c: 犀杯瓢蜡蝉 *Augilodes binghami* (Distant) a. 背面观 (dorsal view); b. 腹面观 (ventral view); c. 侧面观 (lateral view)

d-f: 端斑犀杯瓢蜡蝉 *Augilodes apicomacula* Wang, Chou *et* Yuan (正模, holotype) d. 背面观 (dorsal view); e. 腹面观 (ventral view); f. 侧面观 (lateral view)

g-i: 长头斯杯瓢蜡蝉 *Symplana longicephala* Chou, Yuan *et* Wang g. 背面观 (dorsal view); h. 腹面观 (ventral view); i. 侧面观 (lateral view)

j-l: 李氏斯杯瓢蜡蝉 *Symplana lii* Chen, Zhang *et* Wang j. 背面观 (dorsal view); k. 腹面观 (ventral view); l. 侧面观 (lateral view)

图版 VIII

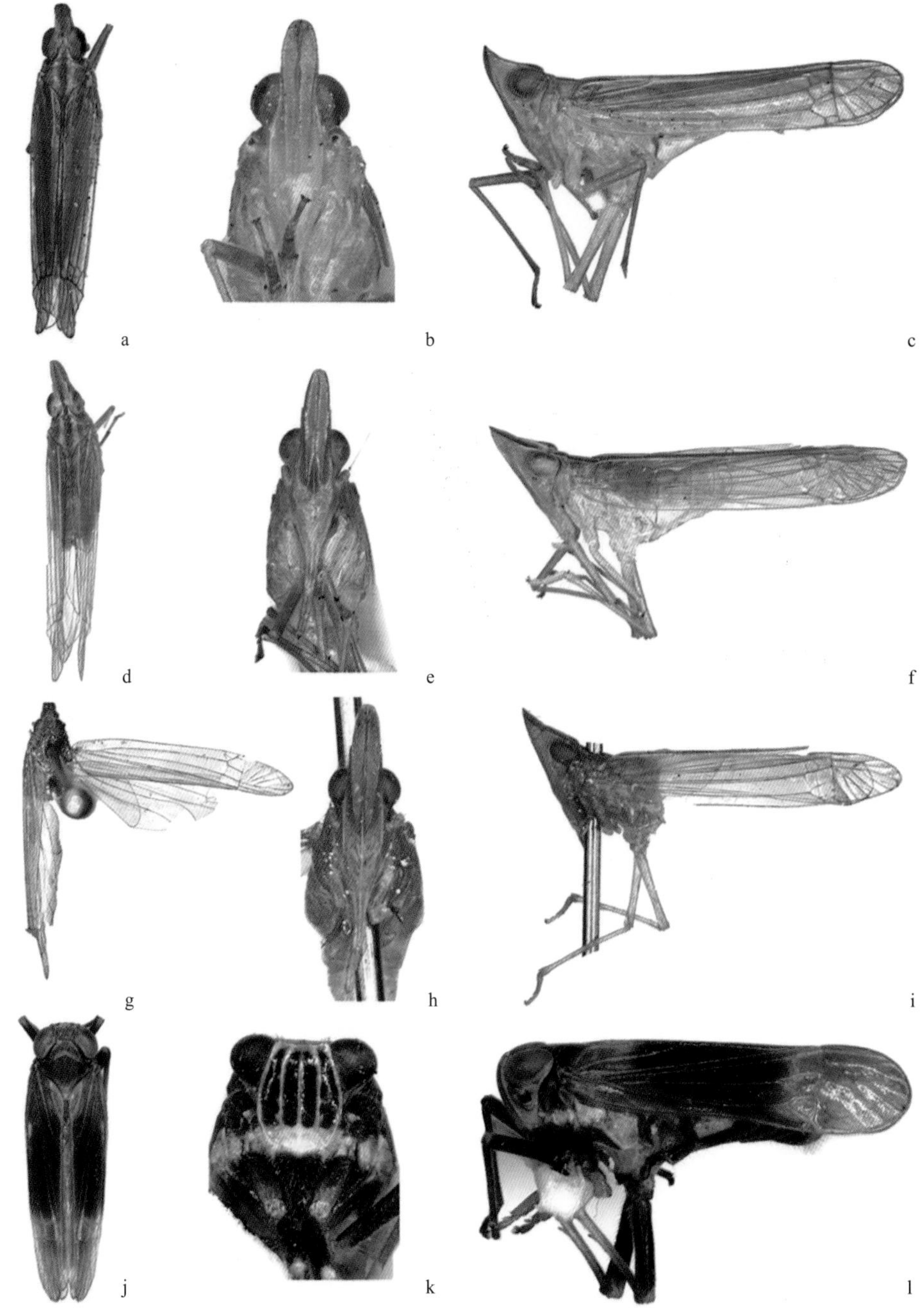

a-c: 二叶斯杯瓢蜡蝉，新种 *Symplana biloba* Meng, Qin *et* Wang, sp. nov. (正模, holotype) a. 背面观 (dorsal view); b. 腹面观 (ventral view); c. 侧面观 (lateral view)

d-f: 长尾斯杯瓢蜡蝉，新种 *Symplana elongata* Meng, Qin *et* Wang, sp. nov. (正模, holotype) d. 背面观 (dorsal view); e. 腹面观 (ventral view); f. 侧面观 (lateral view)

g-i: 短线斯杯瓢蜡蝉 *Symplana brevistrata* Chou, Yuan *et* Wang g. 背面观 (dorsal view); h. 腹面观 (ventral view); i. 侧面观 (lateral view)

j-l: 长杯瓢蜡蝉 *Pseudosymplanella nigrifasciata* Che, Zhang *et* Webb j. 背面观 (dorsal view); k. 腹面观 (ventral view); l. 侧面观 (lateral view)

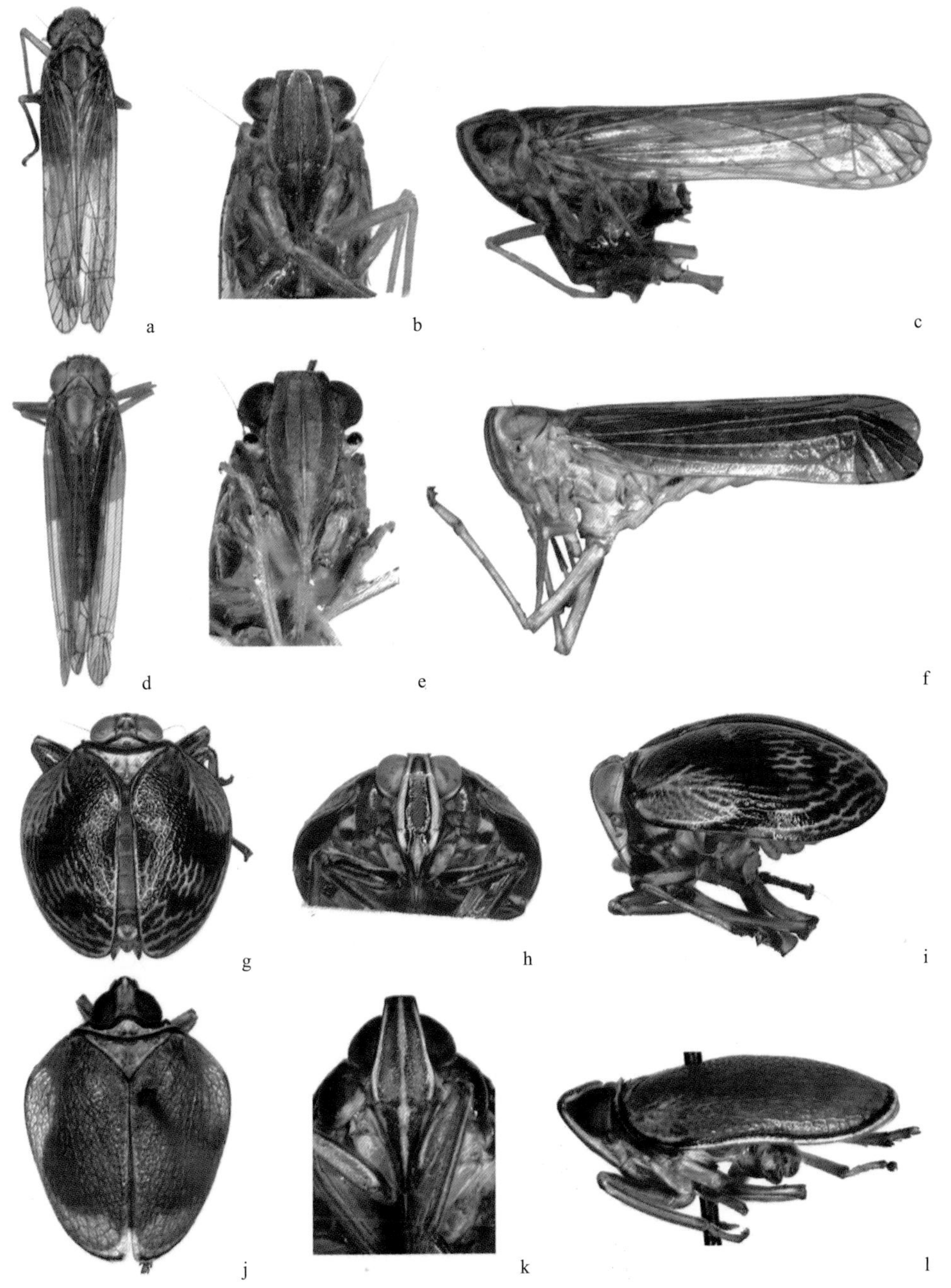

a-c: 短头露额杯瓢蜡蝉 *Symplanella brevicephala* (Chou, Yuan *et* Wang) (正模, holotype) a. 背面观 (dorsal view); b. 腹面观 (ventral view); c. 侧面观 (lateral view)

d-f: 圆斑露额杯瓢蜡蝉 *Symplanella unipuncta* Zhang *et* Wang (正模, holotype) d. 背面观 (dorsal view); e. 腹面观 (ventral view); f. 侧面观 (lateral view)

g-i: 长额圆瓢蜡蝉 *Gergithus frontilongus* Meng, Webb *et* Wang (正模, holotype) g. 背面观 (dorsal view); h. 腹面观 (ventral view); i. 侧面观 (lateral view)

j-l: 瘤新瓢蜡蝉 *Neogergithoides tubercularis* Sun, Meng *et* Wang (正模, holotype) j. 背面观 (dorsal view); k. 腹面观 (ventral view); l. 侧面观 (lateral view)

图版 X

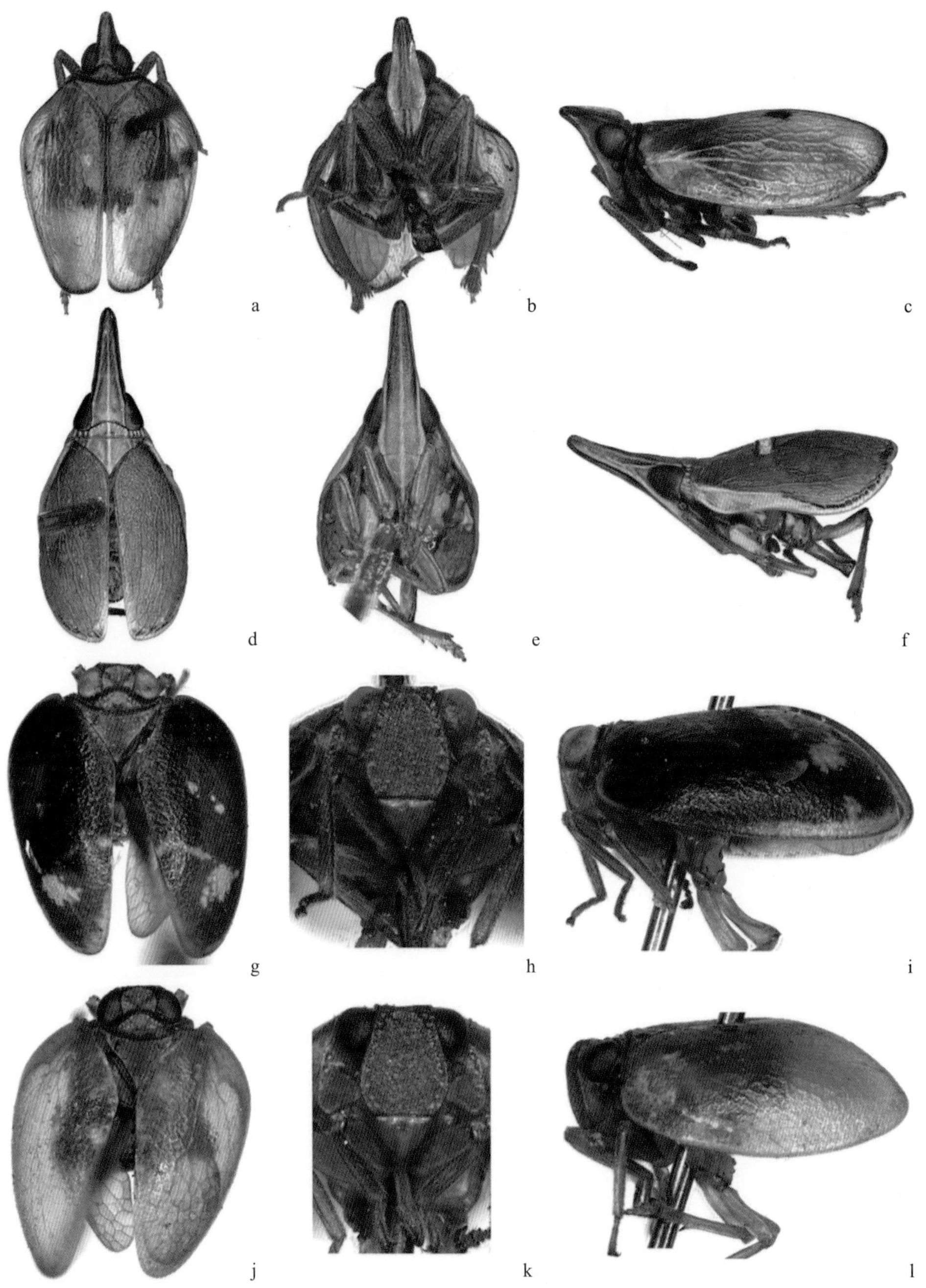

a-c: 广瓢蜡蝉 *Macrodaruma pertinax* Fennah a. 背面观 (dorsal view); b. 腹面观 (ventral view); c. 侧面观 (lateral view)

d-f: 长顶周瓢蜡蝉 *Choutagus longicephalus* Zhang, Wang *et* Che (正模, holotype) d. 背面观 (dorsal view); e. 腹面观 (ventral view); f. 侧面观 (lateral view)

g-i: 曲纹蒙瓢蜡蝉 *Mongoliana sinuata* Che, Wang *et* Chou (副模, paratype) g. 背面观 (dorsal view); h. 腹面观 (ventral view); i. 侧面观 (lateral view)

j-l: 三角蒙瓢蜡蝉 *Mongoliana triangularis* Che, Wang *et* Chou (正模, holotype) j. 背面观 (dorsal view); k. 腹面观 (ventral view); l. 侧面观 (lateral view)

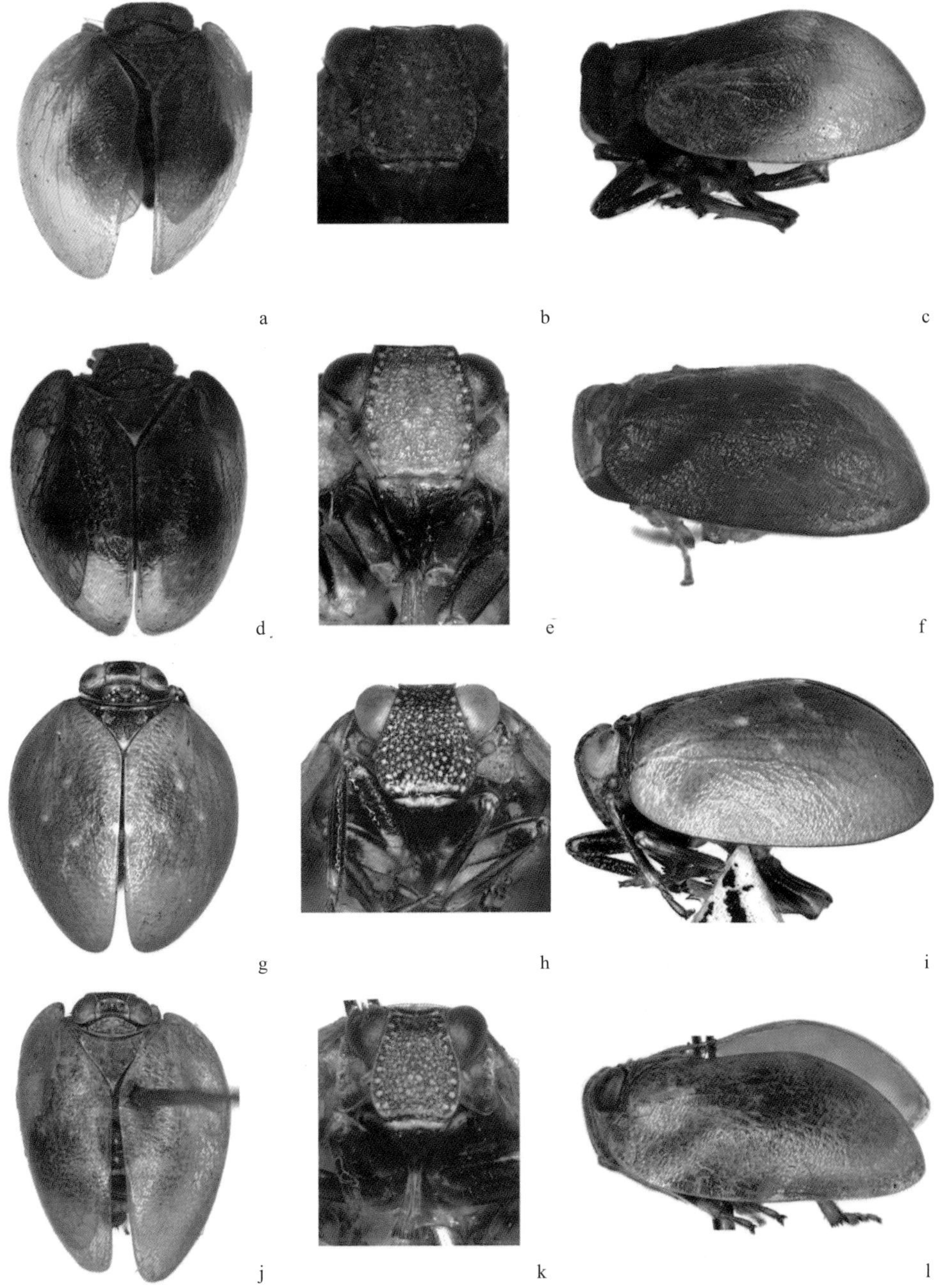

a-c: 蒙瓢蜡蝉 *Mongoliana chilocorides* (Walker) a. 背面观 (dorsal view); b. 腹面观 (ventral view); c. 侧面观 (lateral view)

d-f: 逆蒙瓢蜡蝉 *Mongoliana recurrens* (Butler) d. 背面观 (dorsal view); e. 腹面观 (ventral view); f. 侧面观 (lateral view)

g-i: 白星蒙瓢蜡蝉 *Mongoliana albimaculata* Meng, Wang *et* Qin (正模, holotype) g. 背面观 (dorsal view); h. 腹面观 (ventral view); i. 侧面观 (lateral view)

j-l: 矛尖蒙瓢蜡蝉 *Mongoliana lanceolata* Che, Wang *et* Chou (副模, paratype) j. 背面观 (dorsal view); k. 腹面观 (ventral view); l. 侧面观 (lateral view)

图版 XII

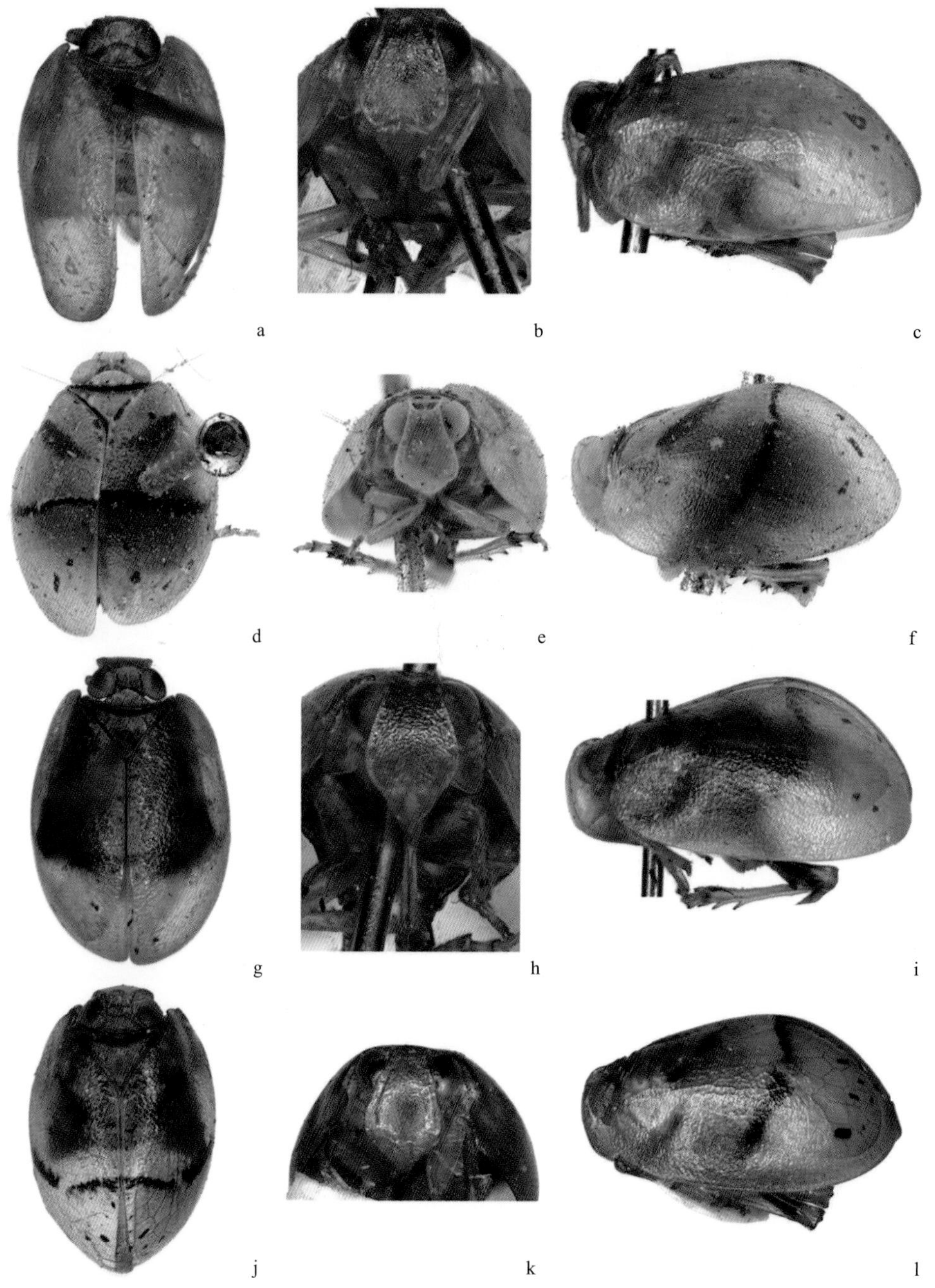

a-c: 褐斑蒙瓢蜡蝉 *Mongoliana naevia* Che, Wang *et* Chou (正模, holotype) a. 背面观 (dorsal view); b. 腹面观 (ventral view); c. 侧面观 (lateral view)

d-f: 黑星蒙瓢蜡蝉 *Mongoliana signifer* (Walker) (正模, holotype) d. 背面观 (dorsal view); e. 腹面观 (ventral view); f. 侧面观 (lateral view)

g-i: 锯缘蒙瓢蜡蝉 *Mongoliana serrata* Che, Wang *et* Chou (正模, holotype) g. 背面观 (dorsal view); h. 腹面观 (ventral view); i. 侧面观 (lateral view)

j-l: 双带蒙瓢蜡蝉 *Mongoliana bistriata* Meng, Wang *et* Qin (正模, holotype) j. 背面观 (dorsal view); k. 腹面观 (ventral view); l. 侧面观 (lateral view)

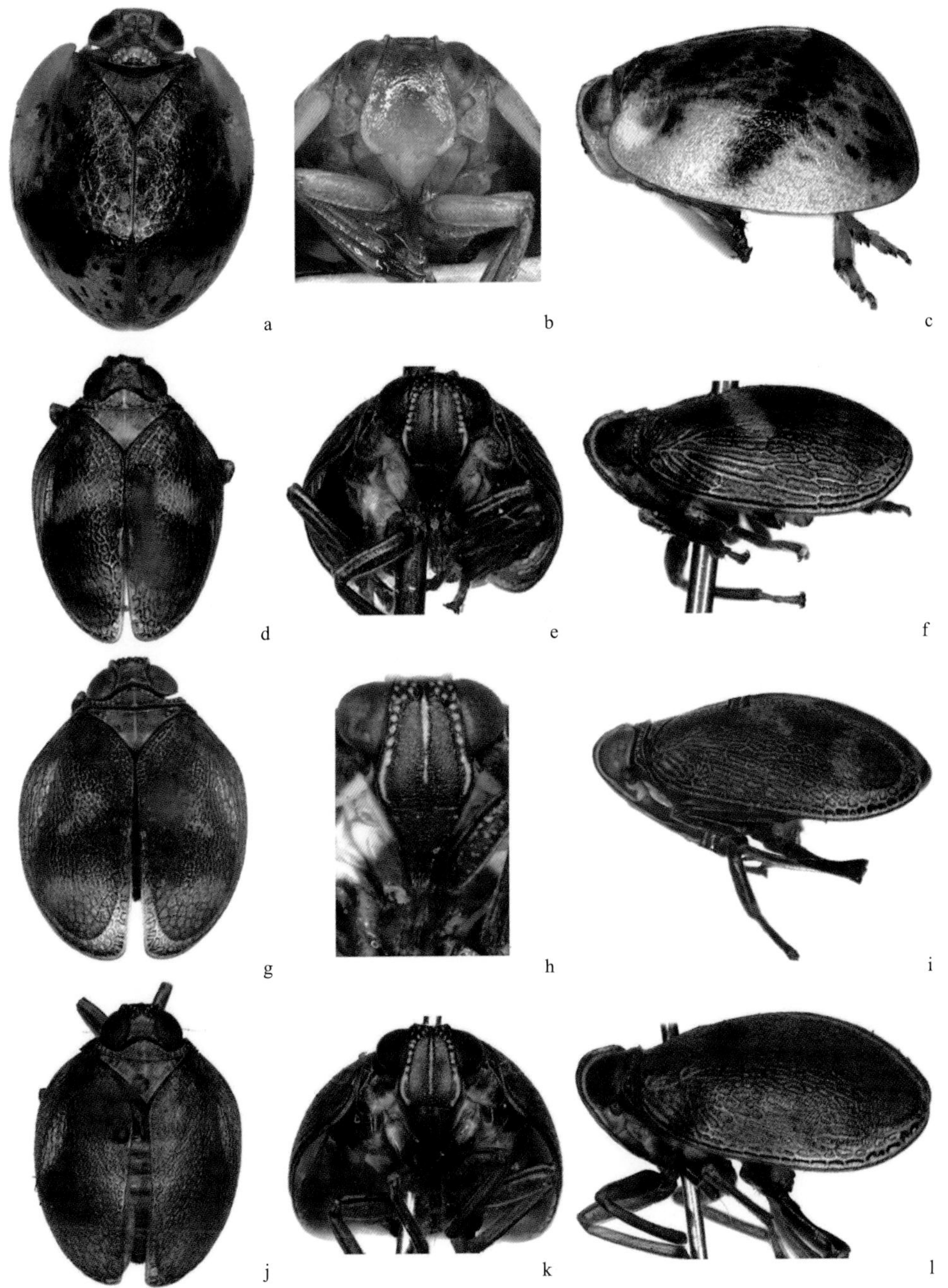

a-c: 宽带蒙瓢蜡蝉 *Mongoliana latistriata* Meng, Wang *et* Qin (正模, holotype) a. 背面观 (dorsal view); b. 腹面观 (ventral view); c. 侧面观 (lateral view)

d-f: 弯月脊额瓢蜡蝉 *Gergithoides gibbosus* Chou *et* Wang d. 背面观 (dorsal view); e. 腹面观 (ventral view); f. 侧面观 (lateral view)

g-i: 脊额瓢蜡蝉 *Gergithoides carinatifrons* Schumacher g. 背面观 (dorsal view); h. 腹面观 (ventral view); i. 侧面观 (lateral view)

j-l: 波缘脊额瓢蜡蝉 *Gergithoides undulatus* Wang *et* Che (正模, holotype) j. 背面观 (dorsal view); k. 腹面观 (ventral view); l. 侧面观 (lateral view)

图版 XIV

a-c: 皱脊额瓢蜡蝉 *Gergithoides rugulosus* (Melichar) a. 背面观 (dorsal view); b. 腹面观 (ventral view); c. 侧面观 (lateral view)

d-f: 线格氏瓢蜡蝉 *Gnezdilovius lineatus* (Kato) d. 背面观 (dorsal view); e. 腹面观 (ventral view); f. 侧面观 (lateral view)

g-i: 横纹格氏瓢蜡蝉, 新种 *Gnezdilovius transversus* Meng, Qin *et* Wang, sp. nov. (正模, holotype) g. 背面观 (dorsal view); h. 腹面观 (ventral view); i. 侧面观 (lateral view)

j-l: 龟纹格氏瓢蜡蝉 *Gnezdilovius tesselatus* (Matsumura) j. 背面观 (dorsal view); k. 腹面观 (ventral view); l. 侧面观 (lateral view)

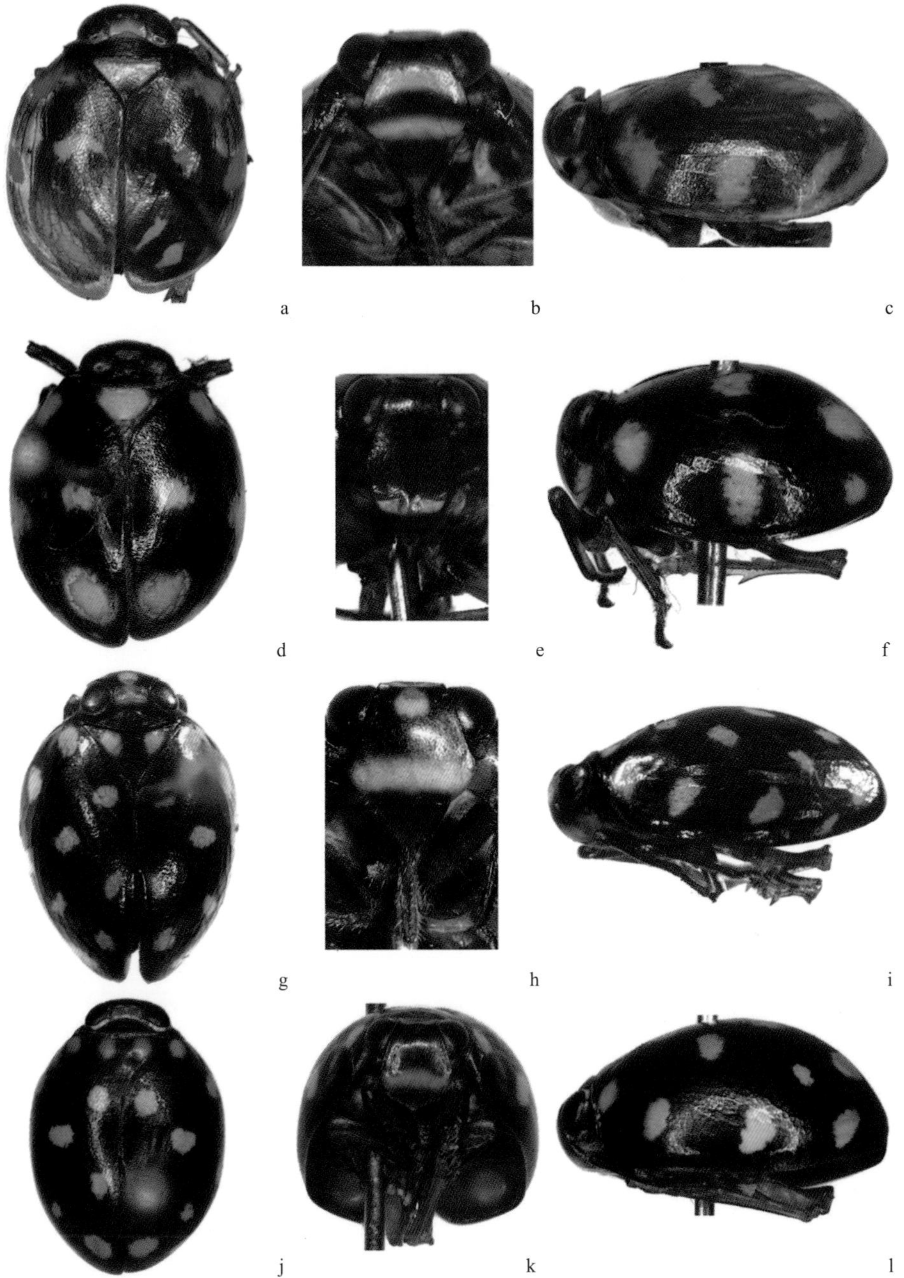

a-c: 拟龟纹格氏瓢蜡蝉 *Gnezdilovius pseudotesselatus* (Che, Zhang *et* Wang) (副模, paratype) a. 背面观 (dorsal view); b. 腹面观 (ventral view); c. 侧面观 (lateral view)

d-f: 五斑格氏瓢蜡蝉 *Gnezdilovius quinquemaculatus* (Che, Zhang *et* Wang) (副模, paratype) d. 背面观 (dorsal view); e. 腹面观 (ventral view); f. 侧面观 (lateral view)

g-i: 星斑格氏瓢蜡蝉 *Gnezdilovius multipunctatus* (Che, Zhang *et* Wang) (副模, paratype) g. 背面观 (dorsal view); h. 腹面观 (ventral view); i. 侧面观 (lateral view)

j-l: 九星格氏瓢蜡蝉 *Gnezdilovius nonomaculatus* (Meng *et* Wang) (副模, paratype) j. 背面观 (dorsal view); k. 腹面观 (ventral view); l. 侧面观 (lateral view)

图版 XVI

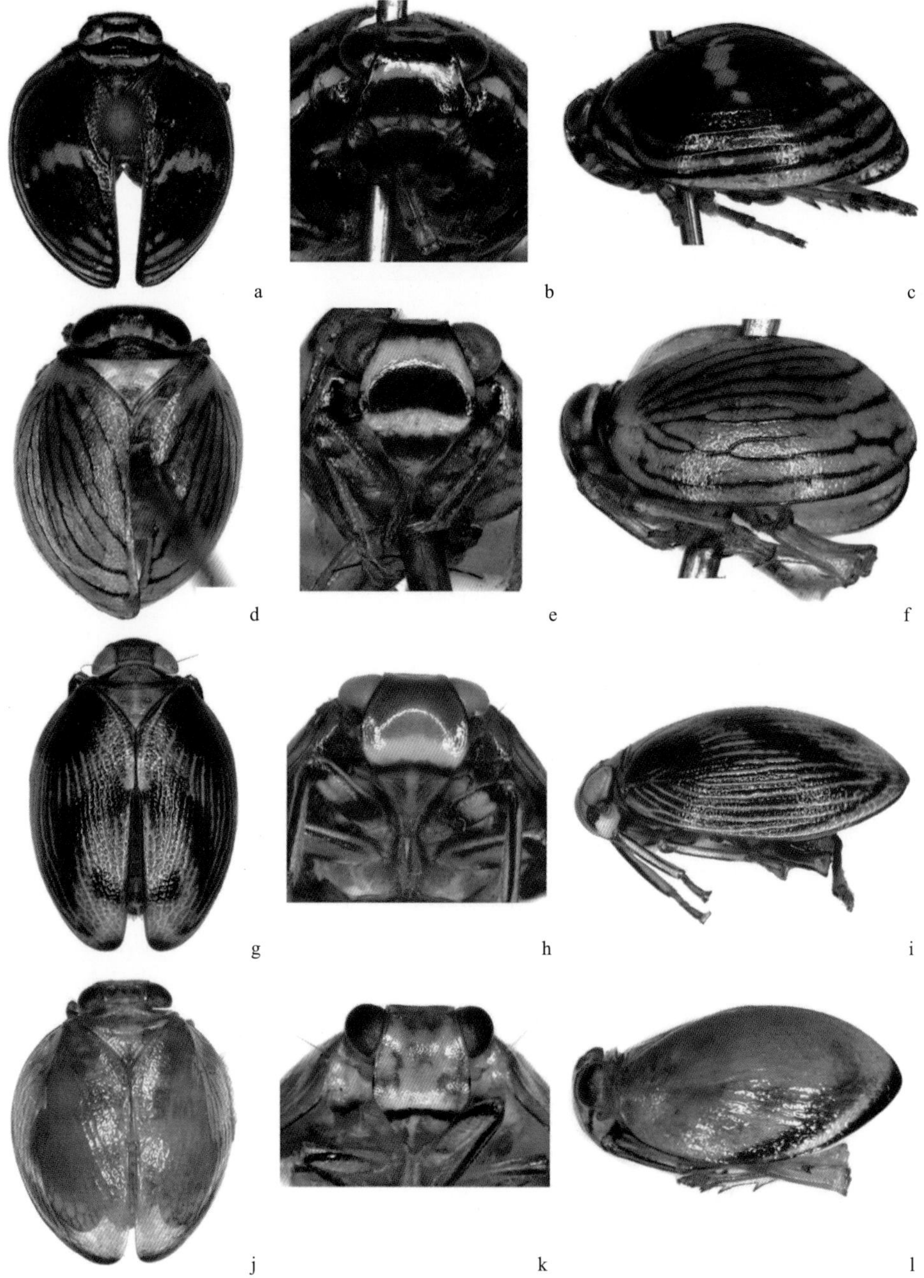

a-c: 半月格氏瓢蜡蝉 *Gnezdilovius gravidus* (Melichar) a. 背面观 (dorsal view); b. 腹面观 (ventral view); c. 侧面观 (lateral view)

d-f: 栅纹格氏瓢蜡蝉 *Gnezdilovius parallelus* (Che, Zhang *et* Wang) (副模, paratype) d. 背面观 (dorsal view); e. 腹面观 (ventral view); f. 侧面观 (lateral view)

g-i: 云南格氏瓢蜡蝉 *Gnezdilovius yunnanensis* (Che, Zhang *et* Wang) (副模, paratype) g. 背面观 (dorsal view); h. 腹面观 (ventral view); i. 侧面观 (lateral view)

j-l: 双斑格氏瓢蜡蝉 *Gnezdilovius bimaculatus* (Zhang *et* Che) (正模, holotype) j. 背面观 (dorsal view); k. 腹面观 (ventral view); l. 侧面观 (lateral view)

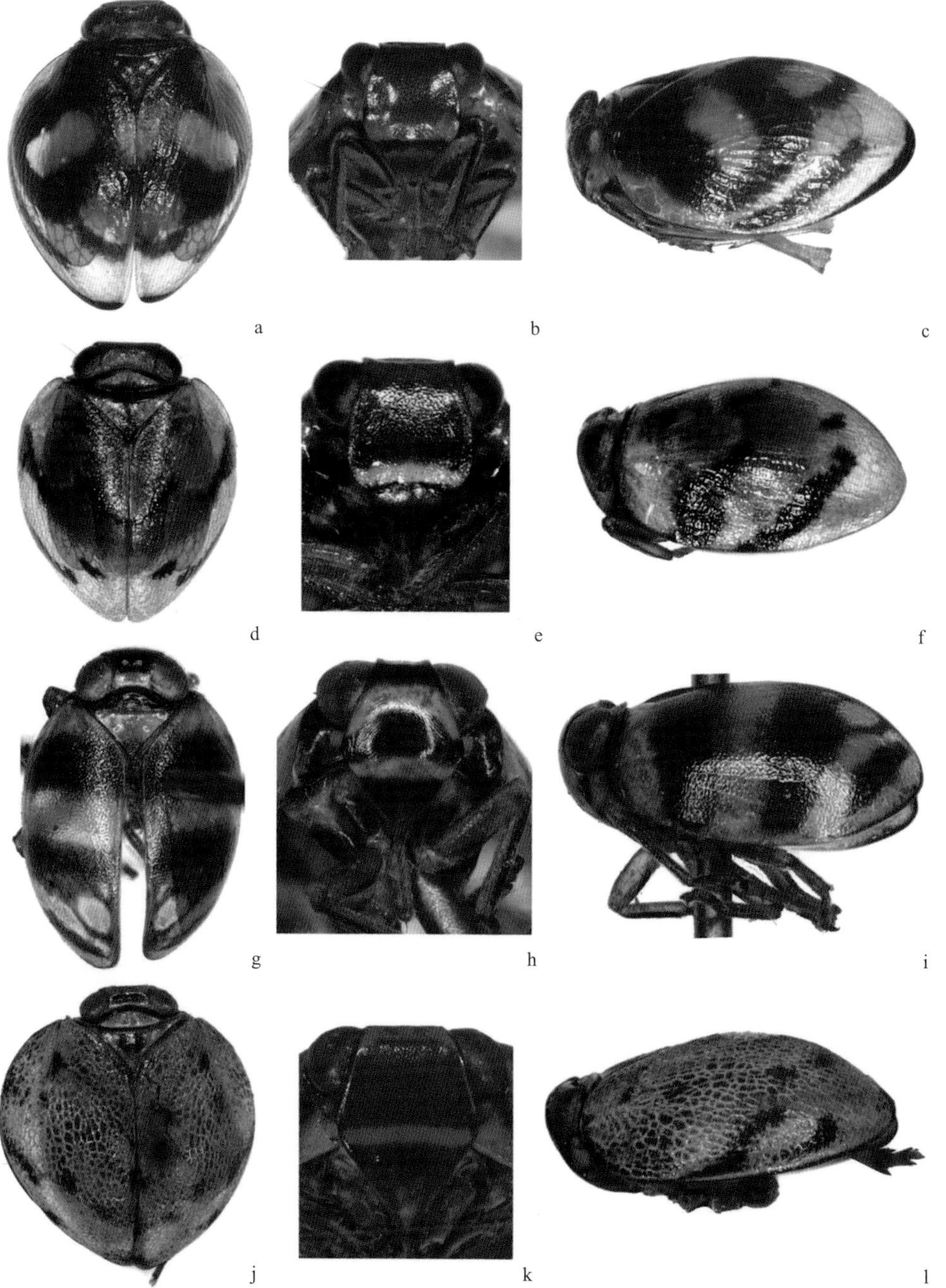

a-c: 双斑格氏瓢蜡蝉 *Gnezdilovius bimaculatus* (Zhang *et* Che) (副模, paratype) a. 背面观 (dorsal view); b. 腹面观 (ventral view); c. 侧面观 (lateral view)

d-f: 三带格氏瓢蜡蝉 *Gnezdilovius tristriatus* (Meng *et* Wang) (正模, holotype) d. 背面观 (dorsal view); e. 腹面观 (ventral view); f. 侧面观 (lateral view)

g-i: 螯突格氏瓢蜡蝉 *Gnezdilovius chelatus* (Che, Zhang *et* Wang) (正模, holotype) g. 背面观 (dorsal view); h. 腹面观 (ventral view); i. 侧面观 (lateral view)

j-l: 网纹格氏瓢蜡蝉 *Gnezdilovius formosanus* (Metcalf) j. 背面观 (dorsal view); k. 腹面观 (ventral view); l. 侧面观 (lateral view)

核红

图版 XVIII

a-c: 十星格氏瓢蜡蝉 *Gnezdilovius iguchii* (Matsumura) a. 背面观 (dorsal view); b. 腹面观 (ventral view); c. 侧面观 (lateral view)

d-f: 大棘格氏瓢蜡蝉 *Gnezdilovius spinosus* (Che, Zhang *et* Wang) (副模, paratype) d. 背面观 (dorsal view); e. 腹面观 (ventral view); f. 侧面观 (lateral view)

g-i: 皱脊格氏瓢蜡蝉 *Gnezdilovius rugiformis* (Zhang *et* Che) g. 背面观 (dorsal view); h. 腹面观 (ventral view); i. 侧面观 (lateral view)

j-l: 黑斑阔瓢蜡蝉 *Rotundiforma nigrimaculata* Meng, Wang *et* Qin (正模, holotype) j. 背面观 (dorsal view); k. 腹面观 (ventral view); l. 侧面观 (lateral view)

图版 XIX

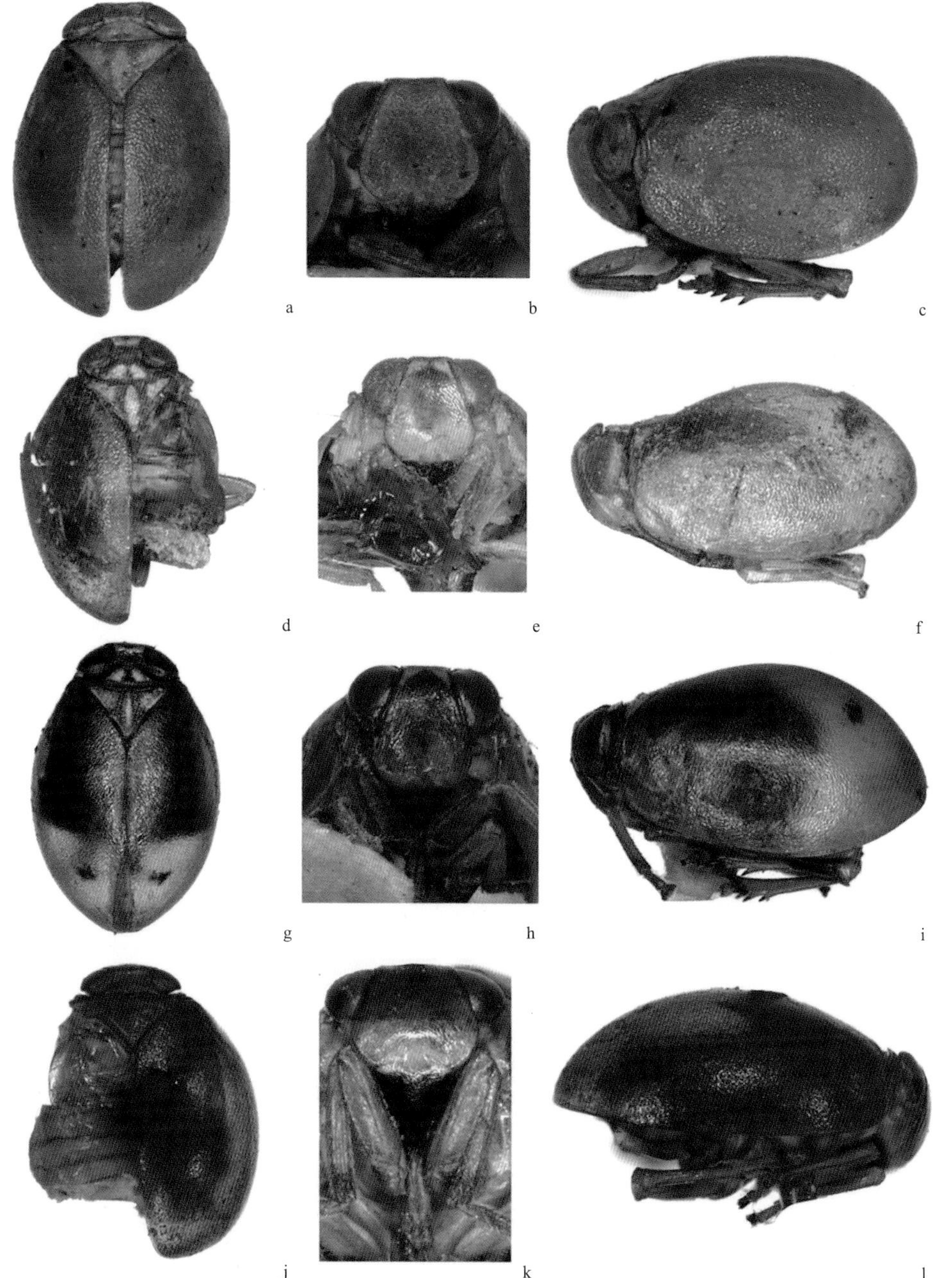

a-c: 丽球瓢蜡蝉 *Hemisphaerius lysanias* Fennah a. 背面观 (dorsal view); b. 腹面观 (ventral view); c. 侧面观 (lateral view)

d-f: 犬牙球瓢蜡蝉，新种 *Hemisphaerius caninus* Che, Zhang *et* Wang, sp. nov. (正模, holotype) d. 背面观 (dorsal view); e. 腹面观 (ventral view); f. 侧面观 (lateral view)

g-i: 红球瓢蜡蝉 *Hemisphaerius rufovarius* Walker g. 背面观 (dorsal view); h. 腹面观 (ventral view); i. 侧面观 (lateral view)

j-l: 双斑球瓢蜡蝉 *Hemisphaerius bimaculatus* Che, Zhang *et* Wang (正模, holotype) j. 背面观 (dorsal view); k. 腹面观 (ventral view); l. 侧面观 (lateral view)

图版 XX

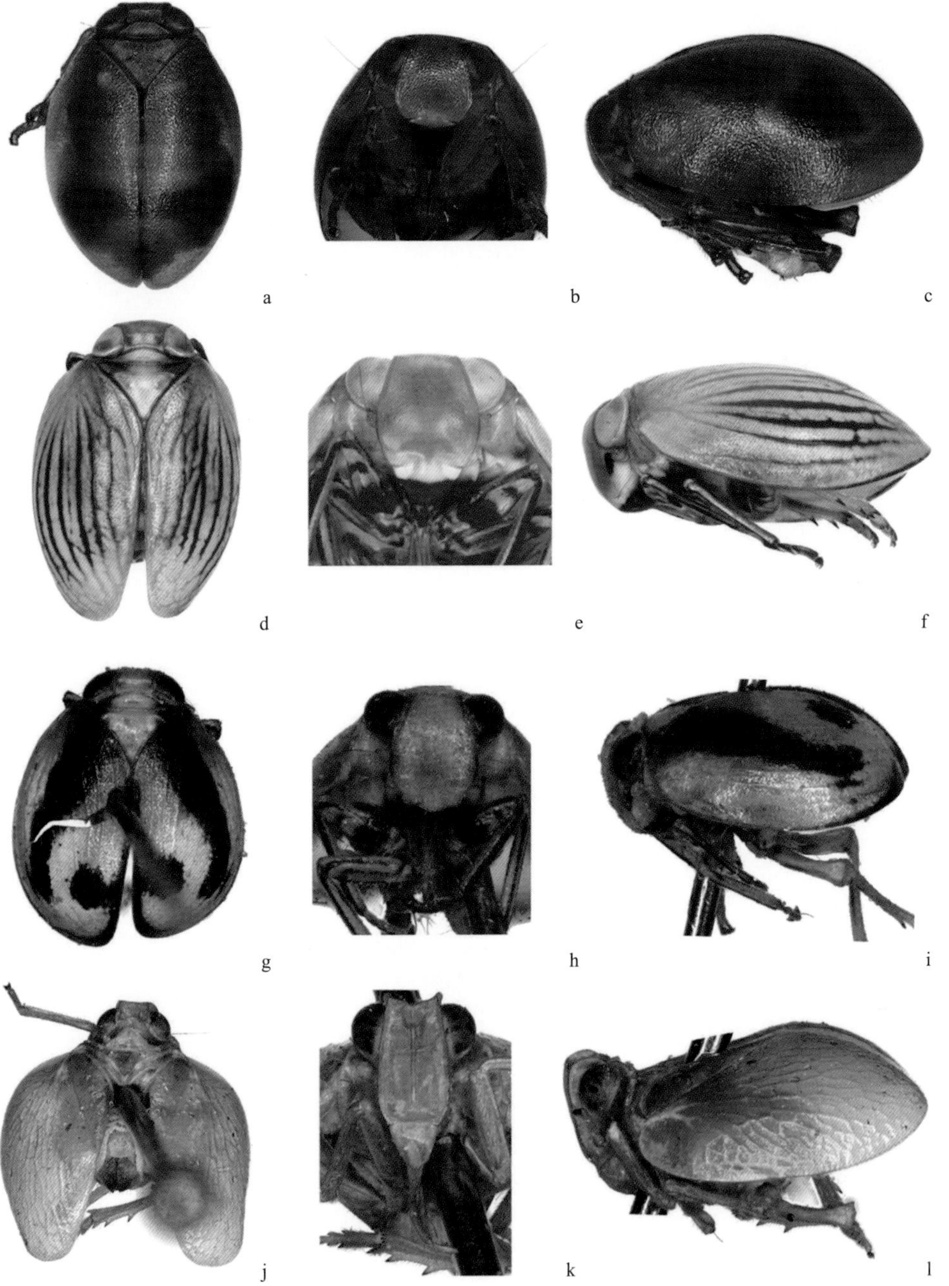

a-c: 长臂球瓢蜡蝉 *Hemisphaerius palaemon* Fennah　a. 背面观 (dorsal view); b. 腹面观 (ventral view); c. 侧面观 (lateral view)

d-f: 条纹球瓢蜡蝉，新种 *Hemisphaerius parallelus* Zhang *et* Wang, sp. nov. (正模, holotype)　d. 背面观 (dorsal view); e. 腹面观 (ventral view); f. 侧面观 (lateral view)

g-i: 三瓣球瓢蜡蝉 *Hemisphaerius trilobulus* Che, Zhang *et* Wang (正模, holotype)　g. 背面观 (dorsal view); h. 腹面观 (ventral view); i. 侧面观 (lateral view)

j-l: 黄新球瓢蜡蝉，新种 *Neohemisphaerius flavus* Meng, Qin *et* Wang, sp. nov. (正模, holotype)　j. 背面观 (dorsal view); k. 腹面观 (ventral view); l. 侧面观 (lateral view)

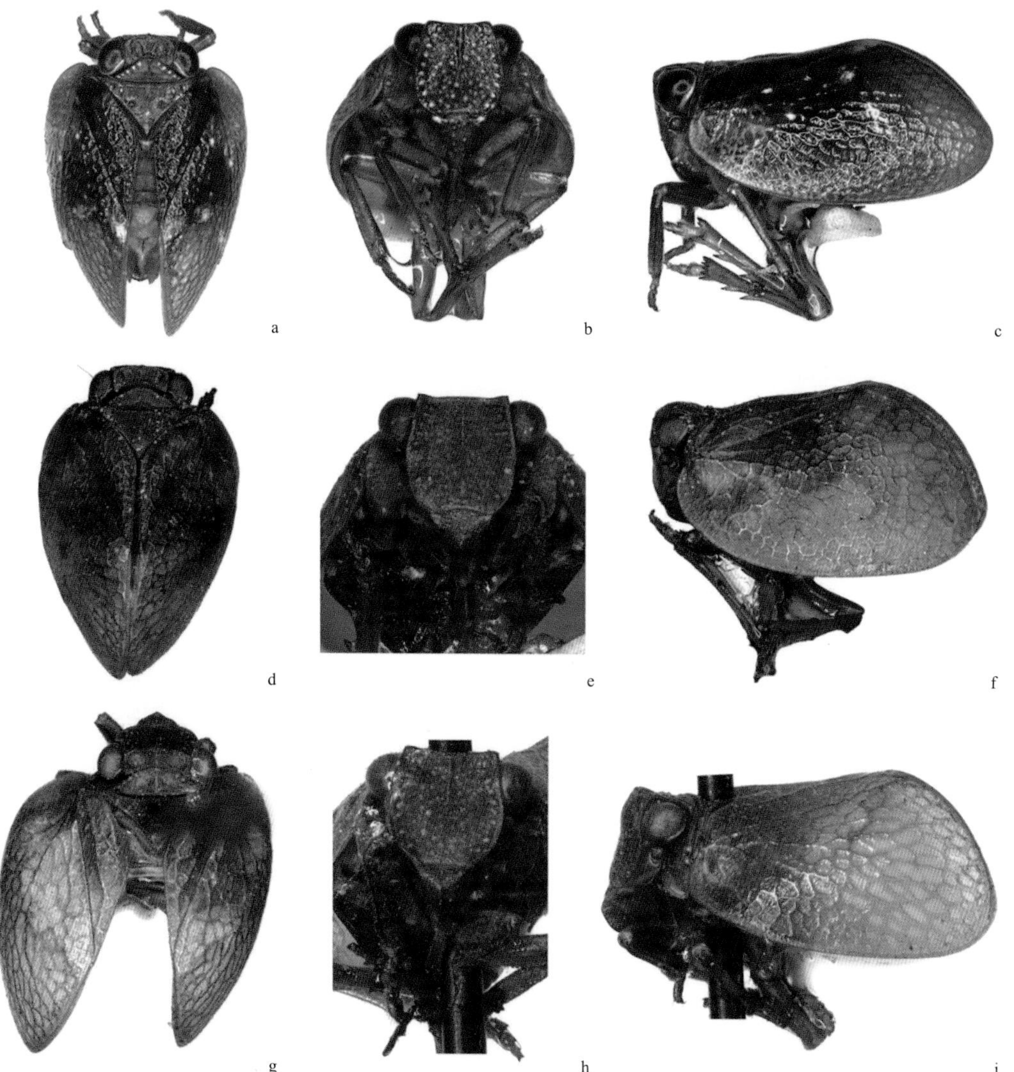

a-c: 五斑角唇瓢蜡蝉，新种 *Eusudasina quinquemaculata* Meng, Qin *et* Wang, sp. nov. (正模, holotype)
a. 背面观 (dorsal view); b. 腹面观 (ventral view); c. 侧面观 (lateral view)

d-f: 小刺角唇瓢蜡蝉，新种 *Eusudasina spinosa* Meng, Qin *et* Wang, sp. nov. (正模, holotype) d. 背面观 (dorsal view); e. 腹面观 (ventral view); f. 侧面观 (lateral view)

g-i: 南角唇瓢蜡蝉 *Eusudasina nantouensis* Yang g. 背面观 (dorsal view); h. 腹面观 (ventral view); i. 侧面观 (lateral view)

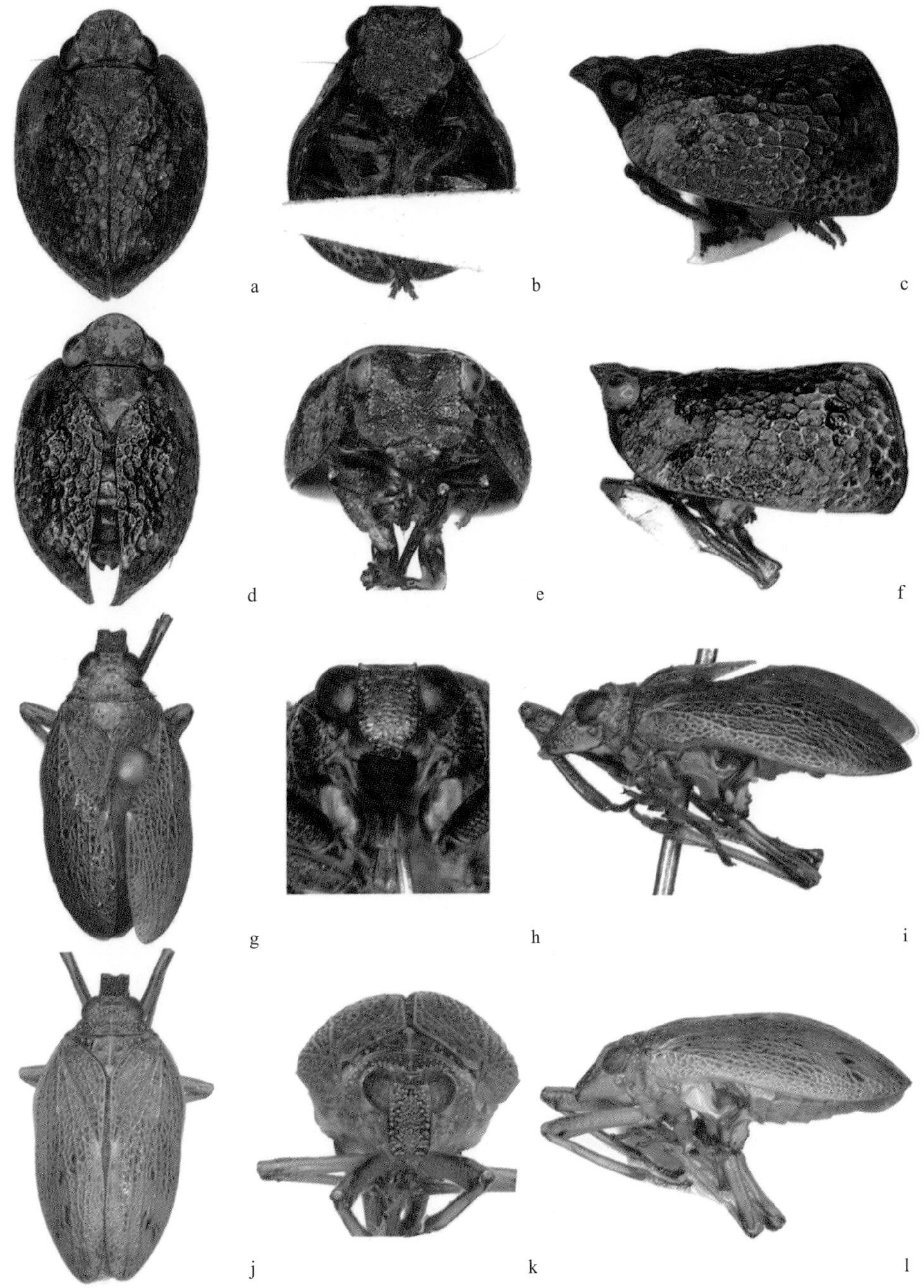

a-c: 眉瓢蜡蝉，新种 *Superciliaris reticulatus* Meng, Qin *et* Wang, sp. nov. (正模, holotype) a. 背面观 (dorsal view); b. 腹面观 (ventral view); c. 侧面观 (lateral view)

d-f: 吊罗山眉瓢蜡蝉，新种 *Superciliaris diaoluoshanis* Meng, Qin *et* Wang, sp. nov. (正模, holotype) d. 背面观 (dorsal view); e. 腹面观 (ventral view); f. 侧面观 (lateral view)

g-i: 福瓢蜡蝉 *Fortunia byrrhoides* (Walker) g. 背面观 (dorsal view); h. 腹面观 (ventral view); i. 侧面观 (lateral view)

j-l: 勐仑福瓢蜡蝉，新种 *Fortunia menglunensis* Meng, Qin *et* Wang, sp. nov. (正模, holotype) j. 背面观 (dorsal view); k. 腹面观 (ventral view); l. 侧面观 (lateral view)

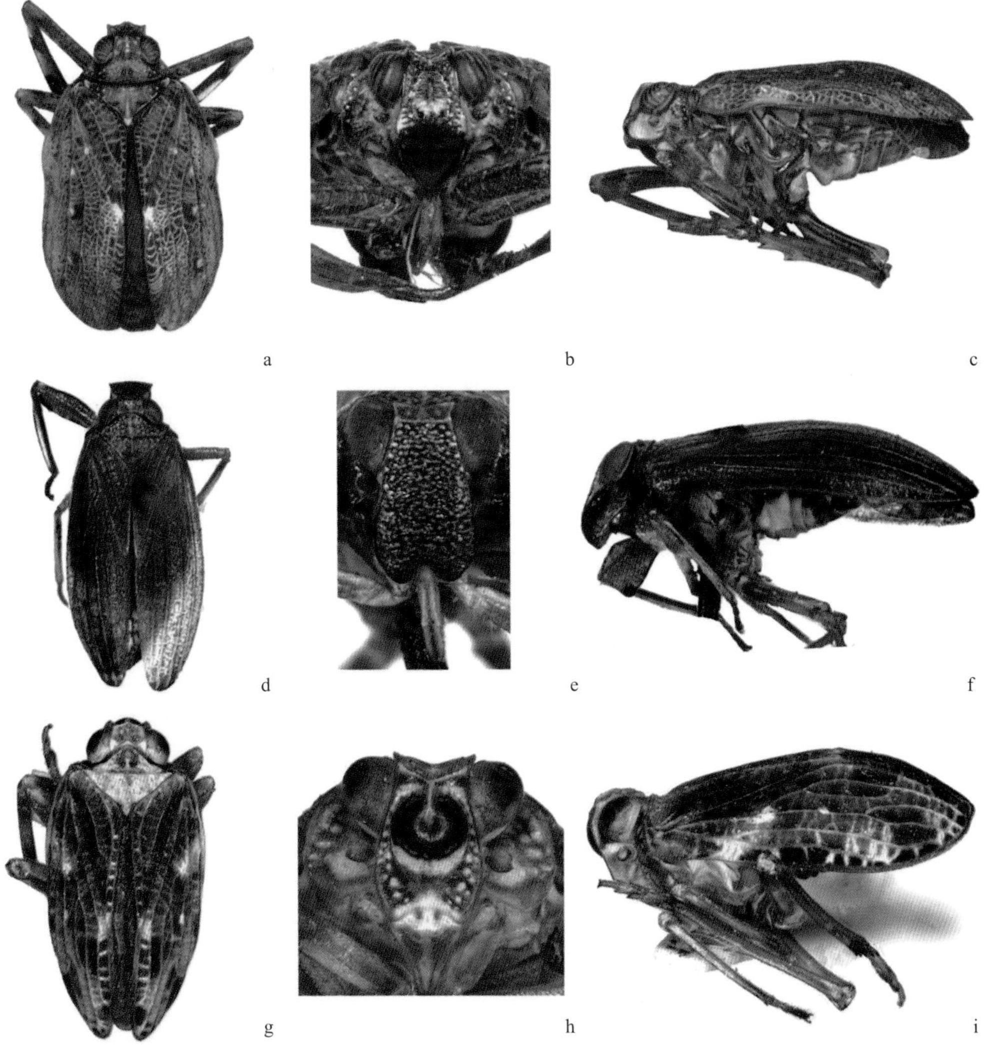

a-c: 尖峰岭短额瓢蜡蝉 *Brevicopius jianfenglingensis* (Chen, Zhang *et* Chang) a. 背面观 (dorsal view); b. 腹面观 (ventral view); c. 侧面观 (lateral view)

d-f: 鼻瓢蜡蝉 *Narinosus nativus* Gnezdilov *et* Wilson d. 背面观 (dorsal view); e. 腹面观 (ventral view); f. 侧面观 (lateral view)

g-i: 宋氏瘤额瓢蜡蝉 *Tetricodes songae* Zhang *et* Chen g. 背面观 (dorsal view); h. 腹面观 (ventral view); i. 侧面观 (lateral view)

图版 XXIV

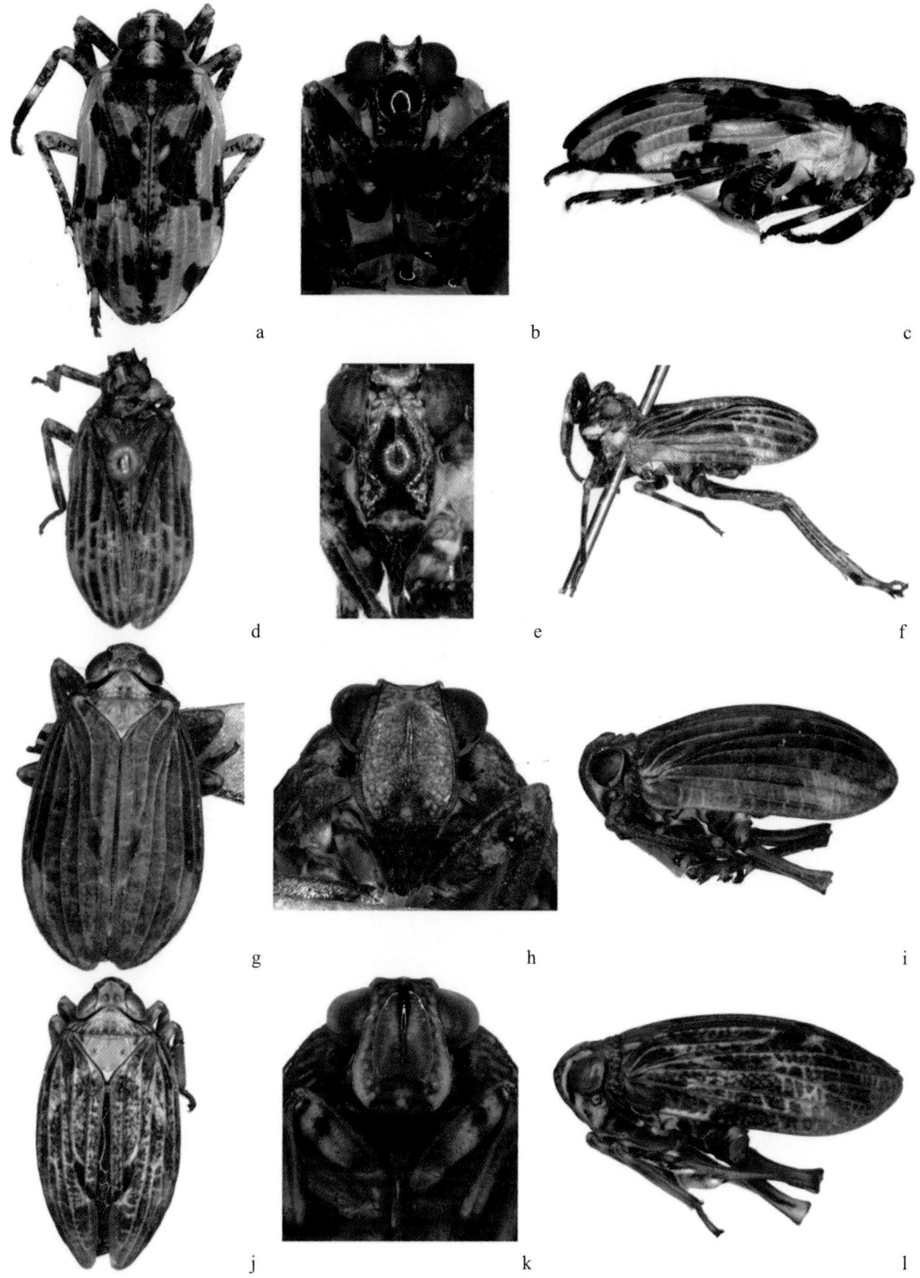

a-c: 中华瘤突瓢蜡蝉 *Paratetricodes sinensis* Zhang *et* Chen a. 背面观 (dorsal view); b. 腹面观 (ventral view); c. 侧面观 (lateral view)

d-f: 平脉瘤瓢蜡蝉, 新种 *Tumorofrontus parallelicus* Che, Zhang *et* Wang, sp. nov. (正模, holotype) d. 背面观 (dorsal view); e. 腹面观 (ventral view); f. 侧面观 (lateral view)

g-i: 扇扁足瓢蜡蝉 *Neodurium postfasciatum* Fennah g. 背面观 (dorsal view); h. 腹面观 (ventral view); i. 侧面观 (lateral view)

j-l: 钩扁足瓢蜡蝉 *Neodurium hamatum* Wang *et* Wang (雄, male) j. 背面观 (dorsal view); k. 腹面观 (ventral view); l. 侧面观 (lateral view)

图版 XXV

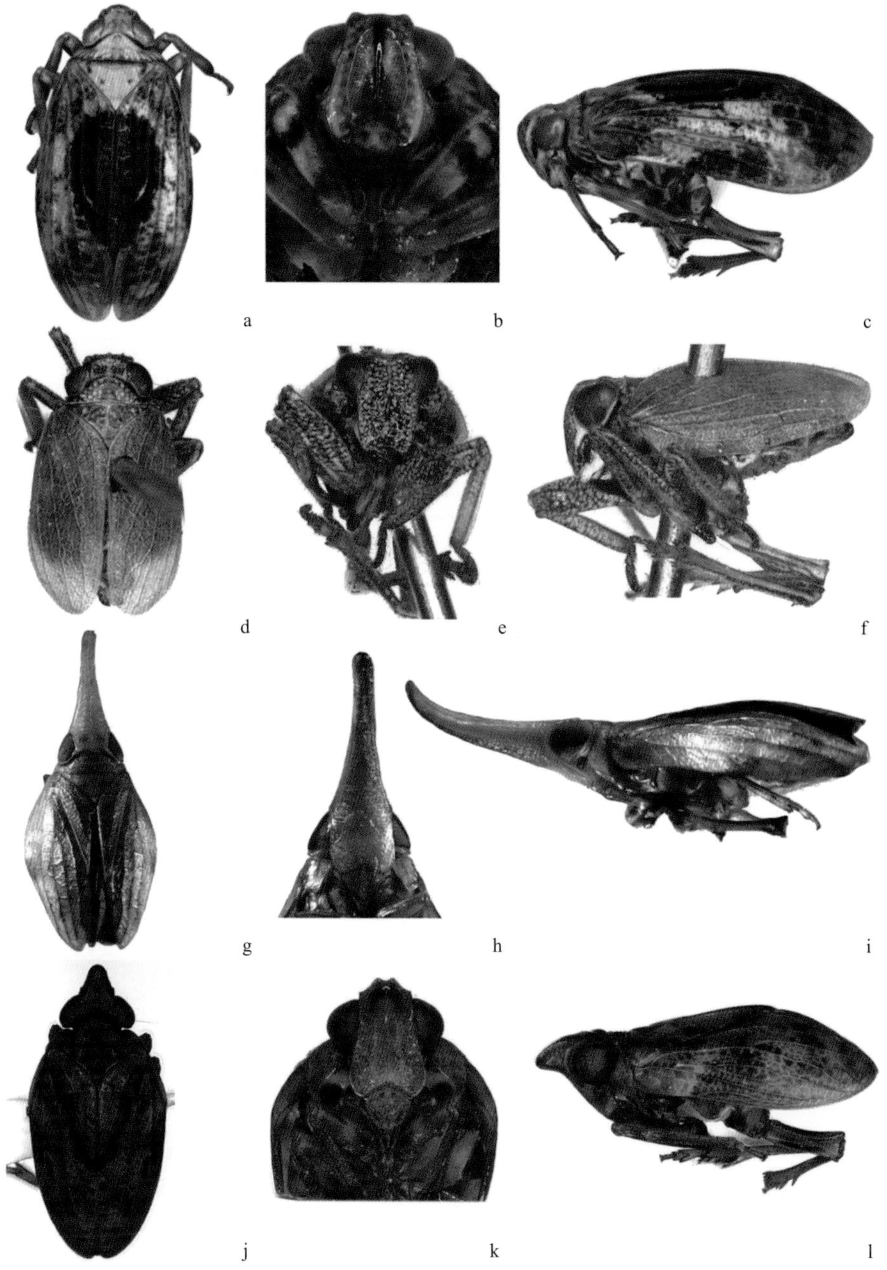

a-c: 钩扁足瓢蜡蝉 *Neodurium hamatum* Wang *et* Wang (雌, female) a. 背面观 (dorsal view); b. 腹面观 (ventral view); c. 侧面观 (lateral view)

d-f: 双叶瓢蜡蝉 *Folifemurum duplicatum* Che, Wang *et* Zhang (正模, holotype) d. 背面观 (dorsal view); e. 腹面观 (ventral view); f. 侧面观 (lateral view)

g-i: 拟周瓢蜡蝉 *Pseudochoutagus curvativus* Che, Zhang *et* Wang (正模, holotype) g. 背面观 (dorsal view); h. 腹面观 (ventral view); i. 侧面观 (lateral view)

j-l: 二叉喙瓢蜡蝉，新种 *Rostrolatum separatum* Che, Zhang *et* Wang, sp. nov. (正模, holotype) j. 背面观 (dorsal view); k. 腹面观 (ventral view); l. 侧面观 (lateral view)

图版 XXVI

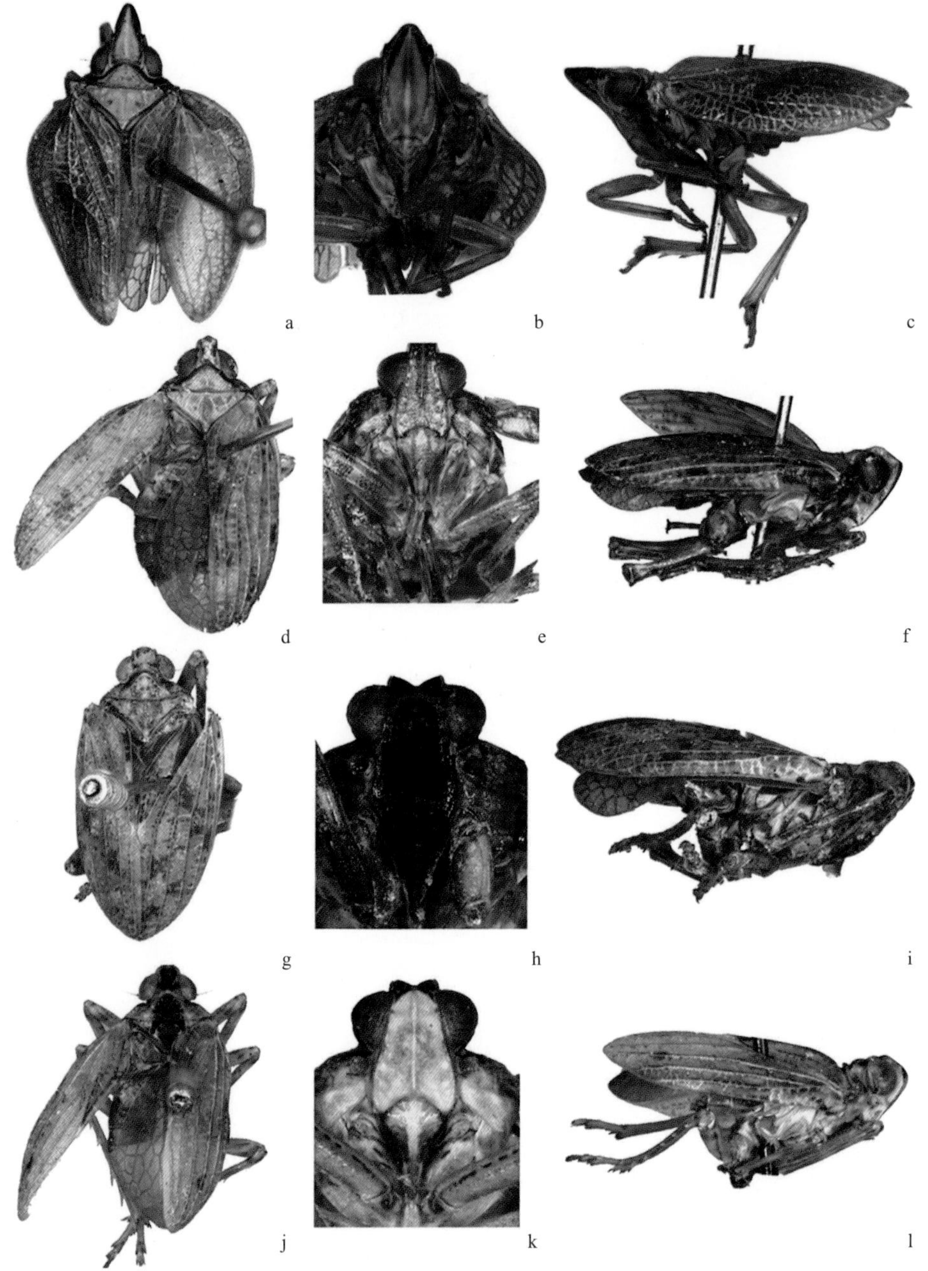

a-c: 瓣弘瓢蜡蝉 *Macrodarumoides petalinus* Che, Zhang *et* Wang (正模, holotype) a. 背面观 (dorsal view); b. 腹面观 (ventral view); c. 侧面观 (lateral view)

d-f: 海南黄瓢蜡蝉 *Flavina hainana* (Wang *et* Wang) d. 背面观 (dorsal view); e. 腹面观 (ventral view); f. 侧面观 (lateral view)

g-i: 黑额黄瓢蜡蝉 *Flavina nigrifrons* Zhang *et* Che (正模, holotype) g. 背面观 (dorsal view); h. 腹面观 (ventral view); i. 侧面观 (lateral view)

j-l: 带黄瓢蜡蝉 *Flavina nigrifascia* Che *et* Wang (正模, holotype) j. 背面观 (dorsal view); k. 腹面观 (ventral view); l. 侧面观 (lateral view)

a-c: 贵州扁瓢蜡蝉，新种 *Flatiforma guizhouensis* Meng, Qin *et* Wang, sp. nov. (正模, holotype)　a. 背面观 (dorsal view); b. 腹面观 (ventral view); c. 侧面观 (lateral view)

d-f: 勐腊扁瓢蜡蝉，新种 *Flatiforma menglaensis* Che, Zhang *et* Wang, sp. nov. (正模, holotype)　d. 背面观 (dorsal view); e. 腹面观 (ventral view); f. 侧面观 (lateral view)

g-i: 瑞丽扁瓢蜡蝉，新种 *Flatiforma ruiliensis* Che, Zhang *et* Wang, sp. nov. (正模, holotype)　g. 背面观 (dorsal view); h. 腹面观 (ventral view); i. 侧面观 (lateral view)

j-l: 短突菱瓢蜡蝉，新种 *Rhombissus brevispinus* Che, Zhang *et* Wang, sp. nov. (正模, holotype)　j. 背面观 (dorsal view); k. 腹面观 (ventral view); l. 侧面观 (lateral view)

图版 XXVIII

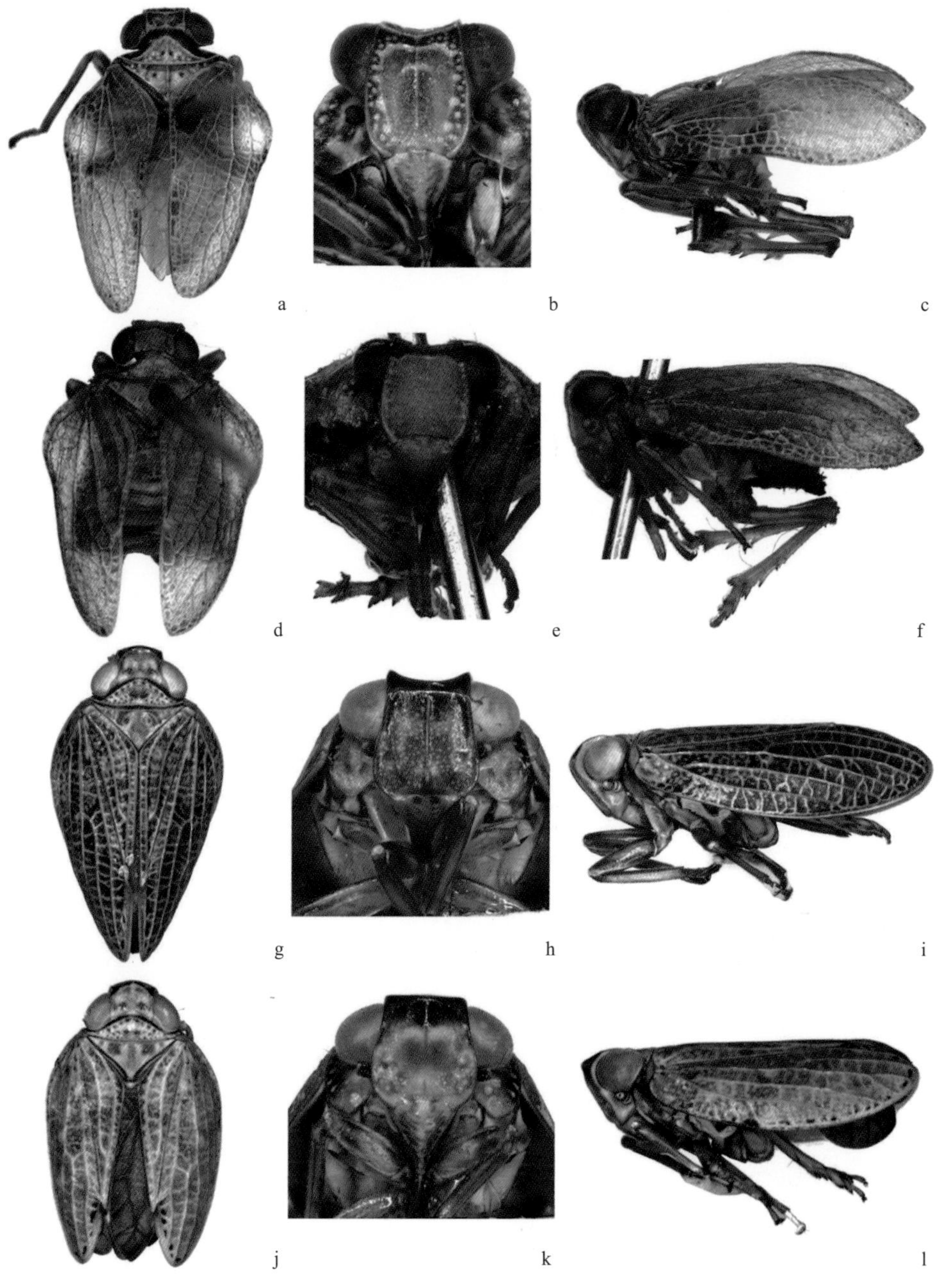

a-c: 长突菱瓢蜡蝉, 新种 *Rhombissus longus* Che, Zhang *et* Wang, sp. nov. (正模, holotype) a. 背面观 (dorsal view); b. 腹面观 (ventral view); c. 侧面观 (lateral view)

d-f: 耳突菱瓢蜡蝉, 新种 *Rhombissus auriculiformis* Che, Zhang *et* Wang, sp. nov. (正模, holotype) d. 背面观 (dorsal view); e. 腹面观 (ventral view); f. 侧面观 (lateral view)

g-i: 丽涛齿跗瓢蜡蝉 *Gelastyrella litaoensis* Yang (正模, holotype) g. 背面观 (dorsal view); h. 腹面观 (ventral view); i. 侧面观 (lateral view)

j-l: 褐额众瓢蜡蝉 *Thabena brunnifrons* (Bonfils, Attié *et* Reynaud) j. 背面观 (dorsal view); k. 腹面观 (ventral view); l. 侧面观 (lateral view)

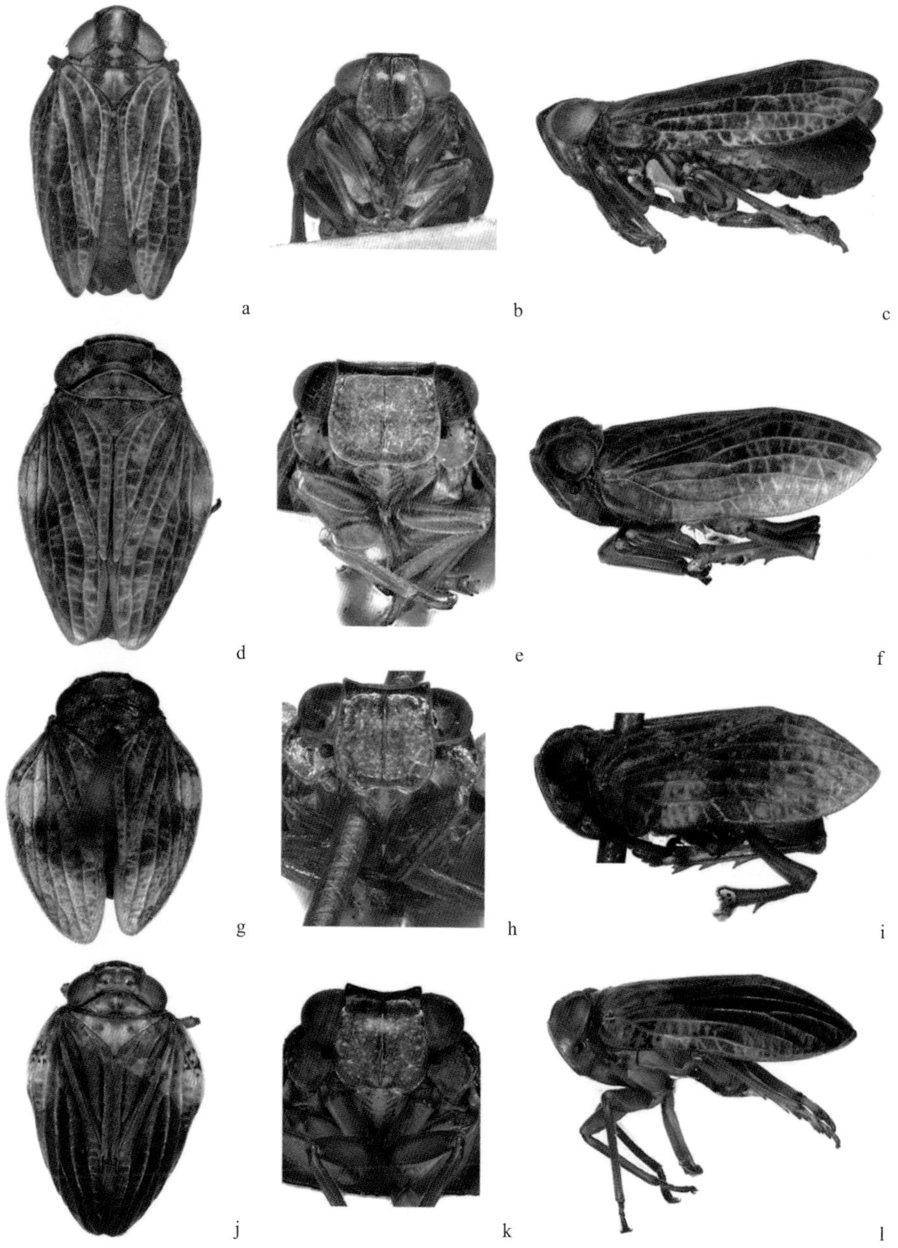

a-c: 云南众瓢蜡蝉 *Thabena yunnanensis* (Ran *et* Liang) a. 背面观 (dorsal view); b. 腹面观 (ventral view); c. 侧面观 (lateral view)

d-f: 兰坪众瓢蜡蝉 *Thabena lanpingensis* Zhang *et* Chen d. 背面观 (dorsal view); e. 腹面观 (ventral view); f. 侧面观 (lateral view)

g-i: 凸众瓢蜡蝉, 新种 *Thabena convexa* Che, Zhang *et* Wang, sp. nov. (正模, holotype) g. 背面观 (dorsal view); h. 腹面观 (ventral view); i. 侧面观 (lateral view)

j-l: 尖众瓢蜡蝉, 新种 *Thabena acutula* Meng, Qin *et* Wang, sp. nov. (正模, holotype) j. 背面观 (dorsal view); k. 腹面观 (ventral view); l. 侧面观 (lateral view)

图版 XXX

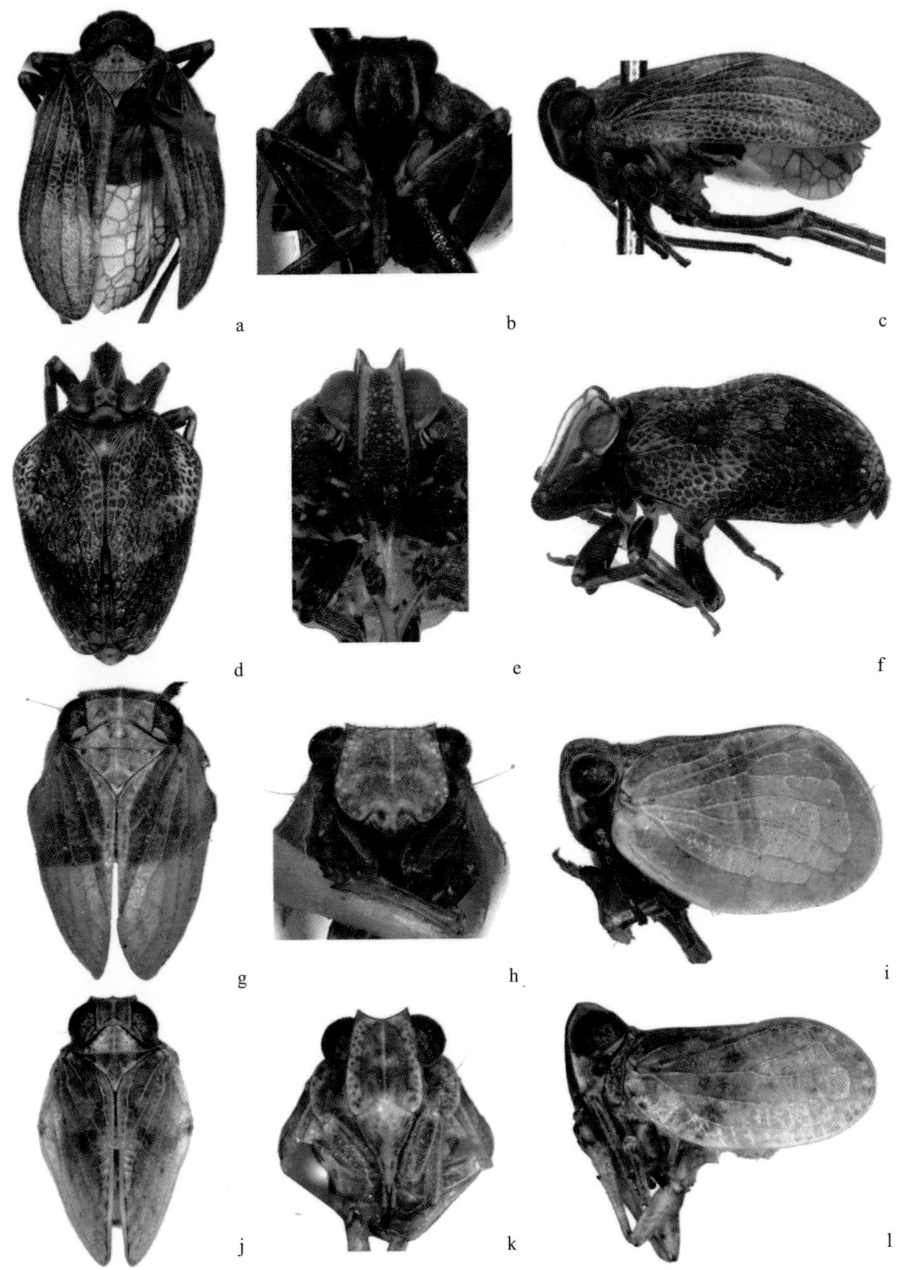

a-c: 莲瓢蜡蝉 *Duriopsilla retarius* Fennah a. 背面观 (dorsal view); b. 腹面观 (ventral view); c. 侧面观 (lateral view)

d-f: 网新泰瓢蜡蝉 *Neotapirissus reticularis* Meng *et* Wang (正模, holotype) d. 背面观 (dorsal view); e. 腹面观 (ventral view); f. 侧面观 (lateral view)

g-i: 北方波氏瓢蜡蝉 *Potaninum boreale* (Melichar) g. 背面观 (dorsal view); h. 腹面观 (ventral view); i. 侧面观 (lateral view)

j-l: 四突鞍瓢蜡蝉 *Celyphoma quadrupla* Meng *et* Wang (正模, holotype) j. 背面观 (dorsal view); k. 腹面观 (ventral view); l. 侧面观 (lateral view)

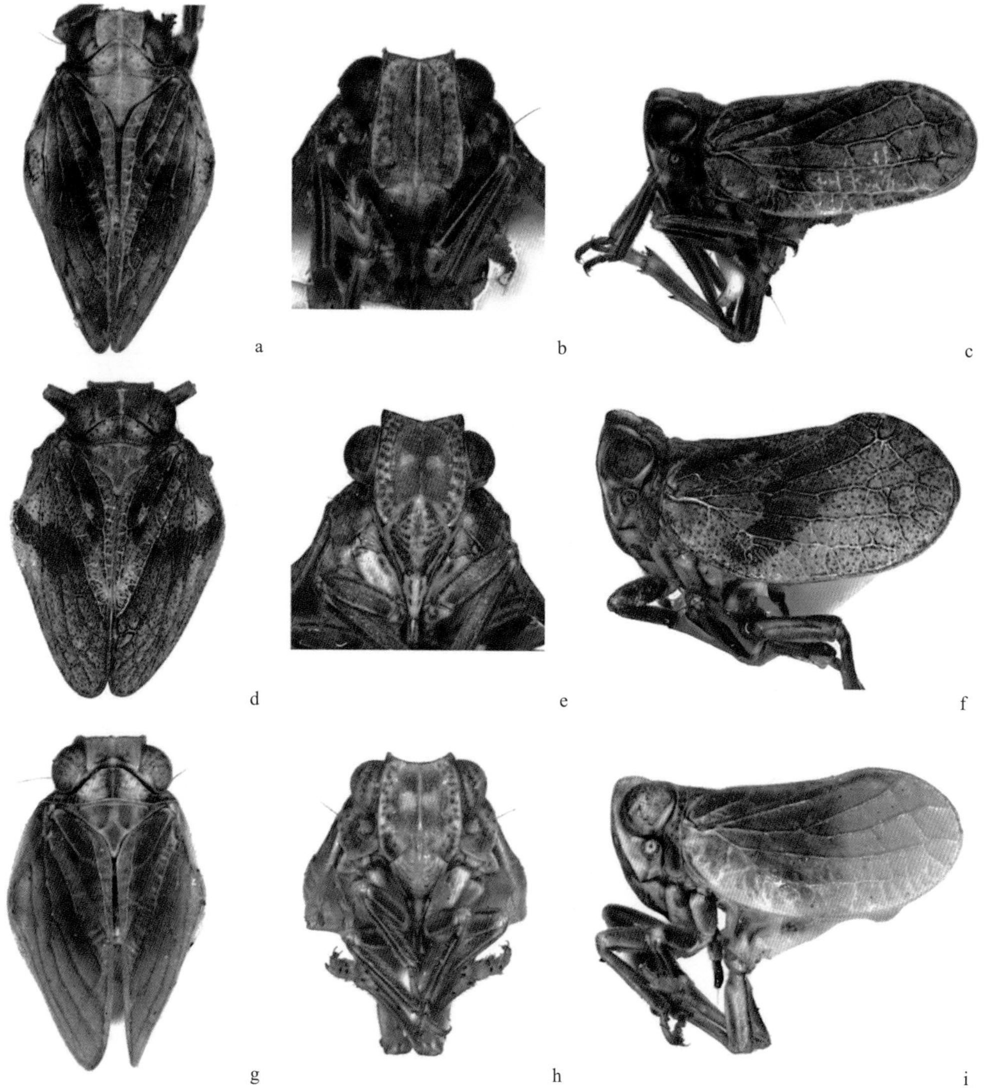

a-c: 贺兰鞍瓢蜡蝉, 新种 *Celyphoma helanense* Che, Zhang *et* Wang, sp. nov. (副模, paratype)　a. 背面观 (dorsal view); b. 腹面观 (ventral view); c. 侧面观 (lateral view)

d-f: 杨氏鞍瓢蜡蝉 *Celyphoma yangi* Chen, Zhang *et* Chang　d. 背面观 (dorsal view); e. 腹面观 (ventral view); f. 侧面观 (lateral view)

g-i: 叉突鞍瓢蜡蝉 *Celyphoma bifurca* Meng *et* Wang (正模, holotype)　g. 背面观 (dorsal view); h. 腹面观 (ventral view); i. 侧面观 (lateral view)

图版 XXXII

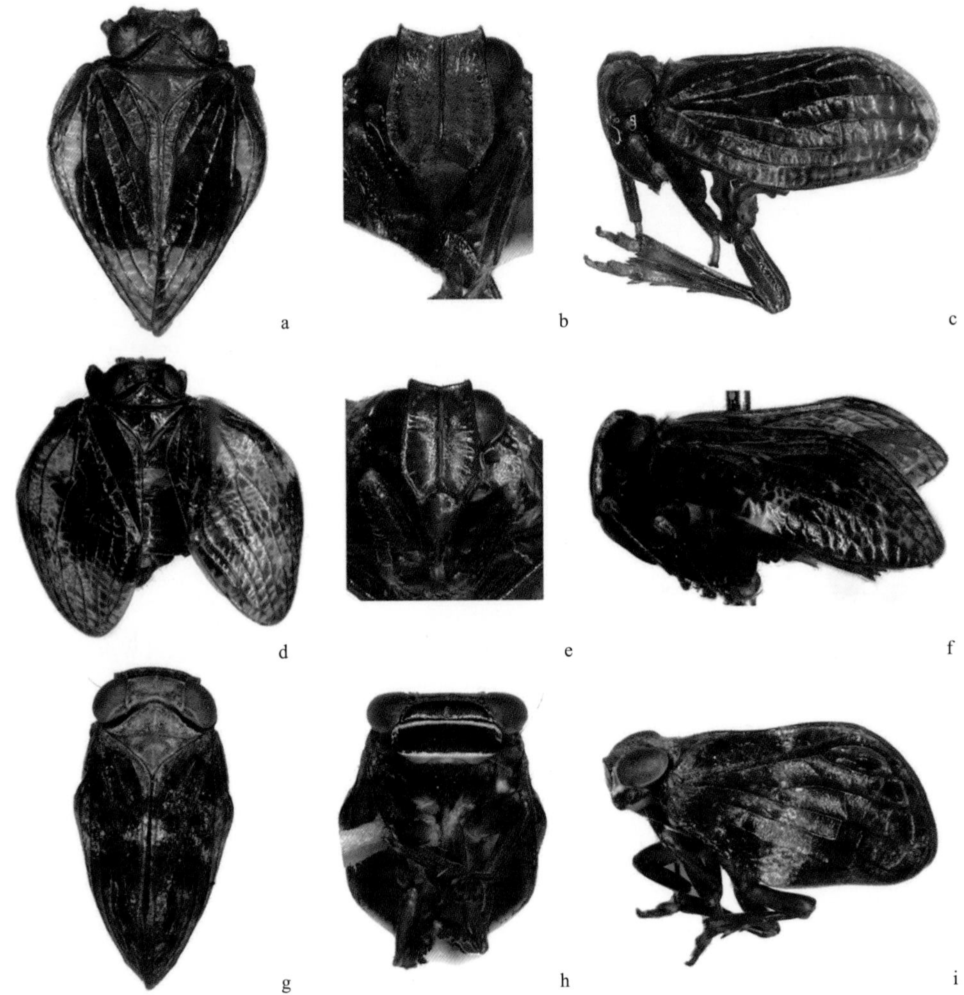

a-c: 桑瓢蜡蝉，新种 *Sangina singularis* Meng, Qin *et* Wang, sp. nov. (正模, holotype) a. 背面观 (dorsal view); b. 腹面观 (ventral view); c. 侧面观 (lateral view)

d-f: 卡布桑瓢蜡蝉，新种 *Sangina kabuica* Meng, Qin *et* Wang, sp. nov. (正模, holotype) d. 背面观 (dorsal view); e. 腹面观 (ventral view); f. 侧面观 (lateral view)

g-i: 福建梯额瓢蜡蝉 *Neokodaiana minensis* Meng *et* Qin (正模, holotype) g. 背面观 (dorsal view); h. 腹面观 (ventral view); i. 侧面观 (lateral view)

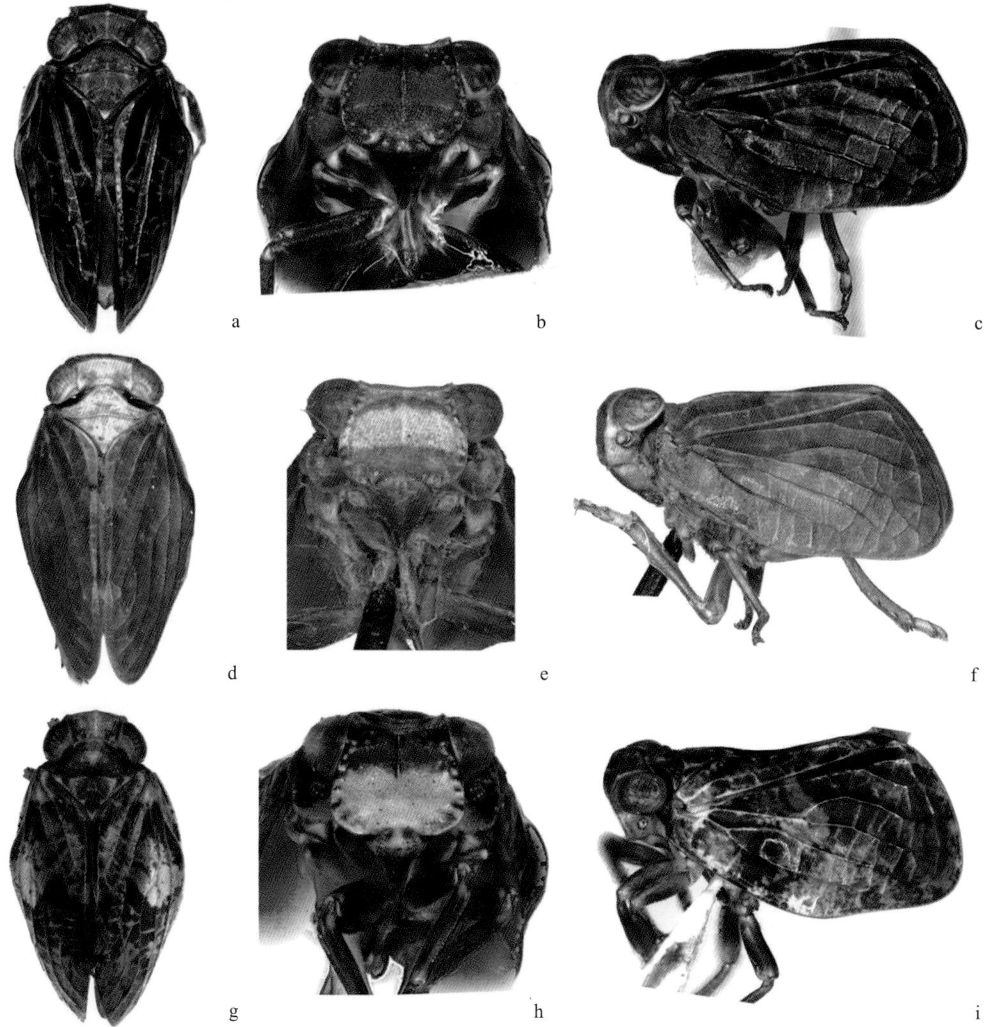

a-c: 四突巨齿瓢蜡蝉，新种 *Dentatissus quadruplus* Meng, Qin *et* Wang, sp. nov. (正模, holotype) a. 背面观 (dorsal view); b. 腹面观 (ventral view); c. 侧面观 (lateral view)

d-f: 恶性巨齿瓢蜡蝉 *Dentatissus damnosus* (Chou *et* Lu) (副模, paratype) d. 背面观 (dorsal view); e. 腹面观 (ventral view); f. 侧面观 (lateral view)

g-i: 短刺柯瓢蜡蝉 *Kodaianella bicinctifrons* Fennah g. 背面观 (dorsal view); h. 腹面观 (ventral view); i. 侧面观 (lateral view)

图版 XXXIV

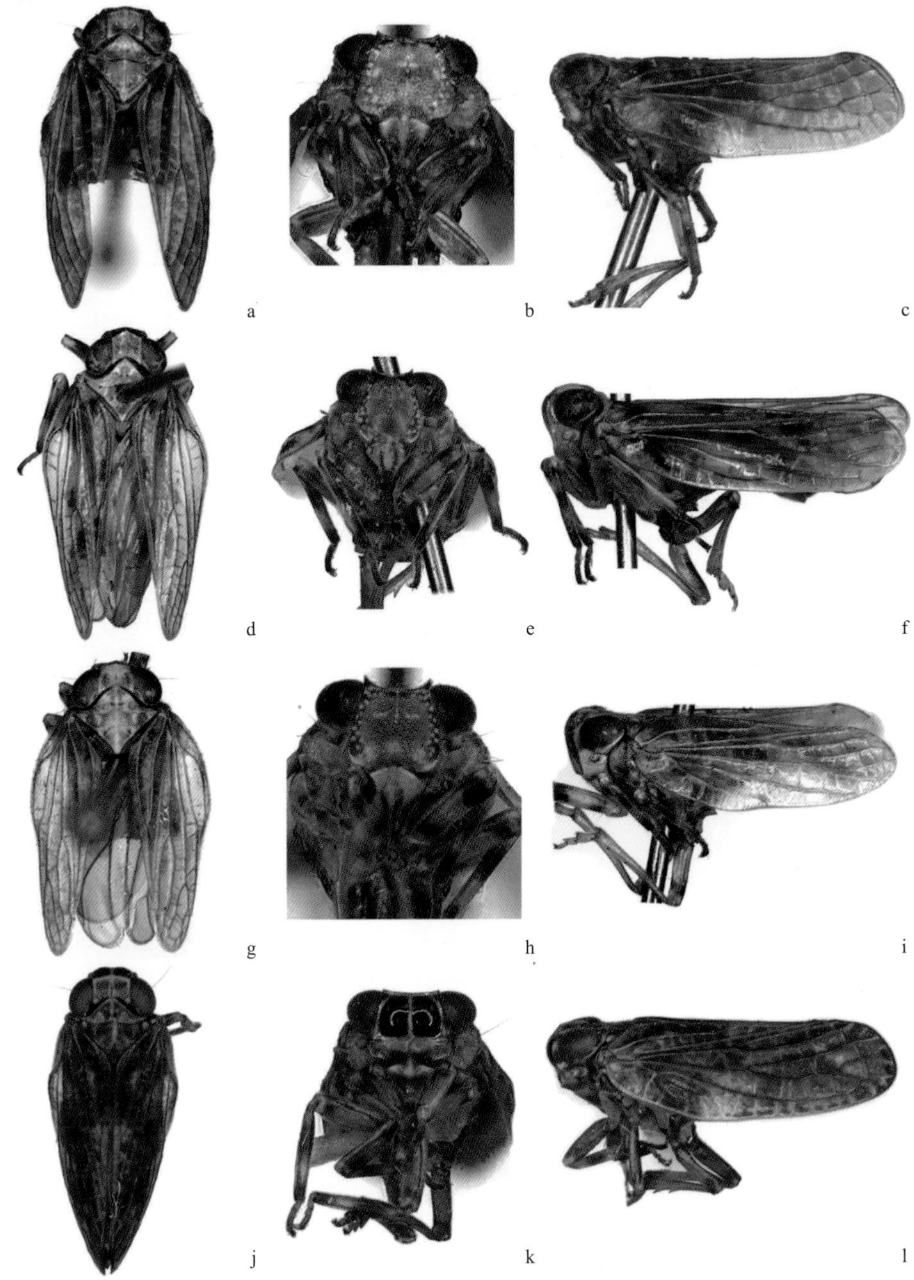

a-c: 双叉萨瓢蜡蝉 *Sarima bifurca* Meng *et* Wang (正模, holotype)　a. 背面观 (dorsal view); b. 腹面观 (ventral view); c. 侧面观 (lateral view)

d-f: 棒突萨瑞瓢蜡蝉 *Sarimodes clavatus* Meng *et* Wang (正模, holotype)　d. 背面观 (dorsal view); e. 腹面观 (ventral view); f. 侧面观 (lateral view)

g-i: 平突萨瑞瓢蜡蝉 *Sarimodes parallelus* Meng *et* Wang (正模, holotype)　g. 背面观 (dorsal view); h. 腹面观 (ventral view); i. 侧面观 (lateral view)

j-l: 魔眼瓢蜡蝉 *Orbita parallelodroma* Meng *et* Wang (正模, holotype)　j. 背面观 (dorsal view); k. 腹面观 (ventral view); l. 侧面观 (lateral view)

a-c: 线类萨瓢蜡蝉，新种 *Sarimites linearis* Che, Zhang *et* Wang, sp. nov. (正模, holotype) a. 背面观 (dorsal view); b. 腹面观 (ventral view); c. 侧面观 (lateral view)

d-f: 匙类萨瓢蜡蝉，新种 *Sarimites spatulatus* Che, Zhang *et* Wang, sp. nov. (正模, holotype) d. 背面观 (dorsal view); e. 腹面观 (ventral view); f. 侧面观 (lateral view)

g-i: 玉似钻瓢蜡蝉，新种 *Coruncanoides jaspida* Che, Zhang *et* Wang, sp. nov. (正模, holotype) g. 背面观 (dorsal view); h. 腹面观 (ventral view); i. 侧面观 (lateral view)

图版 XXXVI

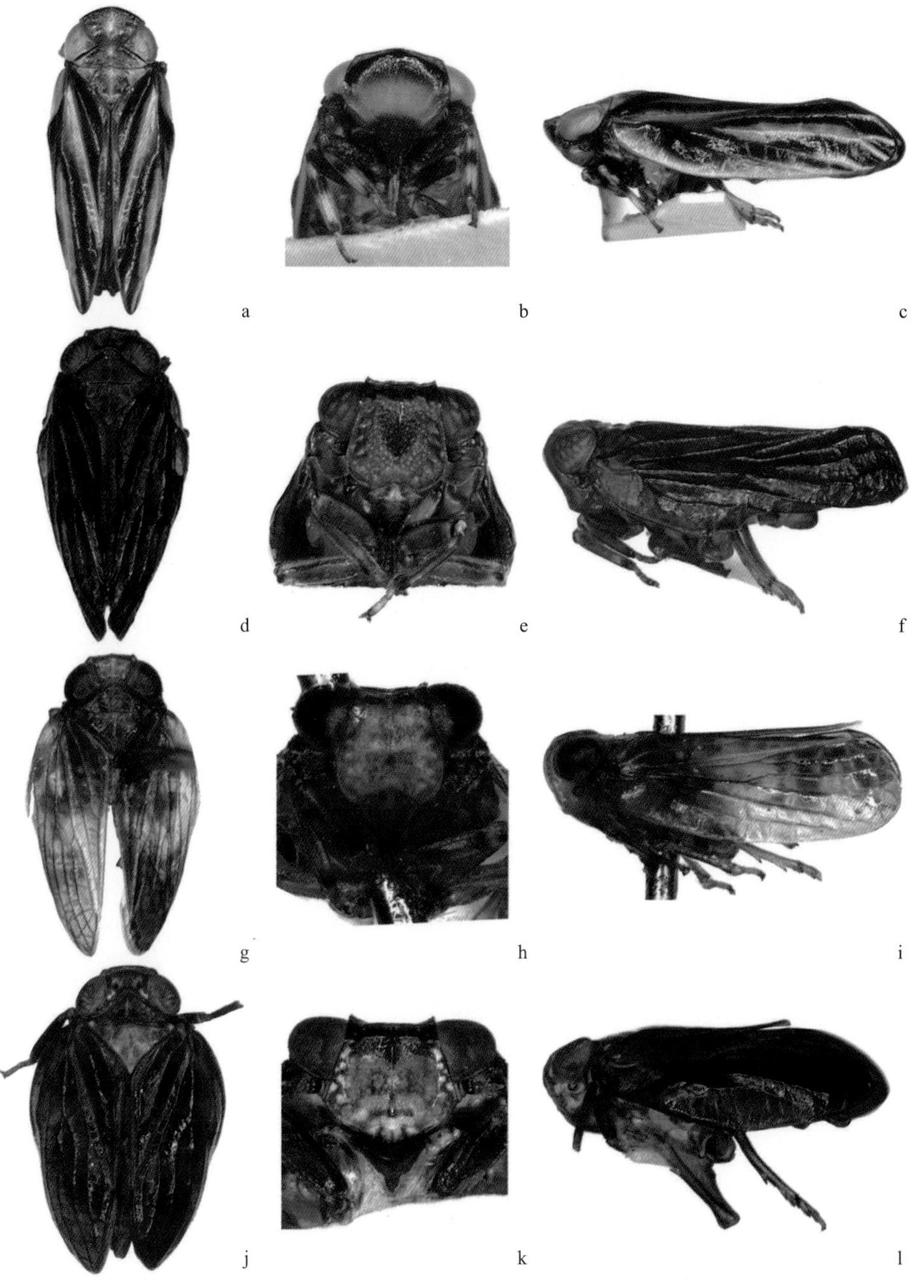

a-c: 黄纹拟钻瓢蜡蝉, 新种 *Pseudocoruncanius flavostriatus* Meng, Qin *et* Wang, sp. nov. (正模, holotype)
a. 背面观 (dorsal view); b. 腹面观 (ventral view); c. 侧面观 (lateral view)

d-f: 暗黑平突瓢蜡蝉, 新种 *Parallelissus furvus* Meng, Qin *et* Wang, sp. nov. (正模, holotype) d. 背面观 (dorsal view); e. 腹面观 (ventral view); f. 侧面观 (lateral view)

g-i: 褐黄平突瓢蜡蝉, 新种 *Parallelissus fuscus* Meng, Qin *et* Wang, sp. nov. (正模, holotype) g. 背面观 (dorsal view); h. 腹面观 (ventral view); i. 侧面观 (lateral view)

j-l: 双突弥萨瓢蜡蝉, 新种 *Sarimissus bispinus* Meng, Qin *et* Wang, sp. nov. (正模, holotype) j. 背面观 (dorsal view); k. 腹面观 (ventral view); l. 侧面观 (lateral view)

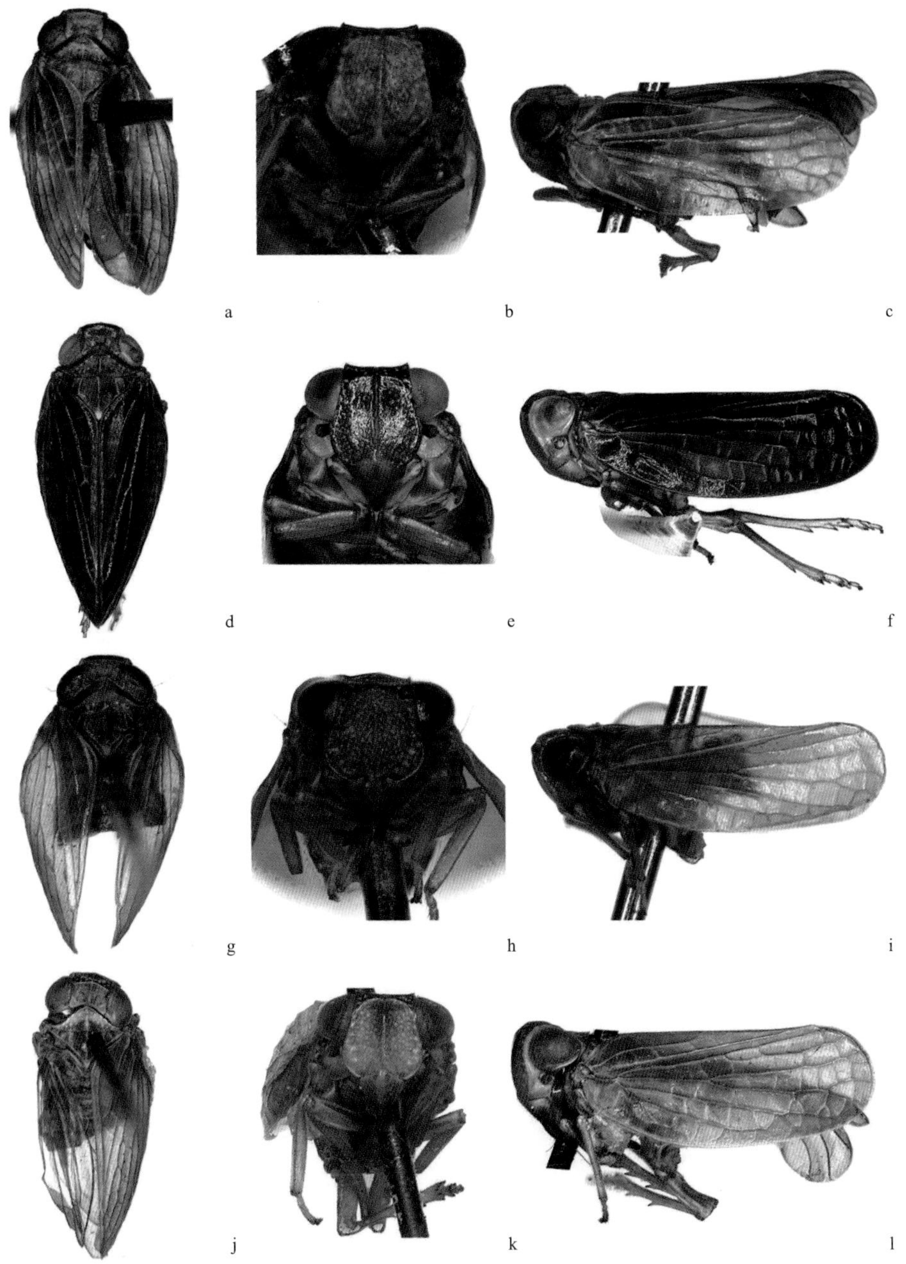

a-c: 三叶美萨瓢蜡蝉 *Eusarima triphylla* (Che, Zhang *et* Wang) (正模, holotype) a. 背面观 (dorsal view); b. 腹面观 (ventral view); c. 侧面观 (lateral view)

d-f: 刺美萨瓢蜡蝉, 新种 *Eusarima spina* Meng, Qin *et* Wang, sp. nov. (正模, holotype) d. 背面观 (dorsal view); e. 腹面观 (ventral view); f. 侧面观 (lateral view)

g-i: 针美萨瓢蜡蝉, 新种 *Eusarima spiculiformis* Che, Zhang *et* Wang, sp. nov. (正模, holotype) g. 背面观 (dorsal view); h. 腹面观 (ventral view); i. 侧面观 (lateral view)

j-l: 穗美萨瓢蜡蝉, 新种 *Eusarima spiculata* Che, Zhang *et* Wang, sp. nov. (正模, holotype) j. 背面观 (dorsal view); k. 腹面观 (ventral view); l. 侧面观 (lateral view)

图版 XXXVIII

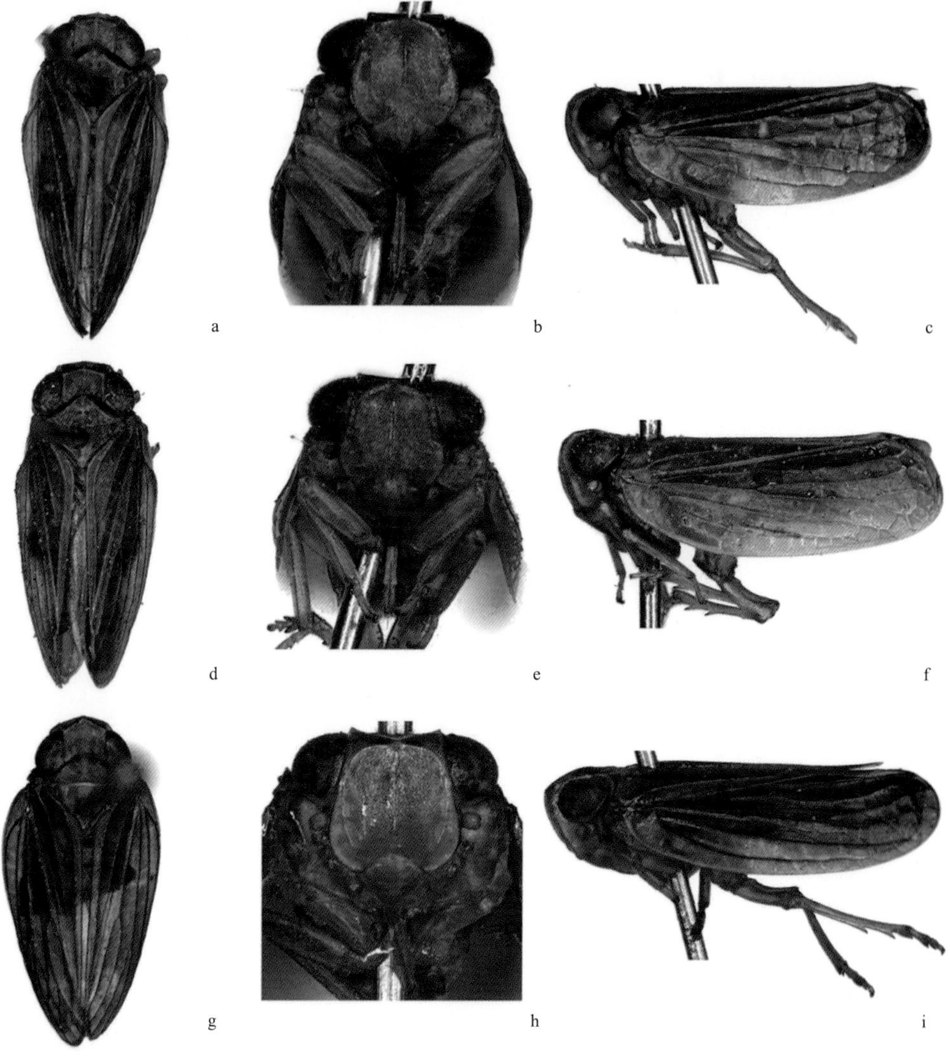

a-c: 尖叶美萨瓢蜡蝉，新种 *Eusarima acutifolica* Che, Zhang *et* Wang, sp. nov. (正模, holotype)　a. 背面观 (dorsal view); b. 腹面观 (ventral view); c. 侧面观 (lateral view)

d-f: 双尖美萨瓢蜡蝉，新种 *Eusarima bicuspidata* Che, Zhang *et* Wang, sp. nov. (正模, holotype)　d. 背面观 (dorsal view); e. 腹面观 (ventral view); f. 侧面观 (lateral view)

g-i: 钩克瓢蜡蝉，新种 *Jagannata uncinulata* Che, Zhang *et* Wang, sp. nov. (正模, holotype)　g. 背面观 (dorsal view); h. 腹面观 (ventral view); i. 侧面观 (lateral view)

核

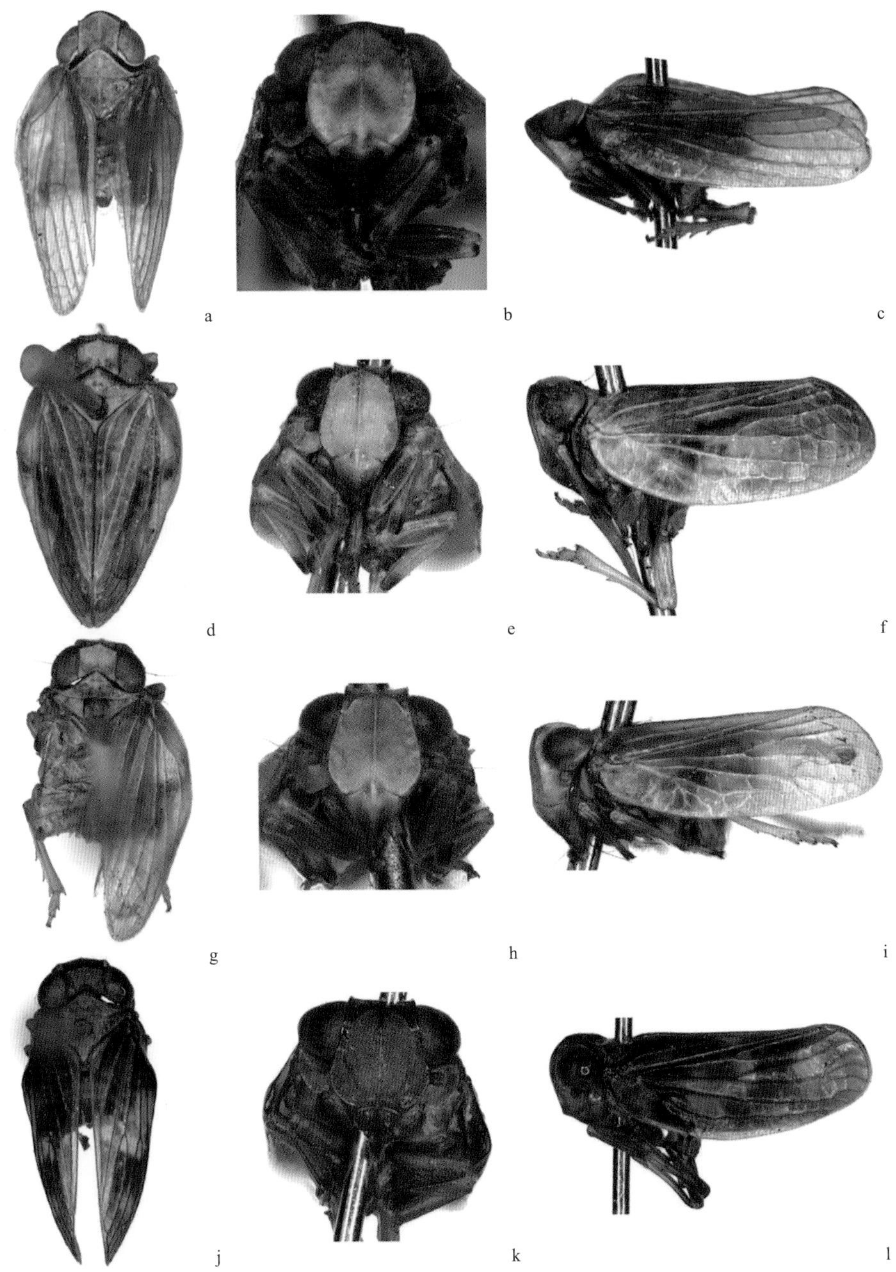

a-c: 开克瓢蜡蝉，新种 *Jagannata ringentiformis* Che, Zhang *et* Wang, sp. nov. (正模, holotype)　a. 背面观 (dorsal view); b. 腹面观 (ventral view); c. 侧面观 (lateral view)

d-f: 短卢瓢蜡蝉，新种 *Lunatissus brevis* Che, Zhang *et* Wang, sp. nov. (正模, holotype)　d. 背面观 (dorsal view); e. 腹面观 (ventral view); f. 侧面观 (lateral view)

g-i: 长卢瓢蜡蝉，新种 *Lunatissus longus* Che, Zhang *et* Wang, sp. nov. (正模, holotype)　g. 背面观 (dorsal view); h. 腹面观 (ventral view); i. 侧面观 (lateral view)

j-l: 似美萨瓢蜡蝉，新种 *Eusarimodes maculosus* Che, Zhang *et* Wang, sp. nov. (正模, holotype)　j. 背面观 (dorsal view); k. 腹面观 (ventral view); l. 侧面观 (lateral view)

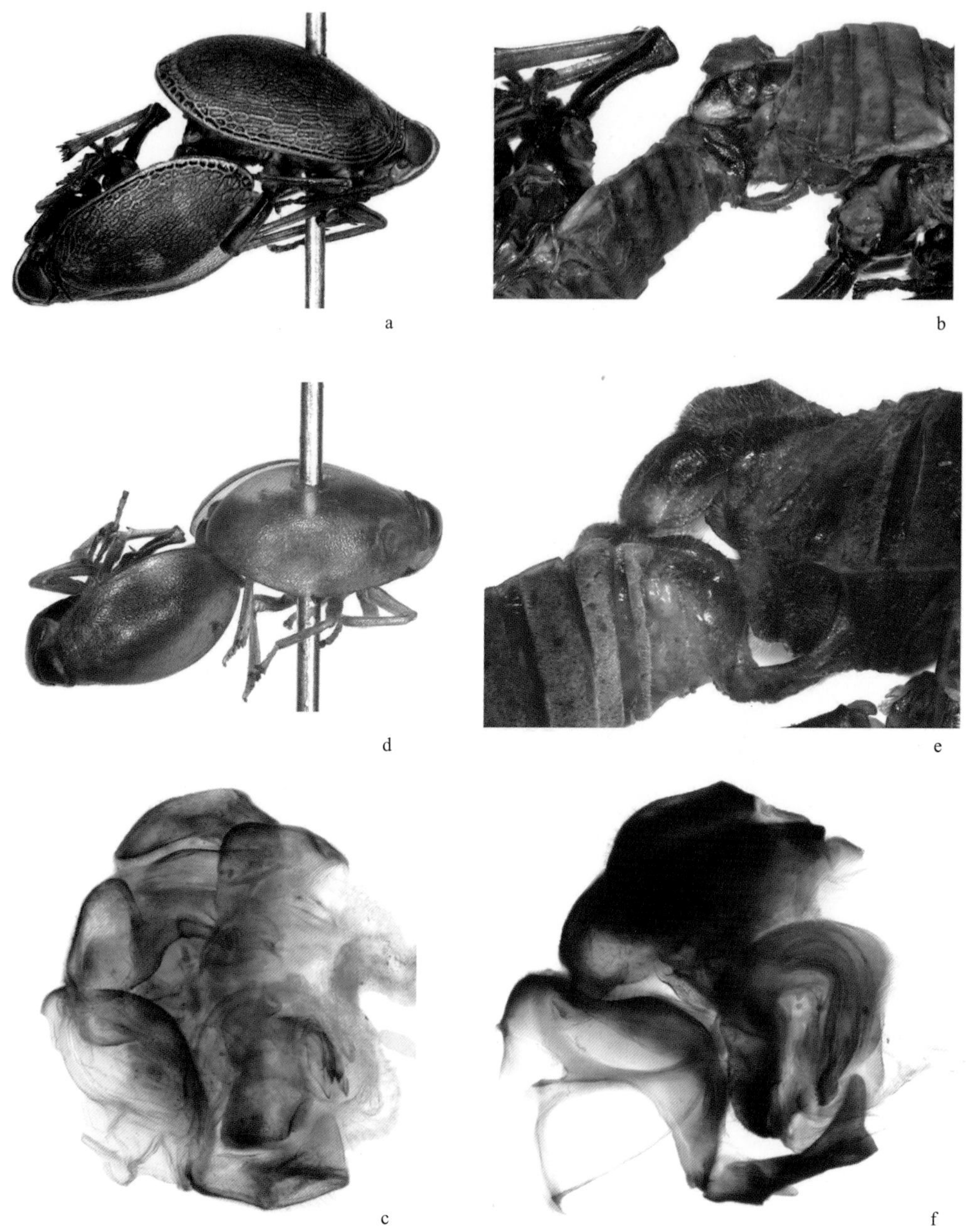

a-c: 脊额瓢蜡蝉 *Gergithoides carinatifrons* Schumacher a. 交配姿势整体侧面观 (male and female in copulation, lateral view); b. 交配姿势腹末侧面观 (male and female genitalia in copulation, lateral view); c. 交配内部解剖 (internal dissection of male and female copulating, lateral view)

d-f: 红球瓢蜡蝉 *Hemisphaetius rufovarius* Walker d. 交配姿势整体侧面观 (male and female in copulation, lateral view); e. 交配姿势腹末侧面观 (male and female genitalia in copulation, lateral view); f. 交配内部解剖 (internal dissection of male and female copulating, lateral view)

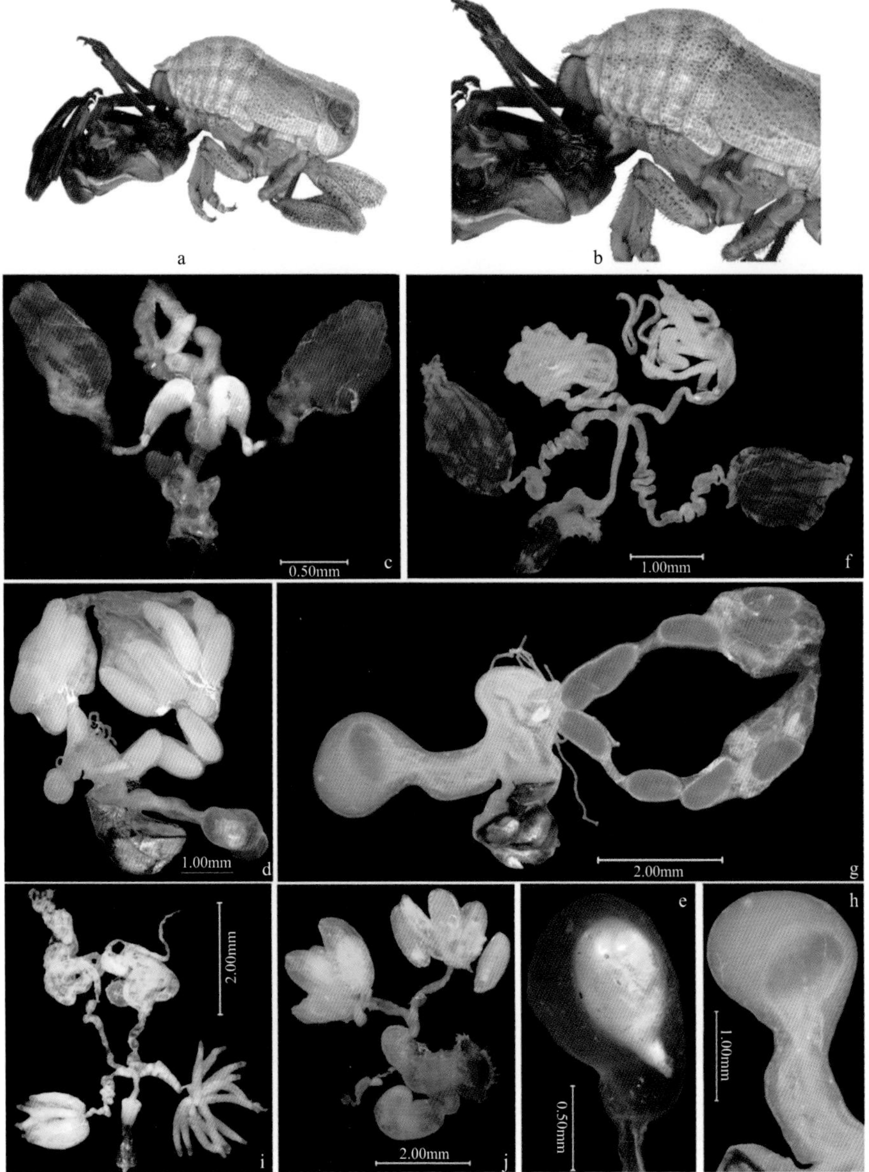

a-e: 棒突杯瓢蜡蝉 *Caliscelis rhabdocladis* Che, Wang *et* Zhang a. 交配姿势整体侧面观 (male and female in copulation, lateral view); b. 交配姿势腹末侧面观 (male and female genitalia in copulation, lateral view); c. 雄性生殖系统 (general structure of the male reproductive organs); d. 雌性生殖系统 (general structure of the female reproductive organs); e. 交配囊中的精苞 (spermatophora reserved bursa copulatrix)

f-h: 四突鞍瓢蜡蝉 *Celyphoma quadrupla* Meng *et* Wang f. 雄性生殖系统 (general structure of the male reproductive organs); g. 雌性生殖系统侧面观 (general structure of the female reproductive organs, lateral view); h. 交配囊中的卵 (egg reserved bursa copulatrix)

i. 栅纹格氏瓢蜡蝉 *Gnezdilovius parallelus* (Che, Zhang *et* Wang) 雄性生殖系统 (general structure of the male reproductive organs)

j. 红球瓢蜡蝉 *Hemisphaerius rufovarius* Walker 雄性生殖系统 (general structure of the male reproductive organs)

图版 XLII

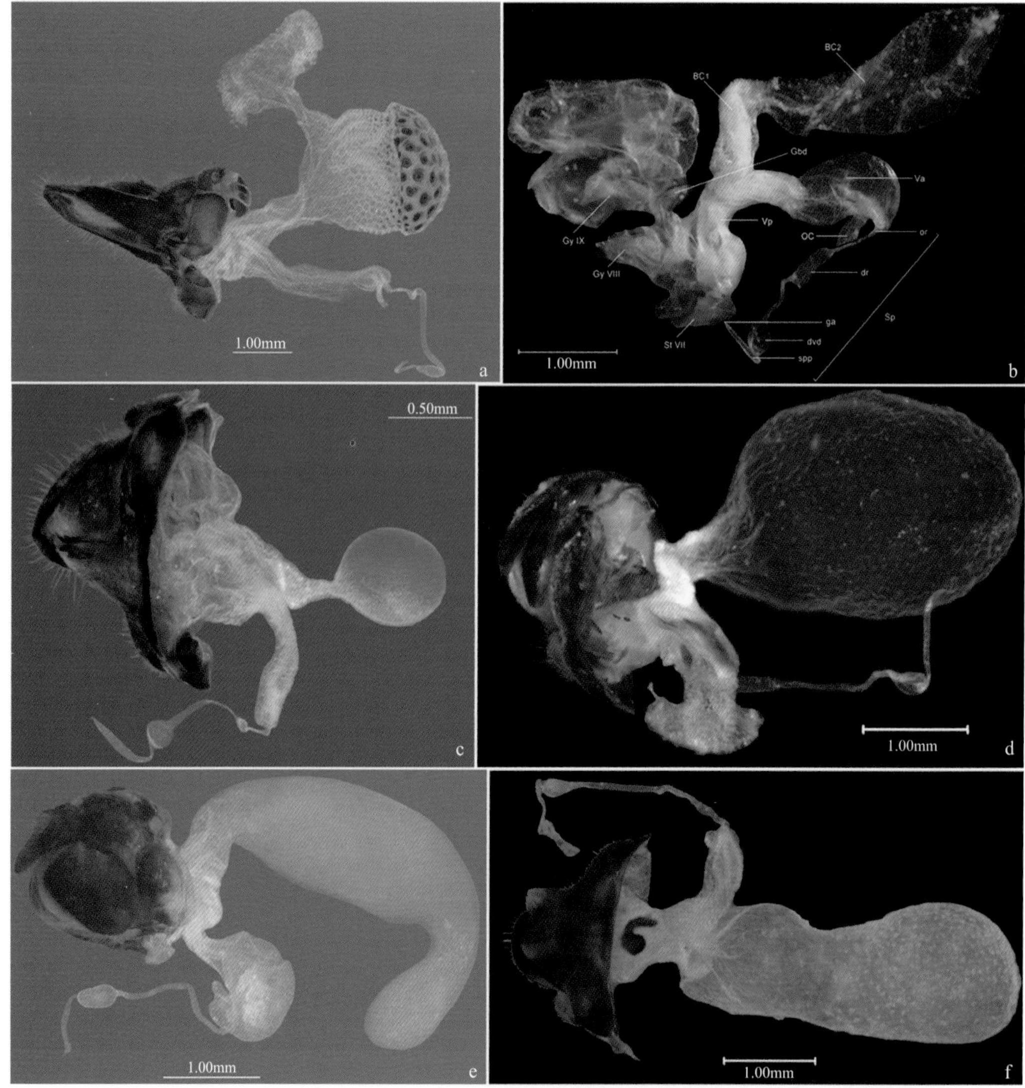

a. 丹裙杯瓢蜡蝉 *Phusta dantela* Gnezdilov 雌性生殖系统侧面观 (general structure of the female reproductive organs, lateral view)

b. 瘤新瓢蜡蝉 *Neogergithoides tubercularis* Sun, Meng *et* Wang 雌性生殖系统侧面观 (general structure of the female reproductive organs, lateral view)

c. 网新泰瓢蜡蝉 *Neotapirissus reticularis* Meng *et* Wang 雌性生殖系统侧面观 (general structure of the female reproductive organs, lateral view)

d. 九星格氏瓢蜡蝉 *Gnezdilovius nonomaculatus* (Meng *et* Wang) 雌性生殖系统侧面观 (general structure of the female reproductive organs, lateral view)

e. 海南黄瓢蜡蝉 *Flavina hainana* (Wang *et* Wang) 雌性生殖系统侧面观 (general structure of the female reproductive organs, lateral view)

f. 双斑格氏瓢蜡蝉 *Gnezdilovius bimaculatus* (Zhang *et* Che) 雌性生殖系统侧面观 (general structure of the female reproductive organs, lateral view)

a. 恶性巨齿瓢蜡蝉成虫初羽化状 [initial state of adult emergence of the *Dentatissus damnosus* (Chou *et* Lu)]
b. 恶性巨齿瓢蜡蝉若虫 [nymph of *Dentatissus damnosus* (Chou *et* Lu)]
c. 恶性巨齿瓢蜡蝉成虫 [adult of *Dentatissus damnosus* (Chou *et* Lu) feeding on host plant]
d. 恶性巨齿瓢蜡蝉成虫欲产卵 [female preparing for oviposition of *Dentatissus damnosus* (Chou *et* Lu)]
e. 恶性巨齿瓢蜡蝉成虫产卵状 [female oviposting of *Dentatissus damnosus* (Chou *et* Lu)]
f. 恶性巨齿瓢蜡蝉产于枝条表面的卵 [eggs on twigs of host plant laid by *Dentatissus damnosus* (Chou *et* Lu)]
g. 宽额螯蜂雌虫腹末螯刺 (terminal spicule of female abdomen of dryinid wasp *Dryinus latus* Olmi)
h. 宽额螯蜂雌虫正产卵于恶性巨齿瓢蜡蝉翅芽下 [female dryinid wasp laying eggs on tissue of under the wing buds of nymph of *Dentatissus damnosus* (Chou *et* Lu)]
i. 正在取食恶性巨齿瓢蜡蝉的宽额螯蜂幼虫 [larva of *Dryinus latus* Olmi feeding on host of *Dentatissus damnosus* (Chou *et* Lu)]

(此图版图 a-i 照片均由闫家河提供)

(Q-4621.01)
ISBN 978-7-03-066217-0

定价：**428.00** 元